AutoCAD2019

中文版

AutoCAD

辅助设计经典实录228例

杜慧 付维文 编著

北京日报出版社

图书在版编目（CIP）数据

中文版 AutoCAD 辅助设计经典实录 228 例 / 杜慧，付维文编著. -- 北京 ：北京日报出版社，2019.12
ISBN 978-7-5477-3464-3

Ⅰ. ①中… Ⅱ. ①杜… ②付… Ⅲ. ①计算机辅助设计—AutoCAD 软件 Ⅳ. ①TP391.72

中国版本图书馆 CIP 数据核字(2019)第 183895 号

中文版 AutoCAD 辅助设计经典实录 228 例

出版发行： 北京日报出版社
地　　址： 北京市东城区东单三条 8-16 号东方广场东配楼四层
邮　　编： 100005
电　　话： 发行部：（010）65255876
总编室：（010）65252135
印　　刷： 北京市燕山印刷厂
经　　销： 各地新华书店
版　　次： 2019 年 12 月第 1 版
2019 年 12 月第 1 次印刷
开　　本： 787 毫米×1092 毫米　1/16
印　　张： 28
字　　数： 896 千字
定　　价： 68.00 元 （附赠光盘 1 张）

内 容 提 要

AutoCAD是美国Autodesk公司推出的一款计算机辅助设计软件，可绘制二维与三维图形、标注尺寸、渲染图形以及打印输出图纸。

本书共分13章，总计228个实例，内容包括基本图形、机械标准件、机械剖视图和轴测图、机械装配图、机械三维装配图、日用品三维模型图、办公用品三维模型图、室内装潢图块、建筑家装施工图、建筑工装施工图、公共设施立面图、室内建筑透视图、室外建筑立面图和剖面图。

本书内容由浅入深、图文并茂，语言通俗易懂，步骤简洁清晰，既可作为计算机辅助设计培训班的教材，也可作为电脑制图爱好者的学习参考用书。

近年来，国内CAD迅速崛起，系统成熟，功能完备，在国内国际市场都具有强大的竞争力，是CAD使用者的理想选择。且CAD具有高度兼容性，因此本书对国内CAD使用者也具有参考价值。

前 言 Preface

AutoCAD 是美国 Autodesk 公司推出的一款计算机辅助设计软件，用于二维绘图、详细绘制、设计文档和基本三维设计，是国际上较为流行的绘图工具之一。

AutoCAD2019 版本新增加了 mechanical 工具组合（制造和建筑对象）、architecture 工具组合（电气）、map 3d 工具组合（通过整合 GIS&CAD 数据改进规划和设计）、mep 工具组合（机械、电气和管道对象）、plant 3d 工具组合（高效生成 P&ID 并将其集成到三维流程工程设计模型中）、RASTER DESIGN 工具组合（用光栅到矢量转换工具，将光栅图像转换为 DWG 对象）等 7 款专业化组合工具。并可跨设备随时快速访问最新的平面图、可现场（甚至脱机）处理图形。

同时 AutoCAD2019 版本还增加了以下几点新特性：

（1）DWG 文件比较。可轻松识别和记录两个版本的图形和外部参照之间的图形差异。

（2）二维图形增强功能。更快速的缩放、平移以及更改绘图次序和图层特性。通过“图形性能”对话框中的新控件，可以轻松配置二维图形的性能。

（3）共享视图。使用共享链接在浏览器中发布图形设计视图，并直接在 AutoCAD 桌面中接收注释。

（4）视图和视口。将命名视图插入布局中，在软件许可规定的条件下随时更改视口比例或移动图纸空间视口，快速创建新模型视图，即使正在处理布局也是如此。

本书共分 13 章，总计 228 个实例，内容包括基本图形、机械标准件、机械剖视图和轴测图、机械装配图、机械三维装配图、日用品三维模型图、办公用品三维模型图、室内装潢图块、建筑家装施工图、建筑工装施工图、公共设施立面图、室内建筑透视图、室外建筑立面图和剖面图。

本书配套光盘包含如下内容：

（1）书中所有实例的素材与源文件。

（2）书中所有实例的效果展示。

（3）多媒体视频教程。

本书由杜慧、付维文主编，石蔚云、吴建平、张换平为副主编；具体参编人员和字数分配：刘羽暄第 1 章（约 5 万字），杜慧第 2、3 章（约 12 万字），张换平第 4 章（约 5 万字），赵凌第 5 章（约 6 万字），吴建平第 6、12 章（约 12 万字），丁昊第 7 章（约 5 万字），王岗第 8、10 章（约 19 万字），石蔚云第 9 章（约 10 万字），付维文第 11、13 章（约 11 万字）。由于编者水平有限，加之编写时间仓促，书中难免存在疏漏与不妥之处，欢迎广大读者来信咨询并指正。

本书及光盘中所采用的图片、音频、视频和软件等素材，均为所属公司或个人所有，书中引用仅为说明（教学）之用，特此说明。

目前国内 CAD 已相当成熟，广为流行，与 AutoCAD 高度兼容，本书亦可为其使用者提供参考。

编者

目录 Contents

第1章 基本图形

第2章 机械标准件

第3章 机械剖视图和轴测图

第4章 机械装配图

第 5 章 机械三维装配图

第 6 章 日用品三维模型图

第 7 章 办公用品三维模型图

目录 Contents

第 11 章 公共设施立面图

第 12 章 室内建筑透视图

第 13 章 室外建筑立面图和剖面图

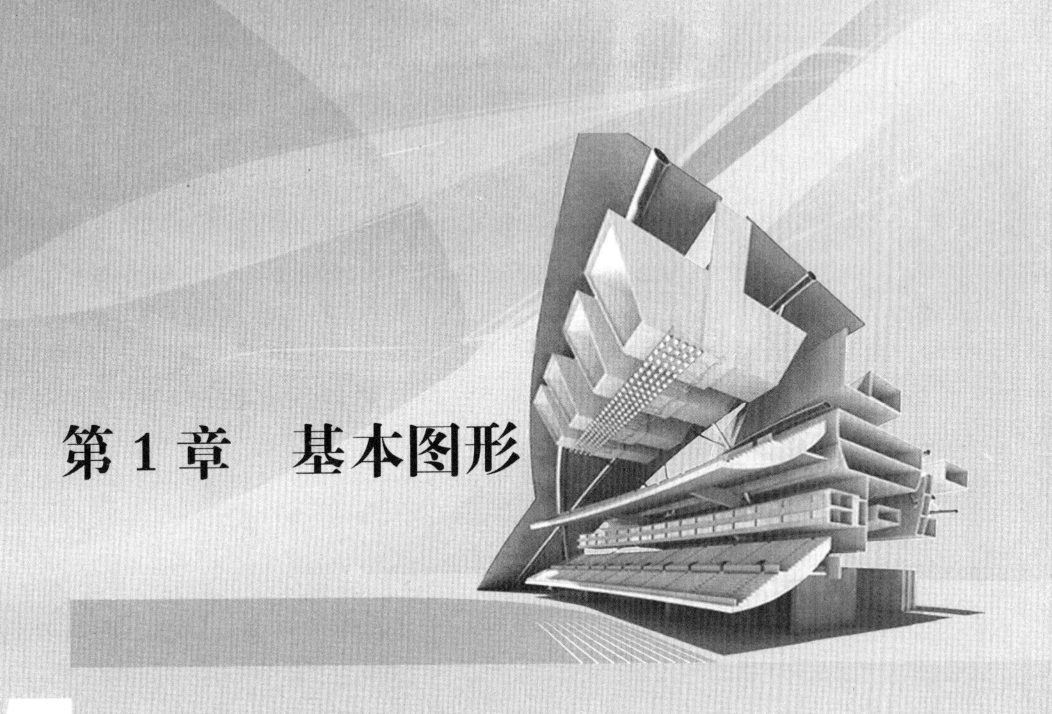

第1章　基本图形

part 1

本章通过对24个基本图形的上机实际操作，帮助读者学习关于AutoCAD机械制图的基础知识，初步掌握AutoCAD的各种绘图命令和辅助工具的使用方法与技巧，为后续的学习打下坚实的基础。

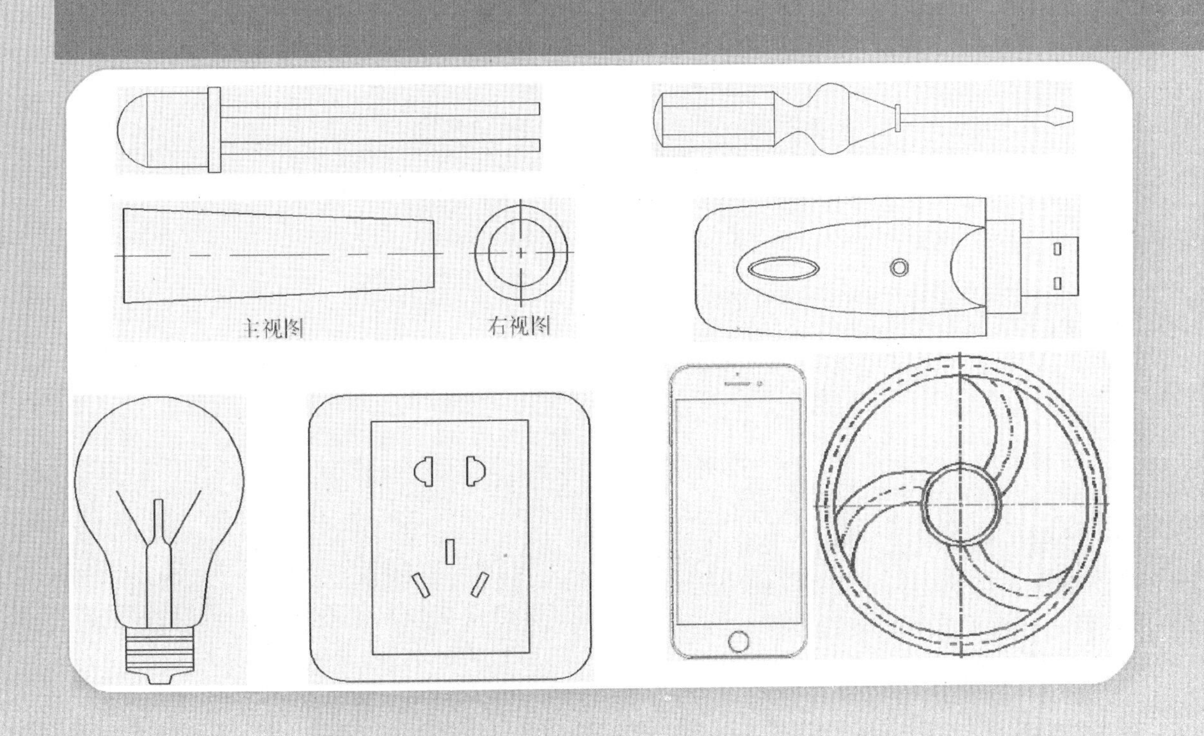

扫码观看本例视频

实例1 发光二极管

本实例将绘制发光二极管，效果如图1-1所示。

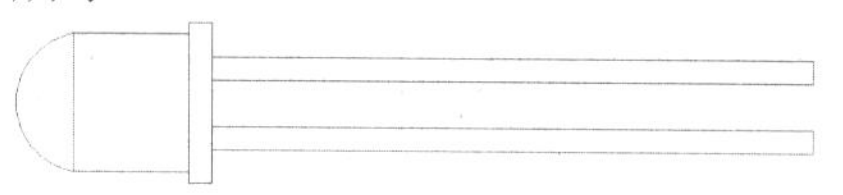

图1-1 发光二极管

操作步骤

步骤 1 新建文件。启动 AutoCAD，单击“新建”按钮，新建一个 CAD 文件。

步骤 2 绘制矩形。使用 RECTANG 命令，分别以（0,0）和（10,12）、（10,-1）和（@2,14）、（12,2）和（@53,2）、（12,8）和（@53,2）为矩形的角点和对角点，绘制 4 个矩形，效果如图 1-2 所示。

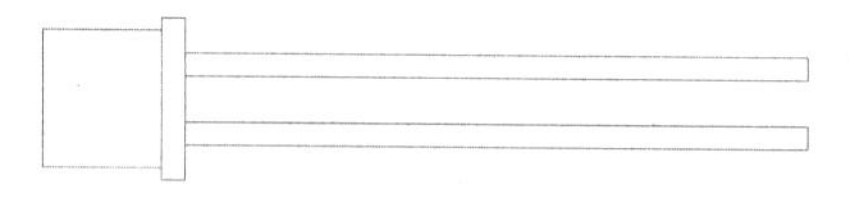

图1-2 绘制矩形

步骤 3 绘制圆弧。使用 ARC 命令，依次输入（0,0）、（-5,6）和（@5,6），绘制圆弧，效果参见图 1-1。

扫码观看本例视频

实例2 灯泡

本实例将绘制灯泡，效果如图 2-1 所示。

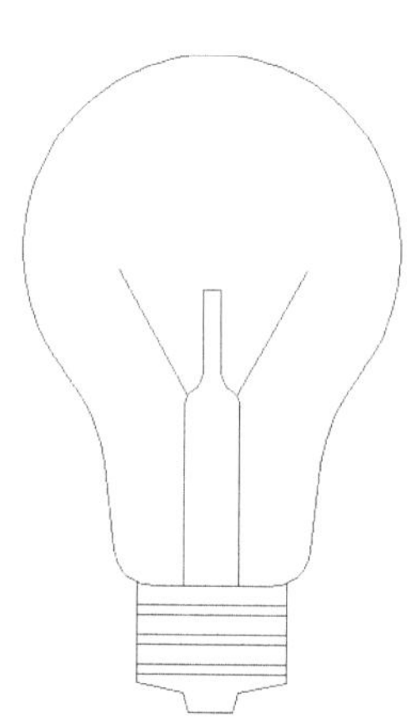

图2-1 灯泡

操作步骤

步骤 1 新建文件。启动 AutoCAD，单击“新建”按钮，新建一个 CAD 文件。

步骤 2 绘制圆。使用 CIRCLE 命令，以原点为圆心绘制半径为 10 的圆。

步骤 3 绘制直线。使用 LINE 命令，依次输入（-6,-8）、（@1,-9）、（@10,0）和（@1,9），绘制直线，效果如图 2-2 所示。

步骤 4 修剪处理。使用 TRIM 命令对多余的线条进行修剪，效果如图 2-3 所示。

步骤 5 圆角处理。使用 FILLET 命令，设置圆角半径为 1，对圆弧与直线之间的尖角进行圆角处理，效果如图 2-4 所示。

步骤 6 重复步骤（5）的操作，设置圆角半径为 2，对底面的两个尖角进行圆角处理，效果如图 2-5 所示。

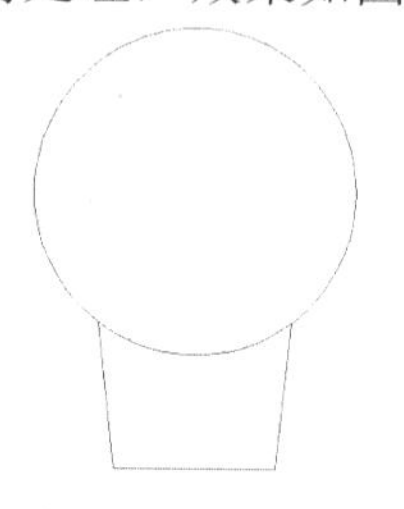

图2-2 绘制直线

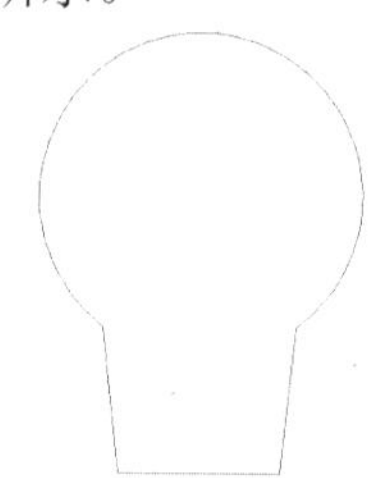

图2-3 修剪处理

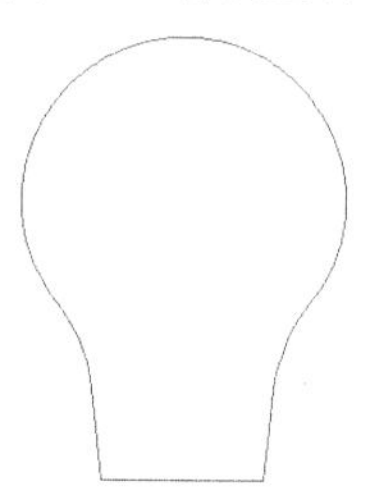

图2-4 圆角处理

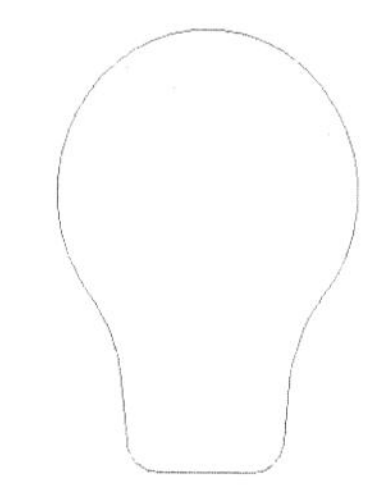

图2-5 圆角处理

步骤 7 绘制多段线并进行修剪。使用 PLINE 命令，依次输入（-4,-16）、（@0,-6）、

（@2.5,-0.5）、（@0.3,-1）、（@2.4,0）、（@0.3,1）、（@2.5,0.5）和（@0,7），绘制多段线；使用 TRIM 命令对多余的线条进行修剪，效果如图 2-6 所示。

步骤 8 绘制直线并偏移处理。使用 LINE 命令，以（-4,-18）和（@8,0）为直线的第一点和第二点绘制直线；使用 OFFSET 命令，将该直线沿垂直方向依次向下偏移，偏移的距离分别为 0.5、1、0.5、1、0.5，效果如图 2-7 所示。

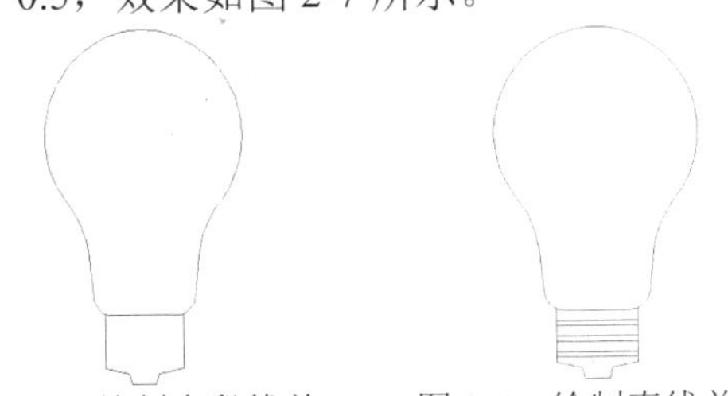

图 2-6 绘制多段线并进行修剪　　图 2-7 绘制直线并偏移处理

步骤 9 绘制矩形。使用 RECTANG 命令，分别以（-1.5,-17）和（@3,10）、（-0.5,-7）和（@1,5）为矩形的角点和对角点，绘制两个矩形。

步骤 10 修剪处理。使用 TRIM 命令对绘制的两个矩形进行修剪，效果如图 2-8 所示。

步骤 11 分解并进行圆角处理。使用 EXPLODE 命令对修剪后的两个矩形进行分解处理；使用 CHAMFER 命令设置第一和第二倒角的距离为 1，对灯泡心的尖角进行倒角处理，效果如图 2-9 所示。

步骤 12 绘制直线。使用 LINE 命令，分别以（-5,-1）和（@3.7,-6.4）、（5,-1）和（@-3.7,-6.4）为直线的第一点和第二点，绘制两条直线，效果参见图 2-1。

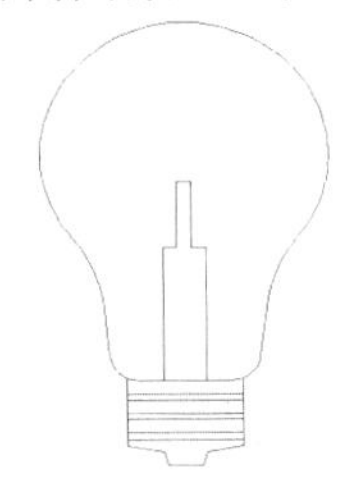

图 2-8 修剪处理　　图 2-9 分解并圆角处理

扫码观看本例视频

实例 3 电源插座

本实例将绘制电源插座，效果如图 3-1 所示。

图 3-1 电源插座

操作步骤

步骤 1 新建文件。启动 AutoCAD，单击“新建”按钮，新建一个 CAD 文件。

步骤 2 绘制矩形。使用 RECTANG 命令，输入 F，设置矩形圆角半径为 10，以（140,200）和（@220,220）为矩形的角点和对角点绘制矩形。

步骤 3 重复步骤（2）的操作，使用 RECTANG 命令，输入 F，设置矩形圆角半径为 0，以（195,217.5）和（@110,185）为矩形的角点和对角点绘制矩形，效果如图 3-2 所示。

步骤 4 重复步骤（2）的操作，使用 RECTANG 命令，以（233,358.5）和（@4,16）为矩形的角点和对角点绘制矩形。

步骤 5 绘制圆。使用 CIRCLE 命令，以（233,366.5）为圆心，绘制半径为 6 的圆。

步骤 6 修剪处理。使用 TRIM 命令对多余的线条进行修剪，效果如图 3-3 所示。

步骤 7 绘制矩形。使用 RECTANG 命令，分别以（252,300）和（@-4,-14）、（227.5,256.75）和（@4,14）为矩形的角点和对角点，绘制两个矩形。

步骤 8 旋转处理。使用 ROTATE 命令，选择上一步绘制的第二个矩形并按回车键，捕捉矩形右上角的端点为基点，将其旋转 30 度，效果如图 3-4 所示。

步骤 9 镜像处理。使用 MIRROR 命令，选择步骤（6）和步骤（8）处理后的图形为镜像对象，以(250,420)和(250,200)为镜像线上的第一点和第二点进行镜像处理，效果参见图 3-1。

图 3-2　绘制矩形

图 3-3　修剪处理

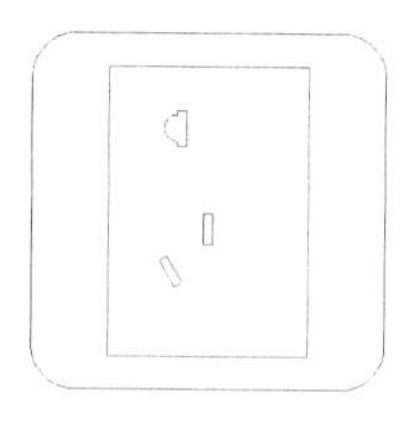
图 3-4　旋转处理

实例 4　电源插头

扫码观看本例视频

本实例将绘制电源插头，效果如图 4-1 所示。

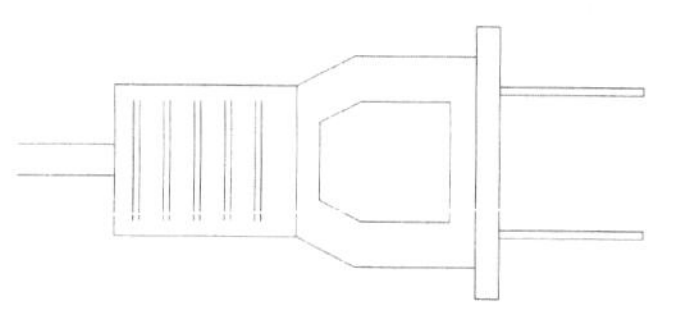
图 4-1　电源插头

操作步骤

步骤 1 新建文件。启动 AutoCAD，单击“新建”按钮，新建一个 CAD 文件。

步骤 2 绘制矩形。使用 RECTANG 命令，以（0,0）和（15,10）为矩形的角点和对角点绘制矩形。

步骤 3 绘制多段线。使用 PLINE 命令，依次输入（15,0）、（@5,-2）、（@10,0）、（@0,14）、（@-10,0）、（@-5,-2）和 C（闭合），绘制多段线。

步骤 4 重复步骤（3）的操作，使用 PLINE 命令，依次输入（17,2.4）、（@3.5,-1.4）、（@7.4,0）、（@0,8）、（@-7.4,0）、（@-3.5,-1.4）和 C，绘制多段线，效果如图 4-2 所示。

步骤 5 绘制矩形。使用 RECTANG 命令，分别以（30,-4）和（@2,18）、（32,0）和（@12,0.5）、（32,9.5）和（@12,0.5）为矩形的角点和对角点，绘制 3 个矩形，效果如图 4-3 所示。

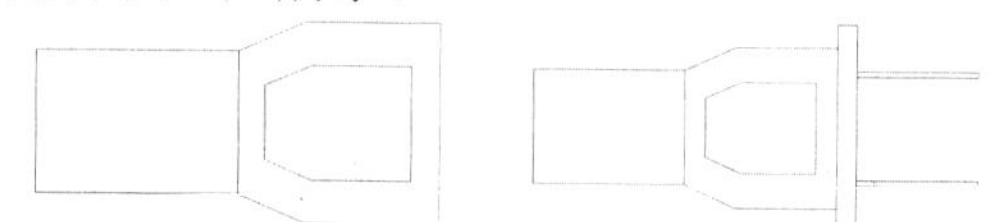
图 4-2　绘制多段线　　图 4-3　绘制矩形

步骤 6 绘制直线。使用 LINE 命令，分别以（1.5,1）和（@0,8）、（2,1）和（@0,8）为直线的第一点和第二点，绘制两条直线，效果如图 4-4 所示。

步骤 7 阵列处理。执行 ARRAY 命令，选中步骤（6）的两条直线并按回车，依次输入两次 R，输入“行数”为 1、指定行数之间的距离为 1，指定行数之间的标高增量为 0；输入 COL，输入“列数”为 5、“列偏移”为 2.5，按回车退出，效果如图 4-5 所示。

步骤 8 绘制直线。使用 LINE 命令，分别以（0,4）和（@-8,0）、（0,6）和（@-8,0）为直线的第一点和第二点，绘制两条直线，效果参见图 4-1。

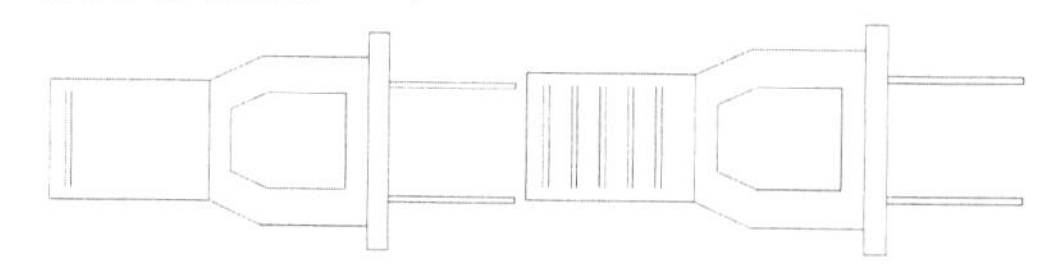
图 4-4　绘制直线　　图 4-5　阵列处理

扫码观看本例视频

实例 5 定位块

本实例将绘制定位块，效果如图 5-1 所示。

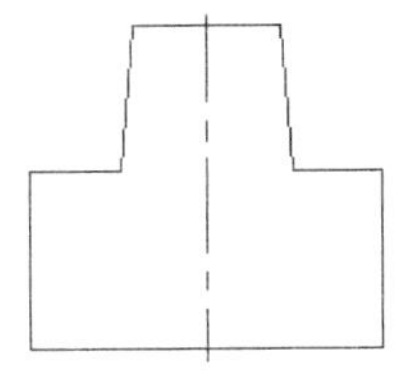

图 5-1 定位块

操作步骤

步骤 1 新建文件。启动 AutoCAD，单击“新建”按钮，新建一个 CAD 文件。

步骤 2 创建图层。执行 LAYER 命令，新建一个“中心线”图层，设置该图层的“线型”为 CENTER、“颜色”为红色。

步骤 3 绘制矩形。执行 RECTANG 命令，在绘图区随意指定起点，输入（@120，60）作为矩形的另一个角点，绘制矩形，效果如图 5-2 所示。

步骤 4 绘制中心线。按【F8】键开启正交模式，执行 LINE 命令，捕捉矩形下方水平线的中点作为起点，并向上引导光标，在适当的位置左击鼠标，绘制垂直直线，效果如图 5-3 所示。

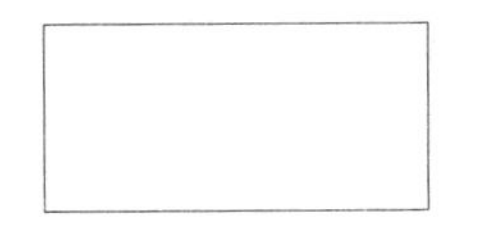

图 5-2 绘制矩形

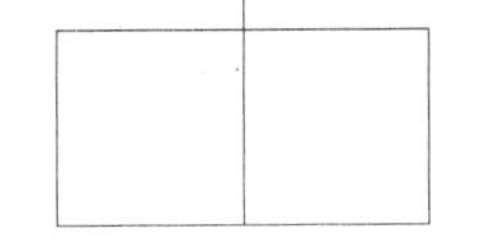

图 5-3 绘制中心线

步骤 5 分解并进行偏移处理。执行 EXPLODE 命令，选择矩形，对矩形进行分解；执行 OFFSET 命令，将矩形上方的直线向上偏移 50；重复执行 OFFSET 命令，选择中心线分别向两侧各偏移 25，效果如图 5-4 所示。

步骤 6 旋转处理。执行 ROTATE 命令，捕捉交点 A 作为旋转基点，将直线 a 旋转-5 度；重复执行 ROTATE 命令，以交点 B 为旋转基点，将直线 b 旋转 5 度，效果如图 5-5 所示。

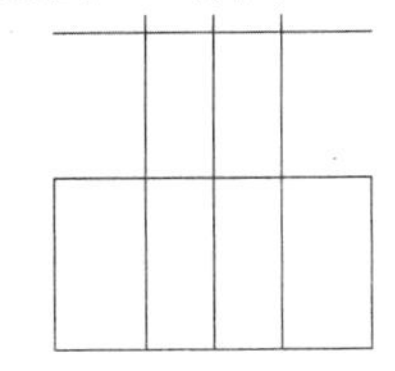

图 5-4 分解并进行偏移处理

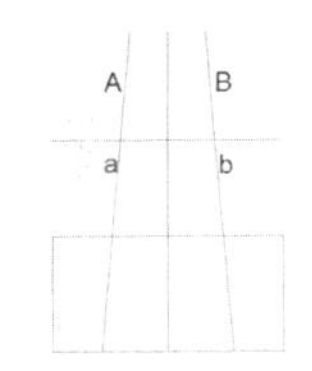

图 5-5 旋转处理

步骤 7 修剪处理。执行 TRIM 命令，修剪图形中多余的部分；将中心线移至“中心线”图层，效果参见图 5-1。

扫码观看本例视频

实例 6 开口销

本实例将绘制开口销，效果如图 6-1 所示。

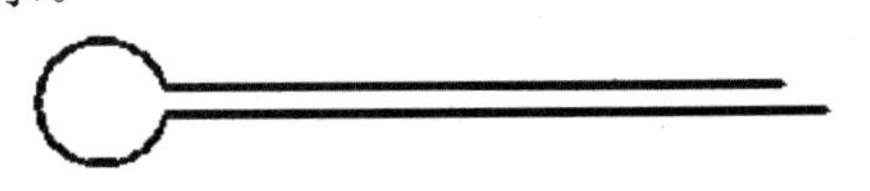

图 6-1 开口销

操作步骤

步骤 1 新建文件。启动 AutoCAD，单击“新建”按钮，新建一个 CAD 文件。

步骤 2 绘制辅助线。按【F8】键开启正交模式，执行 LINE 命令，在绘图区指定起点并向右引导光标，输入数值 50，绘制一条水平线；按【F3】键开启对象捕捉功能，重复执行 LINE 命令，捕捉水平线左端点，绘制一条垂直直线，效果如图 6-2 所示。

图 6-2　绘制辅助线

步骤 3 绘制圆。执行 CIRCLE 命令，捕捉两条直线的交点为圆心，绘制半径为 4.5 的圆，效果如图 6-3 所示。

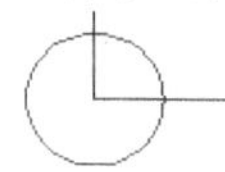

图 6-3　绘制圆

步骤 4 偏移处理。执行 OFFSET 命令，输入数值 1，选择水平辅助线分别向上和向下偏移；选择垂直辅助线向右偏移 47，效果如图 6-4 所示。

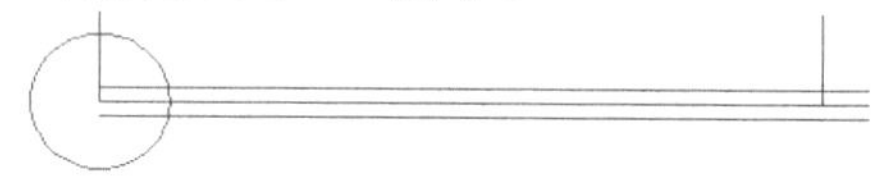

图 6-4　偏移效果

步骤 5 修剪处理操作。执行 TRIM 和 ERASE 命令，修剪图形中多余的部分；单击“特性”面板中的“线宽”下拉列表框，在弹出的下拉列表中选择“0.6 毫米”选项，单击状态栏下方的“显示/隐藏线宽”按钮，显示线宽，效果参见图 6-1。

实例 7　圆锥销钉

本实例将绘制圆锥销钉，效果如图 7-1 所示。

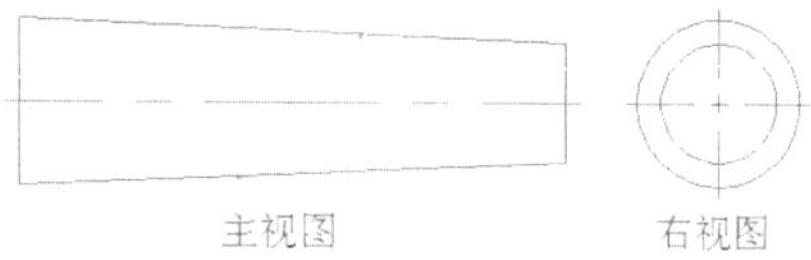

图 7-1　圆锥销钉

操作步骤

步骤 1 新建文件。启动 AutoCAD，单击“新建”按钮，新建一个 CAD 文件。

步骤 2 创建图层。执行 LAYER 命令，新建“中心线”图层，设置其“线型”为 CENTER、“颜色”为红色。

步骤 3 绘制矩形。执行 RECTANG 命令，在绘图区随意指定起点，输入（@100,30）作为矩形的另一个角点，绘制一个矩形，效果如图 7-2 所示。

图 7-2　绘制矩形

步骤 4 绘制构造线。执行 XLINE 命令，设置“角度”值为-2.5，然后捕捉矩形左上方顶点绘制构造线；重复执行 XLINE 命令，设置“角度”值为 2.5，并捕捉矩形左下方顶点绘制构造线，效果如图 7-3 所示。

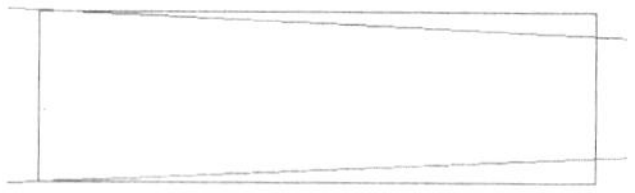

图 7-3　绘制构造线

步骤 5 修剪处理。执行 TRIM 命令，修剪图形中的多余部分，效果如图 7-4 所示。

图 7-4　修剪处理

步骤 6 绘制构造线。将“中心线”图层设为当前图层，执行 XLINE 命令，分别捕捉两条垂直中心线的中点，绘制一条水平构造线；重复执行 XLINE 命令，绘制一条垂直于水平构造线的直线，效果如图 7-5 所示。

图 7-5　绘制构造线

步骤 7 绘制构造线。将“0”图层设为当前图层，执行 XLINE 命令，捕捉左右两端两条垂直线的端点，绘制两条构造线作为辅助线，效果如图 7-6 所示。

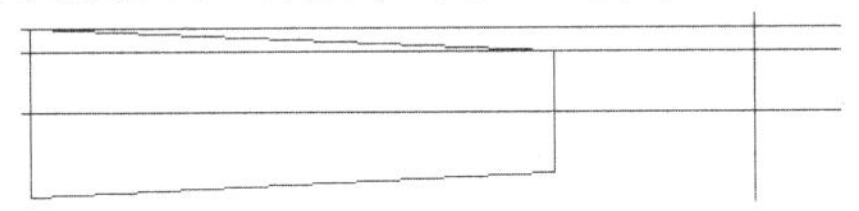

图 7-6 绘制构造线

步骤 8 绘制同心圆。执行 CIRCLE 命令，以交点 A 为圆心，以直线 AB 为半径，绘制出需要的圆；重复执行 CIRCLE 命令，以直线 AC 为半径，绘制同心圆，效果如图 7-7 所示。

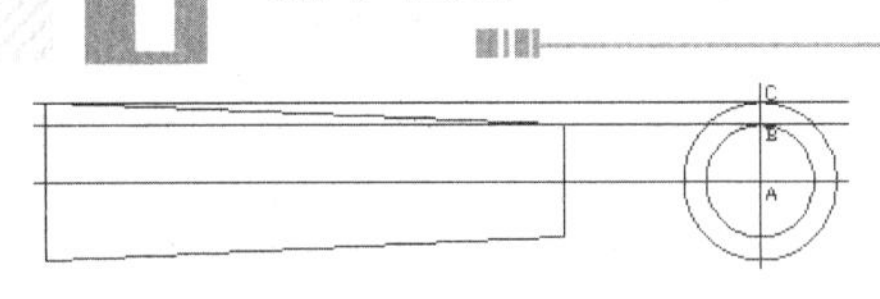

图 7-7 绘制同心圆

步骤 9 删除辅助线。执行 ERASE 命令，删除两条辅助线，效果如图 7-8 所示。

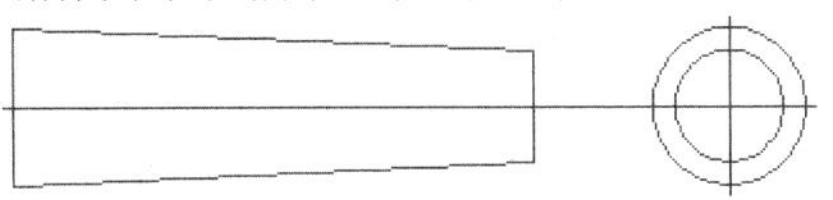

图 7-8 删除辅助线

步骤 10 修剪处理。执行 TRIM 命令修剪多余的中心线，并调整图形和线段，效果参见图 7-1。

实例 8 花键

本实例将绘制花键，效果如图 8-1 所示。

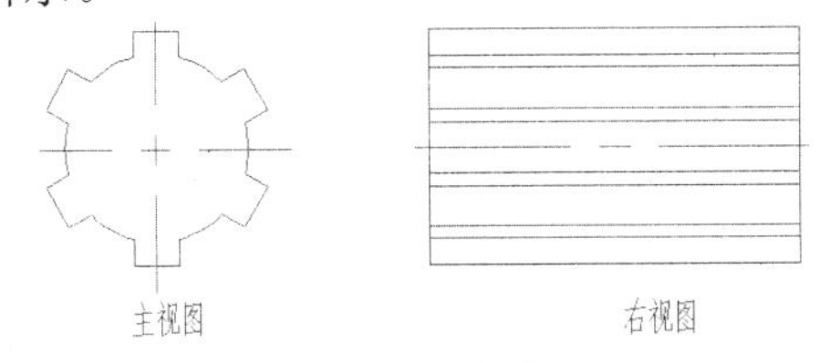

图 8-1 花键

操作步骤

步骤 1 新建文件。启动 AutoCAD，单击“新建”按钮，新建一个 CAD 文件。

步骤 2 创建图层。执行 LAYER 命令，新建一个“中心线”图层，设置其“线型”为 CENTER、“颜色”为红色。

步骤 3 绘制直线。将当前图层置于“中心线”图层，执行 LINE 命令，按下 F8 打开正交模式，绘制任意长度的一条垂直直线，然后再捕捉该直线的中心点，绘制一条水平直线作为中心线。

步骤 4 绘制圆。按【F3】键，开启对象捕捉功能，执行 CIRCLE 命令，捕捉两条直线的交点，设置半径值为 20，绘制圆，效果如图 8-2 所示。

步骤 5 偏移处理。执行 OFFSET 命令，将垂直中心线分别向两侧各偏移 5；重复执行 OFFSET 命令，将水平中心线向上偏移 25；将偏移的直线移至“0”图层，效果如图 8-3 所示。

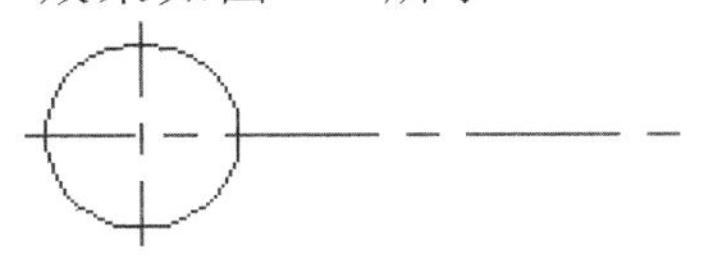

图 8-2 绘制圆

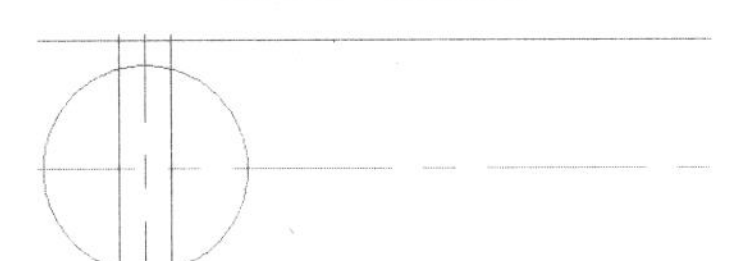

图 8-3 偏移处理

步骤 6 修剪处理。执行 TRIM 命令，对该图进行修剪，修剪后将偏移的直线移至“0”图层，效果如图 8-4 所示。

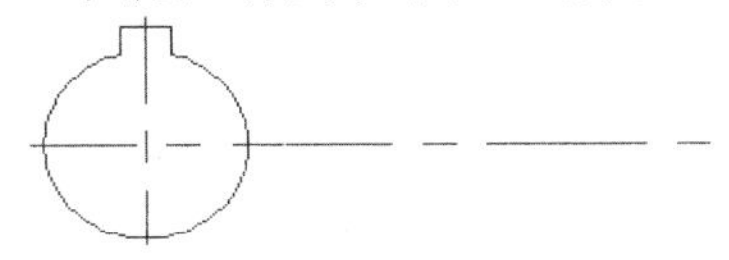

图 8-4 修剪处理

步骤 7 阵列处理。执行 ARRAY 命令，选择需要阵列的对象，输入阵列类型为极轴（PO），捕捉两条中心线的交点作为阵列的中心点，阵列个数已默认为 6 个，直接按回车键退出即可，效果如图 8-5 所示。

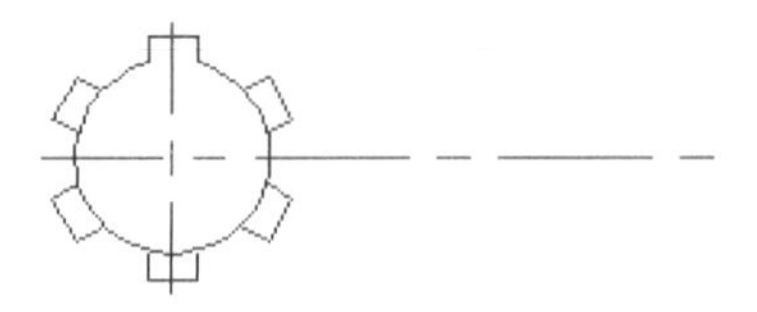

图 8-5　环形阵列

步骤 8 修剪处理。使用 EXPLODE 命令，对阵列得到的图形进行分解处理；执行 TRIM 命令，对该图形进行修剪，效果如图 8-6 所示。

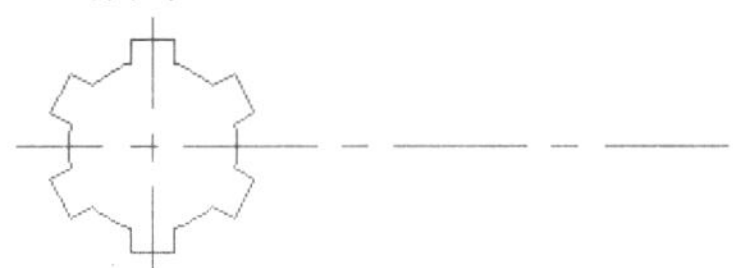

图 8-6　修剪处理

步骤 9 绘制直线。按【F8】键开启正交模式，执行 LINE 命令，捕捉图形对应的端点绘制水平线，一共 10 条直线；重复执行 LINE 命令，绘制一条与水平中心线垂直相交的直线，效果如图 8-7 所示。

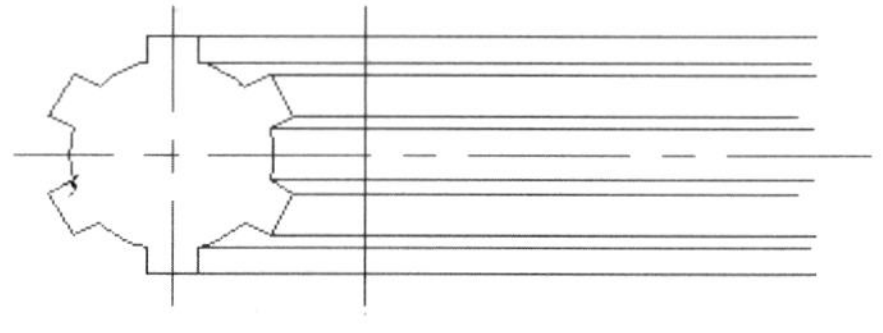

图 8-7 绘制直线

步骤 10 进行偏移和修剪处理。执行 OFFSET 命令，输入数值 80，将刚刚绘制的垂直线向右偏移，并将得到的直线再次向右偏移 150；执行 TRIM 命令，修剪图形中的多余部分，效果参见图 8-1。

实例 9 内矩形花键

本实例将绘制内矩形花键，效果如图 9-1 所示。

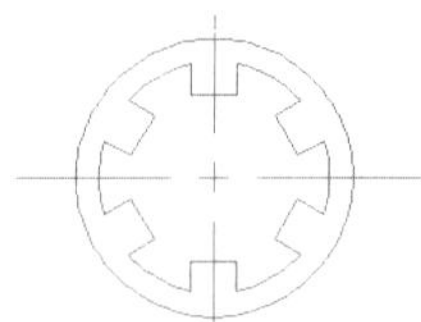

图 9-1　内矩形花键

操作步骤

步骤 1 新建文件。启动 AutoCAD，单击“新建”按钮，新建一个 CAD 文件。

步骤 2 创建图层。执行 LAYER 命令，新建“中心线”图层，设置其“线型”为 CENTER、“颜色”为红色。

步骤 3 绘制中心线。按【F8】键开启正交模式，执行 LINE 命令，绘制两条相互垂直的中心线。

步骤 4 绘制同心圆。执行 CIRCLE 命令，以中心线的交点为圆心，分别绘制半径为 25 和 30 的圆，效果如图 9-2 所示。

步骤 5 偏移处理。执行 OFFSET 命令，将垂直中心线分别向左右两侧各偏移 5，将水平中心线向上偏移 18，把偏移的直线移到“0”图层，效果如图 9-3 所示。

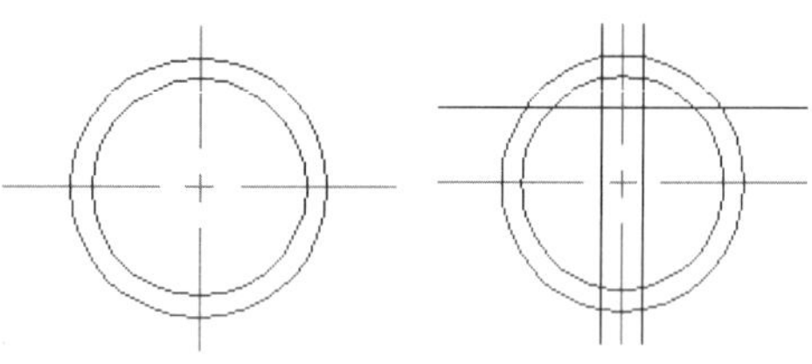

图 9-2　绘制同心圆　　图 9-3　偏移处理

步骤 6 修剪处理。执行 TRIM 命令，修剪图形中多余的部分，效果如图 9-4 所示。

步骤 7 阵列处理。执行 ARRAY 命令，选择需要阵列的对象，输入阵列类型为“极轴（PO）”，捕捉两条中心线的交点作为阵列的中心点，阵列个数已默认为 6 个，直接按回车键退出即可，效果如图 9-5 所示。

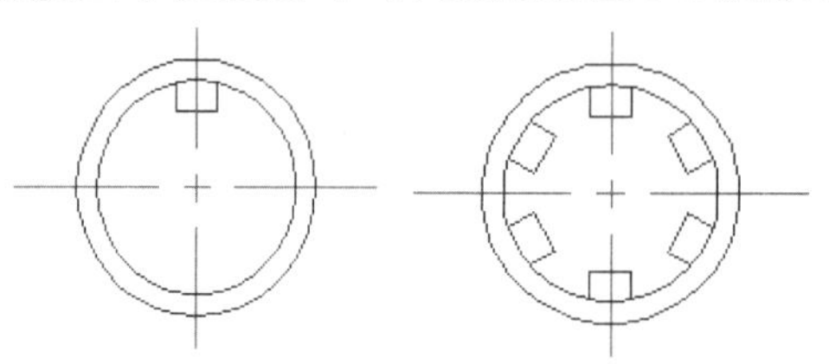

图 9-4　修剪处理　　图 9-5　阵列处理

步骤 8 修剪处理。使用EXPLODE命令，对阵列的图形进行分解处理；执行 TRIM 命令，修剪图形中多余的部分，效果参见图 9-1。

实例 10 楔键

本实例将绘制楔键，效果如图 10-1 所示。

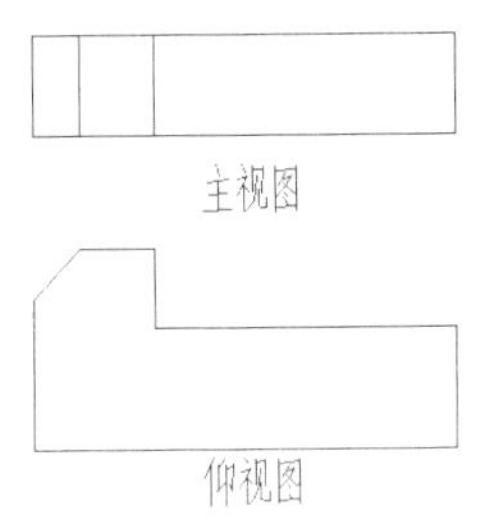

图 10-1 楔键

操作步骤

步骤 1 新建文件。启动 AutoCAD，单击“新建”按钮，新建一个 CAD 文件。

步骤 2 绘制直线。按【F8】键开启正交模式，执行 LINE 命令，在绘图区随意指定起点，绘制长度为 50 的水平线；捕捉该直线左端点向上引导光标，绘制垂直向上的直线，作为基准线，效果如图 10-2 所示。

步骤 3 偏移处理。执行 OFFSET 命令，将水平基准线分别向上偏移 20 和 12；重复执行 OFFSET 命令，将垂直基准线分别向右偏移 13 和 43，如图 10-3 所示。

步骤 4 修剪处理。执行 TRIM 命令，修剪多余的线条，效果如图 10-4 所示。

步骤 5 倒角处理。执行 CHAMFER 命令，设置第一和第二倒角距离为 5，将图形左端的顶角进行倒角处理，效果如图 10-5 所示。

图 10-2 绘制直线　　图 10-3 偏移处理

图 10-4 修剪处理　　图 10-5 倒角处理

步骤 6 绘制直线并偏移处理。执行 LINE 命令，捕捉图形顶点，向上引导光标绘制 4 条垂直直线；重复执行 LINE 命令，绘制一条水平线与上述垂直线相交；执行 OFFSET 命令，将该水平线向上偏移 10，效果如图 10-6 所示。

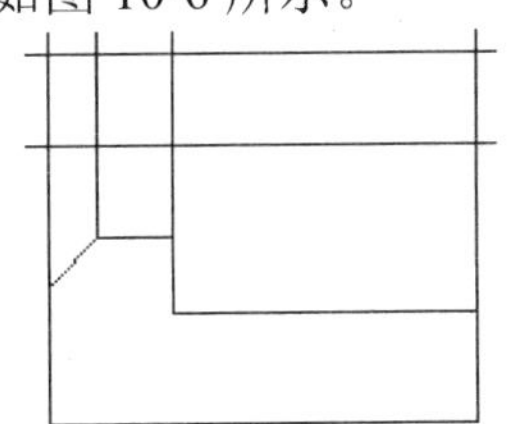

图 10-6 绘制直线并偏移处理

步骤 7 修剪处理。执行 TRIM 命令，修剪多余的线条，效果参见图 10-1。

实例 11 导柱

本实例将绘制导柱，效果如图 11-1 所示。

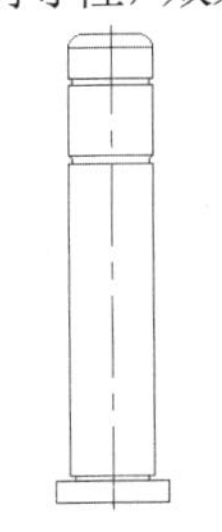

图 11-1 导柱

操作步骤

步骤 1 新建文件。启动 AutoCAD，单击“新建”按钮，新建一个 CAD 文件。

步骤 2 创建图层。执行 LAYER 命令，新建一个“中心线”图层，设置其“线型”为 CENTER、“颜色”为红色。

步骤 3 绘制直线。按【F8】键开启正交模式，单击“绘图”面板中的“直线”按钮，在绘图区绘制两条互相垂直的直线。

步骤 4 偏移处理。单击“修改”面板中的“偏移”按钮，将垂直直线分别向左和向右各偏移 13、15、20，将水平线向上分别偏移 8、10、122、125、152、155、180，效果如图 11-2 所示。

步骤 5 修剪处理。执行 TRIM 命令，对该图形进行修剪，效果如图 11-3 所示。

步骤 6 绘制圆。单击“绘图”面板中的“圆”按钮，捕捉点 A 与点 B 绘制半径为 3 的圆；重复此操作，绘制其他圆，然后修剪图形多余部分，效果如图 11-4 所示。

步骤 7 圆角处理。单击“修改”面板中的“圆角”按钮，设置圆角半径为 5，对导柱最上方的两个角进行圆角处理，并将中心线移至“中心线”图层，效果参照图 11-1 所示。

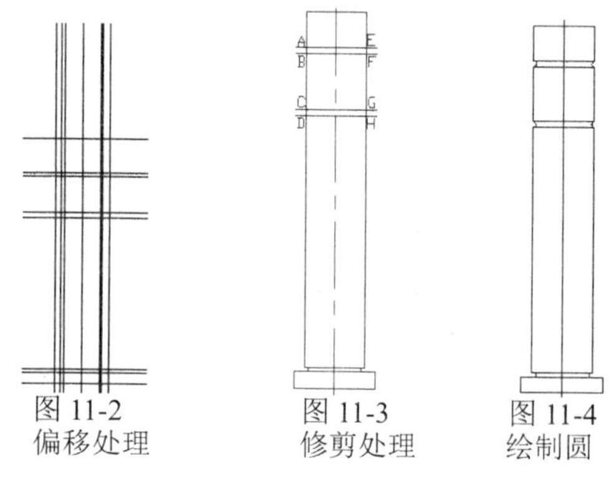

图 11-2 偏移处理　　图 11-3 修剪处理　　图 11-4 绘制圆

实例 12 导套

本实例将绘制导套，效果如图 12-1 所示。

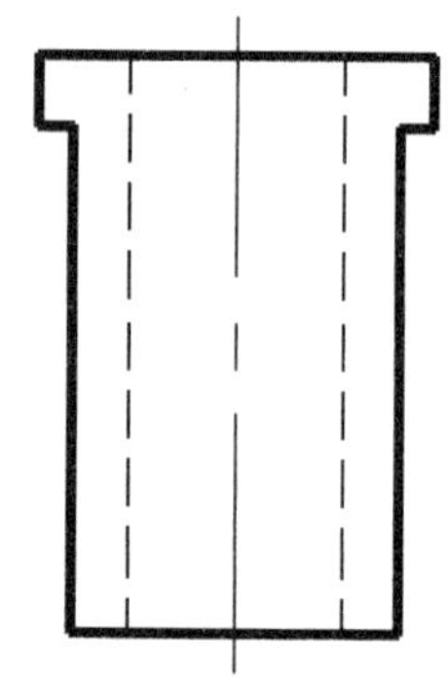

图 12-1 导套

操作步骤

步骤 1 新建文件。启动 AutoCAD，单击“新建”按钮，新建一个 CAD 文件。

步骤 2 创建图层。执行 LAYER 命令，新建一个“中心线”图层，设置其“线型”为 CENTER、“颜色”为红色；新建一个“虚线”图层，设置其“线型”为 HIDDEN、“颜色”为白色，将“中心线”图层设为当前图层。

步骤 3 绘制直线。按【F8】键开启正交模式，单击“绘图”面板中的“直线”按钮，绘制一条垂直线作为中心线；将“0”图层设为当前图层，重复执行 LINE 命令，绘制一条与中心线相交的水平直线，效果如图 12-2 所示。

步骤 4 偏移处理。单击“修改”面板中的“偏移”按钮，将垂直中心线分别向左、右各偏移 15、22.5 和 27.5，将水平基准线分别向下偏移 10、80，效果如图 12-3 所示。

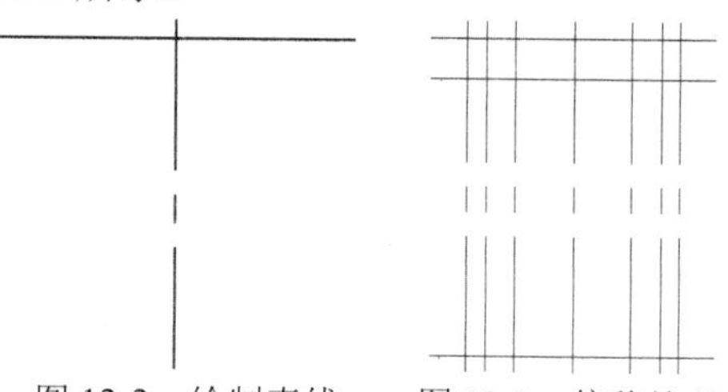

图 12-2 绘制直线　　图 12-3 偏移处理

步骤 5 修剪处理。执行 TRIM 命令，根据命令行提示对该图形进行修剪，效果如图 12-4 所示。

步骤 6 调整线型。选择左右两侧最外面的中心线，并将其移至“0”图层，将“特性”工具栏中的相应选项更改为ByLayer，并将另两条中心线移至“虚线”图层，如图12-5所示。

步骤7 单击状态栏中的“显示/隐藏线宽”按钮，显示线宽，效果参见图12-1。

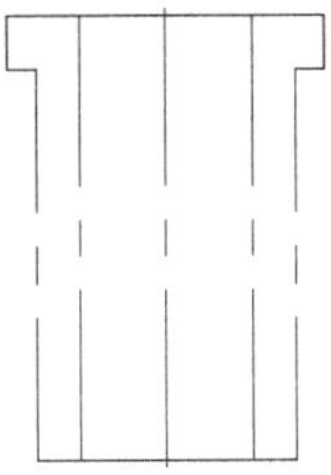

图12-4　修剪处理 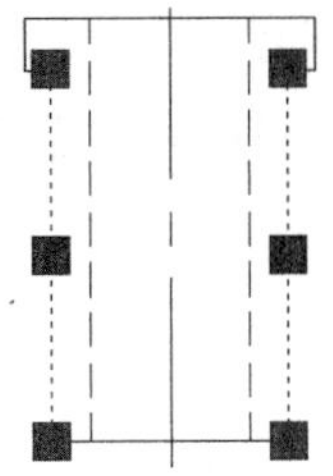　　图12-5　调整线型

实例13 耳机插头

本实例将绘制耳机插头，效果如图13-1所示。

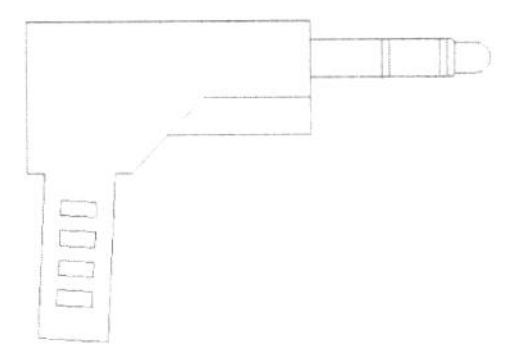

图13-1　耳机插头

操作步骤

步骤1 新建文件。启动AutoCAD，单击“新建”按钮，新建一个CAD文件。

步骤2 绘制多段线。执行PLINE命令，在绘图区任意取一点为起点，依次输入（@0,4）、（@8,0）、（@0,-3）、（@-4,0）、（@-1,-1）和C，绘制多段线，效果如图13-2所示。

步骤3 绘制直线。执行LINE命令，单击状态栏中的“对象捕捉”按钮，捕捉端点A为基点，然后依次输入（@0,1）、（@-3,0）和（@-1,-1），绘制直线，效果如图13-3所示。

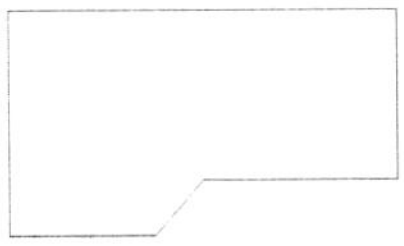

图13-2　绘制多段线 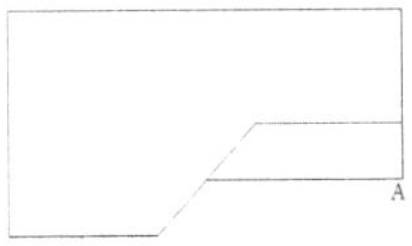　　图13-3　绘制直线

步骤4 绘制矩形。执行RECTANG命令，按住【Shift】键的同时在绘图区单击鼠标右键，在弹出的快捷菜单中选择“自”选项，捕捉端点A为基点，然后分别以（@0,1.5）和（@4,-1）、（@4,1.4）和（@1,-0.8）为矩形的角点和对角点绘制矩形，效果如图13-4所示。

步骤5 圆角处理。使用FILLET命令，对上一步绘制的两个矩形的右端进行圆角处理，圆角半径分别为0.1和0.4，效果如图13-5所示。

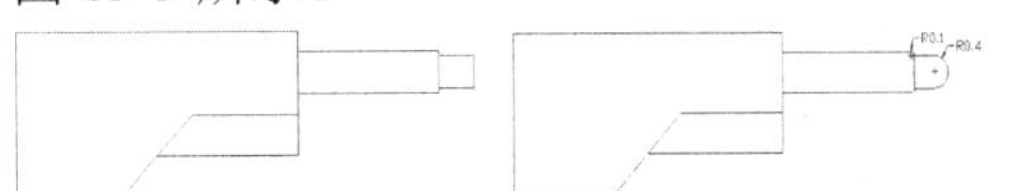

图13-4　绘制矩形　　图13-5　圆角处理

步骤6 分解处理。单击“修改”面板中的“分解”按钮，对步骤（4）中绘制的第一个矩形进行分解处理。

步骤7 偏移处理。使用OFFSET命令，选择已分解的矩形的左边垂直线，沿水平方向依次向右偏移，偏移的距离分别为2、0.2、1.4和0.2。

步骤8 绘制矩形。执行RECTANG命令，按住【Shift】键的同时在绘图区单击鼠标右键，在弹出的快捷菜单中选择“自”选项，捕捉端点A为基点，然后分别以（@-7.5,-1）和（@2,-4.5）、（@-7,-1.8）和（@1,-0.4）为矩形的角点和对角点，绘制两个矩形，效果如图13-6所示。

步骤9 阵列处理。执行ARRAY命令，选择需要阵列的对象，输入阵列类型为矩形（R），再输入R，设置“行数”为4、指定行数之间的距离为-0.8、指定行之间的标高增量为0，输入COL，“列数”为1、指定列数之间的距离为1、直接按回车键退出即可，效果如图13-7所示。

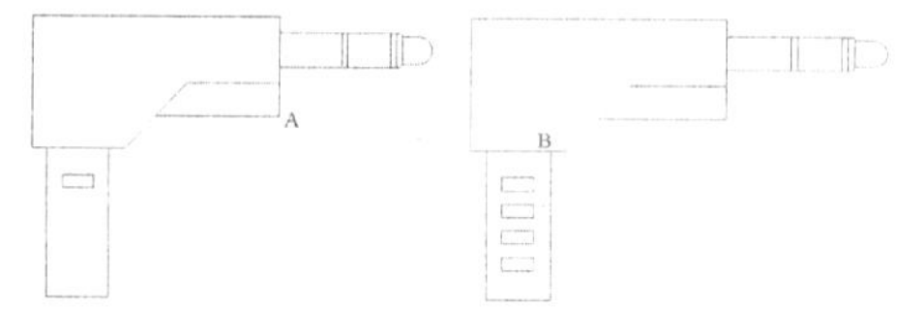

图13-6 绘制矩形　　图13-7 阵列处理

步骤10 旋转处理。使用ROTATE命令，选择所有的矩形并按回车键，捕捉图13-7所示的端点B为基点，将图形旋转-3度，效果如图13-8所示。

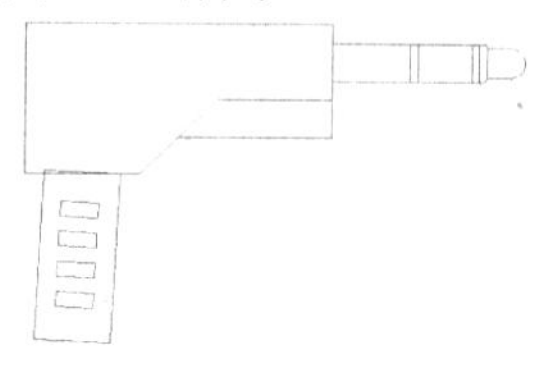

图13-8 旋转处理

步骤 11 修剪处理。执行TRIM命令对多余的直线进行修剪，效果参见图13-1。

实例14 铅笔刀

本实例将绘制铅笔刀，效果如图14-1所示。

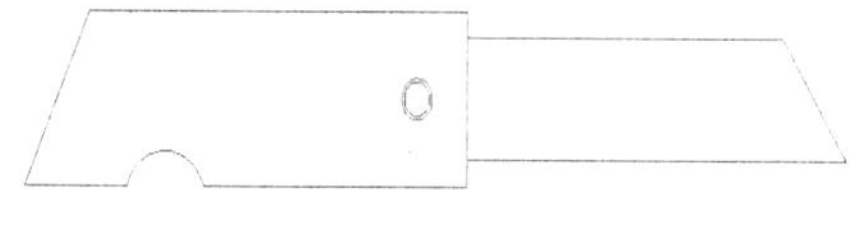

图14-1 铅笔刀

操作步骤

步骤 1 新建文件。启动AutoCAD，单击“新建”按钮，新建一个CAD文件。

步骤 2 绘制多段线。执行PLINE命令，依次输入（0,0）、（@5,10）、（@30,0）、（@0,-10）和C，绘制多段线，效果如图14-2所示。

图14-2 绘制多段线

步骤3 重复步骤（2）的操作，执行PLINE命令，依次输入（35,1.5）、（@30,0）、（@-5,7）、（@-25,0），绘制多段线，效果如图14-3所示。

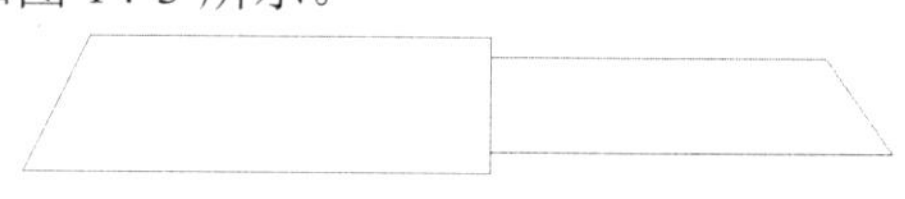

图14-3 绘制多段线

步骤 4 绘制圆弧。执行ARC命令，依次输入（8,0）、（@3,2）和（@3,-2），绘制圆弧。

步骤 5 修剪处理。使用TRIM命令对多余的线条进行修剪，效果如图14-4所示。

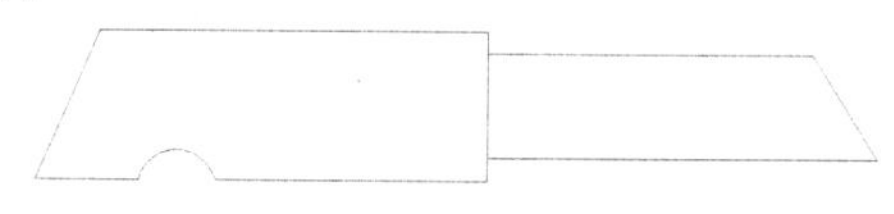

图14-4 修剪处理

步骤 6 绘制圆。使用CIRCLE命令，以（31,5）为圆心，绘制半径分别为1、1.2的圆，效果参见图14-1。

实例15 水果刀

本实例将绘制水果刀，效果如图15-1所示。

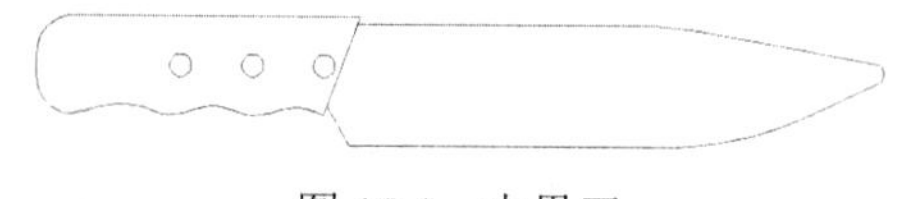

图15-1 水果刀

操作步骤

步骤 1 新建文件。启动AutoCAD，单击“新建”按钮，新建一个CAD文件。

步骤 2 绘制多段线。执行PLINE命令，依次输入（0,0）、（@40,0）、（@5,13）、

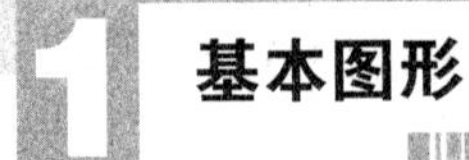

（@-45,0）和 C，绘制多段线。

步骤 3 重复步骤（2）的操作，依次输入（40,2）、（@3.6,-6）、（@55.6,0）、（@20,9）、（@0,2）、（@-30,5）和（@-46,0），绘制多段线，效果如图 15-2 所示。

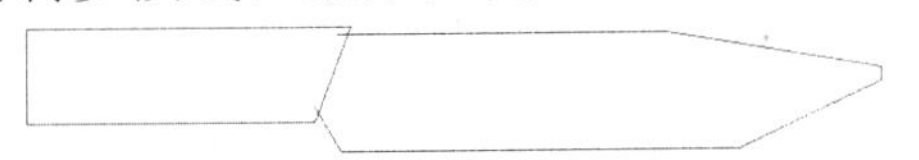

图 15-2 绘制多段线

步骤 4 修剪处理。使用 TRIM 命令对多段线进行修剪，效果如图 15-3 所示。

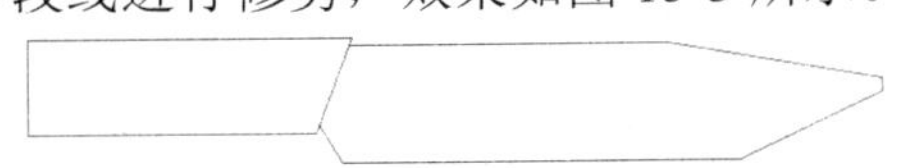

图 15-3 修剪处理

步骤 5 圆角处理。执行 FILLET 命令，设置圆角半径分别为 50 和 1，对刀口进行圆角处理，效果如图 15-4 所示。

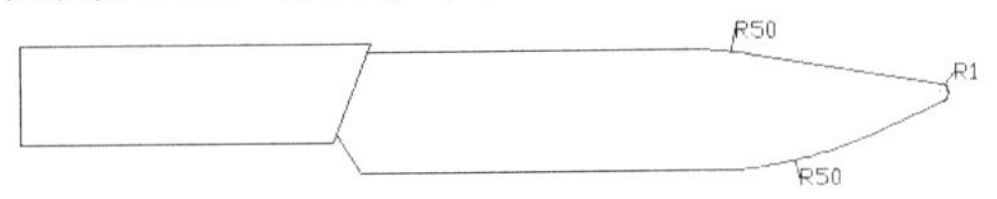

图 15-4 圆角处理

步骤 6 绘制样条曲线。单击“绘图”面板中的“样条曲线拟合”按钮，根据提示进行操作，绘制如图 15-5 所示的样条曲线。

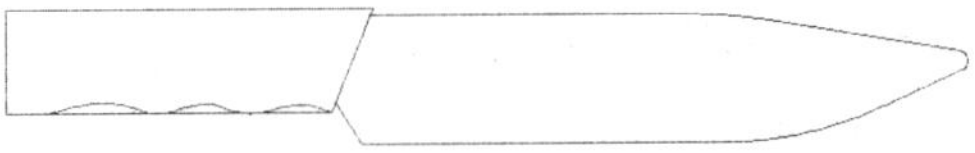

图 15-5 绘制样条曲线

步骤 7 修剪处理。使用 TRIM 命令对多余的直线进行修剪，效果如图 15-6 所示。

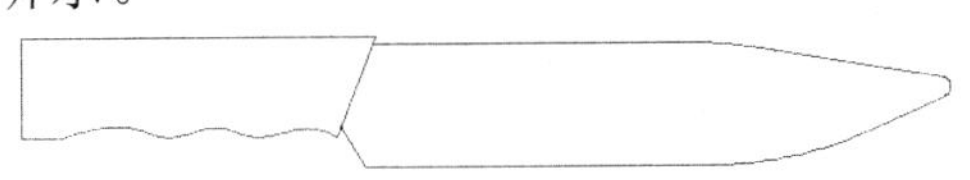

图 15-6 修剪处理

步骤 8 绘制圆。使用 CIRCLE 命令，以（20,6.5）为圆心绘制半径为 1.5 的圆。

步骤 9 复制处理。使用 COPY 命令，选择半径为 1.5 的圆并按回车键，以原点为基点，然后输入（@10,0）和（@20,0）作为目标点，对圆进行复制，效果如图 15-7 所示。

图 15-7 复制处理

步骤 10 圆角处理。执行 FILLET 命令，设置圆角半径为 5，对刀柄进行圆角处理，效果如图 15-8 所示。

图 15-8 圆角处理

实例 16 剪刀

本实例将绘制剪刀，效果如图 16-1 所示。

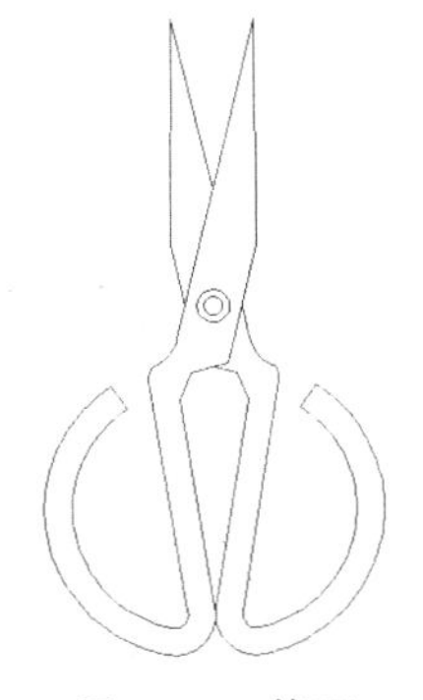

图 16-1 剪刀

操作步骤

步骤 1 新建文件。启动 AutoCAD，单击“新建”按钮，新建一个 CAD 文件。

步骤 2 绘制多段线。执行 PLINE 命令，在绘图区内任取一点为起点，然后依次输入 A、S、（@-9,-12.7）、（@12.7,-9）、L 和（@-3,19），绘制多段线，效果如图 16-2 所示。

步骤 3 分解并进行圆角处理。使用 EXPLODE 命令，对多段线进行分解处理；执行 FILLET 命令，设置圆角半径为3，对尖端进行圆角处理，效果如图 16-3 所示。

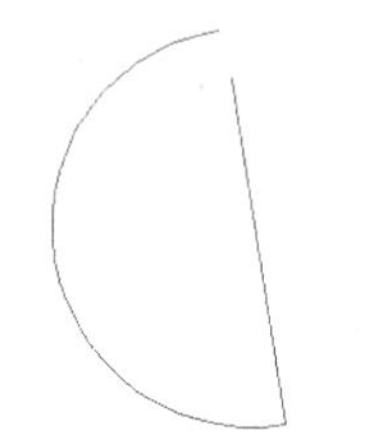

图 16-2　绘制多段线

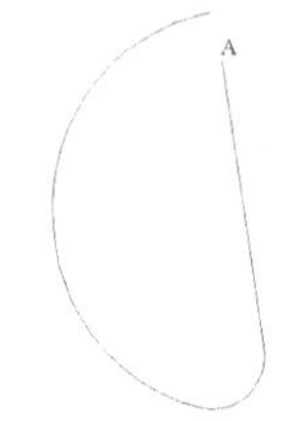

图 16-3　分解并进行圆角处理

步骤 4 绘制直线。使用 LINE 命令，捕捉图 16-3 中的端点 A 为起点，然后依次输入（@0.8,2）、（@2.8,0.7）、（@2,8.7）、（@-0.1,16.7）和（@-6.5,-22），绘制多条直线，效果如图 16-4 所示。

步骤 5 圆角处理。执行 FILLET 命令，设置圆角半径为 3，对图 16-4 中的圆弧和直线相接部分进行圆角处理，效果如图 16-5 所示。

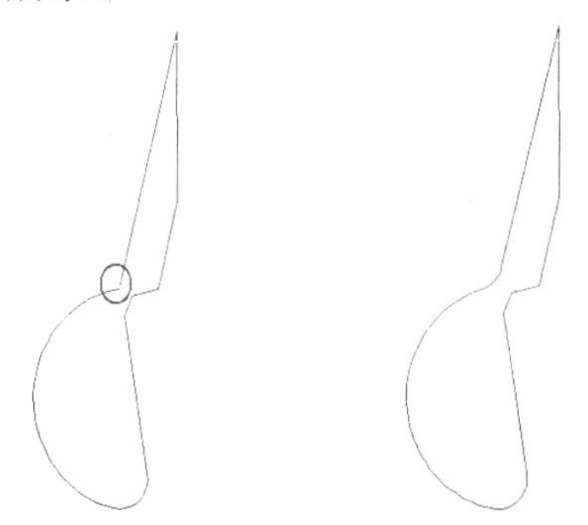

图 16-4　绘制直线　　图 16-5　圆角处理

步骤 6 打断处理。单击“修改”面板中的“打断”按钮，根据提示进行操作，在适当的位置捕捉左边圆弧上的一点为打断的第一点，然后捕捉圆弧顶点为打断的第二点，对圆弧进行打断处理，效果如图 16-6 所示。

步骤 7 偏移处理。执行 OFFSET 命令，设置偏移距离为 2，将剪刀的下半部分向内偏移，效果如图 16-7 所示。

步骤 8 绘制直线。使用 LINE 命令，捕捉图 16-7 中的端点 B 和 C 绘制直线，连接 BC 两点，效果如图 16-8 所示。

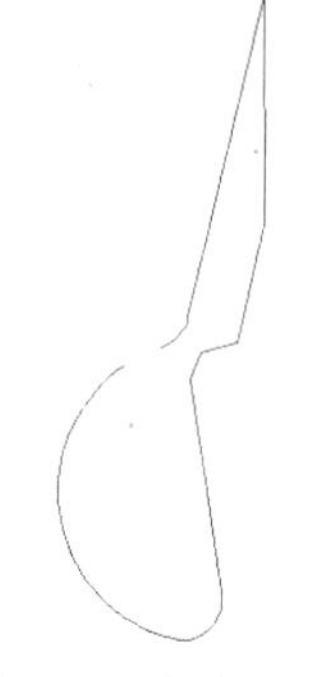

图 16-6　打断处理

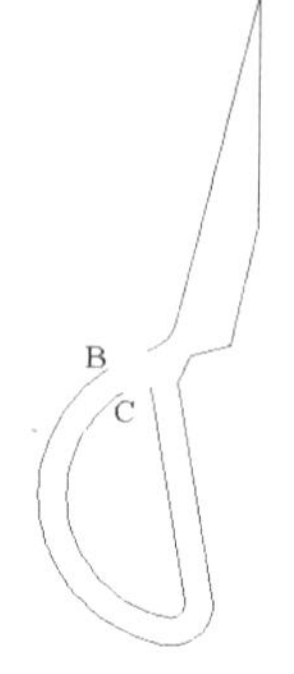

图 16-7　偏移处理

步骤 9 圆角处理。执行 FILLET 命令，设置圆角半径为 1，对图 16-8 中的圆弧和直线进行圆角处理，效果如图 16-9 所示。

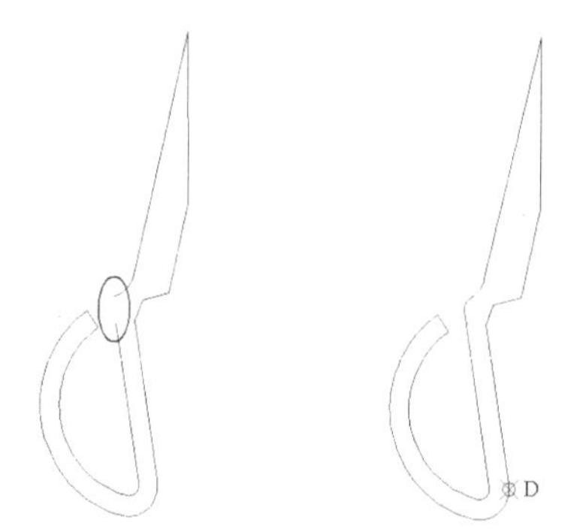

图 16-8　绘制直线　　图 16-9　圆角处理

步骤 10 镜像处理。使用 MIRROR 命令，选择所有图形为镜像对象，捕捉图 16-9 中的象限点 D 和该点垂直线上的一点为镜像线的第一点和第二点进行镜像处理，效果如图 16-10 所示。

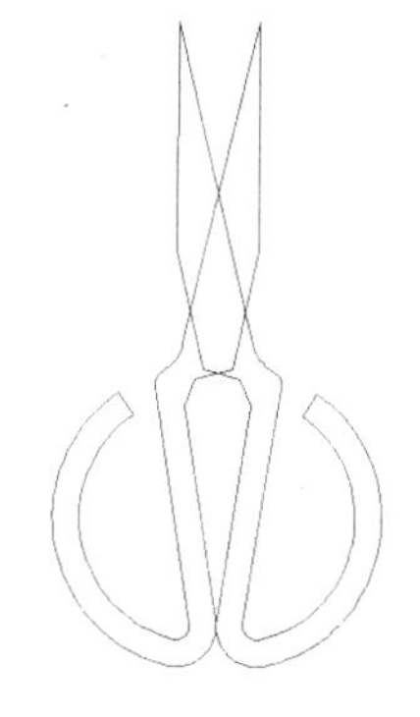

图 16-10　镜像处理

步骤 11 修剪处理。使用 TRIM 命令对多余的线条进行修剪，效果如图 16-11 所示。

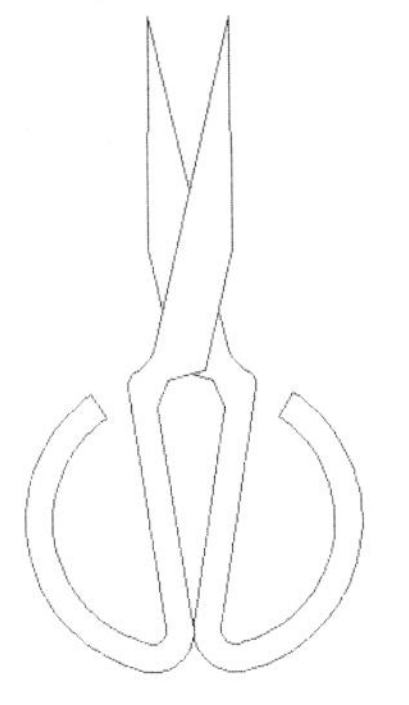

图 16-11　修剪处理

步骤 12　绘制圆。执行 CIRCLE 命令，在适当的位置分别绘制半径为 1.2 和 0.7 的圆，效果参见图 16-1。

实例 17　钥匙

本实例将绘制钥匙，效果如图 17-1 所示。

图 17-1　钥匙

操作步骤

步骤 1　新建文件。启动 AutoCAD，单击“新建”按钮，新建一个 CAD 文件。

步骤 2　绘制矩形。执行 RECTANG 命令，以（0,-4.25）和（@31,8.5）为矩形的角点和对角点绘制矩形。

步骤 3　绘制圆。执行 CIRCLE 命令，以（35.5,5）为圆心绘制半径为 5 的圆；以（35.5,-5）为圆心绘制半径为 5 的圆；以（42,0）为圆心绘制半径分别为 4 和 3.3 的圆，效果如图 17-2 所示。

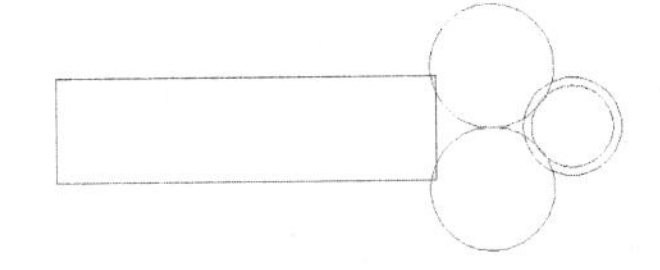

图 17-2　绘制圆

步骤 4　绘制矩形。执行 RECTANG 命令，以（0,3.5）和（@29,0.75）为矩形的角点和对角点绘制矩形。

步骤 5　修剪处理。使用 TRIM 命令对多余的线条进行修剪，效果如图 17-3 所示。

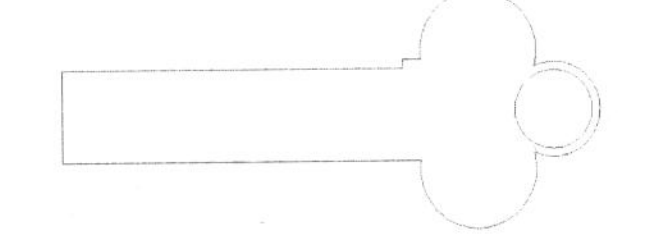

图 17-3　修剪处理

步骤 6　倒角处理。单击“修改”面板中的“倒角”按钮，根据提示进行操作，设置第一和第二倒角距离为 2.5，对钥匙左上角进行倒角处理，效果如图 17-4 所示。

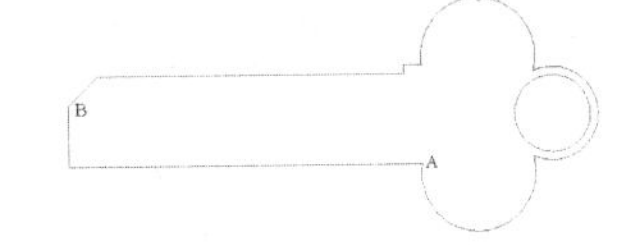

图 17-4　倒角处理

步骤 7　绘制多段线。使用 PLINE 命令，捕捉图 17-4 所示的端点 A 为起点，依次输入（@-1.2,1）、（@-1.2,-1）、（@-4,2.4）、（@-3.8,-2.4）、（@-3,0）、（@-3,1.5）、（@-2.4,-1.5）、（@-2.4,1.5）、（@-2,-1.5）和（@-2,0），然后捕捉端点 B 为终点，绘制多段线，效果如图 17-5 所示。

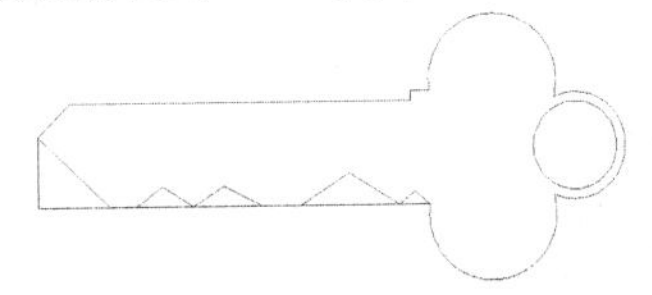

图 17-5　绘制多段线

步骤 8　圆角处理。执行 FILLET 命令，设置圆角半径为 2，输入 P，对多段线进行圆角处理，效果如图 17-6 所示。

图 17-6　圆角处理

步骤 9 修剪处理。使用 TRIM 命令对多余的直线进行修剪，效果如图 17-7 所示。

图 17-7　修剪处理

步骤 10 圆角处理。执行 FILLET 命令，设置圆角半径为 2，对钥匙左端的尖角进行圆角处理，效果如图 17-8 所示。

步骤 11 绘制直线并修剪。使用 LINE 命令，分别以（1,2）和（@30,0）、（1,0.2）和（@30,0）、（1.5,-0.8）和（@30,0）、（30.5,-4.25）和（@0,8.5）为直线的第一点和第二点，绘制 4 条直线；使用 TRIM 命令对多余的直线进行修剪，效果如图 17-9 所示。

图 17-8　圆角处理

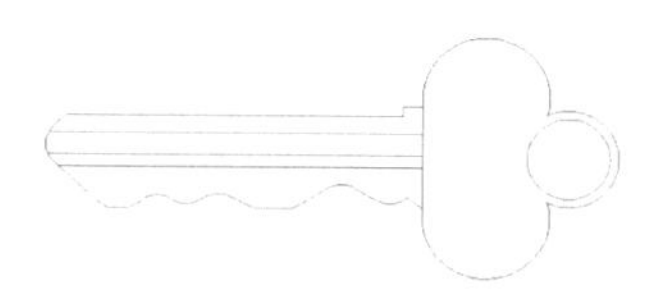

图 17-9　绘制直线并修剪处理

步骤 12 创建文字。使用 MTEXT 命令，在绘图区适当的位置指定文本输入框的角点和对角点，在"文字编辑器"选项卡中，设置"字体"为"隶书"、"字号"为 5，在文字编辑器中输入文字"中华"。

步骤 13 旋转并进行移动处理。使用 ROTATE 命令将文字"中华"旋转-90 度；使用 MOVE 命令将文字移动到钥匙柄上，效果参见图 17-1。

实例 18　扳手

本实例将绘制扳手，效果如图 18-1 所示。

图 18-1　扳手

操作步骤

步骤 1 新建文件。启动 AutoCAD，单击"新建"按钮，新建一个 CAD 文件。

步骤 2 绘制矩形。使用 RECTANG 命令，以（50,50）和（90,40）为矩形的角点和对角点绘制矩形。

步骤 3 绘制圆。使用 CIRCLE 命令，以（50,45）为圆心绘制半径为 9 的圆。

步骤 4 绘制正六边形。执行 POLYGON 命令，设置边的数目为 6，指定正多边形的中心点为（50,45），内接于圆，绘制半径为 5 的正六边形，效果如图 18-2 所示。

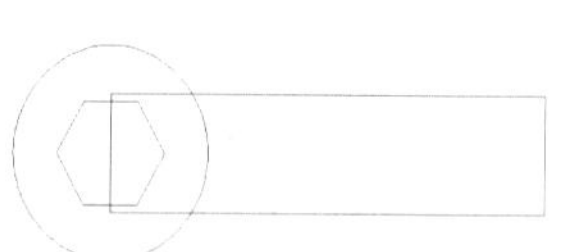

图 18-2　绘制正六边形

步骤 5 旋转处理。使用 ROTATE 命令，选择正六边形并按回车键，以（50,45）为基点，将其旋转 30 度，效果如图 18-3 所示。

步骤 6 镜像处理。使用 MIRROR 命令，选择圆、多边形和矩形为镜像对象，以（90,50）和（90,40）为镜像线上的第一点和第二点，对图形进行镜像处理，效果如图 18-4 所示。

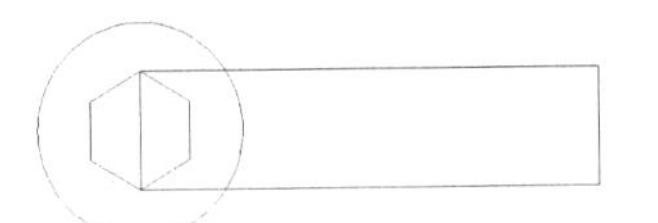

图 18-3　旋转处理

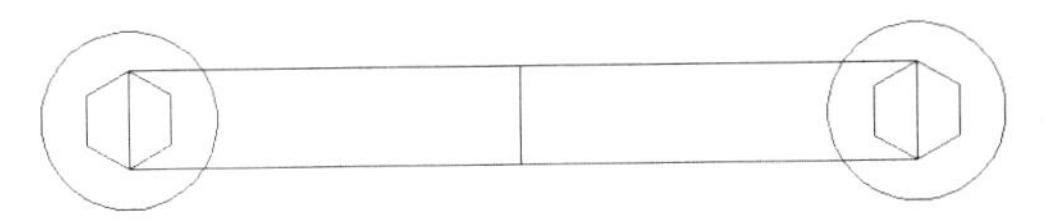

图 18-4　镜像处理

步骤 7 创建面域。使用 REGION 命令，将所有图形创建为面域。

步骤 8 并集处理。使用 UNION 命令合并圆和矩形，效果如图 18-5 所示。

步骤 9 移动处理。使用 MOVE 命令，选择右侧的正六边形并按回车键，以（130,45）为基点，然后输入（135,50）为目标点，对其进行移动。

步骤 10 重复步骤（9）的操作，使用 MOVE 命令，选择左侧的正六边形并按回车键，以（30,45）为基点，然后输入（25,40）为目标点，对其进行移动，效果如图 18-6 所示。

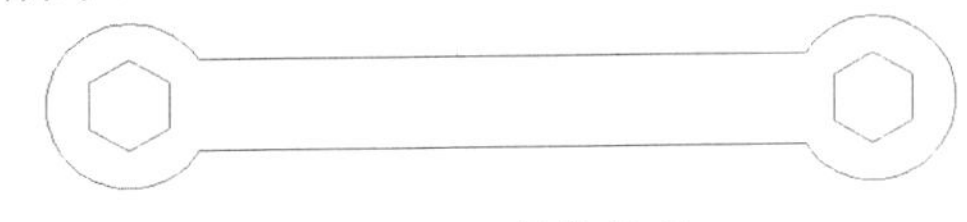

图 18-5　并集处理

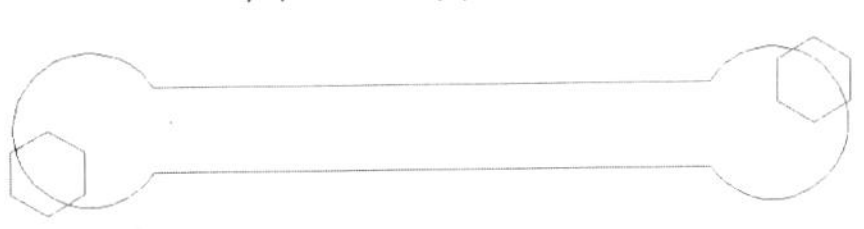

图 18-6　移动处理

步骤 11 差集处理。使用 SUBTRACT 命令，首先选择中间的组合图形部分，然后按回车键，再选择左边的正六边形，按回车键后完成左半图形的修剪，重复同样的步骤，将另一个正六边形从外部轮廓图形中减去，效果如图 18-7 所示。

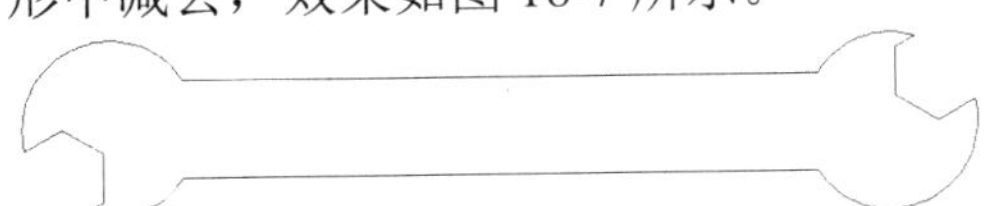

图 18-7　差集处理

实例 19　螺丝刀

本实例将绘制螺丝刀，效果如图 19-1 所示。

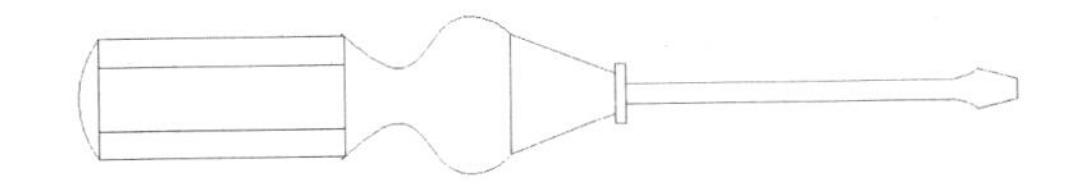

图 19-1　螺丝刀

操作步骤

步骤 1 新建文件。启动 AutoCAD，单击“新建”按钮，新建一个 CAD 文件。

步骤 2 绘制矩形。使用 RECTANG 命令，以（45,180）和（170,120）为矩形的角点和对角点绘制矩形。

步骤 3 绘制直线。使用 LINE 命令，分别以（45,166）和（@125,0）、（45,134）和（@125，0）为直线的第一点和第二点，绘制两条直线，效果如图 19-2 所示。

步骤 4 绘制圆弧。执行 ARC 命令，依次输入（45,180）、（35,150）和（45,120），绘制圆弧。

图 19-2　绘制直线

步骤 5 绘制样条曲线。执行 SPLINE 命令，依次输入（170,180）、（192,165）、（225,187）、（255,180）并按回车键，指定端点切向为（280,150），绘制样条曲线，效果如图 19-3 所示。

步骤 6 重复步骤（5）的操作，依次输入（170,120）、（192,135）、（225,113）、（255,120）并按回车键，指定端点切向为（280,150），绘制样条曲线，效果如图 19-4

所示。

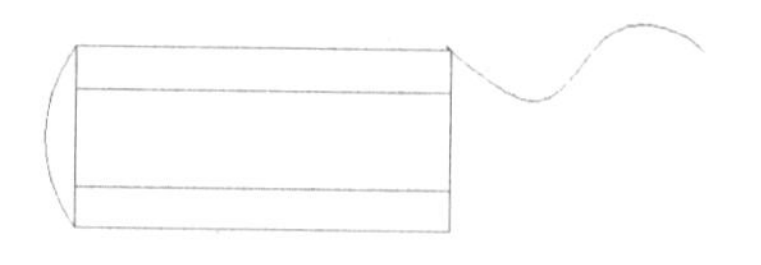

图 19-3 绘制样条曲线

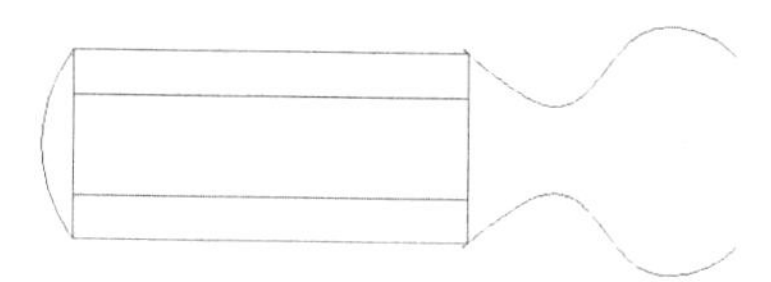

图 19-4 绘制样条曲线

步骤 7 绘制直线。使用 LINE 命令，以（255,180）、（308,160）、（@5<90）、（@5<0）、（@30<-90）、（@5<-180）、（@5<90）、（255,120）和（255,180）为各个端点，绘制直线，效果如图 19-5 所示。

步骤 8 重复执行步骤（7）的操作，以（308,160）和（@20<-90）为第一点和第二点，绘制直线。

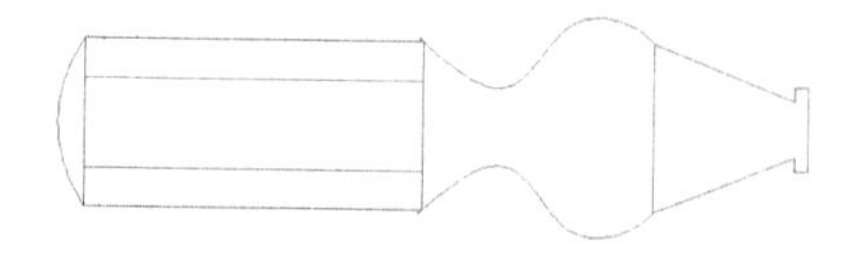

图 19-5 绘制直线

步骤 9 绘制多段线。执行 PLINE 命令，依次输入（313,155）、（@162<0）、A 和（490,160），绘制多段线，效果如图 19-6 所示。

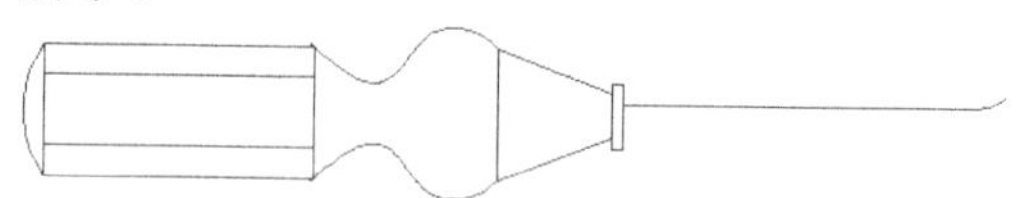

图 19-6 绘制多段线

步骤 10 重复步骤（9）的操作，依次输入（313,145）、（@162<0）、A、（490,140）、L、（510,145）、（@10<90）和（490,160），绘制多段线，效果如图 19-7 所示。

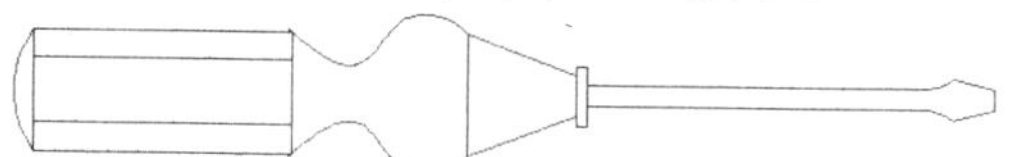

图 19-7 绘制多段线

实例 20 杠杆

本实例将绘制杠杆，效果如图 20-1 所示。

图 20-1 杠杆

操作步骤

步骤 1 新建文件。启动 AutoCAD，单击“新建”按钮，新建一个 CAD 文件。

步骤 2 绘制直线。使用 LINE 命令，分别以（500,500）和（@0,-500）、（350,250）和（@500,0）为各个端点，绘制两条直线。

步骤 3 偏移处理。使用 OFFSET 命令，将水平直线垂直向上偏移 20；将垂直直线水平向右偏移 80，效果如图 20-2 所示。

步骤 4 旋转处理。使用 ROTATE 命令，选择偏移后生成的水平直线并按回车键，以（580,270）为基点，将其旋转-15 度。

步骤 5 重复步骤（4）的操作，选择绘制的垂直直线并按回车键，以（500,250）为基点，将其旋转-15 度，效果如图 20-3 所示。

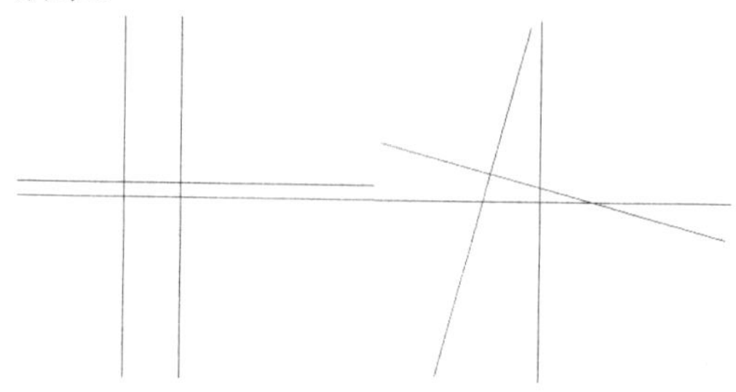

图 20-2 偏移处理　　图 20-3 旋转处理

步骤 6 绘制圆。使用 CIRCLE 命令，捕捉左下角交点为圆心，绘制半径分别为 6、7.5 和 11 的圆，效果如图 20-4 所示。

步骤 7 重复步骤（6）的操作，捕捉左上角交点为圆心，绘制半径分别为 4 和 7 的圆，效果如图 20-5 所示。

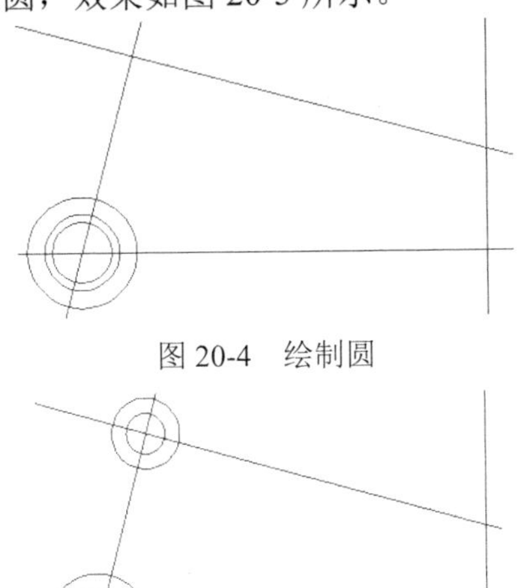

图 20-4 绘制圆

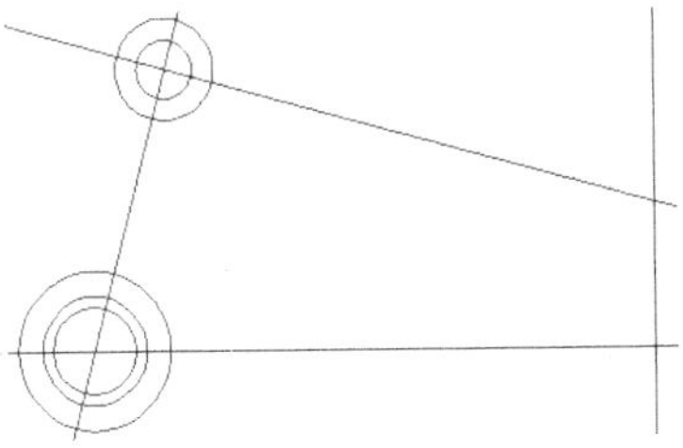

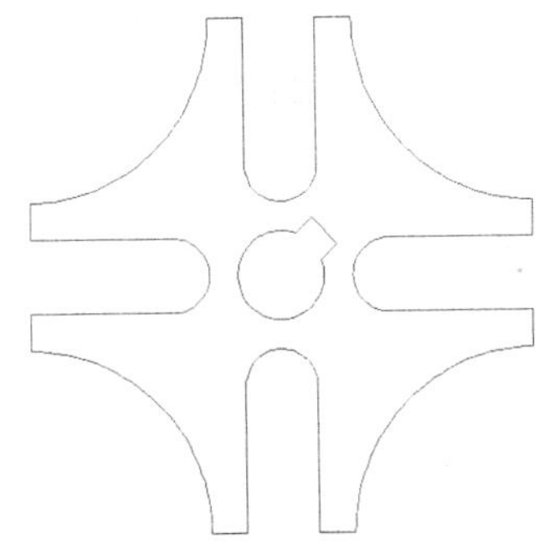

图 20-5 绘制圆

步骤 8 重复步骤（6）的操作，捕捉右下角交点为圆心，绘制半径分别为 3 和 7 的圆，效果如图 20-6 所示。

步骤 9 绘制切线。使用 LINE 命令，绘制各交点与外圆之间的切线，效果如图 20-7 所示。

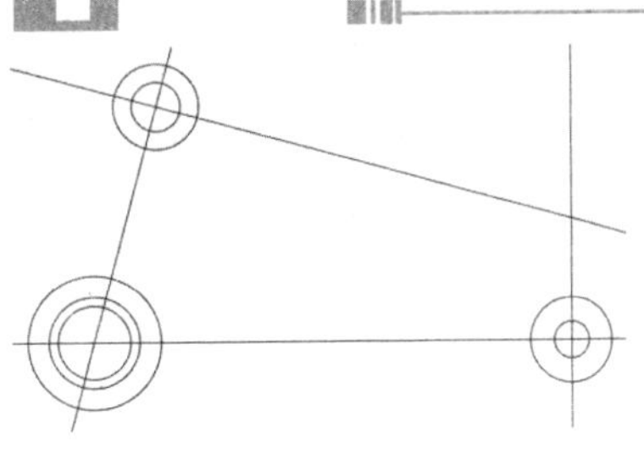

图 20-6 绘制圆

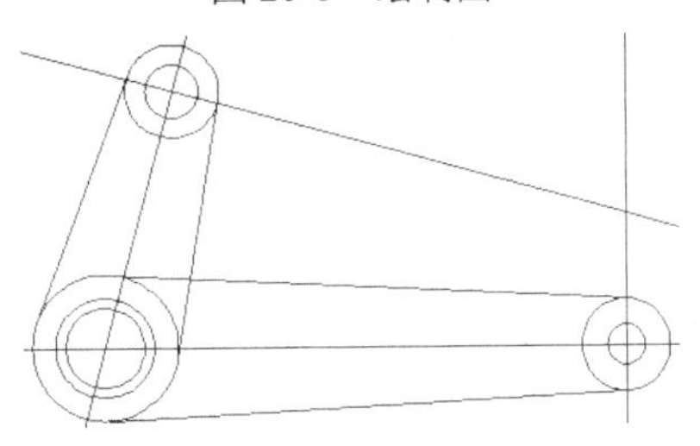

图 20-7 绘制切线

步骤 10 圆角处理。使用 FILLET 命令，设置圆角半径为 6，对相交的两条切线进行圆角处理，效果如图 20-8 所示。

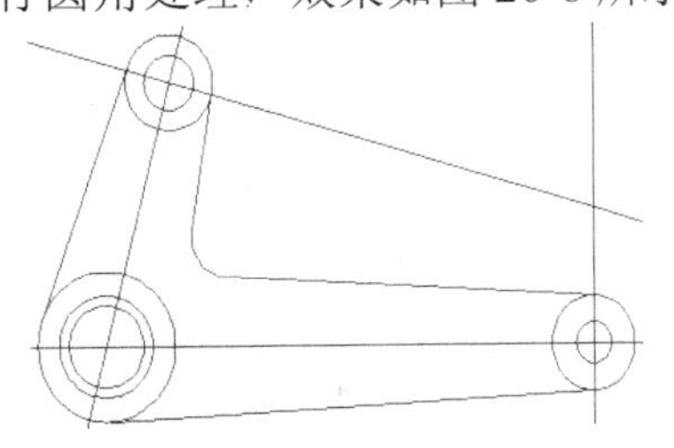

图 20-8 圆角处理

步骤 11 删除多余线条。使用 ERASE 命令，删除多余的直线，效果参见图 20-1。

实例 21 槽轮

本实例将绘制槽轮，效果如图 21-1 所示。

图 21-1 槽轮

操作步骤

步骤 1 新建文件。启动 AutoCAD，单击“新建”按钮，新建一个 CAD 文件。

步骤 2 绘制直线。使用 LINE 命令，分别以（300,500）和（@0,-500）、（50,250）和（@500,0）为直线的各个端点，绘制两条直线。

步骤 3 偏移处理。使用 OFFSET 命令，将水平直线垂直向上依次偏移 10 和 60，将垂直直线水平向右依次偏移 10 和 60，效果如图 21-2 所示。

步骤 4 绘制圆。使用 CIRCLE 命令，捕捉步骤（2）中绘制的两条直线的交点为圆心，绘制半径为 12 的圆，效果如图 21-3 所示。

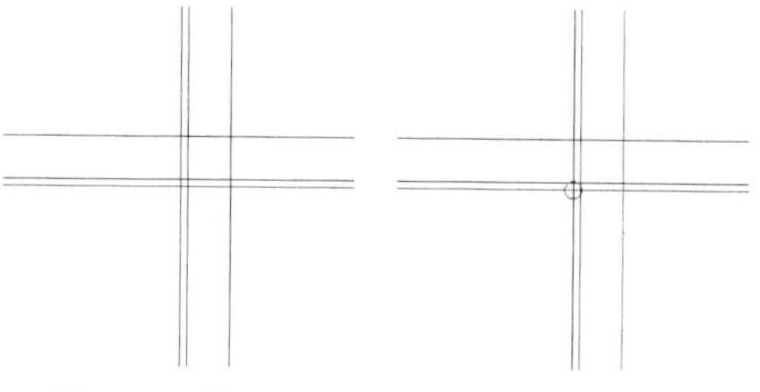

图 21-2 偏移处理　　图 21-3 绘制圆

步骤 5 重复步骤（4）的操作，捕捉右上角两条直线的交点为圆心，绘制半径为 50 的圆，效果如图 21-4 所示。

步骤 6 修剪处理。使用 TRIM 命令对半径为 50 的圆进行修剪，效果如图 21-5 所示。

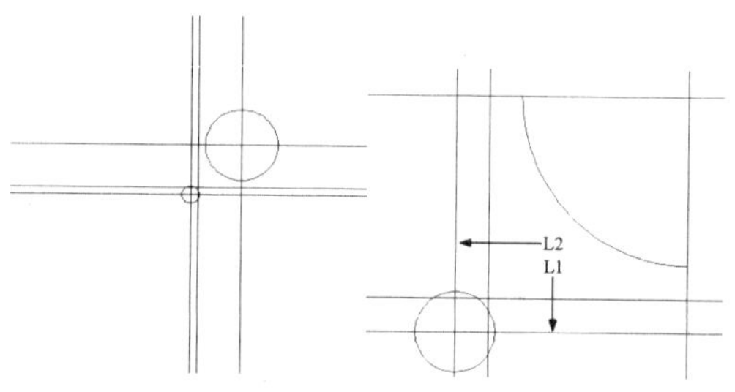

图 21-4 绘制圆　　图 21-5 修剪处理

步骤 7 偏移处理。使用 OFFSET 命令，将图 21-5 中的直线 L1 垂直向上偏移 30，将直线 L2 水平向右偏移 30，效果如图 21-6 所示。

步骤 8 绘制圆。使用 CIRCLE 命令，分别捕捉图 21-6 中的交点 A 和 B 为圆心，绘制半径为 10 的圆，效果如图 21-7 所示。

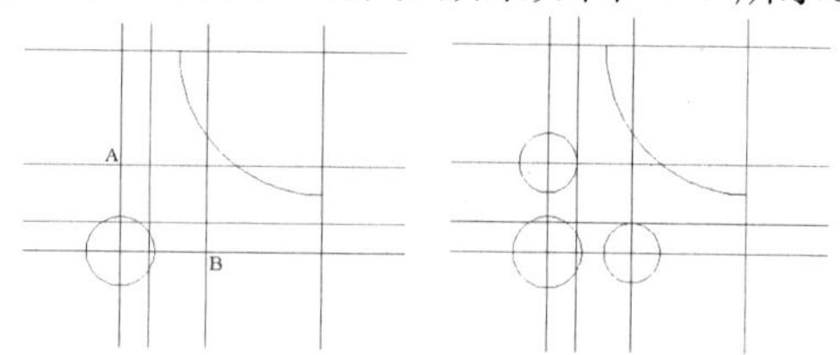

图 21-6 偏移处理　　图 21-7 绘制圆

步骤 9 修剪处理。使用 TRIM 命令对多余的线条进行修剪，效果如图 21-8 所示。

步骤 10 阵列处理。执行 ARRAY 命令，选择修剪后的图形为阵列对象，选中“极轴”单选按钮，设置中心点为（300,250）、“项目（I）”为 4，对其进行阵列处理，按回车键退出，效果如图 21-9 所示。

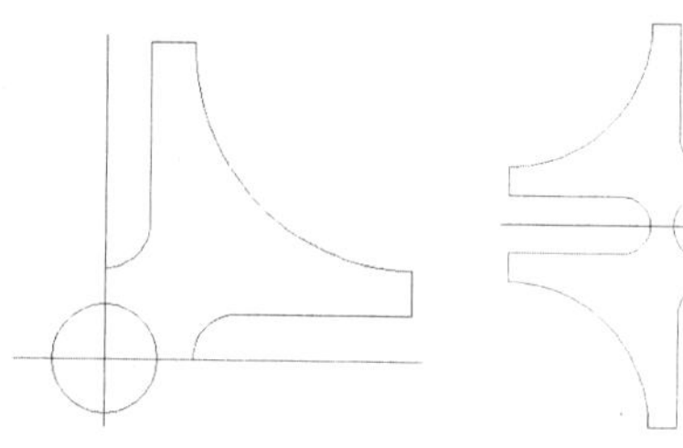

图 21-8 修剪处理　　图 21-9 阵列处理

步骤 11 绘制矩形。使用 RECTANG 命令，以（307,245）和（317,255）为矩形的角点和对角点绘制矩形。

步骤 12 旋转处理。使用 ROTATE 命令，以（300,250）为基点，将矩形旋转 45 度，效果如图 21-10 所示。

步骤 13 修剪并删除处理。先使用 EXPLODE 将阵列后的图形分解，再使用 TRIM 命令对多余的线条进行修剪，再使用 ERASE 命令将多余的直线删除，效果如图 21-11 所示。

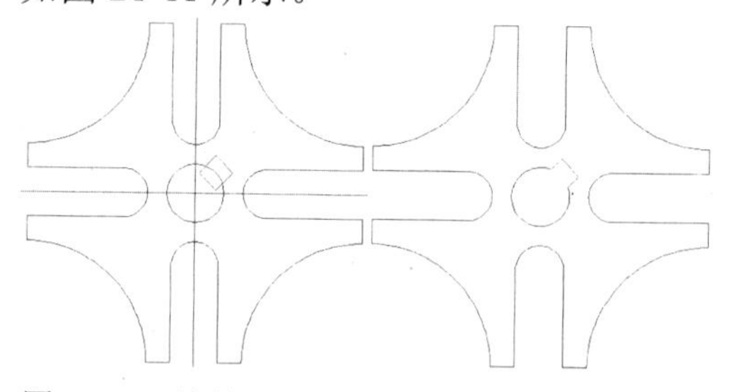

图 21-10 旋转处理　图 21-11 修剪并删除处理

实例 22 U盘

本实例将绘制U盘，效果如图22-1所示。

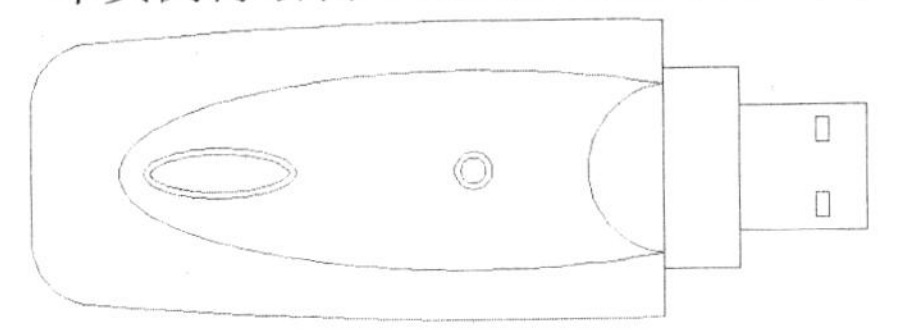

图 22-1　U 盘

操作步骤

步骤 1 新建文件。启动 AutoCAD，单击“新建”按钮，新建一个 CAD 文件。

步骤 2 绘制多段线。使用 PLINE 命令，依次输入（0,0）、A、S、（40,-2）、（@40,2）、L、（@0,20）、A、S、（@-40,2）、（@-40,-2）、L 和 C，绘制多段线，效果如图 22-2 所示。

图 22-2　绘制多段线

步骤 3 绘制椭圆。单击“绘图”面板中的“轴，端点”按钮，根据提示进行操作，依次输入（7,10）、（@56,0）和 8，绘制一个椭圆。

步骤 4 绘制椭圆并进行偏移处理。单击“绘图”面板中的“轴，端点”按钮，根据提示进行操作，依次输入（9,10）、（@12,0）和 2，绘制一个椭圆；使用 OFFSET 命令，将绘制的椭圆向内偏移 0.5，效果如图 22-3 所示。

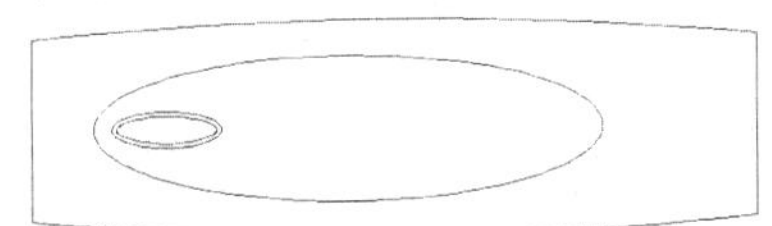

图 22-3　绘制椭圆并偏移处理

步骤 5 绘制直线并进行修剪处理。使用 LINE 命令，以（50,-2）和（@0,25）为直线的第一点和第二点绘制直线；使用 TRIM 命令对多余的线条进行修剪，效果如图 22-4 所示。

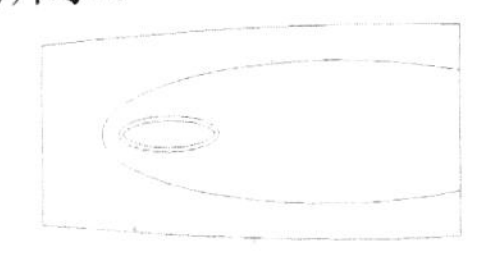

图 22-4　绘制直线并修剪处理

步骤 6 绘制圆。使用 CIRCLE 命令，以（35,10）为圆心，绘制半径分别为 1 和 1.5 的圆，效果如图 22-5 所示。

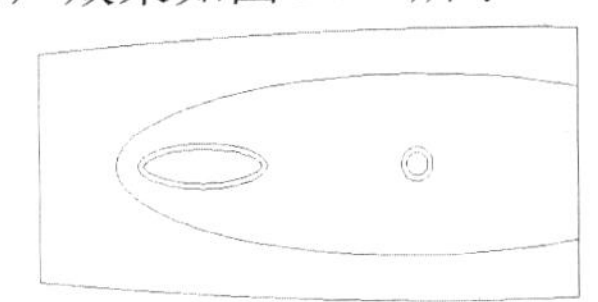

图 22-5　绘制圆

步骤 7 绘制矩形。使用 RECTANG 命令，分别以（50,2）和（@6,16）、（56,5）和（@10,10）、（62,6）和（@1,2）、（62,12）和（@1,2）为矩形的角点和对角点，绘制 4 个矩形，效果如图 22-6 所示。

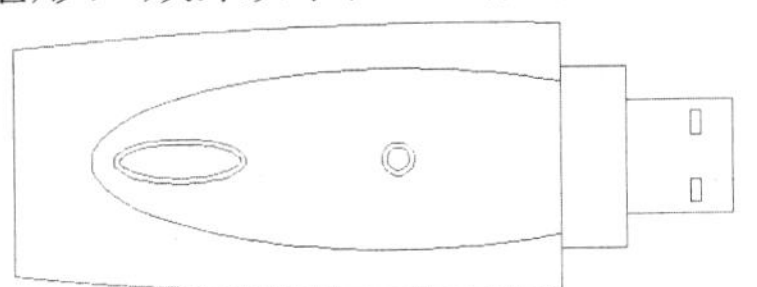

图 22-6　绘制矩形

步骤 8 分解并进行圆角处理。使用 EXPLODE 命令，对 U 盘外轮廓线进行分解；执行 FILLET 命令，设置圆角半径为 5，对 U 盘左侧的两个尖角进行圆角处理，效果如图 22-7 所示。

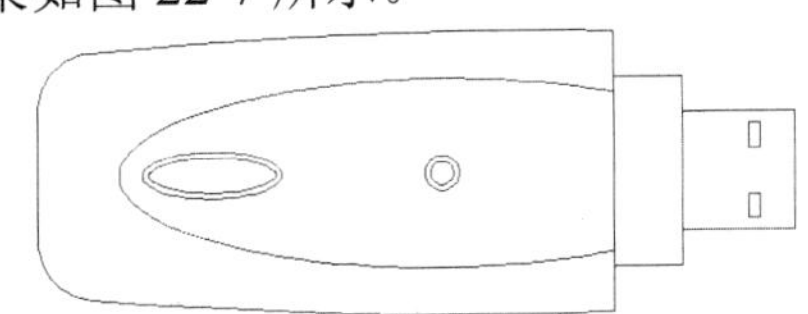

图 22-7　分解并圆角处理

步骤 9 绘制圆弧。使用 ARC 命令，依次输入（50,3.2）、（@-6,6.8）和（@6,6.8）绘制圆弧，效果参见图 22-1。

实例 23 手机

本实例将绘制手机，效果如图 23-1 所示。

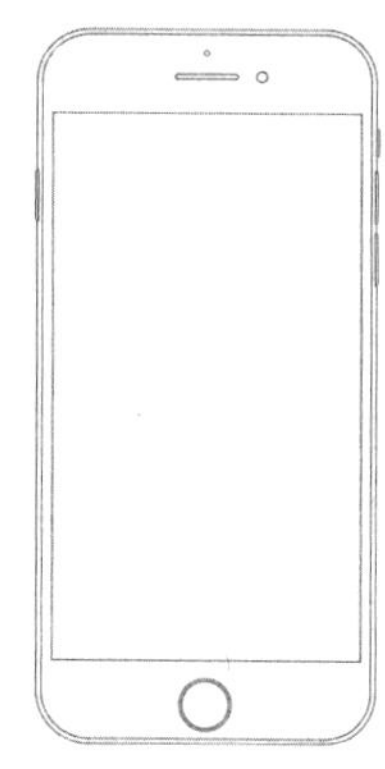

图 23-1 手机

操作步骤

步骤 1 新建文件。启动 AutoCAD，单击“新建”按钮，新建一个 CAD 文件。

步骤 2 绘制矩形。使用 RECTANG 命令，以（0,0）和（65,137）为矩形的角点和对角点绘制矩形。

步骤 3 圆角处理。执行 FILLET 命令，设置圆角半径为 10，对图形顶部和底部的尖角进行圆角处理，使用 OFFSET 命令，将绘制的圆角矩形向内偏移 1，效果如图 23-2 所示。

步骤 4 绘制矩形。使用 RECTANG 命令，以（3,16）和（@59,105）为矩形的角点和对角点绘制矩形，效果如图 23-3 所示。

图 23-2 圆角处理　　图 23-3 绘制矩形

步骤 5 绘制圆。执行 CIRCLE 命令，以（32.5,7.5）为圆心，绘制半径为 5 的圆，使用 OFFSET 命令，将绘制的圆向内偏移 0.5，效果如图 23-4 所示。

步骤 6 绘制圆。执行 CIRCLE 命令，以（32.5,132.5）为圆心，绘制半径为 0.5 的圆，效果如图 23-5 所示。

图 23-4 绘制圆　　图 23-5 绘制圆

步骤 7 绘制矩形。使用 RECTANG 命令，以（26.5,127.5）和（@12,1）为矩形的角点和对角点绘制矩形，执行 FILLET 命令，设置圆角半径为 0.5，对矩形的四角进行圆角处理，效果如图 23-6 所示。

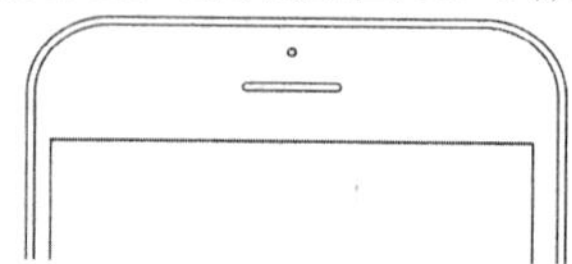

图 23-6 绘制矩形

步骤 8 绘制圆。执行 CIRCLE 命令，以（22,128）为圆心，绘制半径为 1 的圆，效果如图 23-7 所示。

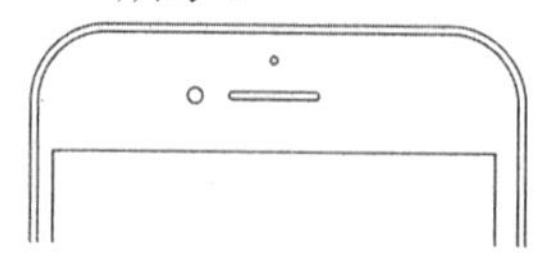

图 23-7 绘制圆

步骤 9 绘制矩形并修剪处理。使用 RECTANG 命令，以（64.75,100）和（@0.5,10）为矩形的角点和对角点绘制矩形。执行 FILLET 命令，设置圆角半径为 0.5，对绘制的矩形的右边两角加圆角，使用 TRIM 命令对图形进行修剪，效果如图

23-8 所示。

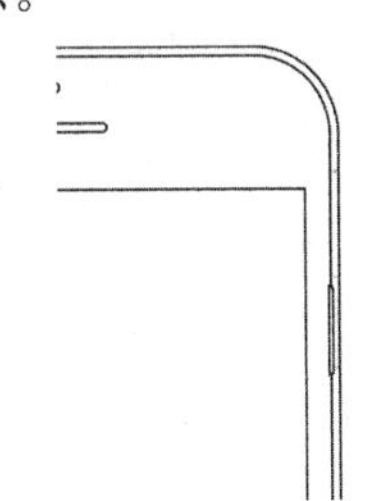

图 23-8　绘制矩形并修剪处理

步骤 10 镜像处理。使用 MIRROR 命令，选择步骤（9）处理后的图形为镜像对象，以（32.5,50）和（32.5,100）为镜像线上的第一点和第二点进行镜像处理，效果如图 23-9 所示。

步骤 11 复制处理。使用 COPY 命令，以步骤（10）处理后的图形为选择对象，指定（0.25,110）为基点，指定（0.25,95）为第二个点，对图形进行复制，使用 TRIM 命令对图形进行修剪，效果如图 23-10 所示。

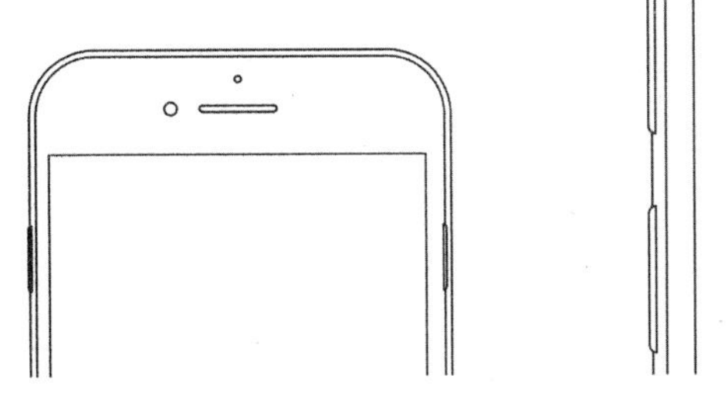

图 23-9　镜像处理　　图 23-10　复制处理

步骤 12 绘制矩形。使用 RECTANG 命令，以（-0.5,113）和（@0.5,5）为矩形的角点和对角点绘制矩形，效果参见图 23-1。

实例 24 方向盘

本实例将绘制方向盘，效果如图 24-1 所示。

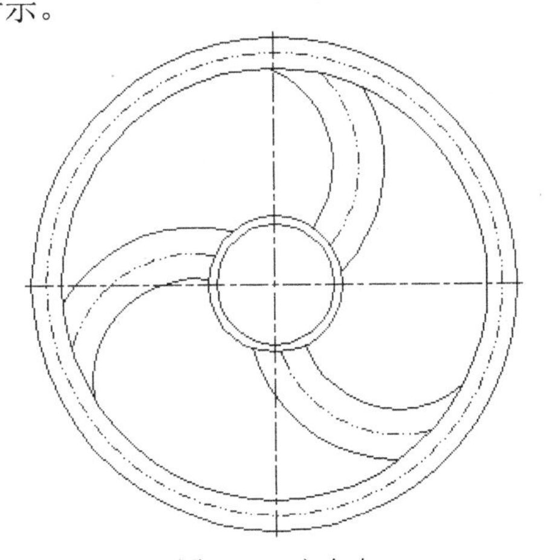

图 24-1　方向盘

操作步骤

步骤 1 新建文件。启动 AutoCAD，单击“新建”按钮，新建一个 CAD 文件。

步骤 2 创建图层。执行 LAYER 命令，新建一个“中心线”图层，设置其“线型”为 CENTER、“颜色”为红色。

步骤 3 绘制直线。按【F8】键开启正交模式，执行 LINE 命令，在绘图区指定起点，绘制一条水平直线 a，再绘制一条垂直于该直线的直线 b，将绘制的直线移至“中心线”图层，效果如图 24-2 所示。

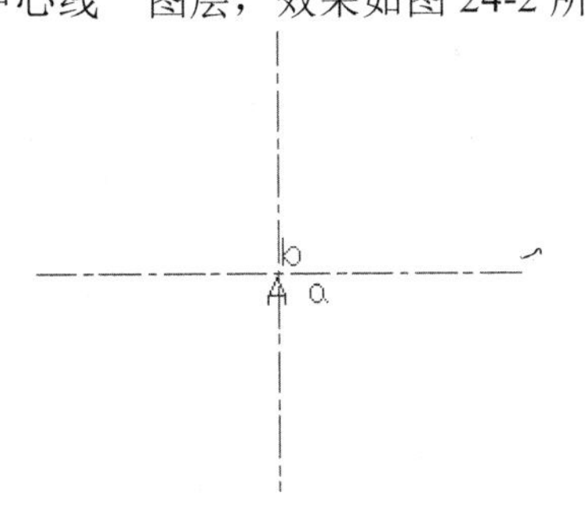

图 24-2　绘制直线

步骤 4 绘制圆。执行 CIRCLE 命令，以两条直线的交点 A 为圆心，绘制半径分别为 70、80、270 的圆，效果如图 24-3 所示。

步骤 5 偏移处理。执行 OFFSET 命令，将直线 a 向上偏移 140，将直线 b 向左偏移 50，将半径为 270 的圆向外和向内分别偏移 18，并将半径为 270 的圆的线型改为 DIVIDE，效果如图 24-4 所示。

步骤 6 绘制圆。执行 CIRCLE 命令，以直线 c 和 d 的交点 B 为圆心，绘制半径分别为 120、150、180 的圆，然后将半径为 150 的圆的线型改为 DIVIDE，如图 24-5 所示。

步骤 7 修剪处理。执行 TRIM 命令，对图形进行修剪，效果如图 24-6 所示。

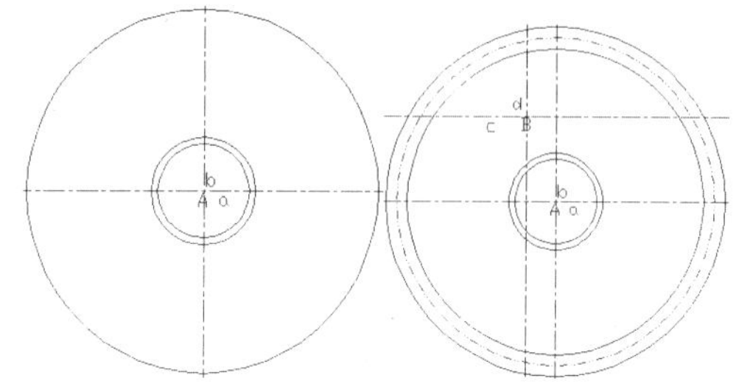

图 24-3　绘制圆　　　图 24-4　偏移处理

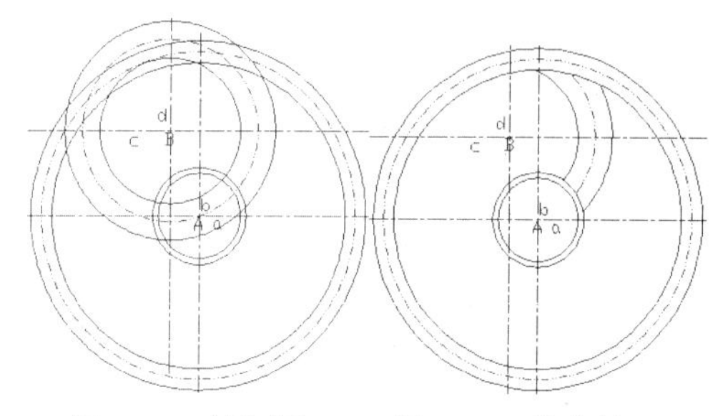

图 24-5　绘制圆　　　图 24-6　修剪处理

步骤 8 阵列处理。执行 ARRAY 命令，选择修剪后的图形为阵列对象，输入 PO（极轴）阵列类型，指定阵列的中心点为 A 点，再命令栏中选中“项目（I）”，输入项目数为 3，回车后阵列完成，效果如图 24-7 所示。

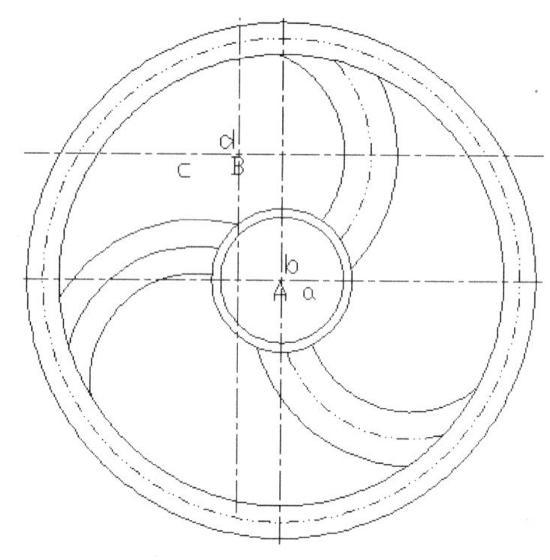

图 24-7　阵列处理

步骤 9 删除多余图形。执行 ERASE 命令，删除多余图形，效果参见图 24-1。

第 2 章　机械标准件

part 2

机械标准件被大量应用于机械设计制造中，如螺栓、销、键和弹簧等。这些零件的应用极为广泛，为了便于批量生产和使用，人们对其结构和尺寸进行了标准化。因此，在绘图时对于某些零件的结构和形状不必按其真实投影画出，只需根据相应的国家标准进行绘制和标注即可。

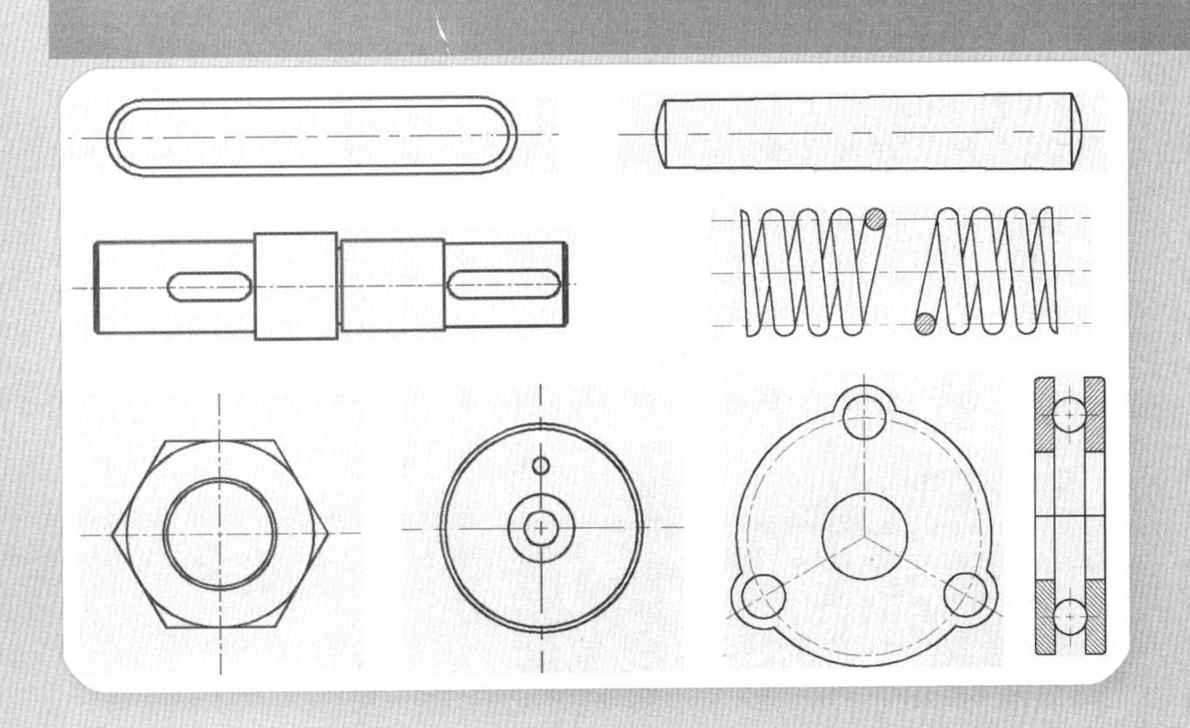

实例25 六角螺母

本实例将绘制六角螺母，效果如图25-1所示。

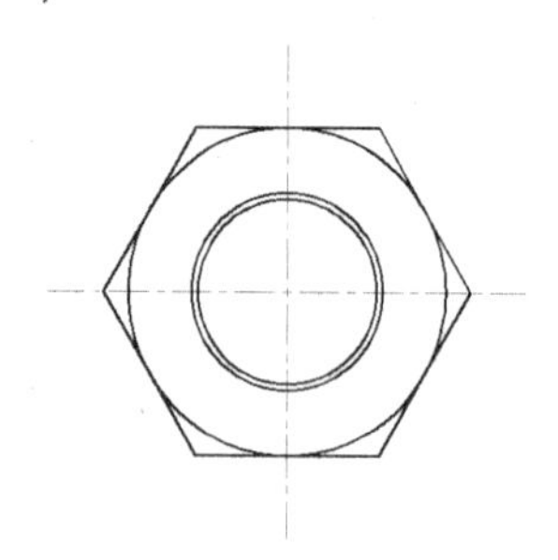

图25-1 六角螺母

操作步骤

步骤 1 新建文件。启动AutoCAD，单击“新建”按钮，新建一个CAD文件。

步骤 2 创建图层。执行LAYER命令，弹出“图层特性管理器”对话框。

步骤 3 单击“新建图层”按钮，新建一个图层，此时图层列表中将出现一个名为“图层1”的新图层，双击该图层名称，将其命名为“中心线”。

步骤 4 在“中心线”图层的“线型”列中选择Continuous（连续型）选项，弹出“选择线型”对话框。

步骤 5 单击“加载”按钮，弹出“加载或重载线型”对话框，在“可用线型”列表框中选择CENTER选项，然后单击“确定”按钮，返回“选择线型”对话框。

步骤 6 在“选择线型”对话框的“已加载的线型”列表框中选择CENTER选项，单击“确定”按钮，返回“图层特性管理器”对话框。

步骤 7 在“中心线”图层的“颜色”列中单击该图层的颜色图标，弹出“选择颜色”对话框，单击“红色”图标，然后单击“确定”按钮，返回“图层特性管理器”对话框。

步骤 8 在“中心线”图层的“线宽”列中选择“默认”选项，弹出“线宽”对话框，在该对话框中选择“0.09mm”选项。

步骤 9 用同样的方法，创建“轮廓线”图层，设置“轮廓线”图层的线宽为0.3毫米，其他设置保持默认，然后双击“中心线”图层，将其设置为当前图层。

步骤 10 绘制中心线。在命令行中输入LINE命令，根据提示进行操作，在绘图区任意取一点为起点，然后输入（@150,0）绘制水平中心线。

步骤 11 重复步骤（10）中的操作，按住【Shift】键的同时在绘图区单击鼠标右键，在弹出的快捷菜单中选择“自”选项，捕捉水平中心线的起点为基点，然后输入（@75,75）和（@0,-150）为直线的第一点和第二点绘制垂直中心线，效果如图25-2所示。

步骤 12 设置当前图层。在“图层”工具栏的“图层控制”下拉列表框中选择“轮廓线”图层，将其设置为当前图层。

步骤 13 绘制圆。单击“绘图”面板中的“圆心，半径”按钮，根据提示进行操作，捕捉水平中心线与垂直中心线的交点为圆心，绘制半径分别为28、30和50的圆，效果如图25-3所示。

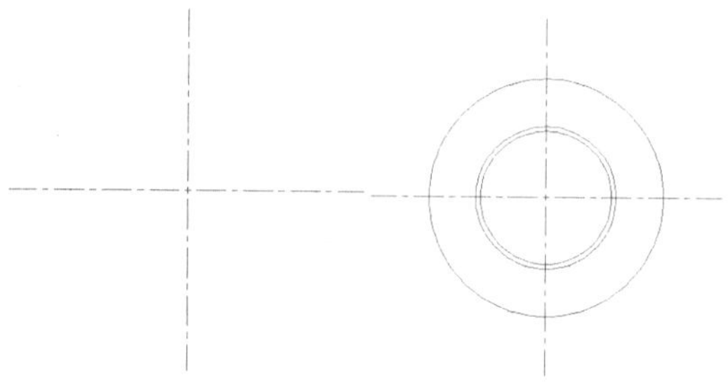

图25-2 绘制中心线　　图25-3 绘制圆

步骤 14 绘制正多边形。单击“绘图”面板中的“正多边形”按钮，根据提示进行操作，设置边的数目为6，圆心为中心点，外切于圆，绘制半径为50的正六边形，效果如图 25-4 所示。

步骤 15 显示线宽。在状态栏中单击“显示/隐藏线宽”按钮，显示线宽，效果如图 25-5 所示。

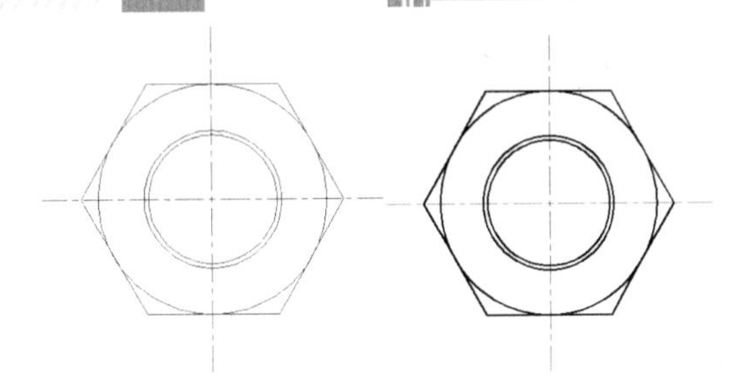

图 25-4 绘制正多边形　　图 25-5 显示线宽

实例 26 螺栓

扫码观看本例视频

本实例将绘制螺栓，效果如图 26-1 所示。

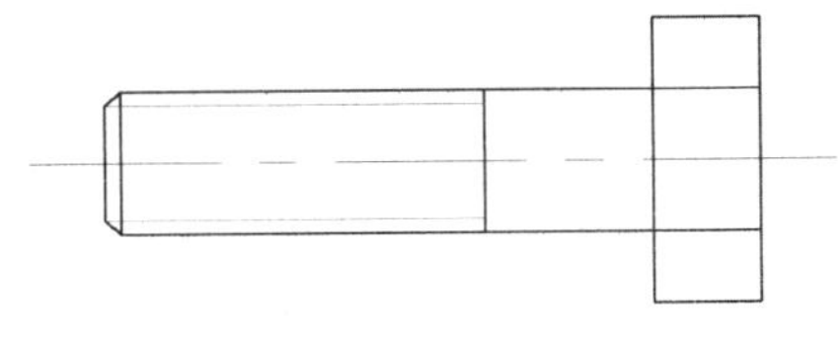

图 26-1 螺栓

操作步骤

步骤 1 新建文件。启动 AutoCAD，单击“新建”按钮，新建一个 CAD 文件。

步骤 2 创建图层。单击“图层”面板中的“图层特性”按钮，在弹出的“图层特性管理器”对话框中，依次创建“轮廓线”图层（线宽为 0.30 毫米）、“中心线”图层（颜色为红色、线型为 CENTER、线宽为 0.09 毫米）、“细实线”图层，然后双击“中心线”图层将其设置为当前图层。

步骤 3 绘制中心线。在命令行中输入 LINE 命令并按回车键，根据提示进行操作，以（-5,0）和（@30,0）为直线的第一点和第二点绘制水平中心线。

步骤 4 绘制直线。将“轮廓线”图层设置为当前图层，执行 LINE 命令，然后依次输入（0,0）、（@0,5）和（@20,0）绘制直线。

步骤 5 重复步骤（4）中的操作，使用 LINE 命令，依次输入（20,0）、（@0,10）、（@-7,0）和（@0,-10）绘制直线，效果如图 26-2 所示。

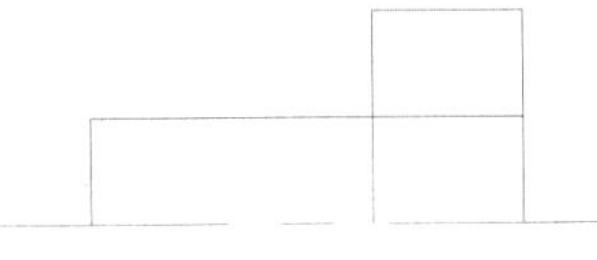

图 26-2 绘制直线

步骤 6 重复步骤（4）中的操作，使用 LINE 命令，依次输入（10,0）和（@0,5）绘制直线。

步骤 7 重复步骤（4）中的操作，使用 LINE 命令，依次输入（1,0）和（@0,5）绘制直线。

步骤 8 绘制螺纹牙底线。将“细实线”图层设置为当前图层，使用 LINE 命令，依次输入（0,4）和（@10,0）绘制直线，效果如图 26-3 所示。

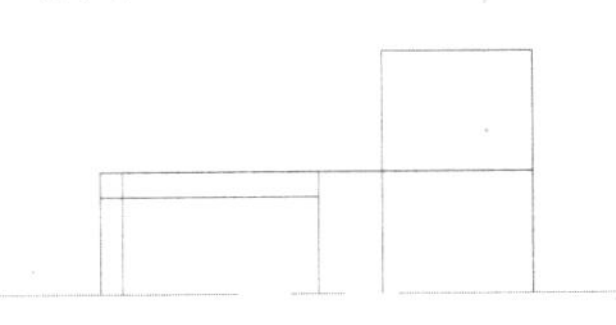

图 26-3 绘制螺纹牙底线

步骤 9 倒角处理。单击“修改”面板中的“倒角”按钮，根据提示进行操作，设置第一和第二倒角距离为 1，对螺栓的左上角进行倒角处理，效果如图 26-4 所示。

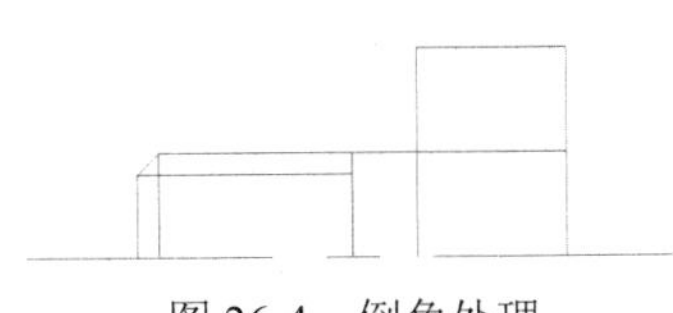

图 26-4 倒角处理

步骤 10 镜像处理。使用 MIRROR 命令，选择所有图形对象并按回车键，捕捉中心线上的任意两点为镜像线上的第一点和第二点，进行镜像处理，效果如图 26-5 所示。

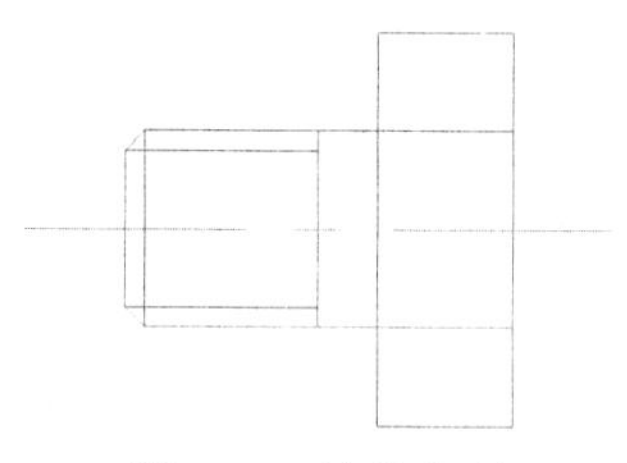

图 26-5 镜像处理

步骤 11 拉伸处理。单击“修改”面板中的“拉伸”按钮，根据提示进行操作，选择图 26-6 中的 A 点到 B 点的区域并按回车键确认，依次输入（0,0）和（-8,0）为基点和目标点，进行拉伸处理，效果如图 26-7 所示。

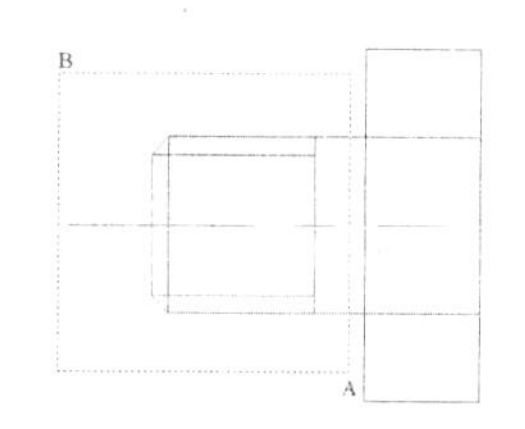

图 26-6 选择区域

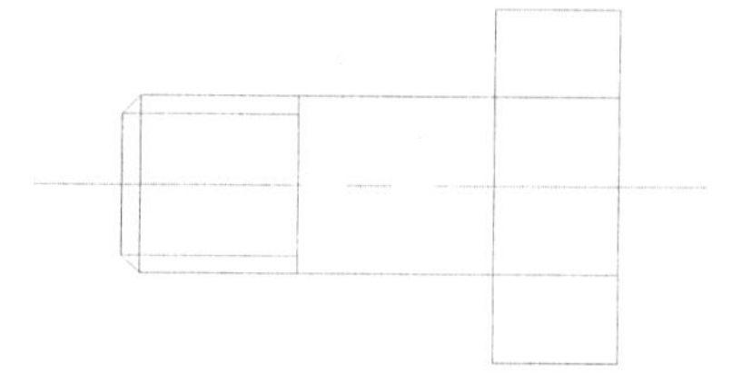

图 26-7 拉伸处理

步骤 12 重复步骤（11）中的操作，选择图 26-8 中的 C 点到 D 点的区域并按回车键，依次输入（0,0）和（-15,0）为基点和目标点进行拉伸处理。

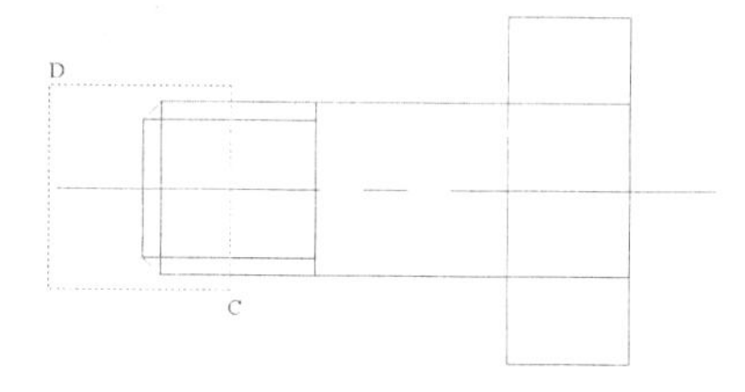

图 26-8 选择区域

步骤 13 显示线宽。在状态栏中单击“显示/隐藏线宽”按钮显示线宽，效果参见图 26-1。

实例 27 圆头平键

本实例将绘制圆头平键，效果如图 27-1 所示。

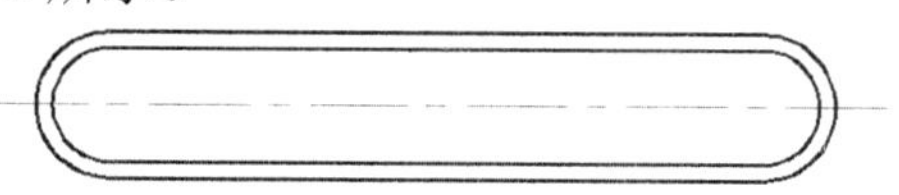

图 27-1 圆头平键

操作步骤

步骤 1 新建文件。启动 AutoCAD，单击“新建”按钮，新建一个 CAD 文件。

步骤 2 创建图层。单击“图层”面板中的“图层特性”按钮，在弹出的“图层特性管理器”对话框中，依次创建 “轮廓线”图层（线宽为 0.30 毫米）、“中心线”图层（颜色为红色、线型为 CENTER、线宽为 0.09 毫米），然后双击“中心线”图层将其设置为当前图层。

步骤 3 绘制中心线。在命令行中输入 LINE 命令，根据提示进行操作，在绘图区任意取一点为起点，然后输入（@150,0）绘制水平中心线。

步骤 4 绘制矩形。将“轮廓线”图层设置为当前图层，单击“绘图”面板中的“矩形”按钮，根据提示进行操作，按住【Shift】键的同时在绘图区单击鼠标右键，在弹出的快捷菜单中选择“自”选项，捕捉水平中心线的起点为基点，以（@25,-9）和（@100,18）

为矩形的角点和对角点，绘制一个矩形，效果如图 27-2 所示。

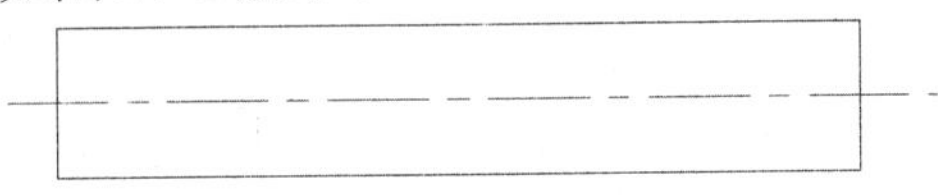

图 27-2　绘制矩形

步骤 5 圆角处理。执行 FILLET 命令，设置圆角半径为 9，对绘制的矩形进行圆角处理。

步骤 6 偏移处理。执行 OFFSET 命令，设置偏移距离为 2，将圆角后的矩形向内偏移，效果如图 27-3 所示。

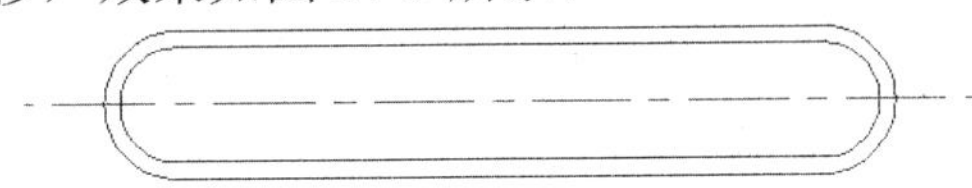

图 27-3　偏移处理

步骤 7 显示线宽。在状态栏中单击“显示/隐藏线宽”按钮，显示线宽，效果参见图 27-1。

实例 28　圆锥销

本实例将绘制圆锥销，效果如图 28-1 所示。

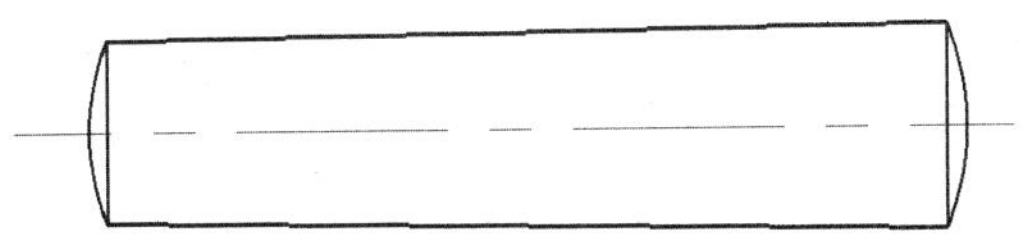

图 28-1　圆锥销

操作步骤

步骤 1 新建文件。启动 AutoCAD，单击“新建”按钮，新建一个 CAD 文件。

步骤 2 创建图层。单击“图层”面板中的“图层特性”按钮，在弹出的“图层特性管理器”对话框中，依次创建“轮廓线”图层（线宽为 0.30 毫米）、“中心线”图层（颜色为红色、线型为 CENTER、线宽为 0.09 毫米），然后双击“中心线”图层将其设置为当前图层。

步骤 3 绘制中心线。在命令行中输入 LINE 命令，根据提示进行操作，在绘图区任取一点为起点，然后输入（@30,0），绘制水平中心线。

步骤 4 绘制直线。将“轮廓线”图层设置为当前图层，使用 LINE 命令，按住【Shift】键的同时在绘图区单击鼠标右键，在弹出的快捷菜单中选择“自”选项，捕捉水平中心线的起点为基点，然后输入（@3,2）和（@0,-4）绘制直线，效果如图 28-2 所示。

图 28-2　绘制直线

步骤 5 绘制圆弧。使用 ARC 命令，捕捉垂直线的上端点为圆弧起点，输入 E，然后捕捉垂直线的下端点为圆弧端点，输入 R，设置圆弧半径为 4，绘制圆弧，效果如图 28-3 所示。

图 28-3　绘制圆弧

步骤 6 绘制直线。使用 LINE 命令，捕捉垂直线的上端点为起点，然后输入（@25,0.25）绘制直线。

步骤 7 重复步骤（6）中的操作，捕捉垂直线的下端点为起点，然后输入（@25,-0.25）绘制直线，效果如图 28-4 所示。

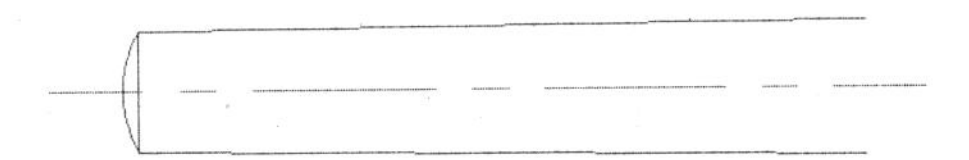

图 28-4　绘制直线

步骤 8 重复步骤（6）中的操作，依次捕捉步骤（6）～（7）绘制的直线的终点绘制直线，效果如图 28-5 所示。

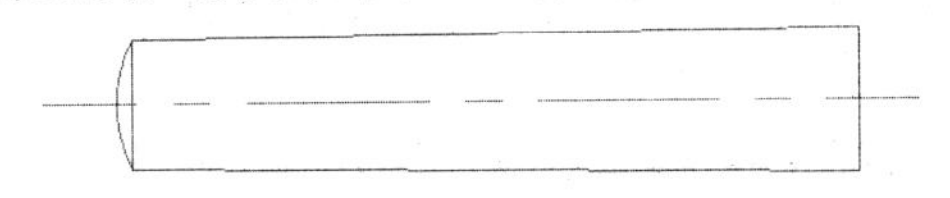

图 28-5　绘制直线

步骤 9 绘制圆弧。使用 ARC 命令，捕捉步骤（8）中绘制的直线的下端点为圆弧起点，输入 E，然后捕捉该直线的上端点为圆弧端点，输入 R，设置圆弧半径为 4.5，绘制圆弧，效果如图 28-6 所示。

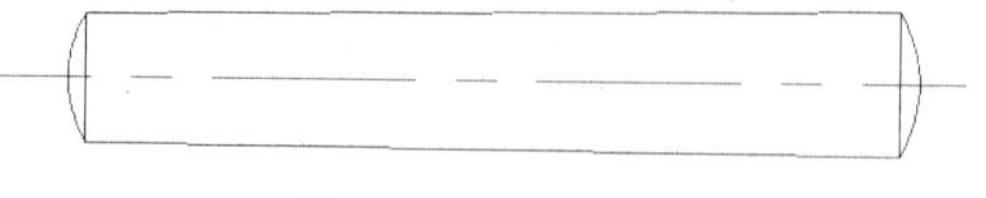

图 28-6　绘制圆弧

步骤 10 显示线宽。在状态栏中单击“显示/隐藏线宽”按钮显示线宽，效果参见图 28-1。

实例 29　挡圈

本实例将绘制挡圈，效果如图 29-1 所示。

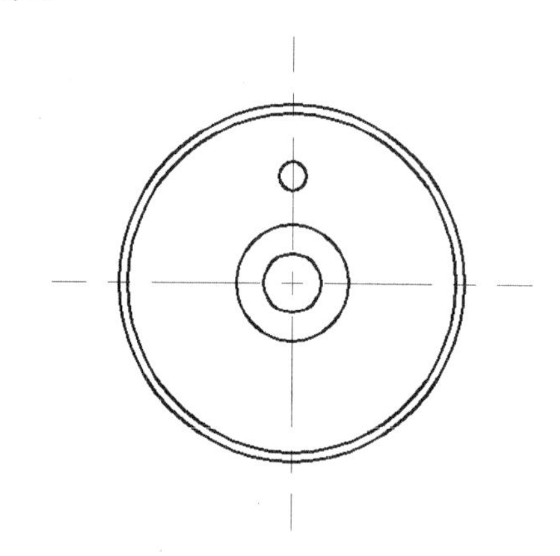

图 29-1　挡圈

操作步骤

步骤 1 新建文件。启动 AutoCAD，单击“新建”按钮，新建一个 CAD 文件。

步骤 2 创建图层。单击“图层”面板中的“图层特性”按钮，在弹出的“图层特性管理器”对话框中，依次创建 “轮廓线”图层（线宽为 0.30 毫米）、“中心线”图层（颜色为红色、线型为 CENTER、线宽为 0.09 毫米），然后双击“中心线”图层将其设置为当前图层。

步骤 3 绘制中心线。在命令行中输入 LINE 命令，根据提示进行操作，在绘图区内任取一点为起点，然后输入（@60,0）绘制水平中心线。

步骤 4 重复步骤（3）中的操作，按住【Shift】键的同时在绘图区单击鼠标右键，在弹出的快捷菜单中选择“自”选项，捕捉水平中心线的起点为基点，然后输入（@30,30）和（@0,-60）为直线的第一点和第二点绘制垂直中心线。

步骤 5 绘制圆。将“轮廓线”图层设置为当前图层，使用 CIRCLE 命令，捕捉水平中心线和垂直中心线的交点为圆心，绘制半径分别为 20、19、6.5、和 3.3 的圆，效果如图 29-2 所示。

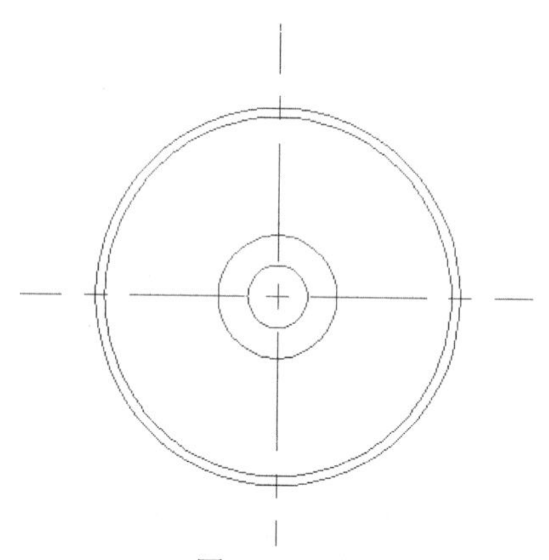

图 29-2　绘制圆

步骤 6 重复步骤（5）中的操作，按住【Shift】键的同时在绘图区单击鼠标右键，在弹出的快捷菜单中选择“自”选项，捕捉水平中心线和垂直中心线的交点为基点，然后输入（@0,12）为圆心，绘制半径为 1.6 的圆。

步骤 7 显示线宽。在状态栏中单击“显示/隐藏线宽”按钮显示线宽，效果参见图 29-1。

实例 30 法兰盘

本实例将绘制法兰盘，效果如图 30-1 所示。

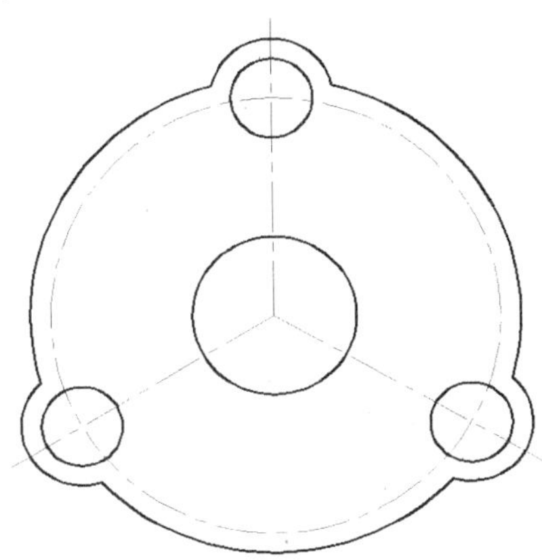

图 30-1 法兰盘

操作步骤

步骤 1 新建文件。启动 AutoCAD，单击“新建”按钮，新建一个 CAD 文件。

步骤 2 创建图层。单击“图层”面板中的“图层特性”按钮，在弹出的“图层特性管理器”对话框中，依次创建 “轮廓线”图层（线宽为 0.30 毫米）、“中心线”图层（颜色为红色、线型为 CENTER、线宽为 0.09 毫米），然后双击“轮廓线”图层将其设置为当前图层。

步骤 3 绘制圆。使用 CIRCLE 命令，在绘图区内任取一点为圆心，绘制半径分别为 60 和 20 的圆。

步骤 4 重复步骤（3）中的操作，将“中心线”图层设置为当前图层，捕捉上一个圆的圆心为圆心，绘制半径为 55 的定位圆，效果如图 30-2 所示。

步骤 5 绘制中心线。使用 LINE 命令，捕捉圆心为起点，输入（@0,75）绘制中心线。

步骤 6 绘制圆。将“轮廓线”图层设置为当前图层，使用 CIRCLE 命令，捕捉定位圆和中心线的交点为圆心，绘制半径分别为 15 和 10 的圆，效果如图 30-3 所示。

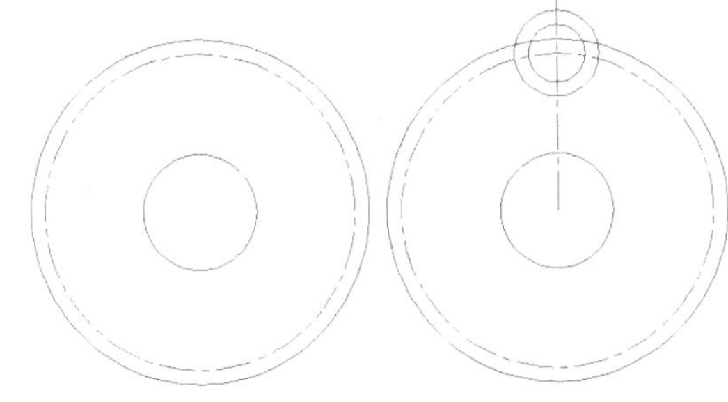

图 30-2 绘制圆　　图 30-3 绘制圆

步骤 7 阵列处理。在命令行中输入 ARRAY 命令并按回车键，选择半径分别为 15、10 的圆和中心线作为阵列对象，输入阵列类型为“极轴（PO）”，捕捉半径为 60 的圆的圆心为阵列中心点，设置“项目（I）”项目数为 3、按回车键退出，对其进行阵列处理，效果如图 30-4 所示。

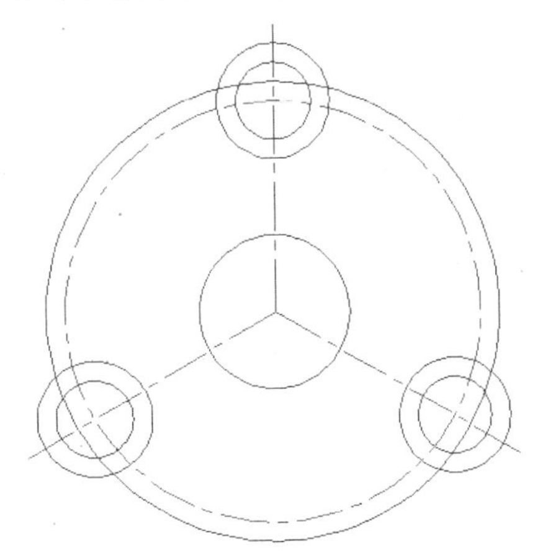

图 30-4 阵列处理

步骤 8 分解和修剪处理。将步骤（7）阵列的对象使用分解命令 EXPLODE，然后使用 TRIM 命令对多余的线条进行修剪。

步骤 9 显示线宽。在状态栏中单击“显示/隐藏线宽”按钮显示线宽，效果参见图 30-1。

实例 31 齿轮轴

本实例将绘制齿轮轴，效果如图 31-1 所示。

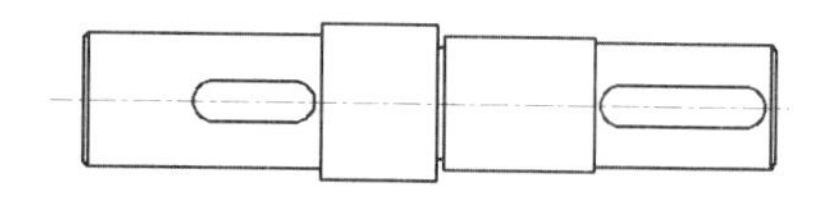

图 31-1 齿轮轴

操作步骤

步骤 1 新建文件。启动 AutoCAD，单击“新建”按钮，新建一个 CAD 文件。

步骤 2 创建图层。单击“图层”面板中的“图层特性”按钮，在弹出的“图层特性管理器”对话框中，依次创建 “轮廓线”图层（线宽为 0.30 毫米）、“中心线”图层（颜色为红色、线型为 CENTER、线宽为 0.09 毫米），然后双击“中心线”图层将其设置为当前图层。

步骤 3 绘制中心线。执行 LINE 命令，根据提示进行操作，在绘图区内任意取一点为起点，然后输入（@350,0）绘制水平中心线。

步骤 4 绘制直线。将“轮廓线”图层设置为当前图层，使用 LINE 命令，按住【Shift】键的同时单击鼠标右键，在弹出的快捷菜单中选择“自”选项，捕捉水平中心线的起点为基点，然后输入（@16,35）和（@0,-35）绘制直线，效果如图 31-2 所示。

图 31-2 绘制直线

步骤 5 偏移处理。单击“修改”面板中的“偏移”按钮，根据提示进行操作，将水平中心线分别向上偏移 35、30、27.5、25，将垂线分别向右偏移 2.5、108、163、166、235、315.5、318，并将偏移生成的中心线移至“轮廓线”图层，效果如图 31-3 所示。

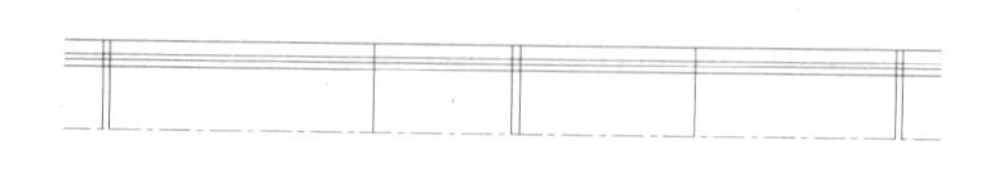

图 31-3 偏移处理

步骤 6 修剪处理。使用 TRIM 命令对多余的直线进行修剪，效果如图 31-4 所示。

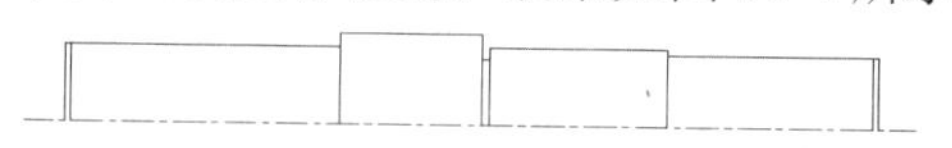

图 31-4 修剪处理

步骤 7 倒角处理。单击“修改”面板中的“倒角”按钮，根据提示进行操作，设置第一和第二倒角距离均为 2.5，对齿轮轴的左上角和右上角进行倒角处理，效果如图 31-5 所示。

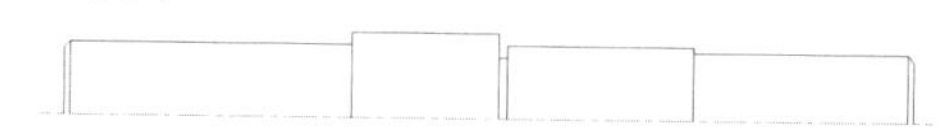

图 31-5 倒角处理

步骤 8 镜像处理。单击“修改”面板中的“镜像”按钮，根据提示进行操作，选择水平中心线上方的图形为镜像对象，捕捉中心线上的两点为镜像线的第一点和第二点，进行镜像处理，效果如图 31-6 所示。

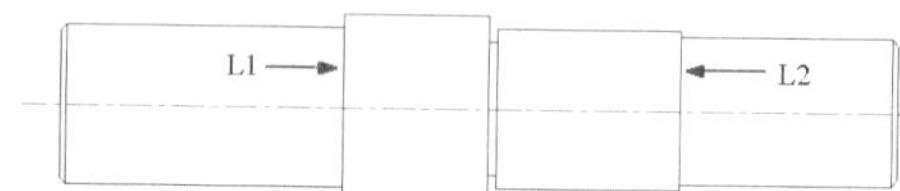

图 31-6 镜像处理

步骤 9 偏移处理。使用 OFFSET 命令，将图 31-6 中的直线 L1 水平向左偏移，偏移距离分别为 12、49；将直线 L2 水平向右偏移，偏移距离分别为 12、69，效果如图 31-7 所示。

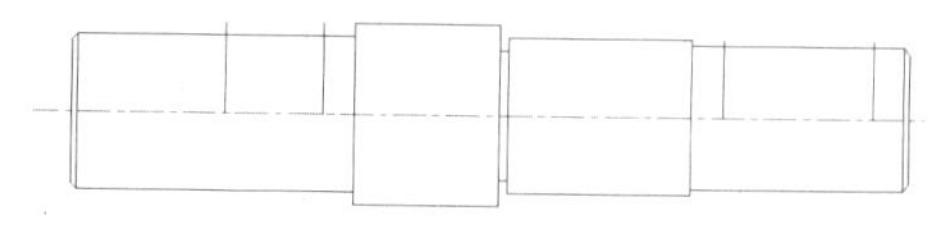

图 31-7 偏移处理

步骤 10 绘制圆。使用 CIRCLE 命令，分别捕捉偏移生成的直线与水平中心线的交点为圆心，绘制半径为 9 的圆，效果如图

31-8 所示。

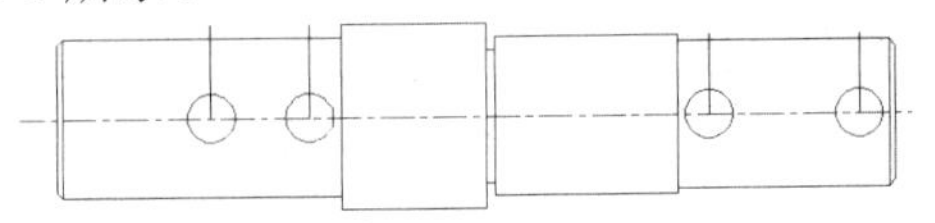

图 31-8　绘制圆

步骤 11　绘制直线。使用 LINE 命令，绘制与圆相切的直线，效果如图 31-9 所示。

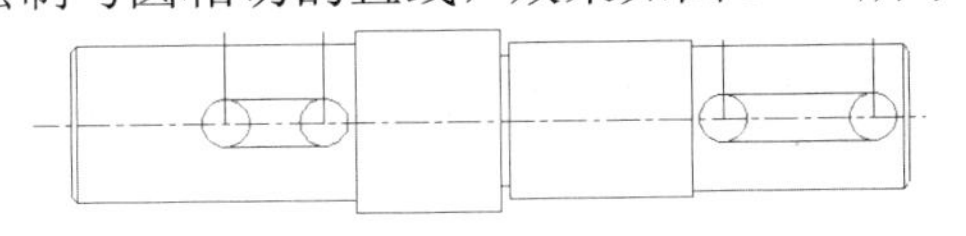

图 31-9　绘制直线

步骤 12　删除并修剪处理。使用 ERASE 命令将多余的直线删除，使用 TRIM 命令对多余的线条进行修剪，效果如图 31-10 所示。

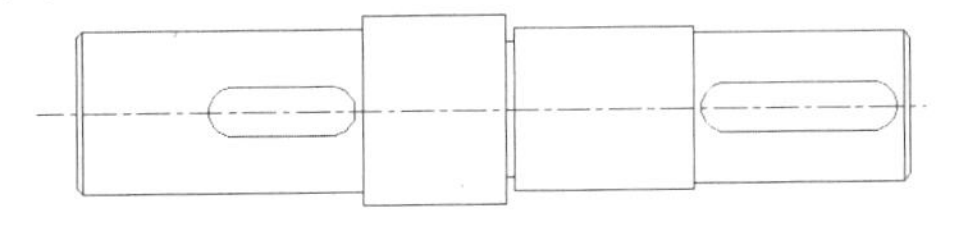

图 31-10　删除并修剪处理

步骤 13　显示线宽。在状态栏中单击“显示/隐藏线宽”按钮显示线宽，效果参见图 31-1。

实例 32　推力球轴承

本实例将绘制推力球轴承，效果如图 32-1 所示。

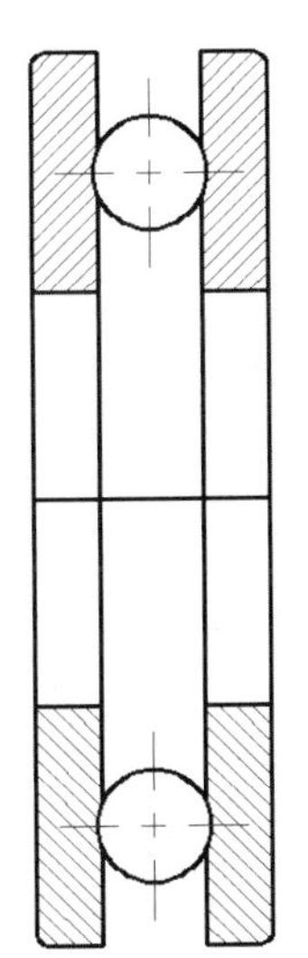

图 32-1　推力球轴承

操作步骤

步骤 1　新建文件。启动 AutoCAD，单击“新建”按钮，新建一个 CAD 文件。

步骤 2　创建图层。单击“图层”面板中的“图层特性”按钮，在弹出的“图层特性管理器”对话框中，依次创建 “轮廓线”图层（线宽为 0.30 毫米）、“中心线”图层（颜色为红色、线型为 CENTER、线宽为 0.09 毫米）、“细实线”图层，然后双击“轮廓线”图层将其设置为当前图层。

步骤 3　绘制矩形。在命令行中输入 RECTANG 命令并按回车键，根据提示进行操作，输入 F，设置矩形的圆角半径为 1.5，然后在绘图区内任取一点作为角点，输入 D，绘制一个长度为 25、宽度为 95 的矩形，效果如图 32-2 所示。

步骤 4　绘制直线。使用 LINE 命令，分别捕捉矩形各边中点绘制中线，效果如图 32-3 所示。

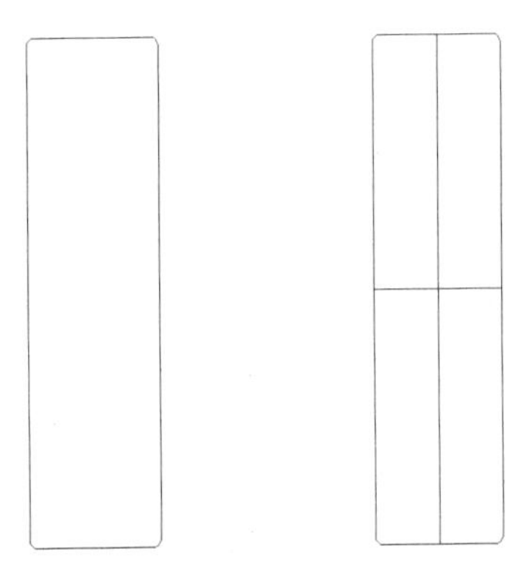

图 32-2　绘制矩形　　图 32-3　绘制直线

步骤 5　偏移处理。单击“修改”面板中的“偏移”按钮，根据提示进行操作，将垂直中线分别向左右偏移，偏移距离均为 5.5，效果如图 32-4 所示。

步骤6 重复步骤（5）中的操作，将水平中线依次向上偏移，偏移距离分别为22和12.75，效果如图32-5所示。

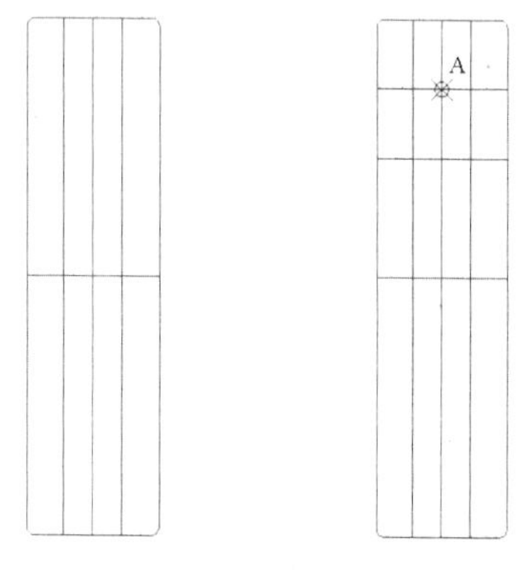

图32-4 偏移处理　　图32-5 偏移处理

步骤7 绘制圆。使用CIRCLE命令，捕捉图32-5所示的交点A为圆心，绘制半径为6的圆，效果如图32-6所示。

步骤8 修剪及删除处理。使用TRIM命令对多余的直线进行修剪，使用ERASE命令将多余的直线删除，效果如图32-7所示。

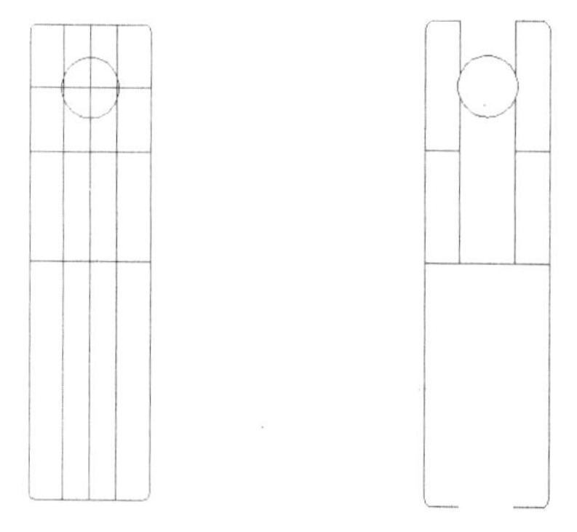

图32-6 绘制圆　　图32-7 修剪并删除处理

步骤9 图案填充。设置"细实线"图层为当前图层，单击"绘图"面板中的"图案填充"按钮，弹出"图案填充和渐变色"对话框，在"图案"下拉列表框中选择ANSI31选项，设置"比例"为0.5，然后单击"拾取一个内部点"按钮，在绘图区内选择要填充的区域并按回车键，返回对话框，单击"确定"按钮，效果如图32-8所示。

步骤10 设置圆心标记。切换到"注释"选项卡，单击"标注"面板右下角的控制按钮，弹出"标注样式管理器"对话框，单击"修改"按钮，弹出"修改标注样式：ISO-25"对话框，单击"符号和箭头"选项卡，在"圆心标记"选项区中选中"标记"单选按钮，设置"大小"为10，单击"确定"按钮，返回"标注样式管理器"对话框，单击"关闭"按钮即可。

步骤11 圆心标记。将"中心线"图层设置为当前图层，单击"标注"面板中的"圆心标记"按钮，选择圆进行标记，效果如图32-9所示。

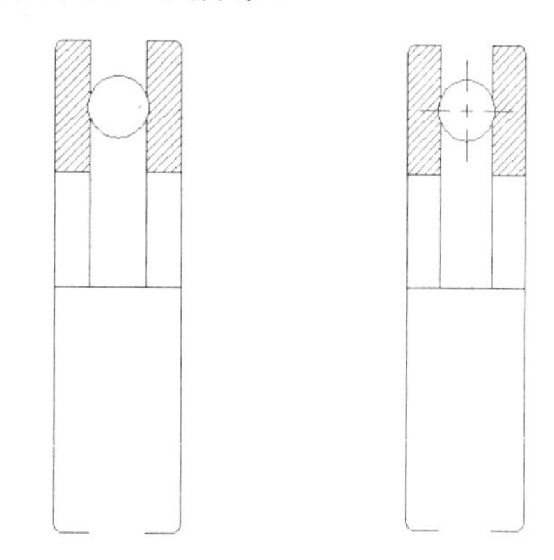

图32-8 图案填充　　图32-9 圆心标记

步骤12 镜像处理。使用MIRROR命令，选择水平中线上方的图形并按回车键，捕捉水平中线上的任意两点为镜像线上的第一点和第二点，进行镜像处理，效果如图32-10所示。

步骤13 显示线宽。在状态栏中单击"显示/隐藏线宽"按钮显示线宽，效果如图32-11所示。

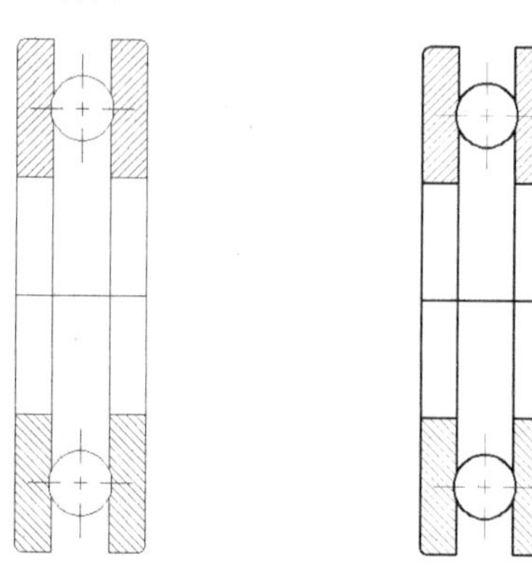

图32-10 镜像处理　　图32-11 显示线宽

实例 33 棘轮

本实例将绘制棘轮，效果如图 33-1 所示。

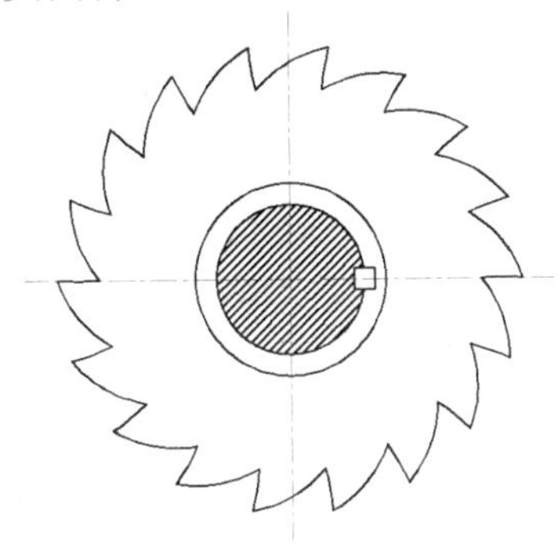

图 33-1 棘轮

操作步骤

步骤 1 新建文件。启动 AutoCAD，单击“新建”按钮，新建一个 CAD 文件。

步骤 2 创建图层。单击“图层”面板中的“图层特性”按钮，在弹出的“图层特性管理器”对话框中，依次创建 “轮廓线”图层（线宽为 0.30 毫米）、“中心线”图层（颜色为红色、线型为 CENTER、线宽为 0.09 毫米）、“细实线”图层，然后双击“中心线”图层将其设置为当前图层。

步骤 3 绘制中心线。在命令行中输入 LINE 命令并按回车键，根据提示进行操作，在绘图区内任意取一点为起点，然后输入（@250,0）绘制水平中心线。

步骤 4 重复步骤（3）中的操作，按住【Shift】键的同时在绘图区内单击鼠标右键，在弹出的快捷菜单中选择“自”选项，捕捉水平中心线的起点为基点，然后输入（@125,125）和（@0,-250）为直线的第一点和第二点绘制垂直中心线。

步骤 5 绘制圆。设置“轮廓线”图层为当前图层，单击“绘图”面板中的“圆心，半径”按钮，根据提示进行操作，捕捉水平中心线与垂直中心线的交点为圆心，绘制半径分别为 35、45、90 和 110 的圆，效果如图 33-2 所示。

步骤 6 设置点样式。执行 DDPTYPE 命令，弹出“点样式”对话框，选择第 1 行第 4 个点样式，单击“确定”按钮，退出“点样式”对话框。

步骤 7 定数等分。在命令行中输入 DIVIDE 命令并按回车键，根据提示进行操作，对半径分别为 110、90 的圆进行定数等分，线段数目均为 18，效果如图 33-3 所示。

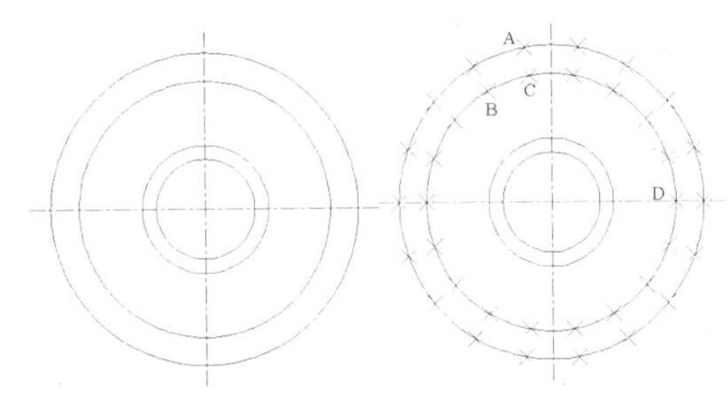

图 33-2 绘制圆　　图 33-3 定数等分

步骤 8 绘制圆弧。使用 ARC 命令，捕捉圆心为起点，然后依次捕捉节点 B 和节点 A，绘制一段圆弧；捕捉节点 A、C、D，绘制另一段圆弧，效果如图 33-4 所示。

步骤 9 修剪并删除处理。使用 TRIM 命令对多余的线条进行修剪，使用 ERASE 命令将多余的点和线条删除，效果如图 33-5 所示。

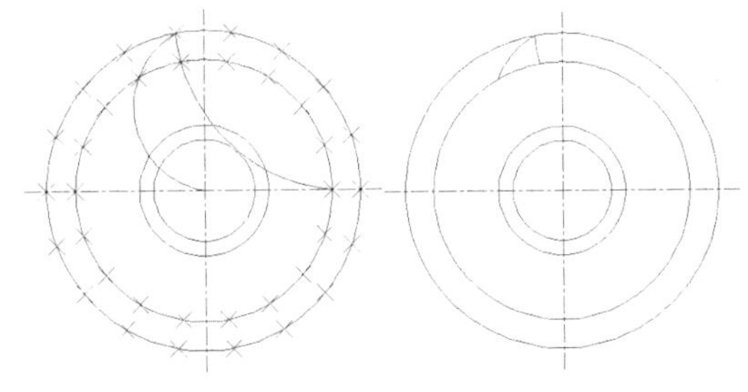

图 33-4 绘制圆弧　图 33-5 修剪并删除处理

步骤 10 阵列处理。在命令行中输入 ARRAY 命令并按回车键，选择修剪后的圆弧,选中阵列类型为“极轴（PO）”，捕捉圆心为阵列中心点，设置“项目（I）”的项目数为 18，按回车键进行阵列处理，效果如

图 33-6 所示。

步骤 11 删除处理。使用 ERASE 命令将多余的圆删除，效果如图 33-7 所示。

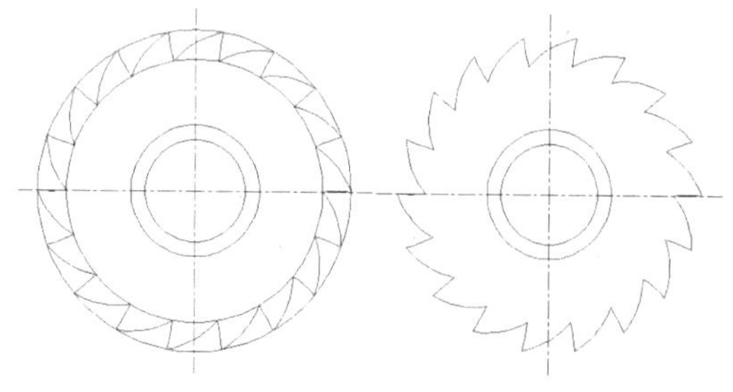

图 33-6 阵列处理　　图 33-7 删除处理

步骤 12 绘制直线。使用 LINE 命令，按住【Shift】键的同时在绘图区单击鼠标右键，在弹出的快捷菜单中选择“自”选项，捕捉半径为 35 的圆与水平中心线的右交点为起点，然后依次输入（@5<180）、（@5<90）、（@10<0）、（@10<-90）、（@10<-180）和（@5<90），绘制直线，效果如图 33-8 所示。

步骤 13 修剪并删除处理。使用 TRIM 命令对多余的线条进行修剪，使用 ERASE 命令将多余的线条删除，效果如图 33-9 所示。

步骤 14 图案填充。将“细实线”图层设置为当前图层，在命令行中输入 BHATCH 命令并按回车键，弹出“图案填充和渐变色”对话框，设置“类型”为“用户定义”，“角度”为 45，“间距”为 3，然后单击“拾取一个内部点”按钮，在绘图区内选择要填充的区域进行填充，效果如图 33-10 所示。

步骤 15 显示线宽。在状态栏中单击“显示/隐藏线宽”按钮显示线宽，效果如图 33-11 所示。

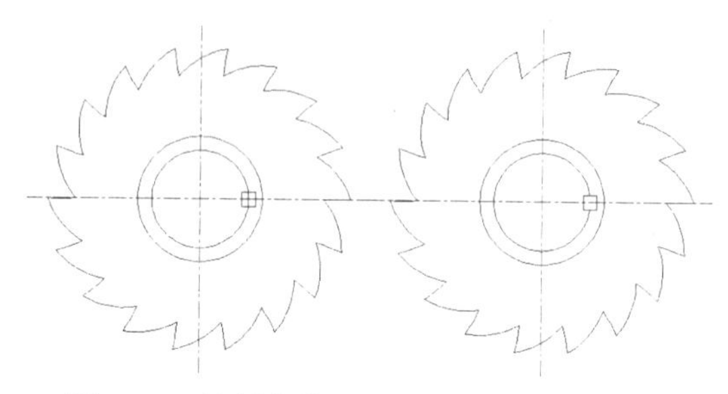

图 33-8 绘制直线　图 33-9 修剪并删除处理

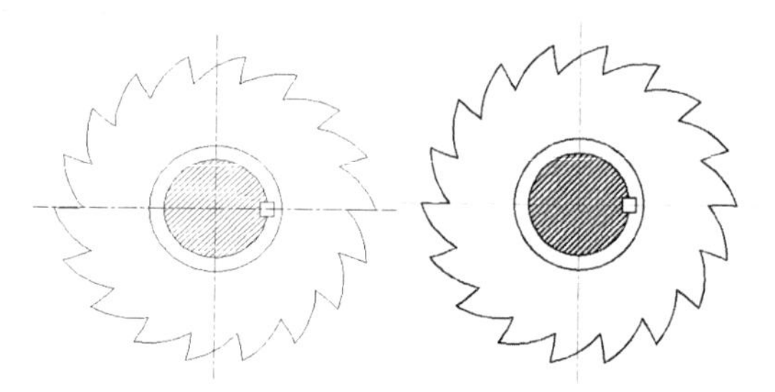

图 33-10 图案填充　　图 33-11 显示线宽

实例 34 弹簧

本实例将绘制弹簧，效果如图 34-1 所示。

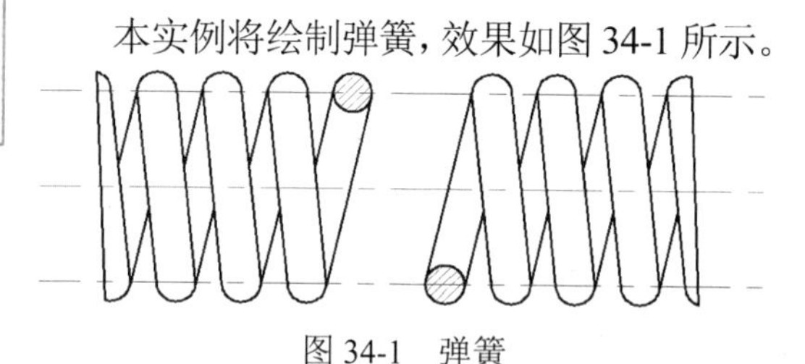

图 34-1 弹簧

操作步骤

步骤 1 新建文件。启动 AutoCAD，单击“新建”按钮，新建一个 CAD 文件。

步骤 2 创建图层。单击“图层”面板中的“图层特性”按钮，在弹出的“图层特性管理器”对话框中，依次创建图层“轮廓线”（线宽为 0.30 毫米）、“中心线”（颜色为红色、线型为 CENTER、线宽为 0.09 毫米）、“细实线”，然后双击“中心线”图层将其设置为当前图层。

步骤 3 绘制中心线。使用 LINE 命令，依次输入（0,0）和（120,0）绘制中心线。

步骤 4 偏移处理。使用 OFFSET 命令，选择中心线，沿垂直方向依次向下偏移两次，偏移距离均为 15，效果如图 34-2 所示。

步骤 5 绘制辅助线。使用 LINE 命令，在水平直线下方任取一点作为起点，然后输入（@45<96）绘制辅助线，效果如图 34-3 所示。

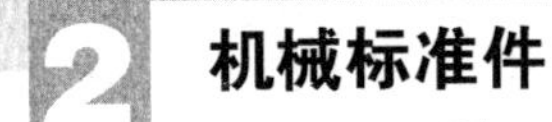

图 34-2　偏移处理

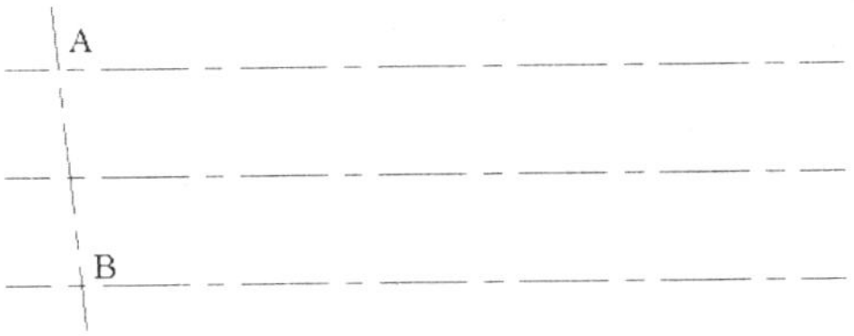

图 34-3　绘制辅助线

步骤 6 绘制圆。将“轮廓线”图层设置为当前图层，使用 CIRCLE 命令，分别捕捉图 34-3 所示的交点 A 和交点 B 为圆心，绘制两个半径均为 3 的圆，效果如图 34-4 所示。

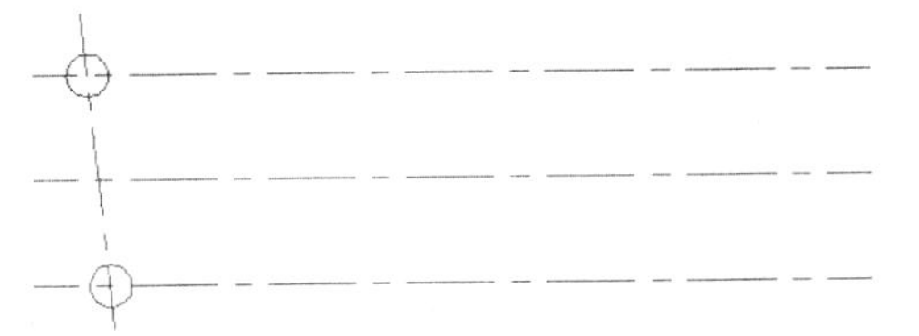

图 34-4　绘制圆

步骤 7 绘制直线。使用 LINE 命令绘制两条与两个圆相切的直线，效果如图 34-5 所示。

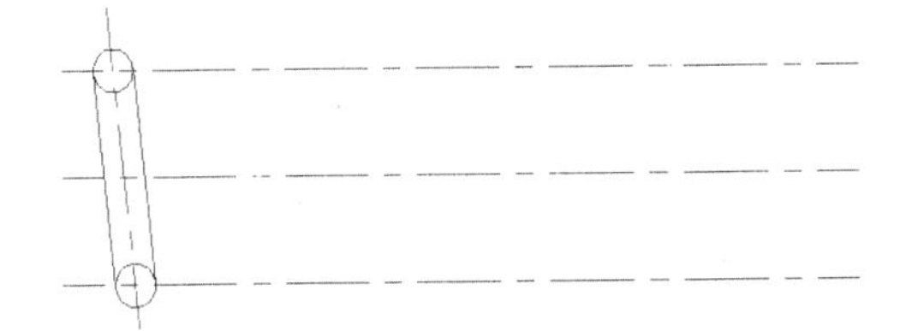

图 34-5　绘制直线

步骤 8 阵列处理。在命令行中输入 ARRAY 命令并按回车键，选择半径为 3 的两个圆和两条与圆相切的直线，输入阵列类型为“矩形（R）”，选择“行数（R）”为 1，指定行数之间的距离为 10，指定行数之间的标高增量为 0，选择“列数”为 4，指定列数之间的距离为 10，指定列数之间的标高增量为 0，按下回车键进行阵列，效果如图 34-6 所示。

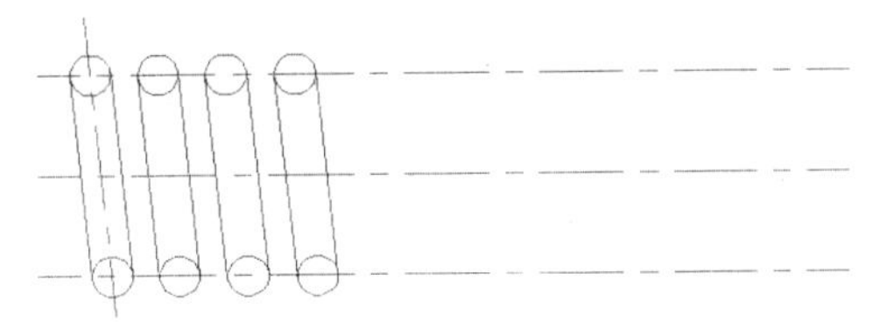

图 34-6　阵列处理

步骤 9 绘制直线。使用 LINE 命令，绘制与圆相切的两条直线，效果如图 34-7 所示。

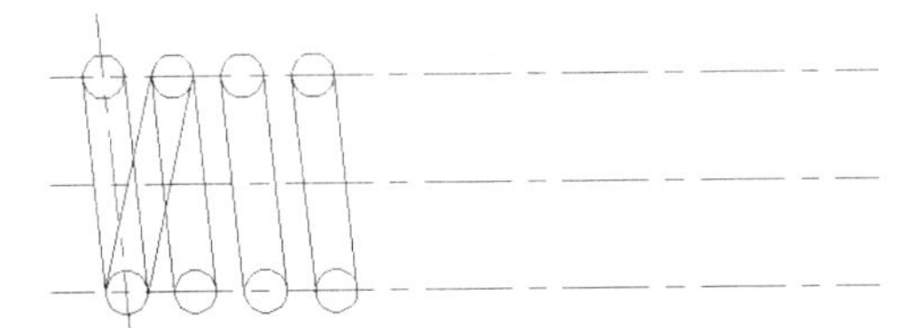

图 34-7　绘制直线

步骤 10 阵列处理。在命令行中输入 ARRAY 命令并按回车键，选择步骤（9）中绘制的两条直线，输入阵列类型为“矩形（R）”，选择“行数（R）”为 1，指定行数之间的距离为 10，指定行数之间的标高增量为 0，选择“列数”为 4，指定列数之间的距离为 10，指定列数之间的标高增量为 0，按下回车键进行阵列，效果如图 34-8 所示。

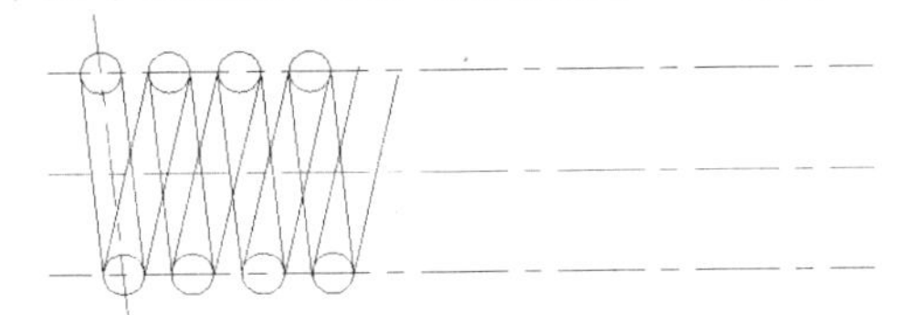

图 34-8　阵列处理

步骤 11 分解并复制处理。先使用 EXPLODE 命令将步骤(8)阵列的图形分解，再使用 COPY 命令，选择右上角的圆并按回车键，捕捉圆心为基点，然后输入（@10,0）为目标点进行复制，效果如图 34-9 所示。

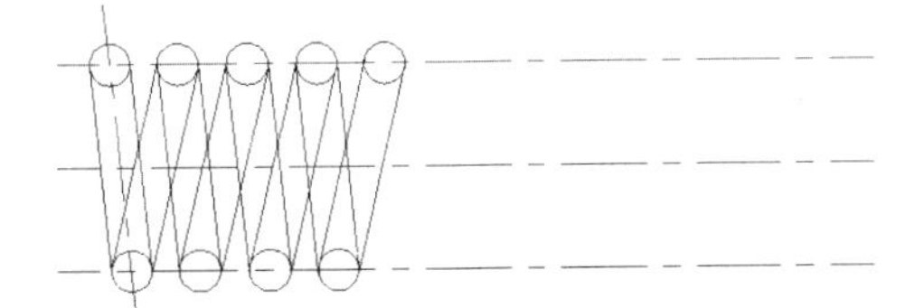

图 34-9　分解并复制处理

步骤 12 绘制辅助线。使用 LINE 命令绘制如图 34-10 所示的辅助线。

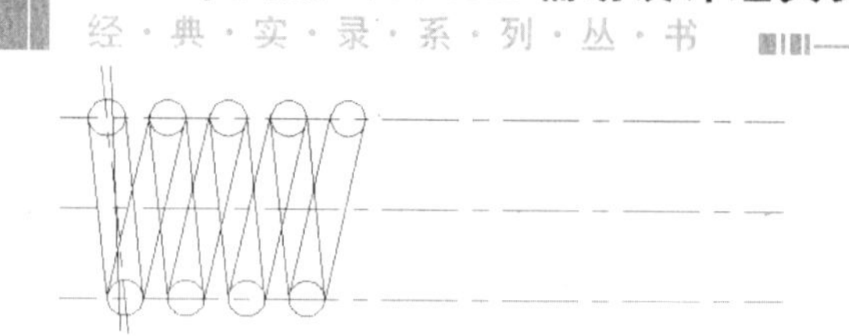

图 34-10　绘制辅助线

步骤 13 分解、修剪并删除处理。先使用 EXPLODE 命令将步骤(10)阵列的图形分解，使用 TRIM 命令对多余的线条进行修剪，使用 ERASE 命令将多余的直线删除，效果如图 34-11 所示。

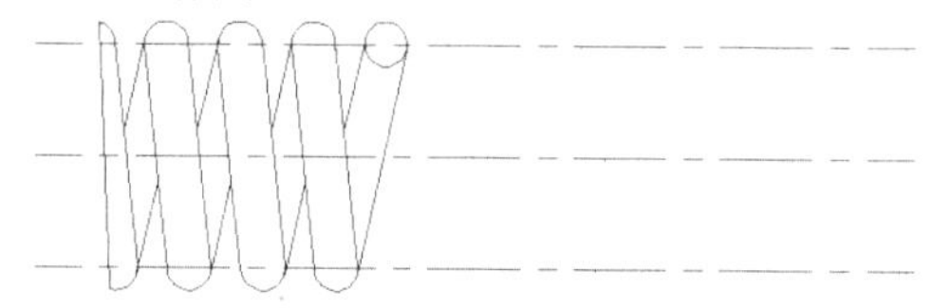

图 34-11　分解、修剪并删除处理

步骤 14 复制处理。使用 COPY 命令，选择步骤（13）处理后的图形并按回车键，以原点为基点，然后输入（60,0）为目标点进行复制，效果如图 34-12 所示。

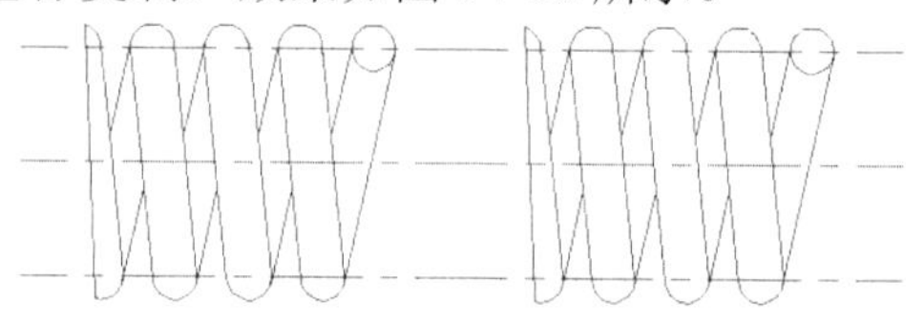

图 34-12　复制处理

步骤 15 旋转处理。单击“修改”面板中的“旋转”按钮，根据提示进行操作，选择复制生成的图形并按回车键，以（85,-15）为基点，指定旋转角度为 180 度，对其进行旋转处理，效果如图 34-13 所示。

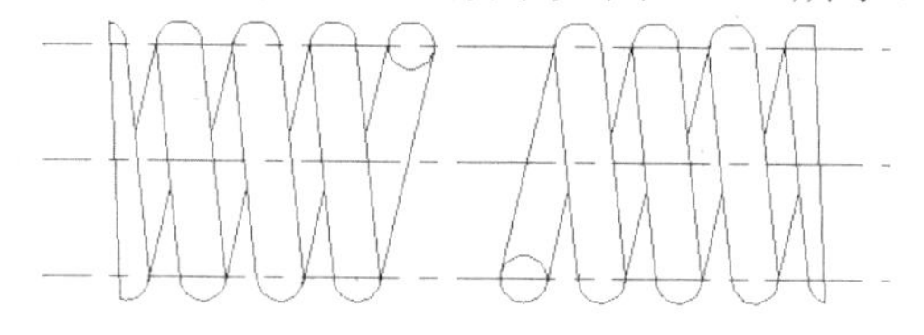

图 34-13　旋转处理

步骤 16 图案填充。将“细实线”图层设置为当前图层，在命令行中输入 BHATCH 命令并按回车键，弹出“图案填充和渐变色”对话框，设置“类型”为“用户定义”，“角度”为 45、“间距”为 1，然后单击“拾取一个内部点”按钮，在绘图区内选择要填充的区域进行填充，效果如图 34-14 所示。

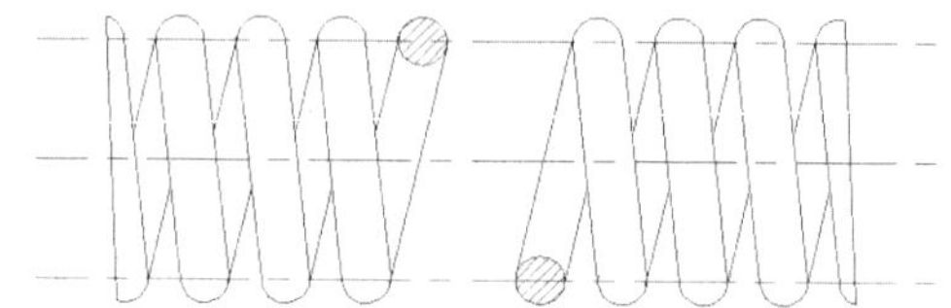

图 34-14　图案填充

步骤 17 显示线宽。在状态栏中单击“显示/隐藏线宽”按钮，显示线宽，效果参见图 34-1。

实例 35　手柄

本实例将绘制手柄，效果如图 35-1 所示。

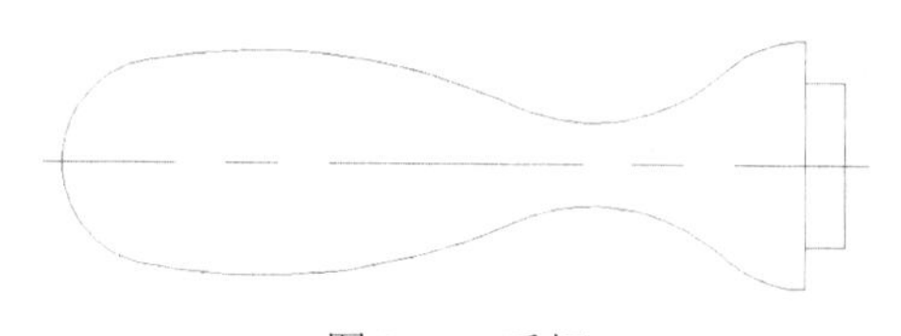

图 35-1　手柄

操作步骤

步骤 1 新建文件。单击“新建”按钮，新建一个 CAD 文件。

步骤 2 创建图层。单击“图层”面板中的“图层特性”按钮，在弹出的“图层特性管理器”对话框中，依次创建图层“轮廓线”（线宽为 0.30 毫米）、“中心线”（颜色为红色、线型为 CENTER、线宽为 0.09 毫米）、“细实线”，然后双击“中心线”图层将其设置为当前图层。

步骤 3 绘制中心线。按【F8】键开启正交模式，执行 LINE 命令，在绘图区内指定起点，绘制一条任意长度的水平直线 a，绘制一条垂直于该直线的直线 b，并将直线

a 移至“中心线”图层，效果如图 35-2 所示。

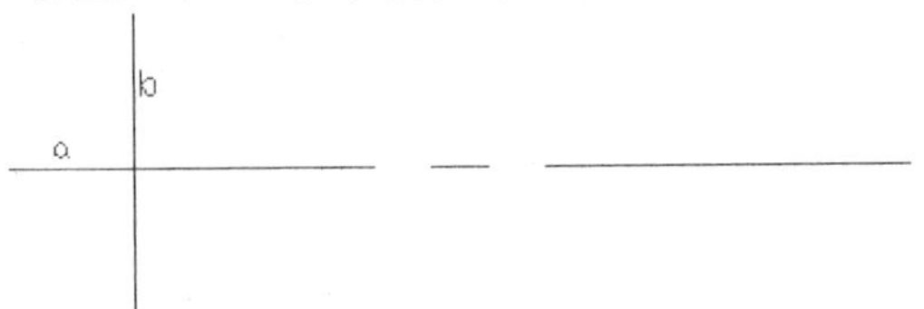

图 35-2　绘制中心线

步骤 4　偏移处理。执行 OFFSET 命令，将直线 b 向右偏移 80，效果如图 35-3 所示。

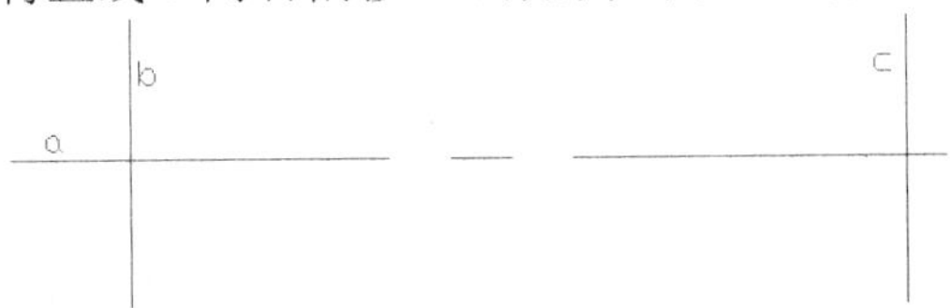

图 35-3　偏移处理

步骤 5　绘制圆。执行 CIRCLE 命令，以直线 a 与直线 b 的交点为圆心，绘制半径为 12.5 的圆；重复执行 CIRCLE 命令，以直线 a 与直线 c 的交点为圆心，绘制半径为 15 的圆，效果如图 35-4 所示。

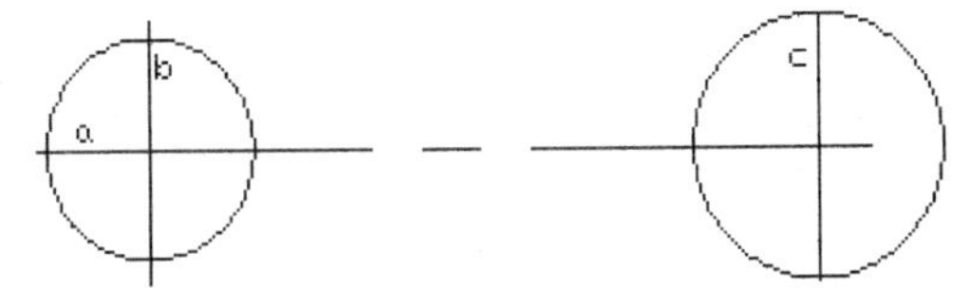

图 35-4　绘制圆

步骤 6　绘制圆。执行 CIRCLE 命令，指定作图方式为“切点、切点、半径（T）”，捕捉第一个切点为左侧圆顶端交点，捕捉第二个切点为右侧圆的外切点，设置圆半径为 80，绘制与左侧圆内切与右侧圆外切的圆 d；重复执行 CIRCLE 命令，捕捉第一个切点为右侧圆外切点，捕捉第二个切点为圆 d 的外切点，设置圆半径为 25，绘制与圆 d 和右侧圆外切的圆，效果如图 35-5 所示。

步骤 7　修剪处理。执行 TRIM 命令，对图形进行修剪，效果如图 35-6 所示。

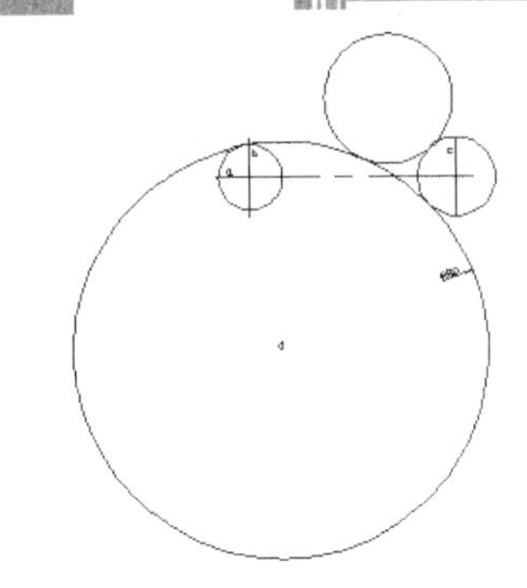

图 35-5　绘制圆

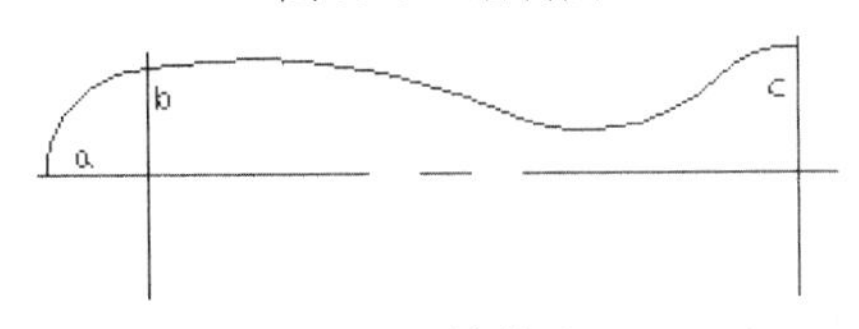

图 35-6　修剪处理

步骤 8　镜像处理。执行 MIRROR 命令，以步骤（7）修改后的图形为镜像对象，分别选择直线 a 的左端点和右端点为镜像线的第一点和第二点，对图形进行镜像，效果如图 35-7 所示。

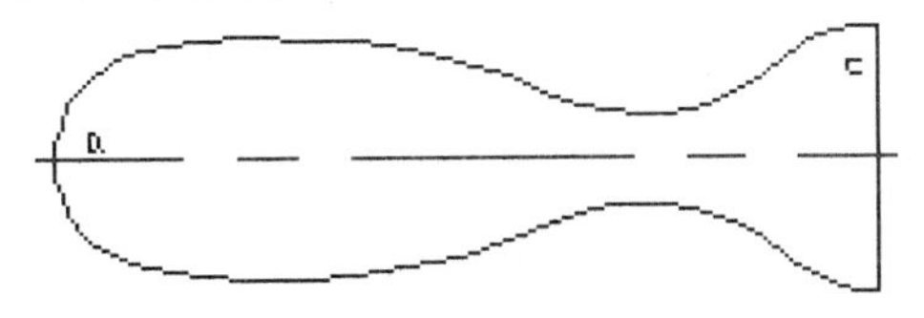

图 35-7　镜像处理

步骤 9　偏移处理。执行 OFFSET 命令，将直线 a 分别向上和向下偏移 10，将偏移的直线移至“轮廓线”图层，将直线 c 向右偏移 5，效果如图 35-8 所示。

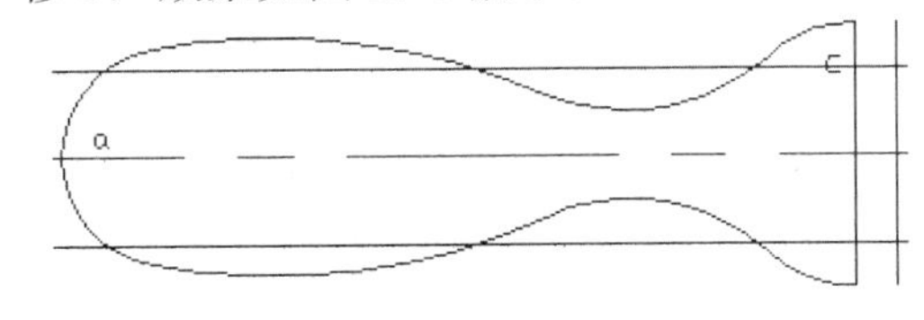

图 35-8　偏移处理

步骤 10　修剪处理。执行 TRIM 命令，对图形进行修剪，使用 ERASE 命令将多余的直线删除，效果参见图 35-1。

实例 36　卡抓

本实例将绘制卡抓，效果如图 36-1 所示。

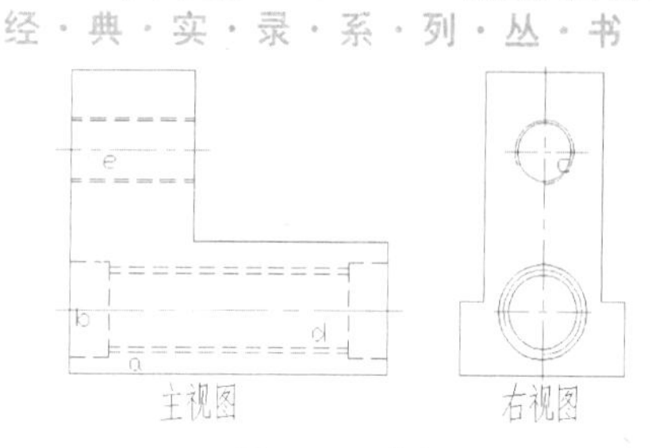

图 36-1　卡抓

操作步骤

步骤 1 新建文件。单击“新建”按钮，新建一个 CAD 文件。

步骤 2 创建图层。执行 LAYER 命令，新建一个“中心线”图层，设置其“线型”为 CENTER、“颜色”为红色；新建一个“虚线”图层，设置其“线型”为 HIDDEN、“颜色”为白色。

步骤 3 绘制中心线。按【F8】键开启正交模式，执行 LINE 命令，在绘图区内指定起点并引导光标向右移动，绘制一条长度为 125 的水平直线 a；重复执行 LINE 命令，以直线 a 的左端点为起点引导光标向上移动，绘制长度为 57 的直线 b，将直线 a、b 移至“0”图层，效果如图 36-2 所示。

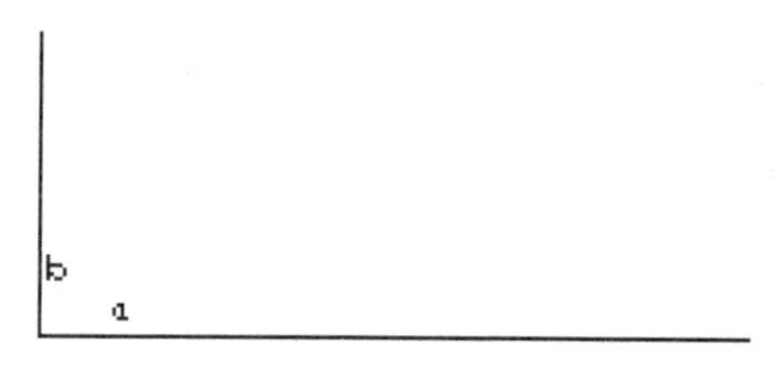
图 36-2　绘制中心线

步骤 4 偏移处理。执行 OFFSET 命令，将直线 b 向右偏移 97，将直线 a 向上分别偏移 12、42，将偏移的直线移至“中心线”图层，效果如图 36-3 所示。

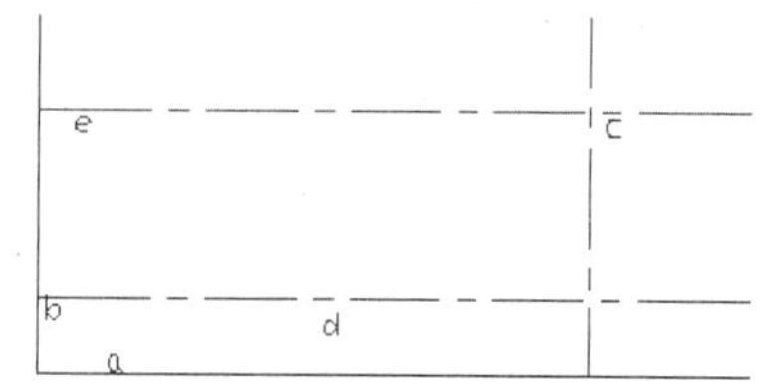
图 36-3　偏移处理

步骤 5 偏移处理。执行 OFFSET 命令，将直线 a 向上分别偏移 14、25、57，将直线 b 向右分别偏移 25、65，将直线 c 分别向左和向右各偏移 12、17，并将偏移的直线移至“0”图层，效果如图 36-4 所示。

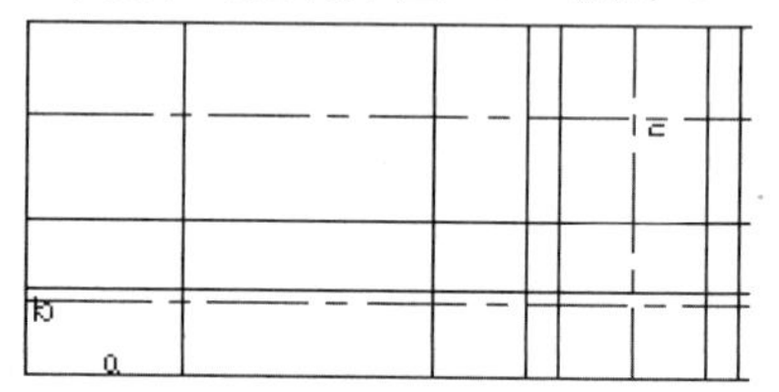
图 36-4　偏移处理

步骤 6 修剪处理。执行 TRIM 命令，对图形进行修剪，效果如图 36-5 所示。

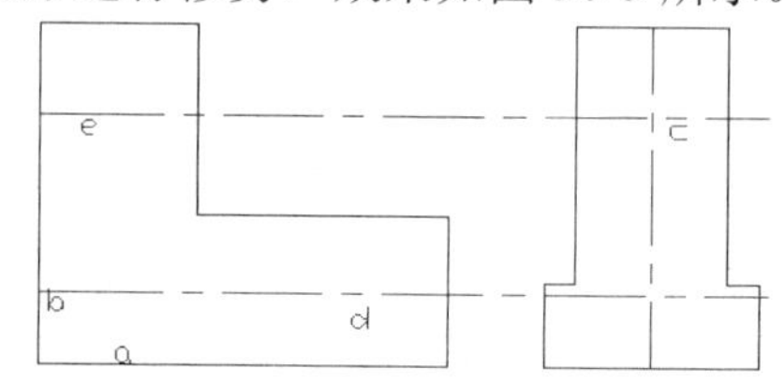
图 36-5　修剪处理

步骤 7 偏移处理。执行 OFFSET 命令，将直线 d 向上和向下分别偏移 7、8、9，将直线 e 向上和向下分别偏移 5.5、6，将直线 b 向右分别偏移 8、57，将偏移的直线移至“虚线”图层，效果如图 36-6 所示。

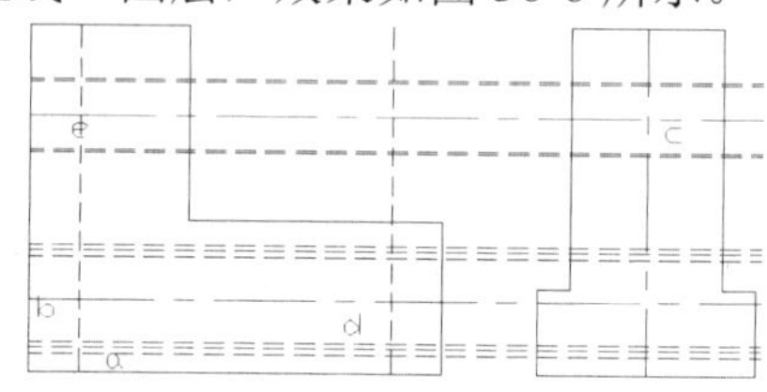
图 36-6　偏移处理

步骤 8 修剪处理。执行 TRIM 命令，对图形进行修剪，效果如图 36-7 所示。

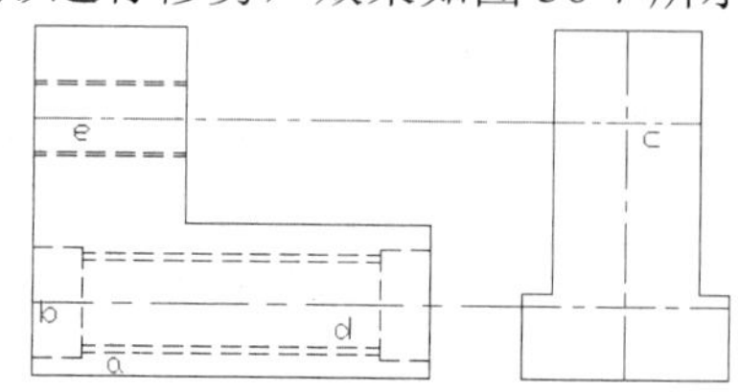
图 36-7　修剪处理

步骤 9 绘制圆。执行 CIRCLE 命令，以直线 e 与直线 c 的交点为圆心，绘制半径分别为 5.5 和 6 的圆；重复执行 CIRCLE 命令，以直线 d 与直线 c 的交点为圆心，绘制半径分别为 7、8、9 的圆，将半径为 6 和 8 的圆置于“中心线”图层，其余的圆置于“0”图层，效果如图 36-8 所示。

步骤 10 修剪处理。执行 TRIM 命令，对图形进行修剪，效果参见图 36-1。

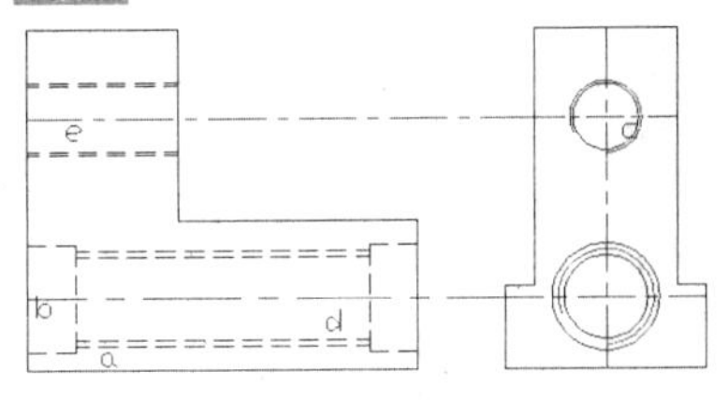

图 36-8 绘制圆

实例 37 螺丝刀

本实例将绘制螺丝刀，效果如图 37-1 所示。

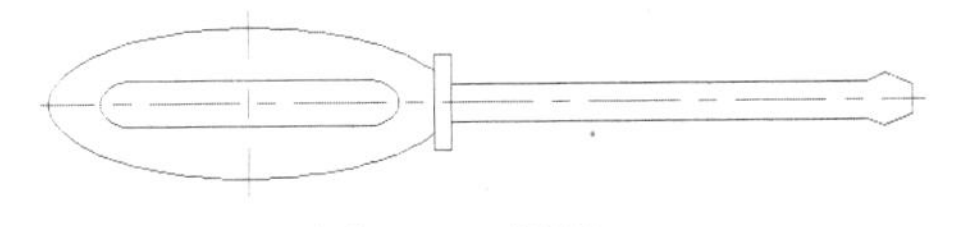

图 37-1 螺丝刀

操作步骤

步骤 1 新建文件。单击“新建”按钮，新建一个 CAD 文件。

步骤 2 创建图层。执行 LAYER 命令，新建一个“中心线”图层，设置其“线型”为 CENTER、“颜色”为红色。

步骤 3 绘制中心线。按【F8】键开启正交模式，执行 LINE 命令，在绘图区内指定起点，绘制一条长度为 200 水平直线 a；绘制一条长度为 20 的垂直于该水平直线的直线 b，并将绘制的两条直线移至“中心线”图层，效果如图 37-2 所示。

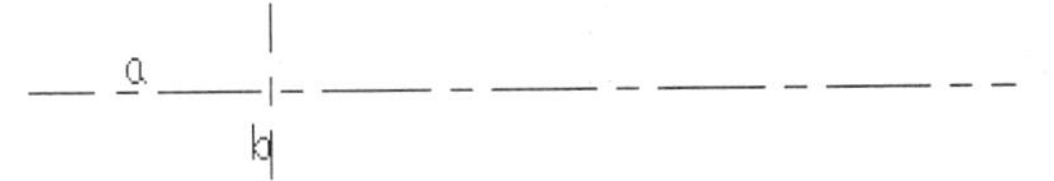

图 37-2 绘制中心线

步骤 4 绘制椭圆。执行 ELLIPSE 命令，捕捉直线 a 与直线 b 的交点为中心点，设置长半轴（水平方向）长度为 35，设置短半轴（垂直方向）长度为 8，绘制椭圆，置于“0”图层，效果如图 37-3 所示。

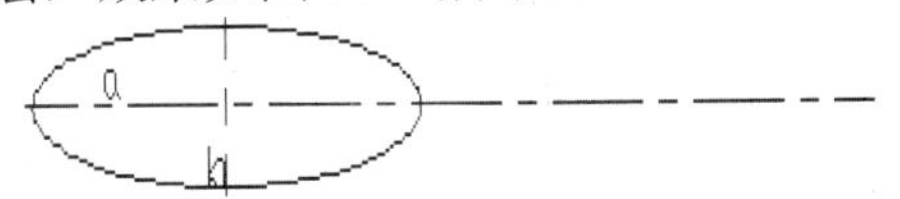

图 37-3 绘制椭圆

步骤 5 偏移处理。执行 OFFSET 命令，将直线 b 向右分别偏移 32、35，将直线 a 分别向上和向下各偏移 2、5，并将偏移的直线移至“0”图层，效果如图 37-4 所示。

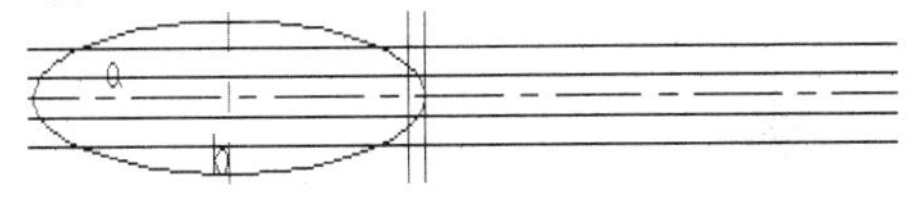

图 37-4 偏移处理

步骤 6 修剪处理。执行 TRIM 命令，对图形进行修剪，效果如图 37-5 所示。

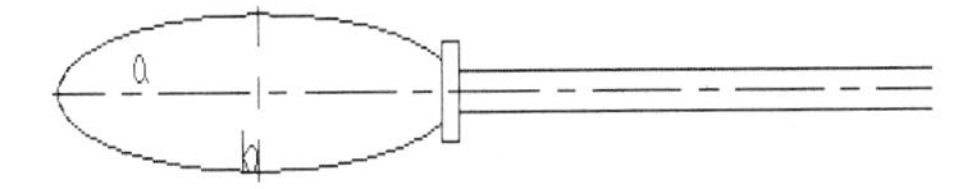

图 37-5 修剪处理

步骤 7 偏移处理。执行 OFFSET 命令，选择直线 b，将其向右分别偏移 110、115，将直线 a 分别向上和向下各偏移 1.5，并将偏移的直线移至“0”图层，效果如图 37-6 所示。

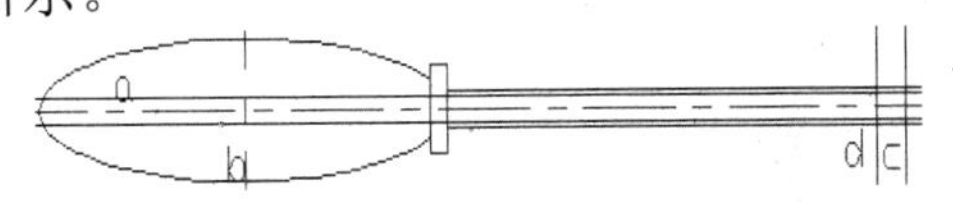

图 37-6 偏移处理

步骤 8 绘制构造线并镜像处理。执行 XLINE 命令，设置角度值为-15，捕捉最上面的水平直线与直线 c 的交点，绘制一条构造线；在命令行中输入 MIRROR 命令，捕捉直线 a 的两端点作为镜像点，对刚刚绘制的构造线进行镜像；重复执行 MIRROR 命令，捕捉直线 d 的两端点，对两条构造线进行镜像，置于“0”图层，效果如图 37-7 所示。

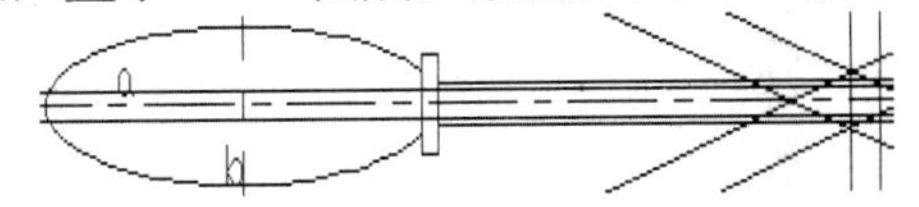

图 37-7 绘制构造线并镜像处理

经典实录 228 例

步骤 9 修剪处理。执行 TRIM 命令，对图形进行修剪，效果如图 37-8 所示。

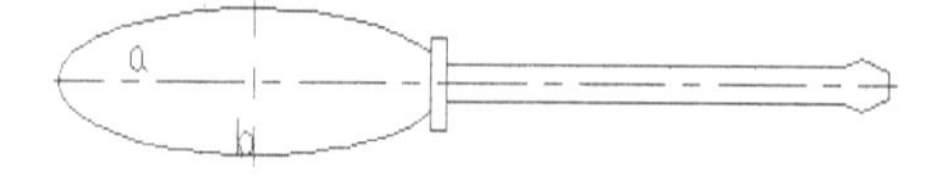

图 37-8　修剪处理

步骤 10 偏移处理。执行 OFFSET 命令，将直线 b 分别向左和向右各偏移 20；将直线 a 分别向上和向下各偏移 2.5，并将偏移的水平直线移至“0”图层，效果如图 37-9 所示。

步骤 11 绘制椭圆。执行 ELLIPSE 命令，以直线a与偏移的中心线的交点为圆心，绘制两个长半轴长度为 6、短半轴长度为 2.5 的椭圆，效果如图 37-10 所示。

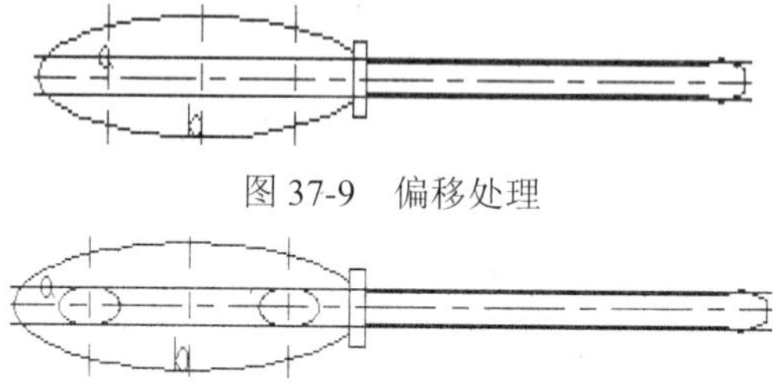

图 37-9　偏移处理

图 37-10　绘制椭圆

步骤 12 修剪处理。执行 TRIM 命令，对图形进行修剪，效果参见图 37-1。

实例 38　摇把

本实例将绘制摇把，效果如图 38-1 所示。

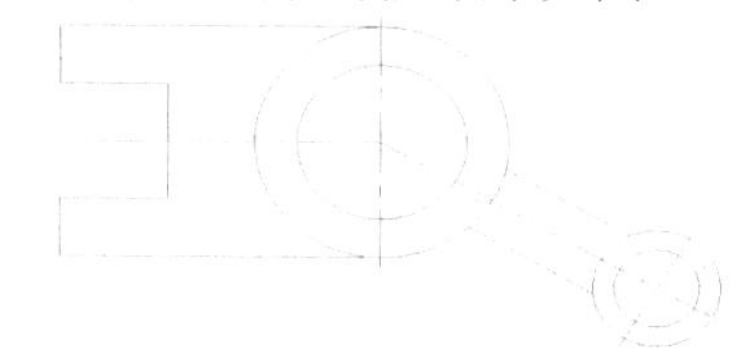

图 38-1　摇把

操作步骤

步骤 1 新建文件。单击“新建”按钮，新建一个 CAD 文件。

步骤 2 创建图层。执行 LAYER 命令，新建一个“中心线”图层，设置其“线型”为 CENTER、“颜色”为红色。

步骤 3 绘制中心线。按【F8】键开启正交模式，执行 LINE 命令，绘制两条互相垂直的直线 a 和 b，效果如图 38-2 所示。

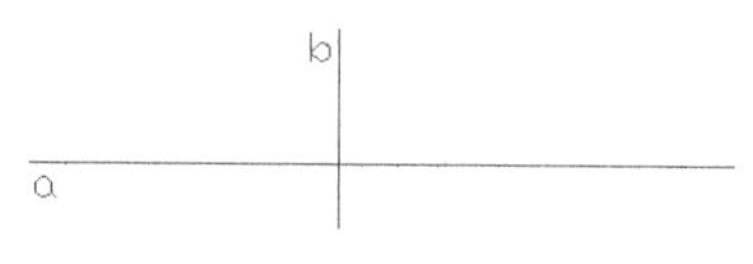

图 38-2　绘制中心线

步骤 4 绘制构造线。执行 XLINE 命令，捕捉直线 a 与直线 b 的交点，绘制角度为-30 度的构造线 d；重复执行 XLINE 命令，捕捉直线 a 与直线 b 的交点绘制角度为 60 度的构造线 c，效果如图 38-3 所示。

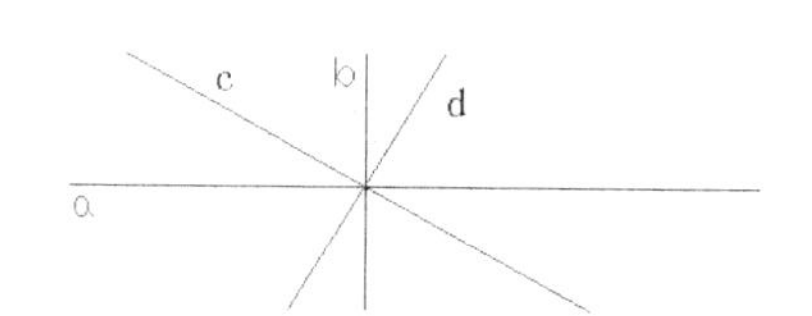

图 38-3　绘制构造线

步骤 5 偏移处理。执行 OFFSET 命令，将直线 d 向下偏移 30，效果如图 38-4 所示。

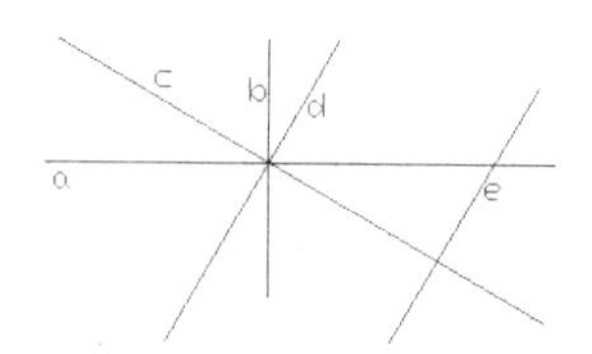

图 38-4　偏移处理

步骤 6 绘制圆。执行 CIRCLE 命令，以直线 a 与直线 b 的交点为圆心绘制半径分别为 8 和 12 的圆；重复执行 CIRCLE 命令，以直线 c 与直线 e 的交点为圆心绘制半径分别为 4 和 6 的圆，效果如图 38-5 所示。

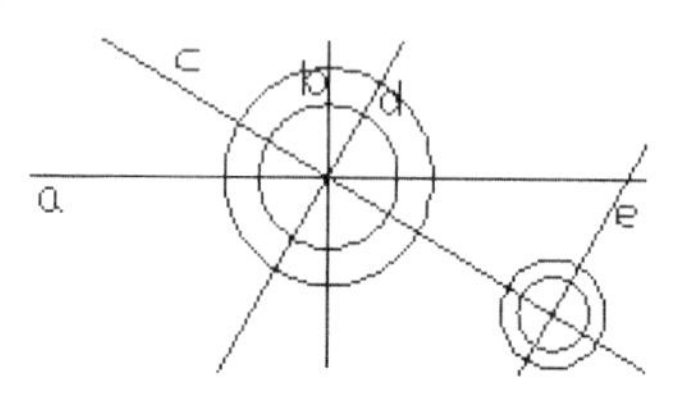

图 38-5　绘制圆

步骤 7 偏移处理。执行 OFFSET 命令，将直线 a 分别向上和向下偏移 6、12；将直线 b 分别向左偏移 20、30；将直线 c 向上和向下分别偏移 3.5，效果如图 38-6 所示。

步骤 8 修剪处理。执行 TRIM 命令，对图形进行修剪，并将直线 a、b、c 和 e 移至“中心线”图层，效果参见图 38-1。

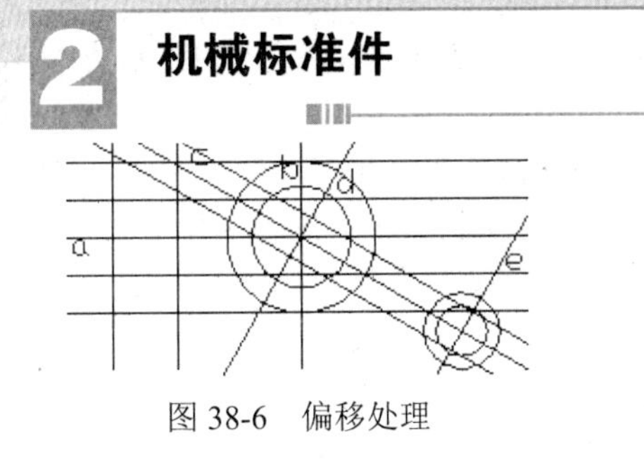

图 38-6 偏移处理

实例 39 手轮

本实例将绘制手轮，效果如图 39-1 所示。

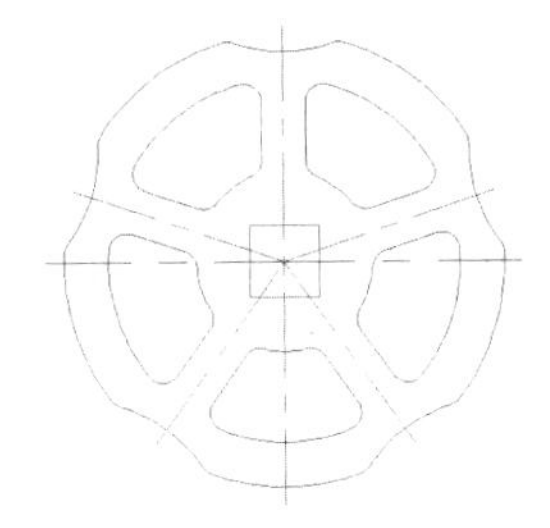

图 39-1 手轮

操作步骤

步骤 1 新建文件。单击“新建”按钮，新建一个 CAD 文件。

步骤 2 创建图层。执行 LAYER 命令，新建一个“中心线”图层，设置其“线型”为 CENTER、“颜色”为红色，双击该图层，将其设为当前图层。

步骤 3 绘制中心线。按【F8】键开启正交模式，执行 LINE 命令，在绘图区内指定起点并引导光标向右，绘制一条长为 50 的水平直线；重复执行 LINE 命令，捕捉水平直线的中点绘制一条垂直于该线的直线，效果如图 39-2 所示。

步骤 4 绘制圆。执行 CIRCLE 命令，以两条直线的交点为圆心，绘制半径分别为 10、20、25 的圆，并将其移至“0”图层，效果如图 39-3 所示。

步骤 5 偏移处理。执行 OFFSET 命令，将垂直中心线分别向左和向右各偏移 2.5，并将偏移处理后的直线移至“0”图层，效果如图 39-4 所示。

步骤 6 修剪处理。执行 TRIM 命令，对图形进行修剪，效果如图 39-5 所示。

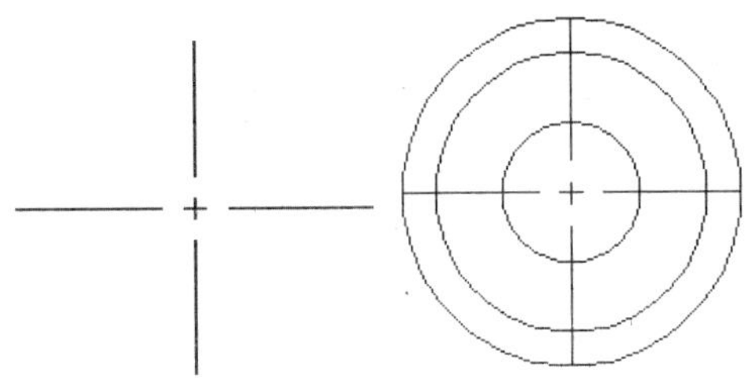

图 39-2 绘制中心线　　图 39-3 绘制圆

图 39-4 偏移处理　　图 39-5 修剪处理

步骤 7 阵列处理。执行 ARRAY 命令，选择步骤（6）中修剪的图形为阵列对象，输入阵列类型为“极轴(PO)”，指定阵列的中心点为圆心，设置“项目(I)”为 5，按下回车键以完成阵列，效果如图 39-6 所示。

步骤 8 绘制圆。执行 OFFSET 命令，将水平中心线向上偏移 40；执行 CIRCLE 命令，以偏移直线的中点为圆心，绘制半径为 17 的圆，效果如图 39-7 所示。

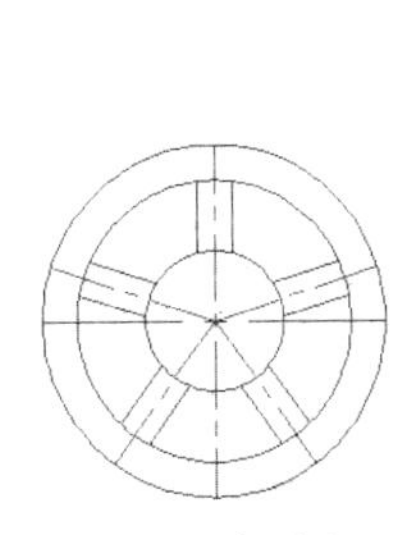

图 39-6 阵列处理

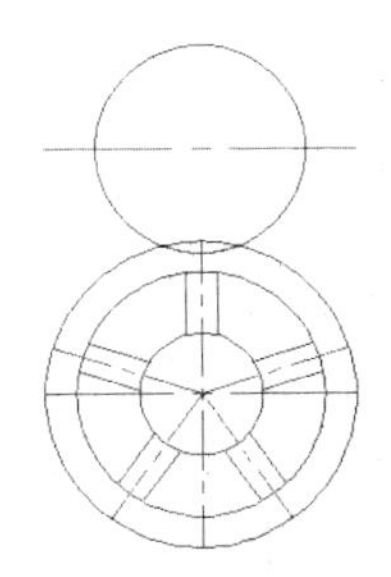

图 39-7 绘制圆

步骤 9 修剪并阵列处理。执行 TRIM 命令，修剪绘制的圆；执行 ARRAY 命令，选择修剪的圆为阵列对象，输入阵列类型为“极轴(PO)”，指定阵列的中心点为中心线的交点，设置“项目(I)”为 5，按下回车键以完成阵列，效果如图 39-8 所示。

步骤 10 分解并修剪处理。执行 EXPLODE 命令，将步骤（10）和步骤（7）阵列的图形分解；执行 TRIM 命令，对图形进行修剪，效果如图 39-9 所示。

步骤 11 绘制正四边形。执行 POLYGON 命令，以圆心为中点，绘制内切圆半径为 4 的正四边形，效果如图 39-10 所示。

步骤 12 圆角处理。执行 FILLET 命令，设置圆角半径为 2，对图形进行圆角处理，效果参见图 39-1。

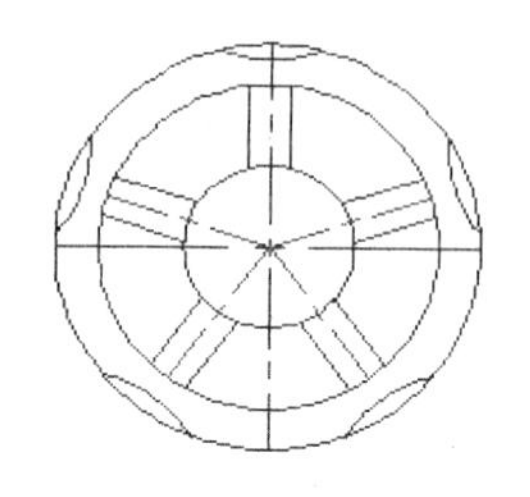

图 39-8 修剪并阵列处理

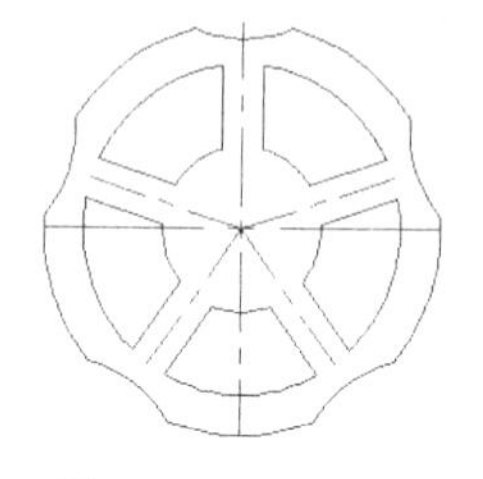

图 39-9 分解并修剪处理

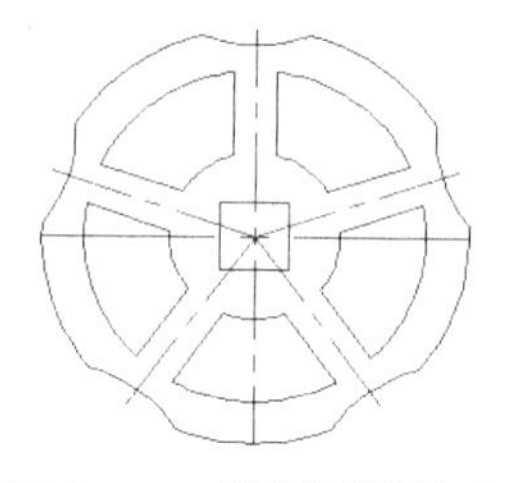

图 39-10 绘制正四边形

实例 40 曲柄

本实例将绘制曲柄，效果如图 40-1 所示。

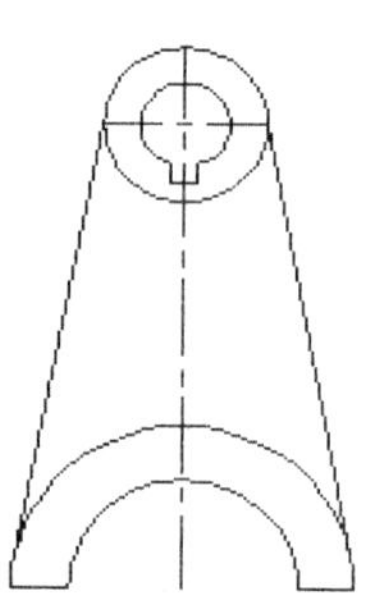

图 40-1 曲柄

操作步骤

步骤 1 新建文件。单击“新建”按钮，新建一个 CAD 文件。

步骤 2 创建图层。执行 LAYER 命令，新建一个“中心线”图层，设置其“线型”为 CENTER、“颜色”为红色。

步骤 3 绘制中心线。按【F8】键开启正交模式，执行 LINE 命令，在绘图区内指定起点，绘制一条水平直线 a，绘制一条垂直于 a 的直线 b，效果如图 40-2 所示。

步骤 4 绘制圆。执行 CIRCLE 命令，以两条直线的交点 D 为圆心，绘制半径分别为 14、21 的圆，效果如图 40-3 所示。

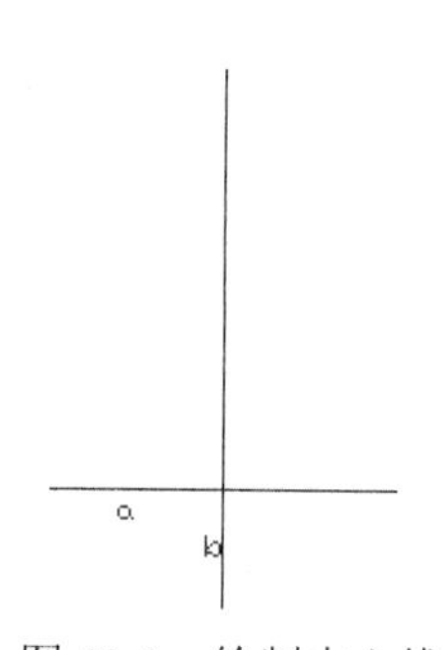

图 40-2 绘制中心线

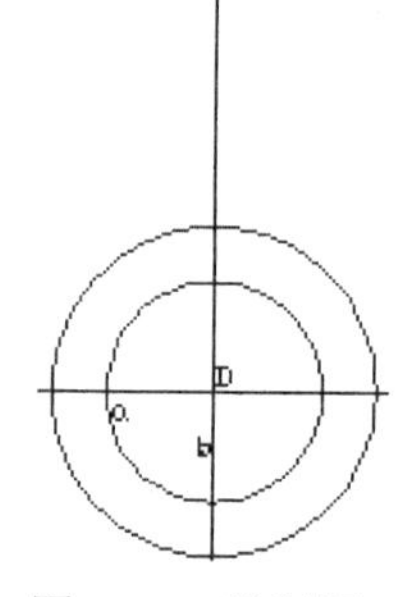

图 40-3 绘制圆

步骤 5 偏移并修剪处理。执行 OFFSET 命令，将直线 a 向上偏移 60；重复执行 OFFSET 命令，将直线 b 向左和向右分别偏移 10；执行 TRIM 命令，修剪偏移的直线，效果如图 40-4 所示。

步骤 6 绘制直线。执行 LINE 命令，绘制连接点 A 与大圆右切点的直线；重复执行 LINE 命令，绘制连接点 B 与大圆左切点的直线，效果如图 40-5 所示。

步骤 7 绘制圆。执行 CIRCLE 命令，以点 C 为圆心，绘制半径分别为 5.5、10 的圆，效果如图 40-6 所示。

步骤 8 修剪处理。执行 TRIM 命令，对图形进行修剪，效果如图 40-7 所示。

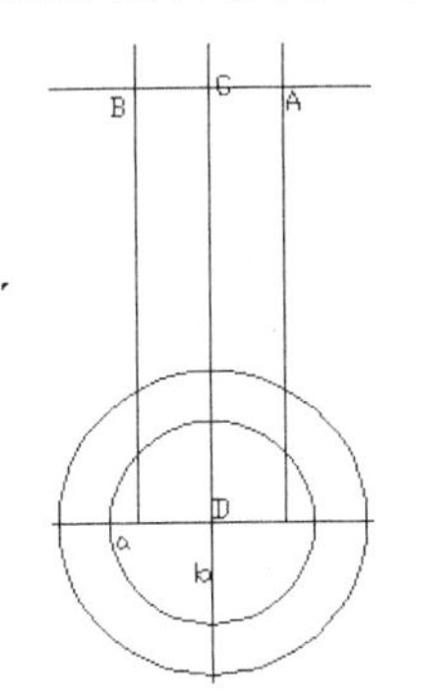

图 40-4 偏移并修剪处理

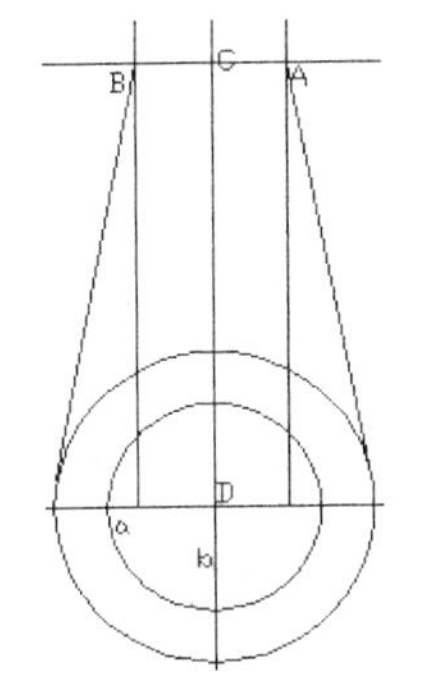

图 40-5 绘制直线

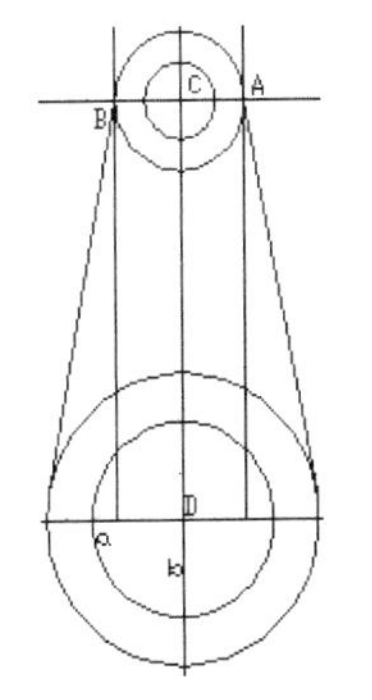

图 40-6 绘制圆

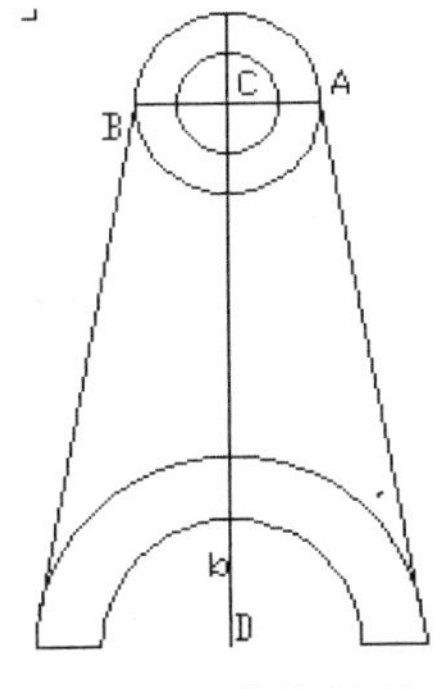

图 40-7 修剪处理

步骤 9 偏移处理。执行 OFFSET 命令，将直线 b 分别向左和向右偏移 1.5，将直线 AB 向下偏移 7.5，如图 40-8 所示。

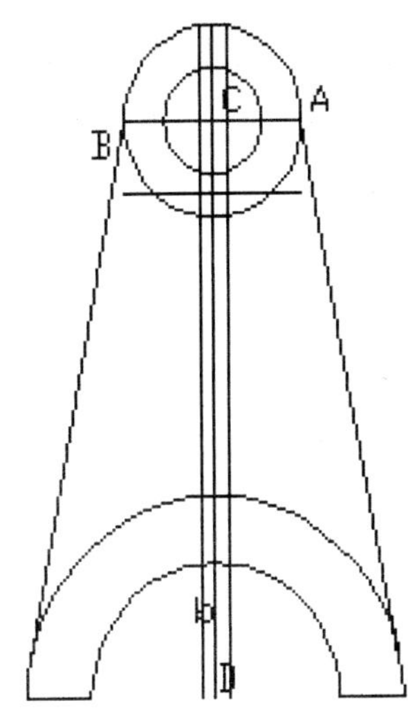

图 40-8 偏移处理

步骤 10 修剪处理。执行 TRIM 命令，修剪多余的线条；并将直线 b 与直线 AB 移至“中心线”图层，效果参见图 40-1。

实例 41 锤头

本实例将绘制锤头，效果如图 41-1 所示。

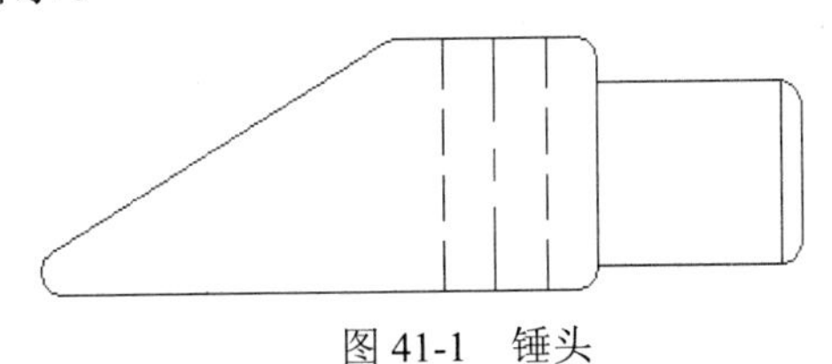
图 41-1 锤头

操作步骤

步骤 1 新建文件。单击“新建”按钮，新建一个 CAD 文件。

步骤 2 创建图层。执行 LAYER 命令，新建一个“中心线”图层，设置其“线型”为 CENTER、“颜色”为红色；新建一个“虚线”图层，设置其“线型”为 HIDDEN、“颜色”为白色。

步骤 3 绘制直线。按【F8】键开启正交模式，执行 LINE 命令，在绘图区内指定起点，绘制一条水平直线 a，再绘制一条垂直于该直线的直线 b，效果如图 41-2 所示。

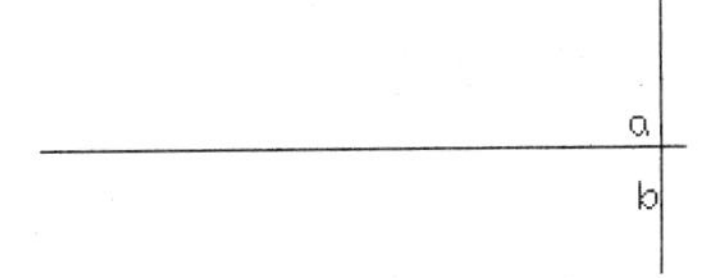

图 41-2 绘制直线

步骤 4 偏移处理。执行 OFFSET 命令，将直线 b 分别向左偏移 10、20、40；将直线 a 分别向上偏移 4、6，分别向下偏移 4、5，效果如图 41-3 所示。

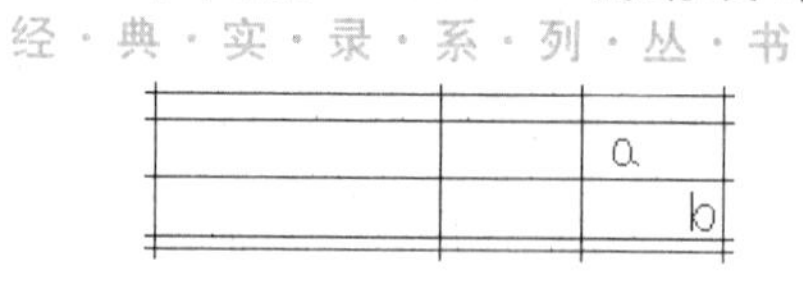

图 41-3　偏移处理

步骤 5 修剪处理。执行 TRIM 命令，对图形进行修剪，效果如图 41-4 所示。

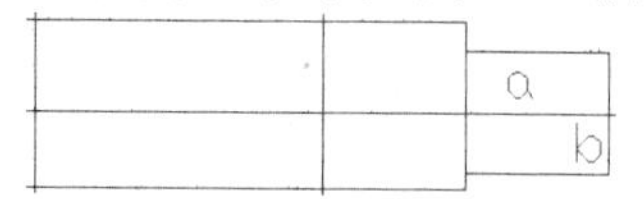

图 41-4　修剪处理

步骤 6 绘制直线。执行 LINE 命令，绘制连接点 A 和点 B 的直线，效果如图 41-5 所示。

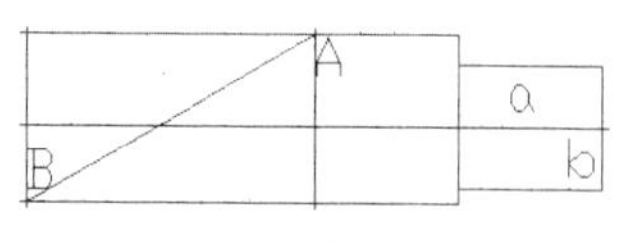

图 41-5　绘制直线

步骤 7 修剪并删除处理。执行 TRIM 命令，对图形进行修剪；执行 ERASE 命令，删除多余的直线，效果如图 41-6 所示。

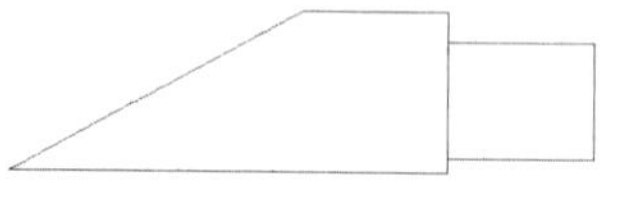
图 41-6　修剪并删除处理

步骤 8 偏移处理。执行 OFFSET 命令，将直线 c 向左分别偏移 2.5、5、7.5，将直线 b 向左偏移 1；将偏移距离为 5 的直线移至“中心线”图层，将偏移距离为 2.5、7.5 的直线移至“虚线”图层，效果如图 41-7 所示。

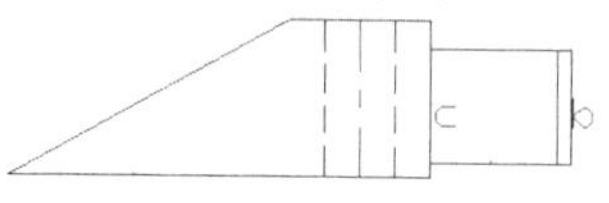

图 41-7　偏移处理

步骤 9 圆角处理。执行 FILLET 命令，设置圆角半径为 1，对图形进行圆角处理，效果参见图 41-1。

实例 42　连杆

本实例将绘制连杆，效果如图 42-1 所示。

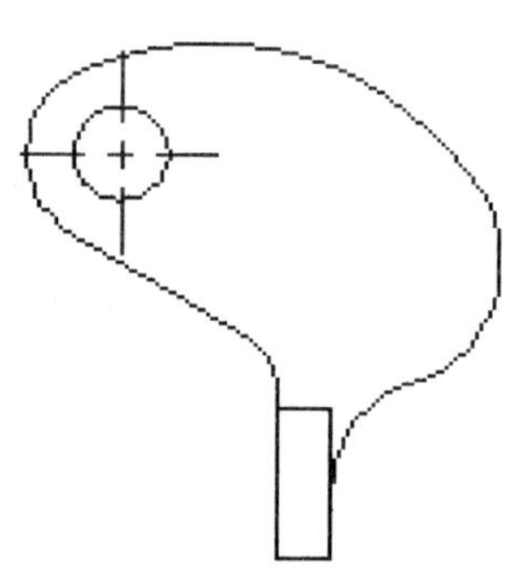
图 42-1　连杆

操作步骤

步骤 1 新建文件。单击“新建”按钮，新建一个 CAD 文件。

步骤 2 创建图层。执行 LAYER 命令，新建一个“中心线”图层，设置其“线型”为 CENTER、“颜色”为红色。

步骤 3 绘制中心线。按【F8】键开启正交模式，执行 LINE 命令，在绘图区内指定起点，绘制一条水平直线 a，再绘制一条垂直于该直线的直线 b，将绘制的直线移至“中心线”图层，效果如图 42-2 所示。

步骤 4 偏移处理。执行 OFFSET 命令，将直线 a 分别向下偏移 28、68、108，将直线 b 向右分别偏移 42、56、66，将偏移的直线移至“0”图层，效果如图 42-3 所示。

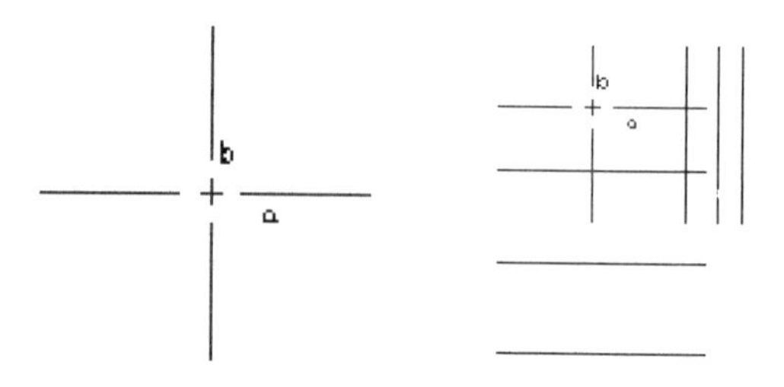

图 42-2　绘制中心线　　图 42-3　偏移处理

步骤 5 绘制圆。执行 CIRCLE 命令，以两条直线的交点 A 为圆心，绘制半径分别为 12.5、25 的圆，如图 42-4 所示。

步骤 6 延伸处理。执行 EXTEND 命令，依次选择需要延伸的直线，对其进行延伸，效果如图 42-5 所示。

步骤 7 绘制圆。执行 CIRCLE 命令，以直线 f 与直线 e 的交点为圆心，绘制半径为 35 的圆；重复执行 CIRCLE 命令，绘制半径为 30 且与半径为 35 的圆和直线 d 相切的圆；重复执行 CIRCLE 命令，绘制半径为 17.5 且与半径为 25 的圆和半径为 35 的圆相切的圆，效果如图 42-6 所示。

步骤 8 绘制构造线。执行 XLINE 命令，设置角度值为-30，捕捉半径为 25 的圆的切点，绘制构造线，效果如图 42-7 所示。

步骤 9 修剪处理。执行 TRIM 命令，修剪多余的线条；执行 ERASE 命令，删除多余的线段，效果参见图 42-1。

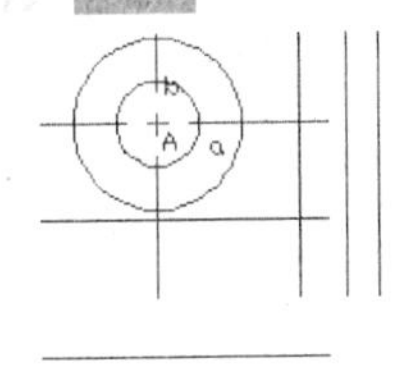

图 42-4 绘制圆

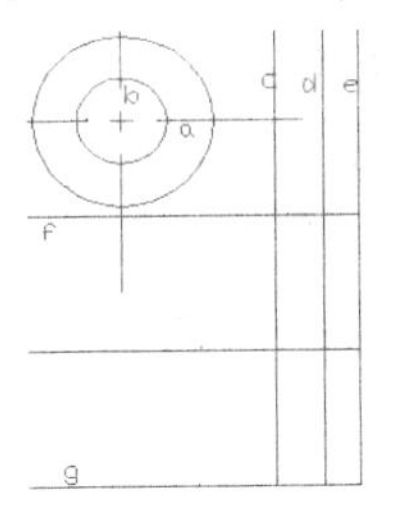

图 42-5 延伸处理

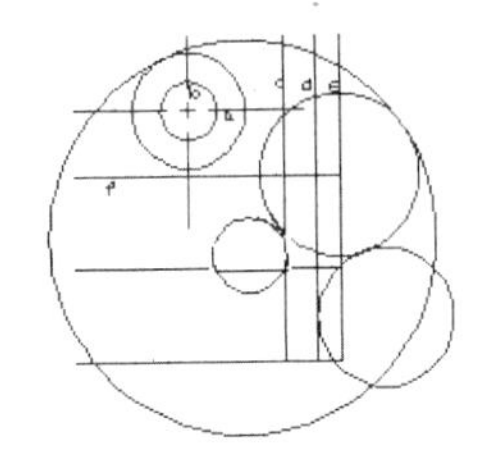

图 42-6 绘制圆

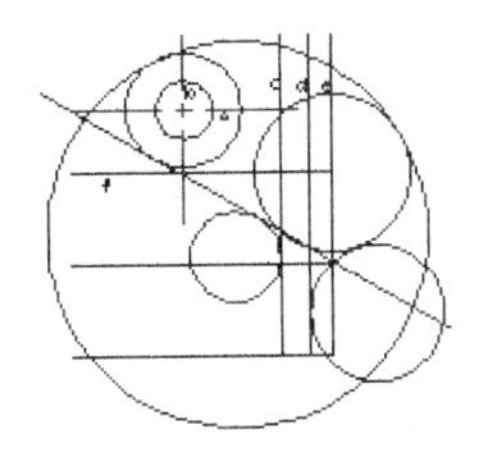

图 42-7 绘制构造线

实例 43 操作杆

本实例将绘制操作杆，效果如图 43-1 所示。

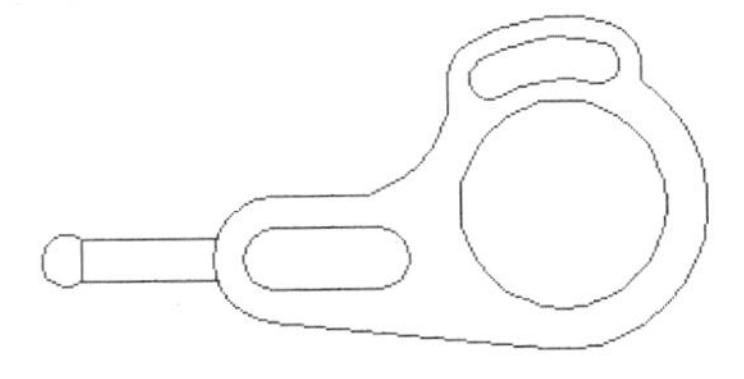

图 43-1 操作杆

操作步骤

步骤 1 新建文件。单击“新建”按钮，新建一个 CAD 文件。

步骤 2 绘制直线。按【F8】键开启正交模式，执行 LINE 命令，在绘图区内指定起点，绘制一条水平直线 a，再绘制一条垂直于该直线的直线 b，如图 43-2 所示。

步骤 3 偏移处理。执行 OFFSET 命令，将直线 a 向上偏移 25；执行 XLINE 命令，捕捉 A 点绘制角度分别为 75 和 120 的构造线，效果如图 43-3 所示。

步骤 4 绘制圆。执行 CIRCLE 命令，以两条直线的交点 A 为圆心，绘制半径分别为 50、70、90 的圆；重复执行 CIRCLE 命令，以 B 点为圆心，绘制半径分别为 10、20 的圆；以 C 点为圆心，绘制半径分别为 10、20 的圆，效果如图 43-4 所示。

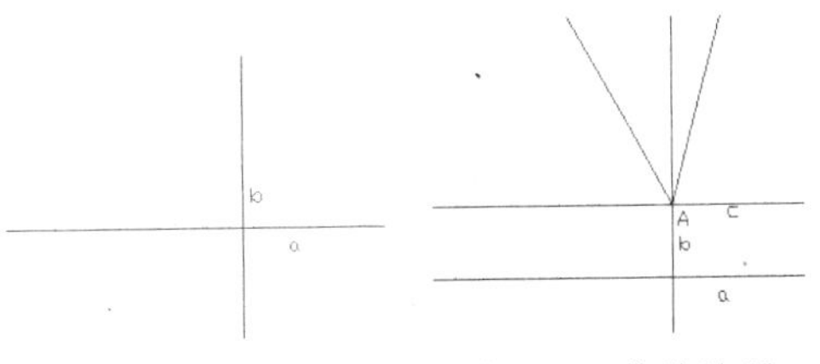

图 43-2 绘制直线　　图 43-3 偏移处理

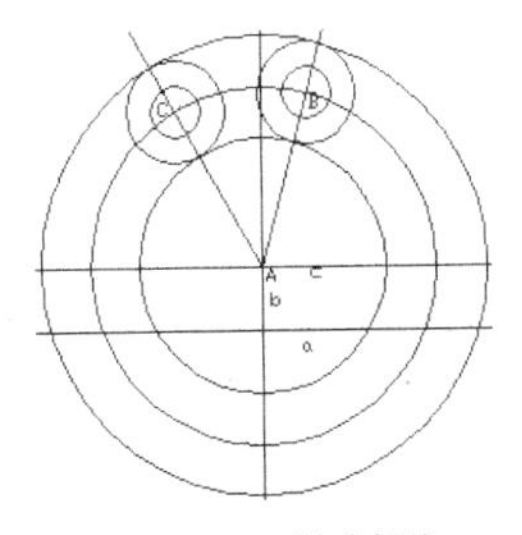

图 43-4 绘制圆

步骤 5 绘制构造线。执行 XLINE 命令，捕捉圆 B 右侧和圆 C 左侧的象限点绘制垂直构造线；执行 OFFSET 命令，选择半径为 70 的圆分别向内和向外偏移 10，效果如图 43-5 所示。

步骤 6 修剪处理。执行 TRIM 命令，对图形进行修剪，效果如图 43-6 所示。

步骤 7 偏移处理并绘制圆。执行 OFFSET 命令，将直线 b 向右分别偏移 90、140；执行 CIRCLE 命令，以点 D 为圆心，绘制半径为 15 的圆；重复执行 CIRCLE 命令，以 E 点为圆心，绘制半径分别为 15 和 30 的圆，效果如图 43-7 所示。

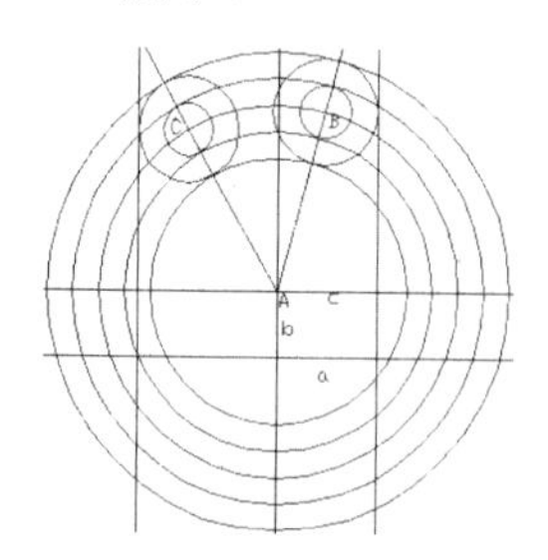

图 43-5　绘制构造线

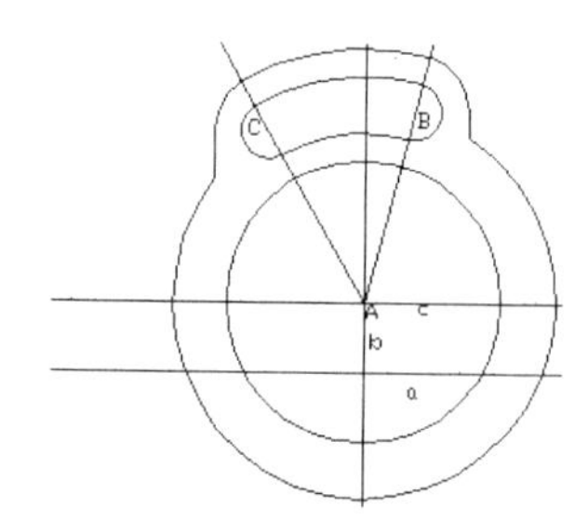

图 43-6　修剪处理

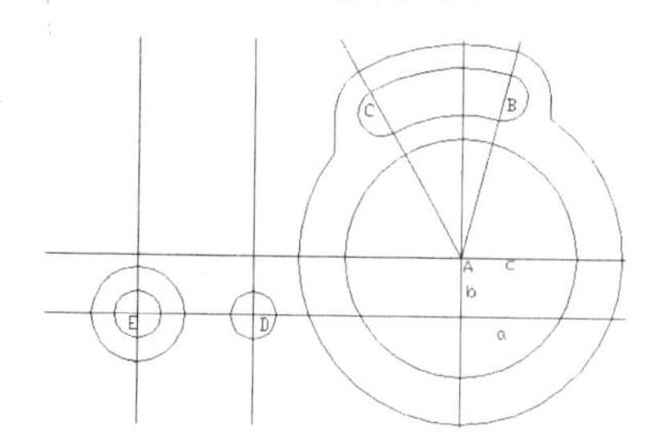

图 43-7　偏移处理并绘制圆

步骤 8 绘制直线。执行 LINE 命令，捕捉圆 E 上方的交点并引导光标向右，绘制长为 100 的水平线，执行 FILLET 倒角命令，设置倒角半径为 50，对两直线交点进行倒角；分别捕捉圆 E 与圆 A 的下切点绘制直线；捕捉圆 D 的上方和下方的象限点并引导光标向左，分别绘制长为 50 的水平直线，效果如图 43-8 所示。

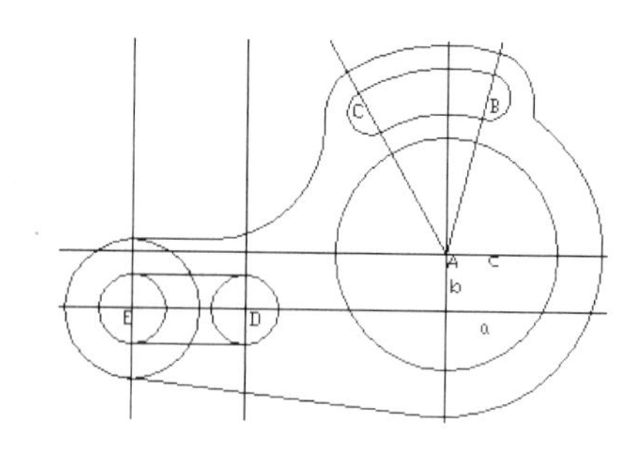

图 43-8　绘制直线

步骤 9 偏移处理并绘制圆。执行 OFFSET 命令，将直线 b 向左偏移 232.5 和 240，选择直线 a 向上和向下分别偏移 10；执行 CIRCLE 命令，以点 F 为圆心，绘制半径为 12.5 的圆，效果如图 43-9 所示。

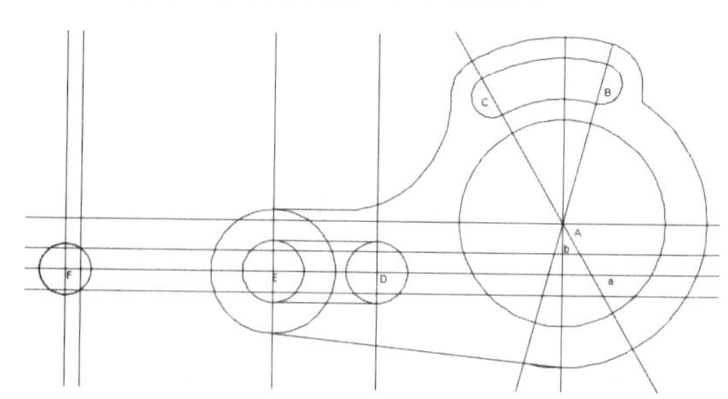

图 43-9　偏移处理并绘制圆

步骤 10 修剪处理。执行 TRIM 命令，对图形进行修剪；执行 ERASE 命令，删除多余的线条，效果如图 43-1 所示。

第 3 章 机械剖视图和轴测图

3 part

机械剖视图和轴测图是机械设计图中重要的组成部分，它们是能够反映不同视觉的二维图形。剖视图可以从前视图、左视图等视图中设计机械图形；轴测图能同时反映立体的正面、侧面和水平面的形状，因而立体感较强，在工程设计中和工业生产中常用作辅助图样。

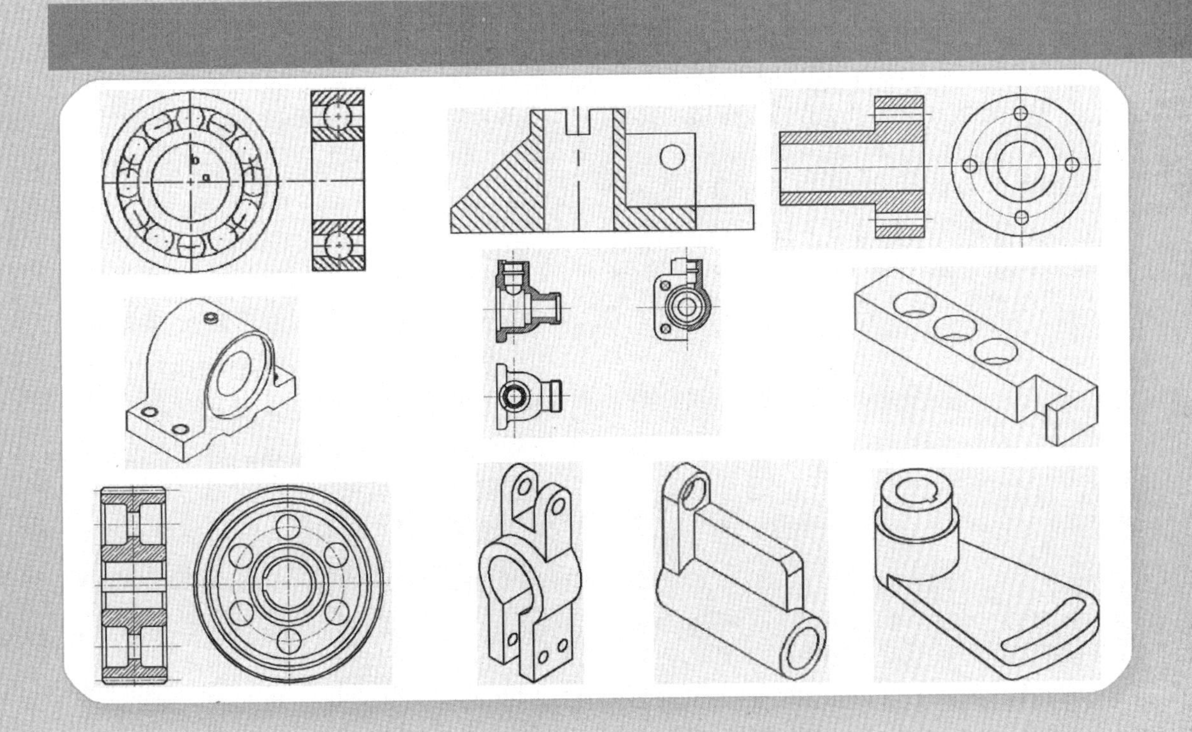

扫码观看本例视频

实例 44 定位套剖视图

本实例将绘制定位套剖视图，效果如图44-1所示。

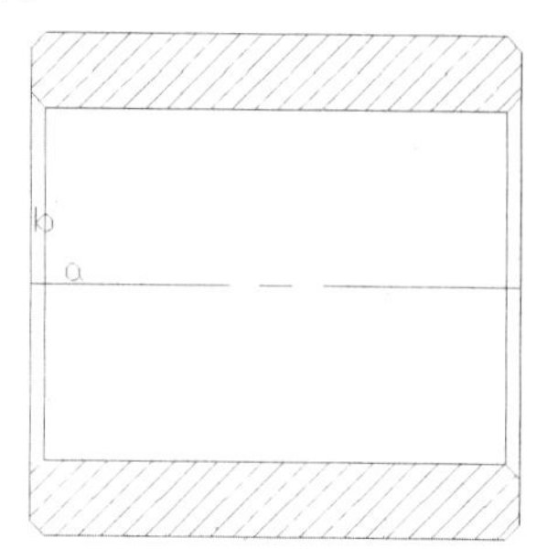

图 44-1 定位套剖视图

操作步骤

步骤 1 新建文件。启动 AutoCAD，单击“新建”按钮，新建一个 CAD 文件。

步骤 2 创建图层。执行 LAYER 命令，新建一个“中心线”图层，设置其“线型”为 CENTER、“颜色”为红色。

步骤 3 绘制中心线。按【F8】键开启正交模式，执行 LINE 命令，在绘图区内指定起点，绘制一条长度为 100 的垂直直线 b，以直线 b 的中点为起点绘制长度为 100 的水平直线 a，并将直线 a 移至“中心线”图层，效果如图 44-2 所示。

步骤 4 偏移处理。执行 OFFSET 命令，将直线 a 分别向上和向下各偏移 35、50，将直线 b 向右分别偏移 3、97、100，并将偏移的直线移至“0”图层，效果如图 44-3 所示。

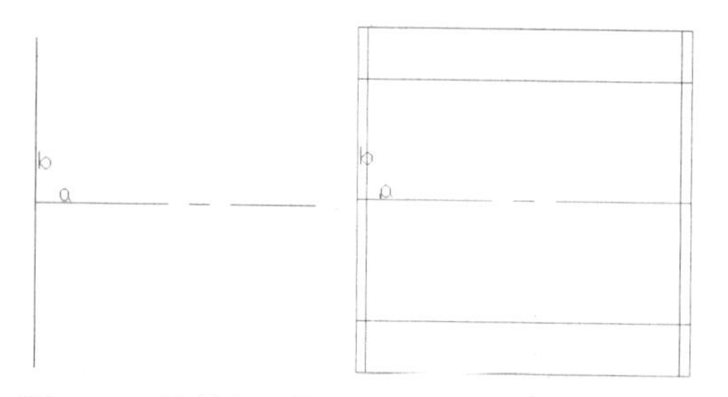

图 44-2 绘制中心线　　图 44-3 偏移处理

步骤 5 倒角处理。执行 CHAMFER 命令，对图形的 4 个顶角进行倒角，设置其距离均为 3，效果如图 44-4 所示。

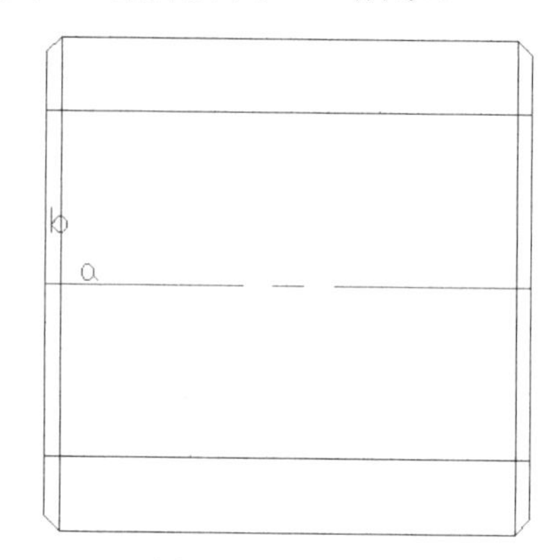

图 44-4 倒角处理

步骤 6 倒角处理。执行 CHAMFER 命令，选择修剪模式，设置第一个和第二个倒角距离均为 3，分别选择需要倒角的边，对图形进行倒角，效果如图 44-5 所示。

步骤 7 修剪处理。执行 TRIM 命令，对图形进行修剪，效果如图 44-6 所示。

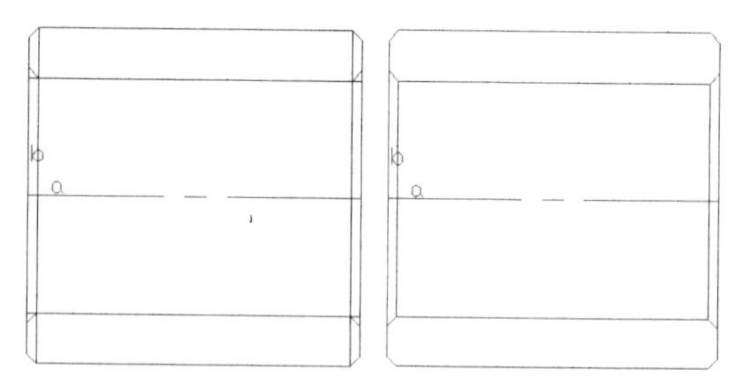

图 44-5 倒角处理　　图 44-6 修剪处理

步骤 8 填充图形。执行 BHATCH 命令，弹出“图案填充创建”对话框，在“图案”选项板选择 ANSI31 选项，单击“确定”按钮返回“图案填充创建”对话框，单击“拾取一个内部点”按钮，分别选择需要填充的图形，按回车键确认，效果参见 44-1。

扫码观看本例视频

实例 45 支墩叉架剖视图

本实例将绘制支墩叉架剖视图，效果如图 45-1 所示。

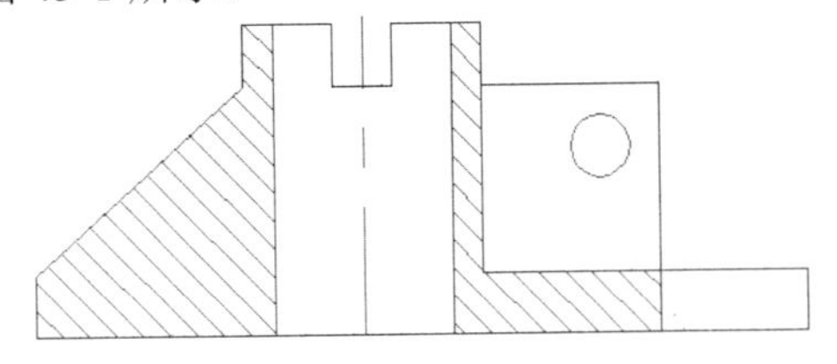

图 45-1　支墩叉架剖视图

操作步骤

步骤 1 新建文件。启动 AutoCAD，单击“新建”按钮，新建一个 CAD 文件。

步骤 2 创建图层。执行 LAYER 命令，新建一个“中心线”图层，设置其“线型”为 CENTER、“颜色”为红色。

步骤 3 绘制中心线。按【F8】键开启正交模式，执行 LINE 命令，在绘图区内指定起点，绘制一条长度为 150 的水平直线 a，以直线 a 的中点为起点绘制长度为 60 的垂直直线 b，效果如图 45-2 所示。

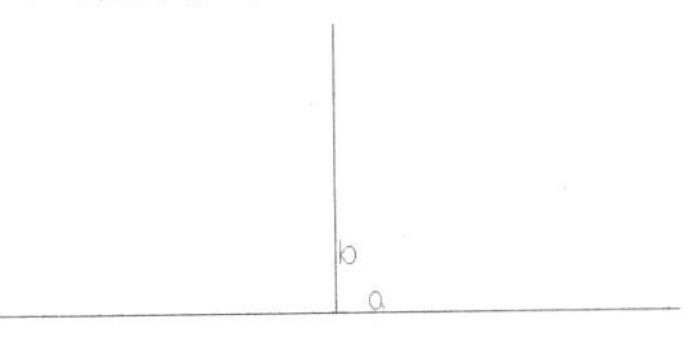

图 45-2　绘制中心线

步骤 4 偏移处理。执行 OFFSET 命令，将直线 a 向上分别偏移 10、40、50；将直线 b 向左分别偏移 5、15、20、55，向右分别偏移 5、15、20、50、75，效果如图 45-3 所示。

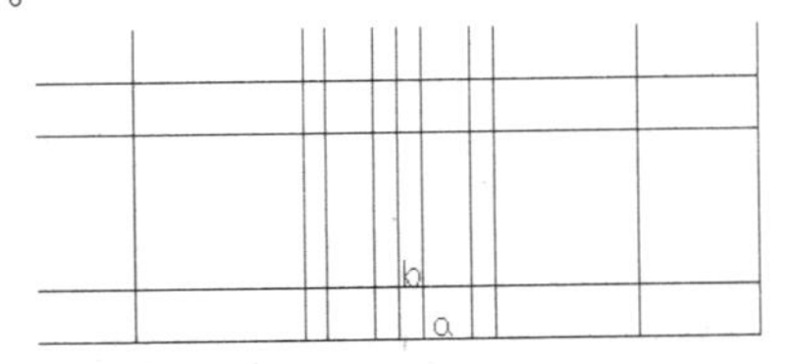

图 45-3　偏移处理

步骤 5 绘制直线。执行 LINE 命令，绘制连接点 A、B 的直线，效果如图 45-4 所示。

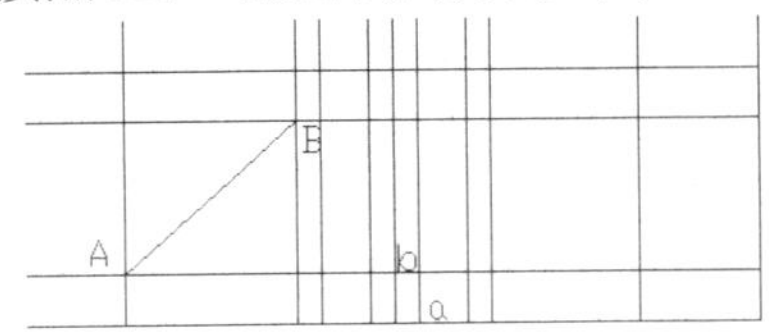

图 45-4　绘制直线

步骤 6 修剪处理。执行 TRIM 命令，对图形进行修剪，效果如图 45-5 所示。

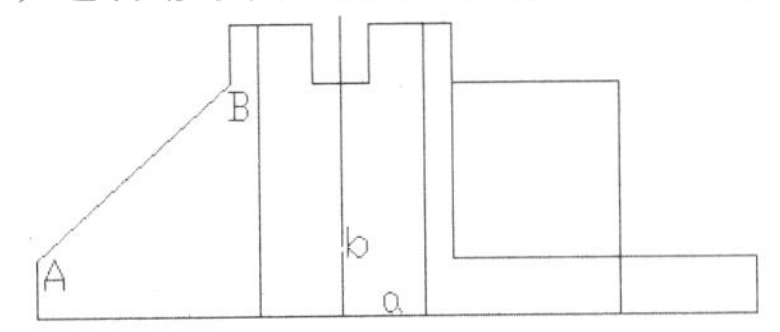

图 45-5　修剪处理

步骤 7 偏移处理。执行 OFFSET 命令，将直线 a 向上偏移 30，将直线 b 向右偏移 40，效果如图 45-6 所示。

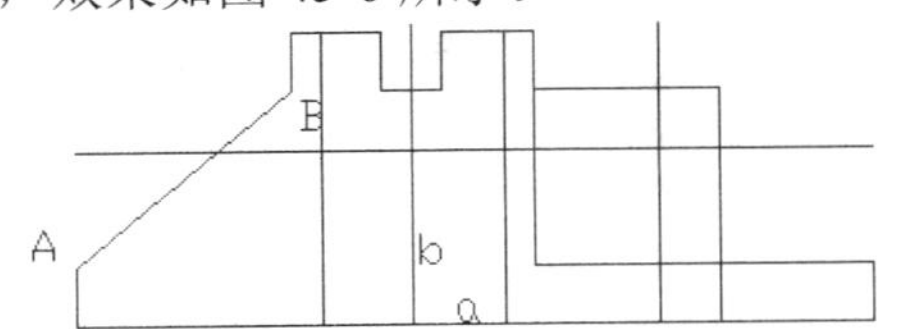

图 45-6　偏移处理

步骤 8 绘制圆。执行 CIRCLE 命令，以步骤（7）中偏移的两条直线的交点为圆心，绘制半径为 5 的圆；删除偏移的直线，并将直线 b 移至“中心线”图层，效果如图 45-7 示。

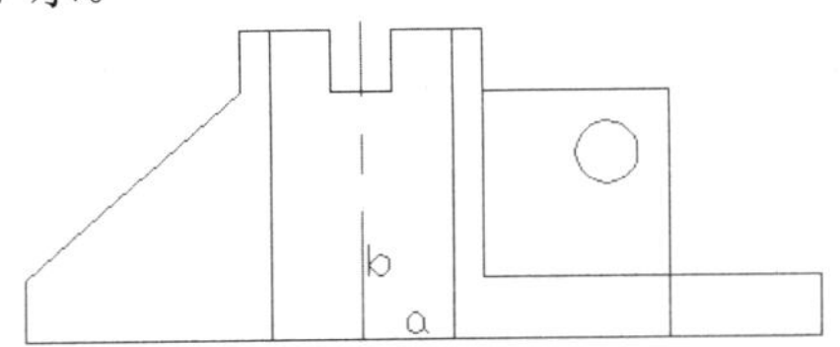

图 45-7　绘制圆

步骤 9 填充图形。执行 BHATCH 命令，对图形中需要填充的区域进行填充，效果参见 45-1。

实例 46 深沟球轴承剖视图

本实例将绘制深沟球轴承剖视图，效果如图 46-1 所示。

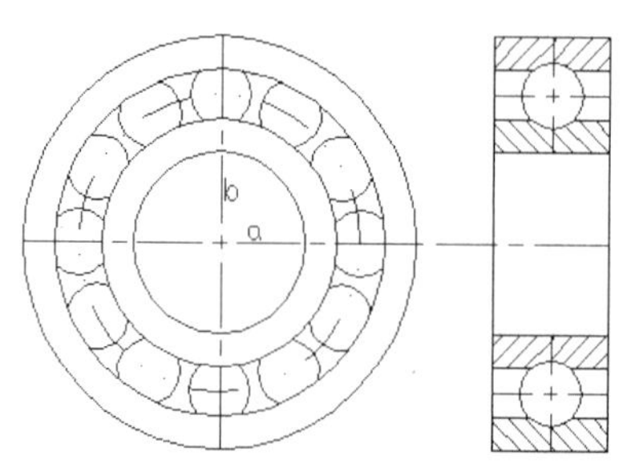

图 46-1　深沟球轴承剖视图

操作步骤

步骤 1 新建文件。启动 AutoCAD，单击“新建”按钮，新建一个 CAD 文件。

步骤 2 创建图层。执行 LAYER 命令，新建一个“中心线”图层，设置其“线型”为 CENTER、“颜色”为红色。

步骤 3 绘制中心线。按【F8】键开启正交模式，执行 LINE 命令，在绘图区内指定起点，绘制两条互相垂直的直线 a 与 b，其长度均为 50，并将绘制的直线移至“中心线”图层，效果如图 46-2 所示。

步骤 4 绘制圆。执行 CIRCLE 命令，以直线 a 与直线 b 的交点为圆心，绘制半径分别为 22、30、36、42、50 的同心圆，将半径为 36 的圆的线型更改为 DIVIDE，效果如图 46-3 所示。

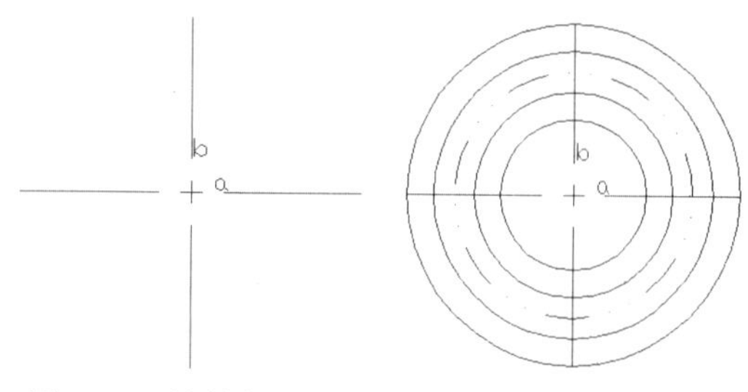

图 46-2　绘制中心线　　图 46-3　绘制圆

步骤 5 绘制圆。执行 CIRCLE 命令，以半径为 36 的圆与直线 b 的交点为圆心，绘制半径为 8 的圆，效果如图 46-4 所示。

步骤 6 修剪处理。执行 TRIM 命令，对图形进行修剪，效果如图 46-5 所示。

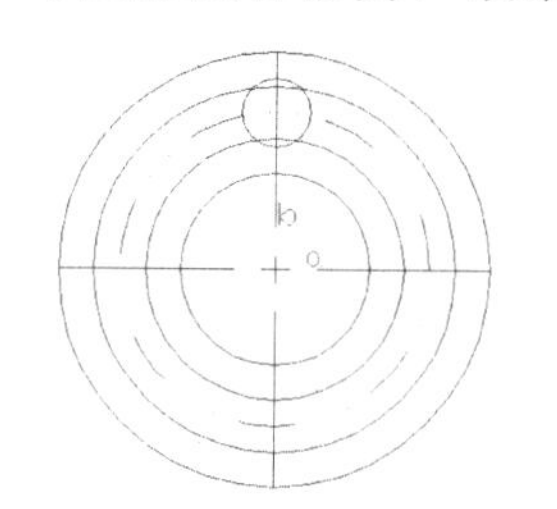

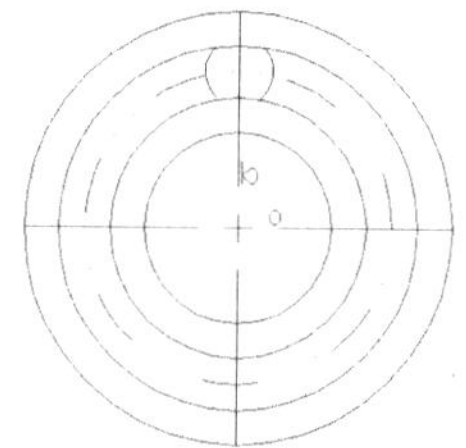

图 46-4　绘制圆　　图 46-5　修剪处理

步骤 7 阵列处理。执行 ARRAY 命令，以直线 a 与直线 b 的交点为中心点，对修剪的图形进行环形阵列，效果如图 46-6 所示。

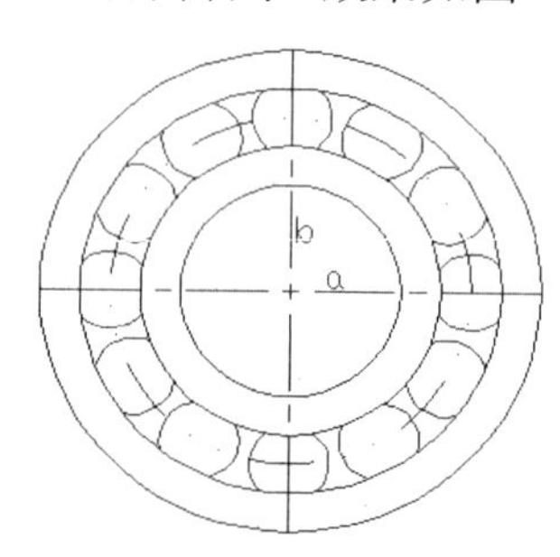

图 46-6　环形阵列

步骤 8 偏移并延伸处理。执行 OFFSET 命令，将直线 b 向右偏移 150，并将偏移的直线移至“0”图层；执行 EXTEND 命令，选择直线 c，然后选择直线 a 的右半部分，延伸直线，效果如图 46-7 所示。

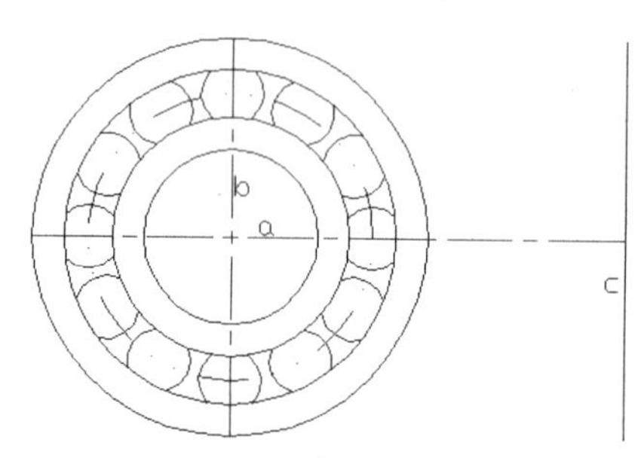

图 46-7　偏移并延伸处理

步骤 9 偏移处理。执行 OFFSET 命令，将直线 a 分别向上和向下各偏移 22、30、36、

42、50，将直线 c 向左分别偏移 15、30，并将偏移距离为 15、36 的直线移至“中心线”图层，效果如图 46-8 所示。

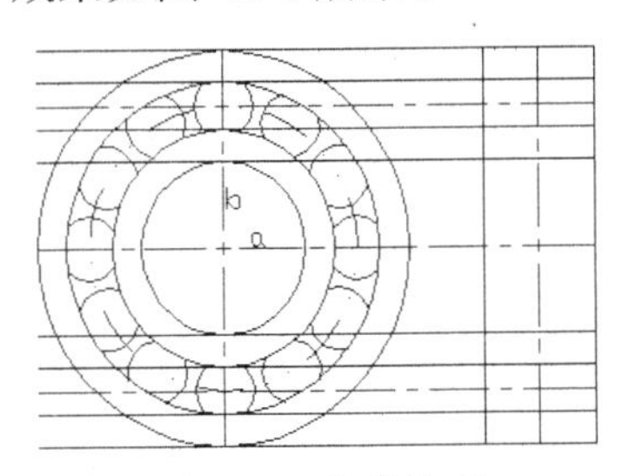

图 46-8　偏移处理

步骤 10 修剪处理。执行 TRIM 命令，对图形进行修剪，效果如图 46-9 所示。

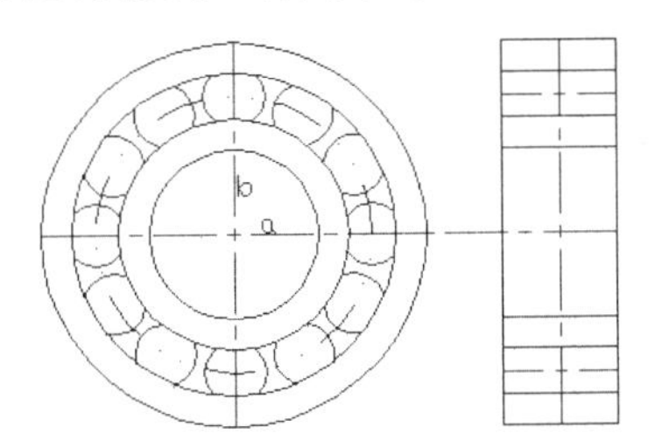

图 46-9　修剪处理

步骤 11 绘制圆。执行 CIRCLE 命令，分别以点 A、B 为圆心，绘制半径为 8 的圆，效果如图 46-10 所示。

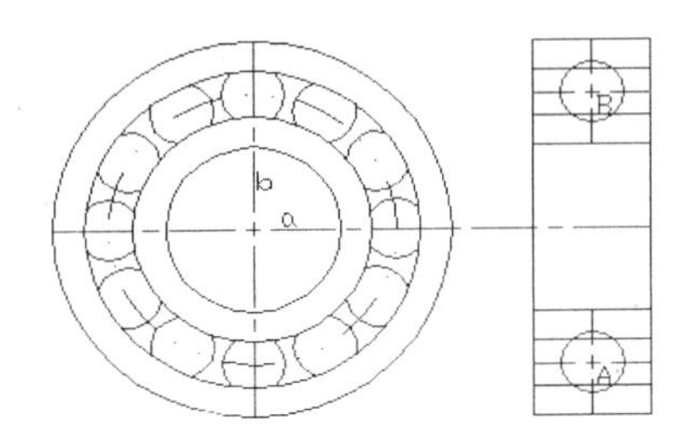

图 46-10　绘制圆

步骤 12 修剪处理。执行 TRIM 命令，对图形进行修剪，效果如图 46-11 所示。

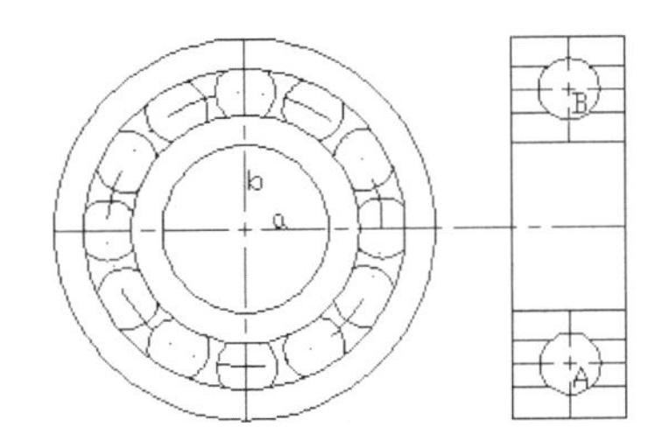

图 46-11　修剪处理

步骤 13 填充图形。执行 BHATCH 命令，对图形中需要填充的区域进行填充，效果参见图 46-1。

实例 47 盘件剖视图

本实例将绘制盘件剖视图，效果如图 47-1 所示。

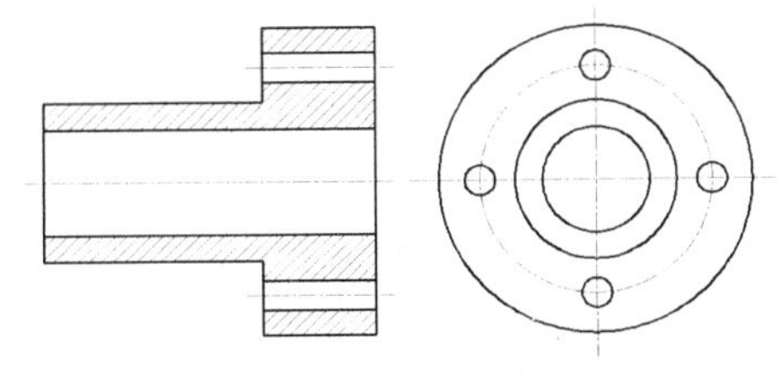

图 47-1　盘件剖视图

操作步骤

步骤 1 新建文件。启动 AutoCAD，单击“新建”按钮，新建一个 CAD 文件。

步骤 2 创建图层。单击“图层”面板中的“图层特性”按钮，在弹出的“图层特性管理器”对话框中，依次创建图层“轮廓线”（线宽为 0.30 毫米）、“中心线”（颜色为红色、线型为 CENTER、线宽为 0.09 毫米）、“细实线”，然后双击“中心线”图层将其设置为当前图层。

步骤 3 绘制中心线。使用 LINE 命令，分别以（142,171）和（143,-95）、（4,40）和（278,40）为直线的各个端点，绘制两条互相垂直的中心线。

步骤 4 绘制圆。使用 CIRCLE 命令，捕捉两条中心线的交点为圆心，绘制半径为 86.25 的圆，效果如图 47-2 所示。

步骤 5 绘制圆。将“轮廓线”图层设置为当前图层，使用 CIRCLE 命令，捕捉两条中心线的交点为圆心，绘制半径分别为 40、60、116.25 的同心圆，效果如图 47-3

所示。

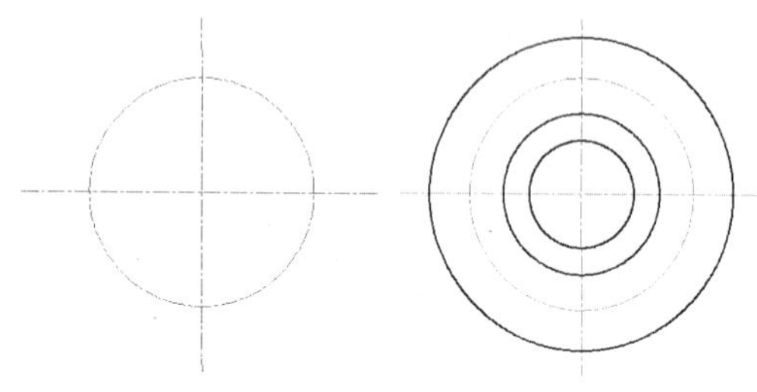

图 47-2　绘制圆　　　图 47-3　绘制圆

步骤 6 重复步骤（5）中的操作，使用 CIRCLE 命令，捕捉垂直中心线与半径为 86.25 的圆顶部的交点为圆心，绘制半径为 11.25 的圆，效果如图 47-4 所示。

步骤 7 阵列处理。在命令行中输入 ARRAY 命令并按回车键，选择半径为 11.25 的圆为阵列对象，输入阵列类型为“极轴（PO）”，捕捉同心圆的圆心为中心点，设置“项目总数”为 4，按回车键退出即可，效果如图 47-5 所示。

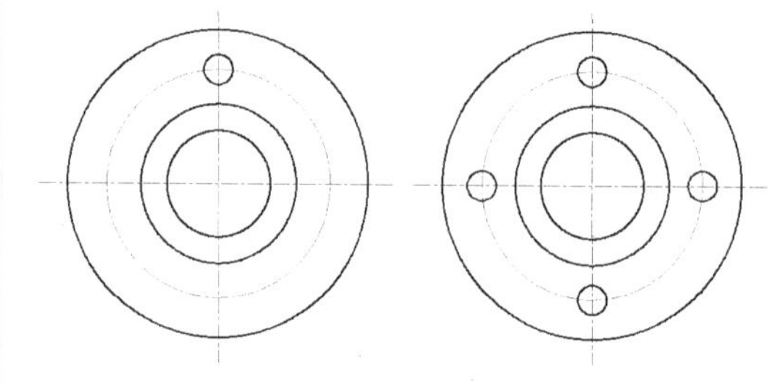

图 47-4　绘制圆　　　图 47-5　阵列处理

步骤 8 绘制辅助线。将“中心线”图层设置为当前图层，执行 XLINE 命令，输入 H，分别捕捉左视图中心线的交点，绘制辅助线，效果如图 47-6 所示。

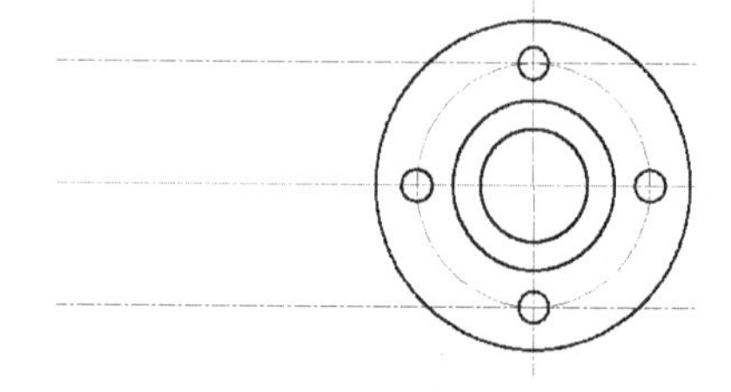

图 47-6　绘制辅助线

步骤 9 绘制辅助线。将“轮廓线”图层设置为当前图层，执行 XLINE 命令，输入 H，分别捕捉左视图圆上的象限点，绘制辅助线，效果如图 47-7 所示。

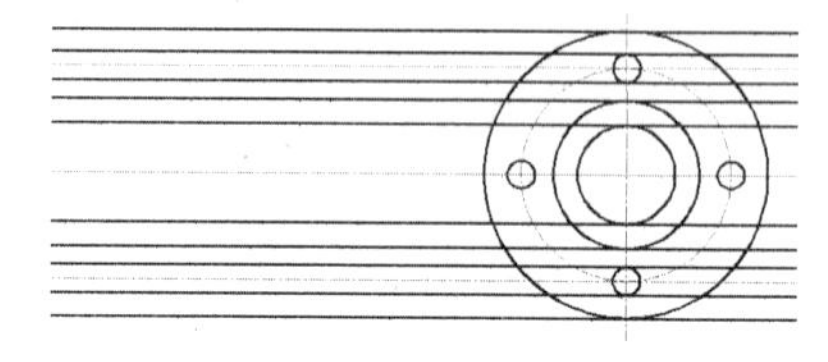

图 47-7　绘制辅助线

步骤 10 绘制直线。使用 LINE 命令，捕捉左视图最上边辅助线上的一点，然后捕捉最下边辅助线上的垂足绘制直线，效果如图 47-8 所示。

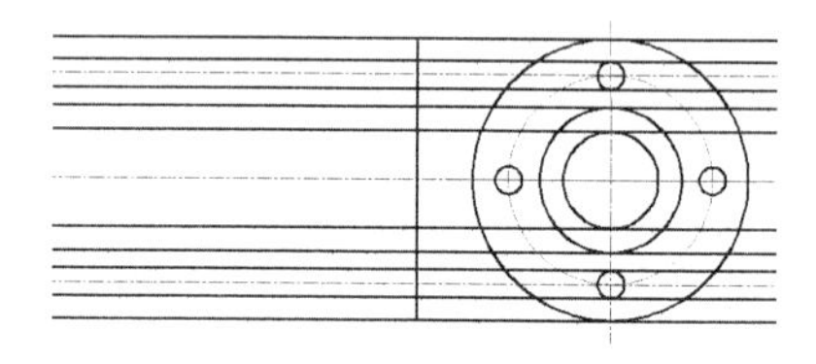

图 47-8　绘制直线

步骤 11 偏移处理。使用 OFFSET 命令，将步骤（10）中绘制的直线沿水平方向向左偏移，偏移距离分别为 83 和 244，效果如图 47-9 所示。

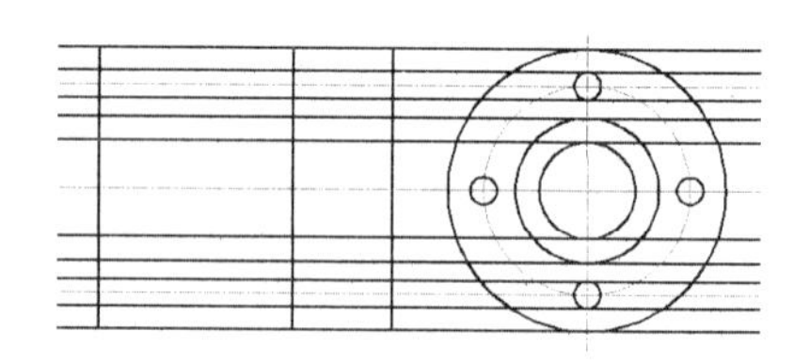

图 47-9　偏移处理

步骤 12 修剪处理。使用 TRIM 命令对多余的直线进行修剪，效果如图 47-10 所示。

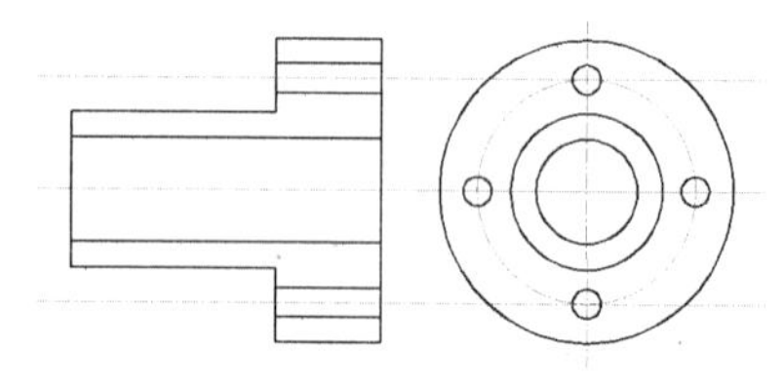

图 47-10　修剪处理

步骤 13 打断处理和图案填充。单击“修改”面板中的“打断”按钮，根据提示进行操作，对辅助线进行打断处理；设置“细实线”图层为当前图层，单击“绘图”面板中的“图案填充”按钮，弹出“图案填充创建”对话框，在“图案”下拉列表框中选择 ANSI31 选项，设置“比例”为 0.5，然后单击“拾取一个内部点”按钮，在绘图区内选择要填充的区域并按回车键，返回对话框，单击“确定”按钮，效果参见图 47-1。

实例 48 盘盖剖视图

本实例将绘制盘盖剖视图，效果如图 48-1 所示。

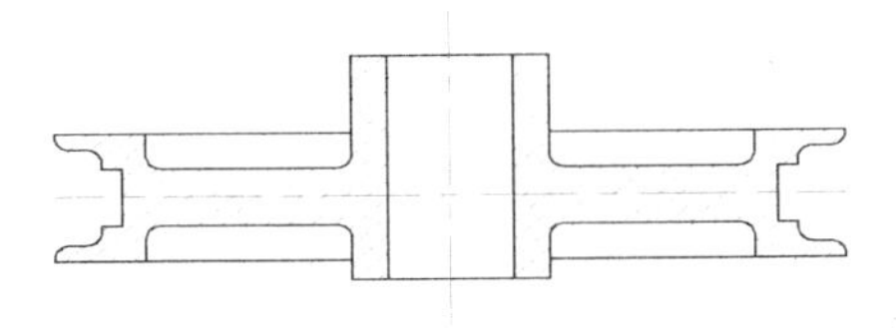

图 48-1　盘盖剖视图

操作步骤

步骤 1 新建文件。启动 AutoCAD，单击“新建”按钮，新建一个 CAD 文件。

步骤 2 创建图层。单击“图层”面板中的“图层特性”按钮，在弹出的“图层特性管理器”对话框中，依次创建图层“轮廓线”（线宽为 0.30 毫米）、“中心线”（颜色为红色、线型为 CENTER、线宽为 0.09 毫米）、“细实线”，然后双击“中心线”图层将其设置为当前图层。

步骤 3 绘制中心线。使用 LINE 命令，分别以（-8.5,0）和（@100,0）、（41.5,35）和（41.5,-20）为直线的各个端点，绘制两条相互垂直的直线。

步骤 4 绘制多段线。将“轮廓线”图层设置为当前图层，使用 PLINE 命令，依次输入（29,6.5）A、CE、（@-2,0）、A、-90、L、（@-22,0）、A、CE、（@0,2）、A、-90、L、（@0,3.5）、（@-11.5,0）、（@0,-0.5）、A、CE、（@2,0）、（@0,-2）、L、（@2,0）、A、CE、（@0,-2）、A、-90、L、（@0,-1）、（@2.5,0）、（@0,-4.5），绘制多段线，效果如图 48-2 所示。

步骤 5 镜像处理。使用 MIRROR 命令，选择多段线并按回车键，捕捉水平中心线上的任意两点为镜像线上的第一点和第二点进行镜像处理，效果如图 48-3 所示。

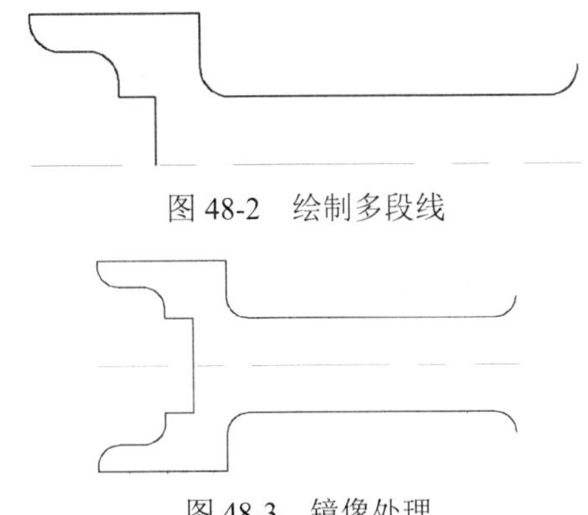

图 48-2　绘制多段线

图 48-3　镜像处理

步骤 6 绘制多段线。使用 PLINE 命令，依次输入（29,6.5）、（@0,15.5）和（@12.5,0），绘制多段线，效果如图 48-4 所示。

步骤 7 重复执行步骤（6）的操作，使用 PLINE 命令，然后依次输入（29,-6.5）、（@0,-6.5）和（@12.5,0），绘制多段线，效果如图 48-5 所示。

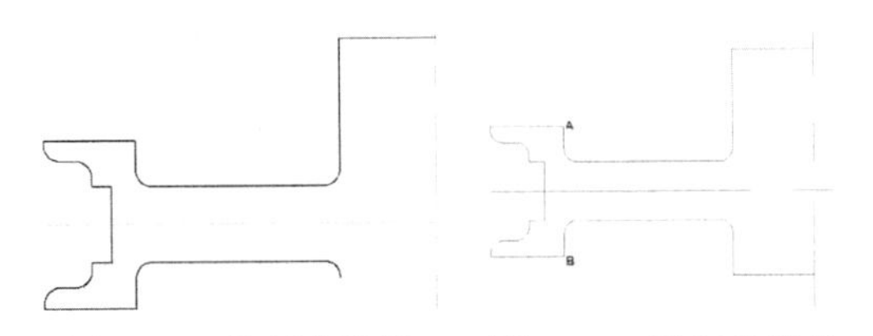

图 48-4　绘制多段线　　图 48-5　绘制多段线

步骤 8 绘制直线。使用 LINE 命令，分别捕捉图 48-5 所示的端点 A 和端点 B，向右引导光标，捕捉垂足，绘制两条水平直线，效果如图 48-6 所示。

步骤 9 偏移并修剪处理。使用 OFFSET 命令将垂直中心线向左偏移 8，然后将偏移生成的直线移至“轮廓线”图层，使用 TRIM 命令对多余的直线进行修剪，效果如图 48-7 所示。

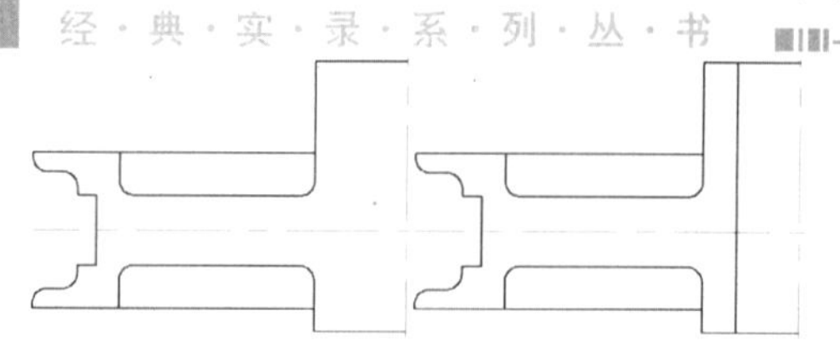
图 48-6 绘制直线　　图 48-7 偏移并修剪处理

步骤 10 镜像处理。使用 MIRROR 命令，选择盘盖左侧的“轮廓线”图层中所有图形为镜像对象，捕捉垂直中心线上的任意两点为镜像线上的第一点和第二点，进行镜像处理，效果如图 48-8 所示。

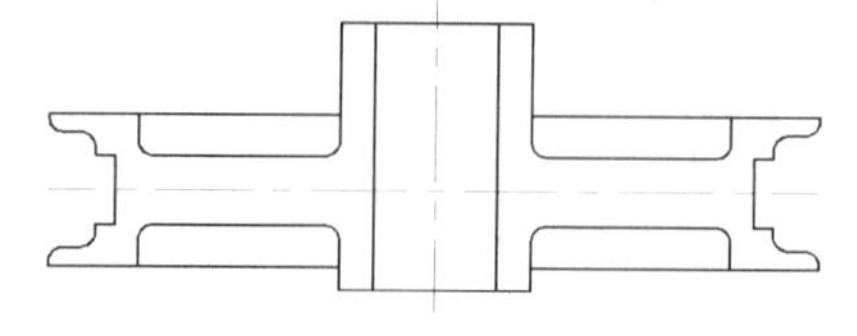
图 48-8 镜像处理

步骤 11 图案填充。将“细实线”图层设置为当前图层，在命令行中输入 BHATCH 命令并按回车键，弹出“图案填充创建”对话框，设置“类型”为“用户定义”、“角度”为 45、“间距”为 2，然后单击“拾取一个内部点”按钮，在绘图区内选择要填充的区域进行填充，效果参见图 48-1。

实例 49 大齿轮剖视图

本实例将绘制大齿轮剖视图，效果如图 49-1 所示。

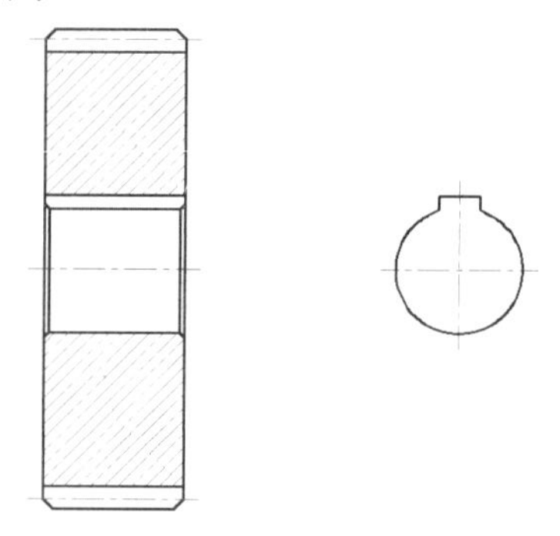
图 49-1 大齿轮剖视图

操作步骤

步骤 1 新建文件。启动 AutoCAD，单击“新建”按钮，新建一个 CAD 文件。

步骤 2 创建图层。单击“图层”面板中的“图层特性”按钮，在弹出的“图层特性管理器”对话框中，依次创建图层“轮廓线”（线宽为 0.30 毫米）、“中心线”（颜色为红色、线型为 CENTER、线宽为 0.09 毫米）、“细实线”，然后双击“轮廓线”图层将其设置为当前图层。

步骤 3 绘制矩形。在命令行中输入 RECTANG 命令并按回车键，根据提示进行操作，输入 C，设置倒角距离均为 4，然后在绘图区中任取一点为矩形的角点，输入 D，设置矩形的长度为 55、宽度为 188，绘制矩形，效果如图 49-2 所示。

步骤 4 分解处理。单击“修改”面板中的“分解”按钮，根据提示进行操作，对矩形进行分解处理。

步骤 5 偏移并延伸处理。使用 OFFSET 命令，设置偏移距离为 9，将矩形的两条水平边分别向内偏移；使用 EXTEND 命令，以矩形的两条垂直边为边界，对偏移生成的水平线进行延伸处理，效果如图 49-3 所示。

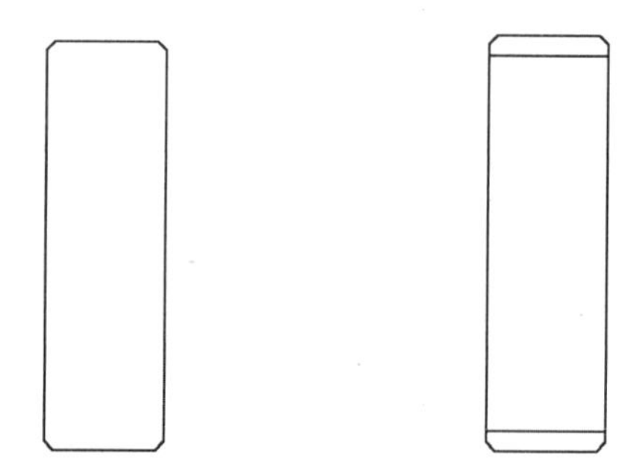
图 49-2 绘制矩形　　图 49-3 偏移并延伸处理

步骤 6 绘制中心线。将“中心线”图层设置为当前图层，使用 LINE 命令，以矩形垂直边的中点作为水平中心线上的一点，绘制水平中心线；使用 LINE 命令在合适位置绘制垂直中心线，效果如图 49-4 所示。

步骤 7 绘制圆。将“轮廓线”图层设置为当前图层，使用 CIRCLE 命令，捕捉中心线的交点为圆心，绘制半径为 25 的圆，效果如图 49-5 所示。

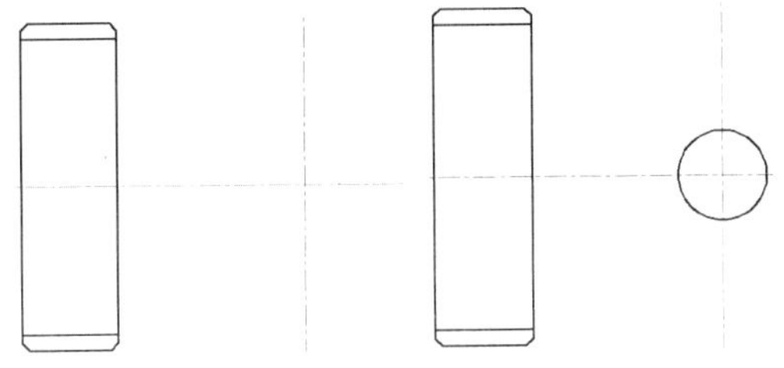

图 49-4　绘制中心线　　图 49-5　绘制圆

步骤 8 偏移处理。使用 OFFSET 命令，选择水平中心线，沿垂直方向向上偏移 29.3；选择垂直中心线，沿水平方向分别向左右偏移 8，并将偏移生成的直线移至“轮廓线”图层，效果如图 49-6 所示。

步骤 9 修剪处理。使用 TRIM 命令对多余的线条进行修剪，效果如图 49-7 所示。

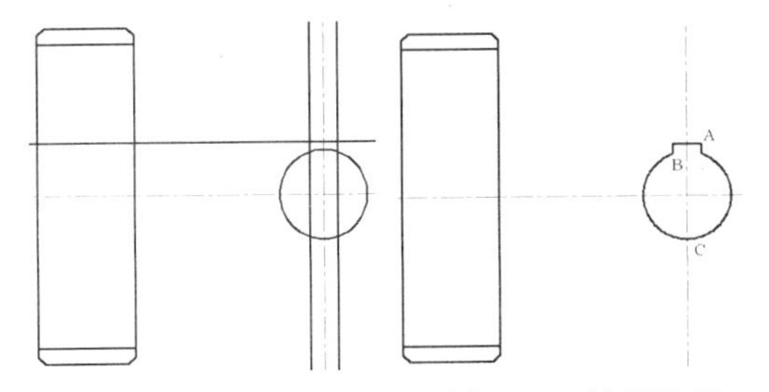

图 49-6　偏移处理　　图 49-7　修剪处理

步骤 10 绘制构造线。使用 XLINE 命令，输入 H，分别捕捉图 49-7 所示的端点 A、端点 B 和中点 C，绘制水平辅助线，效果如图 49-8 所示。

步骤 11 倒角处理。使用 CHAMFER 命令，输入 A，设置倒角长度为 2、倒角角度为 45，然后依次输入 T、N，选择图 49-8 所示的直线 L1 和 L2，进行倒角处理，效果如图 49-9 所示。

步骤 12 重复步骤（11）中的操作，选择直线 L2 和直线 L3，进行倒角处理。

步骤 13 重复步骤（11）中的操作，选择直线 L3 和直线 L4，进行倒角处理。

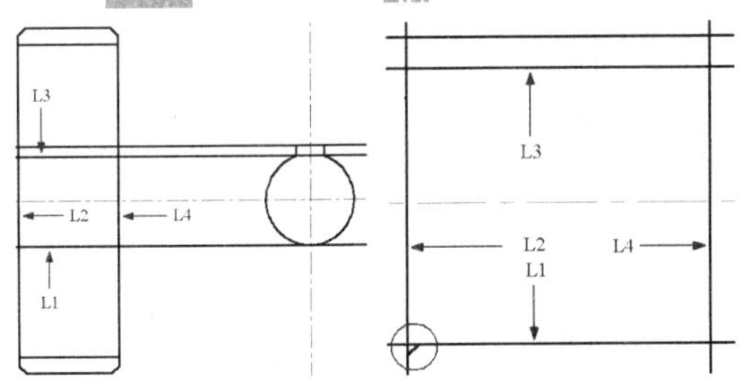

图 49-8　绘制构造线　　图 49-9　倒角处理

步骤 14 重复步骤（11）中的操作，选择直线 L4 和直线 L1，进行倒角处理，效果如图 49-10 所示。

步骤 15 修剪处理。使用 TRIM 命令对多余的线条进行修剪，效果如图 49-11 所示。

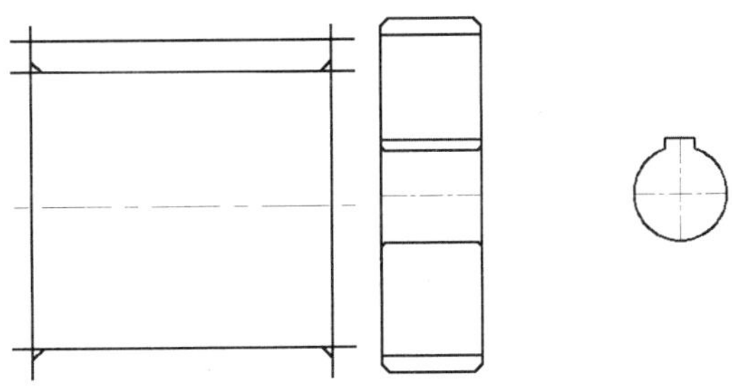

图 49-10　倒角处理　　图 49-11　修剪处理

步骤 16 绘制直线。使用 LINE 命令，捕捉倒角后产生的线段的端点，绘制两条垂直线作为倒角位置的轮廓线，效果如图 49-12 所示。

步骤 17 图案填充。设置“细实线”图层为当前图层，单击“绘图”面板中的“图案填充”按钮，弹出“图案填充创建”对话框，在“图案”下拉列表框中选择 ANSI31 选项，设置“比例”为 30，然后单击“拾取一个内部点”按钮，在绘图区内选择要填充的区域并按回车键，返回对话框，单击“确定”按钮，效果如图 49-13 所示。

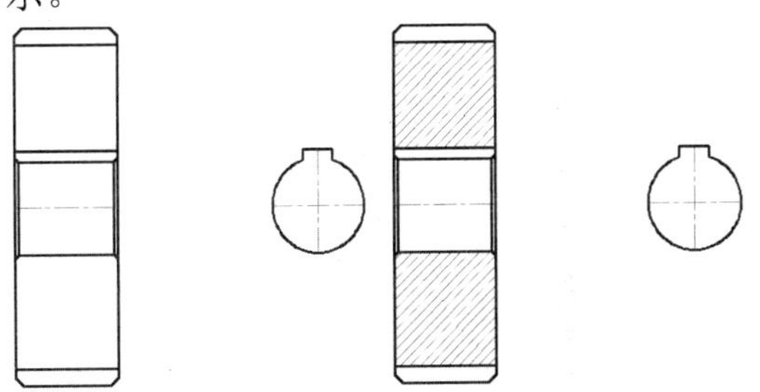

图 49-12　绘制直线　　图 49-13　图案填充

步骤 18 绘制中心线。将“中心线”图层设置为当前图层，捕捉轮廓线倒角后的端点，绘制中心线，效果如图 49-14 所示。

步骤 19 拉长处理。使用 LENGTHEN 命令，设置长度增量为 6，分别对各位置的中心线进行拉长处理，效果如图 49-15 所示。

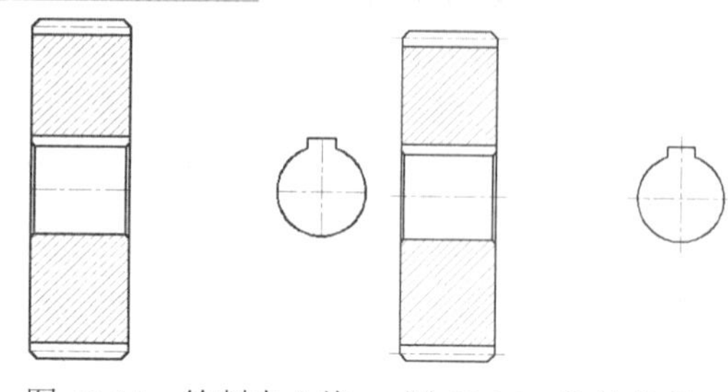

图 49-14 绘制中心线　图 49-15 拉长处理

实例 50 圆柱齿轮剖视图

本实例将绘制圆柱齿轮剖视图，效果如图 50-1 所示。

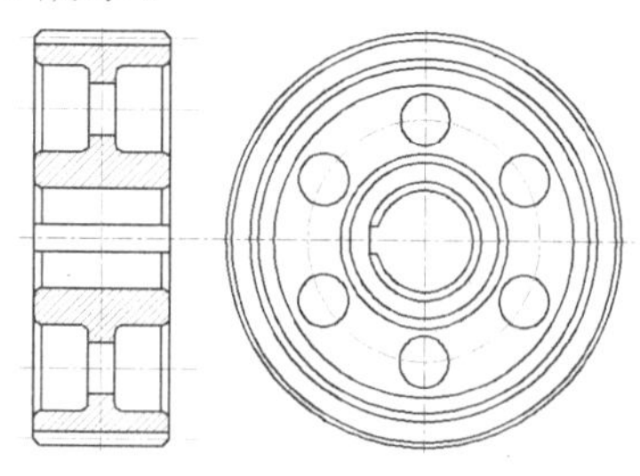

图 50-1 圆柱齿轮剖视图

操作步骤

步骤 1 新建文件。启动 AutoCAD，单击“新建”按钮，新建一个 CAD 文件。

步骤 2 创建图层。单击“图层”面板中的“图层特性”按钮，在弹出的“图层特性管理器”对话框中，依次创建图层“轮廓线”（线宽为 0.30 毫米）、“中心线”（颜色为红色、线型为 CENTER、线宽为 0.09 毫米）、“细实线”，然后双击“中心线”图层将其设置为当前图层。

步骤 3 绘制中心线。使用 LINE 命令，分别以（25,170）和（410,170）、（75,47）和（75,292）、（270,47）和（270,292）为各条直线的端点，绘制 3 条中心线，效果如图 50-2 所示。

步骤 4 绘制圆柱齿轮轮廓线。将“轮廓线”图层设置为当前图层，执行 LINE 命令，按住【Shift】键的同时单击鼠标右键，在弹出的快捷菜单中选择“自”选项，捕捉左侧中心线的交点为基点，然后输入（@-41,0）、（@0,120）和（@41,0）绘制直线，效果如图 50-3 所示。

图 50-2 绘制中心线

图 50-3 绘制圆柱齿轮轮廓线

步骤 5 偏移处理。使用 OFFSET 命令，选择步骤（4）中绘制的水平直线，沿垂直方向向下偏移，偏移距离分别为 8、20、30、60、70 和 91；选择步骤（4）中绘制的垂直直线，沿水平方向向右偏移，偏移距离为 33，效果如图 50-4 所示。

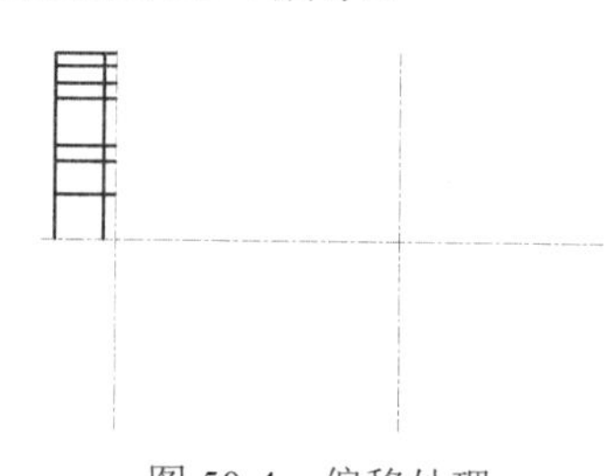

图 50-4 偏移处理

步骤 6 重复步骤（5）中的操作，选择水平中心线，沿垂直方向向上偏移，偏移距离分别为 75 和 116，效果如图 50-5 所示。

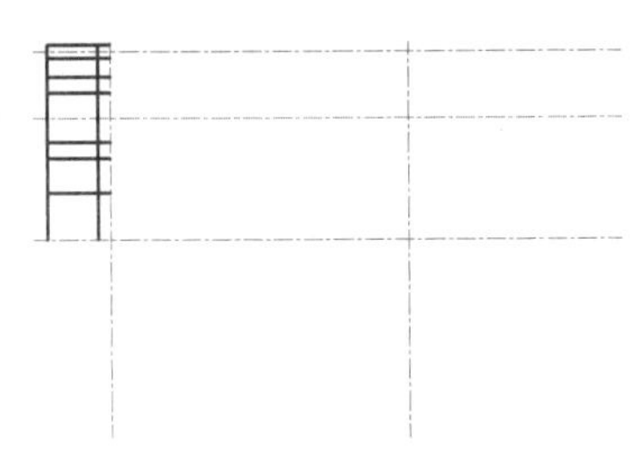

图 50-5 偏移处理

步骤 7 倒角处理。单击“修改”面板中的“倒角”按钮，根据提示进行操作，设置倒角距离为 4，对齿轮的左上角进行倒角处理，效果如图 50-6 所示。

步骤 8 圆角处理。执行 FILLET 命令，设置圆角半径为 5，对中间凹槽进行圆角处理，效果如图 50-7 所示。

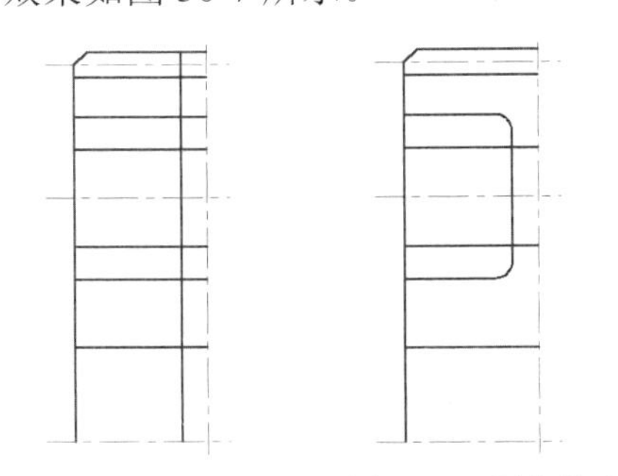

图 50-6 倒角处理　　图 50-7 圆角处理

步骤 9 圆角和延伸处理。执行 FILLET 命令，设置圆角半径为 5，对凹槽进行圆角处理；使用 EXTEND 命令，对圆角处理后的线段进行延伸处理，效果如图 50-8 所示。

步骤 10 绘制直线。使用 LINE 命令，利用“对象捕捉”功能，捕捉步骤（9）中圆角处理后的直线端点，绘制直线，效果如图 50-9 所示。

步骤 11 修剪处理。使用 TRIM 命令对多余的直线进行修剪，效果如图 50-10 所示。

步骤 12 绘制键槽。使用 OFFSET 命令，将底部的水平中心线向上偏移，偏移的距离为 8，然后将偏移生成的直线移至“轮廓线”图层；使用 TRIM 命令对该直线进行修剪，效果如图 50-11 所示。

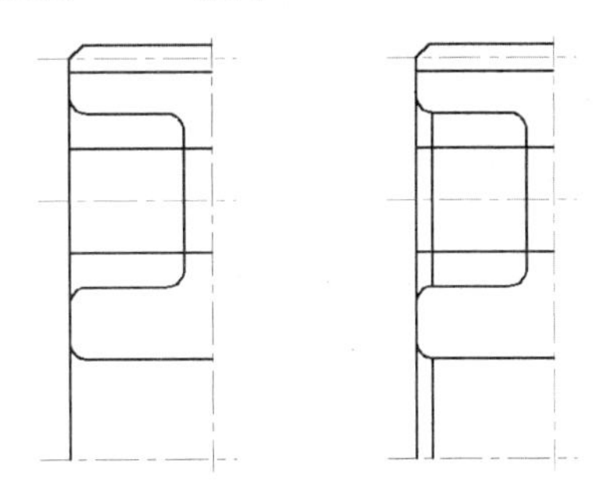

图 50-8 圆角和延伸处理　　图 50-9 绘制直线

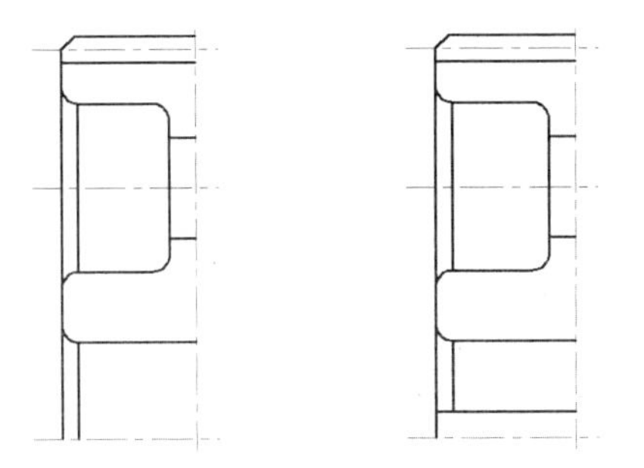

图 50-10 修剪处理　　图 50-11 绘制键槽

步骤 13 镜像处理。使用 MIRROR 命令，分别以水平中心线和左侧的垂直中心线为镜像线，对部分圆柱齿轮进行镜像处理，效果如图 50-12 所示。

步骤 14 图案填充。设置“细实线”图层为当前图层，单击“绘图”面板中的“图案填充”按钮，弹出“图案填充创建”对话框，在“图案”下拉列表框中选择 ANSI31 选项，设置“比例”为 30，然后单击“拾取一个内部点”按钮，在绘图区内选择要填充的区域并按回车键，返回对话框，单击“确定”按钮，效果如图 50-13 所示。

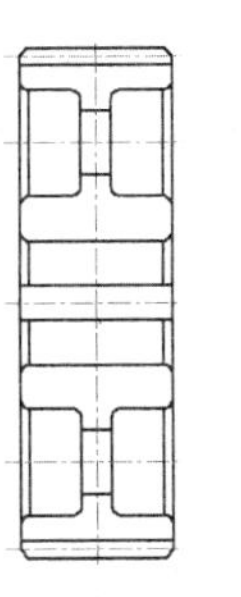

图 50-12 镜像处理

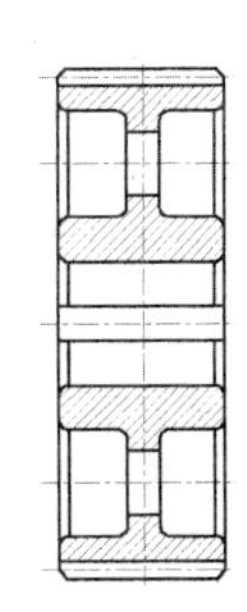

图 50-13 图案填充

步骤 15 绘制辅助线。使用 LINE 命令，利用“对象捕捉”功能在前视图中确定起点，再利用“正交”功能引出水平线，在绘图区内任取一点为终点，绘制辅助线，效果如图 50-14 所示。

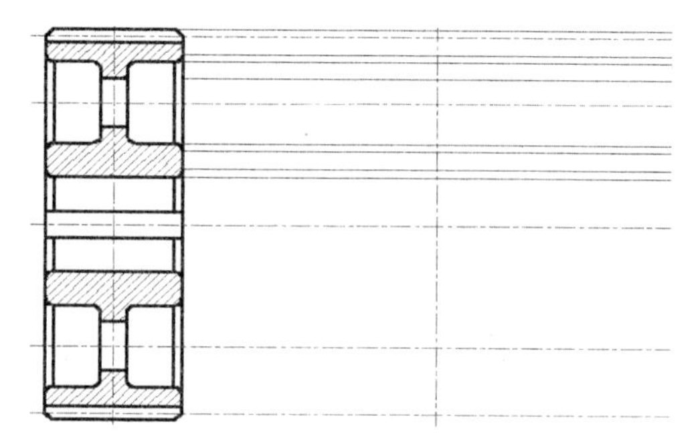

图 50-14 绘制辅助线

步骤 16 绘制圆。将“轮廓线”图层设置为当前图层，使用 CIRCLE 命令，捕捉右侧中心线的交点为圆心，然后分别以圆心到辅助线与右侧的垂直中心线的交点之间的距离为半径，绘制 9 个圆，效果如图 50-15 所示。

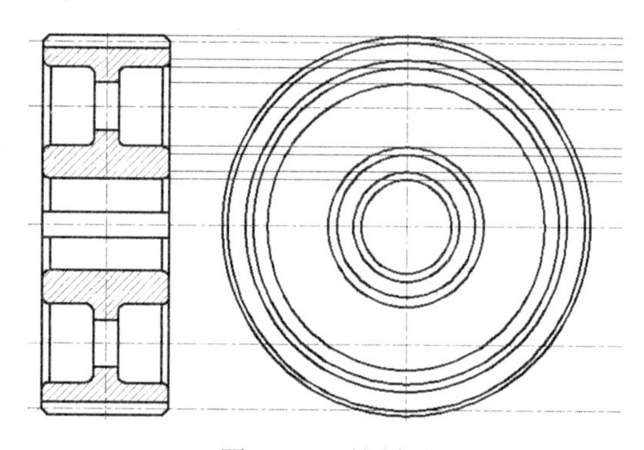

图 50-15 绘制圆

步骤 17 绘制中心圆。将“中心线”图层设置为当前图层，使用 CIRCLE 命令，捕捉右侧中心线的交点为圆心，绘制半径为 70 的中心圆。

步骤 18 绘制减重圆孔。将“轮廓线”图层设置为当前图层，使用 CIRCLE 命令，捕捉中心圆上方的象限点为圆心，绘制半径为 15 的圆，作为减重圆孔，效果如图 50-16 所示。

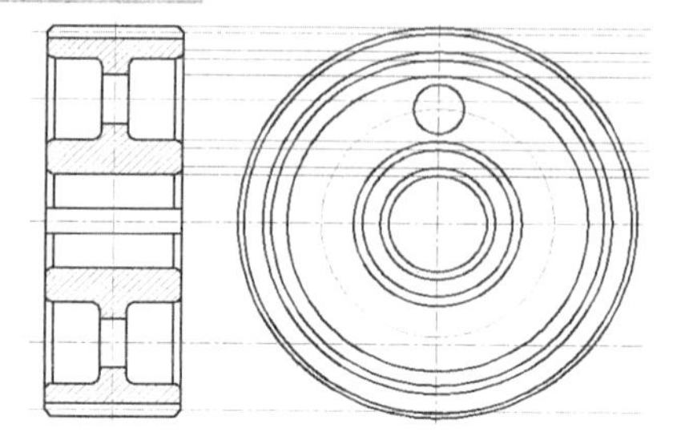

图 50-16 绘制减重圆孔

步骤 19 阵列处理。在命令行中输入 ARRAY 并按回车键，选择需要阵列的对象，输入阵列类型为“极轴（PO）”，捕捉两条中心线的交点作为阵列的中心点，阵列个数已默认为 6 个，按回车键确认，效果如图 50-17 所示。

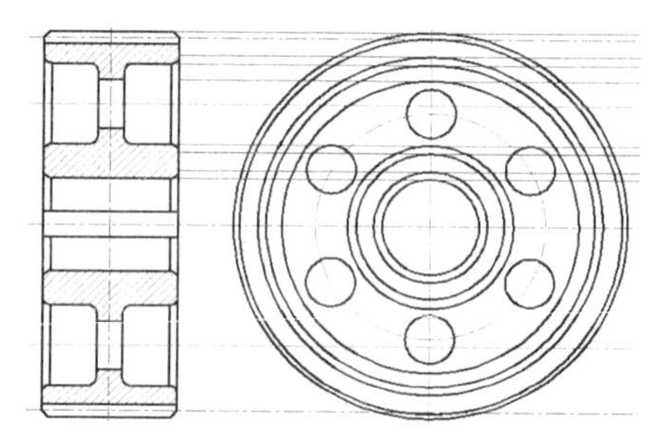

图 50-17 阵列处理

步骤 20 绘制键槽边界线。使用 OFFSET 命令，选择同心圆的垂直中心线，沿水平方向向左偏移，偏移的距离为 33.3；选择水平中心线，分别向上下偏移，偏移的距离均为 8，将偏移生成的直线移至“轮廓线”图层，效果如图 50-18 所示。

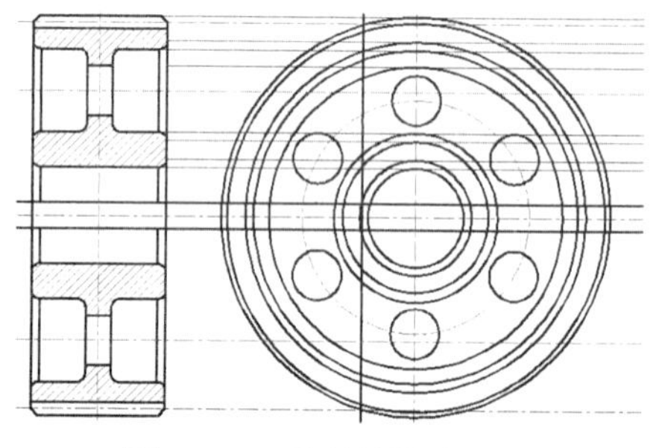

图 50-18 绘制键槽边界线

步骤 21 修剪并删除处理。使用 TRIM 命令对多余的线条进行修剪，使用 ERASE 命令将多余的直线删除，效果参见图 50-1。

实例 51 转阀剖视图

本实例将绘制转阀剖视图，效果如图 51-1 所示。

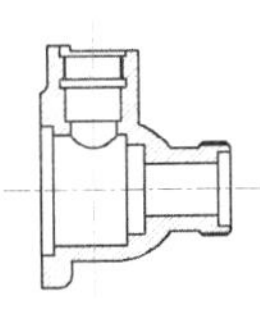
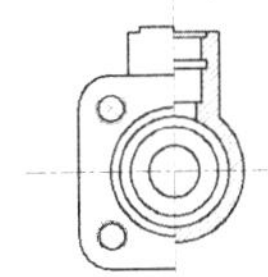
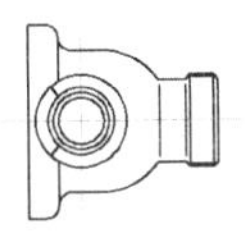

图 51-1 转阀剖视图

操作步骤

1. 绘制前视图

步骤 1 新建文件。启动 AutoCAD，单击“新建”按钮，新建一个 CAD 文件。

步骤 2 创建图层。单击“图层”面板中的“图层特性”按钮，在弹出的“图层特性管理器”对话框中，依次创建图层“轮廓线”（线宽为 0.30 毫米）、“中心线”（颜色为红色、线型为 CENTER、线宽为 0.09 毫米）、“细实线”，然后双击“中心线”图层将其设置为当前图层。

步骤 3 绘制中心线。使用 LINE 命令，分别以（0,0）和（700,0）、（150,150）和（@0,-500）为直线的各个端点，绘制两条互相垂直的中心线。

步骤 4 偏移处理。使用 OFFSET 命令，选择水平中心线，沿垂直方向向下偏移，偏移距离为 200；选择垂直中心线，沿水平方向向右偏移，偏移距离为 400。

步骤 5 绘制直线并移动处理。使用 LINE 命令，捕捉偏移后中心线右下角的交点为起点，然后输入（@300<135）绘制直线；使用 MOVE 命令，将绘制的直线移动到合适位置，移动后要求该直线仍然经过中心线右下角的交点，效果如图 51-2 所示。

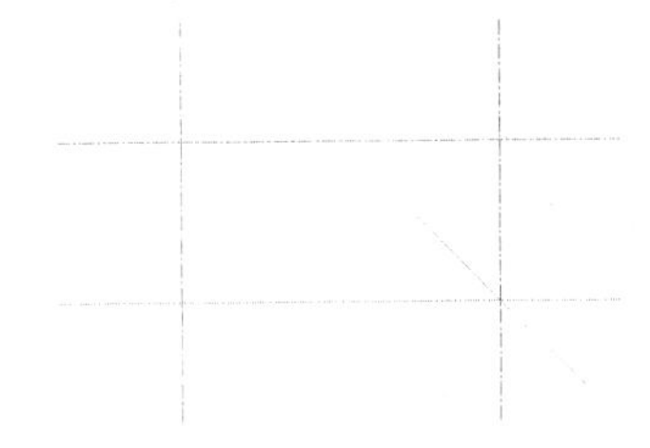

图 51-2 绘制直线并移动处理

步骤 6 偏移处理。使用 OFFSET 命令，将上面中心线向下偏移 75；将左边中心线向左偏移 42，并将偏移生成的两条直线移至“轮廓线”图层，效果如图 51-3 所示。

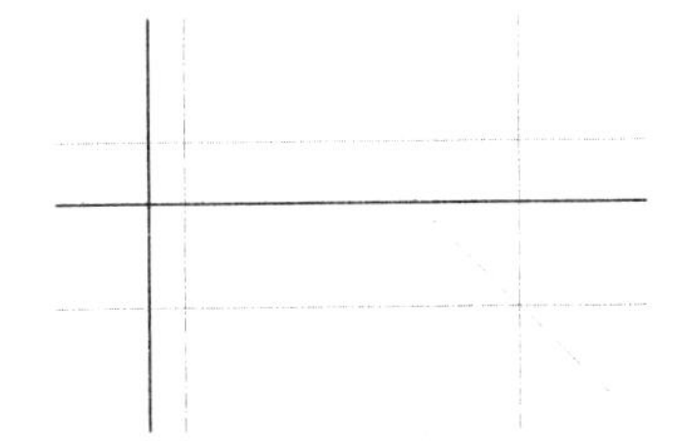

图 51-3 偏移处理

步骤 7 修剪处理。设置“轮廓线”图层为当前图层，使用 TRIM 命令对多余的直线进行修剪，效果如图 51-4 所示。

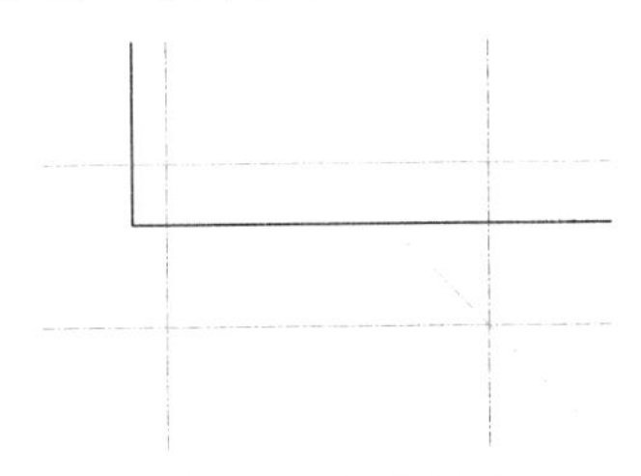

图 51-4 修剪处理

步骤 8 偏移处理。使用 OFFSET 命令，将修剪后的垂直线分别向右偏移 10、24、58、68、82、124、140 和 150，将修剪后的水平线分别向上偏移 20、25、32、39、40.5、43、46.5 和 55，效果如图 51-5 所示。

步骤 9 修剪处理。使用 TRIM 命令对多余的直线进行修剪，效果如图 51-6 所示。

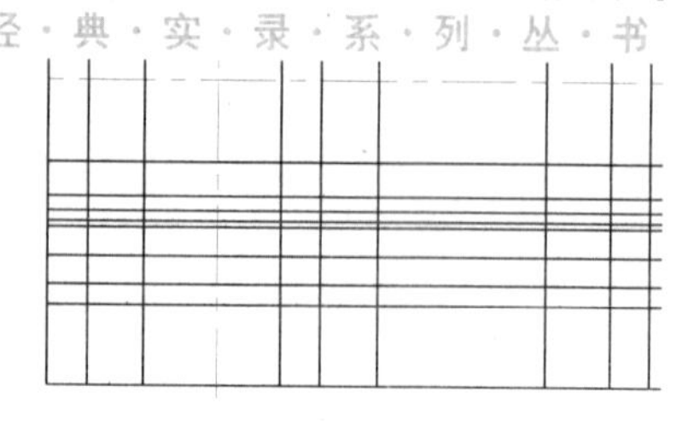

图 51-5　偏移处理

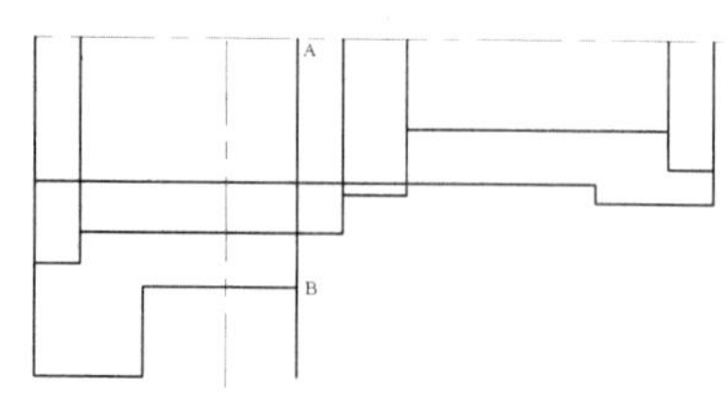

图 51-6　修剪处理

步骤 10 绘制圆弧。使用 ARC 命令，输入 C，然后捕捉端点 A 为圆心，捕捉端点 B 为起点，在适当的位置捕捉终点，效果如图 51-7 所示。

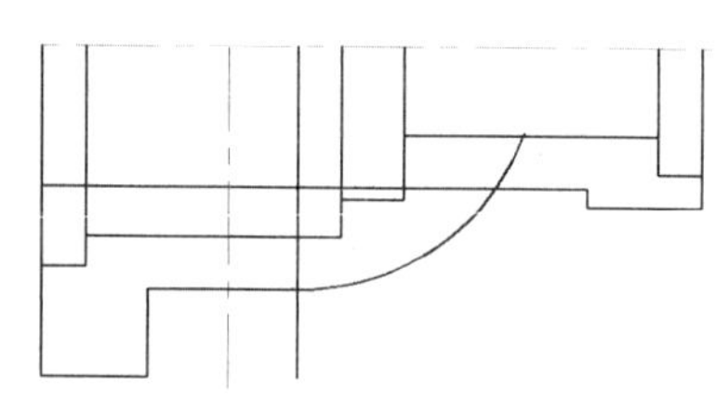

图 51-7　绘制圆弧

步骤 11 修剪并删除处理。使用 TRIM 命令对多余的直线进行修剪，使用 ERASE 命令将多余的直线删除，效果如图 51-8 所示。

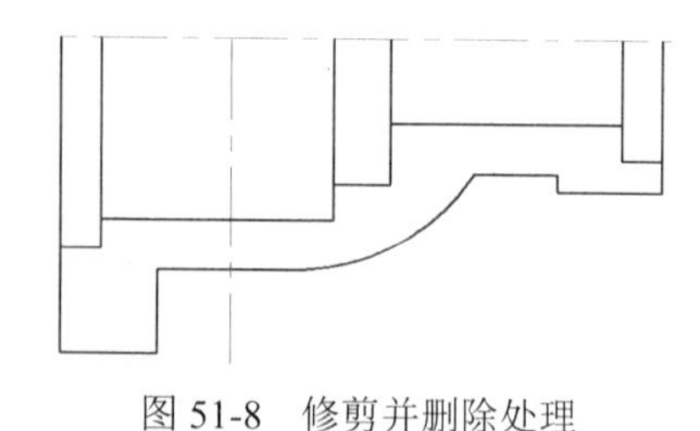

图 51-8　修剪并删除处理

步骤 12 倒角处理。单击“修改”面板中的“倒角”按钮，选择“修剪（T）”模式，输入修剪模式选项为“修剪（T）”，设置倒角距离均为 4，对图形右下角的两个角进行倒角处理，效果如图 51-9 所示。

步骤 13 圆角处理。执行 FILLET 命令，设置圆角半径为 10，对转阀左下方第二个角进行圆角处理，效果如图 51-10 所示。

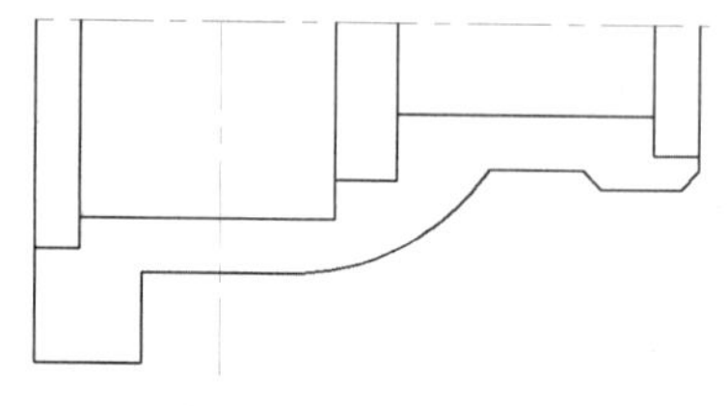

图 51-9　倒角处理

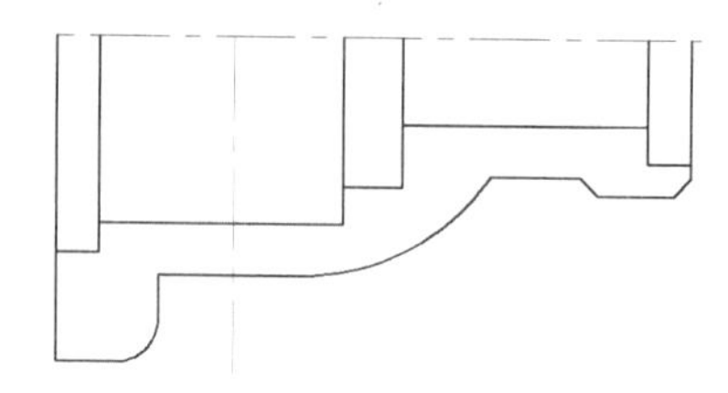

图 51-10　圆角处理

步骤 14 重复步骤（13）中的操作，设置圆角半径为 3，对直线与圆弧的相交处进行圆角处理，效果如图 51-11 所示。

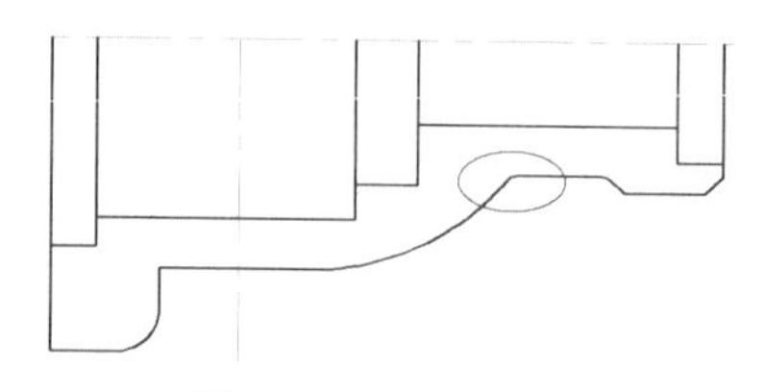

图 51-11　圆角处理

步骤 15 绘制螺纹牙底。使用 OFFSET 命令，将右下方水平线向上偏移 2；使用 EXTEND 命令，选择左右两条斜线为延伸边界的边，将偏移的直线延伸，效果如图 51-12 所示。

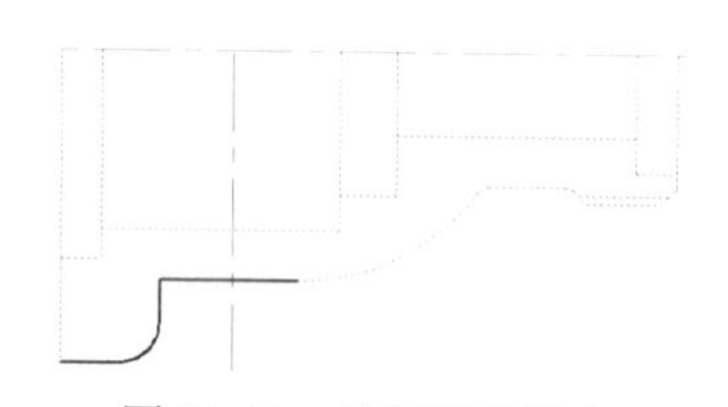

图 51-12　绘制螺纹牙底

步骤 16 镜像处理。使用 MIRROR 命令，选择图 51-12 中的图形为镜像对象，捕捉水平中心线上的任意两点为镜像线上的第一点和第二点进行镜像处理，效果如图 51-13 所示。

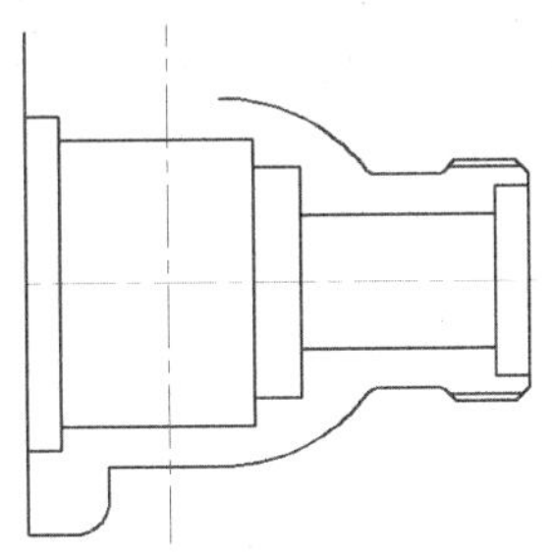

图 51-13 镜像处理

步骤 17 偏移处理。使用 OFFSET 命令，将垂直中心线向左右分别偏移 18、22、26 和 36；将水平中心线向上分别偏移 54、80、86、104、108 和 112，并将偏移生成的中心线移至“轮廓线”图层，效果如图 51-14 所示。

步骤 18 修剪处理。使用 TRIM 命令对多余的直线进行修剪，效果如图 51-15 所示。

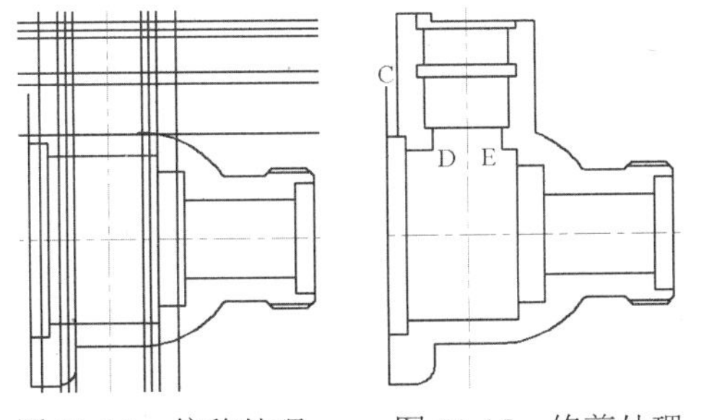

图 51-14 偏移处理　　图 51-15 修剪处理

步骤 19 绘制圆弧。使用 ARC 命令，捕捉图 51-15 中的端点 C 为起点，然后输入（@3.5,2.5）和（@2.5,3.5），绘制圆弧。

步骤 20 绘制圆弧并修剪。使用 ARC 命令，捕捉图 51-15 中的端点 D 为起点，然后输入 E，捕捉端点 E 为终点，输入（@-18,10）为圆弧的圆心，绘制圆弧；使用 TRIM 命令对多余的直线进行修剪，效果如图 51-16 所示。

步骤 21 偏移处理。使用 OFFSET 命令，将图 51-16 中的直线 L1、L2 分别向外偏移 1。

步骤 22 图案填充。设置“细实线”图层为当前图层，单击“绘图”面板中的“图案填充”按钮，弹出“图案填充创建”对话框，在“图案”下拉列表框中选择 ANSI31 选项，设置“比例”为 30，然后单击“拾取一个内部点”按钮，在绘图区内选择要填充的区域并按回车键，返回对话框，单击“确定”按钮，效果如图 51-17 所示。

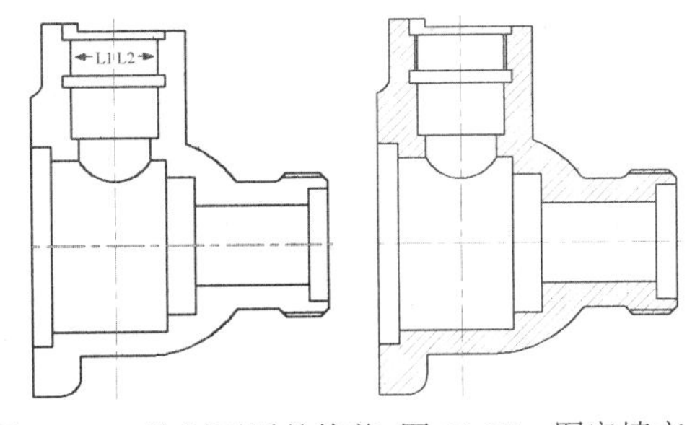

图 51-16 绘制圆弧并修剪　图 51-17 图案填充

2. 绘制俯视图

步骤 1 复制处理。使用 COPY 命令，选择图 51-18 中的轮廓线并按回车键，捕捉左上角中心线的交点为基点，然后捕捉左下角中心线的交点为目标点进行复制，效果如图 51-19 所示。

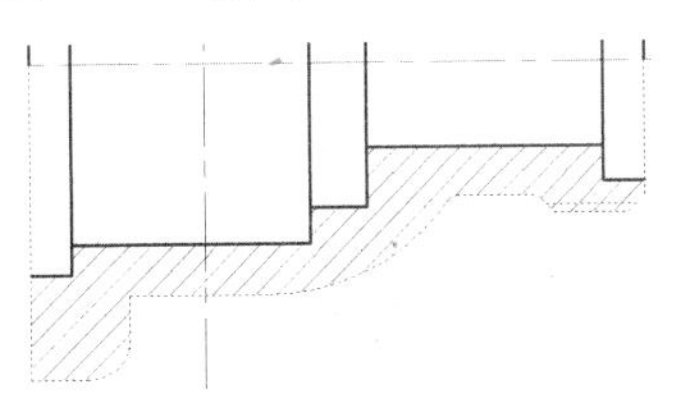

图 51-18 选择轮廓线

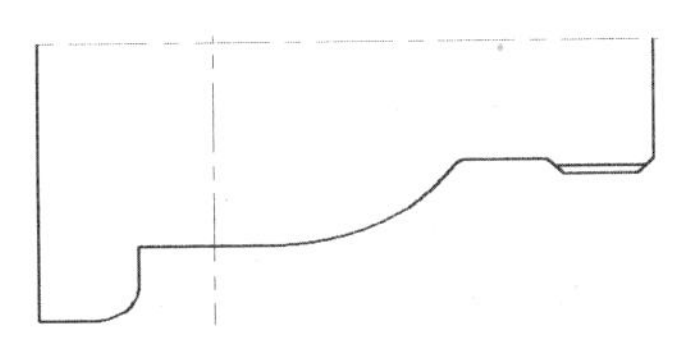

图 51-19 复制后的效果

步骤 2 绘制辅助线。使用 LINE 命令，捕捉前视图上的相关点，向下引导光标，绘制垂直辅助线，效果如图 51-20 所示。

步骤 3 绘制圆。将“轮廓线”图层设置为当前图层，使用 CIRCLE 命令，捕捉左下角中心线交点为圆心，然后分别以圆心到辅助线与水平中心线上的交点之间的距离为半径，绘制 4 个同心圆，效果如图 51-21 所示。

步骤 4 绘制直线。使用 LINE 命令，以左边第 4 条辅助线与从外向内第 2 个圆的交点为起点，然后输入（@15<232）绘制直线。

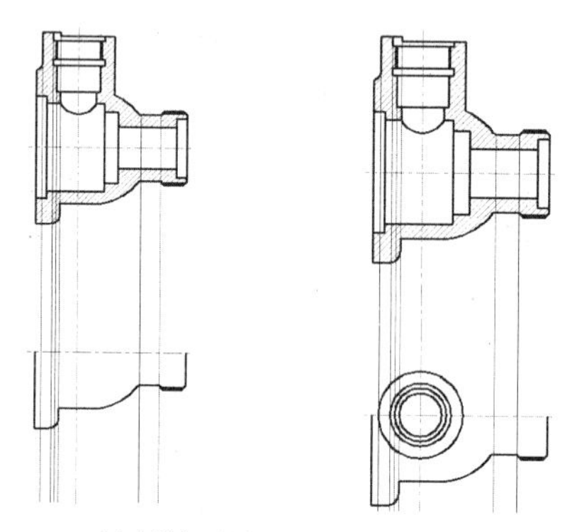

图 51-20 绘制辅助线　　图 51-21 绘制圆

步骤 5 绘制轮廓线。使用 LINE 命令，捕捉右端螺纹端点，绘制轮廓线，效果如图 51-22 所示。

步骤 6 圆角处理。执行 FILLET 命令，设置圆角半径为 10，对俯视图同心圆正下方的尖端进行圆角处理。

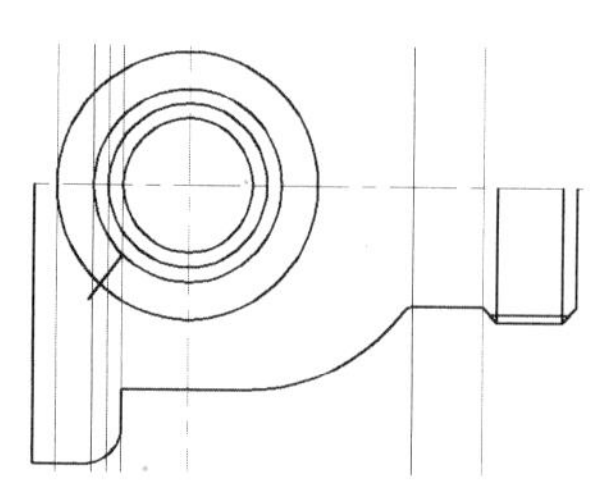

图 51-22 绘制轮廓线

步骤 7 打断处理。单击“修改”面板中的“打断”按钮，根据提示进行操作，将左边第 4 条辅助线和右边的 2 条辅助线打断，然后将其移至“轮廓线”图层，效果如图 51-23 所示。

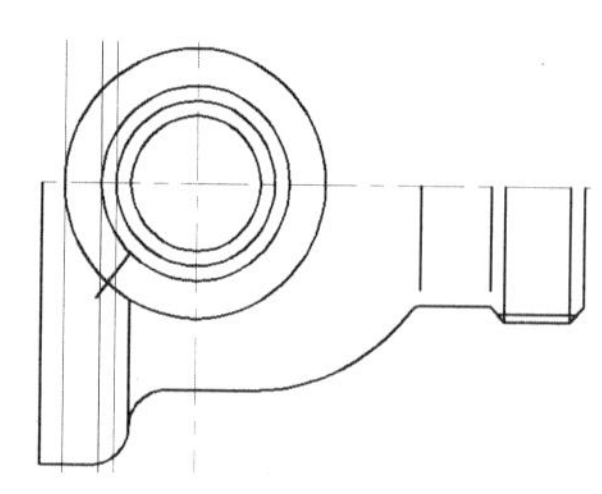

图 51-23 打断处理

步骤 8 修剪并删除处理。使用 TRIM 命令对多余的直线进行修剪；使用 ERASE 命令将多余的直线删除，效果如图 51-24 所示。

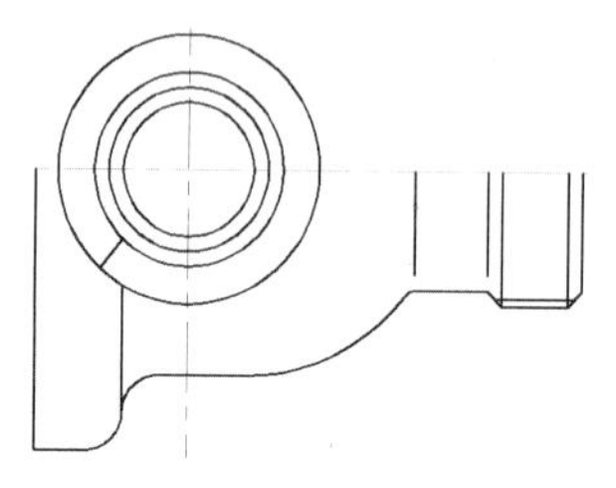

图 51-24 修剪并删除处理

步骤 9 镜像处理。使用 MIRROR 命令，选择水平中心线以下所有图形为镜像对象，捕捉水平中心线上的任意两点为镜像线上的第一点和第二点进行镜像处理，效果如图 51-25 所示。

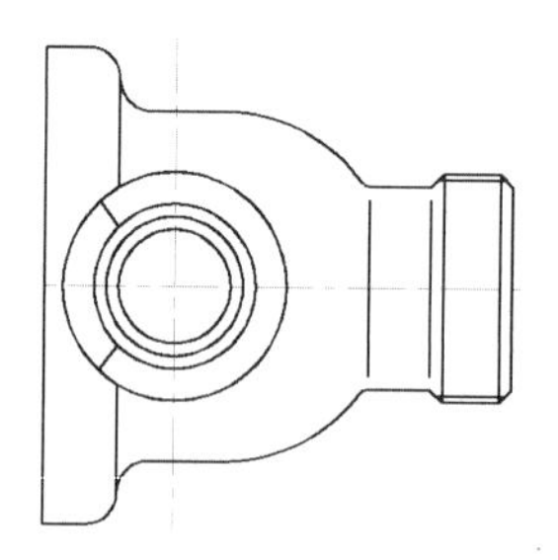

图 51-25 镜像处理

3. 绘制左视图

步骤 1 绘制辅助线。将“细实线”图层设置为当前图层，使用 LINE 命令，捕捉前视图与俯视图中的相关点，绘制辅助线，并在状态栏中单击“显示/隐藏线宽”按钮，隐藏线宽，效果如图 51-26 所示。

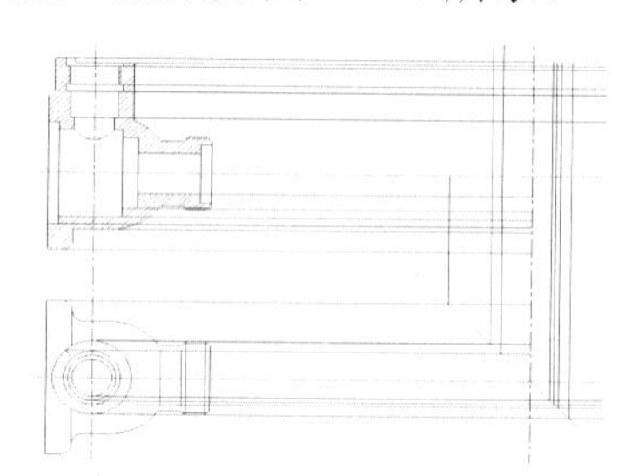

图 51-26 绘制辅助线

步骤 2 绘制轮廓线。使用 CIRCLE 命令，捕捉左视图中心线的交点为圆心，分别以圆心到辅助线与水平中心线的交点之间的距离为半径，绘制 5 个同心圆，效果如图

51-27 所示。

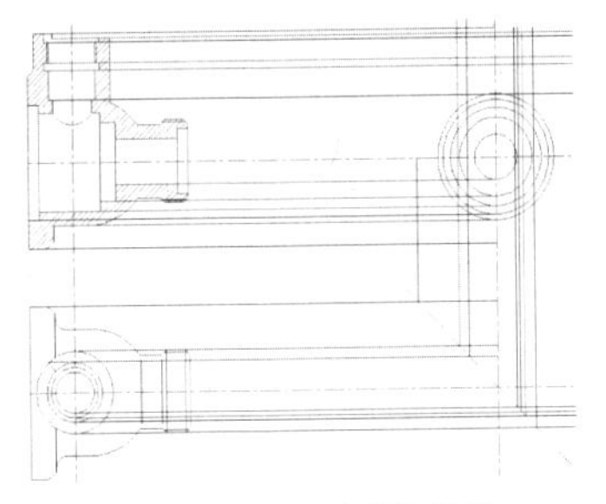

图 51-27 绘制轮廓线

步骤 3 修剪处理。使用 TRIM 命令对多余的直线进行修剪，并将修剪后的直线移至“轮廓线”图层，效果如图 51-28 所示。

步骤 4 圆角处理。执行 FILLET 命令，设置圆角半径为 25，对图 51-28 所示图形的左下角进行圆角处理。

步骤 5 绘制圆。将“中心线”图层设置为当前图层，使用 CIRCLE 命令，捕捉左视图中心线的交点为圆心，绘制半径为 70 的圆。

步骤 6 绘制直线。使用 LINE 命令，捕捉左视图中心线的交点为起点，然后输入（@100<-135）绘制直线，效果如图 51-29 所示。

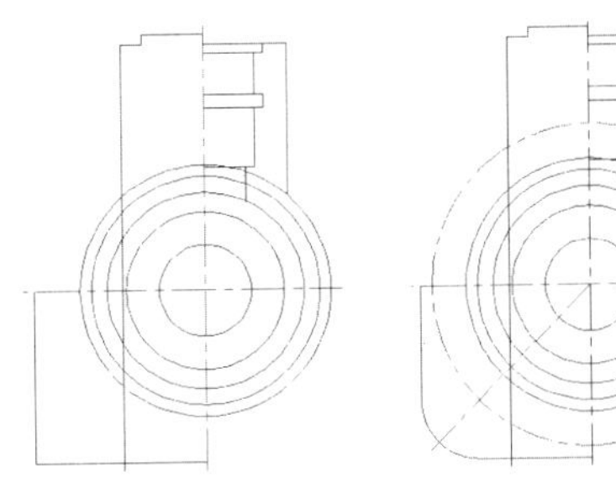

图 51-28 修剪处理　　图 51-29 绘制直线

步骤 7 绘制圆。将“轮廓线”图层设置为当前图层，使用 CIRCLE 命令，以半径为 70 的圆与斜中心线的交点为圆心，绘制半径为 10 和 12 的圆，并将半径为 12 的圆移至“细实线”图层。

步骤 8 打断处理。单击“修改”面板中的“打断”按钮，根据提示进行操作，对半径分别为 70、12 的圆和斜线进行打断处理，效果如图 51-30 所示。

步骤 9 镜像处理。使用 MIRROR 命令，选择图 51-30 中左下角的图形为镜像对象，捕捉水平中心线上的两点为镜像线上的第一点和第二点进行镜像处理，效果如图 51-31 所示。

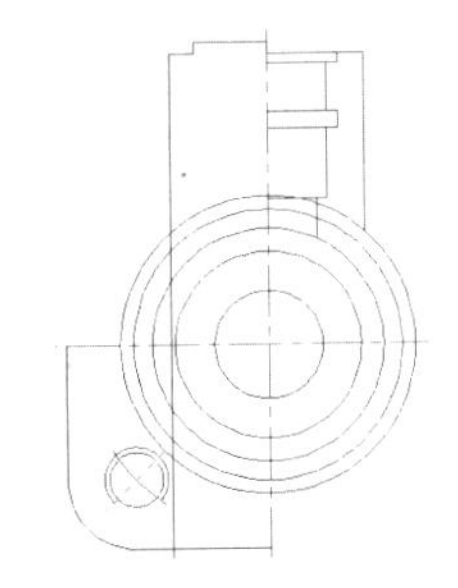

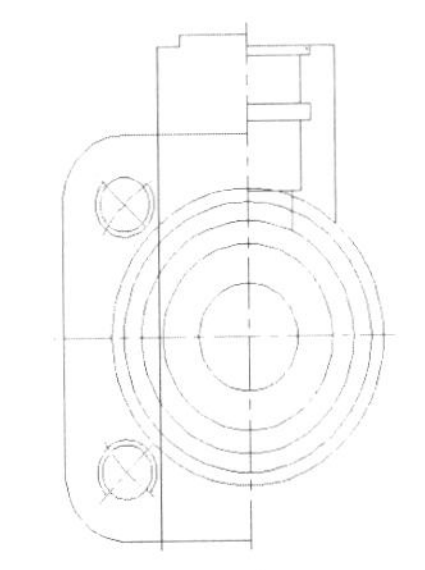

图 51-30 打断处理　　图 51-31 镜像处理

步骤 10 修剪并删除处理。使用 TRIM 命令对多余的直线进行修剪，使用 ERASE 命令将多余的直线删除，效果如图 51-32 所示。

步骤 11 图案填充。设置“细实线”图层为当前图层，单击“绘图”面板中的“图案填充”按钮，弹出“图案填充创建”对话框，在“图案”下拉列表框中选择 ANSI31 选项，设置“比例”为 30，然后单击“拾取一个内部点”按钮，在绘图区内选择要填充的区域并按回车键，返回对话框，单击“确定”按钮，效果如图 51-33 所示。

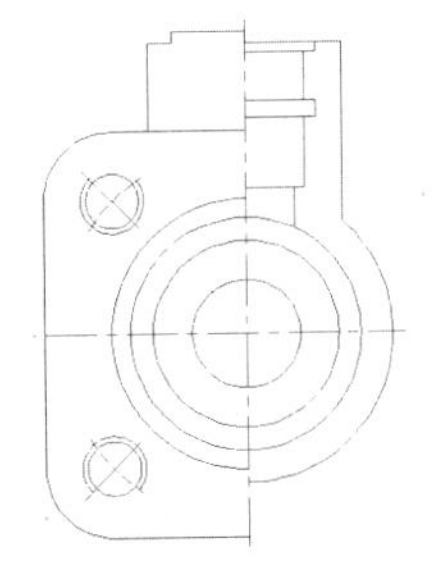

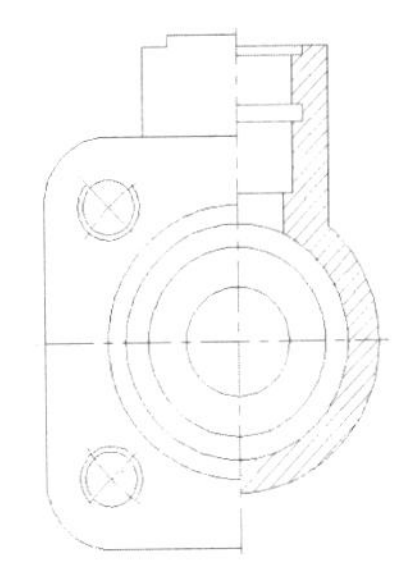

图 51-32 修剪并删除处理　图 51-33 图案填充

步骤 12 显示线宽。在状态栏中单击“显示/隐藏线宽”按钮，显示线宽。

步骤 13 打断处理。单击“修改”面板中的“打断”按钮，根据提示进行操作，对中心线进行打断处理，效果参见图 51-1。

实例 52 标注转阀剖视图

本实例将绘制标注转阀剖视图，效果如图 52-1 所示。

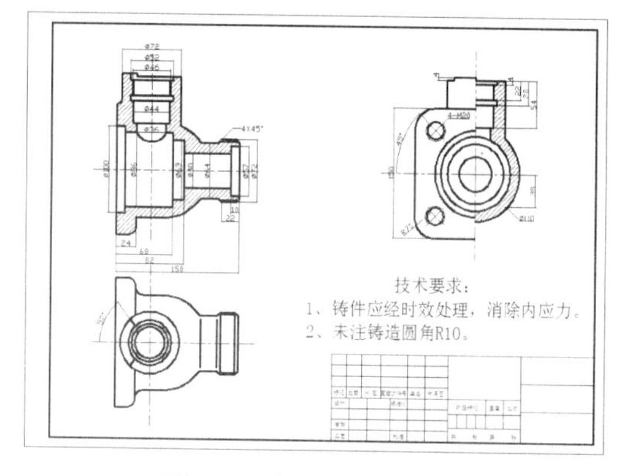

图 52-1　标注转阀剖视图

操作步骤

步骤 1 打开并另存文件。按【Ctrl+O】组合键，打开实例 51 中绘制的“转阀剖视图”图形文件，然后按【Ctrl+Shift+S】组合键，将该图形另存为“标注转阀剖视图”文件。

步骤 2 创建标注样式。切换到“注释”选项卡，单击“标注”面板右下角的控制按钮，在弹出的“标注样式管理器”对话框中单击“新建”按钮，弹出“创建新标注样式”对话框，在“新样式名”文本框中输入“转阀标注”。

步骤 3 单击“继续”按钮，弹出“新建标注样式：转阀标注”对话框，单击“线”选项卡，在“尺寸线”选项区的“基线间距”数值框中输入 10；在“延伸线”选项区的“超出尺寸线”和“起点偏移量”数值框中分别输入 1.25 和 0.625。

步骤 4 单击“文字”选项卡，设置“文字高度”为 6、“垂直”为“上”、“从尺寸线偏移”为 0.625、“文字对齐”为“与尺寸线对齐”。

步骤 5 单击“主单位”选项卡，设置“精度”为 0，单击“确定”按钮，返回“标注样式管理器”对话框，将“转阀标注”设置为当前标注样式即可。

步骤 6 线性尺寸标注。使用创建线性标注 DIMLINEAR 命令，捕捉端点 A 为第一条尺寸界线原点，捕捉端点 B 为第二条尺寸界线原点，然后输入 T，重新设置标注文字为%%C72，进行线性标注，效果如图 52-2 所示。

步骤 7 重复步骤（6）的操作，使用 DIMLINEAR 命令对其他位置进行标注，效果如图 52-3 所示。

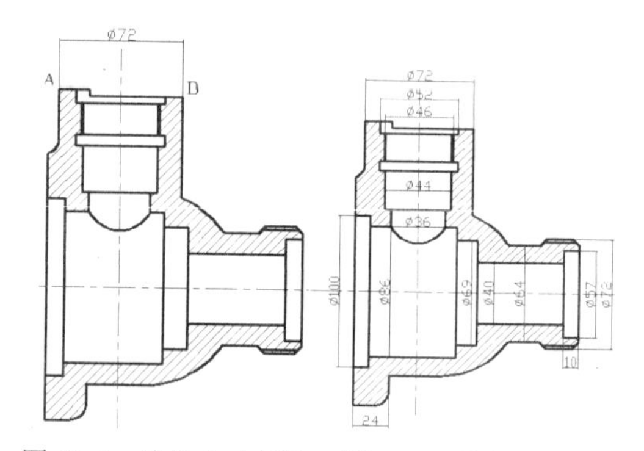

图 52-2　线性尺寸标注　图 52-3　线性尺寸标注

步骤 8 基线尺寸标注。使用创建基线标注 DIMBASELINE 命令，分别选择图 52-3 中的标注 10 和 24 为基准标注，进行基线尺寸标注，效果如图 52-4 所示。

步骤 9 快速引线标注。使用 QLEADER 命令，捕捉端点 C 为第一个引线点，然后在绘图区的合适位置依次指定下面的两点，设置“文字宽度”为 6，输入 4×45%%D，进行快速引线标注，效果如图 52-5 所示。

步骤 10 创建标注样式。单击“标注”面板右下角的控制按钮，在弹出的“标注样式管理器”对话框中单击“新建”按钮，弹出“创建新标注样式”对话框，在“用于”下拉列表框中选择“直径标注”选项。

步骤 11 单击“继续”按钮，弹出“新建标注样式：转阀标注：直径”对话框，单击“文字”选项卡，设置“文字对齐”方式为“水平”，单击“确定”按钮，返回“标注样式管理器”对话框，单击“关闭”按钮即可。

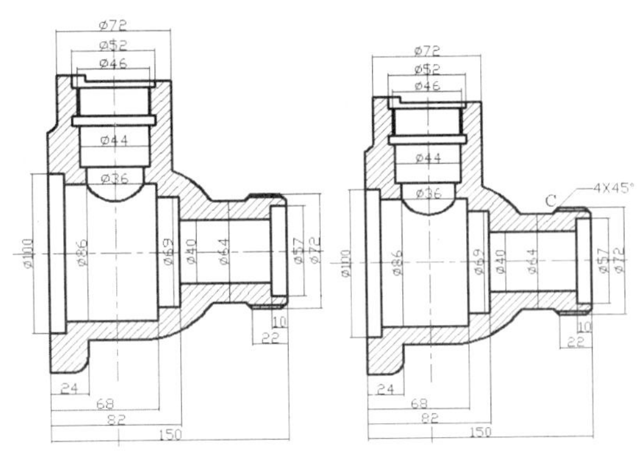

图 52-4　基线尺寸标注　图 52-5　快速引线标注

步骤 12　尺寸标注。使用 DIMLINEAR、DIMBASELINE 命令对左视图进行尺寸标注，效果如图 52-6 所示。

步骤 13　直径尺寸标注。使用命令 DIMDIAMETER，对左视图中最外面的圆进行标注。

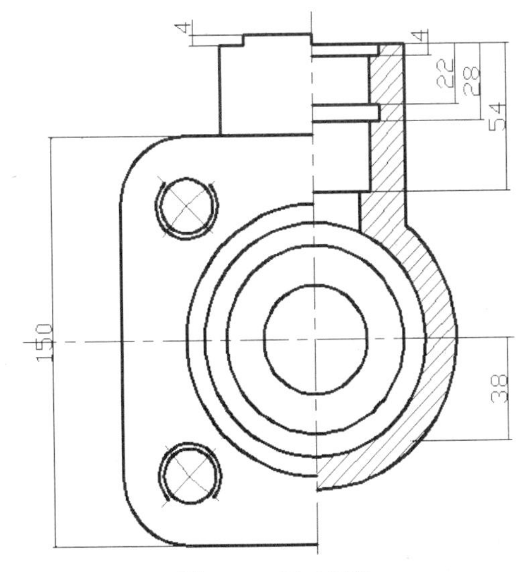

图 52-6　尺寸标注

步骤 14　重复步骤（13）中的操作，使用 DIMDIAMETER 命令标注其他圆的直径，效果如图 52-7 所示。

步骤 15　半径尺寸标注。使用创建半径标注 DIMRADIUS 命令，标注中心圆，效果如图 52-8 所示。

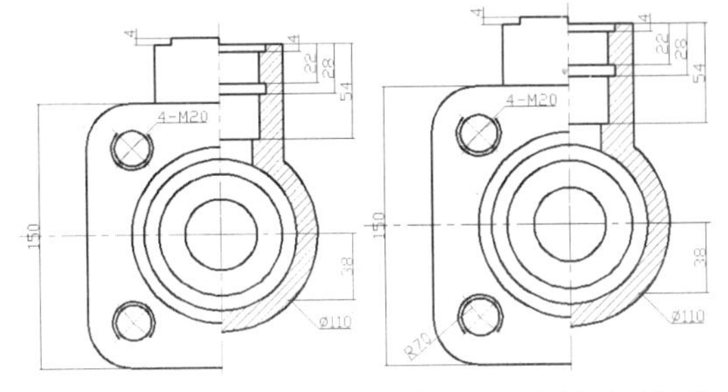

图 52-7　直径尺寸标注　　图 52-8　半径尺寸标注

步骤 16　角度尺寸标注。使用命令 DIMANGULAR，分别选择斜中心线和水平中心线进行角度标注，效果如图 52-9 所示。

步骤 17　重复步骤（16）中的操作，使用 DIMANGULAR 命令，分别选择俯视图中水平中心线和圆上的斜线进行角度尺寸标注，效果如图 52-10 所示。

步骤 18　创建文字。使用 MTEXT 命令，输入如图 52-11 所示的文字。

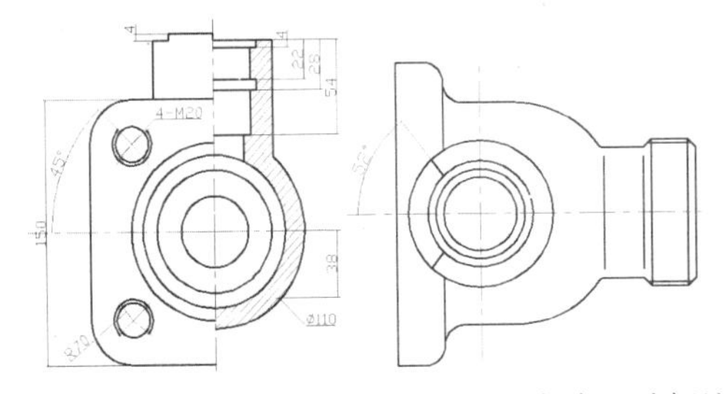

图 52-9　角度尺寸标注　图 52-10　角度尺寸标注

技术要求：
1、铸件应经时效处理，消除内应力。
2、未注铸造圆角R10。

图 52-11　创建文字

步骤 19　调用图签。打开素材（名称为“图签样板”的 AutoCAD 文件），将所需的图签复制并粘贴到转阀标注图中，并使用 SCALE 命令对其进行适当的缩放，效果参见图 52-1。

实例 53 套筒轴测图

本实例将绘制套筒轴测图，效果如图53-1所示。

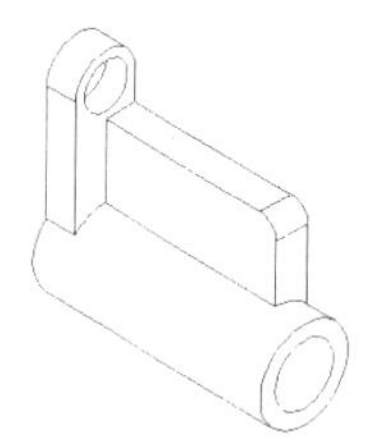

图 53-1 套筒轴测图

操作步骤

步骤 1 新建文件。启动 AutoCAD，单击“新建”按钮，新建一个 CAD 文件。

步骤 2 创建图层。执行 LAYER 命令，新建一个“中心线”图层，设置其“线型”为 CENTER、“颜色”为红色。

步骤 3 开启捕捉功能。在界面下方状态栏中找到“捕捉设置”按钮，弹出“草图设置”对话框，选中“启用捕捉”复选框，在“捕捉类型”选项区中选择“栅格捕捉|等轴测捕捉”单选按钮，单击“确定”按钮。

步骤 4 绘制中心线。按【F8】键开启正交模式，按【F5】键切换到俯视图，执行 LINE 命令，在绘图区内指定起点，绘制一条水平直线 a，再绘制一条垂直于该直线的直线 b；按【F5】键切换到右视图，以直线 a、b 的交点为起点，向上绘制长度为 50 的直线 c，将绘制的直线移至“中心线”图层，效果如图 53-2 所示。

步骤 5 绘制同心圆。执行 ELLIPSE 命令，选择“等轴测圆（I）”，以直线 a、b 的交点为圆心，绘制半径分别为 10 和 15 的同心圆，效果如图 53-3 所示。

步骤 6 复制处理并绘制直线。执行 COPY 命令，按【F5】键切换到俯视图，将绘制的同心圆向下复制 80；执行 LINE 命令，绘制连接两个大圆象限点 A 和 A1、B 和 B1 的直线，效果如图 53-4 所示。

步骤 7 复制处理。执行 COPY 命令，将直线 c 向左和向右分别复制 10.5，将复制的直线移至“0”图层；按【F5】键切换到右视图，将直线 b 向上复制 50，效果如图 53-5 所示。

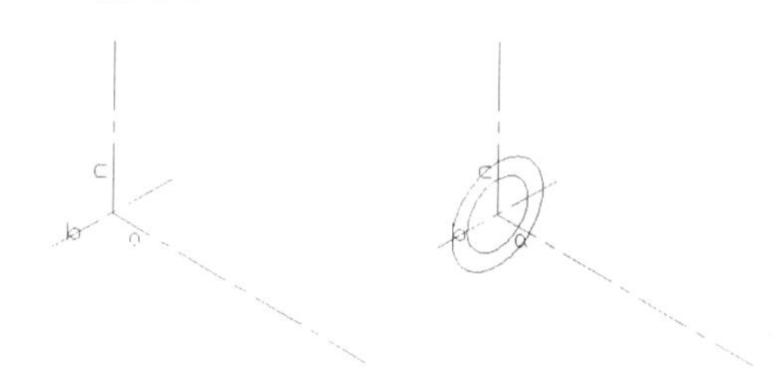

图 53-2 绘制中心线　　图 53-3 绘制同心圆

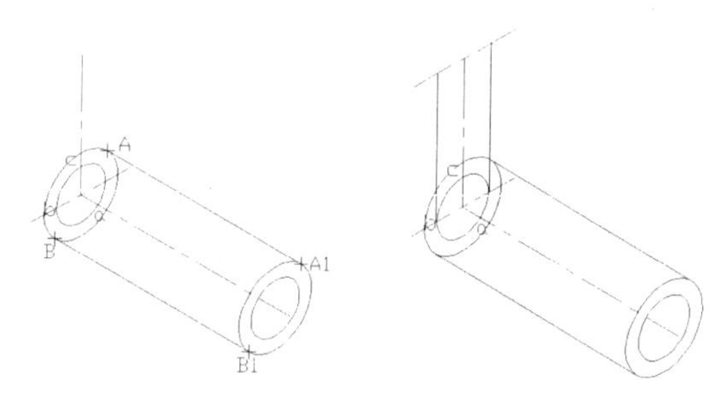

图 53-4 复制处理并绘制直线　图 53-5 复制处理

步骤 8 绘制同心圆。执行 ELLIPSE 命令，以复制的直线与直线 c 的交点为圆心，绘制半径分别为 7.5、10.5 的同心圆，效果如图 53-6 所示。

步骤 9 复制处理。执行 COPY 命令，按【F5】键切换到俯视图，将绘制的半径分别为 7.5、10.5、15 的同心圆与复制的直线向下复制 10，效果如图 53-7 所示。

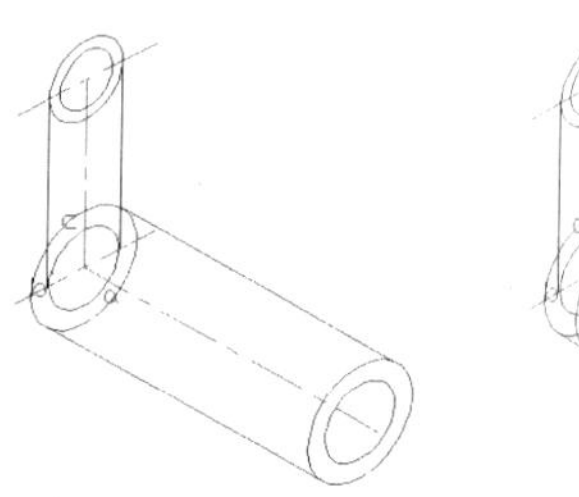

图 53-6 绘制同心圆

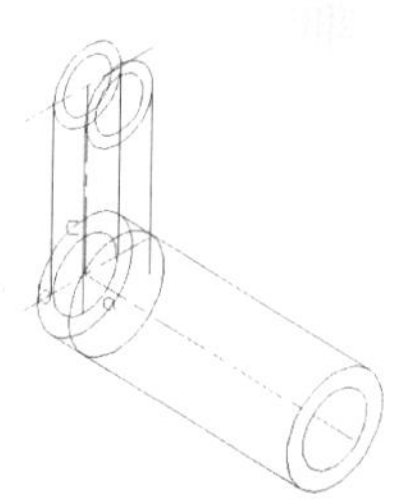

图 53-7 复制处理

步骤 10 修剪并绘制直线。执行 TRIM 命令，对图形进行修剪；执行 LINE 命令，绘制连接点 C 和 C1 的直线，效果如图 53-8 所示。

步骤 11 绘制直线。执行 LINE 命令，按【F5】键切换到左视图，以箭头所指圆的圆心为起点，向右绘制长为 80 的直线 b2、向下绘制长为 40 的直线 c1，效果如图 53-9 所示。

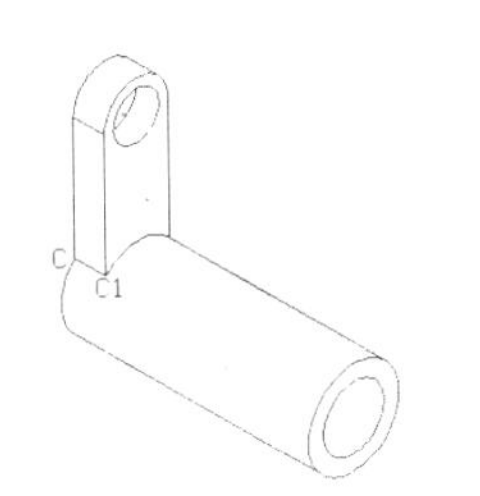

图 53-8 修剪并绘制直线

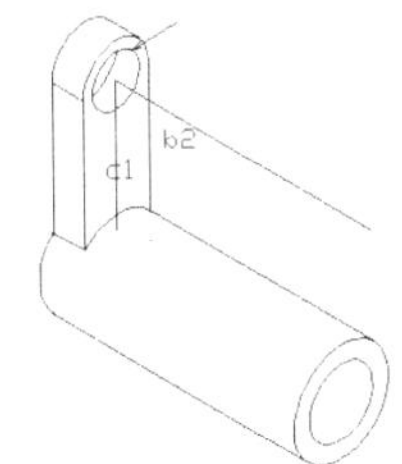

图 53-9 绘制直线

步骤 12 复制处理。执行 COPY 命令，将直线 b2 向下复制 10；按【F5】键切换到俯视图，将该直线向右复制 10.5，将箭头所指的图形向下复制 60，效果如图 53-10 所示。

步骤 13 绘制直线。执行 LINE 命令，绘制连接交点 D 和 D1、E 和 E1、F 和 F1 的直线，效果如图 53-11 所示。

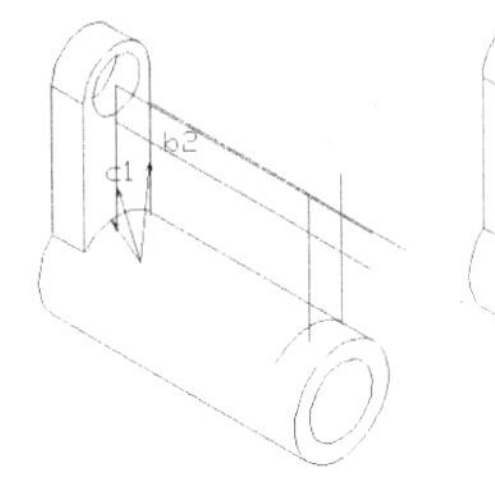

图 53-10 复制处理

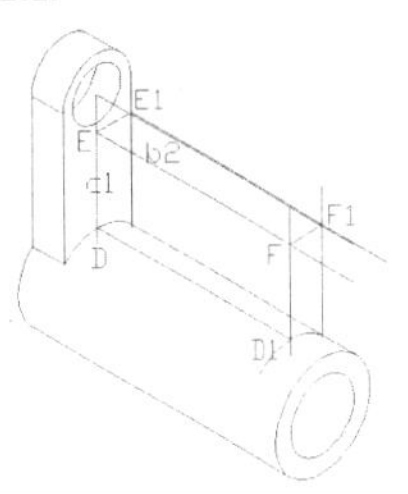

图 53-11 绘制直线

步骤 14 修剪并删除处理。分别执行 TRIM 和 ERASE 命令，对图形进行修剪和删除；执行 FILLET 命令，对图形倒半径为 10 的圆角，效果如图 53-12 所示。

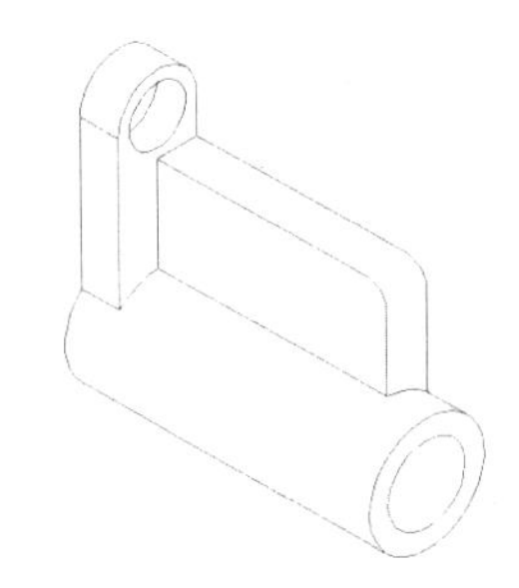

图 53-12 修剪和删除处理

步骤 15 绘制直线。执行 LINE 命令，绘制连接圆角对应端点的直线，效果参见图 53-1。

实例 54 后盖板轴测图

本实例将绘制后盖板轴测图，效果如图 54-1 所示。

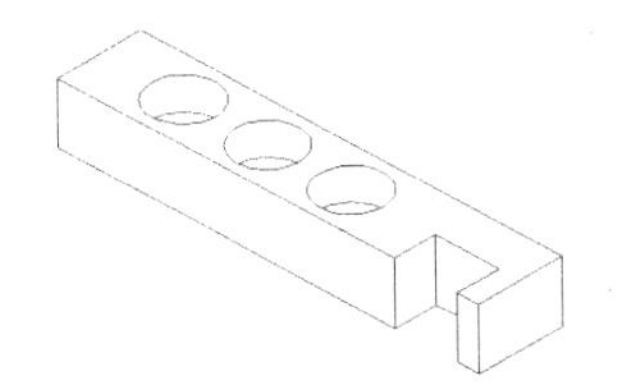

图 54-1 后盖板轴测图

操作步骤

步骤 1 新建文件。在“草图与注释”工作空间下，单击右上角主页按钮，新建一个 CAD 文件。

步骤 2 开启捕捉功能。在界面下方状态栏中找到“捕捉设置”按钮，弹出“草图设置”对话框，选中“启用捕捉”复选框，在“捕捉类型”选项区中选择“栅格捕捉|等轴测捕捉”单选按钮，单击“确定”按钮。

步骤 3 绘制直线。按【F8】键开启正交模式，按【F5】键切换到俯视图，执行 LINE 命令，在绘图区指定起点，向左绘制一条长为 20 的直线 b，以直线 b 的端点为起点向下绘制一条垂直于该直线的长为 100 的直线 a；按【F5】键切换到右视图，以直线 a、b 的交点为起点，向上绘制长度为 15 的直线 c，效果如图 54-2 所示。

步骤 4 复制处理。执行 COPY 命令，按【F5】键切换到俯视图，将直线 b 向下复制 100，将直线 a 向左复制 20；重复执行 COPY 命令，按【F5】键切换到右视图，将直线 a、b 与复制的直线向上复制 15，效果如图 54-3 所示。

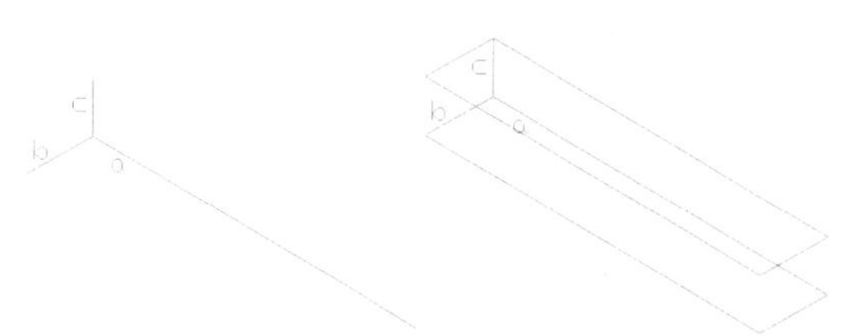

图 54-2　绘制直线　　　图 54-3　复制处理

步骤 5 绘制直线。执行 LINE 命令，绘制 3 条直线连接各顶点；执行 ERASE 命令，删除直线 a、b、c，效果如图 54-4 所示。

步骤 6 复制处理。执行 COPY 命令，按【F5】键切换到俯视图，将直线 b1 向右复制 20，效果如图 54-5 所示。

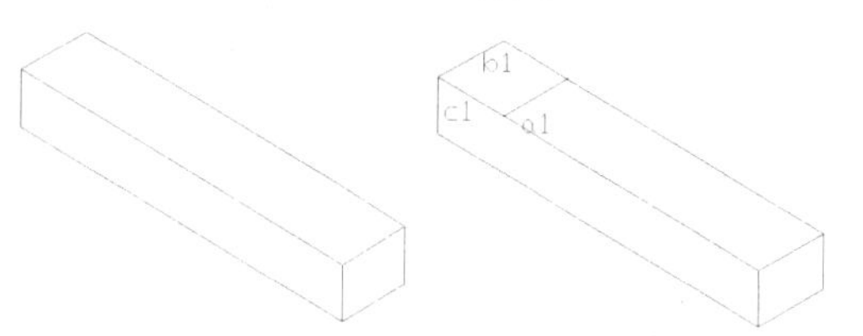

图 54-4　绘制直线　　　图 54-5　复制处理

步骤 7 绘制圆并进行复制处理。执行 ELLIPSE 命令，选择“等轴测圆（I）”，以复制 20 的直线的中点为圆心，绘制半径为 7.5 的圆；执行 COPY 命令，将圆向下分别复制 20、40，效果如图 54-6 所示。

步骤 8 复制处理。执行 COPY 命令，按【F5】键切换到右视图，将 3 个圆分别向下复制 8，效果如图 54-7 所示。

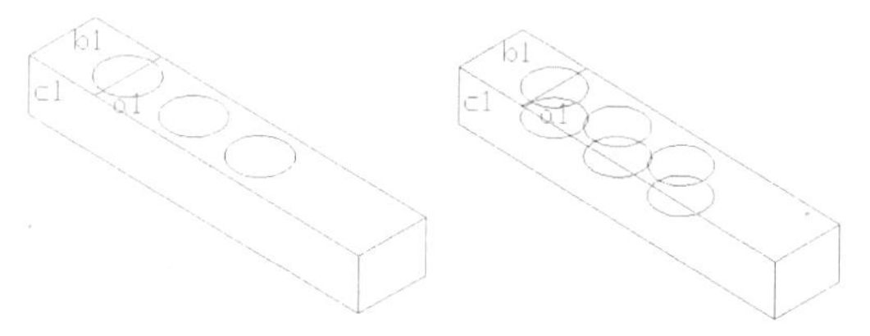

图 54-6　绘制圆并复制处理　　　图 54-7　复制处理

步骤 9 修剪处理。执行 TRIM 命令，对图形进行修剪，效果如图 54-8 所示。

步骤 10 复制处理。执行 COPY 命令，将直线 a1、b2 向右复制 10；按【F5】键切换到俯视图，将直线 b1 向下分别复制 80、95，将直线 c1 向右分别复制 80、95；按【F5】键切换到右视图，将箭头所指的直线向下复制 15，效果如图 54-9 所示。

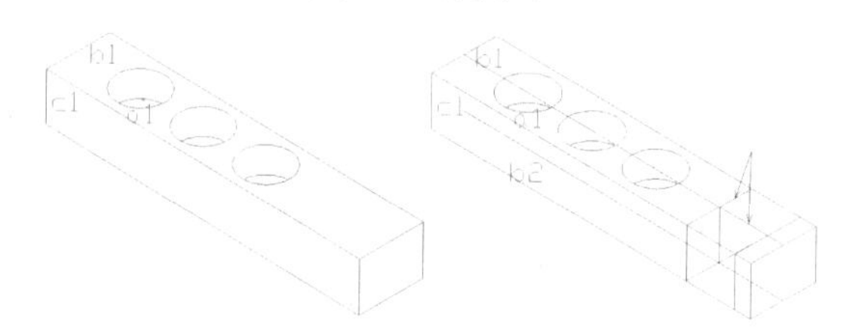

图 54-8　修剪处理　　　图 54-9　复制处理

步骤 11 修剪处理。执行 TRIM 命令，对图形进行修剪，效果参见图 54-1。

实例 55　凸形传动轮轴测图

本实例将绘制凸形传动轮轴测图，效果如图 55-1 所示。

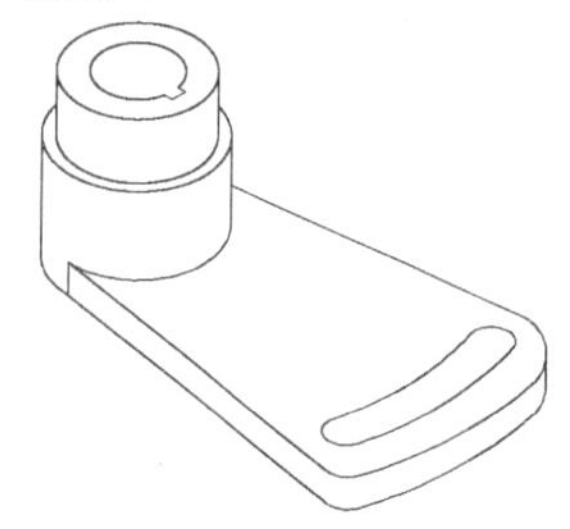

图 55-1　凸形传动轮轴测图

操作步骤

步骤 1 新建文件。启动 AutoCAD，单击“新建”按钮，新建一个 CAD 文件。

步骤 2 创建图层。在“AutoCAD 经典”工作空间下，单击“图层”工具栏中的“图层特性管理器”按钮，弹出“图层特性管理器”对话框，单击“新建图层”按钮，依次创建“轮廓线”图层（线宽为 0.30 毫米）和“中心线”图层（颜色为红色、线型为CENTER2)，然后双击“中心线”图层将其设置为当前图层。

步骤 3 设置线型的比例因子。单击“默认”选项板，在“特性”选项栏选择“线型|其他”，弹出“线型管理器”对话框，设置CENTER2线型的“全局比例因子”为15。

步骤 4 设置等轴测捕捉。在命令行中输入SNAP（限制光标按指定的距离移动）命令并按回车键确认，根据提示进行操作，依次输入样式（S）、等轴测（I)，指定垂直间距为10。

步骤 5 设置轴测面。使用ISOPLANE命令将当前轴测平面切换到等轴测平面俯视图环境中。

步骤 6 关闭捕捉功能。在状态栏中单击“对象捕捉”按钮，关闭捕捉功能。

步骤 7 绘制中心线。使用LINE命令，以(100,100)为中点绘制两条交叉的中心线。

步骤 8 绘制等轴测圆。切换到初始设置工作空间，将“轮廓线”图层设置为当前图层，单击“绘图”面板中的“轴，端点”按钮，根据提示进行操作，输入I，捕捉中心线的交点为圆心，绘制半径为20的等轴测圆，效果如图55-2所示。

步骤 9 复制处理。使用COPY命令，选择绘制的等轴测圆并按回车键，捕捉圆心为基点，然后分别输入（@0,8）和（@0,30）为目标点进行复制，效果如图55-3所示。

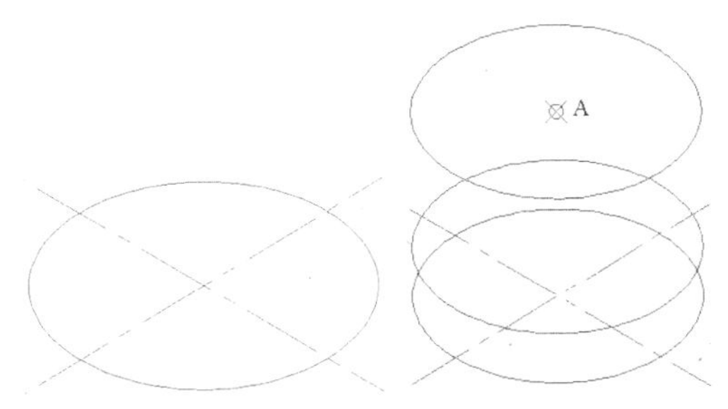

图55-2 绘制等轴测圆　　图55-3 复制处理

步骤 10 绘制等轴测圆。单击“绘图”面板中的“轴，端点”按钮，输入I，捕捉图55-3中的圆心A为圆心，绘制半径为17的等轴测圆，效果如图55-4所示。

步骤 11 复制处理。使用COPY命令，选择步骤（10）中绘制的等轴测圆并按回车键，捕捉圆心为基点，然后输入（@0,16）为目标点进行复制，效果如图55-5所示。

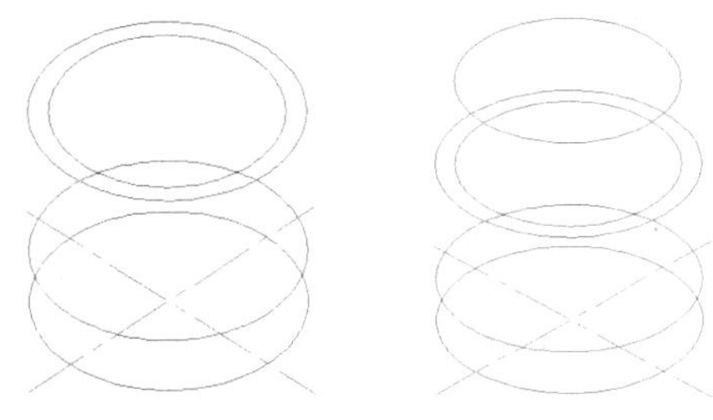

图55-4 绘制等轴测圆　　图55-5 复制处理

步骤 12 绘制等轴测圆。单击“绘图”面板中的“轴，端点”按钮，输入I，捕捉步骤(11)中复制生成的圆的圆心为圆心，绘制半径为10的等轴测圆，效果如图55-6所示。

步骤 13 绘制直线。使用LINE命令，捕捉等轴测圆上的象限点，绘制公切线，效果如图55-7所示。

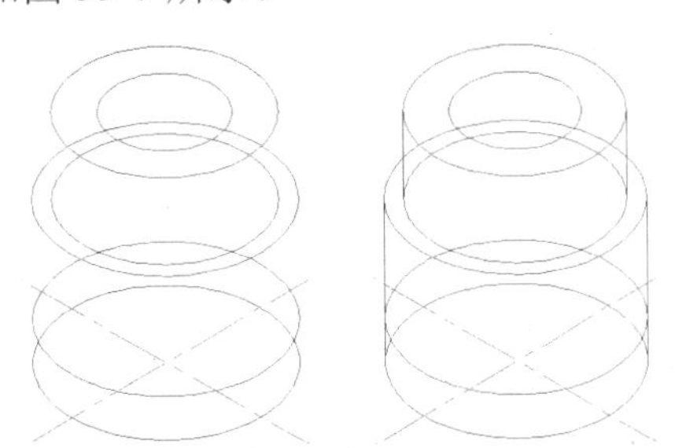

图55-6 绘制等轴测圆　　图55-7 绘制直线

步骤 14 修剪处理。使用TRIM命令对多余的线条进行修剪，效果如图55-8所示。

步骤 15 复制处理。使用COPY命令，选择两条中心线并按回车键，捕捉中心线的交点为基点，然后捕捉支座顶端圆心为目标点进行复制，效果如图55-9所示。

步骤 16 重复步骤（15）中的操作，选择图55-9中的中心线L1并按回车键，以原点为基点，然后输入（@2<30）和（@2<-150）为目标点进行复制；选择中心线L2并按回车键，以原点为基点，然后输

入（@12<-30）为目标点进行复制，并将复制生成的中心线移至“轮廓线”图层。

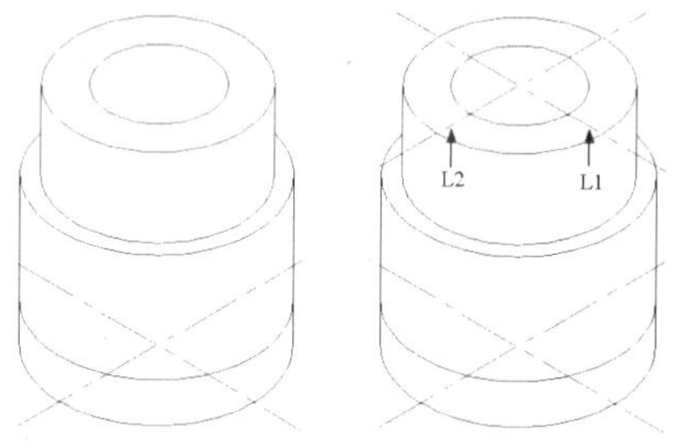

图 55-8　修剪处理　　图 55-9　复制处理

步骤 17 修剪处理。使用 TRIM 命令对多余的线条进行修剪，效果如图 55-10 所示。

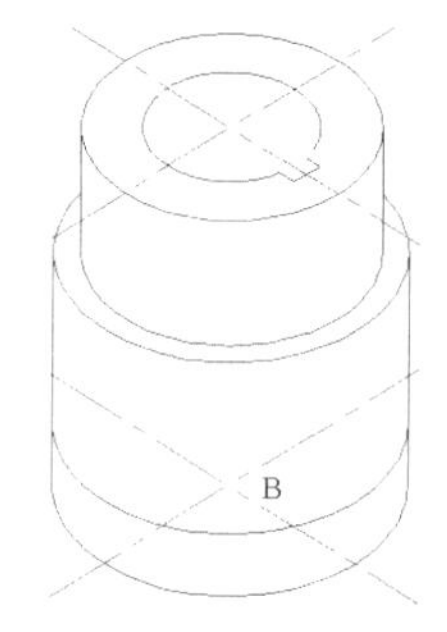

图 55-10　修剪处理

步骤 18 绘制等轴测圆。单击“绘图”面板中的“轴，端点”按钮，根据提示进行操作，输入 I，捕捉图 55-10 中的中点 B 为圆心，绘制半径分别为 80、85、90 和 100 的等轴测圆，并将半径为 85 的圆移至“中心线”图层，效果如图 55-11 所示。

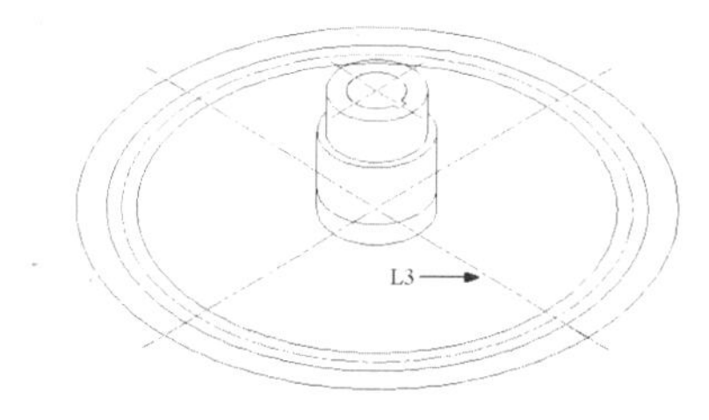

图 55-11　绘制等轴测圆

步骤 19 复制并旋转处理。将图 55-11 中的直线 L3 在原位置复制 3 次；单击“修改”面板中的“旋转”按钮，根据提示进行操作，捕捉中心线交点为基点，然后输入 C，将复制生成的 3 条直线分别旋转-20 度、-13 度和 13 度，效果如图 55-12 所示。

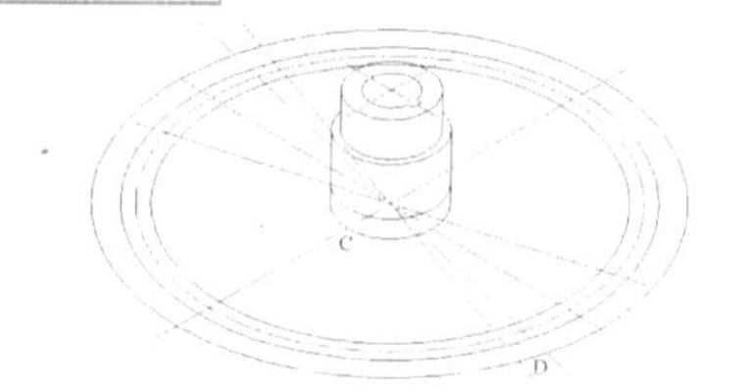

图 55-12　复制并旋转处理

步骤 20 绘制直线。使用 LINE 命令，捕捉图 55-12 中的交点 C 和 D 绘制直线，效果如图 55-13 所示。

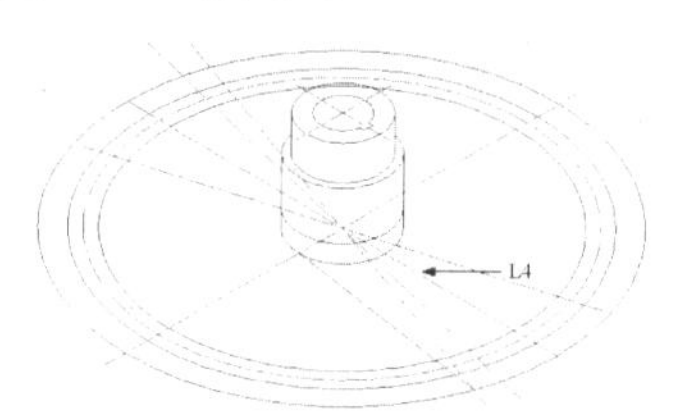

图 55-13　绘制直线

步骤 21 镜像处理。使用 MIRROR 命令，选择步骤（20）中绘制的直线为镜像对象，捕捉图 55-13 中的中心线 L4 上的任意两点为镜像线上的第一点和第二点进行镜像处理，效果如图 55-14 所示。

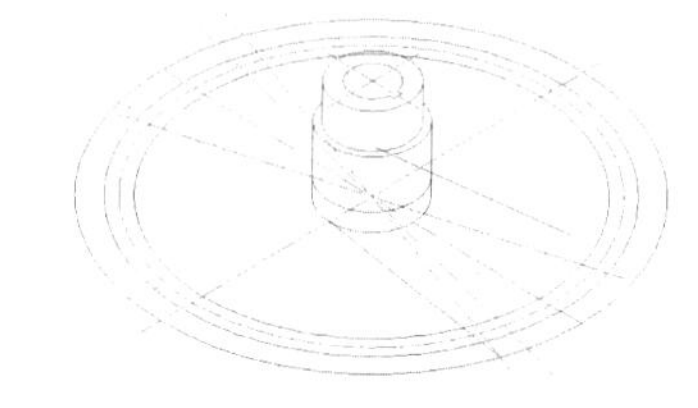

图 55-14　镜像处理

步骤 22 延伸处理。单击“修改”面板中的“延伸”按钮，根据提示进行操作，选择半径为 100 的等轴测圆为延伸边界，对步骤（21）中镜像后的直线进行延伸处理，效果如图 55-15 所示。

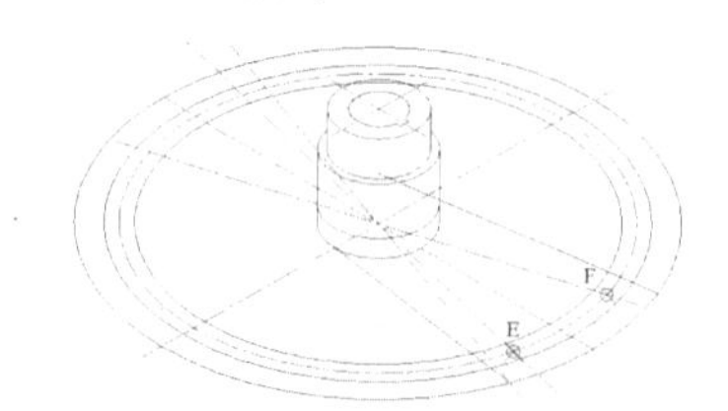

图 55-15　延伸处理

步骤 23 绘制等轴测圆。单击“绘图”面板中的“轴，端点”按钮，根据提示进行操作，输入 I，分别捕捉图 55-15 中的交点 E 和 F 为圆心，绘制半径为 5 的等轴测圆，效果如图 55-16 所示。

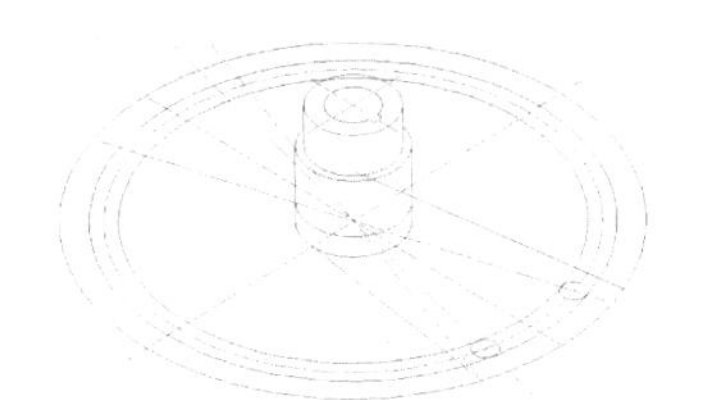

图 55-16　绘制等轴测圆

步骤 24 修剪并删除处理。使用 TRIM 命令对多余的线条进行修剪，使用 ERASE 命令将多余的直线删除，效果如图 55-17 所示。

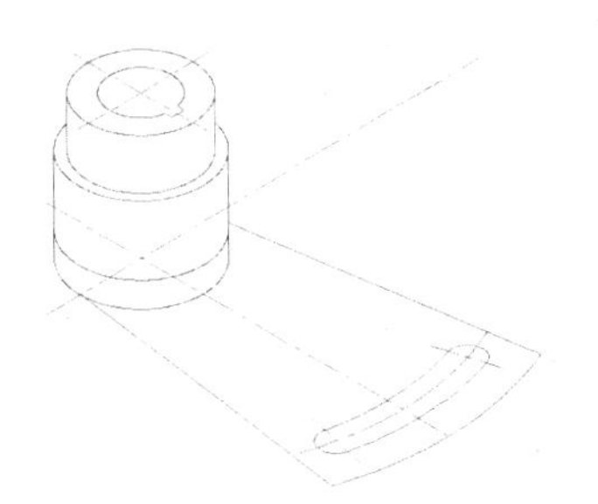

图 55-17　修剪并删除处理

步骤 25 圆角处理。执行 FILLET 命令，设置圆角半径为 10，对右边凸形传动轮的尖角进行圆角处理，效果如图 55-18 所示。

步骤 26 复制处理。使用 COPY 命令，选择修剪后右边的图形并按回车键，以原点为基点，然后输入（@0,8）为目标点进行复制，效果如图 55-19 所示。

步骤 27 绘制直线。使用 LINE 命令，捕捉图形中的端点和象限点，绘制直线，效果如图 55-20 所示。

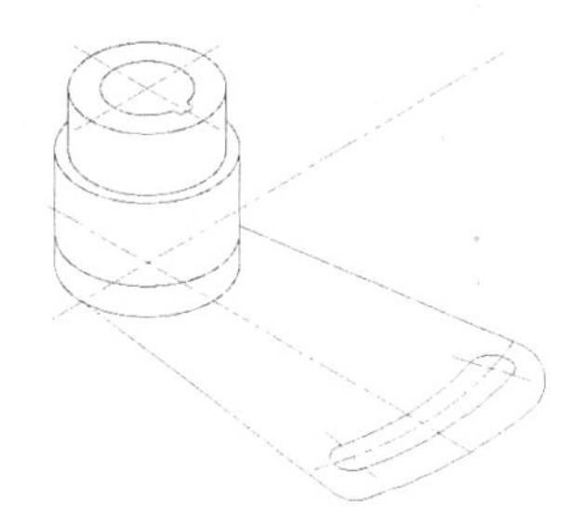

图 55-18　圆角处理

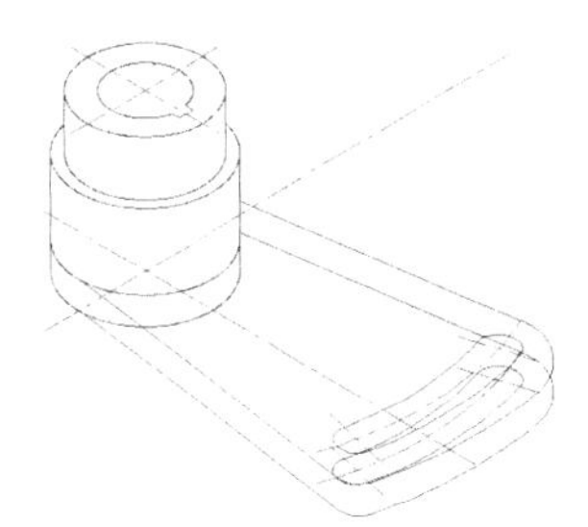

图 55-19　复制图形

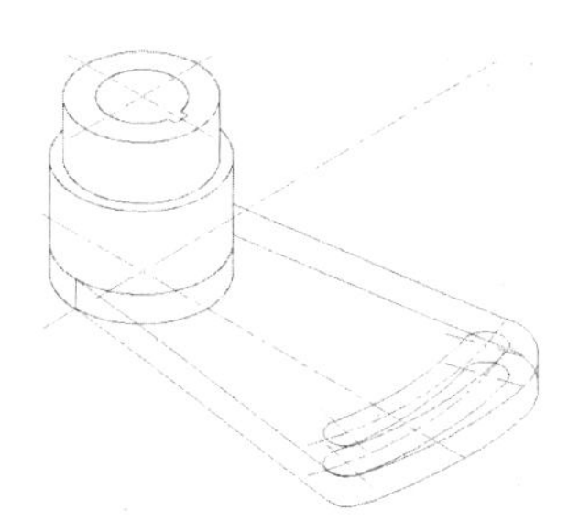

图 55-20　绘制直线

步骤 28 修剪并删除处理。使用 TRIM 命令对多余的线条进行修剪；使用 ERASE 命令，将多余的直线删除，并在状态栏中单击“显示/隐藏线宽”按钮显示线宽，效果参见图 55-1。

实例 56　轴承支座轴测图

本实例将绘制轴承支座轴测图，效果如图 56-1 所示。

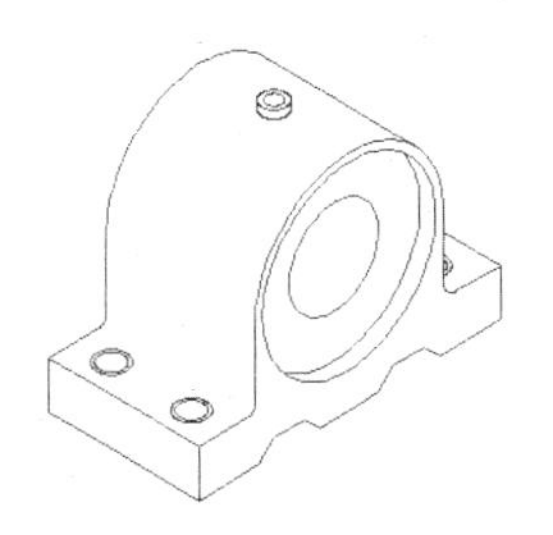

图 56-1　轴承支座轴测图

操作步骤

步骤 1 新建文件。启动 AutoCAD，单击“新建”按钮，新建一个 CAD 文件。

步骤 2 创建图层。在“AutoCAD 经典”工作空间下，单击“图层”工具栏中的“图层特性管理器”按钮，弹出“图层特性管理器”对话框，单击“新建图层”按钮，依次创建“轮廓线”图层（线宽为 0.30 毫米）和“中心线”图层（颜色为红色、线型为 CENTER2），然后双击“中心线”图层将其设置为当前图层。

步骤 3 设置线型的比例因子。单击“默认”选项板，在“特性”选项栏选择“线型|其他”，弹出“线型管理器”对话框，设置 CENTER2 线型的“全局比例因子”为 25。

步骤 4 设置等轴测捕捉。在命令行中输入 SNAP（限制光标按指定的距离移动）命令并按回车键确认，根据提示进行操作，依次输入样式（S）、等轴测（I），指定垂直间距为 10。

步骤 5 设置轴测面。使用 ISOPLANE 命令，将当前轴测平面切换到等轴测平面俯视图环境中。

步骤 6 关闭捕捉功能。在状态栏中单击“对象捕捉”按钮，关闭捕捉功能。

步骤 7 绘制中心线。使用 LINE 命令，以（268.5,155）为中点，绘制两条相交的中心线，效果如图 56-2 所示。

步骤 8 绘制直线。将“轮廓线”图层设置为当前图层，使用 LINE 命令，按住【Shift】键的同时在绘图区单击鼠标右键，在弹出的快捷菜单中选择“自”选项，捕捉中心线的中点为基点，然后依次输入（@50<330）、（@100<-150）、（@100<150）、（@200<30）、（@100<-30）和（@100<-150），绘制直线，效果如图 56-3 所示。

步骤 9 复制处理。使用 COPY 命令，选择步骤（8）绘制的直线并按回车键，以原点为基点，然后输入（@0,30）为目标点进行复制。

图 56-2 绘制中心线　　图 56-3 绘制直线

步骤 10 绘制直线。使用 LINE 命令，绘制直线，形成长方体的 4 个侧面，效果如图 56-4 所示。

步骤 11 绘制辅助线。使用 LINE 命令，捕捉左上方直线的中点，然后捕捉右上方直线的中点，绘制辅助线，效果如图 56-5 所示。

步骤 12 切换视图。按【F5】键，将当前轴测平面切换到等轴测平面右视图环境中。

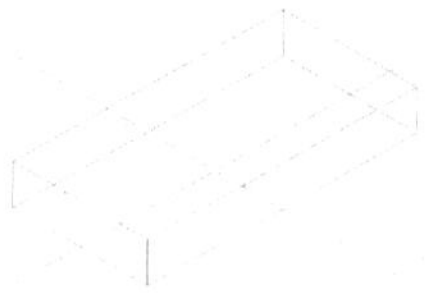

图 56-4 绘制直线 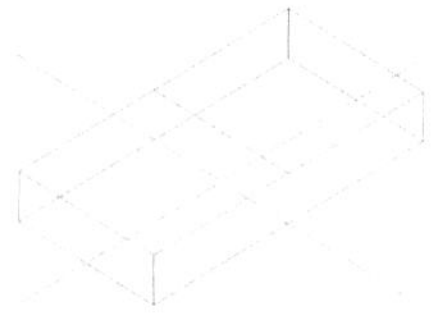　　图 56-5 绘制辅助线

步骤 13 复制处理。使用 COPY 命令，选择绘制的辅助直线并按回车键，以原点为基点，然后输入（@0,50）为目标点进行复制，效果如图 56-6 所示。

步骤 14 绘制等轴测圆。切换到初始设置工作空间，单击“绘图”面板中的“轴，端点”按钮，根据提示进行操作，输入 I，捕捉图 56-6 所示的端点 A 为圆心，绘制直径分别为 115 和 125 的等轴测圆；捕捉端点 B 为圆心，绘制直径分别为 115 和 125 的等轴测圆，效果如图 56-7 所示。

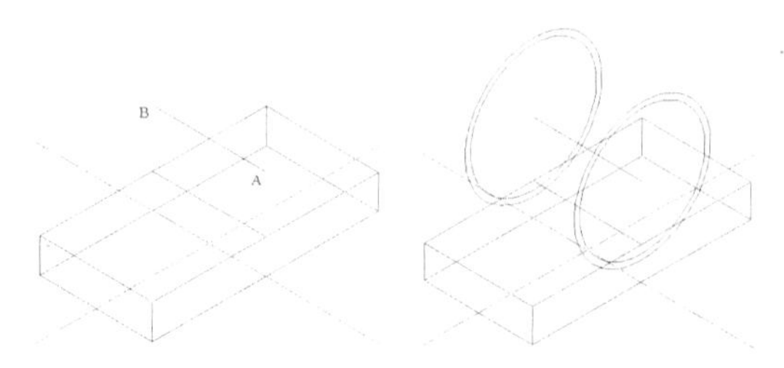

图 56-6 复制处理　　图 56-7 绘制等轴测圆

步骤 15 绘制直线。使用 LINE 命令，通过圆心 A 和圆心 B，向上引导光标，绘制垂线，然后捕捉垂线与圆的交点，绘制直线，效果如图 56-8 所示。

步骤 16 绘制轴孔轮廓线。执行 LINE 命令，开启“正交”模式，绘制 4 条垂直向下的轮廓线并绘制圆的顶边连线，效果如图 56-9 所示。

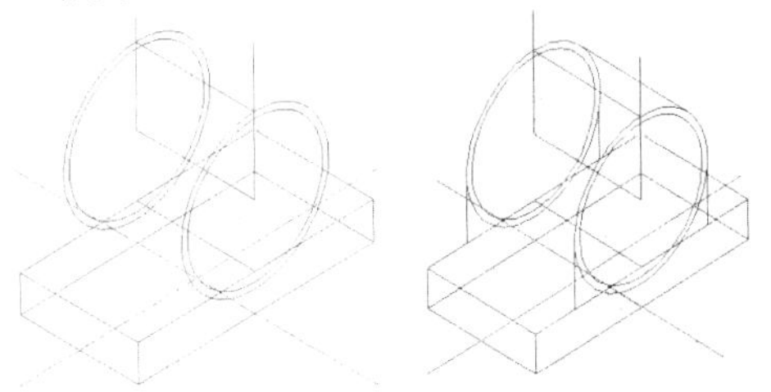

图 56-8 绘制直线　　图 56-9 绘制轴孔轮廓线

步骤 17 绘制直线。执行 LINE 命令，关闭“正交”模式，分别捕捉 4 条垂线的端点，绘制两条直线，效果如图 56-10 所示。

步骤 18 修剪并删除处理。使用 TRIM 命令对多余的线条进行修剪，使用 ERASE 命令将多余的直线删除，效果如图 56-11 所示。

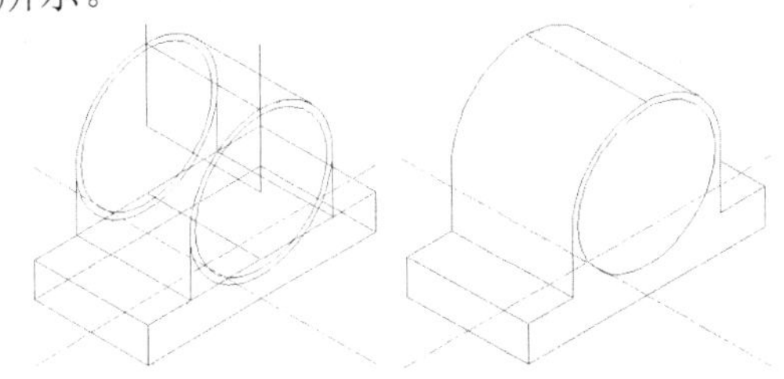

图 56-10 绘制直线　图 56-11 修剪并删除处理

步骤 19 绘制轴孔内凹。使用 COPY 命令，选择右边直径为 115 的等轴测圆并按回车键，以圆心为基点，然后输入（@10<150）为目标点进行复制，效果如图 56-12 所示。

步骤 20 修剪处理。使用 TRIM 命令对多余的线条进行修剪，效果如图 56-13 所示。

步骤 21 绘制等轴测圆。单击“绘图”面板中的“轴，端点”按钮，输入 I，捕捉修剪后等轴测圆的圆心为圆心，绘制半径为 30 的等轴测圆，效果如图 56-14 所示。

步骤 22 切换视图。连续按两次【F5】键，将当前轴测平面切换到等轴测平面俯视图环境中。

步骤 23 绘制辅助线。使用 LINE 命令，捕捉中心线的交点，向上引导光标，绘制一条与水平辅助线相交的垂直辅助线，效果如图 56-15 所示。

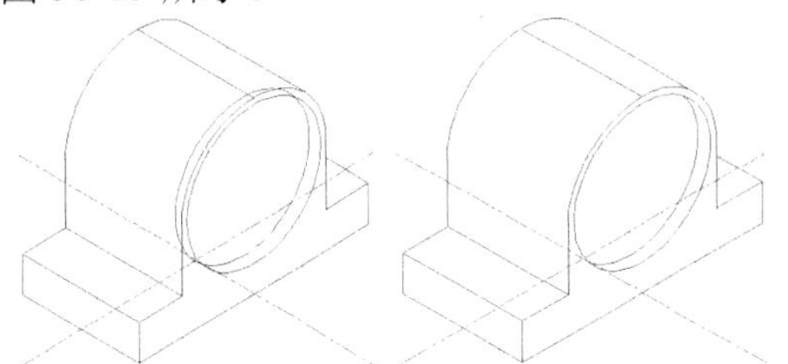

图 56-12 绘制轴孔内凹　　图 56-13 修剪处理

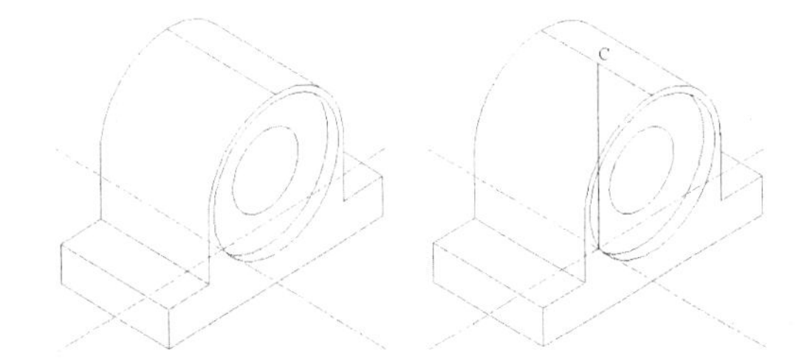

图 56-14 绘制等轴测圆　　图 56-15 绘制辅助线

步骤 24 绘制注油孔。单击“绘图”面板中的“轴，端点”按钮，输入 I，捕捉图 56-15 中的中点 C 为圆心，绘制半径分别为 5 和 8 的等轴测圆，作为注油孔，效果如图 56-16 所示。

步骤 25 复制处理。使用 COPY 命令，选择步骤（24）中绘制的两个等轴测圆并按回车键，以圆心为基点，输入（@0,5）为目标点进行复制，效果如图 56-17 所示。

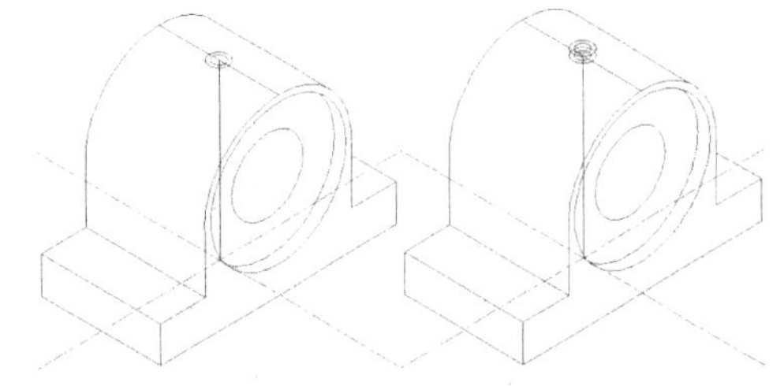

图 56-16 绘制注油孔　　图 56-17 复制处理

步骤 26 绘制直线并进行修剪。使用 LINE 命令，绘制上下两个圆的公切线；使用

TRIM 命令对多余的线条进行修剪，并将辅助线删除，效果如图 56-18 所示。

步骤 27 复制处理。使用 COPY 命令，选择图 56-18 中的直线 L1 和直线 L2 并按回车键，以原点为基点，然后分别输入（@23<150）和（@77<150）为目标点进行复制；选择直线 L3 并按回车键，以原点为基点，然后分别输入（@18<30）和（@177<30）为目标点进行复制，并将复制生成的直线移至“中心线”图层，效果如图 56-19 所示。

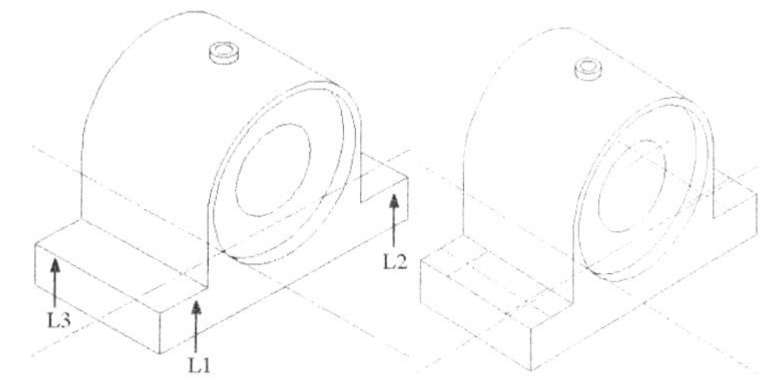

图 56-18 绘制直线并进行修剪　图 56-19 复制处理

步骤 28 绘制安装孔。单击“绘图”面板中的“轴，端点”按钮，根据提示进行操作，输入 I，捕捉定位中心线的交点为圆心，绘制半径分别为 8 和 10 的等轴测圆，作为安装孔，效果如图 56-20 所示。

步骤 29 修剪并删除处理。使用 TRIM 命令对多余的线条进行修剪，使用 ERASE 命令将多余的直线删除，效果如图 56-21 所示。

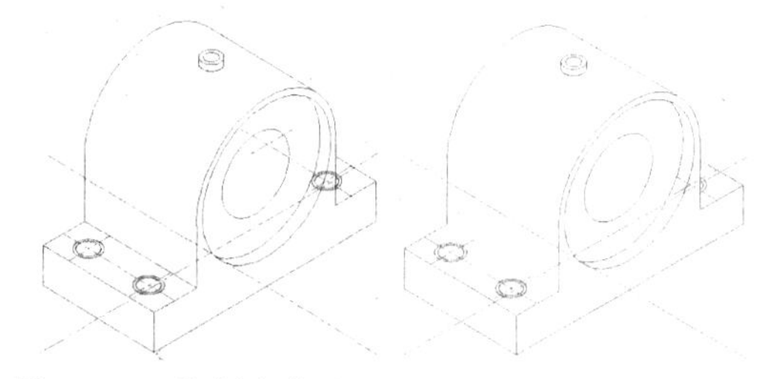

图 56-20 绘制安装孔 图 56-21 修剪并删除处理

步骤 30 圆角处理。执行 FILLET 命令，设置圆角半径为 5，对底座与轴孔轮廓的夹角进行圆角处理，效果如图 56-22 所示。

步骤 31 复制处理。使用 COPY 命令，选择底线并按回车键，以原点为基点，然后输入（@0,10）为目标点进行复制，效果如图 56-23 所示。

步骤 32 重复步骤（31）中的操作，选择图 56-23 中的直线 L4 并按回车键，以原点为基点，然后依次输入（@40<30）、（@50<30）、（@70<30）、（@80<30）、（@120<30）、（@130<30）、（@150<30）（@160<30）为目标点进行复制。

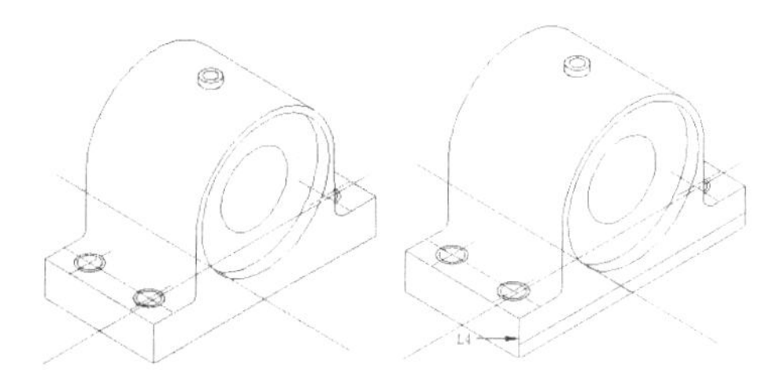

图 56-22 圆角处理　图 56-23 复制处理

步骤 33 绘制直线。使用 LINE 命令，分别捕捉复制生成的直线与步骤（31）中复制生成的直线的交点，绘制开口槽形状，效果如图 56-24 所示。

步骤 34 修剪并删除处理。使用 TRIM 命令对多余的线条进行修剪，使用 ERASE 命令将多余的直线删除，并在状态栏中单击“显示/隐藏线宽”按钮显示线宽，效果如图 56-25 所示。

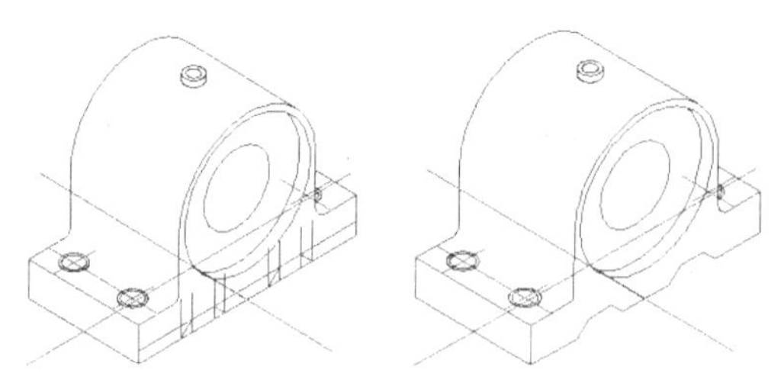

图 56-24 绘制直线 图 56-25 修剪并删除处理

实例 57 连接件轴测图

本实例将绘制连接件轴测图，效果如图57-1所示。

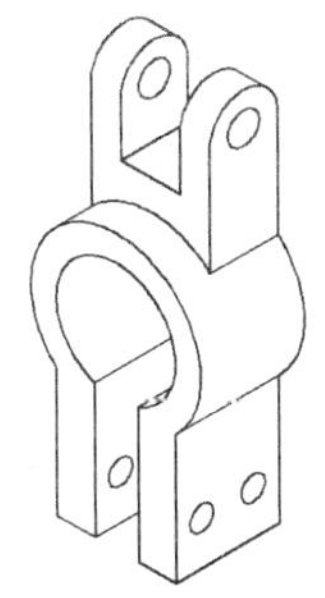

图 57-1 连接件轴测图

操作步骤

步骤 1 新建文件。启动AutoCAD，单击“新建”按钮，新建一个CAD文件。

步骤 2 创建图层。在“AutoCAD经典”工作空间下，单击“图层”工具栏中的“图层特性管理器”按钮，弹出“图层特性管理器”对话框，单击“新建图层”按钮，依次创建“轮廓线”图层（线宽为0.30毫米）和“中心线”图层（颜色为红色、线型为CENTER2），然后双击“中心线”图层将其设置为当前图层。

步骤 3 设置线型的比例因子。单击“默认”选项板，在“特性”选项栏选择“线型|其他”弹出“线型管理器”对话框，设置CENTER2线型的“全局比例因子”为15。

步骤 4 设置等轴测捕捉。在命令行中输入SNAP（限制光标按指定的距离移动）命令并按回车键确认，根据提示进行操作，依次输入样式（S）、等轴测（I），指定垂直间距为10。

步骤 5 设置轴测面。使用ISOPLANE命令，将当前轴测平面切换到等轴测平面俯视图环境中。

步骤 6 关闭捕捉功能。在状态栏中单击“对象捕捉”按钮，关闭捕捉功能。

步骤 7 绘制中心线。使用LINE命令，绘制两条相交的中心线，效果如图57-2所示。

步骤 8 切换视图。连续按两次【F5】键，将当前轴测平面切换到等轴测平面左视图环境中。

步骤 9 绘制中心线。使用LINE命令，绘制如图57-3所示的通过交点的垂直中心线。

图 57-2 绘制中心线 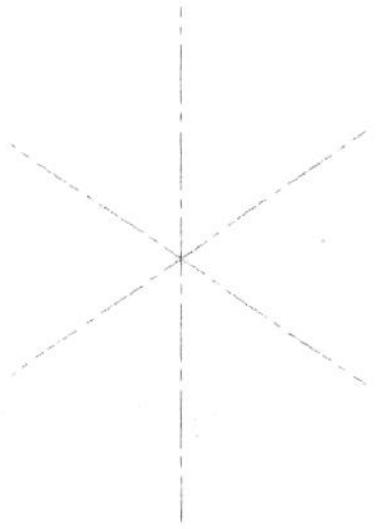　　图 57-3 绘制中心线

步骤 10 绘制等轴测圆。切换到初始设置工作空间，将“轮廓线”图层设置为当前图层，单击“绘图”面板中的“轴，端点”按钮，根据提示进行操作，输入I，捕捉中心线的交点为圆心，绘制直径分别为30和43的等轴测圆，效果如图57-4所示。

步骤 11 复制处理。使用COPY命令，选择图57-4中的中心线L1和L2并按回车键，以原点为基点，然后输入（@0,-48）为目标点进行复制，效果如图57-5所示。

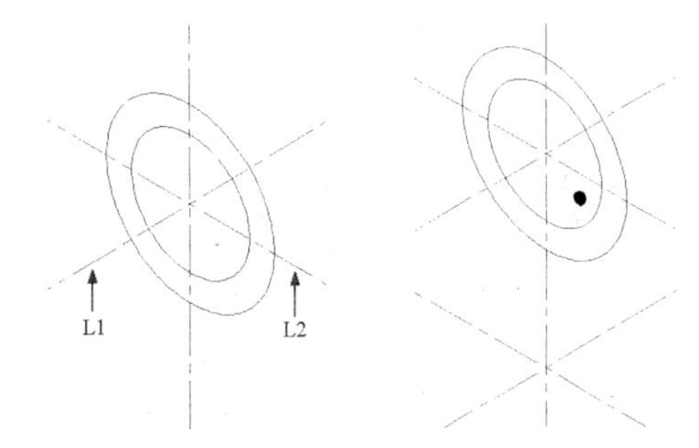

图 57-4 绘制等轴测圆　　图 57-5 复制处理

步骤 12 重复步骤（11）中的操作，使用COPY命令，选择垂直中心线并按回车

键，以原点为基点，然后依次输入（@5.5<30）、（@15<30）、（@15<150）和（@5.5<150）为目标点进行复制处理，效果如图 57-6 所示。

步骤 13 绘制直线。使用 LINE 命令，捕捉中心线和等轴测圆的各交点，绘制直线，效果如图 57-7 所示。

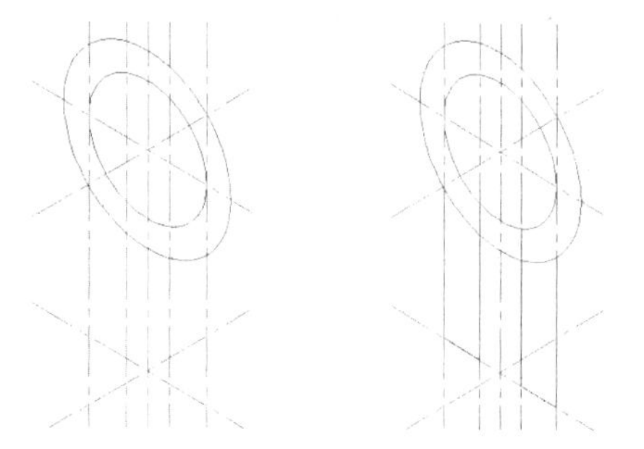

图 57-6　复制处理　　图 57-7　绘制直线

步骤 14 复制处理。使用 COPY 命令，选择“轮廓线”图层中的所有图形并按回车键，以原点为基点，然后输入（@26<30）为目标点进行复制，效果如图 57-8 所示。

步骤 15 绘制直线。使用 LINE 命令，捕捉轮廓线上的交点和端点，绘制连接件的外形，效果如图 57-9 所示。

图 57-8　复制处理

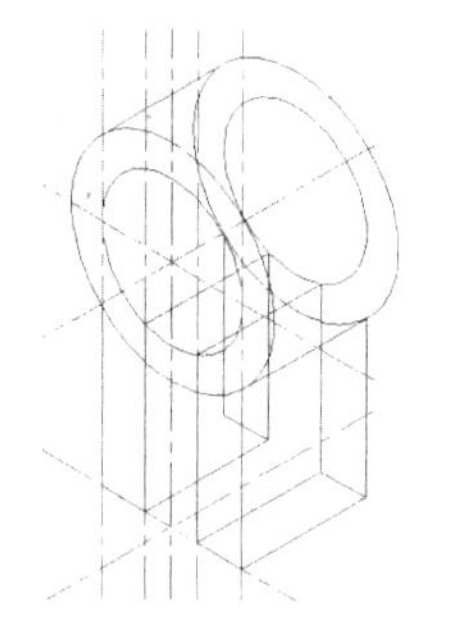

图 57-9　绘制直线

步骤 16 修剪并删除处理。使用 TRIM 命令对多余的线条进行修剪，使用 ERASE 命令将多余的直线删除，效果如图 57-10 所示。

步骤 17 复制处理。使用 COPY 命令，选择中心线 L3 和 L4 并按回车键，以原点为基点，然后输入（@15<-30）为目标点进行复制，效果如图 57-11 所示。

步骤 18 移动处理。使用 MOVE 命令，选择复制生成的中心线并按回车键，以原点为基点，然后输入（@6.5<30）为目标点进行移动。

步骤 19 重复步骤（18）中的操作，选择步骤（18）移动后的中心线并按回车键，以原点为基点，然后输入（@11<90）为目标点进行移动，效果如图 57-12 所示。

步骤 20 切换视图。连续按两次【F5】键，将当前轴测平面切换到等轴测平面右视图环境中。

步骤 21 绘制等轴测圆。在命令行中输入 ELLIPSE 命令并按回车键，根据提示进行操作，输入 I，捕捉移动后中心线的交点为圆心，绘制直径为 6 的等轴测圆。

步骤 22 打断处理。单击“修改”面板中的“打断”按钮，根据提示进行操作，对经过直径为 6 的等轴测圆的中心线进行打断处理。

步骤 23 复制处理。使用 COPY 命令，选择步骤（21）中绘制的等轴测圆以及过该圆心的中心线并按回车键，以原点为基点，然后分别输入（@13<30）和（@20.5<150）为目标点进行复制，效果如图 57-13 所示。

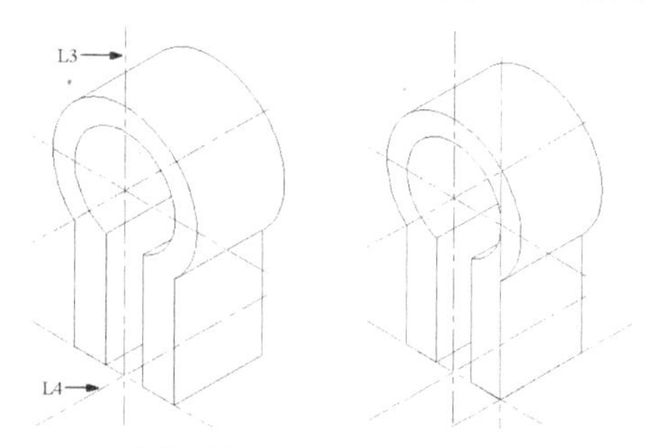

图 57-10　修剪并删除处理　图 57-11　复制处理

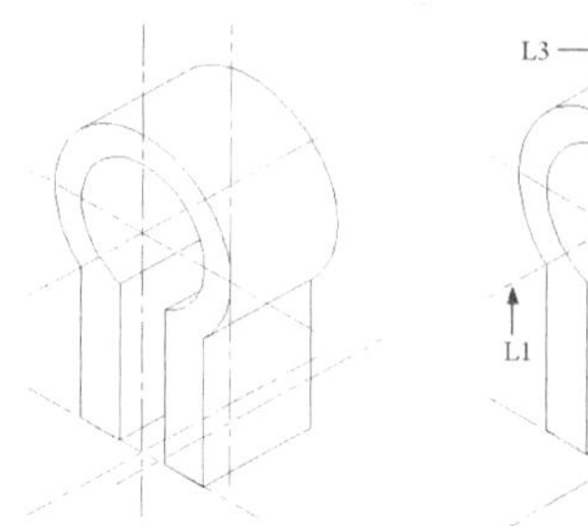

图 57-12　移动处理

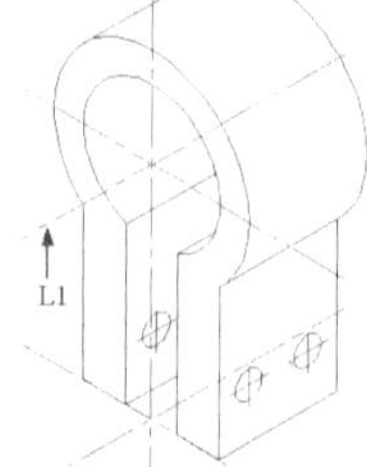

图 57-13　复制处理

步骤 24 重复步骤（23）中的操作，选择图 57-13 中的中心线 L1 和 L3 并按回车键，以其交点为基点，然后输入（@17.5<30）为目标点进行复制。

步骤 25 移动处理。使用 MOVE 命令，选择复制生成的中心线并按回车键，以其交点为基点，然后输入（@43<90）为目标点进行移动。

步骤 26 重复步骤（25）中的操作，选择步骤（25）移动后的中心线并按回车键，以其交点为基点，然后输入（@15<-30）为目标点进行移动，效果如图 57-14 所示。

步骤 27 绘制等轴测圆。在命令行中输入 ELLIPSE 命令并按回车键，输入 I，捕捉移动后中心线的交点为圆心，绘制直径分别为 8 和 17 的等轴测圆，效果如图 57-15 所示。

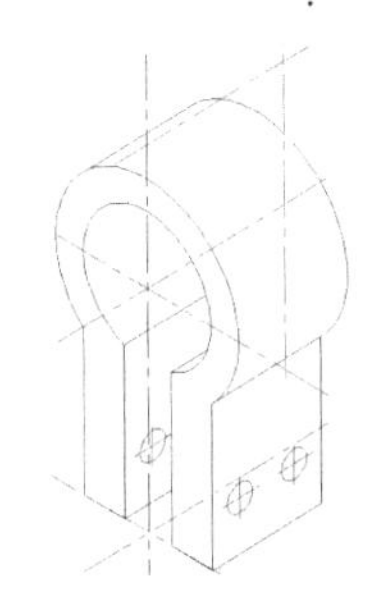

图 57-14 移动处理

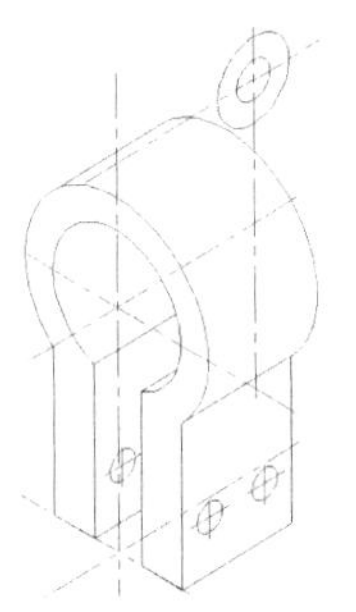

图 57-15 绘制等轴测圆

步骤 28 绘制直线。使用 LINE 命令，捕捉直径为 17 的等轴测圆与中心线的交点为起点，向下引导光标，绘制垂直线，效果如图 57-16 所示。

步骤 29 复制处理。使用 COPY 命令，选择图 57-16 中的等轴测圆并按回车键，以原点为基点，然后输入（@9<30）进行复制，效果如图 57-17 所示。

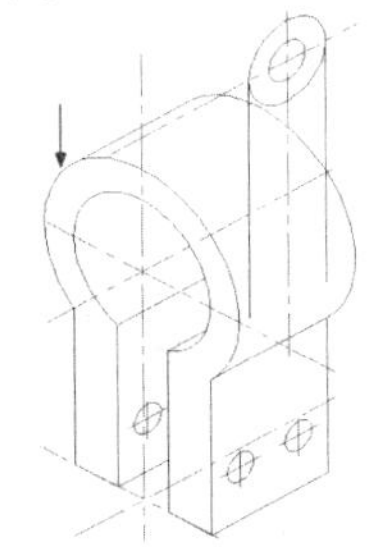

图 57-16 绘制直线

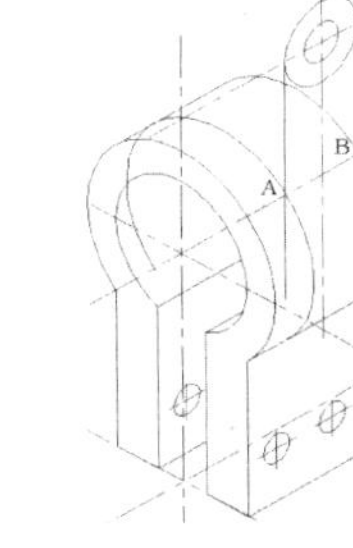

图 57-17 复制处理

步骤 30 绘制直线。使用 LINE 命令，捕捉图 57-18 中的交点 A 和 B，绘制直线，效果如图 57-18 所示。

步骤 31 修剪处理。使用 TRIM 命令对多余的直线进行修剪，效果如图 57-19 所示。

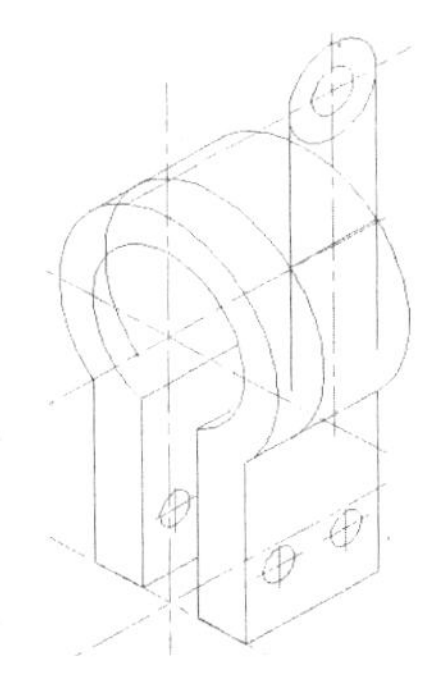

图 57-18 绘制直线

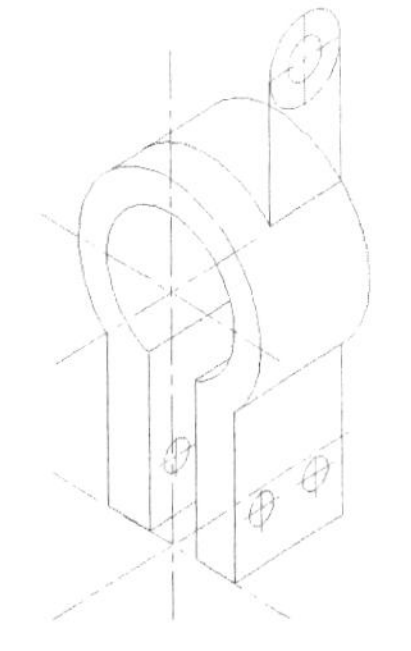

图 57-19 修剪处理

步骤 32 复制处理。使用 COPY 命令，选择连接体上侧的轮廓并按回车键，以原点为基点，然后依次输入（@7.5<150）、（@22.5<150）和（@30<150）进行复制，效果如图 57-20 所示。

步骤 33 绘制直线。使用 LINE 命令，绘制连接件上侧的轮廓，效果如图 57-21 所示。

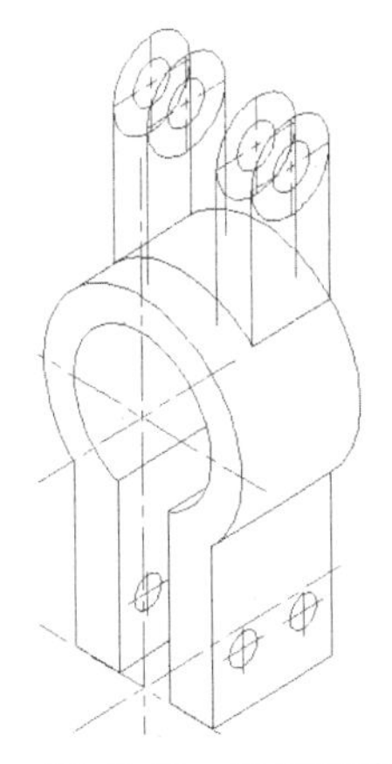

图 57-20 绘制直线

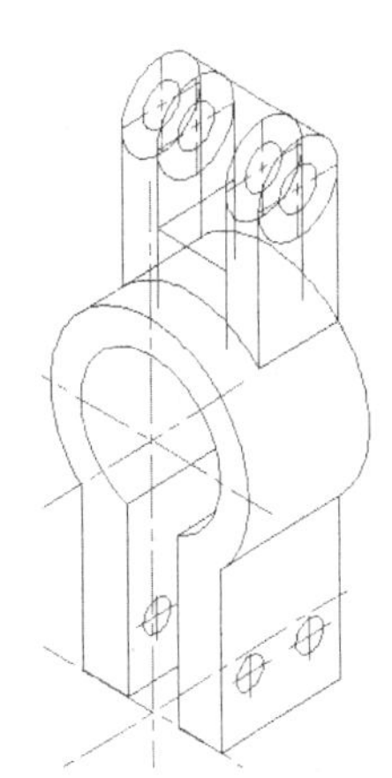

图 57-21 复制处理

步骤 34 修剪并删除处理。使用 TRIM 命令对多余的线条进行修剪，使用 ERASE 命令将多余的直线删除，并在状态栏中单击“显示/隐藏线宽”按钮显示线宽，效果参见图 57-1。

实例 58 标注连接件轴测图

本实例将绘制标注连接件轴测图，效果如图 58-1 所示。

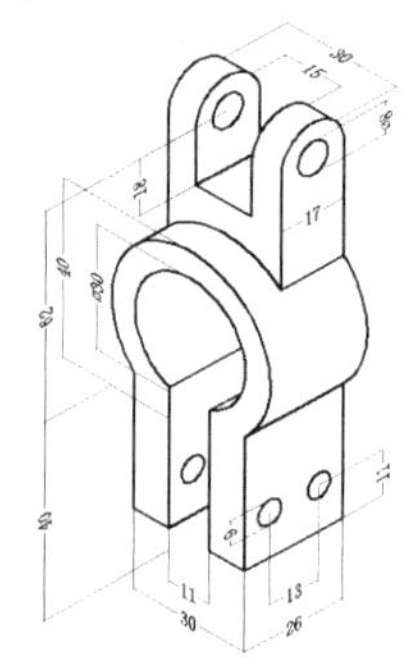

图 58-1 标注连接件轴测图

操作步骤

步骤 1 打开并另存文件。在“AutoCAD 经典”工作空间下，按【Ctrl+O】组合键，打开实例 57 中绘制的“连接件轴测图”图形文件，然后按【Ctrl+Shift+S】组合键，将该图形另存为“标注连接件轴测图”文件。

步骤 2 创建图层。单击“图层”工具栏中的“图层特性管理器”按钮，在弹出的“图层特性管理器”对话框中创建“标注”图层，所有设置保持默认，并将其设置为当前图层。

步骤 3 新建文字样式。单击“注释”选项板，点击“文字”选项栏右下角按钮，弹出“文字样式”对话框，单击“新建”按钮，新建“顶视图 X”文字样式，设置“倾斜角度”为-30，然后单击“关闭”按钮。

步骤 4 重复步骤（3）中的操作，新建“顶视图 Y”文字样式，设置“倾斜角度”为 30；新建“右视图”文字样式，设置“倾斜角度”为 30；新建“左视图”文字样式，设置“倾斜角度”为-30，然后单击“关闭”按钮。

步骤 5 新建标注样式。单击“注释”选项板，点击“标注”选项栏右下角按钮，在弹出的“标注样式管理器”对话框中单击“新建”按钮，弹出“创建新标注样式”对话框，创建“顶视图 X”标注样式。

步骤 6 在弹出的对话框中单击“文字”选项卡，设置“文字样式”为“顶视图 X”、“文字高度”为 3、“文字对齐”方式为“与尺寸线对齐”。

步骤 7 单击“主单位”选项卡，设置“精度”为 0，单击“确定”按钮，返回“标注样式管理器”对话框，单击“关闭”按钮，设置“顶视图 X”标注样式为当前标注样式即可。

步骤 8 重复步骤（5）～（7）的操作，新建“顶视图 Y”，“左视图”和“右视图”标注样式，其设置与“顶视图 X”标注样式的设置相同，然后将“顶视图 X”标注样式设置为当前标注样式。

步骤 9 对齐尺寸标注。使用 DIMALIGNED 命令，捕捉端点 A 为第一条尺寸界线原点，捕捉端点 B 为第二条尺寸界线原点，创建对齐尺寸标注，效果如图 58-2 所示。

步骤 10 编辑标注。在命令行中输入 DIMEDIT 命令并按回车键，根据提示进行操作，输入 O，选择步骤（9）中创建的对齐尺寸标注并按回车键，设置“倾斜角度”为 90 度，效果如图 58-3 所示。

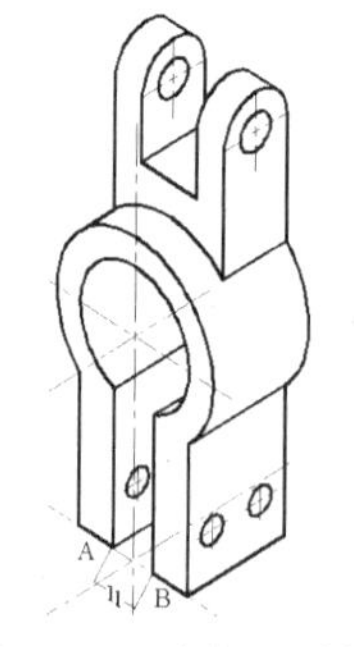

图 58-2 对齐尺寸标注

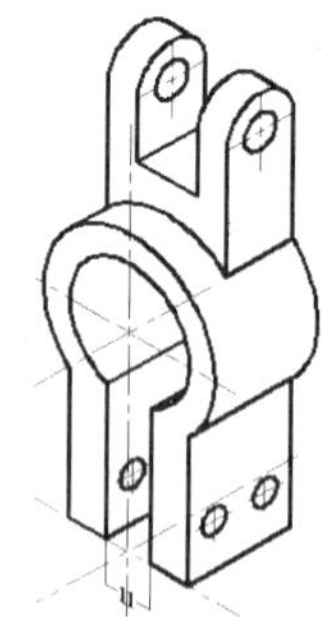

图 58-3 编辑标注

步骤 11 重复步骤（9）～（10）的操作，在顶轴测面上标注文本平行于 X 轴时的其他标注，效果如图 58-4 所示。

步骤 12 设置并对齐当前尺寸标注。在

“样式”工具栏上的“标注样式控制”下拉列表框中选择“顶视图 Y”选项；使用 DIMALI 命令，捕捉连接件右侧底面的两个端点创建对齐尺寸标注。

步骤 13 编辑标注。在命令行中输入 DIMEDIT 命令并按回车键，根据提示进行操作，输入 O，选择步骤（13）中创建的对齐尺寸标注并按回车键，设置“倾斜角度”为 90，效果如图 58-5 所示。

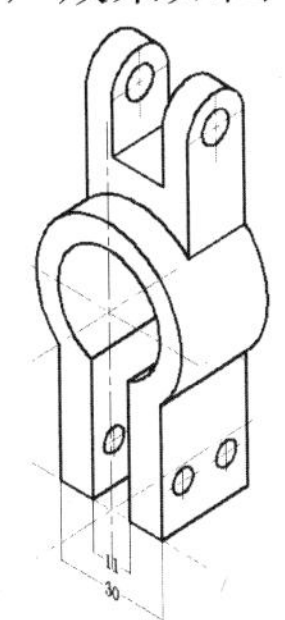

图 58-4 对齐尺寸标注

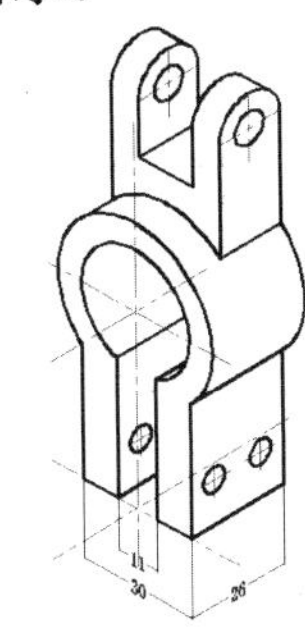

图 58-5 编辑标注

步骤 14 重复步骤（13）~（14）的操作，在顶轴测面上标注文本平行于 Y 轴时的其他标注，效果如图 58-6 所示。

步骤 15 设置当前尺寸标注。在“样式”工具栏的“标注样式控制”下拉列表框中选择“左视图”选项。

步骤 16 对齐尺寸标注。使用 DIMALI 命令，捕捉连接件顶面的两个端点创建对齐尺寸标注。

步骤 17 编辑标注。在命令行中输入 DIMEDIT 命令并按回车键，根据提示进行操作，输入 O，选择步骤（17）中创建的对齐尺寸标注并按回车键，设置“倾斜角度”为 30，效果如图 58-7 所示。

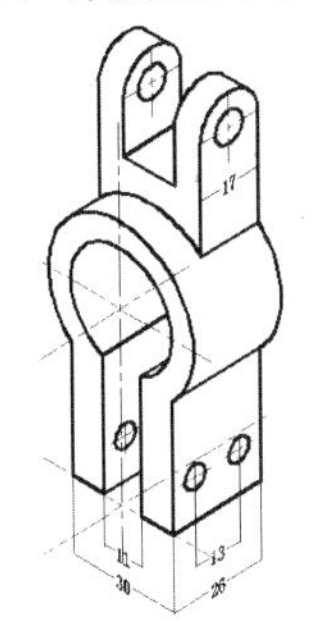

图 58-6 对齐尺寸标注

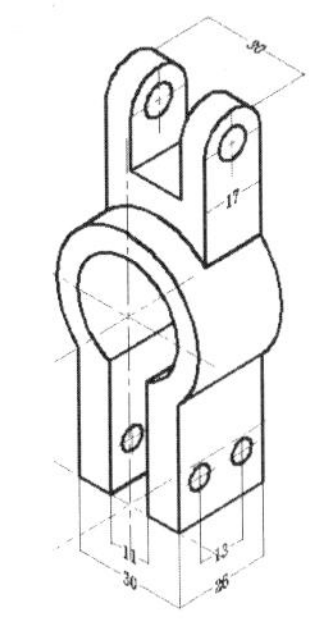

图 58-7 编辑标注

步骤 18 重复步骤（17）～（18）的操作，编辑其他标注，效果如图 58-8 所示。

步骤 19 尺寸标注。执行 DIMALIGNED、DIMLINEAR 和 DIMEDIT 命令，设置不同的尺寸标注样式，创建其他标注，效果如图 58-9 所示。

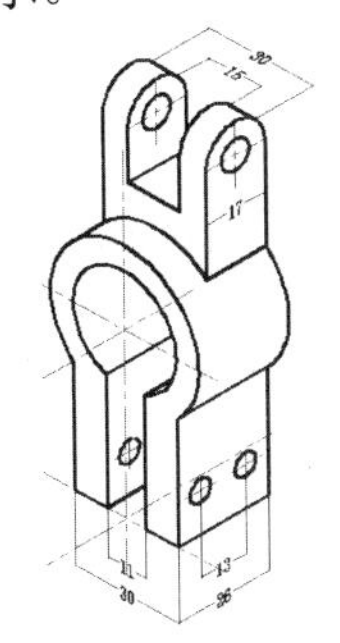

图 58-8 编辑其他标注

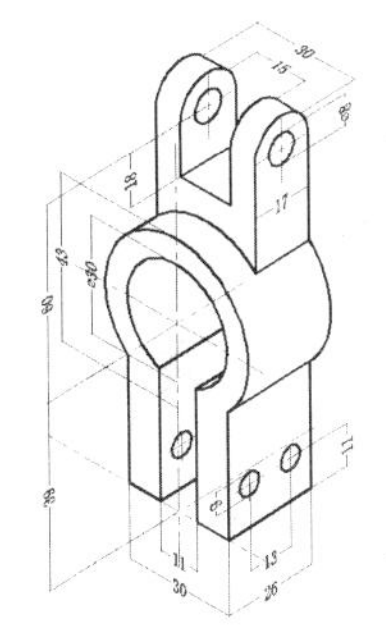

图 58-9 尺寸标注

实例 59 轴套轴测图

本实例将绘制轴套轴测图，效果如图 59-1 所示。

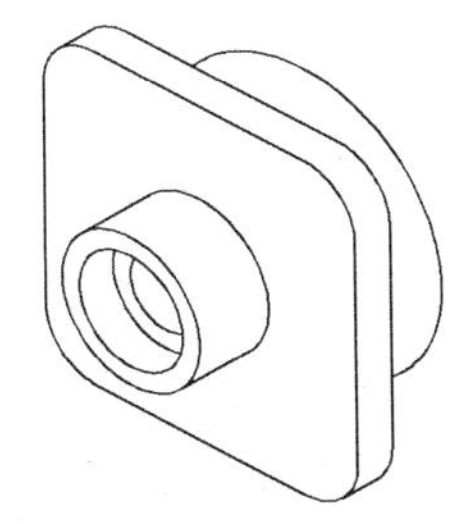

图 59-1 轴套轴测图

操作步骤

步骤 1 新建文件。启动 AutoCAD，新建一个 CAD 文件，并将其保存为“轴套轴测图”文件。

步骤 2 创建图层。在“AutoCAD 经典”工作空间下，单击“图层”工具栏中的“图层特性管理器”按钮，弹出“图层特性管理器”对话框，单击“新建图层”按钮，依次创建“轮廓线”图层（线宽为 0.30 毫米）和“中心线”图层（颜色为红色、线型为 CENTER2），然后双击“中心线”图层将其设置为当前图层。

步骤 3 设置线型的比例因子。单击“默认”选项板，在“特性”选项栏选择“线型|其他”，弹出“线型管理器”对话框，设置 CENTER2 线型的“全局比例因子”为 15。

步骤 4 设置等轴测捕捉。在命令行中输入 SNAP（限制光标按指定的距离移动）命令并按回车键确认，根据提示进行操作，依次输入样式（S）、等轴测（I），指定垂直间距为 10。

步骤 5 设置轴测面。使用 ISOPLANE 命令，将当前轴测平面切换到等轴测平面上视图环境中。

步骤 6 关闭捕捉功能。在状态栏中单击“对象捕捉”按钮，关闭捕捉功能。

步骤 7 绘制中心线。使用 LINE 命令绘制如图 59-2 所示的中心线。

步骤 8 切换视图。连续按两次【F5】键，将当前轴测平面切换到等轴测平面左视图环境中。

步骤 9 绘制直线。使用 LINE 命令，通过中心线的交点绘制两条垂直中心线，效果如图 59-3 所示。

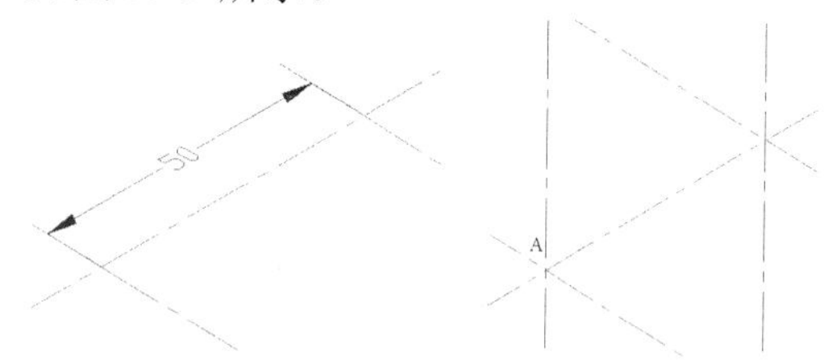

图 59-2　绘制中心线　　图 59-3　绘制直线

步骤 10 绘制等轴测圆。将“轮廓线”图层设置为当前图层，在命令行中输入 ELLIPSE 命令并按回车键，根据提示进行操作，输入 I，然后捕捉图 59-3 中的交点 A 为圆心，绘制直径分别为 40 和 30 的等轴测圆。

步骤 11 重复步骤（10）中的操作，输入 I，按住【Shift】键的同时在绘图区单击鼠标右键，在弹出的快捷菜单中选择“自”选项，捕捉交点 A 为基点，然后输入（@10<30）为圆心，绘制直径分别为 30 和 20 的等轴测圆，效果如图 59-4 所示。

步骤 12 重复步骤（10）中的操作，输入 I，捕捉图 59-5 中的交点 B 为圆心，绘制直径分别为 80 和 20 的等轴测圆，如图 59-5 所示。

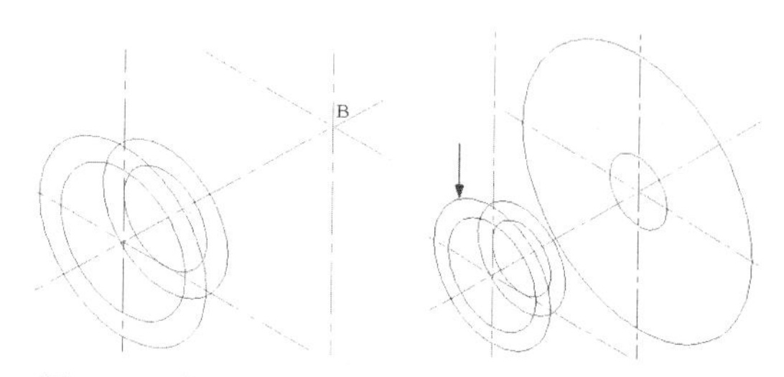

图 59-4　绘制等轴测圆　　图 59-5　绘制等轴测圆

步骤 13 复制处理。使用 COPY 命令，选择图 59-5 中的等轴测圆并按回车键，捕捉圆心为基点，然后输入（@20<30）为目标点进行复制。

步骤 14 绘制直线。使用 LINE 命令，绘制圆上的两条公切线，效果如图 59-6 所示。

步骤 15 复制处理。使用 COPY 命令，选择图 59-6 中的中心线 L1 和 L2 并按回车键，以原点为基点，然后输入（@20<30）为目标点进行复制。

步骤 16 移动处理。使用 MOVE 命令，选择步骤（15）中复制生成的中心线并按回车键，以原点为基点，然后输入（@45<150）为目标点进行移动，效果如图 59-7 所示。

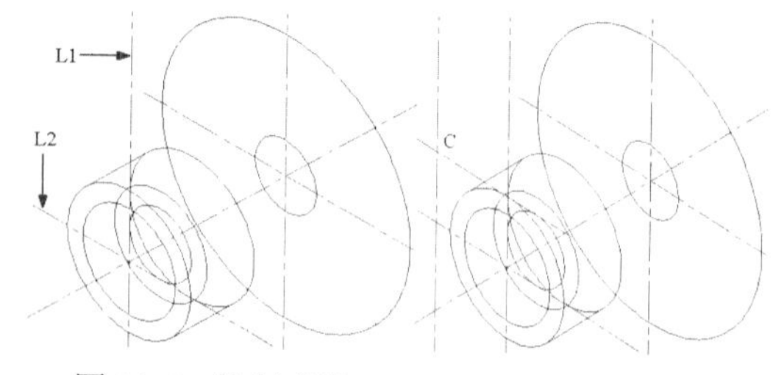

图 59-6　绘制直线　　图 59-7　移动处理

步骤 17 绘制直线。使用 LINE 命令，捕捉图 59-7 中的交点 C 为起点，然后依次输入（@45<90）、（@90<-30）、（@90<-90）、

（@90<150）和 C，绘制直线，效果如图 59-8 所示。

步骤 18 复制处理。使用 COPY 命令，将步骤（17）中绘制的直线分别向内进行复制，复制的距离均为 15，效果如图 59-9 所示。

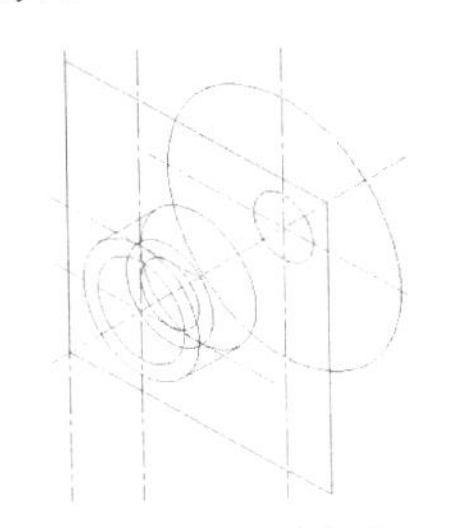

图 59-8 绘制直线

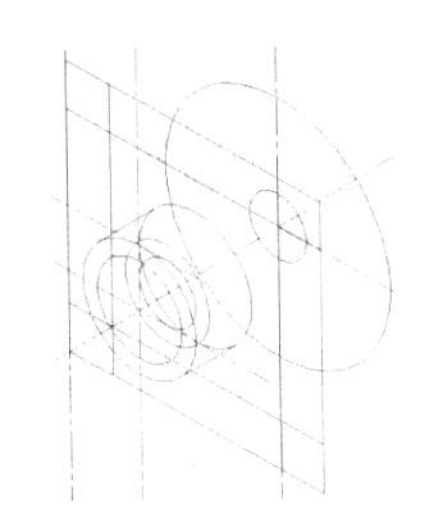

图 59-9 复制处理

步骤 19 绘制等轴测圆。在命令行中输入 ELLIPSE 命令并按回车键，根据提示进行操作，输入 I，分别捕捉复制生成的直线的交点为圆心，绘制 4 个半径为 15 的等轴测圆，效果如图 59-10 所示。

步骤 20 修剪并删除处理。使用 TRIM 命令对多余的线条进行修剪，使用 ERASE 命令将多余的直线删除，效果如图 59-11 所示。

步骤 21 复制处理。使用 COPY 命令，选择修剪后的图形并按回车键，以原点为基点，然后输入（@10<30）为目标点进行复制，效果如图 59-12 所示。

步骤 22 绘制直线。使用 LINE 命令，捕捉切点绘制两条切线，效果如图 59-13 所示。

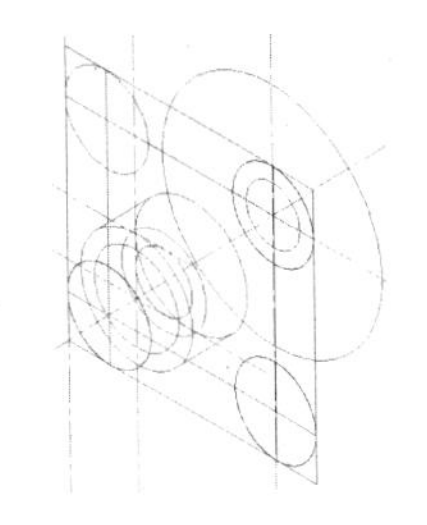

图 59-10 绘制等轴测圆

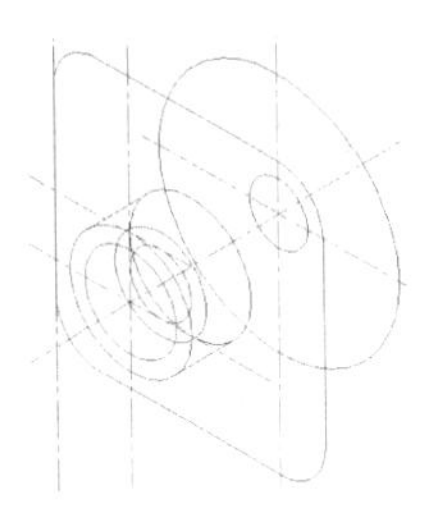

图 59-11 修剪并删除处理

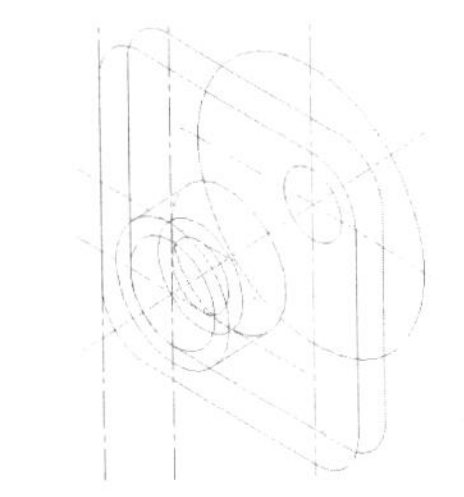

图 59-12 复制处理

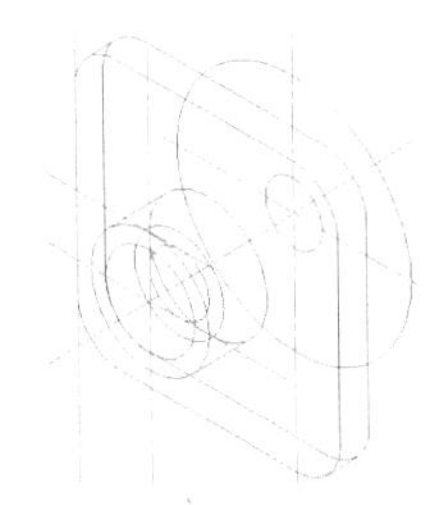

图 59-13 绘制切线

步骤 23 另存文件。在快速访问工具栏单击“另存为”按钮，另存该文件，并命名为“轴套轴测剖视图”。

步骤 24 打开文件。在快速访问工具栏单击“打开”按钮，打开“轴套轴测图”文件。

步骤 25 修剪并删除处理。使用 TRIM 命令对多余的线条进行修剪，使用 ERASE 命令将多余的直线删除，并在状态栏中单击“显示/隐藏线宽”按钮显示线宽，效果参见图 59-1。

实例 60 轴套轴测剖视图

本实例将绘制轴套轴测剖视图，效果如图 60-1 所示。

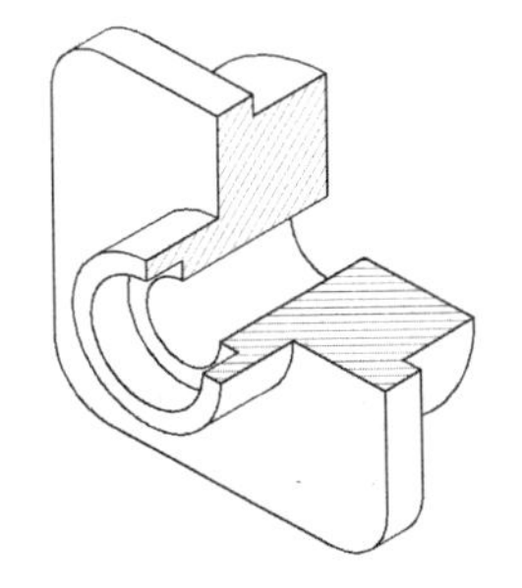

图 60-1 轴套轴测剖视图

操作步骤

步骤 1 打开图形文件。按【Ctrl＋O】组合键，打开实例 59 中绘制的“轴套轴测剖视图”图形文件。

步骤 2 修剪并删除处理。使用 TRIM 命令对多余的线条进行修剪，使用 ERASE 命令将多余的直线删除，效果如图 60-2 所示。

步骤 3 复制处理。使用 COPY 命令，选择图 60-2 中的中心线 L1 并按回车键，以原点为基点，然后输入（@20<30）为目标点进行复制。

步骤 4 编辑夹点。选择图 60-2 中的直线 L2，激活其中一个夹点并按回车键，输入 C，向上引导光标，依次输入 10、15、20、40、45；向右下方引导光标，依次输入 10、15、20、40、45 并按回车键，退出“夹点编辑”模式，效果如图 60-3 所示。

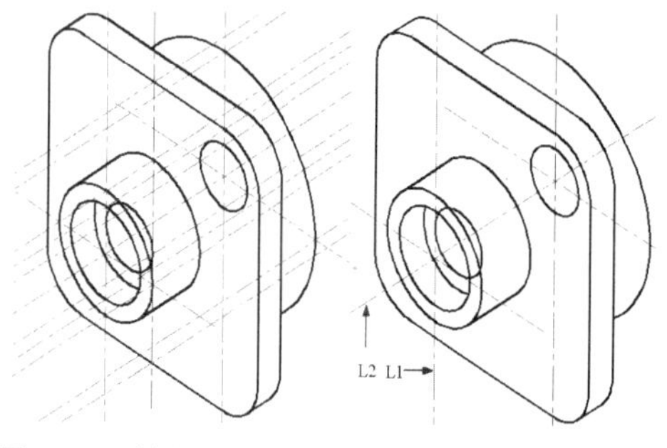

图 60-2 修剪并删除处理 图 60-3 编辑夹点

步骤 5 绘制剖切面。使用 LINE 命令，捕捉中心线和轮廓线的交点，分别在上轴测面和右轴测面内绘制如图 60-4 所示的剖切面轮廓。

步骤 6 修剪并删除处理。使用 TRIM 命令对多余的线条进行修剪，使用 ERASE 命令将多余的直线删除，效果如图 60-5 所示。

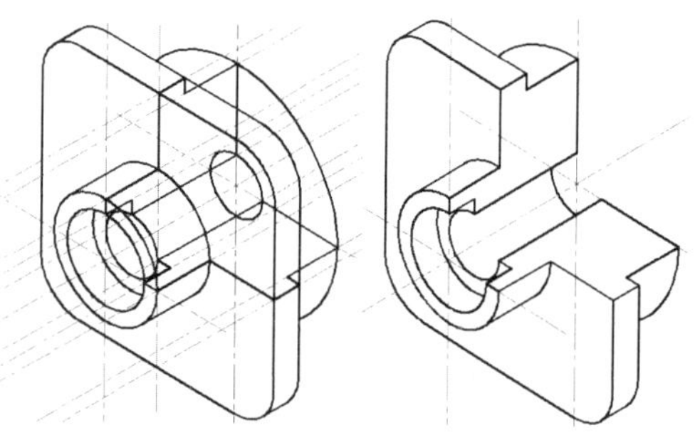

图 60-4 绘制剖切面 图 60-5 修剪并删除处理

步骤 7 图案填充。单击“绘图”面板中的“图案填充”按钮，弹出“图案填充创建”对话框，在“图案”下拉列表框中选择 ANSI31 选项，设置“角度”为 315、“比例”为 15，然后单击“拾取一个内部点”按钮，在绘图区内选择要填充的区域并按回车键，返回对话框，单击“确定”按钮进行填充，并设置填充的图案“线宽”为默认值，效果如图 60-6 所示。

步骤 8 图案填充。重复步骤（7）中的操作，在“图案”下拉列表框中选择 ANSI31 选项，设置“角度”为 15、“比例”为 15，然后单击“拾取一个内部点”按钮，在绘图区内选择要填充的区域并按回车键，返回对话框，单击“确定”按钮进行填充，并设置填充的图案“线宽”为默认值，效果如图 60-7 所示。

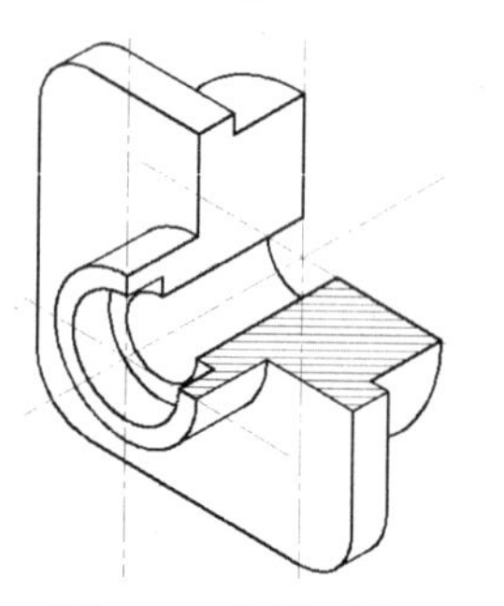

图 60-6 图案填充

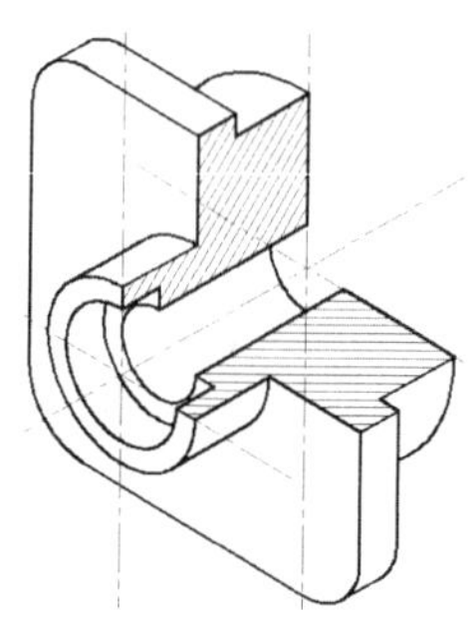

图 60-7 图案填充

第4章　机械装配图

4 part

装配图是用来表达机器与部件各部分的连接关系、装配关系和工作原理的图样。一般的装配图都由多个零件图组成，其图形复杂，绘制时经常需要修改，而且需要多人协作才能完成。利用装配图，可以较好地解决在实际设计过程中修改设计图样所带来的不便。

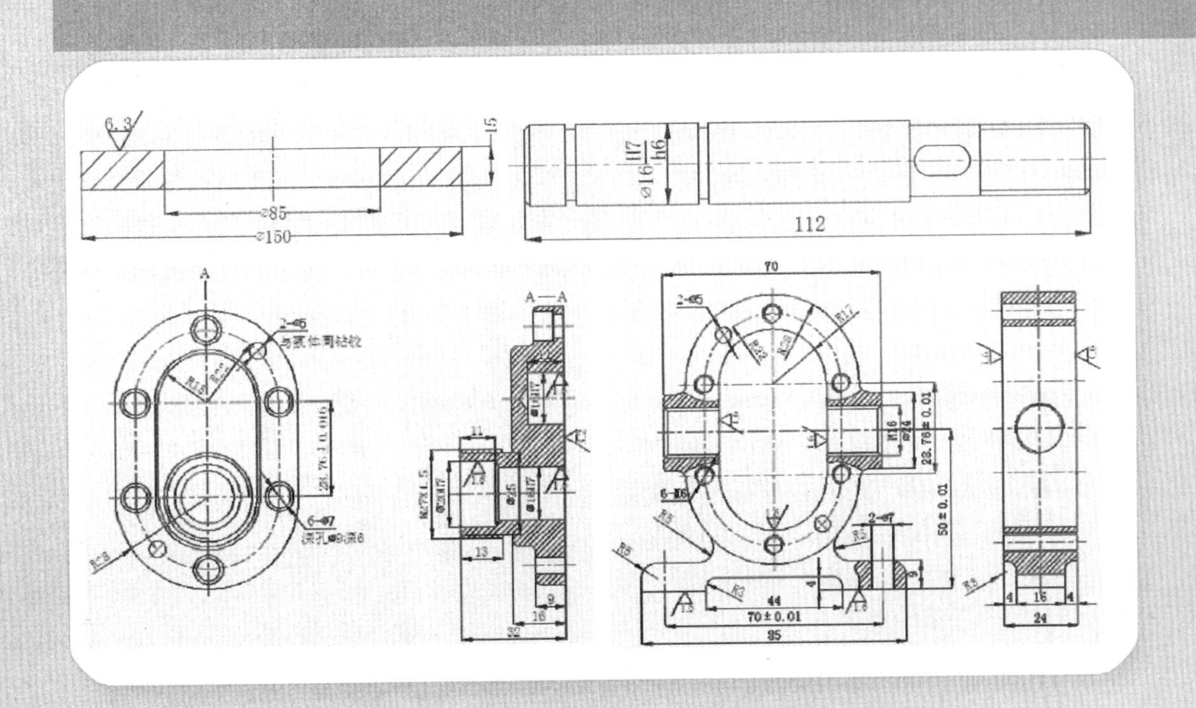

实例 61 齿轮泵——垫圈

本实例将绘制齿轮泵——垫圈，效果如图 61-1 所示。

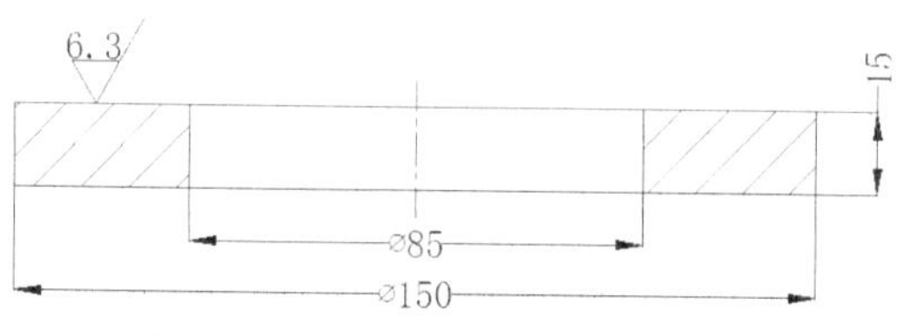

图 61-1 齿轮泵——垫圈

操作步骤

步骤 1 新建文件。启动 AutoCAD，单击“新建”按钮，新建一个 CAD 文件。

步骤 2 创建图层。在“AutoCAD 经典”工作空间下，单击“图层”工具栏中的“图层特性管理器”按钮，在弹出的“图层特性管理器”对话框中，依次创建图层“轮廓线”“标注”“中心线”（颜色为红色、线型为 CENTER、线宽为 0.09 毫米），然后双击“中心线”图层将其设置为当前图层。

步骤 3 绘制中心线。执行 LINE 命令，以（115,205）和（115,180）为直线的第一点和第二点，绘制中心线。

步骤 4 绘制直线。将“轮廓线”图层设置为当前图层，执行 LINE 命令，以（40,200）和（190,200）为直线的两个端点，绘制水平直线，效果如图 61-2 所示。

图 61-2 绘制直线

步骤 5 偏移处理。使用 OFFSET 偏移命令，将水平直线向下偏移 15；将中心线分别向左、右偏移 42.5 和 75，并将偏移生成的直线移至“轮廓线”图层，效果如图 61-3 所示。

步骤 6 修剪处理。使用 TRIM 修剪命令对多余的直线进行修剪，效果如图 61-4 所示。

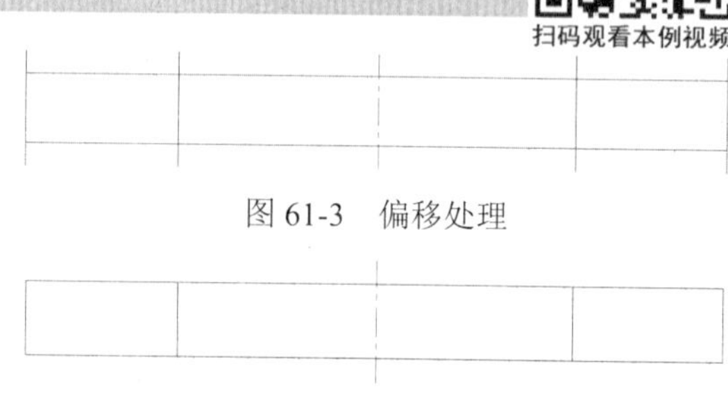

图 61-3 偏移处理

图 61-4 修剪处理

步骤 7 图案填充。单击“绘图”面板中的“图案填充”按钮，弹出“图案填充创建”对话框，在“图案”下拉列表框中选择 ANSI31 选项，设置“比例”为 50，然后单击“拾取一个内部点”按钮，在绘图区内选择要填充的区域并按回车键，返回对话框，单击“确定”按钮，效果如图 61-5 所示。

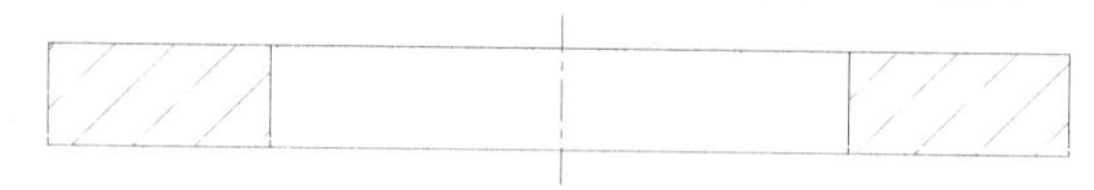

图 61-5 图案填充

步骤 8 创建文字样式。单击“注释”选项板，点击“文字”选项栏右下角按钮，在弹出的“文字样式”对话框中，新建“文字标注”样式，设置“字体”为“宋体”“高度”为 5。

步骤 9 创建标注样式。单击“注释”选项板，点击“标注”选项栏右下角按钮，在弹出的“标注样式管理器”对话框中，单击“新建”按钮，弹出“创建新标注样式”对话框，在“新样式名”文本框中输入“机械标注”。

步骤 10 单击“继续”按钮，弹出“新建标注样式：机械标注”对话框，单击“符号和箭头”选项卡，设置“箭头大小”为 5；单击“文字”选项卡，在“文字样式”下拉列表框中选择“文字标注”选项，设置“文字对齐”方式为“与尺寸线对齐”；单击“调整”选项卡，在“调整选项”选项区中选中“文字”单选按钮，其他设置保持默认；单击“主单位”选项卡，设置“精度”为 0，单击“确定”按钮，返回“标注样式管理器”对话框，设置为“机械标注”当前标注样式即可。

步骤 11 线性尺寸标注。将“标注”层设置为当前图层，使用 DIMLINEAR 命令，捕捉尺寸界线原点，然后输入 T，分别输入标注文字%%C85 和%%C150，进行线性标注。

步骤 12 重复步骤（11）中的操作，标注其他尺寸，效果如图 61-6 所示。

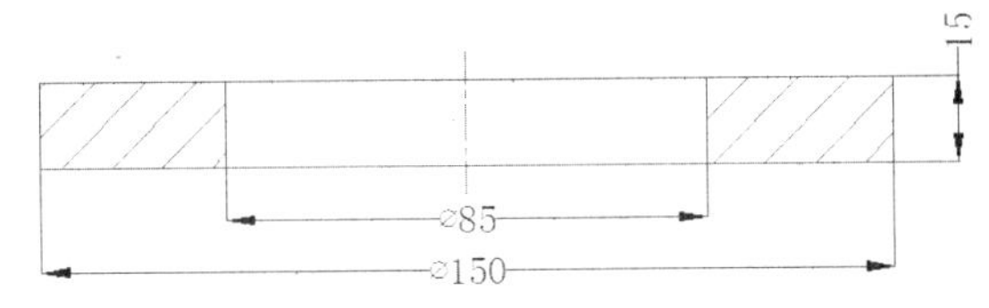

图 61-6 线性尺寸标注

步骤 13 标注垫圈的表面粗糙度。单击“插入”选项板中的“插入块”按钮，在弹出的“插入”对话框中，单击“名称”文本框右侧的“浏览”按钮，弹出“选择图形文件”对话框，选择名称为“粗糙度”的素材文件，单击“打开”按钮，返回“插入”对话框选中“插入点”和“比例”选项区中的“在屏幕上指定”复选框，单击“确定”按钮返回绘图区，捕捉垫圈上方最近点作为插入点，并设置表面粗糙度值为 6.3，进行表面粗糙度的标注，效果参见图 61-1。

实例 62 齿轮泵——齿轮

扫码观看本例视频

本实例将绘制齿轮泵——齿轮，效果如图 62-1 所示。

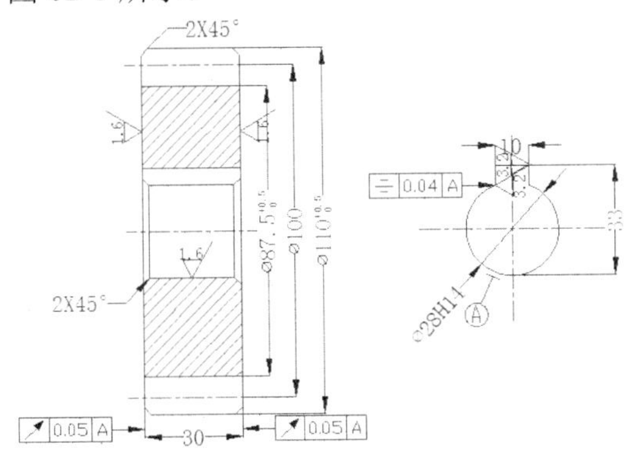

图 62-1 齿轮泵——齿轮

操作步骤

1. 绘制齿轮前视图

步骤 1 新建文件。启动 AutoCAD，单击“新建”按钮，新建一个 CAD 文件。

步骤 2 创建图层。在“AutoCAD 经典”工作空间下，单击“图层”工具栏中的“图层特性管理器”按钮，在弹出的“图层特性管理器”对话框中，依次创建图层“轮廓线”“标注”“中心线”（颜色为红色、线型为 CENTER、线宽为 0.09 毫米），然后双击“中心线”图层将其设置为当前图层。

步骤 3 绘制中心线。执行 LINE 命令，分别以（40,220）和（80,220）、（40,170）和（80,170）、（40,120）和（80,120）为直线的第一点和第二点，绘制中心线。

步骤 4 绘制直线并偏移处理。将“轮廓线”图层设置为当前图层，执行 LINE 命令，以（45,228）和（45,112）为直线的第一点和第二点绘制直线；使用 OFFSET 偏移命令将该直线向右偏移 30，效果如图 62-2 所示。

步骤 5 偏移处理。使用 OFFSET 偏移命令将中间的水平中心线向两侧分别偏移 55 和 43.75，并将偏移生成的中心线移至“轮廓线”图层，效果如图 62-3 所示。

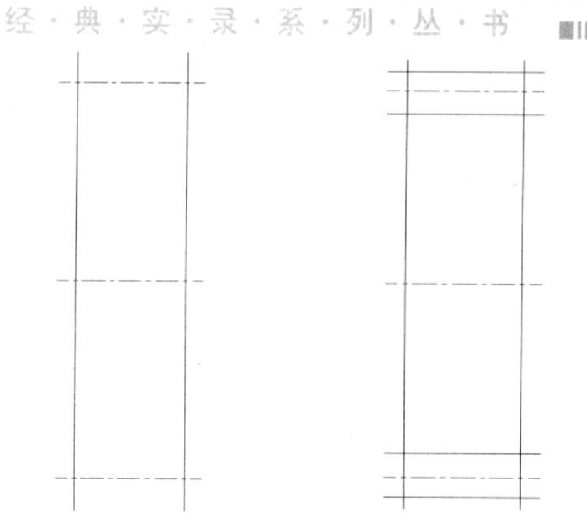

图 62-2 绘制直线并偏移处理　　图 62-3 偏移处理

步骤 6 修剪处理。使用 TRIM 修剪命令对多余的直线进行修剪，效果如图 62-4 所示。

步骤 7 倒角处理。单击“修改”面板中的“倒角”按钮，根据提示进行操作，设置倒角距离均为2，对修剪后的直线进行倒角处理，效果如图 62-5 所示。

图 62-4　修剪处理　　图 62-5　倒角处理

步骤 8 偏移处理。使用 OFFSET 偏移命令将两条垂直直线均向内偏移 2，将中间的水平中心线分别向上偏移 14 和 19、向下偏移 14，并将偏移生成的中心线移至“轮廓线”图层。

步骤 9 修剪处理。使用 TRIM 修剪命令对多余的直线进行修剪，效果如图 62-6 所示。

步骤 10 细化键槽。单击“修改”面板中的“倒角”按钮，选择“修剪（T）”模式，输入修剪模式选项为“不修剪（N）”，设置倒角距离均为2，对修剪后的直线进行倒角处理，效果如图 62-7 所示。

步骤 11 修剪处理。使用 TRIM 修剪命令对多余的直线进行修剪，效果如图 62-8 所示。

步骤 12 图案填充。单击“绘图”面板中的“图案填充”按钮，弹出“图案填充创建”对话框，在“图案”下拉列表框中选择 ANSI31 选项，设置“比例”为 20，然后单击“拾取一个内部点”按钮，在绘图区内选择要填充的区域并按回车键，返回对话框，单击“确定”按钮进行填充，效果如图 62-9 所示。

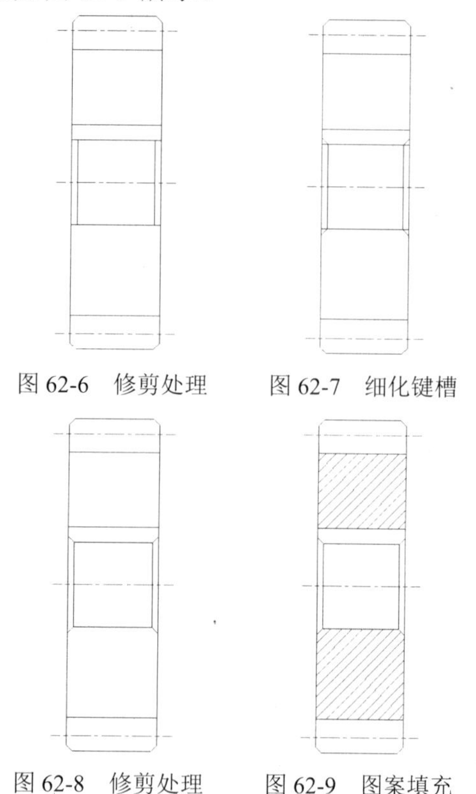

图 62-6　修剪处理　　图 62-7　细化键槽

图 62-8　修剪处理　　图 62-9　图案填充

2. 绘制齿轮局部视图

步骤 1 绘制中心线。将“中心线”图层设置为当前图层，执行 LINE 命令，分别以（130,170）和（186,170）、（158,198）和（158,142）作为两条直线的 4 个点，绘制两条相互垂直的中心线。

步骤 2 绘制圆。将“轮廓线”图层设置为当前图层，执行 CIRCLE 命令，以中心线的交点为圆心，绘制半径为 14 的圆，效果如图 62-10 所示。

步骤 3 偏移处理。使用 OFFSET 偏移命令将水平中心线垂直向上偏移 19，将垂直中心线分别向两侧偏移 5，并将偏移生成的直线移至“轮廓线”图层。

步骤 4 修剪处理。使用 TRIM 修剪命令对多余的直线进行修剪，效果如图 62-11 所示。

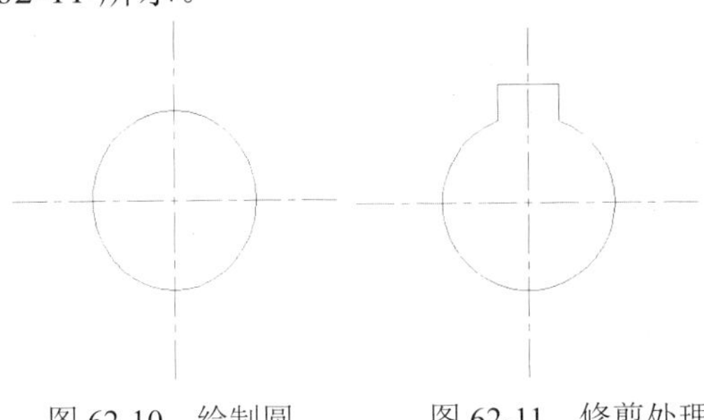

图 62-10 绘制圆　　图 62-11 修剪处理

3. 标注齿轮

步骤 1 创建文字样式。单击“注释”选项板，点击“文字”选项栏右下角按钮，在弹出的“文字样式”对话框中，新建“文字标注”样式，设置“字体”为“宋体”“高度”为5。

步骤 2 创建标注样式。单击“注释”选项板，点击“标注”选项栏右下角按钮，在弹出的“标注样式管理器”对话框中，单击“新建”按钮，弹出“创建新标注样式”对话框，在“新样式名”文本框中输入“机械标注”。

步骤 3 单击“继续”按钮，弹出“新建标注样式：机械标注”对话框，单击“符号和箭头”选项卡，设置“箭头大小”为 5；单击“文字”选项卡，在“文字样式”下拉列表框中选择“文字标注”选项，设置“文字对齐”方式为“与尺寸线对齐”；单击“调整”选项卡，在“调整选项”选项区中选中“文字”单选按钮，其他设置保持默认；单击“主单位”选项卡，设置“精度”为 0，单击“确定”按钮，返回“标注样式管理器”对话框，设置为“机械标注”当前标注样式即可。

步骤 4 尺寸标注。将“标注”图层设置为当前图层，使用 DIMLINEAR 和 QLEADER 命令，对前视图进行尺寸标注，效果如图 62-12 所示。

步骤 5 替代标注样式。单击“注释”选项板，点击“标注”选项栏右下角按钮，在弹出的“标注样式管理器”对话框，选择“机械标注”选项，单击“替代”按钮，弹出“替代当前样式：机械标注”对话框，单击“主单位”选项卡，设置“精度”为 0.00，选中“消零”选项区中的“后续”复选框；单击“公差”选项卡，设置“方式”为“极限偏差”“精度”为 0.00、“上偏差”为 0.5、“高度比例”为 0.5，选中“消零”选项区中的“后续”复选框，然后单击“确定”按钮退出。

步骤 6 线性尺寸标注。执行 DIMLINEAR 命令，标注齿根圆直线，在弹出的“文字格式”对话框中的编辑器中输入%%C，效果如图 62-13 所示。

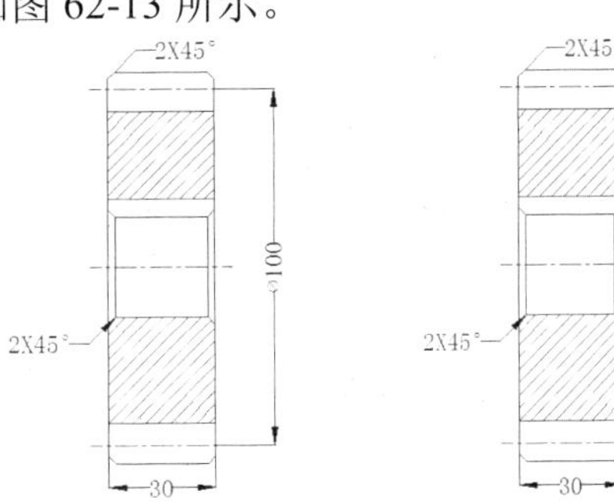

图 62-12 尺寸标注　　图 62-13 线性尺寸标注

步骤 7 标注直径。单击“注释”选项板，在“标注”选项栏中单击“直径”按钮 ，基于“机械标注”标注样式，创建用于“直径标注”的标注样式，在弹出的“新建标注样式：机械标注：直径”对话框中单击“调整”选项卡，分别选中“文字或箭头”“尺寸线旁边”单选按钮，并选中“在延伸线之间绘制尺寸线”复选框。

步骤 8 直径尺寸标注。执行命令 DIMDIAMETER，输入 T，重新设置标注文字为“%%C28H14”，对局部视图进行尺寸标注，效果如图 62-14 所示。

步骤 9 线性尺寸标注。使用 DIMLINEAR 命令，对局部视图的其他位置进行标注，效果如图 62-15 所示。

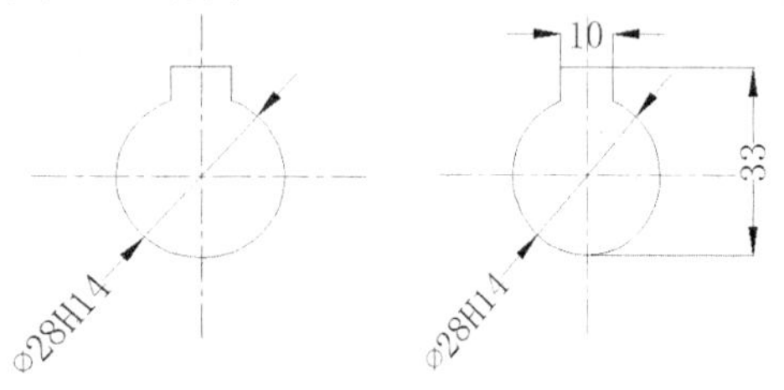

图 62-14 直径尺寸标注　图 62-15 线性尺寸标注

步骤 10 标注公差。单击“注释”选项板，在“标注”选项栏中单击“公差”按钮，弹出“形位公差”对话框，单击“符号”选项区中的色块，弹出“特征符号”对话框，选择第 1 行第 3 个符号，然后进行如图 62-16 所示的设置，单击“确定”按钮退出。在齿轮局部视图键槽标注尺寸线附近指定一点放置形位公差符号，然后分别使用 LINE、HATCH 和 MIRROR 命令绘制指引箭头，效果如图 62-17 所示。

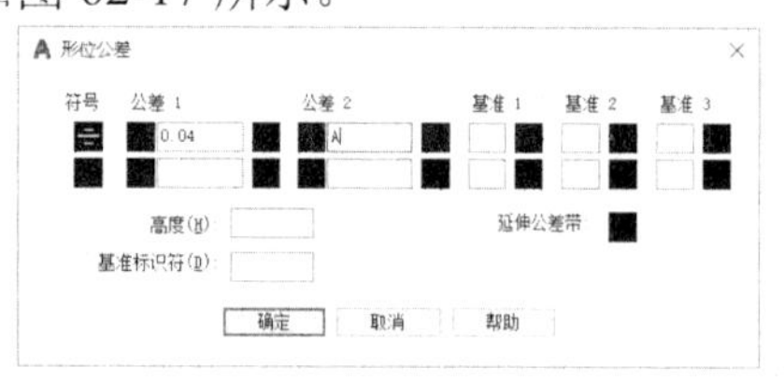

图 62-16 “形位公差”对话框

步骤 11 绘制公差基准符号。使用 LINE、CIRCLE、MTEXT 命令，绘制公差基准符号，效果如图 62-18 所示。

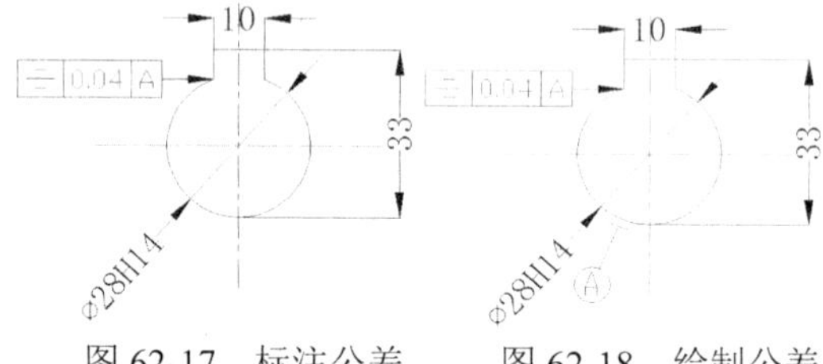

图 62-17 标注公差　图 62-18 绘制公差基准符号

步骤 12 标注“圆跳动”公差。重复步骤（8）中的操作，标注两个“圆跳动”形位公差，效果如图 62-19 所示。

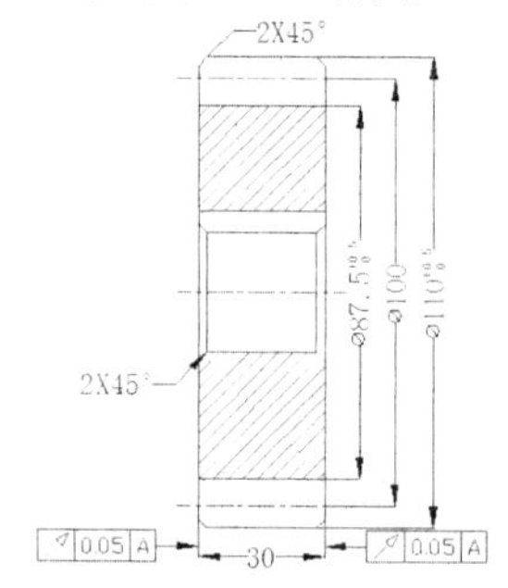

图 62-19 标注“圆跳动”公差

步骤 13 调整“圆跳动”公差。使用 LINE、HATCH 命令，在形位公差的空心箭头位置绘制实心箭头，效果单击“插入”选项板中的“插入块”按钮，弹出“插入”对话框，插入粗糙度，并使用 COPY、ROTATE、MIRROR 和 MOVE 等命令，对其他粗糙度进行标注，效果参见图 62-1。

实例 63 齿轮泵——传动轴

本实例将绘制齿轮泵——传动轴，效果如图 63-1 所示。

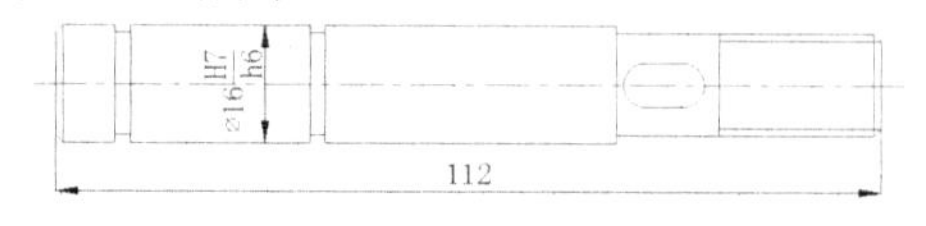

图 63-1 齿轮泵——传动轴

操作步骤

步骤 1 新建文件。启动 AutoCAD，单击“新建”按钮，新建一个 CAD 文件。

步骤 2 创建图层。在“AutoCAD 经典”工作空间下，单击“图层”工具栏中的“图层特性管理器”按钮，在弹出的“图层特性管理器”对话框中，依次创建图层“轮廓线”“标注”“中心线”（颜色为红色、线型为 CENTER、线宽为 0.09 毫米），然后双击“中心线”图层将其设置为当前图层。

步骤 3 绘制中心线。执行 LINE 命令，以（10,10）和（@118,0）为直线的第一点和第二点，绘制水平中心线。

步骤 4 偏移处理。使用 OFFSET 偏移命令，将水平中心线向上、下两侧分别偏移 6、7 和 8，并将偏移的中心线移至“轮廓线”图层。

步骤 5 绘制直线。将“轮廓线”图层设置为当前图层，执行 LINE 命令，以（13,2）和（@0,16）为直线的端点绘制直线。

步骤 6 偏移处理。使用 OFFSET 偏移命令，将绘制的直线分别向右偏移 1、8、10、34、36、76、90、111 和 112，效果如图 63-2 所示。

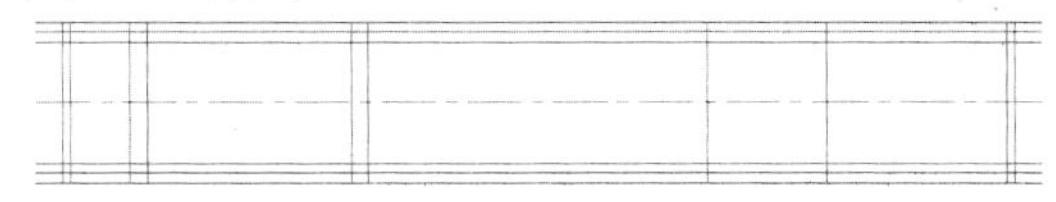

图 63-2 偏移处理

步骤 7 修剪处理。使用 TRIM 修剪命令对多余的直线进行修剪，效果如图 63-3 所示。

图 63-3 修剪处理

步骤 8 倒角处理。单击“修改”面板中的“倒角”按钮，根据提示操作，设置倒角距离均为 1，对传动轴进行倒角处理，效果如图 63-4 所示。

图 63-4 倒角处理

步骤 9 绘制直线。执行 LINE 命令，分别以（93,13）和（@5,0）、（93,7）和（@5,0）为直线的各个端点，绘制两条直线，效果如图 63-5 所示。

图 63-5 绘制直线

步骤 10 圆角处理。执行 FILLET 命令，设置圆角半径为任意值，依次选择两条直线进行圆角处理，效果如图 63-6 所示。

步骤 11 创建文字样式。单击“注释”选项板，点击“文字”选项栏右下角按钮，在弹出的“文字样式”对话框中，新建“文字标注”样式，设置“字体”为“宋体”“高度”为 5。

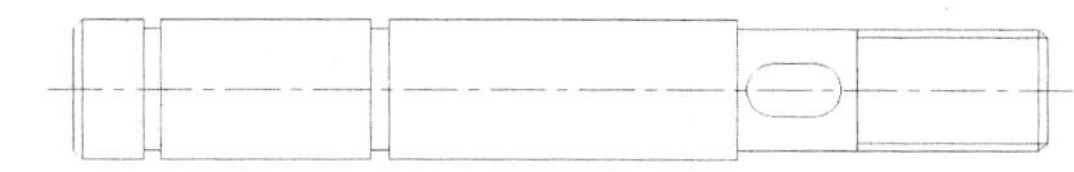

图 63-6 圆角处理

步骤 12 创建标注样式。单击“注释”选项板，点击“标注”选项栏右下角按钮，在弹出的“标注样式管理器”对话框中，单击“新建”按钮，弹出“创建新标注样式”对话框，在“新样式名”文本框中输入“机械标注”。

步骤 13 单击“继续”按钮，弹出“新建标注样式：机械标注”对话框，单击“符号和箭头”选项卡，设置“箭头大小”为 5；单击“文字”选项卡，在“文字样式”下拉列表框中选择“文字标注”选项，设置“文字对齐”方式为“与尺寸线对齐”；单击“调整”选项卡，在“调整选项”选项区中选中“文字”单选按钮，其他设置保持默认；单击“主单位”选项卡，设置“精度”为 0，单击“确定”按钮，返回“标注样式管理器”对话框，设置为“机械标注”当前标注样式即可。

步骤 14 尺寸标注。将“标注”图层设置为当前图层，使用 DIMLINEAR 命令，对前视图进行尺寸标注，效果如图 63-7 所示。

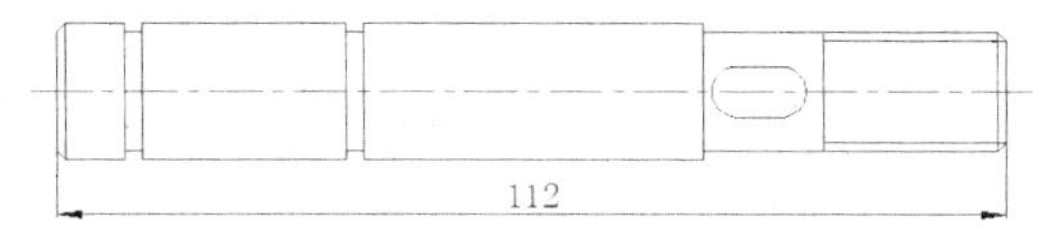

图 63-7 尺寸标注

步骤 15 替代标注样式。单击“注释”选项板，点击“标注”选项栏右下角按钮，弹出“标注样式管理器”对话框，选择“机械标注”选项，单击“替代”按钮，弹出

"替代当前样式：机械标注"对话框，单击"主单位"选项卡，设置"精度"为0.00、"前缀"为%%C、"后缀"为H7/h6，选中"消零"选项区中的"后续"复选框，然后单击"确定"按钮。

步骤16 尺寸标注。将"标注"图层设置为当前图层，使用DIMLINEAR命令对前视图进行尺寸标注，效果如图63-8所示。

步骤17 分解处理。使用EXPLODE命令对尺寸标注进行分解处理。

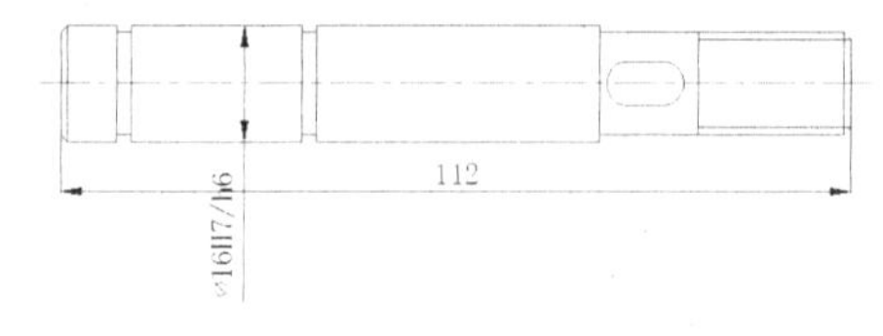

图63-8 尺寸标注

步骤18 编辑文字。使用MTEDIT命令，选择标注文字并按回车键，然后在文字编辑器中选择文字H7/h6，单击"格式"选项板中的"堆叠"按钮，单击"确定"按钮，效果参见图63-1。

实例64 齿轮泵——前盖

本实例将绘制齿轮泵——前盖，效果如图64-1所示。

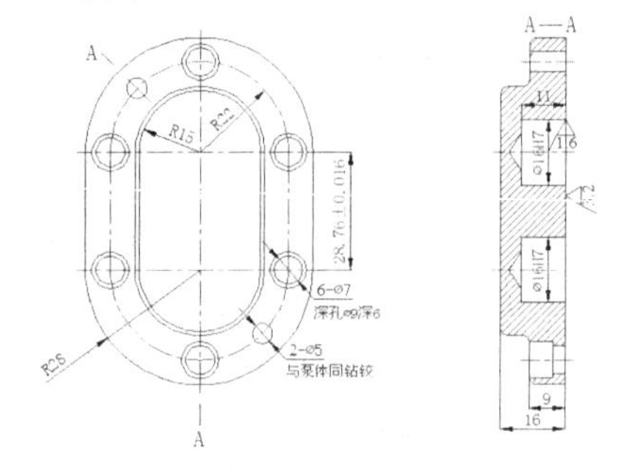

图64-1 齿轮泵——前盖

操作步骤

1. 绘制齿轮泵前盖前视图

步骤1 新建文件。启动AutoCAD，单击"新建"按钮，新建一个CAD文件。

步骤2 创建图层。在"AutoCAD经典"工作空间下，单击"图层"工具栏中的"图层特性管理器"按钮，在弹出的"图层特性管理器"对话框中，依次创建图层"轮廓线""标注""中心线"（颜色为红色、线型为CENTER、线宽为0.09毫米），然后双击"中心线"图层将其设置为当前图层。

步骤3 绘制中心线。执行LINE命令，分别以（55,198）和（115,198）、（55,169.24）和（115,169.24）、（85,228）和（85,139.24）作为直线的各个端点，绘制3条中心线，效果如图64-2所示。

步骤4 绘制圆。将"轮廓线"图层设置为当前图层，执行CIRCLE命令，分别以中心线的两个交点为圆心，绘制半径分别为15、16、22和28的圆，并将半径为22的圆移至"中心线"图层，效果如图64-3所示。

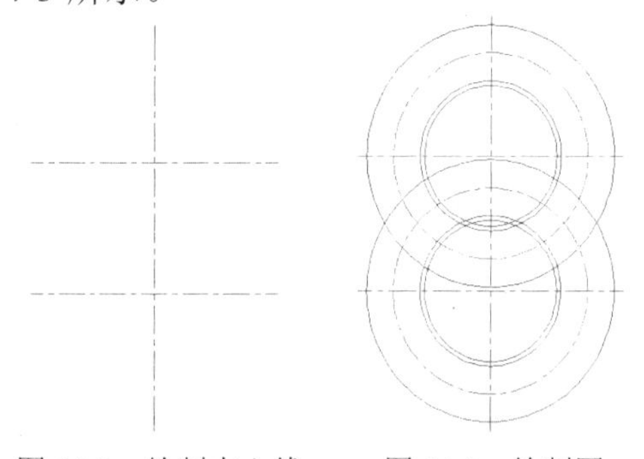

图64-2 绘制中心线　　图64-3 绘制圆

步骤5 绘制直线。使用LINE命令，分别绘制与圆相切的直线，效果如图64-4所示。

步骤6 修剪处理。使用TRIM修剪命令对多余的直线进行修剪，效果如图64-5所示。

步骤7 绘制螺栓孔。使用CIRCLE命令，捕捉中心线和中心圆的交点为圆心，绘制半径分别为4.5和3.5的圆，效果如图64-6所示。

步骤 8 绘制销孔。使用 LINE 命令，捕捉图 64-6 中的交点 A 为起点，然后输入（@25<135）为端点；捕捉交点 B 为起点，然后输入（@25<-45）为端点，绘制两条直线，并将该直线移至“中心线”图层。使用 CIRCLE 命令，分别捕捉刚才绘制的中心线与中心圆的交点为圆心，绘制半径为 2.5 的圆，并使用 BREAK 命令，对中心斜线进行打断处理，效果如图 64-7 所示。

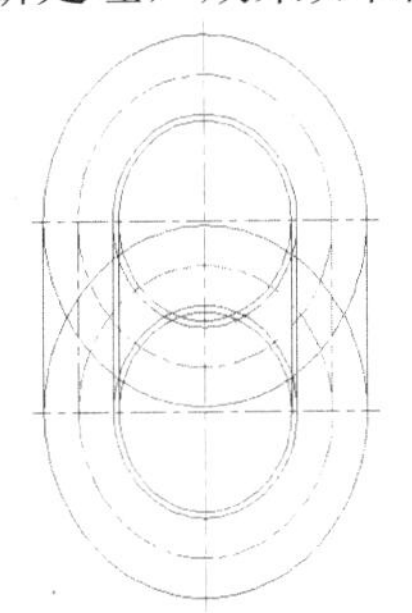

图 64-4 绘制直线

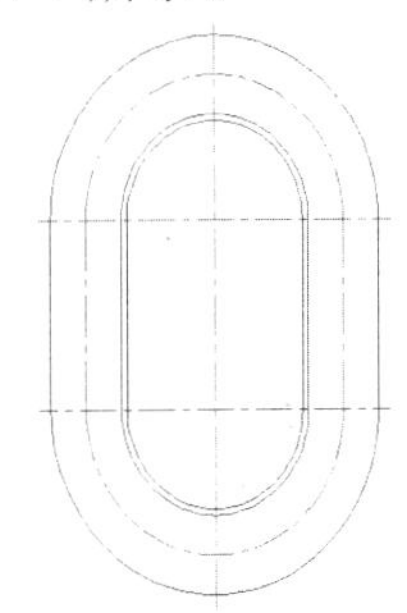

图 64-5 修剪处理

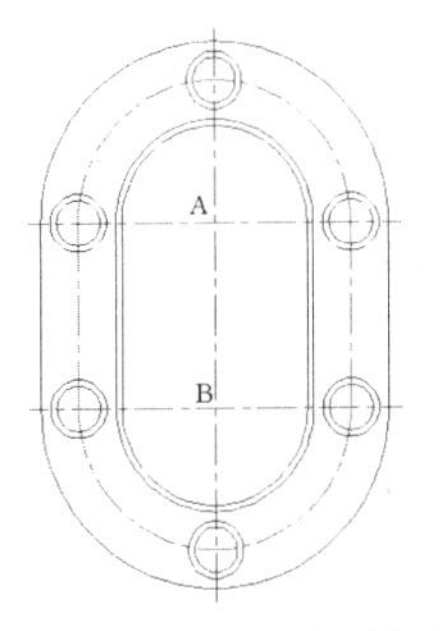

图 64-6 绘制螺栓孔

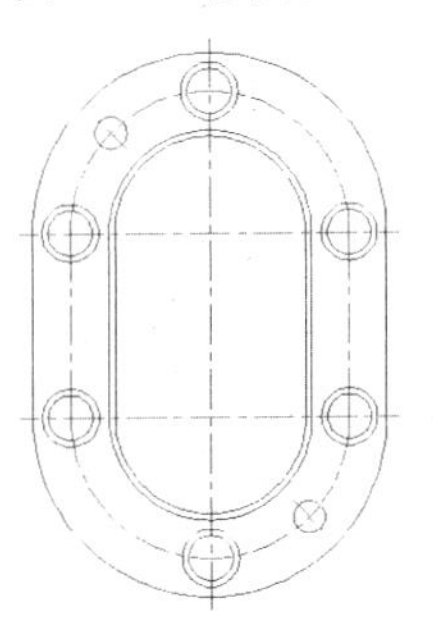

图 64-7 绘制销孔

2. 绘制齿轮泵前盖剖视图

步骤 1 绘制辅助线。将“中心线”图层设置为当前图层，执行 XLINE 命令，输入 H，分别捕捉前视图中心线的交点，绘制辅助线，效果如图 64-8 所示。

步骤 2 绘制辅助线。将“轮廓线”图层设置为当前图层，执行 XLINE 命令，输入 H，分别捕捉前视图圆上的象限点绘制辅助线，效果如图 64-9 所示。

步骤 3 绘制直线并偏移处理。使用 LINE 命令绘制一条与辅助线相交的垂直直线。使用 OFFSET 偏移命令将垂直直线向右分别偏移 9 和 16，效果如图 64-10 所示。

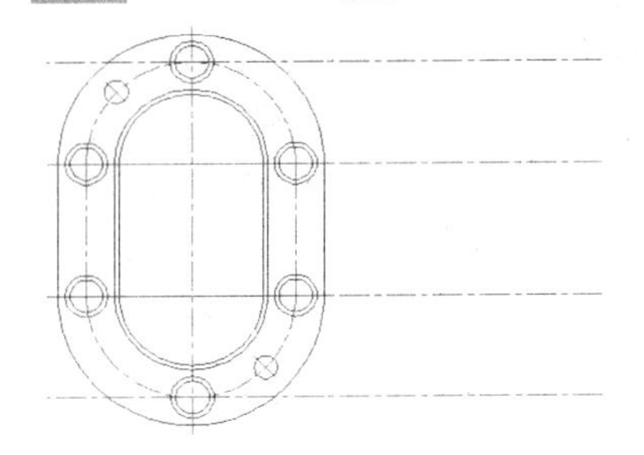

图 64-8 绘制辅助线

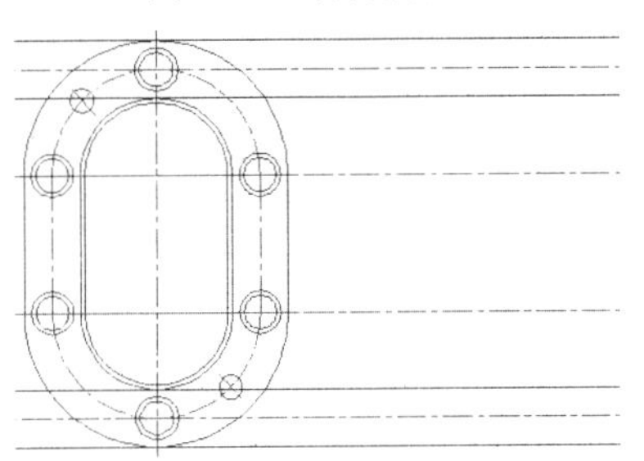

图 64-9 绘制辅助线

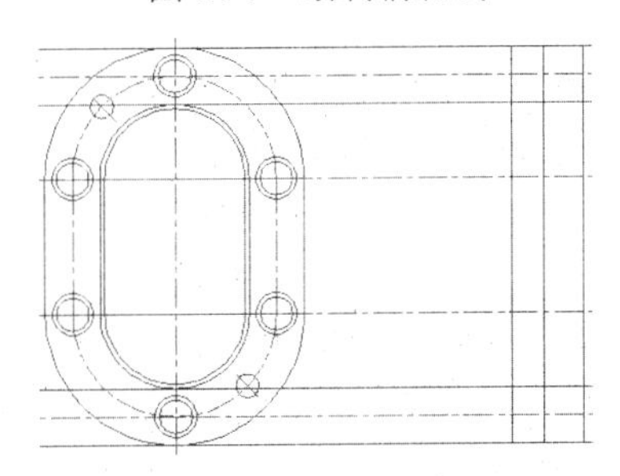

图 64-10 绘制直线并偏移处理

步骤 4 修剪并进行打断处理。使用 TRIM 修剪命令对多余的直线进行修剪，使用 BREAK 命令对中心线进行打断处理，效果如图 64-11 所示。

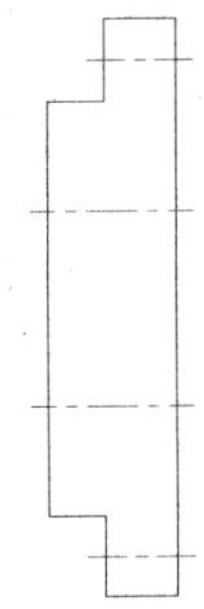

图 64-11 修剪并进行打断处理

步骤 5 圆角处理。执行 FILLET 命令，设置圆角半径分别为 1.5 和 2，对前盖进行圆角处理，效果如图 64-12 所示。

步骤 6 绘制销孔和螺栓孔。使用 OFFSET

偏移命令将图 64-12 中的中心线 L1 向上、下分别偏移 2.5；将中心线 L2 向上、下分别偏移 3.5 和 4.5，并将偏移生成的中心线移至“轮廓线”图层，将右边垂直线向左偏移 3，使用 TRIM 修剪命令对多余的线条进行修剪，效果如图 64-13 所示。

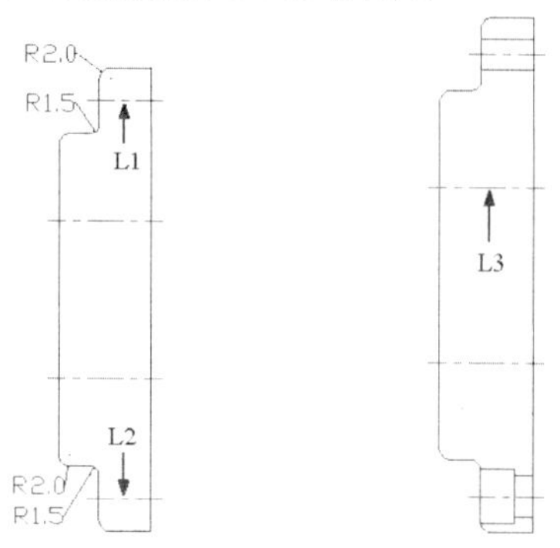

图 64-12 圆角处理　　图 64-13 绘制销孔和螺栓孔

步骤 7 绘制轴孔。使用 OFFSET 偏移命令将图 64-13 中的中心线 L3 向上、下分别偏移 8，并将偏移生成的中心线移至“轮廓线”图层；将右侧垂直直线向左偏移 11；使用 TRIM 修剪命令对多余的直线进行修剪；使用 LINE 命令绘制轴孔端点锥角；执行 MIRROR 命令，以两条垂直直线中点的连线为镜像线，对轴孔进行镜像处理，效果如图 64-14 所示。

步骤 8 图案填充。单击“绘图”面板中的“图案填充”按钮，弹出“图案填充创建”对话框，在“图案”下拉列表框中选择 ANSI31 选项，设置“比例”为 10，然后单击“拾取一个内部点”按钮，在绘图区内选择要填充的区域并按回车键，返回对话框，单击“确定”按钮，效果如图 64-15 所示。

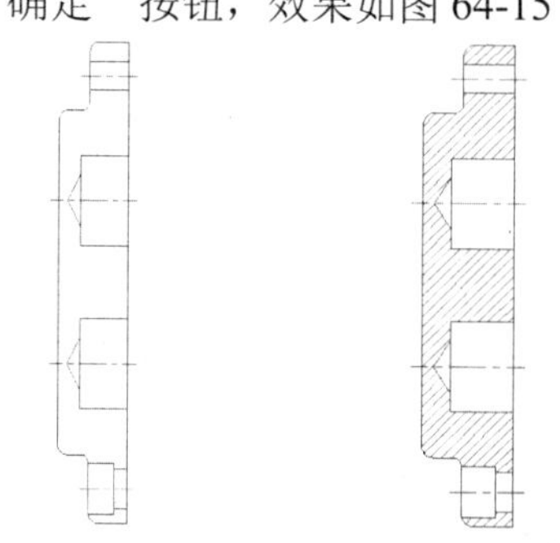

图 64-14　绘制轴孔　　图 64-15　图案填充

3. 标注齿轮泵前盖

步骤 1 创建标注样式。参照实例 61 中步骤（8）～（10）的操作方法，执行 STYLE 和 DIMSTYLE 命令，在弹出的对话框中创建文字样式和标注样式。

步骤 2 基于“机械标注”样式，创建用于“半径标注”的标注样式，在弹出的“新建标注样式：机械标注：半径”对话框中单击“文字”选项卡，在“文字样式”下拉列表框中选择“文字标注”选项，设置“文字对齐”方式为“与尺寸线对齐”；单击“调整”选项卡，选中“箭头”“尺寸线旁边”单选按钮，选中“手动放置文字”“在延伸线之间绘制尺寸线”复选框。

步骤 3 半径尺寸标注。使用 DIMRADIUS 命令对前视图进行尺寸标注，效果如图 64-16 所示。

步骤 4 基于“机械标注”样式，创建用于“直径标注”的标注样式，在弹出的“新建标注样式：机械标注：直径”对话框中，单击“调整”选项卡，分别选中“箭头”“尺寸线旁边”两个单选按钮，然后选中“手动放置文字”“在延伸线之间绘制尺寸线”复选框；单击“文字”选项卡，设置“文字对齐”方式为“水平”，然后单击“确定”按钮。

步骤 5 直径尺寸标注。使用尺寸标注 DIMDIAMETER 命令对前视图进行标注，效果如图 64-17 所示。

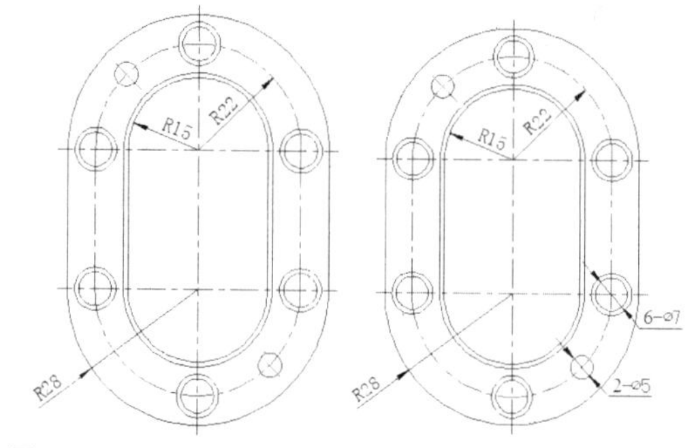

图 64-16　半径尺寸标注 图 64-17　直径尺寸标注

步骤 6 创建文字。执行 MTEXT 命令，设置“字体”为“宋体”“字号”为 2.5，创建如图 64-18 所示的文字。

步骤 7 替代标注样式。单击“注释”选项板，点击“标注”选项栏右下角按钮，弹出“标注样式管理器”对话框，选择“机械标注”选项，单击“替代”按钮，弹出“替代当前样式：机械标注”对话框，单击“公差”选项卡，设置“方式”为“对称”“精度”为 0.000、“上偏差”为 0.016、“高度比例”为 1，选中“消零”选项区中的“后续”复选框，然后单击“确定”按钮退出。

步骤 8 线性尺寸标注。使用 DIMLINEAR 命令对前视图进行尺寸标注，效果如图 64-19 所示。

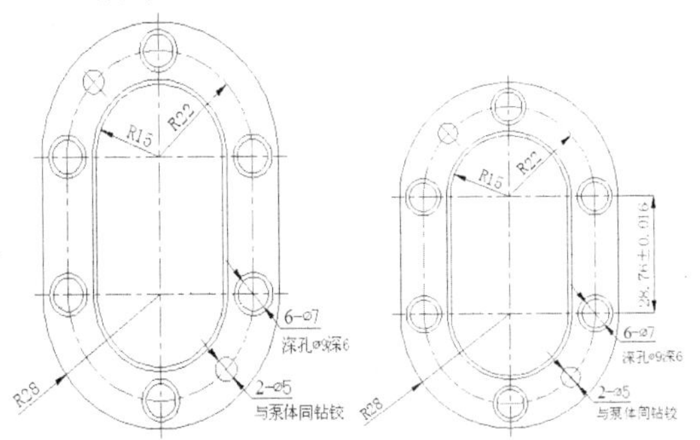

图 64-18 创建文字　　图 64-19 线性尺寸标注

步骤 9 剖视图尺寸标注。将“机械标注”设置为当前标注样式，使用 DIMLINEAR 命令对剖视图进行尺寸标注，效果如图 64-20 所示。

步骤 10 粗糙度标注。单击“绘图”面板中的“插入块”按钮，弹出“插入”对话框，插入粗糙度，并使用 COPY、ROTATE、MIRROR 和 MOVE 等命令，对其他粗糙度进行标注，效果如图 64-21 所示。

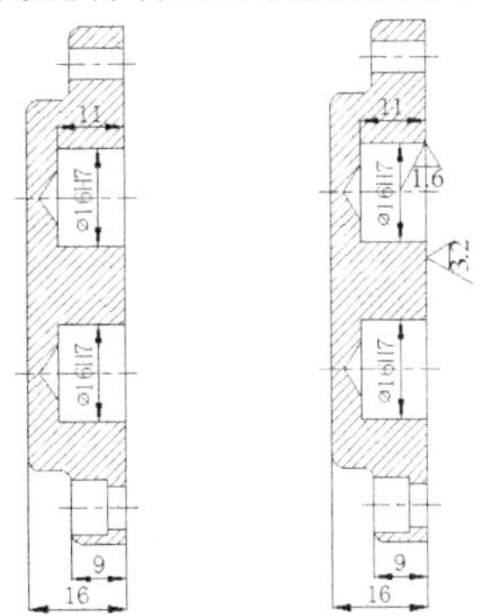

图 64-20 剖视图尺寸标注　　图 64-21 粗糙度标注

步骤 11 剖切符号标注。使用 LINE 和 MTEXT 命令标注剖切符号和标记文字，效果参见图 64-1。

实例 65 齿轮泵——后盖

本实例将绘制齿轮泵——后盖，效果如图 65-1 所示。

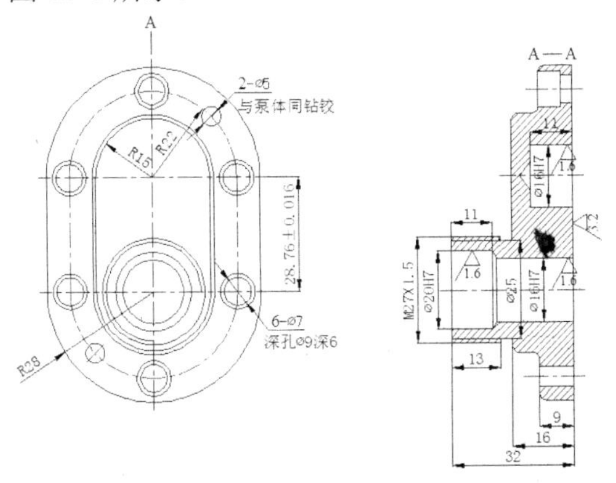

图 65-1 齿轮泵——后盖

操作步骤

1. 绘制齿轮泵后盖前视图

步骤 1 新建文件。启动 AutoCAD，单击“新建”按钮，新建一个 CAD 文件。

步骤 2 创建图层。在“AutoCAD 经典”工作空间下，单击“图层”工具栏中的“图层特性管理器”按钮，在弹出的“图层特性管理器”对话框中，依次创建图层“轮廓线”“标注”“中心线”（颜色为红色、线型为 CENTER、线宽为 0.09 毫米），然后双击“中心线”图层将其设置为当前图层。

步骤 3 绘制中心线。执行 LINE 命令，分别以（50,195）和（110,195）、（50,166.24）和（110,166.24）、（80,225）和（80,136.24）为各条直线的端点，绘制 3 条中心线，效果如图 65-2 所示。

步骤 4 绘制圆。将“轮廓线”图层设置为当前图层，执行 CIRCLE 命令，分别以中心线的两个交点为圆心，绘制半径分别为 15、16、22 和 28 的圆，并将半径为 22 的圆移至“中心线”图层，效果如图 65-3 所示。

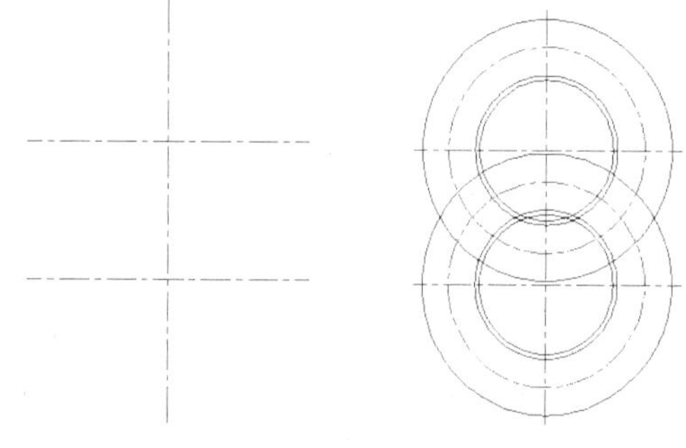

图 65-2　绘制中心线　　图 65-3　绘制圆

步骤 5 重复步骤（4）中的操作，以下方中心线的交点为圆心，绘制半径分别为 8、10、12.5 和 13.5 的圆，效果如图 65-4 所示。

步骤 6 绘制直线。使用 LINE 命令，分别绘制与圆相切的直线，效果如图 65-5 所示。

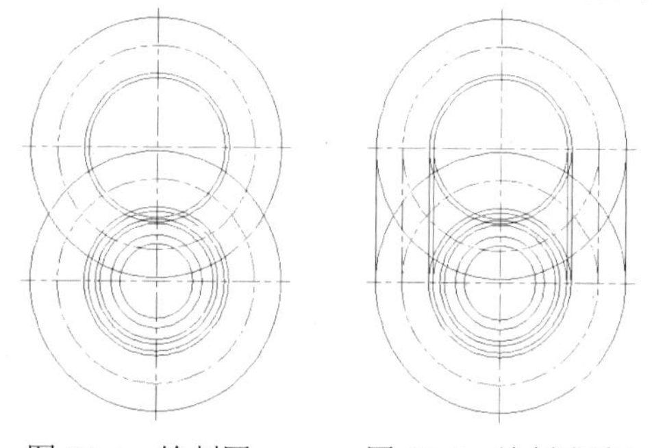

图 65-4　绘制圆　　图 65-5　绘制直线

步骤 7 修剪处理。使用 TRIM 修剪命令对多余的直线进行修剪，效果如图 65-6 所示。

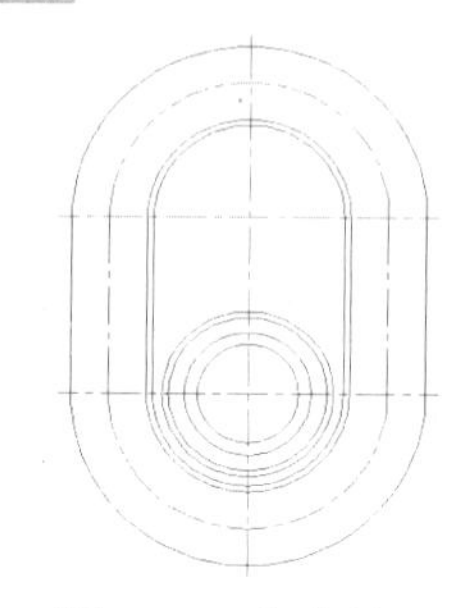

图 65-6　修剪处理

步骤 8 绘制螺栓孔。使用 CIRCLE 命令，捕捉中心线和中心圆的交点为圆心，绘制半径分别为 4.5 和 3.5 的圆，效果如图 65-7 所示。

步骤 9 绘制销孔。使用 LINE 命令，捕捉图 65-7 中的交点 A 为起点，然后输入（@25<45）为端点；捕捉交点 B 为起点，然后输入（@25<-135）为端点，绘制两条直线，并将直线移至“中心线”图层；使用 CIRCLE 命令，捕捉刚绘制的中心斜线与中心圆的两个交点为圆心，绘制半径均为 2.5 的圆，并使用 BREAK 命令对中心斜线和半径为 12.5 的圆进行打断处理，效果如图 65-8 所示。

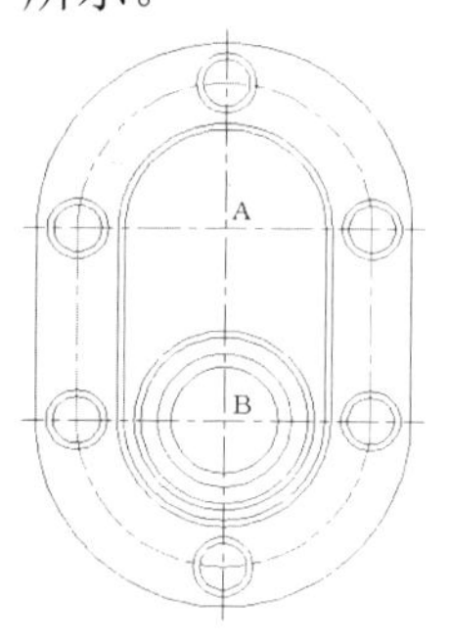

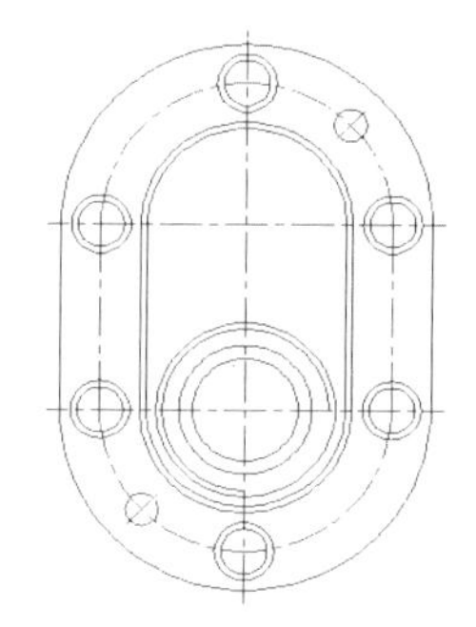

图 65-7　绘制螺栓孔　　图 65-8　绘制销孔

2. 绘制齿轮泵后盖剖视图

步骤 1 绘制辅助线。将“中心线”图层设置为当前图层，执行 XLINE 命令，输入 H，分别捕捉前视图中心线的交点，绘制辅助线，效果如图 65-9 所示。

步骤 2 绘制辅助线。将“轮廓线”图层设置为当前图层，执行 XLINE 命令，输入 H，分别捕捉前视图圆上的象限点，绘制辅助线，效果如图 65-10 所示。

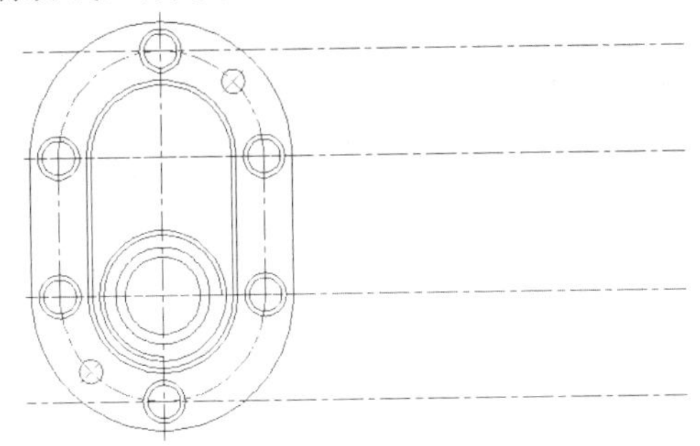

图 65-9　绘制辅助线

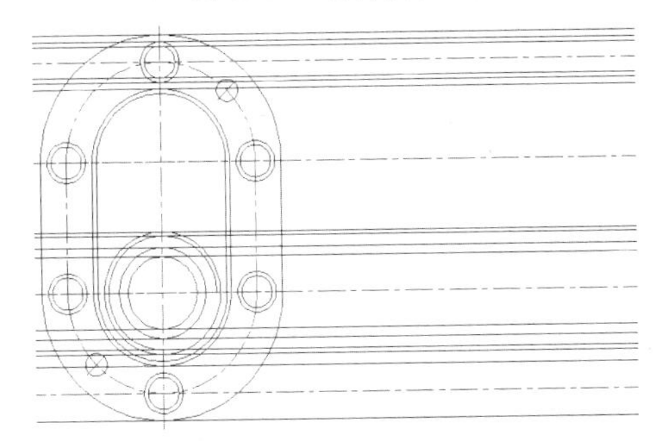

图 65-10　绘制辅助线

步骤 3 绘制直线并偏移处理。使用 LINE 命令，绘制一条与辅助线相交的垂直直线；使用 OFFSET 偏移命令，将垂直直线向左分别偏移 19、16、9 和 32，效果如图 65-11 所示。

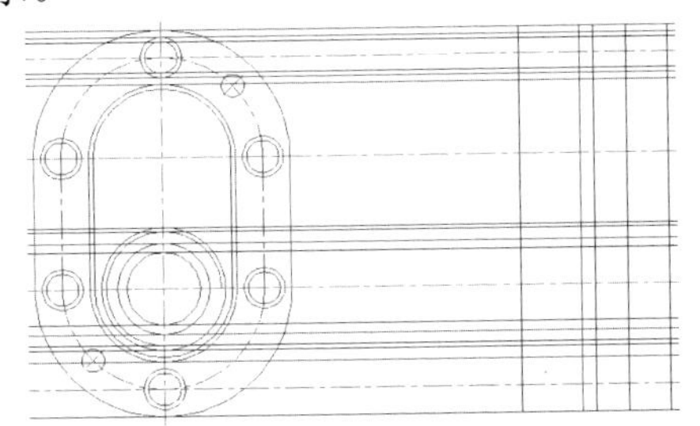

图 65-11　绘制直线并偏移处理

步骤 4 修剪并进行打断处理。使用 TRIM 修剪命令对多余的直线进行修剪，使用 BREAK 命令对中心线进行打断处理，效果如图 65-12 所示。

步骤 5 圆角处理。执行 FILLET 命令，设置圆角半径分别为 1.5 和 2，对后盖进行圆角处理，效果如图 65-13 所示。

步骤 6 偏移处理。使用 OFFSET 偏移命令，将中心线 L1 分别向上、下偏移 8；将中心线 L2 分别向上、下偏移 2.5，并将偏移生成的中心线移至“轮廓线”图层；将右侧的垂直直线分别向左偏移 3 和 11，效果如图 65-14 所示。

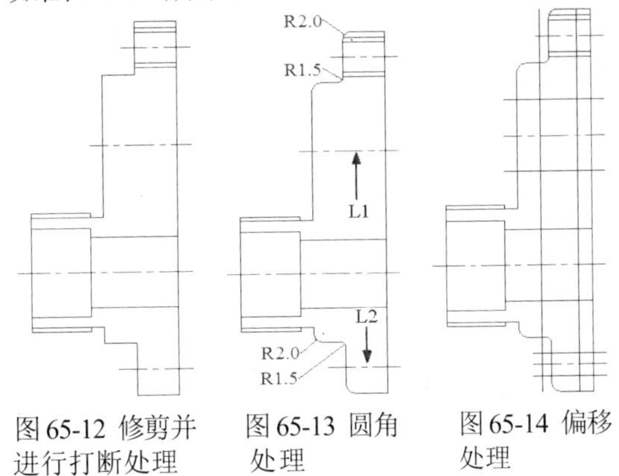

图 65-12 修剪并进行打断处理　图 65-13 圆角处理　图 65-14 偏移处理

步骤 7 修剪处理。使用 TRIM 修剪命令对多余的直线进行修剪，效果如图 65-15 所示。

步骤 8 绘制轴孔端点锥角。使用 LINE 命令绘制轴孔端点锥角，效果如图 65-16 所示。

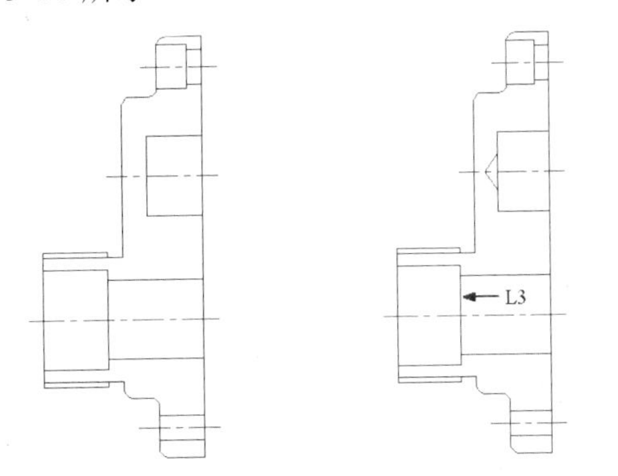

图 65-15 修剪处理　图 65-16 绘制轴孔端点锥角

步骤 9 绘制轴孔。使用 OFFSET 偏移命令将直线 L3 分别向左偏移 1 和 2；使用 ERASE 命令删除直线 L3；使用 EXTEND 命令，对偏移生成的直线右边的两条水平线进行延伸；使用 LINE 命令，捕捉偏移生成的直线端点和水平轮廓线端点，绘制直线；使用 TRIM 修剪命令对多余的直线进行修剪，效果如图 65-17 所示。

步骤 10 图案填充。单击“绘图”面板中的“图案填充”按钮，弹出“图案填充创建”对话框，在“图案”下拉列表框中选择 ANSI31 选项，设置“比例”为 10，然后单击“拾取一个内部点”按钮，在绘图区内选择要填充的区域并按回车键，返回对话框，单击“确定”按钮，效果如图 65-18 所示。

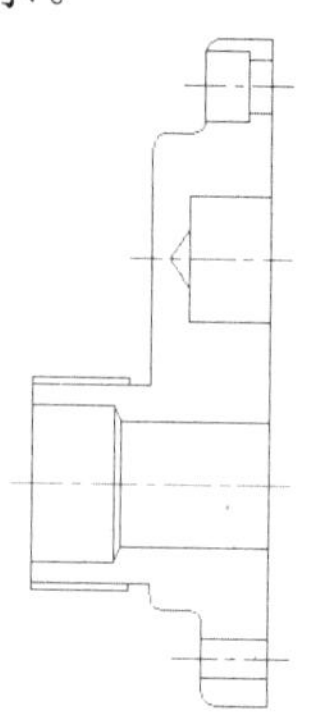

图 65-17　绘制轴孔

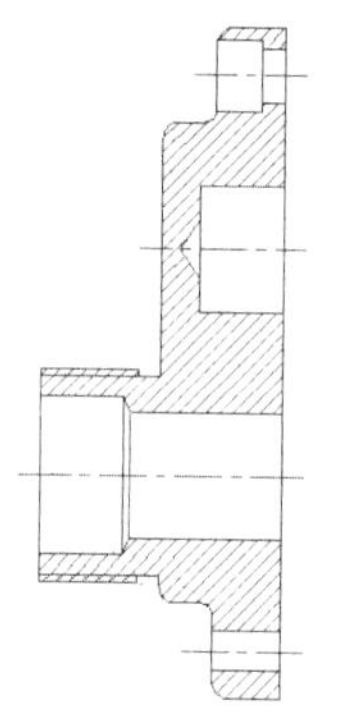

图 65-18　图案填充

步骤 11 创建文字样式。单击“注释”选项板，点击“文字”选项栏右下角按钮，在弹出的“文字样式”对话框中，新建“文字标注”样式，设置“字体”为“宋体”“高度”为 5。

步骤 12 创建标注样式。单击“注释”选项板，点击“标注”选项栏右下角按钮，在弹出的“标注样式管理器”对话框中，单击“新建”按钮，弹出“创建新标注样式”对话框，在“新样式名”文本框中输入“机械标注”。

步骤 13 单击“继续”按钮，弹出“新建标注样式：机械标注”对话框，单击“符号和箭头”选项卡，设置“箭头大小”为 5；单击“文字”选项卡，在“文字样式”下拉列表框中选择“文字标注”选项，设置“文字对齐”方式为“与尺寸线对齐”；单击“调整”选项卡，在“调整选项”选项区中选中“文字”单选按钮，其他设置保持默认；单击“主单位”选项卡，设置“精度”为 0，单击“确定”按钮，返回“标注样式管理器”对话框，设置为“机械标注”当前标注样式即可。

步骤 14 尺寸标注。使用 DIMLINEAR、DIMDIAMETER、QLEADER 和 DIMRADIUS 等命令标注齿轮泵后盖，效果如图 65-19 所示。

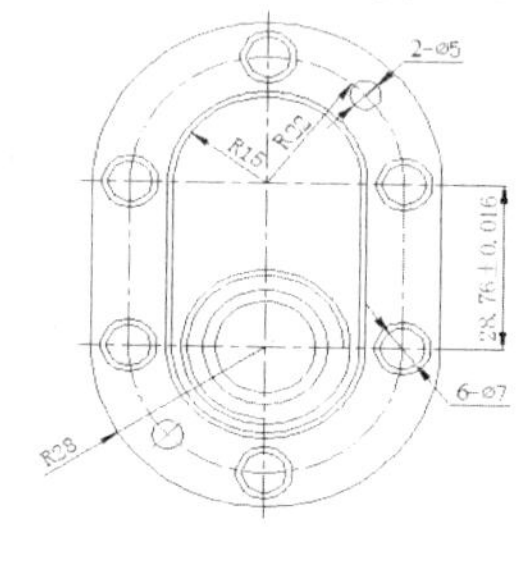

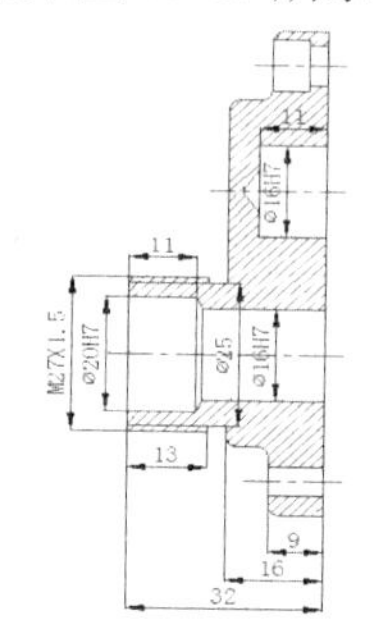

图 65-19　尺寸标注

步骤 15 创建文字和粗糙度标注。使用 MTEXT 命令创建文字；单击“绘图”面板中的“插入块”按钮，弹出“插入”对话框，插入粗糙度块，并使用 COPY、ROTATE、MIRROR 和 MOVE 等命令对其他粗糙度进行标注，效果如图 65-20 所示。

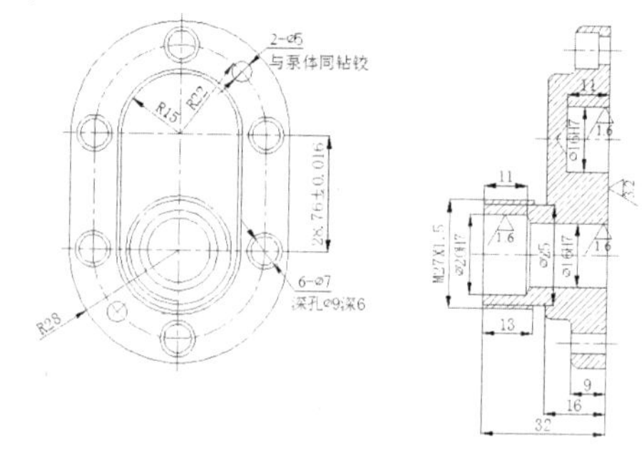

图 65-20　创建文字和粗糙度标注

步骤 16 剖切符号标注。使用 LINE 和 MTEXT 命令标注剖切符号和标记文字，效果参见图 65-1。

实例 66 齿轮泵——泵体

本实例将绘制齿轮泵——泵体，效果如图 66-1 所示。

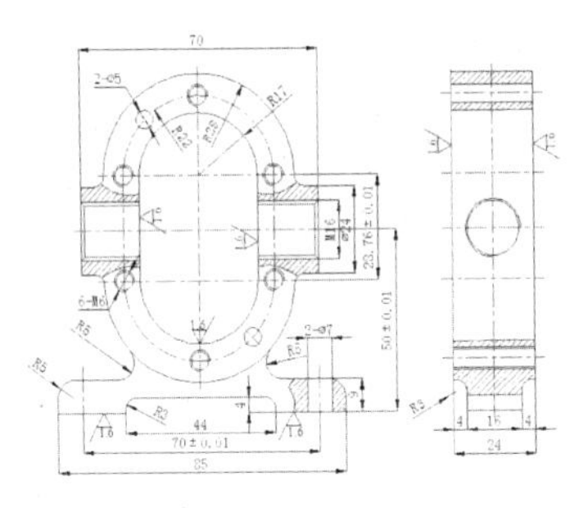

图 66-1　齿轮泵——泵体

操作步骤

1. 绘制泵体前视图

步骤 1 新建文件。启动 AutoCAD，单击“新建”按钮，新建一个 CAD 文件。

步骤 2 创建图层。在“AutoCAD 经典”工作空间下，单击“图层”工具栏中的“图层特性管理器”按钮，在弹出的“图层特性管理器”对话框中，依次创建图层“轮廓线”“标注”“中心线”（颜色为红色、线型为 CENTER、线宽为 0.09 毫米），然后双击“中心线”图层将其设置为当前图层。

步骤 3 绘制中心线。执行 LINE 命令，分别以（47,205）和（107,205）、（40,190）和（114,190）、（47,176.24）和（107,176.24）、（77,235）和（77,146.24）为直线的各个端点，绘制 4 条中心线，效果如图 66-2 所示。

步骤 4 绘制圆。将“轮廓线”图层设置为当前图层，分别以上下两条中心线与垂直中心线的交点为圆心，绘制半径分别为 17.25、22 和 28 的圆，并将半径为 22 的圆移至“中心线”图层，效果如图 66-3 所示。

步骤 5 绘制直线。使用 LINE 命令，分别绘制与圆相切的直线，效果如图 66-4 所示。

步骤 6 修剪处理。使用 TRIM 修剪命令对多余的线条进行修剪，效果如图 66-5 所示。

步骤 7 绘制螺栓孔。使用 CIRCLE 命令，捕捉中心线和中心圆的交点为圆心，绘制半径分别为 2.5 和 3 的圆，效果如图 66-6 所示。

步骤 8 绘制销孔。使用 LINE 命令，捕捉图 66-6 中的交点 A 为起点，然后输入（@25<135）为端点；捕捉交点 B 为起点，然后输入（@25<-45）为端点，绘制两条直线，并将直线移至“中心线”图层；使用 CIRCLE 命令，捕捉刚绘制的中心斜线与中心圆的交点为圆心，绘制半径均为 2.5 的圆，并使用 BREAK 命令对中心斜线和半径为 3 的圆进行打断处理，效果如图 66-7 所示。

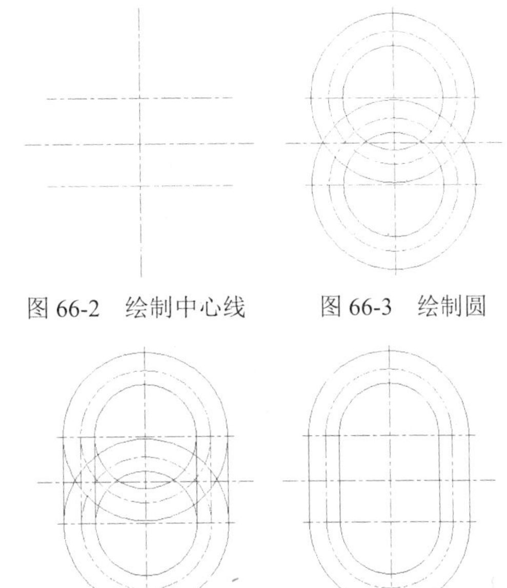

图 66-2　绘制中心线　　图 66-3　绘制圆

图 66-4　绘制直线　　图 66-5　修剪处理

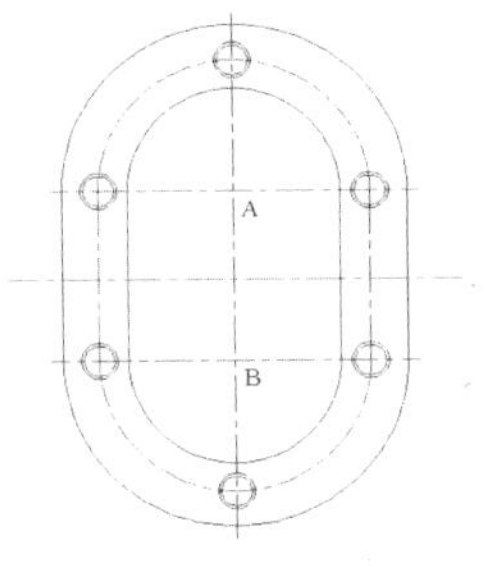

图 66-6　绘制螺栓孔 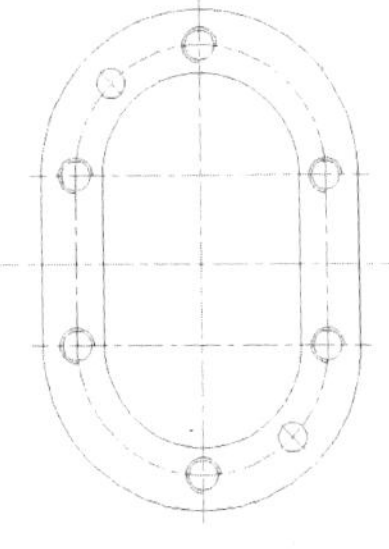　　图 66-7　绘制销孔

步骤 9 绘制底座。使用 OFFSET 偏移命令，将中间的水平中心线向下分别偏移 41、46 和 50，将垂直中心线向两侧分别偏移 22 和 42.5，并将偏移生成的中心线移至

“轮廓线”图层；使用 EXTEND 命令，对偏移生成的直线进行延伸处理；使用 TRIM 修剪命令对多余的直线进行修剪；使用 FILLET 命令，设置圆角半径分别为 3 和 5，对底座进行圆角处理，效果如图 66-8 所示。

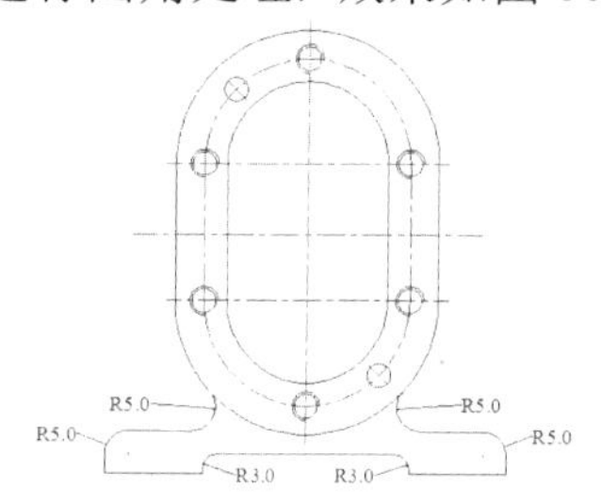

图 66-8　绘制底座

步骤 10　绘制中心线。使用 OFFSET 偏移命令将垂直中心线向两侧分别偏移 35；使用 EXTEND、BREAK 和 LENGTHEN 命令，对偏移生成的中心线进行延伸、打断和拉长处理，效果如图 66-9 所示。

步骤 11　绘制底座螺栓孔。使用 OFFSET 偏移命令将图 66-9 中的中心线 L1 向左、右两侧分别偏移 3.5，并将偏移生成的中心线移至“轮廓线”图层；使用 SPLINE 命令在底座上绘制曲线，构成剖切平面界线；使用 TRIM 修剪命令对多余的直线进行修剪；使用 BHATCH 命令填充剖面，效果如图 66-10 所示。

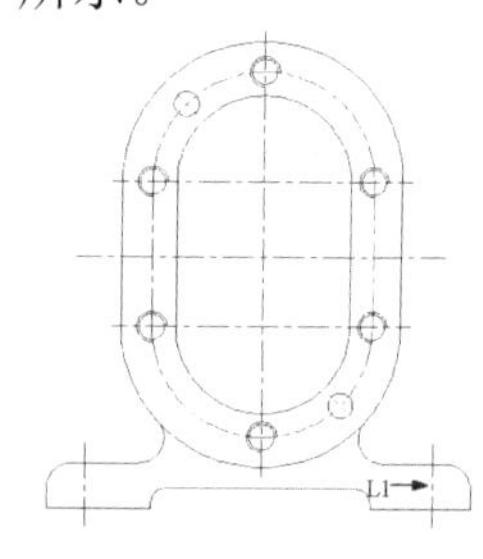

图 66-9　绘制中心线

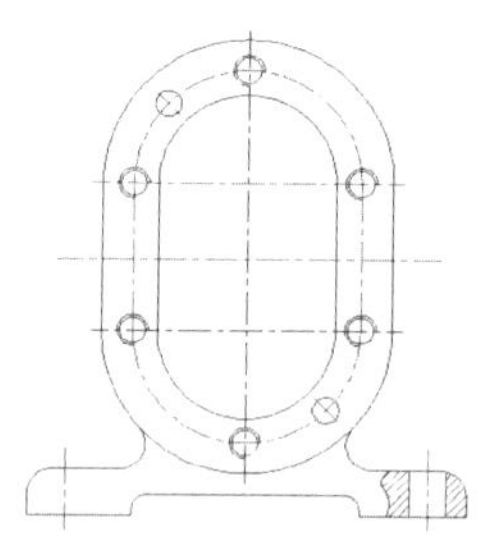

图 66-10　绘制底座螺栓孔

步骤 12　绘制进出油管。使用 OFFSET 偏移命令，将垂直中心线分别向左右两侧偏移 34 和 35，将中间的水平中心线分别向上、下两侧偏移 7、8 和 12，并将偏移生成的中心线移至“轮廓线”图层；使用 TRIM 修剪命令对多余的直线进行修剪；使用 LINE 命令捕捉进出油管修剪后图形的角点，绘制直线，效果如图 66-11 所示。

步骤 13　细化进出油管。执行 FILLET 命令，设置圆角半径为 3，对进出油管口进行圆角处理；使用 SPLINE 命令绘制样条曲线构成剖切平面；使用 BHATCH 命令填充剖面，效果如图 66-12 所示。

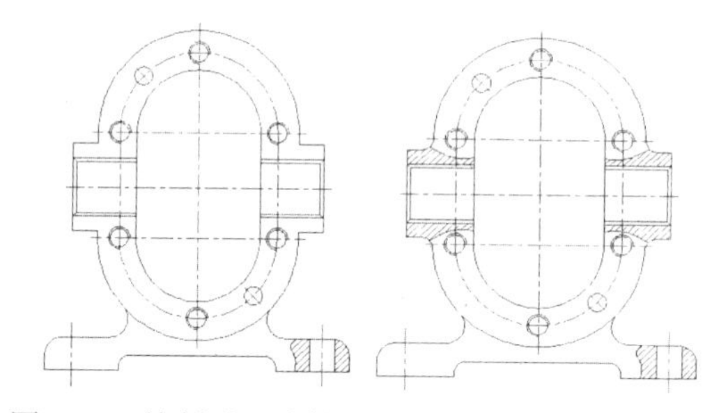

图 66-11　绘制进出油管　　图 66-12　细化进出油管

2. 绘制泵体剖视图

步骤 1　绘制辅助线。将“中心线”图层设置为当前图层，执行 XLINE 命令，输入 H，分别捕捉前视图中心线的交点，绘制辅助线，效果如图 66-13 所示。

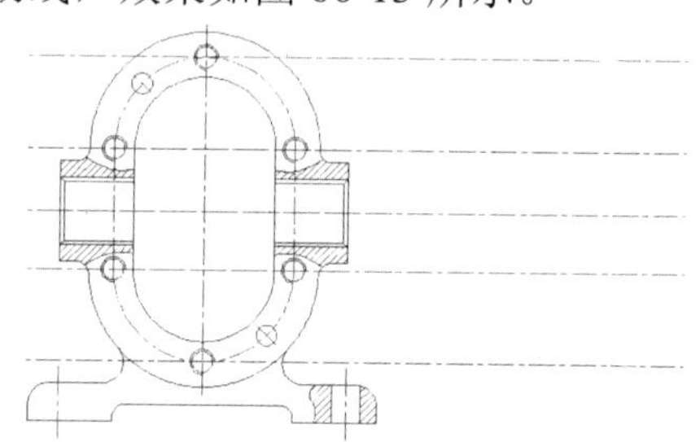

图 66-13　绘制辅助线

步骤 2　绘制辅助线。将“轮廓线”图层设置为当前图层，执行 XLINE 命令，输入 H，分别捕捉前视图圆上的象限点和端点，绘制辅助线，效果如图 66-14 所示。

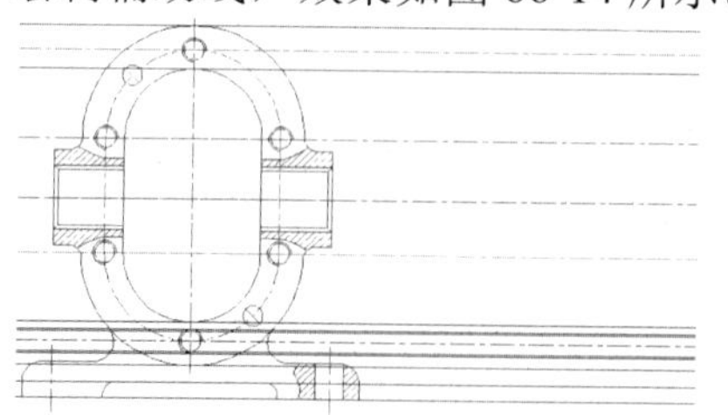

图 66-14　绘制辅助线

步骤 3　绘制剖视图轮廓线。执行 LINE

命令，以（175,235）和（175,138）为直线的第一点和第二点绘制直线；使用 OFFSET 偏移命令，将该直线分别向左偏移 4、12、20 和 24，并将偏移距离为 12 的直线移至"中心线"图层；使用 CIRCLE 命令，捕捉中心线的交点为圆心，绘制直径分别为 15 和 16 的圆；使用 TRIM 修剪命令对多余的直线进行修剪，效果如图 66-15 所示。

步骤 4 圆角处理。执行 FILLET 命令，设置圆角半径为 3，对剖视图进行圆角处理，效果如图 66-16 所示。

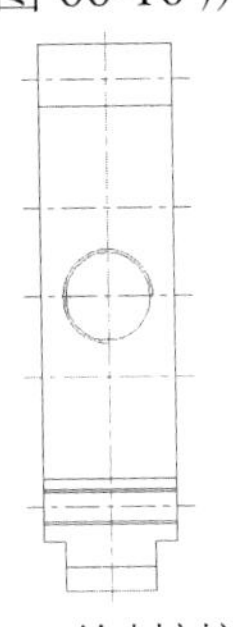

图 66-15 绘制剖视图轮廓线

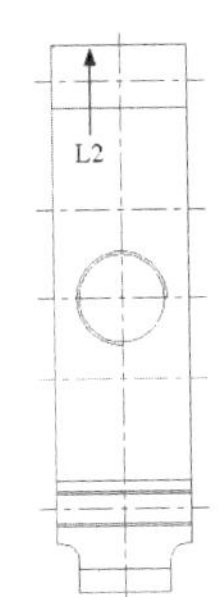

图 66-16 圆角处理

步骤 5 偏移处理。使用 OFFSET 偏移命令，将图 66-16 中的直线 L2 分别向下偏移 3.5 和 8.5，效果如图 66-17 所示。

步骤 6 图案填充。单击"绘图"面板中的"图案填充"按钮，弹出"图案填充创建"对话框，在"图案"下拉列表框中选择 ANSI31 选项，设置"比例"为 10，然后单击"拾取一个内部点"按钮，在绘图区内选择要填充的区域并按回车键，返回对话框，单击"确定"按钮，效果如图 66-18 所示。

步骤 7 创建文字样式。单击"注释"选项板，点击"文字"选项栏右下角按钮，在弹出的"文字样式"对话框中，新建"文字标注"样式，设置"字体"为"宋体""高度"为 5。

步骤 8 创建标注样式。单击"注释"选项板，点击"标注"选项栏右下角按钮，在弹出的"标注样式管理器"对话框中，单击"新建"按钮，弹出"创建新标注样式"对话框，在"新样式名"文本框中输入"机械标注"。

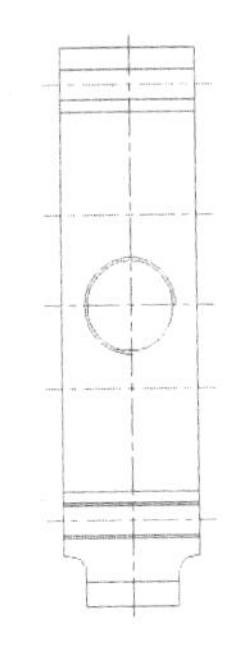

图 66-17 偏移处理

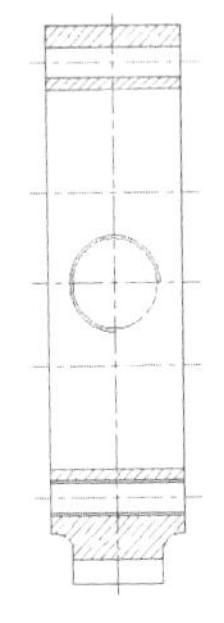

图 66-18 图案填充

步骤 9 单击"继续"按钮，弹出"新建标注样式：机械标注"对话框，单击"符号和箭头"选项卡，设置"箭头大小"为 5；单击"文字"选项卡，在"文字样式"下拉列表框中选择"文字标注"选项，设置"文字对齐"方式为"与尺寸线对齐"；单击"调整"选项卡，在"调整选项"选项区中选中"文字"单选按钮，其他设置保持默认；单击"主单位"选项卡，设置"精度"为 0，单击"确定"按钮，返回"标注样式管理器"对话框，设置为"机械标注"当前标注样式即可。

步骤 10 尺寸标注。使用 DIMLINEAR、DIMDIAMETER、DIMRADIUS 和 QLEADER 等命令标注泵体，效果如图 66-19 所示。

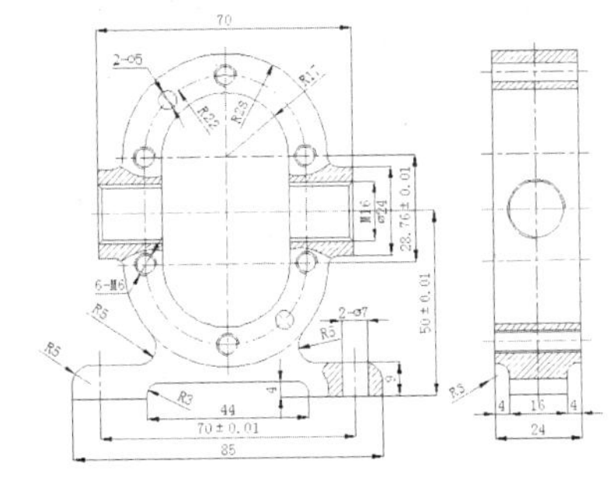

图 66-19 尺寸标注

步骤 11 粗糙度标注。单击"绘图"面板中的"插入块"按钮，弹出"插入"对话框，插入粗糙度块，并使用 COPY、ROTATE、MIRROR、MOVE 等命令对其他粗糙度进行标注，效果参见图 66-1。

实例 67 齿轮泵——轴总成

本实例将绘制齿轮泵——轴总成，效果如图 67-1 所示。

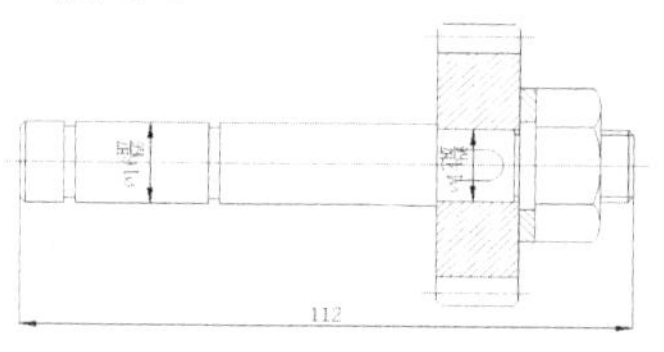

图 67-1 齿轮泵——轴总成

操作步骤

步骤 1 新建文件。启动 AutoCAD，单击“新建”按钮，新建一个 CAD 文件。

步骤 2 调用传动轴。打开实例 63 中创建的名称为“齿轮泵——传动轴”的 AutoCAD 文件，将所需的图形复制并粘贴到轴总成平面图中，效果如图 67-2 所示。

图 67-2 传动轴

步骤 3 调用齿轮。打开实例 62 中创建的名称为“齿轮泵——齿轮”的 AutoCAD 文件，将所需的图形复制并粘贴到轴总成平面图中，并使用 SCALE 命令指定比例因子为 0.5，将齿轮缩小，使用 ERASE、EXTEND 和 HATCHEDIT 等命令对齿轮进行修改，效果如图 67-3 所示。

步骤 4 移动处理。使用 MOVE 命令，选择齿轮并按回车键，捕捉图 67-3 中的交点 B 为基点，然后捕捉图 67-2 中的交点 A 为目标点进行移动，效果如图 67-4 所示。

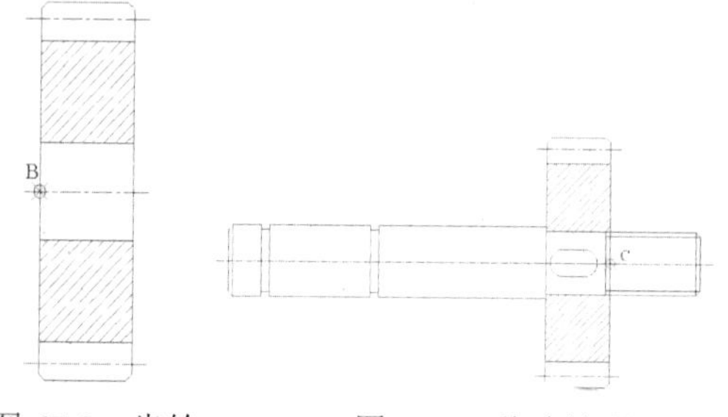

图 67-3 齿轮　　图 67-4 移动处理

步骤 5 调用垫圈。打开实例 61 中创建的名称为“齿轮泵——垫圈”的 AutoCAD 文件，将所需的图形复制并粘贴到轴总成平面图中，并使用 SCALE 命令将垫圈比例缩小 0.2，使用 ROTATE 命令将垫圈旋转 90 度，效果如图 67-5 所示。

步骤 6 移动处理。使用 MOVE 命令，选择垫圈并按回车键，捕捉图 67-5 中的交点 D 为基点，然后捕捉图 67-4 中的交点 C 为目标点进行移动，效果如图 67-6 所示。

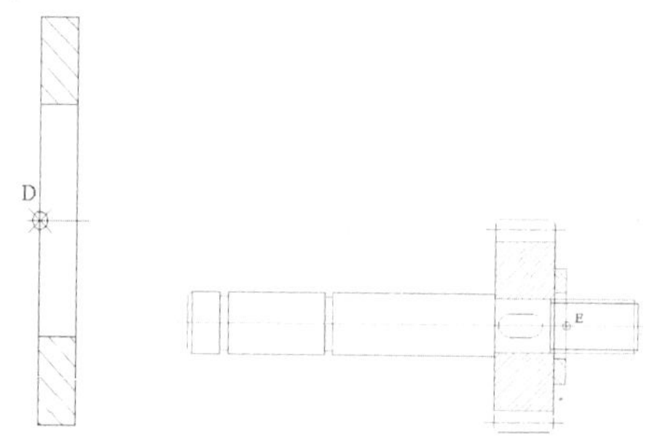

图 67-5 插入垫圈　　图 67-6 移动处理

步骤 7 打开“设计中心”面板。在“AutoCAD 经典”工作空间下，单击“工具|选项板|设计中心”命令，弹出“设计中心”面板，在左侧的“文件夹列表”窗格中打开素材“螺栓”，单击该文件中的“块”图标，此时面板的右侧出现了该文件中的图块。

步骤 8 插入螺栓。双击选择“螺栓”平面图块，弹出“插入”对话框，在该对话框中分别选中“插入点”选项区中的“在屏幕上指定”和“分解”复选框，其他设置保持默认，单击“确定”按钮，返回绘图区，在轴总成平面图中的适当位置单击鼠标左键即可，效果如图 67-7 所示。

步骤 9 移动处理。使用 MOVE 命令，选择螺栓并按回车键，捕捉图 67-7 中的交点 F 为基点，然后捕捉图 67-6 中的交点 E

为目标点进行移动，效果如图 67-8 所示。

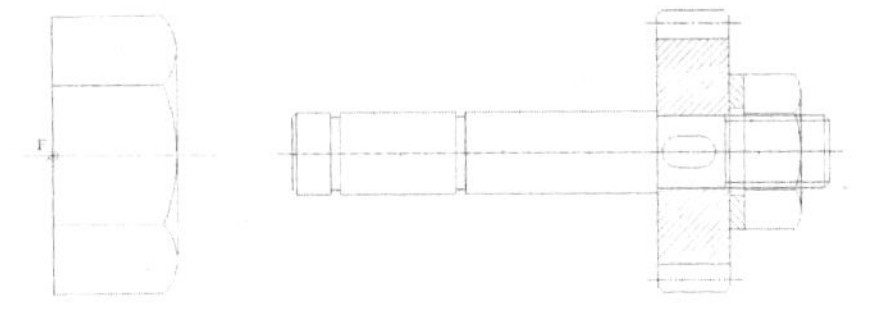

图 67-7 插入螺栓　　图 67-8 移动处理

步骤 10 修剪处理。使用 TRIM 修剪命令对多余的直线进行修剪，效果如图 67-9 所示。

步骤 11 创建文字样式。单击“注释”选项板，点击“文字”选项栏右下角按钮，在弹出的“文字样式”对话框中，新建“文字标注”样式，设置“字体”为“宋体”，“高度”为 5。

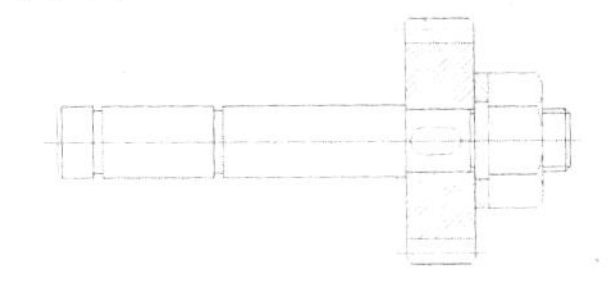

图 67-9 修剪处理

步骤 12 创建标注样式。单击“注释”选项板，点击“标注”选项栏右下角按钮，在弹出的“标注样式管理器”对话框中，单击“新建”按钮，弹出“创建新标注样式”对话框，在“新样式名”文本框中输入“机械标注”。

步骤 13 单击“继续”按钮，弹出“新建标注样式：机械标注”对话框，单击“符号和箭头”选项卡，设置“箭头大小”为 5；单击“文字”选项卡，在“文字样式”下拉列表框中选择“文字标注”选项，设置“文字对齐”方式为“与尺寸线对齐”；单击“调整”选项卡，在“调整选项”选项区中选中“文字”单选按钮，其他设置保持默认；单击“主单位”选项卡，设置“精度”为 0，单击“确定”按钮，返回“标注样式管理器”对话框，设置为“机械标注”当前标注样式即可。

步骤 14 尺寸标注。使用 DIMLINEAR 命令标注轴总成，效果参见图 67-1。

实例 68 齿轮泵——装配图

本实例将绘制齿轮泵——装配图，效果如图 68-1 所示。

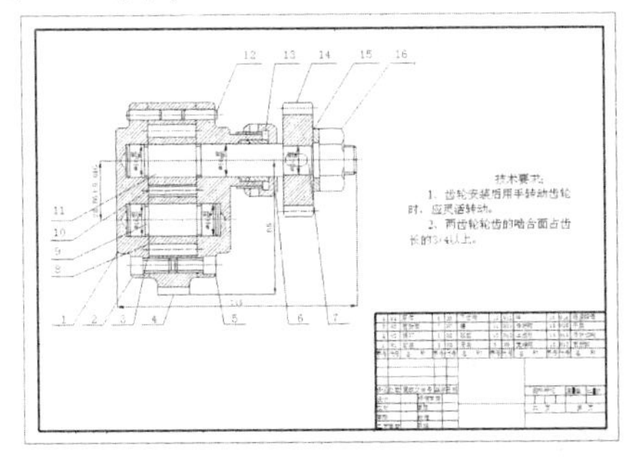

图 68-1 齿轮泵——装配图

操作步骤

步骤 1 打开并另存文件。按【Ctrl+O】组合键，打开实例 67 中的“齿轮泵——轴总成”图形，然后按【Ctrl+Shift+S】组合键，将该图形另存为“齿轮泵——装配图”文件。

步骤 2 调用齿轮泵前盖。打开实例 64 中创建的名称为“齿轮泵——前盖”的 AutoCAD 文件，将所需的图形复制并粘贴到齿轮泵装配图中，效果如图 68-2 所示。

步骤 3 移动处理。执行 MOVE 命令，选择前盖剖视图并按回车键，捕捉图 68-2 中的交点 A 为基点，然后捕捉齿轮泵轴总成中的交点 B 为目标点进行移动，效果如图 68-3 所示。

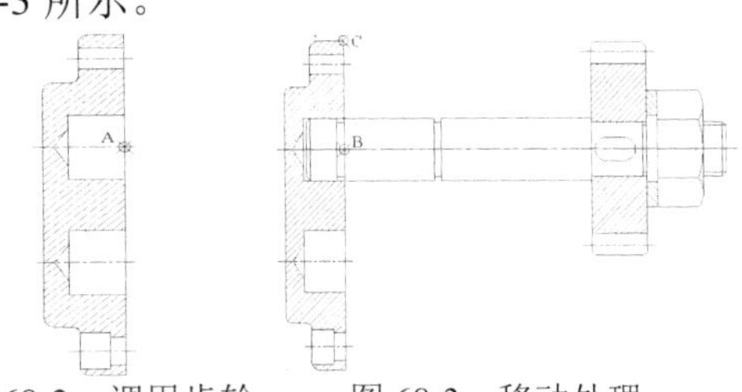

图 68-2 调用齿轮泵前盖　　图 68-3 移动处理

步骤 4 调用泵体。打开实例 66 中创建的名称为“齿轮泵——泵体”的 AutoCAD 文件，将所需的图形复制并粘贴到齿轮泵装配图中，使用 OFFSET 和 BHATCH 命令，参照图 68-4 中的尺寸，对泵体进行修改。

步骤 5 移动处理。使用 MOVE 命令，选择泵体剖视图并按回车键，捕捉图 68-4 中的端点 D 为基点，然后捕捉图 68-3 中的端点 C 为目标点进行移动，效果如图 68-5 所示。

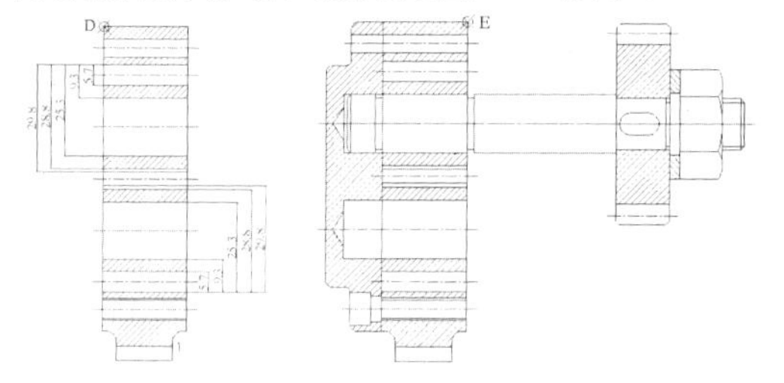

图 68-4　调用泵体　　　图 68-5　移动处理

步骤 6 调用齿轮泵后盖。打开实例 65 中创建的名称为“齿轮泵——后盖”的 AutoCAD 文件，将所需的图形复制并粘贴到齿轮泵装配图中，并使用 ROTATE 命令将后盖剖视图旋转 180 度，效果如图 68-6 所示。

步骤 7 移动处理。使用 MOVE 命令，选择后盖剖视图并按回车键，捕捉图 68-6 中的端点 F 为基点，然后捕捉图 68-5 中的端点 E 为目标点进行移动，效果如图 68-7 所示。

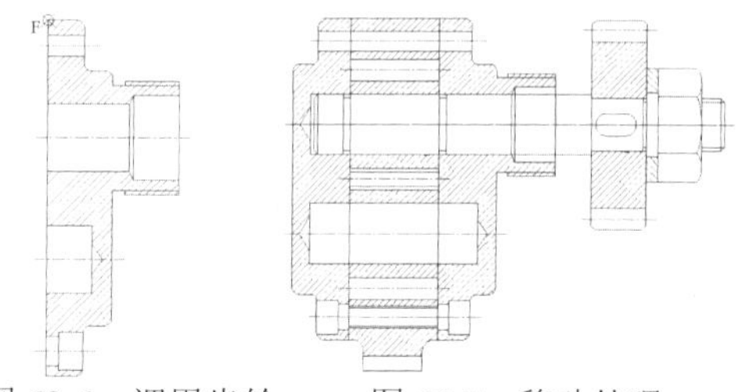

图 68-6　调用齿轮泵后盖　　　图 68-7　移动处理

步骤 8 修剪并删除处理。使用 TRIM 修剪命令对多余的直线进行修剪；使用 ERASE 命令将多余的直线删除，效果如图 68-8 所示。

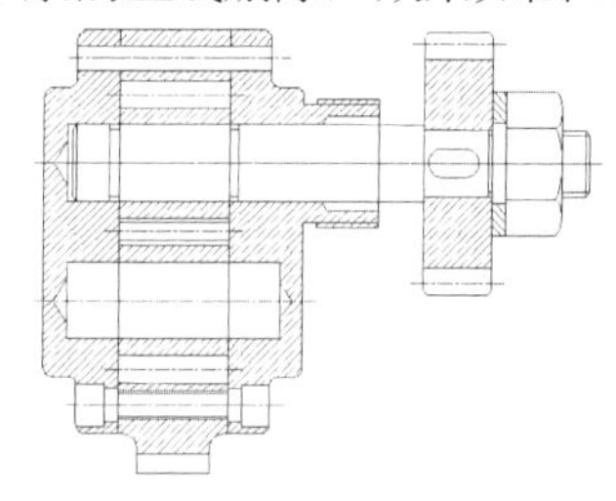

图 68-8　修剪并删除处理

步骤 9 绘制传动轴。使用 COPY 和 MIRROR 命令绘制传动轴，效果如图 68-9 所示。

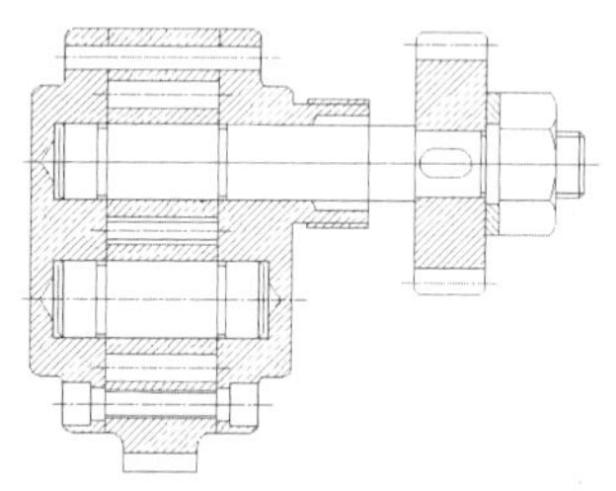

图 68-9　绘制传动轴

步骤 10 细化销钉和螺钉。使用 LINE、OFFSET、HATCHEDIT、EXTEND 和 TRIM 等命令，细化销钉和螺钉，效果如图 68-10 所示。

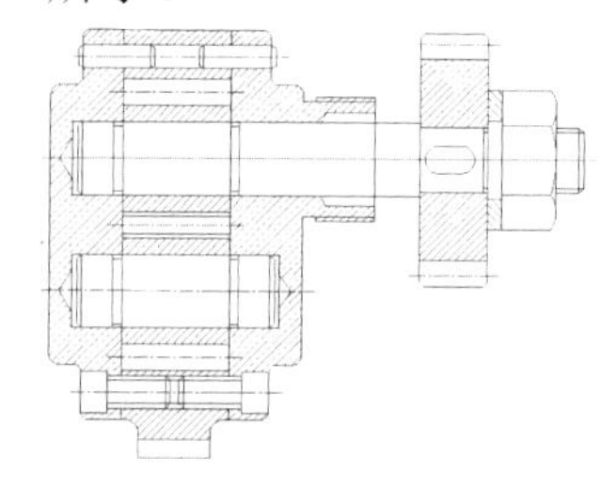

图 68-10　细化销钉和螺钉

步骤 11 绘制轴套、密封圈和压紧螺母。使用 LINE、OFFSET 偏移命令，绘制轴套、密封圈和压紧螺母，使用 HATCH 命令，填充剖面，效果如图 68-11 所示。

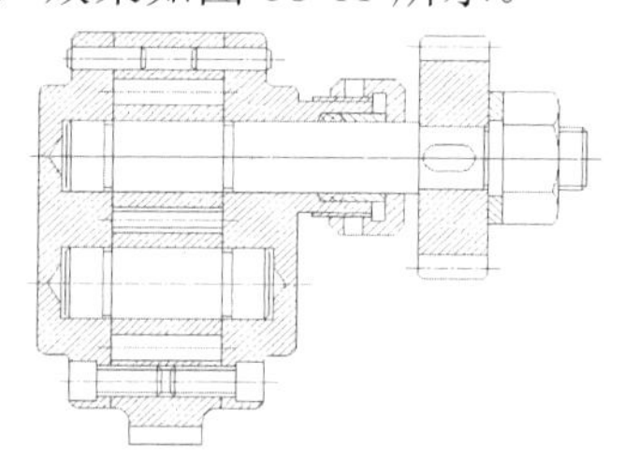

图 68-11　绘制轴套、密封圈和压紧螺母并填充

步骤 12 创建文字。使用 MTEXT 命令输入如图 68-12 所示的文字。

技术要求：
1.齿轮安装后用手转动齿轮时，应灵活转动。
2.两齿轮轮齿的啮合面占齿长的3/4以上。

图 68-12　创建文字

步骤 13 绘制表格和创建文字。使用

LINE、MTEXT 命令绘制表格并输入文字，效果如图 68-13 所示。

<table>
<tr><td>4</td><td>H4</td><td>泵体</td><td>8</td><td>H8</td><td>下齿轮</td><td>12</td><td>H12</td><td>销</td><td>16</td><td>H16</td><td>缩紧螺母</td></tr>
<tr><td>3</td><td>H3</td><td>密封垫</td><td>7</td><td>H7</td><td>键</td><td>11</td><td>H11</td><td>传动轴</td><td>15</td><td>H15</td><td>平垫</td></tr>
<tr><td>2</td><td>H2</td><td>螺钉</td><td>6</td><td>H6</td><td>锁套</td><td>10</td><td>H10</td><td>上齿轮</td><td>14</td><td>H14</td><td>传动齿轮</td></tr>
<tr><td>1</td><td>H1</td><td>前盖</td><td>5</td><td>H5</td><td>后盖</td><td>9</td><td>H9</td><td>支撑轴</td><td>13</td><td>H13</td><td>密封套</td></tr>
<tr><td>序号</td><td>代号</td><td>名　称</td><td>序号</td><td>代号</td><td>名　称</td><td>序号</td><td>代号</td><td>名　称</td><td>序号</td><td>代号</td><td>名　称</td></tr>
</table>

图 68-13　绘制表格并创建文字

步骤 14 尺寸标注。使用 DIMLINEAR、LINE 和 MTEXT 命令对泵装配图进行尺寸标注，效果如图 68-14 所示。

步骤 15 调用图签。打开素材（名称为“齿轮泵图签样板”的 AutoCAD 文件），将所需的图签复制并粘贴到齿轮泵装配图中，并使用 SCALE、TRIM 和 MOVE 等命令进行适当的缩放和修改，效果参见图 68-1。

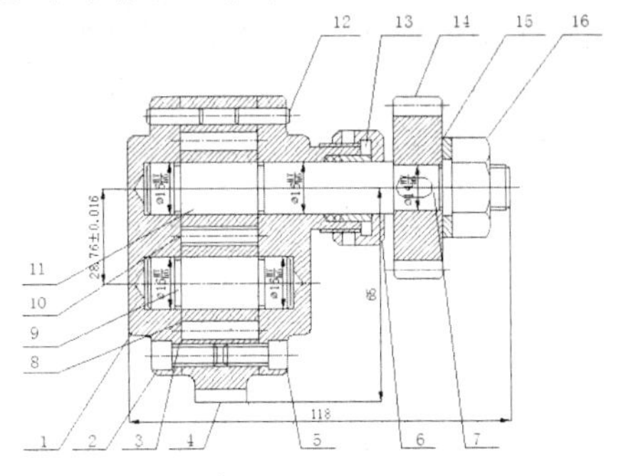

图 68-14　尺寸标注

实例 69　夹线体——装配图（一）

本实例将绘制夹线体——装配图（一），效果如图 69-1 所示。

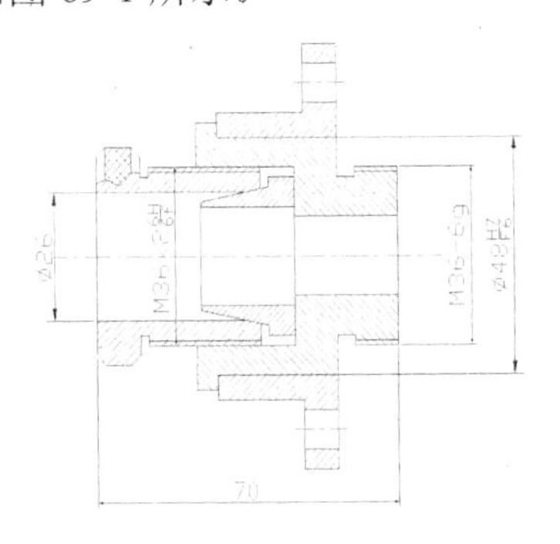

图 69-1　夹线体——装配图（一）

操作步骤

步骤 1 新建文件。启动 AutoCAD，单击“新建”按钮，新建一个 CAD 文件。

步骤 2 创建图层。在“AutoCAD 经典”工作空间下，单击“图层”工具栏中的“图层特性管理器”按钮，在弹出的“图层特性管理器”对话框中，依次创建图层“轮廓线”“标注”“中心线”（颜色为红色、线型为 CENTER、线宽为 0.09 毫米），然后双击“中心线”图层将其设置为当前图层。

步骤 3 绘制中心线。执行 LINE 命令，以（10,0）和（100,0）为直线的第一点和第二点，绘制中心线。

步骤 4 偏移处理。使用 OFFSET 偏移命令，选择水平中心线，沿垂直方向依次向上偏移，偏移距离为 8、8、2、6 和 3，效果如图 69-2 所示。

图 69-2　偏移处理

步骤 5 镜像处理。使用 MIRROR 命令，选择步骤（4）中偏移生成的中心线并按回车键，以（10,0）和（100,0）为镜像线上的第一点和第二点，进行镜像处理，效果如图 69-3 所示。

步骤 6 绘制直线。将“轮廓线”图层设置为当前图层，执行 LINE 命令，以（90,43）和（@0,-86）为直线的两个端点，绘制垂直直线。

图 69-3　镜像处理

步骤 7 偏移处理。使用 OFFSET 偏移命令，选择步骤（6）中绘制的直线并按回车键，沿水平方向依次向左偏移，偏移的距离分别为10、4、8、2、18、5、13和10，效果如图69-4所示。

步骤8 修剪处理。使用TRIM修剪命令对多余的直线进行修剪，效果如图69-5所示。

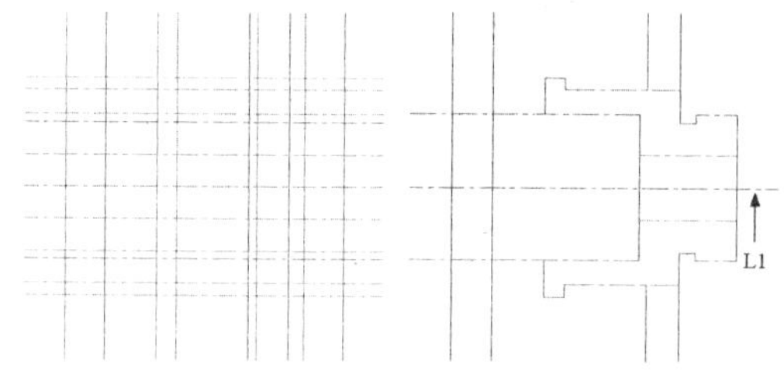

图69-4 偏移处理　　图69-5 修剪处理

步骤9 偏移处理。使用OFFSET偏移命令，选择图69-5中的中心线L1并按回车键，沿垂直方向依次向上偏移，偏移的距离分别为10、1、3和2。

步骤10 镜像处理。使用MIRROR命令，选择步骤（9）中偏移生成的中心线并按回车键，以（10,0）和（100,0）为镜像线上的第一点和第二点进行镜像处理，效果如图69-6所示。

步骤11 偏移处理。使用OFFSET偏移命令，选择图69-6中的直线L2并按回车键，沿水平方向依次向左偏移，偏移距离分别为6和16，效果如图69-7所示。

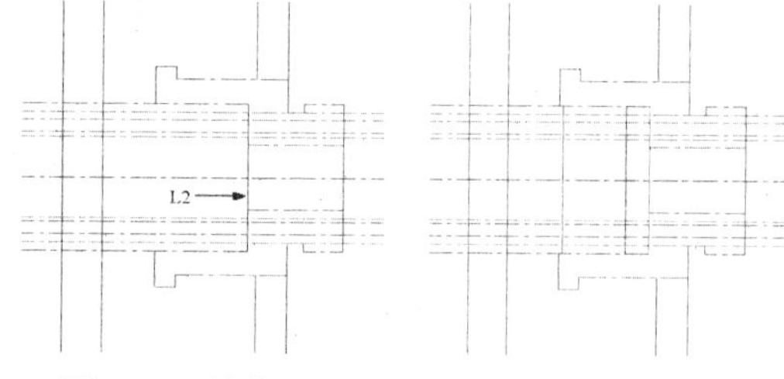

图69-6 镜像处理　　图69-7 偏移处理

步骤12 绘制直线。使用LINE命令，捕捉直线与中心线的交点绘制直线，效果如图69-8所示。

步骤13 修剪处理。使用TRIM修剪命令对多余的直线进行修剪，效果如图69-9所示。

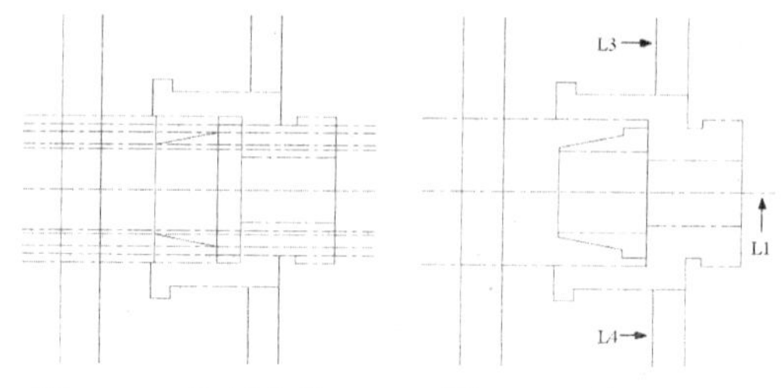

图69-8 绘制直线　　图69-9 修剪处理

步骤14 偏移处理。使用OFFSET偏移命令，选择中心线L1并按回车键，沿垂直方向依次向上偏移，偏移距离分别为29、2、4、4和4；沿垂直方向依次向下偏移，偏移距离分别为29、2、4、4和4。

步骤15 重复步骤（14）中的操作，选择直线L3和L4并按回车键，将其沿水平方向向左偏移20，效果如图69-10所示。

步骤16 修剪处理。使用TRIM修剪命令对多余的直线进行修剪，效果如图69-11所示。

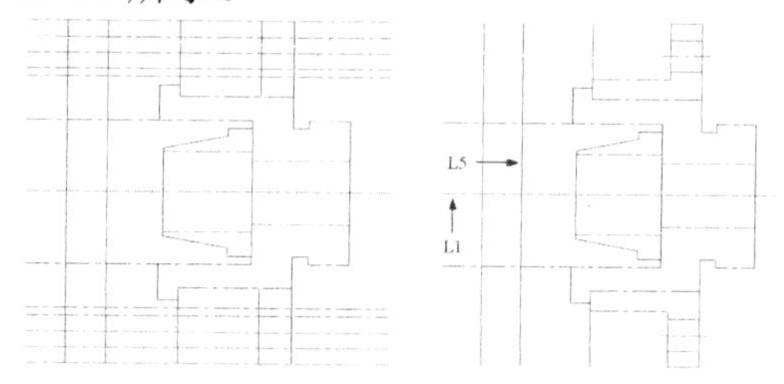

图69-10 偏移处理　　图69-11 修剪处理

步骤17 偏移处理。使用OFFSET偏移命令，选择中心线L1并按回车键，沿垂直方向依次向上偏移，偏移的距离分别为13、3、2和4；沿垂直方向依次向下偏移，偏移的距离分别为13、3、2和4。

步骤18 重复步骤（17）中的操作，选择图69-11中的直线L5并按回车键，沿水平方向依次向右偏移，偏移的距离分别为2和26，效果如图69-12所示。

步骤19 修剪处理。使用TRIM修剪命令对多余的直线进行修剪，效果如图69-13所示。

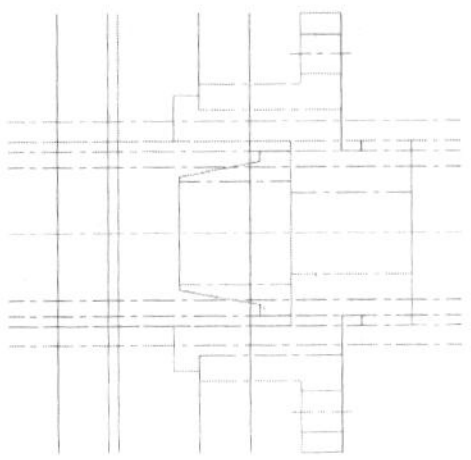

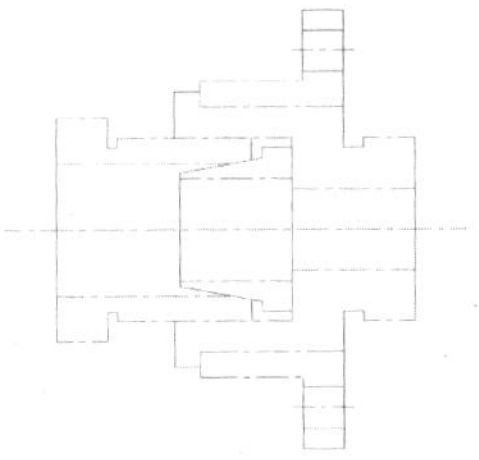

图 69-12 偏移处理　　图 69-13 修剪处理

步骤 20 特性匹配。使用 MATCHPROP 命令，选择轮廓线为源对象，将修剪后的中心线修改为轮廓线，效果如图 69-14 所示。

步骤 21 倒角处理。单击“修改”面板中的“倒角”按钮，根据提示进行操作，设置倒角距离均为 2，对手动压套进行倒角处理，效果如图 69-15 所示。

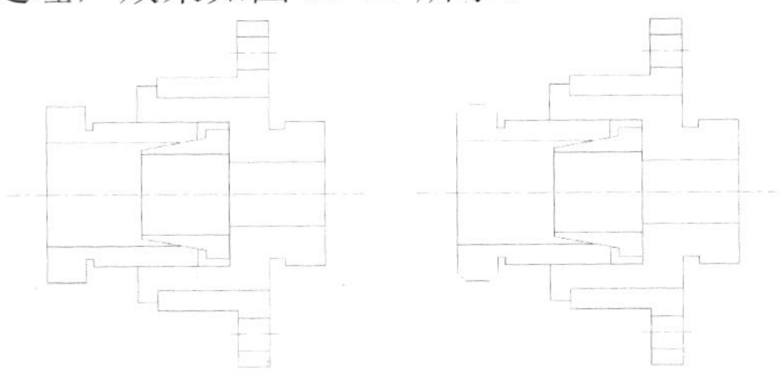

图 69-14 特性匹配　　图 69-15 倒角处理

步骤 22 绘制样条曲线。使用 SPLINE 命令绘制手动压套不剖部分，效果如图 69-16 所示。

步骤 23 绘制直线。使用 LINE 命令绘制出手动压套不剖部分的倒角线，效果如图 69-17 所示。

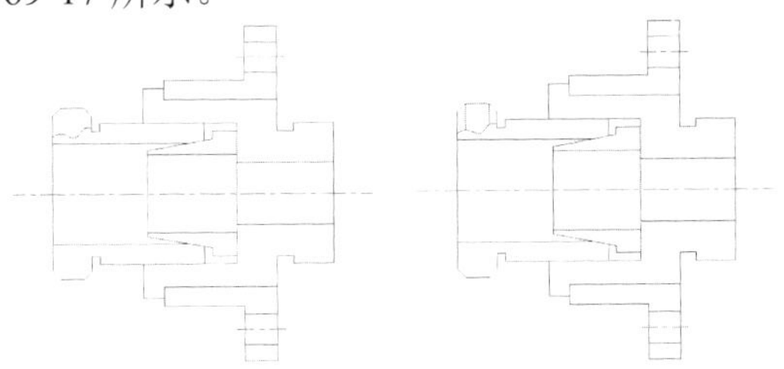

图 69-16 绘制样条曲线 图 69-17 绘制直线

步骤 24 图案填充。在命令行中输入 BHATCH 命令并按回车键，弹出“图案填充和渐变色”对话框，在“图案”下拉列表框中选择 ANSI37 选项，设置“比例”为 10，然后单击“拾取一个内部点”按钮，在绘图区中选择手动压套不剖区域并按回车键，返回对话框，单击“确定”按钮进行填充，效果如图 69-18 所示。

步骤 25 偏移并修剪处理。使用 OFFSET 偏移命令，选择水平中心线并按回车键，分别向上和向下偏移 17，并将偏移生成的中心线移至“轮廓线”图层；使用 TRIM 修剪命令对多余的直线进行修剪，效果如图 69-19 所示。

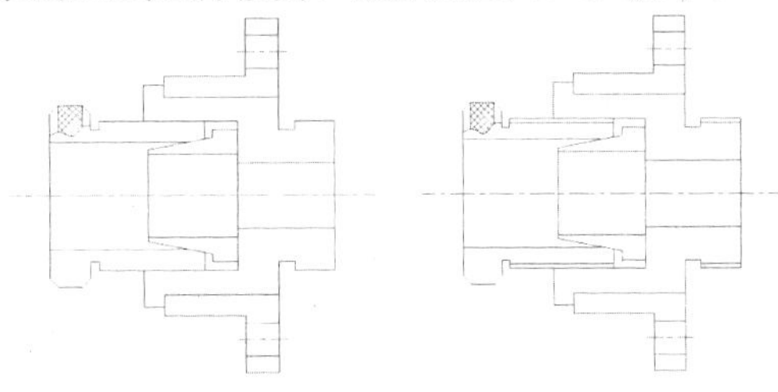

图 69-18 图案填充　图 69-19 偏移并修剪处理

步骤 26 图案填充。在单击“绘图”面板中的“图案填充”按钮，弹出“图案填充创建”对话框，在“图案”下拉列表框中选择 ANSI31 选项，设置相应的比例和角度，在绘图区选择剖切面区域进行图案填充，效果如图 69-20 所示。

步骤 27 尺寸标注。参照前面的尺寸标注，使用 DIMLINEAR 等命令对夹线体装配图进行尺寸标注，效果如图 69-1。

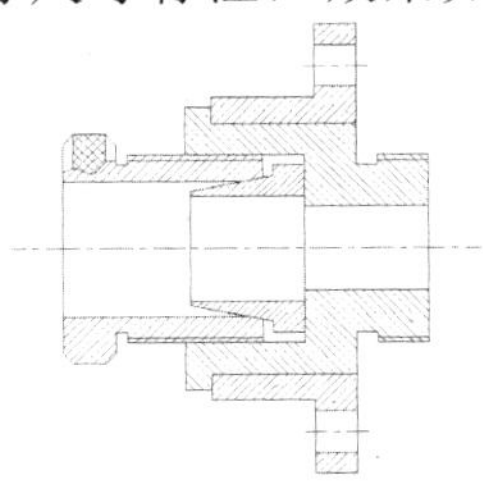

图 69-20 图案填充

实例 70 夹线体——装配图（二）

本实例将绘制夹线体——装配图（二），效果如图 70-1 所示。

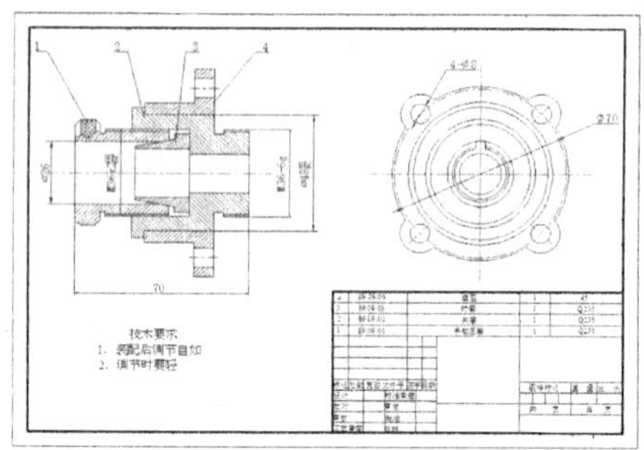

图 70-1　夹线体——装配图（二）

操作步骤

步骤 1 新建文件。启动 AutoCAD，单击“新建”按钮，新建一个 CAD 文件。

步骤 2 创建图层。在“AutoCAD 经典”工作空间下，单击“图层”工具栏中的“图层特性管理器”按钮，在弹出的“图层特性管理器”对话框中，依次创建图层“轮廓线”“标注”“中心线”（颜色为红色、线型为 CENTER、线宽为 0.09 毫米），然后双击“中心线”图层将其设置为当前图层。

步骤 3 绘制中心线。执行 LINE 命令，分别以（0,0）和（90,0）、（45,45）和（@0,-90）为直线的各个端点，绘制两条相互垂直的中心线。

步骤 4 绘制中心圆。使用 CIRCLE 命令，捕捉中心线的交点为圆心，绘制直径为 70 的圆，效果如图 70-2 所示。

步骤 5 旋转处理。单击“修改”面板中的“旋转”按钮，选择垂直中心线并按回车键，捕捉中心线的交点为基点，然后输入 C，分别将其旋转-45 度和 45 度，效果如图 70-3 所示。

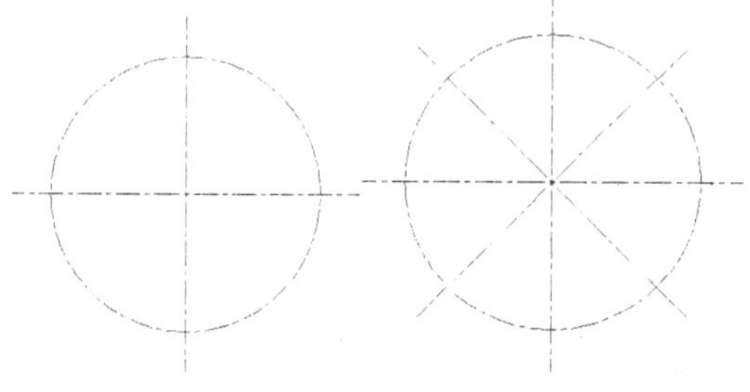

图 70-2　绘制中心圆　　图 70-3　旋转处理

步骤 6 绘制圆。将“轮廓线”图层设置为当前图层，使用 CIRCLE 命令，捕捉中心线的交点，绘制直径为 72 的圆；捕捉中心线和圆的任一交点，绘制直径分别为 16 和 8 的圆，效果如图 70-4 所示。

步骤 7 阵列处理。在命令行中输入 ARRAY 命令并按回车键，选择直径分别为 8 和 16 的圆进行阵列，输入阵列类型为“极轴（PO）”，设置中心点 X 为 45、Y 为 0、“项目总数”为 4、“填充角度”为 360，效果如图 70-5 所示。

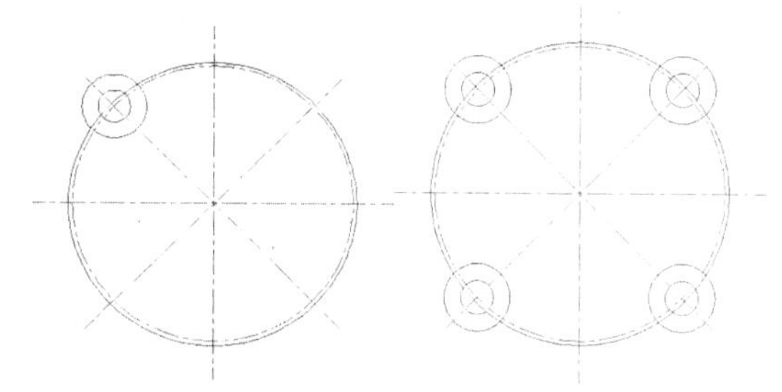

图 70-4　绘制圆　　图 70-5　阵列处理

步骤 8 修剪处理。使用 TRIM 修剪命令对多余的线条进行修剪，效果如图 70-6 所示。

步骤 9 绘制圆。使用 CIRCLE 命令，捕捉中心线的交点为圆心，绘制直径分别为 59、55、45、41、27、23、21 和 17 的圆，效果如图 70-7 所示。

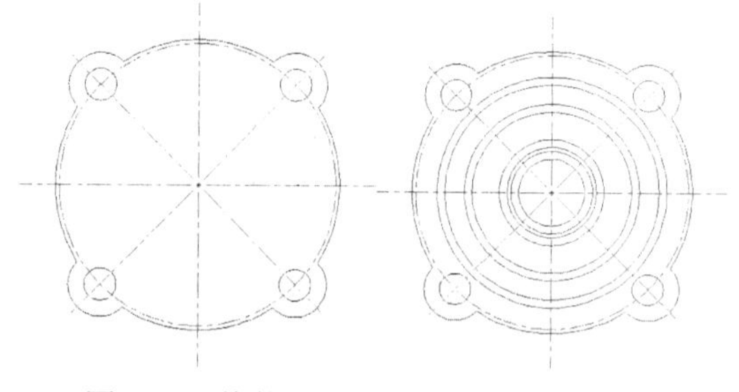

图 70-6　修剪处理　　图 70-7　绘制圆

步骤 10 偏移处理。使用 OFFSET 偏移命令，选择垂直中心线并按回车键，分别向左右偏移 2，并将偏移生成的中心线移至“轮廓线”图层，效果如图 70-8 所示。

步骤 11 修剪处理。使用 TRIM 修剪命令对多余的直线进行修剪，效果如图 70-9 所示。

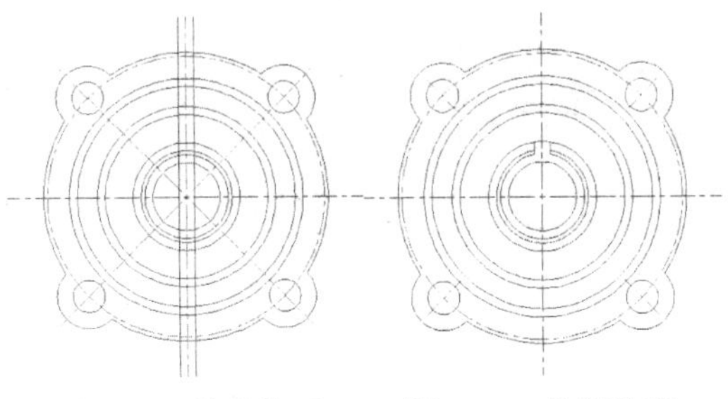

图 70-8　偏移处理　　　图 70-9　修剪处理

步骤 12 创建文字。使用 MTEXT 命令，输入如图 70-10 所示的文字。

技术要求：
1. 装配后调节自如。
2. 调节时要轻。

图 70-10　创建文字

步骤 13 尺寸标注。调用夹线体装配图（一）。打开实例 69 中创建的名称为“夹线体——装配图（一）”的 AutoCAD 文件，将所需的图形复制并粘贴到“夹线体——装配图（二）”文件中，参照前面的尺寸标注，使用 DIMLINEAR、DIMDIAMETER、LINE 和 MTEXT 等命令对夹线体装配图进行尺寸标注。

步骤 14 调用图签。打开素材（名称为“夹线体图签样板”的 AutoCAD 文件），将所需的图签复制并粘贴到“夹线体——装配图（二）”文件中，并使用 SCALE 命令进行适当的缩放，效果参见图 70-1。

第 5 章　机械三维装配图

part

本章详细讲解绘制传动轮、平键、齿轮、千斤顶和阀体的三维装配图，涉及各零部件的设计和组装，这不仅会使读者熟悉装配图的绘制过程，还将提高读者运用 AutoCAD 进行绘图的能力。

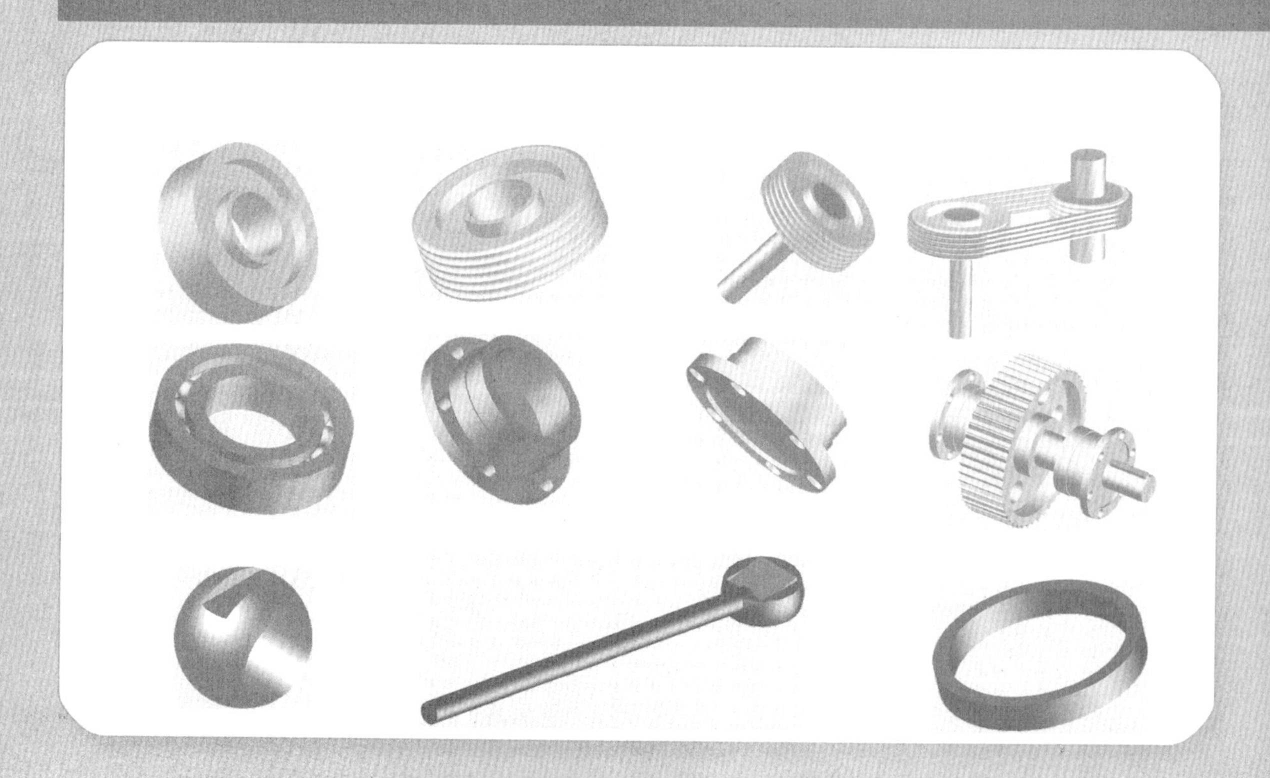

实例 71 传动轮——齿轮

本实例将绘制传动轮——齿轮，效果如图 71-1 所示。

图 71-1 传动轮——齿轮

操作步骤

步骤 1 新建文件。启动 AutoCAD，单击“新建”按钮，新建一个 CAD 文件。在状态栏中切换到“三维建模”工作空间，在左上角单击系统默认的“俯视”视角状态，并将视图切换到西南等轴测视图。

步骤 2 绘制圆。单击“绘图”面板中的“圆”按钮，根据提示进行操作，以原点为圆心，绘制半径分别为 100、120 和 200 的圆，效果如图 71-2 所示。

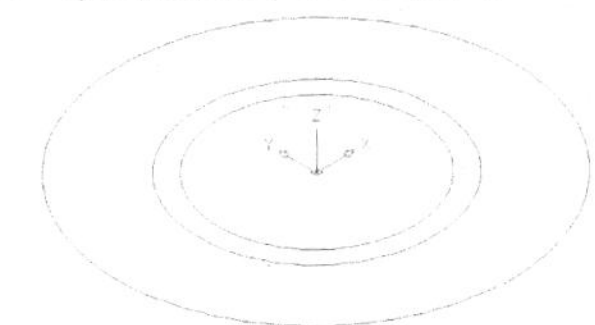

图 71-2 绘制圆

步骤 3 拉伸处理。单击“建模”面板中的“拉伸”按钮，根据提示进行操作，分别对半径为 100 和 120 的圆进行拉伸处理，指定拉伸的高度为 80；将半径为 200 的圆拉伸 30，效果如图 71-3 所示。

步骤 4 并集处理。在“常用”选项板中的“实体编辑”选项栏中单击“并集”命令，根据提示进行操作，合并半径为 120 和 200 的圆柱体，效果如图 71-4 所示。

步骤 5 差集处理。在“常用”选项板中的“实体编辑”选项栏中单击“差集”命令，根据提示进行操作，将半径为 100 的圆柱体从步骤（4）合并的实体中减去。

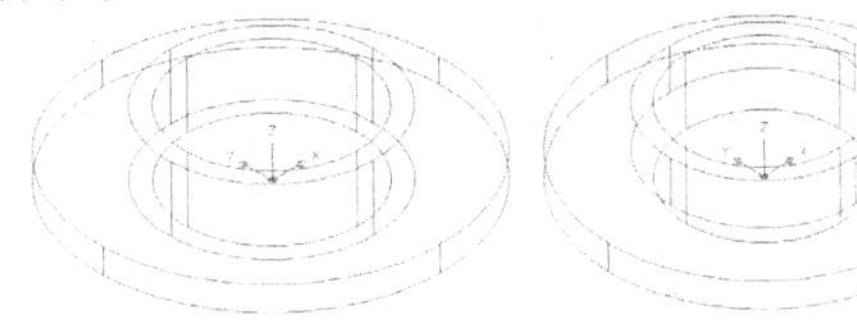

图 71-3 拉伸处理　　图 71-4 并集处理

步骤 6 消隐处理。使用 HIDE 命令对实体进行消隐，效果如图 71-5 所示。

步骤 7 绘制圆。单击“绘图”面板中的“圆”按钮，根据提示进行操作，以（0,600,0）为圆心，绘制半径分别为 200 和 250 的圆。

步骤 8 拉伸处理。单击“建模”面板中的“拉伸”按钮，根据提示进行操作，选择半径为 200 和 250 的圆并按回车键，指定拉伸的高度为 80，进行拉伸处理。

步骤 9 差集并消隐处理。在“常用”选项板中的“实体编辑”选项栏中单击“差集”命令，根据提示进行操作，将半径为 200 的圆柱体从半径为 250 的圆柱体中减去，并使用 HIDE 命令对差集处理后的实体进行消隐处理，效果如图 71-6 所示。

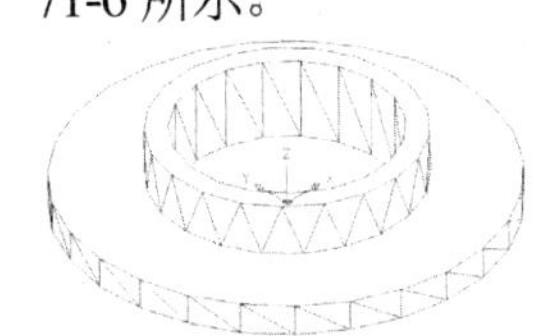

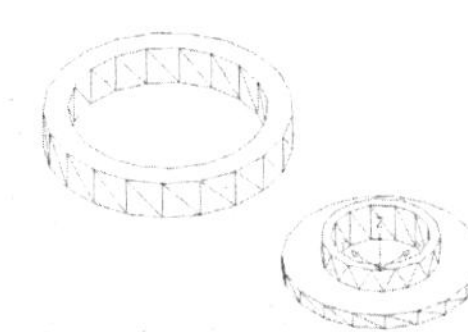

图 71-5 消隐处理　　图 71-6 差集并消隐处理

步骤 10 移动处理。使用 MOVE 命令，选择步骤（9）差集处理生成的实体，以（0,600,0）为基点，然后输入（0,0,0）为目标点进行移动，消隐后的效果如图 71-7 所示。

步骤 11 并集处理。在“常用”选项板中的“实体编辑”选项栏中单击“并集”命令，根据提示进行操作，合并所有实体。

步骤 12 三维镜像处理。单击“常用”选项板中的“修改”选项栏的“三维镜像”命令，根据提示进行操作，选择合并后的实体作为镜像对象，然后以XY平面为镜像平面，在原点处进行镜像处理，消隐后的效果如图71-8所示。

步骤 13 并集并平滑处理。使用UNION命令合并所有实体；在命令行中输入FACETRES命令并按回车键，设置平滑值为5，进行平滑处理。

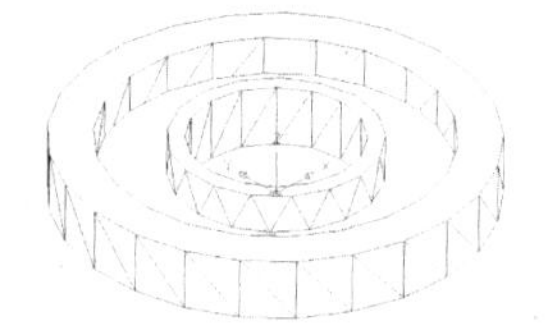
图71-7 移动处理

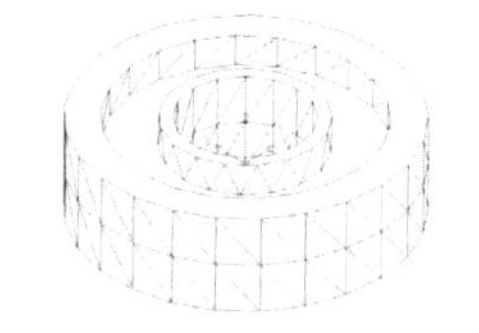
图71-8 三维镜像处理

步骤 14 新建并设置材质。在“可视化”选项板的“材质”选项栏中单击“材质浏览器”按钮，弹出“材质浏览器”面板，在“Autodesk库”选项区右侧的类别中找到“金属”并选取“黄铜-抛光”材质，单击右键选择“添加到|文档材质”，选取“文档材质”中添加的“黄铜-抛光”材质，右键单击“选择应用到的对象”，选择齿轮并按回车键，对实体附着材质。

步骤 15 设置渲染环境。在“可视化”选项板的“阳光和位置”选项栏中单击“阳光状态”按钮，在弹出的“光源|视口光源模式”对话框选择“关闭默认光源（建议）”，然后再弹出的“光源|太阳和曝光”对话框选择“调整曝光设置（建议）”，之后弹出“渲染环境和曝光”对话框，在此对话框的“环境”选项区中打开“环境”开关，在“曝光”选项区中设置“曝光”值为7，“白平衡”值为8500。

步骤 16 渲染处理。使用RENDER命令，在视口中对实体进行渲染，效果如图71-1所示。

扫码观看本例视频

实例72 传动轮——齿轮的雏形

本实例将绘制传动轮——齿轮的雏形，效果如图72-1所示。

图72-1 传动轮——齿轮的雏形

操作步骤

步骤 1 打开并另存为文件。启动AutoCAD，按下【Ctrl+O】组合快捷键，打开实例71中绘制的“传动轮——齿轮”图形文件，然后按【Ctrl+Shift+S】组合快捷键，将该图形另存为“传动轮——齿轮的雏形”文件。

步骤 2 切换视图。在状态栏中切换到“三维建模”工作空间，并将视图切换到前视状态。

步骤 3 绘制多段线。使用PLINE命令，依次输入（-5,25）、A、R、45、（-10,0）、L、（10,0）、A、R、45、（5,25）、L和C，绘制多段线，效果如图72-2所示。

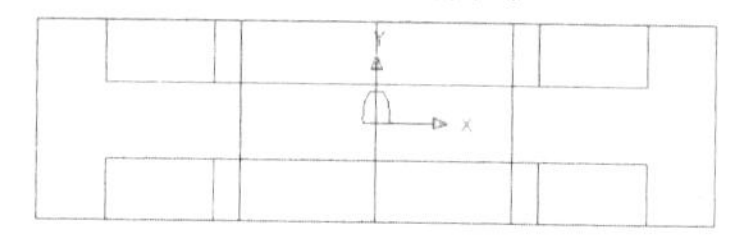
图72-2 绘制多段线

步骤 4 创建面域。单击“绘图”面板中的“面域”按钮，根据提示进行操作，将多段线创建为面域。

步骤 5 移动处理。使用MOVE命令，选择多段线并按回车键，以（-10,0）为基点，然后输入（250,80）为目标点进行移动。

步骤 6 旋转处理。使用ROTATE命令，选择创建的面域，以（250,80）为基点，将其旋转-90度，效果如图72-3所示。

步骤 7 复制处理。使用COPY命令，将创建的面域复制两个放在齿轮旁边，以作备用。

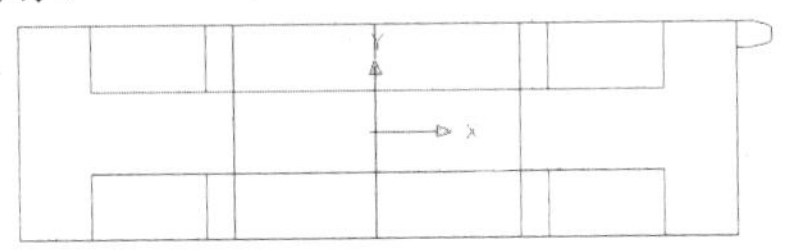

图 72-3　旋转处理

步骤 8 旋转生成实体。单击“建模”面板中的“旋转”按钮，根据提示进行操作，选择创建的面域为旋转对象，以 Y 轴为旋转轴，指定旋转角度为 360 度，将图形进行旋转，效果如图 72-4 所示。

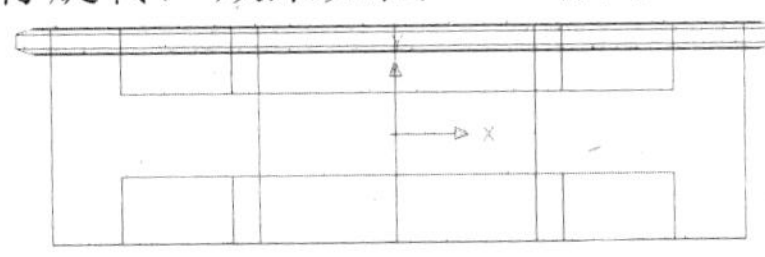

图 72-4　旋转生成实体

步骤 9 阵列处理。在命令行中输入 ARRAY 命令并按回车键，选择步骤（8）中旋转生成的实体为阵列的对象，输入阵列类型为“矩形（R）”，选择“行数（R）”为 6，指定行数之间的距离为-30 行数之间的标高增量为 0，选择“列数”为 1，指定列数之间的标高增量为 0，按下回车键进行阵列，效果如图 72-5 所示。

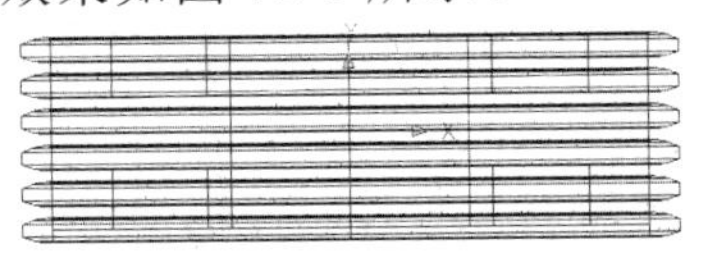

图 72-5　阵列处理

步骤 10 分解图形和切换视图。使用 EXPLODE 命令将阵列的实体分解，并将视图切换到西南等轴测视图，并使用 HIDE 命令进行消隐，效果如图 72-6 所示。

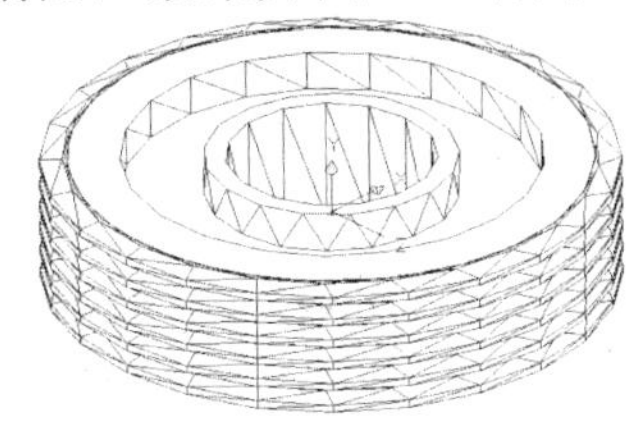

图 72-6　分解和切换视图

步骤 11 附着材质。单击“可视化”选项板中“材质”选项栏的的“材质浏览器”按钮，弹出“材质浏览器”面板，选取已添加的“齿轮”材质，右键单击“选择应用到的对象”，选择齿轮的雏形并按回车键，对实体附着材质。

步骤 12 设置渲染环境。在“可视化”选项板的“阳光和位置”选项栏中单击“阳光状态”按钮，在弹出的”光源|视口光源模式”对话框选择“关闭默认光源（建议）”和“调整曝光设置（建议）”，弹出“渲染环境和曝光”对话框，在“曝光”选项区中设置“曝光”值为 10，“白平衡”值为 6500。

步骤 13 渲染处理。在“可视化”选项板的”渲染到尺寸”选项栏中选择“渲染预设”为中，选择“渲染位置”为“在窗口中渲染”，单击”渲染到尺寸”工具栏中的“渲染到尺寸”按钮，在视口中进行渲染处理，效果参见图 72-1。

实例 73　传动轮——传动轴（一）

本实例将绘制传动轮——传动轴（一），效果如图 73-1 所示。

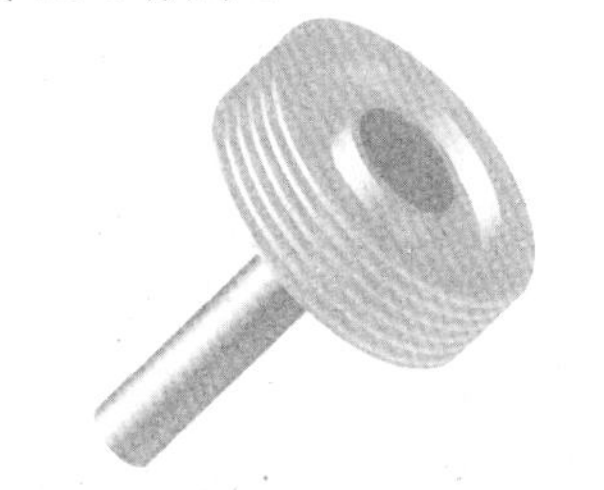

图 73-1　传动轮——传动轴（一）

操作步骤

步骤 1 打开并另存为文件。启动 AutoCAD，按下【Ctrl＋O】组合快捷键，打开实例 72 中绘制的“传动轮——齿轮的雏形”图形文件，然后按【Ctrl＋Shift＋S】组合快捷键，将该图形另存为“传动轮——传动轴（一）”文件。

步骤 2 返回世界坐标系。在“草图与注释”工作空间下，在命令行中输入UCS命令并连续按两次回车键，将坐标系恢复到世界坐标系。

步骤 3 绘制圆。执行CIRCLE命令，以（800,0,0）为圆心，绘制半径分别为100和60的圆。

步骤 4 拉伸处理。执行EXTRUDE命令，根据提示进行操作，将半径为100的圆拉伸-160；将半径为60的圆拉伸-710。

步骤 5 并集处理。使用UNION命令合并拉伸生成的两个圆柱体，效果如图73-2所示。

步骤 6 移动和消隐处理。使用MOVE命令，选择合并的实体，以（800,0,0）为基点，然后输入（0,0,80）为目标点进行移动，并使用HIDE命令进行消隐，效果如图73-3所示。

步骤 7 另存文件。单击“文件|另存为”命令，另存该文件，并将其命名为“传动轮——传动轴（二）”文件。

步骤 8 打开文件。单击“文件|打开”命令，打开“传动轮——传动轴（一）”文件。

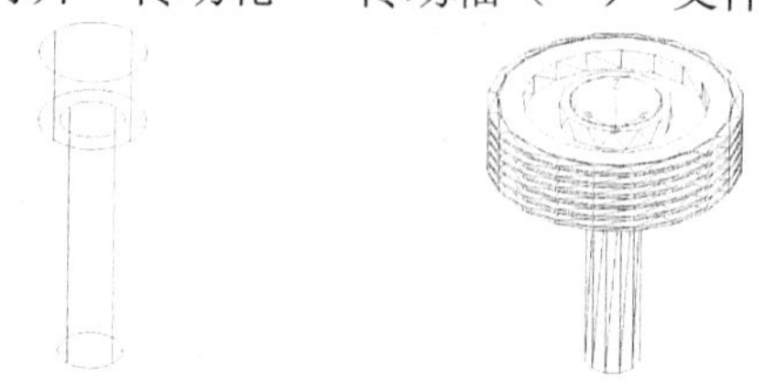

图73-2 并集处理　　图73-3 移动和消隐处理

步骤 9 删除处理。使用ERASE命令，将复制的面域删除。

步骤 10 新建材质并进行渲染。新建并设置材质。在“可视化”选项板的“材质”选项栏中单击“材质浏览器”按钮，弹出“材质浏览器”面板，在“Autodesk库”选项区右侧的类别中找到“金属”并选取“焊接|黄铜”材质，单击右键选择“添加到|文档材质”，选取“文档材质”中添加的“焊接|黄铜”材质，右键单击“选择应用到的对象”，选择传动轴并按回车键，将该材质附着于传动轴。使用RENDER命令在视口中对传动轴进行渲染处理，效果参见图73-1。

实例74 传动轮——传动轴（二）

本实例将绘制传动轮——传动轴（二），效果如图74-1所示。

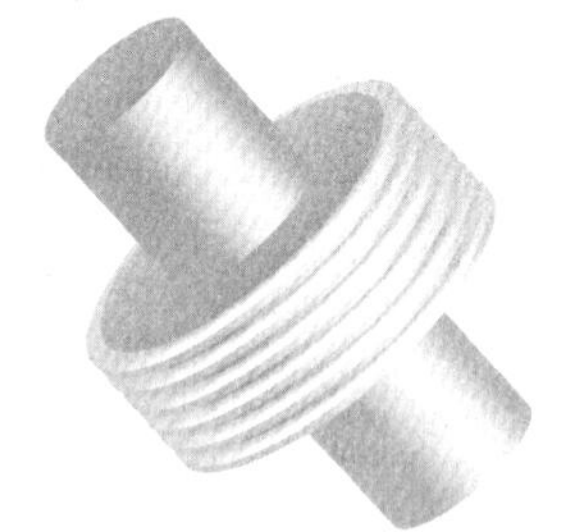

图74-1 传动轮——传动轴（二）

操作步骤

步骤 1 打开图形文件。在“草图与注释”工作空间下，启动AutoCAD，按下【Ctrl+O】组合快捷键，打开实例73中创建的“传动轮——传动轴（一）”图形文件。

步骤 2 绘制圆。执行CIRCLE命令，以（800,0,0）为圆心，绘制半径分别为100和200的圆。

步骤 3 拉伸处理。使用EXTRUDE命令，对半径为100的圆进行拉伸处理，设置拉伸高度为300；对半径为200的圆进行拉伸处理，设置拉伸高度为80。

步骤 4 三维镜像处理。使用MIRROR3D命令，选择半径分别为100和200的圆柱体为镜像对象，以XY为镜像面过原点进行镜像处理，效果如图74-2所示。

步骤 5 并集处理。使用UNION命令合并图74-2中的实体。

步骤 6 绘制传动轴的锥形。使用MOVE命令，选择实例72的步骤（7）中复制的面域并按回车键，以左上角的端点为基点，然后输入（1000,80,80）为目标点进行移动；使用 REVOLVE 命令，选择移动的面域并按回车键，捕捉半径为 200 的圆柱体的顶面圆心和底面圆心为旋转轴，指定旋转角度为 360 度，将图形进行旋转，效果如图 74-3 所示。

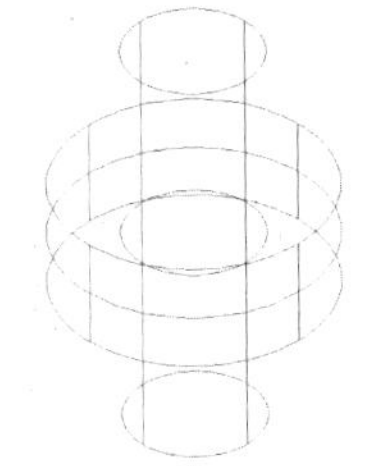
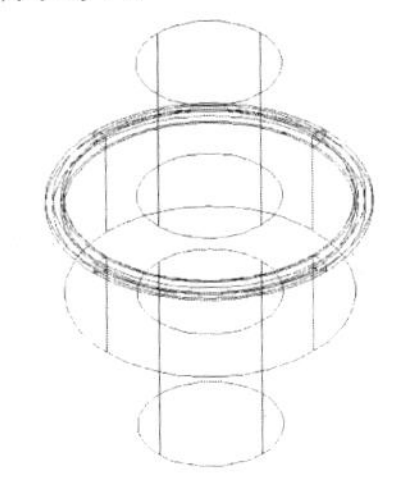

图 74-2 三维镜像处理 图 74-3 绘制传动轴的雏形

步骤 7 三维阵列处理。执行 3DARRAY 命令，根据提示进行操作，选择旋转后的实体以“矩形阵列”类型进行阵列，设置“行数”为 6、“列数”为 1、“层数”为 1、“行间距”为-30，效果如图 74-4 所示。

步骤 8 另存文件。单击“文件|另存为”命令，另存该文件，并命名为“传动轮——装配图”。

步骤 9 打开文件。单击“文件|打开”命令，打开“传动轮——传动轴（二）”文件。

步骤 10 删除处理。使用 ERASE 命令，将剩下的一个面域和传动轴删除。

步骤 11 渲染处理。将“齿轮”和“传动轴”材质附着于传动轴上，并使用 RENDER 命令对传动轴进行渲染，效果如图 74-5 所示。

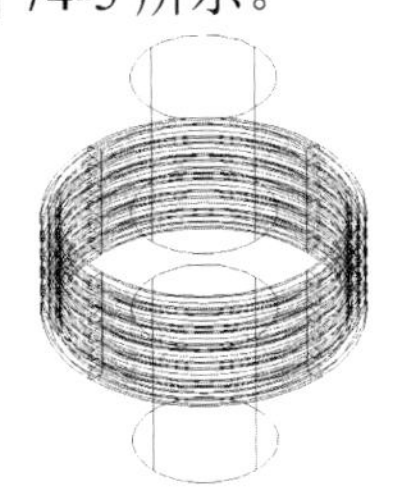
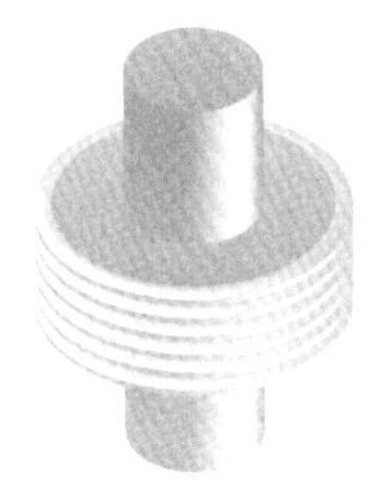

图 74-4 三维阵列处理　　图 74-5 渲染处理

实例 75 传动轮——装配图

本实例将绘制传动轮——装配图，效果如图 75-1 所示。

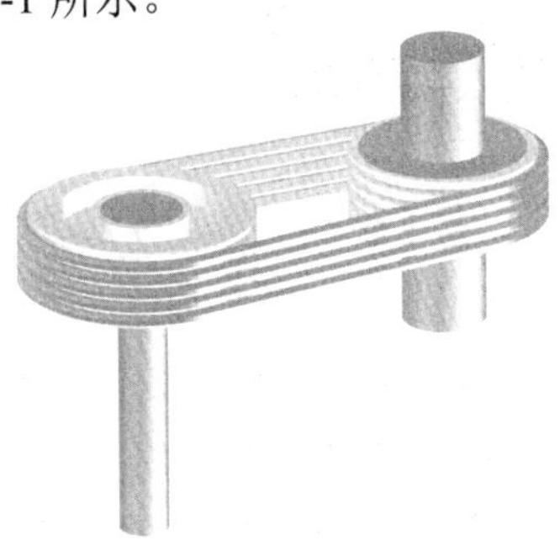

图 75-1 传动轮——装配图

操作步骤

步骤 1 打开图形文件。按【Ctrl+O】组合快捷键，打开实例 74 绘制的“传动轮——传动轴（二）”文件。并将工作空间切换为“草图与注释”工作空间。

步骤 2 切换视图。单击在工作空间左上角的视图切换按钮，将视图切换到俯视图。

步骤 3 创建图层。单击“图层”工具栏中的“图层特性管理器”按钮，在弹出的“图层特性管理器”对话框中，创建“图层 1”，然后双击“图层 1”将其设置为当前图层。

步骤 4 关闭图层。在“图层”工具栏的“图层特性管理器”按钮右侧的下拉列表框中单击“0”图层前面的“开/关图层”按钮，将该图层关闭。

步骤 5 绘制圆。执行 CIRCLE 命令，以原点为圆心绘制半径为 275 的圆，以（800,0,0）为圆心绘制半径为 225 的圆，效果如图 75-2 所示。

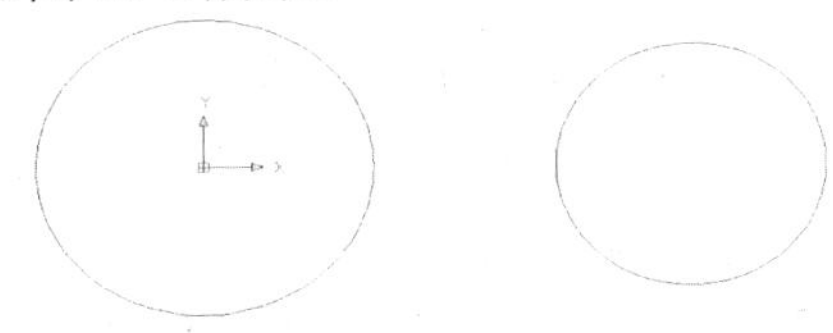

图 75-2 绘制圆

步骤 6 草图设置。单击状态栏中的“捕捉设置”按钮，弹出“草图设置”对话框，单击“对象捕捉”选项卡，分别选中“启用对象捕捉”和“启用对象捕捉追踪”复选框，并单击“全部清除”按钮，将所有对象捕捉模式关闭，然后选中“切点”复选框，单击“确定”按钮完成设置。

步骤 7 绘制公切线并进行修剪。使用LINE命令，捕捉两个圆的切点，绘制上下两条公切线；使用TRIM命令对半径为275和225的两个圆进行修剪，效果如图75-3所示。

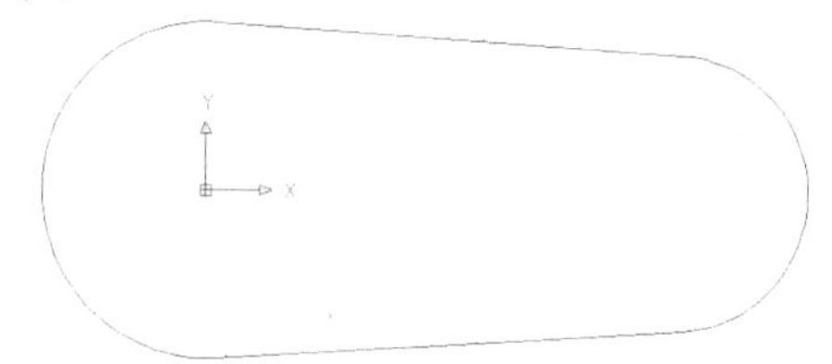

图75-3 绘制公切线并进行修剪

步骤 8 编辑多段线。使用PEDIT命令将修剪后的线段首尾相连，绘制传送带路径线。

步骤 9 切换视图。单击在工作空间左上角的视图切换按钮，将视图切换到西南等轴测视图，并打开“0”图层，效果如图75-4所示。

步骤 10 移动处理。使用MOVE命令，选择绘制的传送带路径线，以原点为基点，然后输入（@0,0,65）为目标点进行移动。

步骤 11 草图设置。单击状态栏中的“捕捉设置”按钮，弹出“草图设置”对话框，单击“对象捕捉”选项卡中的“全部选择”按钮，将所有对象捕捉模式打开。

步骤 12 将工作空间切换为“三维建模”工作空间三维旋转处理。使用3DROTATE命令，选择实例72的步骤（7）中复制的面域并按回车键，指定Z轴为旋转轴，捕捉面域左上角的端点为基点进行旋转，指定旋转角度为90度。

步骤 13 移动处理。使用MOVE命令，捕捉面域左上角的端点为基点，将图形移动至传送带路径线的合适位置，效果如图75-5所示。

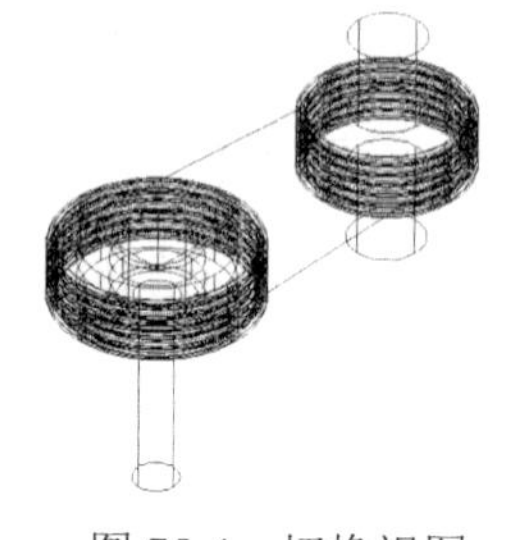

图75-4 切换视图

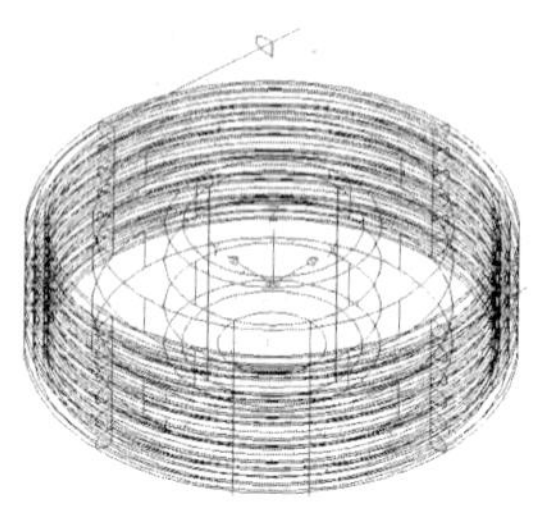

图75-5 移动处理

步骤 14 拉伸处理。使用EXTRUDE命令，选择实例72的步骤（7）中绘制的面域，输入P，选择传送带路径线，进行拉伸处理。

步骤 15 三维阵列处理。执行3DARRAY命令，根据提示进行操作，选择旋转后的实体以“矩形阵列”类型进行阵列，设置“行数”为5、“列数”为1、“层数”为1、“行间距”为-30，效果如图75-6所示。

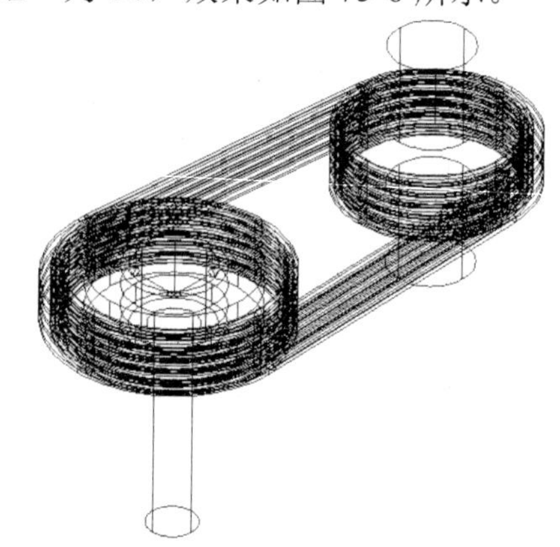

图75-6 三维阵列处理

步骤 16 新建并设置材质。在“可视化”选项板的“材质”选项栏中单击“材质浏览器”按钮，弹出“材质浏览器”面板，在“Autodesk库”选项区右侧的类别中找到“其他”并选取“橡胶-黑色”材质，单击右键选择“添加到|文档材质”，选取“文档材质”中添加的“橡胶-黑色”材质，右键单击“选择应用到的对象”，将该材质附着于传送带；使用RENDER命令，在视口中对装配的传动轮进行渲染处理，效果参见图75-1。

实例 76 平键和齿轮——平键轴

本实例将绘制平键和齿轮——平键轴，效果如图 76-1 所示。

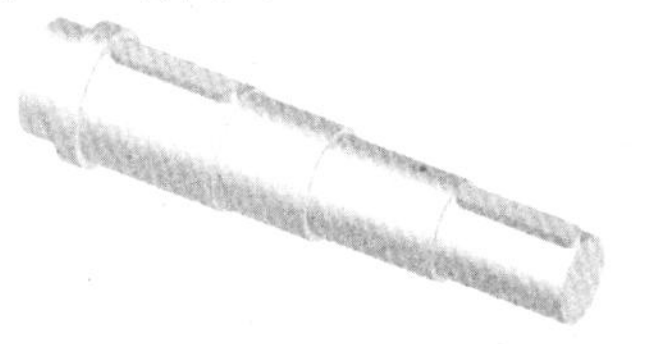

图 76-1 平键和齿轮——平键轴

操作步骤

步骤 1 新建文件。启动 AutoCAD，单击“新建”按钮，新建一个 CAD 文件。在“草图与注释”工作空间下，单击在工作空间左上角的视图切换按钮，将视图切换到西南等轴测视图。

步骤 2 旋转坐标系。右键单击 UCS 坐标系，选择右键菜单中的“旋转轴|X”按钮，根据提示进行操作，将坐标系绕 X 轴旋转 90 度。

步骤 3 绘制圆柱体。单击“建模”面板中的“圆柱体”按钮，根据提示进行操作，以坐标原点为圆柱体底面中心点，绘制半径为 17.5、高为-58 的圆柱体；以（0,0,-58）为圆柱体底面中心点，绘制半径为 20、高为-56 的圆柱体；以（0,0,-114）为圆柱体底面中心点，绘制半径为 22.5、高为-41 的圆柱体；以（0,0,-155）为圆柱体底面中心点，绘制半径为 24、高为-60 的圆柱体；以（0,0,-215）为圆柱体底面中心点，绘制半径为 27.5、高为-10 的圆柱体；以（0,0,-225）为圆柱体底面中心点，绘制半径为 22.5、高为-19 的圆柱体，效果如图 76-2 所示。

步骤 4 并集处理。使用 UNION 命令合并所有的圆柱体。

步骤 5 绘制平键。执行 BOX 命令，以（0,0,0）和（10,8,-56）为长方体的角点和对角点绘制长方体；使用 FILLET 命令，设置圆角半径为 5，对长方体的棱边进行圆角处理，效果如图 76-3 所示。

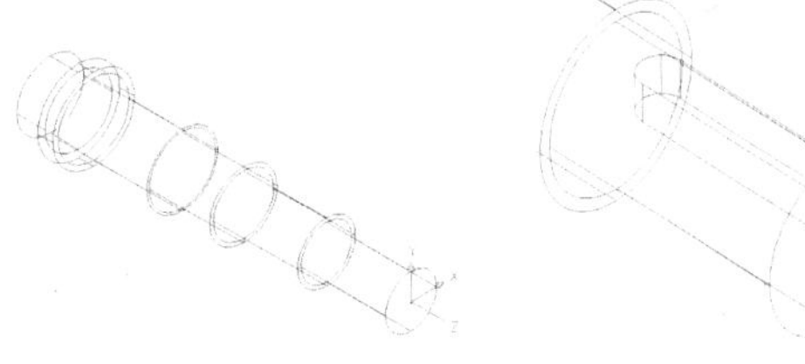

图 76-2 绘制圆柱体　　图 76-3 绘制平键

步骤 6 复制平键。执行 COPY 命令，在平键轴的旁边复制一个平键，一个用来生成平键槽，另一个作为平键。

步骤 7 移动处理。执行 MOVE 命令，选择一个平键，捕捉平键右端底边圆弧的中点为基点，然后输入（0,13,1）为目标点进行移动。

步骤 8 进行差集并消隐处理操作。执行 SUBTRACT 命令，将平键从平键轴中减去，使用 HIDE 命令进行消隐，效果如图 76-4 所示。

步骤 9 移动处理。执行 MOVE 命令，选择一个平键，捕捉平键右端底边圆弧的中点为基点，然后输入（0,13,1）为目标点进行移动，消隐后的效果如图 76-5 所示。

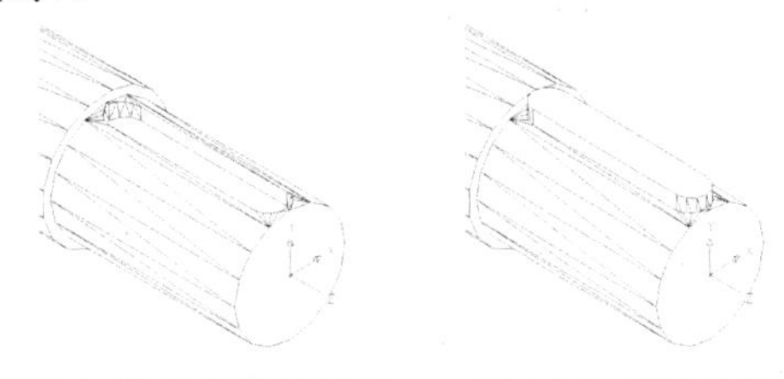

图 76-4 差集并消隐处理　　图 76-5 移动处理

步骤 10 复制并差集处理。使用 COPY 命令，捕捉平键右端底边圆弧的中点为基点，然后输入（0,19.5,157）为目标点进行复制；使用 SUBTRACT 命令将复制的平键从平键轴中减去。

步骤 11 复制处理。执行 COPY 命令，选择平键，捕捉平键右端底边圆弧的中点为基点，然后输入（0,19.5,157）为目标点进行复制，消隐后的效果如图 76-6 所示。

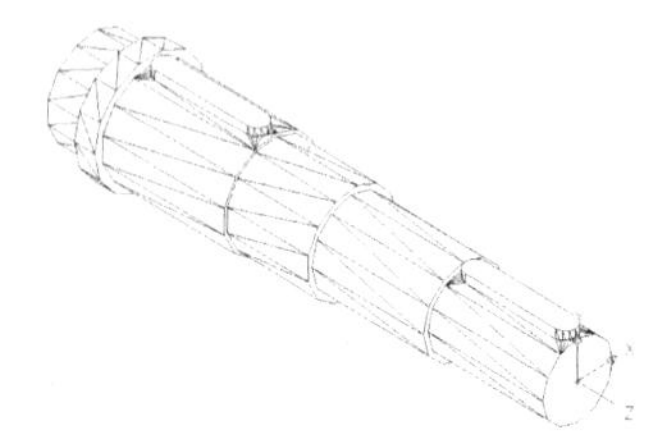

图 76-6　复制处理

步骤 12 平滑处理。执行 FACETRES 命令，设置平滑值为 5，对平键轴进行平滑处理。

步骤 13 新建并设置材质。在“可视化”选项板的“材质”选项栏中单击“材质浏览器”按钮，弹出“材质浏览器”面板，在“Autodesk 库”选项区右侧的类别中找到“金属”并选取”铜|铜绿色”材质，单击右键选择“添加到|文档材质”，选取“文档材质”中添加的”铜|铜绿色”材质，右键单击“选择应用到的对象”，选择实体并按回车键，对实体附着材质。使用 RENDER 命令，在视口中对实体进行渲染处理，效果参见图 76-1。

实例 77 平键和齿轮——齿轮

本实例将绘制平键和齿轮——齿轮，效果如图 77-1 所示。

图 77-1　平键和齿轮——齿轮

操作步骤

步骤 1 新建文件。启动 AutoCAD，单击“新建”按钮，新建一个 CAD 文件。在“草图与注释”工作空间下，单击在工作空间左上角的视图切换按钮，将视图切换到西南等轴测视图。

步骤 2 旋转坐标系。右键单击 UCS 坐标系，在右键菜单中单击“旋转轴|X”按钮，根据提示进行操作，将坐标系绕 X 轴旋转 90 度。

步骤 3 绘制圆柱体。执行 CYLINDER 命令，以原点为圆柱体底面中心点，绘制半径为 24、高为 62 的圆柱体；以原点为圆柱体底面中心点，绘制半径为 39、高为 62 的圆柱体；以原点为圆柱体底面中心点，绘制半径为 97.5、高为 62 的圆柱体；以原点为圆柱体底面中心点，绘制半径为 87.5、高为 62 的圆柱体，效果如图 77-2 所示。

步骤 4 差集处理。使用 SUBTRACT 命令，将半径为 87.5 的圆柱体从半径为 97.5 的圆柱体中减去。

步骤 5 绘制长方体。单击“建模”面板中的“长方体”按钮，以（5,27.3,0）和（-5,0,62）为长方体的角点和对角点，绘制一个长方体，效果如图 77-3 所示。

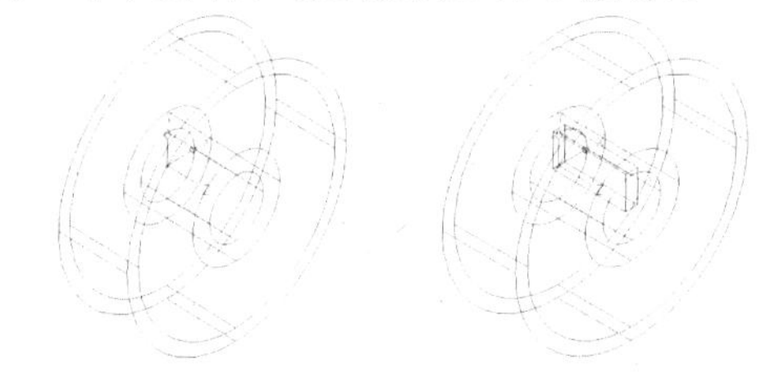

图 77-2 绘制圆柱体　　图 77-3　绘制长方体

步骤 6 移动坐标系。使用 UCS 命令指定新的原点为（0,0,21）。

步骤 7 绘制圆柱体。执行 CYLINDER 命令，以原点为圆柱体底面中心点，绘制半径为 87.5、高为 20 的圆柱体，效果如图 77-4 所示。

步骤 8 绘制圆柱体。单击“建模”面板中的“圆柱体”按钮，根据提示进行操作，以（63,0,0）为圆柱体底面中心点，绘制半径为15、高为20的圆柱体。

步骤 9 三维阵列处理。执行3DARRAY命令，根据提示进行操作，选择所绘制的圆柱体以“环形阵列”类型进行阵列，设置阵列的数目为6、填充角度为360度，指定阵列的中心点为（0,0,0），旋转轴上的第二点为（0,0,10），效果如图77-5所示。

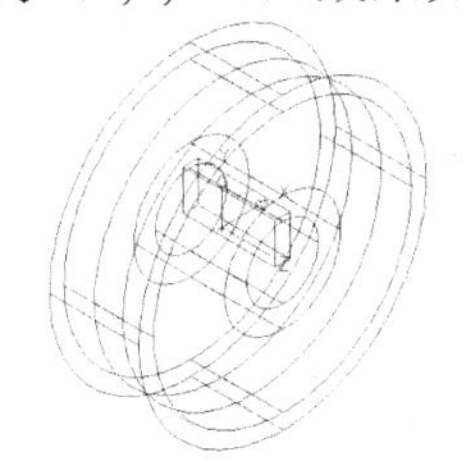
图77-4 绘制圆柱体

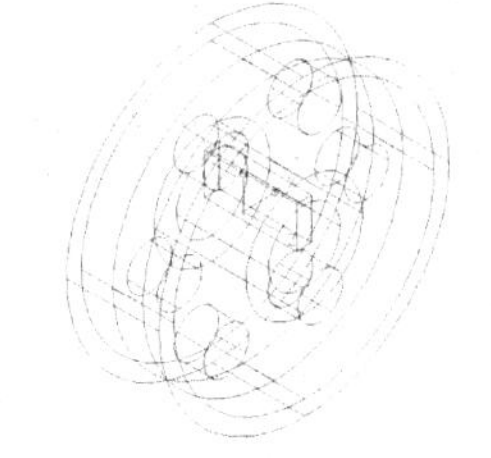
图77-5 三维阵列处理

步骤 10 并集处理。使用UNION命令合并半径分别为87.5和39的圆柱体以及步骤(4)中差集生成的实体，效果如图77-6所示。

步骤 11 差集处理。使用SUBTRACT命令，将6个圆柱体和半径为24的圆柱体以及长方体从步骤（10）中合并后的实体内减去，消隐后的效果如图77-7所示。

步骤 12 移动处理。单击“修改”面板中的“移动”按钮，根据提示进行操作，将上述实体移动到合适的位置，并切换视图至前视图。

步骤 13 绘制圆。执行CIRCLE命令，以原点为圆心，绘制半径分别为100、102、97.5的圆。

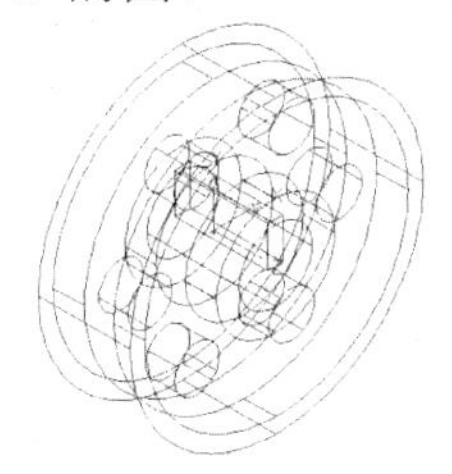
图77-6 并集处理

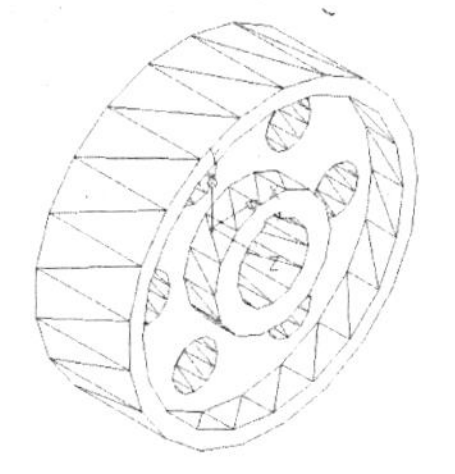
图77-7 差集处理

步骤 14 等分圆。执行DIVIDE命令，根据提示进行操作，将半径为100的圆等分150份；将半径为102的圆等分450份；将半径为97.5的圆等分50份。

步骤 15 设置点样式。单击“格式|点样式”命令，弹出“点样式”对话框，设置点样式为第一行第四个。

步骤 16 绘制齿轮雏形。使用PLINE命令，捕捉等分点，绘制齿轮雏形；使用TRIM命令对多余的直线进行修剪；使用ERASE命令将等分点和多余的线段删除，效果如图77-8所示。

步骤 17 创建面域。单击“绘图”面板中的“面域”按钮，根据提示进行操作，将上述区域创建为面域。

步骤 18 阵列处理。执行ARRAY命令，选择多段线区域为阵列对象，选中“环形阵列”单选按钮，设置中心点X为0、Y为0、“项目总数”为50、“填充角度”为360，效果如图77-9所示。

步骤 19 拉伸处理。单击“建模”面板中的“拉伸”按钮，根据提示进行操作，选择齿轮雏形并按回车键，指定拉伸高度为62，进行拉伸处理，并切换至西南等轴测视图。

步骤 20 移动处理。使用MOVE命令，选择齿轮并按回车键，捕捉齿轮底面圆心为基点，然后以原点为目标点进行移动，消隐后的效果如图77-10所示。

步骤 21 平滑处理。执行FACETRES命令，设置平滑值为5，对齿轮进行平滑处理。

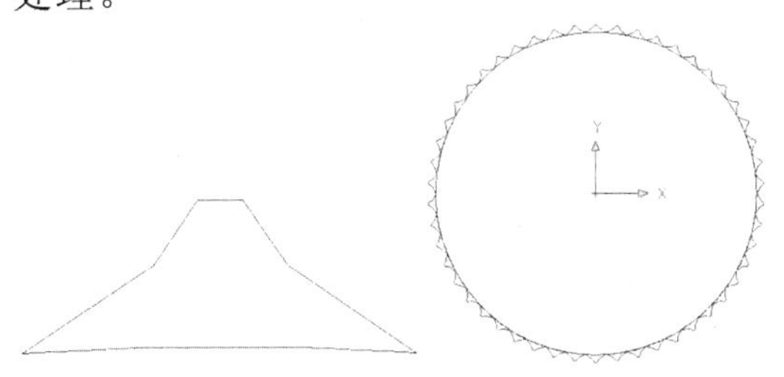

图77-8 绘制齿轮雏形　　图77-9 阵列处理

步骤 22 设置材质并进行渲染。在“可视化”选项板的“材质”选项栏中单击“材质浏览器”按钮，弹出“材质浏览器”面板，在“Autodesk库”选项区右侧的类别中找到“金属”并选取“铜|铜绿色”材质，单击右键选择“添加到|文档材质”，选取“文档材质”中添加的“铜|铜绿色”材

质，右键单击“选择应用到的对象”，选择实体并按回车键，对实体附着材质。使用RENDER 命令在视口中对实体进行渲染，效果如图 77-11 所示。

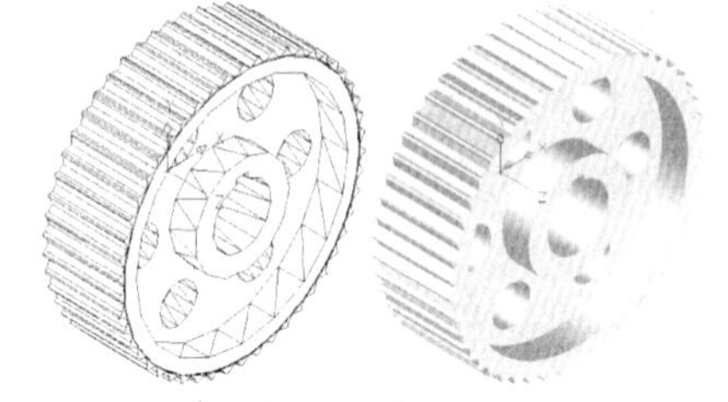

图 77-10 移动并消隐后的效果　　图 77-11 设置材质并进行渲染

实例 78 平键和齿轮——滚动轴承

本实例将绘制平键和齿轮——滚动轴承，效果如图 78-1 所示。

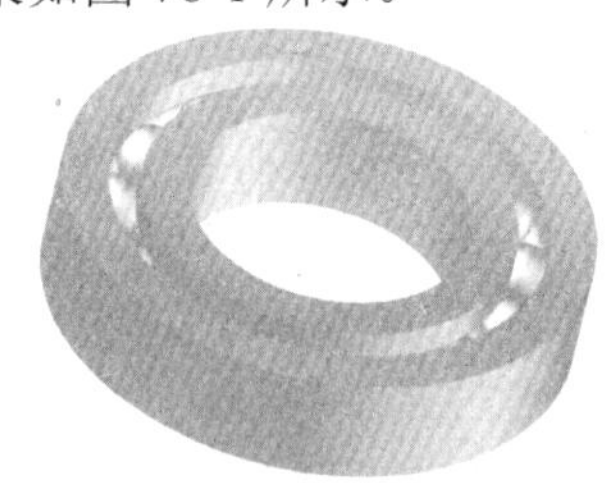

图 78-1　平键和齿轮——滚动轴承

操作步骤

步骤 1 新建文件。启动 AutoCAD，单击“新建”按钮，新建一个 CAD 文件。在“草图与注释”工作空间下，单击在工作空间左上角的视图切换按钮，将视图切换到西南等轴测视图。

步骤 2 绘制圆环体。单击“建模”面板中的“圆环体”按钮，根据提示进行操作，在原点处绘制半径为 32.5、圆管半径为 5 的圆环体。

步骤 3 复制处理。使用 COPY 命令，在原位置复制一个圆环体。

步骤 4 移动坐标系。在命令行中输入UCS 命令并按回车键，根据提示进行操作，指定新原点为（0,0,-9.5）。

步骤 5 绘制圆柱体。单击“建模”面板中的“圆柱体”按钮，根据提示进行操作，以原点为圆柱体底面中心点，绘制半径为 42.5、高为 19 的圆柱体。重复此操作，以原点为圆柱体底面中心点，绘制半径为 35、高为 19 的圆柱体。

步骤 6 差集处理。使用 SUBTRACT 命令将小圆柱体和圆环体从大圆柱体中减去。

步骤 7 移动和消隐处理。使用 MOVE 命令将差集后生成的实体移动到合适的位置，消隐后的效果如图 78-2 所示。

步骤 8 绘制圆柱体。单击“建模”面板中的“圆柱体”按钮，根据提示进行操作，以原点为圆柱体底面中心点，绘制半径为 30、高为 19 的圆柱体。重复此操作，以原点为圆柱体底面中心点，绘制半径为 22.5、高为 19 的圆柱体。

步骤 9 差集处理。使用 SUBTRACT 命令，将半径为 22.5 的圆柱体和圆环体从半径为 30 的圆柱体中减去，消隐后的效果如图 78-3 所示。

步骤 10 移动坐标系。在命令行中输入UCS 命令并按回车键，根据提示进行操作，指定新原点为（0,0,9.5）。

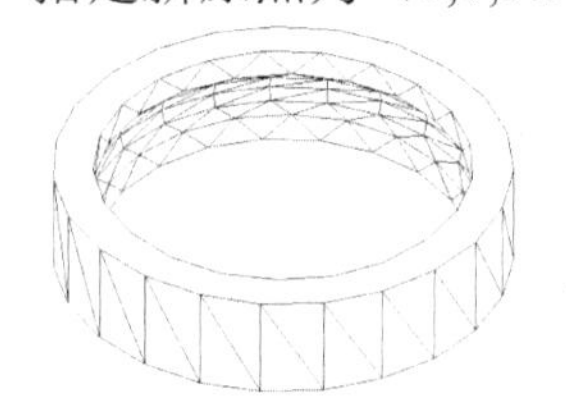

图 78-2 移动和消隐处理

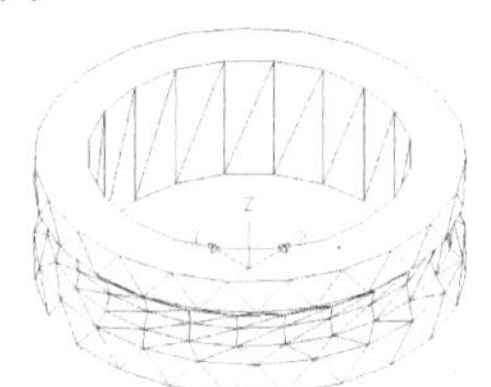

图 78-3 差集处理

步骤 11 绘制球体。单击“建模”面板中的“球体”按钮，根据提示进行操作，以（32.5,0,0）为球心绘制半径为 5 的球体。

步骤 12 三维阵列处理。执行 3DARRAY 命令，根据提示进行操作，选择绘制的球体以“环形阵列”类型进行阵列，指定阵列的数目为 15、填充角度为 360 度，指定阵列的中心点为（0,0,0），旋转轴上的第二点为（0,0,10），效果如图 78-4 所示。

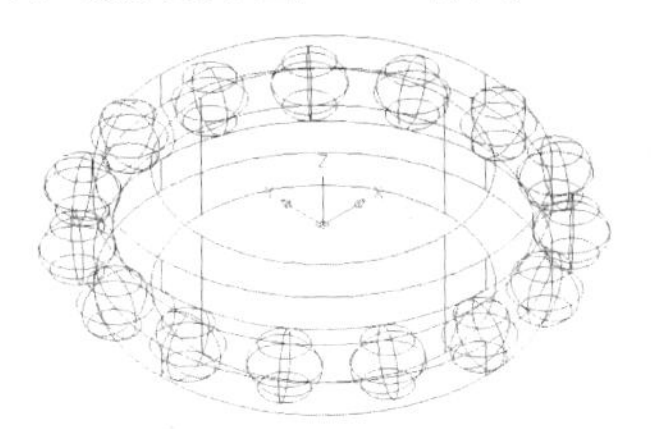

图 78-4 三维阵列处理

步骤 13 平滑处理。使用 FACETRES 命令，设置平滑值为 5，对实体进行平滑处理。

步骤 14 设置材质并进行渲染处理。在“可视化”选项板的“材质”选项栏中单击“材质浏览器”按钮，弹出“材质浏览器”面板，在“Autodesk 库”选项区右侧的类别中找到“金属”并选取”铜|铜绿色”材质，单击右键选择“添加到|文档材质”，选取“文档材质”中添加的”铜|铜绿色”材质，右键单击“选择应用到的对象”，选择实体并按回车键，对实体附着材质；使用 RENDER 命令在视口中对实体进行渲染，效果参见图 78-1。

实例 79 平键和齿轮——轴承盖

本实例将绘制平键和齿轮——轴承盖，效果如图 79-1 所示。

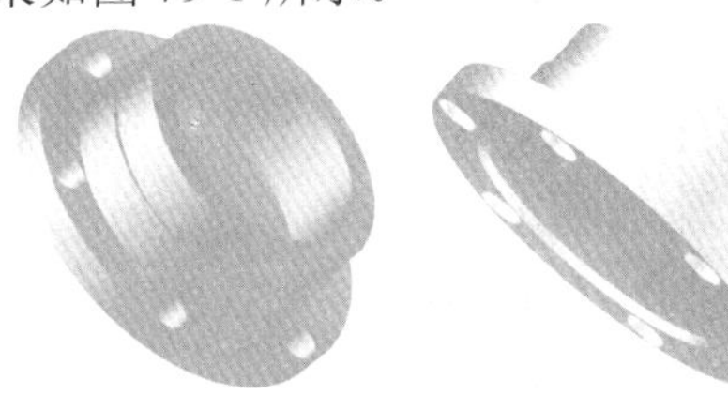

图 79-1 平键和齿轮——轴承盖

操作步骤

步骤 1 新建文件。启动 AutoCAD，单击“新建”按钮，新建一个 CAD 文件。在“草图与注释”工作空间下，单击在工作空间左上角的视图切换按钮，，将视图切换到西南等轴测视图。

步骤 2 绘制圆柱体。使用 CYLINDER 命令，以原点为圆柱体底面中心点，绘制半径为 41、高为-15 的圆柱体；以（0,0,-15）为圆柱体底面中心点，绘制半径为 42.5、高为-15 的圆柱体；以（0,0,-30）为圆柱体底面中心点，绘制半径为 57.5、高为-10 的圆柱体。

步骤 3 并集处理。使用 UNION 命令合并上述三个圆柱体，消隐后的效果如图 79-2 所示。

步骤 4 绘制圆柱体。单击“建模”面板中的“圆柱体”按钮，根据提示进行操作，以（50,0,-30）为圆柱体底面的中心点，绘制半径为 6.5、高为-10 的圆柱体。

步骤 5 三维阵列处理。执行 3DARRAY 命令，根据提示进行操作，选择半径为 6.5 的圆柱体以“环形阵列”类型进行阵列，设置阵列的数目为 6、填充角度为 360 度，指定阵列的中心点为（0,0,-30），旋转轴上的第二点为(0,0,0)，效果如图 79-3 所示。

步骤 6 绘制圆。使用 CIRCLE 命令，以（0,0,-30）为圆心绘制半径为 35 的圆。

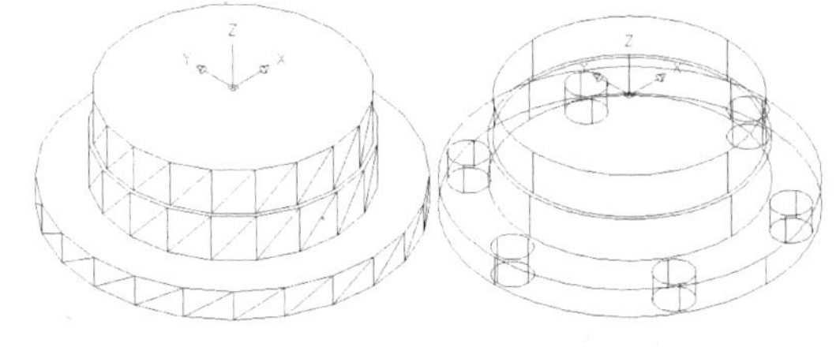

图 79-2 并集处理　　图 79-3 三维阵列处理

步骤 7 拉伸处理。单击“建模”面板中的“拉伸”按钮，根据提示进行操作，选择绘制的圆，输入 T，指定拉伸的倾斜角度为 5 度、拉伸的高度为 30，进行拉伸处理。

步骤 8 差集处理。单击“实体编辑”

面板中的“差集”按钮，根据提示进行操作，将六个小圆柱体和拉伸实体从合并的实体中减去，效果如图 79-4 所示。

步骤 9 绘制圆柱体。单击“建模”面板中的“圆柱体”按钮，根据提示进行操作，以（0,0,-37）为圆柱体底面中心点，绘制半径为 42.5、高为-3 的圆柱体。

步骤 10 差集处理。单击“实体编辑”面板中的“差集”按钮，根据提示进行操作，将圆柱体从上述实体中减去，效果如图 79-5 所示。

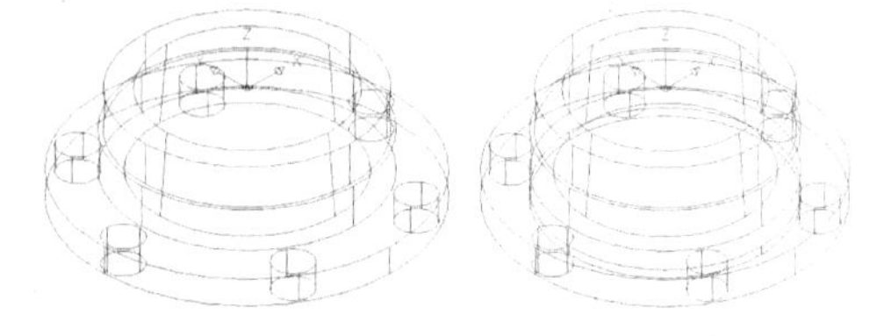

图 79-4 差集处理　　图 79-5 差集处理

步骤 11 调整角度。在“导航栏”工具栏中单击“动态观察”按钮，将视图调整到合适的角度，消隐后的效果如图 79-6 所示。

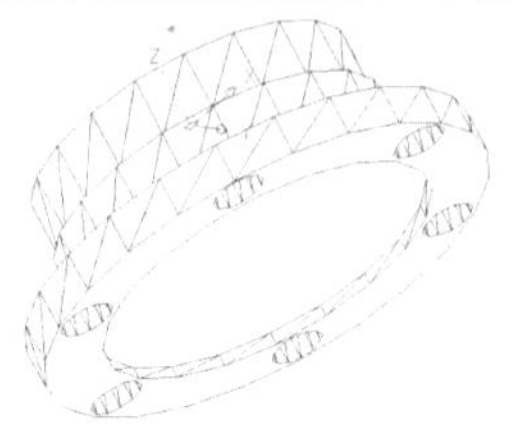

图 79-6 调整角度

步骤 12 平滑处理。使用 FACETRES 命令，设置平滑值为 5，对实体进行平滑处理。

步骤 13 设置材质并渲染处理。在“可视化”选项板的“材质”选项栏中单击“材质浏览器”按钮，弹出“材质浏览器”面板，在“Autodesk 库”选项区右侧的类别中找到“金属”并选取”铜|铜绿色”材质，单击右键选择“添加到|文档材质”，选取“文档材质”中添加的”铜|铜绿色”材质，右键单击“选择应用到的对象”，选择实体并按回车键，对实体附着材质；使用 RENDER 命令在视口中对实体进行渲染，效果参见图 79-1。

实例 80 平键和齿轮——装配图

本实例将绘制平键和齿轮——装配图，效果如图 80-1 所示。

图 80-1 平键和齿轮——装配图

操作步骤

步骤 1 打开并另存为文件。启动 AutoCAD，按【Ctrl＋O】组合快捷键，打开实例 76 中绘制的“平键和齿轮——平键轴”图形文件，然后按【Ctrl＋Shift＋S】组合快捷键，将该图形另存为“平键和齿轮——装配图”文件。

步骤 2 调用齿轮实体。打开实例 77 中绘制的名称为“平键和齿轮——齿轮”的 AutoCAD 文件，将所需的实体复制并粘贴到平键和齿轮装配图中。

步骤 3 移动处理。使用 MOVE 命令，捕捉齿轮右边圆柱体的圆心为基点，输入（0,0,-153）为目标点进行移动，消隐后效果如图 80-2 所示。

步骤 4 调用滚动轴承实体。打开实例 78 中创建的名称为“平键和齿轮——滚动轴承”的 AutoCAD 文件，将所需的实体复制并粘贴到平键和齿轮装配图中。

步骤 5 移动处理。使用 MOVE 命令，捕捉滚动轴承右边圆柱体的圆心为基点，然后输入（0,0,-225）为目标点进行移动，并切换视图，消隐后的效果如图 80-3 所示。

步骤 6 切换视图。单击在工作空间左上角的视图切换按钮，将视图切换到左视图。

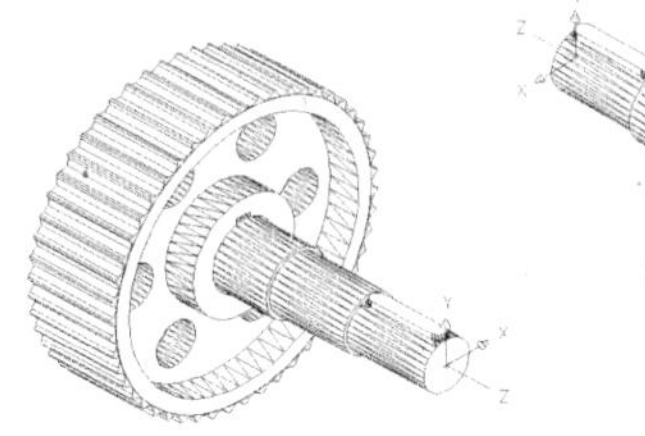
图 80-2　移动处理

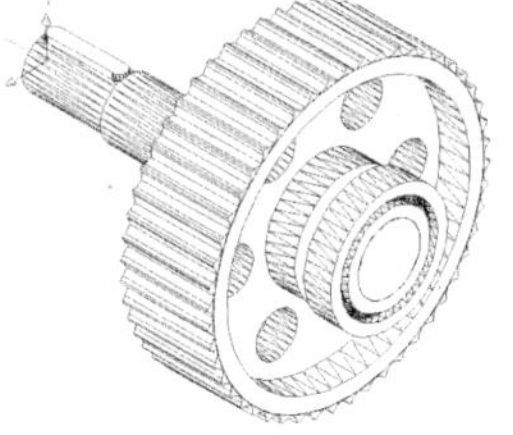
图 80-3　移动处理

步骤 7 镜像处理。使用 MIRROR 命令，选择滚动轴承实体为镜像对象，以（-169.5,0）和（-169.5,1）为镜像线上的两点进行镜像处理，切换视图并消隐处理后的效果如图 80-4 所示。

步骤 8 调用轴承盖实体。打开实例 79 中创建的名称为“平键和齿轮——轴承盖”的 AutoCAD 文件，将所需的实体复制并粘贴到平键和齿轮装配图中。

步骤 9 三维旋转处理。使用 3DROTATE 命令，将轴承盖绕 Y 轴旋转 90 度。

步骤 10 移动处理。使用 MOVE 命令，捕捉轴承盖右边圆柱体圆心为基点，然后输入（-244,0,0）为目标点进行移动，并切换视图，消隐后的效果如图 80-5 所示。

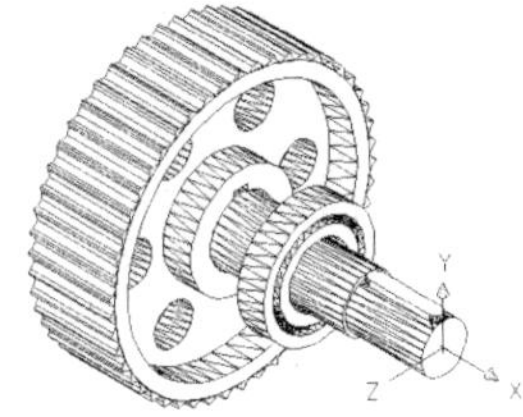
图 80-4　镜像处理

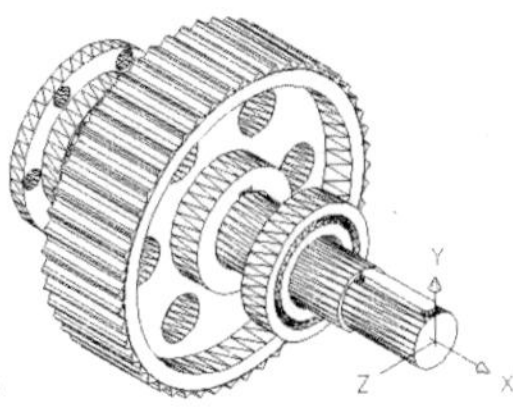
图 80-5　移动处理

步骤 11 三维镜像处理。在命令行中输入 MIRROR3D 命令并按回车键，根据提示进行操作，选择轴承盖为镜像对象，然后以 ZY 平面为镜像面，过点（-169.5,0,0）进行镜像处理，消隐后的效果如图 80-6 所示。

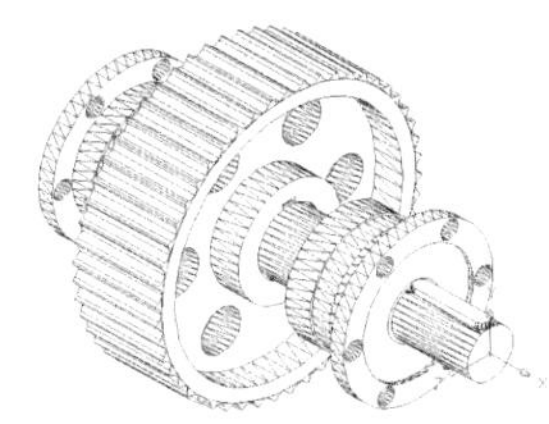
图 80-6　三维镜像处理

步骤 12 渲染处理。使用 RENDER 命令在视口中对实体进行渲染，效果参见图 80-1。

实例 81　千斤顶底座模型

本实例将绘制千斤顶底座模型，效果如图 81-1 所示。

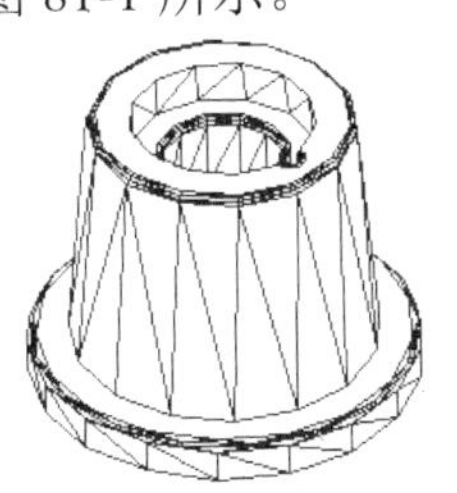

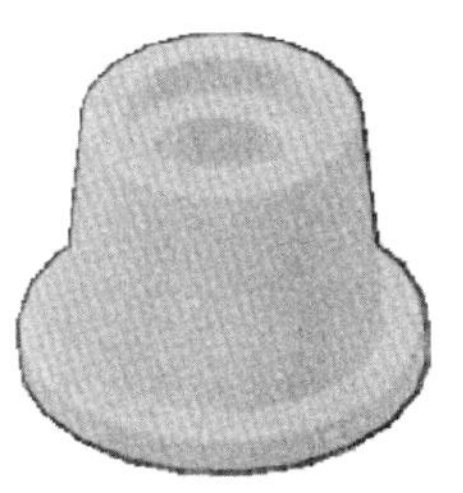
图 81-1　千斤顶底座模型

操作步骤

步骤 1 新建文件。在“草图与注释”工作空间下，单击“文件|新建”命令，新建一个 CAD 文件。

步骤 2 创建图层。执行 LAYER 命令，新建一个“中心线”图层，设置其“线型”为 CENTER、“颜色”为红色。

步骤 3 绘制多段线和垂直线。单击在工作空间左上角的视图切换按钮，将视图切换到前视图。按【F8】键开启正交模式，执行 PLINE 命令，按尺寸绘制多段线；执行 LINE 命令，绘制一条与图形距离为 7.5 的垂直线，并将绘制的垂直线移至“中心线”图层，效果如图 81-2 所示。

步骤 4 旋转处理。单击在工作空间左上角的视图切换按钮，将视图切换到西南等轴测视图。单击“建模”面板中的“旋转”按钮，分别选择绘制的垂直线上的任意两点，将绘制的多段线进行旋转，效果如图 81-3 所示。

图 81-2 绘制多段线和垂直线　　图 81-3 旋转处理

步骤 5 绘制多段线。单击在工作空间左上角的视图切换按钮，将视图切换到前视图。；按【F10】键开启极轴捕捉功能，设置极轴角度为 15 度；执行 PLINE 命令，按尺寸绘制多段线，效果如图 81-4 所示。

步骤 6 旋转处理。单击在工作空间左上角的视图切换按钮，将视图切换到西南等轴测视图。切换到“西南等轴测”视图；单击“建模”面板中的“旋转”按钮，分别选择图形中垂直线上的任意两点，将绘制的多段线进行旋转，效果如图 81-5 所示。

步骤 7 差集处理。执行 MOVE 命令，将绘制的螺纹体移动到底座顶面的象限点；单击“实体编辑”面板中的“差集”按钮，分别选择实体与绘制的螺纹体，对实体进行差集处理；执行 ERASE 命令，删除圆弧线，效果如图 81-6 所示。

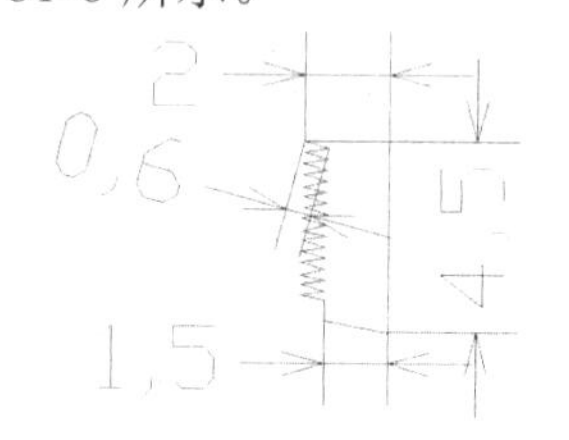

图 81-4　绘制多段线

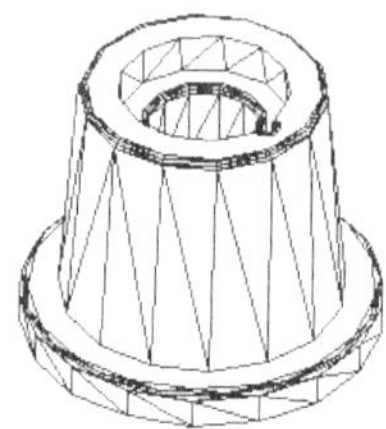

图 81-5　旋转处理　　图 81-6　差集处理

步骤 8 渲染处理。单击“视觉样式”工具栏中“真实视觉样式”按钮，进入实体视觉模式；单击”渲染到尺寸”工具栏中的“渲染到尺寸”按钮，对实体进行渲染，效果参见图 81-1。

实例 82 千斤顶螺套模型

本实例将绘制千斤顶螺套模型，效果如图 82-1 所示。

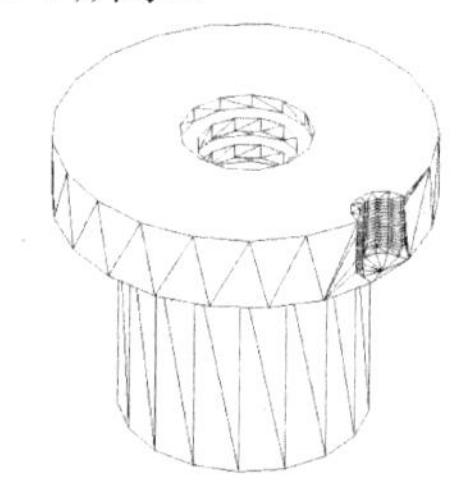

图 82-1　千斤顶螺套模型

操作步骤

步骤 1 新建文件。在“草图与注释”工作空间下，单击“文件|新建”命令，新建一个 CAD 文件。

步骤 2 创建图层。执行 LAYER 命令，新建一个“中心线”图层，设置其“线型”为 CENTER、“颜色”为红色。

步骤 3 绘制多段线和垂直线。单击在工作空间左上角的视图切换按钮，将视图切换到前视图；按【F8】键开启正交模式，执行 PLINE 命令，按尺寸绘制多段线；执行 LINE 命令，绘制一条与图形距离为 4.5 的垂直线，将绘制的垂直线移至“中心线”图层，效果如图 82-2 所示。

步骤 4 旋转处理。单击在工作空间左上角的视图切换按钮，将视图切换到西南等轴测视图；单击“建模”面板中的“旋转”按钮，分别选择绘制的垂直线上的任意两点，对绘制的多段线进行旋转，效果如图 82-3 所示。

步骤 5 绘制多段线。单击在工作空间左上角的视图切换按钮，将视图切换到前视图；执行 PLINE 命令，按尺寸绘制多段线，效果如图 82-4 所示。

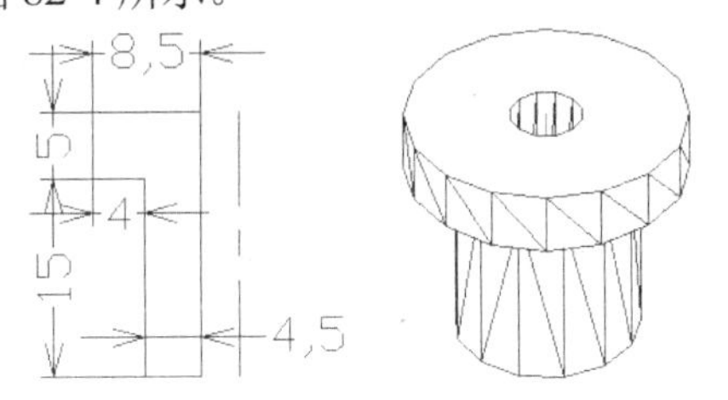

图 82-2 绘制多段线和垂直线　图 82-3 旋转处理

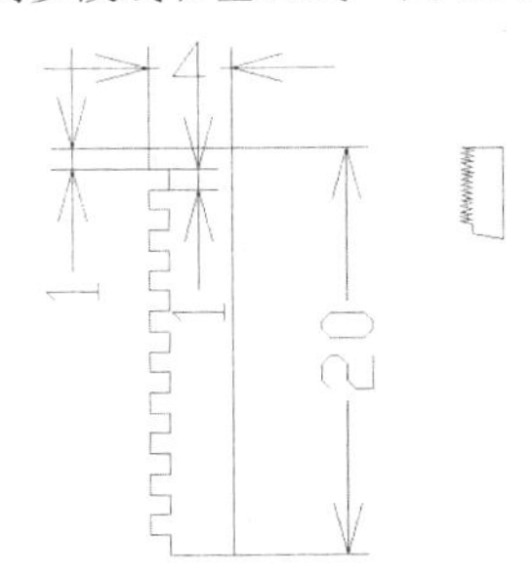

图 82-4 绘制多段线

步骤 6 旋转处理。单击在工作空间左上角的视图切换按钮，将视图切换到西南等轴测视图；单击“建模”面板中的“旋转”按钮，分别选择图形中垂直线上的任意两点，对绘制的多段线进行旋转，效果如图 82-5 所示。

步骤 7 差集处理。执行 MOVE 命令，分别将绘制的两个螺纹体移动到相应象限点；单击“实体编辑”面板中的“差集”按钮，分别选择实体与绘制的螺纹体，对实体进行差集处理，效果如图 82-6 所示。

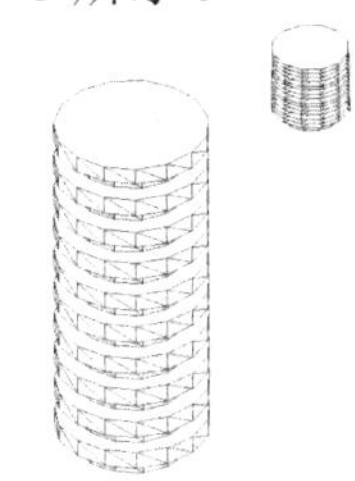

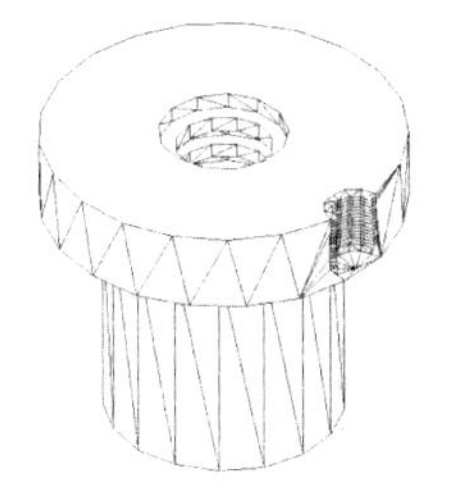

图 82-5 旋转处理　图 82-6 差集处理

步骤 8 渲染处理。单击“视觉样式”工具栏中的“真实视觉样式”按钮，进入实体视觉模式；单击“渲染到尺寸”工具栏中的“渲染到尺寸”按钮，对实体进行渲染，效果参见图 82-1。

实例 83 千斤顶螺杆模型

本实例将绘制千斤顶螺杆模型，效果如图 83-1 所示。

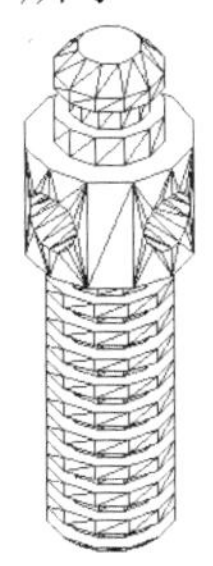

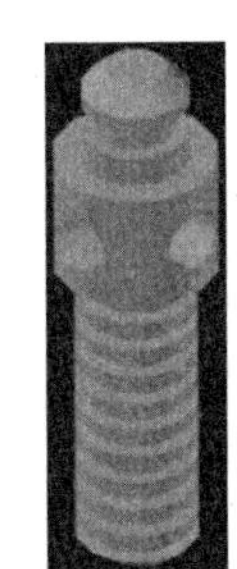

图 83-1 千斤顶螺杆模型

操作步骤

步骤 1 新建文件。在“草图与注释”工作空间下，单击“文件|新建”命令，新建一个 CAD 文件。

步骤 2 绘制多段线。单击在工作空间左上角的视图切换按钮，将视图切换到前视图；按【F8】键开启正交模式，执行 PLINE 命令，按尺寸绘制多段线，效果如图 83-2 所示。

步骤 3 旋转处理。单击在工作空间左上角的视图切换按钮，将视图切换到西南等轴测视图；单击“建模”面板中的“旋转”按钮，分别选择长度为 35.5 的直线上的任意两点，对绘制的多段线进行旋转，效果如图 83-3 所示。

步骤 4 绘制直线。执行 LINE 命令，绘制连接旋转体顶面与底面圆心的直线；在绘图区指定起点，绘制两条任意长度且互相垂直的直线；执行 MOVE 命令，将绘制的互相垂直的直线移动到另一条直线的上端点，效果如图 83-4 所示。

步骤 5 移动处理。执行 MOVE 命令，选择两条相互垂直的直线，将其向下移动 10.5，效果如图 83-5 所示。

步骤 6 绘制圆。分别单击在工作空间左上角的视图切换按钮，将视图切换到前视图和西南等轴测视图，执行 CIRCLE 命令，以移动后的一条直线的端点为圆心，绘制半径为 2 的圆；分别单击在工作空间左上角的视图切换按钮，将视图切换到左视图和西南等轴测视图，以移动后的另一条直线的端点为圆心，绘制半径为 2 的圆，效果如图 83-6 所示。

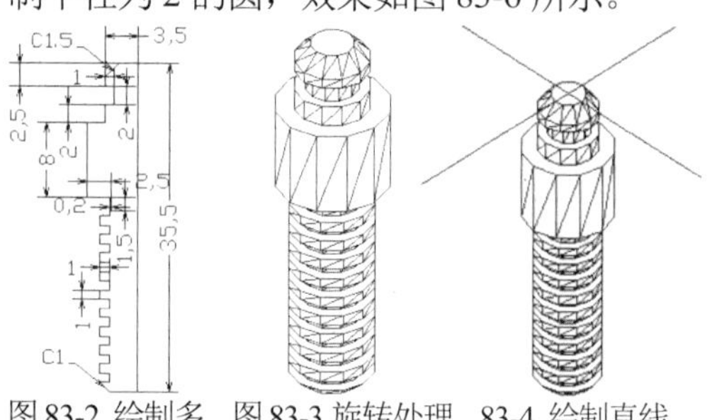

图 83-2 绘制多段线　图 83-3 旋转处理　83-4 绘制直线

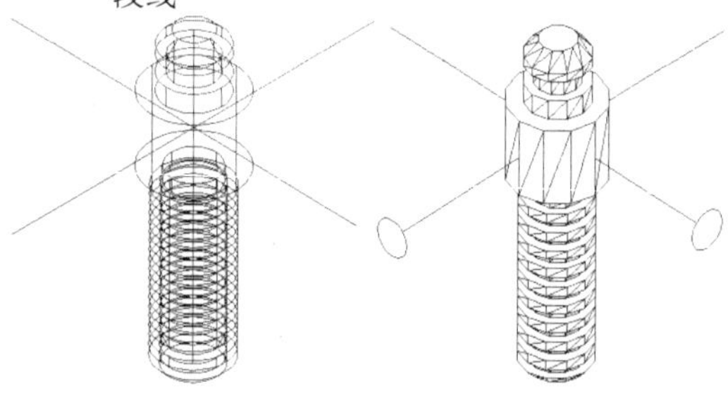

图 83-5　移动处理　　图 83-6　绘制圆

步骤 7 拉伸处理。单击“建模”面板中的“拉伸”按钮，选择绘制的圆，将其拉伸到直线的另一端点，效果如图 83-7 所示。

步骤 8 差集处理。单击“实体编辑”面板中的“差集”按钮，分别选择旋转体与拉伸的实体，对实体进行差集处理，效果如图 83-8 所示。

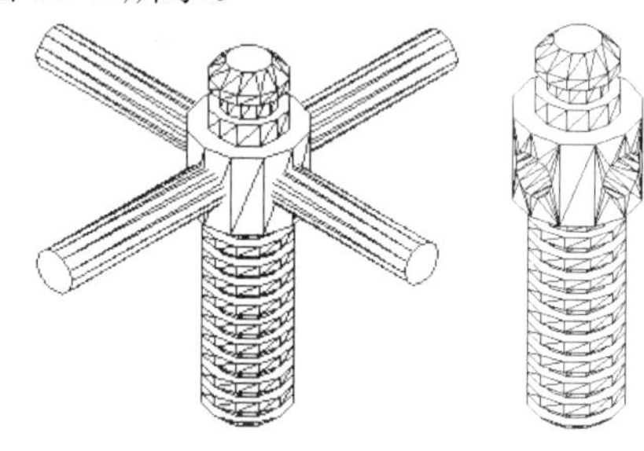

图 83-7　拉伸处理　　图 83-8　差集处理

步骤 9 渲染处理。单击“视觉样式”工具栏中的“真实视觉样式”按钮，进入实体视觉模式；单击“渲染到尺寸”工具栏中的“渲染到尺寸”按钮，对实体进行渲染，效果参见图 83-1。

实例 84 千斤顶横杆模型

本实例将绘制千斤顶横杆模型，效果如图 84-1 所示。

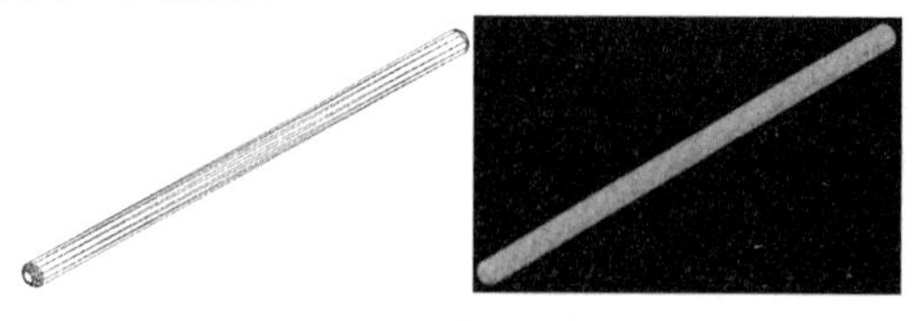

图 84-1　千斤顶横杆模型

操作步骤

步骤 1 新建文件。在“草图与注释”工作空间下，单击“文件|新建”命令，新建一个 CAD 文件。

步骤 2 绘制圆柱体。按【F8】键开启正交模式，单击在工作空间左上角的视图切换按钮，将视图切换到西南等轴测视图；单击“建模”面板中的“圆柱体”按钮，在绘图区指定圆柱体底面中心点，绘制半径为 1.8、高为 80 的圆柱体，效果如图 84-2 所示。

步骤 3 圆角处理。执行 FILLET 命令，设置圆角半径为 1，分别选择圆柱体两个端面的边，对圆柱体进行圆角处理，如图 84-3 所示。

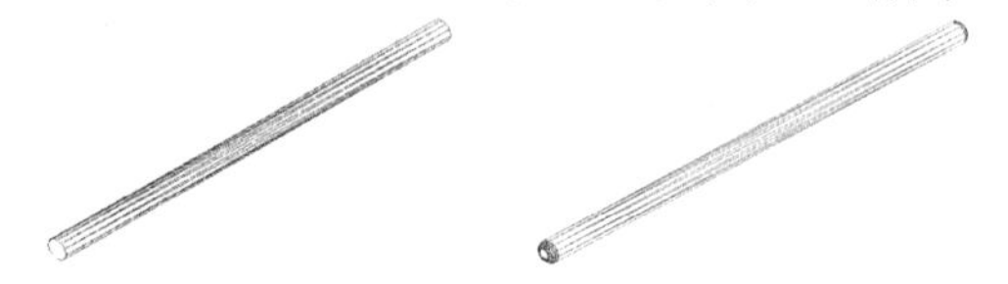

图 84-2　绘制圆柱体　　图 84-3　圆角处理

步骤 4 渲染处理。单击“视觉样式”工具栏中的“真实视觉样式”按钮，进入实体视觉模式；单击“渲染到尺寸”工具栏中的“渲染到尺寸”按钮，对实体进行渲染，效果参见图 84-1。

实例 85 千斤顶装配图

本实例将绘制千斤顶装配图，效果如图 85-1 所示。

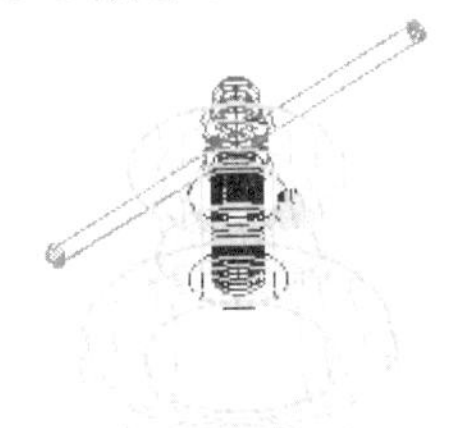

图 85-1 千斤顶装配图

操作步骤

步骤 1 新建文件。在“草图与注释”工作空间下，单击“文件|新建”命令，新建一个 CAD 文件。

步骤 2 导入素材。单击“视觉样式”工具栏中的“真实视觉样式”按钮，进入实体视觉模式；执行 INSERT 命令，弹出“插入”对话框，单击“浏览”按钮，在弹出的对话框中选择相应的素材，单击“打开”按钮，然后单击“确定”按钮，在绘图区的任意位置单击鼠标左键，导入一幅素材图形；重复执行 INSERT 命令，分别导入所需的素材，如图 85-2～图 85-5 所示。

图 85-2 素材 1

图 85-3 素材 2

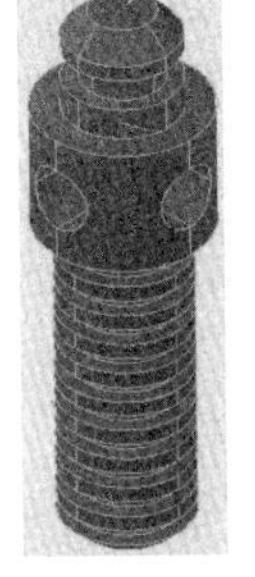

图 85-4 素材 3

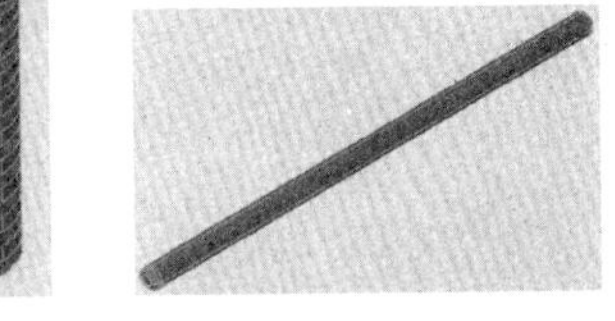

图 85-5 素材 4

步骤 3 装配螺杆和螺套。根据千斤顶的平面装配图，先装配螺杆与螺套。装配时执行 MOVE 命令，根据零件配合与零件实体同轴原理，将螺杆装配到螺套中，效果如图 85-6 所示。

步骤 4 装配左右联轴器。根据零件装配同轴原理，执行 MOVE 命令，将装配好的零件一起装配到底座中，效果如图 85-7 所示。

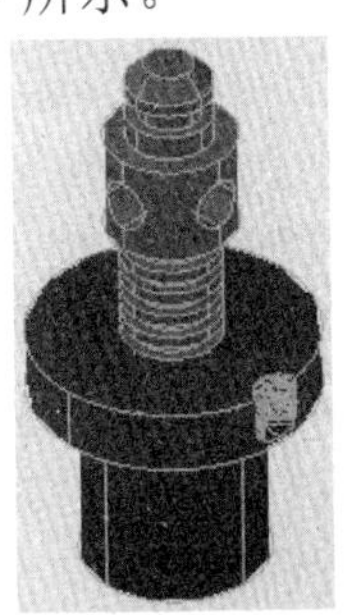

图 85-6 装配螺杆和螺套

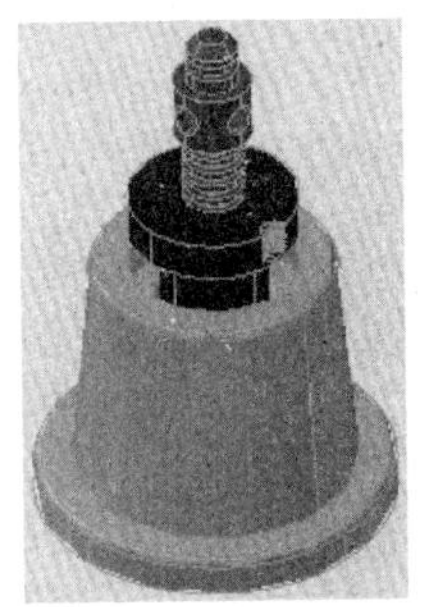

图 85-7 装配左右联轴器

步骤 5 移动处理。执行 MOVE 命令，将横杆插入螺杆对应位置；单击“视觉样式”工具栏中的“二维线框”按钮，进入二维线框模式，效果参见图 85-1。

实例 86 阀体——法兰母体

本实例将绘制阀体——法兰母体，效果如图 86-1 所示。

图 86-1　阀体——法兰母体

操作步骤

步骤 1 新建文件。启动 AutoCAD，单击“新建”按钮，新建一个 CAD 文件。在“草图与注释”工作空间下，单击在工作空间左上角的视图切换按钮，将视图切换到西南等轴测视图。

步骤 2 设置线框密度。在命令行中输入 ISOLINES 命令并按回车键，设置线框密度为 20。

步骤 3 绘制圆柱体。单击“建模”面板中的“圆柱体”按钮，根据提示进行操作，以原点为圆柱体底面中心点，绘制半径为 57.5、高为 14 的圆柱体；以（42.5,0,0）为圆柱体底面中心点，绘制半径为 6、高为 14 的圆柱体。

步骤 4 三维阵列处理。使用 3DARRAY 命令，选择半径为 6 的圆柱体，以“环形阵列”类型进行阵列，设置阵列的数目为 4、填充角度为 360 度，指定阵列的中心点为（0,0,0），旋转轴上的第二点为（0,0,10），效果如图 86-2 所示。

步骤 5 绘制圆柱体。使用 CYLINDER 命令，以原点为圆柱体底面中心点，绘制半径为 25、高为 14 的圆柱体。

步骤 6 差集处理。单击“实体编辑”面板中的“差集”按钮，根据提示进行操作，将阵列生成的圆柱体和半径为 25 的圆柱体从半径为 57.5 的圆柱体中减去，效果如图 86-3 所示。

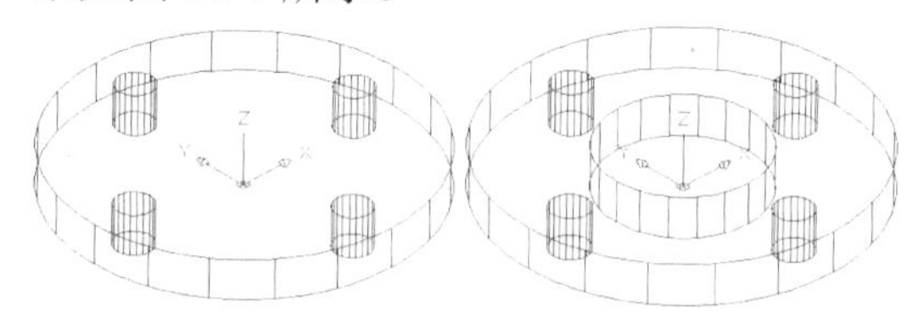

图 86-2　三维阵列处理　　图 86-3　差集处理

步骤 7 消隐处理。使用 HIDE 命令对法兰母体进行消隐处理，效果如图 86-4 所示。

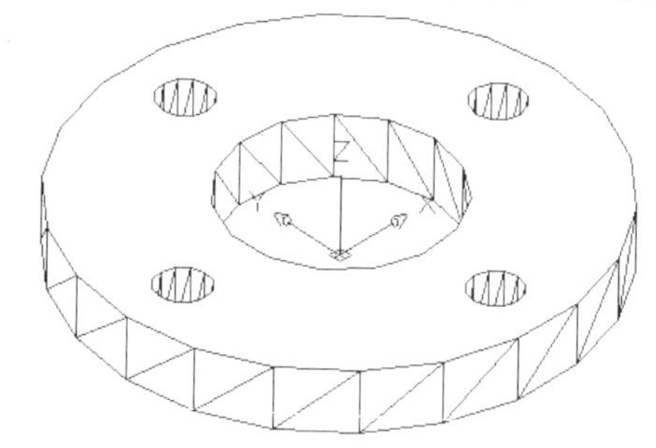

图 86-4　消隐处理

步骤 8 平滑处理。使用 FACETRES 命令，设置平滑值为 5，对法兰母体进行平滑处理。

步骤 9 设置材质并进行渲染处理。新建并设置材质。在“可视化”选项板的“材质”选项栏中单击“材质浏览器”按钮，弹出“材质浏览器”面板，在“Autodesk 库”选项区右侧的类别中找到“金属”并选取“金属（1400F 火灼）”材质，单击右键选择“添加到文档材质”，选取“文档材质”中添加的“金属（1400F 火灼）”材质，右键单击“选择应用到的对象”，选择法兰并按回车键，对实体附着材质。使用 RENDER 命令在视口中对实体进行渲染，效果参见图 86-1。

实例 87　阀体——阀体接头

本实例将绘制阀体——阀体接头，效果如图 87-1 所示。

图 87-1　阀体——阀体接头

操作步骤

步骤 1 打开并另存为文件。启动 AutoCAD，按【Ctrl+O】组合快捷键，打开实例 86 中绘制的“阀体——法兰母体”图形文件，然后按【Ctrl+Shift+S】组合快捷键，将该图形另存为“阀体——阀体接头”文件。

步骤 2 删除处理。使用 ERASE 命令删除法兰母体，绘制阀体接头。

步骤 3 绘制长方体。单击“建模”面板中的“长方体”按钮，根据提示进行操作，以（40,-40,0）和（@80,80,10）为长方体的角点和对角点，绘制一个长方体。

步骤 4 圆角处理。使用 FILLET 命令，设置圆角半径为 5，对长方体各棱边进行圆角处理，效果如图 87-2 所示。

步骤 5 绘制圆柱体。使用 CYLINDER 命令，以（50,30,0）为圆柱体底面中心点，绘制半径为 6、高为 10 的圆柱体。

步骤 6 三维阵列处理。使用 3DARRAY 命令，选择半径为 6 的圆柱体进行环形阵列，设置阵列数目为 4、填充角度为 360 度，指定阵列的中心点为（80,0,0），旋转轴上的第二点为（80,0,2）。

步骤 7 差集处理。单击“实体编辑”面板中的“差集”按钮，根据提示进行操作，将 4 个小圆柱体从长方体中减去，消隐后的效果如图 87-3 所示。

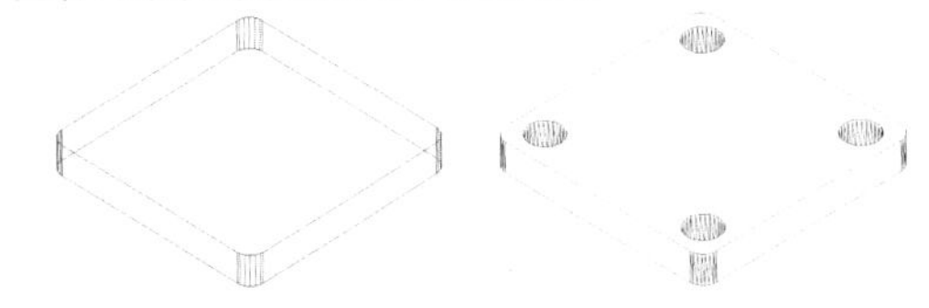

图 87-2　圆角处理　　　图 87-3　差集处理

步骤 8 绘制圆柱体。使用 CYLINDER 命令，以（80,0,10）为圆柱体底面中心点，绘制半径为 20、高为 28 的圆柱体，消隐后的效果如图 87-4 所示。

步骤 9 渲染处理。使用 RENDER 命令，在视口中对实体进行渲染，效果如图 87-5 所示。

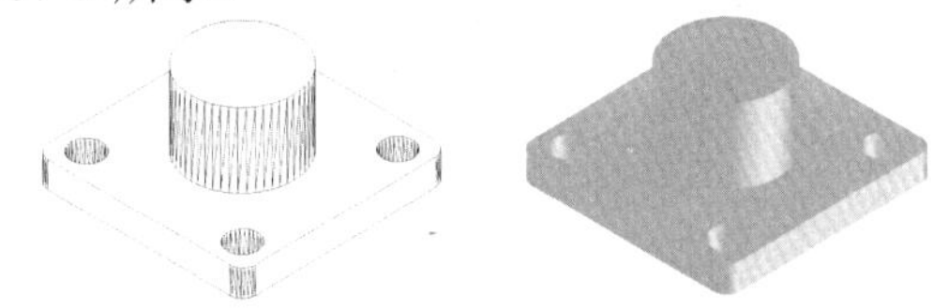

图 87-4　绘制圆柱体　　　图 87-5　渲染处理

实例 88 阀体——接头螺杆

本实例将绘制阀体——接头螺杆，效果如图 88-1 所示。

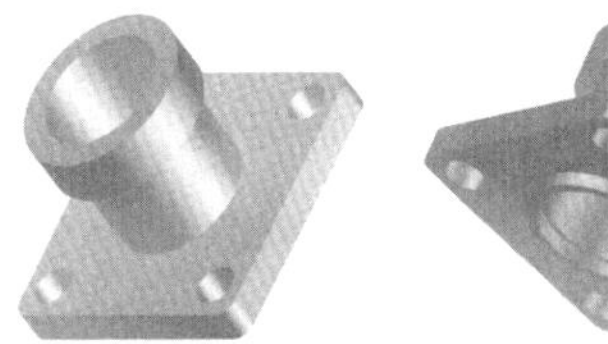

图 88-1　阀体——接头螺杆

操作步骤

步骤 1 打开并另存为文件。启动 AutoCAD，按【Ctrl+O】组合快捷键，打开实例 87 中绘制的“阀体——阀体接头”图形文件，然后按【Ctrl+Shift+S】组合快捷键，将该图形另存为“阀体——接头螺杆”文件。

步骤 2 移动坐标系。在命令行中输入 UCS 命令并按回车键，根据提示进行操作，指定新原点为（80,0,38），并按回车键，对坐标系进行移动。

步骤 3 绘制圆柱体。使用 CYLINDER 命令，在原点处绘制一个半径为 25、高为 14 的圆柱体，效果如图 88-2 所示。

步骤 4 移动坐标系。在命令行中输入

UCS 命令并按回车键，根据提示进行操作，指定新原点为（0,0,-38），并按回车键，将坐标系进行移动。

步骤 5 绘制圆柱体。使用 CYLINDER 命令，分别以原点为圆心，以 20 和 23 为半径，绘制两个高为-4 的圆柱体，效果如图 88-3 所示。

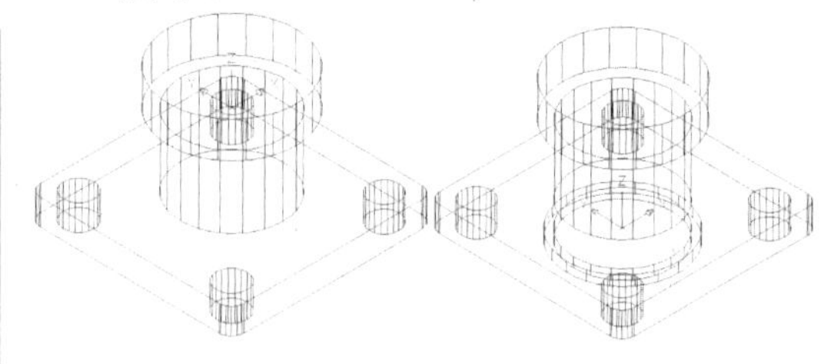

图 88-2 绘制圆柱体　　图 88-3 绘制圆柱体

步骤 6 差集处理。使用 SUBTRACT 命令将半径为 20 的圆柱体从半径为 23 的圆柱体中减去。

步骤 7 并集处理。使用 UNION 命令合并所有的实体。

步骤 8 绘制圆柱体。使用 CYLINDER 命令，以（0,0,52）为圆柱体底面中心点，绘制半径为 18、高为-100 的圆柱体。

步骤 9 差集处理。使用 SUBTRACT 命令，将半径为 18 的圆柱体从合并的实体中减去，消隐后的效果如图 88-4 所示。

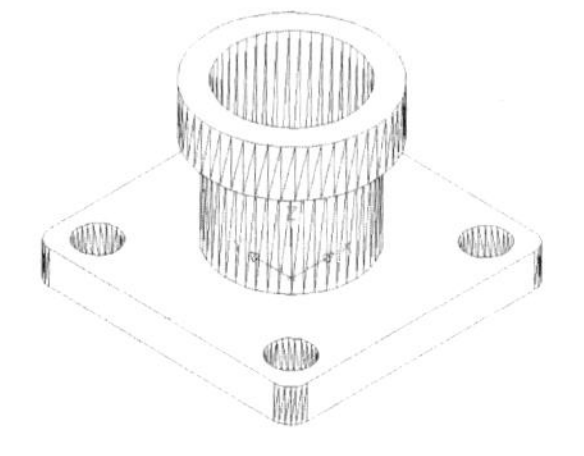

图 88-4 差集处理

步骤 10 渲染处理。使用 RENDER 命令，在视口中对实体进行渲染，效果参见图 88-1。

实例 89 阀体——密封圈

本实例将绘制阀体——密封圈，效果如图 89-1 所示。

图 89-1 阀体——密封圈

操作步骤

步骤 1 打开并另存为文件。启动 AutoCAD，按【Ctrl＋O】组合快捷键，打开实例 88 中绘制的“阀体——接头螺杆”图形文件，然后按【Ctrl＋Shift＋S】组合快捷键，将该图形另存为“阀体——密封圈”文件。

步骤 2 删除处理。使用 ERASE 命令删除接头螺杆，绘制密封圈。

步骤 3 绘制圆柱体。使用 CYLINDER 命令，以原点为圆心，绘制两个半径分别为 20 和 12.5、高为 8 的圆柱体。

步骤 4 差集处理。使用 SUBTRACT 命令，将半径为 12.5 的圆柱体从半径为 20 的圆柱体中减去，消隐后的效果如图 89-2 所示。

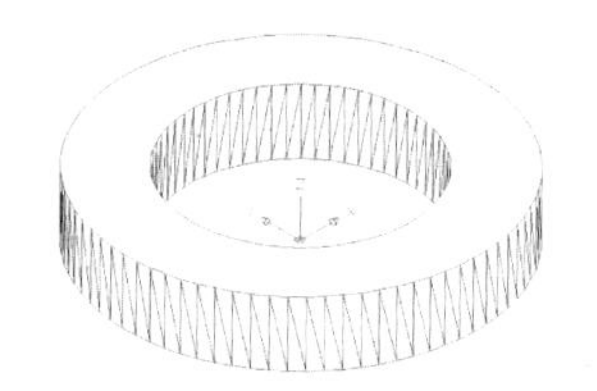

图 89-2 差集处理

步骤 5 绘制球体。单击“建模”面板中的“球体”按钮，根据提示进行操作，以（0,0,20）为球心，绘制半径为 20 的球体。

步骤 6 差集处理。使用 SUBTRACT 命令，将半径为 20 的球体从步骤（4）差集处理生成的实体中减去，效果如图 89-3 所示。

步骤 7 绘制球体。单击“建模”面板中的“球体”按钮，根据提示进行操作，以（0,0,-12）为球心绘制半径为 20 的球体。

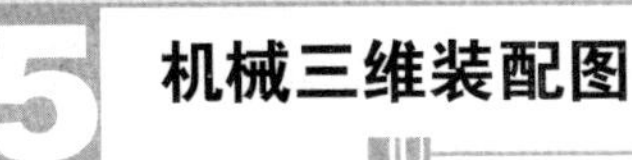

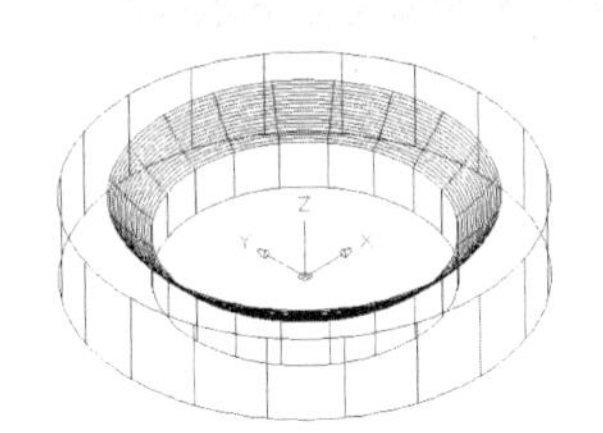

图 89-3　差集处理

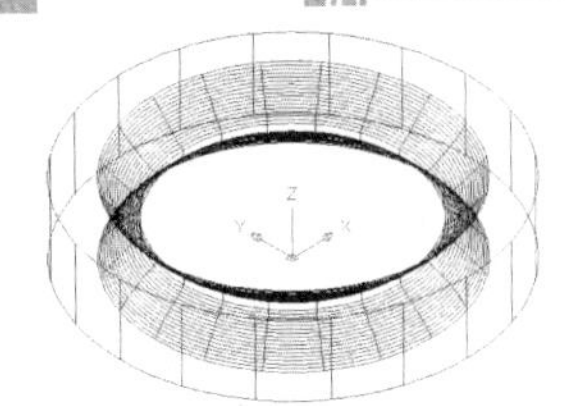

图 89-4　差集处理

步骤 8 差集处理。使用 SUBTRACT 命令，将半径为 20 的球体从步骤（6）差集处理生成的实体中减去，效果如图 89-4 所示。

步骤 9 渲染处理。使用 RENDER 命令，在视口中对实体进行渲染，效果参见图 89-1。

实例 90 阀体——球心

本实例将绘制阀体——球心，效果如图 90-1 所示。

图 90-1　阀体——球心

操作步骤

步骤 1 打开并另存为文件。启动 AutoCAD，按【Ctrl＋O】组合快捷键，打开实例 89 中绘制的“阀体——密封圈”图形文件，然后按【Ctrl＋Shift＋S】组合快捷键，将该图形另存为“阀体——球心”文件。

步骤 2 删除处理。使用 ERASE 命令删除密封圈，绘制球心。

步骤 3 绘制球体。单击“建模”面板中的“球体”按钮，根据提示进行操作，以原点为球心，绘制半径为 20 的球体。

步骤 4 旋转坐标系。单击 UCS 工具栏中的 X 按钮，根据提示进行操作，将坐标系绕 X 轴旋转 90 度。

步骤 5 绘制圆柱体。单击“建模”面板中的“圆柱体”按钮，根据提示进行操作，以（0,0,-20）为圆柱体底面中心点，绘制半径为 14、高为 40 的圆柱体，效果如图 90-2 所示。

步骤 6 差集处理。单击“实体编辑”面板中的“差集”按钮，根据提示进行操作，将圆柱体从球体中减去，消隐后的效果如图 90-3 所示。

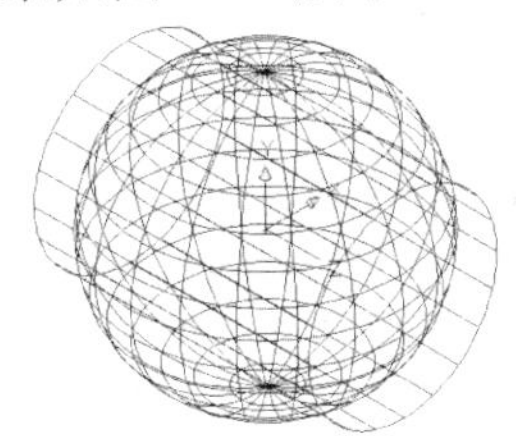

图 90-2　绘制圆柱体

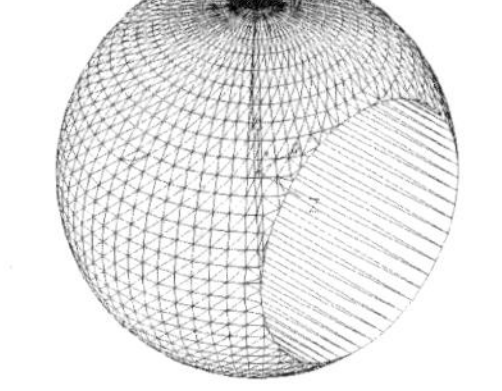

图 90-3　差集处理

步骤 7 旋转坐标系。单击 UCS 工具栏中的 X 按钮，根据提示进行操作，将坐标系绕 X 轴旋转-90 度。

步骤 8 绘制长方体。单击“建模”面板中的“长方体”按钮，根据提示进行操作，以（-15,-5,15）和（@30,10,5）为长方体的角点和对角点，绘制长方体。

步骤 9 差集处理。单击“实体编辑”面板中的“差集”按钮，根据提示进行操作，将长方体从步骤（6）差集处理生成的实体中减去，消隐后的效果如图 90-4 所示。

步骤 10 渲染处理。使用 RENDER 命令，将实体在视口中进行渲染，效果参见图 90-1。

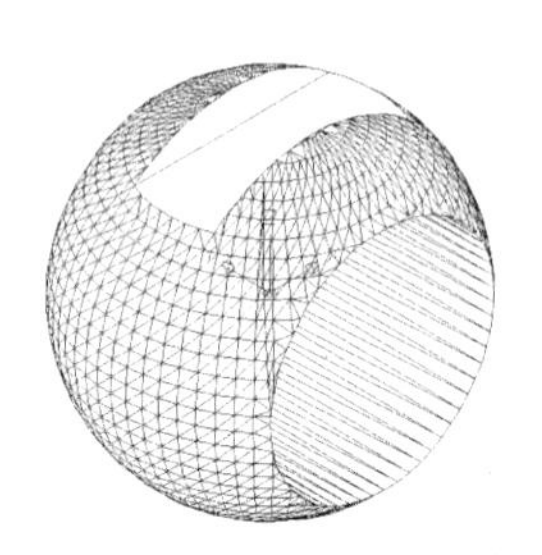

图 90-4　差集处理

实例 91　阀体——阀杆

本实例将绘制阀体——阀杆，效果如图 91-1 所示。

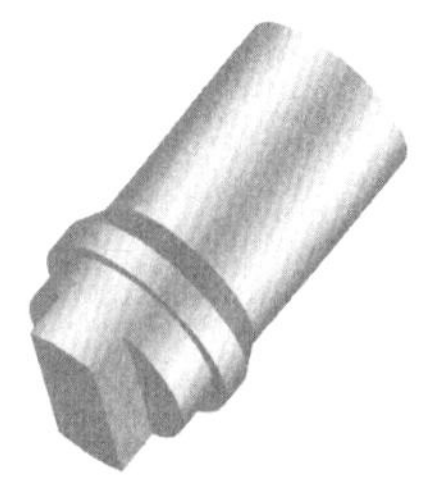

图 91-1　阀体——阀杆

操作步骤

步骤 1 打开并另存为文件。启动 AutoCAD，按【Ctrl+O】组合快捷键，打开实例 90 中绘制的“阀体——球心”图形文件，然后按【Ctrl+Shift+S】组合快捷键，将该图形另存为“阀体——阀杆”文件。

步骤 2 删除处理。使用 ERASE 命令删除球心，绘制阀杆。

步骤 3 绘制圆柱体。单击“建模”面板中的“圆柱体”按钮，根据提示进行操作，以原点为圆柱体底面中心点，绘制半径为 12、高为 50 的圆柱体。

步骤 4 绘制长方体。执行 BOX 命令，以（-15,-5,0）和（@30,-7,6）为长方体的角点和对角点绘制长方体，效果如图 91-2 所示。

步骤 5 三维镜像处理。在命令行中输入 MIRROR3D 命令并按回车键，根据提示进行操作，选择长方体作为镜像对象，然后以 ZX 平面为镜像面，过原点进行镜像处理。

步骤 6 差集处理。单击“实体编辑”面板中的“差集”按钮，根据提示进行操作，将两个长方体从圆柱体中减去，效果如图 91-3 所示。

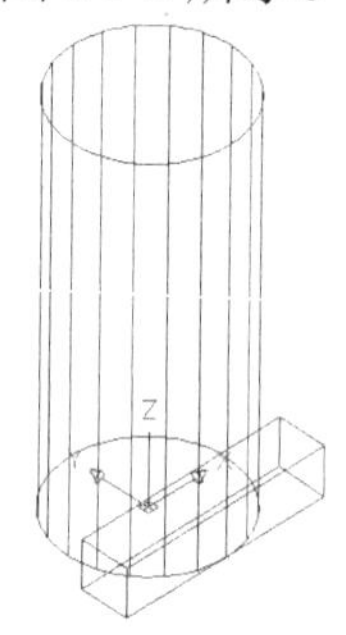

图 91-2　绘制长方体

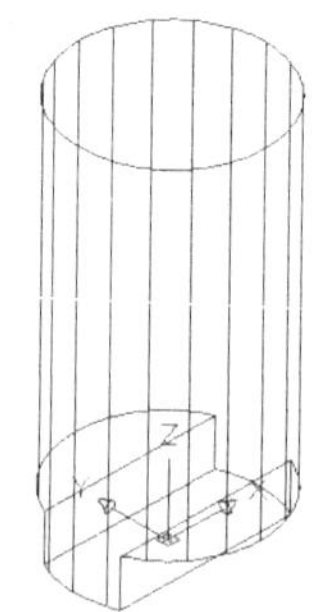

图 91-3　差集处理

步骤 7 绘制三维多段线。执行 3DPOLY 命令，依次输入（12,0,12）、（@2,0）、（@0,0,4）、（@-2,0,4）和 C，绘制三维多段线，效果如图 91-4 所示。

步骤 8 旋转生成实体。在命令行中输入 REVOLVE 命令并按回车键，根据提示进行操作，选择三维多段线为旋转对象，以（0,0,0）和（0,0,2）两点组成的直线为旋转轴，指定旋转角度为 360 度，进行旋转，效果如图 91-5 所示。

步骤 9 消隐处理。使用 HIDE 命令对阀杆进行消隐处理，效果如图 91-6 所示。

步骤 10 渲染处理。使用 RENDER 命令，在视口中对实体进行渲染处理，效果如图 91-7 所示。

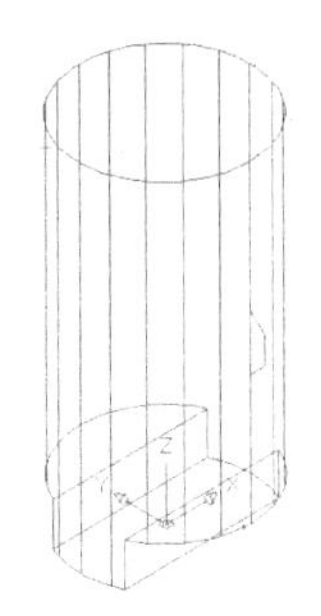

图 91-4　绘制三维多段线

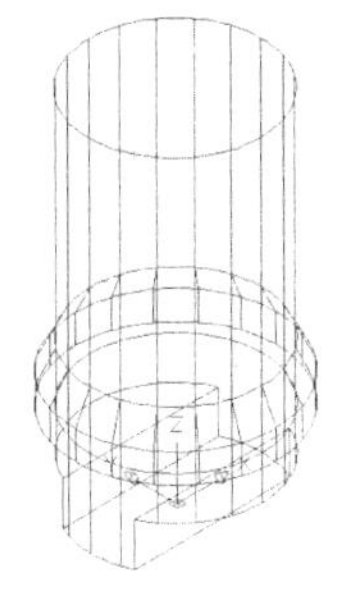

图 91-5 旋转生成实体

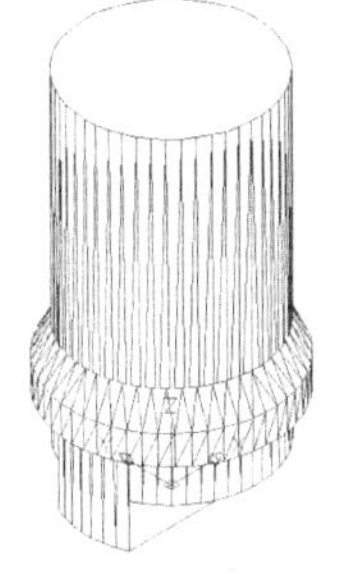

图 91-6　消隐处理

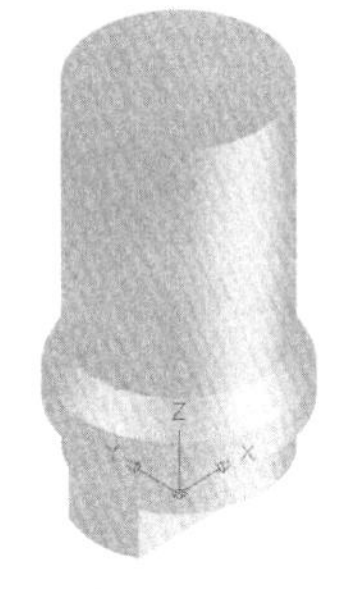

图 91-7　渲染处理

实例 92　阀体——扳手

本实例将绘制阀体——扳手，效果如图 92-1 所示。

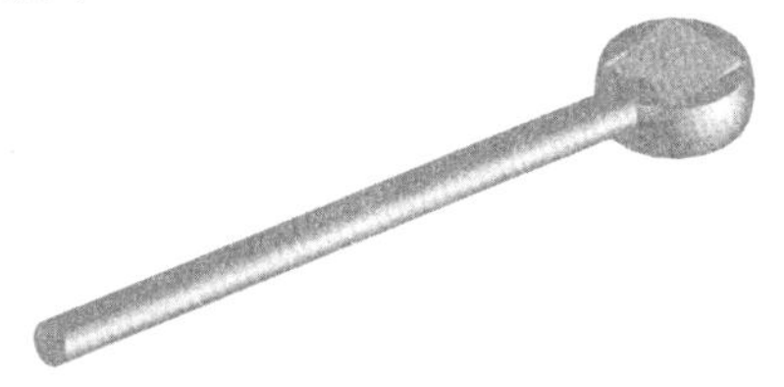

图 92-1　阀体——扳手

操作步骤

步骤 1 打开并另存为文件。在“草图与注释”工作空间下，按【Ctrl+O】组合快捷键，打开实例 91 绘制的“阀体——阀杆”图形文件，然后按【Ctrl+Shift+S】组合快捷键，将该图形另存为“阀体——扳手”文件。

步骤 2 删除处理。使用 ERASE 命令删除阀杆，绘制扳手。

步骤 3 绘制长方体。单击“建模”面板中的“长方体”按钮，以点（0,0,5）为长方体的中心点，绘制长、宽和高分别为 17、17 和 10 的长方体，如图 92-2 所示。

步骤 4 绘制球体。单击“建模”面板中的“球体”按钮，以（0,0,5）为球心，绘制半径为 14 的球体，效果如图 92-3 所示。

步骤 5 剖切处理。使用 SLICE 命令，选择球体并按回车键，以 XY 平面为切面，输入（0,0,10）作为 XY 平面上的点，输入（0,0,0）作为保留一侧的指定点，进行剖切处理，效果如图 92-4 所示。

步骤 6 重复步骤（5）中的操作，选择球体，以 XY 平面为切面，输入（0,0,0）作为 XY 平面上的点，输入（0,0,5）作为保留一侧的指定点，进行剖切处理，效果如图 92-5 所示。

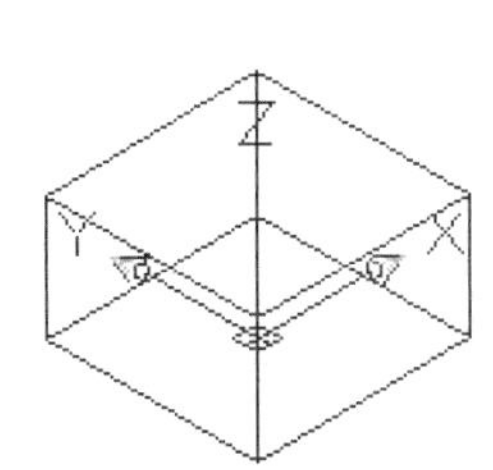

图 92-2　绘制长方体

图 92-3　绘制球体

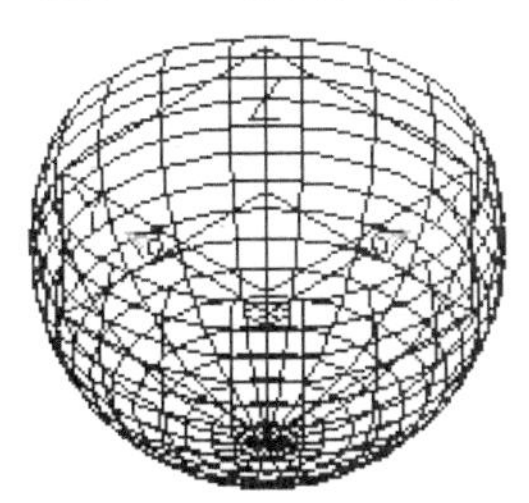

图 92-4　剖切球体

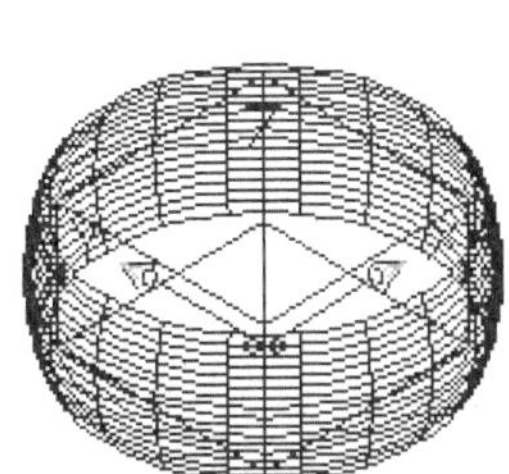

图 92-5　剖切处理

步骤 7 干涉处理。单击“常用”选项板的“实体编辑”选项栏中的“干涉”按钮，选择剖切后的球体作为第一组对象，选择步骤（3）中所绘制的长方体为第二组对象，弹出“干涉检查”对话框，取消选择“关闭时删除已创建的干涉对象”复选框，如图 92-6 所示，单击“关闭”按钮完成干涉处理。

图 92-6 “干涉检查”对话框

步骤 8 差集处理。使用 SUBTRACT 命令，将长方体从干涉后的实体中减去，使用 HIDE 命令进行消隐处理，效果如图 92-7 所示。

步骤 9 三维旋转处理。在命令行中输入 3DROTATE 命令并按回车键，根据提示进行操作，选择长方体并按回车键，指定 X 轴为旋转轴，过该轴上的点（0,0,5）将其旋转 10 度，效果如图 92-8 所示。

步骤 10 旋转坐标系。右键单击 UCS 坐标系，选择右键菜单中的“旋转轴|X”按钮，根据提示进行操作，将坐标系绕 X 轴旋转 90 度。

步骤 11 绘制圆柱体。执行 CYLINDER 命令，以（0,5,8.5）为圆柱体底面中心点，绘制“半径”为 4、“高”为 150 的圆柱体，效果如图 92-9 所示。

步骤 12 三维旋转处理。在命令行中输入 3DROTATE 命令并按回车键，根据提示进行操作，选择圆柱体并按回车键，指定 X 轴为旋转轴，过该轴上的点（0,0,0）将其旋转-10 度，效果如图 92-10 所示。

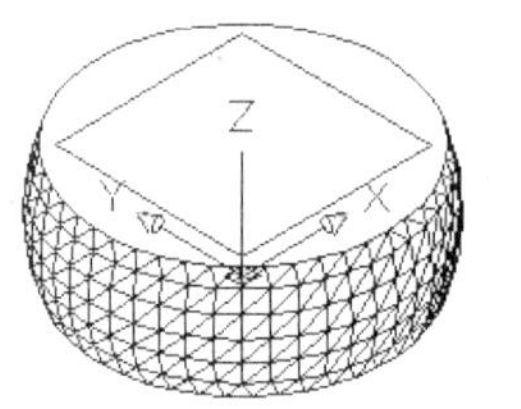

图 92-7 差集处理

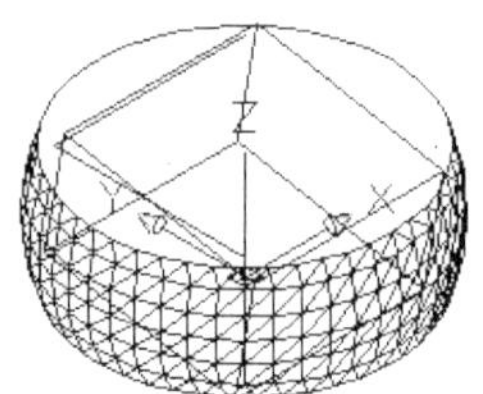

图 92-8 三维旋转处理

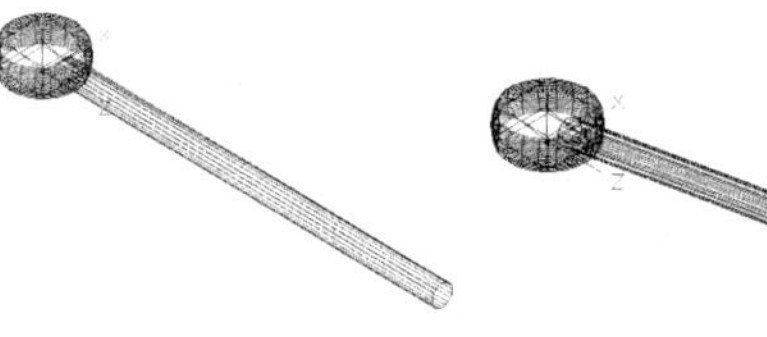

图 92-9 绘制圆柱体　图 92-10 三维旋转处理

步骤 13 调整视图并渲染处理。调整视图至东南等轴测视图；使用 RENDER 命令，在视口中对实体进行渲染，效果参见图 92-1。

实例 93 阀体——阀体

本实例将绘制阀体，效果如图 93-1 所示。

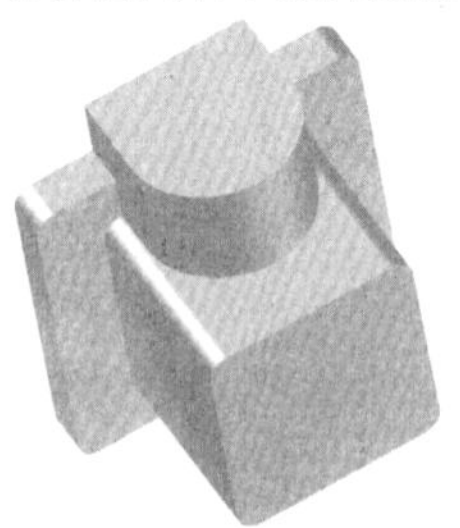

图 93-1 阀体

操作步骤

步骤 1 打开并另存为文件。按【Ctrl+O】组合快捷键，打开实例 92 中“阀体——扳手”图形文件，然后按【Ctrl+Shift+S】组合快捷键，将该图形另存为“阀体——阀体”文件。

步骤 2 删除处理。使用 ERASE 命令删除扳手，绘制阀体。

步骤 3 绘制长方体。执行 BOX 命令，分别以（-20,-40,-40）和（@10,80,80）、（-20,-25,-28）和（@56,50,56）为长方体的角点和对角点，绘制两个长方体，效果如图 93-2 所示。

步骤 4 绘制多段线。执行 PLINE 命令，依次输入(-20,-20,28)、(@20,0)、A、(@0,40)、L、(@-20,0）和 C，绘制多段线，效果如图 93-3 所示。

步骤 5 拉伸处理。单击“建模”面板中的“拉伸”按钮，根据提示进行操作，选择多段线并按回车键，指定拉伸的高度为

27，进行拉伸处理，效果如图 93-4 所示。

步骤 6 圆角并合并处理。执行 FILLET 命令，设置圆角半径为 5，对上述实体的棱边进行圆角处理，并使用 UNION 命令合并所有实体，消隐后的效果如图 93-5 所示。

步骤 7 切换视图并消隐处理。单击在工作空间左上角的视图切换按钮，将视图切换到东北等轴测视图，并使用 HIDE 命令进行消隐处理，效果如图 93-6 所示。

步骤 8 渲染处理。使用 RENDER 命令，在视口中对实体进行渲染处理，效果如图 93-7 所示。

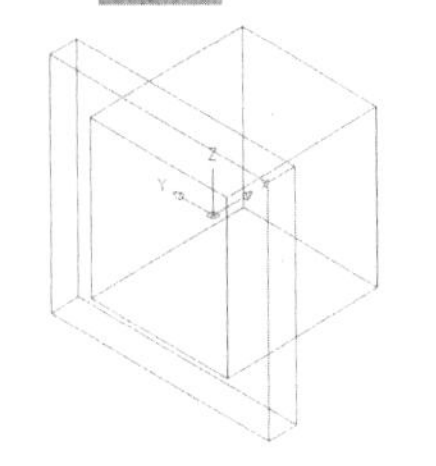

图 93-2 绘制长方体

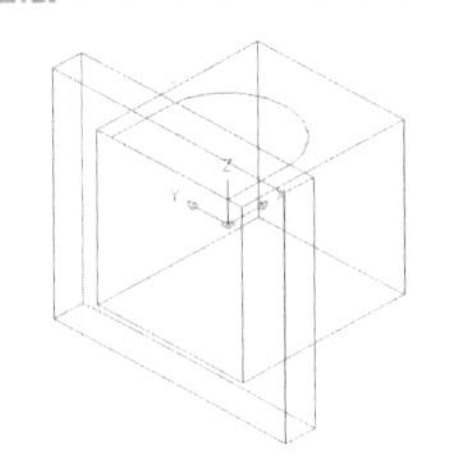

图 93-3 绘制多段线

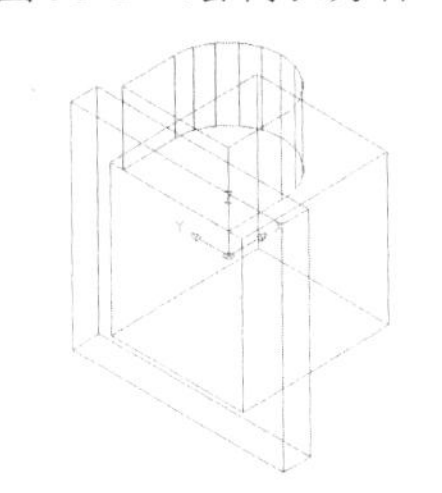

图 93-4 拉伸处理

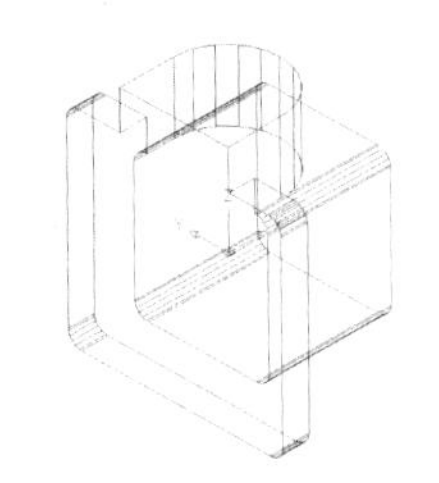

图 93-5 圆角并合并处理

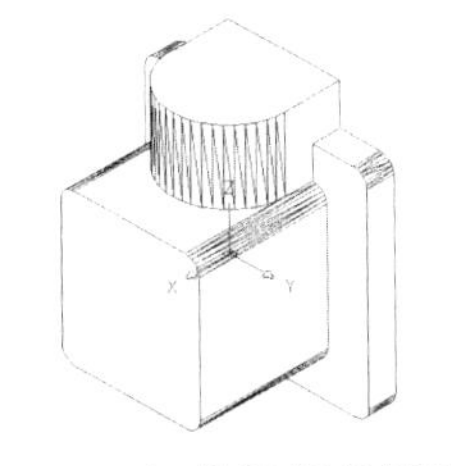

图 93-6 切换视图并消隐

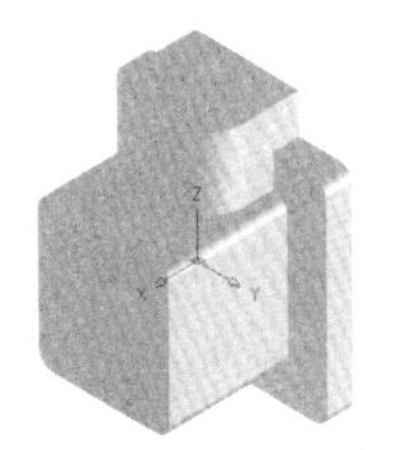

图 93-7 渲染处理

实例 94 阀体——阀体边孔

本实例将绘制阀体——阀体边孔，效果如图 94-1 所示。

图 94-1 阀体——阀体边孔

操作步骤

步骤 1 打开并另存为文件。在“草图与注释”工作空间下，按【Ctrl+O】组合快捷键，打开实例 93 中绘制的“阀体—— 阀体”图形文件，然后按【Ctrl+Shift+S】组合快捷键，将该图形另存为“阀体——阀体边孔”文件。

步骤 2 旋转坐标系。右键单击 UCS 坐标系，选择右键菜单中的“旋转轴|Y”按钮，根据提示进行操作，将坐标系绕 Y 轴旋转-90 度。

步骤 3 移动坐标系。在命令行中输入 UCS 命令并按回车键，根据提示进行操作，指定新原点为（0,0,20），并按回车键，对坐标系进行移动。

步骤 4 绘制圆柱体。单击“建模”面板中的“圆柱体”按钮，根据提示进行操作，以（30,-30,0）为圆柱体底面中心点，绘制半径为 6、高为-10 的圆柱体，效果如图 94-2 所示。

步骤 5 三维阵列处理。使用 3DARRAY 命令，选择半径为 6 的圆柱体以“环形阵列”类型进行阵列，设置阵列的数目为 4、填充角度为 360 度，指定阵列的中心点为

（0,0,0），旋转轴上的第二点为（0,0,-100）。

步骤 6 差集处理。单击“实体编辑”面板中的“差集”按钮，根据提示进行操作，将 4 个小圆柱体从实体中减去，使用 HIDE 命令进行消隐，效果如图 94-3 所示。

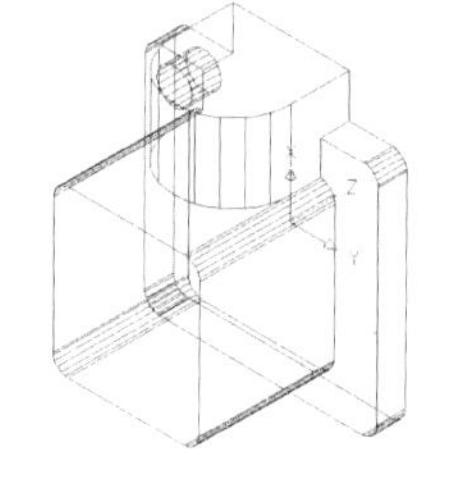
图 94-2 绘制圆柱体

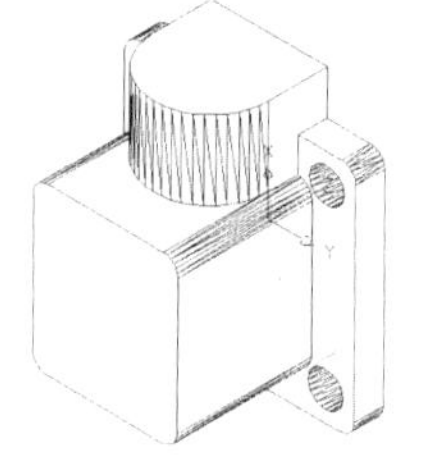
图 94-3 差集处理

步骤 7 返回世界坐标系。在命令行中输入 UCS 命令并连续按两次回车键，将坐标系恢复到世界坐标系。

步骤 8 旋转坐标系。右键单击 UCS 坐标系，选择右键菜单中的“旋转轴|Y”按钮，根据提示进行操作，将坐标系绕 Y 轴旋转-90 度。

步骤 9 移动坐标系。在命令行中输入 UCS 命令并按回车键，根据提示进行操作，指定新原点为（0,0,-36），并按回车键，对坐标系进行移动。

步骤 10 绘制圆柱体。执行 CYLINDER 命令，以原点为圆柱体底面中心点，绘制半径为 20、高为-20 的圆柱体；以（0,0,-20）为圆柱体底面中心点，绘制半径为 25、高为-14 的圆柱体，并使用 UNION 命令合并所有实体，效果如图 94-4 所示。

步骤 11 绘制圆柱体。单击“建模”面板中的“圆柱体”按钮，根据提示进行操作，以（0,0,-20）为圆柱体底面中心点，绘制半径为 20、高为-150 的圆柱体。

步骤 12 差集处理。使用 SUBTRACT 命令，将圆柱体从上述实体中减去，消隐后效果如图 94-5 所示。

步骤 13 绘制圆柱体。单击“建模”面板中的“圆柱体”按钮，根据提示进行操作，以（0,0,-20）为圆柱体底面中心点，绘制半径为 12、高为 80 的圆柱体。

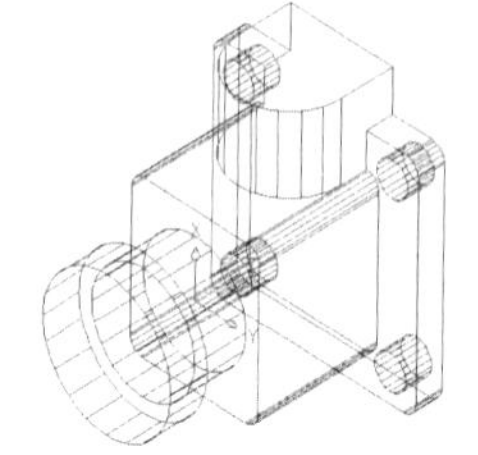
图 94-4 绘制圆柱体

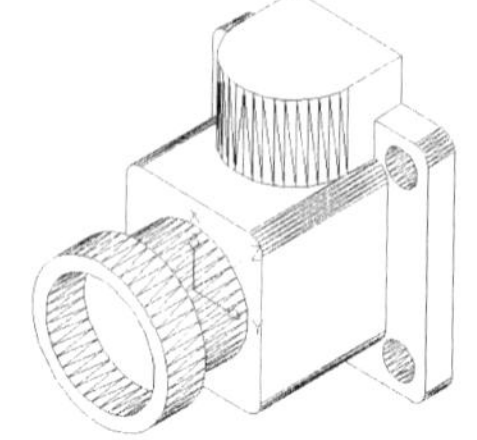
图 94-5 差集处理

步骤 14 差集处理。使用 SUBTRACT 命令，将圆柱体从上述实体中减去，消隐后的效果如图 94-6 所示。

步骤 15 旋转坐标系。右键单击 UCS 坐标系，选择右键菜单中的“旋转轴|Y”按钮，根据提示进行操作，将坐标系绕 Y 轴旋转 90 度。

步骤 16 移动坐标系。在命令行中输入 UCS 命令并按回车键，根据提示进行操作，指定新原点为（-35,0,28），并按回车键，对坐标系进行移动。

步骤 17 绘制圆柱体。使用 CYLINDER 命令，在原点处绘制半径为 12、高为 27 的圆柱体，效果如图 94-7 所示。

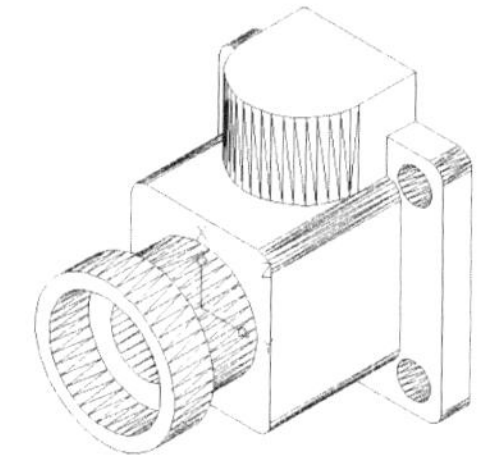
图 94-6 差集处理

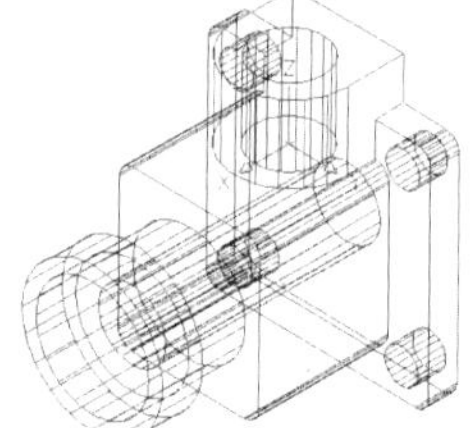
图 94-7 绘制圆柱体

步骤 18 差集处理。使用 SUBTRACT 命令，将圆柱体从上述实体中减去，消隐后的效果如图 94-8 所示。

步骤 19 渲染处理。使用 RENDER 命令，在视口中对实体进行渲染，效果如图 94-9 所示。

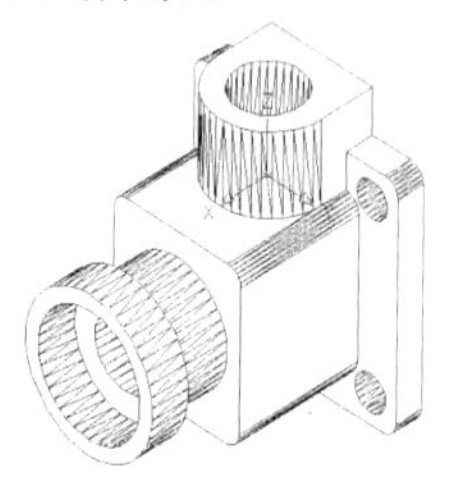
图 94-8 差集处理

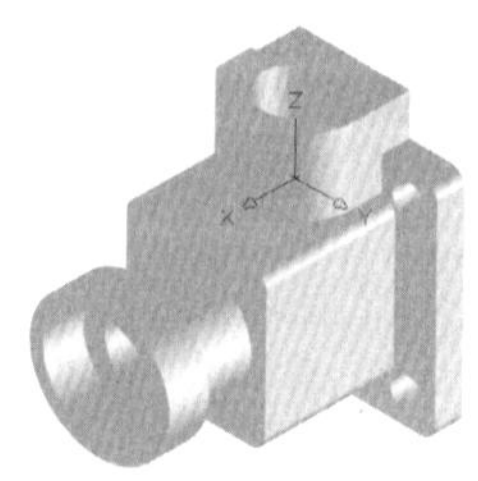
图 94-9 渲染处理

实例 95 阀体——垫环

本实例将绘制阀体——垫环，效果如图 95-1 所示。

图 95-1 阀体——垫环

操作步骤

步骤 1 打开并另存为文件。启动 AutoCAD，按【Ctrl+O】组合快捷键，打开实例 94 中绘制的“阀体——阀体边孔”图形文件，然后按【Ctrl+Shift+S】组合快捷键，将该图形另存为“阀体——垫环”文件。

步骤 2 删除处理。使用 ERASE 命令删除阀体边孔，绘制垫环。

步骤 3 绘制圆柱体。使用 CYLINDER 命令，以原点为圆柱体底面中心点，绘制半径分别为 12 和 14、高均为 4 的圆柱体。

步骤 4 差集处理。使用 SUBTRACT 命令，将半径为 12 的圆柱体从半径为 14 的圆柱体中减去，消隐后的效果如图 95-2 所示。

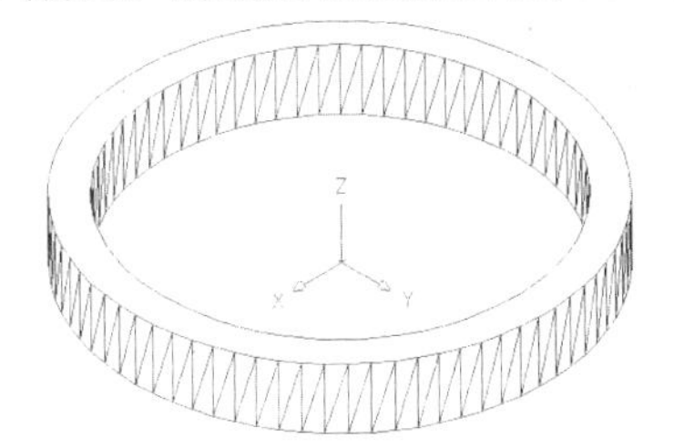

图 95-2 差集处理

步骤 5 渲染处理。使用 RENDER 命令，在视口中对实体进行渲染，效果参见图 95-1。

实例 96 阀体——密封环

本实例将绘制阀体——密封环，效果如图 96-1 所示。

图 96-1 阀体——密封环

操作步骤

步骤 1 打开并另存为文件。启动 AutoCAD，按【Ctrl+O】组合快捷键，打开实例 95 中绘制的“阀体——垫环”图形文件，然后按【Ctrl+Shift+S】组合快捷键，将该图形另存为“阀体——密封环”文件。

步骤 2 删除处理。使用 ERASE 命令删除垫环，绘制密封环。

步骤 3 绘制三维多段线。使用 3DPOLY 命令，依次输入（14,0,0）、（@0,0,8）、（@-2,0,0）、（@0,0,-4）和 C，绘制三维多段线。

步骤 4 旋转生成实体。使用 REVOLVE 命令，选择三维多段线为旋转对象，以经过（0,0,0）和（0,0,2）两点的直线为旋转轴，指定旋转角度为 360 度，对三维多段线进行旋转，消隐后的效果如图 96-2 所示。

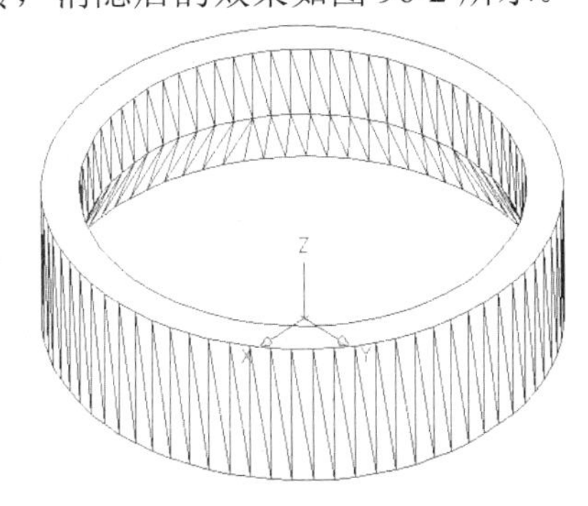

图 96-2 旋转生成实体

步骤 5 渲染处理。使用 RENDER 命令，在视口中对实体进行渲染，效果参见图 96-1。

实例 97 阀体——螺母

本实例将绘制阀体——螺母，效果如图97-1所示。

图 97-1 阀体——螺母

操作步骤

步骤 1 打开并另存为文件。启动AutoCAD，按【Ctrl+O】组合快捷键，打开实例96中绘制的“阀体——密封环”图形文件，然后按【Ctrl+Shift+S】组合快捷键，将该图形另存为“阀体——螺母”文件。

步骤 2 删除处理。使用ERASE命令删除密封环，绘制螺母。

步骤 3 绘制正多边形。单击“绘图”面板中的“多边形”按钮，根据提示进行操作，设置边的数目为6，以原点为正多边形的中心点，内接于圆，绘制半径为15的正多边形。

步骤 4 绘制圆。使用CIRCLE命令，以原点为圆心绘制半径为6的圆。

步骤 5 拉伸处理。使用EXTRUDE命令，选择正多边形和圆并按回车键，指定拉伸高度为6，进行拉伸处理，效果如图97-2所示。

步骤 6 差集处理。使用SUBTRACT命令，将拉伸的圆柱体从正多边形实体中减去。

步骤 7 圆角处理。执行FILLET命令，设置圆角半径为2，对上述螺母进行圆角处理，消隐后的效果如图97-3所示。

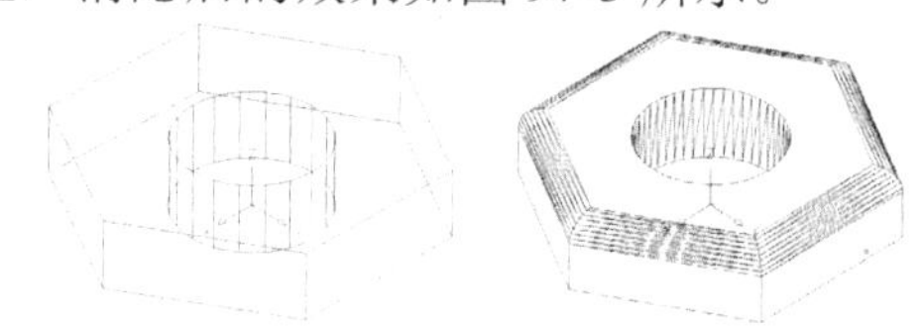

图 97-2 拉伸处理　　图 97-3 圆角处理

步骤 8 绘制螺钉。使用CYLINDER命令，以（0,0,6）为圆柱体底面中心点，绘制半径为6、高为-20的圆柱体，作为螺钉，消隐后的效果如图97-4所示。

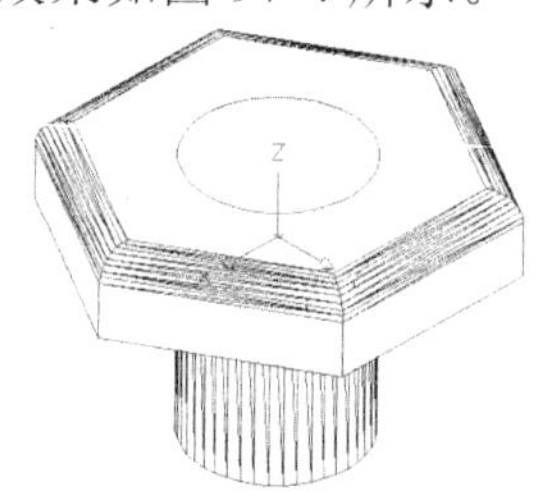

图 97-4 绘制螺钉

步骤 9 渲染处理。使用RENDER命令，在视口中对实体进行渲染处理，效果参见图97-1。

实例 98 阀体——装配图

本实例将绘制阀体——装配图，效果如图98-1所示。

图 98-1 阀体——装配图

操作步骤

步骤 1 打开并另存为文件。启动AutoCAD，按【Ctrl+O】组合快捷键，打开实例86中绘制的“阀体——法兰母体”图形文件，然后按【Ctrl+Shift+S】组合快捷键，将该图形另存为“阀体——装配图”文件。

步骤 2 三维旋转处理。在命令行中输入3DROTATE命令并按回车键，根据提示进行操作，选择法兰母体并按回车键，指定X轴为旋转轴，在原点旋转90度，效果如图98-2所示。

步骤 3 调用接头螺杆实体。打开实例88中创建的名称为“阀体——接头螺杆”的AutoCAD文件，将所需的实体复制并粘贴到阀体装配图中。

步骤 4 三维旋转处理。使用3DROTATE命令，将接头螺杆绕X轴旋转-90度，效果如图98-3所示。

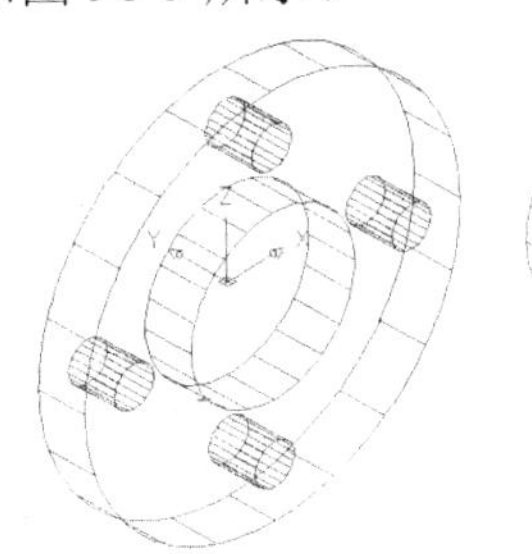

图98-2 三维旋转处理

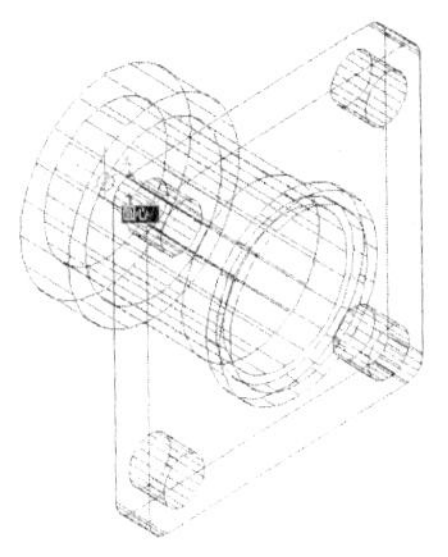

图98-3 三维旋转处理

步骤 5 移动处理。使用MOVE命令，捕捉图98-3中的接头螺杆左边圆柱体的底面圆心为基点，然后输入（0,-14,0）为目标点进行移动，消隐后的效果如图98-4所示。

步骤 6 调用密封圈实体。打开实例89中创建的名称为“阀体——密封圈”的AutoCAD文件，将所需的实体复制并粘贴到阀体装配图中。

步骤 7 三维旋转处理。使用3DROTATE命令，将密封圈绕X轴旋转90度。

步骤 8 移动处理。使用MOVE命令，捕捉密封圈左边圆柱体底面圆心为基点，然后输入（0,-70,0）为目标点进行移动，消隐后的效果如图98-5所示。

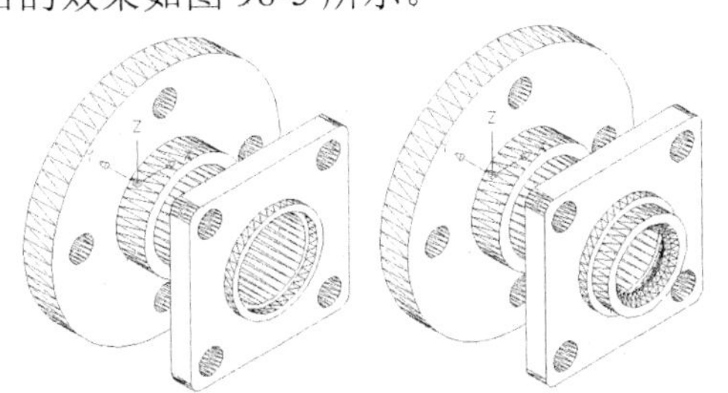

图98-4 移动处理　　　图98-5 移动处理

步骤 9 调用球心实体。打开实例90中绘制的名称为“阀体——球心”的AutoCAD文件，将所需的实体复制并粘贴到阀体装配图中。

步骤 10 移动处理。使用MOVE命令，捕捉球心左边底面圆心为基点，然后输入（0,-76,0）为目标点进行移动，消隐后的效果如图98-6所示。

步骤 11 调用阀杆实体。打开实例91中创建的名称为“阀体——阀杆”的AutoCAD文件，将所需的实体复制并粘贴到阀体装配图中。

步骤 12 移动处理。使用MOVE命令，捕捉阀杆底面圆柱体的圆心为基点，然后输入（0,-90,15）为目标点进行移动，消隐后的效果如图98-7所示。

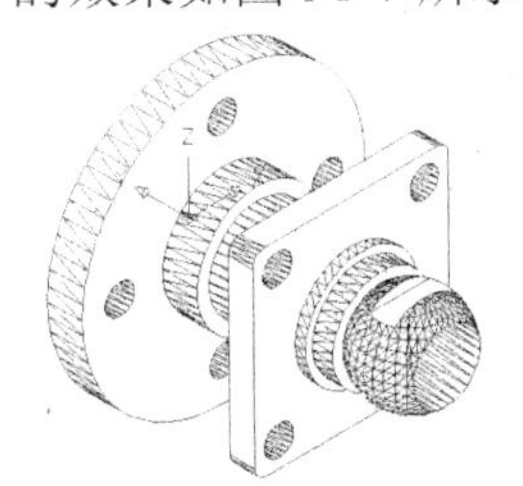

图98-6 移动处理

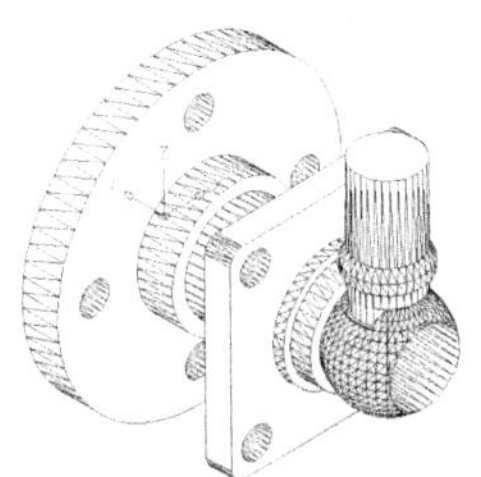

图98-7 移动处理

步骤 13 调用扳手实体。打开实例92中绘制的名称为“阀体——扳手”的AutoCAD文件，将所需的实体复制并粘贴到阀体装配图中。

步骤 14 三维旋转处理。使用3DROTATE命令，对扳手进行三维旋转。

步骤 15 移动处理。使用MOVE命令，捕捉扳手底面的圆心为基点，然后捕捉阀杆的顶面圆心作为目标点进行移动，消隐后的效果如图98-8所示。

步骤 16 调用阀体实体。打开实例94中创建的名称为“阀体——阀体边孔”的AutoCAD文件，将所需的实体复制并粘贴到阀体装配图中。

步骤 17 三维旋转处理。使用3DROTATE命令，将阀体绕Z轴旋转-90度。

步骤 18 移动处理。使用MOVE命令，捕捉阀体左边底面的圆心为基点，然后输入（0,-104,0）为目标点进行移动，消隐后的效果如图 98-9 所示。

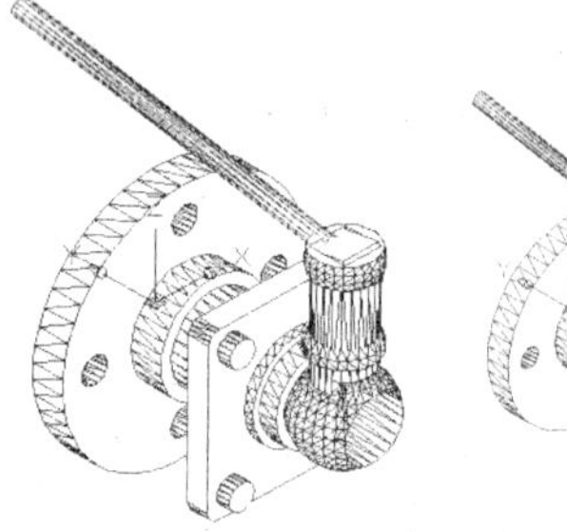
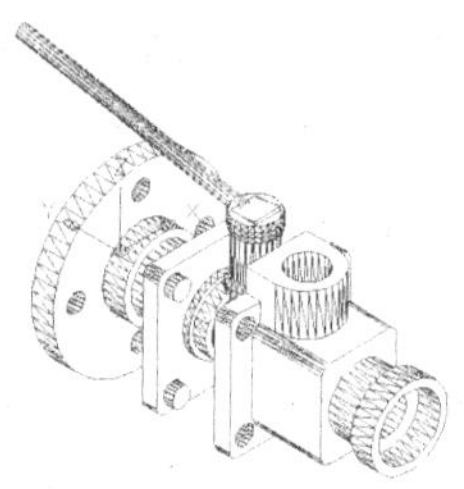

图 98-8 移动处理 图 98-9 移动处理

步骤 19 调用垫环实体。打开实例 95 中创建的名称为“阀体——垫环”的 AutoCAD 文件，将所需的实体复制并粘贴到阀体装配图中。

步骤 20 移动处理。使用 MOVE 命令，捕捉垫环底面的圆心为基点，然后输入（0,-125,55）为目标点进行移动，消隐后的效果如图 98-10 所示。

步骤 21 调用密封环实体。打开实例 96 中创建的名称为“阀体——密封环”的 AutoCAD 文件，将所需的实体复制并粘贴到阀体装配图中。

步骤 22 移动处理。使用 MOVE 命令，捕捉密封环底面圆心为基点，然后输入（0,-125,59）为目标点进行移动，消隐后的效果如图 98-11 所示。

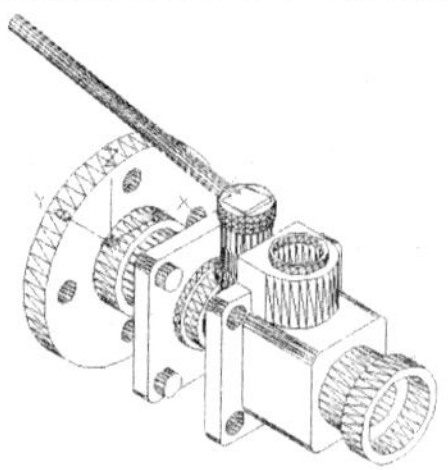
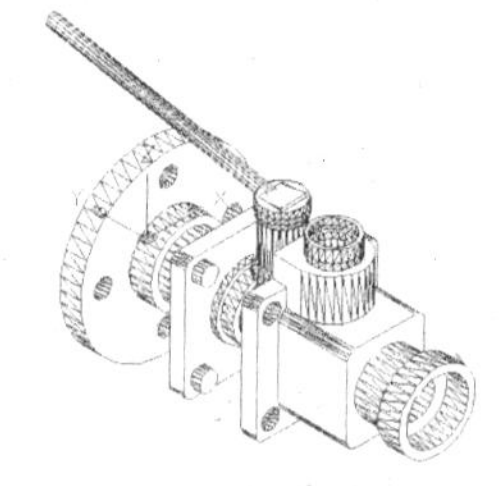

图 98-10 移动处理 图 98-11 移动处理

步骤 23 调用螺母实体。打开实例 97 中创建的名称为“阀体——螺母”的 AutoCAD 文件，将所需的实体复制并粘贴到阀体装配图中。

步骤 24 三维旋转处理。使用 3DROTATE 命令，将螺母绕 X 轴旋转 90 度。

步骤 25 移动处理。使用 MOVE 命令，捕捉螺母右边顶面的圆心为基点，然后输入（-30,-72,-30）为目标点进行移动，消隐后的效果如图 98-12 所示。

步骤 26 三维阵列处理。在命令行中输入 3DARRAY 命令，根据提示进行操作，将螺母进行环形阵列，设置阵列的数目为 4、填充角度为 360 度，指定阵列的中心点为（0,0,0），旋转轴上的第二点为（0,-72,0），消隐后的效果如图 98-13 所示。

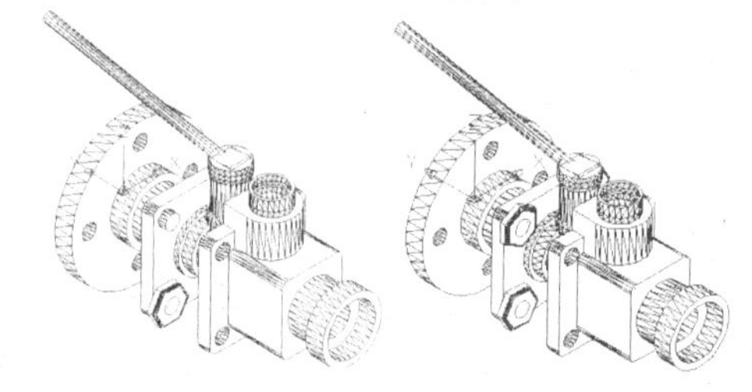

图 98-12 移动处理 图 98-13 三维阵列处理

步骤 27 三维镜像处理。单击“常用”选项板里的“修改”选项栏中的“三维镜像”命令，根据提示进行操作，选择法兰母体为镜像对象，然后以 ZX 平面为镜像面，在（0,-97,0）处进行镜像处理，消隐后的效果如图 98-14 所示。

步骤 28 渲染处理。使用 RENDER 命令，对实体进行渲染，效果如图 98-15 所示。

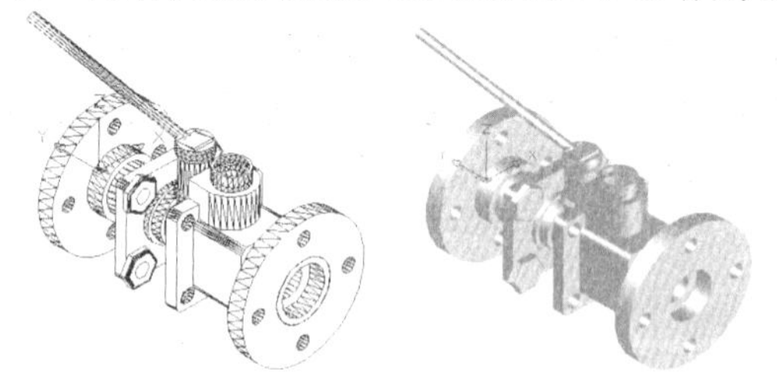

图 98-14 三维镜像处理 图 98-15 渲染处理

第 6 章　日用品三维模型图

6 part

AutoCAD 在三维实体设计中的应用越来越广泛。本章通过日用品三维模型图的绘制，介绍了 AutoCAD 中与三维实体绘制有关的系统变量的设置、基本三维实体的创建和编辑，以及三维实体的布尔运算和渲染等操作方法与技巧。

扫码观看本例视频

实例99 衣架

本实例将绘制衣架，效果如图99-1所示。

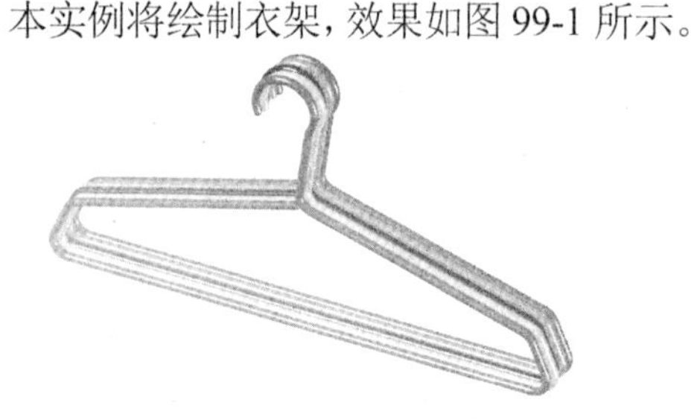

图99-1 衣架

操作步骤

步骤1 新建文件。启动AutoCAD，单击“新建”按钮，新建一个CAD文件。

步骤2 绘制多段线。执行PLINE命令，在绘图区内任意取一点作为起点，依次输入A、S、（@18.3,29）、（@14.7,-31）、L、（@-7,-53）、（@153.1,-44.5）、（@16.5,-38.5）、（@-337.1,0）、（@16.5,38.5）和（@151.2,43.8），绘制多段线，效果如图99-2所示。

步骤3 圆角处理。执行FILLET命令，设置圆角半径为10，输入P，对多段线进行圆角处理，效果如图99-3所示。

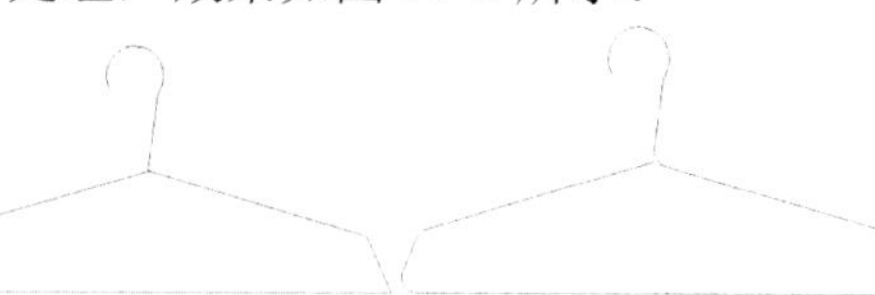

图99-2 绘制多段线　　图99-3 圆角处理

步骤4 切换视图。单击在工作空间左上角的视图切换按钮，将视图切换到西南等轴测视图。

步骤5 三维旋转处理。在命令行中输入ROTATE3D命令并按回车键，根据提示进行操作，选择多段线并按回车键，指定X轴为旋转轴，在原点旋转90度，效果如图99-4所示。

步骤6 绘制圆。执行CIRCLE命令，捕捉多段线的起点为圆心，绘制半径为3的圆，效果如图99-5所示。

图99-4 三维旋转处理　　图99-5 绘制圆

步骤7 拉伸处理。执行EXTRUDE命令，选择半径为2的圆并按回车键，输入P，选择多段线为拉伸路径，进行拉伸处理。

步骤8 圆角处理。执行FILLET命令，设置圆角半径为2，对衣架钩进行圆角处理，并将视图切换到东南等轴测视图，消隐后的效果如图99-6所示。

图99-6 圆角处理

步骤9 平滑处理。执行FACETRES命令，设置平滑值为5，进行平滑处理。

步骤10 设置材质并渲染处理。在“可视化”选项板的“材质”选项栏中单击“材质浏览器”按钮，弹出“材质浏览器”面板，在“Autodesk库”选项区右侧的类别中找到“塑料”并选取“平滑|紫色”材质，单击右键选择“添加到|文档材质”，选取“文档材质”中添加的“平滑|紫色”材质，右键单击“选择应用到的对象”，选择实体并按回车键，对实体附着材质。使用RENDER命令在视口中对实体进行渲染，效果参见图99-1。

扫码观看本例视频

实例100 雨伞

本实例将绘制雨伞，效果如图100-1所示。

图100-1 雨伞

操作步骤

步骤1 新建文件。启动AutoCAD，单击“新建”按钮，新建一个CAD文件。单击在工作空间左上角的视图切换按钮，将视图切换到西南等轴测视图。

步骤2 绘制直线。使用LINE命令，以（0,0,0）和（0,0,30）为直线的第一点和第二点，绘制直线。

步骤3 旋转坐标系。右键单击UCS坐标系，选择右键菜单中的“旋转轴|X”按钮，根据提示进行操作，将坐标系绕X轴旋转90度。

步骤4 绘制圆弧。执行ARC命令，捕捉直线的上端点为起点，输入C，捕捉直线的下端点，输入L，指定弦长为20，效果如图100-2所示。

步骤5 设置系统变量。在命令行中分别输入系统变量SURFTAB1和SURFTAB2，设置其值均为10。

步骤6 旋转网格处理。在命令行中输入REVSURF命令并按回车键，根据提示进行操作，选择圆弧为旋转对象，选择直线为旋转轴，将其旋转360度，效果如图100-3所示。

步骤7 绘制多段线。执行PLINE命令，依次输入（0,0）、（@0,-2）、A、A、-180和（@-5,0），绘制多段线，效果如图100-4所示。

步骤8 编辑多段线。执行PEDIT命令，根据提示进行操作，合并多段线和直线。

步骤9 返回世界坐标系。在命令行中输入UCS命令并按回车键，将坐标系恢复到世界坐标系。

步骤10 绘制圆。使用CIRCLE命令，以（-5,0,-2）为圆心，绘制半径为0.4的圆。

步骤11 绘制伞柄。执行EXTRUDE命令，选择半径为0.4的圆并按回车键，然后输入P，选择步骤（8）中生成的图形为拉伸路径，进行拉伸处理。

步骤12 绘制圆柱体。使用CYLINDER命令，以（0,0,30）为圆柱体底面中心点，绘制半径和高均为0.4的圆柱体。

步骤13 并集处理。使用UNION命令合并圆柱体和伞柄。

步骤14 圆角处理。执行FILLET命令，设置圆角半径为0.2，对伞柄进行圆角处理，消隐后的效果如图100-5所示。

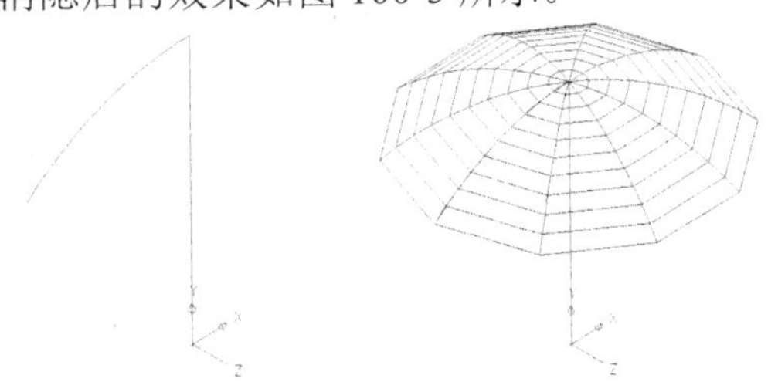

图100-2 绘制圆弧　图100-3 旋转网格处理

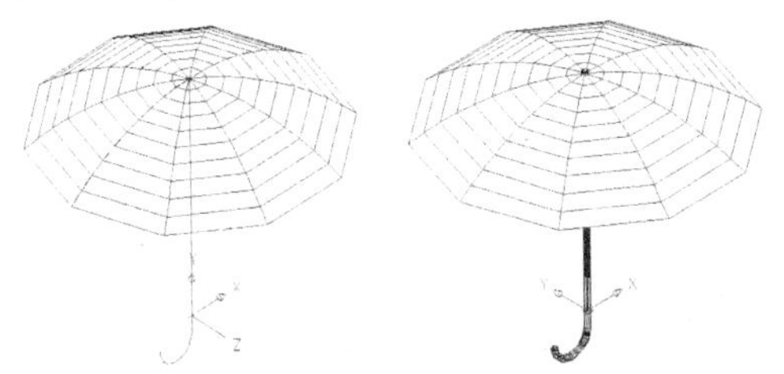

图100-4 绘制多段线　图100-5 圆角处理

步骤15 平滑处理。执行FACETRES命令，设置平滑值为5，进行平滑处理。

步骤16 新建材质。在“可视化”选项

板的“材质”选项栏中单击“材质浏览器”按钮，弹出“材质浏览器”面板，在“Autodesk 库”选项区右侧的类别中找到“塑料”并选取“平滑|紫色”材质，单击右键选择“添加到|文档材质”，选取“文档材质”中添加的“平滑|紫色”材质，右键单击“选择应用到的对象”，将该材质附着于伞布上；找到“金属”并选取“阳极电镀|白色”材质，单击右键选择“添加到|文档材质”，选取“文档材质”中添加的“平滑|紫色”材质，右键单击“选择应用到的对象”，将该材质附着于伞柄上。

步骤 17 渲染处理。使用 RENDER 命令在视口中对雨伞进行渲染，效果参见图 100-1。

实例 101 托盘

本实例将绘制托盘，效果如图 101-1 所示。

图 101-1 托盘

操作步骤

步骤 1 新建文件。启动 AutoCAD，单击“新建”按钮，新建一个 CAD 文件。

步骤 2 绘制多段线。执行 PLINE 命令，依次输入（300,300）、（@0,10）、（@200,0）、（@40<30）、（@20,0）、A、A、-180、R、7、-90、L、（@-20,0）、（@-40<30）、（@-200,0）和 C，绘制多段线，效果如图 101-2 所示。

图 101-2 绘制多段线

步骤 3 圆角处理。执行 FILLET 命令，设置圆角半径为 10，对多段线进行圆角处理。

步骤 4 切换视图。单击在工作空间左上角的视图切换按钮，将视图切换到西南等轴测视图。

步骤 5 移动坐标系。在命令行中输入 UCS 命令并按回车键，根据提示进行操作，指定新原点为（300,296,0），并按回车键对坐标系进行移动，效果如图 101-3 所示。

步骤 6 旋转生成实体。单击“建模”面板中的“旋转”按钮，根据提示进行操作，选择多段线为旋转对象，以 Y 轴为旋转轴，指定旋转角度为 360 度，效果如图 101-4 所示。

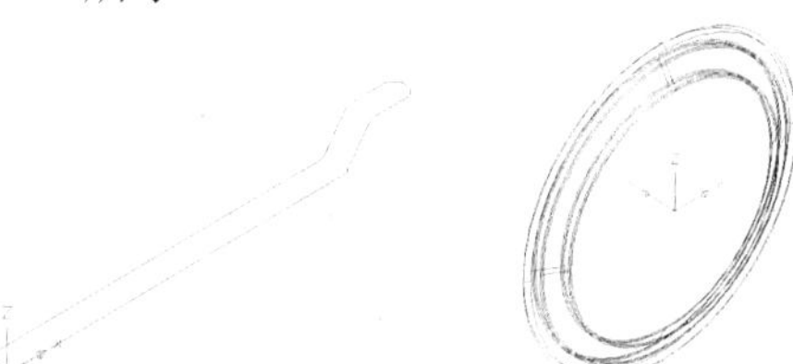

图 101-3 移动坐标系 图 101-4 旋转生成实体

步骤 7 三维旋转处理。执行 ROTATE3D 命令，选择托盘并按回车键，指定 X 轴为旋转轴，在原点旋转 90 度，消隐后的效果如图 101-5 所示。

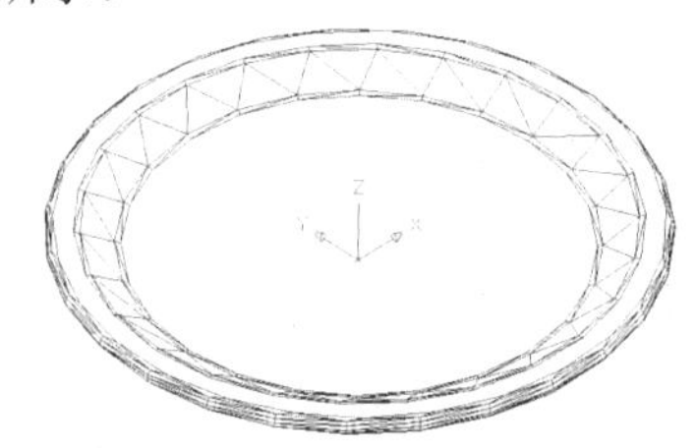

图 101-5 三维旋转处理

步骤 8 平滑处理。执行 FACETRES 命令，设置平滑值为 5，进行平滑处理。

步骤 9 设置材质并渲染处理。在“可视化”选项板的“材质”选项栏中单击“材质浏览器”按钮，弹出“材质浏览器”面板，在对话框左下角的“在文档中创建新材质”按钮，选择“新建常规材质”，设置“漫射”颜色值为（200,184,234）、“反光度”为 27、“折射率”为 2.580、“半透明度”为 0、“自发光”为 18；使用 RENDER 命令在视口中对实体进行渲染，效果参见图 101-1。

实例 102 吸顶灯

本实例将绘制吸顶灯，效果如图 102-1 所示。

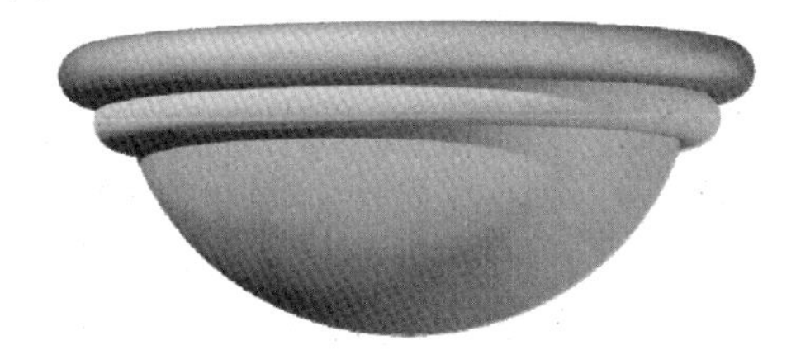

图 102-1 吸顶灯

操作步骤

步骤 1 新建文件。启动 AutoCAD，单击“新建”按钮，新建一个 CAD 文件。

步骤 2 切换视图。单击在工作空间左上角的视图切换按钮，将视图切换到西南等轴测视图。

步骤 3 绘制圆环。单击“建模”面板中的“圆环体”按钮，根据提示进行操作，指定中心点为坐标原点，指定半径为 50、指定圆管半径为 5 的圆环体；重复此操作，指定中心点为（0,0,-8），指定半径为 45，指定圆管半径为 4.5，绘制第二个圆环，效果如图 102-2 所示。

步骤 4 绘制直线。使用 LINE 命令，以（0,0）和（@0,-45）为直线的第一点和第二点，绘制直线。

步骤 5 绘制圆弧。使用 ARC 命令，选取直线的第二端点为圆弧起点，指定圆弧圆心为坐标原点，指定圆弧角度为 90 度，绘制圆弧，效果如图 102-3 所示。

步骤 6 三维旋转处理。在命令行中输入 3DROTATE 命令并按回车键，根据提示进行操作，选择步骤（5）绘制的圆弧为旋转对象，指定基点为（0,0），拾取旋转轴为 Y 轴（绿色轴），指定角起点为步骤（4）绘制的直线的第二端点，指定角度为 90 度，效果如图 102-4 所示。

步骤 7 旋转生成实体。在命令行中输入 REVOLVE 命令并按回车键。根据提示进行操作，选择步骤（6）旋转的圆弧为对象，定义 Z 轴为旋转轴，旋转角度为 360 度，生成实体，效果如图 102-5 所示。

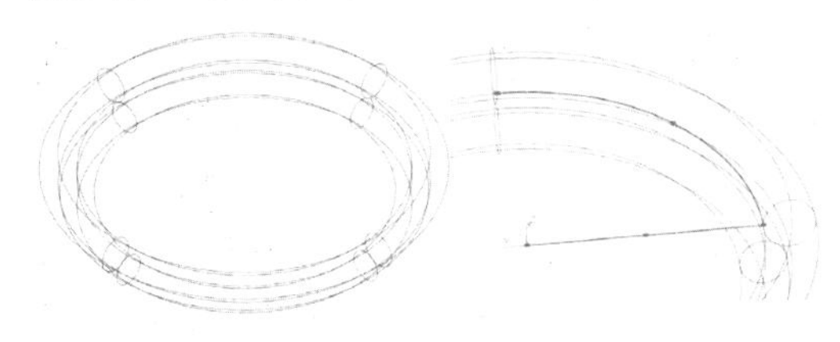

图 102-2 绘制圆环　　图 102-3 绘制圆弧

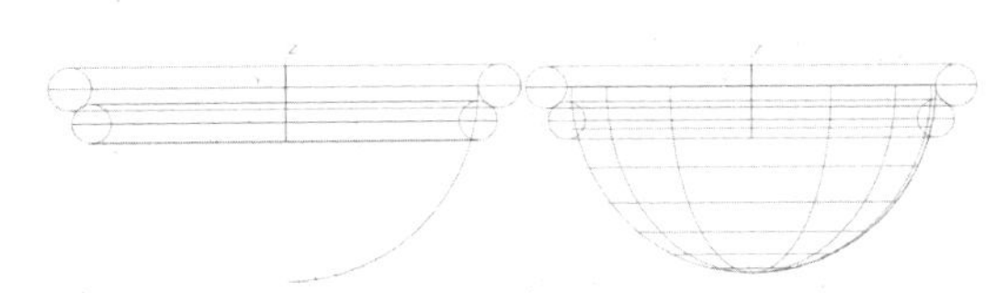

图 102-4 三维旋转处理 图 102-5 旋转生产实体

步骤 8 平滑处理。执行 FACETRES 命令，设置平滑值为 5，进行平滑处理。

步骤 9 设置材质并渲染处理。在“可视化”选项板的“材质”选项栏中单击“材质浏览器”按钮，弹出“材质浏览器”面板，在 Autodesk 默认库中选择“塑料|平滑黄色”为上圆环材质，“塑料|平滑|白色”为下圆环材质，“塑料|PTFE”为灯罩材质；在光源选项板中打开“平行光|光源”，使用 RENDER 命令在视口中对实体进行渲染，效果参见图 102-1。

实例 103 脸盆

本实例将绘制脸盆，效果如图 103-1 所示。

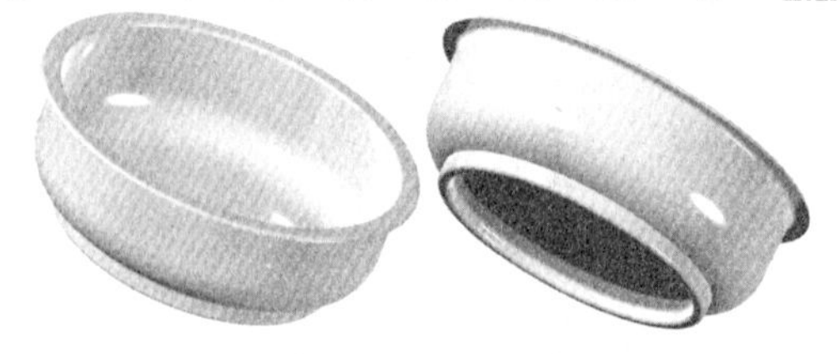

图 103-1　脸盆

操作步骤

步骤 1 新建文件。启动 AutoCAD，单击“新建”按钮，新建一个 CAD 文件。单击在工作空间左上角的视图切换按钮，将视图切换到西南等轴测视图。

步骤 2 绘制圆柱体。单击“建模”面板中的“圆柱体”按钮，根据提示进行操作，以坐标原点为圆柱体底面中心点，绘制半径为 200、高为 120 的圆柱体；以（0,0,120）为圆柱体底面中心点，绘制半径为 225、高为 20 的圆柱体，效果如图 103-2 所示。

步骤 3 并集处理。使用 UNION 命令合并圆柱体。

步骤 4 圆角处理。执行 FILLET 命令，设置圆角半径为 50，对脸盆底边进行圆角处理，效果如图 103-3 所示。

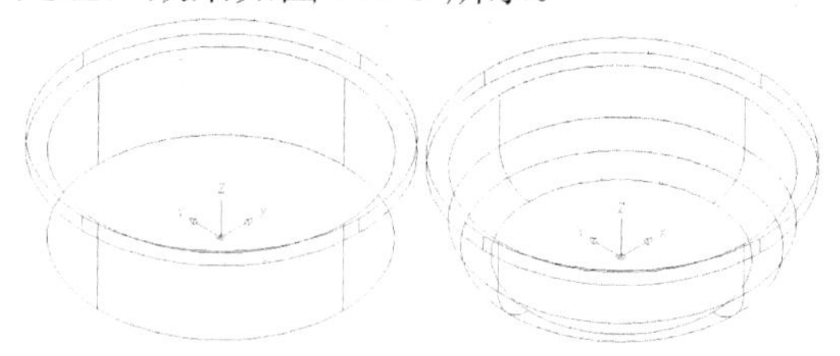

图 103-2　绘制圆柱体　　图 103-3　圆角处理

步骤 5 抽壳处理。单击“实体编辑”面板中的“抽壳”按钮，根据提示进行操作，选择脸盆，然后选择盆顶面并按回车键，输入抽壳偏移距离为 5，进行抽壳处理，效果如图 103-4 所示。

步骤 6 剖切处理。在命令行中输入 SLICE 命令并按回车键，根据提示进行操作，选择脸盆并按回车键，以 XY 平面为切面，过该平面上的点（0,0,125）剖切实体，保留原点一侧，效果如图 103-5 所示。

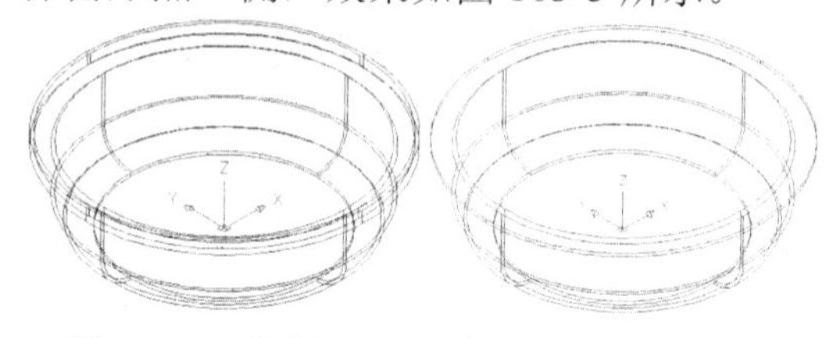

图 103-4　抽壳处理　　图 103-5　剖切处理

步骤 7 绘制圆柱体。单击“建模”面板中的“圆柱体”按钮，根据提示进行操作，以坐标原点为圆柱体底面中心点，绘制半径为 160、高为-20 的圆柱体；以（0,0,-5）为圆柱体底面中心点，绘制半径为 145、高为-20 的圆柱体，效果如图 103-6 所示。

步骤 8 差集处理。使用 SUBTRACT 命令，将半径为 145 的圆柱体从半径为 160 的圆柱体中减去，并使用 3DORBIT 命令，将视图调整到适当的角度，消隐后的效果如图 103-7 所示。

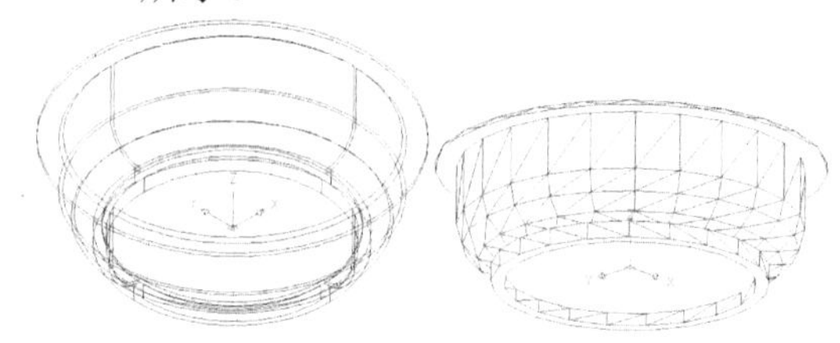

图 103-6　绘制圆柱体　　图 103-7　差集处理

步骤 9 并集处理。使用 UNION 命令合并所有实体。

步骤 10 圆角处理。执行 FILLET 命令，设置圆角半径为 5，对盆口和盆底进行圆角处理，切换视图并消隐处理后的效果如图 103-8 所示。

步骤 11 平滑处理。执行 FACETRES 命令，设置平滑值为 5，进行平滑处理。

步骤 12 设置材质并渲染处理。在“可视化”选项板的“材质”选项栏中单击“材质浏览器”按钮，弹出“材质浏览器”面板，在对话框左下角的“在文档中创建新材质”按钮，选择“新建常规材质”，设置“漫射”颜色值为（247,218,69）、“反光度”为

57、“折射率”为1.850、“半透明度”为0、“自发光”为17；使用RENDER命令在视口中对实体进行渲染，效果参见图103-1。

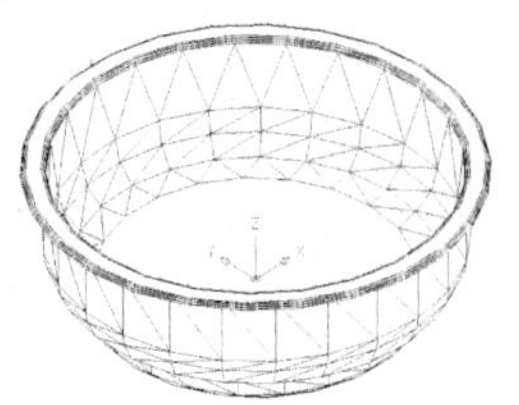

图103-8　圆角处理

实例104　茶杯盖

本实例将绘制茶杯盖，效果如图104-1所示。

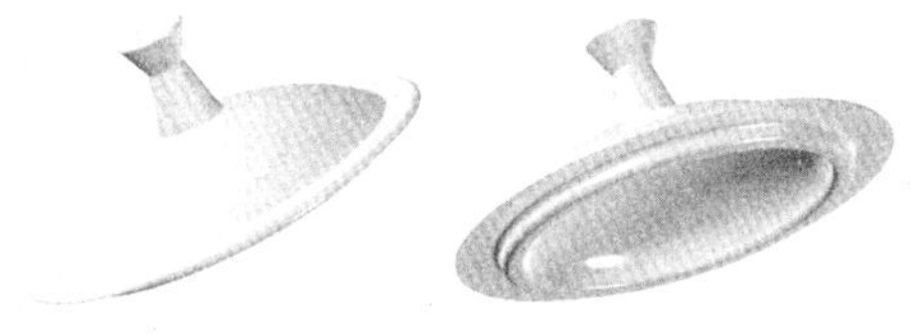

图104-1　茶杯盖

操作步骤

步骤1 新建文件。启动AutoCAD，单击“新建”按钮，新建一个CAD文件。单击在工作空间左上角的视图切换按钮，将视图切换到西南等轴测视图。

步骤2 设置线框密度。在命令行中输入ISOLINES命令并按回车键，设置线框密度为20。

步骤3 绘制圆柱体。单击“建模”面板中的“圆柱体”按钮，根据提示进行操作，在原点处分别绘制半径为45、高为-5和半径为58、高为2的圆柱体，效果如图104-2所示。

步骤4 绘制球体。单击“建模”面板中的“球体”按钮，根据提示进行操作，以（0,0,-50）为球体的中心点，绘制半径为70的球体。

步骤5 剖切处理。执行SLICE命令，选择球体并按回车键，以XY平面为切面，过原点剖切实体，保留点（0,0,1）的一侧，效果如图104-3所示。

步骤6 并集处理。单击“实体编辑”面板中的“并集”按钮，合并茶壶盖实体。

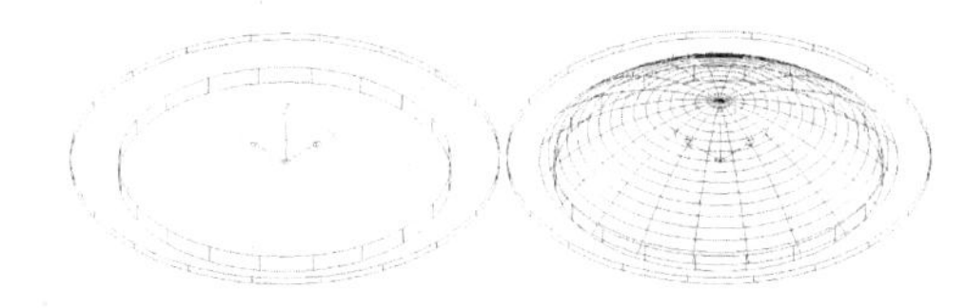

图104-2　绘制圆柱体　　图104-3　剖切处理

步骤7 调整角度。使用3DORBIT命令将视图调整到适当的角度，以便在抽壳时删除茶杯盖底面。

步骤8 抽壳处理。单击“实体编辑”面板中的“抽壳”按钮，根据提示进行操作，选择茶杯盖，然后选择茶杯盖底面并按回车键，设置抽壳偏移距离为6，进行抽壳处理，消隐后的效果如图104-4所示。

步骤9 圆角处理。执行FILLET命令，设置圆角半径为10，对茶杯盖内部进行圆角处理；设置圆角半径为2，对茶杯盖底边与侧边进行圆角处理，消隐后的效果如图104-5所示。

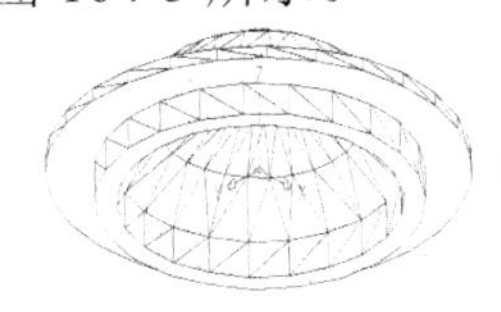

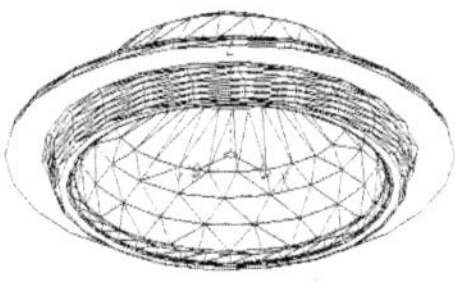

图104-4　抽壳处理　　图104-5　圆角处理

步骤10 绘制三维多段线。执行3DPOLY命令，依次输入（0,0,15）、（@-10,0,0）、（@5,0,20）、（@-5,0,10）和（@10,0,0），绘制三维多段线。

步骤11 旋转生成实体。执行REVOLVE命令，选择三维多段线为旋转对象，以Z轴为旋转轴，指定旋转角度为360度，将视图切换到西南等轴测视图，效果如图104-6所示。

步骤12 并集处理。使用UNION命令将茶杯盖合并，效果如图 104-7 所示。

步骤 13 圆角处理。使用 FILLET 命令，设置圆角半径为 1，对茶杯盖提手棱边进行圆角处理，消隐后的效果如图 104-8 所示。

步骤 14 平滑处理。执行 FACETRES 命令，设置平滑值为 5，进行平滑处理。

步骤 15 设置材质并渲染处理。在“可视化”选项板的“材质”选项栏中单击“材质浏览器”按钮，弹出“材质浏览器”面板，在对话框左下角的“在文档中创建新材质”按钮，选择“新建常规材质”，设置“漫射”颜色值为（91,236,228）、“反光度”为 54、“折射率”为 1.680、“半透明度”为 48、“自发光”为 10；使用 RENDER 命令在视口中对实体进行渲染，效果参见图 104-1。

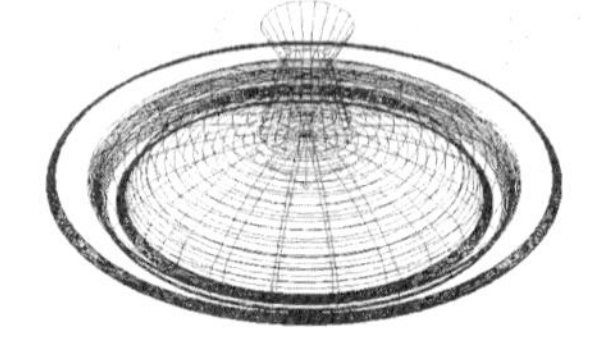

图 104-6　旋转生成实体

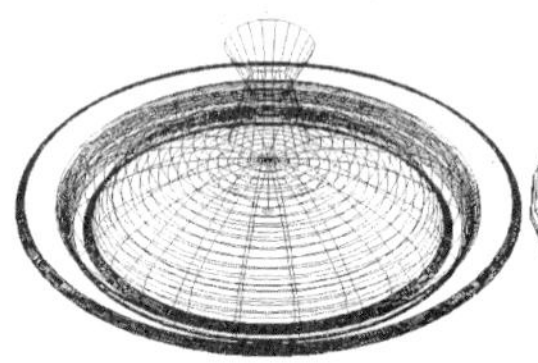

图 104-7　并集处理

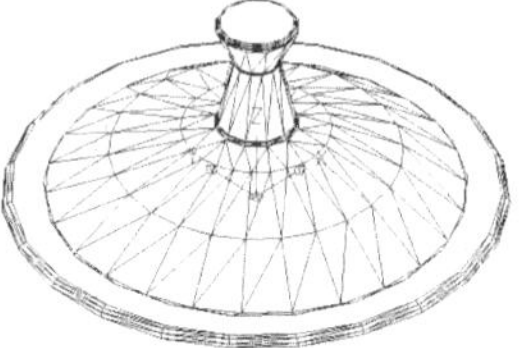

图 104-8　圆角处理

实例 105　茶杯

本实例将绘制茶杯，效果如图 105-1 所示。

图 105-1　茶杯

操作步骤

步骤 1 打开并另存文件。启动 AutoCAD，按【Ctrl+O】组合键，打开实例 104 中“茶杯盖”图形文件，然后按【Ctrl+Shift+S】组合键，将该图形另存为“茶杯”文件。

步骤 2 删除处理。使用 ERASE 命令删除茶杯盖，绘制杯体。

步骤 3 绘制球体。单击“建模”面板中的“球体”按钮，根据提示进行操作，以原点为球体的中心点，绘制半径为 50 的球体。

步骤 4 剖切处理。在命令行输入 SLICE 命令并按回车键，根据提示操作，选择球体并按回车键，以 XY 平面为切面，过该平面上的点（0,0,0）剖切实体，保留点（0,0,-1）一侧。

步骤 5 重复步骤（4）中的操作，选择下半部分球体并按回车键，以 XY 平面为切面，过该平面上的点（0,0,-30）剖切实体，保留点（0,0,0）一侧，效果如图 105-2 所示。

步骤 6 绘制圆柱体。单击“建模”面板中的“圆柱体”按钮，根据提示进行操作，以坐标原点为圆柱体底面中心点，绘制半径为 52、高为 100 的圆柱体。

步骤 7 并集并圆角处理。单击“实体编辑”面板中的“并集”按钮，合并茶壶盖实体；执行 FILLET 命令，设置圆角半径为 2，对杯体棱边进行圆角处理，效果如图 105-3 所示。

步骤 8 抽壳并圆角处理。单击“实体编辑”面板中的“抽壳”按钮，根据提示进行操作，选择杯体，然后选择杯体顶面并按回车键，设置抽壳偏移距离为 6，进行抽壳处理；执行 FILLET 命令，设置圆角半径为 2，对抽壳的杯体棱边进行圆角处理，效果如图 105-4 所示。

步骤 9 绘制球体并差集处理。单击“建模”面板中的“球体”按钮，根据提示进行操作，以（0,0,-115）为球体的中心点，绘制半径为 90 的球体；使用 SUBTRACT

命令将球体从杯体中减去，进行差集处理，效果如图 105-5 所示。

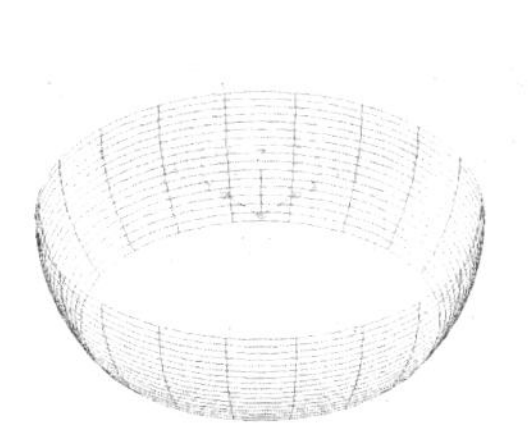

图 105-2　剖切处理

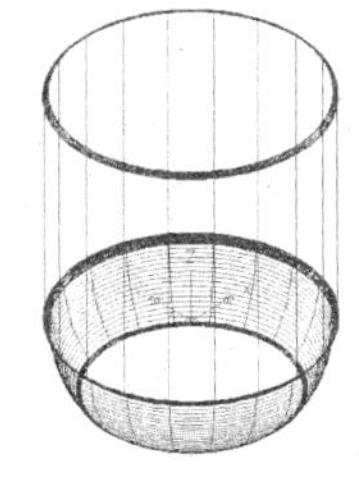

图 105-3　并集并圆角处理

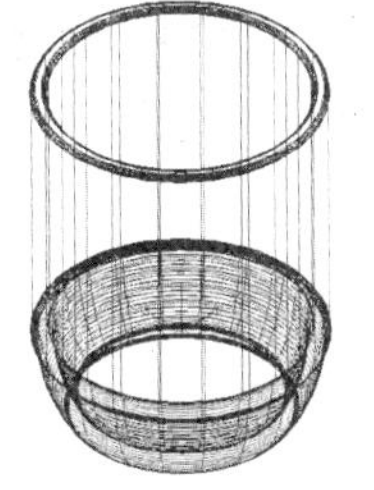

图 105-4　抽壳并圆角处理

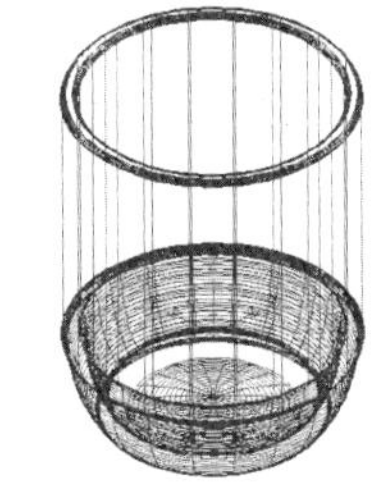

图 105-5　绘制球体并差集处理

步骤 10 绘制样条曲线。将视图切换到前视图，执行 SPLINE 命令，根据提示进行操作，依次输入（50,80）、（67,95）、（80,80）、（76,30）、（58,27）和（50,9），绘制样条曲线，效果如图 105-6 所示。

步骤 11 绘制矩形并圆角处理。单击“绘图”面板中的“矩形”按钮，根据提示进行操作，以（60,10）和（@4,12）为矩形的角点和对角点，绘制矩形；执行 FILLET 命令，设置圆角半径为 2，对矩形的尖角进行圆角处理。

步骤 12 扫掠生成实体。在命令行中输入 SWEEP 命令并按回车键。根据提示进行操作，选择矩形并按回车键，然后指定样条曲线为扫掠路径进行扫掠处理，效果如图 105-7 所示。

步骤 13 圆角处理。将视图切换到东北等轴测视图，使用 FILLET 命令，设置圆角半径为 1，对扫掠实体两端的边进行圆角处理，效果如图 105-8 所示。

步骤 14 并集处理。使用 UNION 命令合并所有实体。

步骤 15 返回世界坐标系。在命令行中输入 UCS 命令并连续按两次回车键，将坐标系恢复到世界坐标系，消隐后的效果如图 105-9 所示。

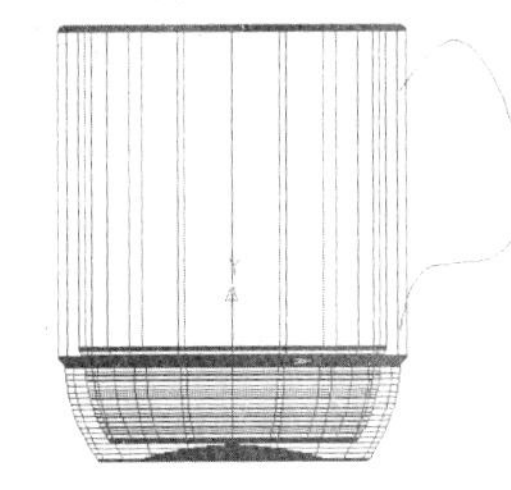

图 105-6 绘制样条曲线

图 105-7 扫掠生成实体

图 105-8　圆角处理

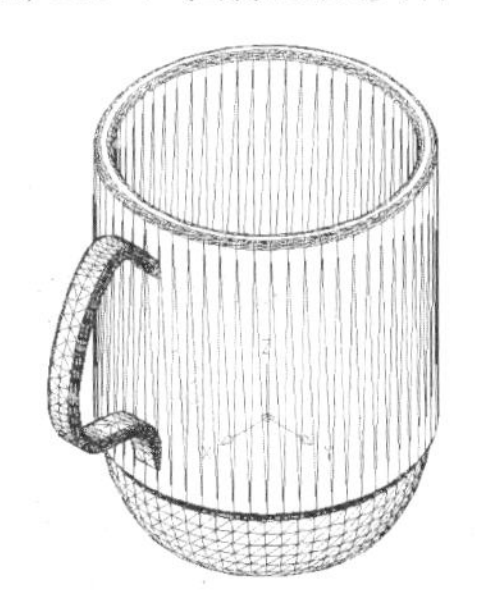

图 105-9 返回世界坐标系

步骤 16 渲染处理。使用 RENDER 命令，在视口中对实体进行渲染，效果如图 105-10 所示。

步骤 17 另存文件。单击“文件|另存为”命令，另存该文件，将其命名为“茶杯 1”。

步骤 18 调用茶杯盖。打开实例 104 中绘制的名称为“茶杯盖”的 AutoCAD 文件，将所需的实体复制到“茶杯 1”图形文件中，并使用 MOVE 命令将茶杯盖移动至茶杯体上。

步骤 19 渲染处理。使用 RENDER 命令，在视口中对实体进行渲染，效果如图 105-11 所示。

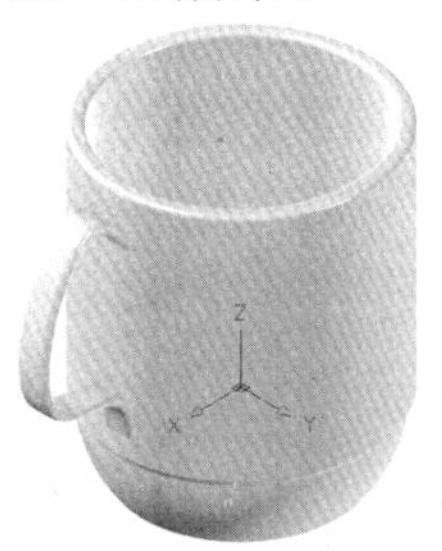

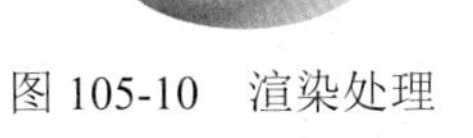

图 105-10　渲染处理

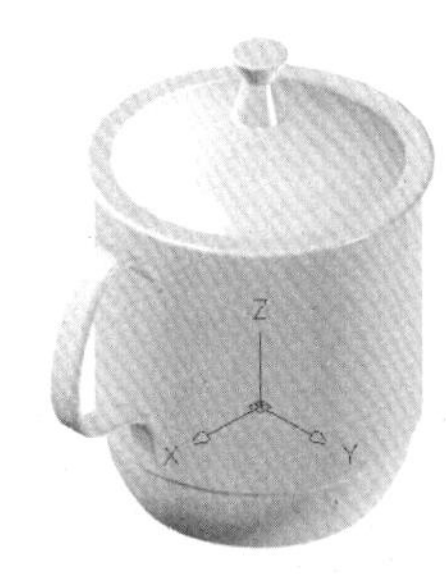

图 105-11　渲染处理

实例106 水桶

本实例将绘制水桶，效果如图106-1所示。

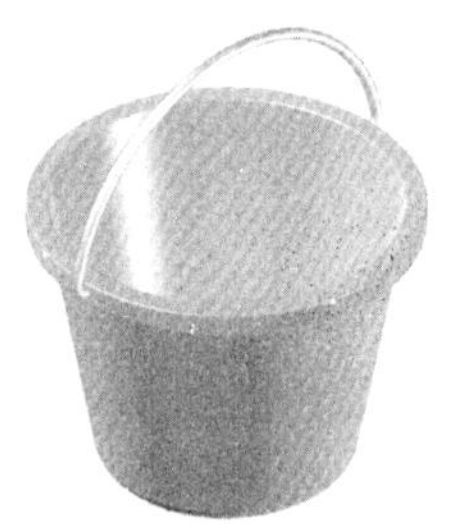

图106-1 水桶

操作步骤

步骤1 新建文件。启动AutoCAD，单击“新建”按钮，新建一个CAD文件。单击在工作空间左上角的视图切换按钮，将视图切换到西南等轴测视图。

步骤2 绘制圆柱体。单击“建模”面板中的“圆柱体”按钮，根据提示进行操作，以（0,0,120）为圆柱体底面中心点，绘制半径为78、高为-10的圆柱体。

步骤3 调整角度。在“动态观察”工具栏中单击“动态观察”按钮，将视图调整到适当的角度，消隐后的效果如图106-2所示。

步骤4 抽壳处理。单击“实体编辑”面板中的“抽壳”按钮，根据提示进行操作，选择圆柱体，然后选择圆柱体底面并按回车键，设置抽壳偏移距离为2，进行抽壳处理，消隐后的效果如图106-3所示。

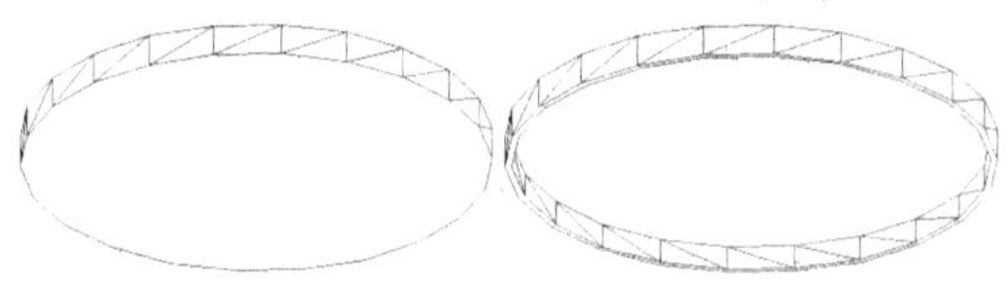

图106-2 调整角度　　图106-3 抽壳处理

步骤5 绘制圆。使用CIRCLE命令，以原点为圆心绘制半径为50的圆。

步骤6 拉伸处理。在命令行中输入EXTRUDE命令并按回车键，根据提示进行操作，选择圆并按回车键，输入T，指定拉伸的倾斜角度为-10，指定拉伸的高度为120，进行拉伸处理，将视图切换到西南等轴测视图，效果如图106-4所示。

步骤7 圆角处理。执行FILLET命令，设置圆角半径为10，对拉伸体底面进行圆角处理。

步骤8 并集处理。使用UNION命令合并所有实体，效果如图106-5所示。

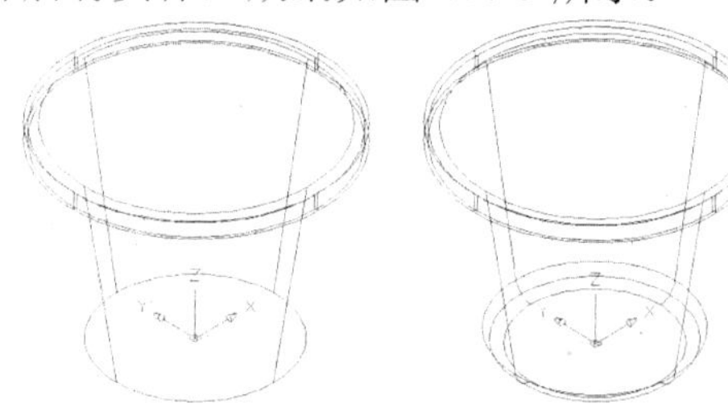

图106-4 拉伸处理　　图106-5 并集处理

步骤9 抽壳处理。单击“实体编辑”面板中的“抽壳”按钮，根据提示进行操作，然后选择水桶顶面并按回车键，设置抽壳偏移距离为2，进行抽壳处理，消隐后的效果如图106-6所示。

步骤10 圆角处理。执行FILLET命令，设置圆角半径为1，对水桶口进行圆角处理。

步骤11 旋转坐标系。单右键单击UCS坐标系，选择右键菜单中的“旋转轴|Y”按钮，根据提示进行操作，将坐标系统绕Y轴旋转-90度。

步骤12 绘制圆柱体。使用CYLINDER命令，以（115,0,80）为圆柱体底面中心点，绘制半径为3、高为-7的圆柱体；以（115,0,-80）为圆柱体底面中心点，绘制半径为3、高为7的圆柱体，效果如图106-7所示。

步骤13 差集处理。使用SUBTRACT命令，将两个圆柱体从水桶实体中减去。

步骤14 切换视图。单击在工作空间左上角的视图切换按钮，将视图切换到前视图。

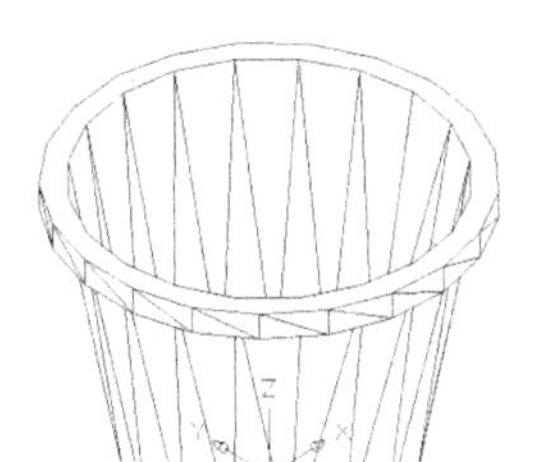

图 106-6　抽壳处理

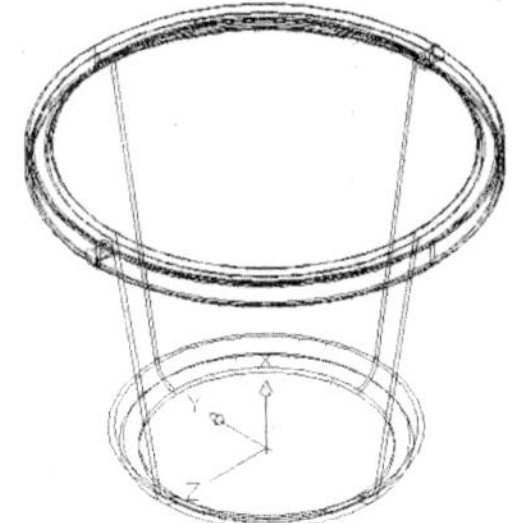

图 106-7　绘制圆柱体

步骤 15 绘制多段线。执行 PLINE 命令，依次输入（-73,115）、（@-10,0）、A、S、（@83,75）、（@83,-75）、L、（@-10,0），绘制多段线。

步骤 16 分解并进行圆角处理。使用 EXPLODE 命令对多段线进行分解；执行 FILLET 命令，设置圆角半径为 5，对分解后的多段线的尖角进行圆角处理，效果如图 106-8 所示。

步骤 17 编辑多段线。在命令行中输入 PEDIT 命令并按回车键，根据提示进行操作，合并多段线。

步骤 18 切换视图。单击在工作空间左上角的视图切换按钮，将视图切换到西南等轴测视图。

步骤 19 旋转坐标系。单右键单击 UCS 坐标系，选择右键菜单中的“旋转轴|Y”按钮，根据提示进行操作，将坐标系绕 Y 轴旋转-90 度，效果如图 106-9 所示。

步骤 20 绘制圆。使用 CIRCLE 命令，以（0,115,77）为圆心绘制半径为 2.5 的圆。

步骤 21 拉伸处理。单击“建模”面板中的“拉伸”按钮，根据提示进行操作，选择半径为 2.5 的圆并按回车键，输入 P，选择多段线为拉伸路径，进行拉伸处理，效果如图 106-10 所示。

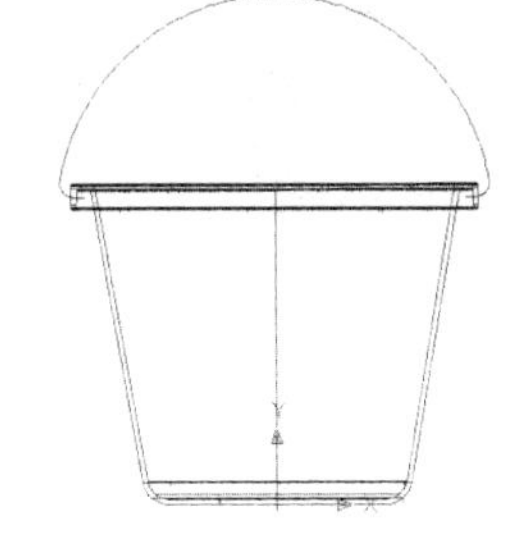

图 106-8 分解并圆角处理

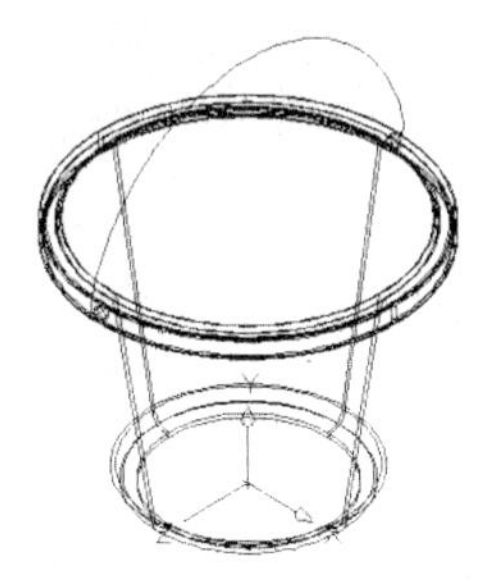

图 106-9 旋转坐标系

图 106-10　拉伸处理

步骤 22 平滑处理。执行 FACETRES 命令，设置平滑值为 5，进行平滑处理。

步骤 23 新建材质。在“可视化”选项板的“材质”选项栏中单击“材质浏览器”按钮，弹出“材质浏览器”面板，在对话框左下角的“在文档中创建新材质”按钮，选择“新建常规材质”，设置“漫射”颜色值为（206,139,253）、“反光度”为 25、“折射率”为 2.020、“半透明度”为 48、“自发光”为 20，并将该材质附着于水桶。

步骤 24 重复步骤（23）中的操作，新建“提手”材质，设置“类型”为“高级金属”、“环境光”和“漫射”颜色值均为（255,229,255）、“反光度”为 55、“自发光”为 38，并将该材质附着于水桶提手。

步骤 25 渲染处理。使用 RENDER 命令对水桶进行渲染，效果参见图 106-1。

实例 107 方向盘

本实例将绘制方向盘，效果如图 107-1 所示。

图 107-1　方向盘

操作步骤

步骤 1 新建文件。启动 AutoCAD，单击“新建”按钮，新建一个 CAD 文件。单击在工作空间左上角的视图切换按钮，将视图切换到东北等轴测视图。

步骤 2 绘制圆环。单击“建模”面板中的“圆环体”按钮，根据提示进行操作，指定中心点为坐标原点，指定半径为 160、指定圆管半径为 16 的圆环体，效果如图 107-2 所示。

步骤 3 绘制球体。单击“建模”面板中的“球体”按钮，根据提示进行操作，以（0,0,0）为球体的中心点，绘制半径为 40 的球体，效果如图 107-3 所示。

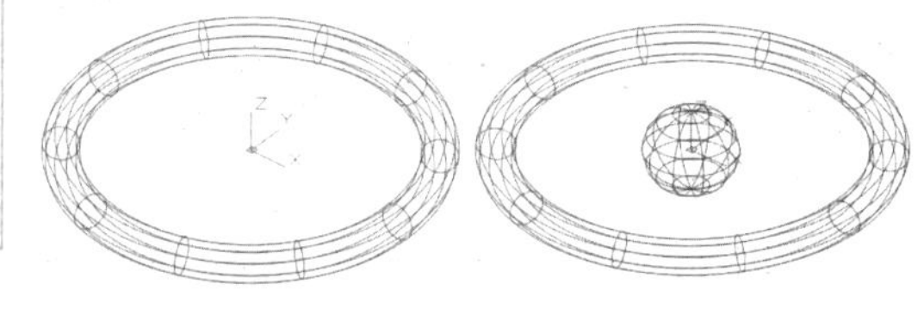

图 107-2　绘制圆环　　图 107-3　绘制球体

步骤 4 绘制圆柱体。单击“建模”面板中的“圆柱体”按钮，根据提示进行操作，以坐标原点为圆柱体底面中心点，绘制半径为 30、高为-300 的圆柱体；再以原点为圆柱体底面中心点，绘制半径为 20、高为-350 的圆柱体，效果如图 107-4 所示。

步骤 5 绘制轮辐圆柱体。单击“建模”面板中的“圆柱体”按钮，根据提示进行操作，以坐标原点为圆柱体底面中心点，绘制半径为 12、指定轴端点为 160 的圆柱体，效果如图 107-5 所示。

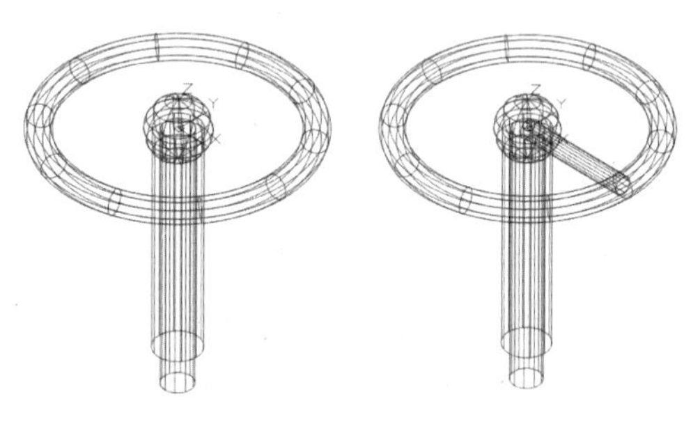

图 107-4　绘制圆柱体　图 107-5　绘制轮辐圆柱体

步骤 6 三维阵列处理。在命令行中输入 3DARRAY 命令并按回车键，根据提示进行操作，选择步骤（5）中绘制的轮辐圆柱体为对象，输入阵列类型为“环形”，输入阵列中的项目数目为 4，指定要填充的角度为 360 度，并指定旋转阵列对象，指定旋转轴的第一点为原点，第二点为（0,0,-300），效果如图 107-6 所示。

步骤 7 并集处理。使用 UNION 命令合并轮辐和圆环。

步骤 8 设置材质并渲染处理。在“可视化”选项板的“材质”选项栏中单击“材质浏览器”按钮，弹出“材质浏览器”面板，在 Autodesk 默认库中选择“金属漆|锻光|黑色”为方向盘圈和轮辐材质，“金属漆|反射|象牙白”为支撑杆材质；在光源选项板中打开“平行光|光源”，使用 RENDER 命令在视口中对实体进行渲染，效果如图 107-7 所示。

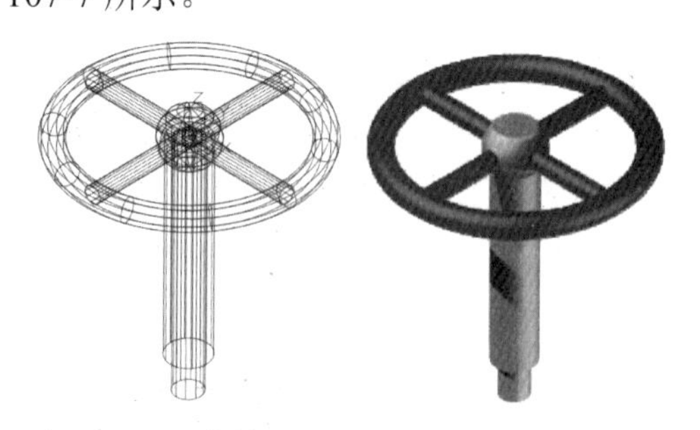

图 107-6　三维阵列处理　图 107-7　设置材质并渲染处理

实例108 汤勺

本实例将绘制汤勺，效果如图 108-1 所示。

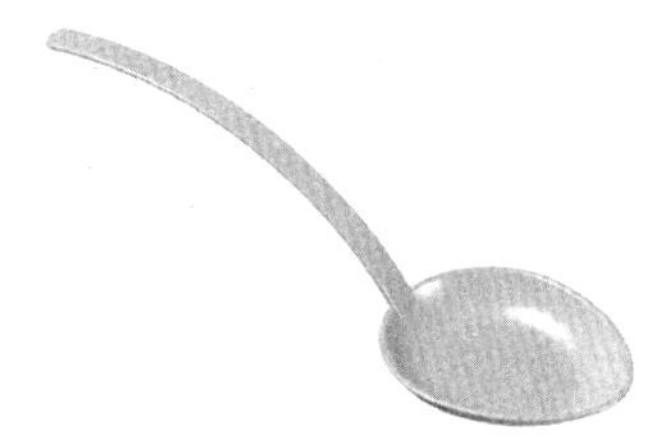

图 108-1 汤勺

操作步骤

步骤 1 新建文件。启动 AutoCAD，单击“新建”按钮，新建一个 CAD 文件。

步骤 2 绘制矩形并分解处理。使用 RECTANG 命令，以（0,0）和（20,15）为矩形的角点和对角点绘制矩形；使用 EXPLODE 命令，对矩形进行分解处理。

步骤 3 偏移处理。使用 OFFSET 命令，将左边垂直线沿水平方向向右偏移 8；将上边水平线沿垂直方向向下偏移 7.5，效果如图 108-2 所示。

步骤 4 绘制圆弧。执行 ARC 命令，依次输入（20,7.5）、E、（@-12,7.5）、R 和 14，绘制圆弧。

步骤 5 重复步骤（4）中的操作，依次输入（8,0）、E、（@12,7.5）、R 和 14，绘制圆弧。

步骤 6 重复步骤（4）中的操作，依次输入（8,15）、E、（@-8,-7.5）、R 和 8，绘制圆弧。

步骤 7 重复步骤（4）中的操作，依次输入（0,7.5）、E、（@8,-7.5）、R 和 8，绘制圆弧，效果如图 108-3 所示。

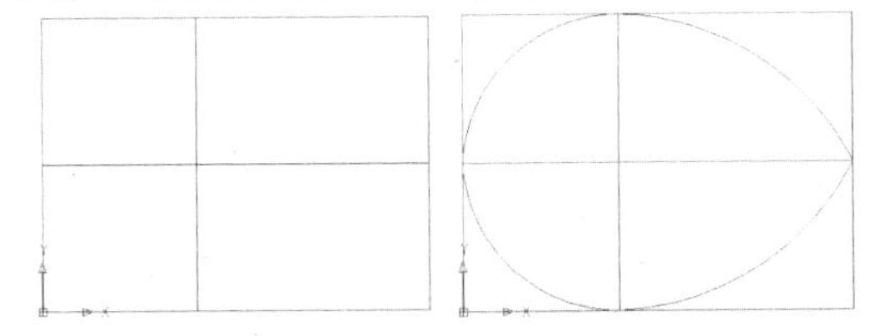

图 108-2 偏移处理　　图 108-3 绘制圆弧

步骤 8 圆角处理。使用 FILLET 命令，设置圆角半径为 3，对图 108-3 中右边的两段圆弧进行圆角处理，效果如图 108-4 所示。

步骤 9 修剪并删除处理。使用 TRIM 命令对多余的线条进行修剪，使用 ERASE 命令将多余的直线删除，效果如图 108-5 所示。

步骤 10 创建面域。单击“绘图”面板中的“面域”按钮，根据提示进行操作，将图 108-5 中的图形创建为面域。

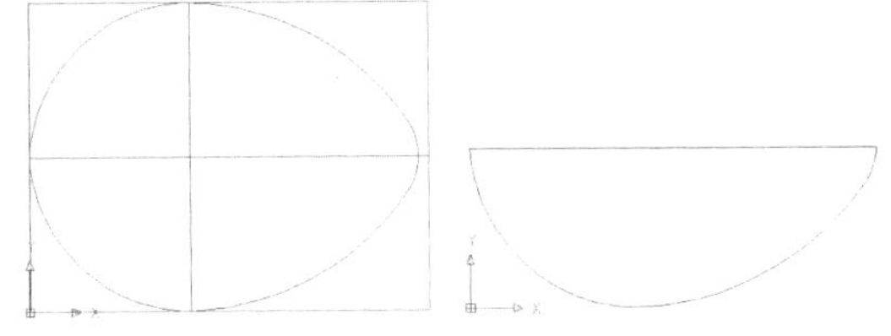

图 108-4 圆角处理　　图 108-5 修剪并删除处理

步骤 11 切换视图单击在工作空间左上角的视图切换按钮，将视图切换到西南等轴测视图。

步骤 12 旋转生成实体。在命令行中输入 REVOLVE 命令并按回车键，根据提示进行操作，选择创建的面域为旋转对象，以（0,7.5,0）和（8,7.5,0）为旋转轴，指定旋转角度为 360 度，效果如图 108-6 所示。

步骤 13 剖切处理。在命令行中输入 SLICE 命令并按回车键，根据提示进行操作，选择旋转生成的实体并按回车键，以 XY 平面为切面，过该平面上的点（0,0,-6）剖切实体，保留原点一侧，效果如图 108-7 所示。

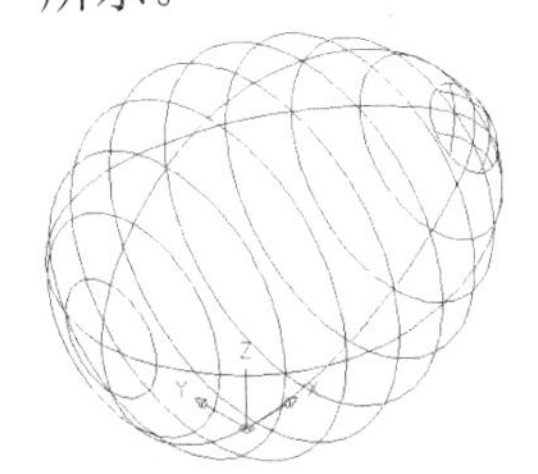

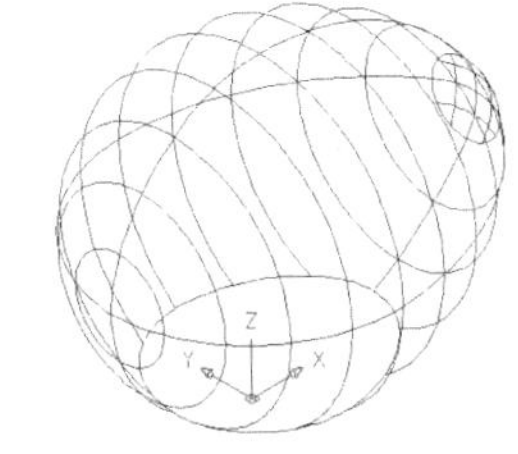

图 108-6 旋转生成实体　　图 108-7 剖切处理

步骤 14 重复步骤（13）中的操作，以 XY 平面为切面，过该平面上的点（0,0,-3）

剖切实体，保留点（0,0,-4）一侧，效果如图108-8所示。

步骤15 圆角处理。执行FILLET命令，设置圆角半径为3，对剖切体底部进行圆角处理。

步骤16 抽壳处理。单击“实体编辑”面板中的“抽壳”按钮，根据提示进行操作，选择圆角后的实体，然后选择上表面并按回车键，输入抽壳偏移距离为0.5，进行抽壳处理，效果如图108-9所示。

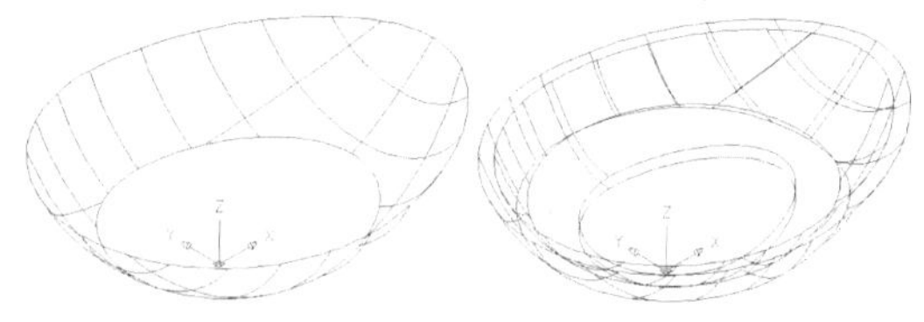

图108-8　剖切处理　　图108-9　抽壳处理

步骤17 圆角处理。执行FILLET命令，设置圆角半径为0.2，对汤勺口进行圆角处理。

步骤18 旋转坐标系。右键单击UCS坐标系，选择右键菜单中的“旋转轴|X”按钮，根据提示进行操作，将坐标系绕X轴旋转90度。

步骤19 绘制圆弧。执行ARC命令，依次输入（1.5,-4,-7.5）、（@-10,9.4）和（@-16,1），绘制圆弧，效果如图108-10所示。

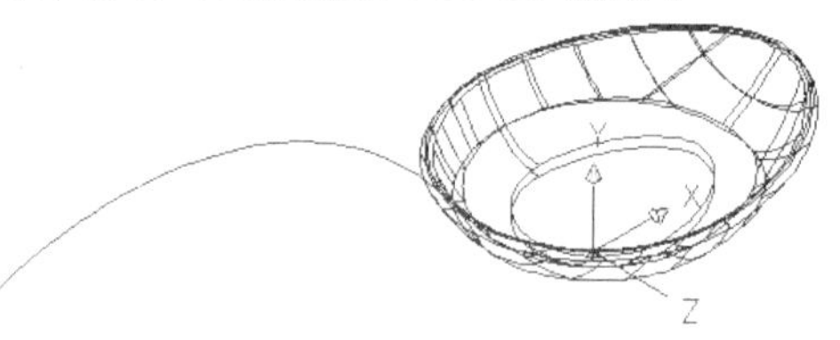

图108-10　绘制圆弧

步骤20 返回世界坐标系。单击UCS工具栏中的“世界”按钮，将坐标系恢复到世界坐标系。

步骤21 旋转坐标系。右键单击UCS坐标系，选择右键菜单中的“旋转轴|Y”按钮，根据提示进行操作，将坐标系绕Y轴旋转-90度。

步骤22 绘制矩形并进行圆角处理。使用RECTANG命令，以（6.4,6.5,24.5）和（@0.5,2）为矩形的角点和对角点绘制矩形；执行FILLET命令，设置圆角半径为0.2，对矩形的尖角进行圆角处理。

步骤23 拉伸处理。单击“建模”面板中的“拉伸”按钮，根据提示进行操作，选择绘制的矩形并按回车键，输入P，选择步骤（19）中绘制的圆弧为拉伸路径，进行拉伸处理，效果如图108-11所示。

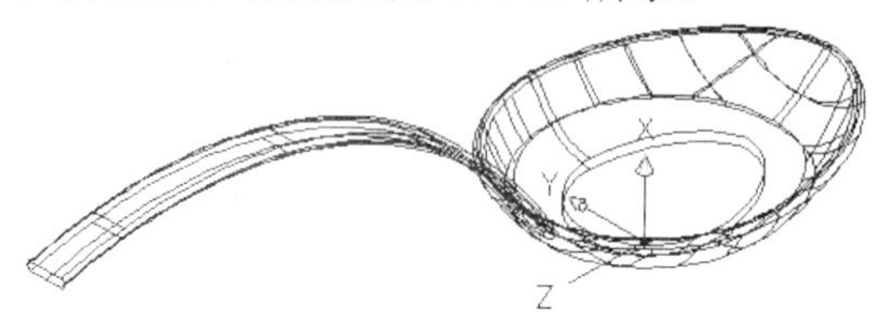

图108-11　拉伸处理

步骤24 圆角处理。执行FILLET命令，设置圆角半径为1，对图108-12中的勺柄顶部的两条边进行圆角处理，效果如图108-13所示。

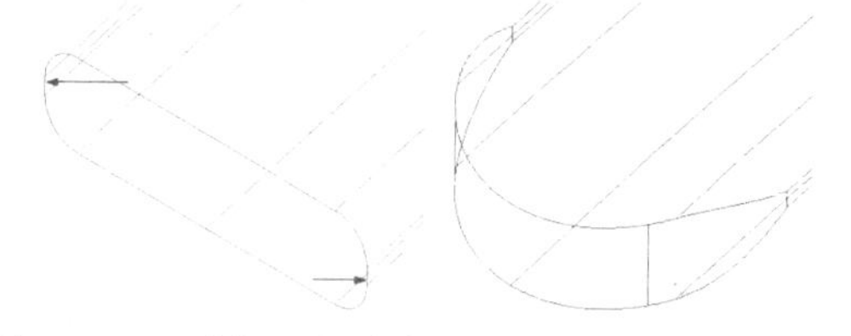

图108-12　选择圆角边　　图108-13　圆角处理

步骤25 重复步骤（24）中的操作，设置圆角半径为0.1，对勺柄棱边进行圆角处理。

步骤26 并集处理。使用UNION命令合并所有实体，效果如图108-14所示。

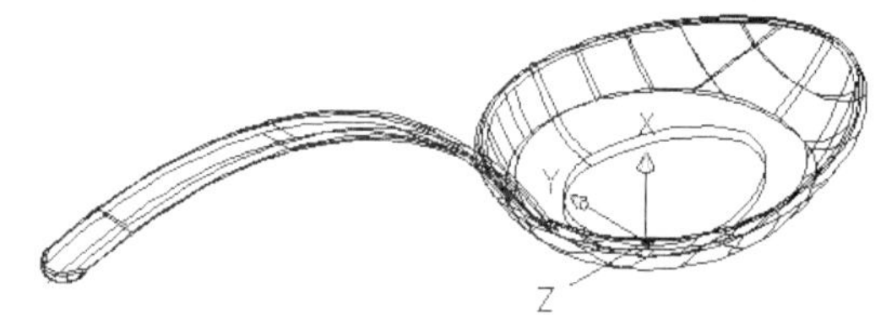

图108-14　并集处理

步骤27 平滑处理。执行FACETRES命令，设置平滑值为5，进行平滑处理。

步骤28 设置材质并渲染处理。在“可视化”选项板的“材质”选项栏中单击“材质浏览器”按钮，弹出“材质浏览器”面板，在对话框左下角的“在文档中创建新材质”按钮，选择“新建常规材质”，设置“漫射”颜色值为（24,185,78）、“反光度”为28、“折射率”为1.920、“半透明度”为31、“自发光”为30；使用RENDER命令对实体进行渲染，效果参见图108-1。

实例109 梳妆镜

本实例将绘制梳妆镜，效果如图109-1所示。

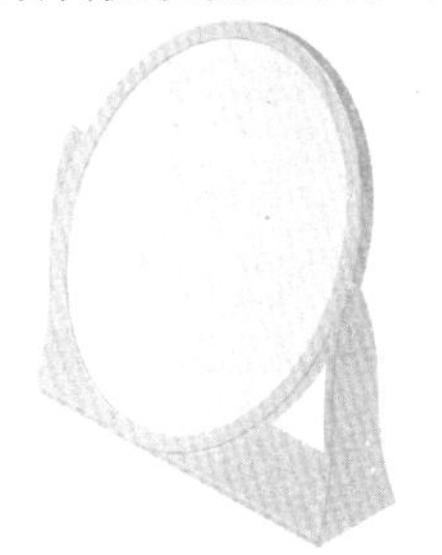

图109-1 梳妆镜

操作步骤

步骤1 新建文件。启动AutoCAD，单击“新建”按钮，新建一个CAD文件。单击在工作空间左上角的视图切换按钮，将视图切换到西南等轴测视图。

步骤2 绘制长方体。单击“建模”面板中的“长方体”按钮，根据提示进行操作，以（0,0,0）和（30,100,3）为长方体的角点和对角点，绘制一个长方体。

步骤3 旋转坐标系。右键单击UCS坐标系，选择右键菜单中的“旋转轴|X”按钮，根据提示进行操作，将坐标系绕X轴旋转90度。

步骤4 绘制样条曲线。在命令行中输入SPLINE命令并按回车键，根据提示进行操作，依次输入（0,0）、（5,20）、（10,70）、（15,80）、（20,70）、（25,20）和（30,0），效果如图109-2所示。

步骤5 绘制直线。使用LINE命令，以（0,0）和（30,0）为直线的第一点和第二点，绘制直线。

步骤6 创建面域。单击“绘图|面域”命令，根据提示进行操作，将步骤（4）～（5）绘制的图形创建为面域。

步骤7 拉伸处理。执行EXTRUDE命令，选择创建的面域并按回车键，指定拉伸高度为3，进行拉伸处理，效果如图109-3所示。

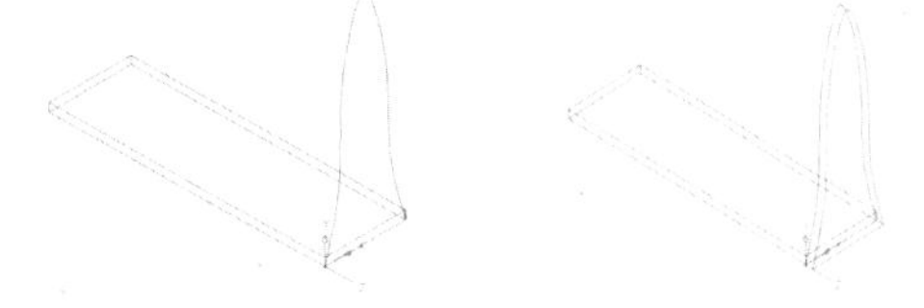

图109-2 绘制样条曲线　图109-3 拉伸处理

步骤8 绘制圆柱体并差集处理。使用CYLINDER命令，以（15,70,0）为圆柱体底面中心点，绘制半径为2、高为2的圆柱体；使用SUBTRACT命令将圆柱体从拉伸的实体中减去。

步骤9 三维镜像处理。在命令行中输入MIRROR3D命令并按回车键，根据提示进行操作，选择差集实体为镜像对象，然后以XY为镜像面，在点（0,0,-50）处进行镜像处理。

步骤10 并集处理。使用UNION命令合并所有的实体，效果如图109-4所示。

步骤11 移动坐标系。在命令行中输入UCS命令并按回车键，根据提示进行操作，指定新原点为（15,70,0）并按回车键，对坐标系进行移动。

步骤12 绘制圆柱体。单击“建模”面板中的“圆柱体”按钮，根据提示进行操作，以坐标原点为圆柱体底面中心点，绘制半径和高均为2的圆柱体；以（0,0,-102）为圆柱体底面中心点，绘制半径和高均为2的圆柱体。

步骤13 旋转坐标系。单右键单击UCS坐标系，选择右键菜单中的“旋转轴|Y”按钮，根据提示进行操作，将坐标系绕Y轴旋转90度。

步骤14 移动坐标系。在命令行中输入UCS命令并按回车键，根据提示进行操作，指定新原点为（0,0,-3）并按回车键，对坐标系进行移动，效果如图 109-5 所示。

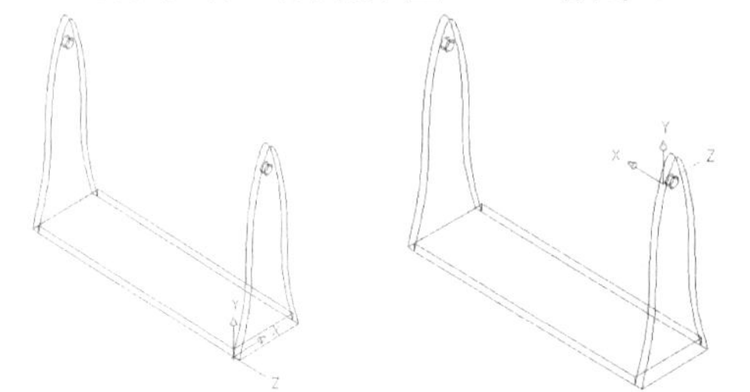

图 109-4　并集处理　　图 109-5　移动坐标系

步骤 15 绘制椭圆。单击“绘图”面板中的“轴，端点”按钮，根据提示进行操作，依次输入 C、(50,0)、(0,0) 和 60，绘制椭圆。重复此操作，依次输入 C、(50,0)、(5,0) 和 55，绘制椭圆，效果如图 109-6 所示。

步骤 16 创建面域。单击“绘图|面域”命令，根据提示进行操作，将绘制的两个椭圆创建为面域。

步骤 17 拉伸处理。执行 EXTRUDE 命令，选择两个创建为面域后的椭圆并按回车键，指定拉伸高度为 6，进行拉伸处理。

步骤 18 差集处理。使用 SUBTRACT 命令将小椭圆体从大椭圆体中减去，消隐后的效果如图 109-7 所示。

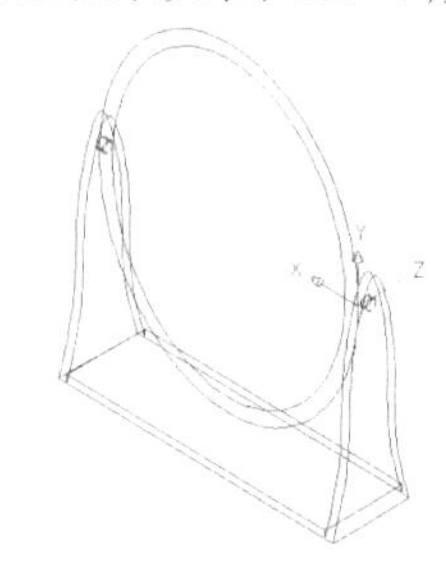

图 109-6　绘制椭圆

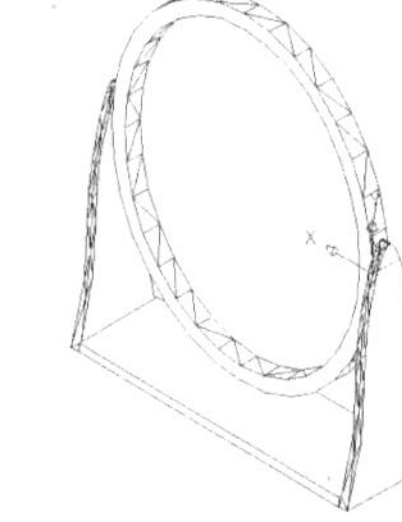

图 109-7　差集处理

步骤 19 并集处理。使用 UNION 命令对镜框和绘制的两个转轴进行并集处理。

步骤 20 移动坐标系。在命令行中输入 UCS 命令并按回车键，根据提示进行操作，指定新原点为（0,0,1）并按回车键，对坐标系进行移动。

步骤 21 绘制镜面。执行 ELLIPSE 命令，依次输入 C、(50,0)、(5,0) 和 55，绘制椭圆；执行 EXTRUDE 命令，选择绘制的椭圆，指定拉伸高度为 4，进行拉伸处理，效果如图 109-8 所示。

步骤 22 三维旋转处理。在命令行中输入 ROTATE3D 命令并按回车键，根据提示进行操作，选择镜面并按回车键，指定 X 轴为旋转轴，在原点旋转 30 度，效果如图 109-9 所示。

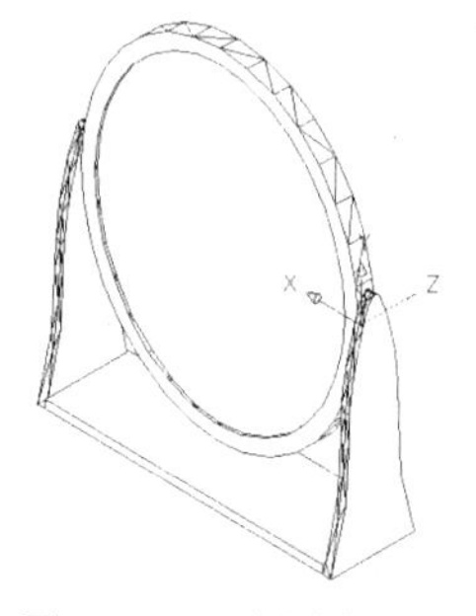

图 109-8　绘制镜面

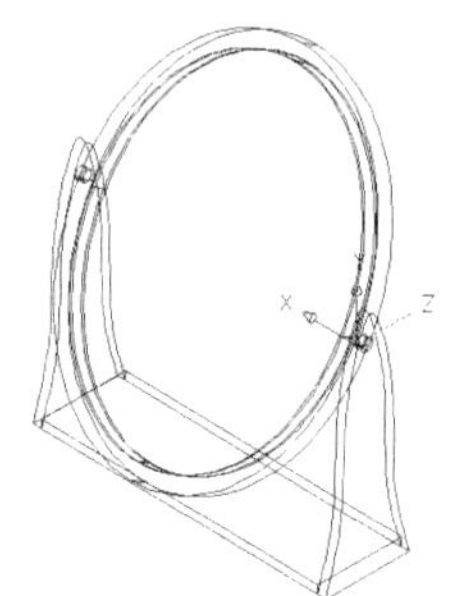

图 109-9　三维旋转处理

步骤 23 圆角处理。执行 FILLET 命令，设置圆角半径为 0.5，对梳妆镜支架和镜框进行圆角处理，消隐后的效果如图 109-10 所示。

步骤 24 平滑处理。使用 FACETRES 命令，设置平滑值为 5，进行平滑处理。

步骤 25 新建材质。在“可视化”选项板的“材质”选项栏中单击“材质浏览器”按钮，弹出“材质浏览器”面板，在对话框左下角的“在文档中创建新材质”按钮，选择“新建常规材质”，设置“漫射”颜色值为（219,219,255）、“反光度”为 65、“折射率”为 1.500、“半透明度”为 65、“自发光”为 0，并将该材质附着于镜子。

步骤 26 重复步骤（25）中的操作，新建“支架”材质，设置“类型”为“高级”、“漫射”颜色值为（255,138,138）、“反光度”为 50、“折射率”为 2.760、“半透明度”为 100、“自发光”为 24，并将该材质附着于梳妆镜支架。

步骤 27 渲染处理。使用 RENDER 命令对梳妆镜进行渲染，效果如图 109-11 所示。

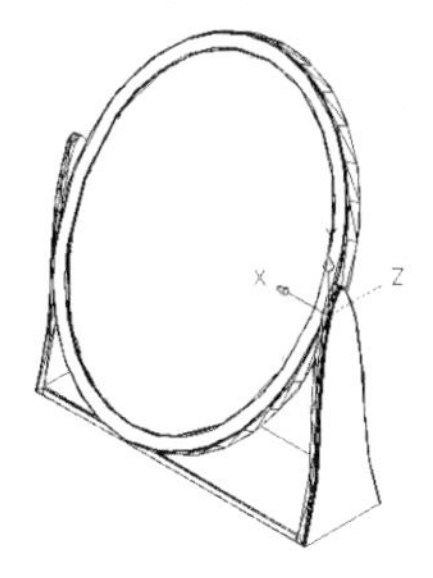

图 109-10　圆角处理

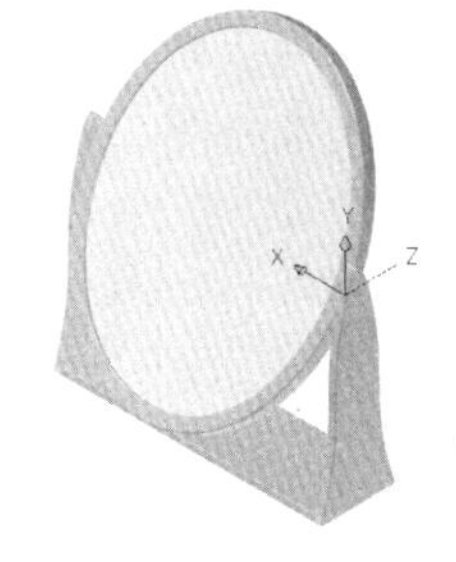

图 109-11　渲染处理

实例 110　梳子

本实例将绘制梳子，效果如图 110-1 所示。

图 110-1　梳子

操作步骤

步骤 1 新建文件。启动 AutoCAD，单击“新建”按钮，新建一个 CAD 文件。在“AutoCAD 经典”工作空间下，单击在工作空间左上角的视图切换按钮，将视图切换到西南等轴测视图。

步骤 2 绘制圆柱体。单击“建模”面板中的“圆柱体”按钮，根据提示进行操作，以坐标原点为圆柱体底面中心点，绘制半径为 50、高为 4 的圆柱体。

步骤 3 剖切处理。在命令行中输入 SLICE 命令并按回车键，以 Z 平面为切面，过该平面上的点（-5,0,0）剖切，根据提示进行操作，选择圆柱体并按回车键，以 Y 平面剖切实体，保留点（-6,0,0）的一侧，效果如图 110-2 所示。

步骤 4 重复步骤（3）中的操作，选择实体并按回车键，输入 3，依次输入（-50,0,0）、（5,-50,2）和（5,50,2），以三个点确定剖切面，保留点（0,0,3）一侧，效果如图 110-3 所示。

步骤 5 重复执行步骤（3）中的操作，选择实体并按回车键，输入 3，依次输入（-50,0,4）、（5,-50,2）和（5,50,2），以三个点确定剖切面，保留原点一侧，效果如图 110-4 所示。

步骤 6 绘制圆柱体。单击“建模”面板中的“圆柱体”按钮，根据提示进行操作，以（20,0,0）为圆柱体底面中心点，绘制半径为 55、高为 5 的圆柱体。

步骤 7 剖切处理。在命令行中输入 SLICE 命令并按回车键，根据提示进行操作，选择上述绘制的圆柱体并按回车键，以 ZX 平面为切面，过该平面上的点（0,-30,0）剖切实体，保留原点一侧。

步骤 8 重复步骤（7）中的操作，选择步骤（7）中绘制的剖切体并按回车键，以 Z X 平面为切面，过该平面上的点（0,30,0）剖切实体，保留原点一侧，效果如图 110-5 所示。

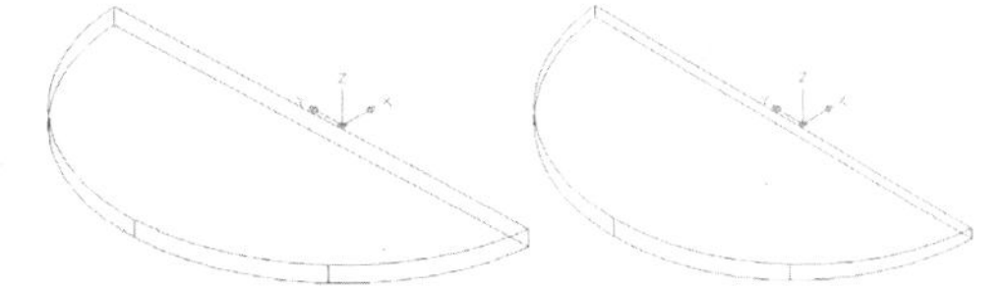

图 110-2　剖切处理　图 110-3　剖切处理

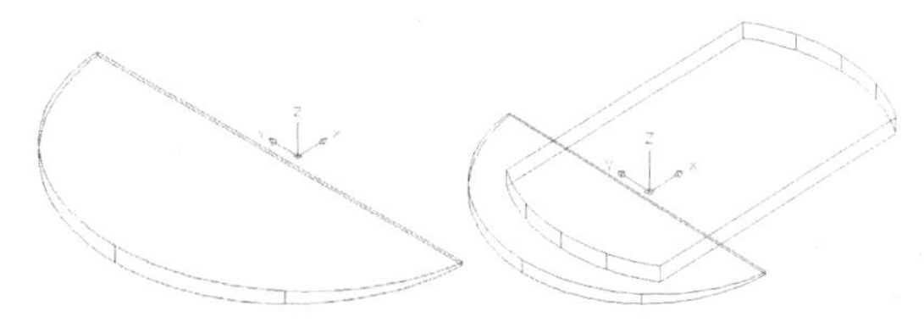

图 110-4　剖切处理　图 110-5　剖切处理

步骤 9 绘制长方体。单击“建模”面板中的“长方体”按钮，根据提示进行操作，以（-35,-29,0）和（@40,1,5）为长方体的角点和对角点，绘制一个长方体。

步骤 10 阵列处理。在命令行中输入ARRAY 命令并按回车键，弹出“阵列”对话框，选中“矩形阵列”单选按钮，设置“行数”为20、“列数”为1、“行偏移”为3、“列偏移”为1，单击“选择对象”按钮，选择绘制的矩形进行阵列，效果如图110-6所示。

步骤 11 差集处理。使用 SUBTRACT 命令，将阵列的小矩形从步骤（8）中剖切后的圆柱体内减去。

步骤 12 差集处理。使用 SUBTRACT 命令，将步骤（11）中的差集实体从剖切后的半圆柱体内减去，效果如图110-7所示。

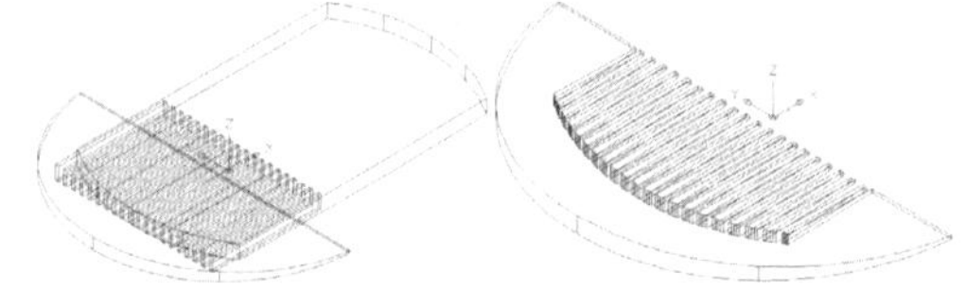

图110-6 阵列处理 图110-7 差集处理

步骤 13 圆角处理。执行FILLET命令，设置圆角半径为0.2，对梳子进行圆角处理；设置圆角半径为1，对梳子后端进行圆角处理，效果如图110-8所示。

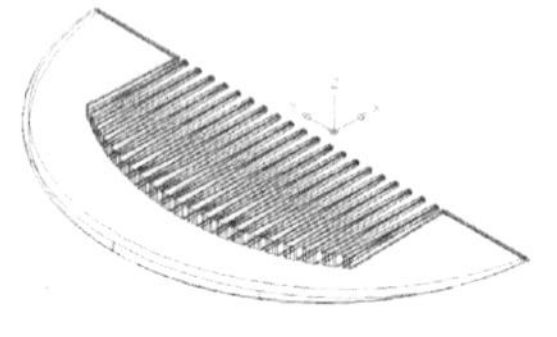

图110-8 圆角处理

步骤 14 平滑处理。执行 FACETRES 命令，设置平滑值为5，进行平滑处理。

步骤 15 设置材质。在“可视化”选项板的“材质”选项栏中单击“材质浏览器”按钮，弹出“材质浏览器”面板，在对话框左下角的“在文档中创建新材质”按钮，选择“新建常规材质”，设置“反光度”为34、“折射率”为1.980、“半透明度”为96、“自发光”为16；选中“漫射贴图”复选框，在该下拉列表框中选择“木材”选项；单击“编辑材质”按钮，设置颗粒厚度为2，其他选项保持默认设置。

步骤 16 渲染处理。使用 RENDER 命令对实体进行渲染，效果参见图110-1。

实例111 插头

本实例将绘制插头，效果如图111-1所示。

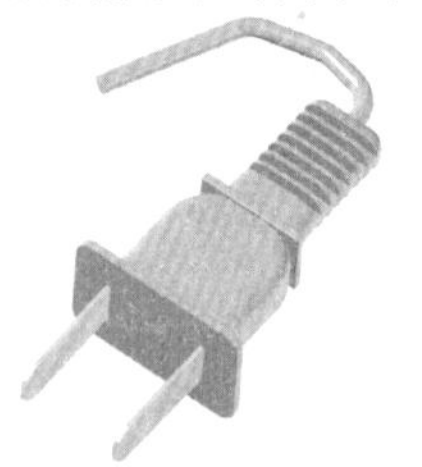

图111-1 插头

操作步骤

步骤 1 新建文件。启动AutoCAD，单击“新建”按钮，新建一个CAD文件。在“AutoCAD 经典”工作空间下，单击在工作空间左上角的视图切换按钮，将视图切换到西南等轴测视图。

步骤 2 绘制长方体。使用 BOX 命令，以（0,0,0）和（20,1,13）为长方体角点和对角点绘制长方体。

步骤 3 圆角处理。执行 FILLET 命令，设置圆角半径为2，对长方体四个角上的棱边进行圆角处理；设置圆角半径为0.2，对长方体后面进行圆角处理，效果如图111-2所示。

步骤 4 绘制长方体。使用 BOX 命令，以（3,0,3）和（@14,15,7）为长方体角点和对角点绘制长方体。

步骤 5 倒角处理。单击“修改”面板中的“倒角”按钮，根据提示进行操作，设置倒角的距离均为2，对长方体进行倒角处理，效果如图111-3所示。

步骤 6 圆角处理。执行 FILLET 命令，设置圆角半径为5，对倒角处理后的拐角进行圆角处理；设置圆角半径为2，对其他棱边进行圆角处理，效果如图111-4所示。

步骤7 绘制长方体并圆角处理。使用BOX命令，以（4,15,2.5）和（@12,1,8）为长方体的角点和对角点绘制长方体；执行FILLET命令，设置圆角半径为0.2，对长方体进行圆角处理，效果如图111-5所示。

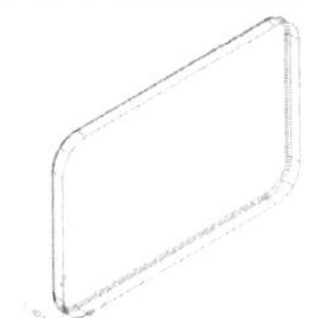
图111-2 圆角处理

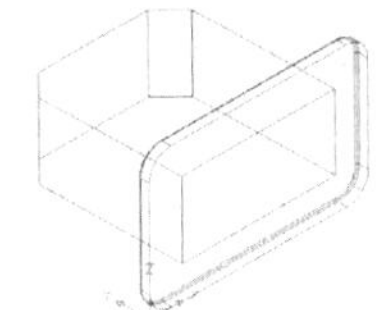
图111-3 倒角处理

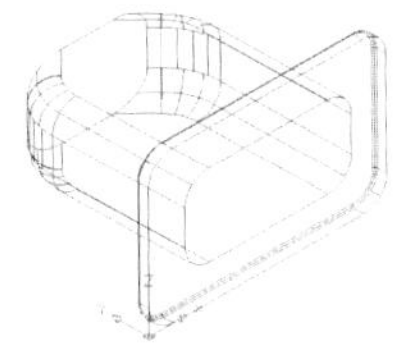
图111-4 圆角处理

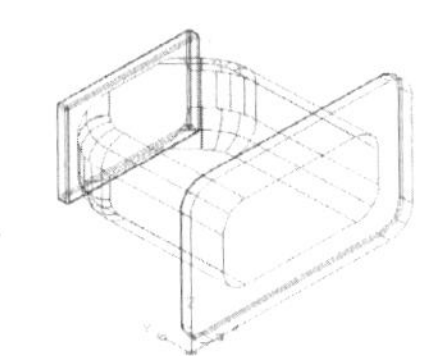
图111-5 绘制长方体并圆角处理

步骤8 重复步骤（7）中的操作，使用BOX命令，以（5.5,16,4）和（@9,16,5）为长方体角点和对角点绘制长方体；设置FILLET命令，设置圆角半径为2，对长方体进行圆角处理，效果如图111-6所示。

步骤9 绘制长方体。使用BOX命令，以（0,20,7）和（@20,1,4）为长方体的角点和对角点绘制长方体。

步骤10 三维阵列处理。在命令行中输入3DARRAY命令并按回车键，根据提示进行操作，选择步骤（9）中绘制的长方体，以“矩形阵列”类型进行阵列，设置“行数”为7、“列数”为1、“层数”为2、“行间距”为1.5、“层间距”为-5，效果如图111-7所示。

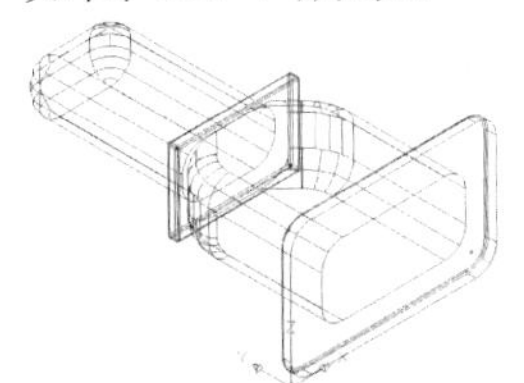
图111-6 绘制长方体图并圆角处理

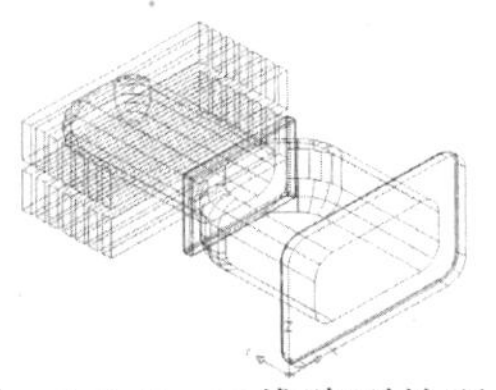
111-7 三维阵列处理

步骤11 差集处理。使用SUBTRACT命令，将阵列的矩形从步骤（8）中绘制的矩形中减去，效果如图111-8所示。

步骤12 绘制多段线并圆角处理。执行PLINE命令，依次输入（10,32,6.5）、（@0,2）、（@-2,2）、（@-5,1）、（@-8,-2）和（@-7,-15），绘制多段线；执行FILLET命令，设置圆角半径为3，对多段线的尖角进行圆角处理，效果如图111-9所示。

步骤13 旋转坐标系。右键单击UCS坐标系，选择右键菜单中的“旋转轴|X”按钮，根据提示进行操作，将坐标系绕X轴旋转90度。

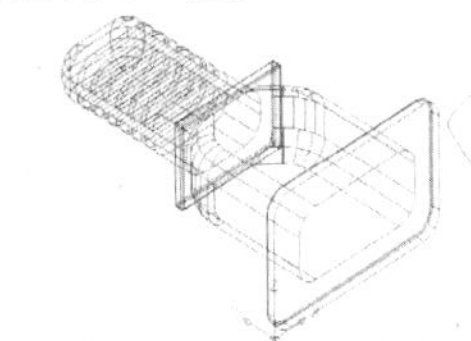
图111-8 差集处理

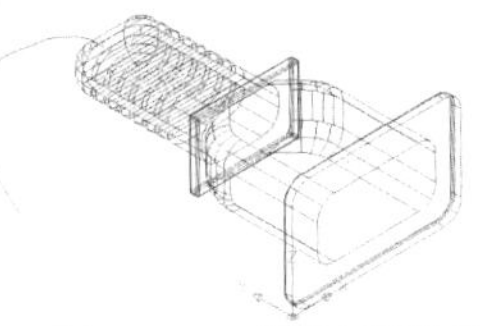
图111-9 绘制多段线并圆角处理

步骤14 绘制圆。使用CIRCLE命令，以（10,6.5,-32）为圆心绘制半径为1的圆。

步骤15 拉伸处理。在命令行中输入EXTRUDE命令并按回车键，根据提示进行操作，选择半径为1的圆并按回车键，输入P，然后选择步骤（12）中绘制的多段线，将其沿路径进行拉伸处理，效果如图111-10所示。

步骤16 并集处理。使用UNION命令合并所有的实体。

步骤17 绘制长方体并圆角处理。使用BOX命令，以（4,4,0）和（@0.5,5,14）为长方体的角点和对角点绘制长方体；执行FILLET命令，设置圆角半径为2，对长方体的尖角进行圆角处理，效果如图111-11所示。

步骤18 三维镜像处理。在命令行中输入MIRROR3D命令并按回车键，根据提示进行操作，选择步骤（17）中绘制的长方体作为镜像对象，然后以YZ为镜像面，在点（10,0,0）处进行镜像，效果如图111-12所示。

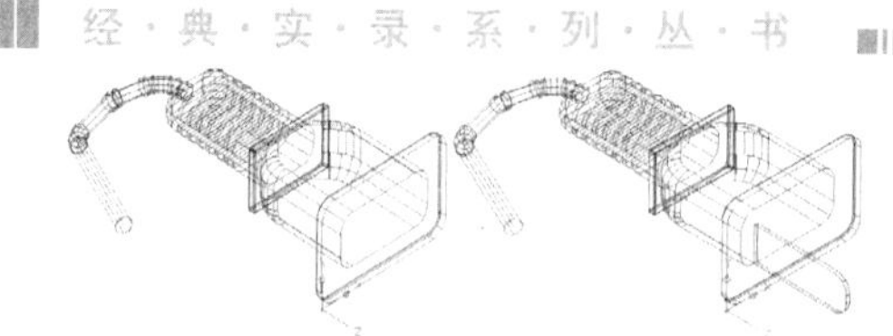

图 111-10　拉伸处理　　图 111-11　绘制长方体圆角处理

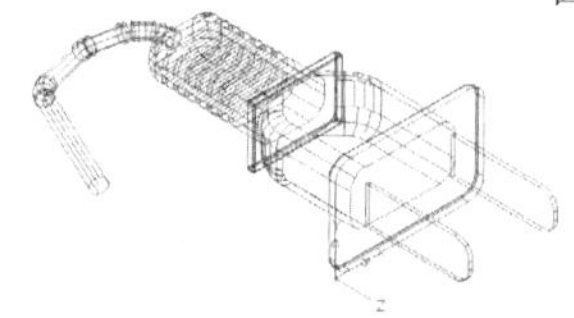

图 111-12　三维镜像处理

步骤 19 平滑处理。执行 FACETRES 命令，设置平滑值为 5，进行平滑处理。

步骤 20 新建材质。在“可视化”选项板的“材质”选项栏中单击“材质浏览器”按钮，弹出“材质浏览器”面板，在对话框左下角的“在文档中创建新材质”按钮，选择“新建常规材质”，设置“类型”为“高级金属”、“环境光”颜色值为（247,191,135）、“漫射”颜色值为（255,255,138）、“反光度”为 69、“自发光”为 49，并将该材质附着于插角。

步骤 21 重复步骤（20）中的操作，新建“插体”材质，设置“类型”为“高级”、“漫射”颜色值为（255,128,128）、“反光度”为 28、“折射率”为 1.650、“半透明度”为 72、“自发光”为 23，并将该材质附着于插体。

步骤 22 渲染处理。使用 RENDER 命令对插头进行渲染，效果参见图 111-1。

实例 112　钥匙

本实例将绘制钥匙，效果如图 112-1 所示。

图 112-1　钥匙

操作步骤

步骤 1 新建文件。启动 AutoCAD，单击“新建”按钮，新建一个 CAD 文件。单击在工作空间左上角的视图切换按钮，将视图切换到西南等轴测视图。

步骤 2 绘制长方体。单击“建模”面板中的“长方体”按钮，以（-10,-10,0）和（10,10,2）为长方体的角点和对角点绘制长方体。

步骤 3 倒角处理。单击“修改”面板中的“倒角”按钮，根据提示进行操作，设置倒角的距离均为 5，对长方体进行倒角处理，效果如图 112-2 所示。

步骤 4 绘制长方体。单击“建模”面板中的“长方体”按钮，以（-6,3,0）和（0,-3,2）为长方体的角点和对角点绘制长方体。

步骤 5 差集处理。单击“实体编辑”面板中的“差集”按钮，根据提示进行操作，将步骤（4）绘制的长方体从倒角长方体中减去，消隐后的效果如图 112-3 所示。

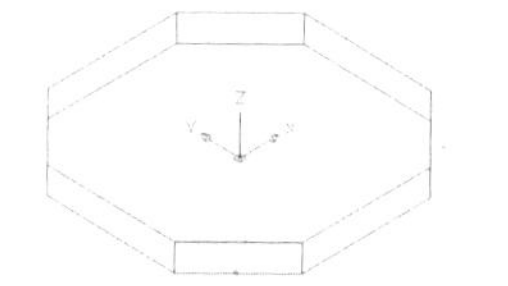

图 112-2　倒角处理

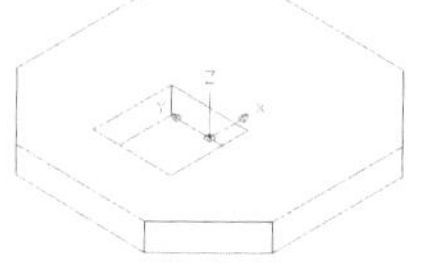

图 112-3　差集处理

步骤 6 绘制长方体。单击“建模”面板中的“长方体”按钮，以（-10,3,0）和（-12,-3,2）为长方体的角点和对角点绘制长方体。

步骤 7 并集处理。使用 UNION 命令合并所有实体，消隐后的效果如图 112-4 所示。

步骤 8 绘制多段线。执行 PLINE 命令，依次输入（9,4）、（15,6）、（15,4）、（45,4）、（48,1）、（48,-1）、（45,-4）、（15,-4）、（15,-6）、

（9,-4）和 C，绘制多段线，效果如图 112-5 所示。

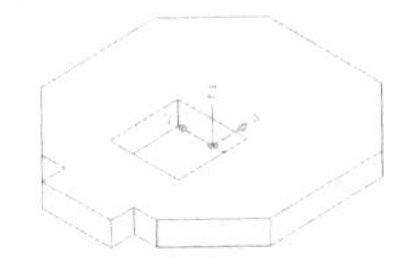
图 112-4　并集处理

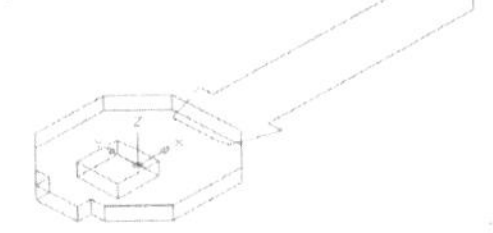
图 112-5　绘制多段线

步骤 9 进行拉伸处理。在命令行中输入 EXTRUDE 命令并按回车键，根据提示进行操作，选择多段线并按回车键，指定拉伸高度为 2，对其进行拉伸处理。

步骤 10 并集处理。使用 UNION 命令合并所有实体，消隐后的效果如图 112-6 所示。

步骤 11 绘制长方体。使用 BOX 命令，分别以（9,1,1）和（48,4,2）、（9,0,0）和（48,-2,1）为长方体的角点和对角点，绘制两个长方体。

步骤 12 差集处理。使用 SUBTRACT 命令，将两个长方体从实体中减去，效果如图 112-7 所示。

步骤 13 绘制多段线。执行 PLINE 命令，依次输入（16,6）、（18,2）、（21,5）、（26,2）、（30,5）、（31,2）、（34,5）、（36,2）、（38,5）、（42,2）、（44,5）和 C，绘制多段线，效果如图 112-8 所示。

步骤 14 拉伸处理。在命令行中输入命令 EXTRUDE 并按回车键，根据提示进行操作，选择多段线并按回车键，指定拉伸高度为 2，进行拉伸处理，效果如图 112-9 所示。

步骤 15 差集处理。使用 SUBTRACT 命令，将拉伸实体从钥匙实体中减去。

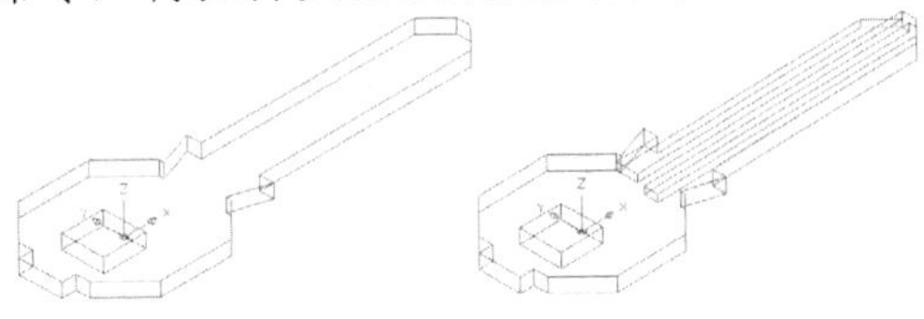
图 112-6　并集处理　　图 112-7　差集处理

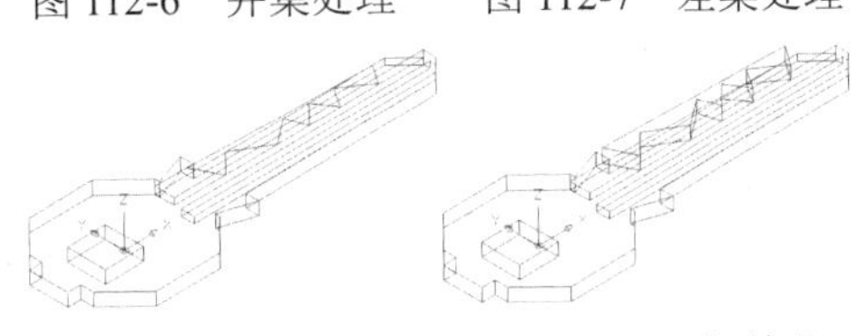
图 112-8　绘制多段线　　图 112-9　拉伸处理

步骤 16 圆角处理。执行 FILLET 命令，设置圆角半径为 0.2，对钥匙棱边进行圆角处理，效果如图 112-10 所示。

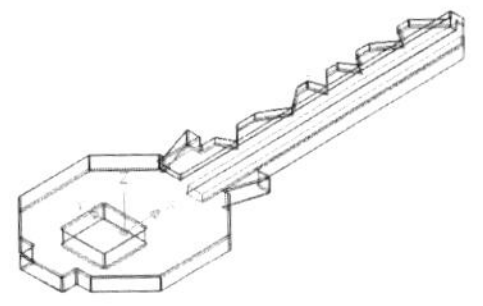
图 112-10　圆角处理

步骤 17 平滑处理。执行 FACETRES 命令，设置平滑值为 5，进行平滑处理。

步骤 18 设置材质并渲染处理。在“可视化”选项板的“材质”选项栏中单击“材质浏览器”按钮，弹出“材质浏览器”面板，在对话框左下角的“在文档中创建新材质”按钮，选择“新建常规材质”，设置“类型”为“高级金属”、“环境光”颜色值为 32、“漫射”颜色为黄色、“反光度”为 52、“自发光”为 44；使用 RENDER 命令，在视口中对实体进行渲染，效果参见图 112-1。

实例 113　挂锁

本实例将绘制挂锁，效果如图 113-1 所示。

图 113-1　挂锁

操作步骤

步骤 1 新建文件。启动 AutoCAD，单击“新建”按钮，新建一个 CAD 文件。单击在工作空间左上角的视图切换按钮，将视图切换到西南等轴测视图。

步骤 2 绘制长方体。在命令行中输入

BOX 命令并按回车键，根据提示进行操作，以（5,5,0）和（40,15,40）为长方体的角点和对角点绘制长方体。

步骤 3 绘制圆柱体。使用 CYLINDER 命令，以（8,10,0）为圆柱体底面中心点，绘制半径为 10、高为 40 的圆柱体。

步骤 4 并集处理。使用 UNION 命令合并所有的实体，效果如图 113-2 所示。

步骤 5 绘制圆。使用 CIRCLE 命令，以（8,10,40）为圆心绘制半径为 3 的圆。

步骤 6 进行压印处理。在命令行中输入 IMPRINT 命令并按回车键，根据提示进行操作，选择上述实体，然后选择半径为 3 的圆并按回车键，进行压印处理，并使用 ERASE 命令删除半径为 3 的圆。

步骤 7 拉伸面处理。单击“实体编辑”面板中的“拉伸面”按钮，选择压印后的面并按回车键，指定拉伸高度为-15，进行拉伸面处理，消隐后的效果如图 113-3 所示。

步骤 8 绘制圆。使用 CIRCEL 命令，以（32,10,30）为圆心，绘制半径为 3 的圆。

步骤 9 旋转坐标系。右键单击 UCS 坐标系，选择右键菜单中的“旋转轴|X”按钮，根据提示进行操作，将坐标系绕 X 轴旋转 90 度。

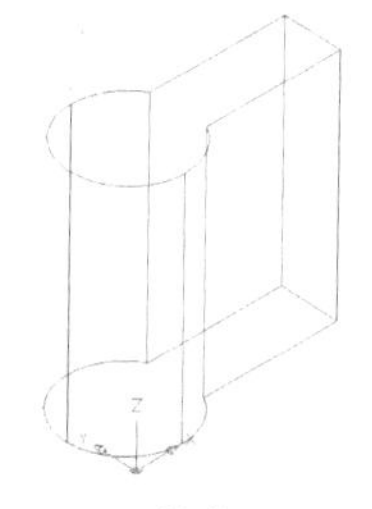

图 113-2 并集处理

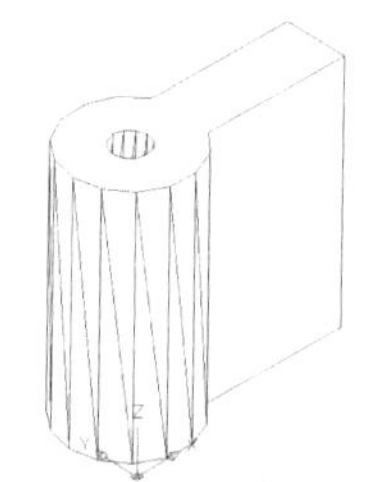

图 113-3 拉伸面处理

步骤 10 绘制多段线。执行 PLINE 命令，依次输入（32,30,-10）、（32,55）、A、S、（20,67）、（8,55）、L 和（8,42），绘制多段线，效果如图 113-4 所示。

步骤 11 拉伸处理。执行 EXTRUDE 命令，选择步骤（8）中绘制的圆并按回车键，输入 P，指定步骤（10）中绘制的多段线为路径，对其进行拉伸处理，效果如图 113-5 所示。

步骤 12 干涉检查处理。在功能面板单击“修改|三维操作|干涉检查”命令，根据提示进行操作，选择挂锁和步骤（11）中拉伸的实体，创建干涉实体。

步骤 13 绘制圆柱体。使用 CYLINDER 命令，以（12,46,0）为圆柱体底面中心点，绘制半径为 2、高为-20 的圆柱体，效果如图 113-6 所示。

步骤 14 差集处理。使用 SUBTRACT 命令，将绘制的圆柱体从拉伸实体中减去。

步骤 15 三维旋转处理。执行 ROTATE3D 命令，选择锁把并按回车键，将其绕 Y 轴在（32,30,-10）处旋转-15 度，效果如图 113-7 所示。

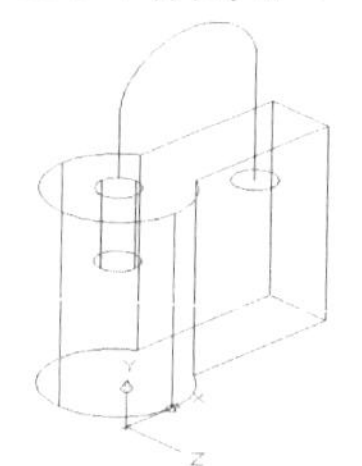

图 113-4 绘制多段线

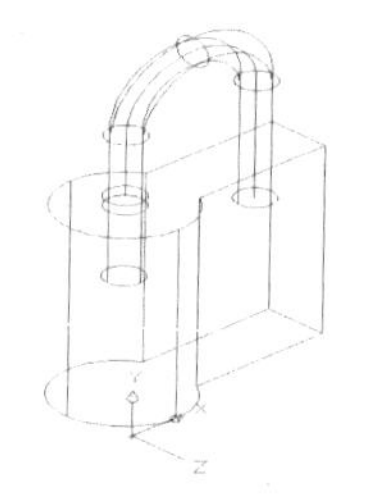

图 113-5 拉伸处理

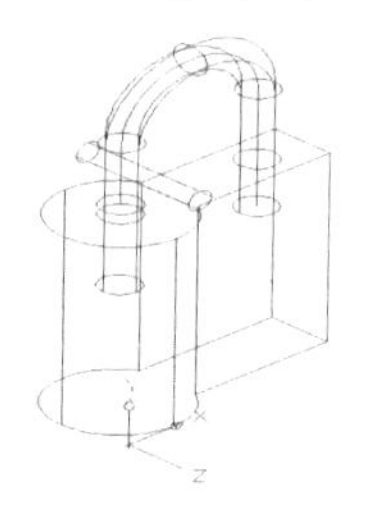

图 113-6 绘制圆柱体

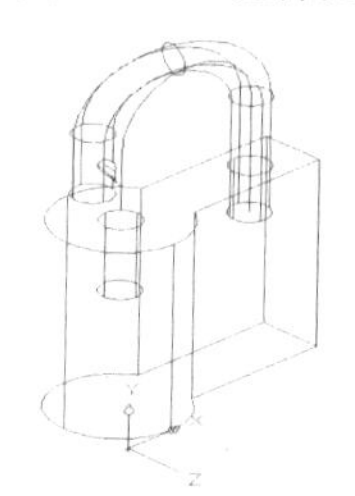

图 113-7 三维旋转处理

步骤 16 旋转坐标系。单右键单击 UCS 坐标系，选择右键菜单中的“旋转轴|Y”按钮，根据提示进行操作，将坐标系绕 Y 轴旋转 90 度。

步骤 17 绘制圆。使用 CIRCLE 命令，以（10,19,40）为圆心绘制半径为 4 的圆。

步骤 18 压印并删除处理。在命令行中输入 IMPRINT 命令并按回车键，根据提示进行操作，选择挂锁，然后选择半径为 4 的圆并按回车键，进行压印处理；使用 ERASE 命令删除半径为 4 的圆，并将视图切换到东南等轴测视图。

步骤 19 拉伸面处理。单击“实体编辑”面板中的“拉伸面”按钮，根据提示进行操作，选择压印后的面并按回车键，指定拉伸高度为-30，进行拉伸面处理，消隐后的效果如图 113-8 所示。

步骤 20 绘制多段线。执行 PLINE 命令，依次输入坐标（9.25,15.25,40）、（9.25,19）、（9.75,19）、（9.75,21）、（10.75,21）、（10.75,18.25）、（10,18.25）、（10,16.5）、（10.75,16.5）、（10.75,15.25）、A、S、（10.75,22.75）和（9.25,15.25），绘制多段线。

步骤 21 拉伸处理。执行 EXTRUDE 命令，选择刚绘制的多段线并按回车键，指定拉伸高度为-30，进行拉伸处理，效果如图 113-9 所示。

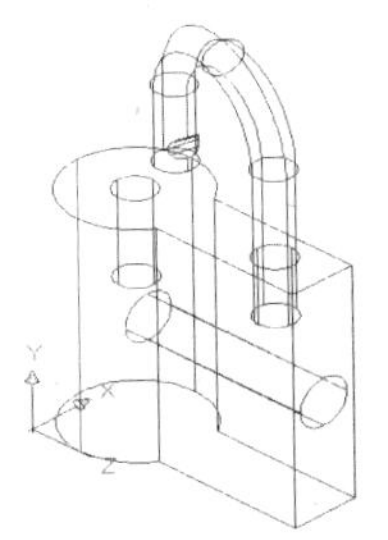

图 113-8 拉伸面处理

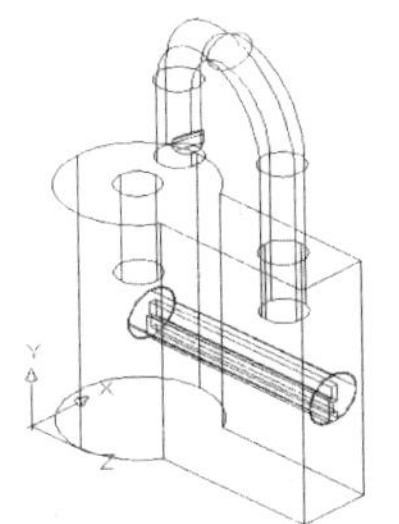

图 113-9 拉伸处理

步骤 22 圆角处理。执行 FILLET 命令，设置圆角半径为 2，对挂锁拐角处进行圆角处理，效果如图 113-10 所示。

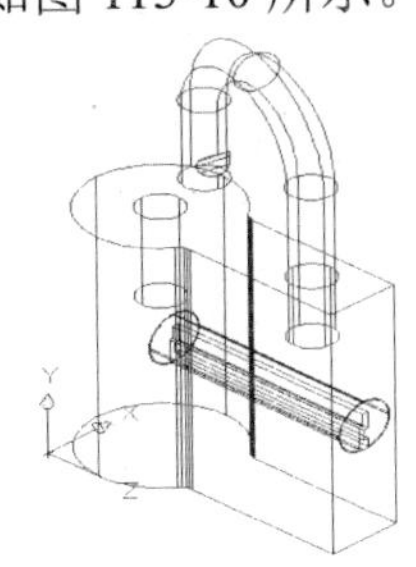

图 113-10 圆角处理

步骤 23 平滑处理。执行 FACETRES 命令，设置平滑值为 5，进行平滑处理。

步骤 24 新建材质。在“可视化”选项板的“材质”选项栏中单击“材质浏览器”按钮，弹出“材质浏览器”面板，在对话框左下角的“在文档中创建新材质”按钮，选择“新建常规材质”，设置“类型”为“高级金属”、“环境光”颜色值为（226,251,152）、“漫射”颜色值为（255,255,122）、“反光度”为 39、“自发光”为 50、并将该材质附着于锁把和锁心。

步骤 25 重复步骤（24）中的操作，新建“锁体”材质，设置“类型”为“高级金属”、“环境光”颜色为黄色、“漫射”颜色值为（241,205,30）、“反光度”为 41、“自发光”为 61，并将该材质附着于锁体。

步骤 26 渲染处理。使用 RENDER 命令对挂锁进行渲染，效果参见图 113-1。

第 7 章　办公用品三维模型图

7 part

本章详细讲解办公用品三维模型图的绘制方法与技巧，引用的模型更加复杂和精细，所涉及的操作也更多，有助于读者进一步掌握 AutoCAD 三维设计的技巧。

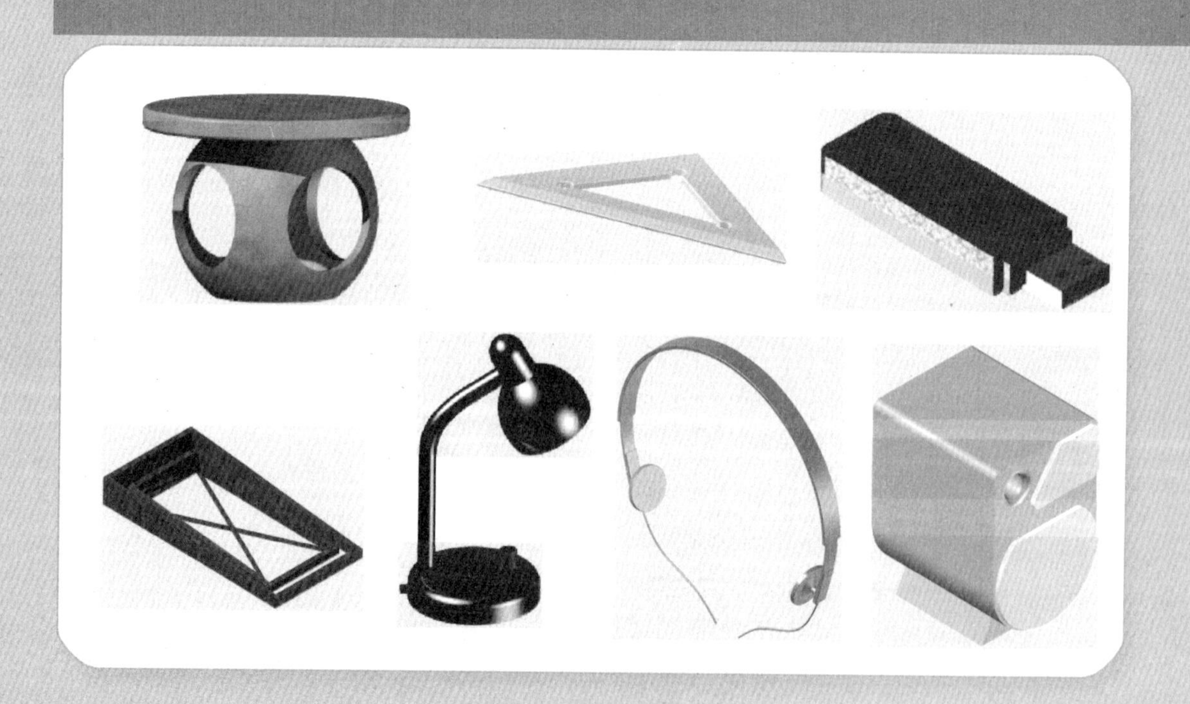

实例 114 回形针

本实例将绘制回形针，效果如图 114-1 所示。

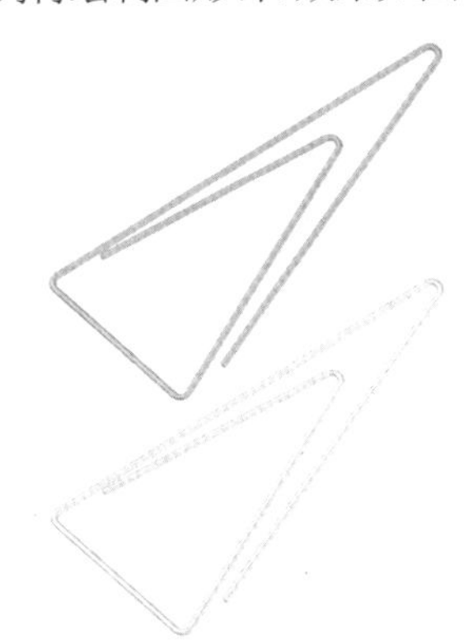

图 114-1 回形针

操作步骤

步骤 1 新建文件。启动 AutoCAD，单击“新建”按钮，新建一个 CAD 文件。单击在工作空间左上角的视图切换按钮，将视图切换到西南等轴测视图。

步骤 2 绘制多段线。执行 PLINE 命令，依次输入（0,0）、（23,5）、（@-26,5）、（@0,-10）、（@18,5）和（@-15,4），绘制多段线，效果如图 114-2 所示。

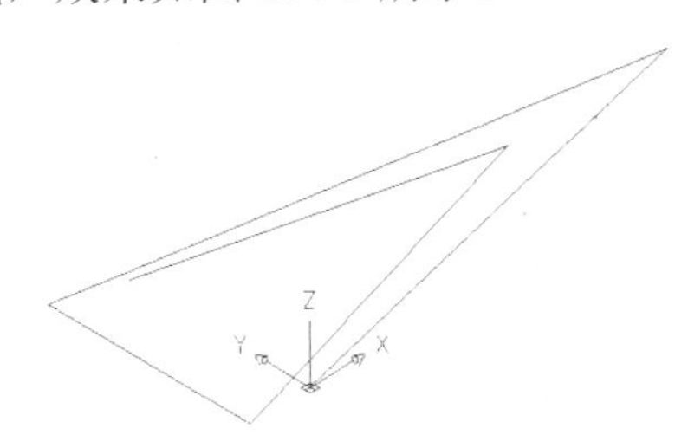

图 114-2 绘制多段线

步骤 3 圆角处理。执行 FILLET 命令，设置圆角半径为 0.5，对多段线的尖角进行圆角处理。

步骤 4 旋转坐标系。右键单击 UCS 坐标系，选择右键菜单中的“旋转轴|Y”按钮，根据提示进行操作，将坐标系绕 Y 轴旋转-90 度，效果如图 114-3 所示。

图 114-3 旋转坐标系

步骤 5 绘制圆。使用 CIRCLE 命令，以坐标原点为圆心绘制半径为 0.2 的圆。

步骤 6 拉伸处理。执行 EXTRUDE 命令，选择半径为 0.2 的圆并按回车键，输入 P，选择步骤（2）中绘制的多段线为拉伸路径，进行拉伸处理。

步骤 7 圆角处理。执行 FILLET 命令，设置圆角半径为 0.1，对拉伸实体两端进行圆角处理，效果如图 114-4 所示。

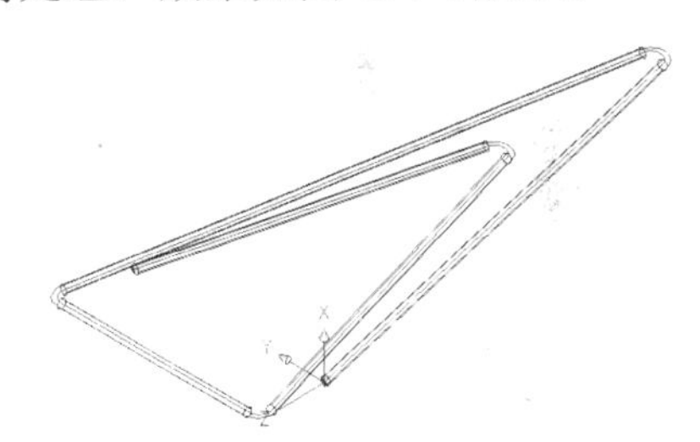

图 114-4 圆角处理

步骤 8 平滑处理。执行 FACETRES 命令，设置平滑值为 5，对实体进行平滑处理。

步骤 9 新建材质。在“可视化”选项板的“材质”选项栏中单击“材质浏览器”按钮，弹出“材质浏览器”面板，在对话框左下角的“在文档中创建新材质”按钮，选择“新建常规材质”，设置“类型”为“金属漆”、颜色值为（8,8,247）、“染色”颜色值为（236,225,19）、“反光度”为 59、“自发光”为 54，并将该材质附着于回形针上。

步骤 10 渲染处理。使用 RENDER 命令对回形针进行渲染，效果参见图 114-1。

实例 115 彩色工字钉

本实例将绘制彩色工字钉，效果如图115-1所示。

图 115-1 彩色工字钉

操作步骤

步骤 1 新建文件。启动 AutoCAD，单击“新建”按钮，新建一个 CAD 文件。单击在工作空间左上角的视图切换按钮，，将视图切换到西南等轴测视图。

步骤 2 绘制圆柱体。单击“建模”面板中的“圆柱体”按钮，根据提示进行操作，以坐标原点为圆柱体底面中心点，绘制半径为 50、高为 10 的圆柱体。

步骤 3 绘制圆。使用 CIRCLE 命令，以原点为圆心绘制半径为 25 的圆。

步骤 4 拉伸处理。单击“建模”面板中的“拉伸”按钮，根据提示进行操作，选择半径为 25 的圆并按回车键，输入 T，指定拉伸的倾斜角度为-3，指定拉伸的高度为-120，进行拉伸处理，效果如图 115-2 所示。

步骤 5 绘制球体。单击“建模”面板中的“球体”按钮，根据提示进行操作，以（0,0,-210）为球体的中心点，绘制半径为 100 的球体。

步骤 6 剖切处理。在命令行中输入 SLICE 并按回车键，根据提示进行操作，选择球体并按回车键，以 XY 平面为切面，过该平面上的点（0,0,-160）剖切实体，保留原点一侧，效果如图 115-3 所示。

步骤 7 并集处理。使用 UNION 命令合并所有的实体。

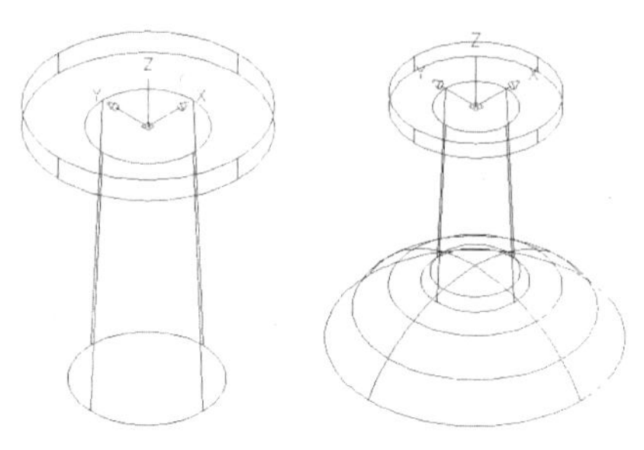

图 115-2 拉伸处理　　图 115-3 剖切处理

步骤 8 绘制圆柱体。单击“建模”面板中的“圆柱体”按钮，根据提示进行操作，以（0,0,-160）为圆柱体底面中心点，绘制半径为 5、高为-160 的圆柱体。

步骤 9 绘制圆锥体。单击“建模”面板中的“圆锥体”按钮，根据提示进行操作，以（0,0,-320）为圆锥体底面中心点，绘制底面半径为 5、高为-40 的圆锥体。

步骤 10 并集处理。使用 UNION 命令合并步骤（8）和步骤（9）中绘制的圆柱体及圆锥体。

步骤 11 圆角处理。使用 FILLET 命令，对并集实体的拐角处进行圆角处理，效果如图 115-4 所示。

步骤 12 平滑处理。执行 FACETRES 命令，设置平滑值为 5，进行平滑处理。

步骤 13 新建材质。在“可视化”选项板的“材质”选项栏中单击“材质浏览器”按钮，弹出“材质浏览器”面板，在对话框左下角的“在文档中创建新材质”按钮，选择“新建常规材质”，设置“类型”为“金属漆”、颜色值为（255,143,143），并将该材质附着于工字钉头。

步骤 14 重复步骤（13）中的操作，新建“针”材质，设置“类型”为“金属漆”、颜色值为（194,244,133）、“染色”颜色值为（215,193,251），并将该材质附着于工字钉针。

步骤 15 渲染处理。使用RENDER命令对彩色工字钉进行渲染，效果如图115-5所示。

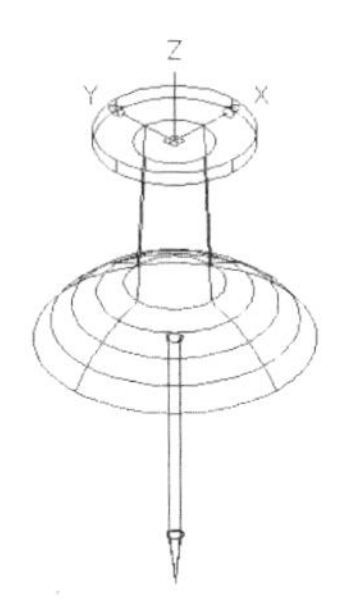

图 115-4 圆角处理

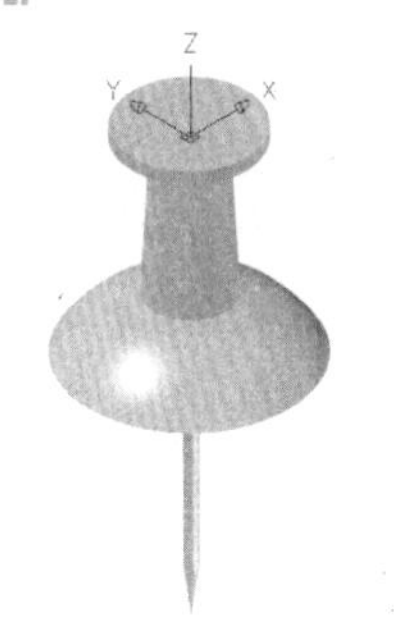

图 115-5 渲染处理

实例116 三角板

本实例将绘制三角板，效果如图116-1所示。

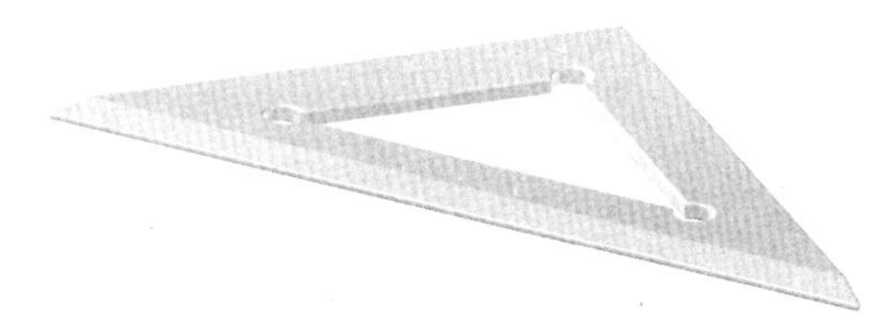

图 116-1 三角板

操作步骤

步骤 1 新建文件。启动AutoCAD，新建一个CAD文件。单击在工作空间左上角的视图切换按钮，，将视图切换到西南等轴测视图。

步骤 2 绘制楔体。单击“建模”面板中的“楔体”按钮，根据提示进行操作，以（0,0,0）和（80,2.5,80）为楔体的角点和对角点，绘制一个楔体。

步骤 3 重复步骤（2）中的操作，以（11.72,0,11.72）和（51.72,2.5,51.72）为楔体的角点和对角点，绘制一个楔体，效果如图116-2所示。

步骤 4 切换视图。单击在工作空间左上角的视图切换按钮，将视图切换到前视图。

步骤 5 绘制圆。执行CIRCLE命令，捕捉楔体的各顶点，绘制半径为2.5的圆，效果如图116-3所示。

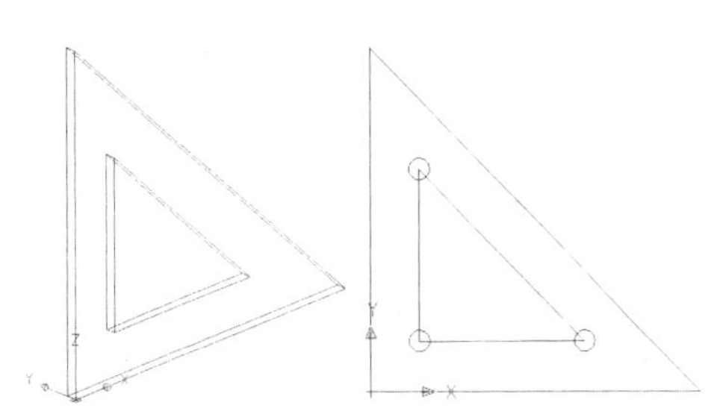

图 116-2 绘制楔体 图 116-3 绘制圆

步骤 6 切换视图。单击在工作空间左上角的视图切换按钮，将视图切换到西南等轴测视图。

步骤 7 拉伸处理。单击“建模”面板中的“拉伸”按钮，根据提示进行操作，将步骤（5）中的三个圆拉伸成实体，设置拉伸高度为-5，进行拉伸处理，效果如图116-4所示。

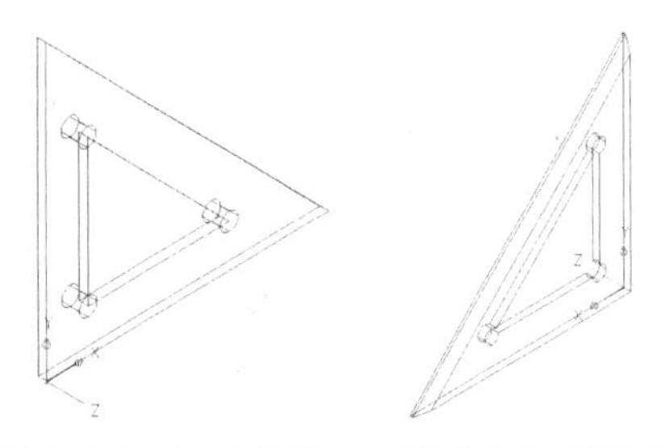

图 116-4 拉伸处理 图 116-5 倒角处理

步骤 8 差集处理。使用SUBTRACT命令，将3个拉伸后生成的圆柱体和小楔体从大楔体中减去。

步骤 9 切换视图。单击在工作空间左上角的视图切换按钮，将视图切换到东北等轴测视图。

步骤 10 倒角处理。单击“修改”面板中的“倒角”按钮，根据提示进行操作，选择楔体斜面并按回车键，指定基面的倒角距离为 1.5，指定其他曲面的倒角距离为 4，进行倒角处理，效果如图 116-5 所示。

步骤 11 圆角处理。执行 FILLET 命令，设置圆角半径为 0.5，对三角板的棱边进行圆角处理，效果如图 116-6 所示。

步骤 12 平滑处理。执行 FACETRES 命令，设置平滑值为 5，进行平滑处理。

步骤 13 设置材质并渲染处理。在“可视化”选项板的“材质”选项栏中单击“材质浏览器”按钮，弹出“材质浏览器”面板，在对话框左下角的“在文档中创建新材质”按钮，选择“新建常规材质”，设置“类型”为“高级”、“染色”颜色值为（240,208,51）、“反光度”为 44、“折射率”为 1.640、“半透明度”为 66、“自发光”为 12；使用 RENDER 命令对实体进行渲染，效果如图 116-7 所示。

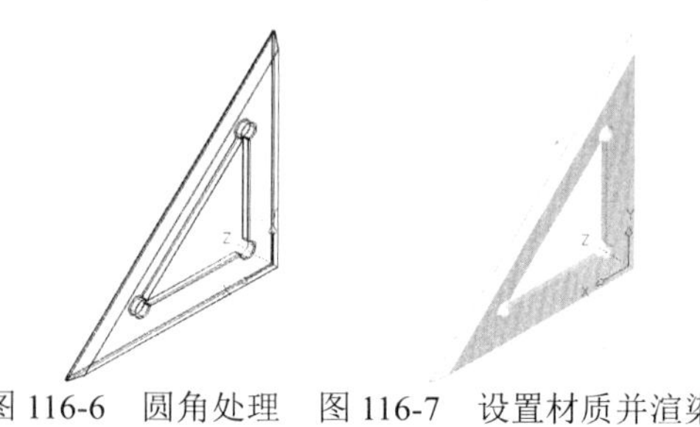

图 116-6 圆角处理　图 116-7 设置材质并渲染处理

实例 117 文具盒

本实例将绘制文具盒，效果如图 117-1 所示。

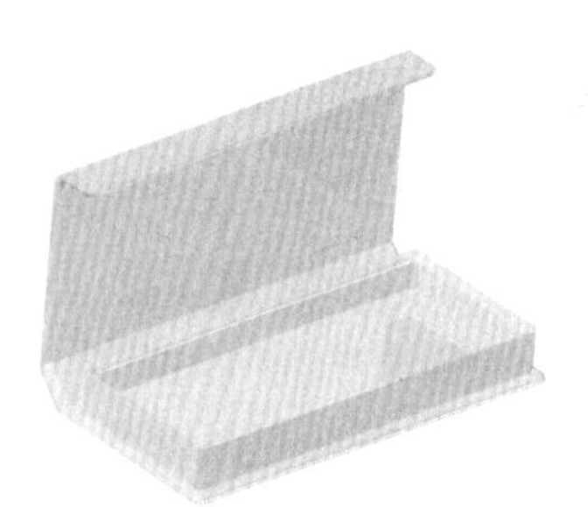

图 117-1 文具盒

操作步骤

步骤 1 新建文件。启动 AutoCAD，单击“新建”按钮，新建一个 CAD 文件。

步骤 2 绘制三维多段线。执行 3DPOLY 命令，依次输入（0,0,0）、（@10,0）、（@0,2）、（@-12,0）、（@0,-48）、（@-10<135）、（@48,0）、（@0,2）、（@-46,0）、（@10<135）和 C，绘制多段线，效果如图 117-2 所示。

步骤 3 切换视图。单击在工作空间左上角的视图切换按钮，将视图切换到东南等轴测视图。

步骤 4 拉伸处理。单击“建模”面板中的“拉伸”按钮，根据提示进行操作，选择三维多段线并按回车键，指定拉伸的高度为 100，进行拉伸处理。

步骤 5 三维旋转处理。执行 ROTATE3D 命令，选择拉伸实体并按回车键，指定 X 轴为旋转轴，在点（50,0,0）处旋转 90 度，效果如图 117-3 所示。

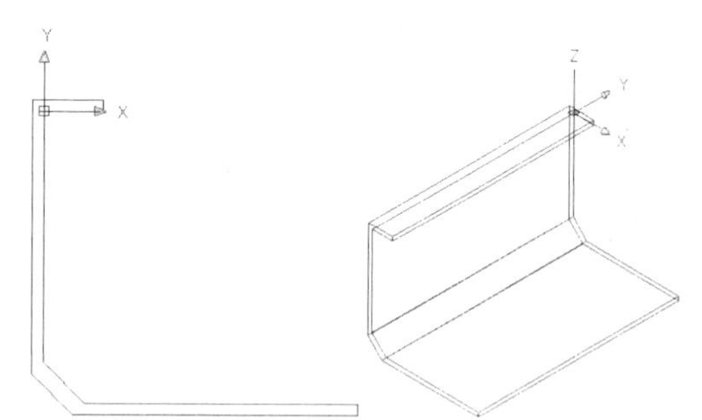

图 117-2 绘制三维多段线　图 117-3 三维旋转处理

步骤 6 绘制长方体。使用 BOX 命令，以（9,-98,-51）和（51,-2,-41）为长方体的角点和对角点绘制长方体。

步骤 7 抽壳处理。单击“实体编辑”

面板中的“抽壳”按钮，根据提示进行操作，选择长方体，然后单击顶面并按回车键，设置抽壳偏移距离为2，进行抽壳处理。

步骤 8 圆角处理。执行 FILLET 命令，设置圆角半径为2，对文具盒棱边进行圆角处理，效果如图 117-4 所示。

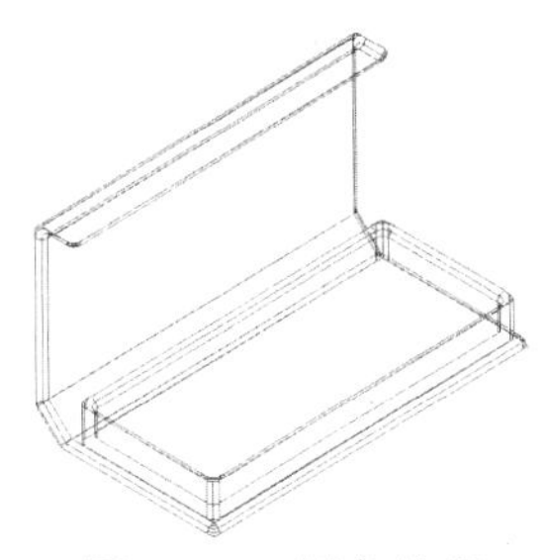

图 117-4 圆角处理

步骤 9 平滑处理。执行 FACETRES 命令，设置平滑值为5，进行平滑处理。

步骤 10 设置材质并渲染处理。在“可视化”选项板的“材质”选项栏中单击“材质浏览器”按钮，弹出“材质浏览器”面板，在对话框左下角的“在文档中创建新材质”按钮，选择“新建常规材质”，设置“类型”为“高级”、“染色”颜色值为（15,240,176）、“反光度”为55、“折射率”为2.12、“半透明度”为12、“自发光”为28；使用 RENDER 命令对实体进行渲染，效果参见图 117-1。

实例 118 石凳

本实例将绘制石凳，效果如图 118-1 所示。

图 118-1 石凳

操作步骤

步骤 1 新建文件。启动 AutoCAD，单击“新建”按钮，新建一个 CAD 文件。单击在工作空间左上角的视图切换按钮，将视图切换到西南等轴测视图。

步骤 2 绘制球体。单击“建模”面板中的“球体”按钮，根据提示进行操作，以（0,0, 0）为球体的中心点，绘制半径为50的球体，如图 118-2 所示。

步骤 3 绘制矩形。在命令行中输入 RECTANG 命令并按回车键，以（-60,-60,-40）和（@120,120）为矩形角点绘制矩形，再以（-60,-60,40）和（@120,120）为角点绘制第二个矩形，效果如图 118-3 所示。

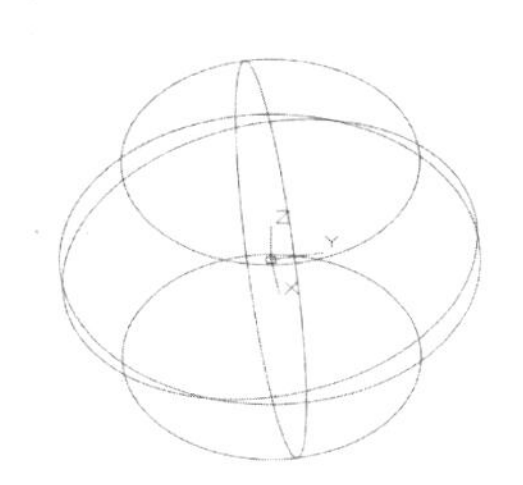

图 118-2 绘制球体

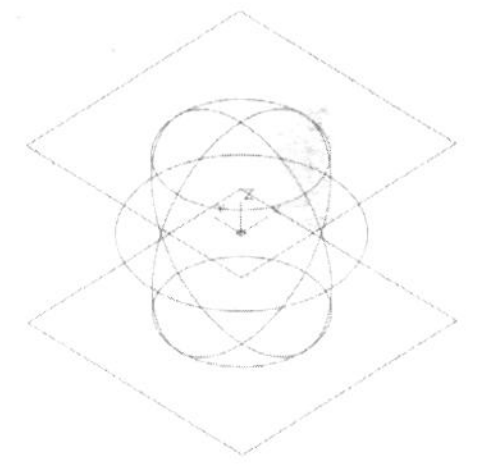

图 118-3 绘制矩形

步骤 4 剖切处理。在命令行中输入 SLICE 并按回车键，根据提示进行操作，选择球体为剖切对象，指定切面为 XY 平面，选择上矩形的一角点作为 XY 平面上的点，指定上球体一点为所需的侧面上指定点，以相同的操作对下矩形和球体进行剖切，效果如图 118-4 所示。

步骤 5 抽壳处理。删除步骤（3）绘制的两个矩形，输入 SOLIDEDIT 抽壳命令，选择剖切后的球体为对象，输入抽壳偏移距离为5，效果如图 118-5 所示。

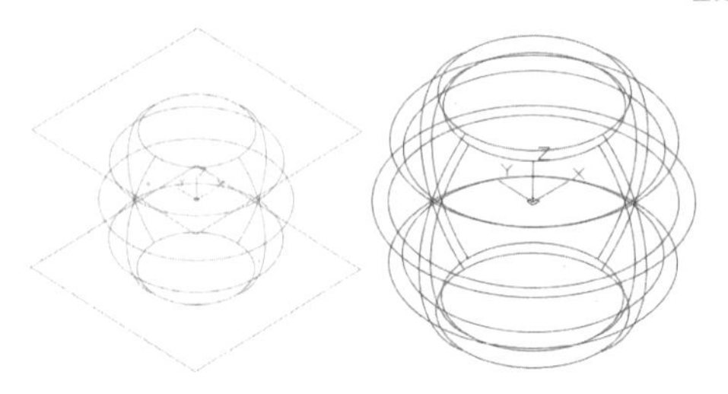

图 118-4　剖切处理　　图 118-5　抽壳处理

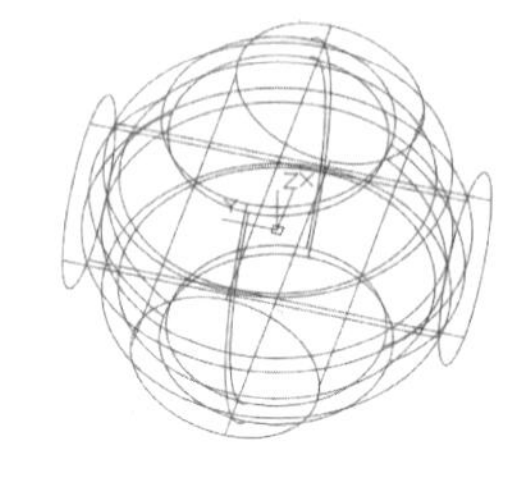

图 118-6　绘制圆柱体

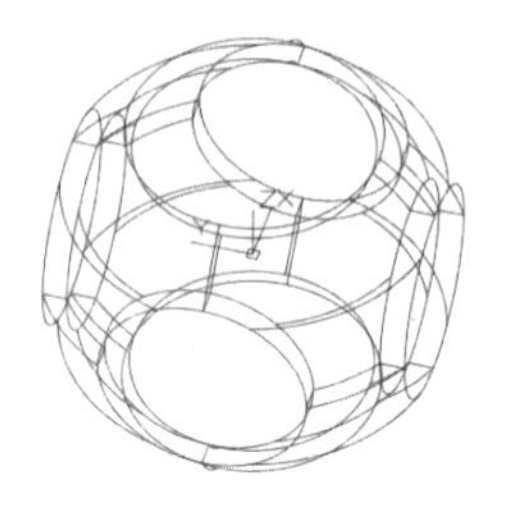

图 118-7　差集处理

步骤 6 绘制圆柱体。单击“建模”面板中的“圆柱体”按钮，根据提示进行操作，以（0,-50,0）为圆柱体底面中心点，以（@0,100,0）为轴端点，再以（-50,0,0）为圆柱体底面中心点，以（@100,0,0）为轴端点，绘制两个半径为 25 的圆柱体，效果如图 118-6 所示。

步骤 7 差集处理。使用 SUBTRACT 命令，选择球体为从中减去的实体，选择要减去的实体为步骤（6）绘制的两个圆柱体，效果如图 118-7 所示。

步骤 8 绘制圆柱体。单击“建模”面板中的“圆柱体”按钮，根据提示进行操作，以（0, 0,40）为圆柱体底面中心点，绘制一个半径为 25，高为 10 的圆柱体。

步骤 9 圆角处理。执行 FILLET 命令，设置圆角半径为 2，对步骤（8）绘制的圆柱体进行圆角处理，效果如图 118-8 所示。

步骤 10 设置材质并渲染处理。在“可视化”选项板的“材质”选项栏中单击“材质浏览器”按钮，弹出“材质浏览器”面板，在 Autodesk 默认库中选择“石料|精细|石膏”为整体材质；在光源选项板中打开“平行光|光源”，使用 RENDER 命令在视口中对实体进行渲染，效果如图 118-9 所示。

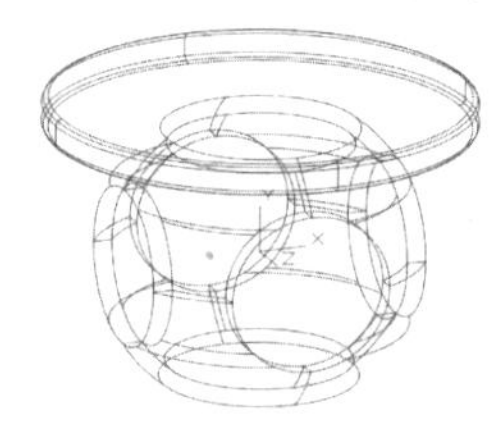

图 118-8　圆角处理

图 118-9　设置材质并渲染处理

实例 119　自动铅笔

本实例将绘制自动铅笔，效果如图 119-1 所示。

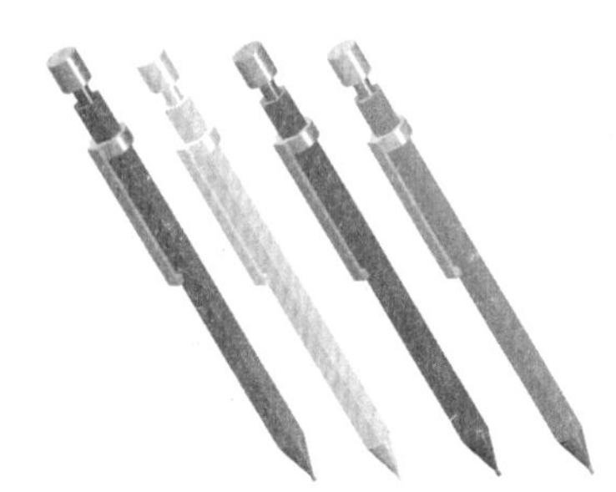

图 119-1　自动铅笔

操作步骤

步骤 1 新建文件。启动 AutoCAD，单击“新建”按钮，新建一个 CAD 文件。单击在工作空间左上角的视图切换按钮，将视图切换到西南等轴测视图。

步骤 2 绘制正多边形。单击“绘图”面板中的“正多边形”按钮，根据提示进行操作，输入边的数目为 6，以原点为正多边形的中心点，内接于圆，绘制半径为 4 的正六边形。

步骤 3 绘制圆。使用 CIRCLE 命令，以原点为圆心绘制半径为 2.5 的圆。

步骤 4 拉伸处理。执行 EXTRUDE 命令，单击“建模”面板中的“拉伸”按钮，根据提示进行操作，选择正多边形和圆并按回车键，指定拉伸的高度为 100，对其进行拉伸处理，制作出笔杆，效果如图 119-2 所示。

步骤 5 差集处理。使用 SUBTRACT 命令，将拉伸的圆从拉伸的正多边形中减去。

步骤 6 绘制圆锥体。单击“建模”面板中的“圆锥体”按钮，根据提示进行操作，以原点为圆锥体底面中心点，指定底面半径为 3.6，输入 T，绘制顶面半径为 0.6、高为-10 的圆锥体，效果如图 119-3 所示。

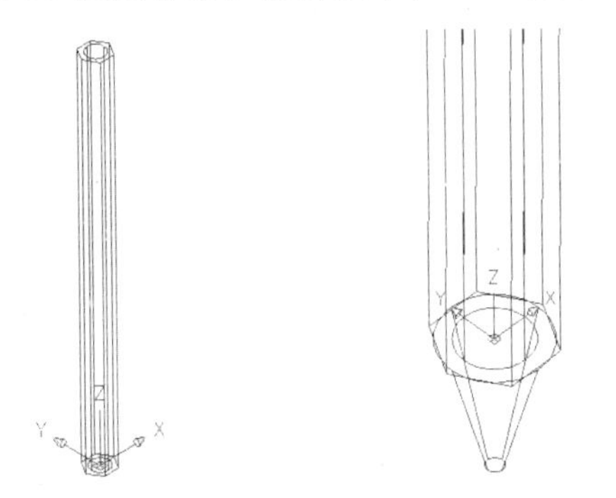

图 119-2 拉伸处理　　图 119-3 绘制圆锥体

步骤 7 绘制圆柱体。使用 CYLINDER 命令，以（0,0,-10）为圆柱体底面中心点，绘制半径为 0.5、高为-2 的圆柱体。

步骤 8 重复步骤（7）中的操作，以原点为圆柱体底面中心点，绘制半径为 2、高为 105 的圆柱体，绘制笔芯。

步骤 9 重复步骤（7）中的操作，以（0,0,105）为圆柱体底面中心点，绘制半径为 4、高为 8 的圆柱体，绘制笔帽，效果如图 119-4 所示。

步骤 10 重复步骤（7）中的操作，以（0,0,90）为圆柱体底面中心点，绘制半径为 5、高为-4 的圆柱体。

步骤 11 绘制长方体。使用 BOX 命令，分别以（4,-2,90）和（6,2,87）、（5,-2,90）和（6,2,50）、（4,-2,50）和（5,2,52）为长方体的角点和对角点，绘制 3 个长方体，效果如图 119-5 所示。

步骤 12 并集处理。使用 UNION 命令合并步骤（10）~（11）中绘制的图形。

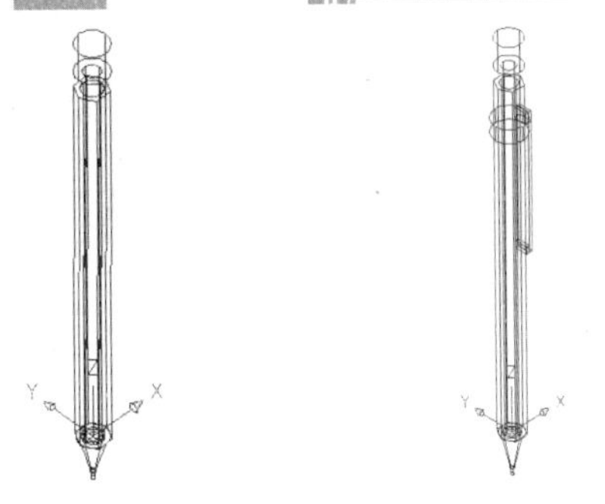

图 119-4 绘制圆柱体　　图 119-5 绘制长方体

步骤 13 复制处理。使用 COPY 命令，在原位置复制一支笔杆。

步骤 14 差集处理。使用 SUBTRACT 命令，将笔杆从步骤（12）中的并集实体中减去，并将视图切换到东北等轴测视图，消隐后的效果如图 119-6 所示。

步骤 15 平滑处理。执行 FACETRES 命令，设置平滑值为 5，进行平滑处理。

步骤 16 新建材质。在“可视化”选项板的“材质”选项栏中单击“材质浏览器”按钮，弹出“材质浏览器”面板，在对话框左下角的“在文档中创建新材质”按钮，选择“新建常规材质”，设置“类型”为“高级”、“染色”颜色值为（208,137,240）、“反光度”为 45、“折射率”为 2.290、“半透明度”为 0、“自发光”为 17，并将该材质附着于笔帽。

步骤 17 重复步骤（16）中的操作，新建“笔杆”材质，设置“类型”为“高级”、“染色”颜色值为（186,83,234）、“反光度”为 43、“折射率”为 2.000、“半透明度”为 100、“自发光”为 12，并将该材质附着于笔杆。

步骤 18 重复步骤（16）中的操作，新建“笔卡”材质，设置“类型”为“高级”、“染色”颜色值为（208,137,240）、“反光度”为 34、“折射率”为 2.260、“半透明度”为 99、“自发光”为 15，并将该材质附着于笔卡。

步骤 19 渲染处理。使用 RENDER 命令对自动铅笔进行渲染，效果如图 119-7 所示。

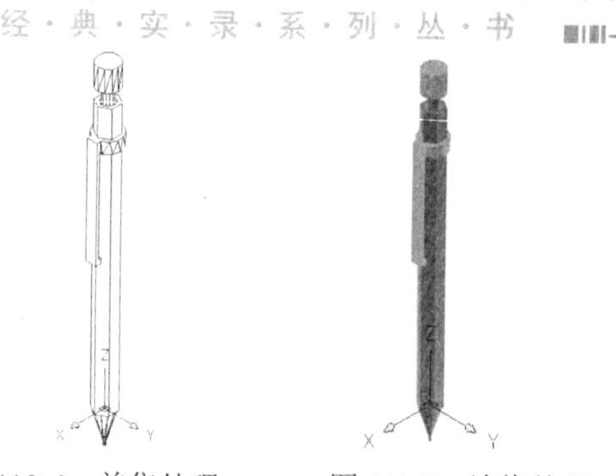
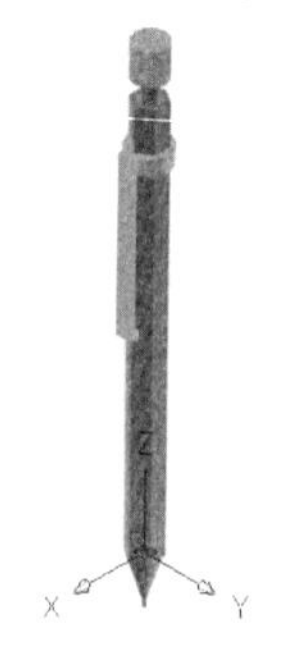

图 119-6　差集处理　　　图 119-7　渲染处理

实例 120 笔筒

本实例将绘制笔筒，效果如图 120-1 所示。

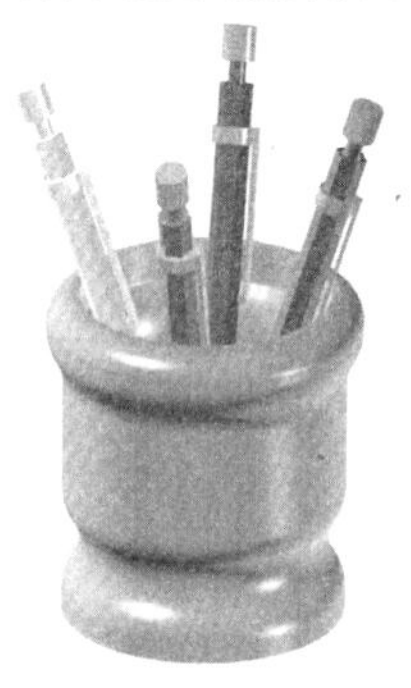

图 120-1　笔筒

操作步骤

步骤 1 新建文件。启动 AutoCAD，单击“新建”按钮，新建一个 CAD 文件。

步骤 2 绘制多段线。执行 PLINE 命令，依次输入（0,0）、（0,8）、（@7,9）、（@-7,9）、（@0,33）、（@-4,7）、（@0,5）、A、S、（@2,4）、（@4,2）、L、（@32,0）、（@0,-77）和 C，绘制多段线，效果如图 120-2 所示。

步骤 3 圆角处理。执行 FILLET 命令，设置圆角半径为 10，对多段线左边的尖角进行圆角处理，效果如图 120-3 所示。

步骤 4 切换视图。单击在工作空间左上角的视图切换按钮，将视图切换到西南等轴测视图。

步骤 5 三维旋转处理。在命令行中输入 ROTATE3D 命令并按回车键，根据提示进行操作，选择多段线并按回车键，指定 X 轴为旋转轴，在原点旋转 90 度。

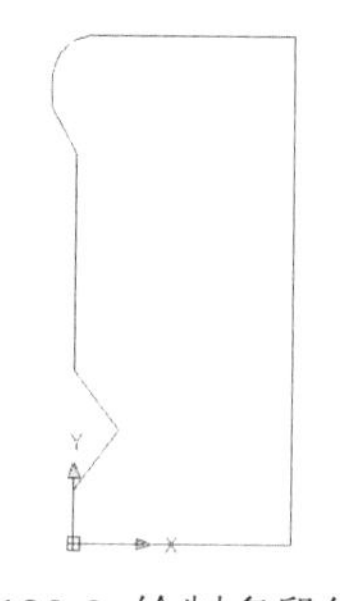
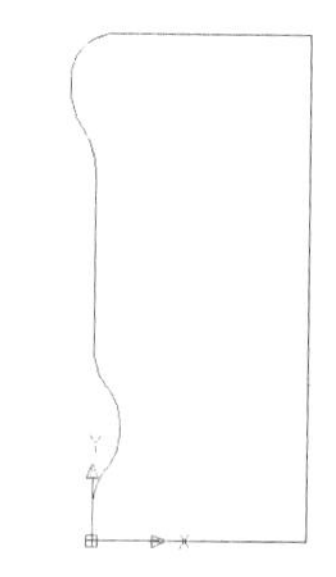

图 120-2 绘制多段线　　　图 120-3 圆角处理

步骤 6 旋转生成实体。单击“建模”面板中的“旋转”按钮，根据提示进行操作，选择多段线为旋转对象，捕捉右边垂直线两端的端点为旋转轴，指定旋转角度为 360 度，效果如图 120-4 所示。

步骤 7 抽壳处理。单击“实体编辑”面板中的“抽壳”按钮，根据提示进行操作，选择旋转生成的实体，然后单击笔筒顶面并按回车键，输入抽壳偏移距离为 8，进行抽壳处理，效果如图 120-5 所示。

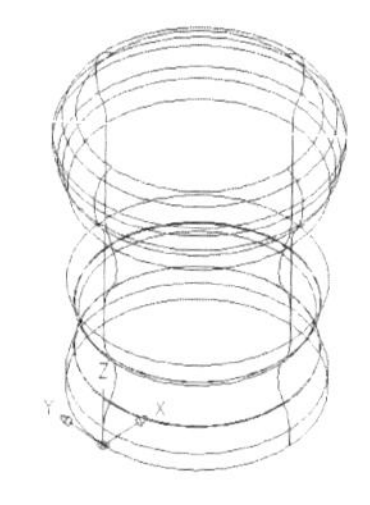
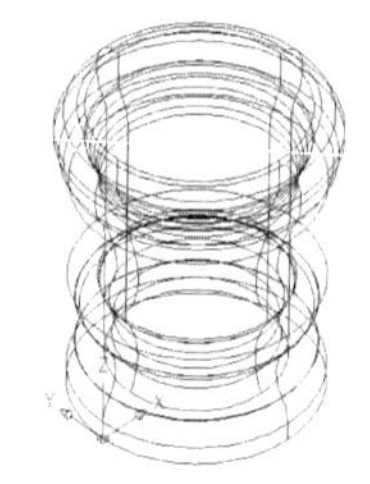

图 120-4　旋转生成实体　　　图 120-5　抽壳处理

步骤 8 调用自动铅笔。打开实例 119 中名为“自动铅笔”的 AutoCAD 文件，将所需的实体复制到笔筒图形文件中，使用 COPY、MOVE 和 ROTATE3D 等命令，将自动铅笔复制到笔筒的合适位置，效果如图 120-6 所示。

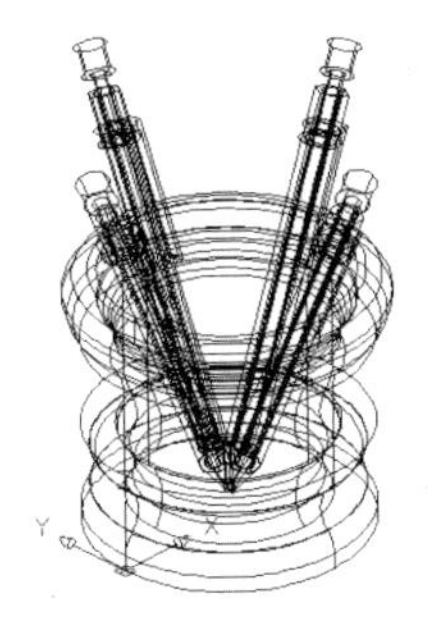

图 120-6　调用自动铅笔

步骤 9 平滑处理。执行 FACETRES 命令，设置平滑值为 5，进行平滑处理。

步骤 10 新建材质。在“可视化”选项板的“材质”选项栏中单击“材质浏览器”按钮，弹出“材质浏览器”面板，在对话框左下角的“在文档中创建新材质”按钮，选择“新建常规材质”，设置“类型”为“高级”、“染色”颜色值为（29,167,226）、“反光度”为 32、“折射率”为 1.610、“半透明度”为 100、“自发光”为 21，并将该材质附着于笔筒。

步骤 11 渲染处理。使用 RENDER 命令，对笔筒进行渲染，效果参见图 120-1。

实例 121 台灯

本实例将绘制台灯，效果如图 121-1 所示。

图 121-1　台灯

操作步骤

步骤 1 新建文件。启动 AutoCAD，单击“新建”按钮，新建一个 CAD 文件。单击在工作空间左上角的视图切换按钮，将视图切换到西南等轴测视图。

步骤 2 绘制圆柱体。输入 CYLINDER 命令，根据提示进行操作，以（0,0,0）为圆柱体底面中心点，指定直径为 150，指定高度为 30，绘制第一个圆柱体；以（0,0,0）为圆柱体底面中心点，指定直径为 10，指定轴端点为（@15,0,0），绘制第二个圆柱体，再以（0,0,0）为圆柱体底面中心点，指定直径为 5，以（@15,0,0）为轴端点，绘制第三个圆柱体，效果如图 121-2 所示。

步骤 3 差集处理。使用 SUBTRACT 命令，将直径为 5 的圆柱体从直径为 10 的圆柱体中减去。

步骤 4 移动处理。使用 MOVE 命令，选择步骤（3）求差集后所得的实体导线孔，指定基点为（0,0,0,），指定第二个点为（-85,0,15），效果如图 121-3 所示。

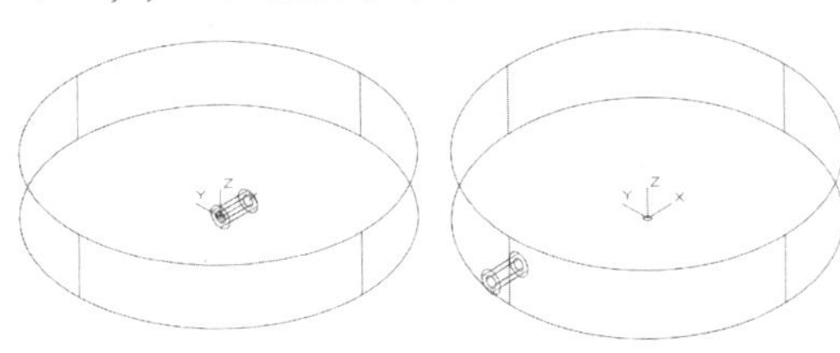

图 121-2　绘制圆柱体　　图 121-3　移动处理

步骤 5 圆角处理。执行 FILLET 命令，设置圆角半径为 12，选取底座的上边缘边，效果如图 121-4 所示。

步骤 6 绘制圆柱体。单击“建模”面板中的“圆柱体”按钮，根据提示进行操作，以（40,0,30）为圆柱体底面中心点，绘制直径为20、高为25的圆柱体，如图121-5所示。

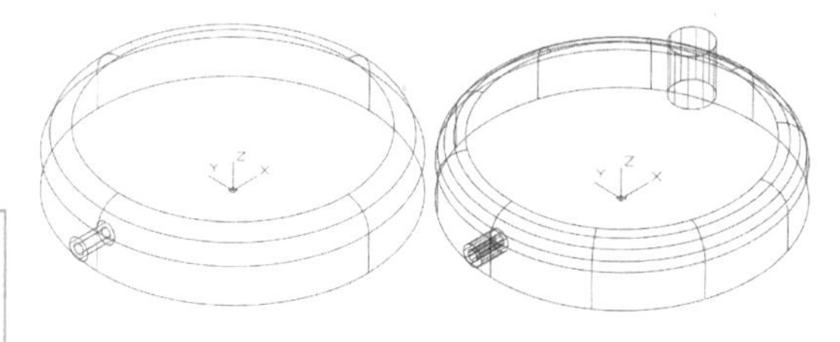

图121-4　圆角处理　　图121-5　绘制圆柱体

步骤7 倾斜处理。单击“三维工具”选项卡“实体编辑”面板中的“倾斜面”按钮，根据提示操作，选择步骤（6）绘制的圆柱体为倾斜对象，依次选择圆柱体的下底边和上顶边，设置倾斜角度为2度，效果如图121-6所示。

步骤8 切换视图。在“可视化”选项卡的“命名视图”面板中单击“前视”按钮，将视图切换成前视图。

步骤9 旋转处理。执行3DROTATE命令，根据提示进行操作，选择全体绘制的实体为旋转对象，指定基点为坐标原点，指定角度为-90度，效果如图121-7所示。

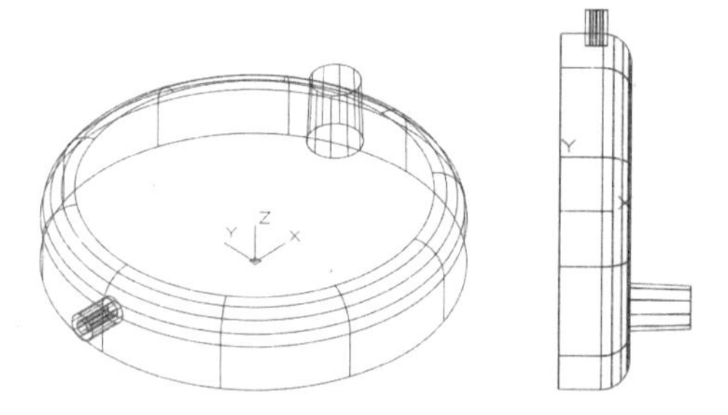

图121-6　倾斜处理　　图121-7　旋转处理

步骤10 绘制多段线。执行PLINE命令，指定起点为（30,55），指定下一点为（@150,0），指定为“圆弧（A）”，指定圆弧的“第二个点（S）”，指定第二个点为（203.5,50.7），指定圆弧的端点为（224,38），指定圆弧第二端点为（248,8），指定为“直线（L）”，指定下一点为（269,-28.8），绘制多段线，效果如图121-8所示。

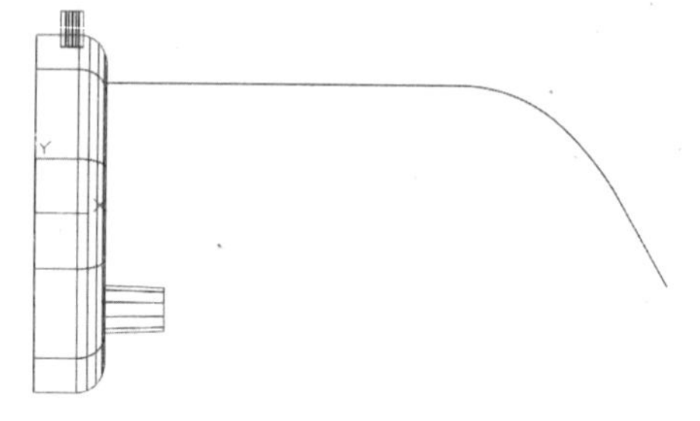

图121-8　绘制多段线

步骤11 旋转处理并切换视图。执行3DROTATE命令，根据提示进行操作，选择全体绘制的实体为旋转对象，指定基点为坐标原点，指定角度为90度；在“可视化”选项卡的“命名视图”面板中单击“西南等轴测”按钮，将视图切换成西南等轴测视图，效果如图121-9所示。

步骤12 绘制圆。使用CIRCLE命令，以（-55,30,0）为圆心绘制半径为10的圆。

步骤13 拉伸处理。单击“建模”面板中的“拉伸”按钮，根据提示进行操作，选择步骤（12）中绘制的圆为拉伸对象，指定拉伸的路径（P），选择拉伸的路径为步骤（10）绘制的多段线，效果如图121-10所示。

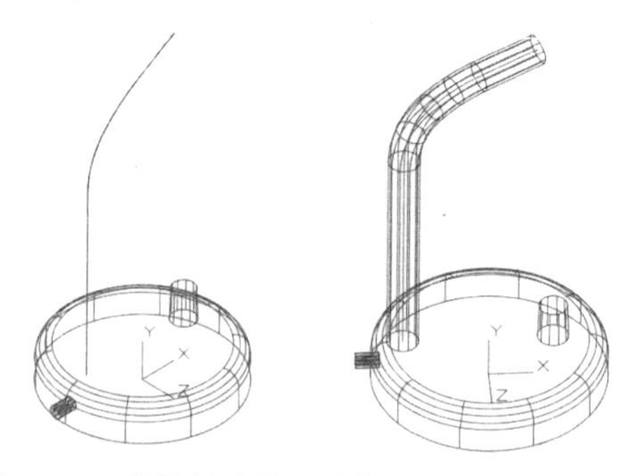

图121-9　旋转处理并切换视图　　图121-10　拉伸处理

步骤14 切换视图。在“可视化”选项卡的“命名视图”面板中单击“前视”按钮，将视图切换成前视图。

步骤15 旋转处理。执行3DROTATE命令，根据提示进行操作，选择全体绘制的实体为旋转对象，指定基点为坐标原点，指定角度为-90度。

步骤 16 绘制多段线。执行 PLINE 命令，指定起点为（269,-28.8），指定下一点为（@20<30），指定为“圆弧（A）”，指定圆弧的端点为(316,-25)，指定为“直线(L)”，指定下一点为（200,-90），指定下一点为（177,-48.66），指定为“圆弧（A）”，指定圆弧的“第二个点（S）”，指定第二个点为（216,-28），指定圆弧的端点为（257.5,-34.5），指定为“直线（L）”，选择“闭合（C）”，效果如图 121-11 所示。

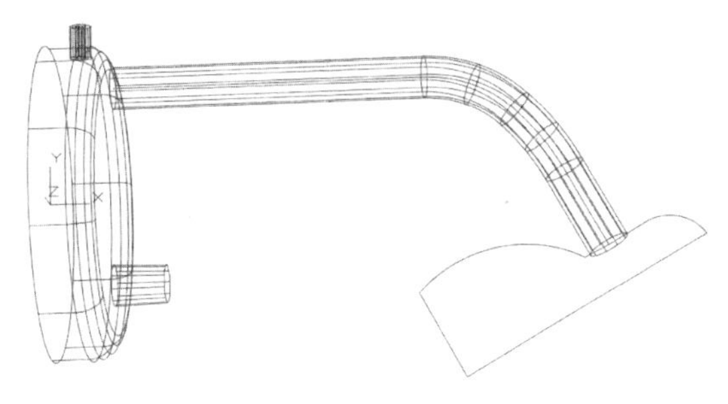

图 121-11　绘制多段线

步骤 17 旋转处理。单击“修改”面板中的“旋转”按钮，根据提示进行操作，选择步骤（16）绘制的多段线为旋转对象，指定轴起点为（200,-90），指定轴端点为316,-25)，指定旋转角度为 360 度，对其进行旋转处理，效果如图 121-12 所示。

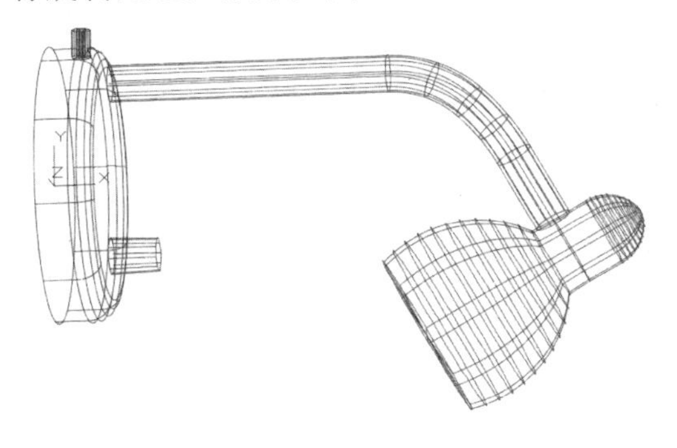

图 121-12　旋转处理

步骤 18 旋转处理并切换视图。执行 3DROTATE 命令，根据提示进行操作，选择全体绘制的实体为旋转对象，指定基点为坐标原点，指定角度为 90 度；在“可视化”选项卡的“命名视图”面板中单击“西南等轴测”按钮，将视图切换成西南等轴测视图，效果如图 121-13 所示。

步骤 19 抽壳处理。单击“实体编辑”面板中的“抽壳”按钮，根据提示进行操作，选择三维实体为灯头，然后选择删除面为大端面，输入抽壳偏移距离为 2，进行抽壳处理，效果如图 121-14 所示。

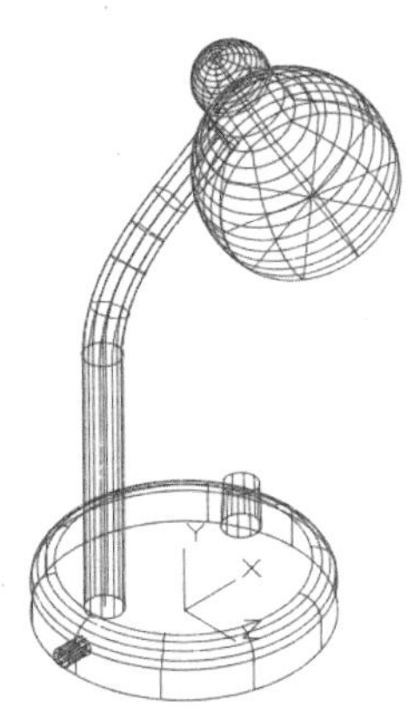

图 121-13　旋转处理并切换视图

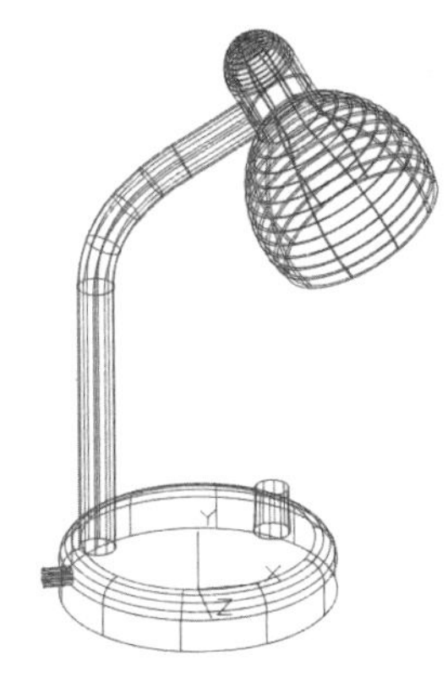

图 121-14　抽壳处理

步骤 20 设置材质并渲染处理。在“可视化”选项板的“材质”选项栏中单击“材质浏览器”按钮，弹出“材质浏览器”面板，在 Autodesk 默认库中选择“金属|磨光”为灯罩、支撑杆、灯座材质，“塑料|精细带纹理|黑色”为旋钮，导线孔材质；在光源选项板中打开“平行光|光源”，使用 RENDER 命令在视口中对实体进行渲染，效果参见图 121-1。

实例 122　办公桌

本实例将绘制办公桌，效果如图 122-1 所示。

图 122-1　办公桌

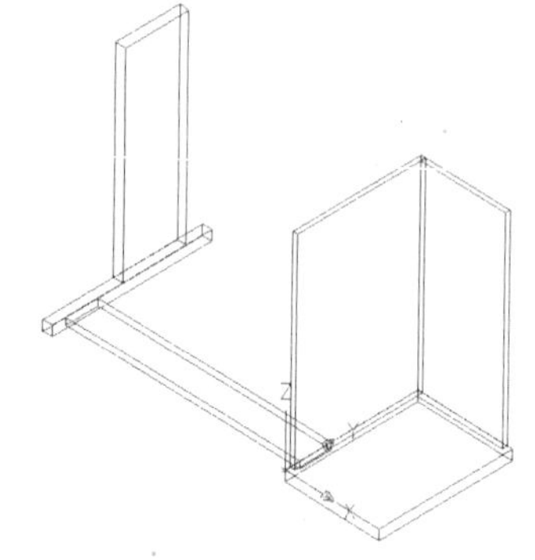

图 122-3　绘制长方体

操作步骤

步骤 1 新建文件。启动 AutoCAD，单击“新建”按钮，新建一个 CAD 文件。单击在工作空间左上角的视图切换按钮，将视图切换到西南等轴测视图。

步骤 2 绘制长方体。在命令行中输入 BOX 命令并按回车键，根据提示进行操作，分别以（0,0,0）和（30,500,30）、（30,45,10）和（@740,100,20）、（770,0,0）和（@300,420,30）、（0,220,30）和（@30,200,610）为长方体的角点和对角点，绘制 4 个长方体，效果如图 122-2 所示。

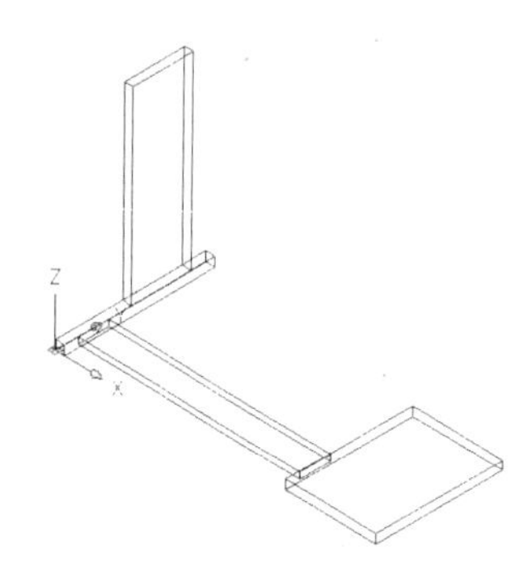

图 122-2　绘制长方体

步骤 3 移动坐标系。在命令行中输入 UCS 命令并按回车键，根据提示进行操作，指定新原点为（770,0,30），并按回车键，对坐标系进行移动。

步骤 4 绘制长方体。使用 BOX 命令，分别以（15,405,0）和（@270,15,610）、（0,15,0）和（@15,405,610）为长方体的角点和对角点，绘制长方体，效果如图 122-3 所示。

步骤 5 三维镜像处理。使用 MIRROR3D 命令，选择步骤（4）中绘制的第二个长方体为镜像对象，然后以 YZ 为镜像面，在点（150,0）处进行镜像处理，效果如图 122-4 所示。

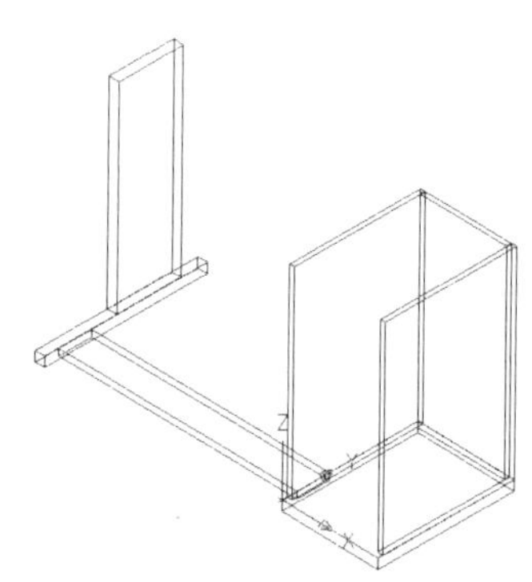

图 122-4　三维镜像处理

步骤 6 绘制长方体。使用 BOX 命令，分别以（15,15,0）和（@270,15,15）、（15,15,260）和（@270,390,10）、（0,15,465）和（@300,15,25）、（15,15,475）和（@15,390,15）、（30,390,475）和（@240,15,15）为长方体的角点和对角点，绘制 5 个长方体，效果如图 122-5 所示。

步骤 7 三维镜像处理。使用 MIRROR3D 命令，选择步骤（6）中绘制的第 4 个长方体作为镜像对象，然后以 YZ 为镜像面，在点（150,0）处进行镜像处理，效果如图 122-6 所示。

步骤 8 并集处理。使用 UNION 命令合并所有的实体。

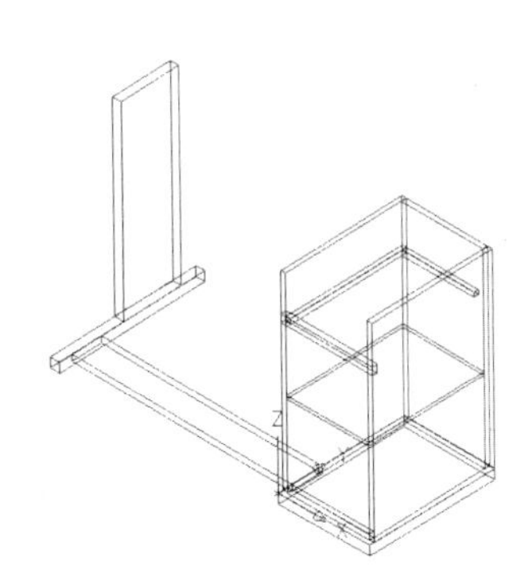

图 122-5 绘制长方体

步骤 9 绘制长方体。使用 BOX 命令，以（0,0,0）和（@300,15,465）为长方体的角点和对角点，绘制长方体。

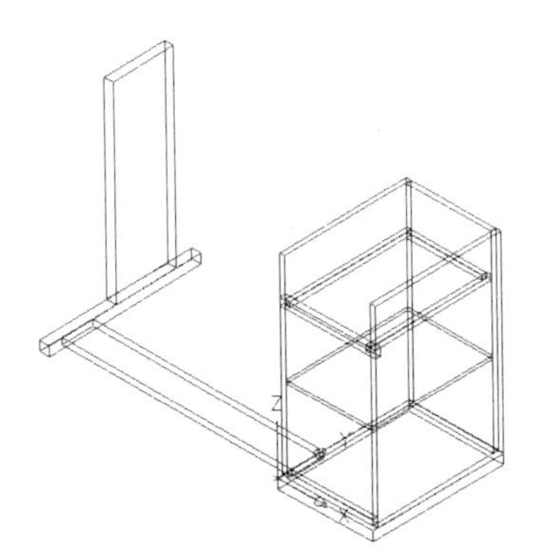

图 122-6 三维镜像处理

步骤 10 移动坐标系。在命令行中输入 UCS 命令并按回车键，根据提示进行操作，指定新原点为（0,0,490）并按回车键，对坐标系进行移动。

步骤 11 绘制长方体。使用 BOX 命令，分别以（15,15,0）和（@270,390,15）、（15,15,15）和（@15,390,100）、（30,390,15）和（@240,15,100）、（270,15,15）和（@15,390,100）、（0,0,0）和（@300,15,115）为长方体的角点和对角点，绘制 5 个长方体，效果如图 122-7 所示。

步骤 12 并集处理。使用 UNION 命令合并步骤（11）中绘制的长方体，制作抽屉。

步骤 13 绘制长方体。使用 BOX 命令，以（-890,-70,135）和（@1300,700,20）为长方体的角点和对角点绘制长方体。

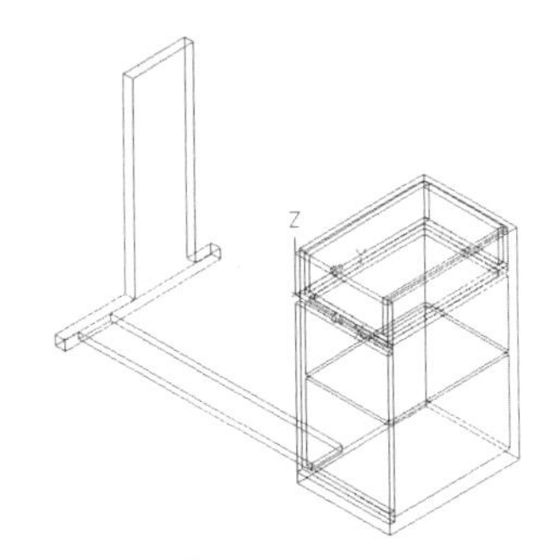

图 122-7 绘制长方体

步骤 14 圆角处理。执行 FILLET 命令，设置圆角半径为 2，对办公桌所有的棱边进行圆角处理，效果如图 122-8 所示。

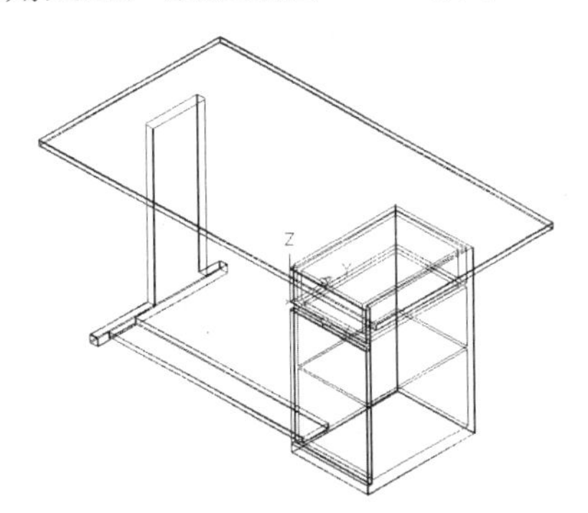

图 122-8 圆角处理

步骤 15 平滑处理。执行 FACETRES 命令，设置平滑值为 5，进行平滑处理。

步骤 16 设置材质并渲染处理。在“可视化”选项板的“材质”选项栏中单击“材质浏览器”按钮，弹出“材质浏览器”面板，在对话框左下角的“在文档中创建新材质”按钮，选择“新建常规材质”，设置“类型”为“高级”、“染色”颜色值为（186,249,113）、“反光度”为 0、“折射率”为 3.000、“半透明度”为 100、“自发光”为 11；使用 RENDER 命令在视口中对实体进行渲染，效果参见图 122-1。

实例 123 回形窗

本实例将绘制回形窗，效果如图 123-1 所示。

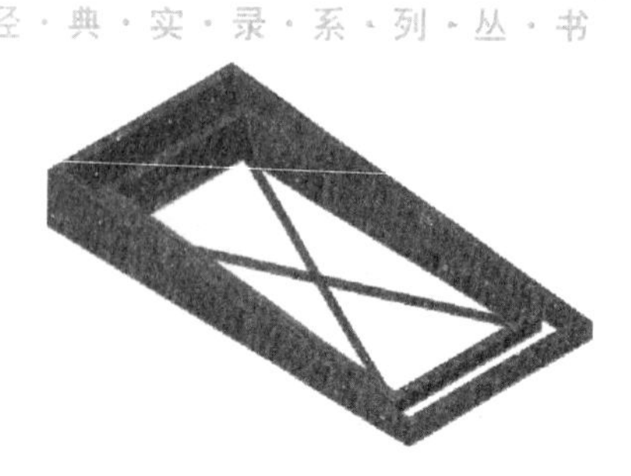

图 123-1 回形窗

操作步骤

步骤 1 新建文件。启动 AutoCAD，单击“新建”按钮，新建一个 CAD 文件。单击在工作空间左上角的视图切换按钮，将视图切换到西南等轴测视图。

步骤 2 绘制矩形。使用 RECTANG 命令，以（0,0）和（@40,80）为矩形的角点和对角点绘制矩形，再以（2,2）和（@36,76）为矩形的角点和对角点绘制第二个矩形，效果如图 123-2 所示。

步骤 3 拉伸处理。单击“建模”面板中的“拉伸”按钮，根据提示操作，选择步骤（2）绘制的两个矩形并按回车键，输入拉伸距离为 10，效果如图 123-3 所示。

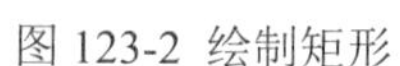

图 123-2 绘制矩形

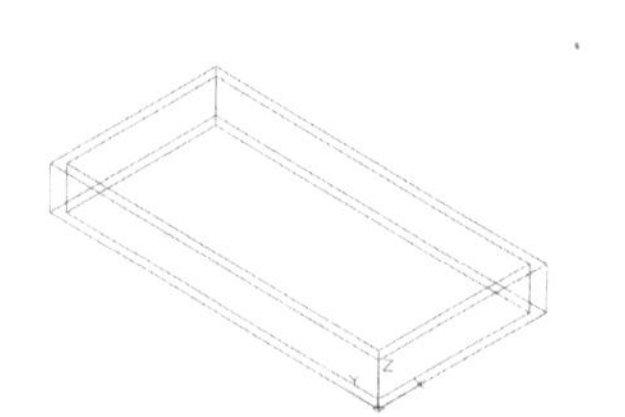

图 123-3 拉伸处理

步骤 4 差集处理并绘制直线。使用 SUBTRACT 命令，将小矩形从大矩形中减去。使用 LINE 命令，过点（20,2）和（20,78）绘制直线，效果如图 123-4 所示。

步骤 5 分割处理。输入 SOLIDEDIT 命令，根据提示进行操作，输入实体编辑选项为“面（F）”，输入面编辑选项为“倾斜（T）”，选择面为顶面大小矩形相夹的面，指定步骤（4）绘制直线的左上方的角点，指定沿倾斜轴的另一个点为直线右下方角点，指定倾斜角度为 5 度，效果如图 123-5 所示。

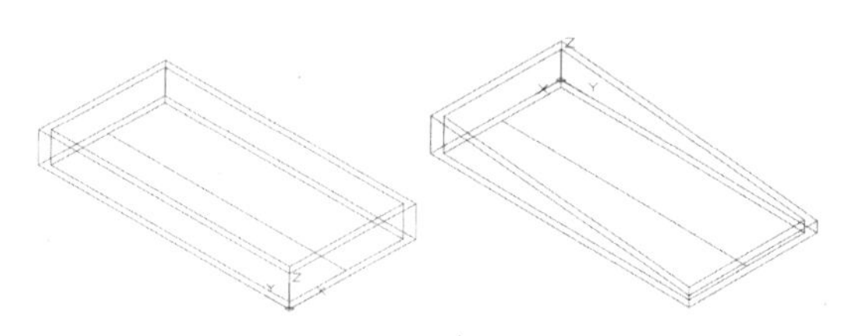

图 123-4 差集处理并绘制直线　　图 123-5 分割处理

步骤 6 绘制矩形。使用 RECTANG 命令，以（4,7）和（@32,66）为矩形的角点和对角点绘制矩形，再以（6,9）和（@28,62）为矩形的角点和对角点绘制第二个矩形，效果如图 123-6 所示。

步骤 7 拉伸处理。单击“建模”面板中的“拉伸”按钮，根据提示操作，选择步骤（6）绘制的两个矩形并按回车键，输入拉伸距离为 8，将拉伸后的长方体进行差集处理，效果如图 123-7 所示。

步骤 8 分割处理。输入 SOLIDEDIT 命令，根据提示进行操作，输入实体编辑选项为“面（F）”，输入面编辑选项为“倾斜（T）”，选择面为步骤（7）差集处理后的实体的顶面，指定步骤（4）绘制直线的左上方的角点，指定沿倾斜轴的另一个点为直线右下方角点，指定倾斜角度为 5 度，删除步骤（4）所绘制的直线，效果如图 123-8 所示。

步骤 9 绘制长方体。在命令行中输入 BOX 命令并按回车键，根据提示进行操作，以（0,0,15）和（@1,72,1）、为长方体的角点和对角点，绘制一个长方体，效果如图 122-9 所示。

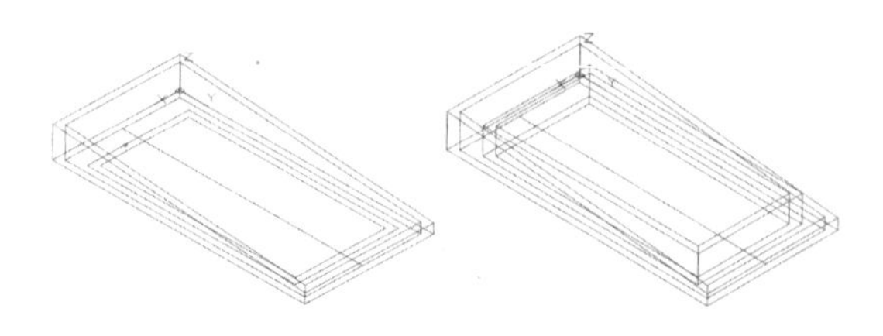

图 123-6 绘制矩形　　图 123-7 拉伸处理

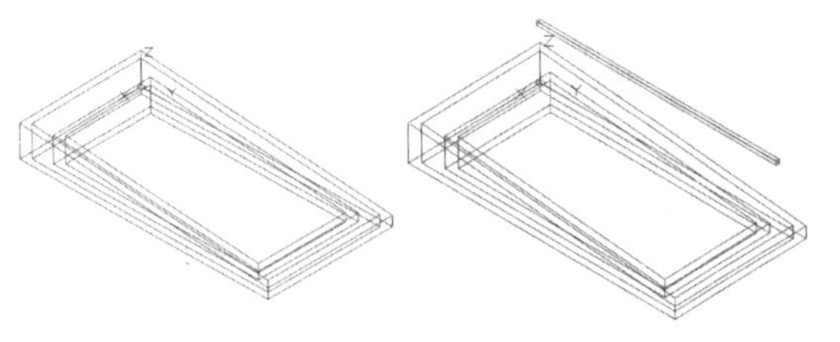

图 123-8 分割处理　　图 123-9 绘制长方体

步骤 10 复制并旋转处理。使用 COPY 命令沿 X 轴复制一个步骤（9）绘制的长方体；在命令行中输入 3DROTATE 命令并按回车键，根据提示进行操作，选择步骤（9）绘制的长方体为旋转对象，指定基点为长方体中点，拾取旋转轴为 Z 轴（蓝色轴），指定角度为 25 度；重复操作，将复制的长方体沿 Z 轴旋转-25 度，使用 MOVE 命令移动到适当位置，效果如图 123-10 所示。

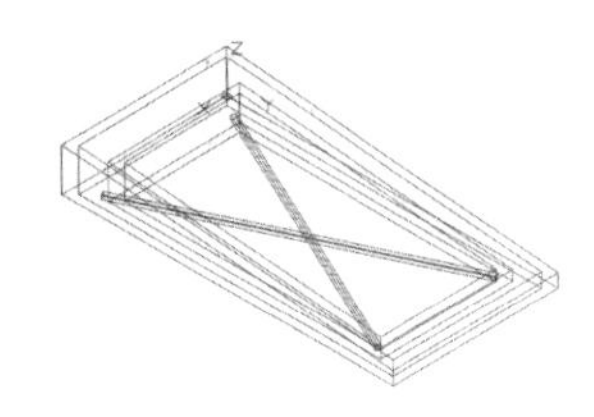

图 123-10 复制并旋转处理

步骤 11 设置材质并渲染处理。在“可视化”选项板的“材质”选项栏中单击“材质浏览器”按钮，弹出“材质浏览器”面板，在 Autodesk 默认库中选择“木材|木板”为整体材质；在光源选项板中打开“平行光|光源”，使用 RENDER 命令在视口中对实体进行渲染，效果参见图 123-1。

实例 124 耳机

本实例将绘制耳机，效果如图 124-1 所示。

图 124-1　耳机

操作步骤

步骤 1 新建文件。启动 AutoCAD，单击“新建”按钮，新建一个 CAD 文件。在“AutoCAD 经典”工作空间下，单击在工作空间左上角的视图切换按钮，将视图切换到前视图。

步骤 2 绘制圆弧。执行 ARC 命令，依次输入 C、(0,0)、(0,100) 和 (-100,0) 绘制圆弧。

步骤 3 重复步骤（2）中的操作，依次输入 C、（0,0）、（0,97）和（-97,0）绘制圆弧，效果如图 124-2 所示。

步骤 4 绘制直线。使用 LINE 命令，分别捕捉两段圆弧的起点和端点绘制直线。

步骤 5 创建面域。使用 REGION 命令，将绘制的两段圆弧和两条直线创建成面域。

步骤 6 切换视图。单击在工作空间左上角的视图切换按钮，将视图切换到西南等轴测视图。

步骤 7 拉伸处理。单击“建模”面板中的“拉伸”按钮，根据提示进行操作，选择创建的面域并按回车键，指定拉伸的高度为 15，进行拉伸处理，效果如图 124-3 所示。

步骤 8 圆角处理。执行 FILLET 命令，设置圆角半径为 0.5，对拉伸实体的棱边进行圆角处理。

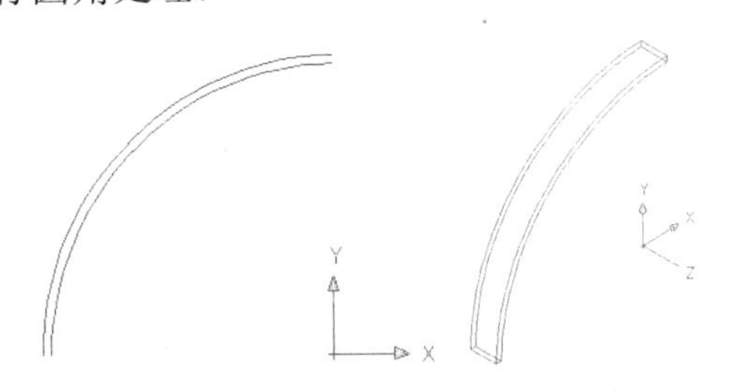

图 124-2　绘制圆弧　　图 124-3　拉伸处理

步骤 9 抽壳处理。单击“实体编辑”面板中的“抽壳”按钮，根据提示进行操作，选择圆角后的实体，然后选择实体的上表面和下表面并按回车键，设置抽壳偏移距离为 1，进行抽壳处理，效果如图 124-4 所示。

步骤 10 绘制圆弧。执行 ARC 命令，依次输入 C、(0,0,2.5)、(@99.5<135)、A 和 60 绘制圆弧。

步骤 11 重复步骤（10）中的操作，依次输入 C、(0,0,2.5)、(@97.5<135)、A 和 60，绘制圆弧。

步骤 12 绘制直线。使用 LINE 命令，分别捕捉两段圆弧的起点和端点绘制直线。

步骤 13 创建面域。使用 REGION 命令将绘制的两段圆弧和两条直线创建成面域。

步骤 14 拉伸处理。单击“建模”面板中的“拉伸”按钮，根据提示进行操作，选择创建的面域并按回车键，指定拉伸的高度为 10，进行拉伸处理，效果如图 124-5 所示。

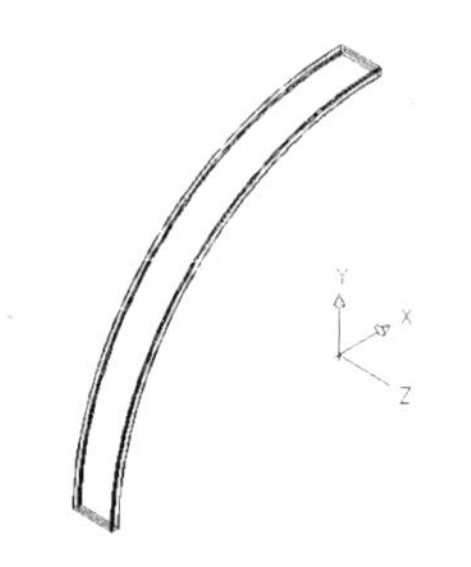

图 124-4 抽壳处理

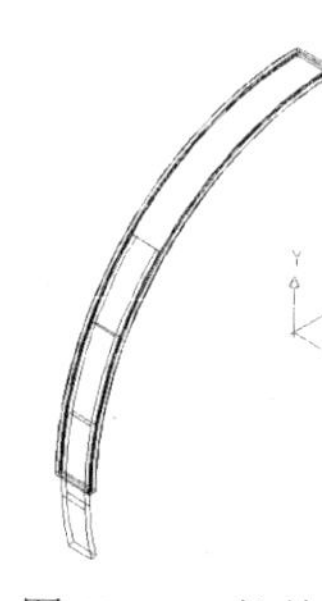

图 124-5 拉伸处理

步骤 15 移动坐标系。在命令行中输入 UCS 命令并按回车键，根据提示进行操作，捕捉拉伸实体底端面左上角的点为坐标的新原点，捕捉底端面右上角的点为正 X 轴方向上的点，捕捉底端面左下角的点为正 Y 轴方向上的点，效果如图 124-6 所示。

步骤 16 绘制矩形。使用 RECTANG 命令，以（0,-1）和（10,3）为矩形的角点和对角点绘制矩形。

步骤 17 圆角处理。执行 FILLET 命令，设置圆角半径为 1，对矩形的尖角进行圆角处理。

步骤 18 拉伸处理。单击“建模”面板中的“拉伸”按钮，根据提示进行操作，选择圆角处理后的矩形并按回车键，指定拉伸的高度为 30，进行拉伸处理，效果如图 124-7 所示。

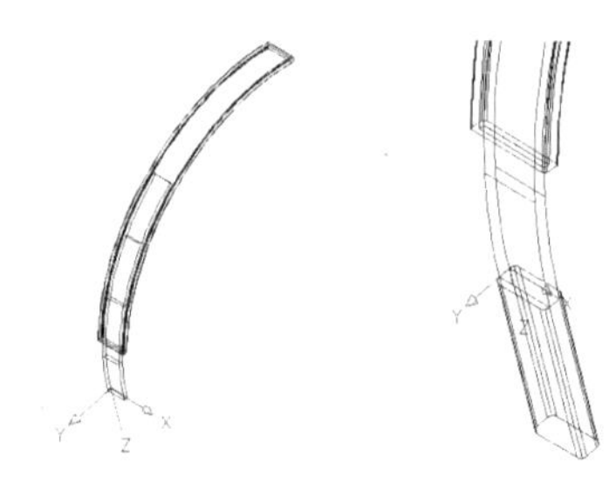

图 124-6 移动坐标系　　图 124-7 拉伸处理

步骤 19 圆角处理。执行 FILLET 命令，设置圆角半径为 1，对步骤（18）中的拉伸实体底端面的 4 条直线进行圆角处理，效果如图 124-8 所示。

步骤 20 绘制圆。使用 CIRCLE 命令，以（5,1,30）为圆心绘制半径为 0.75 的圆。

步骤 21 旋转坐标系。右键单击 UCS 坐标系，选择右键菜单中的“旋转轴|Y”按钮，根据提示进行操作，将坐标系绕 Y 轴旋转 90 度。

步骤 22 绘制样条曲线。执行 SPLINE 命令，依次输入（-30,1,5）、（@-38,-11）、（@-28,-32）和（@-20,-13），绘制样条曲线。

步骤 23 拉伸处理。执行 EXTRUDE 命令，选择步骤（20）中绘制的圆，输入 P，选择步骤（22）中绘制的样条曲线为拉伸路径，进行拉伸处理，效果如图 124-9 所示。

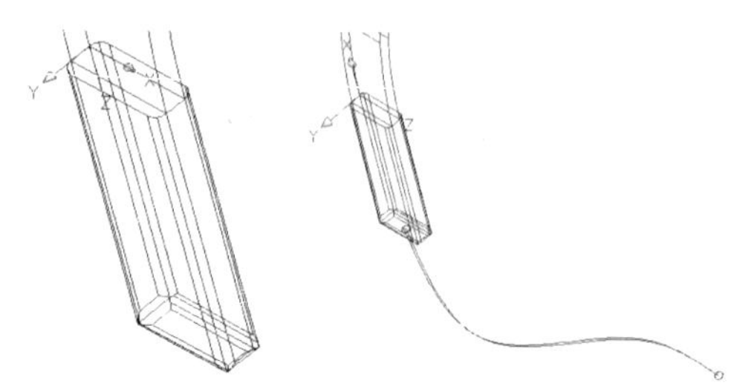

图 124-8 圆角处理　　图 124-9 拉伸处理

步骤 24 旋转坐标系。右键单击 UCS 坐标系，选择右键菜单中的“旋转轴|X”按钮，根据提示进行操作，将坐标系绕 X 轴旋转 90 度。

步骤 25 绘制圆柱体。使用 CYLINDER 命令，以（-25,5,0）为圆柱体底面中心点，绘制半径为 2.5、高为 6 的圆柱体。

步骤 26 分解处理。单击“修改”面板中的“分解”按钮，根据提示进行操作，对步骤（25）中绘制的圆柱体进行分解处理。

步骤 27 拉伸处理。单击“建模”面板中的“拉伸”按钮，根据提示进行操作，选择圆柱体右端面并按回车键，输入 T，指定拉伸的倾斜角度为-70 度，指定拉伸的高度为 2.5，进行拉伸处理，效果如图 124-10 所示。

步骤 28 绘制圆柱体。使用 CYLINDER 命令，捕捉拉伸实体右端面的圆心为圆柱体底面中心点，绘制半径为 16、高为 3.5 的圆柱体。

步骤 29 抽壳处理。单击“实体编辑”面板中的“抽壳”按钮，根据提示进行操作，选择圆柱体并按回车键，输入抽壳偏移距离为 1，进行抽壳处理，效果如图 124-11 所示。

步骤 30 绘制圆柱体。使用 CYLINDER 命令，以（-25,5,10）为圆柱体底面中心点，绘制半径为 0.5、高为 10 的圆柱体。

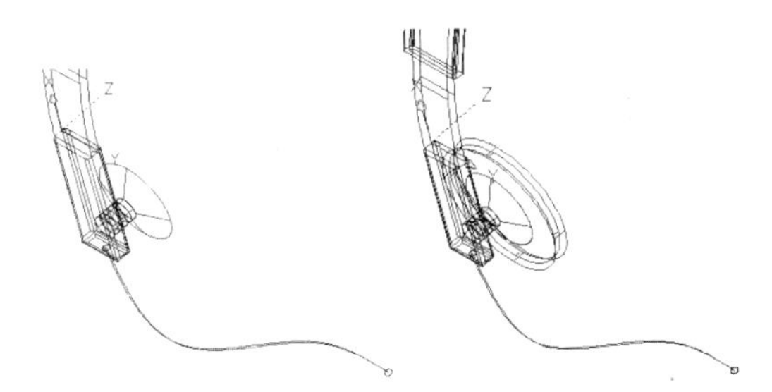

图 124-10 拉伸处理　　图 124-11 抽壳处理

步骤 31 复制处理。执行 COPY 命令，选择圆柱体，以（-25,5,10）为基点，然后输入（@5<0）、（@10<0）为目标点进行复制，效果如图 124-12 所示。

步骤 32 阵列处理。执行 ARRAY 命令，选择选择步骤（31）中复制生成的圆柱体为对象，输入阵列类型为“极轴（PO）”，设置中心点 X 为-25、Y 为 5、，阵列个数为 8 个，直接按回车键退出即可。效果如图 124-13 所示。

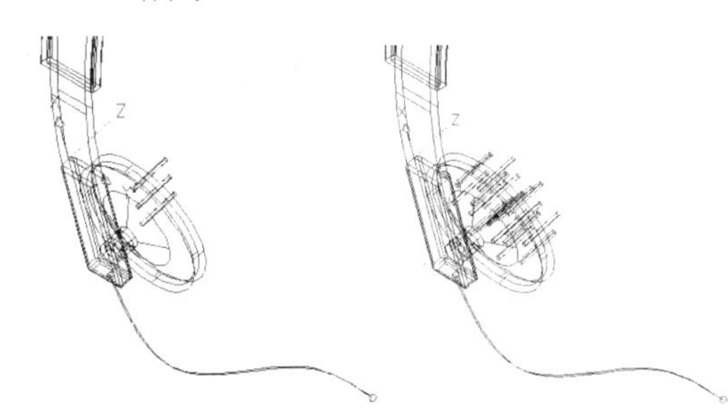

图 124-12 复制处理　　图 124-13 阵列处理

步骤 33 圆角处理。执行 FILLET 命令，设置圆角半径为 0.5，对步骤（29）中抽壳处理后的圆柱体进行圆角处理。

步骤 34 差集处理。使用 SUBTRACT 命令，将步骤（32）中阵列的所有圆柱体从步骤（33）中圆角处理后的实体中减去。

步骤 35 返回世界坐标系。单击 UCS 工具栏中的“WCS”按钮，将坐标系恢复到世界坐标系。

步骤 36 三维镜像处理。在命令行中输入 MIRROR3D 命令并按回车键，根据提示进行操作，选择所有的实体为镜像对象，然后以 YZ 为镜像面，在原点处进行镜像处理，效果如图 124-14 所示。

图 124-14 三维镜像处理

步骤 37 平滑处理。执行 FACETRES 命令，设置平滑值为 5，进行平滑处理。

步骤 38 设置材质并渲染处理。在“可视化”选项板的“材质”选项栏中单击“材质浏览器”按钮，弹出“材质浏览器”面板，在对话框左下角的“在文档中创建新材质”按钮，选择“新建常规材质”，设置“类型”为“高级”、“染色”颜色值为(97,97,255)、“反光度”为 6、“折射率”为 2.790、“半透明度”为 96、“自发光”为 33；使用 RENDER 命令对实体进行渲染，效果参见图 124-1。

实例 125 音箱

本实例将绘制音箱，效果如图 125-1 所示。

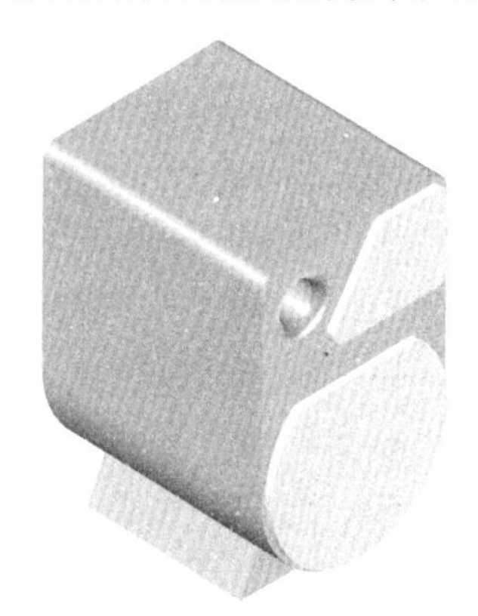

图 125-1　音箱

操作步骤

步骤 1 新建文件。启动 AutoCAD，单击“新建”按钮，新建一个 CAD 文件。单击在工作空间左上角的视图切换按钮，将视图切换到西南等轴测视图。

步骤 2 绘制长方体。使用 BOX 命令，以（-58,-58,0）和（58,58,30）为长方体的角点和对角点绘制长方体。

步骤 3 绘制楔体。单击“建模”面板中的“楔体”按钮，根据提示进行操作，以（-58,-58,30）和（@15,116,-30）为楔体的角点和对角点，绘制一个楔体。

步骤 4 三维镜像处理。使用 MIRROR3D 命令，选择楔体为镜像对象，然后以 YZ 为镜像面，在原点处进行镜像，效果如图 125-2 所示。

步骤 5 差集处理。使用 SUBTRACT 命令，将两个楔体从长方体中减去，效果如图 125-3 所示。

步骤 6 移动坐标系。在命令行中输入 UCS 命令并按回车键，根据提示进行操作，指定新原点为（0,-83,0），对坐标系进行移动。

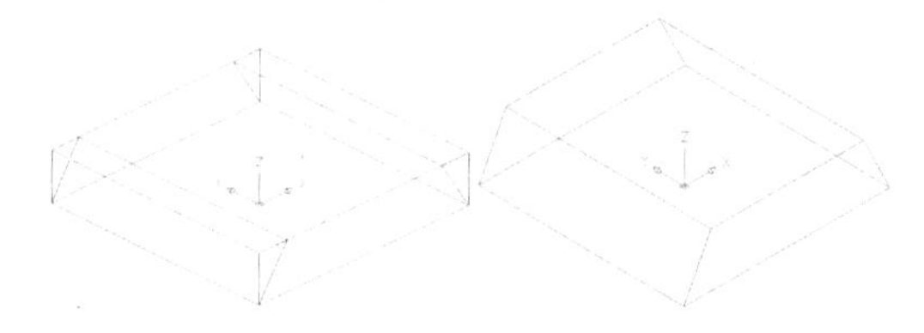

图 125-2　三维镜像处理　图 125-3　差集处理

步骤 7 旋转坐标系。右键单击 UCS 坐标系，选择右键菜单中的“旋转轴|X”按钮，根据提示进行操作，将坐标系绕 X 轴旋转 90 度。

步骤 8 绘制圆柱体。使用 CYLINDER 命令，以（0,78,0）为圆柱体底面中心点，绘制半径为 68、高为-165 的圆柱体，效果如图 125-4 所示。

步骤 9 绘制长方体。使用 BOX 命令，以（-68,78,0）和（68,214,-165）为长方体的角点和对角点绘制长方体。

步骤 10 并集处理。使用 UNION 命令合并所有实体，效果如图 125-5 所示。

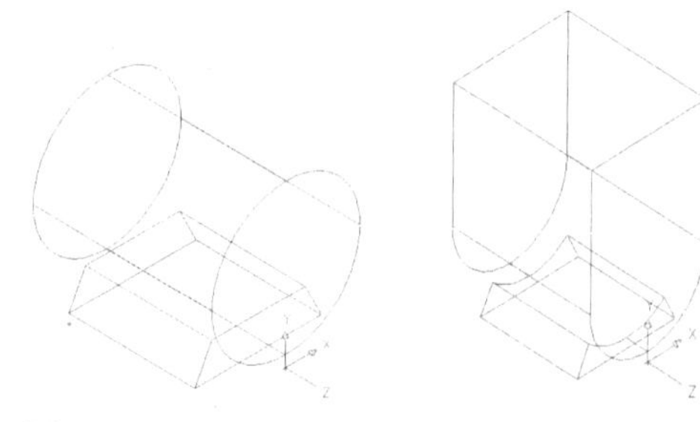

图 125-4　绘制圆柱体　图 125-5　并集处理

步骤 11 绘制圆柱体。使用 CYLINDER 命令以（-38,184,0）为圆柱体底面中心点，绘制半径为12.5、高为-70的圆柱体。

步骤 12 差集处理。使用 SUBTRACT 命令将圆柱体从音箱中减去。

步骤 13 圆角处理。执行 FILLET 命令，设置圆角半径为8，选择差集生成的孔进行圆角处理，效果如图125-6所示。

步骤 14 绘制直线并圆角处理。执行 LINE 命令，依次输入（-27.8,151）、（@92.8,0）、（@0,60）、（@-50,0）和C，绘制直线；执行 FILLET 命令，设置圆角半径为8，对直线的尖角进行圆角处理，效果如图125-7所示。

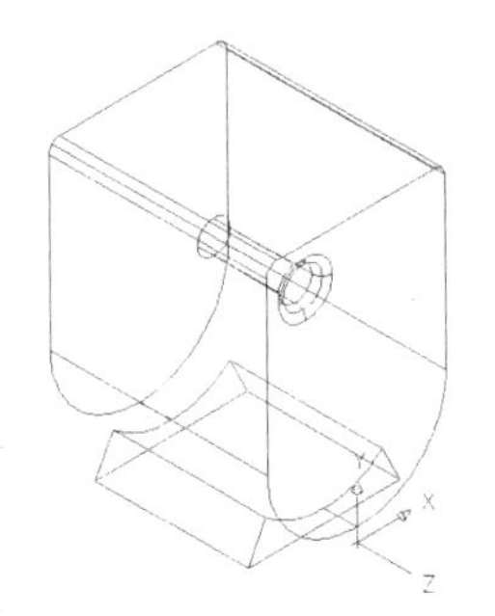

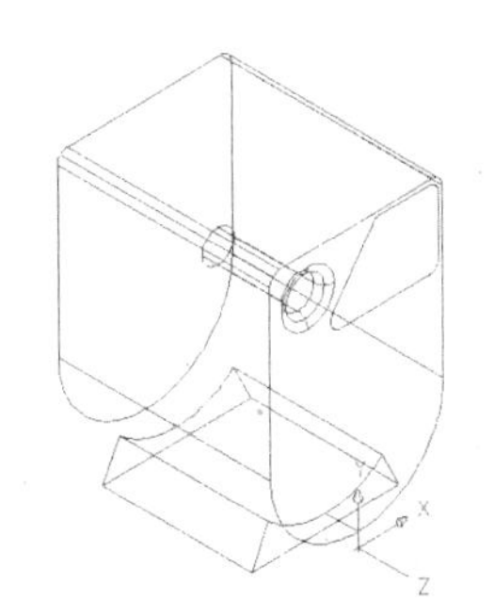

图125-6 圆角处理 图125-7 绘制直线并圆角处理

步骤 15 绘制圆。使用 CIRCLE 命令，以（0,78）为圆心绘制半径为65的圆。

步骤 16 绘制直线。使用 LINE 命令，以（65,126）和（@-120,0）为直线的第一点和第二点，绘制直线，效果如图125-8所示。

步骤 17 修剪并圆角处理。使用 TRIM 命令对圆和直线进行修剪；执行 FILLET 命令，设置圆角半径为8，对修剪的圆与直线的尖角进行圆角处理，效果如图125-9所示。

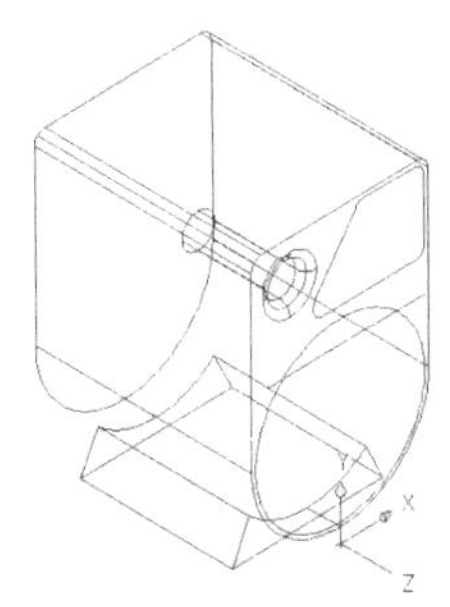

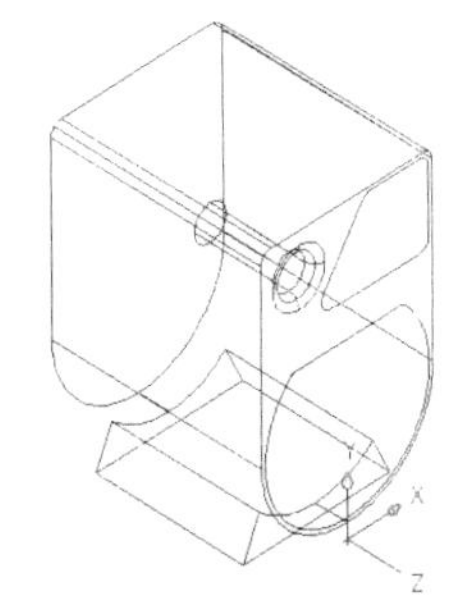

图125-8 绘制直线 图125-9 修剪并圆角处理

步骤 18 创建面域。执行 REGION 命令，选择所有二维图形，创建两个面域。

步骤 19 拉伸处理。单击“建模”面板中的“拉伸”按钮，根据提示进行操作，选择创建的两个面域并按回车键，指定拉伸的高度为5，进行拉伸处理，效果如图125-10所示。

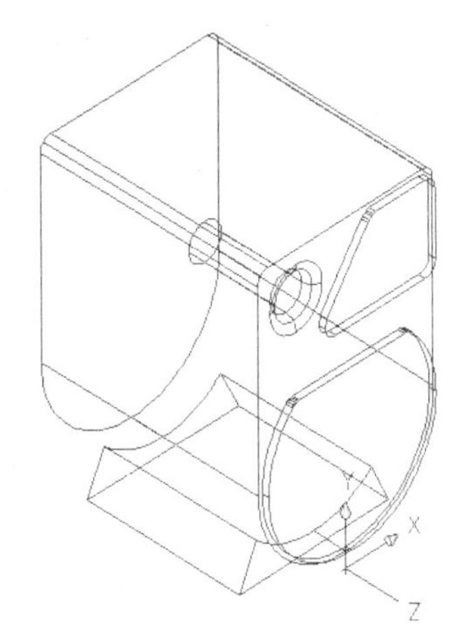

图125-10 拉伸处理

步骤 20 平滑处理。执行 FACETRES 命令，设置平滑值为5，进行平滑处理。

步骤 21 新建材质。在“可视化”选项板的“材质”选项栏中单击“材质浏览器”按钮，弹出“材质浏览器”面板，在对话框左下角的“在文档中创建新材质”按钮，选择“新建常规材质”，设置“类型”为“高级”、“染色”颜色为青色、“反光度”为1、“折射率”为3.000、“半透明度”为100、“自发光”为6，并将该材质附着于音箱体。

步骤 22 重复步骤（21）中的操作，新建“音箱喇叭”材质，设置“类型”为“高级”、“染色”颜色值为（224,224,255）、“反光度”为8、“折射率”为2.740、“半透明度”为0、“自发光”为34，并将该材质附着于音箱喇叭实体。

步骤 23 渲染处理。使用 RENDER 命令对音箱进行渲染，效果参见图125-1。

实例 126 U盘

本实例将绘制U盘，效果如图126-1所示。

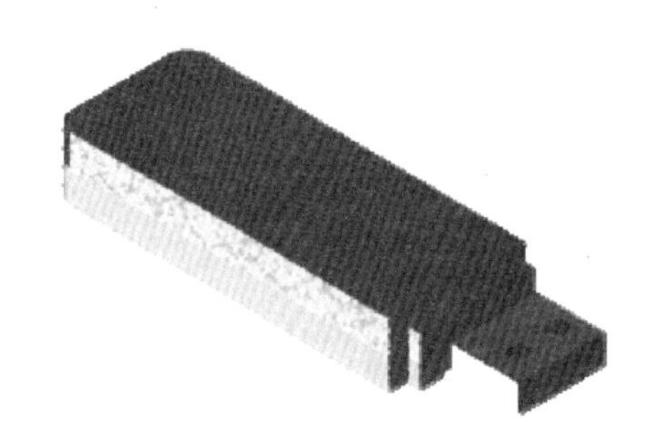

图 126-1 U盘

操作步骤

步骤 1 新建文件。启动 AutoCAD，单击“新建”按钮，新建一个 CAD 文件。

步骤 2 设置线框密度。在命令行中输入 ISOLINES 命令并按回车键，设置线框密度为 10。

步骤 3 绘制长方体并圆角处理。在“可视化”选项卡的“命名视图”面板中单击“俯视图”按钮，将视图切换成俯视图，使用 BOX 命令，以（0,0,0）为长方体的角点，指定“长度（L）”为 50，宽度为 20，高度为 9；执行 FILLET 命令，设置圆角半径为 3，对长方体左边的垂直边进行圆角处理，在“可视化”选项卡的“命名视图”面板中单击“西南等轴测”按钮，将视图切换成西南等轴测视图，效果如图 126-2 所示。

步骤 4 绘制长方体。绘制长方体并圆角处理。在“可视化”选项卡的“命名视图”面板中单击“俯视图”按钮，将视图切换成俯视图，使用 BOX 命令，使用 BOX 命令，以（50,1.5,1）为长方体的角点，指定“长度（L）”为 3，宽度为 17，高度为 7，在“可视化”选项卡的“命名视图”面板中单击“西南等轴测”按钮，将视图切换成西南等轴测视图。

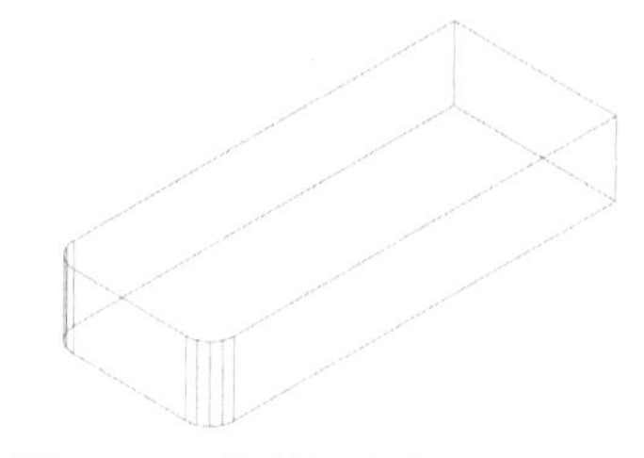

图 126-2 绘制长方体并圆角处理

步骤 5 并集处理。使用 UNION 命令合并步骤（3）~（4）中绘制的两个长方体，效果如图 126-3 所示。

步骤 6 剖切处理。执行 SLICE 命令，选择合并的实体为剖切对象，以 XY 平面为切面，指定 XY 平面上的点为（0,0,4.5）剖切实体，并保留两个侧面，效果如图 126-4 所示。

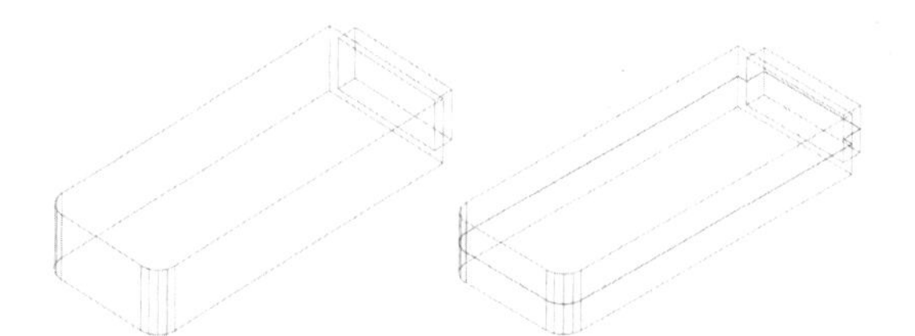

图 126-3 并集处理　　图 126-4 剖切处理

步骤 7 绘制长方体。在“可视化”选项卡的“命名视图”面板中单击“俯视图”按钮，将视图切换成俯视图，使用 BOX 命令，以（53,4,2.5）为长方体的角点，指定“长度（L）”为 12，宽度为 13，高度为 4，在“可视化”选项卡的“命名视图”面板中单击“东南等轴测”按钮，将视图切换成东南等轴测视图，效果如图 126-5 所示。

步骤 8 抽壳处理。输入 SOLIDEDIT 抽壳命令，输入实体编辑选项为“体（B）”，输入体编辑选项为“抽壳（S）”，选择步骤（7）绘制的长方体为对象，选择删除面为长方体右顶面，输入抽壳偏移距离为 0.5，效果如图 126-6 所示。

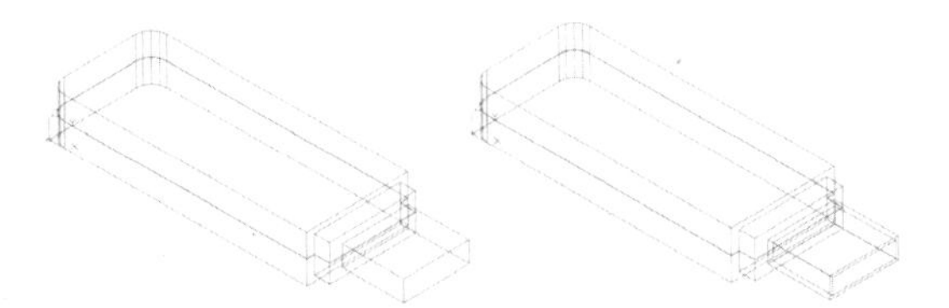

图 126-5　绘制长方体　　　图 126-6　抽壳处理

步骤 9 绘制并复制长方体。在“可视化”选项卡的“命名视图”面板中单击“俯视图”按钮，将视图切换成俯视图，使用 BOX 命令，以（60,7,4.5）为长方体的角点，指定“长度（L）”为 2，宽度为 2.5，高度为 10，绘制一个长方体；在“可视化”选项卡的“命名视图”面板中单击“东南等轴测”按钮，将视图切换成东南等轴测视图，输入 COPY 命令，选择绘制的长方体为对象，指定基点为（60,7,4.5），指定第二个点为（@0,6,0），效果如图 126-7 所示。

步骤 10 差集处理。使用 SUBTRACT 命令，将步骤（9）绘制的长方体从步骤（8）抽壳的实体中减去，效果如图 126-8 所示。

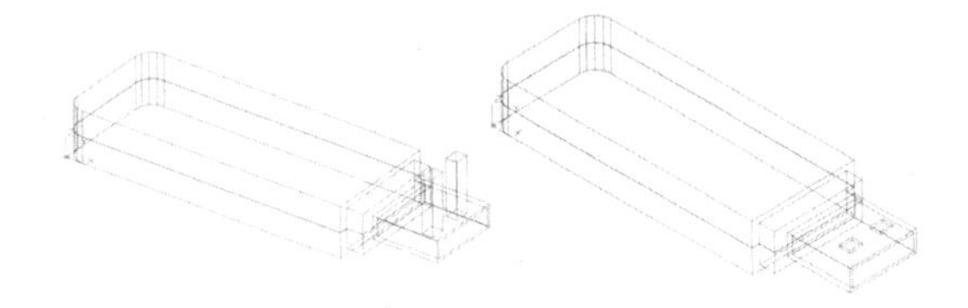

图 126-7　绘制并复制长方体　　　图 126-8　差集处理

步骤 11 设置材质并渲染处理。在“可视化”选项板的“材质”选项栏中单击“材质浏览器”按钮，弹出“材质浏览器”面板，在 Autodesk 默认库中选择“金属|阳极电镀|蓝色”为 U 盘上主体材质，选择“金属|不锈钢|锻光”为 U 盘下主体材质，选择“金属|铝|抛光”为 U 盘 USB 接口材质；在光源选项板中打开“平行光|光源”，指定光源来向（0,0,60），指定光源去向（1,1,1），使用 RENDER 命令在视口中对实体进行渲染，效果参见图 126-1。

实例 127　手表

本实例将绘制手表，效果如图 127-1 所示。

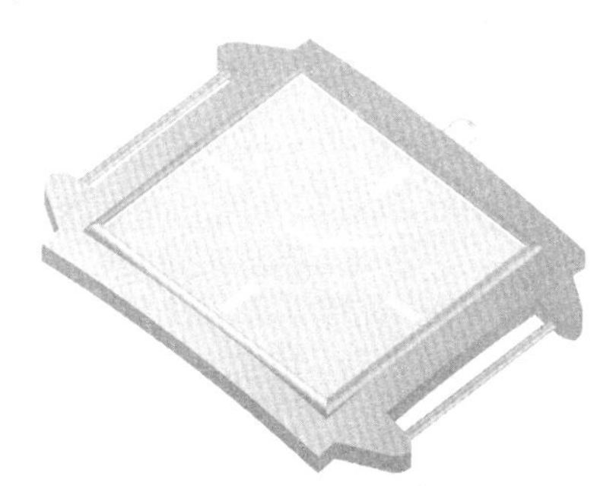

图 127-1　手表

操作步骤

步骤 1 新建文件。启动 AutoCAD，单击“新建”按钮，新建一个 CAD 文件。单击在工作空间左上角的视图切换按钮，将视图切换到西南等轴测视图。

步骤 2 绘制多段线。执行 PLINE 命令，依次输入（-16,-16.5）、（@2,0）、（@3,-5）、（@22,0）、（@3,5）、（@2,0）、（@0,33）、（@-2,0）、（@-3,5）、（@-22,0）、（@-3,-5）、（@-2,0）和 C，绘制多段线，效果如图 127-2 所示。

步骤 3 重复步骤（2）中的操作，依次输入（13,-14.5）、（@-26,0）、（@0,29）、（@26,0）和 C，绘制多段线。

步骤 4 绘制矩形。使用 RECTANG 命令，分别以（-9,-17.5）和（@18,-4）、（-9,17.5）和（@18,4）为矩形的角点和对角点，绘制两个矩形，效果如图 127-3 所示。

图 127-2　绘制多段线　　图 127-3　绘制矩形

步骤 5 绘制球体。使用 SPHERE 命令，以原点为球心，分别绘制半径为 80 和 83 的球体。

步骤 6 差集处理。使用 SUBTRACT 命令，将半径为 80 的球体从半径为 83 的球体中减去，效果如图 127-4 所示。

步骤 7 拉伸处理。执行 EXTRUDE 命令，选择步骤（2）中绘制的多段线，指定拉伸高度为 85，对其进行拉伸处理。

步骤 8 交集处理。执行 INTERSECT 命令，选择步骤（6）～（7）中绘制的实体，进行交集处理，效果如图 127-5 所示。

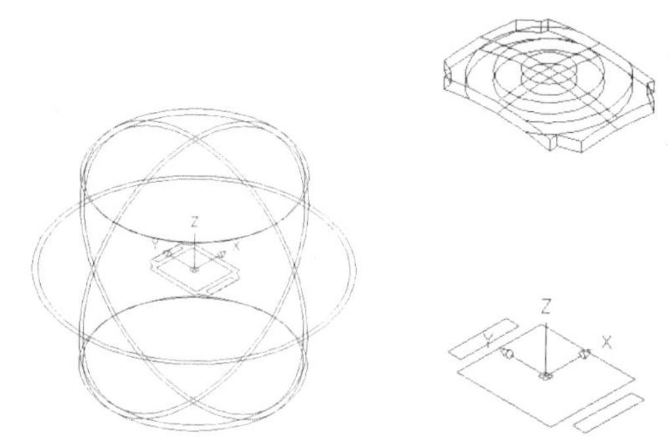

图 127-4 差集处理　　图 127-5 交集处理

步骤 9 拉伸处理。执行 EXTRUDE 命令，选择图 127-5 中的两个长方体和多段线，设置拉伸高度为 90，进行拉伸处理。

步骤 10 差集处理。使用 SUBTRACT 命令，将步骤（9）中拉伸生成的实体从步骤（8）中交集处理后的实体中减去，效果如图 127-6 所示。

步骤 11 移动坐标系。单击 UCS 工具栏中的“新 UCS 按钮”，根据提示进行操作，将坐标原点移至如图 127-6 所示的端点上。

步骤 12 旋转坐标系。右键单击 UCS 坐标系，选择右键菜单中的“旋转轴|Y”按钮，根据提示进行操作，将坐标系绕 Y 轴旋转 90 度。

步骤 13 绘制圆柱体。使用 CYLINDER 命令，以（-1.5,2,-1）为圆柱体底面中心点，绘制半径为 0.5、高为 20 的圆柱体，效果如图 127-7 所示。

步骤 14 移动坐标系。单击 UCS 工具栏中的“新 UCS 按钮”，根据提示进行操作，将坐标原点移至如图 127-7 所示的中点上。

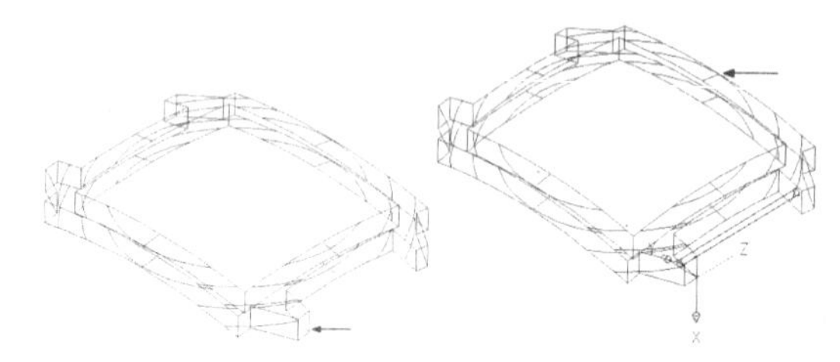

图 127-6 差集处理　　图 127-7 绘制圆柱体

步骤 15 绘制圆柱体。使用 CYLINDER 命令，以（1.5,0,-1）为圆柱体底面中心点，绘制半径为 1.3、高为 4 的圆柱体，效果如图 127-8 所示。

步骤 16 三维镜像处理。在命令行中输入 MIRROR3D 命令并按回车键，根据提示进行操作，选择步骤（13）中绘制的圆柱体作为镜像对象，然后以 ZX 为镜像面，在原点处进行镜像处理。

步骤 17 圆角处理。执行 FILLET 命令，设置圆角半径为 1，对步骤（15）中绘制的圆柱体的右端面进行圆角处理。重复此操作，设置圆角半径为 2，对手表坯体外边缘侧面上的八条垂直边进行圆角处理，效果如图 127-9 所示。

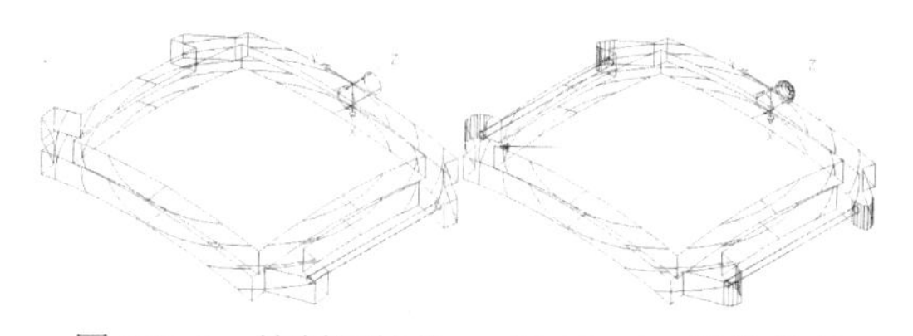

图 127-8 绘制圆柱体　　图 127-9 圆角处理

步骤 18 移动坐标系。单击 UCS 工具栏中的“新 UCS 按钮”，根据提示进行操作，将坐标原点移至如图 127-9 所示的端点上。

步骤 19 旋转坐标系右键单击 UCS 坐标系，选择右键菜单中的“旋转轴|Y”按钮，根据提示进行操作，将坐标系绕 Y 轴旋转-90 度。

步骤 20 绘制长方体。使用 BOX 命令，以（0,0,1.5）和（26,-29,-3.5）为长方体的角点和对角点绘制长方体，效果如图 127-10 所示。

步骤 21 圆角处理。执行 FILLET 命令，设置圆角半径为 1，对长方体的上下表面进行圆角处理，消隐后的效果如图 127-11 所示。

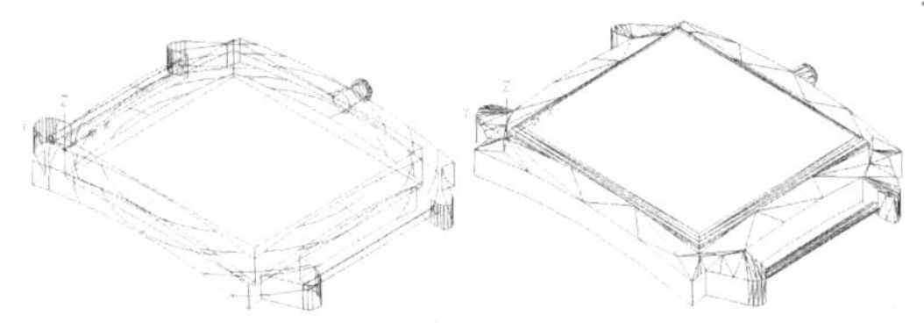

图 127-10 绘制长方体 图 127-11 圆角处理

步骤 22 拉伸处理。单击“实体编辑”面板中的“抽壳”按钮，根据提示进行操作，选择圆角后的长方体，然后选择长方体顶面并按回车键，设置抽壳偏移距离为 1，进行抽壳处理，消隐后的效果如图 127-12 所示。

步骤 23 绘制长方体。使用 BOX 命令，以（0,0,-1.7）和（@26,-29,0.2）为长方体的角点和对角点绘制长方体。

步骤 24 移动坐标系。在命令行中输入 UCS 命令并按回车键，根据提示进行操作，指定新原点为（13,-14.5,0），并按回车键，对坐标系进行移动。

步骤 25 绘制球体。单击“建模”面板中的“球体”按钮，根据提示进行操作，以（0,13.5,0）为球心，绘制半径为 0.5 的球体，效果如图 127-13 所示。

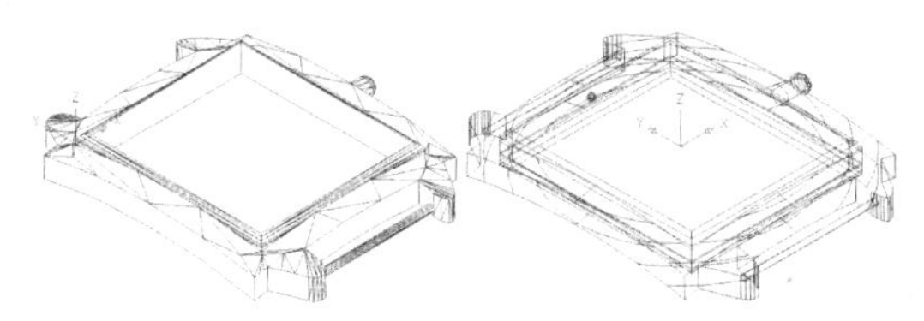

图 127-12 拉伸处理 图 127-13 绘制球体

步骤 26 绘制长方体。使用 BOX 命令，以（-0.5,9,0）和（0.5,12.5,0.2）为长方体的角点和对角点绘制长方体。

步骤 27 三维镜像处理。在命令行中输入 MIRROR3D 命令并按回车键，根据提示进行操作，选择步骤（25）～（26）中绘制的球体和长方体为镜像对象，然后以 ZX 为镜像面，在原点处进行镜像处理，效果如图 127-14 所示。

步骤 28 绘制球体。单击“建模”面板中的“球体”按钮，根据提示进行操作，以（12,0,0）为球心，绘制半径为 0.5 的球体。

步骤 29 绘制长方体。使用 BOX 命令，以（7,-0.5,0）和（11,0.5,0.2）为长方体的角点和对角点绘制长方体。

步骤 30 三维镜像处理。在命令行中输入 MIRROR3D 命令并按回车键，根据提示进行操作，选择步骤（28）～（29）中绘制的球体和长方体为镜像对象，然后以 YZ 为镜像面，在原点处进行镜像处理，效果如图 127-15 所示。

步骤 31 绘制圆柱体并圆角处理。使用 CYLINDER 命令，以（0,0,-1.6）为圆柱体底面中心点，绘制半径为 0.5、高为 1.6 的圆柱体；执行 FILLET 命令，设置圆角半径为 0.5，对圆柱体顶面进行圆角处理。

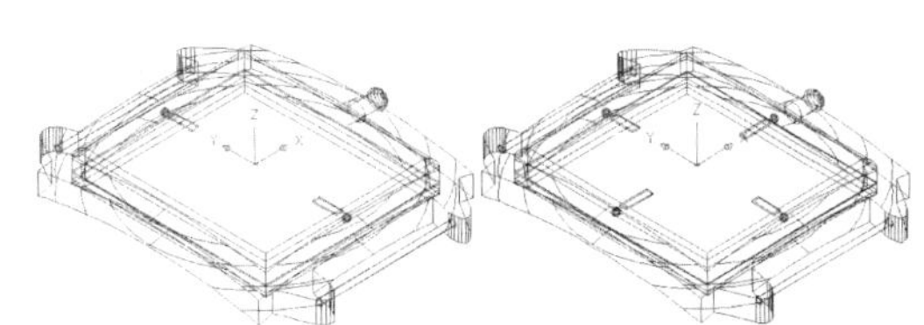

图 127-14 三维镜像处理 图 127-15 三维镜像处理

步骤 32 绘制时针。执行 PLINE 命令，依次输入（-0.5,0,-1.1）、（0,4.5）、（0.5,0）和 C，绘制样条线作为时针。

步骤 33 重复步骤（32）中的操作，依次输入（-0.5,0,-0.7）、（0,-9）、（0.5,0）和 C，绘制样条线作为分针，效果如图 127-16 所示。

步骤 34 拉伸处理。单击“建模”面板中的“拉伸”按钮，根据提示进行操作，选择时针和分针并按回车键，指定拉伸高度为 0.2，进行拉伸处理，效果如图 127-17 所示。

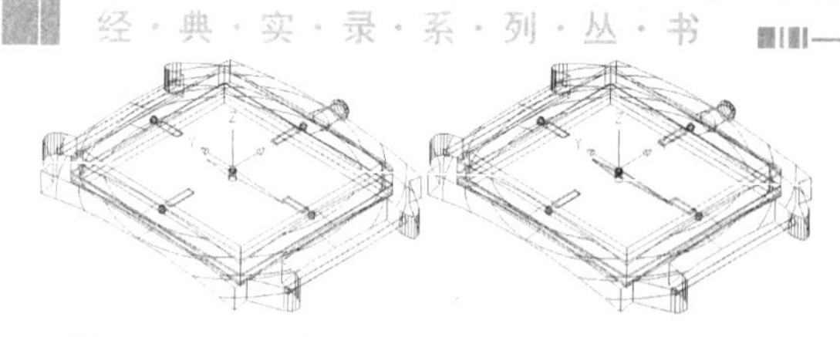

图 127-16 绘制分针 图 127-17 拉伸处理

步骤 35 旋转处理。单击“修改”面板中的“旋转”按钮，根据提示进行操作，选择分针并按回车键，以原点为基点，指定旋转角度为 45 度，对其进行旋转处理。

步骤 36 移动坐标系。单击 UCS 工具栏中的“新 UCS 按钮”，根据提示进行操作，指定新原点为（-13,14.5,0.5），并按回车键，对坐标系进行移动。

步骤 37 绘制手表盖。使用 BOX 命令，以（1,-1,0.5）和（@24,-27,-0.5）为长方体的角点和对角点，绘制手表盖，效果如图 127-18 所示。

步骤 38 平滑处理。执行 FACETRES 命令，设置平滑值为 5，进行平滑处理。

步骤 39 新建材质。在“可视化”选项板的“材质”选项栏中单击“材质浏览器”按钮，弹出“材质浏览器”面板，在对话框左下角的“在文档中创建新材质”按钮，选择“新建常规材质”，设置“类型”为“金属漆”、颜色值为（255,220,122）、“染色”颜色值为（144,107,255）、“反光度”为 64、“自发光”为 52，并将该材质附着于手表实体。

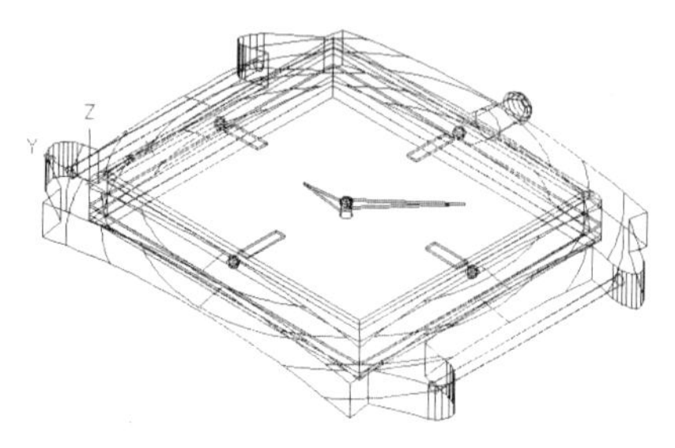

图 127-18 绘制手表盖

步骤 40 重复步骤（39）中的操作，新建“指针”材质，设置“类型”为“金属漆”、颜色值为（196,186,248）、“染色”颜色值为（153,255,153）、“反光度”为 61、“自发光”为 55，并将该材质附着于指针。

步骤 41 重复步骤（39）中的操作，新建“手表盖”材质，设置“类型”为“高级”、“染色”颜色值为（168,188,250）、“反光度”为 83、“折射率”为 2.780、“半透明度”为 100、“自发光”为 60，并将该材质附着于手表盖。

步骤 42 渲染处理。使用 RENDER 命令对手表进行渲染，效果参见图 127-1。

实例 128 地球仪

本实例将绘制地球仪，效果如图 128-1 所示。

图 128-1 地球仪

操作步骤

步骤 1 新建文件。启动 AutoCAD，单击“新建”按钮，新建一个 CAD 文件。单击在工作空间左上角的视图切换按钮，将视图切换到西南等轴测视图。

步骤 2 绘制圆柱体。单击“建模”面板中的“圆柱体”按钮，根据提示进行操作，以坐标原点为圆柱体底面中心点，绘制半径为 50、高为 5 的圆柱体；以（0,0,5）为圆柱体底面中心点，绘制半径为 45、高为 5 的圆柱体。

步骤 3 并集处理。使用 UNION 命令合并两个圆柱体。

步骤 4 圆角处理。执行 FILLET 命令，设置圆角半径为 0.8，对并集实体进行圆角处理，效果如图 128-2 所示。

步骤 5 旋转坐标系。右键单击 UCS 坐标系，选择右键菜单中的“旋转轴|X”按钮，根据提示进行操作，将坐标系绕 X 轴旋转 90 度。

步骤 6 绘制多段线。执行 PLINE 命令，依次输入（45,2.2,8）、（@2.5,0）、A、S、（@2,1.2）、（@1.3,2.5）、L、（@34.2,97.6），绘制多段线，效果如图 128-3 所示。

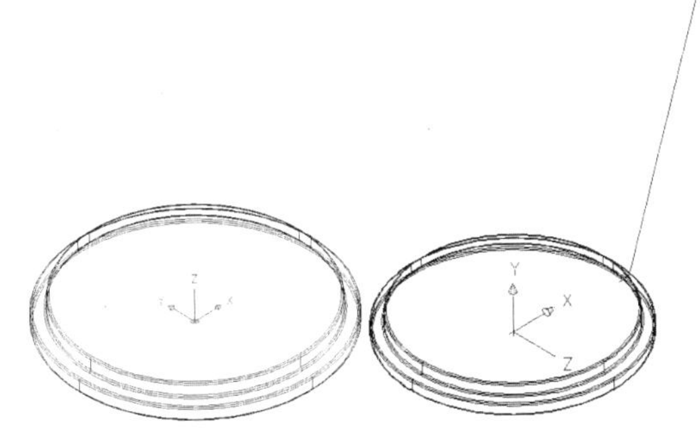

图 128-2 圆角处理　　图 128-3 绘制多段线

步骤 7 旋转坐标系。右键单击 UCS 坐标系，选择右键菜单中的“旋转轴|X”按钮，根据提示进行操作，将坐标系绕 X 轴旋转-90 度。

步骤 8 绘制圆。使用 CIRCLE 命令，捕捉多段线的端点为圆心，绘制半径为 2 的圆。

步骤 9 拉伸处理。在命令行中输入 EXTRUDE 命令并按回车键，根据提示进行操作，选择半径为 2 的圆并按回车键，输入 P，然后选择步骤（6）中绘制的多段线为拉伸路径，进行拉伸处理，效果如图 128-4 所示。

步骤 10 圆角处理。执行 FILLET 命令，设置圆角半径为 1，对拉伸实体两端面进行圆角处理。

步骤 11 复制处理。执行 COPY 命令，选择拉伸体并按回车键，以原点为基点，然后输入（@0,16,0）为目标点进行复制，效果如图 128-5 所示。

步骤 12 绘制圆柱体。使用 CYLINDER 命令，以（0,-8,0）为圆柱体底面中心点，分别绘制半径为 3 和 2、高均为 14 的圆柱体。

步骤 13 差集处理。使用 SUBTRACT 命令，将小圆柱体从大圆柱体中减去，进行差集处理。

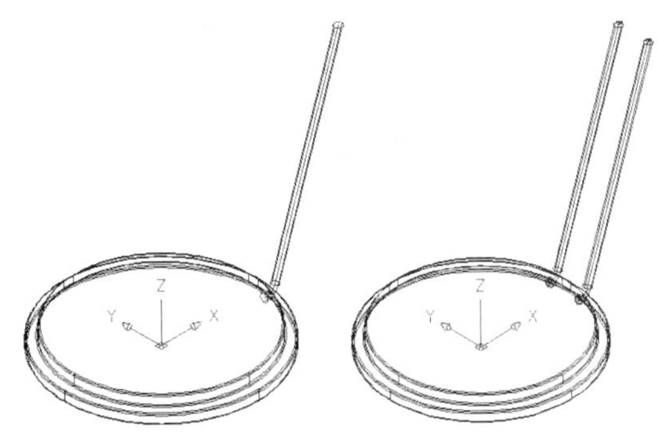

图 128-4 拉伸处理　　图 128-5 复制处理

步骤 14 三维镜像处理。在命令行中输入 MIRROR3D 命令并按回车键，根据提示进行操作，选择步骤（13）中生成的差集实体为镜像对象，然后以 ZX 为镜像面，在原点处进行镜像处理，效果如图 128-6 所示。

步骤 15 绘制长方体。使用 BOX 命令，分别以（-0.5,6,0.5）和（0.5,-6,13）、（-9.5,-2,3.5）和（@10,4,6.5）为长方体的角点和对角点，绘制两个长方体。

步骤 16 并集处理。使用 UNION 命令合并镜像处理后的两个差集实体和两个长方体。

步骤 17 圆角处理。执行 FILLET 命令，设置圆角半径为 1，对并集实体的棱边进行圆角处理，效果如图 128-7 所示。

步骤 18 三维旋转处理。在命令行中输入 ROTATE3D 命令并按回车键，根据提示进行操作，选择圆角后的并集实体并按回车键，指定 Y 轴为旋转轴，在原点旋转 19 度，效果如图 128-8 所示。

步骤 19 移动处理。执行 MOVE 命令，选择并集实体并按回车键，以原点为基点，然后输入（80,0,89.5）为目标点进行移动，效果如图 128-9 所示。

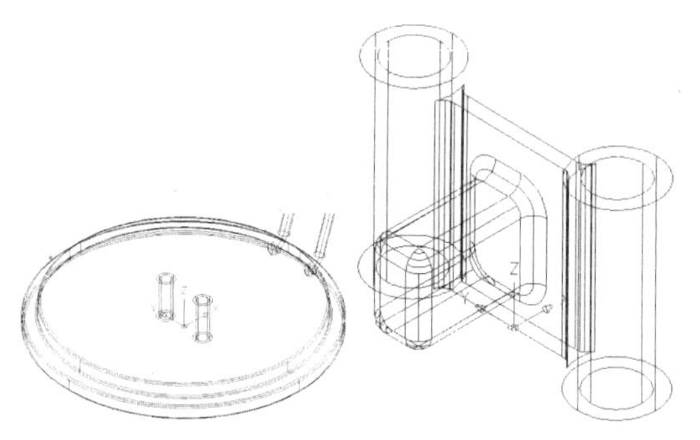

图 128-6　三维镜像处理　图 128-7　圆角处理

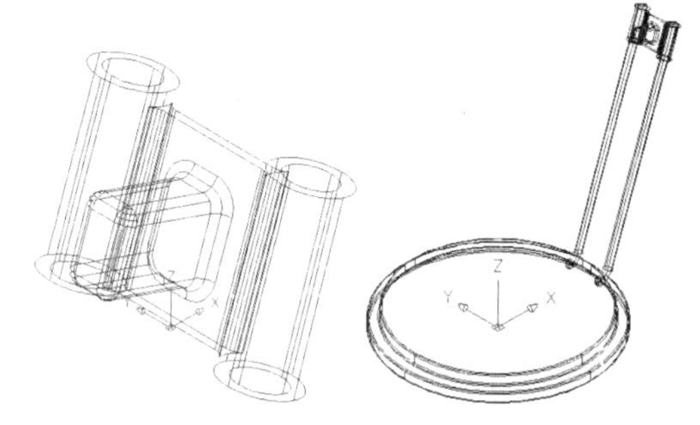

图 128-8　三维旋转处理　图 128-9　移动处理

步骤 20 旋转坐标系。右键单击 UCS 坐标系，选择右键菜单中的“旋转轴|X”按钮，根据提示进行操作，将坐标系绕 X 轴旋转 90 度。

步骤 21 绘制圆弧。执行 ARC 命令，依次输入（-28.4,55.5,0）、（@102,44）和（@-53.2,97.3）绘制圆弧，效果如图 128-10 所示。

步骤 22 返回世界坐标系。在命令行中输入 UCS 命令并连续按两次回车键，将坐标系恢复到世界坐标系。

步骤 23 旋转坐标系。右键单击 UCS 坐标系，选择右键菜单中的“旋转轴|Y”按钮，根据提示进行操作，将坐标系绕 Y 轴旋转-90 度。

步骤 24 绘制矩形。使用 RECTANG 命令，以（53.5,-3,28.4）和（@2,6）为矩形的角点和对角点，绘制矩形。

步骤 25 拉伸处理。在命令行中输入 EXTRUDE 命令并按回车键，根据提示进行操作，选择刚绘制的矩形并按回车键，输入 P，然后选择圆弧为拉伸路径进行拉伸处理，效果如图 128-11 所示。

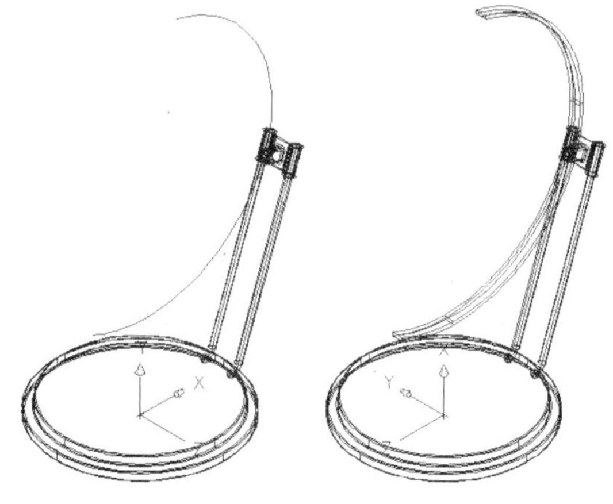

图 128-10　绘制圆弧　　图 128-11　拉伸处理

步骤 26 圆角处理。执行 FILLET 命令，设置圆角半径为 3，对拉伸实体两端面的垂直边进行圆角处理，效果如图 128-12 所示。

步骤 27 旋转坐标系。右键单击 UCS 坐标系，选择右键菜单中的“旋转轴|X”按钮，根据提示进行操作，将坐标系绕 X 轴旋转 90 度。

步骤 28 绘制直线。使用 LINE 命令，以（46,24.3,0）和（@155.8,-53.6）为直线的第一点和第二点，绘制直线。

步骤 29 返回世界坐标系。在命令行中输入 UCS 命令并连续按两次回车键，将坐标系恢复到世界坐标系。

步骤 30 绘制圆。使用 CIRCLE 命令，以（-24.3,0,46）为圆心绘制半径为 2 的圆。

步骤 31 拉伸处理。在命令行中输入 EXTRUDE 命令并按回车键，根据提示进行操作，选择半径为 2 的圆并按回车键，输入 P，然后选择直线为拉伸路径，进行拉伸处理，效果如图 128-13 所示。

步骤 32 圆角处理。执行 FILLET 命令，设置圆角半径为 1，对拉伸体的顶面和底面进行圆角处理。

步骤 33 复制处理。使用 COPY 命令，在原位置复制一个拉伸实体。

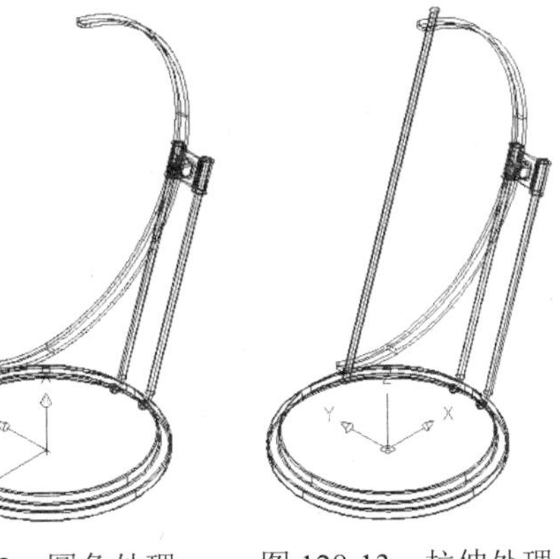

图 128-12　圆角处理　　　图 128-13　拉伸处理

步骤 34　绘制球体。单击“建模”面板中的“球体”按钮，根据提示进行操作，以（2.5,0,124）为球体的中心点，绘制半径为 70 的球体，效果如图 128-14 所示。

步骤 35　三维旋转处理。在命令行中输入 ROTATE3D 命令并按回车键，根据提示进行操作，选择绘制的球体并按回车键，指定 Y 轴为旋转轴，在点（2.5,0,124）处旋转 19 度，效果如图 128-15 所示。

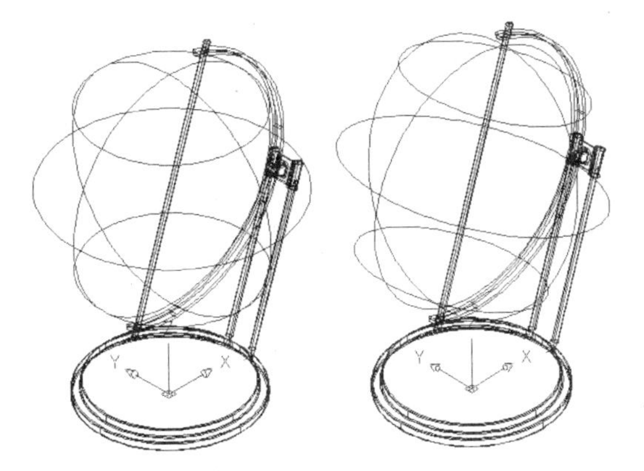

图 128-14　绘制球体　　图 128-15　三维旋转处理

步骤 36　差集处理。使用 SUBTRACT 命令，将复制的拉伸实体从半径为 70 的球体中减去。

步骤 37　并集处理。使用 UNION 命令合并地球仪的支架。

步骤 38　平滑处理。执行 FACETRES 命令，设置平滑值为 5，进行平滑处理。

步骤 39　新建材质。在“可视化”选项板的“材质”选项栏中单击“材质浏览器”按钮，弹出“材质浏览器”面板，在对话框左下角的“在文档中创建新材质”按钮，选择“新建常规材质”，设置“类型”为“高级”、“染色”颜色值为（112,112,255）、“反光度”为 26、“折射率”为 1.740、“半透明度”为 28、“自发光”为 8，并将该材质附着于地球仪支架。

步骤 40　重复步骤（39）中的操作，新建“球体”材质，设置“类型”为“高级”、“染色”颜色值为默认值、“反光度”为 9、“折射率”为 1.680、“半透明度”为 81、“自发光”为 14；选中“漫射贴图”复选框，单击“选择图像”按钮，选择素材中的“世界地图”图片，并将该贴图材质附着于地球仪球体。

步骤 41　设置贴图。在命令行中输入 MATERIALMAP 命令并按回车键，根据提示进行操作，选择“球面”选项并按回车键，然后选择球体并按回车键，设置贴图为“球面贴图”。

步骤 42　渲染处理。使用 RENDER 命令对地球仪进行渲染，效果如图 128-16 所示。

图 128-16　渲染处理

第 8 章 室内装潢图块

8 part

图块在室内装潢设计中有着广泛的应用。本章介绍图块的绘制与编辑，帮助读者掌握室内装潢设计中各种要素的组合技巧，并且提供了一些室内装潢的设计方案。

扫码观看本例视频

实例 129 进户门平面图块

本实例将绘制进户门平面图块，效果如图 129-1 所示。

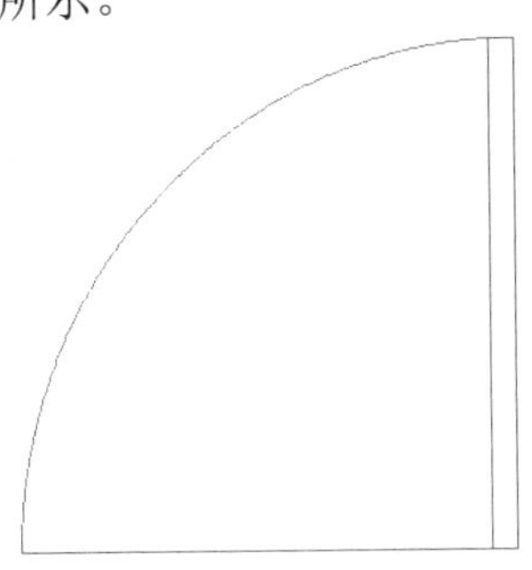

图 129-1　进户门平面图块

操作步骤

步骤 1 新建文件。启动 AutoCAD，单击“新建”按钮，新建一个 CAD 文件。

步骤 2 设置绘图界限。在“AutoCAD 经典”工作空间下，输入“LIMITS”命令，根据提示进行操作，以原点（0,0）为图纸左下角点，以点（42000,29700）为图纸右上角点，设置绘图界限。

步骤 3 草图设置。单击状态栏中的“捕捉设置”按钮，弹出“草图设置”对话框，单击“对象捕捉”选项卡，分别选中“启用对象捕捉”和“启用对象捕捉追踪”两个复选框，并单击“全部选择”按钮，将所有对象捕捉模式打开，单击“确定”按钮完成设置。

步骤 4 绘制矩形。输入 RECTANG 命令，根据提示进行操作，在绘图区内任取一点作为第一个角点，然后输入（@40,800）作为另一个角点，绘制一个矩形。

步骤 5 绘制直线。使用 LINE 命令，捕捉矩形右下角顶点为起点，然后输入（@-800,0）为第二点，绘制一条水平直线，效果如图 129-2 所示。

步骤 6 绘制圆并修剪。使用 CIRCLE 命令，捕捉矩形右下角的顶点为圆心，绘制半径为 800 的圆；使用 TRIM 命令对多余的线条进行修剪，效果如图 129-3 所示。

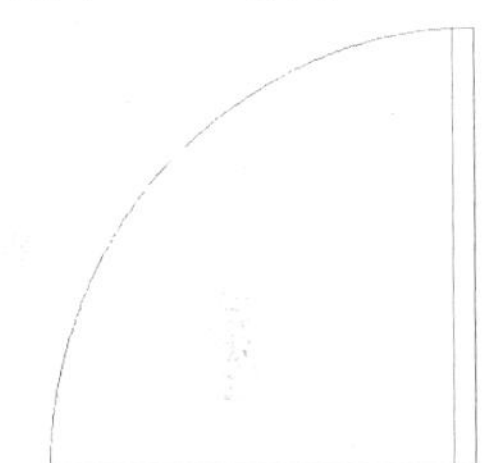

图 129-2　绘制直线　　图 129-3　绘制圆并修剪

扫码观看本例视频

实例 130 双扇门立面图块

本实例将绘制双扇门立面图块，效果如图 130-1 所示。

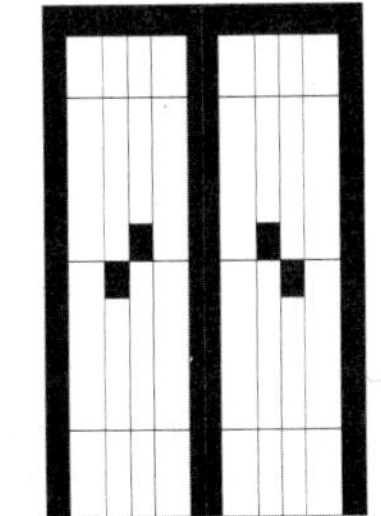

图 130-1　双扇门立面图块

操作步骤

步骤 1 新建文件。启动 AutoCAD，单击“新建”按钮，新建一个 CAD 文件。

步骤 2 创建图层。在“AutoCAD 经典”工作空间下，单击“图层”工具栏中的“图层特性管理器”按钮，在弹出的“图层特性管理器”对话框中，依次创建图层“轮廓线”【颜色值为（214,0,214）】、“细实线”

（蓝色）、“填充”（黑色），然后双击“轮廓线”图层将其设置为当前图层。

步骤 3 绘制矩形并分解。在命令行中输入 RECTANG 命令并按回车键，根据提示进行操作，在绘图区内任取一点作为第一个角点，然后输入（@800,2060）作为第二个角点，绘制一个矩形，并使用 EXPLODE 命令将其分解。

步骤 4 偏移处理。单击“修改”面板中的“偏移”按钮，根据提示进行操作，选择矩形的左侧的边，沿水平方向依次向右偏移，偏移的距离分别为 120、180、120、120 和 180，效果如图 130-2 所示。

步骤 5 重复步骤（4）中的操作，选择矩形的上端的边，将其沿垂直方向依次向下偏移，偏移的距离分别为 120、250、510、150、150 和 530，效果如图 130-3 所示。

步骤 6 转换图层。选中图 130-3 中的直线 L1、L2、L3、L4、L5、L6、L7 和 L8，在“图层”工具栏的“图层特性管理器”按钮右侧的下拉列表框中选择“细实线”图层，将其移至该层并套用该层样式。

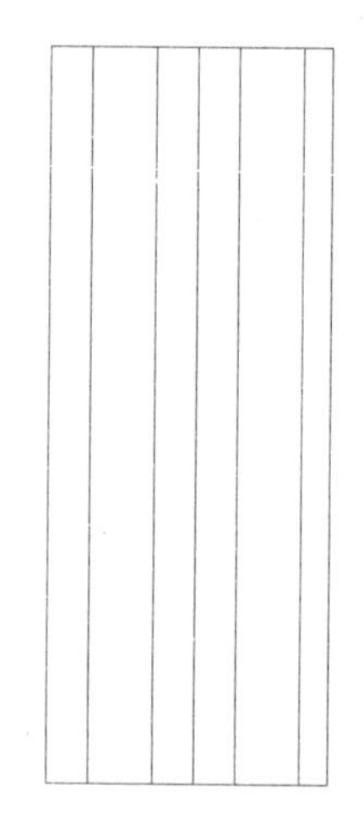

图 130-2 偏移处理

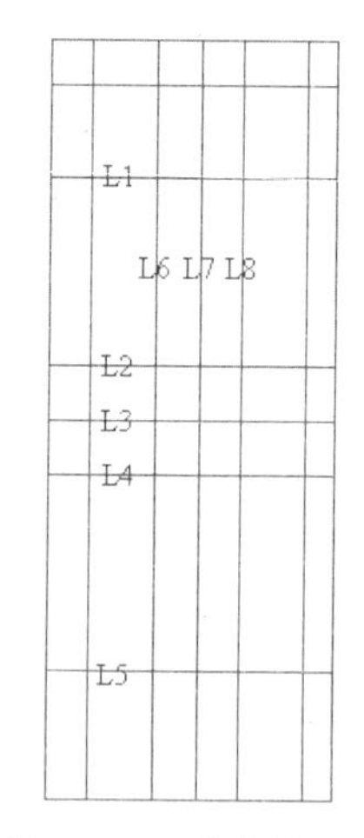

图 130-3 偏移处理

步骤 7 修剪处理。单击“修改”面板中的“修剪”按钮，根据提示进行操作，选择直线 L6、L7 和 L8 并按回车键，对直线 L2、L3、L4 进行修剪，效果如图 130-4 所示。

步骤 8 重复步骤（7）中的操作，对多余的线条进行修剪，效果如图 130-5 所示。

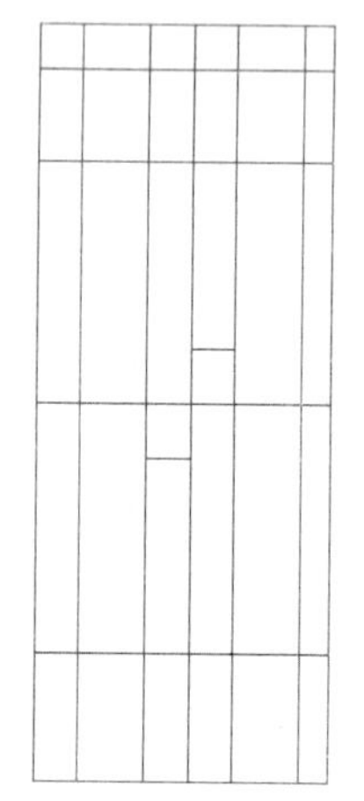

图 130-4 修剪处理

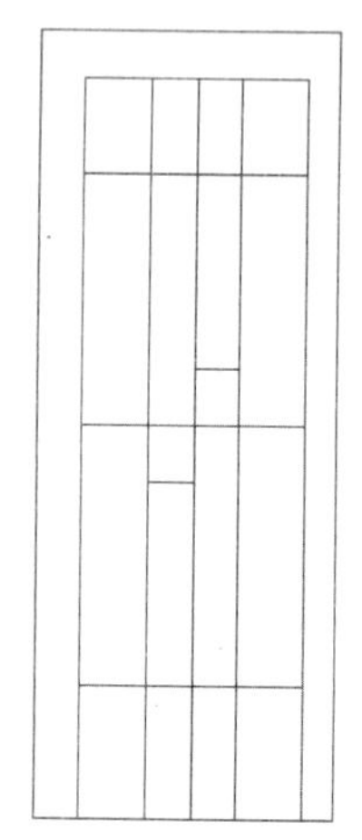

图 130-5 修剪处理

步骤 9 设置当前图层。在“图层特性管理器”按钮右侧的下拉列表框中选择“填充”图层，将其设置为当前图层。

步骤 10 图案填充。单击“绘图”面板中的“图案填充”按钮，弹出“图案填充创建”对话框，在“图案”下拉列表框中选择 SOLID 选项，然后单击“拾取一个内部点”按钮，在绘图区内选择要填充的区域并按回车键，效果如图 130-6 所示。

步骤 11 镜像处理。单击“修改”面板中的“镜像”按钮，根据提示进行操作，选择绘制的门为镜像对象，捕捉门右边线上的两个端点为镜像线的第一点和第二点进行镜像处理，效果如图 130-7 所示。

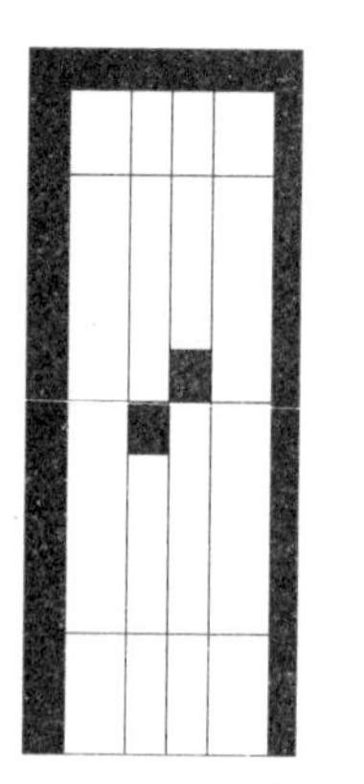

图 130-6 图案填充

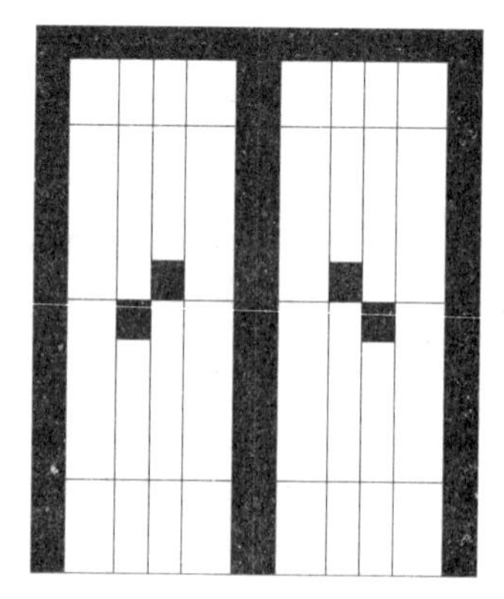

图 130-7 镜像处理

实例131 窗格立面图块

本实例将绘制窗格立面图块，效果如图131-1所示。

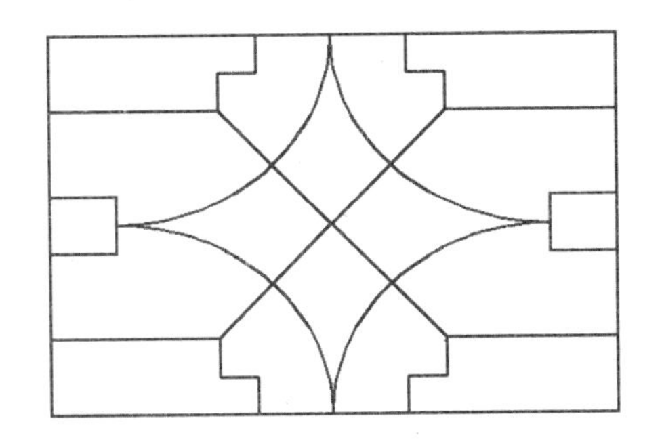

图131-1 窗格立面图块

操作步骤

步骤1 新建文件。启动AutoCAD，单击“新建”按钮，新建一个CAD文件。

步骤2 创建图层。在“AutoCAD经典”工作空间下，单击“图层”工具栏中的“图层特性管理器”按钮，在弹出的“图层特性管理器”对话框中创建图层“窗格”，设置其颜色为品红【颜色值为（214,0,214），线宽为0.30毫米】，然后双击“窗格”图层将其设置为当前图层。

步骤3 绘制矩形。输入RECTANG命令，根据提示进行操作，在绘图区任意取一点作为第一个角点，然后输入（@600,400）作为另一个角点，绘制一个矩形。

步骤4 重复步骤（3）中的操作，按住【Shift】键的同时在绘图区单击鼠标右键，在弹出的快捷菜单中选择“自”选项，捕捉矩形左上角的端点为基点，输入（@0,-170）和（@70,-60）绘制矩形，效果如图131-2所示。

步骤5 绘制椭圆。在“绘图”面板单击“椭圆|圆心”按钮，根据提示进行操作，输入C并按回车键，按住【Shift】键的同时在绘图区单击鼠标右键，在弹出的快捷菜单中选择“自”选项，捕捉步骤（3）中绘制的矩形左上角的端点为基点，输入（@70,0）为椭圆的中心点，然后输入（@0,-200）和（@230,0）为轴的端点，绘制一个椭圆，效果如图131-3所示。

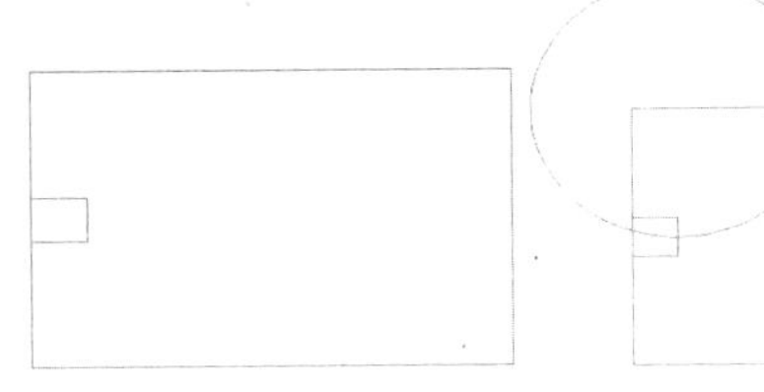

图131-2 绘制矩形　　图131-3 绘制椭圆

步骤6 修剪处理。使用TRIM命令对椭圆进行修剪，效果如图131-4所示。

步骤7 绘制直线。执行LINE命令，单击“对象捕捉”工具栏中的“捕捉自”按钮，捕捉步骤（3）中绘制的矩形左上角的端点为基点，然后依次输入（@0,-80）、（@180,0）、（@0,40）、（@40,0）和（@0,40）绘制直线，效果如图131-5所示。

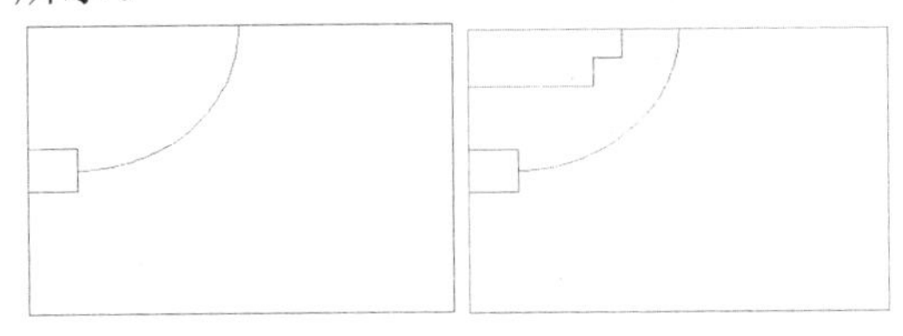

图131-4 修剪处理　　图131-5 绘制直线

步骤8 镜像处理。单击“修改”面板中的“镜像”按钮，根据提示进行操作，选择直线和椭圆弧为镜像对象，捕捉矩形左边线和右边线上的中点为镜像线上的第一点和第二点进行镜像，效果如图131-6所示。

步骤9 重复步骤（8）中的操作，选择左边直线、椭圆弧和矩形为镜像对象，捕捉大矩形上边水平线和下边水平线的中点为镜像线上的两点，进行镜像处理，效果如图131-7所示。

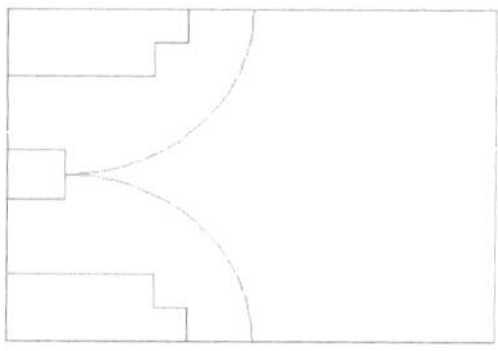

图 131-6　镜像处理 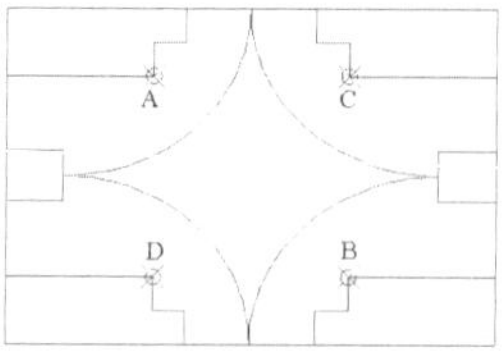　　图 131-7　镜像处理

步骤 10 绘制直线。在命令行中输入 LINE 命令并按回车键，分别捕捉图 131-7 中的端点 A 和端点 B、端点 C 和端点 D，绘制直线，效果如图 131-8 所示。

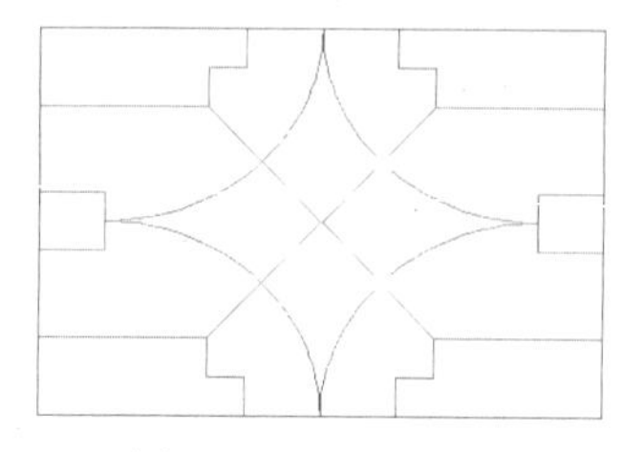

图 131-8　绘制直线

步骤 11 显示线宽。单击状态栏中的“显示/隐藏线宽”按钮，显示线宽，效果参见图 131-1。

实例 132　方形餐桌平面图块

本实例将绘制方形餐桌平面图块，效果如图 132-1 所示。

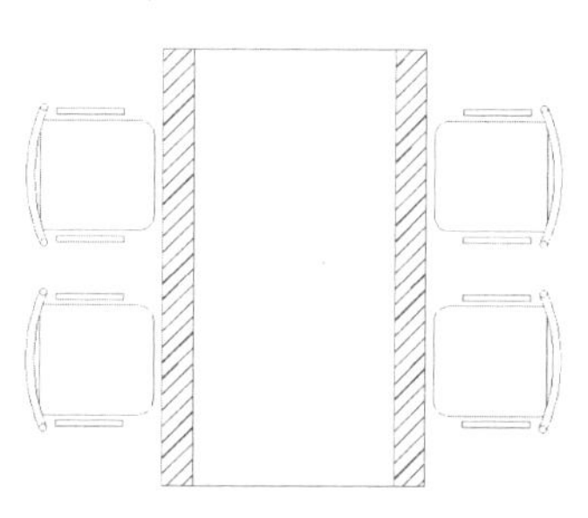

图 132-1　方形餐桌平面图块

操作步骤

1. 绘制椅子

步骤 1 新建文件。启动 AutoCAD，单击“新建”按钮，新建一个 CAD 文件。

步骤 2 创建图层。在“AutoCAD 经典”工作空间下，单击“图层”工具栏中的“图层特性管理器”按钮，在弹出的“图层特性管理器”对话框中，创建图层“轮廓线”【颜色值为（214,0,214）】，然后双击“轮廓线”图层将其设置为当前图层。

步骤 3 绘制矩形。在命令行中输入 RECTANG 命令并按回车键，根据提示进行操作，在绘图区内任意取一点作为第一个角点，然后输入（@362,352）作为另一个角点，绘制一个矩形。

步骤 4 圆角处理。单击“修改”面板中的“圆角”按钮，根据提示进行操作，设置圆角半径为 50，对矩形右边的两个直角进行圆角处理，效果如图 132-2 所示。

步骤 5 绘制圆。单击“绘图”面板中的“圆”按钮，根据提示进行操作，按住【Shift】键的同时在绘图区单击鼠标右键，在弹出的快捷菜单中选择“自”选项，捕捉图 132-2 中的中点 A 为基点，以（@550,0）为圆心绘制半径为 570 的圆，效果如图 132-3 所示。

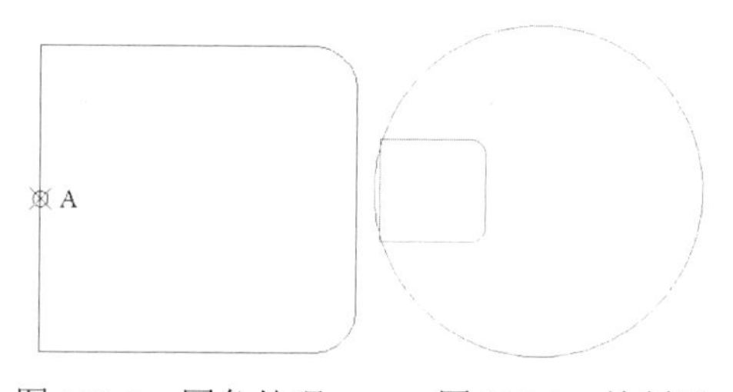

图 132-2　圆角处理　　图 132-3　绘制圆

步骤 6 重复步骤（5）中的操作，单击“对象捕捉”工具栏中的“捕捉自”按钮，捕捉中点 A 为基点，以（@525,0）为圆心绘制半径为 570 的圆，效果如图 132-4 所示。

步骤 7 绘制圆。单击“绘图”面板中的“圆”按钮，根据提示进行操作，输入 2P 并按回车键，在适当的位置捕捉半径为 570 的两个圆的边界，绘制圆，效果如图 132-5 所示。

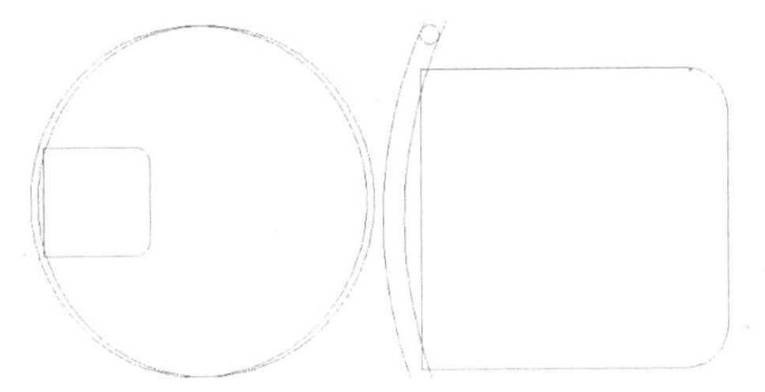

图 132-4 绘制圆 图 132-5 绘制圆

步骤 8 绘制矩形。输入 RECTANG 命令，根据提示进行操作，在椅子上适当的位置取一点作为第一个角点，然后输入（@217,20）作为另一个角点，绘制一个矩形。

步骤 9 镜像处理。单击“修改”面板中的“镜像”按钮，根据提示进行操作，选择步骤（7）～（8）中绘制的圆和矩形为镜像对象，捕捉中点 A 和右边线上的中点为镜像线上的第一点和第二点进行镜像处理，效果如图 132-6 所示。

步骤 10 修剪处理。单击“修改”面板中的“修剪”按钮，根据提示进行操作，选择所有的图形对象并按回车键，对圆和矩形进行修剪，效果如图 132-7 所示。

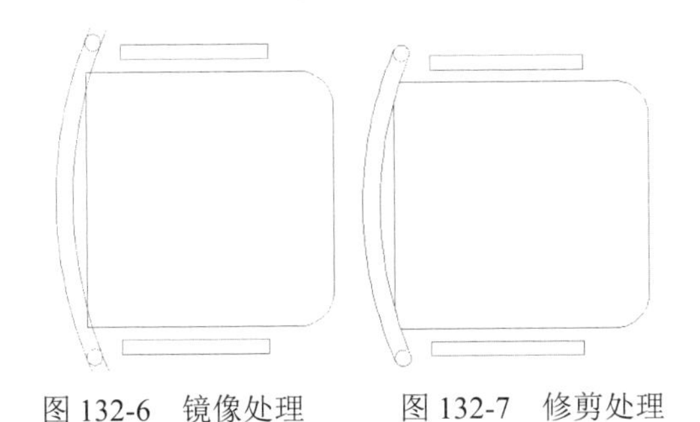

图 132-6 镜像处理 图 132-7 修剪处理

2. 绘制方形餐桌

步骤 1 绘制矩形并分解处理。使用 RECTANG 命令，在椅子旁边任取一点作为第一个角点，然后输入（@850,1400），绘制一个矩形；并使用 EXPLODE 命令将该矩形分解。

步骤 2 偏移处理。在命令行中输入 OFFSET 命令并按回车键，根据提示进行操作，选择矩形左边垂直线，将其沿水平方向向右偏移 100；选择矩形右边垂直线，将其沿水平方向向左偏移 100。

步骤 3 图案填充。执行 BHATCH 命令，设置“图案”为 JIS_RC_18、“比例”为 2，在绘图区选择要填充的区域进行填充，效果如图 132-8 所示。

步骤 4 镜像处理。单击“修改”面板中的“镜像”按钮，根据提示进行操作，选择绘制的椅子为镜像对象，捕捉餐桌左边垂直线和右边垂直线上的中点为镜像线上的第一点和第二点，进行镜像处理。重复此操作，选择椅子为镜像对象，捕捉餐桌上边水平线和下边水平线上的中点为镜像线上的第一点和第二点，进行镜像处理，效果如图 132-9 所示。

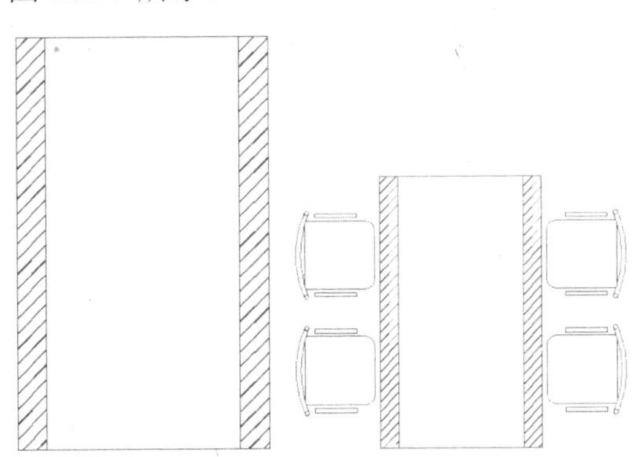

图 132-8 图案填充 图 132-9 镜像处理

实例 133 圆形餐桌平面图块

本实例将绘制圆形餐桌平面图块，效果如图 133-1 所示。

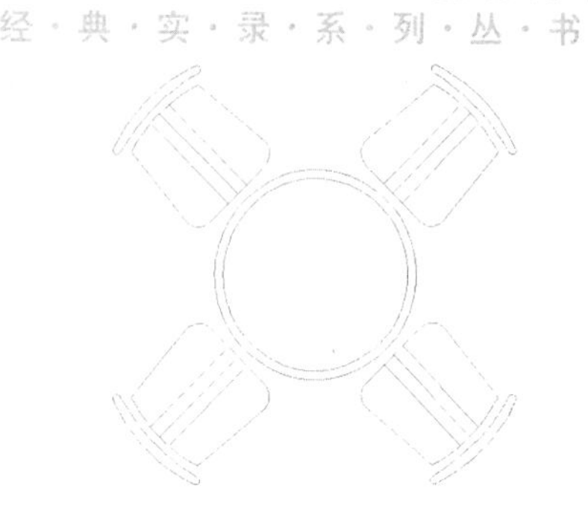
图 133-1　圆形餐桌平面图块

操作步骤

1. 绘制椅子

步骤 1 新建文件。启动 AutoCAD，单击“新建”按钮，新建一个 CAD 文件。

步骤 2 创建图层。在“AutoCAD 经典”工作空间下，单击“图层”工具栏中的“图层特性管理器”按钮，在弹出的“图层特性管理器”对话框中，依次创建图层“轮廓线”【颜色值为（214,0,214）】、“细实线”（蓝色），然后双击“轮廓线”图层将其设置为当前图层。

步骤 3 绘制构造线。单击“绘图|构造线”命令，根据提示进行操作，依次输入（0,0）、（0,1）和（1,0），绘制两条构造线。

步骤 4 偏移处理。单击“修改”面板中的“偏移”按钮，根据提示进行操作，选择垂直构造线，沿水平方向依次向左偏移，偏移的距离分别为 30、100、38、38、100 和 30。重复此操作，选择水平构造线，沿垂直方向依次向下偏移，偏移的距离分别为 30、23、21 和 305，效果如图 133-2 所示。

步骤 5 绘制圆弧。单击“绘图”面板中的“三点”按钮，根据提示进行操作，捕捉水平构造线与垂直构造线的交点绘制圆弧，效果如图 133-3 所示。

步骤 6 绘制圆。单击“绘图”面板中的“圆”按钮，根据提示进行操作，输入 2P 并按回车键，在适当的位置捕捉圆弧的边界绘制圆，效果如图 133-4 所示。

步骤 7 绘制直线。单击“绘图|直线”命令，根据提示进行操作，捕捉构造线上的交点，绘制椅子的外轮廓，效果如图 133-5 所示。

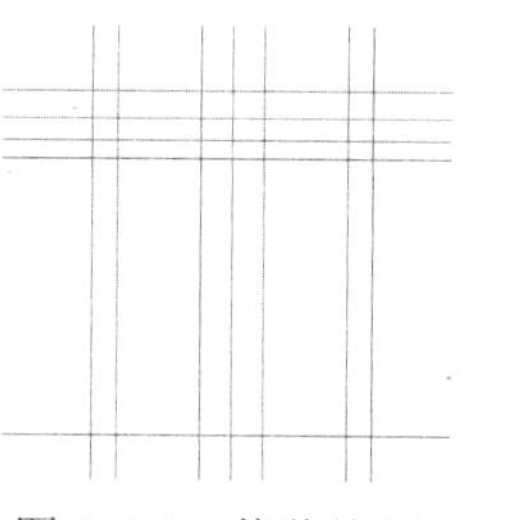
图 133-2　偏移处理

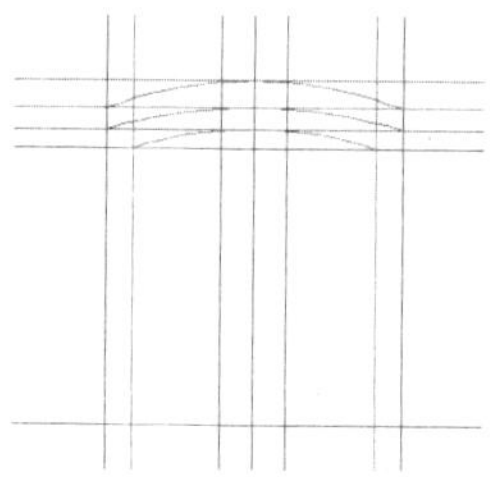

图 133-3　绘制圆弧

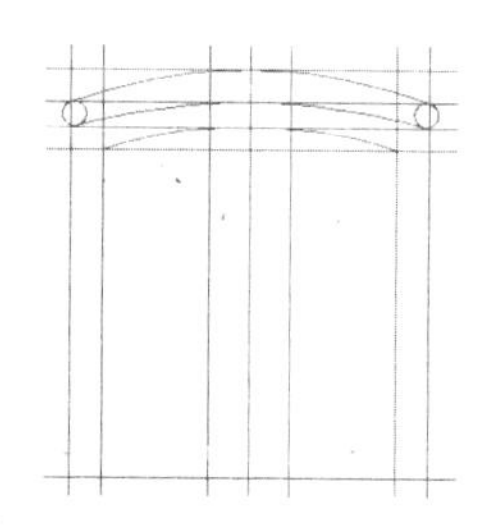
图 133-4　绘制圆

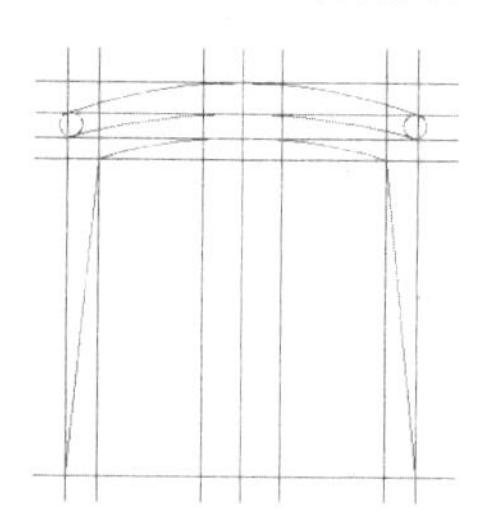
图 133-5　绘制直线

步骤 8 删除并修剪处理。使用 ERASE 命令删除多余的构造线，使用 TRIM 命令对多余的线条进行修剪，效果如图 133-6 所示。

步骤 9 圆角处理。单击“修改”面板中的“圆角”按钮，根据提示进行操作，设置圆角半径为 50，对椅子的两个底角进行圆角处理，并将椅子中间的三条直线移至“细实线”图层，效果如图 133-7 所示。

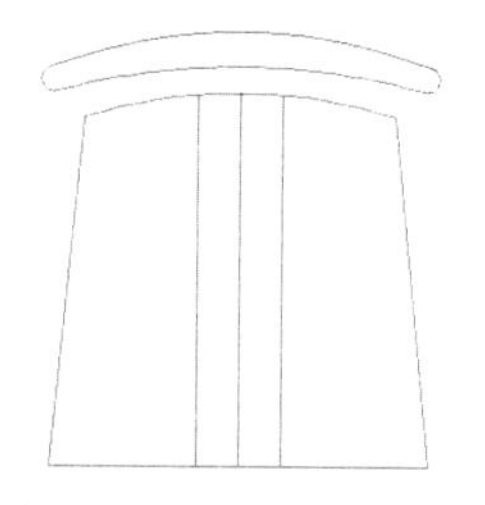
图 133-6　删除并修剪处理

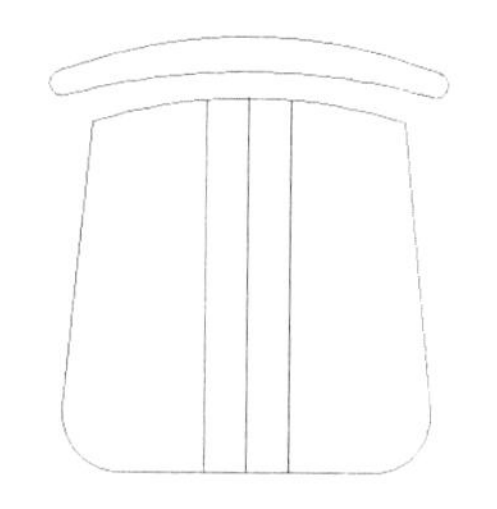
图 133-7　圆角处理

2. 绘制圆形餐桌

步骤 1 绘制圆。单击“绘图”面板中的“圆”按钮，根据提示进行操作，在椅子上适当的位置取一点作为圆心，分别绘制半径为 300 和 275 的圆。

步骤 2 阵列处理。执行 ARRAY 命令，选择选择绘制的椅子为阵列的对象，输入阵列类型为“极轴（PO）”，拾取半径为 300 的圆的圆心作为环形阵列的中心点，阵列个数为 4 个，直接按回车键退出即可，效果如图 133-8 所示。

步骤 3 旋转处理。单击“修改”面板中的“旋转”按钮，根据提示进行操作，选择圆形餐桌椅并按回车键，捕捉半径为 300 的圆的圆心为基点，指定旋转角度为 45 度，对其进行旋转处理，效果如图 133-9 所示。

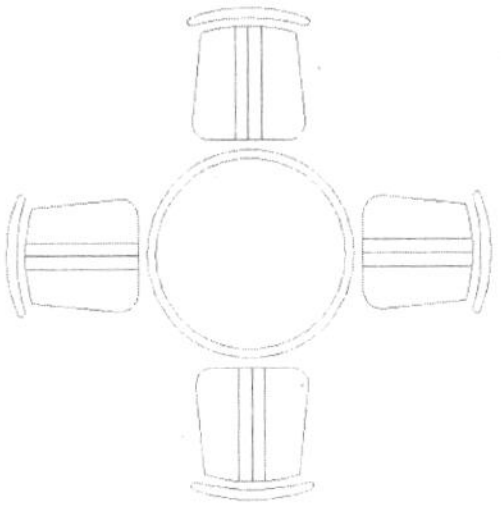

图 133-8　阵列处理 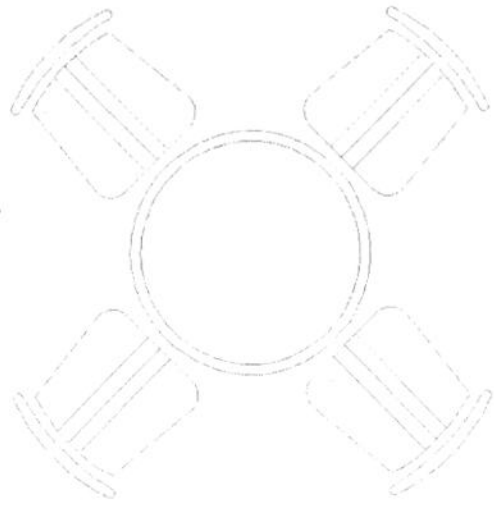　　图 133-9　旋转处理

实例 134　书桌平面图块

本实例将绘制书桌平面图块，效果如图 134-1 所示。

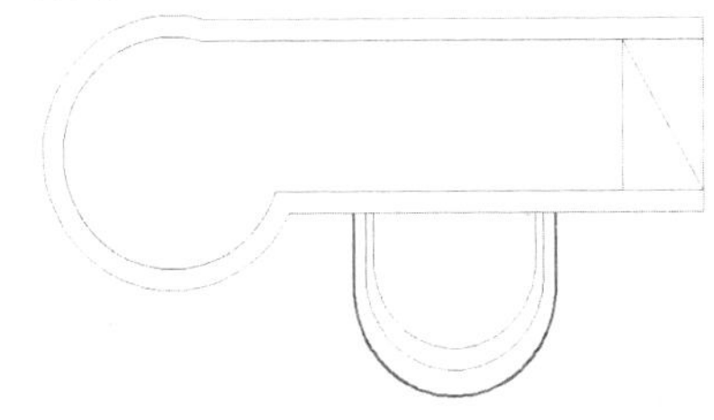

图 134-1　书桌平面图块

操作步骤

步骤 1 新建文件。启动 AutoCAD，单击“新建”按钮，新建一个 CAD 文件。

步骤 2 创建图层。在“AutoCAD 经典”工作空间下，单击“图层”工具栏中的“图层特性管理器”按钮，在弹出的“图层特性管理器”对话框中，依次创建图层“轮廓线”【颜色值为（214,0,214）】、“椅子轮廓线”【颜色值为（214,0,214），线宽为 0.3 毫米】、“细实线”（蓝色），然后双击“轮廓线”图层将其设置为当前图层。

步骤 3 绘制矩形并分解处理。使用 RECTANG 命令，在绘图区内任意取一点作为第一个角点，然后输入（@1236,450），绘制一个矩形；使用 EXPLODE 命令将该矩形分解。

步骤 4 绘制圆。单击“绘图”面板中的“圆”按钮，根据提示进行操作，按住【Shift】键的同时在绘图区单击鼠标右键，在弹出的快捷菜单中选择“自”选项，捕捉矩形左下角的端点为基点，然后输入（@-80,140）为圆心，绘制半径为 319 的圆，效果如图 134-2 所示。

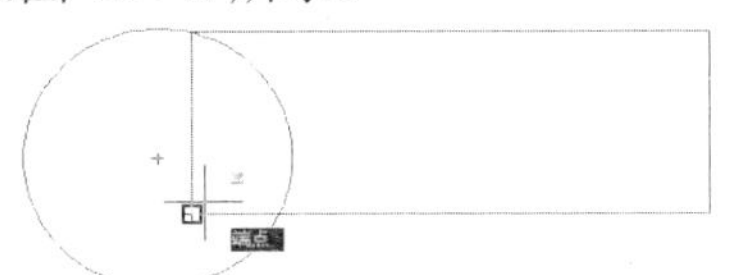

图 134-2　绘制圆

步骤 5 重复步骤（4）中的操作，按住【Shift】键的同时在绘图区单击鼠标右键，在弹出的快捷菜单中选择“自”选项，捕捉图 134-2 中的矩形左下角的端点为基点，然后输入（@617,-115）为圆心，绘制半径为 200 的圆，效果如图 134-3 所示。

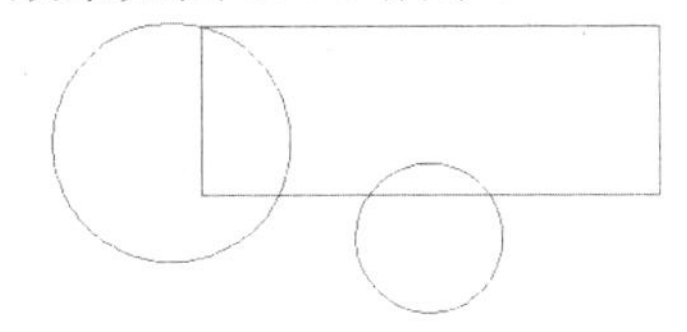

图 134-3　绘制圆

步骤 6 重复步骤（4）中的操作，按住【Shift】键的同时在绘图区单击鼠标右键，在弹出的快捷菜单中选择“自”选项，捕捉半径为 200 的圆的圆心为基点，然后输入（@0,-30）为圆心，绘制半径为 220 的圆。

步骤 7 重复步骤（4）中的操作，按住

【Shift】键的同时在绘图区单击鼠标右键，在弹出的快捷菜单中选择“自”选项，捕捉半径为220的圆的圆心为基点，然后输入（@0,-30）为圆心，绘制半径为250的圆，效果如图134-4所示。

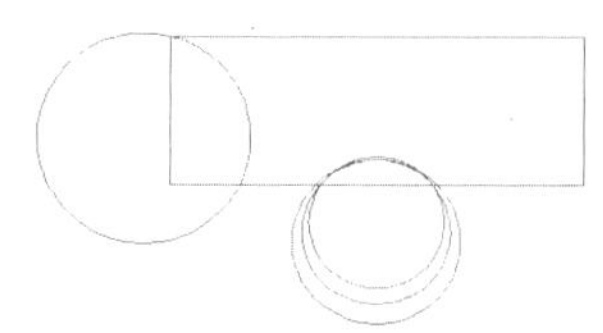

图 134-4　绘制圆

步骤 8　绘制直线。单击“绘图”面板中的“直线”按钮，根据提示进行操作，绘制圆的象限点到矩形的垂线，效果如图134-5所示。

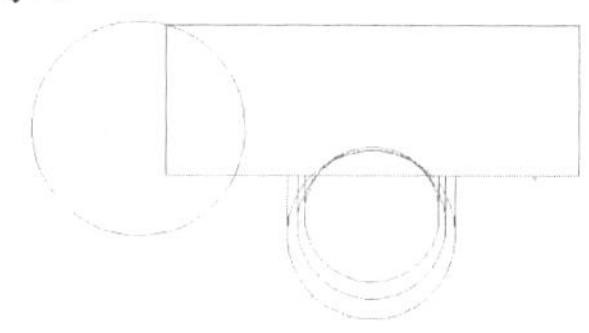

图 134-5　绘制直线

步骤 9　修剪处理。单击“修改”面板中的“修剪”按钮，根据提示进行操作，选择全部对象并按回车键，对多余的线条进行修剪，效果如图134-6所示。

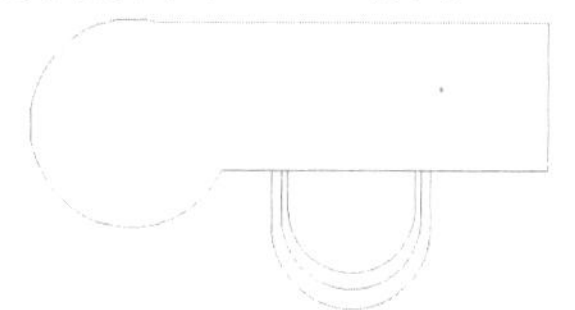

图 134-6　修剪处理

步骤 10　偏移处理。在命令行中输入OFFSET命令并按回车键，根据提示进行操作，指定偏移距离为50，对书桌外轮廓线向内进行偏移处理，效果如图134-7所示。

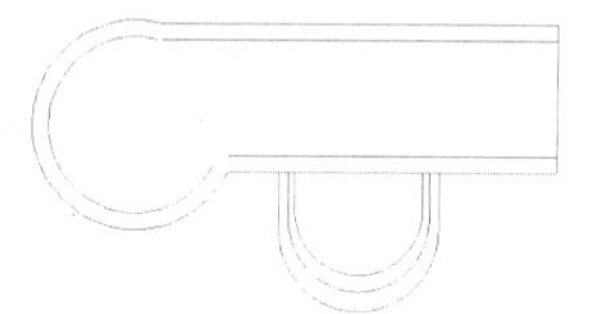

图 134-7　偏移处理

步骤 11　重复步骤（10）中的操作，指定偏移距离为200，将书桌右边垂直线向左偏移。

步骤 12　修剪处理。使用TRIM命令对多余的线条进行修剪，效果如图134-8所示。

图 134-8　修剪处理

步骤 13　绘制直线。在命令行中输入LINE命令并按回车键，根据提示进行操作，捕捉图134-8中的端点A和端点B，绘制直线。

步骤 14　进行延伸并修剪处理操作。使用EXTEND命令，对书桌的内轮廓线进行延伸处理，使用TRIM命令对多余的直线进行修剪，并将书桌内轮廓线移至“细实线”图层，将书桌外轮廓线移至“椅子轮廓线”图层。

步骤 15　显示线宽。在状态栏中单击“显示/隐藏线宽”按钮显示线宽，效果参见图134-1。

实例135　洗菜盆平面图块

本实例将绘制洗菜盆平面图块，效果如图135-1所示。

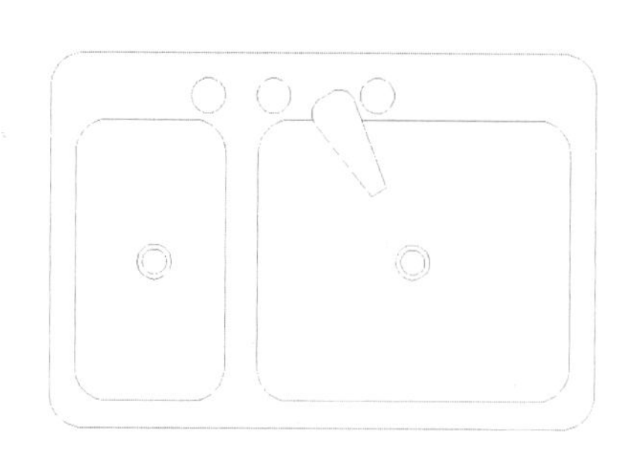

图 135-1　洗菜盆平面图块

操作步骤

步骤 1 新建文件。启动 AutoCAD，单击“新建”按钮，新建一个 CAD 文件。

步骤 2 绘制矩形。在“AutoCAD 经典”工作空间下，输入 RECTANG 命令，根据提示进行操作，在绘图区内任意取一点作为第一个角点，然后输入（@675,450）为另一个角点，绘制一个矩形。

步骤 3 重复步骤（2）中的操作，按住【Shift】键的同时在绘图区单击鼠标右键，在弹出的快捷菜单中选择“自”选项，捕捉步骤（2）中绘制的矩形左下角的端点为基点，然后输入（@31,33）和（@185,337），绘制矩形。

步骤 4 重复步骤（2）中的操作，按住【Shift】键的同时在绘图区单击鼠标右键，在弹出的快捷菜单中选择“自”选项，捕捉步骤（2）中绘制的矩形右下角的端点为基点，然后输入（@-31,33）、（@-388,337）为矩形的角点和对角点，绘制一个矩形，效果如图 135-2 所示。

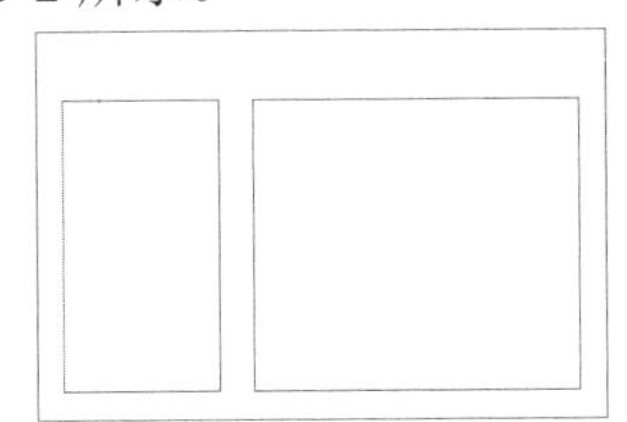

图 135-2　绘制矩形

步骤 5 绘制圆。单击“绘图”面板中的“圆”按钮，根据提示进行操作，按住【Shift】键的同时在绘图区单击鼠标右键，在弹出的快捷菜单中选择“自”选项，捕捉步骤（2）中绘制的矩形左上角的端点为基点，然后输入（@194,-51）为圆心，绘制半径为 21 的圆，效果如图 135-3 所示。

步骤 6 复制处理。单击“修改”面板中的“复制”按钮，根据提示进行操作，选择半径为 21 的圆并按回车键，以原点为基点，然后依次输入（@81,0）、（@210,0）、（@-66,-200）和（@255,-200）为目标点，进行复制，效果如图 135-4 所示。

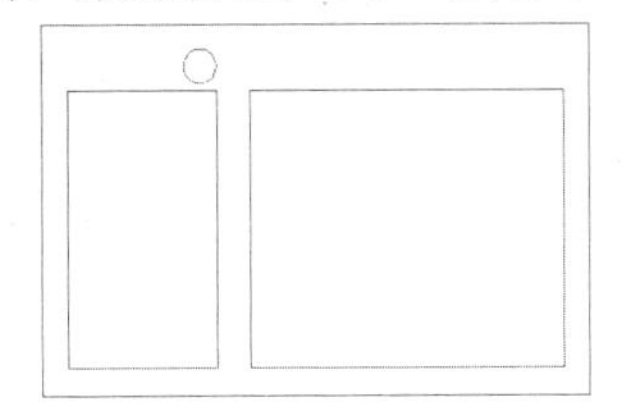

图 135-3　绘制圆

步骤 7 圆角处理。单击“修改”面板中的“圆角”按钮，根据提示进行操作，设置圆角半径为 40，对矩形的直角进行圆角处理。

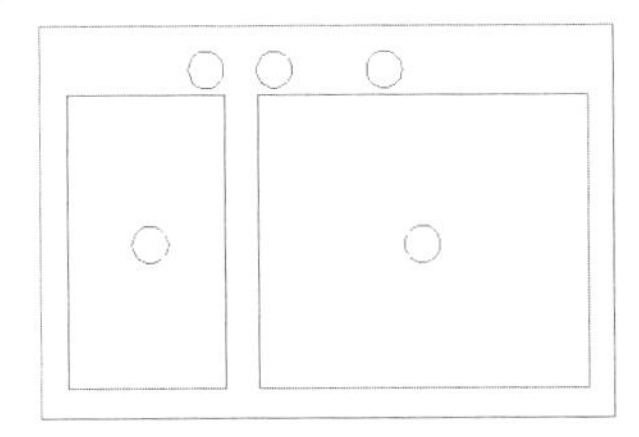

图 135-4　复制处理

步骤 8 绘制圆。单击“绘图”面板中的“圆”按钮，根据提示进行操作，捕捉半径为 21 的圆的圆心为圆心，绘制半径为 15 的圆，效果如图 135-5 所示。

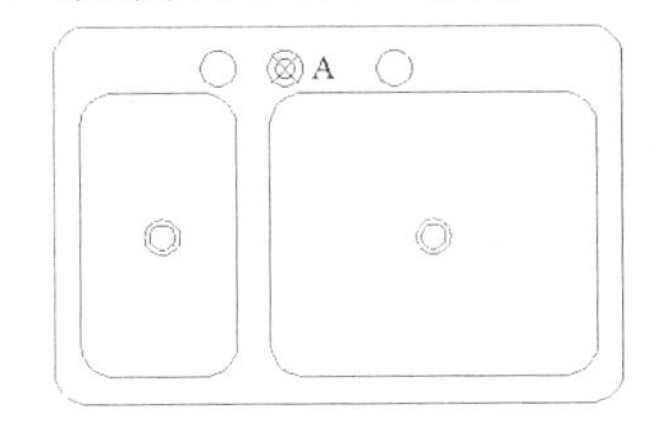

图 135-5　绘制圆

步骤 9 绘制直线。单击“绘图”面板中的“直线”按钮，根据提示进行操作，按住【Shift】键的同时在绘图区单击鼠标右键，在弹出的快捷菜单中选择“自”选项，捕捉图 135-5 中的圆心 A 为基点，然后依次输入（@33,0）、（@22,-133）、（@20,0）和（@22,133），最后输入 C，绘制一个封闭区域，效果如图 135-6 所示。

步骤 10 圆角处理。单击“修改”面板中的“圆角”按钮，根据提示进行操作，设置圆角半径为 20，对封闭区域的尖角进行圆角处理。

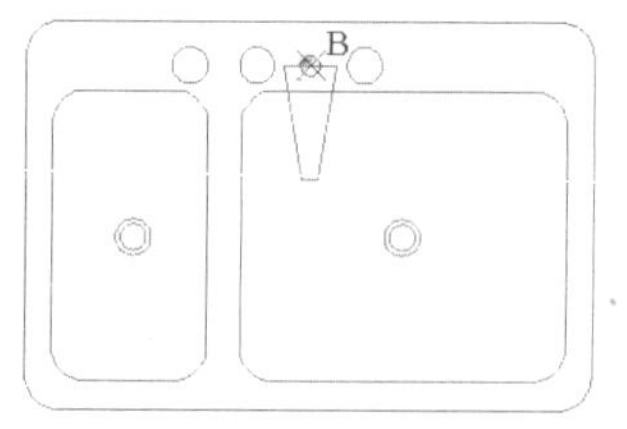

图 135-6　绘制直线

步骤 11 旋转并修剪处理。使用 ROTATE 命令，选择封闭区域并确定，捕捉图 135-6 中的中点 B 为基点，指定旋转角度为 30 度，对其进行旋转处理；使用 TRIM 命令对多余的直线进行修剪，效果参见图 135-1。

实例 136　三人沙发平面图块

本实例将绘制三人沙发平面图块，效果如图 136-1 所示。

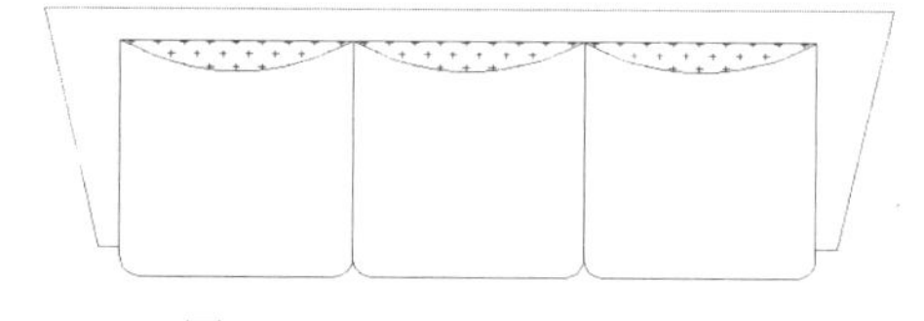

图 136-1　三人沙发平面图块

操作步骤

步骤 1 新建文件。启动 AutoCAD，单击“新建”按钮，新建一个 CAD 文件。

步骤 2 创建图层。在“AutoCAD 经典”工作空间下，单击“图层”工具栏中的“图层特性管理器”按钮，在弹出的“图层特性管理器”对话框中，依次创建图层“轮廓线”【颜色值为（214,0,214）】、“细实线”（蓝色）、“填充”（黑色），然后双击“轮廓线”图层将其设置为当前图层。

步骤 3 绘制矩形。在命令行中输入 RECTANG 命令并按回车键，根据提示进行操作，在绘图区内任意取一点作为第一个角点，然后输入（@932,605）绘制矩形。

步骤 4 重复此操作，按住【Shift】键的同时在绘图区单击鼠标右键，在弹出的快捷菜单中选择“自”选项，捕捉矩形左上角的端点为基点，然后输入（@185,-81）、（@564,-600）为矩形的角点和对角点，绘制一个矩形，效果如图 136-2 所示。

步骤 5 绘制直线。单击“绘图”面板中的“直线”按钮，根据提示进行操作，捕捉图 136-2 中的端点 A 为第一点，然后输入（@132,-605）绘制直线。

步骤 6 重复步骤（5）中的操作，捕捉矩形右上角的端点为第一点，然后输入（@-132,-605）为第二点，绘制一条直线，效果如图 136-3 所示。

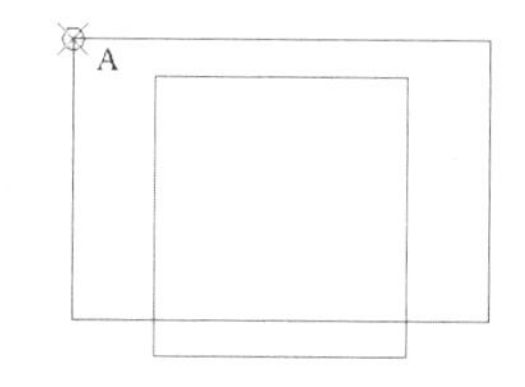

图 136-2　绘制矩形

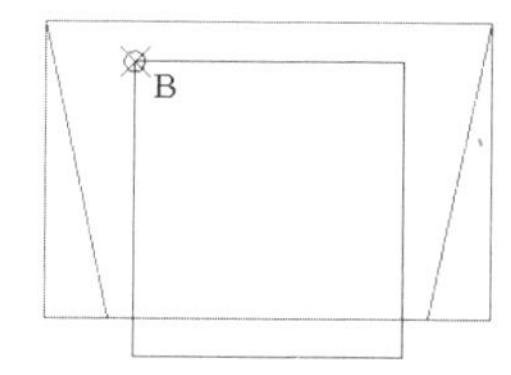

图 136-3　绘制直线

步骤 7 绘制圆弧并修剪处理。使用 ARC 命令，捕捉图 136-3 中的端点 B 为第一点，然后依次输入（@282,-80）、（@282,80），绘制圆弧；使用 TRIM 命令对多余的直线进行修剪，并将小矩形和圆弧移至“细实线”图层。

步骤 8 圆角处理。单击“修改”面板中的“圆角”按钮，根据提示进行操作，设置圆角半径为 50，对小矩形的两个底角进行圆角处理，并双击“填充”图层将其设置为当前图层，效果如图 136-4 所示。

步骤 9 图案填充。执行 BHATCH 命令，设置“图案”为 CROSS、“比例”为 5，选择要合适区域填充，效果如图 136-5 所示。

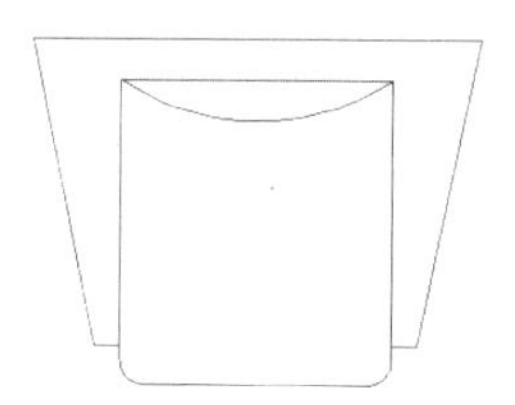

图 136-4　圆角处理

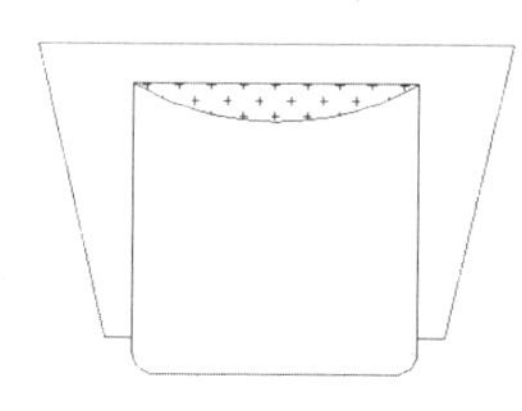

图 136-5　图案填充

步骤 10 复制处理。单击“修改”面板中的“复制”按钮，根据提示进行操作，选择整个单人座沙发并按回车键，以原点为基点，然后依次输入（@564,0）和（@1128,0）为目标点进行复制，效果如图 136-6 所示。

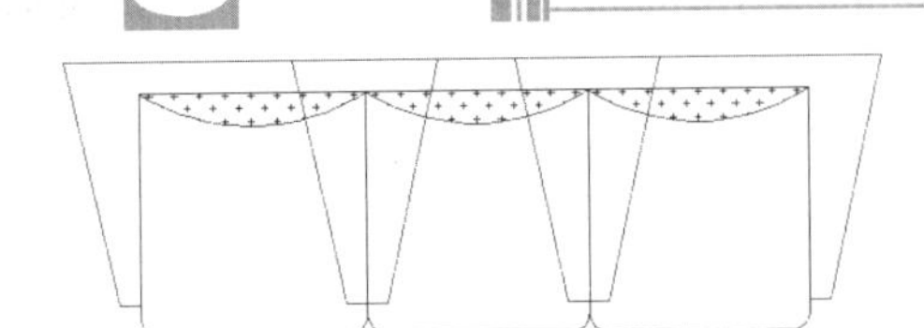

图 136-6 复制处理

步骤 11 删除处理。单击“修改”面板中的“删除”按钮，根据提示进行操作，将复制后多余的线段删除，效果参见图 136-1。

实例 137 推拉衣柜平面图块

本实例将绘制推拉衣柜平面图块，效果如图 137-1 所示。

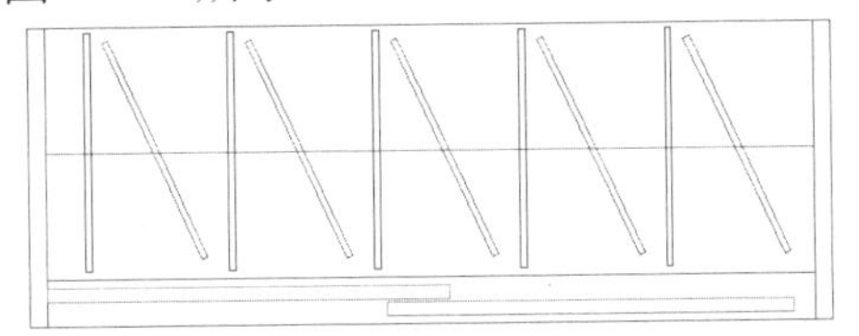

图 137-1 推拉衣柜平面图块

操作步骤

步骤 1 新建文件。启动 AutoCAD，单击“新建”按钮，新建一个 CAD 文件。

步骤 2 创建图层。在“AutoCAD 经典”工作空间下，单击“图层”工具栏中的“图层特性管理器”按钮，在弹出的“图层特性管理器”对话框中，依次创建图层“轮廓线”【颜色值为（214,0,214）】、“衣架”（蓝色）、“衣柜门”【颜色值为（8,130,77）】，然后双击“轮廓线”图层将其设置为当前图层。

步骤 3 绘制矩形并分解处理。使用 RECTANG 命令，在绘图区内任意取一点作为第一个角点，然后输入（@1770,650）绘制矩形；使用 EXPLODE 命令对该矩形进行分解处理。

步骤 4 偏移处理。单击“修改”面板中的“偏移”按钮，根据提示进行操作，选择矩形的左边垂直线，将其沿水平方向依次向右偏移，偏移的距离分别为 40 和 1690。

步骤 5 重复步骤（4）中的操作，选择矩形的上边水平线，沿垂直方向依次向下偏移，偏移的距离均为 275。

步骤 6 修剪处理。使用 TRIM 命令对多余的直线进行修剪，然后双击“衣柜门”图层将其设置为当前图层，效果如图 137-2 所示。

步骤 7 绘制衣柜门。在命令行中输入 RECTANG 命令并按回车键，根据提示进行操作，按住【Shift】键的同时在绘图区单击鼠标右键，在弹出的快捷菜单中选择“自”选项，捕捉图 137-2 中的矩形左下角的端点为基点，然后输入（@40,54）和（@890,30）为矩形的角点和对角点，绘制衣柜门。

图 137-2 修剪处理

步骤 8 复制处理。单击“修改”面板中的“复制”按钮，根据提示进行操作，选择绘制的衣柜门并按回车键，以原点为基点，输入（@753,-37）为目标点进行复制，然后双击“衣架”图层将其设置为当前图层，效果如图 137-3 所示。

步骤 9 绘制矩形。在命令行中输入 RECTANG 命令并按回车键，根据提示进行操作，按住【Shift】键的同时在绘图区单击鼠标右键，在弹出的快捷菜单中选择“自”选项，捕捉图137-2中的矩形左下角的端点为基点，然后输入（@125,118）和（@14,518）为矩形的角点和对角点，绘制一个矩形。

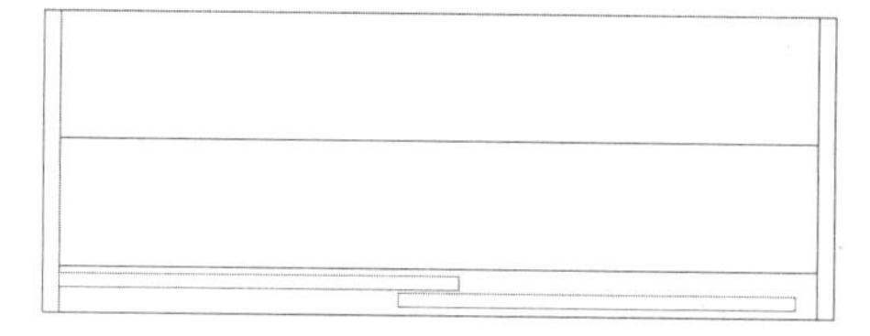

图137-3　复制处理

步骤10 复制处理。单击“修改”面板中的“复制”按钮，根据提示进行操作，选择绘制的矩形并按回车键，以原点为基点，然后输入（@150,0）为目标点进行复制，效果如图137-4所示。

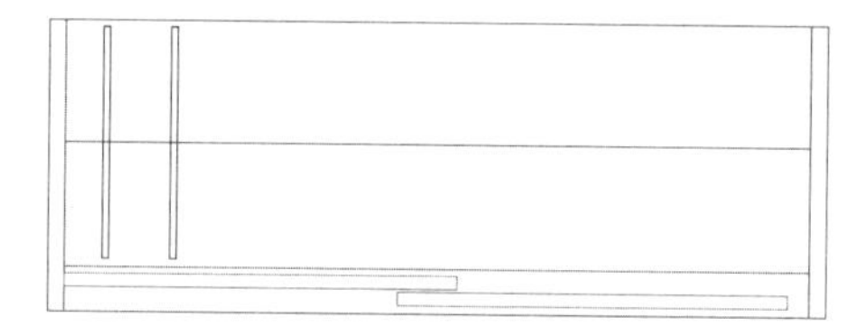

图137-4　复制处理

步骤11 旋转处理。单击“修改”面板中的“旋转”按钮，根据提示进行操作，选择复制生成的矩形并按回车键，捕捉矩形左边垂直线的中点为基点，指定旋转角度为25度，对其进行旋转处理，效果如图137-5所示。

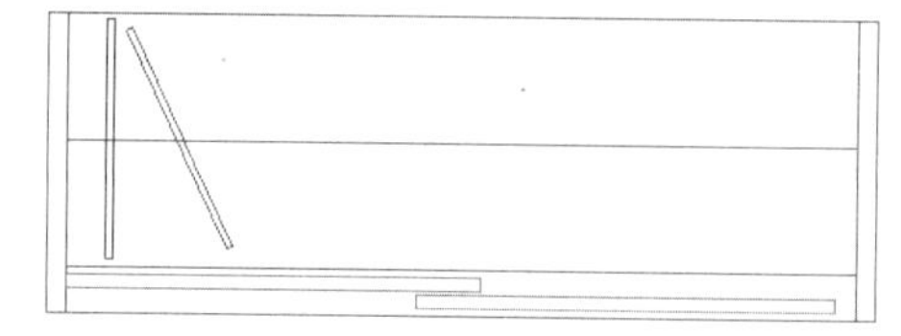

图137-5　旋转处理

步骤12 阵列处理。在命令行中输入ARRAY命令并按回车键，选择两个衣架为阵列对象，输入阵列类型为“矩形（R）”，选择“行数（R）”为1，指定行数之间的距离为1，指定行数之间的标高增量为0，选择“列数”为5，指定列数之间的距离为320，指定列数之间的标高增量为0，按下回车键进行阵列，效果参见图137-1。

实例138　书柜立面图块

本实例将绘制书柜立面图块，效果如图138-1所示。

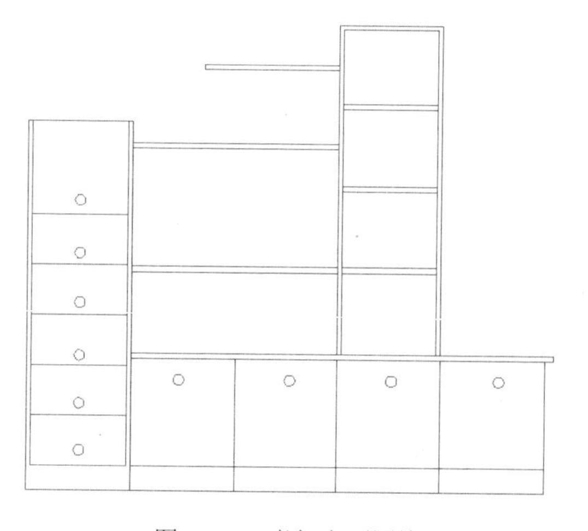

图138-1　书柜立面图块

操作步骤

步骤1 新建文件。启动AutoCAD，单击“新建”按钮，新建一个CAD文件。

步骤2 创建图层。在“AutoCAD经典”工作空间下，单击“图层”工具栏中的“图层特性管理器”按钮，在弹出的“图层特性管理器”对话框中，依次创建图层“轮廓线”【颜色值为（214,0,214）】、“拉手”（蓝色），然后双击“轮廓线”图层将其设置为当前图层。

步骤3 绘制矩形。输入RECTANG命令，根据提示进行操作，在绘图区内任取一点作为第一个角点，然后输入（@380,1400）作为另一个角点，绘制矩形。

步骤 4 重复步骤（3）中的操作，参照图 138-2 中的尺寸标注绘制矩形。

步骤 5 重复步骤（3）中的操作，按住【Shift】键的同时在绘图区单击鼠标右键，在弹出的快捷菜单中选择“自”选项，捕捉图 138-2 中的端点 A 为基点，然后输入（@0,830）和（@1140,20）绘制矩形。

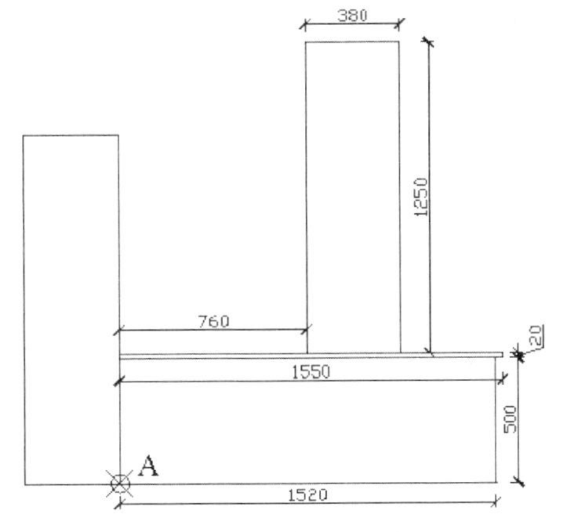

图 138-2 矩形尺寸

步骤 6 重复步骤（3）中的操作，按住【Shift】键的同时在绘图区单击鼠标右键，在弹出的快捷菜单中选择“自”选项，捕捉端点 A 为基点，然后输入（@760,1140）和（@380,20）绘制矩形。

步骤 7 重复步骤（3）中的操作，按住【Shift】键的同时在绘图区单击鼠标右键，在弹出的快捷菜单中选择“自”选项，捕捉端点 A 为基点，然后输入（@0,1300）和（@760,20）绘制矩形。

步骤 8 重复步骤（3）中的操作，按住【Shift】键的同时在绘图区单击鼠标右键，在弹出的快捷菜单中选择“自”选项，捕捉端点 A 为基点，然后输入（@260,1600）和（@500,20）绘制矩形。

步骤 9 重复步骤（3）中的操作，按住【Shift】键的同时在绘图区单击鼠标右键，在弹出的快捷菜单中选择“自”选项，捕捉端点 A 为基点，输入（@760,1450）和（@380,20），绘制矩形，效果如图 138-3 所示。

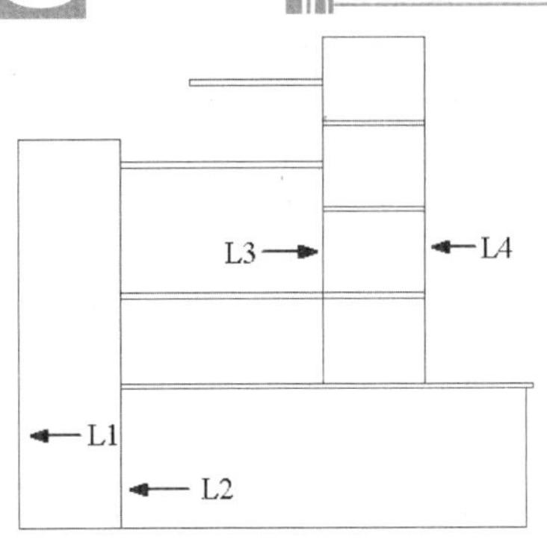

图 138-3 绘制矩形

步骤 10 进行分解处理。在命令行中输入 EXPLODE 命令并按回车键，根据提示进行操作，对刚绘制的矩形进行分解处理。

步骤 11 偏移处理。单击“修改”面板中的“偏移”按钮，根据提示进行操作，将图 138-3 中的直线 L1、L2、L3 和 L4 向书柜内偏移，偏移的距离均为 15，效果如图 138-4 所示。

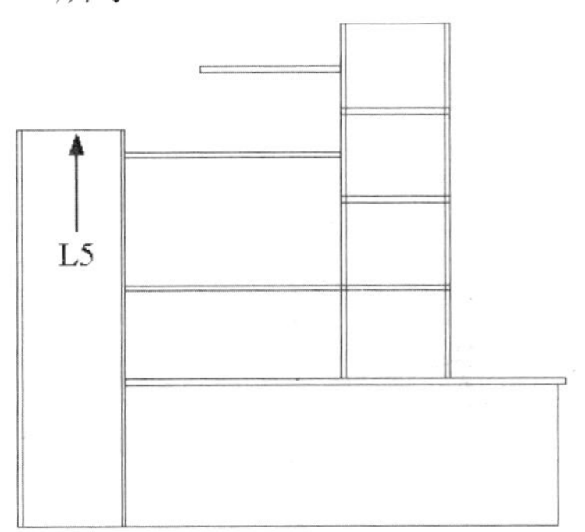

图 138-4 偏移处理

步骤 12 重复步骤（11）中的操作，将图 138-4 中的直线 L5 沿垂直方向依次向下偏移，偏移的距离分别为 355、190、190、190、190 和 190，效果如图 138-5 所示。

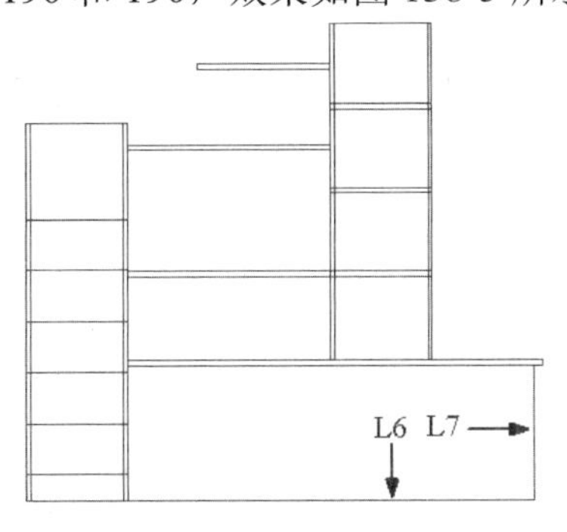

图 138-5 偏移处理

步骤 13 重复步骤（11）中的操作，将图 138-5 中的直线 L6 沿垂直方向向上偏移，偏移的距离为 95；将直线 L7 沿水平方向依次向左偏移 3 次，偏移距离均为 380，效果如图 138-6 所示。双击“拉手”图层，将其设置为当前图层。

步骤 14 绘制拉手并修剪处理。使用 CIRCLE 命令，在适当的位置绘制半径为 20 的圆；使用 COPY 命令对其进行复制，绘制多个拉手；使用 TRIM 命令对多余的直线进行修剪，效果参见图 138-1。

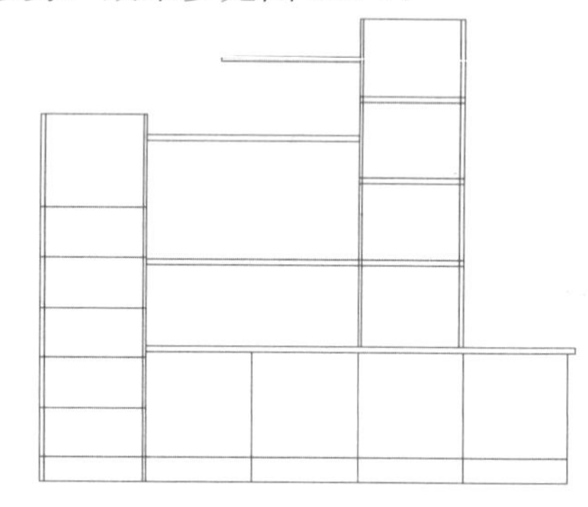

图 138-6 偏移处理

实例 139 单人床平面图块

本实例将绘制单人床平面图块，效果如图 139-1 所示。

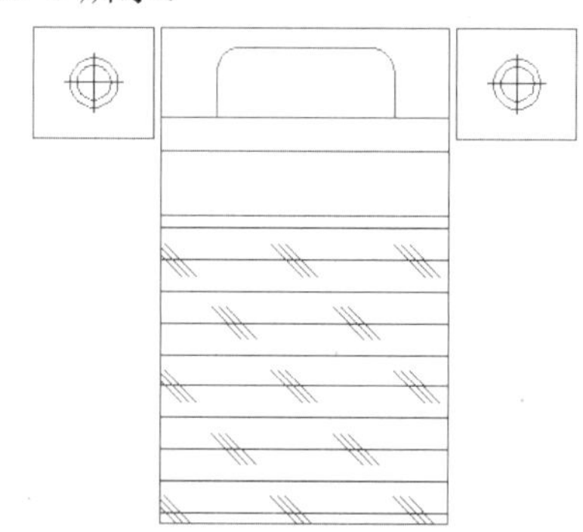

图 139-1 单人床平面图块

操作步骤

步骤 1 新建文件。启动 AutoCAD，单击“新建”按钮，新建一个 CAD 文件。

步骤 2 创建图层。在“AutoCAD 经典”工作空间下，单击“图层”工具栏中的“图层特性管理器”按钮，在弹出的“图层特性管理器”对话框中，依次创建图层“轮廓线”【颜色值为（214,0,214）】、“填充”（黑色）、“细实线”（蓝色），然后双击“轮廓线”图层将其设置为当前图层。

步骤 3 绘制矩形。输入 RECTANG 命令，根据提示进行操作，在绘图区内任取一点作为第一个角点，然后输入（@1200,2000）为另一个角点，绘制一个矩形。

步骤 4 重复步骤（3）中的操作，按住【Shift】键的同时在绘图区单击鼠标右键，在弹出的快捷菜单中选择“自”选项，捕捉端点 A 为基点，然后输入（@-30,0）和（@-500,-450）绘制矩形，效果如图 139-2 所示。

步骤 5 绘制圆。单击“绘图”面板中的“圆”按钮，根据提示进行操作，按住【Shift】键的同时在绘图区单击鼠标右键，在弹出的快捷菜单中选择“自”选项，捕捉图 139-2 中的端点 B 为基点，输入（@250,-225）为圆心，分别绘制半径为 100 和 70 的圆；将“细实线”图层设置为当前图层。

步骤 6 圆心标记。单击“注释”选项板中的“圆心标记”按钮，选择半径为 70 的圆进行圆心标记，效果如图 139-3 所示。

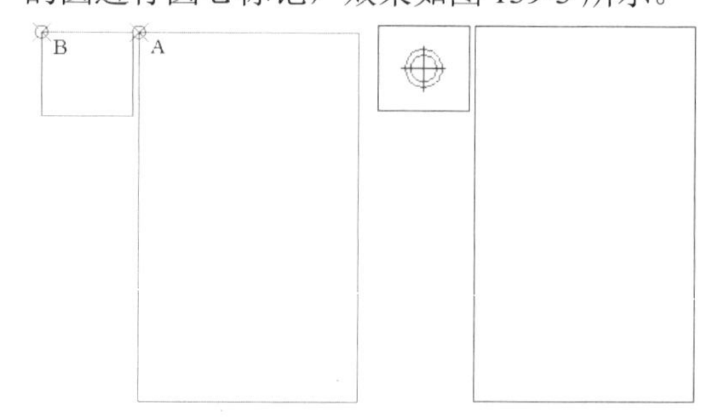

图 139-2 绘制矩形　　图 139-3 圆心标记

步骤 7 镜像处理。单击“修改”面板中的“镜像”按钮，根据提示进行操作，选择床头柜为镜像对象，以床的上边水平线和下边水平线的中点为镜像线上的第一点和第二点进行镜像处理，效果如图 139-4 所示。

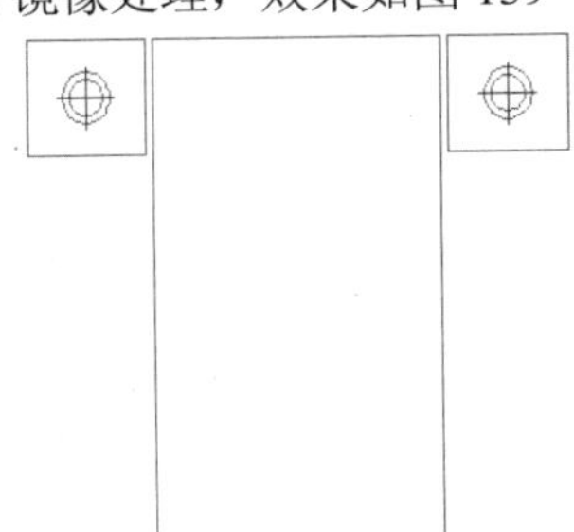

图 139-4 镜像处理

步骤 8 进行分解并偏移处理。使用 EXPLODE 命令对床进行分解处理；使用 OFFSET 命令，选择床的上边水平线，沿垂直方向依次向下偏移，偏移的距离分别为 81、282、137 和 261。

步骤 9 偏移处理。使用 OFFSET 命令，选择床的左边垂直线，沿水平方向依次向右偏移，偏移的距离分别为 230 和 740，效果如图 139-5 所示。

步骤 10 圆角并修剪处理。执行 FILLET 命令，设置圆角半径为 100，对偏移的直线进行圆角处理，绘制出枕头；使用 TRIM 命令对多余的直线进行修剪。将“填充”图层设置为当前图层，效果如图 139-6 所示。

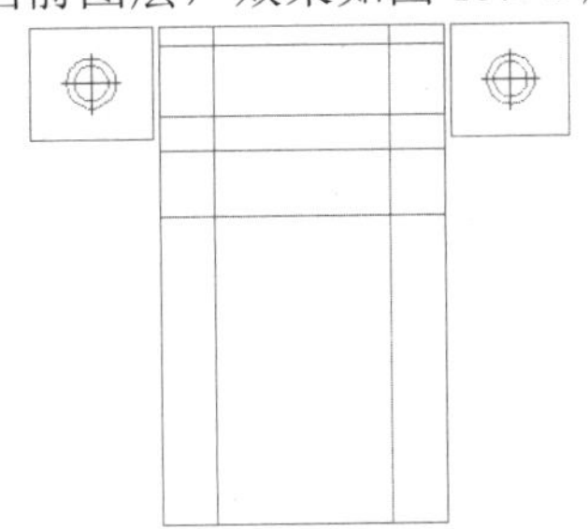

图 139-5 偏移处理

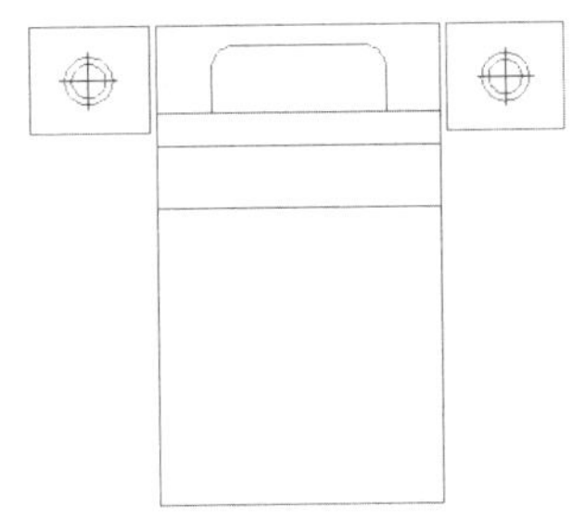

图 139-6 圆角并修剪处理

步骤 11 图案填充。执行 BHATCH 命令，设置“图案”为 CORK、“比例”为 40，在绘图区选择需要填充的区域进行填充，效果参见图 139-1。

实例 140 双人床平面图块

本实例将绘制双人床平面图块，效果如图 140-1 所示。

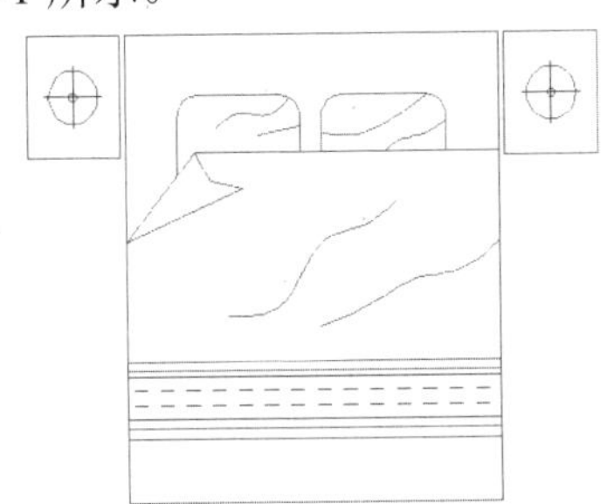

图 140-1 双人床平面图块

操作步骤

步骤 1 新建文件。启动 AutoCAD，单击“新建”按钮，新建一个 CAD 文件。

步骤 2 创建图层。在“AutoCAD 经典”工作空间下，单击“图层”工具栏中的“图层特性管理器”按钮，在弹出的“图层特性管理器”对话框中，依次创建图层“轮廓线”【颜色值为（214,0,214）】、“填充”（黑色）、“细实线”（蓝色），然后双击“轮廓线”图层将其设置为当前图层。

步骤 3 绘制矩形。输入 RECTANG 命令，根据提示进行操作，在绘图区任取一点作为第一个角点，然后输入（@1800,2100）为另一个角点，绘制一个矩形。

步骤 4 重复步骤（3）中的操作，按住【Shift】键的同时在绘图区单击鼠标右键，在弹出的快捷菜单中选择“自”选项，捕捉矩形左上角的端点为基点，输入（@-30,0）和（@-450,-550）绘制矩形，效果如图 140-2

所示。

步骤 5 绘制圆。单击“绘图”面板中的“圆”按钮，根据提示进行操作，按住【Shift】键的同时在绘图区单击鼠标右键，在弹出的快捷菜单中选择“自”选项，捕捉步骤（4）中绘制的矩形左上角的端点为基点，然后输入（@225,-275）为圆心，分别绘制半径为 120 和 20 的圆。将“细实线”图层设置为当前图层。

步骤 6 圆心标记。单击“注释”选项板中的“圆心标记”按钮，选择半径为 120 的圆进行圆心标记，效果如图 140-3 所示。

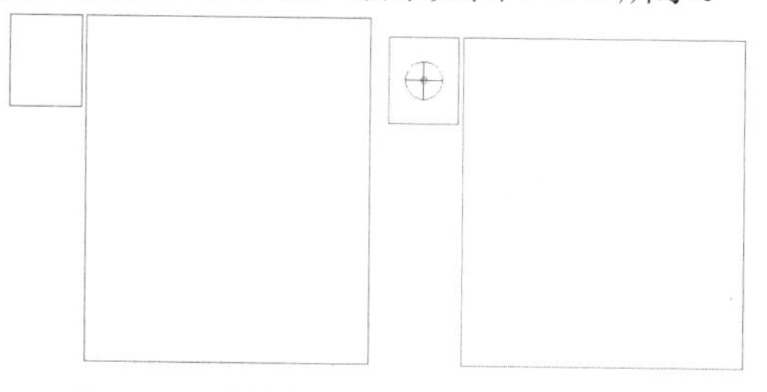

图 140-2 绘制矩形　　图 140-3 圆心标记

步骤 7 镜像处理。单击“修改”面板中的“镜像”按钮，根据提示进行操作，选择床头柜为镜像对象，捕捉大矩形上边水平线的中点和下边水平线的中点为镜像线上的第一点和第二点进行镜像处理。

步骤 8 分解并偏移处理。使用命令 EXPLODE 对大矩形进行分解；使用 OFFSET 命令，选择大矩形下边水平线，沿垂直方向依次向上偏移，偏移的距离分别为 286、45、257、45、940 和 254；选择大矩形的左边水平线，沿水平方向依次向右偏移，偏移的矩形分别为 250、600、100 和 600，效果如图 140-4 所示。

步骤 9 绘制直线。单击“绘图”面板中的“直线”按钮，根据提示进行操作，在适当的位置绘制被子的折叠角，效果如图 140-5 所示。

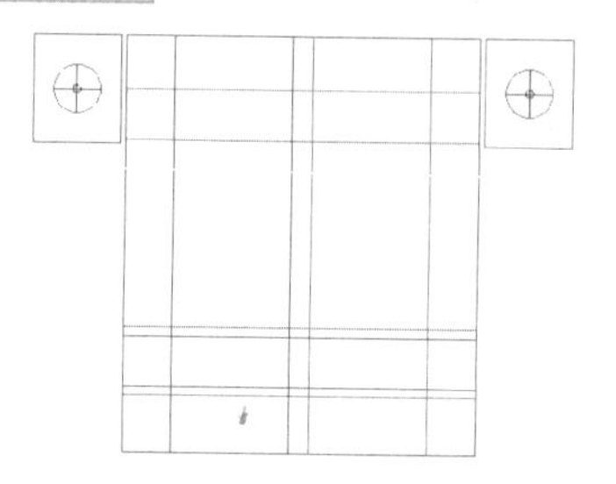

图 140-4 分解并偏移处理

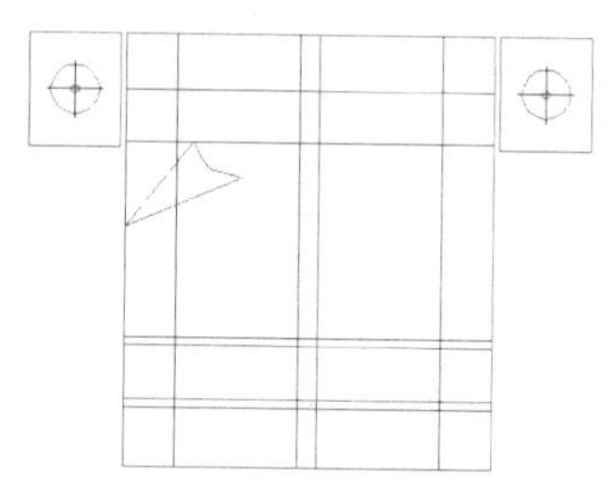

图 140-5 绘制直线

步骤 10 修剪并圆角处理。使用 TRIM 命令对多余的线段进行修剪；执行 FILLET 命令，设置圆角半径为 100，对枕头的尖角进行圆角处理，效果如图 140-6 所示。

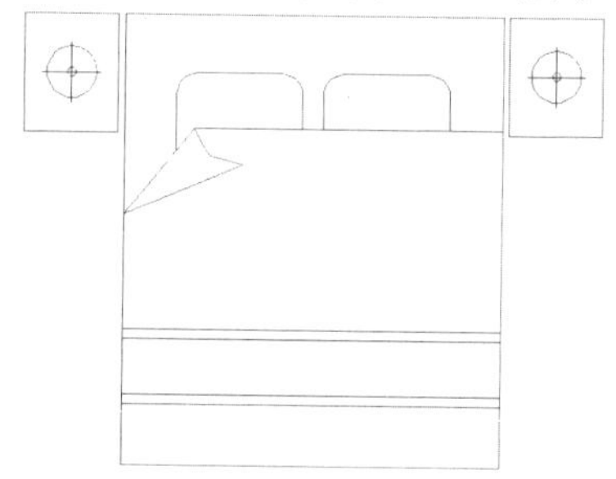

图 140-6 修剪并圆角处理

步骤 11 绘制样条曲线。单击“绘图”面板中的“样条曲线”按钮，根据提示进行操作，绘制被子与枕头上的褶皱，并将“填充”图层设置为当前图层。

步骤 12 图案填充。执行 BHATCH 命令，设置“图案”为 INSUL、“比例”为 20，在绘图区选择需要填充的区域进行填充，效果参见图 140-1。

实例 141 炉盘平面图块

本实例将绘制炉盘平面图块，效果如图 141-1 所示。

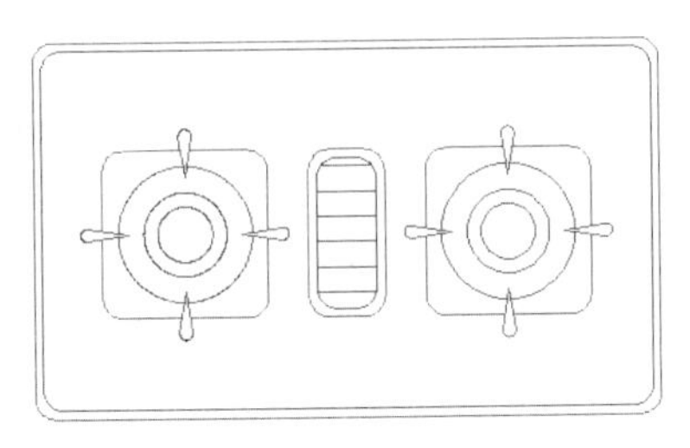

图 141-1　炉盘平面图块

操作步骤

步骤 1 新建文件。启动 AutoCAD，单击“新建”按钮，新建一个 CAD 文件。

步骤 2 创建图层。在“AutoCAD 经典”工作空间下，单击“图层”工具栏中的“图层特性管理器”按钮，在弹出的“图层特性管理器”对话框中，依次创建图层“轮廓线”【颜色值为（214,0,214）】、“细实线”（蓝色），然后双击“轮廓线”图层将其设置为当前图层。

步骤 3 绘制矩形并偏移处理。使用 RECTANG 命令，在绘图区内任意选取一点作为第一个角点，然后输入（@760,450）为另一个角点，绘制一个矩形；执行 OFFSET 命令，设置偏移距离为 10，将绘制的矩形向内偏移，并将偏移生成的矩形移至“细实线”图层，效果如图 141-2 所示。

图 141-2　绘制矩形并偏移处理

步骤 4 绘制矩形。在命令行中输入 RECTANG 命令并按回车键，根据提示进行操作，按住【Shift】键的同时在绘图区单击鼠标右键，在弹出的快捷菜单中选择“自”选项，捕捉图 141-2 中的端点 A 为基点，然后输入（@84,-130）和（@200,-200）绘制矩形。设置“细实线”图层为当前图层。

步骤 5 绘制圆。单击“绘图”面板中的“圆”按钮，根据提示进行操作，按住【Shift】键的同时在绘图区单击鼠标右键，在弹出的快捷菜单中选择“自”选项，捕捉端点 A 为基点，以（@184,-230）为圆心，分别绘制半径为 81、50 和 33 的圆，效果如图 141-3 所示。

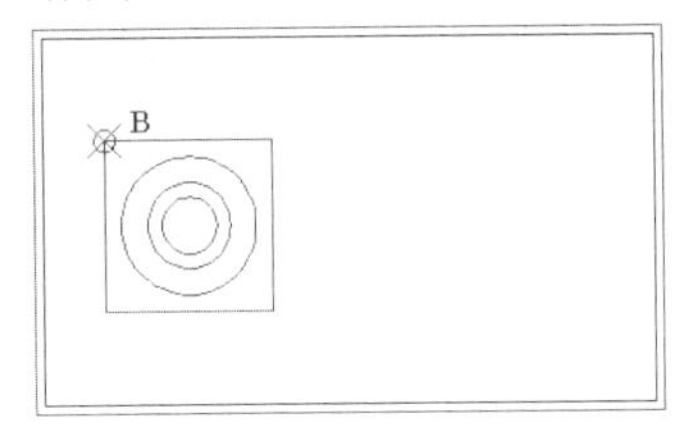

图 141-3　绘制圆

步骤 6 重复步骤（5）中的操作，按住【Shift】键的同时在绘图区单击鼠标右键，在弹出的快捷菜单中选择“自”选项，捕捉图 141-3 中的端点 B 为基点，以（@100,18）为圆心绘制半径为 8 的圆。

步骤 7 绘制直线。使用 LINE 命令，按住【Shift】键的同时在绘图区单击鼠标右键，在弹出的快捷菜单中选择“自”选项，捕捉端点 B 为基点，输入（@92,18）和（@8,-50）绘制直线。

步骤 8 重复步骤（7）中的操作，按住【Shift】键的同时在绘图区单击鼠标右键，在弹出的快捷菜单中选择“自”选项，捕捉端点 B 为基点，输入（@108,18）和（@-8,-50）绘制直线，效果如图 141-4 所示。

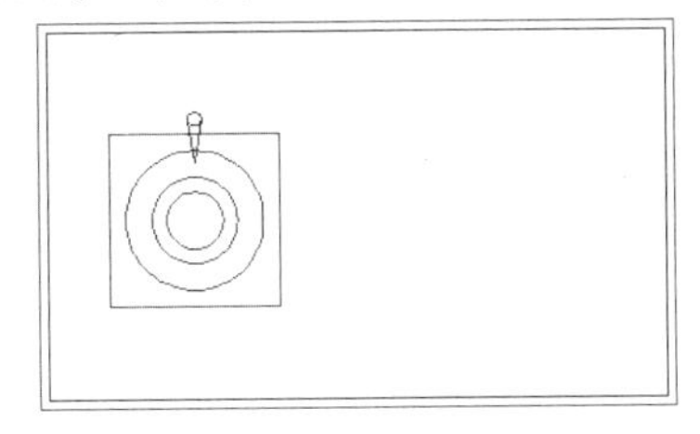

图 141-4　绘制直线

步骤 9 阵列处理。执行 ARRAY 命令，选择选择半径为 8 的圆和两条直线为阵列的对象，输入阵列类型为“极轴（PO）”，在绘图区中捕捉半径为 81 的圆的圆心作为阵列中心点，阵列个数为 4 个，直接按回车键退出即可阵列处理。

步骤 10 修剪并镜像处理。使用 TRIM 命令对多余的线段进行修剪；使用 MIRROR 命令，选择左边的炉盘为镜像对象，以矩形上边水平线的中点和下边水平线的中点为镜像线上的第一点和第二点，进行镜像处理。将"轮廓线"图层设置为当前图层，效果如图 141-5 所示。

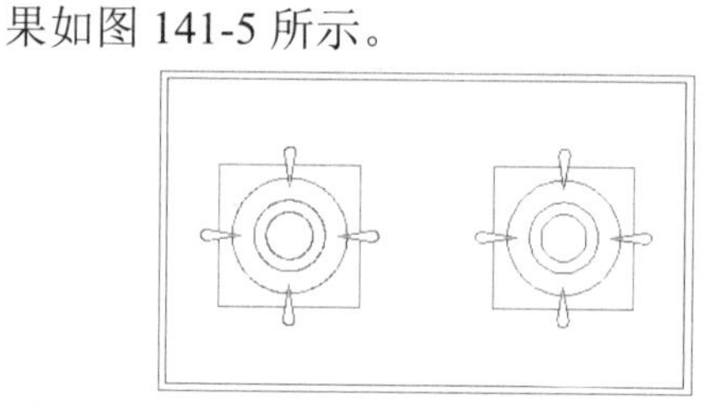

图 141-5 修剪并镜像处理

步骤 11 绘制矩形并偏移处理。使用 RECTANG 命令，按住【Shift】键的同时在绘图区单击鼠标右键，在弹出的快捷菜单中选择"自"选项，捕捉图 141-3 中的端点 B 为基点，然后输入（@250,0）和（@92,-200），绘制矩形；执行 OFFSET 命令，设置偏移距离为 10，将该矩形向内偏移，并将偏移生成的矩形移至"细实线"图层。

步骤 12 进行分解并偏移处理。使用 EXPLODE 命令对偏移生成的矩形进行分解处理；使用 OFFSET 命令，选择分解后的矩形的上边水平线，沿垂直方向向下偏移，偏移的距离为 10。

步骤 13 阵列处理。在命令行中输入 ARRAY 命令并按回车键，选择选择步骤（12）中偏移生成的直线为阵列的对象，输入阵列类型为"矩形（R）"，选择"行数（R）"为 6，指定行数之间的距离为-30，指定行数之间的标高增量为 0，选择"列数"为 1，指定列数之间的距离为 0，指定列数之间的标高增量为 0，按下回车键进行阵列，效果如图 141-6 所示。

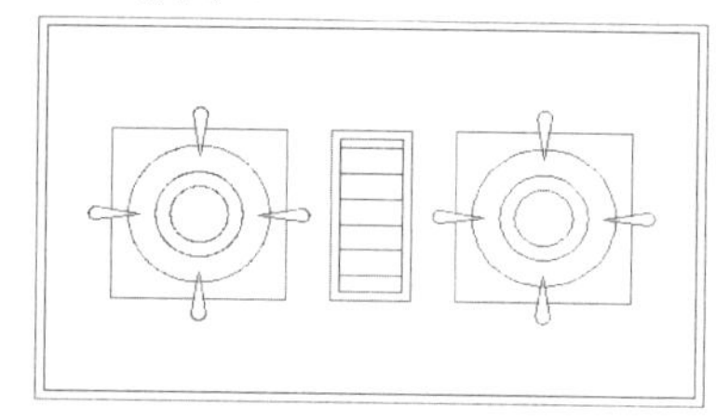

图 141-6 阵列处理

步骤 14 圆角并修剪处理。执行 FILLET 命令，设置圆角半径为 25，对炉盘上的锐角进行圆角处理；使用 TRIM 命令对多余的直线进行修剪，效果参见图 141-1。

实例 142 台上盆平面图块

本实例将绘制台上盆平面图块，效果如图 142-1 所示。

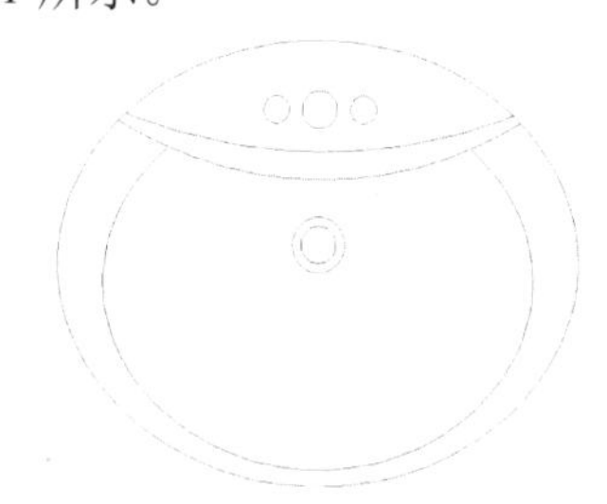

图 142-1 台上盆平面图块

操作步骤

步骤 1 新建文件。启动 AutoCAD，单击"新建"按钮，新建一个 CAD 文件。

步骤 2 创建图层。在"AutoCAD 经典"工作空间下，单击"图层"工具栏中的"图层特性管理器"按钮，在弹出的"图层特性管理器"对话框中，依次创建图层"轮廓线"【颜色值为（214,0,214）】、"细实线"（蓝色），然后双击"轮廓线"图层将其设置为当前图层。

步骤 3 绘制椭圆。单击"绘图"面板中的"椭圆"按钮，根据提示进行操作，依次输入（0,240）、（600,240）和（@0,240），绘制一个椭圆。

步骤 4 重复步骤（3）中的操作，输入 C，然后依次输入（300,220）、（@0,202）和（@248,0），绘制椭圆，效果如图 142-2 所示。

步骤 5 绘制圆。单击"绘图"面板中的

“圆”按钮，根据提示进行操作，以(300,260)为圆心，分别绘制半径为30、20的圆，效果如图142-3所示。

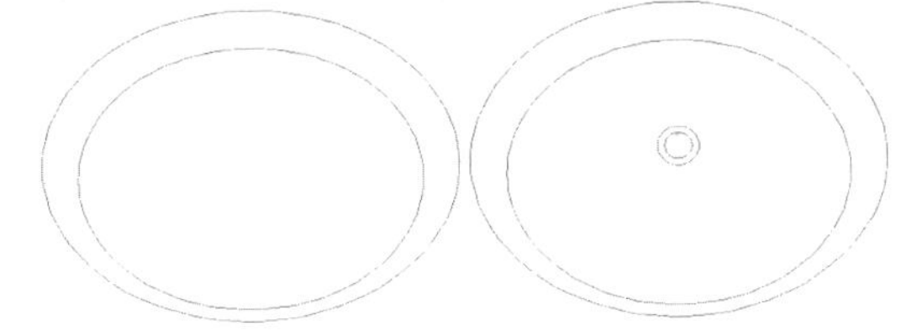

图142-2 绘制椭圆 图142-3 绘制圆

步骤6 重复步骤(5)中的操作，以(300,405)为圆心，绘制半径为20的圆；以(250,405)为圆心，绘制半径为15的圆；以(350,405)为圆心绘制半径为15的圆，效果如图142-4所示。

步骤7 绘制构造线。单击“绘图”面板中的“构造线”按钮，根据提示进行操作，输入H，然后依次输入(0,400)、(0,392)、(0,360)和(0,330)，绘制水平构造线。

步骤8 重复步骤(7)中的操作，输入V，然后输入(300,0)，绘制垂直构造线，效果如图142-5所示。

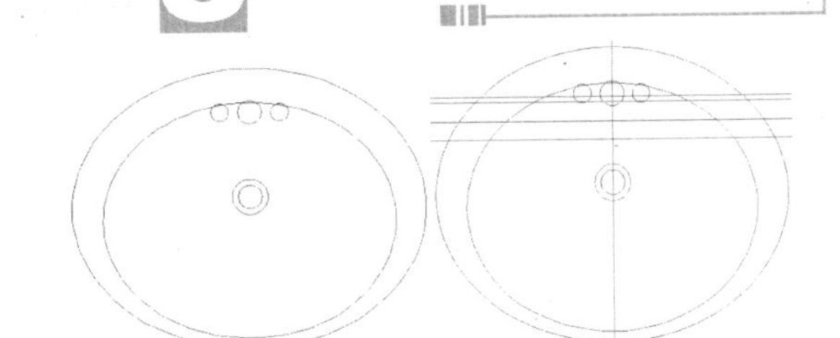

图142-4 绘制圆 图142-5 绘制构造线

步骤9 绘制圆弧。单击“绘图”面板中的“三点”按钮，根据提示进行操作，捕捉构造线与椭圆之间的交点，绘制如图142-6所示的圆弧。

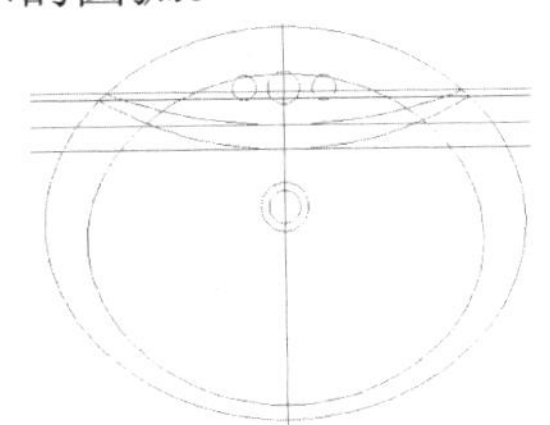

图142-6 绘制圆弧

步骤10 删除并修剪处理。使用ERASE命令将构造线删除；使用TRIM命令对多余的直线进行修剪，然后将椭圆和半径为20的圆移至“细实线”图层，效果参见图142-1。

实例143 挂墙面盆平面图块

本实例将绘制挂墙面盆平面图块，效果如图143-1所示。

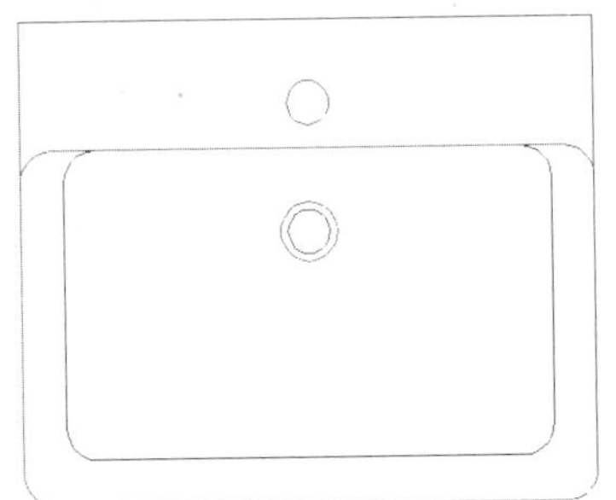

图143-1 挂墙面盆平面图块

操作步骤

步骤1 新建文件。启动AutoCAD，单击“新建”按钮，新建一个CAD文件。

步骤2 创建图层。在“AutoCAD经典”工作空间下，单击“图层”工具栏中的“图层特性管理器”按钮，在弹出的“图层特性管理器”对话框中，依次创建图层“轮廓线”【颜色值为(214,0,214)】、“细实线”(蓝色)，然后双击“轮廓线”图层将其设置为当前图层。

步骤3 绘制矩形。单击“绘图”面板中的“矩形”按钮，根据提示进行操作，以(0,0)和(465,375)为矩形的角点和对角点，绘制一个矩形。重复此操作，以(0,0)和(465,275)为矩形的角点和对角点绘制矩形；以(35,35)和(430,275)为矩形的角点和对角点绘制矩形，效果如图143-2所示。

步骤4 圆角并修剪处理。执行FILLET

命令，设置圆角半径为 25，对矩形的直角进行圆角处理；使用 TRIM 命令对多余的直线进行修剪，效果如图 143-3 所示。

步骤 5 绘制圆。单击“绘图”面板中的“圆”按钮，根据提示进行操作，以（232.5,310）为圆心绘制半径为 17 的圆；以（232.5,210）为圆心，分别绘制半径为 17 和 23 的圆，将小矩形和半径为 17 的圆移至“细实线”图层，效果参见图 143-1。

图 143-2　绘制矩形　图 143-3　圆角并修剪处理

实例 144　浴缸平面图块（一）

本实例将绘制浴缸平面图块（一），效果如图 144-1 所示。

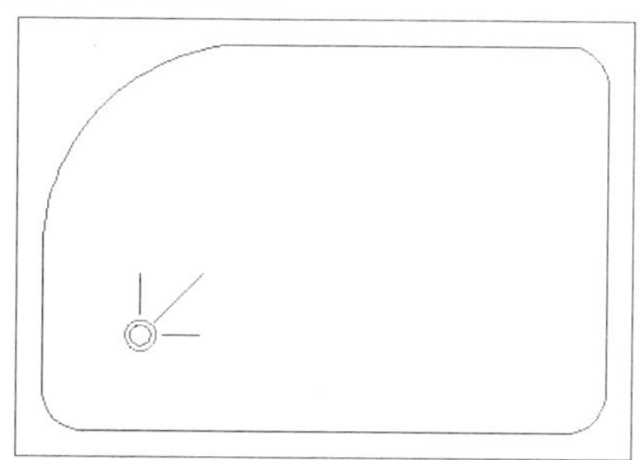

图 144-1　浴缸平面图块（一）

操作步骤

步骤 1 新建文件。启动 AutoCAD，单击“新建”按钮，新建一个 CAD 文件。

步骤 2 创建图层。在“AutoCAD 经典”工作空间下，单击“图层”工具栏中的“图层特性管理器”按钮，在弹出的“图层特性管理器”对话框中，依次创建图层“轮廓线”【颜色值为（214,0,214）】、“细实线”（蓝色），然后双击“轮廓线”图层将其设置为当前图层。

步骤 3 绘制矩形并进行偏移处理。使用 RECTANG 命令，以（0,0）和（1200,850）为矩形的角点和对角点绘制矩形；执行 OFFSET 命令，设置偏移距离为 50，将该矩形向内偏移。

步骤 4 圆角处理。单击“修改”面板中的“圆角”按钮，根据提示进行操作，设置圆角半径为 400，对偏移生成的矩形的左上角进行圆角处理。重复此操作，设置圆角半径为 80，对偏移生成的矩形的其他三个角进行圆角处理，并将其移至“细实线”图层，效果如图 144-2 所示。

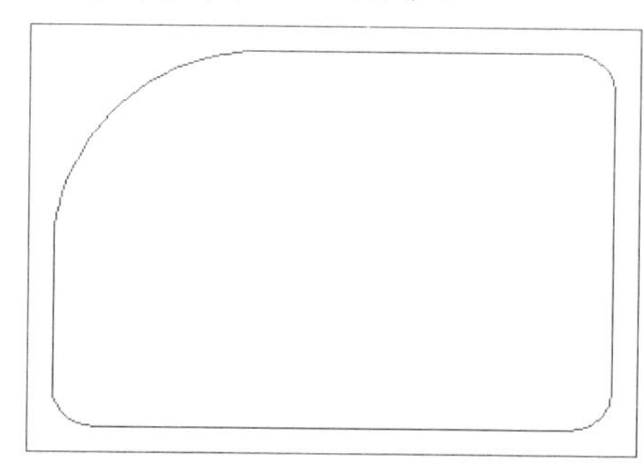

图 144-2　圆角处理

步骤 5 绘制圆。单击“绘图”面板中的“圆”按钮，根据提示进行操作，以（240,235）为圆心，分别绘制半径为 20 和 30 的圆，并将半径为 20 的圆移至“细实线”图层。

步骤 6 绘制直线。单击“绘图”面板中的“直线”按钮，根据提示进行操作，以（240,276）和（240,356）为直线的第一点和第二点绘制一条直线。重复此操作，以（267,262）和（361,356）为直线的第一点和第二点绘制直线；以（282,235）和（355,235）为直线的第一点和第二点绘制直线，并将这三条直线移至“细实线”图层，效果参见图 144-1。

实例145 浴缸平面图块（二）

本实例将绘制浴缸平面图块（二），效果如图145-1所示。

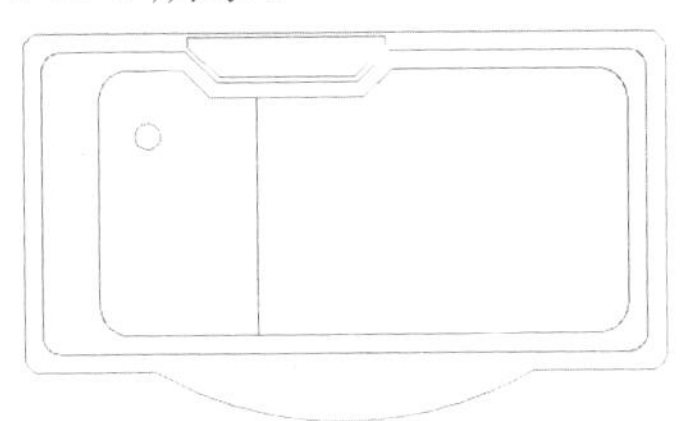

图145-1 浴缸平面图块（二）

操作步骤

步骤1 新建文件。启动AutoCAD，新建一个CAD文件。

步骤2 创建图层。在“AutoCAD经典”工作空间下，单击“图层”工具栏中的“图层特性管理器”按钮，在弹出的“图层特性管理器”对话框中，依次创建图层“轮廓线”【颜色值为（214,0,214）】、“细实线”（蓝色），然后双击“轮廓线”图层将其设置为当前图层。

步骤3 绘制矩形并偏移处理。使用RECTANG命令，以（0,0）和（1700,900）为矩形的角点和对角点，绘制一个矩形；执行OFFSET命令，设置偏移距离为50，将绘制的矩形向内偏移。

步骤4 圆角处理。单击“修改”面板中的“圆角”按钮，根据提示进行操作，设置圆角半径为50，对两个矩形的直角进行圆角处理，效果如图145-2所示。

图145-2 圆角处理

步骤5 绘制矩形并圆角处理。使用RECTANG命令，以（200,100）和（1600,800）为矩形的角点和对角点，绘制一个矩形；执行FILLET命令，设置圆角半径为80，对该矩形进行圆角处理，并将两个小矩形移至“细实线”图层，效果如图145-3所示。

图145-3 绘制矩形并圆角处理

步骤6 绘制多段线。在命令行中输入PLINE命令并按回车键，根据提示进行操作，依次输入（438,888）、（@528,0）、（@0,-26）、（@-82,-81）、（@-364,0）、（@-82,81）和（@0,26）绘制多段线，效果如图145-4所示。

图145-4 绘制多段线

步骤7 偏移处理。使用OFFSET命令，将多段线依次向外偏移，偏移的距离分别为15和40，并将偏移生成的多段线移至“细实线”图层，效果如图145-5所示。

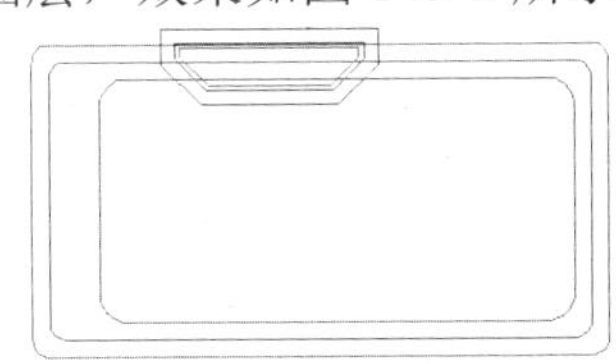

图145-5 偏移处理

步骤8 修剪处理。使用TRIM命令对偏移生成的多段线进行修剪，效果如图145-6所示。

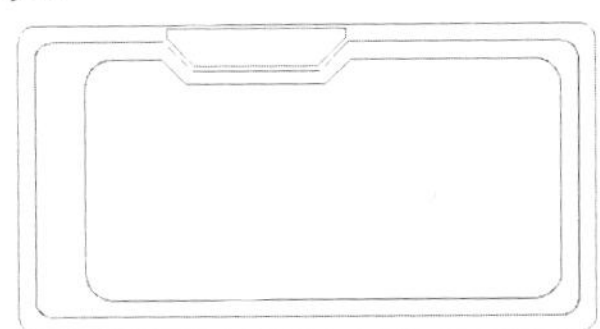

图145-6 修剪处理

步骤 9 绘制圆。在命令行中输入CIRCLE命令并按回车键，根据提示进行操作，以（330,625）为圆心绘制半径为34的圆。

步骤 10 绘制圆弧。使用ARC命令，依次输入（350,0）、（850,-130）和（1350,0），绘制圆弧，并将“细实线”图层设置为当前图层，效果如图145-7所示。

步骤 11 绘制直线并修剪。使用LINE命令，以（620,100）和（@0,626）为直线的第一点和第二点，绘制直线；使用TRIM命令对多余的直线进行修剪，效果参见图145-1。

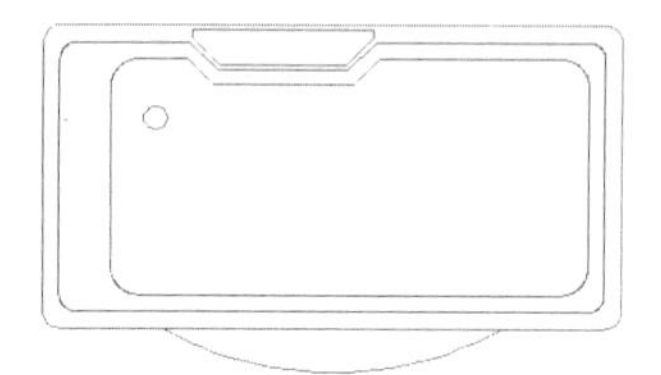

图 145-7　绘制圆弧

实例 146　蹲便器平面图块

本实例将绘制蹲便器平面图块，效果如图146-1所示。

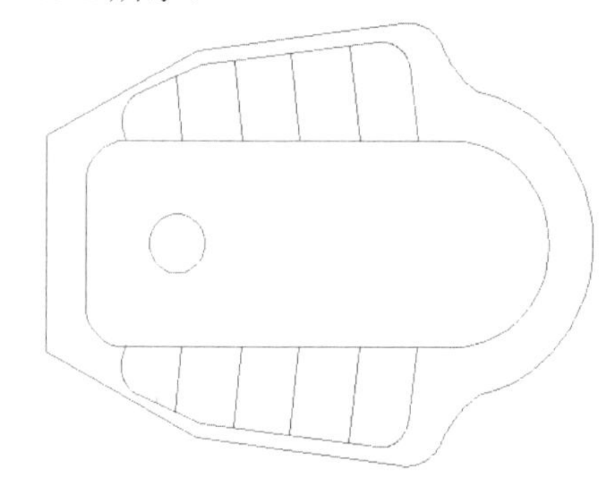

图 146-1　蹲便器平面图块

操作步骤

步骤 1 新建文件。启动AutoCAD，单击“新建”按钮，新建一个CAD文件。

步骤 2 创建图层。在“AutoCAD经典”工作空间下，单击“图层”工具栏中的“图层特性管理器”按钮，在弹出的“图层特性管理器”对话框中，依次创建图层“轮廓线”【颜色值为（214,0,214）】、“细实线”（蓝色），然后双击“轮廓线”图层将其设置为当前图层。

步骤 3 绘制矩形并圆角处理。输入RECTANG命令，根据提示进行操作，以（30,80）和（@354,145）为矩形的角点和对角点，绘制一个矩形；执行FILLET命令，设置圆角半径为30，对该矩形左边的两个直角进行圆角处理，设置圆角半径为72，对矩形右边的两个直角进行圆角处理，效果如图146-2所示。

步骤 4 绘制圆。单击“绘图”面板中的“圆”按钮，根据提示进行操作，以（310,153）为圆心绘制半径为108的圆，以（100,153）为圆心绘制半径为21的圆。

图 146-2　绘制矩形并圆角处理

步骤 5 绘制多段线。在命令行中输入PLINE命令并按回车键，根据提示进行操作，依次输入（0,153）、（@0,75）、（@115,60）、（@157,20）、A、（@32,-18）和（@34,-35），绘制多段线，效果如图146-3所示。

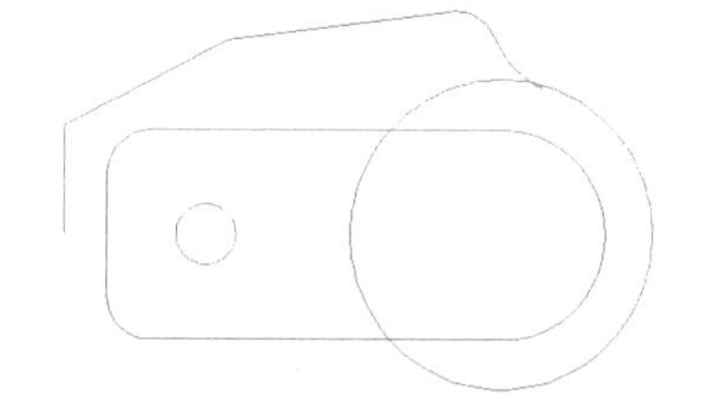

图 146-3　绘制多段线

步骤 6 重复步骤（5）中的操作，依次输入（61,224）、（@-2.5,7.6）、A、（@12.4,27）、L、（@48,20）、（@135,16）、A、（@24,-19）、L和（@6.2,-51），绘制多段线。

步骤 7 绘制直线并偏移处理。使用LINE命令，以（240,224）和（@-8,70）为直线的第一点和第二点绘制直线；使用 OFFSET 命令，将该直线沿水平方向依次向左偏移 3 次，偏移的距离均为 45。

步骤 8 镜像处理。单击“修改”面板中的“镜像”按钮，根据提示进行操作，选择蹲便器的上半部分为镜像对象，以矩形左边垂直线上的中点和右边垂直线上的中点为镜像线上的第一点和第二点进行镜像，效果如图 146-4 所示。

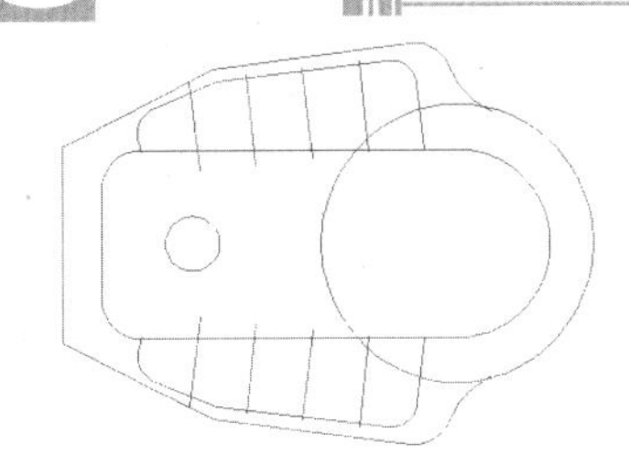

图 146-4　镜像处理

步骤 9 修剪处理。单击“修改”面板中的“修剪”按钮，根据提示进行操作，对多余的线段进行修剪，并将蹲便器的脚踏线移至“细实线”图层，效果参见图 146-1。

实例 147 坐便器平面图块

本实例将绘制坐便器平面图块，效果如图 147-1 所示。

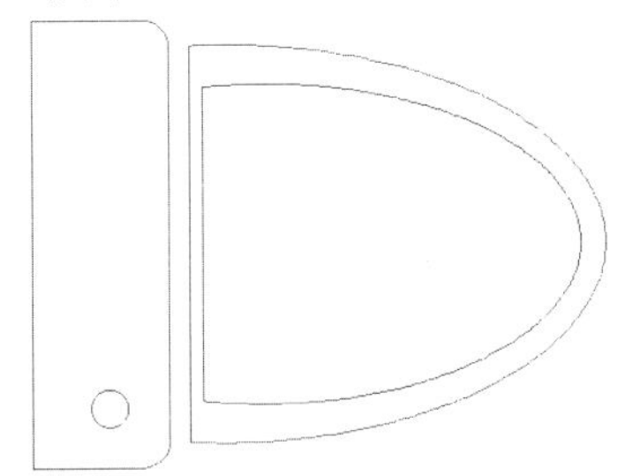

图 147-1　坐便器平面图块

操作步骤

步骤 1 新建文件。启动 AutoCAD，单击“新建”按钮，新建一个 CAD 文件。

步骤 2 创建图层。在“AutoCAD 经典”工作空间下，单击“图层”工具栏中的“图层特性管理器”按钮，在弹出的“图层特性管理器”对话框中，依次创建图层“轮廓线”【颜色值为(214,0,214)】、“细实线”(蓝色)，然后双击“轮廓线”图层将其设置为当前图层。

步骤 3 绘制矩形并圆角处理。输入 RECTANG 命令，根据提示进行操作，以（0,0）和（127,400）为矩形的角点和对角点，绘制一个矩形；执行 FILLET 命令，设置圆角半径为 25，对矩形右边的两个直角进行圆角处理。

步骤 4 绘制圆。单击“绘图”面板中的“圆”按钮，根据提示进行操作，以（71,53）为圆心绘制半径为 17 的圆。

步骤 5 绘制椭圆。单击“绘图”面板中的“椭圆”按钮，根据提示进行操作，输入 C，然后依次输入（215,200）、（@0,143）和（@290,0）绘制椭圆。

步骤 6 重复步骤（5）中的操作，输入 C，然后依次输入（178,200）、（@0,178）和（@350,0）绘制椭圆，效果如图 147-2 所示。

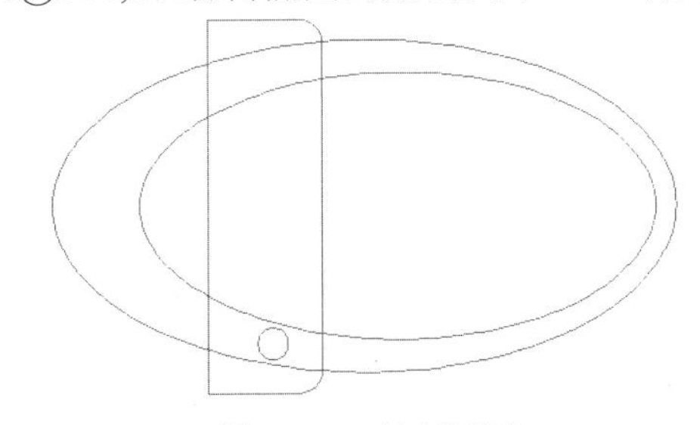

图 147-2　绘制椭圆

步骤 7 绘制构造线并修剪。使用 XLINE 命令，输入 V，分别通过点（146,0）和（158,0）绘制两条垂直的构造线；使用 TRIM 命令对多余的线条进行修剪，并将半径为 17 的圆、小椭圆和直线移至“细实线”图层，效果参见图 147-1。

实例148 楼梯平面图块

本实例将绘制楼梯平面图块，效果如图148-1所示。

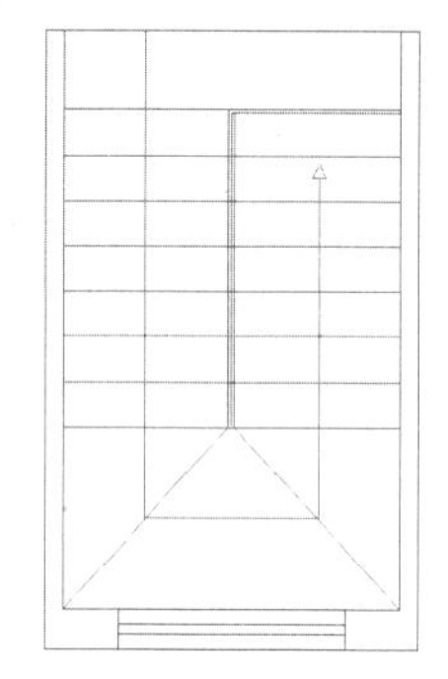

图148-1　楼梯平面图块

操作步骤

步骤1 新建文件。启动AutoCAD，单击“新建”按钮，新建一个CAD文件。

步骤2 创建图层。在“AutoCAD经典”工作空间下，单击“图层”工具栏中的“图层特性管理器”按钮，在弹出的“图层特性管理器”对话框中，依次创建图层“轮廓线”【颜色值为（214,0,214）】、“细实线”（蓝色），然后双击“轮廓线”图层将其设置为当前图层。

步骤3 绘制矩形并进行分解处理。输入RECTANG命令，根据提示进行操作，在绘图区内任意选取一点作为第一个角点，然后输入（@2300,3400）为另一个角点，绘制一个矩形；使用EXPLODE命令，对绘制的矩形进行分解处理。

步骤4 偏移处理。单击“修改”面板中的“偏移”按钮，根据提示进行操作，选择矩形的左边垂直线，沿水平方向依次向右偏移，偏移距离分别为110、340、1400和340。

步骤5 重复步骤（4）中的操作，选择矩形的下边水平线，将其沿垂直方向向上偏移，偏移距离分别为220和1000，效果如图148-2所示。

步骤6 修剪处理。单击“修改”面板中的“修剪”按钮，根据提示进行操作，对线段进行修剪，效果如图148-3所示。

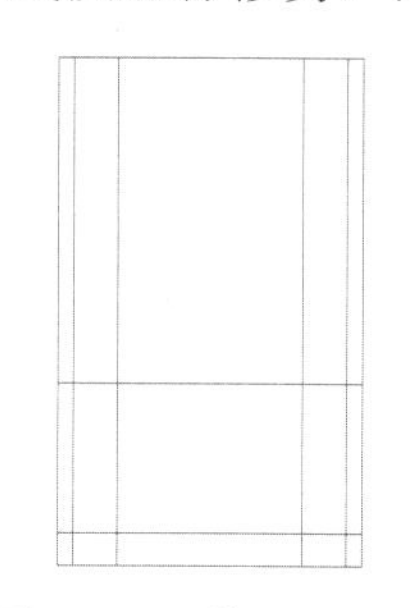

图148-2　偏移处理

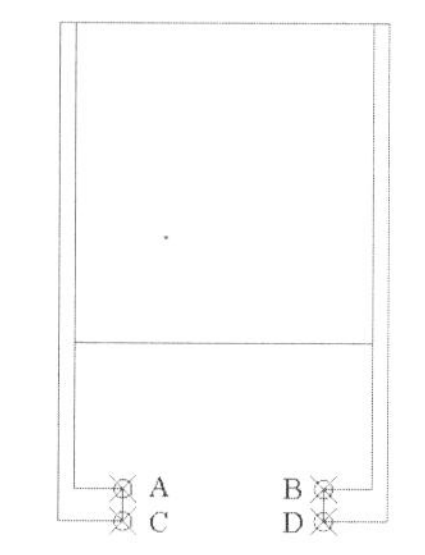

图148-3　修剪处理

步骤7 绘制直线。单击“绘图”面板中的“直线”按钮，根据提示进行操作，分别捕捉图148-3中的端点A和B、端点C和D，绘制两条直线。

步骤8 偏移处理。单击“修改”面板中的“偏移”按钮，根据提示进行操作，设置偏移距离为85，将直线AB和直线CD分别向中间偏移，效果如图148-4所示。

步骤9 阵列处理。在命令行中输入ARRAY命令并按回车键，选择矩形中间的水平直线为阵列的对象，输入阵列类型为“矩形（R）”，选择“行数（R）”为8，指定行数之间的距离为250，指定行数之间的标高增量为0，选择“列数”为1，指定列数之间的距离为0，指定列数之间的标高增量为0，按下回车键进行阵列，效果如图148-5所示。

图148-4　偏移处理

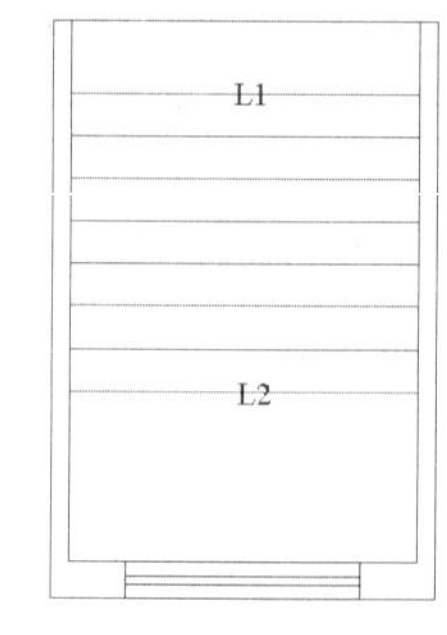

图148-5　阵列处理

步骤 10 偏移处理。单击“修改”面板中的“偏移”按钮，根据提示进行操作，选择矩形左边内部的垂直线，将其沿水平方向依次向右偏移，偏移距离分别为 1020、20 和 20。

步骤 11 重复步骤（10）中的操作，选择图 148-5 中的直线 L1，将其沿垂直方向向下偏移；选择直线 L2，将其沿垂直方向向上偏移，设置偏移距离均为 20，效果如图 148-6 所示。

步骤 12 修剪处理。单击“修改”面板中的“修剪”按钮，根据提示进行操作，对偏移的线段进行修剪，效果如图 148-7 所示。

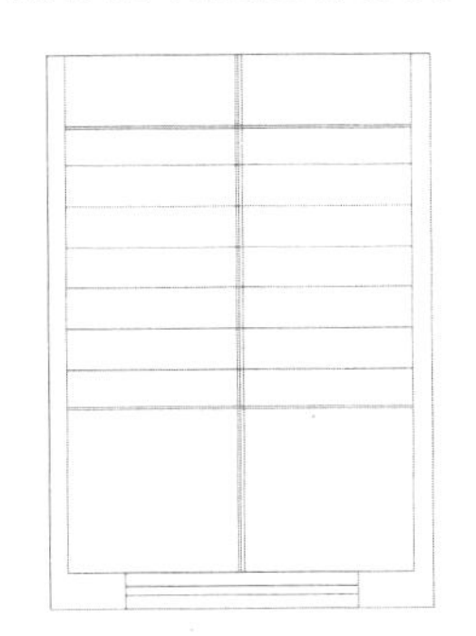

图 148-6 偏移处理

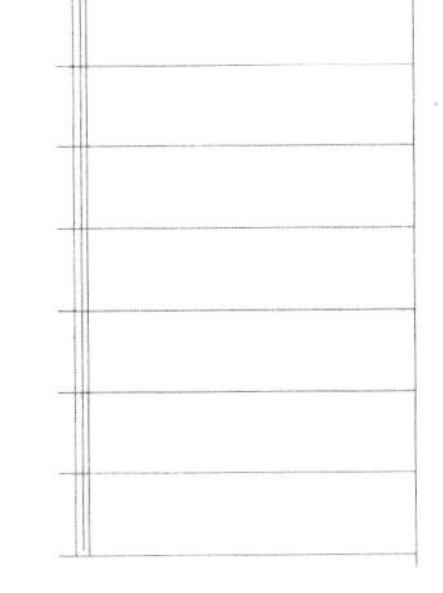

图 148-7 修剪处理

步骤 13 绘制直线。单击“绘图”面板中的“直线”按钮，根据提示进行操作，结合对象捕捉功能，绘制如图 148-8 所示的直线。

步骤 14 偏移处理。单击“修改”面板中的“偏移”按钮，根据提示进行操作，选择矩形左右两边内部的垂直线，将其沿水平方向向内偏移，偏移距离均为 510，效果如图 148-9 所示。

步骤 15 修剪处理。使用 TRIM 命令对多余的线段进行修剪。

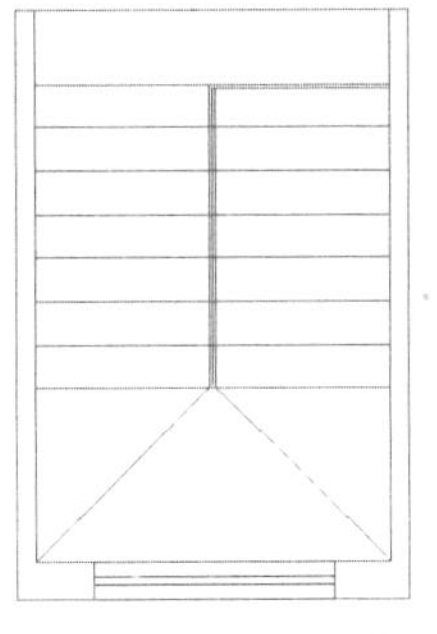

图 148-8 绘制直线

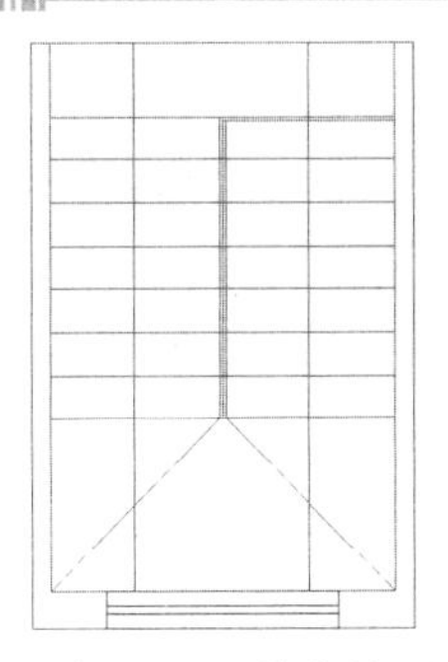

图 148-9 偏移处理

步骤 16 绘制直线。单击“绘图”面板中的“直线”按钮，根据提示进行操作，结合对象捕捉功能，绘制如图 148-10 所示的直线。

步骤 17 绘制正多边形。在命令行中输入 POLYGON 命令并按回车键，根据提示进行操作，指定边数为 3 并按回车键，按住【Shift】键的同时在绘图区单击鼠标右键，在弹出的快捷菜单中选择“自”选项，捕捉图 148-10 中的端点 E 为基点，然后输入（@0,-100）为正多边形的中心点，绘制半径为 50 的内接于圆的正三角形。

步骤 18 修剪处理。使用 TRIM 命令对多余的线段进行修剪，效果如图 148-11 所示。

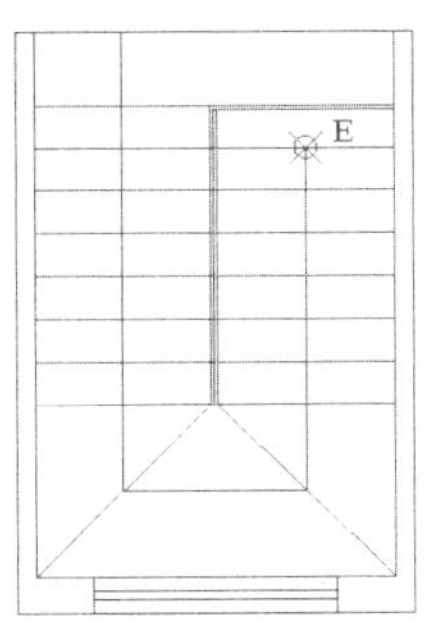

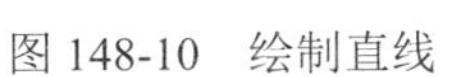

图 148-10 绘制直线

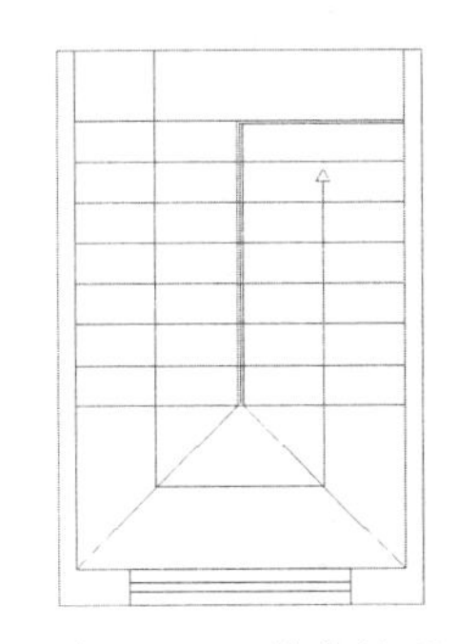

图 148-11 修剪处理

实例 149 洗衣机平面图块

本实例将绘制洗衣机平面图块，效果如图 149-1 所示。

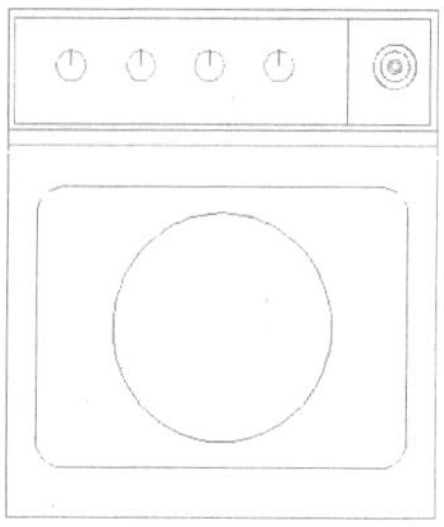

图 149-1　洗衣机平面图块

操作步骤

步骤 1 新建文件。启动 AutoCAD，单击“新建”按钮，新建一个 CAD 文件。

步骤 2 创建图层。在“AutoCAD 经典”工作空间下，单击“图层”工具栏中的“图层特性管理器”按钮，在弹出的“图层特性管理器”对话框中，依次创建图层“轮廓线”【设置颜色值为（214,0,214）】、“细实线”（蓝色），然后双击“轮廓线”图层将其设置为当前图层。

步骤 3 绘制矩形。输入 RECTANG 命令，根据提示进行操作，以（0,0）和（500,570）为矩形的角点和对角点，绘制一个矩形。

步骤 4 绘制矩形并进行圆角处理。使用 RECTANG 命令，以（34,56）和（466,370）为矩形的角点和对角点，绘制一个矩形；执行 FILLET 命令，设置圆角半径为 30，对该矩形直角进行圆角处理，效果如图 149-2 所示。

步骤 5 绘制矩形和直线。使用 RECTANG 命令，以（8,440）和（@484,120）为矩形的角点和对角点绘制矩形；使用 LINE 命令，以（395,440）和（@0,120）为直线的第一点和第二点绘制直线。

步骤 6 绘制直线并偏移处理。使用 LINE 命令，以（0,433）和（@500,0）为直线的第一点和第二点绘制直线；执行 OFFSET 命令，设置偏移距离为 17，将该直线垂直向下偏移，效果如图 149-3 所示。

步骤 7 绘制圆。单击“绘图”面板中的“圆”按钮，根据提示进行操作，以（250,213）为圆心，绘制半径为 128 的圆，并将其移至“细实线”图层，效果如图 149-4 所示。

步骤 8 绘制圆。使用 CIRCLE 命令，以（72,506）为圆心绘制半径为 17 的圆。

步骤 9 绘制直线。单击“绘图”面板中的“直线”按钮，根据提示进行操作，以（72,506）和（@0,17）为直线的第一点和第二点绘制直线，效果如图 149-5 所示。

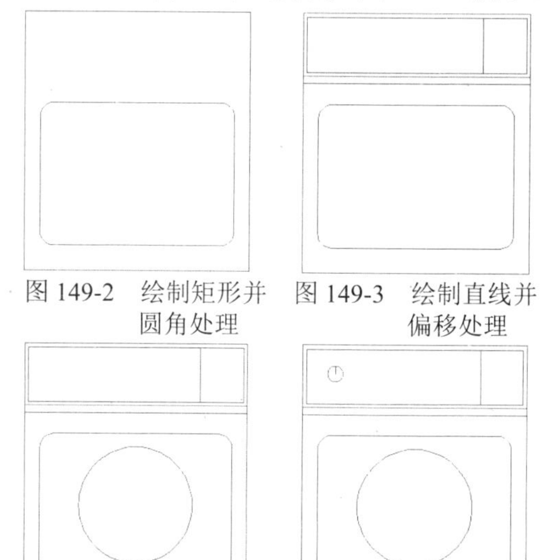

图 149-2　绘制矩形并圆角处理　图 149-3　绘制直线并偏移处理

图 149-4　绘制圆　图 149-5　绘制直线

步骤 10 阵列处理。在命令行中输入 ARRAY 命令并按回车键，选择步骤（8）和步骤（9）中绘制的圆和直线为阵列的对象，输入阵列类型为“矩形（R）”，选择“行数（R）”为 1，指定行数之间的距离为 0，指定行数之间的标高增量为 0，选择“列数”为 4，指定列数之间的距离为 81，指定列数之间的标高增量为 0，按下回车键进行阵列，效果如图 149-6 所示。

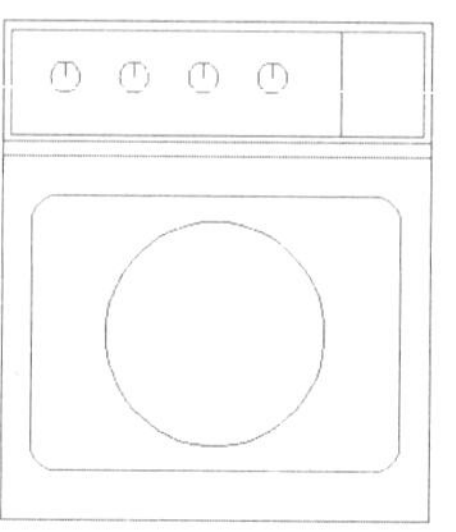

图 149-6　阵列处理

步骤 11 绘制圆。单击“绘图”面板中的“圆”按钮，根据提示进行操作，以（450,506）为圆心，分别绘制半径为 5、8、17 和 25 的圆，效果参见图 149-1。

实例 150 冰箱平面图块

本实例将绘制冰箱平面图块，效果如图 150-1 所示。

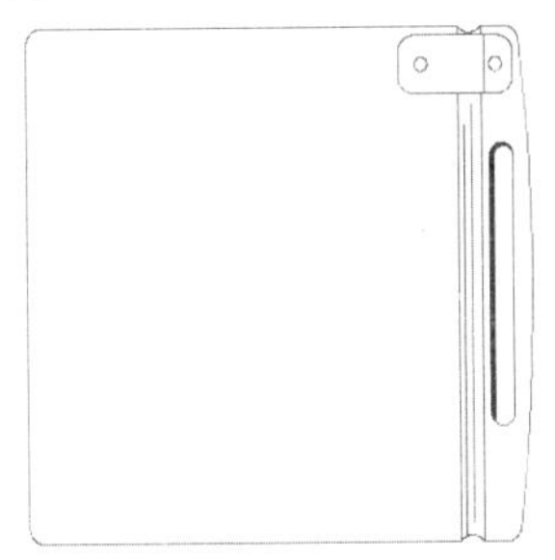

图 150-1 冰箱平面图块

操作步骤

步骤 1 新建文件。启动 AutoCAD，单击“新建”按钮，新建一个 CAD 文件。

步骤 2 创建图层。在“AutoCAD 经典”工作空间下，单击“图层”工具栏中的“图层特性管理器”按钮，在弹出的“图层特性管理器”对话框中，依次创建图层“轮廓线”【设置颜色值为（214,0,214）】、“细实线”（蓝色）、“填充”，然后双击“轮廓线”图层将其设置为当前图层。

步骤 3 绘制矩形并进行分解处理。使用 RECTANG 命令，以（0,0）和（612,588）为矩形的角点和对角点，绘制一个矩形；使用 EXPLODE 命令对其进行分解处理。

步骤 4 偏移并删除处理。使用 OFFSET 命令，选择矩形右边的垂直线，将其沿水平方向依次向左偏移，偏移的距离分别为 45 和 30；使用 ERASE 命令，删除矩形右边的垂直线，效果如图 150-2 所示。

步骤 5 绘制圆弧并进行圆角处理。使用 ARC 命令，依次输入（612,0）、（630,294）和（612,588）绘制圆弧；执行 FILLET 命令，设置圆角半径为 20，对尖角进行圆角处理，效果如图 150-3 所示。

图 150-2 偏移并删除处理　　图 150-3 绘制圆弧并圆角处理

步骤 6 绘制矩形并进行圆角处理。使用 RECTANG 命令，以（577,132）和（@30,322）为矩形的角点和对角点，绘制一个矩形；执行 FILLET 命令，设置圆角半径为 15，对矩形进行圆角处理，效果如图 150-4 所示。

图 150-4 绘制矩形并圆角处理

步骤 7 分解并偏移处理。使用 EXPLODE 命令，对圆角后的矩形进行分解处理；执行 OFFSET 命令，设置偏移距离为 5，将圆角后的矩形的左边线和左上角的圆弧向矩形内偏移，效果如图 150-5 所示。

步骤 8 延伸处理。单击“修改”面板中的“延伸”按钮，根据提示进行操作，对偏移生成的线条进行延伸处理。

步骤 9 夹点编辑。选择偏移生成的圆弧，选取右边的端点并拖动，利用对象捕捉功能，捕捉图 150-5 中的端点 A 进行夹点编辑，效果如图 150-6 所示。

步骤 10 绘制矩形并圆角处理。使用 RECTANG 命令，以（463,577）和（@144,-66）为矩形的角点和对角点绘制矩形；执行 FILLET 命令，设置圆角半径为 20，对该矩形进行圆角处理。

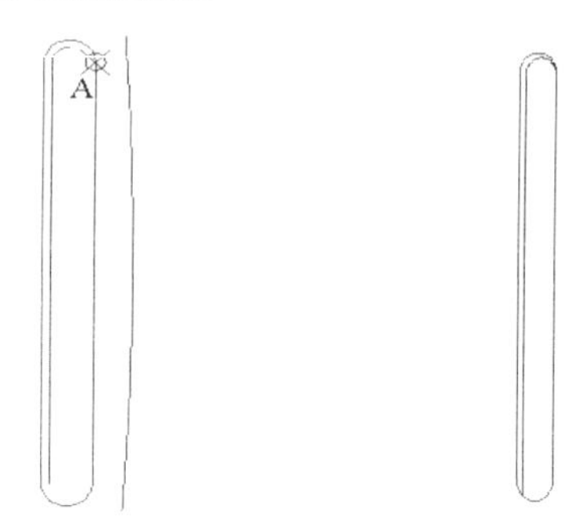

图 150-5 分解并偏移处理　　图 150-6 夹点编辑

步骤 11 绘制圆弧。单击"绘图|圆弧|三点"命令，根据提示进行操作，依次输入（537,588）、（@15,-8）及（@15,8）绘制圆弧。

步骤 12 重复步骤（11）中的操作，依次输入（537,0）、（@15,8）和（@15,-8）绘制圆弧，效果如图 150-7 所示。

步骤 13 绘制圆。单击"绘图"面板中的"圆"按钮，根据提示进行操作，以（492,544）为圆心，绘制半径为 8 的圆；以（585,544）为圆心，绘制半径为 8 的圆。

步骤 14 绘制直线。单击"绘图"面板中的"直线"按钮，根据提示进行操作，以（571,511）和（@0,66）为直线的第一点和第二点绘制直线，并将"细实线"图层设置为当前图层。

步骤 15 绘制直线。单击"绘图"面板中的"直线"按钮，根据提示进行操作，以（545,8）和（@0,466）为直线的第一点和第二点绘制一条直线。

步骤 16 重复步骤（15）中的操作，以（555,23）和（@0,475）为直线的第一点和第二点绘制一条直线，效果如图 150-8 所示。

步骤 17 修剪处理。单击"修改"面板中的"修剪"按钮，根据提示进行操作，对多余的线段进行修剪，并将"填充"图层设置为当前图层。

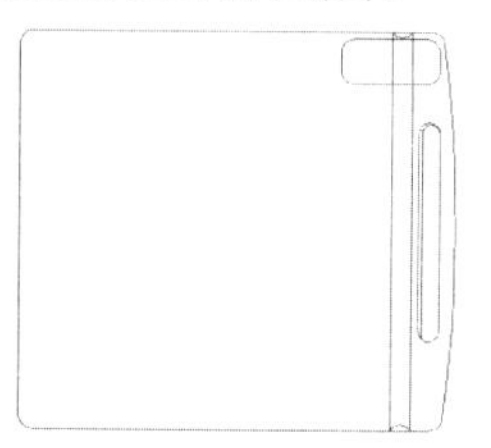

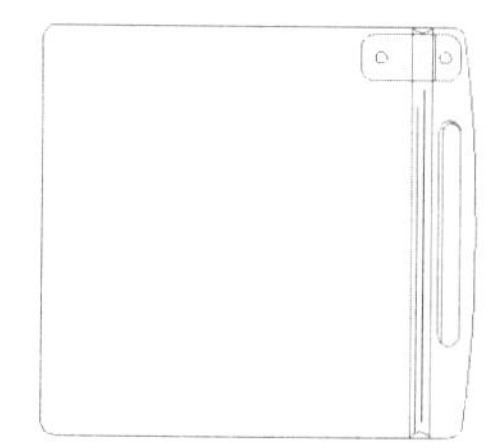

图 150-7 绘制圆弧　　图 150-8 绘制直线

步骤 18 图案填充。执行 BHATCH 命令，设置"图案"为 SOLID，在绘图区选择需要填充的区域进行填充，效果参见图 150-1。

实例151 吸顶灯平面图块

本实例将绘制吸顶灯平面图块，效果如图 151-1 所示。

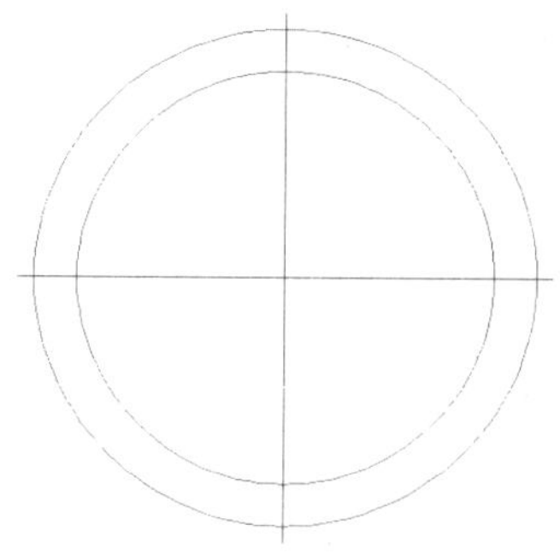

图 151-1 吸顶灯平面图块

操作步骤

步骤 1 新建文件。启动 AutoCAD，单击"新建"按钮，新建一个 CAD 文件。

步骤 2 创建图层。在"AutoCAD 经典"工作空间下，单击"图层"工具栏中的"图层特性管理器"按钮，在弹出的"图层特性管理器"对话框中，依次创建图层"轮廓线"【设置颜色值为（214,0,214）】、"细实线"（蓝色），然后双击"细实线"图层将其设置为当前图层。

步骤 3 绘制直线。单击"绘图"面板中的"直线"按钮，根据提示进行操作，以（0,0）和（226,0）为直线的第一点和第二点，绘制一条直线。

步骤 4 重复此操作，以（113,113）和

（113,-113）为直线的第一点和第二点，绘制另一条直线，并将“轮廓线”图层设置为当前图层，效果如图 151-2 所示。

步骤 5 绘制圆。单击“绘图”面板中的“圆”按钮，根据提示进行操作，以（113,0）为圆心，分别绘制半径为 88 和 106 的圆，效果参见图 151-1。

图 151-2 绘制直线

实例 152 台灯平面图块

本实例将绘制台灯平面图块，效果如图 152-1 所示。

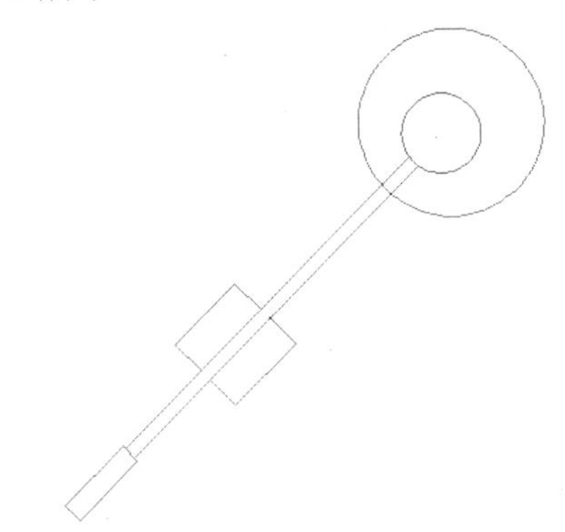

图 152-1 台灯平面图块

操作步骤

步骤 1 新建文件。启动 AutoCAD，单击“新建”按钮，新建一个 CAD 文件。

步骤 2 创建图层。在“AutoCAD 经典”工作空间下，单击“图层”工具栏中的“图层特性管理器”按钮，在弹出的“图层特性管理器”对话框中，依次创建图层“轮廓线”【设置颜色值为（214,0,214）】、“细实线”（蓝色），然后双击“轮廓线”图层，将其设置为当前图层。

步骤 3 绘制矩形。输入 RECTANG 命令，根据提示进行操作，以（0,0）和（20,80）为矩形的角点和对角点绘制矩形。

步骤 4 重复步骤（3）中的操作，输入（4,80）和（@12,390）绘制矩形。

步骤 5 绘制直线。单击“绘图”面板中的“直线”按钮，根据提示进行操作，依次输入（4,184）、（@-35,0）、（@0,82）和（@35,0）绘制直线，效果如图 152-2 所示。

步骤 6 镜像处理。使用 MIRROR 命令，选择步骤（5）中绘制的直线为镜像对象，以（10,0）和（10,10）为镜像线上的第一点和第二点进行镜像处理。

步骤 7 绘制圆。在命令行中输入 CIRCLE 命令并按回车键，根据提示进行操作，以（10,506）为圆心绘制半径为 38 的圆，并将其移至“细实线”图层。

步骤 8 绘制圆。在命令行中输入 CIRCLE 命令并按回车键，根据提示进行操作，以（10,520）为圆心绘制半径为 89 的圆，效果如图 152-3 所示。

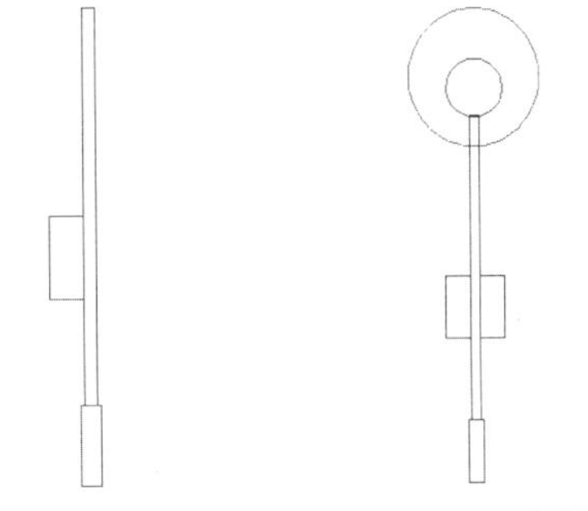

图 152-2 绘制直线　　图 152-3 绘制圆

步骤 9 修剪并旋转处理。使用 TRIM 命令，对多余的线段进行修剪；使用 ROTATE 命令，以原点为基点，指定旋转角度为-45 度，进行旋转处理，效果参见图 152-1。

实例153 电脑平面图块

本实例将绘制电脑平面图块，效果如图153-1所示。

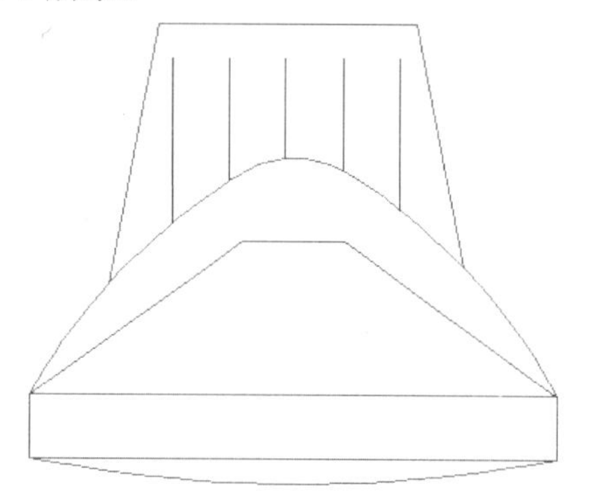

图153-1 电脑平面图块

操作步骤

步骤1 新建文件。启动AutoCAD，单击“新建”按钮，新建一个CAD文件。

步骤2 创建图层。在“AutoCAD经典”工作空间下，单击“图层”工具栏中的“图层特性管理器”按钮，在弹出的“图层特性管理器”对话框中，依次创建图层“轮廓线”【设置颜色值为（214,0,214）】、“细实线”（蓝色），然后双击“轮廓线”图层将其设置为当前图层。

步骤3 绘制矩形。输入RECTANG命令，根据提示进行操作，以（0,0）和（600,75）为矩形的角点和对角点，绘制一个矩形。

步骤4 绘制圆弧。单击“绘图|圆弧|三点”命令，根据提示进行操作，依次输入（0,0）、（300,-30）及（600,0）绘制圆弧，效果如图153-2所示。

步骤5 绘制多段线。使用PLINE命令，依次输入（0,75）、A、A、-30、（@240,260）、（@120,0）和（@240,-260），绘制多段线，效果如图153-3所示。

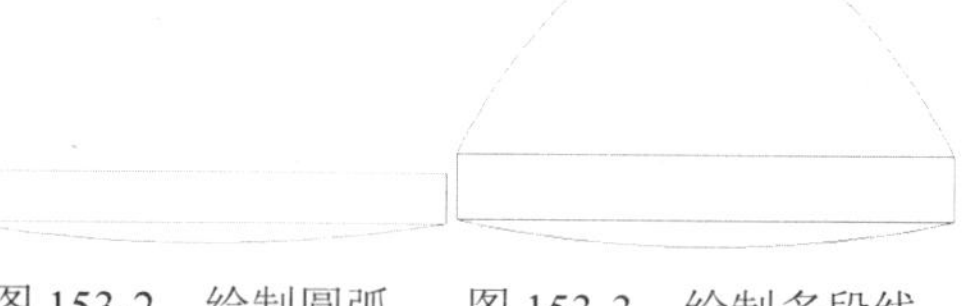

图153-2 绘制圆弧　　图153-3 绘制多段线

步骤6 重复步骤（5）中的操作，依次输入（0,75）、（@240,180）、（@118,0）和（@240,-180），绘制多段线，并将该多段线移至“细实线”图层，效果如图153-4所示。

步骤7 绘制多段线。使用PLINE命令，依次输入（80,160）、（@65,350）、（@295,0）和（@65,-350），绘制多段线。将“细实线”图层设置为当前图层。

步骤8 绘制直线。单击“绘图”面板中的“直线”按钮，根据提示进行操作，以（160,250）和（@0,220）为直线的第一点和第二点绘制直线，效果如图153-5所示。

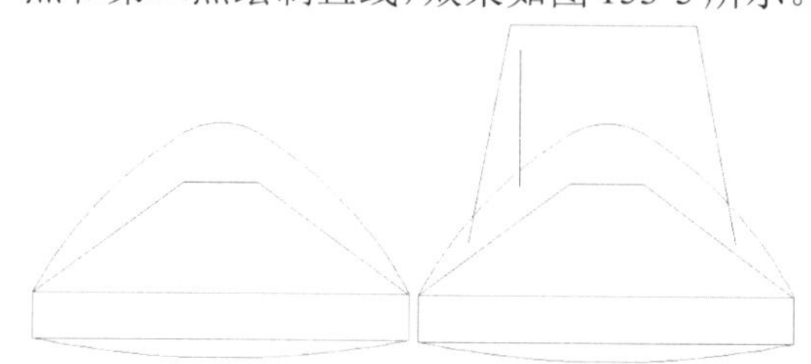

图153-4 绘制多段线　图153-5 绘制直线

步骤9 偏移并修剪处理。使用OFFSET命令，选择步骤（8）中绘制的直线，将其沿水平方向依次向右偏移4次，偏移距离均为65；使用TRIM命令，对多余的直线进行修剪，效果参见图153-1。

实例154 鼠标平面图块

本实例将绘制鼠标平面图块，效果如图154-1所示。

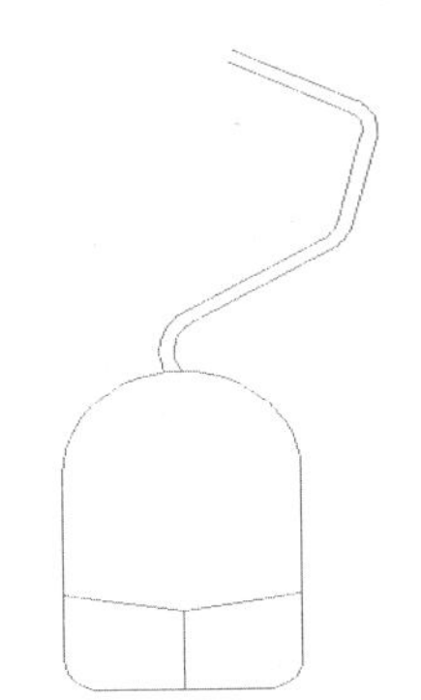

图 154-1　鼠标平面图块

操作步骤

步骤 1 新建文件。启动 AutoCAD，单击“新建”按钮，新建一个 CAD 文件。

步骤 2 创建图层。在“AutoCAD 经典”工作空间下，单击“图层”工具栏中的“图层特性管理器”按钮，在弹出的“图层特性管理器”对话框中，依次创建图层“轮廓线”【设置颜色值为（214,0,214）】、“细实线”（蓝色），然后双击“轮廓线”图层将其设置为当前图层。

步骤 3 绘制矩形并圆角处理。使用 RECTANG 命令，以（0,0）和（64,100）为矩形的角点和对角点绘制一个矩形；执行 FILLET 命令，设置圆角半径为 10，对该矩形底边的两个直角进行圆角处理。

步骤 4 圆角处理。执行 FILLET 命令，设置圆角半径为 32，对矩形顶边的两个直角进行圆角处理，并将“细实线”图层设置为当前图层，效果如图 154-2 所示。

步骤 5 绘制直线。单击“绘图”面板中的“直线”按钮，根据提示进行操作，以（32,0）和（@0,25）为直线的第一点和第二点绘制直线。

步骤 6 绘制直线。使用 LINE 命令，依次输入（0,30）、（32,25）和（64,30），绘制直线，并将“轮廓线”图层设置为当前图层，效果如图 154-3 所示。

步骤 7 绘制多段线并圆角处理。使用 PLINE 命令，依次输入（32,100）、（@-5,10）、（@50,30）、（@10,40）和（@-40,20），绘制多段线；执行 FILLET 命令，设置圆角半径为 10，对多段线的尖角进行圆角处理。

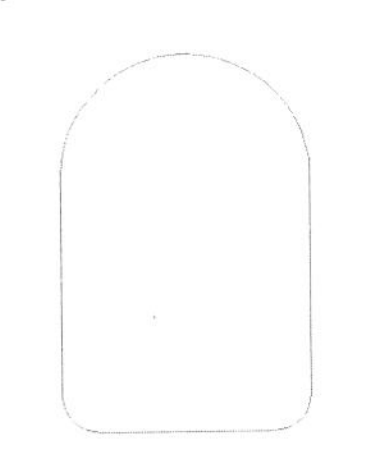

图 154-2　圆角处理

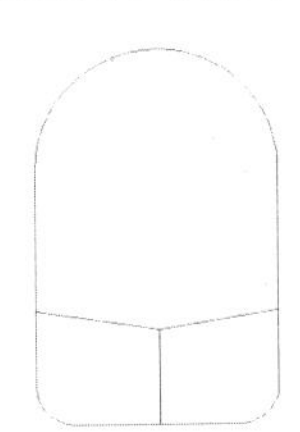

图 154-3　绘制直线

步骤 8 偏移并修剪处理。执行 OFFSET 命令，指定偏移距离为 4，将多段线向左偏移；使用 TRIM 命令，对多段线进行修剪，效果参见图 154-1。

实例 155　键盘平面图块

本实例将绘制键盘平面图块，效果如图 155-1 所示。

图 155-1　键盘平面图块

操作步骤

步骤 1 新建文件。启动 AutoCAD，单击“新建”按钮，新建一个 CAD 文件。

步骤 2 创建图层。在“AutoCAD 经典”工作空间下，单击“图层”工具栏中的“图层特性管理器”按钮，在弹出的“图层特性管理器”对话框中，依次创建图层“轮廓线”【设置颜色值为（214,0,214）】、“细实线”（蓝色），然后双击“轮廓线”图层将其设置为当前图层。

步骤 3 绘制矩形并分解处理。输入 RECTANG 命令，根据提示进行操作，以

（0,0）和（500,200）为矩形的角点和对角点，绘制一个矩形；使用 EXPLODE 命令对矩形进行分解处理。

步骤 4 偏移处理。单击“修改”面板中的“偏移”按钮，根据提示进行操作，设置偏移距离为 22，将矩形左右两边的垂直线分别向内偏移。

步骤 5 重复步骤（4）中的操作，设置偏移距离为 11，将矩形上下两边的水平线分别向内偏移，效果如图 155-2 所示。

图 155-2　偏移处理

步骤 6 圆角处理。执行 FILLET 命令，设置圆角半径为 20，对图形中的直角进行圆角处理，并将偏移生成的矩形移至“细实线”图层，效果如图 155-3 所示。

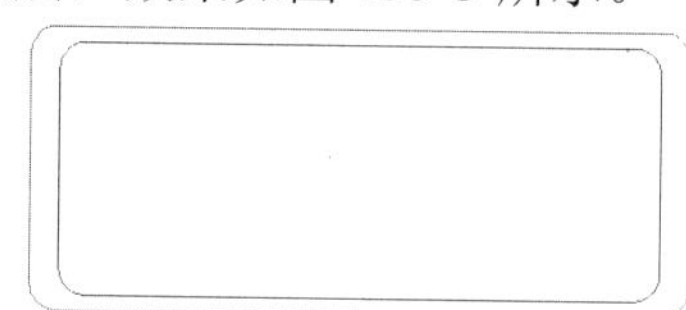

图 155-3　圆角处理

步骤 7 绘制矩形。单击“绘图|矩形”命令，根据提示进行操作，以（42,26）和（@40,106）为矩形的角点和对角点绘制一个矩形。

步骤 8 重复步骤（7）中的操作，分别以（93,26）和（@280,106）、（383,26）和（@81,106）为矩形的角点和对角点绘制矩形，效果如图 155-4 所示。

图 155-4　绘制矩形

步骤 9 分解处理。在命令行中输入 EXPLODE 命令并按回车键，根据提示进行操作，对绘制的三个矩形对象进行分解处理。

步骤 10 偏移并修剪处理。执行 OFFSET 命令，设置偏移距离为 20，将矩形的边线偏移，并使用 TRIM 命令，对多余的直线进行修剪，效果如图 155-5 所示。

图 155-5　偏移并修剪处理

步骤 11 绘制矩形。单击“绘图”面板中的“矩形”按钮，根据提示进行操作，以（36,146）和（@15,15）为矩形的角点和对角点，绘制一个矩形。

步骤 12 复制处理。使用 COPY 命令，选择步骤（11）中绘制的矩形并按回车键，以（36,146）为基点，然后输入（@52,0）为目标点进行复制。

步骤 13 阵列处理。在命令行中输入 ARRAY 命令并按回车键，选择步骤（12）中复制生成的矩形为阵列的对象，输入阵列类型为“矩形（R）”，选择“行数（R）”为 1，指定行数之间的距离为 0，指定行数之间的标高增量为 0，选择“列数”为 4，指定列数之间的距离为 23，指定列数之间的标高增量为 0，按下回车键进行阵列，效果如图 155-6 所示。

图 155-6　阵列处理

步骤 14 复制并删除处理。使用 COPY 命令，选择步骤（13）中阵列处理后的四个矩形并按回车键，以原点为基点，然后输入（@100,0）和（@200,0）为目标点，进行复制；使用 ERASE 命令，将复制生成的最后一个矩形删除。将“细实线”图层设置为当前图层，效果如图 155-7 所示。

步骤 15 输入文字。在命令行中输入MTEXT命令并按回车键，根据提示进行操作，在键盘的右上角指定文本输入框的角点和对角点，在"文字编辑器"选项卡中，设置"字体"为"宋体"、"字号"为30、"字体样式"为"加粗"，输入"com"。

步骤 16 绘制直线。单击"绘图"面板中的"直线"按钮，根据提示进行操作，以（35,173）和（@317,0）为直线的第一点和第二点绘制直线，效果参见图155-1。

图155-7 复制并删除处理

实例156 电话机平面图块

本实例将绘制电话机平面图块，效果如图156-1所示。

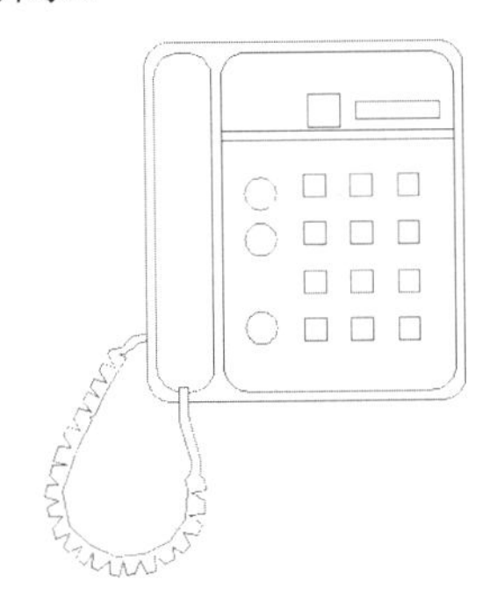

图156-1 电话机平面图块

操作步骤

步骤 1 新建文件。启动AutoCAD，单击"新建"按钮，新建一个CAD文件。

步骤 2 创建图层。在"AutoCAD经典"工作空间下，单击"图层"工具栏中的"图层特性管理器"按钮，在弹出的"图层特性管理器"对话框中，依次创建图层"轮廓线"【设置颜色值为（214,0,214）】、"细实线"（蓝色），然后双击"轮廓线"图层将其设置为当前图层。

步骤 3 绘制矩形。输入RECTANG命令，根据提示进行操作，以（0,0）和（325,360）为矩形的角点和对角点绘制一个矩形。

步骤 4 重复步骤（3）中的操作，输入（10,10）和（@58,340）绘制矩形。

步骤 5 圆角处理。在命令行中输入FILLET命令并按回车键，根据提示进行操作，设置圆角半径为25，对绘制的两个矩形进行圆角处理，效果如图156-2所示。

步骤 6 绘制矩形并分解处理。使用RECTANG命令，以（78,10）和（@237,340）为矩形的角点和对角点绘制一个矩形；使用EXPLODE命令对绘制的矩形进行分解，并将其移至"细实线"图层，效果如图156-3所示。

步骤 7 偏移处理。单击"修改"面板中的"偏移"按钮，根据提示进行操作，选择矩形上边的水平线，将其沿垂直方向依次向下偏移，偏移的距离分别为80和8。

图156-2 圆角处理

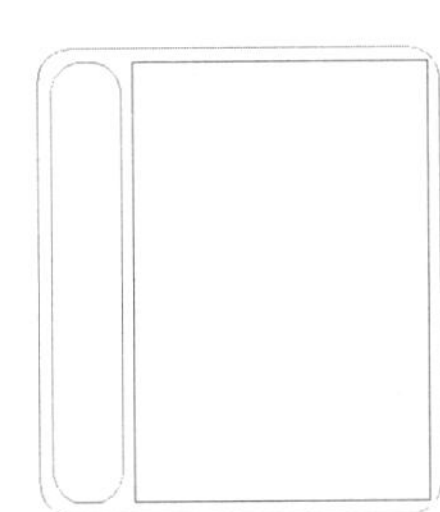

图156-3 绘制矩形并分解处理

步骤 8 圆角处理。在命令行中输入FILLET命令并按回车键，根据提示进行操作，设置圆角半径为25，对步骤（6）中分解的矩形直角进行圆角处理，效果如图156-4所示。

步骤 9 绘制矩形。单击"绘图|矩形"命令，根据提示进行操作，以（167,275）和（@33,33）为矩形的角点和对角点绘制一个矩形。

步骤 10 重复步骤（9）中的操作，输入（215,283）和（@86,16）绘制矩形。

步骤 11 绘制圆。单击“绘图”面板中的“圆”按钮，根据提示进行操作，以（117,208）为圆心，绘制半径为16的圆。

步骤 12 复制处理。单击“修改”面板中的“复制”按钮，根据提示进行操作，选择半径为16的圆并按回车键，捕捉半径为16的圆的圆心为基点，然后依次输入（117,162）和（117,74）为目标点进行复制，效果如图156-5所示。

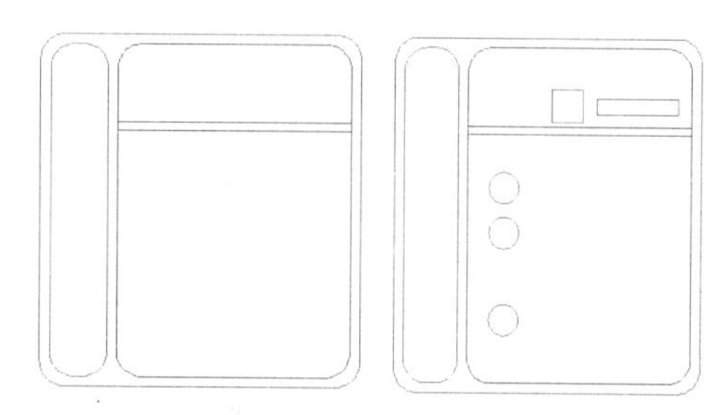

图 156-4 圆角处理　　图 156-5 复制处理

步骤 13 绘制矩形。单击“绘图”面板中的“矩形”按钮，根据提示进行操作，以（161,205）和（@22,22）为矩形的角点和对角点绘制一个矩形。

步骤 14 阵列处理。在命令行中输入ARRAY命令并按回车键，选择步骤（13）中绘制的矩形为阵列的对象，输入阵列类型为“矩形（R）”，选择“行数（R）”为3，指定行数之间的距离为-48，指定行数之间的标高增量为0，选择“列数”为4，指定列数之间的距离为48，指定列数之间的标高增量为0，按下回车键进行阵列，效果如图156-6所示。

步骤 15 绘制直线并修剪。使用LINE命令绘制电话线；使用TRIM命令对多余的直线进行修剪处理，效果如图156-7所示。

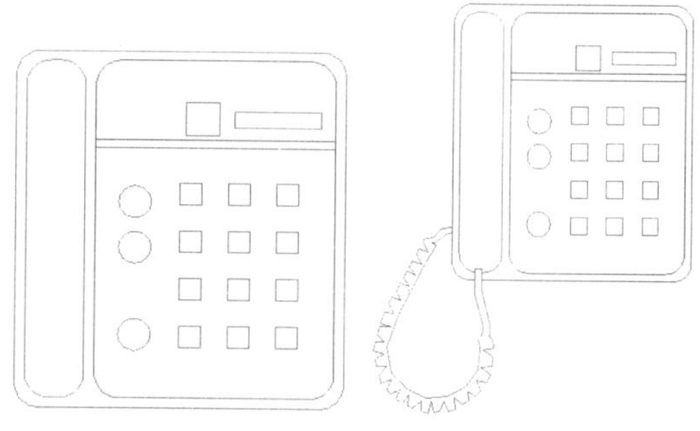

图 156-6 阵列处理　　图 156-7 绘制直线并修剪

实例 157 电视机立面图块

本实例将绘制电视机立面图块，效果如图157-1所示。

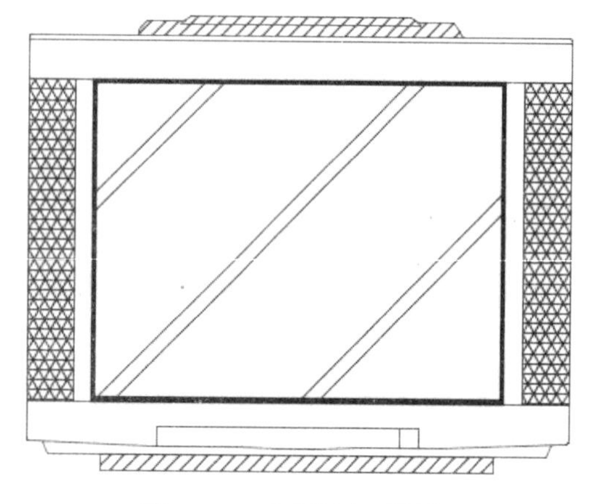

图 157-1 电视机立面图块

操作步骤

步骤 1 新建文件。启动AutoCAD，单击“新建”按钮，新建一个CAD文件。

步骤 2 创建图层。在“AutoCAD经典”工作空间下，单击“图层”工具栏中的“图层特性管理器”按钮，在弹出的“图层特性管理器”对话框中，依次创建图层“轮廓线”【设置颜色值为（214,0,214）】、“填充”（黑色）、“细实线”（蓝色），然后双击“轮廓线”图层将其设置为当前图层。

步骤 3 绘制矩形。输入RECTANG命令，根据提示进行操作，以（120,0）和（@642,25）为矩形的角点和对角点，绘制一个矩形。

步骤 4 绘制多段线。在命令行中输入 PLINE 命令并按回车键，根据提示进行操作，依次输入（28,45）、（35,25）、（847,25）和（854,45），绘制多段线，效果如图 157-2 所示。

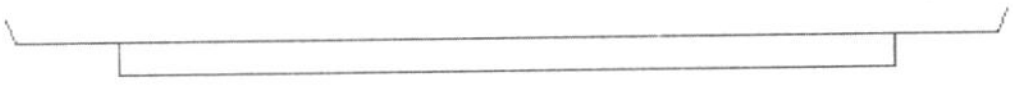

图 157-2 绘制多段线

步骤 5 重复步骤（4）中的操作，依次输入（0,47）、A、A、5、（882,47）、L、（882,691）和（0,691），然后输入 C，绘制一条封闭的多段线，效果如图 157-3 所示。

步骤 6 进行分解处理。在命令行中输入 EXPLODE 命令并按回车键，根据提示进行操作，选择步骤（5）中绘制的多段线对其进行分解处理。

步骤 7 偏移处理。单击“修改”面板中的“偏移”按钮，根据提示进行操作，选择多段线的上边线，将其沿垂直方向依次向下偏移，偏移的距离分别为 10、60 和 511。

步骤 8 圆角处理。在命令行中输入 FILLET 命令并按回车键，根据提示进行操作，设置圆角半径为 5，对步骤（5）中绘制的多段线的尖角进行圆角处理，效果如图 157-4 所示。

图 157-3 绘制多段线　图 157-4 圆角处理

步骤 9 绘制多段线。使用 PLINE 命令，依次输入（176,691）、A、A、-50、（@15,23）、L、（@500,0）和（@15,-23），绘制多段线。

步骤 10 重复步骤（9）中的操作，依次输入（246,709）、A、A、-30、（@20,13）、L、（@350,0）、A、A、-30、（@20,-13）和 L，然后输入 C，绘制一条封闭的多段线，效果如图 157-5 所示。

步骤 11 修剪处理。使用 TRIM 命令，对多余的线条进行修剪。

步骤 12 绘制矩形并偏移处理。使用 RECTANG 命令，以（105,110）和（@672,511）为矩形的角点和对角点，绘制一个矩形；执行 OFFSET 命令，设置偏移距离为 6，将绘制的矩形向内偏移。

步骤 13 绘制直线。使用 LINE 命令，以（75,110）和（@0,511）为直线的第一点和第二点绘制直线；以（807,110）和（@0,511）为直线的第一点和第二点绘制直线，效果如图 157-6 所示。

步骤 14 绘制直线。单击“绘图”面板中的“直线”按钮，根据提示进行操作，依次输入（210,40）、（@0,30）、（@430,0）和（@0,-30）绘制直线。

图 157-5 绘制多段线　图 157-6 绘制直线

步骤 15 偏移处理。执行 OFFSET 命令，设置偏移距离为 32，将步骤（14）中绘制的右边垂直线沿水平方向向左偏移，效果如图 157-7 所示。

步骤 16 图案填充。执行 BHATCH 命令，设置“图案”为 JIS_LC_8A、“比例”为 30，在绘图区选择需要填充的区域进行填充，效果如图 157-8 所示。

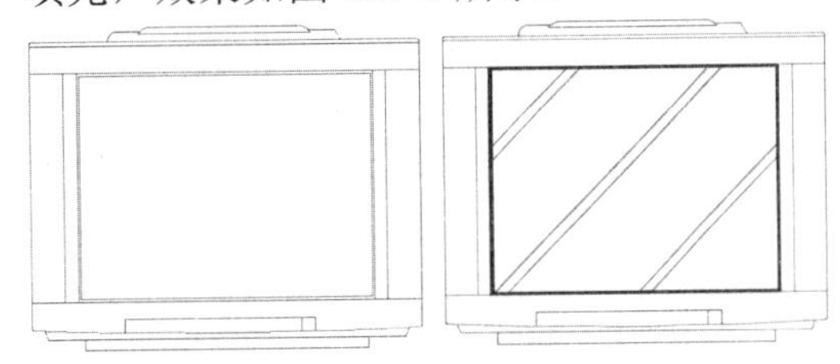

图 157-7 偏移处理　图 157-8 图案填充

步骤 17 重复步骤（16）中的操作，设置填充的图案、比例和角点，填充相应的区域，效果参见图 157-1。

实例158 饮水机平面图块

本实例将绘制饮水机平面图块，效果如图158-1所示。

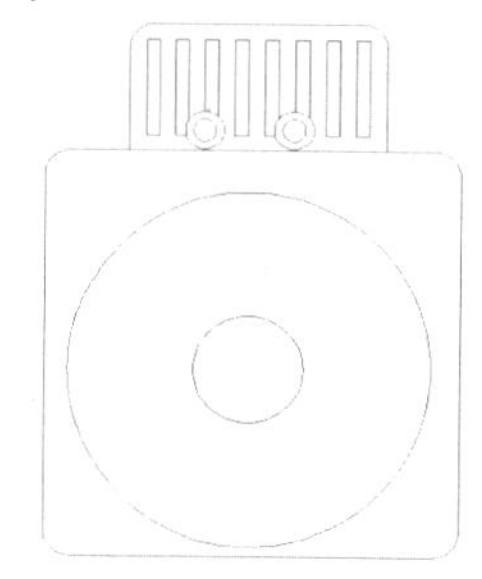

图158-1 饮水机平面图块

操作步骤

步骤1 新建文件。启动AutoCAD，单击“新建”按钮，新建一个CAD文件。

步骤2 创建图层。在“AutoCAD经典”工作空间下，单击“图层”工具栏中的“图层特性管理器”按钮，在弹出的“图层特性管理器”对话框中，依次创建图层“轮廓线”【设置颜色值为（214,0,214）】、“细实线”（蓝色），然后双击“轮廓线”图层将其设置为当前图层。

步骤3 绘制矩形。输入RECTANG命令，根据提示进行操作，以（-158,-147）和（162,173）为矩形的角点和对角点绘制一个矩形。

步骤4 重复步骤（3）中的操作，以（-94,173）和（105,273）为矩形的角点和对角点绘制一个矩形，效果如图158-2所示。

步骤5 圆角处理。在命令行中输入FILLET命令并按回车键，根据提示进行操作，设置圆角半径为20，对两个矩形进行圆角处理，效果如图158-3所示。

步骤6 绘制圆。单击“绘图”面板中的“圆”按钮，根据提示进行操作，以原点为圆心，分别绘制半径为42和140的圆，效果如图158-4所示。

步骤7 绘制矩形。输入RECTANG命令，根据提示进行操作，以（-80,185）和（-70,260）为矩形的角点和对角点，绘制一个矩形。

步骤8 阵列处理。在命令行中输入ARRAY命令并按回车键，选择刚绘制的矩形为阵列的对象，输入阵列类型为“矩形（R）”，选择“行数（R）”为1，指定行数之间的距离为0，指定行数之间的标高增量为0，选择“列数”为8，指定列数之间的距离为23，指定列数之间的标高增量为0，按下回车键进行阵列，效果如图158-5所示。

图158-2 绘制矩形　　图158-3 圆角处理

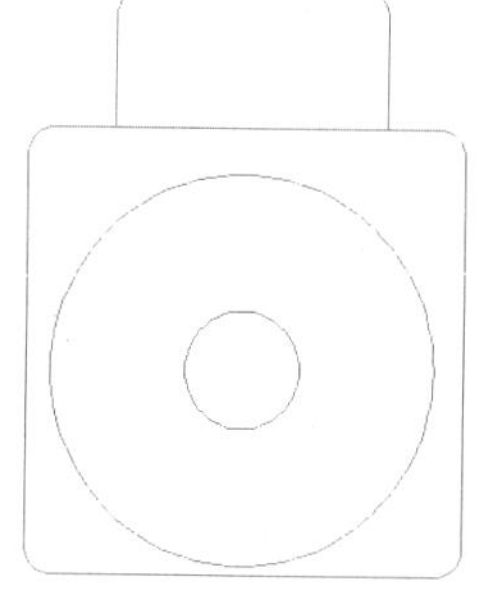

图158-4 绘制圆　　图158-5 阵列处理

步骤9 绘制圆。单击“绘图”面板中的“圆”按钮，根据提示进行操作，以（-34,189）为圆心，分别绘制半径为8.8、15的圆。

步骤10 进行镜像并修剪处理。使用MIRROR命令，选择半径为8.8和15的圆，以（0,0）和（0,10）为镜像线上的第一点和第二点进行镜像处理，并将半径为8.8的圆和阵列生成的矩形移至“细实线”图层；使用TRIM命令，对多余的线条进行修剪，效果参见图158-1。

第 9 章　建筑家装施工图

part 9

本章主要介绍建筑家装施工图的设计和绘制方法。通过本章的学习，读者可以掌握平面图、天花布置图、开关布置图、照明供电线路图、插座布置图、立面图、结构图、详图等建筑家装施工图的绘制方法和技巧。同时，可以了解工程设计中有关建筑家装施工图设计的一般要求，以及使用AutoCAD绘制建筑家装施工图的方法和流程。

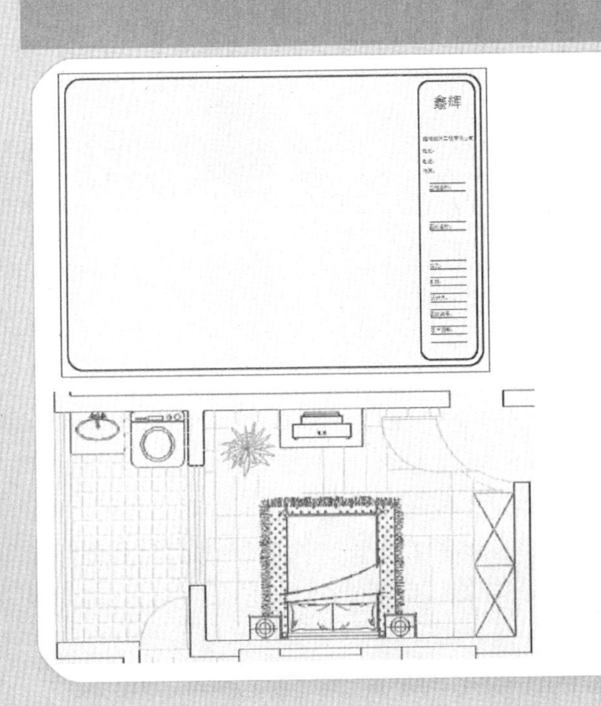

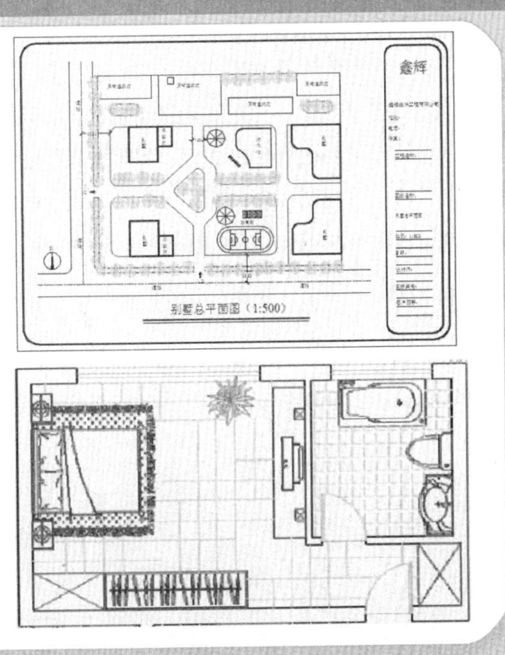

实例159 建筑家装图签样板

本实例将绘制建筑家装图签样板，效果如图 159-1 所示。

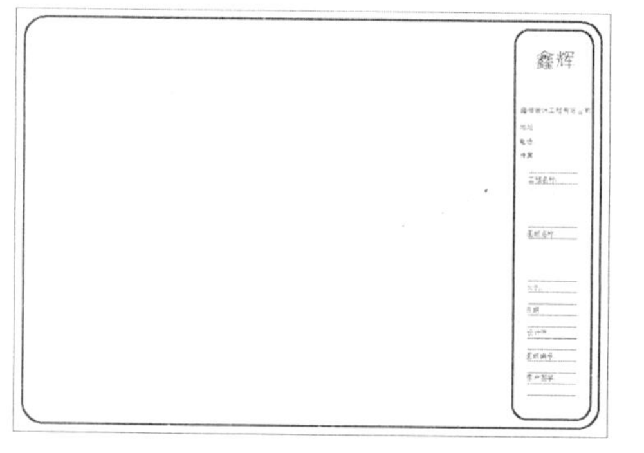

图 159-1 建筑家装图签样板

操作步骤

1. 设置文字和标注样式

步骤 1 新建文件。启动 AutoCAD，单击“新建”按钮，新建一个 CAD 文件。

步骤 2 创建图层。在“AutoCAD 经典”工作空间下，单击“图层”选项板中的“图层特性管理器”按钮，在弹出的“图层特性管理器”对话框中，依次创建图层“标注”(蓝色)、“家具”【颜色值为(214,0,214)】、“门窗”【颜色值为(0,204,204)】、“墙体”【颜色值为(250,250,250)】、“填充”【颜色值为(151,215,25)】、“文字”【颜色值为(250,250,250)】、“植物”【颜色值为(92,92,92)】和“轴线”(红色，线型为 CENTER)，然后双击“0”图层，将其设置为当前图层。

步骤 3 创建文字样式。单击“默认”选项板中的“注释”面板的“文字样式”按钮，在弹出的“文字样式”对话框中单击“新建”按钮，在弹出的“新建文字样式”对话框的“样式名”文本框中输入“文字标注”，然后单击“确定”按钮，返回“文字样式”对话框，设置“字体”为“宋体”“高度”为 350，如图 159-2 所示。单击“应用”按钮，再单击“关闭”按钮即可。

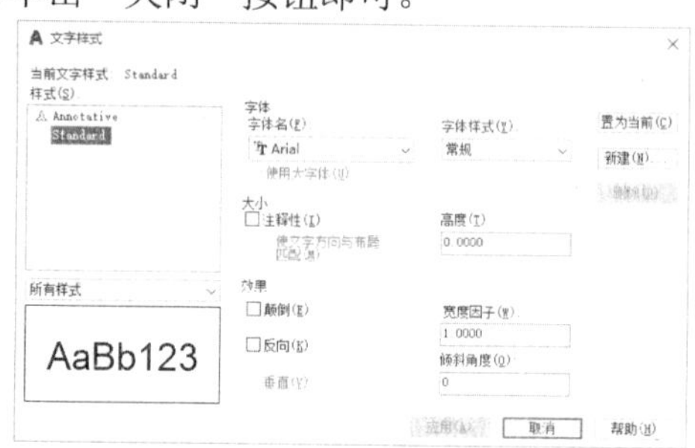

图 159-2 “文字样式”对话框

步骤 4 创建标注样式。单击“默认”选项板中的“注释”面板的“标注样式”按钮，在弹出的“标注样式管理器”对话框中单击“新建”按钮，弹出“创建新标注样式”对话框，在“新样式名”文本框中输入“建筑标注”。

步骤 5 单击“继续”按钮，弹出“新建标注样式：建筑标注”对话框，单击“线”选项卡，并设置各参数，如图 159-3 所示。

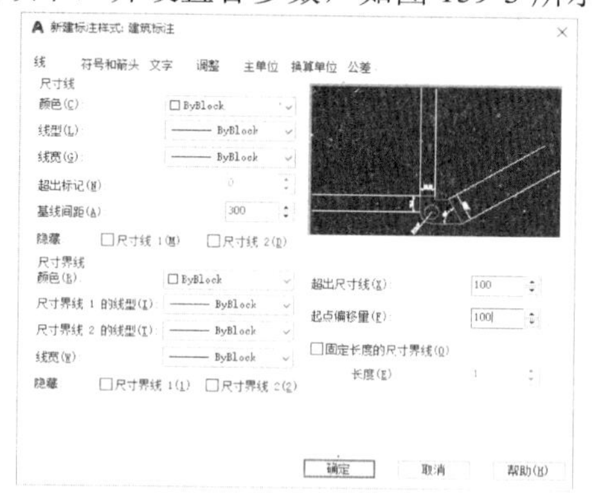

图 159-3 “新建标注样式：建筑标注”对话框

步骤 6 单击“符号和箭头”选项卡，并设置各参数，如图 159-4 所示。

步骤 7 单击“文字”选项卡，并设置各参数，如图 159-5 所示。

步骤 8 单击“主单位”选项卡，设置

“精度”为 0、“比例因子”为 1，单击“确定”按钮，返回“标注样式管理器”对话框，并将新创建的“建筑标注”样式设置为当前标注样式。

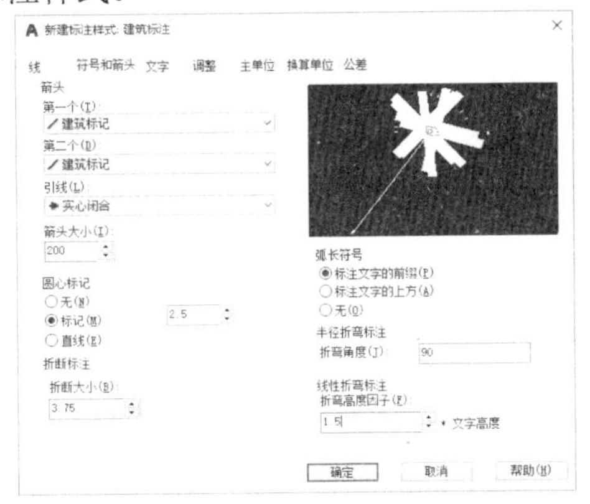

图 159-4 “符号和箭头”选项卡

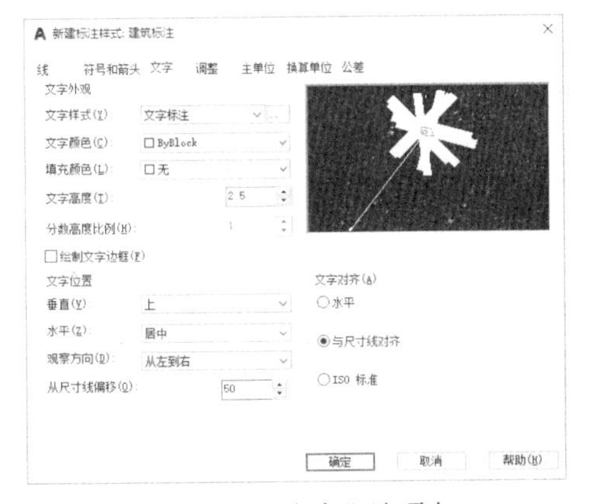

图 159-5 “文字”选项卡

2. 绘制建筑家装图签样板

步骤 1 绘制矩形。单击“绘图”面板中的“矩形”按钮，根据提示进行操作，以（0,0）和（42000,29700）为矩形的角点和对角点绘制一个矩形。

步骤 2 偏移并分解处理。执行 OFFSET 命令，设置偏移距离为 600，选择绘制的矩形，将其向内偏移；使用 EXPLODE 命令对偏移生成的矩形进行分解处理。

步骤 3 偏移处理。单击“修改”面板中的“偏移”按钮，根据提示进行操作，设置偏移距离为 600，将分解后的矩形下方水平线和上方水平线分别向内偏移。重复此操作，选择分解后矩形的右边垂直线，将其依次向左偏移，偏移的距离分别为 600 和 5500，效果如图 159-6 所示。

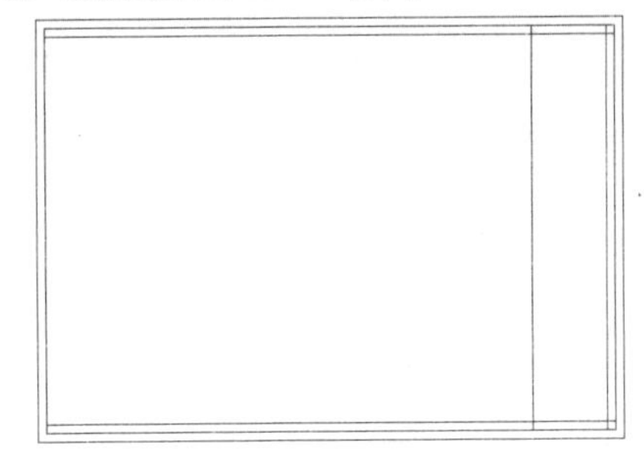

图 159-6 偏移处理

步骤 4 修剪处理。使用 TRIM 命令对多余的直线进行修剪，效果如图 159-7 所示。

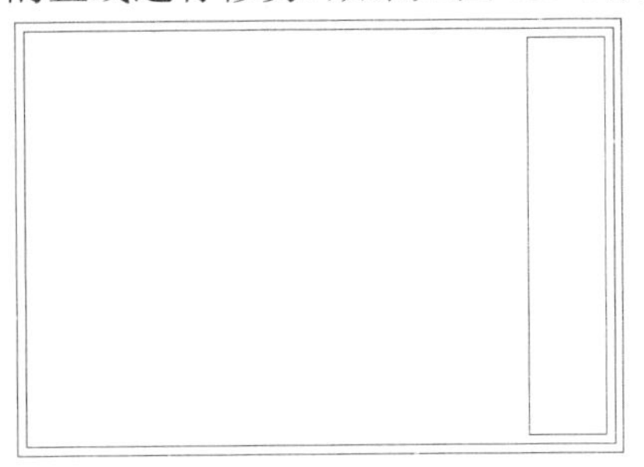

图 159-7 修剪处理

步骤 5 圆角处理。单击“修改”面板中的“圆角”按钮，根据提示进行操作，设置圆角半径为 1000，对修剪处理生成的小矩形进行圆角处理。重复此操作，设置圆角半径为 1500，对步骤（2）中偏移生成的矩形进行圆角处理，效果如图 159-8 所示。

图 159-8 圆角处理

步骤 6 偏移处理。使用 OFFSET 命令选择小矩形上方的水平线，将其沿垂直方向依次向下偏移，偏移的距离分别为 10000、

800、3000、800 和 3000。重复此操作，选择最后偏移生成的直线，沿垂直方向依次向下偏移 10 次，偏移的距离均为 800，效果如图 159-9 所示。

图 159-9　偏移处理

步骤 7 创建文本。在命令行中输入 MTEXT 命令并按回车键，根据提示进行操作，在适当的位置指定文本输入框的角点和对角点，在“文字编辑器”选项卡中，设置“字体”为“宋体”“字号”为 1000，输入“鑫辉”，效果如图 159-10 所示。

图 159-10　创建文本

步骤 8 重复步骤（7）的操作，设置“字体”为“宋体”“字号”为 350，在适当的位置分别输入文字“鑫辉装饰工程有限公司”“地址：”“电话：”“传真：”“工程名称：”“图纸名称：”“比例：”“日期：”“设计师：”“图纸编号：”和“客户签字：”。

步骤 9 设置线宽。选择步骤（5）圆角后的两个矩形，在“特性”选项板中的“线宽控制”下拉列表框中选择“0.30 毫米”选项，为两个矩形设置线宽。

步骤 10 显示线宽。在状态栏中单击“显示/隐藏线宽”按钮显示线宽，效果如图 159-11 所示。

步骤 11 执行保存样板图形操作。按下【Shift+Ctrl+S】组合键，弹出“图形另存为”对话框，设置文件名为“A3 建筑图签样板”，在“文件类型”下拉列表框中选择“AutoCAD 图形样板”选项，如图 159-12 所示。

图 159-11　显示线宽

图 159-12　“图形另存为”对话框

步骤 12 单击“保存”按钮，弹出“样板选项”对话框，在“说明”文本区中输入说明文字，如图 159-13 所示，单击“确定”按钮即可。

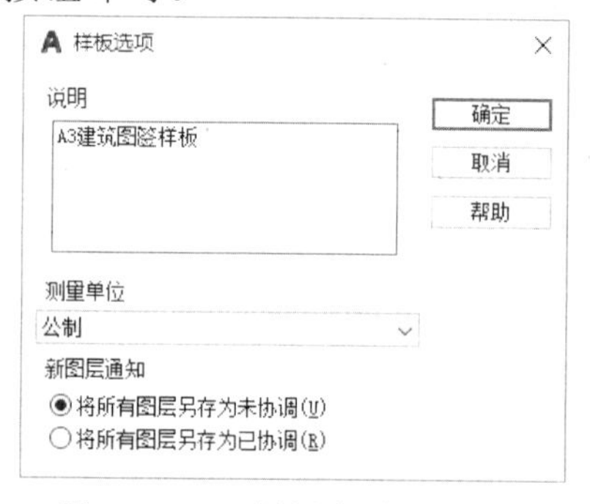

图 159-13　“样板选项”对话框

3. 输出图层

步骤 1 单击“图层”选项板中的“图层特性管理器”按钮，弹出“图层特性管理器”对话框，单击“图形状态管理器”

，弹出“图层状态管理器”对话框，单击“新建”按钮，在弹出的“要保存的新图层状态”对话框的“新图层状态名”文本框中输入“建筑别墅图层”。

步骤 2 单击“确定”按钮，返回“图层状态管理器”对话框，单击“输出”按钮，弹出“输出图层状态”对话框，在“文件名”文本框中输入“建筑别墅图层”，在“文件类型”下拉列表框中选择“图层状态（*.las）”选项。

步骤 3 单击“保存”按钮，返回“图层状态管理器”对话框，如图 159-14 所示，单击“关闭”按钮，返回绘图区。

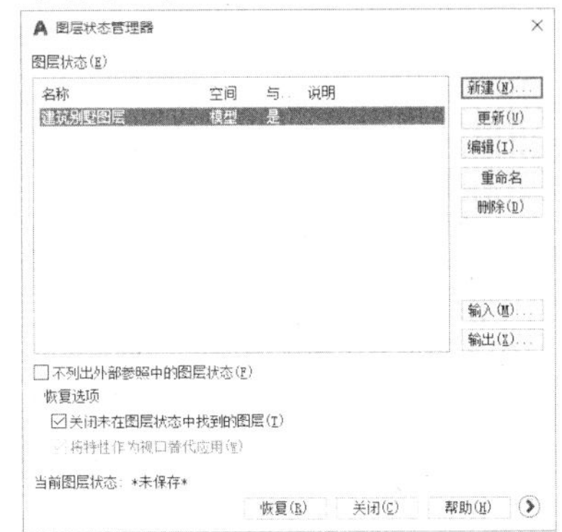

图 159-14 “图层状态管理器”对话框

扫码观看本例视频

实例 160 别墅总平面图

本实例将绘制别墅总平面图，效果如图 160-1 所示。

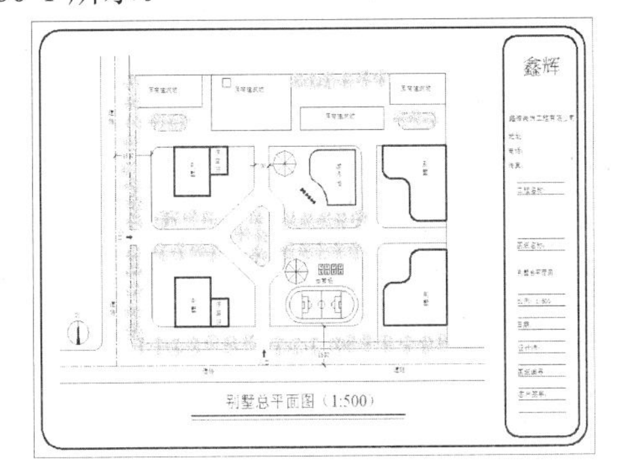

图 160-1 别墅总平面图

操作步骤

1. 绘制别墅总平面图的建筑物

步骤 1 新建文件。启动 AutoCAD，新建一个 CAD 文件。

步骤 2 创建图层。在“AutoCAD 经典”工作空间下，单击“图层”选项板中的“图层特性管理器”按钮，在弹出的“图层特性管理器”对话框中，依次创建图层“轴线”（红色，线型为 CENTER）、“标注”（蓝色）、“辅助设施”（红色）、“块”（蓝色）、“建筑物”（线宽为 0.30 毫米）、“其他建筑”（蓝色）、“文字”（蓝色）和“植物”（绿色），然后双击“轴线”图层，将其设置为当前图层。

步骤 3 设置线型的比例因子。单击“默认”选项板中的“特性”面板的“线型”按钮的下拉菜单中的“其他”按钮，弹出“线型管理器”对话框，设置 CENTER 线型的“全局比例因子”为 30。

步骤 4 绘制轴线。在命令行中输入 LINE 命令并按回车键，根据提示进行操作，将绘图区内任取一点作为起点，输入（@0,14000）绘制垂直轴线。重复此操作，按住【Shift】键的同时在绘图区单击鼠标右键，在弹出的快捷菜单中选择“自”选项，捕捉垂直轴线的起点为基点，然后输入（@-2700,700）和（@20000,0）绘制水平轴线。

步骤 5 偏移处理。使用 OFFSET 命令，选择垂直轴线，沿水平方向依次向右偏移，偏移的距离分别为 700、280、5600、700 和 8260；选择水平轴线，沿垂直方向依次向上偏移，偏移的距离分别为 700、280、4200、700 和 6580，并将偏移生成的轴线移至“其他建筑”图层，效果如图 160-2 所示。

步骤 6 修剪处理。使用 TRIM 命令对多余的线段进行修剪，效果如图 160-3 所示。

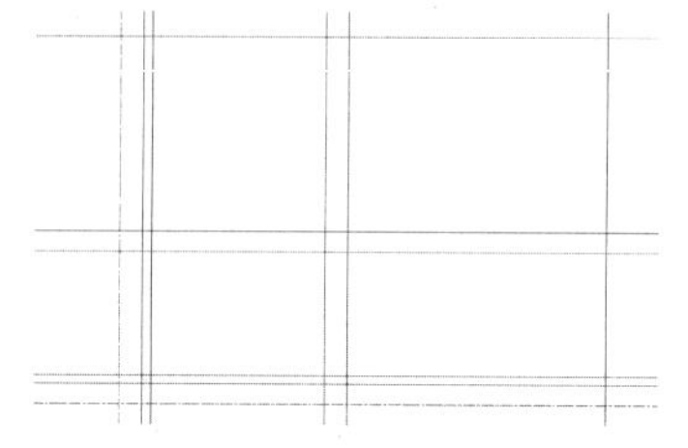

图 160-2　偏移处理

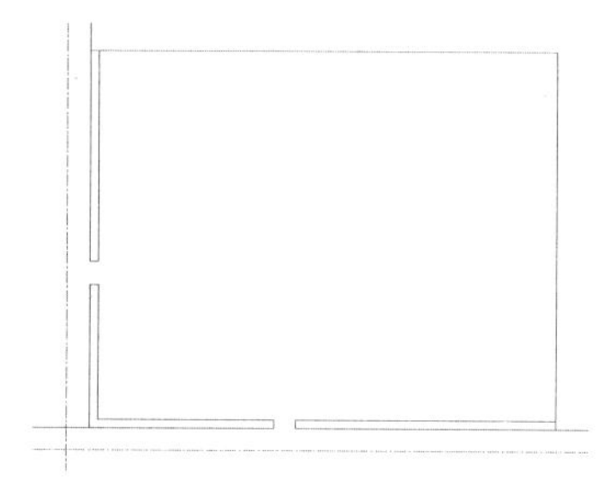

图 160-3　修剪处理

步骤 7 偏移处理。使用 OFFSET 命令，选择垂直轴线，沿水平方向向左偏移，偏移的距离为 700；选择水平轴线，沿垂直方向向下偏移，偏移的距离为 700，并将偏移生成的轴线移至“其他建筑”图层。

步骤 8 圆角并修剪处理。执行 FILLET 命令，设置圆角半径为 420，对公路拐角处进行圆角处理；使用 TRIM 命令对多余的直线进行修剪，效果如图 160-4 所示。

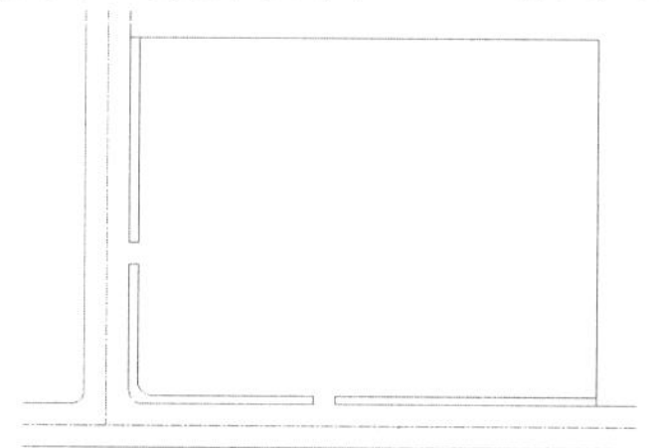

图 160-4　圆角并修剪处理

步骤 9 偏移处理。使用 OFFSET 命令，选择垂直轴线，沿水平方向依次向右偏移，偏移的距离分别为 1680、2940、1960、700、700、3640 和 700；选择水平轴线，沿垂直方向依次向上偏移，偏移的距离分别为 1680、1820、650、1030、700、1030、650 和 1820，效果如图 160-5 所示。

步骤 10 绘制直线。单击“绘图”面板中的“直线”按钮，根据提示进行操作，捕捉图 160-5 中的端点 A 和端点 B、端点 C 和端点 D、端点 E 和端点 F、端点 G 和端点 H，绘制直线，效果如图 160-6 所示。

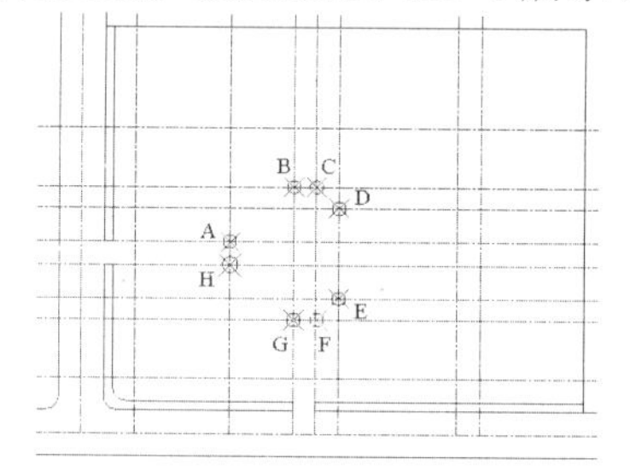

图 160-5　偏移处理

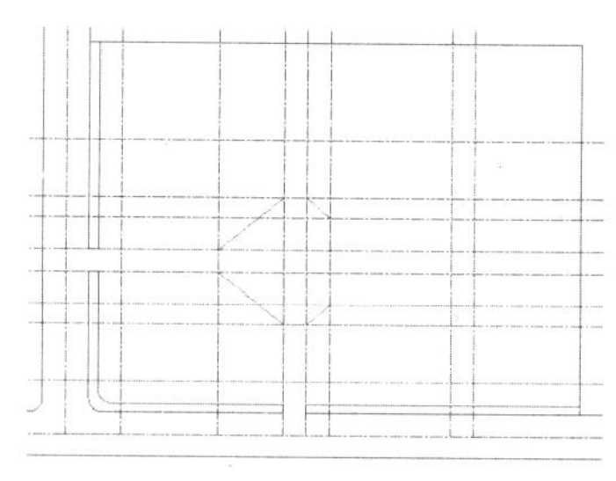

图 160-6　绘制直线

步骤 11 修剪处理。使用 TRIM 命令对多余的直线进行修剪，并将部分直线移至“辅助设施”图层，效果如图 160-7 所示。

步骤 12 偏移处理。执行 OFFSET 命令，设置偏移距离为 700，将图 160-7 中的直线 L1、L2、L3、L4、L5 和 L6 向内偏移。

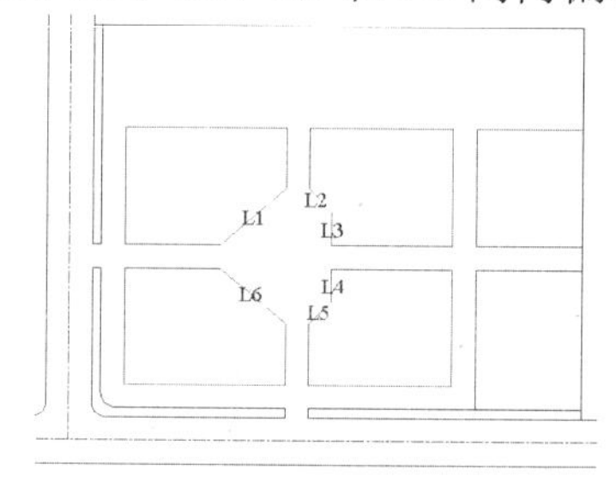

图 160-7　修剪处理

步骤 13 圆角并合并处理。执行 FILLET 命令，设置圆角半径为 300，对偏移生成的图形尖角进行圆角处理；使用 JOIN 命令，依次选择两条断开的线段并按回车键进行合并处理，然后将“建筑物”图层设置为当前图层，效果如图 160-8 所示。

步骤 14 绘制矩形。单击“绘图”面板中的“矩形”按钮，根据提示进行操作，捕捉图 160-8 中的端点 I 为角点，然后输入（@3164,-1372）为对角点，绘制矩形。重复此操作，按住【Shift】键的同时在绘图区单击鼠标右键，在弹出的快捷菜单中选择“自”选项，捕捉图 160-8 中的端点 I 为基点，分别输入（@3584,0）和（@3780,-2380）、（@7784,-1400）和（@3920,-980）、（@11984,0）和（@2576,-1316）、（@742,-1680）和（@1680,-700）、（@12362,-1680）和（@1750,-700），绘制 5 个矩形。

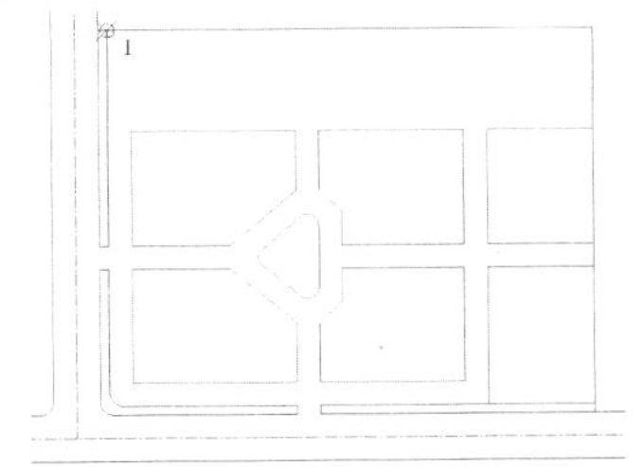

图 160-8 圆角并合并处理

步骤 15 设置线宽。选择步骤（14）中绘制的矩形，在“特性”选项板的“线宽控制”下拉列表框中选择“默认”选项。

步骤 16 圆角处理。执行 FILLET 命令，设置圆角半径为 350，对步骤（14）最后绘制的两个矩形的直角进行圆角处理，并将其移至“辅助设施”图层，效果如图 160-9 所示。

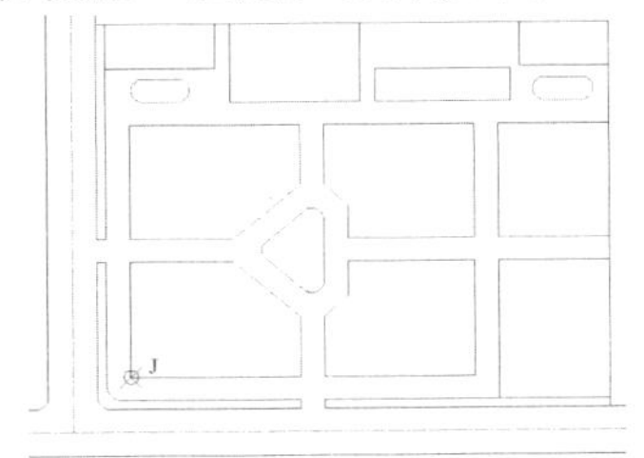

图 160-9 圆角处理

步骤 17 绘制矩形。单击“绘图”面板中的“矩形”按钮，根据提示进行操作，按住【Shift】键的同时在绘图区单击鼠标右键，在弹出的快捷菜单中选择“自”选项，捕捉图 160-9 中的端点 J 为基点，然后输入（@1120,0）和（@1680,2100）绘制一个矩形。重复此操作，按住【Shift】键的同时在绘图区单击鼠标右键，在弹出的快捷菜单中选择“自”选项，捕捉图 160-9 中的端点 J 为基点，分别输入（@2800,0）和（@840,1190）、（@1120,7700）和（@1680,-2100）、（@2800,7700）和（@840,-1190），绘制矩形。

步骤 18 绘制直线。单击“绘图”面板中的“直线”按钮，根据提示进行操作，按住【Shift】键的同时在绘图区单击鼠标右键，在弹出的快捷菜单中选择“自”选项，捕捉端点 J 为基点，然后输入（@13860,0）、（@-2940,0）、（@0,1820）、（@1260,0）、（@0,1389）和（@1680,0），最后输入 C，绘制一个封闭区域。重复此操作，按住【Shift】键的同时在绘图区单击鼠标右键，在弹出的快捷菜单中选择“自”选项，捕捉端点 J 为基点，然后输入（@13860,7700）、（@-2940,0）、（@0,-1400）、（@1260,0）、（@0,-1820）和（@1680,0），最后输入 C，绘制另一个封闭区域，效果如图 160-10 所示。

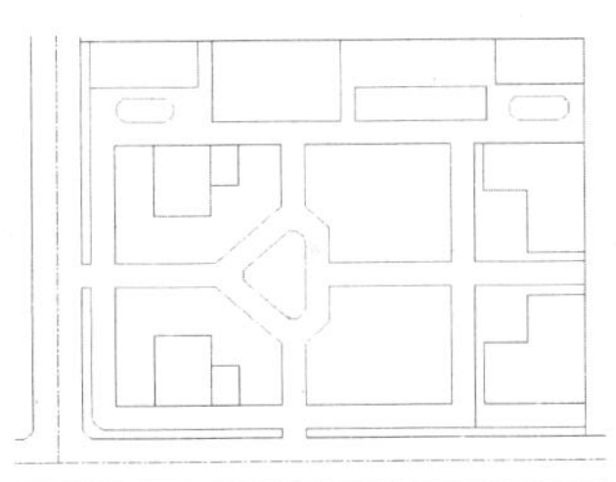

图 160-10 绘制直线

步骤 19 圆角处理。执行 FILLET 命令，设置圆角半径为 420，对辅助设施以及建筑物的尖角进行圆角处理。将“植物”图层设置为当前图层，效果如图 160-11 所示。

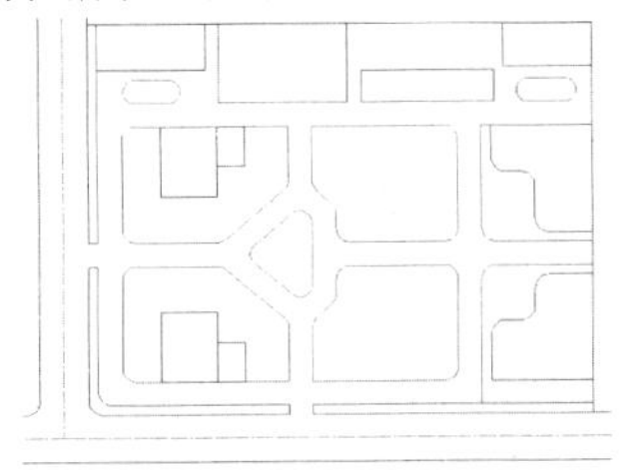

图 160-11 圆角处理

步骤 20 打开“设计中心”面板。单击”视图”选项板中的“选项板”面板的“设计中心”按钮，弹出“设计中心”面板，在左侧的 Windows 资源管理器中，打开素材文件“CAD 素材库”，单击该文件中的“块”图标，此时对话框的右侧会出现该文件中的所有图块，如图 160-12 所示。

图 160-12 “设计中心”面板

步骤 21 在该面板的右侧双击树平面图块，弹出“插入”对话框，设置保持默认值，单击“确定”按钮，返回绘图区，在总平面图中的适当位置放置，并指定比例为 0.05。

步骤 22 复制处理。使用 COPY 命令，选择树进行多重复制，效果如图 160-13 所示。

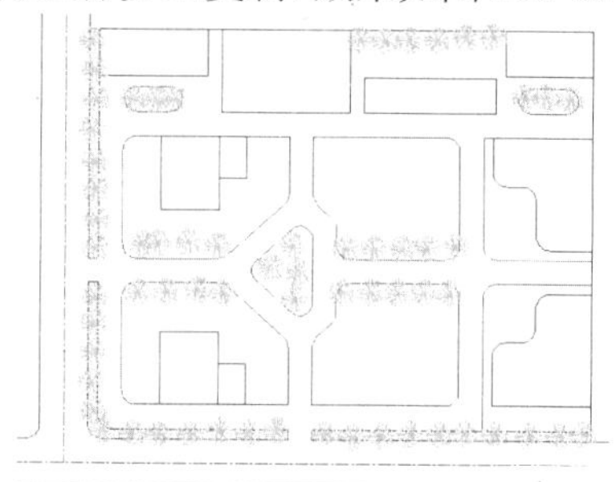

图 160-13 复制处理

步骤 23 重复步骤（20）～（22）的操作，在适当的位置插入“篮球场”“太阳椅”“体育场”“亭子”和“游泳池”图块，并将其移至“块”图层，效果如图 160-14 所示。

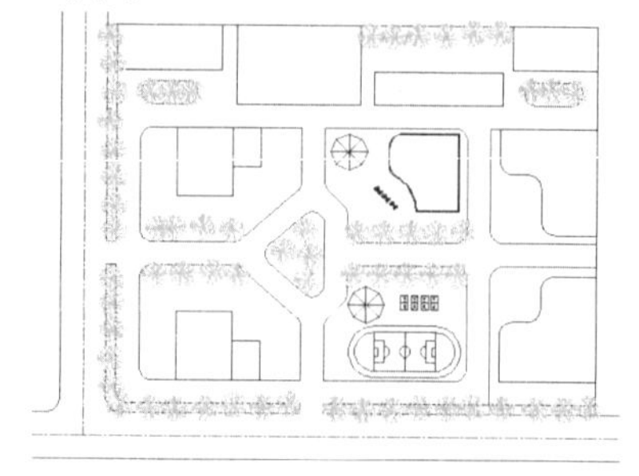

图 160-14 插入图块

2. 绘制指向标

步骤 1 绘制入口标志。将“文字”图层设置为当前图层，使用 PLINE 命令，在绘图区的适当位置单击鼠标左键，输入 W，指定起点和端点的宽度均为 60，输入下一点为（@0,190）；输入 W，指定起点和端点的宽度分别为 180 和 0，输入下一点为（@0,120），绘制入口标志。

步骤 2 设置文字样式。单击“默认”选项板中的“注释”面板的“文字样式”按钮，弹出“文字样式”对话框，设置“字体”为“宋体”“高度”为 200，单击“应用”按钮关闭对话框。

步骤 3 创建文本。在命令行中输入 TEXT 命令并按回车键，在绘图区中适当的位置指定文本输入框的角点和对角点，输入文字“入口”。

步骤 4 使用 COPY、ROTATE、MOVE 命令标注另一个入口，效果如图 160-15 所示。

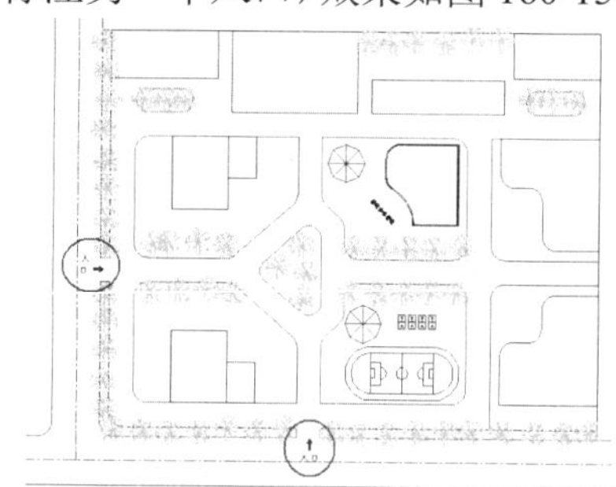

图 160-15 绘制入口标志

步骤 5 绘制圆。使用 CIRCLE 命令，在绘图区中适当的位置指定圆心，绘制半径为 500 的圆。

步骤 6 绘制直线。使用 LINE 命令，捕捉半径为 500 的圆的上下象限点，绘制直线。

步骤 7 偏移处理。在命令行中输入 OFFSET 命令并按回车键，根据提示进行操作，设置偏移距离为 62，将绘制的直线分别向两边偏移，效果如图 160-16 所示。

步骤 8 绘制直线并删除处理。使用 LINE 命令，分别捕捉图 160-16 中的象限点

K 和交点 L、象限点 K 和交点 M，绘制两条直线；使用 ERASE 命令将多余的线段删除，效果如图 160-17 所示。

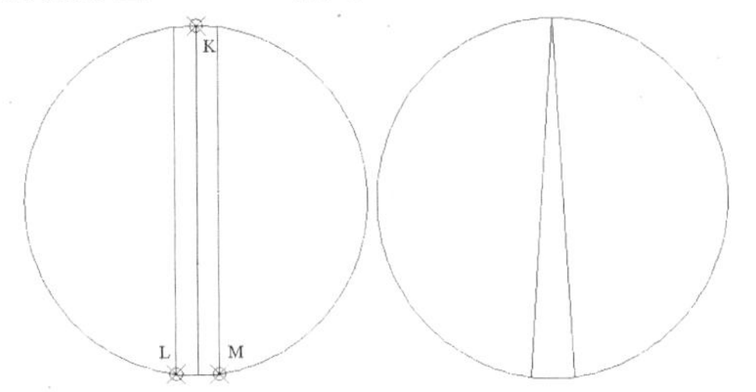

图 160-16　偏移处理　　图 160-17　绘制直线并删除处理

步骤 9 图案填充。执行 BHATCH 命令，设置“图案”为 SOLID，在绘图区中选择要填充的区域进行填充，效果如图 160-18 所示。

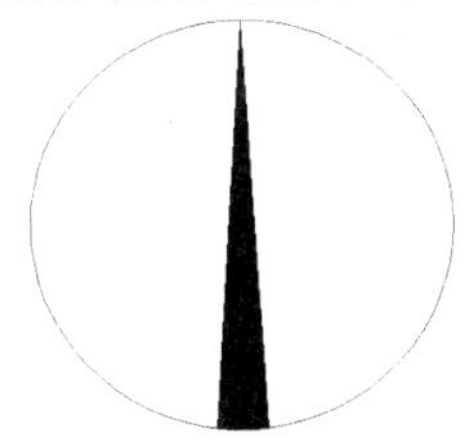

图 160-18　图案填充

步骤 10 创建文本。在命令行中输入 TEXT 命令并按回车键，在绘图区中适当的位置指定文本输入框的角点和对角点，输入文字“北”。

步骤 11 显示线宽。在状态栏中单击“显示/隐藏线宽”按钮显示线宽，效果如图 160-19 所示。

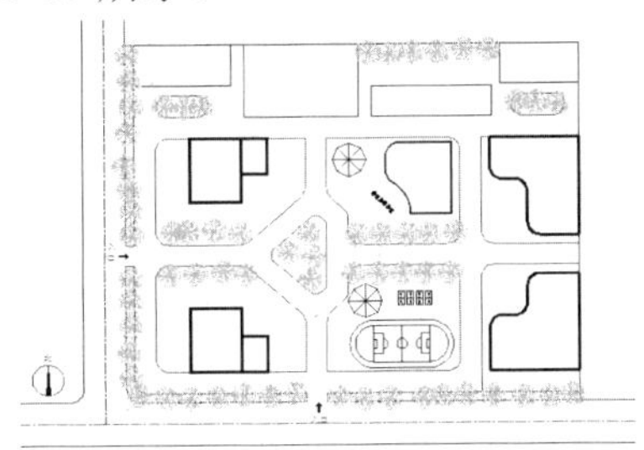

图 160-19　显示线宽

3. 绘制尺寸标注和文字说明

步骤 1 标注尺寸。将“标注”图层设置为当前图层，在命令行中输入 DIMLINEAR 命令并按回车键，根据提示进行操作，捕捉图 160-20 中的端点 A 为第一条尺寸界线原点，然后捕捉垂直道路中心线上的一点为第二条尺寸界线原点，移动光标至合适位置单击鼠标左键即可。

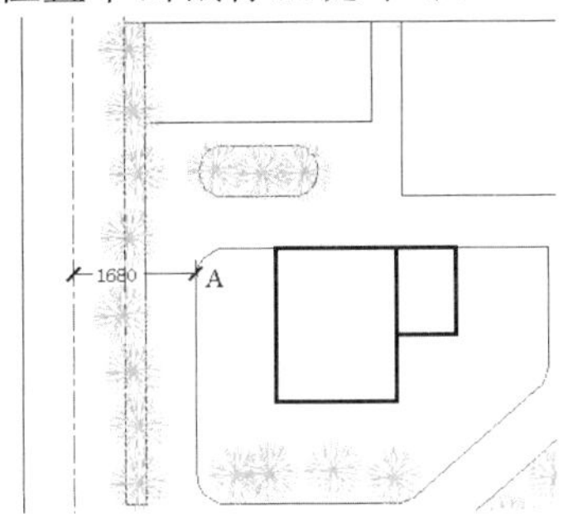

图 160-20　标注尺寸

步骤 2 重复步骤（1）的操作，标注建筑物与水平道路中心线、建筑物与建筑物之间的距离，效果如图 160-21 所示。

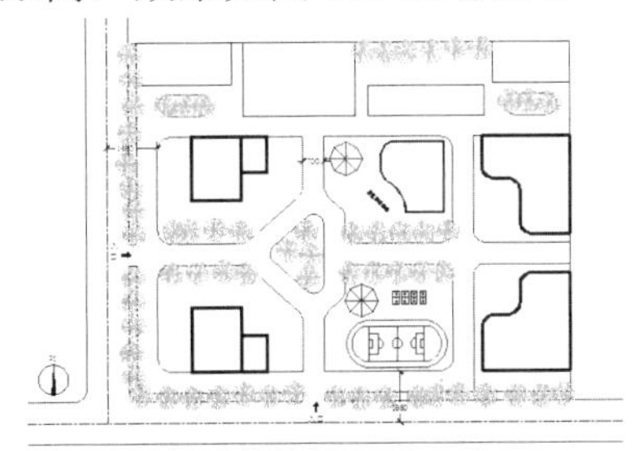

图 160-21　标注尺寸

步骤 3 创建文本。将“文字”图层设置为当前图层，在命令行中输入 TEXT 命令并按回车键，在绘图区中适当的位置指定文本输入框的角点和对角点，依次输入文字“道路”“别墅”“体育场”“游泳池”“停车房”和“原有建筑物”，效果如图 160-22 所示。

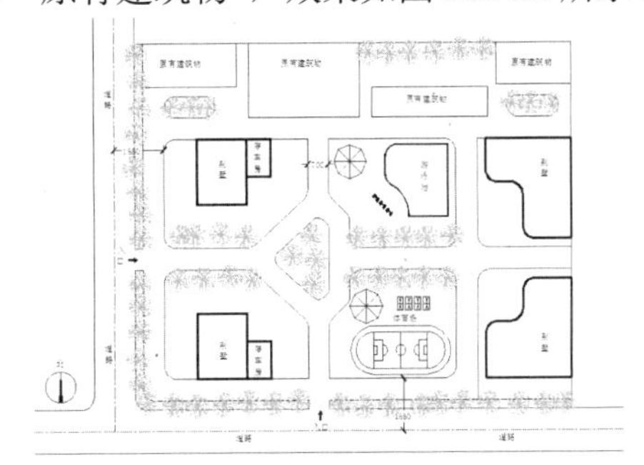

图 160-22　创建文本

步骤 4 重复步骤（3）的操作，在“文字样式”对话框的“高度”文本框中输入500，然后在文字编辑区中输入“别墅总平面图（1:500）”，单击“应用”按钮即可。

步骤 5 绘制直线。使用 LINE 命令，在上一步输入的文字的下方绘制两条直线，然后将第一条直线的线宽设为 0.30 毫米，效果如图 160-23 所示。

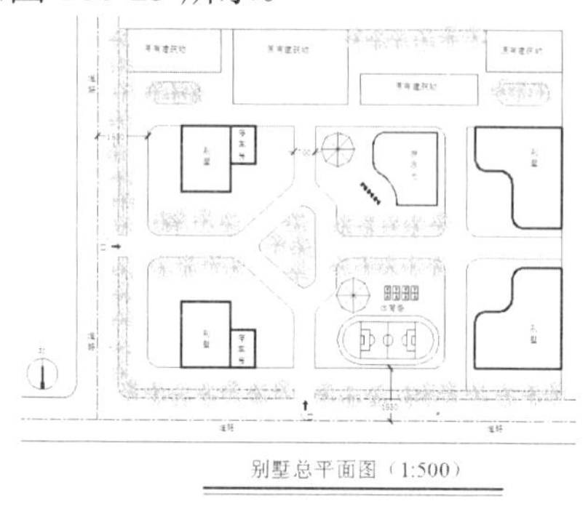

图 160-23　绘制直线

4. 添加图框和标题

步骤 1 调用图签。将“0”图层设置为当前图层，打开实例 159 绘制的“建筑家装图签样板”AutoCAD 文件，将所需的图签复制并粘贴到别墅总平面图中。

步骤 2 比例缩放。单击“修改”面板中的“缩放”按钮，根据提示进行操作，选择图签并按回车键，进行适当的缩放。

步骤 3 创建文本。使用 TEXT 命令，在图签中“图纸名称：”文字的下方输入文字“别墅总平面图”，在“比例：”文字的右边输入 1:500，并将其移至“文字”图层，效果参见图 160-1。

实例 161 别墅原始框架图

本实例将绘制别墅原始框架图，效果如图 161-1 所示。

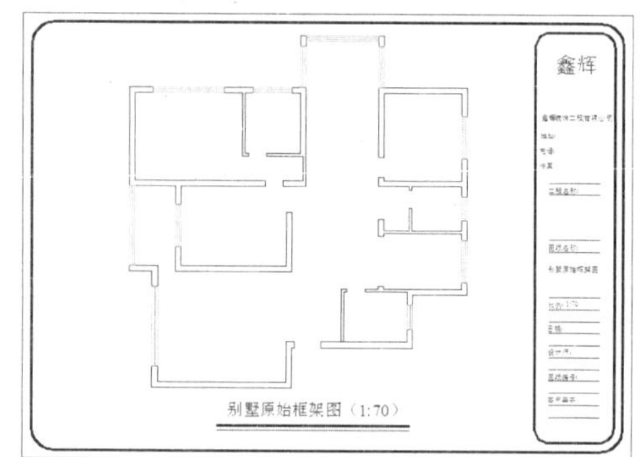

图 161-1　别墅原始框架图

操作步骤

步骤 1 新建文件。启动 AutoCAD，单击“新建”按钮，新建一个 CAD 文件。

步骤 2 输入图层。在“AutoCAD 经典”工作空间下，单击“图层”选项板中的“图层特性管理器”按钮，弹出“图层特性管理器”对话框；单击图形状态管理器按钮，在弹出的“图层状态管理器”对话框中单击“输入”按钮，弹出“输入图层状态”对话框，选择实例 159 创建的“建筑家装图签样板”文件，单击“打开”按钮，系统将弹出提示信息框，根据提示进行操作，然后返回“图层特性管理器”对话框，单击“应用”按钮，将图层输入到新文件中，然后设置“轴线”图层的线型为 CENTER，并将该图层设置为当前图层。

步骤 3 设置线型的比例因子。单击“默认”选项板中的“特性”面板的“线型”按钮的下拉菜单中的“其他”按钮，弹出“线型管理器”对话框，设置 CENTER 线型的“全局比例因子”为 15。

步骤 4 绘制轴线。单击“绘图”面板中的“直线”按钮，根据提示进行操作，在绘图区内任取一点作为起点，然后输入（@16000,0），绘制水平轴线。重复此操作，按住【Shift】键的同时在绘图区单击鼠标右键，在弹出的快捷菜单中选择“自”选项，捕捉水平轴线的起点为基点，然后输入（@1000,-1000）和（@0,16000），绘制垂直轴线。

步骤 5 偏移处理。使用 OFFSET 命令，选择垂直轴线，沿水平方向依次向右偏移，偏移的距离分别为 1000、1000、2800、2000、580、1700、1620、1270 和 2340；选择水平轴线，沿垂直方向依次向上偏移，偏移的距离分别为 1690、2200、950、1550、2000、1180、2680 和 2160，然后将"墙体"图层设置为当前图层，效果如图 161-2 所示。

图 161-2 偏移处理

步骤 6 设置墙线。在命令行中输入 MLINE 命令并按回车键，根据提示进行操作，设置多线的比例为 240，设置对正类型为"无"。

步骤 7 绘制墙线。按【F3】键打开对象捕捉模式，以轴线为基准线，绘制如图 161-3 所示的墙线。

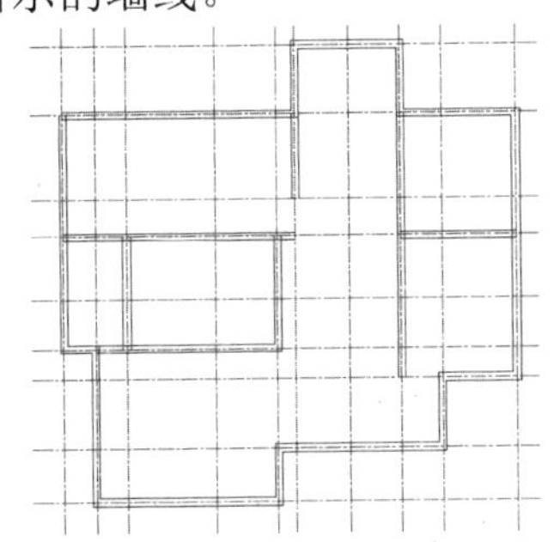

图 161-3 绘制墙线

步骤 8 绘制内墙线。在命令行中输入 MLINE 命令并按回车键，根据提示进行操作，设置多线的比例为 120，绘制内墙线，效果如图 161-4 所示。

步骤 9 移动处理。单击"修改"面板中的"移动"按钮，根据提示进行操作，将图 161-4 中的多线分别向外移动 120，使其与外墙对齐，效果如图 161-5 所示。

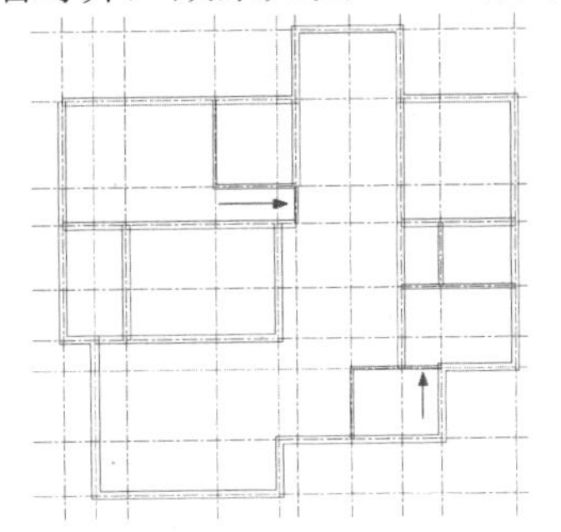

图 161-4 绘制内墙线

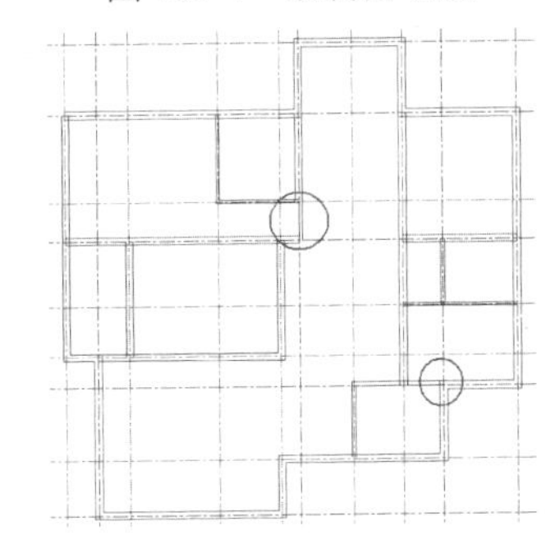

图 161-5 移动处理

步骤 10 修剪墙线。使用 EXPLODE 命令将绘制的墙线分解；执行 FILLET 命令，设置圆角半径为 0，对墙线进行圆角；使用 TRIM 命令对多余的墙体进行修剪，并关闭"轴线"图层，效果如图 161-6 所示。

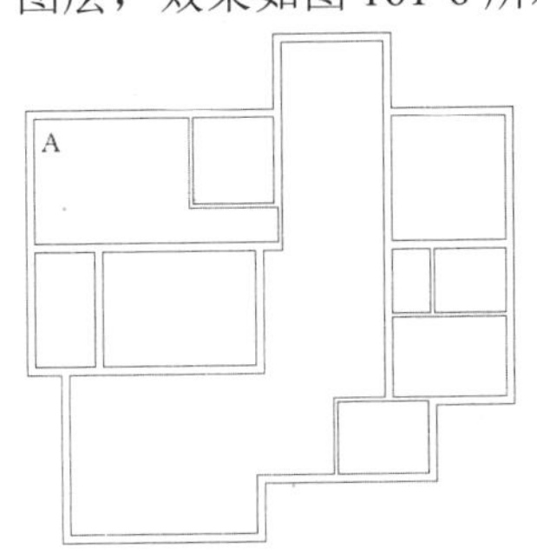

图 161-6 修剪墙线

步骤 11 绘制直线。单击"绘图"面板中的"直线"按钮，根据提示进行操作，按住【Shift】键的同时在绘图区单击鼠标右键，在弹出的快捷菜单中选择"自"选项，捕捉图 161-6 中的端点 A 为基点，然后输入（@770,0）和（@0,240）绘制直线。

步骤 12 偏移处理。执行 OFFSET 命令，指定偏移距离为 3080，将绘制的直线水平向右偏移，效果如图 161-7 所示。

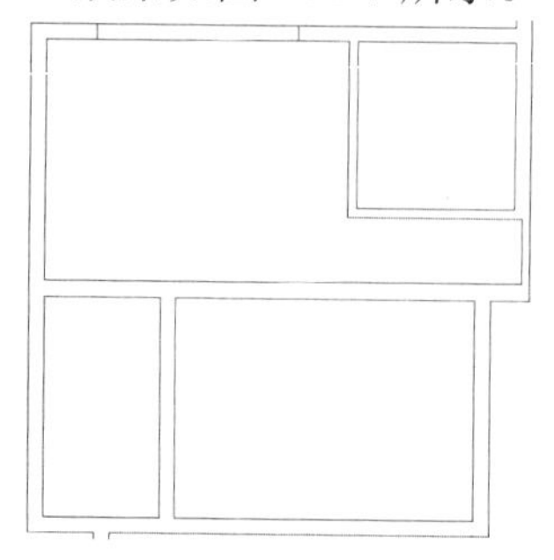

图 161-7 偏移处理

步骤 13 修剪处理。使用 TRIM 命令对外墙进行修剪，效果如图 161-8 所示。

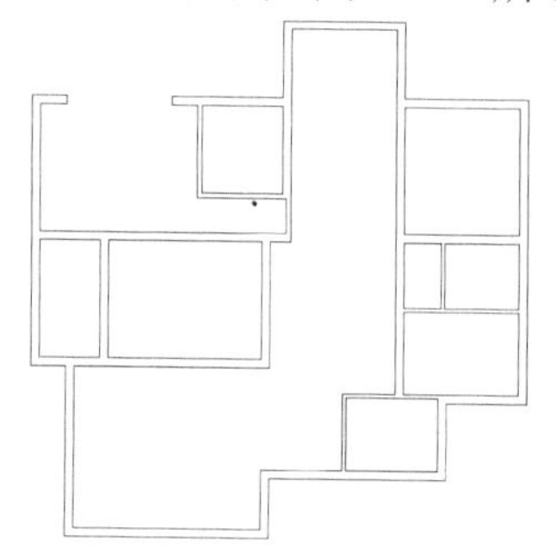

图 161-8 修剪处理

步骤 14 重复步骤（11）～（13）的操作，并参照图 161-9 所示的尺寸标注，绘制其他的门洞和窗洞。

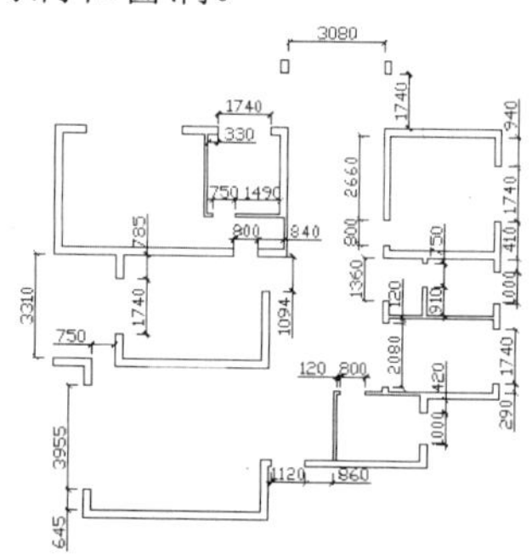

图 161-9 绘制其他的门洞和窗洞

步骤 15 绘制主卧室窗线。将“门窗”图层设置为当前图层，使用 LINE、OFFSET 命令绘制如图 161-10 所示的主卧室窗线。

图 161-10 绘制主卧室窗线

步骤 16 移动处理。在命令行中输入 MOVE 命令并按回车键，根据提示进行操作，选择步骤（15）中绘制好的主卧室窗线，将其移至相应的位置，效果如图 161-11 所示。

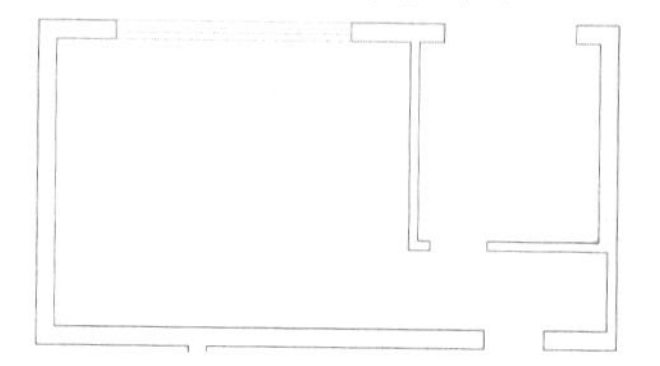

图 161-11 移动处理

步骤 17 绘制窗线。使用 LINE、OFFSET 命令绘制如图 161-12 所示其他房间的窗线。

图 161-12 绘制窗线

步骤 18 插入窗线。使用命令 COPY、ROTATE、MOVE，选择步骤（17）中绘制的窗线，插入到各房间相应的位置上，效果如图 161-13 所示。

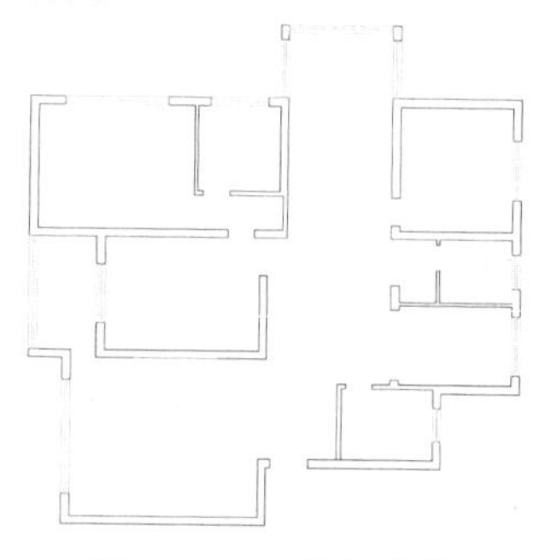

图 161-13 插入窗线

步骤 19 调用图签。将“0”图层设置为当前图层，打开实例 159 绘制的“建筑家装图签样板”AutoCAD 文件，将所需的图签复制并粘贴到别墅原始框架图中。

步骤 20 比例缩放。单击“修改”面板中的“缩放”按钮，根据提示进行操作，选择图签并按回车键，进行适当的缩放。

步骤 21 创建文本。在命令行中输入 TEXT 命令并按回车键，在图签中“图纸名称：”文字的下方输入文字“别墅原始框架图”，在“比例：”文字的右边输入 1:70。

步骤 22 创建文本。在命令行中输入TEXT命令并按回车键，在绘图区的适当位置指定文本输入框的角点和对角点，设置"字体"为"宋体""字号"为500，然后在文字编辑区中输入"别墅原始框架图（1:70）"，单击"确定"按钮即可。

步骤 23 绘制直线。使用LINE命令，在上一步输入的文字的下方绘制两条直线，然后将第一条直线的线宽设置为0.30毫米，效果参见图161-1。

实例162 别墅客厅平面图

本实例将绘制别墅客厅平面图，效果如图162-1所示。

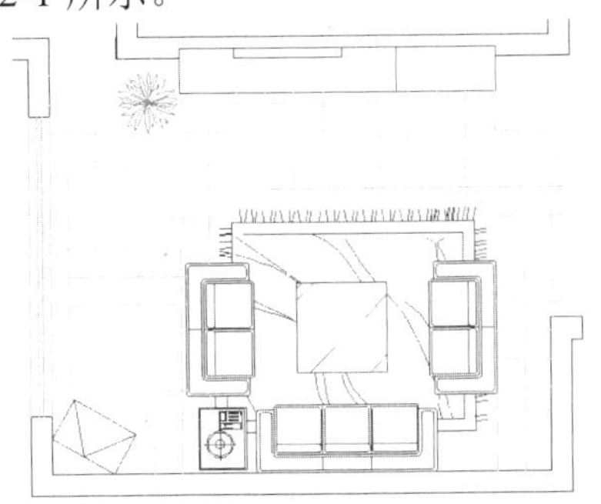

图162-1 别墅客厅平面图

操作步骤

步骤 1 打开并另存文件。启动AutoCAD，单击"文件|打开"命令，打开实例161绘制的"别墅原始框架图"图形文件，然后按下【Shift+Ctrl+S】组合键，将该图形另存为"别墅客厅平面图"文件。

步骤 2 偏移处理。使用OFFSET命令，选择图162-2中的客厅墙线，沿水平方向依次向右偏移处理，偏移的距离分别为1470、2400和1100。

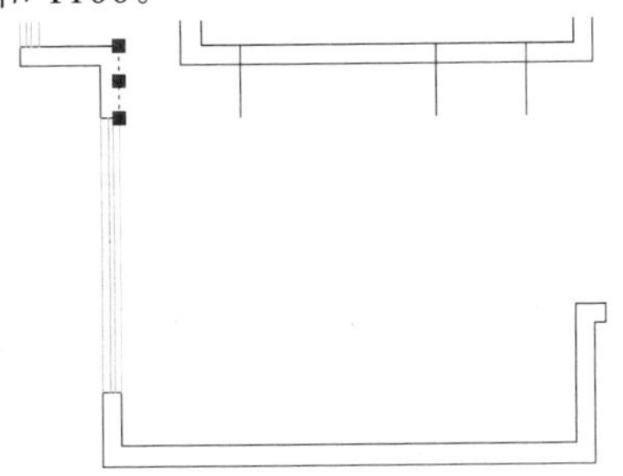

图162-2 偏移处理

步骤 3 重复步骤（2）的操作，选择图162-3所示的墙线，沿垂直方向向下偏移处理，偏移的距离为400。

步骤 4 重复步骤(2)的操作，将图162-3中的墙线向上偏移，偏移的距离为100。

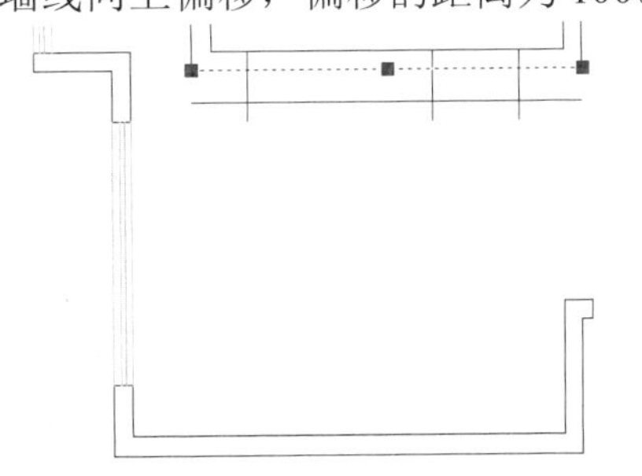

图162-3 偏移处理

步骤 5 修剪处理。使用TRIM命令修剪多余的线段，制作出电视柜，并将其移至"家具"图层，效果如图162-4所示。

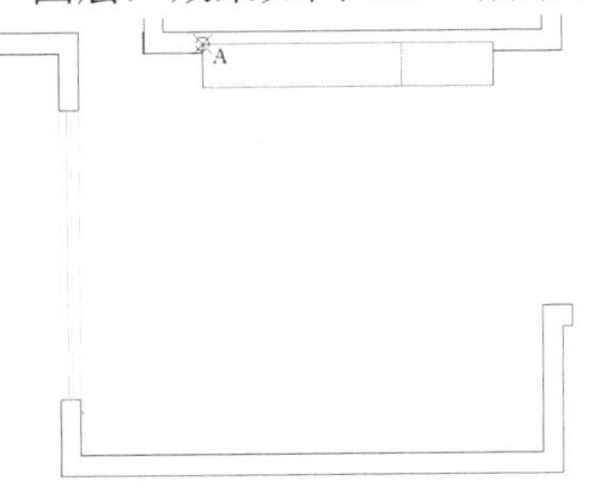

图162-4 修剪处理

步骤 6 绘制矩形。将"家具"图层设置为当前图层，使用RECTANG命令，按住【Shift】键的同时在绘图区单击鼠标右键，在弹出的快捷菜单中选择"自"选项，捕捉图162-4中的电视柜左上角的端点A为基点，然后输入（@600,0）和（@1200,-100）为矩形的角点和对角点绘制矩形，效果如图162-5所示。

步骤 7 绘制矩形并旋转处理。使用RECTANG命令，按住【Shift】键的同时在绘图区单击鼠标右键，在弹出的快捷菜单中选择“自”选项，捕捉图 162-5 中的端点 B 为基点，然后输入（@0,400）和（@800,500）为矩形的角点和对角点绘制一个矩形；使用 ROTATE 命令，选择该矩形并按回车键，捕捉矩形的第一个角点，指定旋转角度为-30 度，进行旋转处理，效果如图 162-6 所示。

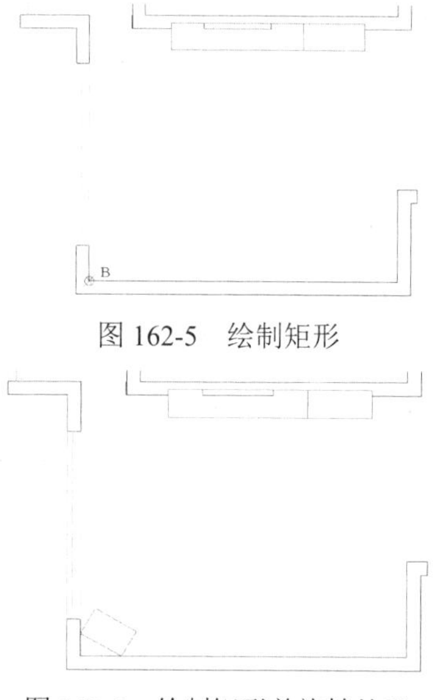

图 162-5　绘制矩形

图 162-6　绘制矩形并旋转处理

步骤 8 绘制直线。使用 LINE 命令绘制直线，效果如图 162-7 所示。

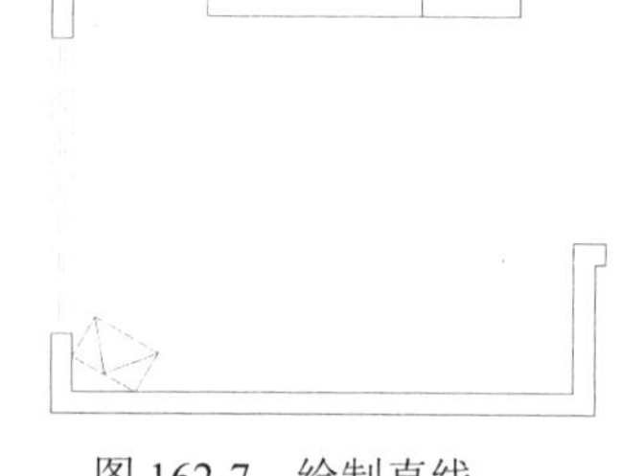

图 162-7　绘制直线

步骤 9 插入图块。单击”视图”选项板中的“选项板”面板的“设计中心”按钮，在弹出的“设计中心”面板中选择植物、客厅沙发平面图块并插入，然后将其移至相应的图层，效果如图 162-8 所示。

步骤 10 绘制多段线。单击“绘图”面板中的“多段线”按钮，根据提示进行操作，沿客厅中的墙体和家具绘制封闭的多段线，效果如图 162-9 所示。

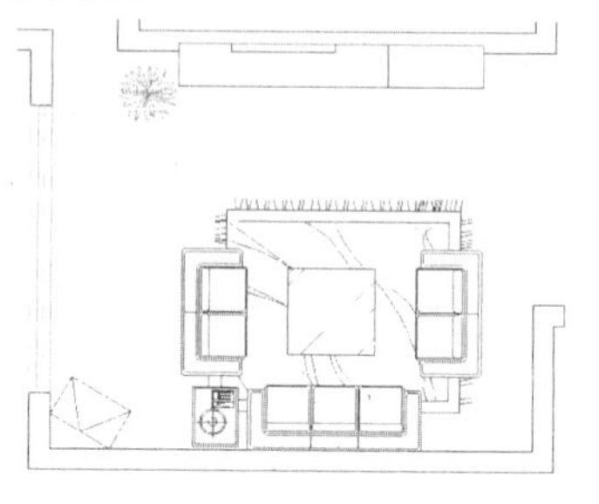

图 162-8　插入图块

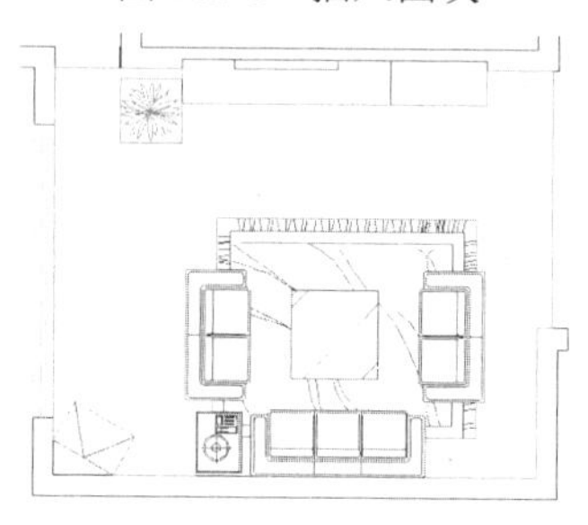

图 162-9　绘制多段线

步骤 11 图案填充。将“填充”图层设置为当前图层，执行 BHATCH 命令，设置“图案”为 HOUND、“比例”为 200，在绘图区选择如图 162-10 所示的多段线进行图案填充。

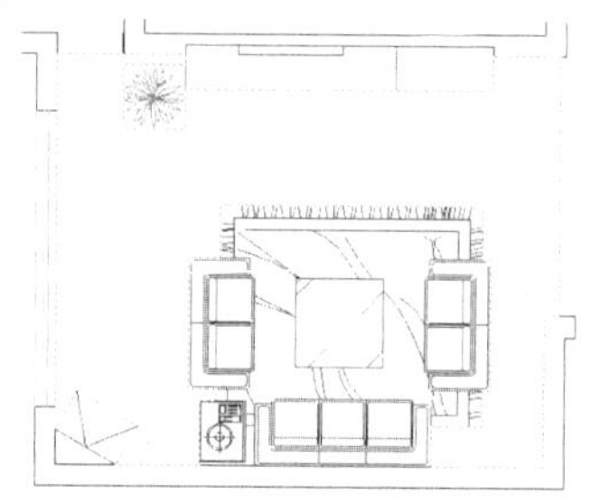

图 162-10　图案填充

步骤 12 删除处理。使用 ERASE 命令将多段线删除，效果如图 162-11 所示。

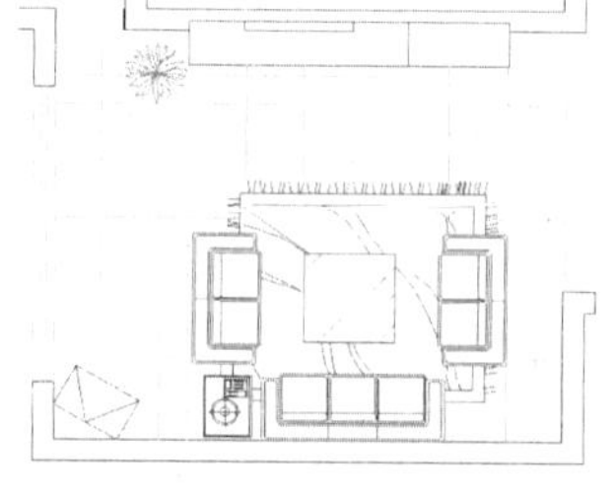

图 162-11　删除处理

步骤 13 修改图签。在命令行中输入 MTEDIT 命令并按回车键，根据提示进行操作，选择图签中的图纸名称“别墅原始框架图”，将弹出“文字格式”选项板，在文本编辑框中重新输入图纸名称为“别墅客厅平面图”。

实例 163 别墅玄关与更衣室平面图

本实例将绘制别墅玄关与更衣室平面图，效果如图 163-1 所示。

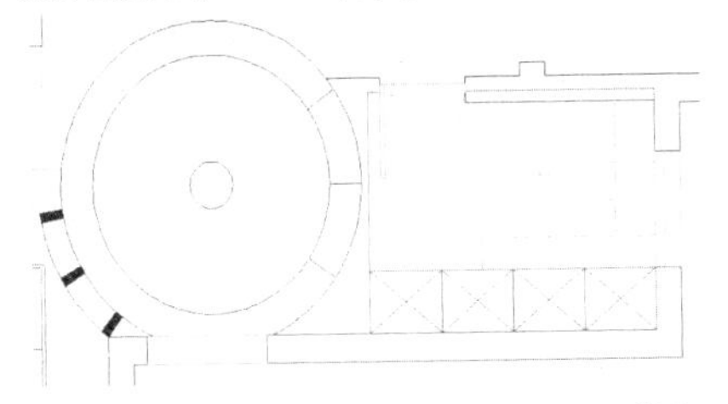

图 163-1　别墅玄关与更衣室平面图

操作步骤

1. 绘制别墅玄关平面图

步骤 1 打开并另存文件。启动 AutoCAD，单击“文件|打开”命令，打开实例 162 绘制的“别墅客厅平面图”图形文件，然后按下【Shift+Ctrl+S】组合键，将该图形另存为“别墅玄关平面图”文件。

步骤 2 绘制直线。将“门窗”图层设置为当前图层，使用 LINE 命令，分别捕捉图 163-2 中的端点 A 和端点 B、端点 C 和端点 D 绘制直线。

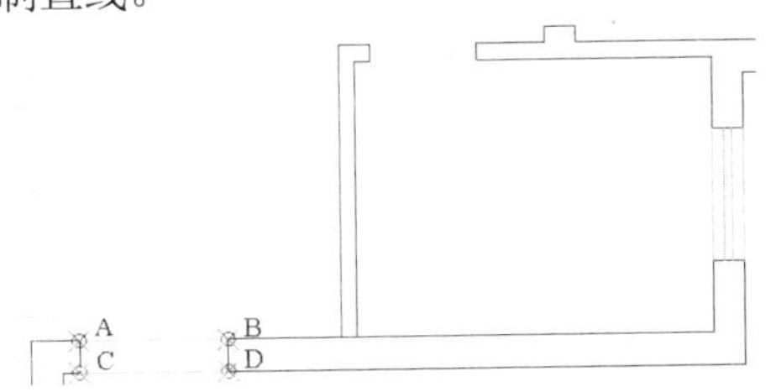

图 163-2　绘制直线

步骤 3 绘制圆。单击“绘图”面板中的“圆”按钮，根据提示进行操作，按住【Shift】键的同时在绘图区单击鼠标右键，在弹出的快捷菜单中选择“自”选项，捕捉端点 B 为基点，然后输入（@-500,1300）为圆心，分别绘制半径为 1113、1413、1628 和 200 的圆，效果如图 163-3 所示。

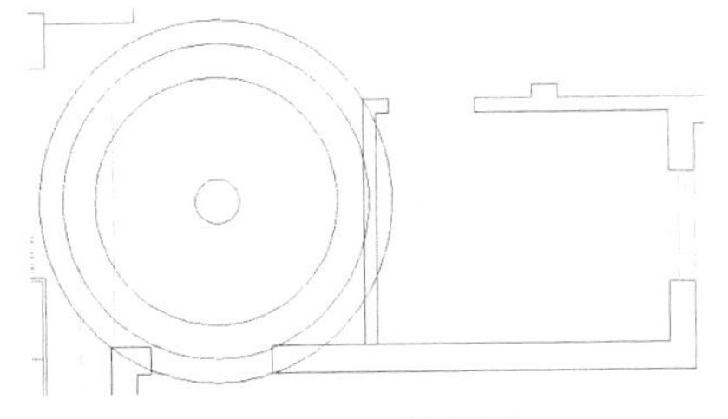

图 163-3　绘制圆

步骤 4 绘制直线。单击“绘图”面板中的“直线”按钮，根据提示进行操作，捕捉圆心，然后输入（@1700<-127），绘制一条直线。重复此操作，捕捉圆心为直线的第一点，然后分别输入（@1700<-130）、（@1700<-148）、（@1700<-151）、（@1700<-169）、（@1700<-172）、（@1700<35）、（@1700<-35）和（@1700<0）为直线的另一个端点，绘制多条直线，效果如图 163-4 所示。

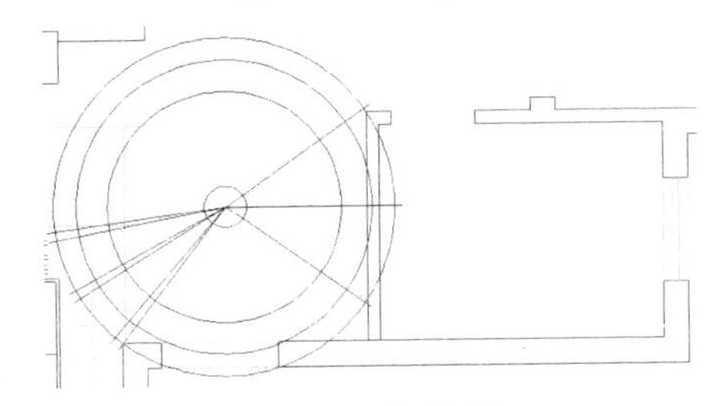

图 163-4　绘制直线

步骤 5 修剪处理。使用 TRIM 命令对多余的线段进行修剪，效果如图 163-5 所示。

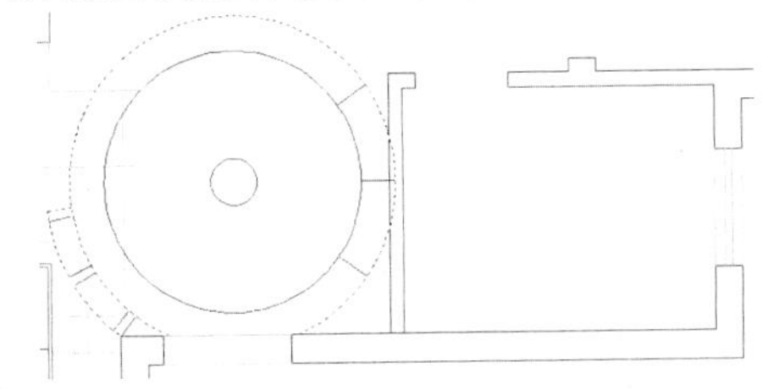

图 163-5　修剪处理

步骤 6 重复以上操作，选择图 163-5 中的边为剪切边，对客厅地板进行修剪，效果如图 163-6 所示。

步骤 7 延伸处理。单击“修改”面板中的“延伸”按钮，根据提示进行操作，选择半径为 1413 的圆为延伸边界，对图 163-6 中的直线进行延伸处理。

步骤 8 删除处理。使用 ERASE 命令删除多余的墙体线，效果如图 163-7 所示。

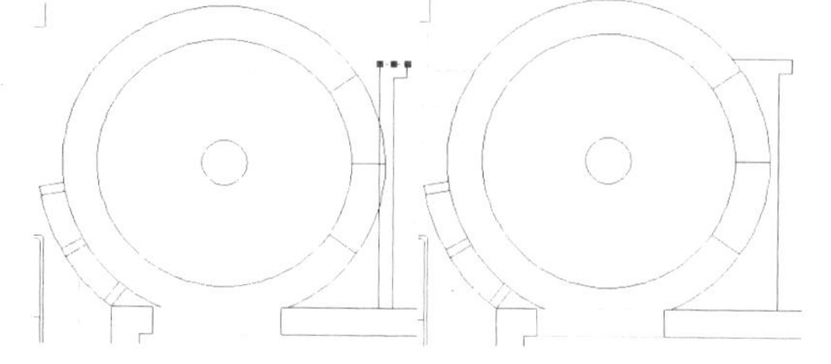

图 163-6 修剪处理　图 163-7 删除处理

步骤 9 图案填充。将“填充”图层设置为当前图层，执行 BHATCH 命令，设置“图案”为 LINE、“角度”为 45 度、“比例”为 20，在绘图区中选择要填充的区域进行填充，效果如图 163-8 所示。

步骤 10 重复步骤（9）的操作，设置“图案”为 SOLID、“样例”为“黑”，在绘图区选择要填充的区域进行填充，效果如图 163-9 所示。

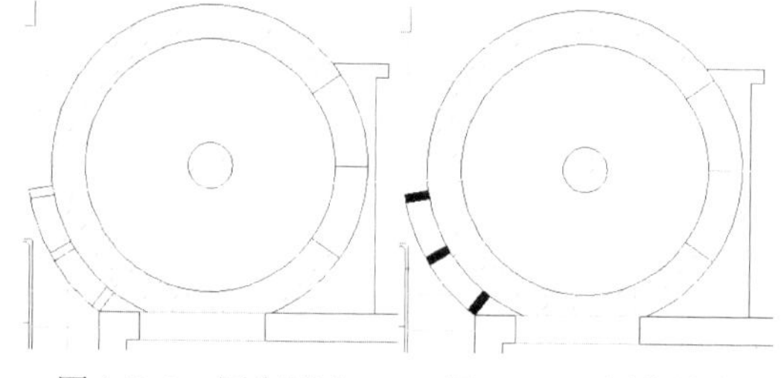

图 163-8 图案填充　图 163-9 图案填充

2. 绘制别墅更衣室平面图

步骤 1 绘制直线。将“门窗”图层设置为当前图层，单击“绘图”面板中的“直线”按钮，根据提示进行操作，捕捉图 163-10 中的中点 E，然后输入（@800,0）绘制直线。

步骤 2 绘制矩形。单击“绘图”面板中的“矩形”按钮，根据提示进行操作，捕捉中点 E 为矩形的角点，然后输入（@40,-800）为矩形的另一个角点，绘制一个矩形。

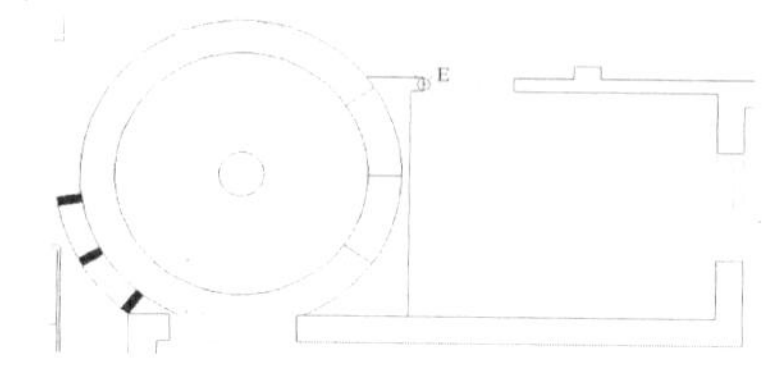

图 163-10 绘制直线

步骤 3 绘制圆。单击“绘图”面板中的“圆”按钮，根据提示进行操作，捕捉中点 E 为圆心，绘制半径为 800 的圆，效果如图 163-11 所示。

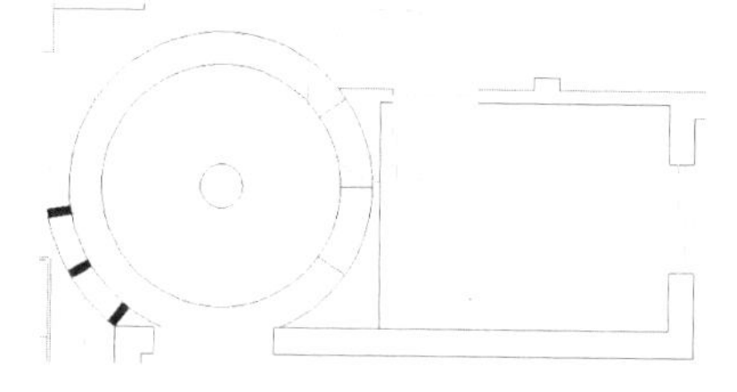

图 163-11 绘制圆

步骤 4 修剪处理。单击“修改”面板中的“修剪”按钮，根据提示进行操作，选择绘制的直线和矩形，对多余的圆弧进行修剪，绘制别墅更衣室的门，效果如图 163-12 所示。

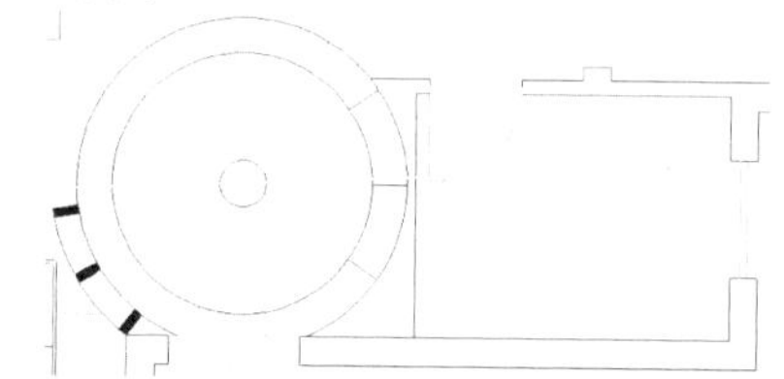

图 163-12 修剪处理

步骤 5 绘制矩形。设置“家具”图层为当前图层，单击“绘图”面板中的“矩形”按钮，根据提示进行操作，捕捉如图 163-13 所示的端点 F，然后输入（@-1790,-100），绘制一个矩形。

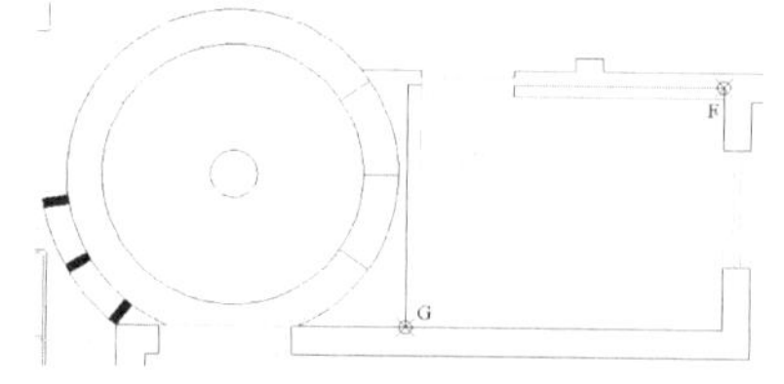

图 163-13 绘制矩形

步骤 6 重复步骤（5）的操作，捕捉图

163-13 中的端点 G，输入（@2710,540）绘制一个矩形。

步骤 7 绘制直线。使用 LINE 命令，按住【Shift】键的同时在绘图区单击鼠标右键，在弹出的快捷菜单中选择“自”选项，捕捉端点 G 为基点，然后输入（@677,0）和（@0,540）绘制直线。重复此操作，捕捉端点 G 为基点，分别输入（@1355,0）和（@0,540）、（@2030,0）和（@0,540）绘制直线，效果如图 163-14 所示。

步骤 8 绘制直线。使用 LINE 命令绘制衣柜，效果如图 163-15 所示。

步骤 9 图案填充。执行 BHATCH 命令，设置“图案”为 HOUND、“比例”为 200，在绘图区选择要填充的区域进行填充，效果参见图 163-1。

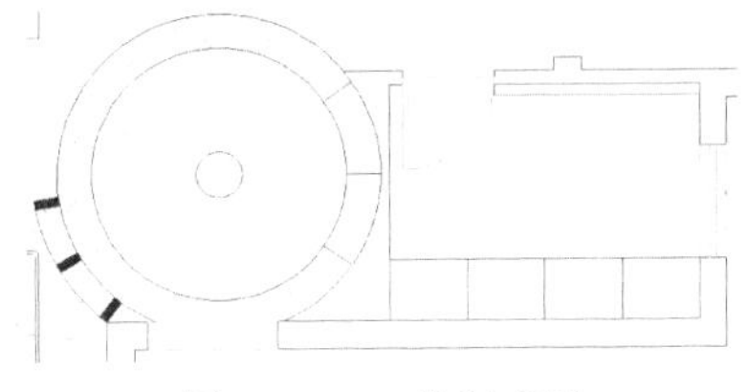

图 163-14 绘制直线

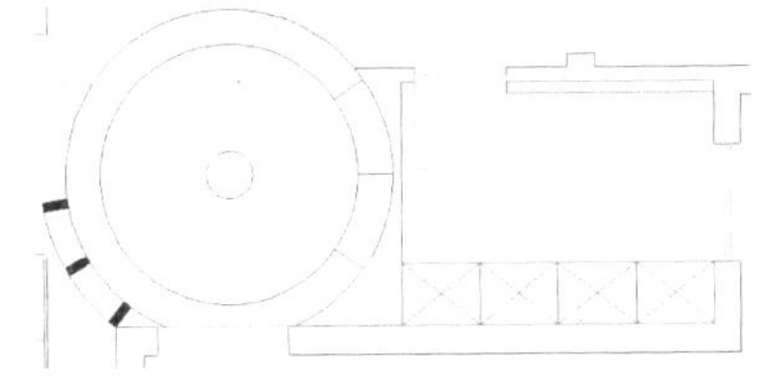

图 163-15 绘制直线

实例 164 别墅父母房与洗衣房平面图

本实例将绘制别墅父母房与洗衣房平面图，效果如图 164-1 所示。

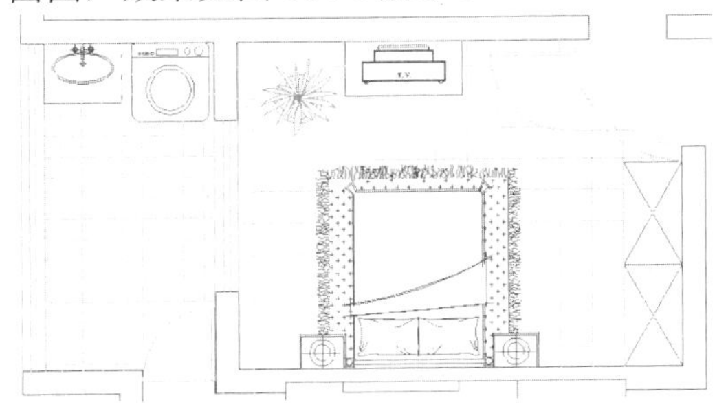

图 164-1 别墅父母房与洗衣房平面图

操作步骤

步骤 1 打开并另存文件。启动 AutoCAD，单击“文件|打开”命令，打开实例 163 绘制的“别墅玄关平面图”图形文件，然后按下【Shift+Ctrl+S】组合键，将该图形另存为“别墅父母房与洗衣房平面图”文件。

步骤 2 打开图层。在“默认”选项板中单击“开/关图层”按钮，将该图层打开并设置为当前图层。

步骤 3 绘制圆。单击“绘图”面板中的“圆”按钮，根据提示进行操作，捕捉图 164-2 中的交点 A 为圆心，绘制半径为 1295 的圆。

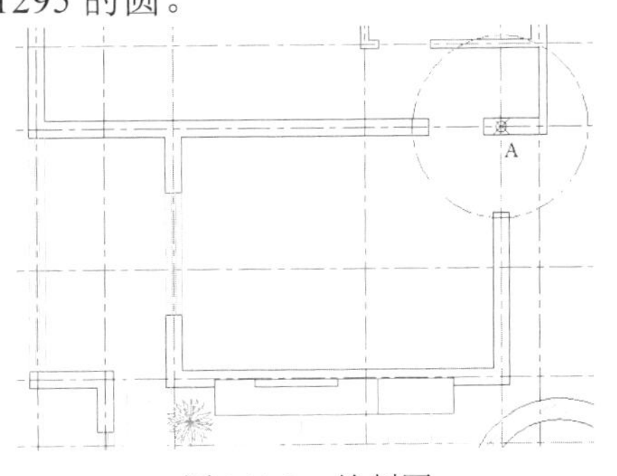

图 164-2 绘制圆

步骤 4 偏移处理。使用 OFFSET 命令，指定偏移距离为 75，对半径为 1295 的圆分别向内和向外偏移处理，并将偏移生成的圆移至“门窗”图层，效果如图 164-3 所示。

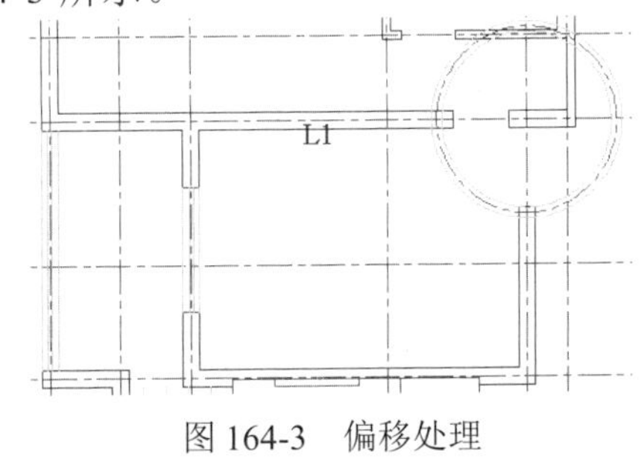

图 164-3 偏移处理

步骤 5 偏移并修剪处理。使用 OFFSET

命令，选择图 164-3 中的直线 L1，沿垂直方向向下偏移处理，偏移的距离为 120，并将偏移生成的直线移至“门窗”图层；使用 TRIM 命令对多余的直线进行修剪，并关闭“轴线”图层，效果如图 164-4 所示。

步骤 6 绘制矩形。将“门窗”图层设置为当前图层，使用 RECTANG 命令，捕捉图 164-4 中的点 B 为角点，然后输入（@-800,-40）为另一个角点，绘制一个矩形。

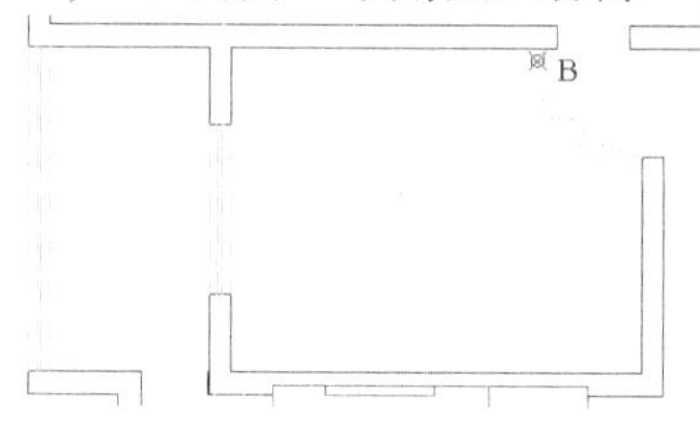

图 164-4　偏移并修剪处理

步骤 7 绘制圆。单击“绘图”面板中的“圆”按钮，根据提示进行操作，捕捉点 B 为圆心绘制半径为 800 的圆；捕捉半径为 1220 的圆弧的圆心为圆心，绘制半径为 1295 的圆，效果如图 164-5 所示。

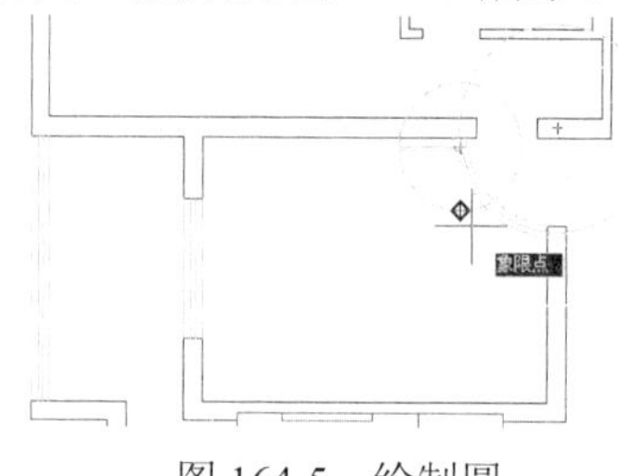

图 164-5　绘制圆

步骤 8 绘制直线并修剪。使用 LINE 命令，捕捉半径为 800 的圆的下象限点为第一点，然后输入（@1000,0）绘制直线；使用 TRIM 命令对多余的直线进行修剪，效果如图 164-6 所示。

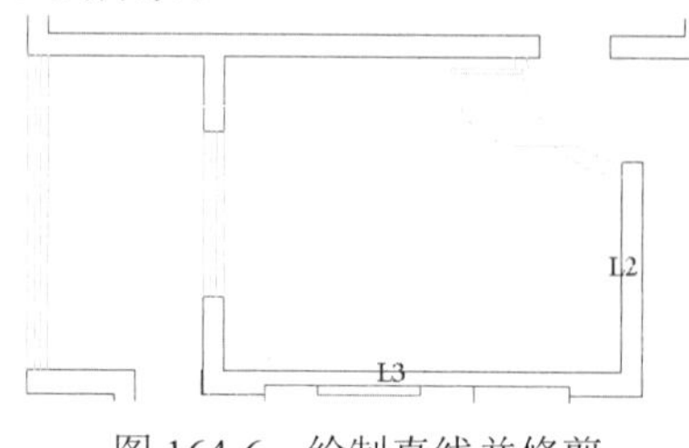

图 164-6　绘制直线并修剪

步骤 9 偏移并修剪处理。使用 OFFSET 命令，根据提示进行操作，选择图 164-6 中的直线 L2，沿水平方向向左偏移，偏移的距离为 600；选择直线 L3，沿垂直方向依次向上偏移两次，偏移的距离均为 1030，然后将偏移生成的直线移至“家具”图层；使用 TRIM 命令对多余的直线进行修剪，效果如图 164-7 所示。

步骤 10 绘制直线。使用 LINE 命令绘制衣柜，效果如图 164-8 所示。

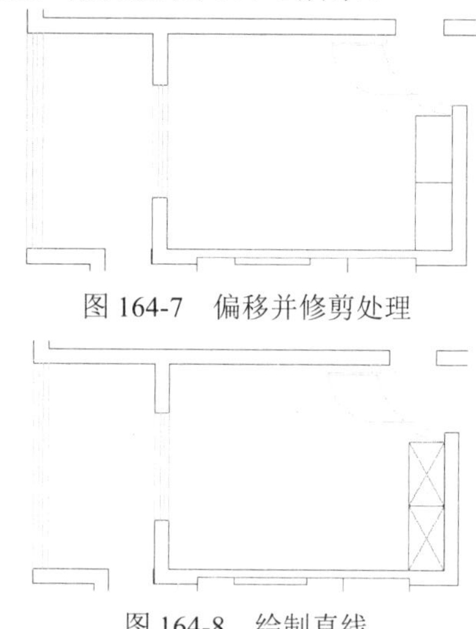

图 164-7　偏移并修剪处理

图 164-8　绘制直线

步骤 11 插入图块。单击”视图”选项板中的“选项板”面板的“设计中心”按钮，在弹出的“设计中心”面板中，选择需要的平面图块并插入，并将其移至相应的图层，效果如图 164-9 所示。

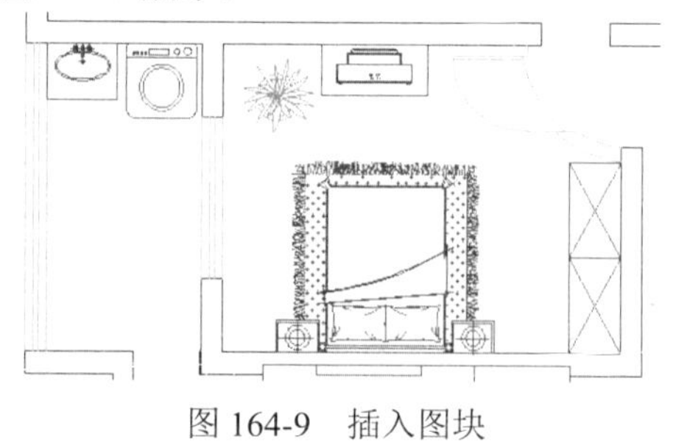

图 164-9　插入图块

步骤 12 绘制洗衣房门。设置“门窗”图层为当前图层，参照实例 163 中绘制门的方法，使用 RECTANG、LINE、CIRCLE 和 TRIM 命令绘制一个宽为 750 的门，效果如图 164-10 所示。

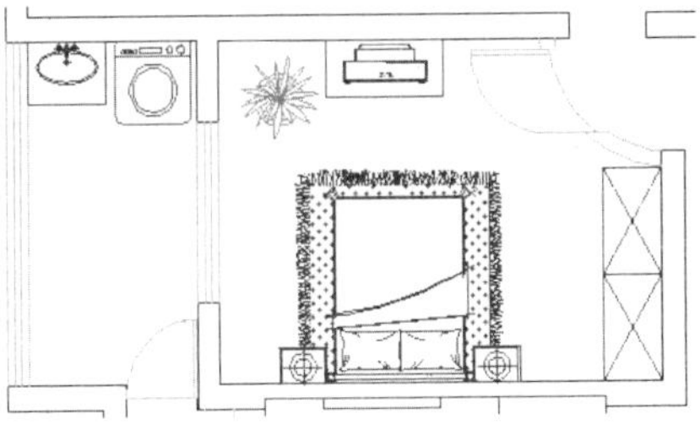

图 164-10　绘制洗衣房门

步骤 13　图案填充。将“填充”图层设置为当前图层，执行 BHATCH 命令，设置“图案”为 HOUND、“比例”为 200，对父母房要填充的区域进行填充，效果如图 164-11 所示。

步骤 14　重复步骤（13）的操作，设置“图案”为 ANGLE、“比例”为 30，在绘图区中选择洗衣房要填充的区域进行填充，效果参见图 164-1。

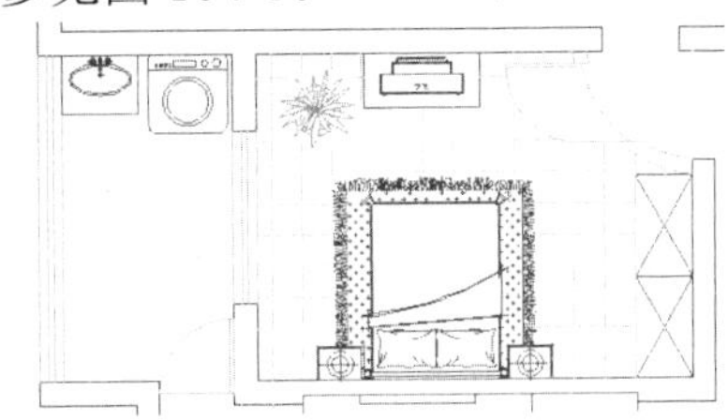

图 164-11　父母房图案填充

实例 165　别墅主卧与主卫平面图

本实例将绘制别墅主卧与主卫平面图，效果如图 165-1 所示。

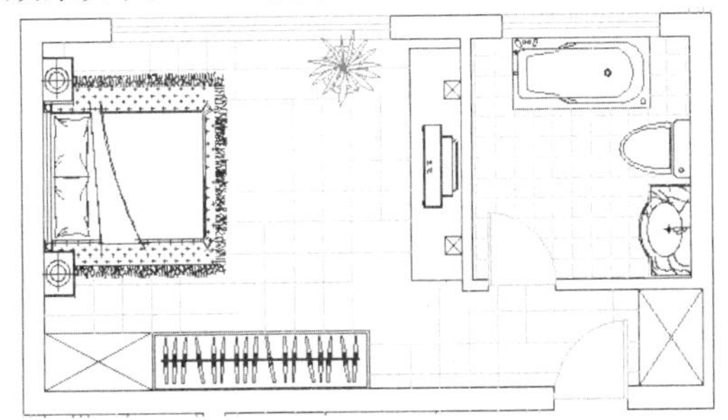

图 165-1　别墅主卧与主卫平面图

操作步骤

步骤 1　打开并另存文件。启动 AutoCAD，单击“文件|打开”命令，打开实例 164 绘制的“别墅父母房与洗衣房平面图”图形文件，然后按下【Shift+Ctrl+S】组合键，将该图形另存为“别墅主卧与主卫平面图”文件。

步骤 2　绘制保险柜和衣柜。设置“家具”图层为当前图层，使用 RECTANG、LINE 命令，参照图 165-2 所示的尺寸标注，在主卧室中绘制保险柜和衣柜。

步骤 3　绘制主卧室门。将“门窗”图层设置为当前图层，参照实例 163 中绘制门的方法，使用 RECTANG、LINE、CIRCLE 和 TRIM 命令绘制宽为 800 的门，效果如图 165-3 所示。

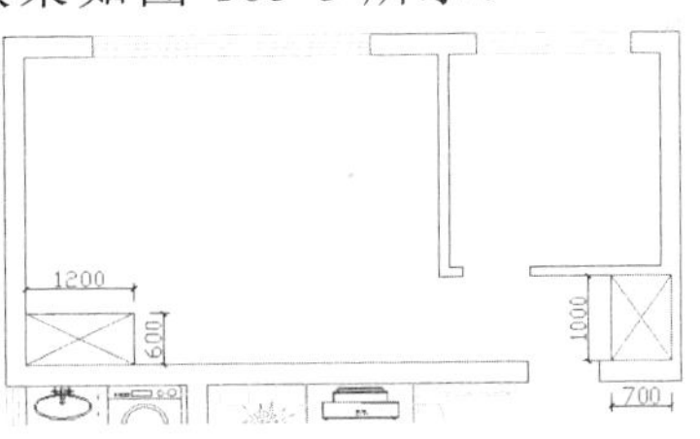

图 165-2　绘制保险柜和衣柜

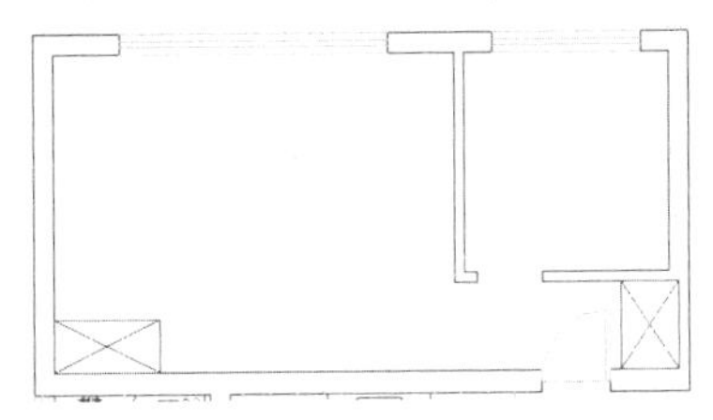

图 165-3　绘制主卧室门

步骤 4　绘制主卫室门。参照实例 163 中绘制门的方法，使用 RECTANG、LINE、CIRCLE 和 TRIM 命令绘制宽为 750 的主卫室门，效果如图 165-4 所示。

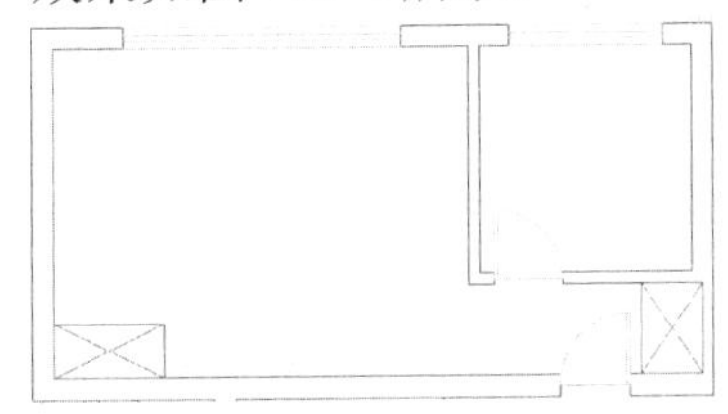

图 165-4　绘制主卫室门

步骤 5　插入图块。单击“视图”选项板中的“选项板”面板的“设计中心”按钮，在弹出的“设计中心”面板中选择需要的平面图块进行插入，并移至相应的图层，效果如图 165-5 所示。

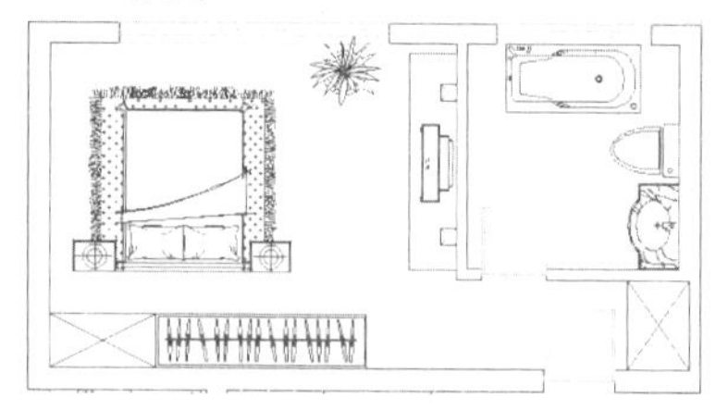

图 165-5　插入图块

步骤 6　旋转并移动处理。使用 ROTATE 命令对主卧室的床进行旋转处理，使用 MOVE 命令将床移动到绘图区中适当的位置，效果如图 165-6 所示。

步骤 7　图案填充。将“填充”图层设置为当前图层，执行 BHATCH 命令，设置“图案”为 HOUND、“比例”为 200，对主卧室要填充的区域进行填充，效果如图 165-7 所示。

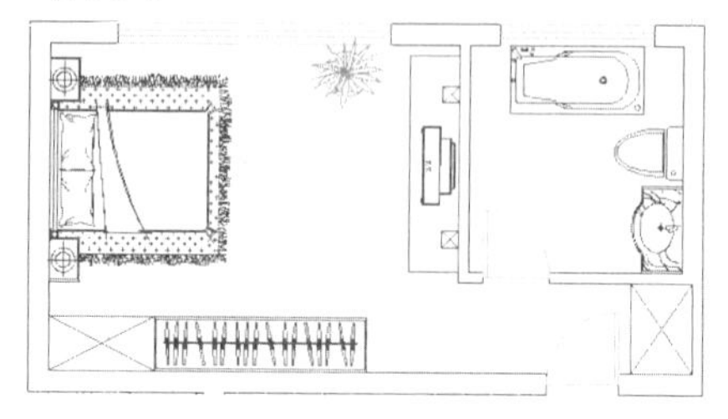

图 165-6　旋转并移动处理

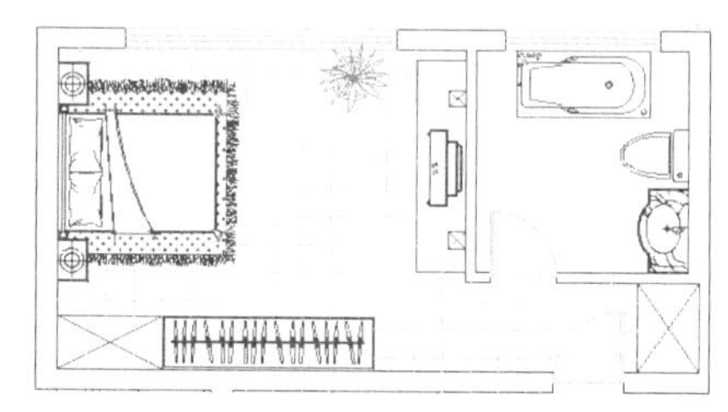

图 165-7　主卧室图案填充

步骤 8　重复步骤（7）的操作，设置“图案”为 ANGLE、“比例”为 30，在绘图区中选择主卫室要填充的区域进行填充，效果参见图 165-1。

实例 166　别墅书房与客房平面图

本实例将绘制别墅书房与客房平面图，效果如图 166-1 所示。

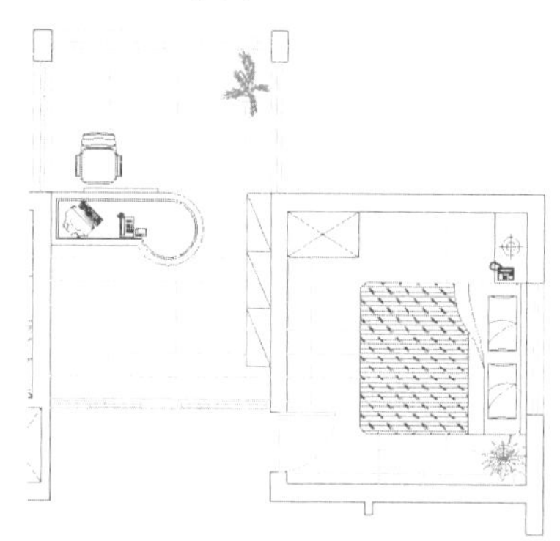

图 166-1　别墅书房与客房平面图

操作步骤

步骤 1　打开并另存文件。按【Ctrl+O】组合键，打开实例 165 绘制的“别墅主卧与主卫平面图”图形文件，然后按【Ctrl+Shift+S】组合键，将该图形另存为“别墅书房与客房平面图”文件。

步骤 2　绘制书柜和衣柜。将“家具”图层设置为当前图层，使用 RECTANG、LINE 命令，参照图 166-2 所示的尺寸标注，在书房和客房中绘制书柜和衣柜。

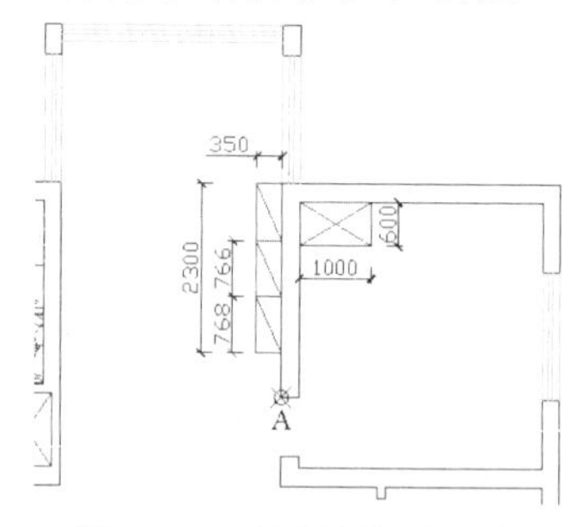

图 166-2　绘制书柜和衣柜

步骤 3　绘制直线并偏移处理。使用 LINE 命令，按住【Shift】键的同时在绘图区单击鼠标右键，在弹出的快捷菜单中选择“自”选项，捕捉图 166-2 中的端点 A 为基点，然后输入（@0,40）和（@-3080,0）绘制直线；使用 OFFSET 命令，选择该直线，沿垂直方向向上偏移，偏移的距离为 120。

步骤 4 绘制直线。使用 LINE 命令，按住【Shift】键的同时在绘图区单击鼠标右键，在弹出的快捷菜单中选择“自”选项，捕捉端点 A 为基点，然后输入（@-60,40）和（@0,120）绘制直线，效果如图 166-3 所示。

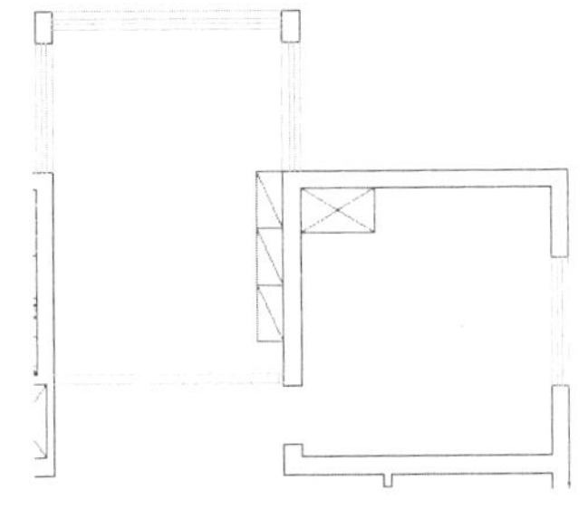

图 166-3　绘制直线

步骤 5 绘制矩形。单击“绘图”面板中的“矩形”按钮，根据提示进行操作，按住【Shift】键的同时在绘图区单击鼠标右键，在弹出的快捷菜单中选择“自”选项，捕捉端点 A 为基点，然后输入（@-60,140）和（@-700,-40）为矩形的角点和对角点绘制一个矩形。重复此操作，按住【Shift】键的同时在绘图区单击鼠标右键，在弹出的快捷菜单中选择“自”选项，捕捉端点 A 为基点，然后输入（@-560,100）和（@-700,-40）为矩形的角点和对角点，绘制另一个矩形，效果如图 166-4 所示。

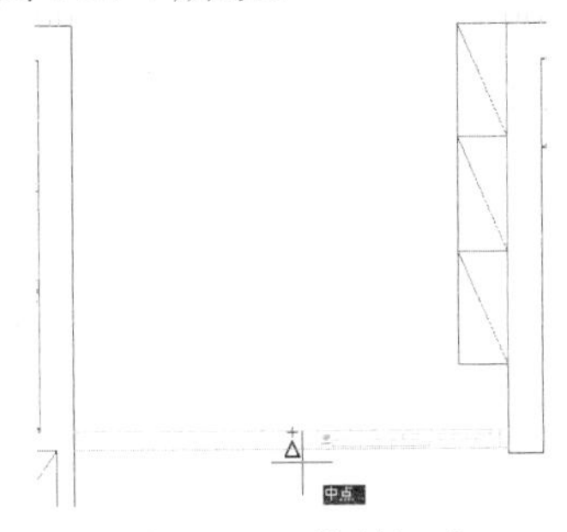

图 166-4　绘制矩形

步骤 6 镜像处理。单击“修改”面板中的“镜像”按钮，根据提示进行操作，选择绘制的矩形和直线为镜像对象，捕捉图 166-4 中两条平行直线的中点为镜像线上的第一点和第二点进行镜像处理，绘制出推拉门，效果如图 166-5 所示。

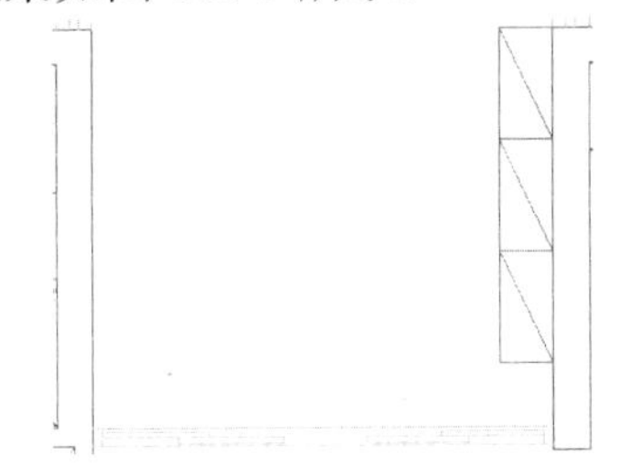

图 166-5　镜像处理

步骤 7 绘制客房门。参照实例 163 中绘制门的方法，使用 RECTANG、LINE、CIRCLE 和 TRIM 命令绘制一个宽为 800 的客房门，效果如图 166-6 所示。

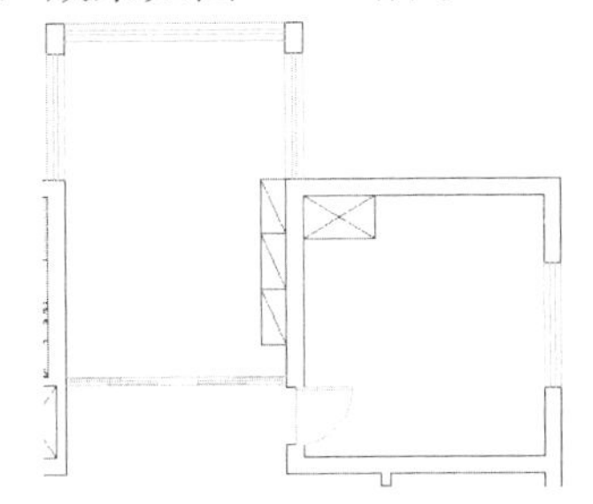

图 166-6　绘制客房门

步骤 8 插入图块。单击”视图”选项板中的“选项板”面板的“设计中心”按钮，在弹出的“设计中心”面板中选择需要的平面图块并插入，将其移至相应的图层，效果如图 166-7 所示。

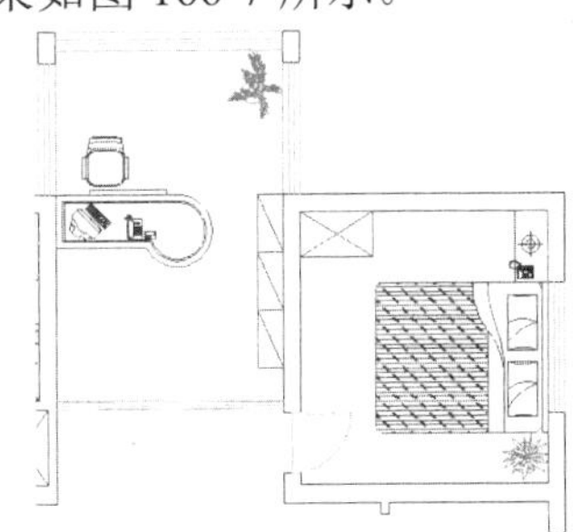

图 166-7　插入图块

步骤 9 图案填充。将“填充”图层设置为当前图层，执行 BHATCH 命令，设置“图案”为 HOUND、“比例”为 200，在绘图区中选择要填充的区域进行填充，效果参见图 166-1。

实例 167 别墅厨房与次卫平面图

本实例将绘制别墅厨房与次卫平面图，效果如图 167-1 所示。

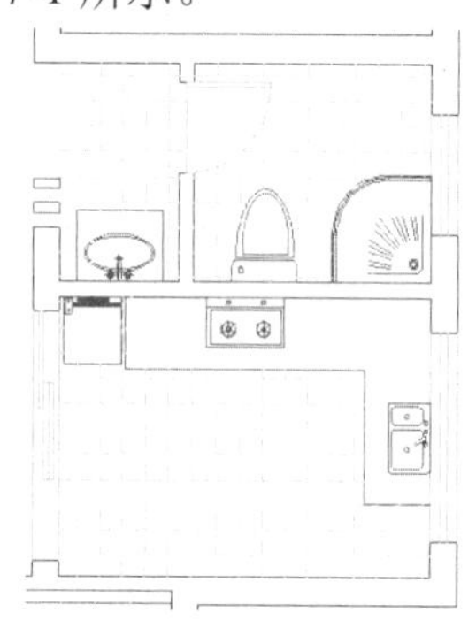

图 167-1 别墅厨房与次卫平面图

操作步骤

步骤 1 打开并另存文件。按【Ctrl+O】组合键，打开实例 166 绘制的“别墅书房与客房平面图”图形文件，然后按【Ctrl+Shift+S】组合键，将该图形另存为“别墅厨房与次卫平面图”文件。

步骤 2 绘制矩形。将“家具”图层设置为当前图层，单击“绘图”面板中的“矩形”按钮，根据提示进行操作，按住【Shift】键的同时在绘图区单击鼠标右键，在弹出的快捷菜单中选择“自”选项，捕捉图 167-2 中的端点 A 为基点，输入（@0,120）和（@240,80）绘制矩形作为装饰柱。重复此操作，按住【Shift】键的同时在绘图区单击鼠标右键，在弹出的快捷菜单中选择“自”选项，捕捉端点 A 为基点，输入（@0,320）和（@240,80）绘制矩形作为装饰柱。

步骤 3 绘制厨房灶台。使用 LINE 命令，参照图 167-3 所示的尺寸标注绘制灶台。

步骤 4 绘制直线。将“门窗”图层设置为当前图层，单击“绘图”面板中的“直线”按钮，根据提示进行操作，捕捉图 167-4 中的端点 B 和端点 C、端点 D 和端点 E 绘制直线。

步骤 5 绘制矩形。单击“绘图”面板中的“矩形”按钮，根据提示进行操作，按住【Shift】键的同时在绘图区单击鼠标右键，在弹出的快捷菜单中选择“自”选项，捕捉端点 B 为基点，然后输入（@60,0）和（@40,-800）绘制一个矩形。

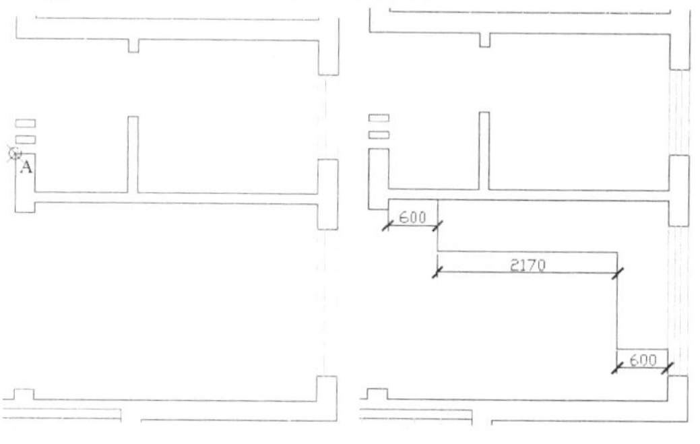

图 167-2 绘制矩形　图 167-3 绘制厨房灶台

步骤 6 复制处理。单击“修改”面板中的“复制”按钮，根据提示进行操作，选择绘制的矩形并按回车键，以原点为基点，然后分别输入（@40,-600）和（@80,-600）为目标点进行复制，绘制出厨房的推拉门，效果如图 167-5 所示。

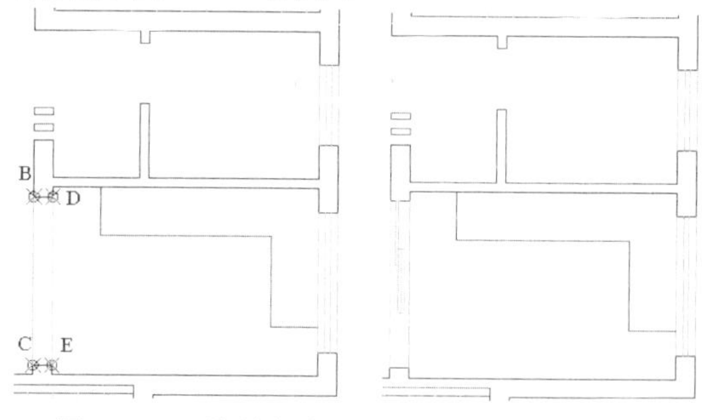

图 167-4 绘制直线　图 167-5 复制处理

步骤 7 绘制次卫室门。参照实例 163 中绘制门的方法，使用 RECTANG、LINE、CIRCLE 和 TRIM 命令绘制一个宽为 750 的次卫室门，效果如图 167-6 所示。

步骤 8 插入图块。单击”视图”选项板中的“选项板”面板的“设计中心”按钮，在弹出的“设计中心”面板中选择需要的平面图块并插入，将其移至相应的图层，效果如图 167-7 所示。

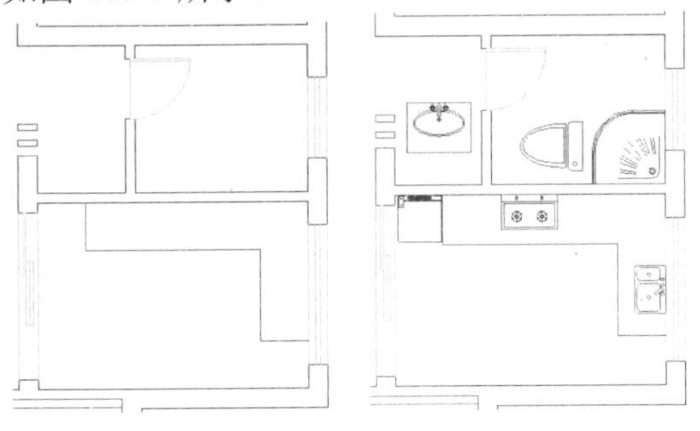

图 167-6 绘制次卫室门　图 167-7 插入图块

步骤 9 旋转并移动处理。使用 ROTATE 命令对座便器和洗手池进行旋转处理，使用 MOVE 命令将座便器和洗手池移动到绘图区中适当的位置，效果如图 167-8 所示。

步骤 10 图案填充。将“填充”图层设置为当前图层，执行 BHATCH 命令，设置“图案”为 ANGLE、“比例”为 30，对次卫室要填充的区域进行填充，效果如图 167-9 所示。

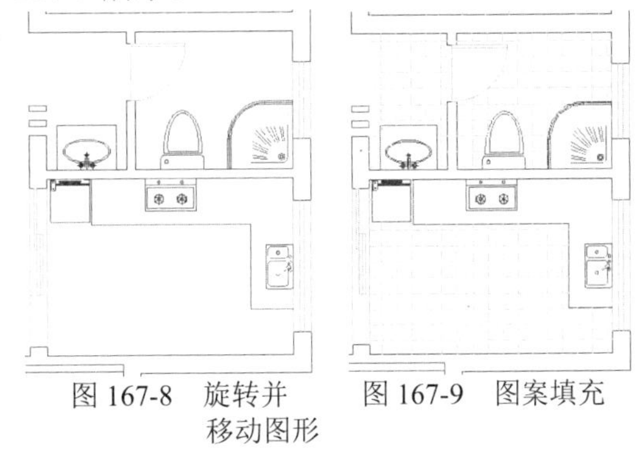

图 167-8 旋转并移动图形　图 167-9 图案填充

实例 168 别墅餐厅平面图

本实例将绘制别墅餐厅平面图，效果如图 168-1 所示。

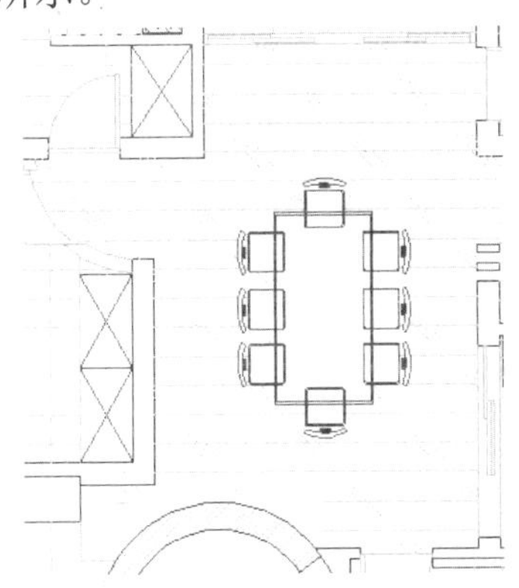

图 168-1 别墅餐厅平面图

操作步骤

步骤 1 打开并另存文件。按【Ctrl＋O】组合键，打开实例 167 绘制的“别墅厨房与次卫平面图”文件，然后按【Ctrl＋Shift＋S】组合键，将该图形另存为“别墅餐厅平面图”文件。

步骤 2 图案填充。执行 BHATCH 命令，设置“图案”为 CORK、“比例”为 100，在绘图区选择餐厅要填充的区域进行填充，效果如图 168-2 所示。

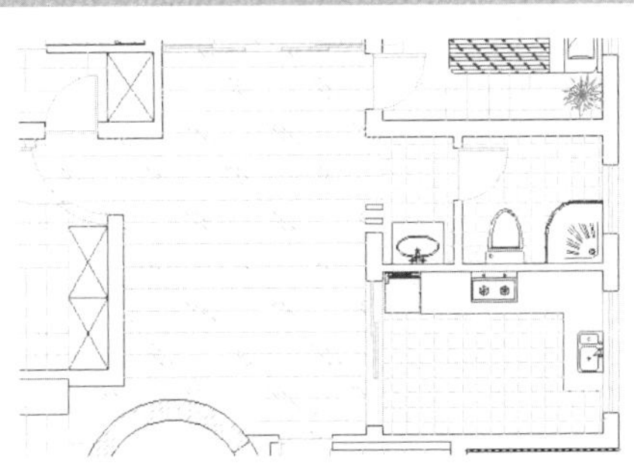

图 168-2 图案填充

步骤 3 插入图块。将“家具”图层设置为当前图层，单击”视图”选项板中的“选项板”面板的“设计中心”按钮，在弹出的“设计中心”面板中选择餐桌平面图块并插入，效果如图 168-3 所示。

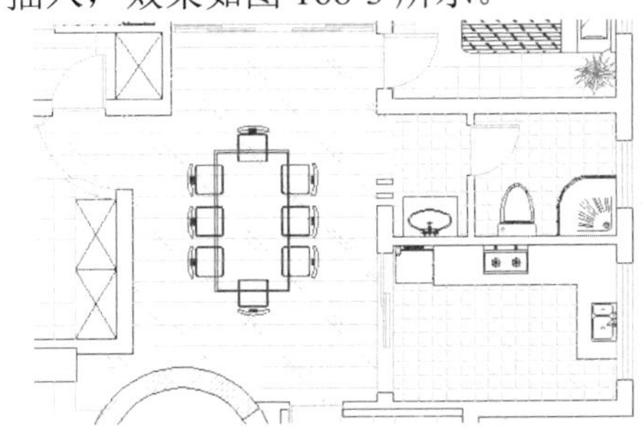

图 168-3 插入图块

步骤 4 修剪处理。使用 TRIM 命令对多余的地板区域修剪，效果参见图 168-1。

实例169 别墅平面图

本实例将绘制别墅平面图，效果如图169-1所示。

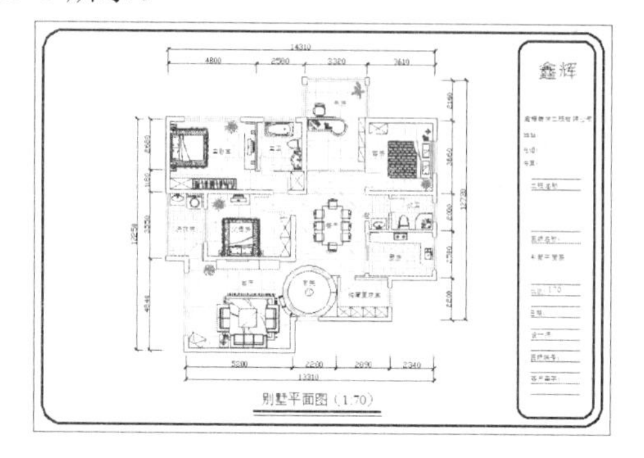

图169-1 别墅平面图

操作步骤

步骤1 打开并另存文件。按【Ctrl+O】组合键，打开实例168绘制的“别墅餐厅平面图”图形文件，然后按【Ctrl+Shift+S】组合键，将该图形另存为“别墅平面图”文件。

步骤2 修改文字样式。单击“默认”选项板中的“注释”面板的“文字样式”按钮A，弹出“文字样式”对话框，在“样式”列表框中选择“文字标注”选项，设置“高度”为250，单击“应用”按钮。

步骤3 创建文本。将“文字”图层设置为当前图层，单击“文字”选项板中的“多行文字”按钮A，在厨房布局内指定文本输入框的角点和对角点，弹出“文字格式”对话框，在文本框内输入“厨房”，单击“确定”按钮，效果如图169-2所示。

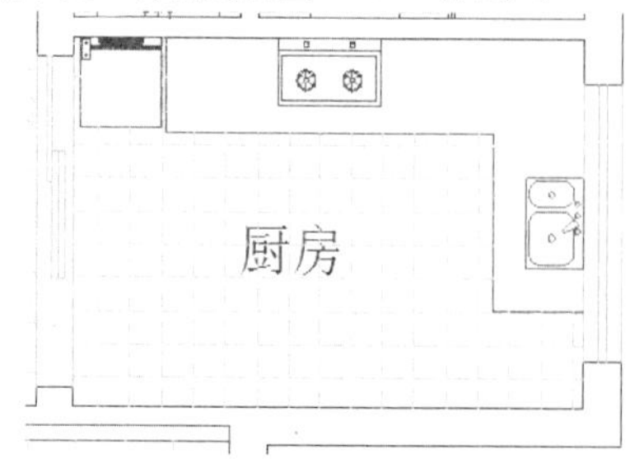

图169-2 创建文本

步骤4 绘制矩形。使用RECTANG命令，沿步骤（3）所创建文字的左上角和右下角绘制一个矩形。

步骤5 修剪并删除处理。使用TRIM命令，选择绘制的矩形为修剪边，对厨房布局内的图案进行修剪；选择绘制的矩形，按【Delete】键将其删除，效果如图169-3所示。

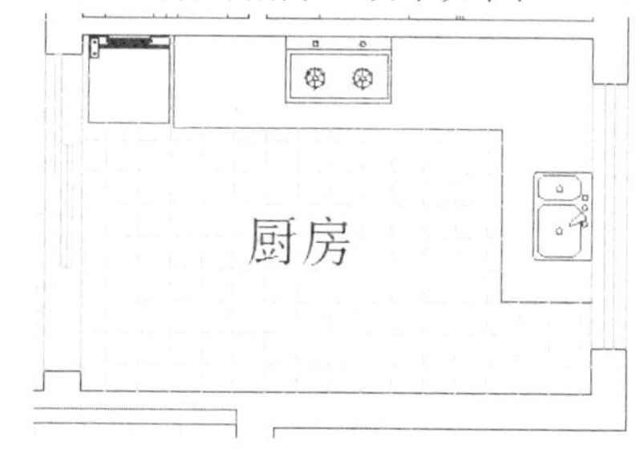

图169-3 修剪并删除处理

步骤6 重复步骤（4）～（5）的操作，在各个房间布局中创建相应的文本，并进行修剪，效果如图169-4所示。

步骤7 设置标注样式。参照实例159中创建“建筑标注”标注样式的方法，创建新的标注样式“建筑标注”，并打开“轴线”图层。

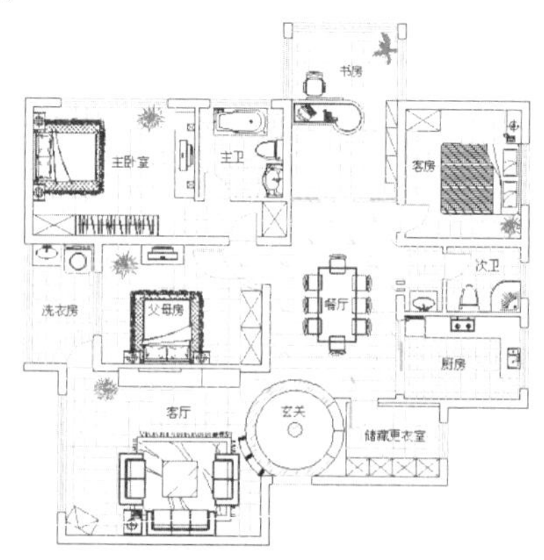

图169-4 设置标注样式

步骤8 尺寸标注。将“标注”图层设置为当前图层，单击“标注|线性”命令，分别捕捉左边垂直轴线和右边垂直轴线的端点，并向上引导光标，在适当的位置单击鼠标左键，确定标注的位置，效果如图169-5

所示。

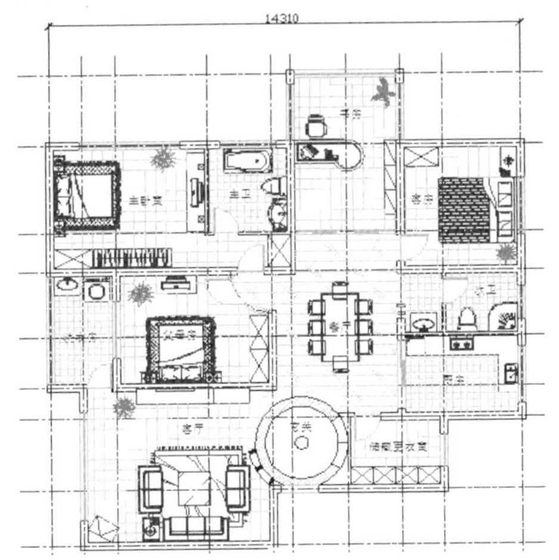

图 169-5　尺寸标注

步骤 9　重复步骤（8）的操作，创建其他尺寸标注，效果如图 169-6 所示。

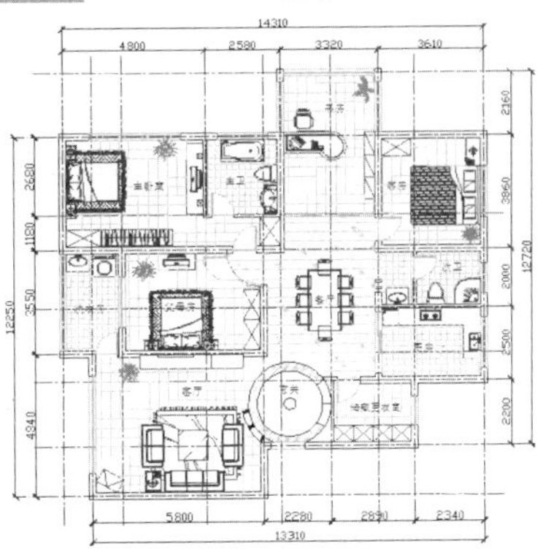

图 169-6　其他尺寸标注

步骤 10　绘制说明标注。将“0”图层设置为当前图层，使用 TEXT 命令，在平面图下方输入文字“别墅平面图（1:70）”；使用 LINE 命令，在该文字的下方绘制两条直线，并将第一条直线的线宽设置为 0.30 毫米，关闭“轴线”图层，效果参见图 169-1。

实例 170　别墅室内天花布置图

本实例将绘制别墅室内天花布置图，效果如图 170-1 所示。

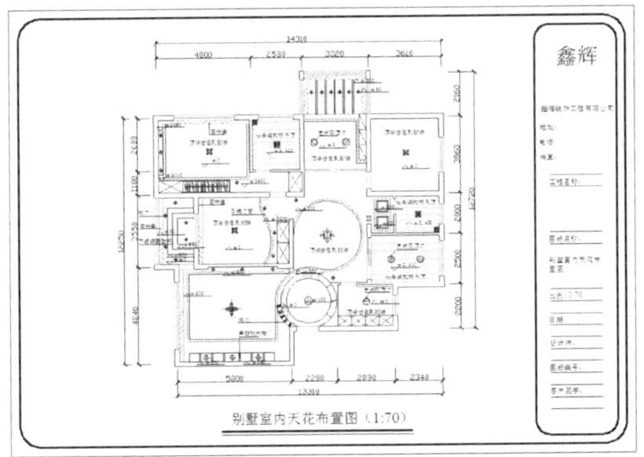

图 170-1　别墅室内天花布置图

操作步骤

1. 绘制别墅天花布置图

步骤 1　打开并另存文件。按【Ctrl＋O】组合键，打开实例 169 绘制的“别墅平面图”文件，然后按【Ctrl＋Shift＋S】组合键，将该图形另存为“别墅室内天花布置图”文件。

步骤 2　创建图层。单击“图层”选项板中的“图层特性管理器”按钮，在弹出的“图层特性管理器”对话框中，创建图层“虚线”（线型为 ACAD_IS007W100），然后双击“门窗”图层，将其设置为当前图层。

步骤 3　删除处理并绘制直线。使用 ERASE 命令，选择与天花图无关的平面图块及其他的图形对象，将其删除；使用 LINE 命令，捕捉门洞端点，绘制天花门，效果如图 170-2 所示。

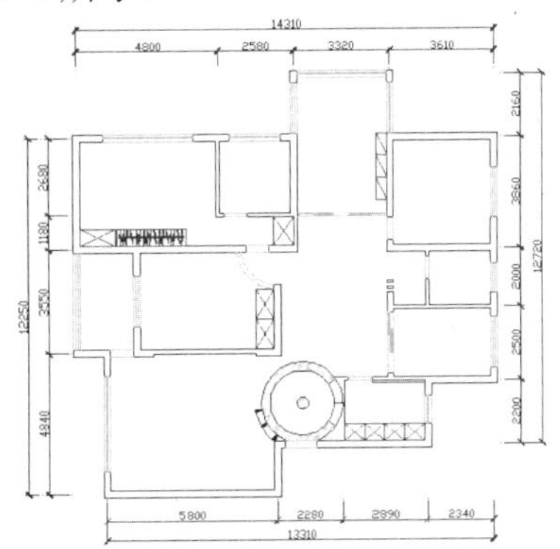

图 170-2　删除处理并绘制直线

步骤 4　绘制窗帘。使用 SPLINE 命令绘制主卧室窗帘；使用 LINE 命令，按住【Shift】

键的同时在绘图区单击鼠标右键，在弹出的快捷菜单中选择“自”选项，捕捉端点 A，然后输入（@0,-200）和（@4620,0）绘制直线，效果如图 170-3 所示。

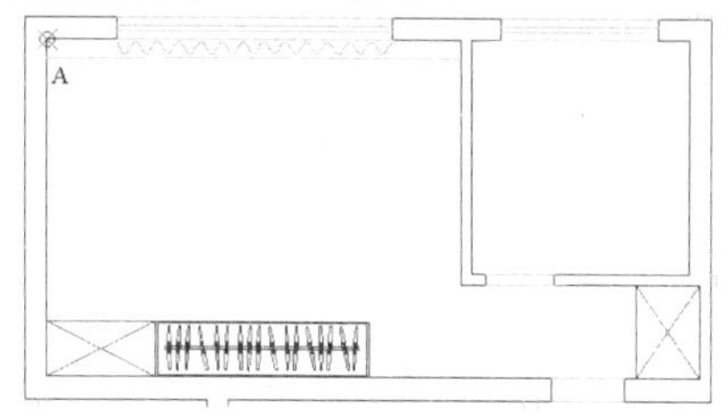

图 170-3　绘制窗帘

步骤 5 重复步骤（4）的操作，绘制其他房间的窗帘，效果如图 170-4 所示。

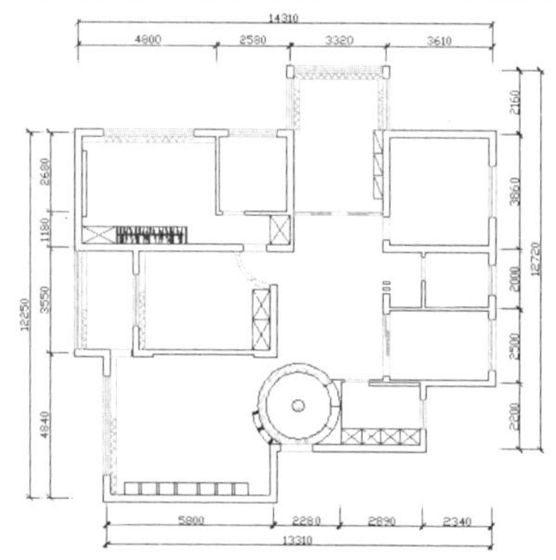

图 170-4　绘制其他房间窗帘

步骤 6 绘制圆。设置“墙体”图层为当前图层，单击“绘图”面板中的“圆”按钮 ，根据提示进行操作，捕捉玄关的圆心为圆心，绘制半径为 1676 的圆。

步骤 7 重复步骤（6）的操作，输入 T，捕捉半径为 1676 的圆和父母房右边外墙线上的点为切点，绘制半径为 1700 的圆，效果如图 170-5 所示。

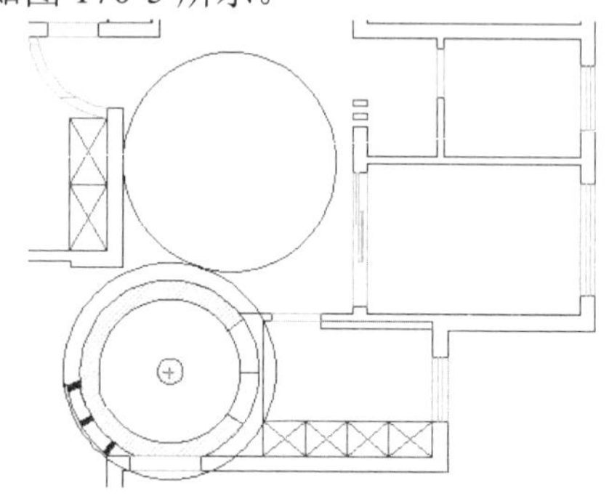

图 170-5　绘制圆

步骤 8 绘制多段线。单击“绘图”面板中的“多段线”按钮 ，根据提示进行操作，捕捉半径为 1676 的圆的左象限点为起点，然后依次输入（@0,-1913）、（@-4364,0）、（@0,3273）、（@5060,0）和（@0,250）绘制多段线。

步骤 9 修剪处理。使用 TRIM 命令对圆进行修剪，效果如图 170-6 所示。

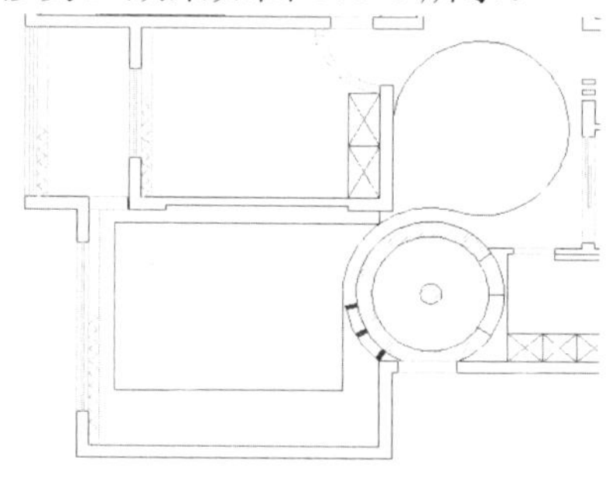

图 170-6　修剪处理

步骤 10 编辑多段线。在命令行中输入 PEDIT 命令并按回车键，根据提示进行操作，输入 M，选择半径分别为 1676、1804 的圆弧以及多段线并按回车键，输入 J，进行合并处理。

步骤 11 绘制灯带线。单击“修改”面板中的“偏移”按钮 ，根据提示进行操作，指定偏移距离为 100，将编辑的多段线向外偏移；使用 TRIM 命令，对多余的线段进行修剪，并将绘制好的灯带线移至“虚线”图层，效果如图 170-7 所示。

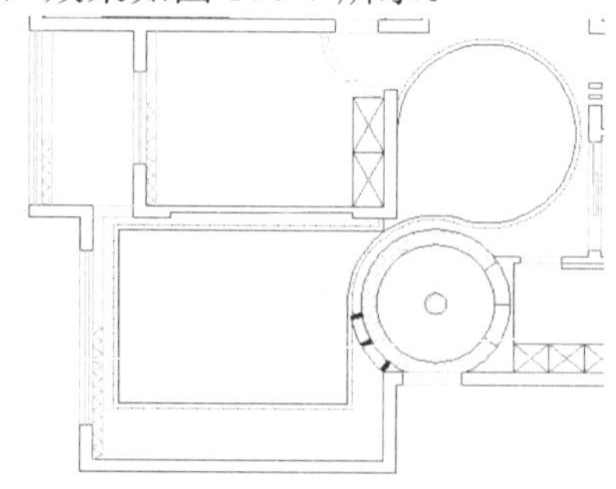

图 170-7　绘制灯带线

步骤 12 绘制客厅顶面。使用 LINE、OFFSET 命令绘制如图 170-8 所示的客厅顶面。

步骤 13 绘制多段线。使用 PLINE 命令，按住【Shift】键的同时在绘图区单击鼠标右键，在弹出的快捷菜单中选择“自”选项，捕捉图 170-9 中的端点 B 为基点，依次输入（@-700,0）、（@200,300）、（@190,800）、（@-280,1100）、（@-280,800）和（@36,310），绘制多段线。

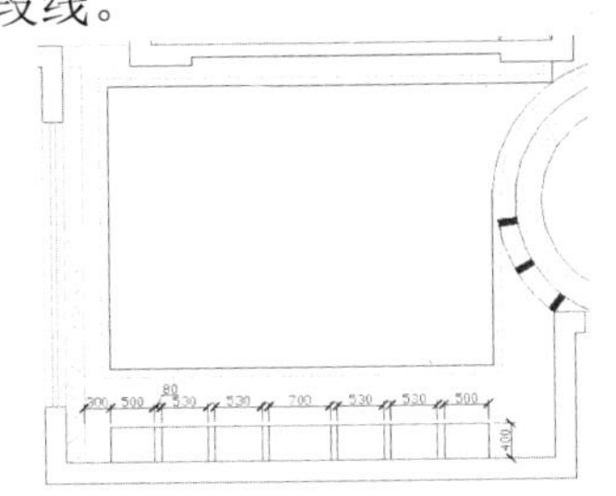

图 170-8 绘制客厅顶面

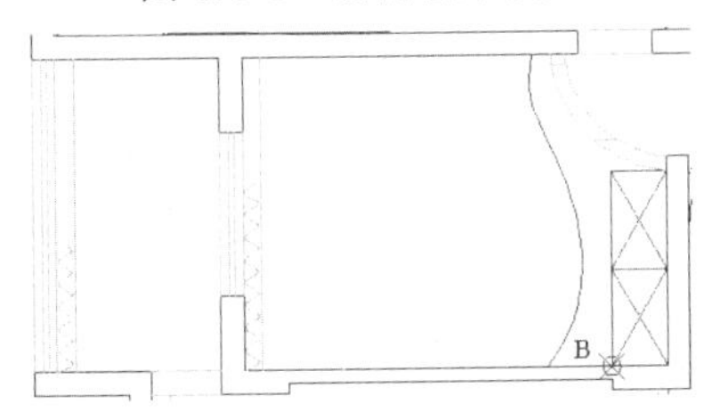

图 170-9 绘制多段线

步骤 14 绘制灯带线。使用 OFFSET 命令，选择绘制完成的造型线，指定偏移距离为 100，向右进行偏移处理，并将绘制好的灯带线移至“虚线”图层，效果如图 170-10 所示。

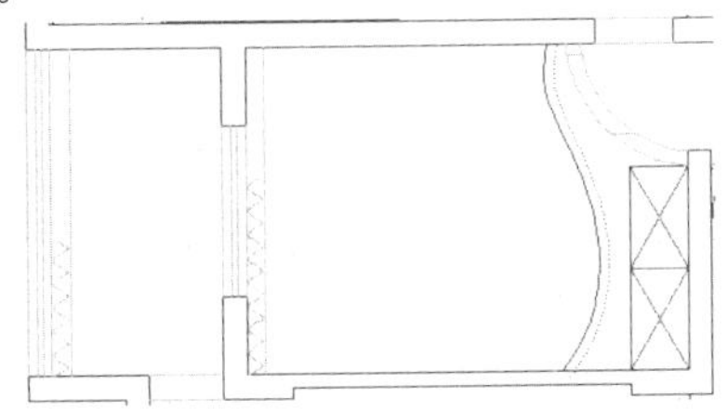

图 170-10 绘制灯带线

步骤 15 绘制洗衣房顶面。使用 PLINE、OFFSET 命令，参照图 170-11 所示的尺寸标注绘制洗衣房顶面。

步骤 16 绘制多段线。单击“绘图”面板中的“多段线”按钮，根据提示进行操作，按住【Shift】键的同时在绘图区单击鼠标右键，在弹出的快捷菜单中选择“自”选项，捕捉图 170-12 中的端点 C 为基点，然后依次输入（@0,-300）、（@200,0）、（@0,-2220）和（@-200,0）绘制多段线。

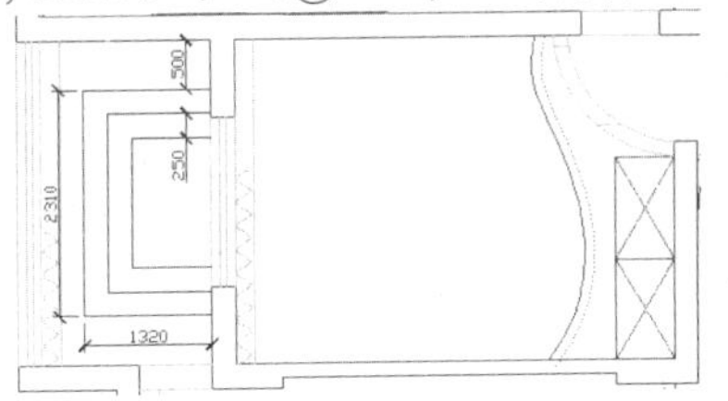

图 170-11 绘制洗衣房顶面

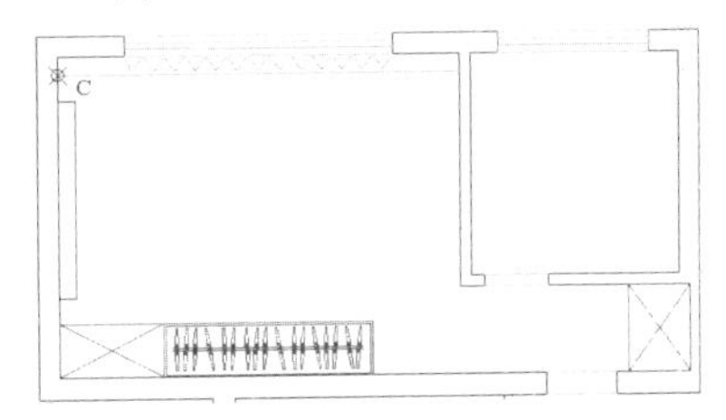

图 170-12 绘制多段线

步骤 17 重复步骤（16）的操作，按住【Shift】键的同时在绘图区单击鼠标右键，在弹出的快捷菜单中选择“自”选项，捕捉端点 C 为基点，依次输入（@350,0）、（@0,-2670）、（@4120,0）和（@0,2670）绘制多段线。

步骤 18 绘制灯带线。使用 OFFSET 命令，指定偏移距离为 100，选择绘制完成的造型线向外进行偏移处理，并将偏移生成的灯带线移至“虚线”图层，效果如图 170-13 所示。

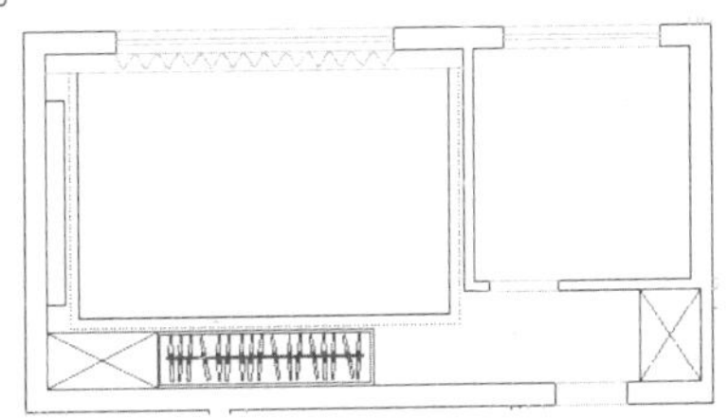

图 170-13 绘制灯带线

步骤 19 绘制书房顶面。使用命令 LINE、OFFSET、PLINE 绘制图 170-14 中的书房顶面造型，并将偏移距离为 100 的灯带线移至“虚线”图层。

步骤 20 绘制次卫顶面。使用命令 RECTANG、OFFSET 等，绘制图 170-15 中的次卫顶面造型，并将偏移距离为 100 的灯带线移至“虚线”图层。

步骤 21 插入图块。设置“家具”图层为当前图层，单击”视图”选项板中的“选项板”面板的“设计中心”按钮，在弹出的“设计中心”面板中选择如图 170-16 所示的常见灯具图块，将其插入到天花图中，效果如图 170-17 所示。

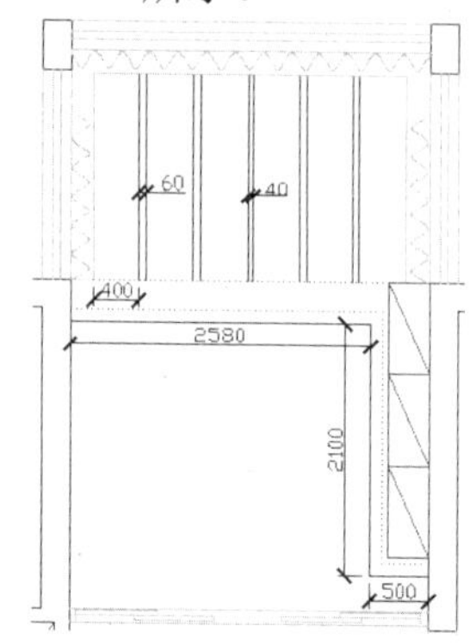

图 170-14　绘制书房顶面

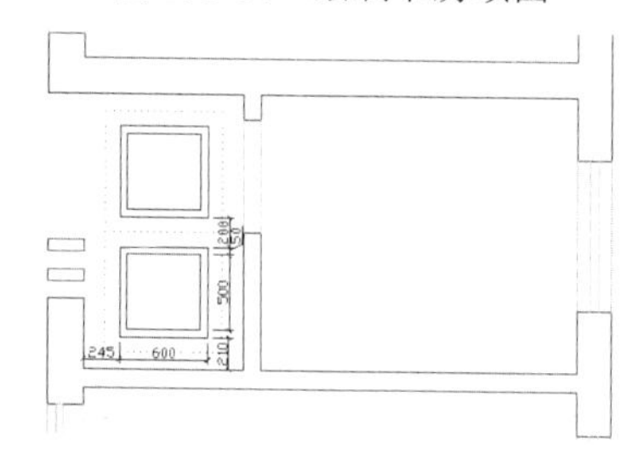

图 170-15　绘制次卫顶面

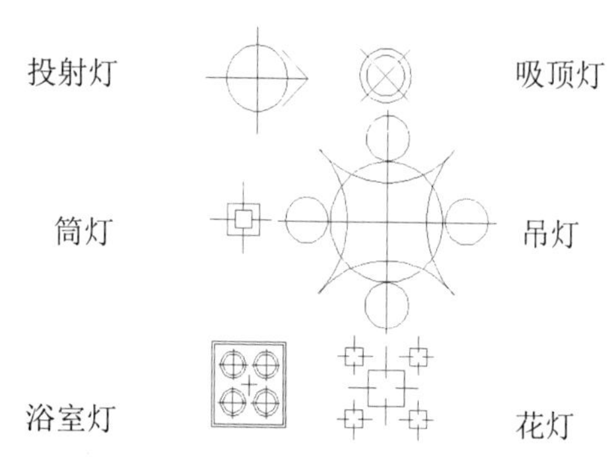

图 170-16　常见灯具图块

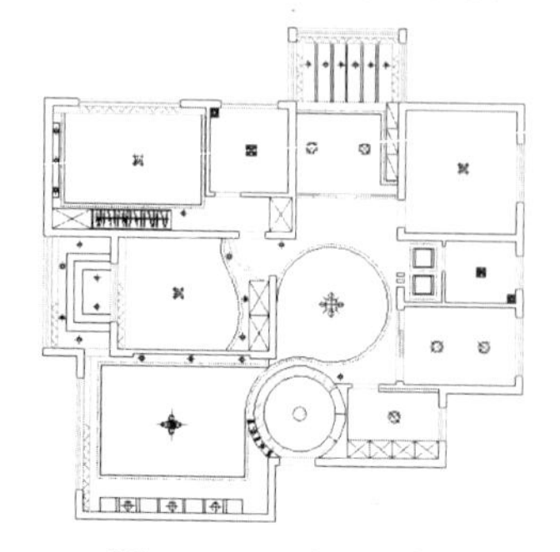

图 170-17　插入图块

2. 绘制标高及文字说明

步骤 1 绘制标高。设置“文字”图层为当前图层，在命令行中输入 PLINE 命令并按回车键，在绘图区内任意取一点作为起点，依次输入（@-1400,0）、（@225<-45）和（@225<45）绘制标高，效果如图 170-18 所示。

图 170-18　绘制标高

步骤 2 创建文本。在“绘图”选项板中单击“文字|单行文字”命令，在绘制的标高图形上单击鼠标左键，确定输入点，设置文本的高度为 200、旋转的角度为 0，输入%%P0.000 并按回车键，效果如图 170-19 所示。

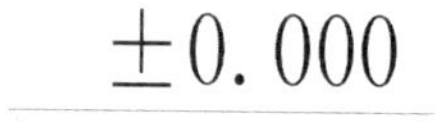

±0.000

图 170-19　创建文本

步骤 3 镜像标高。使用 MIRROR 命令，指定水平直线上的任意两点为镜像线上的第一点和第二点，对图 170-19 中的标高进行镜像处理，效果如图 170-20 所示。

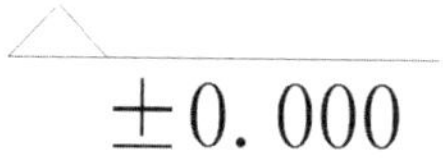

±0.000

图 170-20　镜像标高

步骤 4 插入标高。选择绘制的标高，使用 COPY 命令进行多重复制，将复制生成的标注图形放在天花布置图中的相应位置，然后分别双击各标高上的数字，在弹出的编辑框中输入相应的数字即可，效果如图 170-21 所示。

步骤 5 标注文字。使用命令 MTEXT 和 QLEADER，设置“字体”为“宋体”“字号”为200，在厨房与次卫顶面创建文本，对天花进行材质说明，效果如图 170-22 所示。

步骤 6 重复步骤（5）的操作，对天花图的其他材质进行说明，效果如图 170-23 所示。

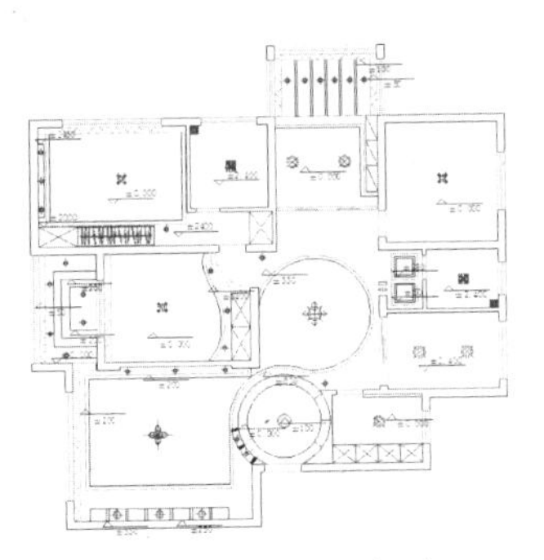
图 170-21　插入标高

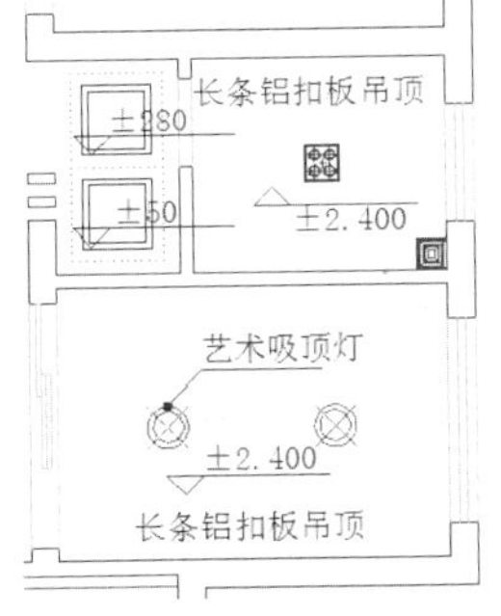

图 170-22　标注文字

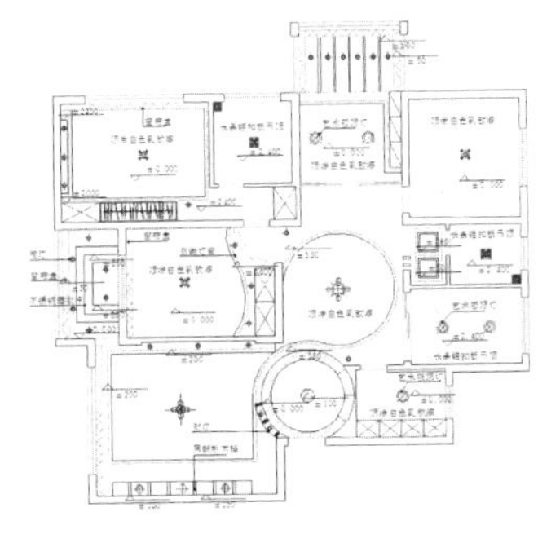
图 170-23　创建其他说明文本

步骤 7 图案填充。将“填充”图层设置为当前图层，执行 BHATCH 命令，设置“图案”为 LINE、“比例”为 40，在绘图区中选择要填充的区域进行填充，效果如图 170-24 所示。

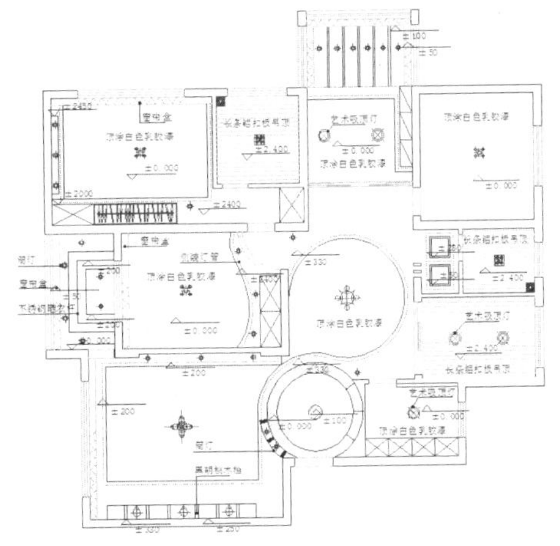
图 170-24　图案填充

步骤 8 修改图签。使用 MTEDIT 命令，将图签中图纸名称修改为“别墅室内天花布置图”。

步骤 9 绘制说明标注。将“0”图层设置为当前图层，使用 TEXT 命令，在布置图下方输入文字“别墅室内天花布置图(1:70)”；使用 LINE 命令，在该文字的下方绘制两条直线，并将第一条直线的线宽设为 0.30 毫米，关闭“轴线”图层，效果参见图 170-1。

实例 171　别墅室内开关布置图

本实例将绘制别墅室内开关布置图，效果如图 171-1 所示。

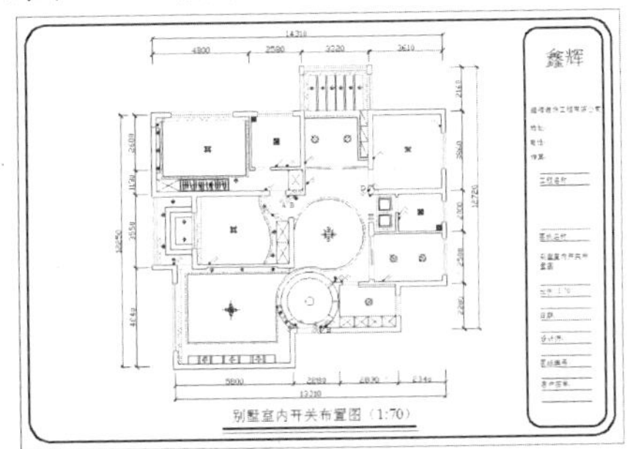
图 171-1　别墅室内开关布置图

操作步骤

步骤 1 打开并另存文件。按【Ctrl+O】组合键，打开实例 170 绘制的“别墅室内天花布置图”文件，然后按【Ctrl+Shift+S】组合键，将该图形另存为“别墅室内开关布置图”文件。

步骤 2 创建图层。单击“图层”选项板中的“图层特性管理器”按钮，在弹出的“图层特性管理器”对话框中，依次创建图层“开关”（设置颜色为蓝色）、“线路”“插座”和“说明”，然后双击“开关”图层，将其设置为当前图层。

步骤 3 关闭图层。在“默认”选项板中单击“开/关图层”按钮，将“线路”和“插座”图层关闭。

步骤 4 绘制直线。使用 LINE 命令，在绘图区中任取一点作为起点，然后依次输入（@-150,0）、（@0,-200）、（@0,-500）和（@-150,0）绘制直线，效果如图 171-2 所示。

步骤 5 旋转处理。使用 ROTATE 命令，选择直线并按回车键，捕捉图 171-2 中的点 A 为基点，指定旋转角度为-45 度，对其进行旋转处理。

步骤 6 绘制圆环。在命令行中输入命令 DONUT 并按回车键，根据提示进行操作，指定圆环内径为 0、外径为 100，捕捉点 A 为中心点，绘制一位开关，效果如图 171-3 所示。

图 171-2　绘制直线　　图 171-3　绘制圆环

步骤 7 复制处理。在命令行中输入命令 COPY 并按回车键，根据提示进行操作，选择一位开关并按回车键，在该开关旁边任取一点作为目标点进行复制。

步骤 8 绘制二位开关。使用 OFFSET 命令，选择复制生成的一位开关右上角的直线，向下偏移处理，偏移距离为 100，绘制出二位开关，效果如图 171-4 所示。

步骤 9 绘制三位开关。使用 COPY 命令，复制一个二位开关；使用 OFFSET 命令，将复制生成的二位开关右上角的第二条直线向下偏移处理，偏移距离为 100，绘制出三位开关，效果如图 171-5 所示。

图 171-4　绘制二位开关　图 171-5　绘制三位开关

步骤 10 绘制其他开关。使用 COPY、TRIM 命令对复制生成的开关进行修剪；使用 ERASE 命令将多余的直线删除，绘制出如图 171-6 所示的开关。

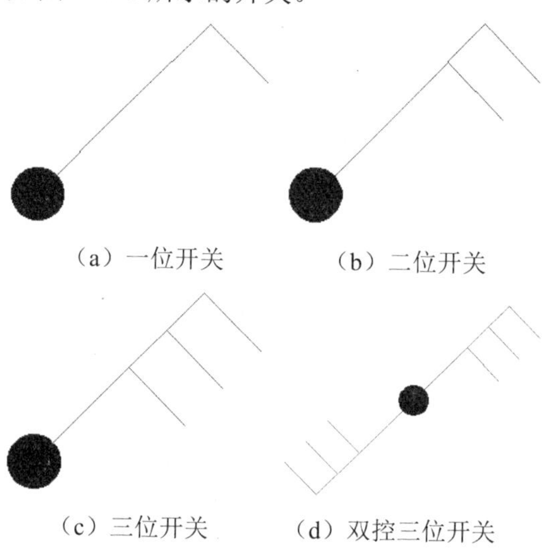

（a）一位开关　（b）二位开关

（c）三位开关　（d）双控三位开关

图 171-6　绘制其他开关

步骤 11 插入开关。单击“修改”面板中的“复制”按钮，根据提示进行操作，选择绘制的开关，将其插入到开关布置图中，效果如图 171-7 所示。

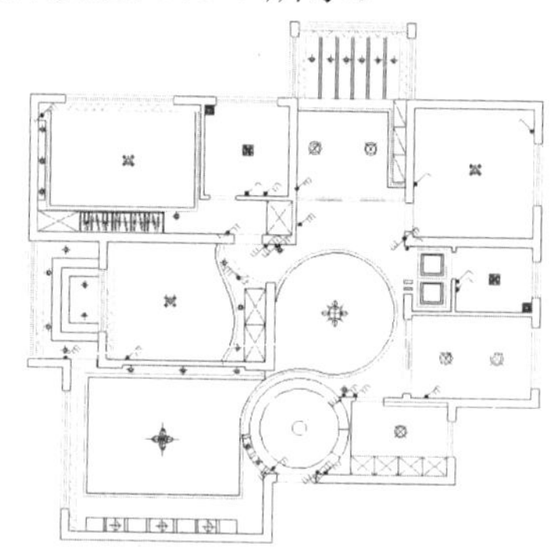

图 171-7　插入开关

步骤 12 标注开关。将“说明”图层设置为当前图层，在命令行中输入 TEXT 并按回车键，在主卧室和书房门口开关的适当位置指定文本输入框的角点和对角点，分别输入字母 A、B、D，指明这些开关分别为 A、B 或 D 处线路的开关，效果如图 171-8 所示。

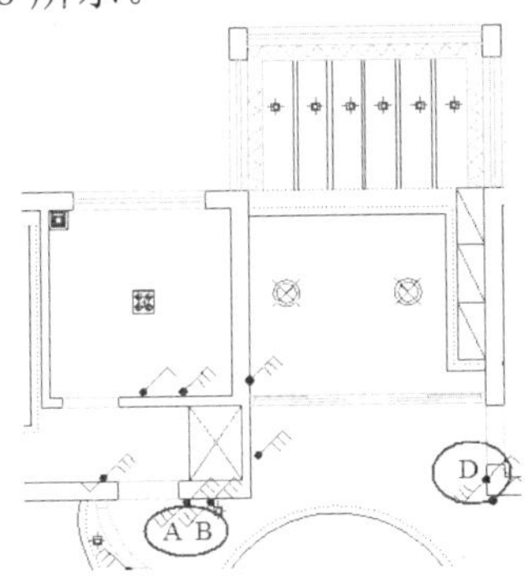

图 171-8　标注开关

步骤 13 重复步骤（12）的操作，在玄关门口开关的适当位置指定文本输入框的角点和对角点，分别输入 A、B 和 C，指定这些开关分别为 A、B 和 C 处线路的开关，效果如图 171-9 所示。

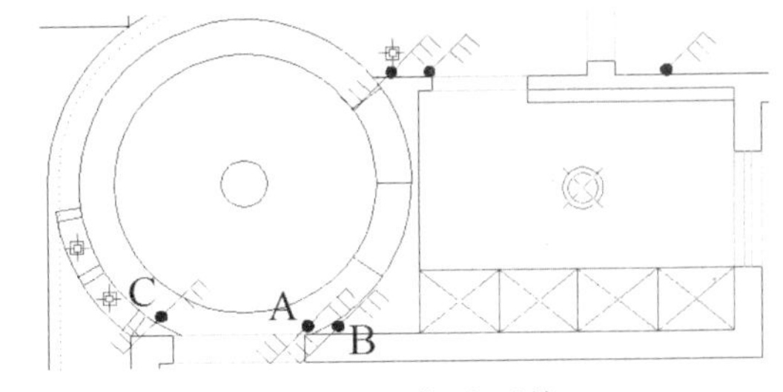

图 171-9　标注开关

步骤 14 修改图签。使用 MTEDIT 命令，将图签中的图纸名称修改为“别墅室内开关布置图”。

步骤 15 绘制说明标注。将“0”图层设置为当前图层，使用 TEXT 命令，在布置图下方输入文字“别墅室内开关布置图（1:70）”；使用 LINE 命令，在该文字的下方绘制两条直线，并将第一条直线的线宽设置为 0.30 毫米，效果参见图 171-1。

实例 172　别墅室内照明供电线路图

本实例将绘制别墅室内照明供电线路图，效果如图 172-1 所示。

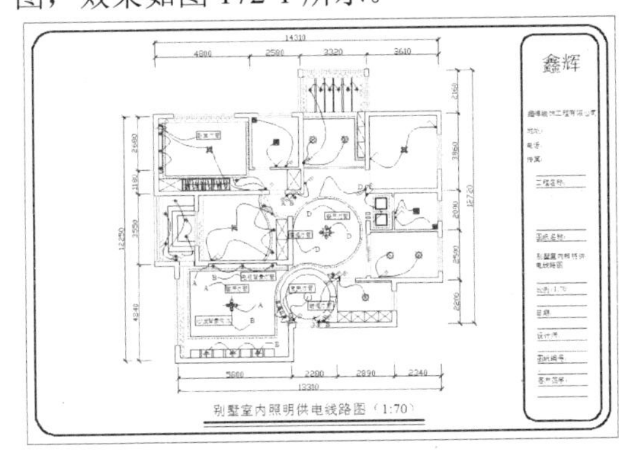

图 172-1　别墅室内照明供电线路图

操作步骤

步骤 1 打开并另存文件。启动 AutoCAD，单击“文件|打开”命令，打开实例 171 绘制的“别墅室内开关布置图”图形文件，然后按【Ctrl+Shift+S】组合键，将该图形另存为“别墅室内照明供电线路图”文件。

步骤 2 修改文字样式。单击“默认”选项板中的“注释”面板的“文字样式”按钮，弹出“文字样式”对话框，在“样式”列表框中选择“文字标注”选项，设置“高度”为 200，单击“应用”按钮。

步骤 3 标注灯管位置。在命令行中输入 TEXT 命令并按回车键，在客厅的适当位置指定文本输入框的角点和对角点，标注如图 172-2 所示的灯管所在位置。

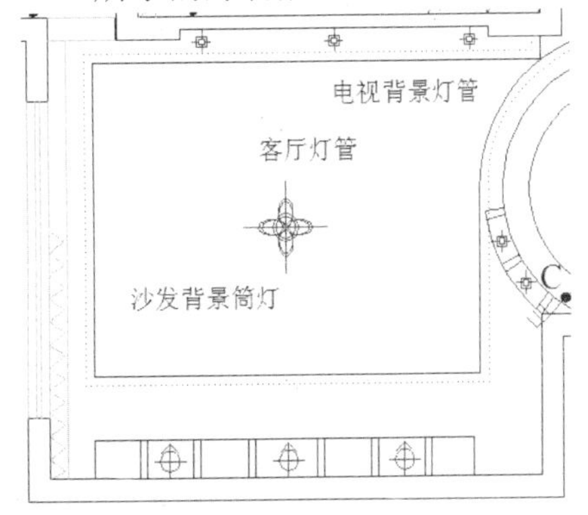

图 172-2　标注灯管位置

步骤 4 绘制矩形。单击“绘图”面板中的“矩形”按钮，根据提示进行操作，在标注灯管位置的文字上指定矩形的角点和对角点绘制矩形，效果如图 172-3 所示。

步骤 5 重复步骤（3）～（4）的操作，在供电线路图中标注其他灯管的位置，效果如图 172-4 所示。

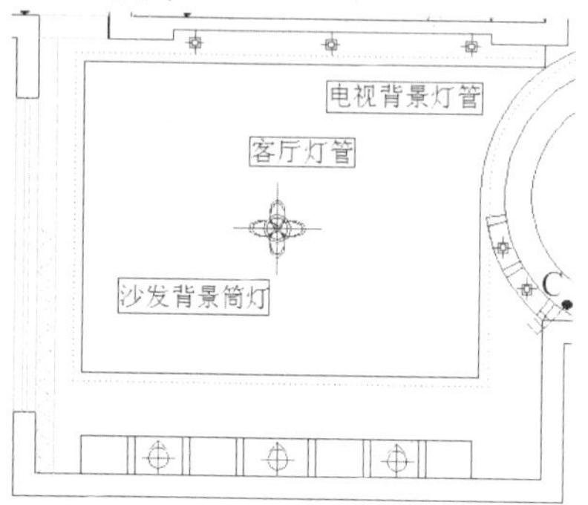

图 172-3 绘制矩形

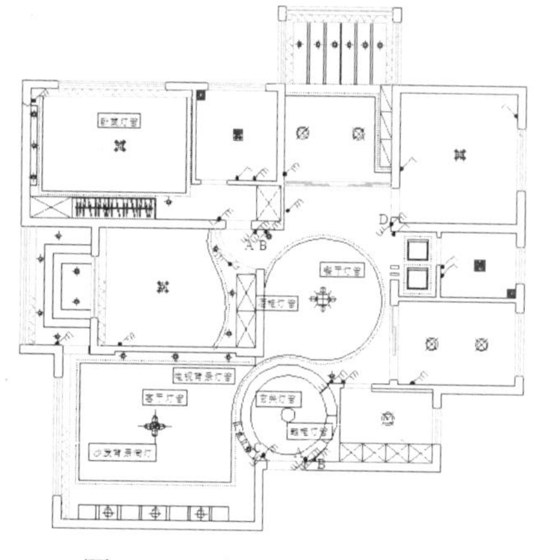

图 172-4 标注其他灯管位置

步骤 6 绘制线路。将“线路”图层设置为当前图层，单击“绘图”面板中的“样条曲线”按钮，根据提示进行操作，绘制每个房间的开关到灯具的连线作为线路，效果如图 172-5 所示。

步骤 7 标注线路。将“说明”图层设置为当前图层，使用 TEXT 命令，在开关布置的相应线路上指定文本输入框的角点和对角点，分别指定该线路的开关所在位置，效果如图 172-6 所示。

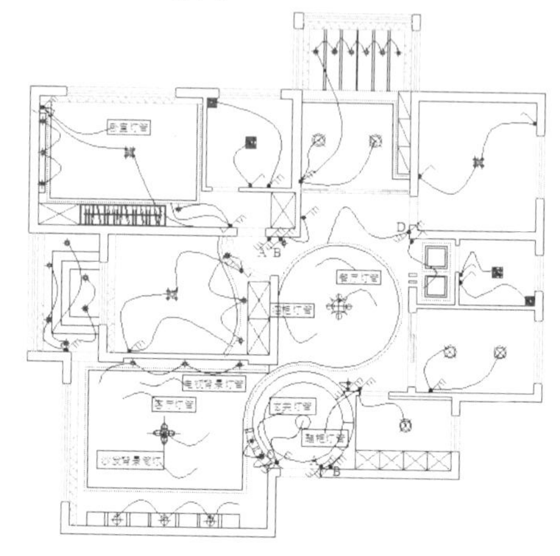

图 172-5 绘制线路

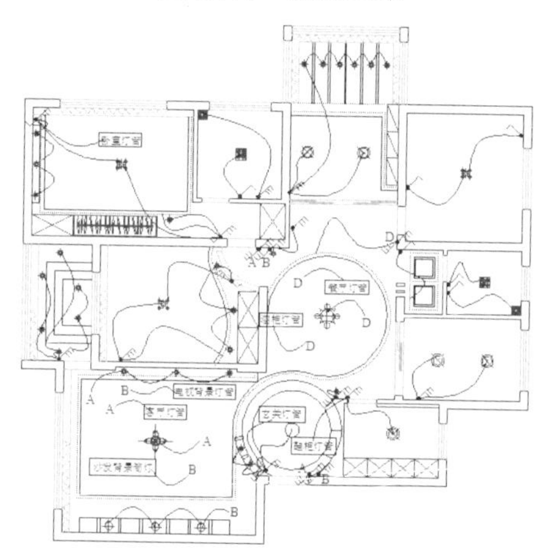

图 172-6 标注线路

步骤 8 修改图签。使用 MTEDIT 命令，将图签中的图纸名称修改为“别墅室内照明供电线路图”。

步骤 9 绘制说明标注。将“0”图层设置为当前图层，使用 TEXT 命令，在线路图下方输入文字“别墅室内照明供电线路图（1:70）”；使用 LINE 命令，在该文字的下方绘制两条直线，并将第一条直线的线宽设置为 0.30 毫米，效果参见图 172-1。

实例 173 别墅室内插座布置图

本实例将绘制别墅室内插座布置图，效果如图 173-1 所示。

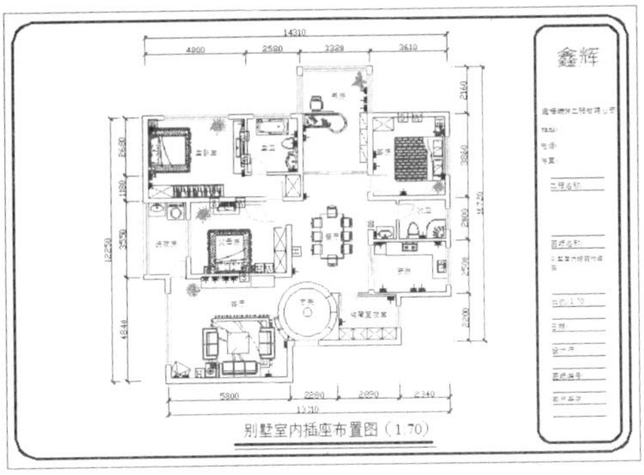

图 173-1 别墅室内插座布置图

操作步骤

1. 绘制插座图形

步骤 1 打开并另存文件。按【Ctrl+O】组合键，打开实例 169 绘制的“别墅平面图”图形文件，然后按【Ctrl+Shift+S】组合键，将该图形另存为“别墅室内插座布置图”文件。

步骤 2 创建图层。单击“图层”选项板中的“图层特性管理器”按钮，在弹出的“图层特性管理器”对话框中，创建“插座”图层，并将其设置为当前图层。

步骤 3 绘制圆。使用 CIRCLE 命令，在绘图区中任取一点为圆心，绘制半径为 160 的圆。

步骤 4 绘制直线。单击“绘图”面板中的“直线”按钮，根据提示进行操作，分别捕捉半径为 160 的圆的左右象限点绘制一条水平线，效果如图 173-2 所示。

步骤 5 修剪处理。使用 TRIM 命令对半径为 160 的圆进行修剪，效果如图 173-3 所示。

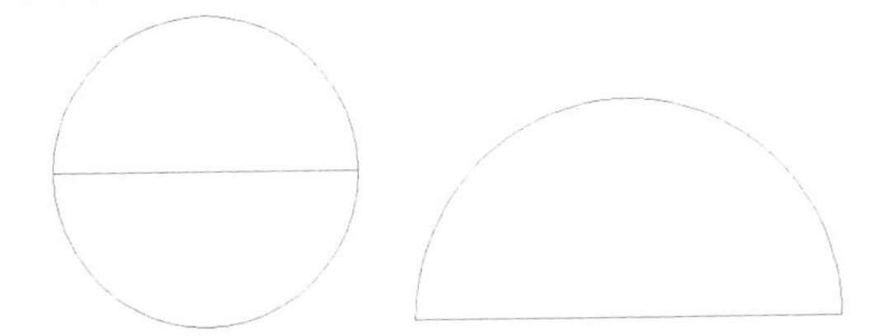

图 173-2 绘制直线　　图 173-3 修剪处理

步骤 6 绘制直线。单击“绘图”面板中的“直线”按钮，根据提示进行操作，捕捉半径为 160 的圆弧上方的象限点为第一点，然后输入（@0,160）绘制直线。

步骤 7 重复步骤（6）的操作，按住【Shift】键的同时在绘图区单击鼠标右键，在弹出的快捷菜单中选择“自”选项，捕捉半径为 160 的圆弧上方象限点为基点，输入（@-160,0）和（@320,0）绘制直线，效果如图 173-4 所示。

步骤 8 图案填充。执行 BHATCH 命令，设置“图案”为 SOLID，在绘图区选择要填充的区域进行填充，作为单相接地插座，效果如图 173-5 所示。

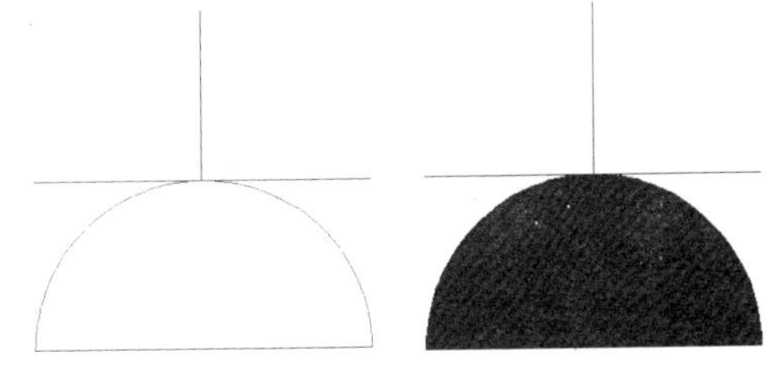

图 173-4 绘制直线　　图 173-5 图案填充

步骤 9 复制并删除处理。使用 COPY 命令，复制图 173-5 中的插座图形；使用 ERASE 命令，将插座图形中的水平线删除，效果如图 173-6 所示。

步骤 10 绘制单相普通插座。在命令行中输入 LINE 命令并按回车键，根据提示进行操作，捕捉单相接地插座附近的最近点作为第一点，然后输入（@160<45），绘制单相普通插座，效果如图 173-7 所示。

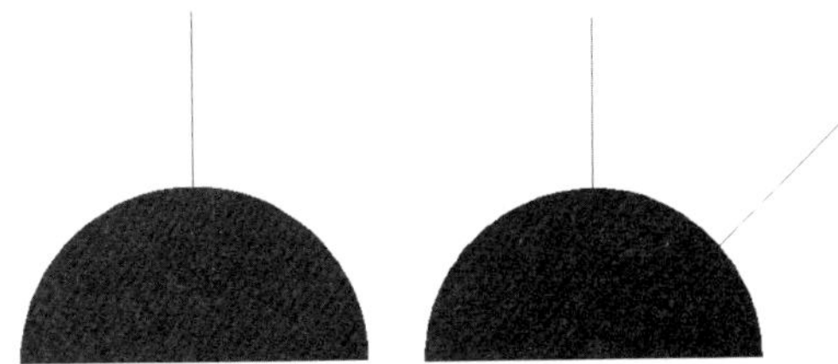

图 173-6 复制并删除　　图 173-7 绘制单相普通插座

步骤 11 绘制矩形。使用 RECTANG 命令，在绘图区中任意取一点作为矩形的角点，然后输入（@440,440）为矩形的对角点，绘制一个矩形，效果如图 173-8 所示。

步骤 12 绘制有线电视的插座。使用 MTEXT 命令，在绘制的矩形上指定文本输入框的角点和对角点，设置“字号”为300，输入S，效果如图173-9所示。

图173-8　绘制矩形　图173-9　绘制有线电视插座

步骤 13 重复步骤（11）～（12）的操作，绘制如图173-10所示的电话插座和网络插座。

图173-10　绘制电话插座和网络插座

2. 布置插座图形

步骤 1 关闭图层。在“默认”选项板中单击“开/关图层”按钮，将该图层关闭。

步骤 2 阵列处理。执行ARRAY命令，选择有线电视插座为阵列的对象，输入阵列类型为“极轴（PO）”，在有线电视插座的适当位置单击鼠标左键作为中心点，阵列个数为4个，直接按回车键退出即可，效果如图173-11所示。

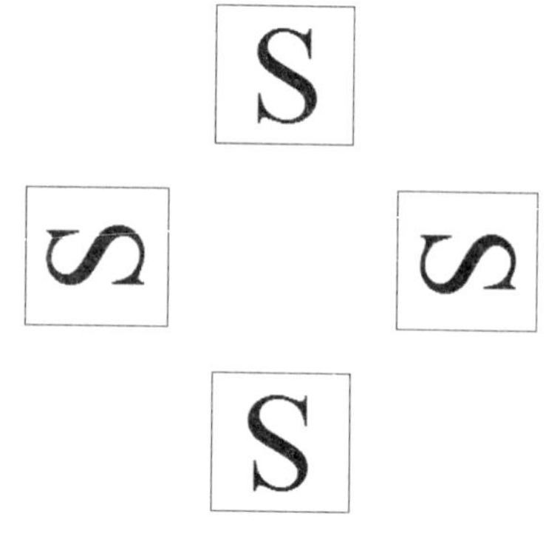

图173-11　阵列处理

步骤 3 插入有线电视插座。单击“修改”面板中的“复制”按钮，根据提示进行操作，选择有线电视插座，将其插入到插座布置图中，效果如图173-12所示。

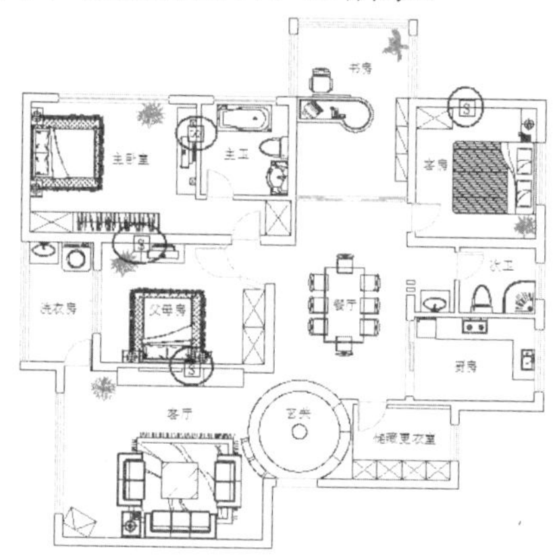

图173-12　插入有线电视插座

步骤 4 重复步骤（2）～（3）的操作，使用ARRAY命令对其他插座进行阵列；使用COPY命令将其插入到布置图中，效果如图173-13所示。

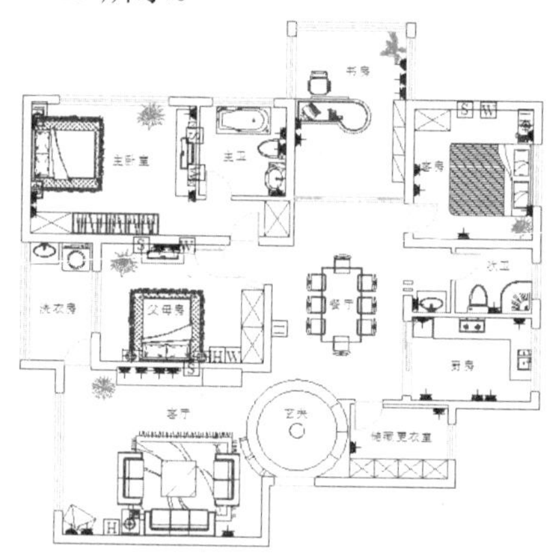

图173-13　插入其他插座

步骤 5 修改图签。使用MTEDIT命令，将图签中图纸名称修改为“别墅室内插座布置图”。

步骤 6 绘制说明标注。将“0”图层设置为当前图层，使用TEXT命令，在布置图下方输入文字“别墅室内插座布置图（1:70）”；使用LINE命令，在该文字的下方绘制两条直线，并将第一条直线的线宽设置为0.30毫米，效果参见图173-1。

实例 174 别墅客厅立面图

本实例将绘制别墅客厅立面图，效果如图 174-1 所示。

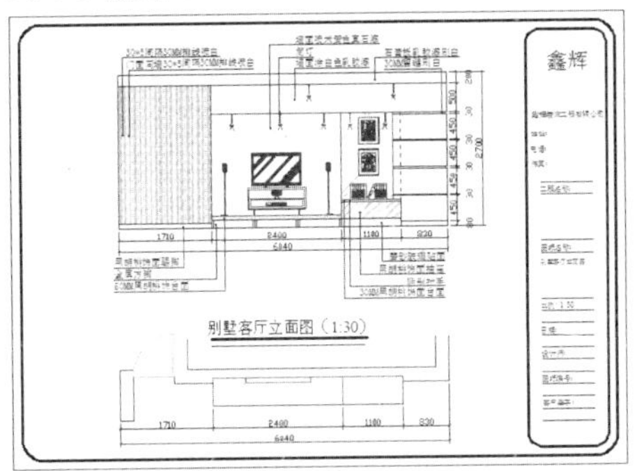

图 174-1 别墅客厅立面图

操作步骤

步骤 1 新建文件。启动 AutoCAD，单击“新建”按钮，新建一个 CAD 文件。

步骤 2 创建图层。在“AutoCAD 经典”工作空间下，单击“图层”选项板中的“图层特性管理器”按钮，在弹出的“图层特性管理器”对话框中，依次创建图层“标注”(蓝色)、“家具”【颜色值为(214,0,214)】、“填充”【颜色值为 (151,215,25)】、“文字”“轮廓”，然后双击“轮廓”图层，将其设置为当前图层。

步骤 3 参照图 174-2 所示的客厅平面图，绘制客厅立面图。

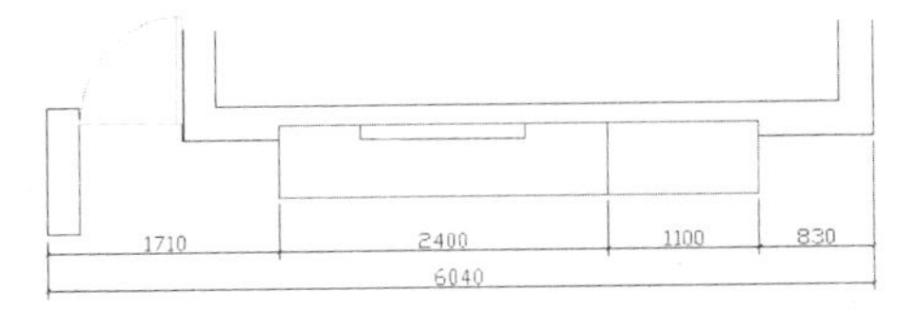

图 174-2 客厅平面图

步骤 4 绘制矩形并分解处理。使用 RECTANG 命令，在绘图区中任意取一点作为矩形的角点，然后输入（@6040,2700）绘制一个矩形；使用 EXPLODE 命令，将该矩形分解。

步骤 5 偏移处理。使用 OFFSET 命令，选择矩形左边垂直线，沿水平方向依次向右偏移处理，偏移的距离分别为 1710、2400、950、150 和 800，效果如图 174-3 所示。

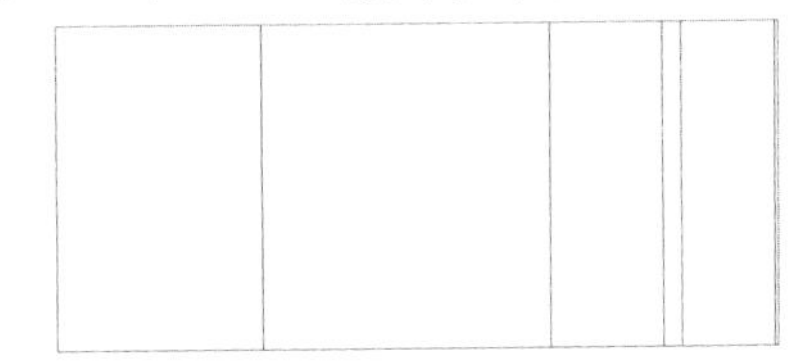

图 174-3 偏移处理

步骤 6 重复步骤（5）的操作，选择矩形上边的水平直线，沿垂直方向依次向下偏移，偏移的距离分别为 200、500、1540、30、230、60 和 60，效果如图 174-4 所示。

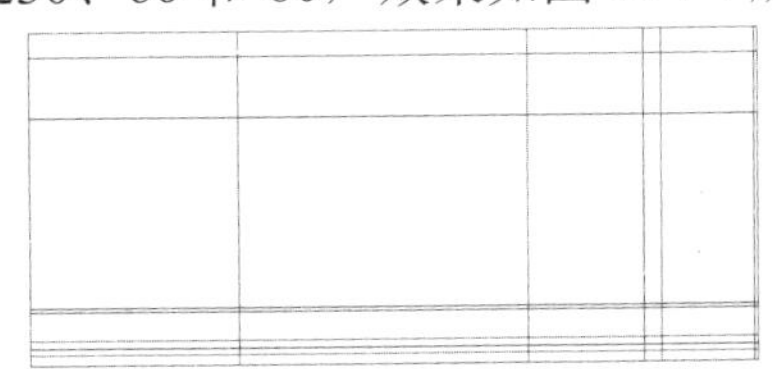

图 174-4 偏移处理

步骤 7 修剪处理。使用 TRIM 命令对多余的线段进行修剪，效果如图 174-5 所示。

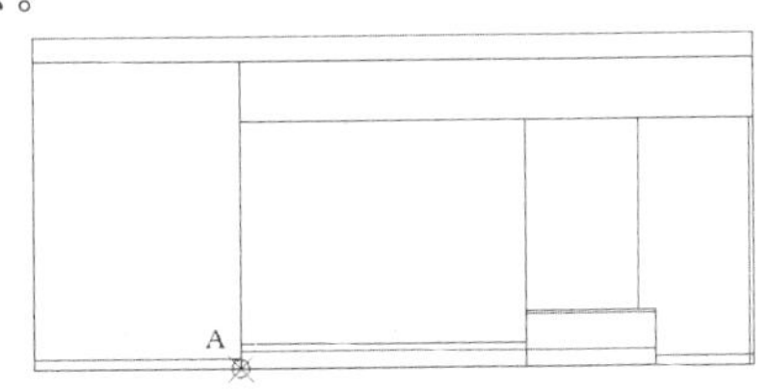

图 174-5 修剪处理

步骤 8 绘制直线。使用 LINE 命令，按住【Shift】键的同时在绘图区单击鼠标右键，在弹出的快捷菜单中选择“自”选项，捕捉图 174-5 中的端点 A 为基点，然后输入（@40,0）和（@0,140）绘制一条直线。

步骤 9 偏移处理。使用 OFFSET 命令，选择步骤（8）绘制的直线，沿水平方向依次向右偏移，偏移的距离分别为 720、40、40、720、40、40 和 720，效果如图 174-6 所示。

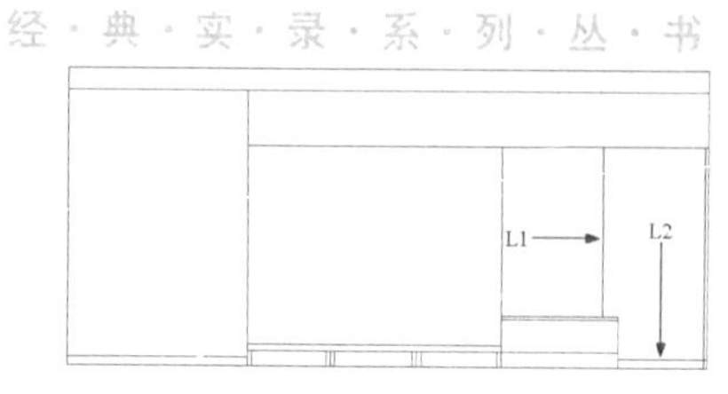

图 174-6　偏移处理

步骤 10　重复步骤（9）的操作，选择如图 174-6 所示的直线 L1，沿水平方向向右偏移，偏移的距离为 150；选择图 174-6 中的直线 L2，沿垂直方向依次向上偏移，偏移的距离分别为 450、30、450、30、450、30 和 450，效果如图 174-7 所示。

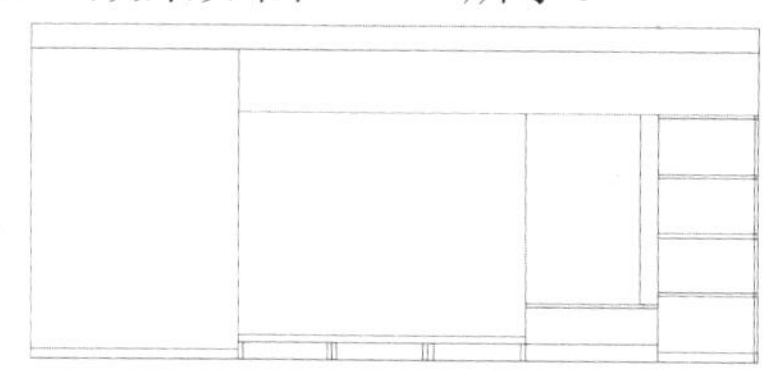
图 174-7　偏移处理

步骤 11　进行延伸并修剪处理操作。使用 EXTEND 命令，选择图 174-6 中的直线 L1 为延伸边界的边，对偏移直线 L2 生成的直线进行延伸处理；使用 TRIM 命令对多余的直线进行修剪，效果如图 174-8 所示。

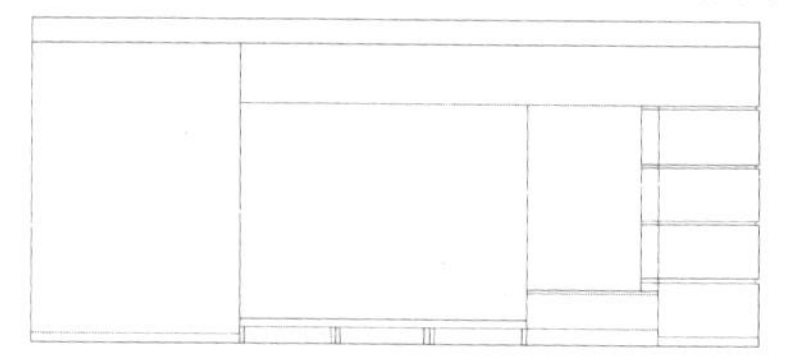
图 174-8　延伸并修剪处理

步骤 12　加载线型。单击“默认”选项板中的“特性”面板的“线型”按钮的下拉菜单中的“其他”按钮，弹出“线型管理器”对话框，单击“加载”按钮，加载线型 ACAD_IS003W100，如图 174-9 所示。

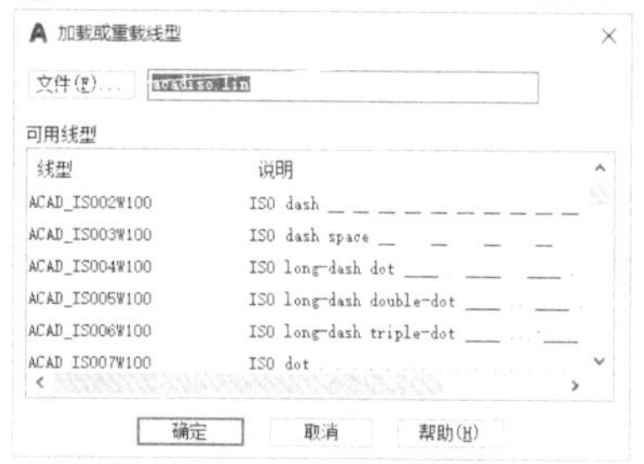

图 174-9　加载线型

步骤 13　改变线型。选择步骤（10）中直线 L1 偏移生成的直线，在“特性”选项板中的“线型控制”下拉列表框中选择 ACAD_IS003W100 选项，效果如图 174-10 所示。

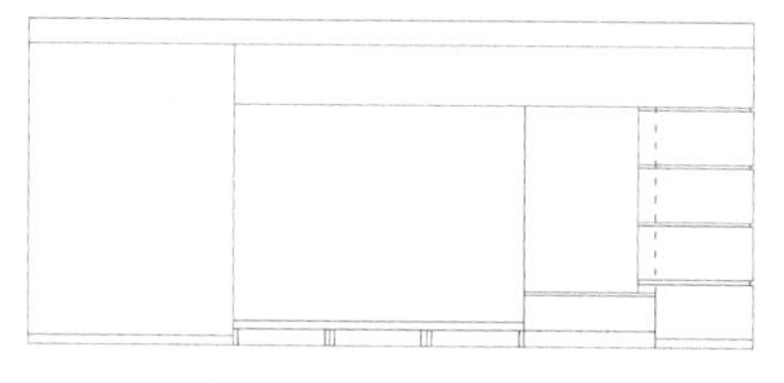
图 174-10　改变线型

步骤 14　图案填充。将“填充”图层设置为当前图层，执行 BHATCH 命令，设置“图案”为 CLAY、“角度”为 90 度、“比例”为 20，在绘图区选择要填充的区域进行填充，效果如图 174-11 所示。

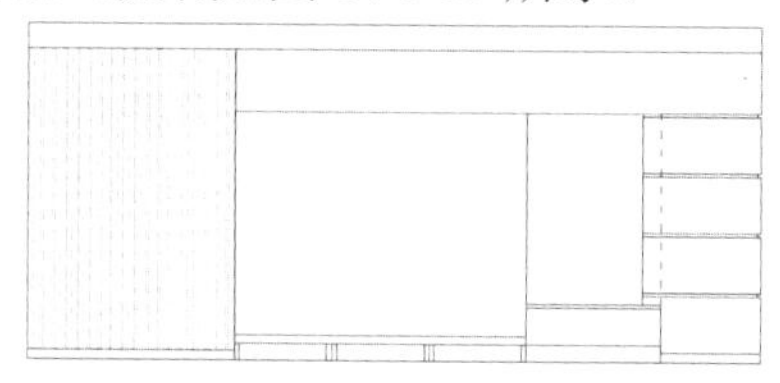
图 174-11　图案填充

步骤 15　重复步骤（14）的操作，设置“图案”为 AR-SAND、“比例”为 10，在绘图区选择电视背景墙要填充的区域进行填充；设置“图案”为 LINE、“角度”为 45 度、“比例”为 10，在绘图区选择抽屉和电视桌要填充的区域进行填充；设置“图案”为 AR-RROOF、“角度”为 45 度、“比例”为 20，在绘图区选择镜子要填充的区域进行填充，效果如图 174-12 所示。

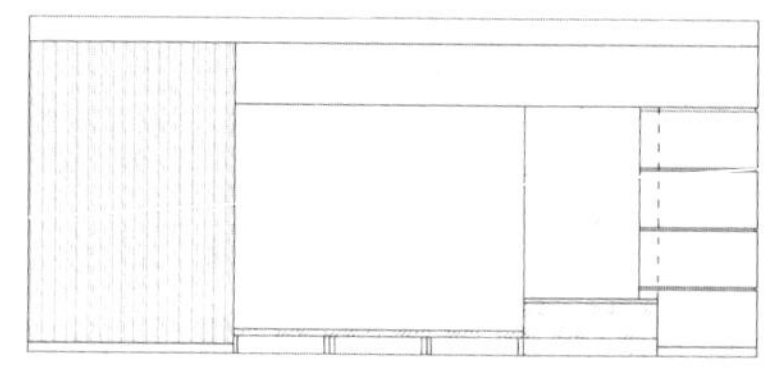
图 174-12　图案填充

步骤 16　插入图块。将“家具”图层设置为当前图层单击”视图”选项板中的“选项板”面板的“设计中心”按钮，在弹出的“设计中心”面板中选择筒灯、TV、书和画立面图块，将其插入到客厅立面图中，效果如图 174-13 所示。

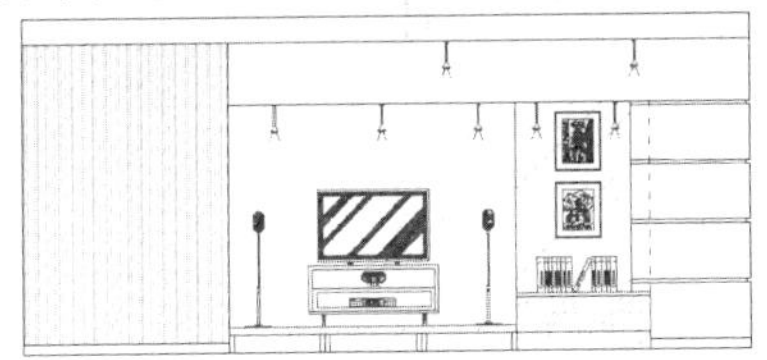

图 174-13　插入图块

步骤 17 修剪填充。使用 EXPLODE 命令将填充分解，使用 TRIM 命令对多余的直线进行修剪。

步骤 18 创建文本。将“文字”图层设置为当前图层，使用 MTEXT 命令，在绘图区的适当位置指定文本输入框的角点和对角点，设置“字体”为“宋体”“字号”为 120，然后在文本框中输入“墙面涂白色乳胶漆”，效果如图 174-14 所示。

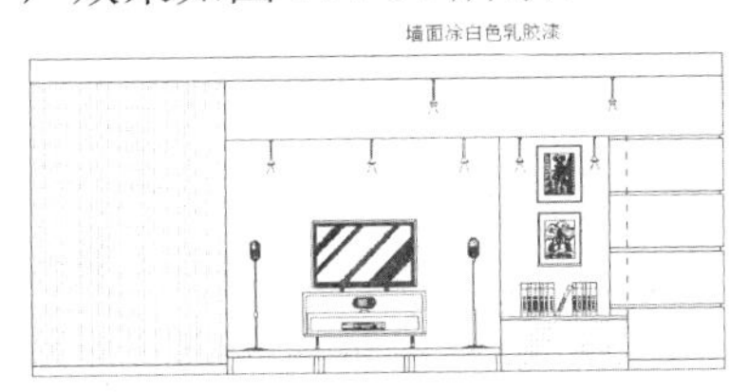

图 174-14　创建文本

步骤 19 设置标注样式。参照实例 159 中创建“建筑标注”标注样式的方法，创建新的标注样式“建筑标注”。

步骤 20 快速引线。使用 QLEADER 命令，指定引线的三个点，然后按【Esc】键退出文字编辑，绘制引线，效果如图 174-15 所示。

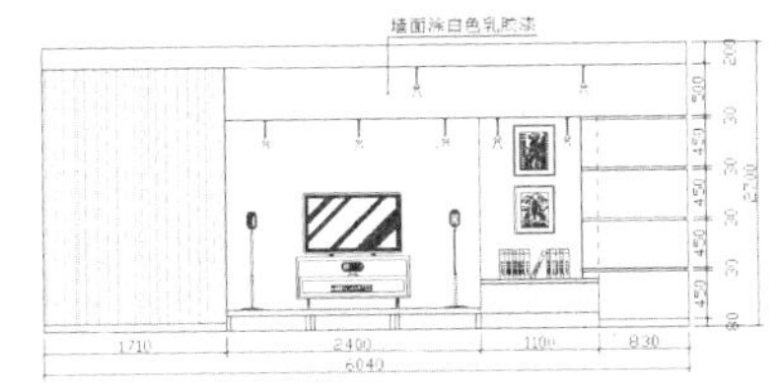

图 174-15　快速引线

步骤 21 重复步骤（18）～（20）的操作，使用 MTEXT 和 QLEADER 命令标注图形中其他的说明，效果如图 174-16 所示。

步骤 22 线性尺寸标注。将“标注”图层设置为当前图层，使用 DIMLINEAR 命令，分别捕捉左边门下的两个端点，并向下引导光标，在适当的位置单击鼠标左键，效果如图 174-17 所示。

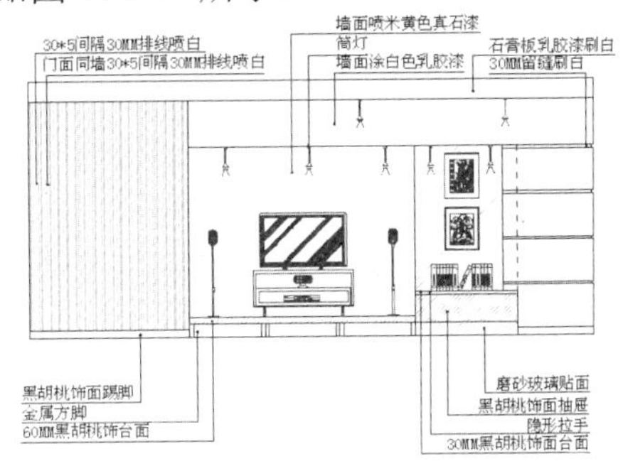

图 174-16　标注其他说明

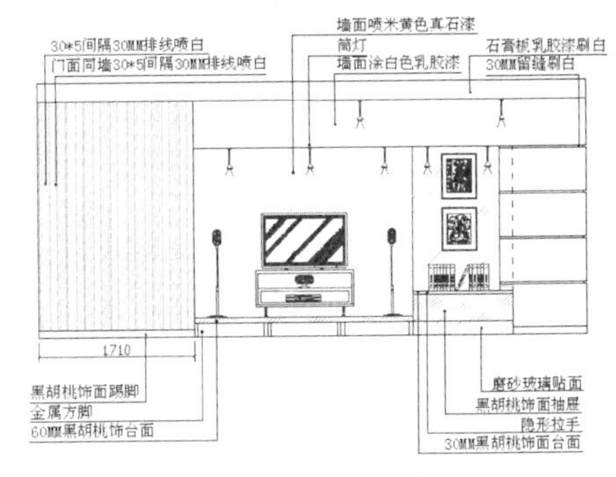

图 174-17　线性尺寸标注

步骤 23 继续尺寸标注。使用命令 DIMCONTINUE，选择步骤（22）创建的尺寸标注，继续捕捉下一点，进行尺寸标注，效果如图 174-18 所示。

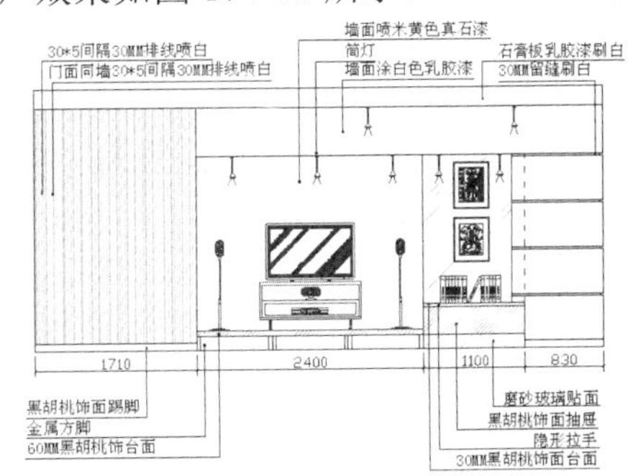

图 174-18　继续尺寸标注

步骤 24 重复步骤（22）～（23）的操作，使用 DIMLINEAR 和 DIMCONTINUE 命令对图形其他部分进行尺寸标注，效果如图 174-19 所示。

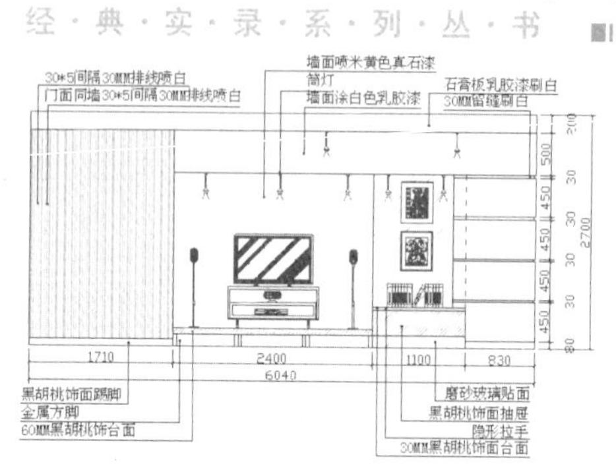
图 174-19　标注其他尺寸

步骤 25　调用图签。打开实例 159 中绘制的“建筑家装图签样板”文件，将所需的图签复制并粘贴到客厅立面图中，并使用 SCALE 命令对其进行适当的缩放。

步骤 26　创建文本。在命令行中输入 TEXT 命令并按回车键，在“图纸名称：”下方输入文字“别墅客厅立面图”，在“比例：”右侧输入 1:30。

步骤 27　绘制说明标注。将“0”图层设置为当前图层，使用 TEXT 命令，在立面图下方创建文字“别墅客厅立面图（1:30）”；使用 LINE 命令，在该文字的下方绘制两条直线，并将第一条直线的线宽设置为 0.30 毫米，效果参见图 174-1。

实例 175　别墅玄关鞋柜立面图

本实例将绘制别墅玄关鞋柜立面图，效果如图 175-1 所示。

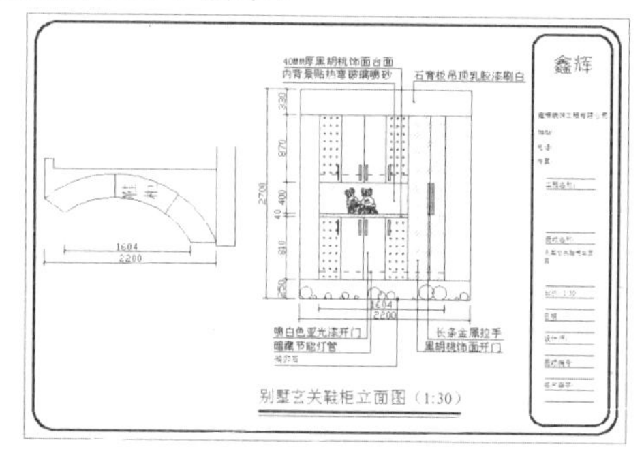
图 175-1　别墅玄关鞋柜立面图

操作步骤

步骤 1　打开并另存文件。按【Ctrl+O】组合键，打开实例 174 绘制的“别墅客厅立面图”图形文件，然后按【Ctrl+Shift+S】组合键，将该图形另存为“别墅玄关鞋柜立面图”文件。

步骤 2　修改图签。使用 MTEDIT 命令将图签中图纸名称修改为“别墅玄关鞋柜立面图”。

步骤 3　删除处理。使用 ERASE 命令，选择别墅客厅立面图将其删除，并参照图 175-2 所示的玄关鞋柜平面图绘制玄关鞋柜立面图。

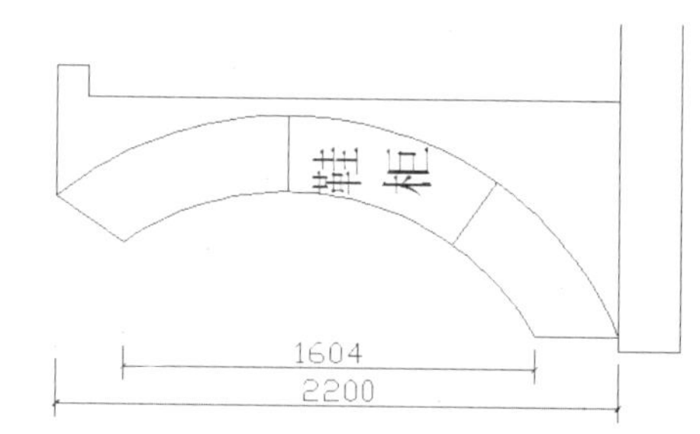

图 175-2　玄关鞋柜平面图

步骤 4　绘制矩形并分解处理。将“轮廓”图层设置为当前图层，使用 RECTANG 命令，在绘图区中任取一点作为角点，输入（@2200,2700）绘制矩形；使用 EXPLODE 命令将绘制的矩形分解。

步骤 5　偏移处理。单击“修改”面板中的“偏移”按钮，根据提示进行操作，选择矩形上边的水平直线，沿垂直方向依次向下偏移处理，偏移的距离分别为 330、770、100、400、40、710 和 100，效果如图 175-3 所示。

步骤 6　重复步骤（5）的操作，选择矩形左边的垂直线，沿水平方向依次向右偏移处理，偏移的距离分别为 261、280、280、280、280、300 和 184，效果如图 175-4 所示。

步骤 7　修剪处理。使用 TRIM 命令对多余的线段进行修剪，效果如图 175-5 所示。

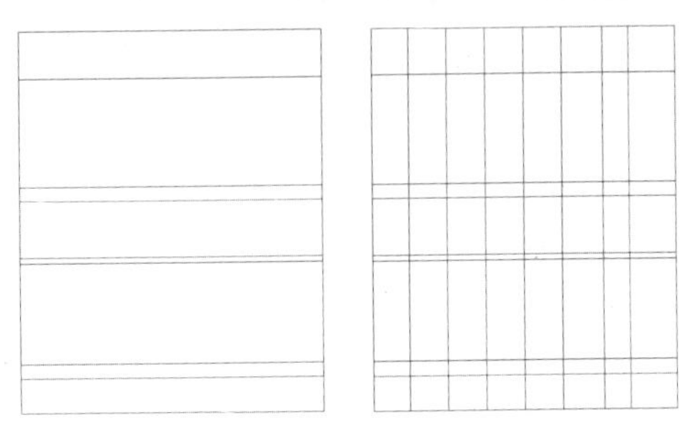

图 175-3　偏移处理　　图 175-4　偏移处理

步骤 8 加载线型。单击“默认”选项板中的“特性”面板的“线型”按钮的下拉菜单中的“其他”按钮，弹出“线型管理器”对话框，单击“加载”按钮，加载线型 ACAD_IS003W100。

步骤 9 改变线型。选择图 175-5 中的直线 L1 和 L2，在“特性”选项板的“线型控制”下拉列表框中选择 ACAD_IS003W100 选项，效果如图 175-6 所示。

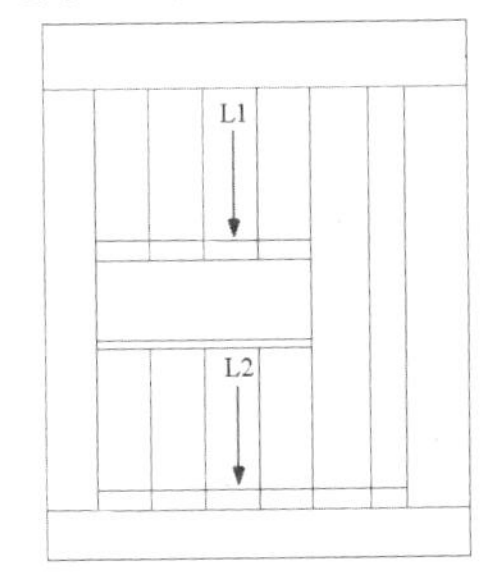

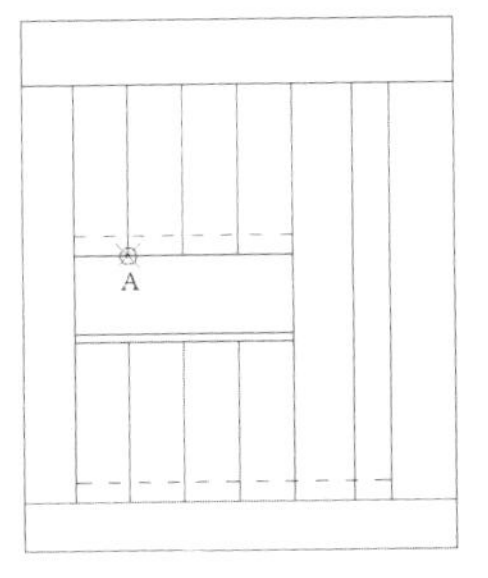

图 175-5　修剪处理　　图 175-6　改变线型

步骤 10 绘制鞋柜拉手。单击“绘图”面板中的“矩形”按钮，根据提示进行操作，按住【Shift】键的同时在绘图区单击鼠标右键，在弹出的快捷菜单中选择“自”选项，捕捉图 175-6 中的端点 A 为基点，然后输入（@-30,40）和（@-20,190）为矩形的角点和对角点，绘制鞋柜拉手。

步骤 11 复制处理。使用 COPY 命令，选择鞋柜拉手并按回车键，以原点为基点，然后输入（@280,0）、（@360,0）和（@640,0）为目标点进行复制，效果如图 175-7 所示。

步骤 12 镜像并移动处理。使用 MIRROR 命令，选择四个鞋柜拉手为镜像对象，捕捉中点 B 和中点 C 为镜像线上的第一点和第二点进行镜像处理；使用 MOVE 命令，选择镜像生成的矩形并按回车键，以原点为基点，然后输入（@0,-60）为目标点进行移动，效果如图 175-8 所示。

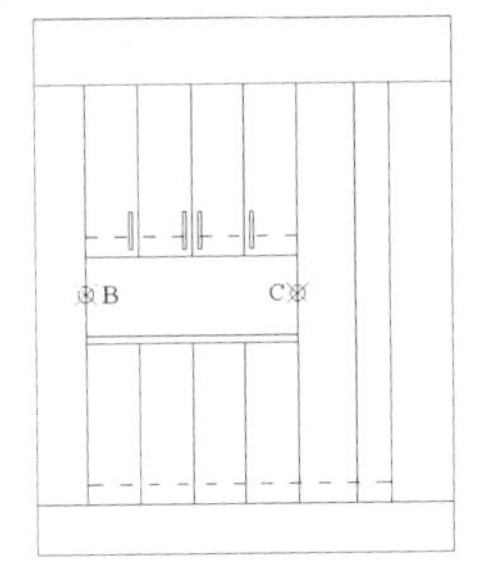

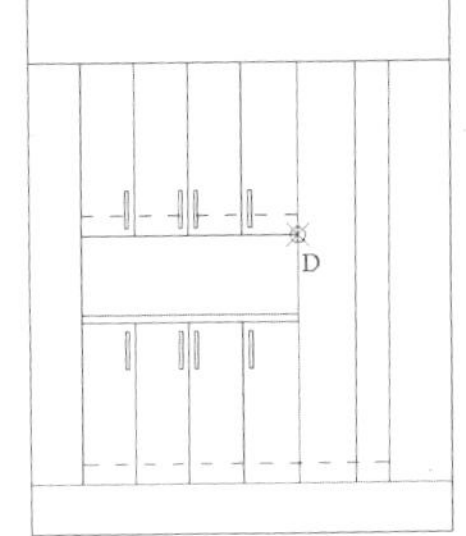

图 175-7　复制处理　　图 175-8　镜像并移动

步骤 13 绘制衣柜的拉手。使用命令 RECTANG，按住【Shift】键的同时在绘图区单击鼠标右键，在弹出的快捷菜单中选择“自”选项，捕捉图 175-8 中的端点 D 为基点，然后输入（@260,0）和（@20,-400）为矩形的角点和对角点，绘制衣柜拉手；使用 MIRROR 命令，选择绘制的衣柜拉手为镜像对象，以右边的直线上的任意两点为镜像线上的第一点和第二点进行镜像处理，效果如图 175-9 所示。

步骤 14 绘制圆。单击“绘图”面板中的“圆”按钮，根据提示进行操作，按住【Shift】键的同时在绘图区单击鼠标右键，在弹出的快捷菜单中选择“自”选项，捕捉图 175-9 中的端点 E 为基点，然后输入（@60,-40）为圆心，绘制半径为 10 的圆。

步骤 15 阵列处理。在命令行中输入命令 ARRAY 并按回车键，选择选择半径为 10 的圆为阵列的对象，输入阵列类型为“矩形（R）”，选择“行数（R）”为 8，指定行数之间的距离为-100，指定行数之间的标高增量为 0，选择“列数”为 3，指定列数之间的距离为 80，指定列数之间的标高增量为 0，按下回车键进行阵列，效果如图 175-10 所示。

步骤 16 镜像处理。单击“修改”面板中的“镜像”按钮，根据提示进行操作，对步骤（14）～（15）绘制的图形进行镜像处理，效果如图 175-11 所示。

步骤 17 绘制鹅卵石。使用 CIRCLE 命令绘制如图 175-12 所示的鹅卵石。

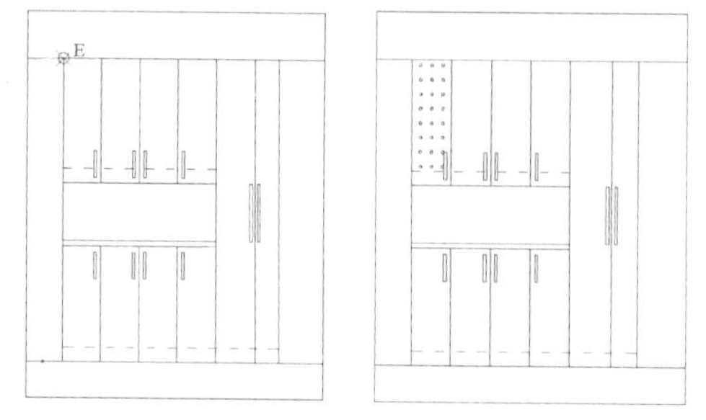

图 175-9　绘制衣柜拉手　图 175-10　阵列处理

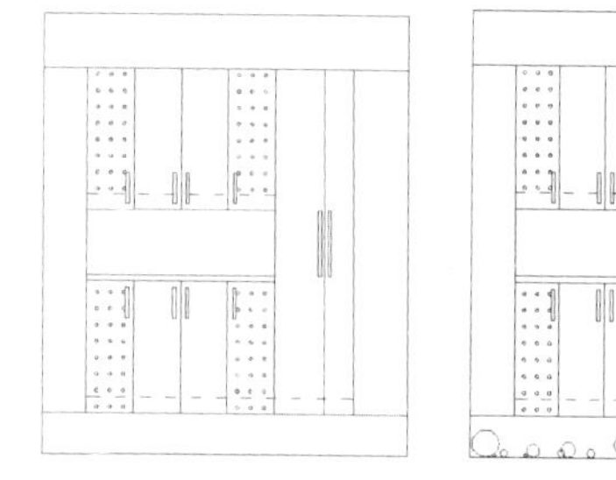

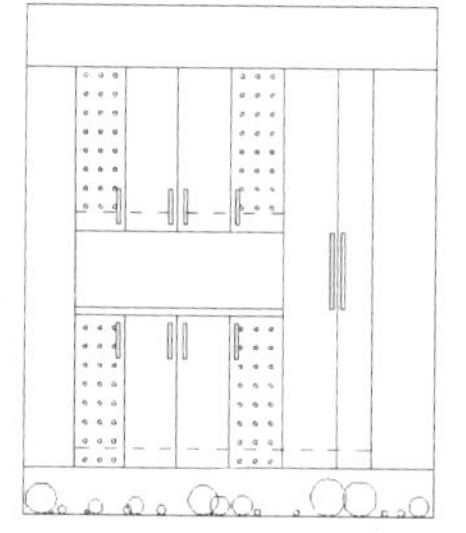

图 175-11　镜像处理　图 175-12　绘制鹅卵石

步骤 18 插入图块。将“家具”图层设置为当前图层，单击”视图”选项板中的“选项板”面板的“设计中心”按钮，在弹出的“设计中心”面板中选择装饰物立面图块插入到立面图中，效果如图 175-13 所示。

步骤 19 图案填充。将“填充”图层设置为当前图层，执行 BHATCH 命令，设置“图案”为 LINE、“角度”为 45 度、“比例”为 10，在绘图区中选择鞋柜门区域进行填充。

步骤 20 重复步骤（19）的操作，设置“图案”为 AR-RROOF、“角度”为 45 度、“比例”为 15，在绘图区中选择鞋柜镜子区域进行填充；使用 EXPLODE 命令将填充的玻璃图案分解；使用 TRIM 和 ERASE 命令对多余的直线进行修剪和删除，效果如图 175-14 所示。

步骤 21 标注文字。将“文字”图层设置为当前图层，使用 MTEXT 和 QLEADER 命令，对图形进行适当的说明，效果如图 175-15 所示。

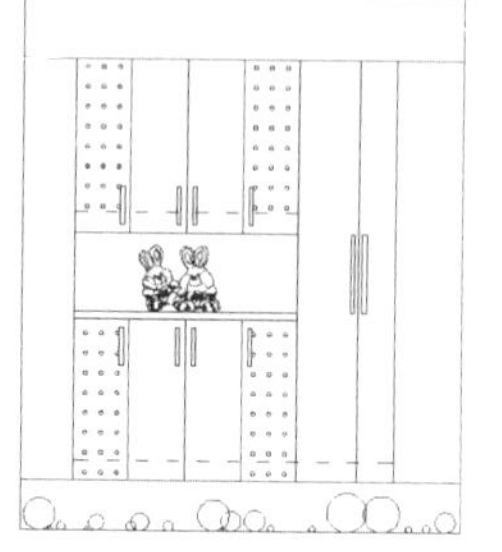

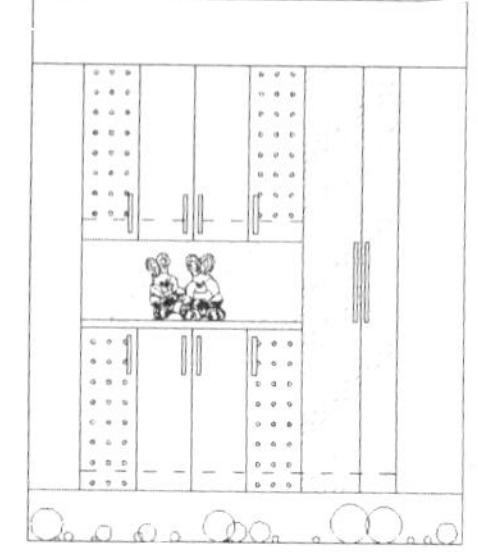

图 175-13　插入图块　图 175-14　图案填充

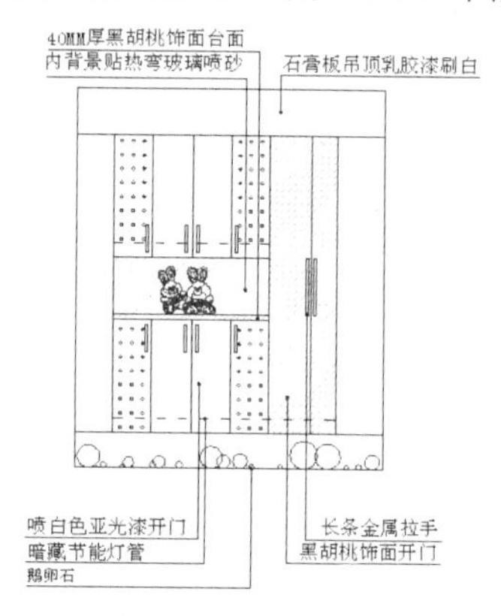

图 175-15　标注文字

步骤 22 标注尺寸。将“标注”图层设置为当前图层，使用命令 DIMLINEAR 和 DIMCONTINUE 对图形进行尺寸标注，效果如图 175-16 所示。

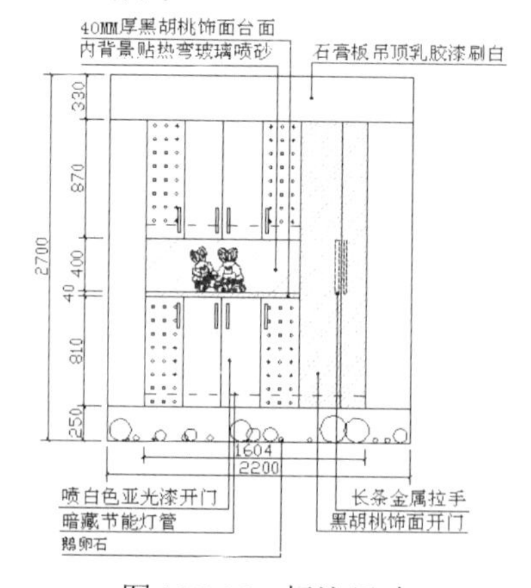

图 175-16　标注尺寸

步骤 23 绘制说明标注。将“0”图层设置为当前图层，使用 TEXT 命令，在立面图下方创建文字“别墅玄关鞋柜立面图（1:30）”；使用 LINE 命令，在该文字的下方绘制两条直线，并将第一条直线的线宽设置为 0.30 毫米，效果参见图 175-1。

实例 176 别墅玄关鞋柜结构图

本实例将绘制别墅玄关鞋柜结构图，效果如图 176-1 所示。

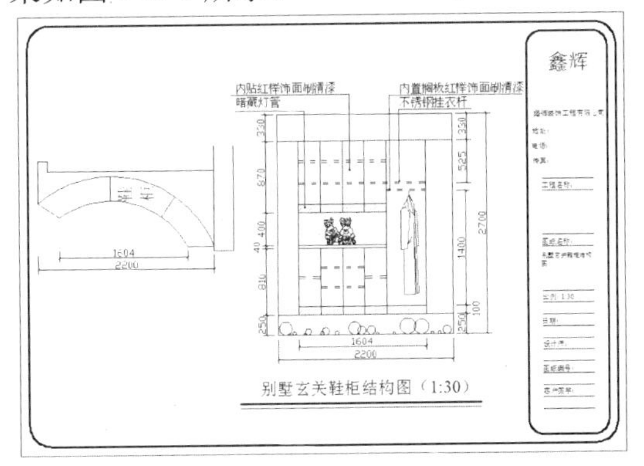

图 176-1 别墅玄关鞋柜结构图

操作步骤

步骤 1 打开并另存文件。按【Ctrl＋O】组合键，打开实例 175 绘制的“别墅玄关鞋柜立面图”图形文件，然后按【Ctrl＋Shift＋S】组合键，将该图形另存为“别墅玄关鞋柜结构图”文件。

步骤 2 修改图签。使用 MTEDIT 命令，将图签中的图纸名称修改为“别墅玄关鞋柜结构图”。

步骤 3 关闭图层。在“默认”选项板中单击“开/关图层”按钮，将该图层关闭。

步骤 4 删除处理。使用 ERASE 命令，选择与结构图无关的立面图块及其他图形对象，将其删除，效果如图 176-2 所示。

步骤 5 改变线型。选择图 176-2 中的虚线，在“特性”选项板的“线型控制”下拉列表框中选择 Bylayer 选项，将其转换为实线，效果如图 176-3 所示。

步骤 6 偏移处理。使用 OFFSET 命令，选择图 176-3 中的直线 L1，沿垂直方向依次向下偏移处理，偏移的距离分别为 240、20、245、20、75 和 20。重复此操作，选择直线 L2，沿垂直方向依次向上偏移处理，偏移的距离分别为 220、20、105、20、105 和 20，效果如图 176-4 所示。

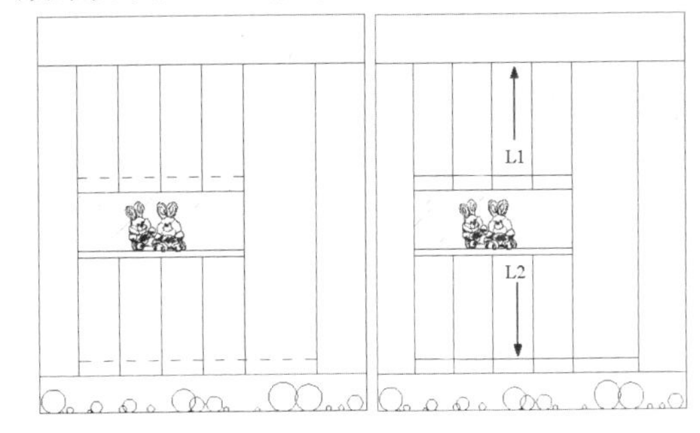

图 176-2 删除处理　　图 176-3 改变线型

步骤 7 改变线型。选择步骤（6）偏移生成的直线，在“特性”选项板的“线型控制”下拉列表框中选择 ACAD_IS003W100 选项，将其转换为虚线，效果如图 176-5 所示。

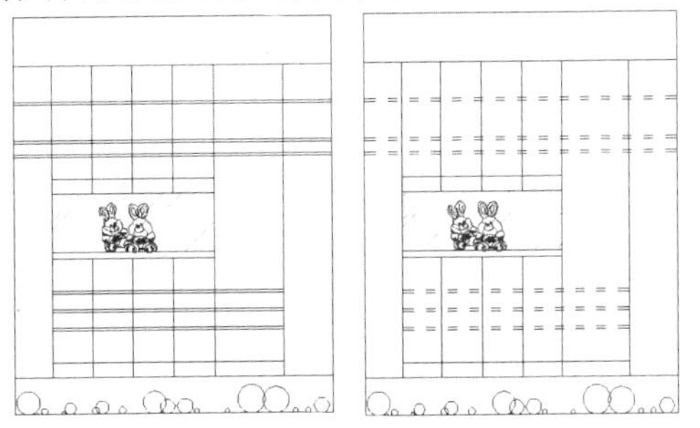

图 176-4 偏移处理　　图 176-5 改变线型

步骤 8 修剪处理。使用 TRIM 命令对多余的虚线进行修剪，效果如图 176-6 所示。

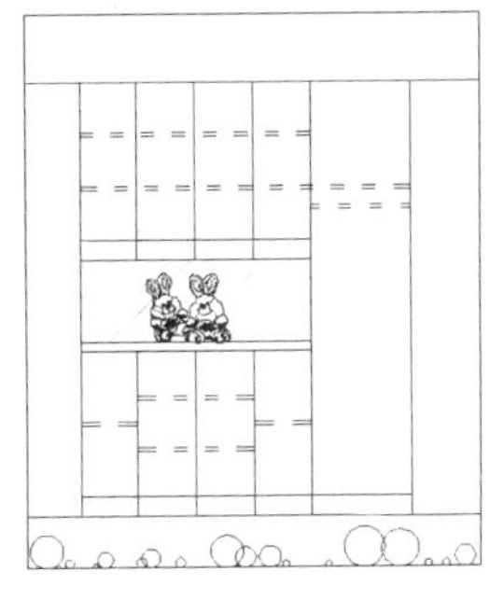

图 176-6 修剪处理

步骤 9 图案填充。将“填充”图层设置为当前图层，执行 BHATCH 命令，设置“图案”为 LINE、“角度”为 45 度、“比例”为 10，在绘图区中选择要填充的区域进行填充；使用EXPLODE命令，对填充的图案进行分解处理；使用TRIM和ERASE命令对多余的直线进行修剪和删除，效果如图176-7所示。

步骤10 插入图块。将“家具”图层设置为当前图层，单击”视图”选项板中的“选项板”面板的“设计中心”按钮，在弹出的“设计中心”面板中选择服装立面图块，将其插入到结构图中，效果如图176-8所示。

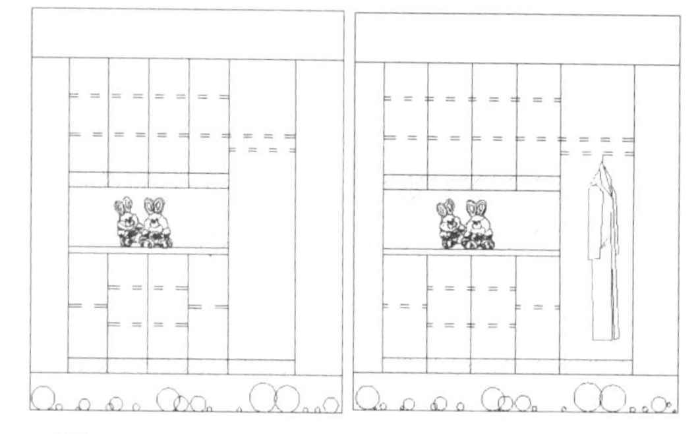

图176-7 图案填充　　图176-8 插入图块

步骤11 标注文字。将“文字”图层设置为当前图层，使用MTEXT和QLEADER命令对图形进行适当的说明，效果如图176-9所示。

步骤12 标注尺寸。打开“标注”图层，并设置为当前图层，使用DIMLINEAR和DIMCONTINUE命令对图形进行尺寸标注，效果如图176-10所示。

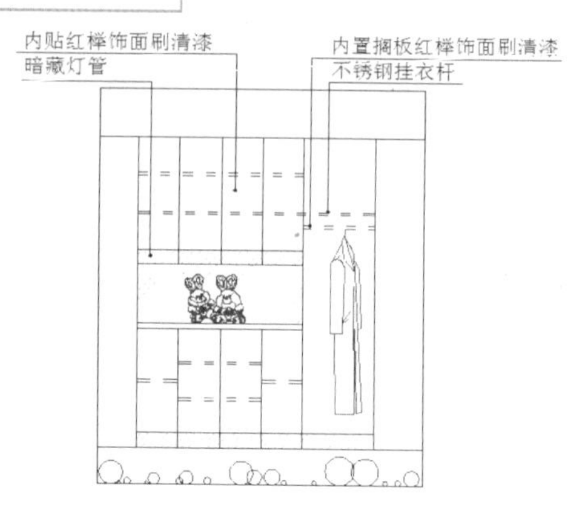

图176-9 标注文字

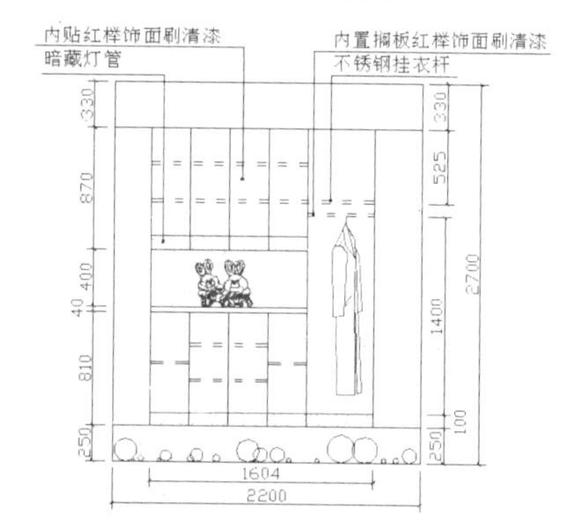

图176-10 标注尺寸

步骤13 绘制说明标注。将“0”图层设置为当前图层，使用TEXT命令在结构图下方输入文字“别墅玄关鞋柜结构图（1:30）”；使用LINE命令在该文字的下方绘制两条直线，并将第一条直线的线宽设置为0.30毫米，效果参见图176-1。

实例177 别墅餐厅立面图

本实例将绘制别墅餐厅立面图，效果如图177-1所示。

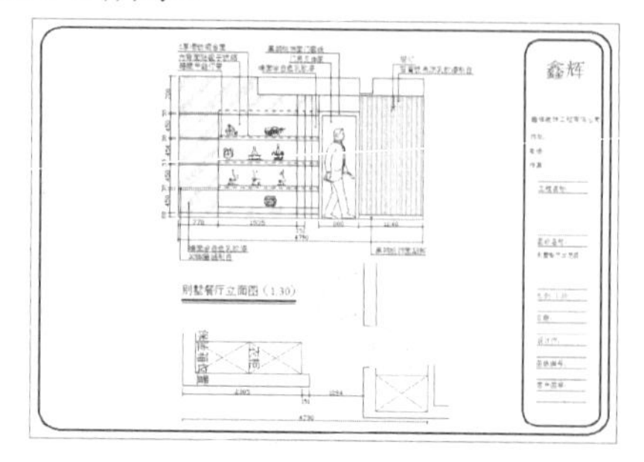

图177-1 别墅餐厅立面图

操作步骤

步骤1 打开并另存文件。按【Ctrl+O】组合键，打开实例176绘制的“别墅玄关鞋柜结构图”图形文件，然后按【Ctrl+Shift+S】组合键，将该图形另存为“别墅餐厅立面图”文件。

步骤2 修改图签。使用MTEDIT命令，将图签中的图纸名称修改为“别墅餐厅立面图”。

步骤3 删除处理。使用ERASE命令，选择“别墅玄关鞋柜结构图”将其删除，并参照图 177-2 所示的餐厅平面图绘制餐厅立面图。

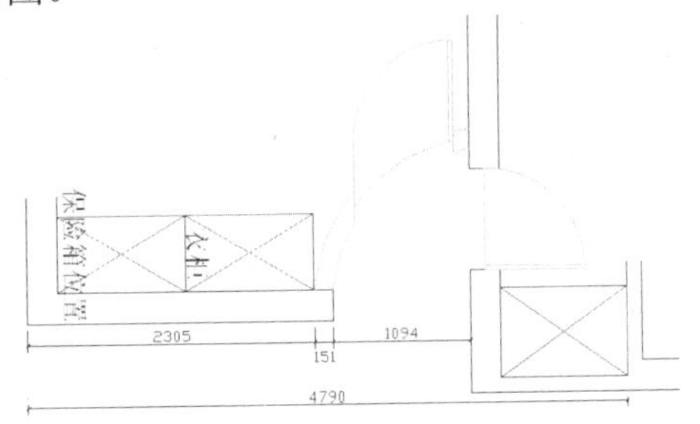

图 177-2　餐厅平面图

步骤 4 绘制矩形并分解处理。将“轮廓”层设置为当前图层，使用 RECTANG 命令，在绘图区中任取一点作为角点，然后输入(@4790,2700)绘制矩形；使用 EXPLODE 命令将矩形分解。

步骤 5 偏移处理。单击“修改”面板中的“偏移”按钮，根据提示进行操作，选择矩形的上边水平直线，沿垂直方向依次向下偏移，偏移的距离分别为 300、30、310、60、30、450、30、450、30、450、30、330 和 120。重复此操作，选择矩形左边的垂直线，沿水平方向依次向右偏移，偏移的距离分别为 770、750、785、151、147、147、800 和 250，效果如图 177-3 所示。

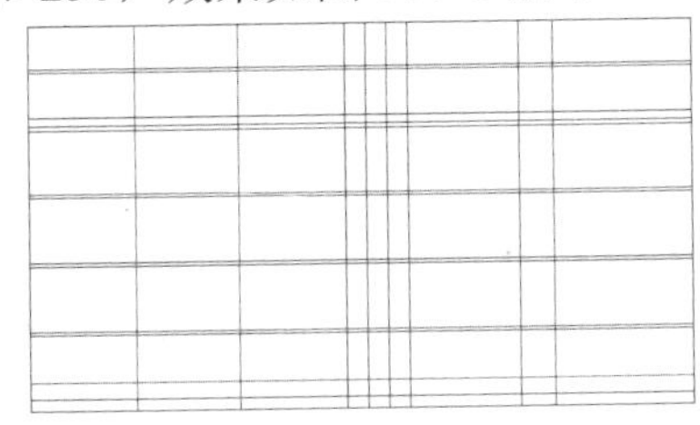

图 177-3　偏移处理

步骤 6 修剪处理。使用 TRIM 命令修剪偏移生成的直线，效果如图 177-4 所示。

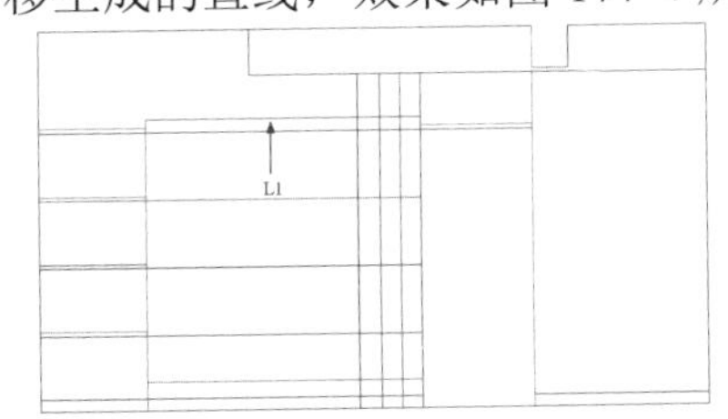

图 177-4　修剪处理

步骤 7 偏移处理。使用 OFFSET 命令，选择图 177-4 中的直线 L1，沿垂直方向依次向下偏移 3 次，偏移的距离均为 480，效果如图 177-5 所示。

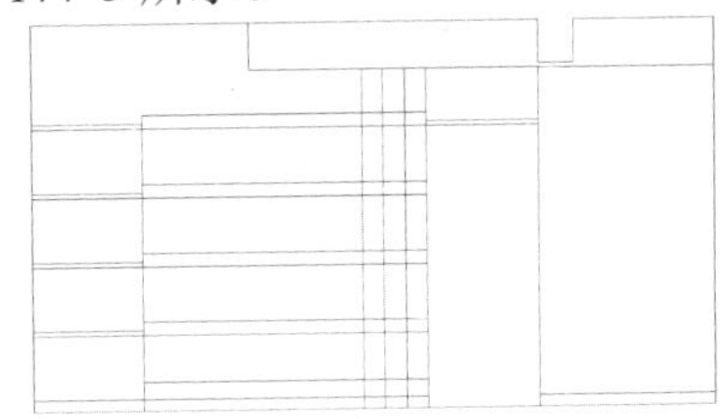

图 177-5　偏移处理

步骤 8 偏移处理。使用 OFFSET 命令，分别选择步骤（7）偏移生成的直线，沿垂直方向向下偏移，偏移的距离均为 40，效果如图 177-6 所示。

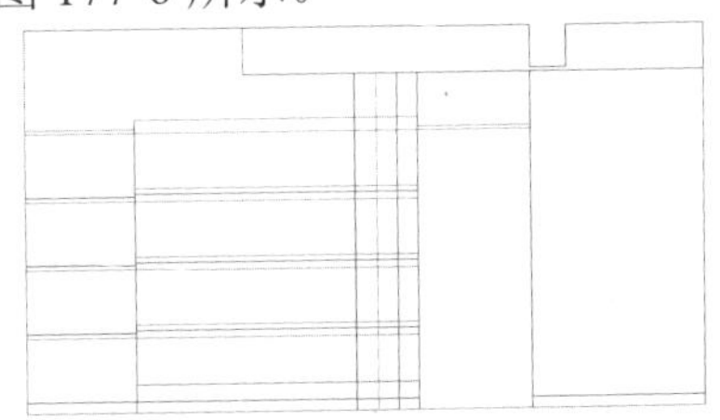

图 177-6　偏移处理

步骤 9 改变线型。选择直线 L1 和步骤（8）偏移生成的直线，在“特性”选项板的“线型控制”下拉列表框中选择 ACAD_IS003W100 选项，将其转换为虚线，效果如图 177-7 所示。

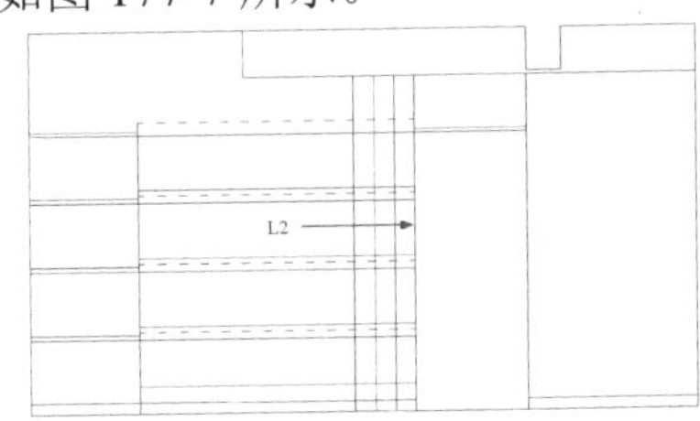

图 177-7　改变线型

步骤 10 偏移处理。使用 OFFSET 命令，选择图 177-7 中的直线 L2，沿水平方向依次向右偏移，偏移的距离分别为 60 和 680，效果如图 177-8 所示。

步骤 11 移动并修剪处理。使用 MOVE 命令，选择图 177-8 中的直线 L3 并按回车键，以原点为基点，然后输入（@0,60）为目标点进行移动；使用 TRIM 命令对门边上多余的直线进行修剪，效果如图 177-9 所示。

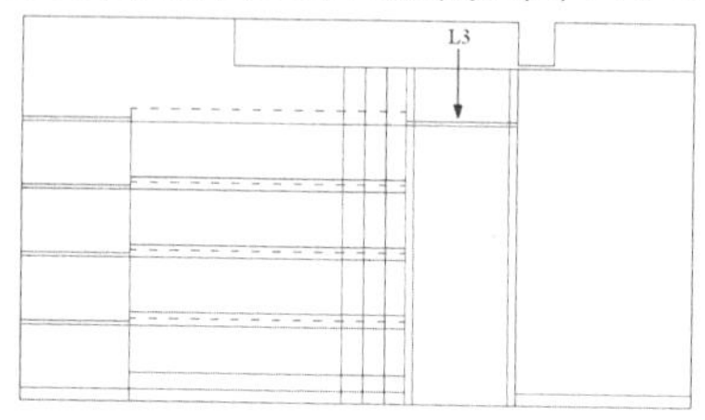

图 177-8　偏移处理

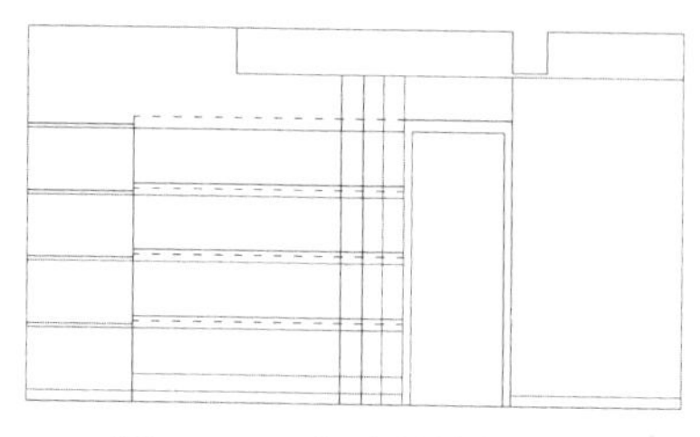

图 177-9　移动并修剪处理

步骤 12　插入图块。将“家具”图层设置为当前图层，单击”视图”选项板中的“选项板”面板的“设计中心”按钮，在弹出的“设计中心”面板中将装饰物立面图块插入到立面图中，效果如图 177-10 所示。

图 177-10　插入图块

步骤 13　图案填充。将“填充”图层设置为当前图层，执行 BHATCH 命令，设置“图案”为 LINE、“角度”为 45 度、“比例”为 10，在绘图区中选择左边墙面要填充的区域进行填充，效果如图 177-11 所示。

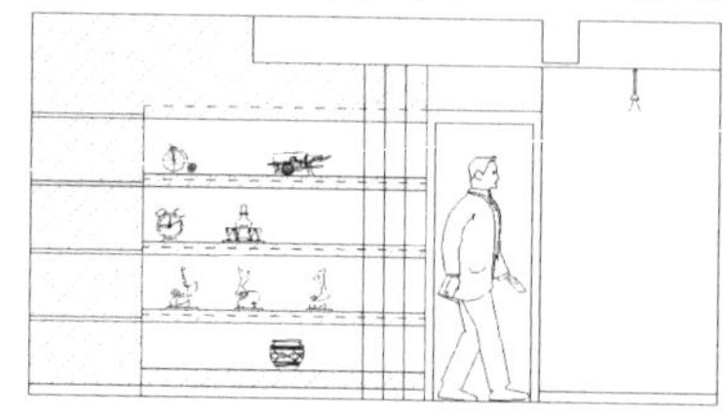

图 177-11　图案填充

步骤 14　重复步骤（13）的操作，设置“图案”为 AR-RROOF、“角度”为 135 度、“比例”为 25，在绘图区中选择镜子玻璃背景中要填充的区域进行填充；使用 EXPLODE 命令将填充的图案分解；使用 TRIM 和 ERASE 命令对多余的直线进行修剪和删除。

步骤 15　图案填充。执行 BHATCH 命令，设置“图案”为 CLAY、“角度”为 90 度、“比例”为 20，在绘图区中选择右边墙面要填充的区域进行填充，效果如图 177-12 所示。

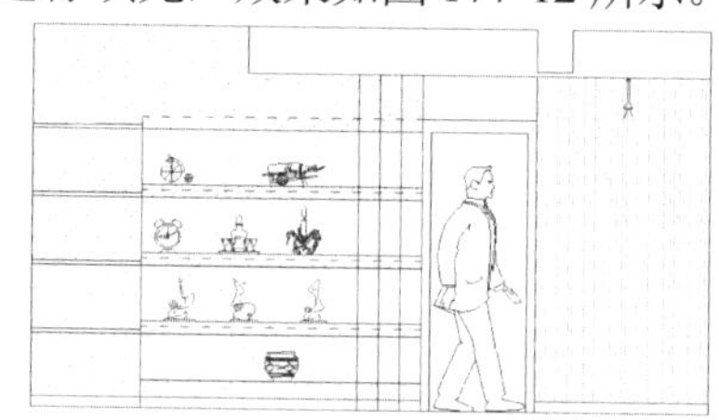

图 177-12　图案填充

步骤 16　标注文字。将“文字”图层设置为当前图层，使用 MTEXT 和 QLEADER 命令对图形进行适当的说明，效果如图 177-13 所示。

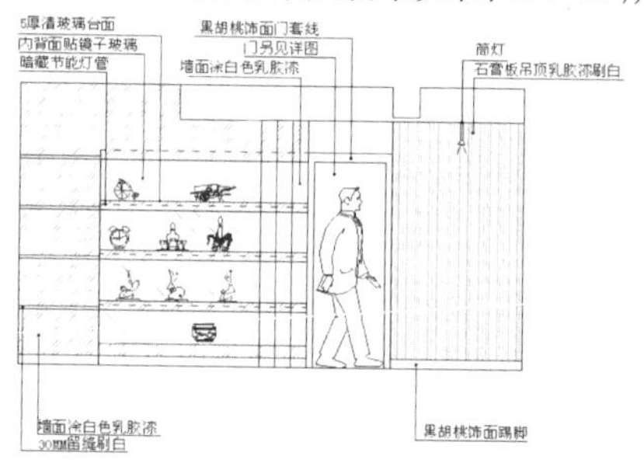

图 177-13　标注文字

步骤 17　标注尺寸。将“标注”图层设置为当前图层，使用命令 DIMLINEAR 和 DIMCONTINUE 对图形进行尺寸标注，效果如图 177-14 所示。

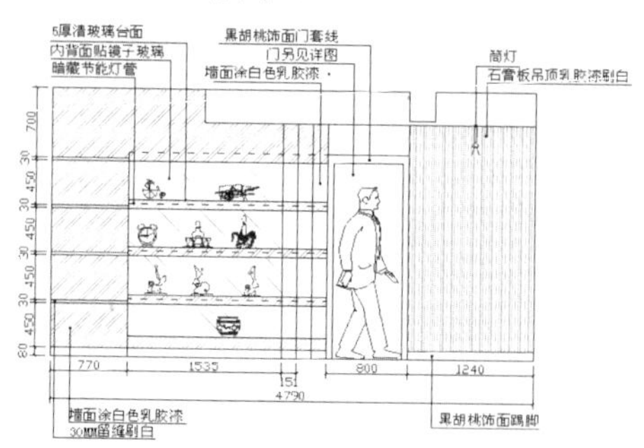

图 177-14　标注尺寸

步骤 18 绘制说明标注。将“0”图层设置为当前图层，使用 TEXT 命令，在立面图下方输入文字“别墅餐厅立面图（1:30）”；使用 LINE 命令，在该文字的下方绘制两条直线，并将第一条直线的线宽设置为 0.30 毫米，效果参见图 177-1。

实例 178 别墅洗衣房立面图

本实例将绘制别墅洗衣房立面图，效果如图 178-1 所示。

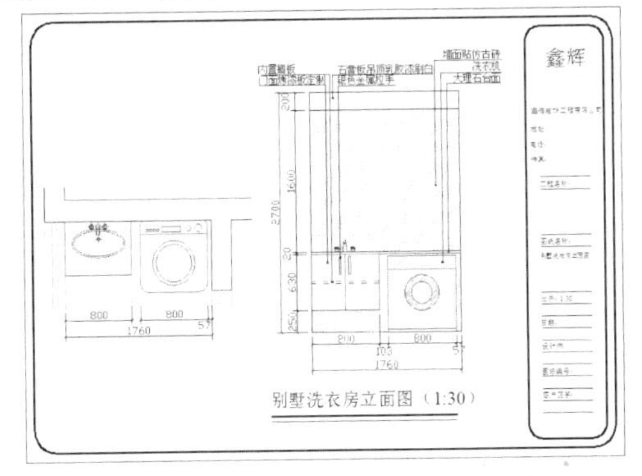

图 178-1 别墅洗衣房立面图

操作步骤

步骤 1 打开并另存文件。按【Ctrl＋O】组合键，打开实例 177 绘制的“别墅餐厅立面图”图形文件，然后按【Ctrl＋Shift＋S】组合键，将该图形另存为“别墅洗衣房立面图”文件。

步骤 2 修改图签。使用 MTEDIT 命令将图签中的图纸名称修改为“别墅洗衣房立面图”。

步骤 3 删除处理。使用 ERASE 命令，选择别墅餐厅立面图将其删除，并参照图 178-2 所示的洗衣房平面图绘制洗衣房立面图。

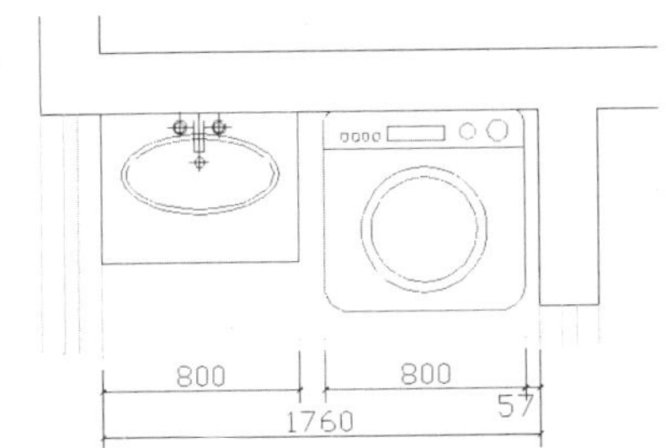

图 178-2 洗衣房平面图

步骤 4 绘制矩形并分解处理。将“轮廓”图层设置为当前图层，使用 RECTANG 命令，在绘图区中任取一点作为起点，然后输入（@1760,2700）绘制矩形；使用 EXPLODE 命令对矩形进行分解。

步骤 5 偏移处理。使用 OFFSET 命令，选择矩形的上边水平直线，沿垂直方向依次向下偏移处理，偏移的距离分别为 200、1600 和 20，效果如图 178-3 所示。

步骤 6 绘制洗手池并分解。将“家具”图层设置为当前图层，使用 RECTANG 命令，捕捉图 178-3 中的端点 A，然后输入（@800,-630），绘制洗手池；使用 EXPLODE 命令对绘制的洗手池进行分解处理，效果如图 178-4 所示。

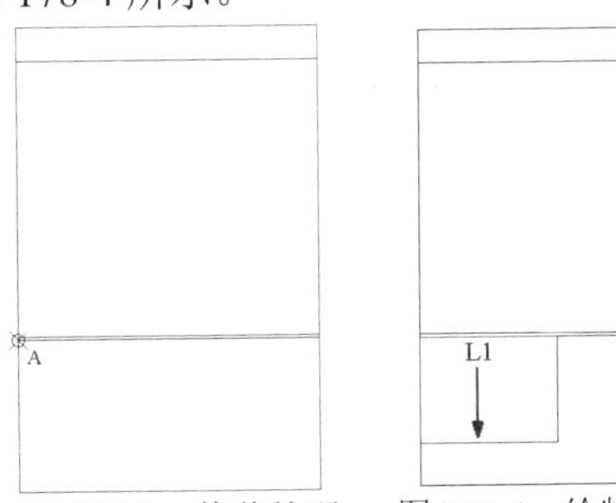

图 178-3 偏移处理　　图 178-4 绘制洗手池并分解

步骤 7 偏移处理。单击“修改”面板中的“偏移”按钮，根据提示进行操作，选择图 178-4 中的直线 L1，沿垂直方向依次向上偏移，偏移的距离分别为 300 和 30，并将偏移生成的直线的线型设置为 ACAD_IS003W100。

步骤 8 绘制直线。使用 LINE 命令并按回车键，根据提示进行操作，捕捉洗手池的上边水平线中点和下边水平线中点绘制直线，效果如图 178-5 所示。

步骤 9 绘制拉手。使用 RECTANG 命令，按住【Shift】键的同时在绘图区单击鼠标右键，在弹出的快捷菜单中选择“自”选项，捕捉端点A为基点，然后输入（@355,-24）和（@20,-200）绘制矩形；使用MIRROR命令，选择绘制的矩形为镜像对象，捕捉洗手池的上边水平线的中点和下边水平线的中点为镜像线上的第一点和第二点进行镜像处理，效果如图178-6所示。

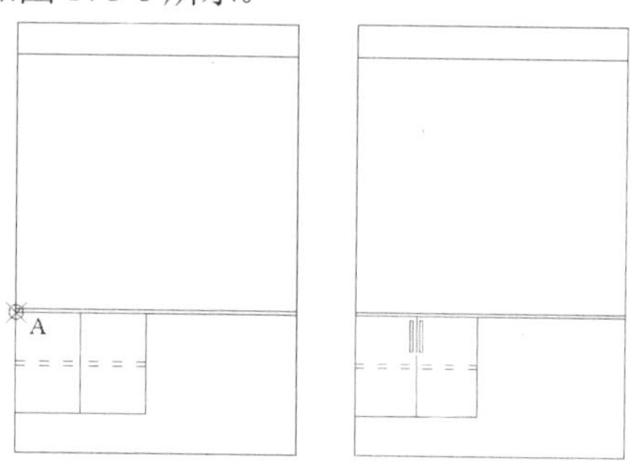

图178-5　绘制直线　图178-6　绘制拉手

步骤 10 绘制洗衣机并分解。使用RECTANG命令，按住【Shift】键的同时在绘图区单击鼠标右键，在弹出的快捷菜单中选择“自”选项，捕捉端点A为基点，然后输入（@903,-30）和（@800,-850）为角点和对角点绘制矩形作为洗衣机；使用EXPLODE命令将绘制的洗衣机分解，效果如图178-7所示。

步骤 11 偏移处理。使用OFFSET命令，选择洗衣机的上边水平线，沿垂直方向依次向下偏移，偏移的距离分别为150和670，效果如图178-8所示。

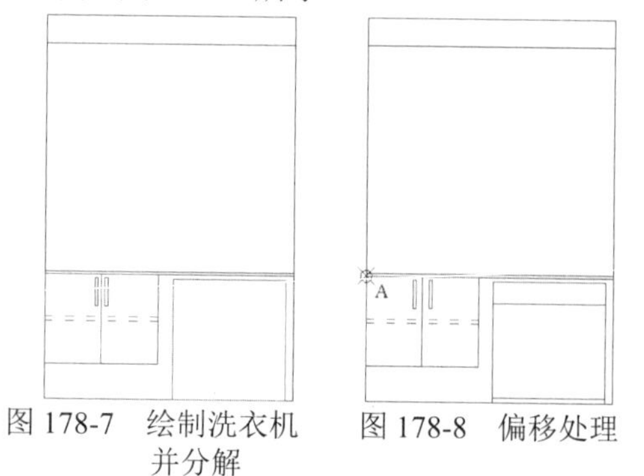

图178-7　绘制洗衣机并分解　图178-8　偏移处理

步骤 12 绘制圆。单击“绘图”面板中的“圆”按钮，根据提示进行操作，按住【Shift】键的同时在绘图区单击鼠标右键，在弹出的快捷菜单中选择“自”选项，捕捉端点A为基点，然后输入（@1303,-440）为圆心，分别绘制半径为200和120的圆，效果如图178-9所示。

步骤 13 插入图块。单击”视图”选项板中的“选项板”面板的“设计中心”按钮，在弹出的“设计中心”面板中选择水龙头立面图块进行插入，效果如图178-10所示。

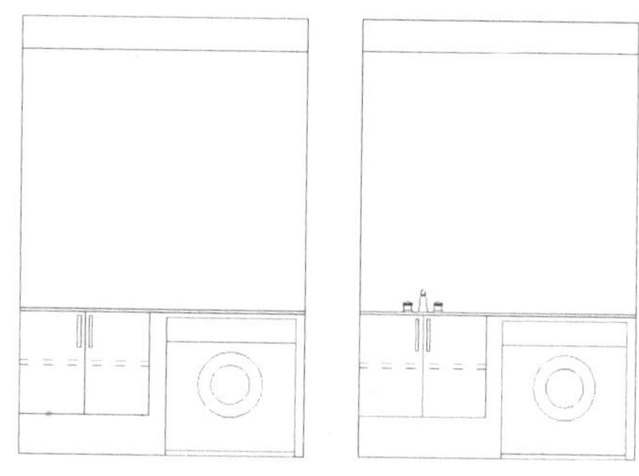

图178-9　绘制圆　图178-10　插入图块

步骤 14 图案填充。将“填充”图层设置为当前图层，执行BHATCH命令，设置填充的图案、比例和角度，填充墙面和实体区域，效果如图178-11所示。

步骤 15 标注文字。将“文字”图层设置为当前图层，使用MTEXT和QLEADER命令对图形进行适当的说明，效果如图178-12所示。

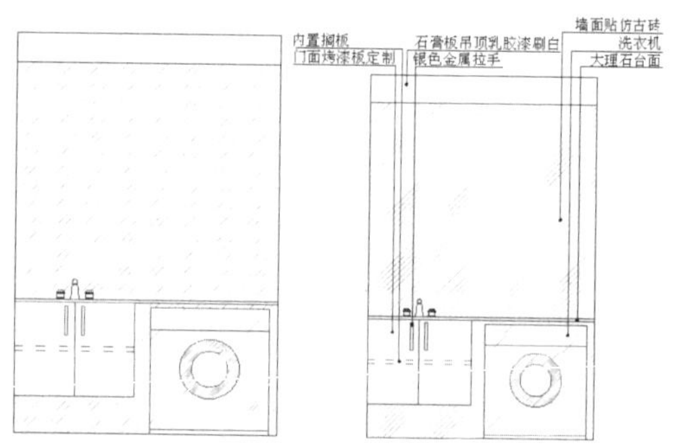

图178-11　图案填充　图178-12　标注文字

步骤 16 标注尺寸。将“标注”图层设置为当前图层，然后使用DIMLINEAR和DIMCONTINUE命令对图形进行尺寸标注，效果如图178-13所示。

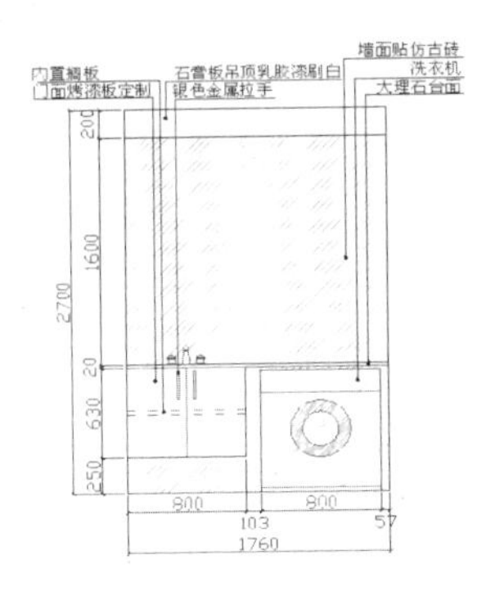

图 178-13　标注尺寸

步骤 17　绘制说明标注。将“0”图层设置为当前图层，使用 TEXT 命令在立面图下方输入文字“别墅洗衣房立面图（1:30）”；使用 LINE 命令在该文字的下方绘制两条直线，并将第一条直线的线宽设置为0.30毫米，效果参见图 178-1。

实例 179　别墅父母房立面图

本实例将绘制别墅父母房立面图，效果如图 179-1 所示。

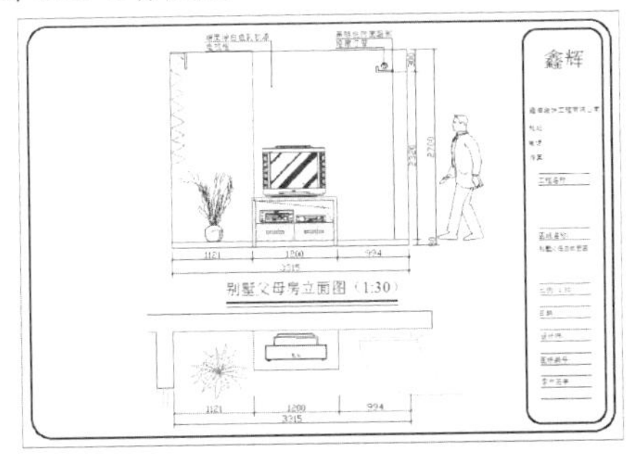

图 179-1　别墅父母房立面图

操作步骤

步骤 1　打开并另存文件。按【Ctrl+O】组合键，打开实例 178 绘制的“别墅洗衣房立面图”图形文件，然后按【Ctrl+Shift+S】组合键，将该图形另存为“别墅父母房立面图”文件。

步骤 2　修改图签。使用 MTEDIT 命令将图签中的图纸名称修改为“别墅父母房立面图”。

步骤 3　删除处理。使用 ERASE 命令，选择“别墅洗衣房立面图”将其删除，并参照图 179-2 所示的别墅父母房平面图绘制别墅父母房立面图。

步骤 4　绘制矩形并分解处理。将“轮廓”图层设置为当前图层，使用 RECTANG 命令，在绘图区中任取一点作为起点，然后输入（@3315,2700）绘制矩形；使用 EXPLODE 命令将矩形分解。

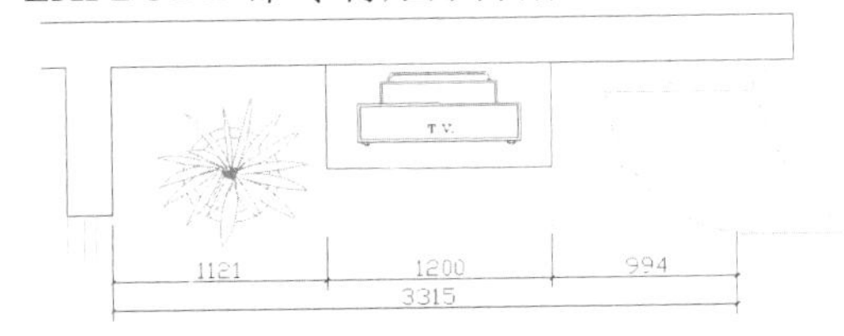

图 179-2　别墅父母房平面图

步骤 5　偏移处理。单击“修改”面板中的“偏移”按钮，根据提示进行操作，选择矩形的上边水平线，沿垂直方向依次向下偏移，偏移的距离分别为 20、200、60、20 和 2320。重复此操作，选择矩形左边的垂直线，沿水平方向依次向右偏移，偏移的距离分别为 200、30、2655、30 和 200，效果如图 179-3 所示。

步骤 6　修剪处理。使用 TRIM 命令对偏移的线段进行修剪，效果如图 179-4 所示。

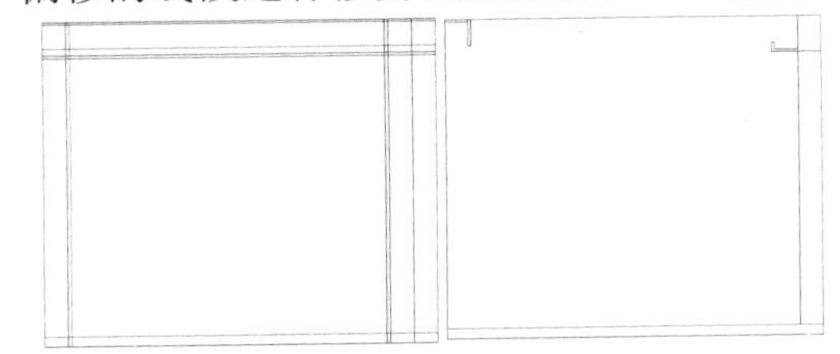

图 179-3　偏移处理　　图 179-4　修剪处理

步骤 7　绘制窗帘。将“家具”图层设置为当前图层，单击“绘图”面板中的“样条曲线”按钮，根据提示进行操作，绘制如图 179-5 所示的窗帘。

步骤 8 偏移处理。使用 OFFSET 命令，选择图 179-5 中的父母房墙体的上边水平直线，沿垂直方向依次向下偏移，偏移的距离分别为 2020、50 和 300。重复此操作，选择矩形左边的垂直线，沿水平方向依次向右偏移，偏移的距离分别为 1121、50、550、550 和 50，效果如图 179-6 所示。

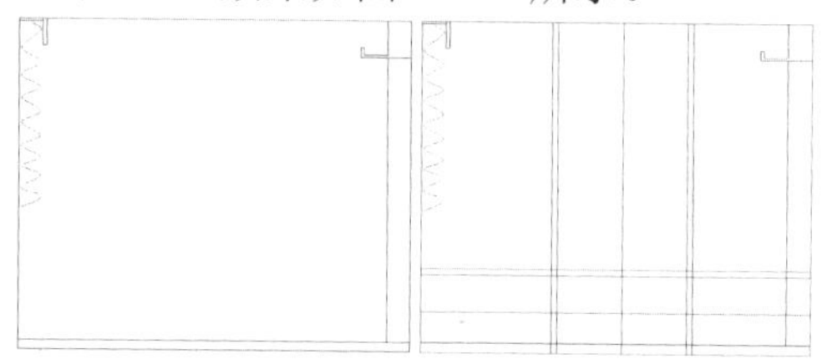

图 179-5　绘制窗帘　　图 179-6　偏移处理

步骤 9 修剪处理。使用 TRIM 命令对偏移的线段进行修剪，并将修剪后的直线移至“家具”图层，效果如图 179-7 所示。

步骤 10 绘制电视柜拉手。使用命令 RECTANG，按住【Shift】键的同时在绘图区单击鼠标右键，在弹出的快捷菜单中选择“自”选项，捕捉图 179-7 中的端点 A 为基点，输入（@150,-110）和（@250,-30）为矩形的角点和对角点绘制矩形；使用 MIRROR 命令，选择该矩形为镜像对象，以经过电视桌水平线的中点的垂直线为镜像线进行镜像处理，绘制出电视柜拉手，效果如图 179-8 所示。

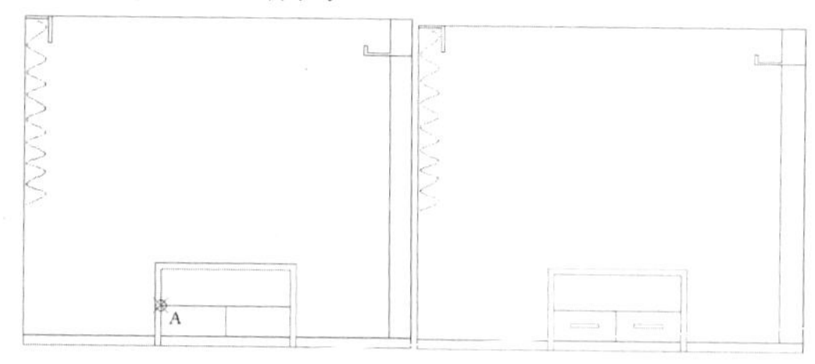

图 179-7　修剪处理　图 179-8　绘制电视柜拉手

步骤 11 绘制直线。使用 LINE 命令绘制直线，效果如图 179-9 所示。

步骤 12 插入图块。单击”视图”选项板中的“选项板”面板的“设计中心”按钮，在弹出的“设计中心”面板中选择电视机、植物、DVD、VCD 和人物立面图块进行插入，效果如图 179-10 所示。

图 179-9　绘制直线

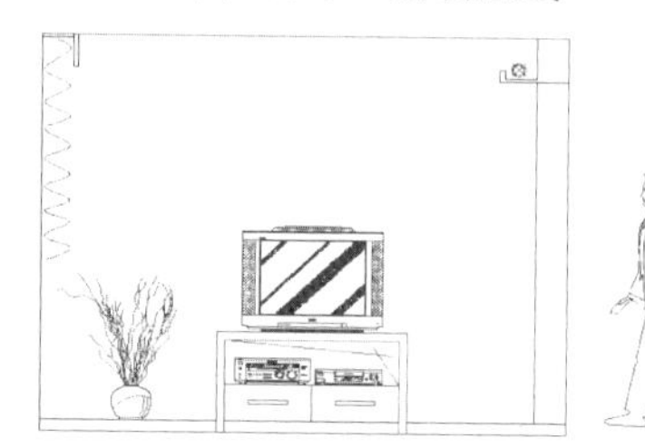

图 179-10　插入图块

步骤 13 图案填充。将“填充”图层设置为当前图层，执行 BHATCH 命令，设置填充的图案、比例和角度，然后填充电视桌，效果如图 179-11 所示。

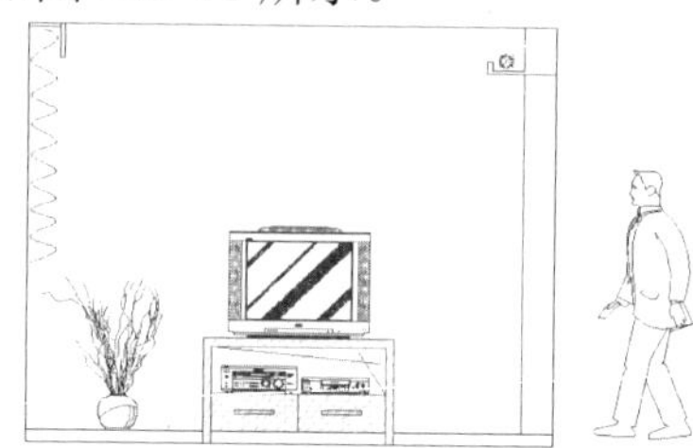

图 179-11　图案填充

步骤 14 标注文字。将“文字”图层设置为当前图层，使用 MTEXT 和 QLEADER 命令，对图形进行适当的说明，效果如图 179-12 所示。

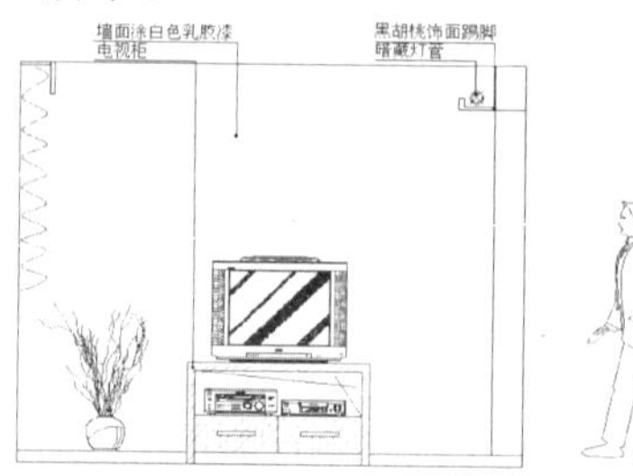

图 179-12　标注文字

步骤 15 标注尺寸。将“标注”图层设置为当前图层，使用 DIMLINEAR 和

经典实录228例

DIMCONTINUE 命令对图形进行尺寸标注，效果如图 179-13 所示。

步骤 16 绘制说明标注。将“0”图层设置为当前图层，使用 TEXT 命令，在立面图下方输入文字“别墅父母房立面图（1:30）”；使用 LINE 命令，在该文字的下方绘制两条直线，并将第一条直线的线宽设置为 0.30 毫米，效果参见图 179-1。

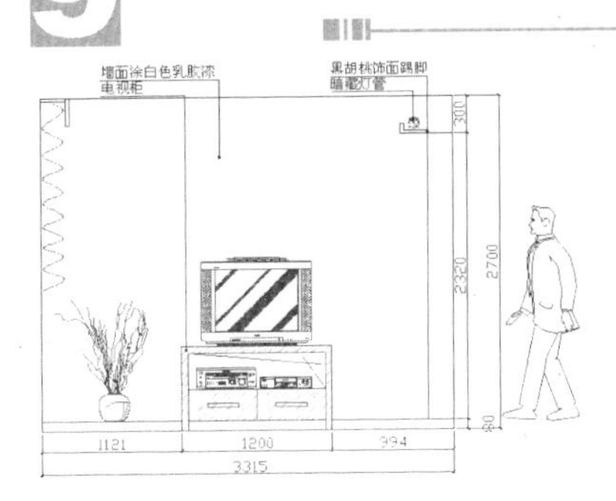

图 179-13　标注尺寸

实例 180　别墅主卧室南面图

本实例将绘制别墅主卧室南面图，效果如图 180-1 所示。

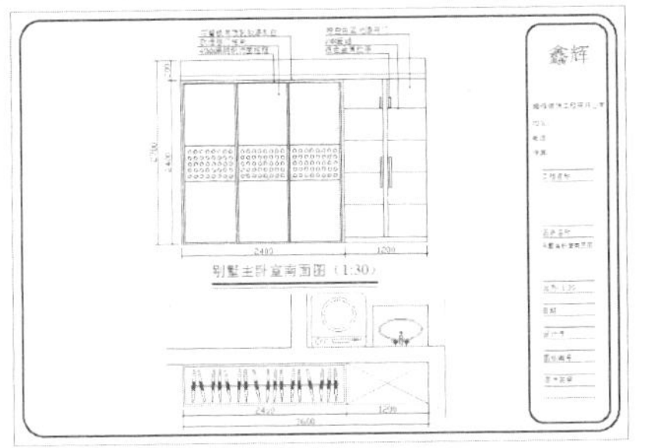

图 180-1　别墅主卧室南面图

操作步骤

步骤 1 打开并另存文件。按【Ctrl+O】组合键，打开实例 179 绘制的“别墅父母房立面图”图形文件，然后按【Ctrl+Shift+S】组合键，将该图形另存为“别墅主卧室南面图”文件。

步骤 2 修改图签。使用 MTEDIT 命令将图签中的图纸名称修改为“别墅主卧室南面图”。

步骤 3 删除处理。使用 ERASE 命令，选择“别墅父母房立面图”将其删除，并参照图 180-2 所示的别墅主卧室平面图绘制别墅主卧室南面图。

步骤 4 绘制矩形并分解处理。将“轮廓”图层设置为当前图层，使用 RECTANG 命令，在绘图区中任取一点作为角点，然后输入（@3600,2700）绘制矩形；使用 EXPLODE 命令将绘制的矩形分解。

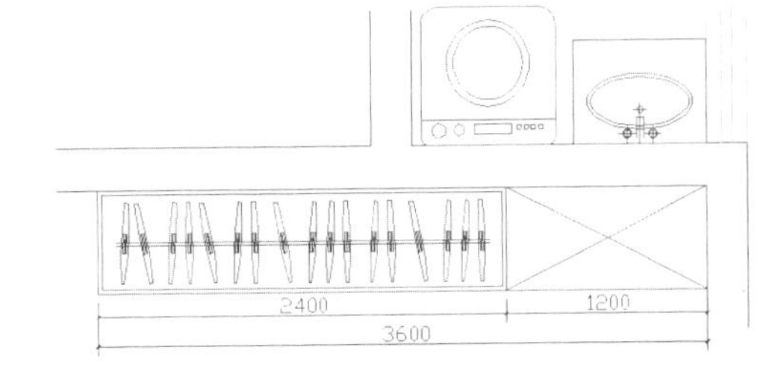

图 180-2　别墅主卧室平面图

步骤 5 偏移处理。单击“修改”面板中的“偏移”按钮，根据提示进行操作，选择矩形的上边水平直线，沿垂直方向依次向下偏移，偏移的距离分别为 230、70、40 和 2280。重复此操作，选择矩形左边的垂直线，沿水平方向依次向右偏移，偏移的距离分别为 40、2320、40、570 和 60，效果如图 180-3 所示。

图 180-3　偏移处理

步骤 6 修剪处理。使用 TRIM 命令对偏移的直线进行修剪，效果如图 180-4 所示。

步骤 7 绘制矩形。单击“绘图”面板中的“矩形”按钮，根据提示进行操作，按住【Shift】键的同时在绘图区单击鼠标右键，在弹出的快捷菜单中选择“自”选项，捕捉图 180-4 中的端点 A 为基点，输入

（@40,-340）和（@773,-2360）为矩形的角点和对角点绘制矩形，效果如图 180-5 所示。

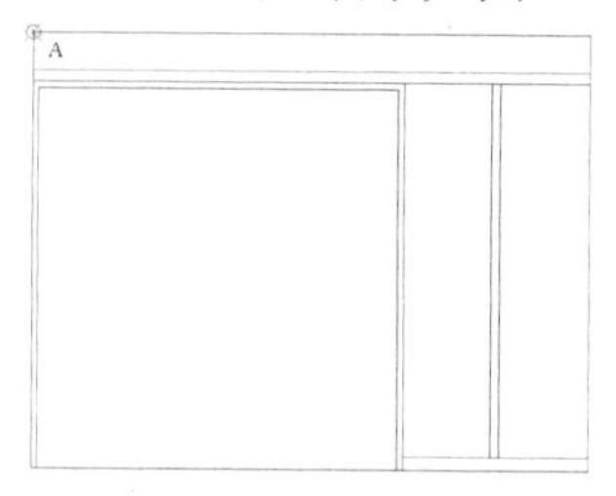

图 180-4　修剪处理

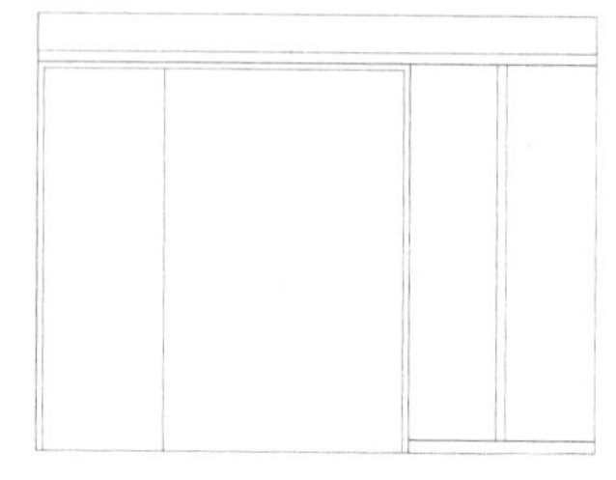
图 180-5　绘制矩形

步骤 8 偏移处理。单击“修改”面板中的“偏移”按钮，根据提示进行操作，选择绘制的矩形，指定偏移的距离为 20，向内偏移处理。

步骤 9 复制处理。使用 COPY 命令，选择步骤（7）～（8）中绘制的两个矩形并按回车键，以原点为基点，然后输入（@773,0）和（@1547,0）为目标点进行复制，效果如图 180-6 所示。

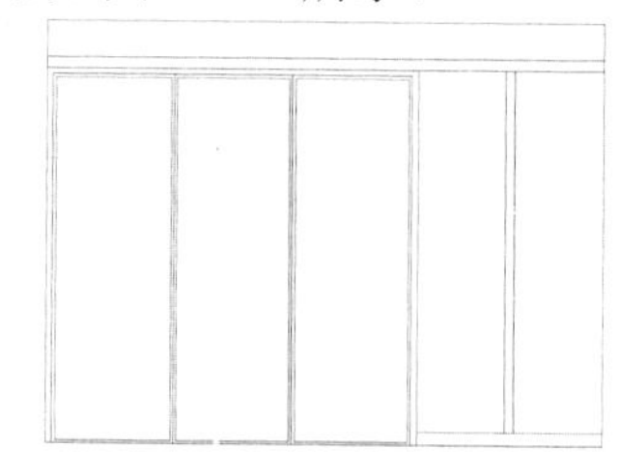
图 180-6　复制处理

步骤 10 偏移并修剪处理。使用命令 OFFSET，选择主卧室墙体上边的水平直线，沿垂直方向依次向下偏移，偏移的距离分别为 1260 和 520；使用 TRIM 命令对偏移的直线进行修剪，效果如图 180-7 所示。

步骤 11 绘制拉手。单击“绘图”面板中的“矩形”按钮，根据提示进行操作，按住【Shift】键的同时在绘图区单击鼠标右键，在弹出的快捷菜单中选择“自”选项，捕捉图 180-7 中的端点 B 为基点，分别输入（@520,-280）和（@25,-150）、（@520,-1150）和（@25,-450）为矩形的角点和对角点，绘制拉手；使用 MIRROR 命令，选择拉手为镜像对象，捕捉如图 180-8 所示的中点以及过该中点的垂直线上非垂足的一点为镜像线上的第一点和第二点进行镜像处理，效果如图 180-9 所示。

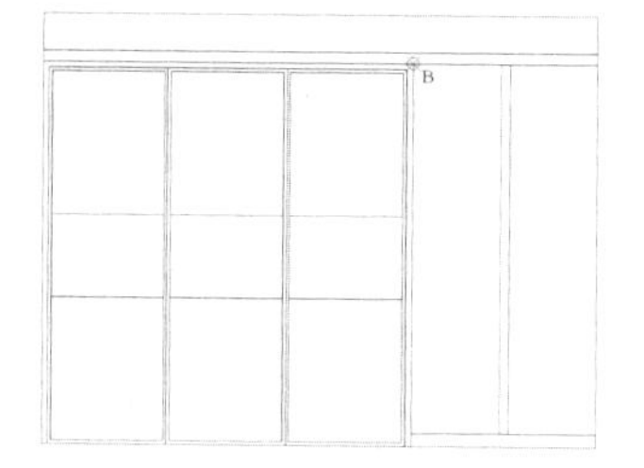

图 180-7　偏移并修剪处理

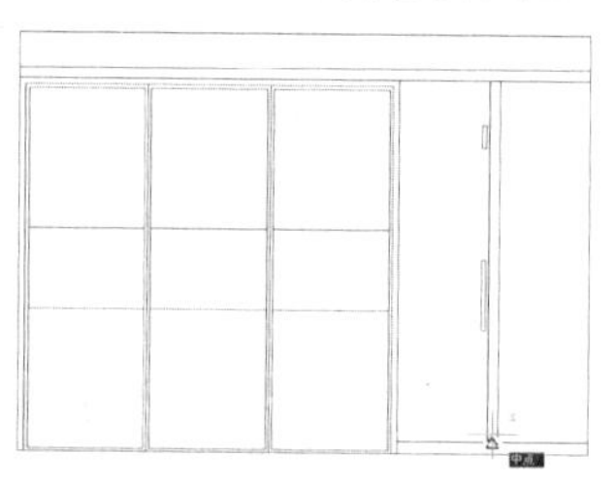
图 180-8　捕捉中点

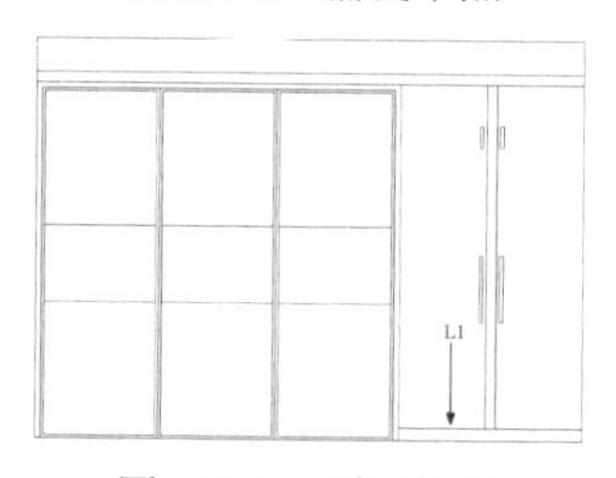

图 180-9　绘制拉手

步骤 12 偏移并修剪处理。使用 OFFSET 命令，选择图 180-9 中的直线 L1，沿垂直方向依次向上偏移 4 次，偏移的距离均为 470；使用 TRIM 命令对偏移的直线进行修剪，效果如图 180-10 所示。

步骤 13 绘制圆。单击“绘图”面板中的“圆”按钮，根据提示进行操作，按住【Shift】键的同时在绘图区单击鼠标右键，在弹出的快捷菜单中选择“自”选项，捕捉端点 A 为基点，然后输入（@130,-1350）为圆心，绘制半径为 24 的圆。

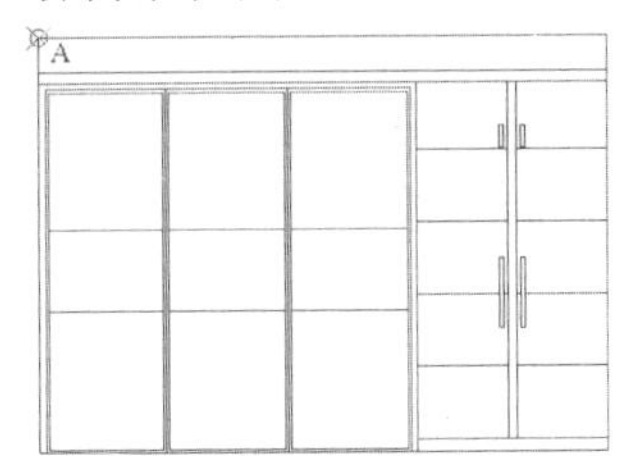

图 180-10　偏移并修剪处理

步骤 14 阵列处理。在命令行中输入 ARRAY 命令并按回车键，选择选择半径为 24 的圆为阵列的对象，输入阵列类型为“矩形（R）”，选择“行数（R）”为 5，指定行数之间的距离为-90，指定行数之间的标高增量为 0，选择“列数”为 8，指定列数之间的距离为 85，指定列数之间的标高增量为 0，按下回车键进行阵列，效果如图 180-11 所示。

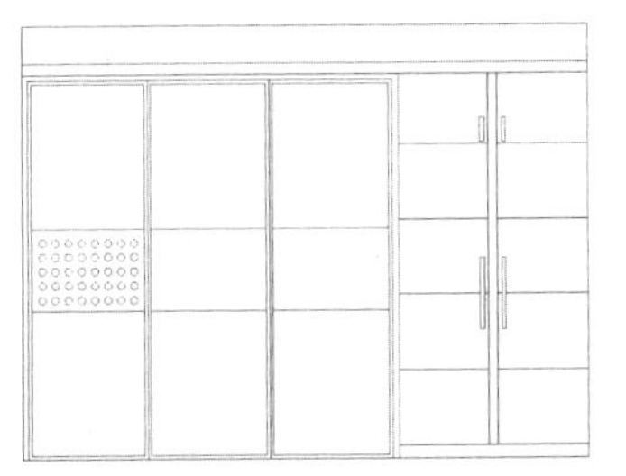

图 180-11　阵列处理

步骤 15 复制处理。单击“修改”面板中的“复制”按钮，根据提示进行操作，选择步骤（14）阵列生成的圆并按回车键，以原点为基点，然后输入（@771,0）和（@1548,0）为目标点进行复制，效果如图 180-12 所示。

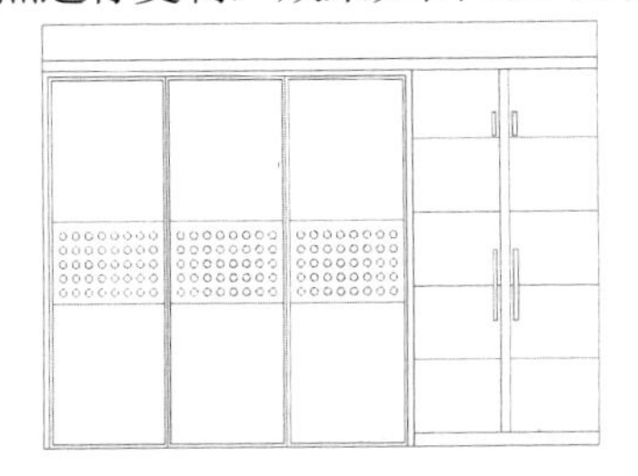

图 180-12　复制处理

步骤 16 图案填充。将“填充”图层设置为当前图层，执行 BHATCH 命令，设置填充的图案、比例和角度，填充主卧室门要填充的区域，效果如图 180-13 所示。

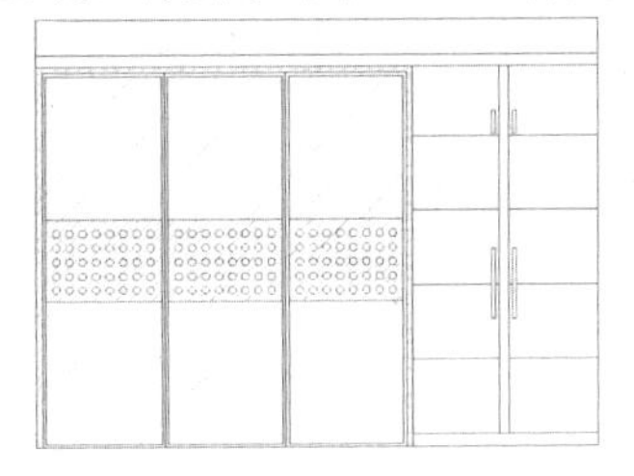

图 180-13　图案填充

步骤 17 标注文字。将“文字”图层设置为当前图层，使用 MTEXT 和 QLEADER 命令，对图形进行适当的说明，效果如图 180-14 所示。

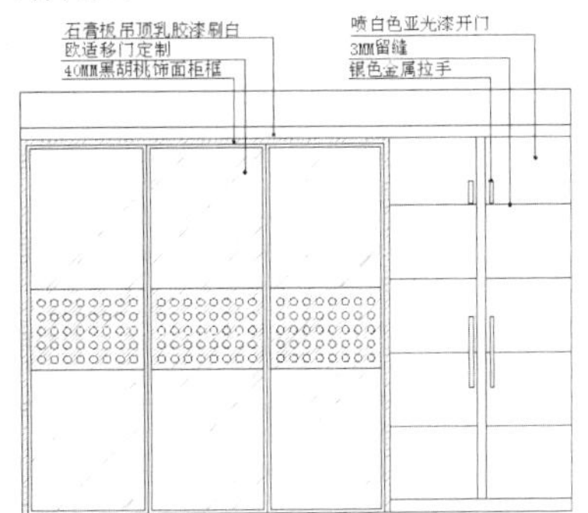

图 180-14　标注文字

步骤 18 标注尺寸。将“标注”图层设置为当前图层，使用 DIMLINEAR 和 DIMCONTINUE 命令对图形进行尺寸标注，效果如图 180-15 所示。

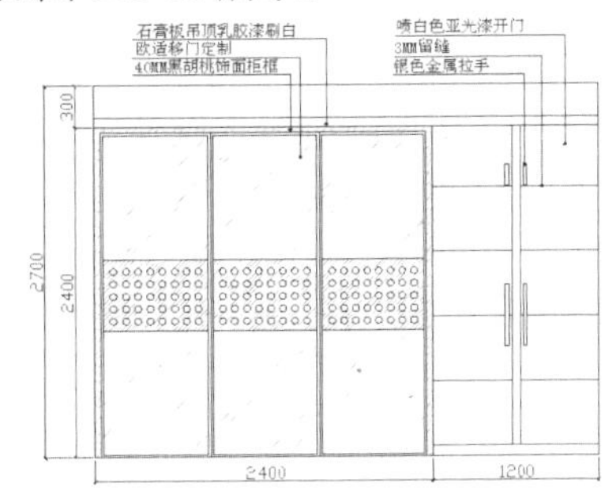

图 180-15　标注尺寸

步骤 19 绘制说明标注。将“0”图层设置为当前图层，使用 TEXT 命令在南面图下方输入文字“别墅主卧室南面图（1:30）”；使用 LINE 命令，在该文字的下方绘制两条直线，并将第一条直线的线宽设置为 0.30 毫米，效果参见图 180-1。

实例 181 别墅主卧室西面图

本实例将绘制别墅主卧室西面图，效果如图 181-1 所示。

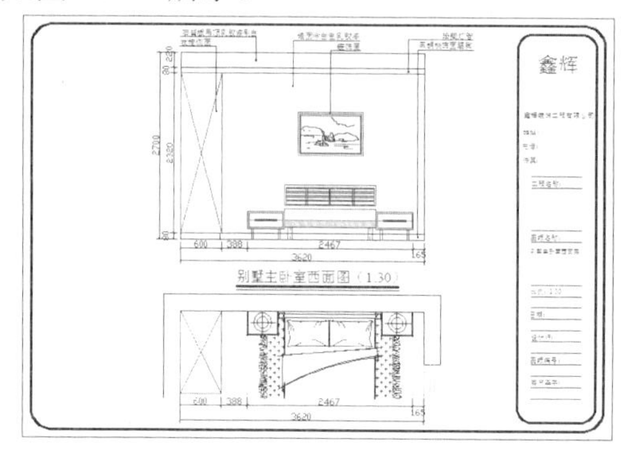

图 181-1　别墅主卧室西面图

操作步骤

步骤 1 打开并另存文件。按【Ctrl+O】组合键，打开实例 180 绘制的“别墅主卧室南面图”图形文件，然后按【Ctrl+Shift+S】组合键，将该图形另存为“别墅主卧室西面图”文件。

步骤 2 修改图签。使用 MTEDIT 命令将图签中的图纸名称修改为“别墅主卧室西面图”。

步骤 3 删除处理。使用 ERASE 命令，选择“别墅主卧室南面图”，将其删除，并参照图 181-2 所示的别墅主卧室平面图，绘制别墅主卧室西面图。

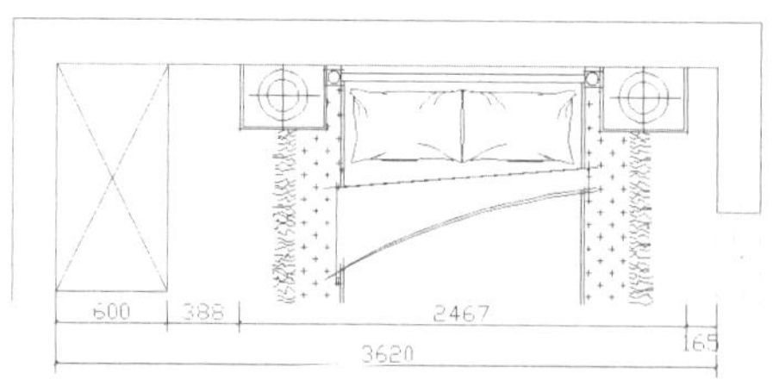

图 181-2　别墅主卧室平面图

步骤 4 绘制矩形并分解处理。将“轮廓”图层设置为当前图层，使用 RECTANG 命令，在绘图区中任取一点作为起点，然后输入（@3620,2700）绘制矩形；使用 EXPLODE 命令将绘制的矩形分解。

步骤 5 偏移处理。单击“修改”面板中的“偏移”按钮，根据提示进行操作，选择矩形的上边水平线，沿垂直方向依次向下偏移，偏移的距离分别为 220、80 和 2320。重复此操作，选择矩形左边的垂直线，沿水平方向向右偏移，偏移的距离为 600，效果如图 181-3 所示。

图 181-3　偏移处理

步骤 6 修剪处理。使用 TRIM 命令对偏移的垂直线进行修剪，效果如图 181-4 所示。

图 181-4　修剪处理

步骤 7 绘制矩形。将“家具”图层设置为当前图层，使用 RECTANG 命令，按住【Shift】键的同时在绘图区单击鼠标右键，在弹出的快捷菜单中选择“自”选项，捕捉图 181-4 中的端点 A 为基点，然后输入（@0,-300）和（@600,-2320）为矩形的角点和对角点，绘制一个矩形。

步骤 8 绘制衣柜。使用 LINE 命令绘制两条直线，制作出衣柜，效果如图 181-5 所示。

步骤 9 绘制矩形并偏移处理。使用 RECTANG 命令，按住【Shift】键的同时在绘图区单击鼠标右键，在弹出的快捷菜单中选择“自”选项，捕捉端点 A 为基点，然后输入（@988,-2300）和（@559,-250）为矩形的角点和对角点，绘制一个矩形；使用OFFSET命令，选择该矩形，依次向内偏移，偏移的距离分别为20和90，制作出床头柜，效果如图181-6所示。

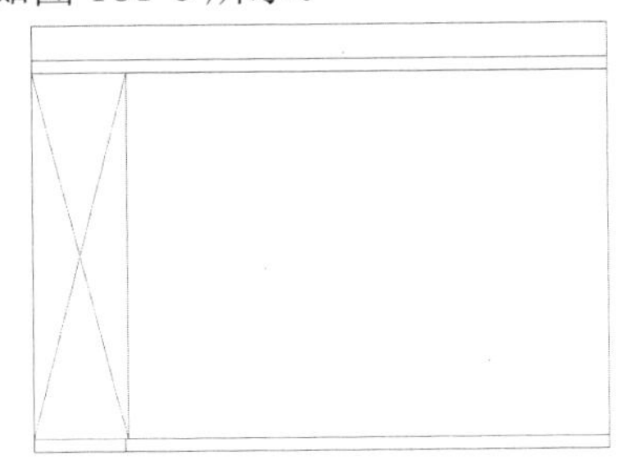

图181-5　绘制衣柜

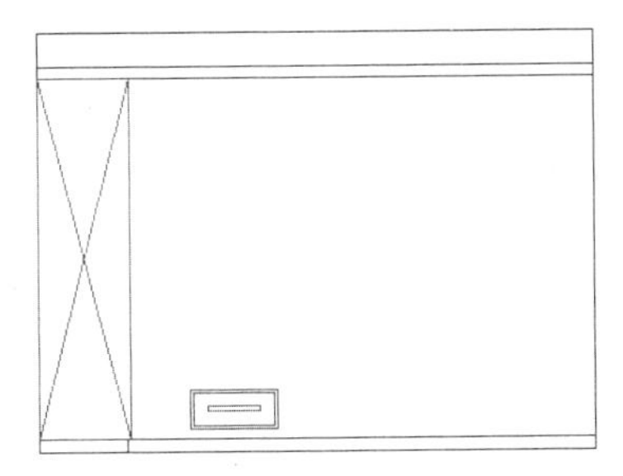

图181-6　绘制矩形并偏移处理

步骤10 绘制床头柜脚。使用RECTANG命令，按住【Shift】键的同时在绘图区单击鼠标右键，在弹出的快捷菜单中选择“自”选项，捕捉端点A为基点，然后输入（@1050,-2550）和（@30,-150）为矩形的角点和对角点，绘制一个矩形；使用MIRROR命令，选择该矩形为镜像对象，捕捉床头柜上下水平线的中点为镜像线上的第一点和第二点进行镜像处理，效果如图181-7所示。

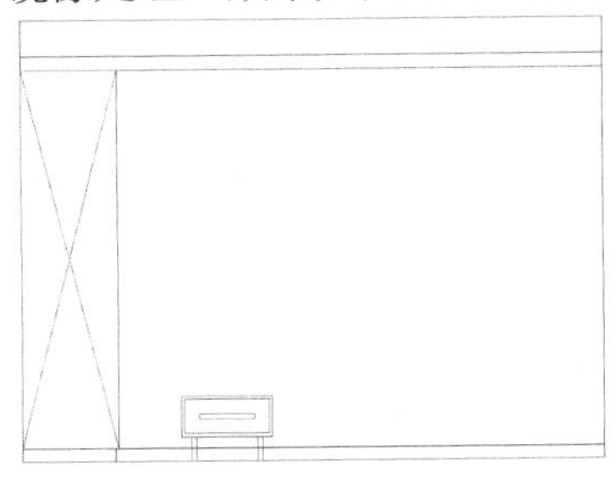

图181-7　绘制床头柜脚

步骤11 绘制直线。单击“绘图”面板中的“直线”按钮，根据提示进行操作，捕捉矩形左右垂直线上的两个中点，绘制如图181-8所示的直线。

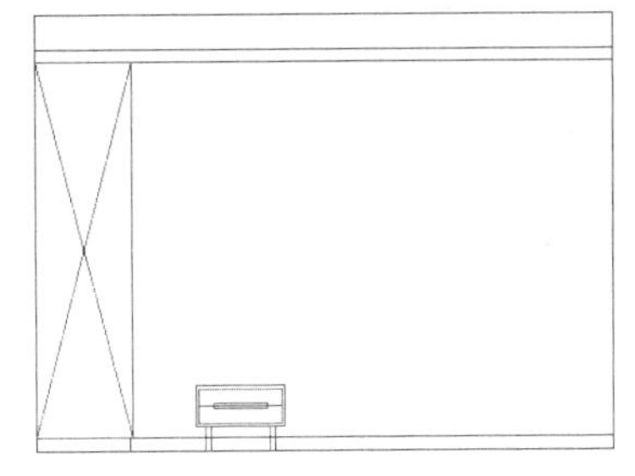

图181-8　绘制直线

步骤12 复制处理。使用COPY命令，选择图181-8中的床头柜并按回车键，以原点为基点，然后输入（@1908,0）为目标点进行复制，效果如图181-9所示。

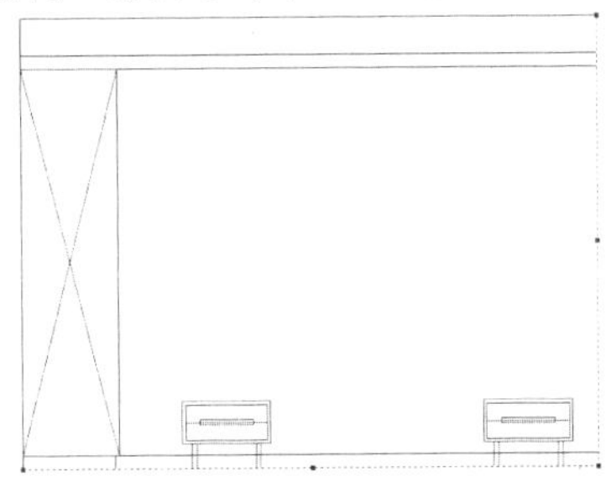

图181-9　复制处理

步骤13 偏移处理。使用OFFSET命令，选择图181-9中矩形下边的水平直线，沿垂直方向依次向上偏移，偏移的距离分别为170、100和170。重复此操作，选择图181-9中矩形右边的垂直线，沿水平方向向左偏移，偏移的距离分别为730和1340，效果如图181-10所示。

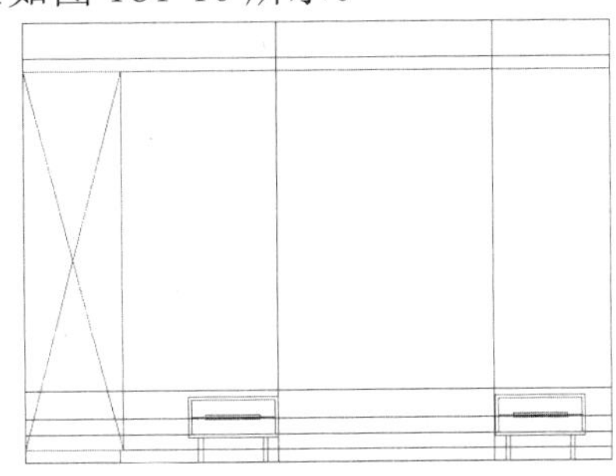

图181-10　偏移处理

步骤14 修剪处理。使用TRIM命令对偏移的线段进行修剪，绘制出床的立面图，将修剪后的图形移至“家具”图层，效果如图181-11所示。

步骤 15 绘制床脚。使用 RECTANG 命令，按住【Shift】键的同时在绘图区单击鼠标右键，在弹出的快捷菜单中选择“自”选项，捕捉图 181-11 中的端点 B 为基点，然后输入（@150,-270）和（@70,-170）为矩形的角点和对角点绘制矩形；使用 LINE 命令，捕捉该矩形上边水平线和下边水平线的中点绘制直线，并将该直线的线型设置为 ACAD_IS003W100，绘制出床脚。

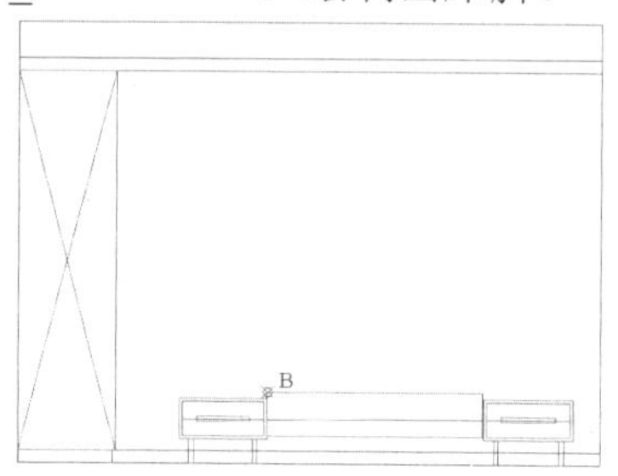

图 181-11　修剪处理

步骤 16 镜像处理。使用 MIRROR 命令，选择床脚为镜像对象，捕捉床靠背上边水平线的中点和下边水平线的中点为镜像线上的第一点和第二点，进行镜像处理，效果如图 181-12 所示。

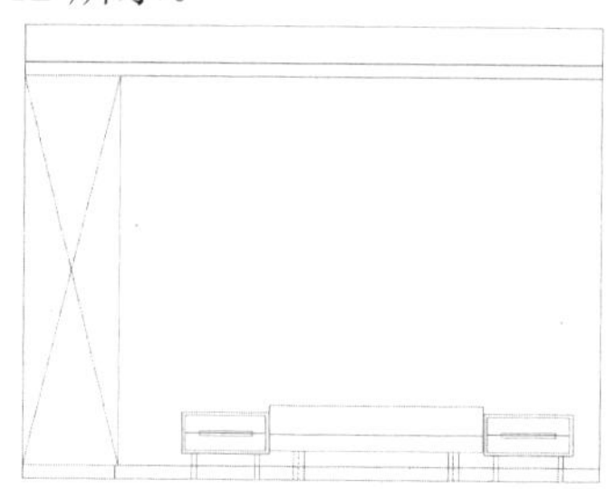

图 181-12　镜像处理

步骤 17 绘制矩形并分解处理。使用命令 RECTANG，按住【Shift】键的同时在绘图区单击鼠标右键，在弹出的快捷菜单中选择“自”选项，捕捉端点 B 为基点，然后输入（@0,50）和（@1340,300）为矩形的角点和对角点绘制一个矩形；使用 EXPLODE 命令，将绘制的矩形分解。

步骤 18 偏移处理。使用 OFFSET 命令，选择矩形的上边水平线，沿垂直方向依次向下偏移，偏移的距离分别为 40、20、40、20、40、20、40、20 和 40；选择矩形左边的垂直线，沿水平方向向右偏移，偏移的距离为分别 20、300、20、320、20、320、20 和 300。

步骤 19 修剪处理。单击“修改”面板中的“修剪”按钮，根据提示进行操作，对偏移的线段和床脚进行修剪，效果如图 181-13 所示。

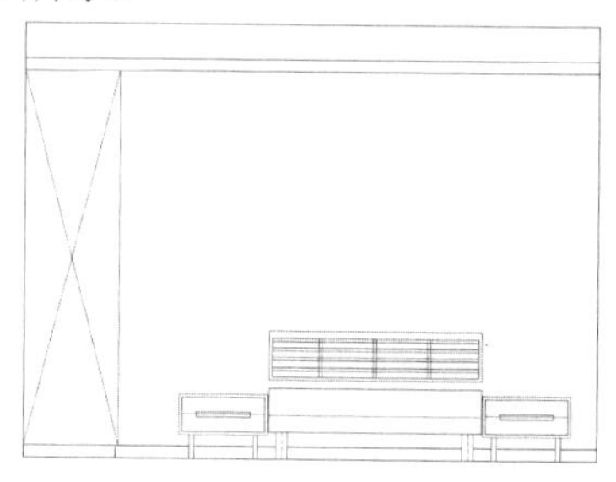

图 181-13　修剪处理

步骤 20 插入图块。单击”视图”选项板中的“选项板”面板的“设计中心”按钮，在弹出的“设计中心”面板中选择装饰画平面图块进行插入，效果如图 181-14 所示。

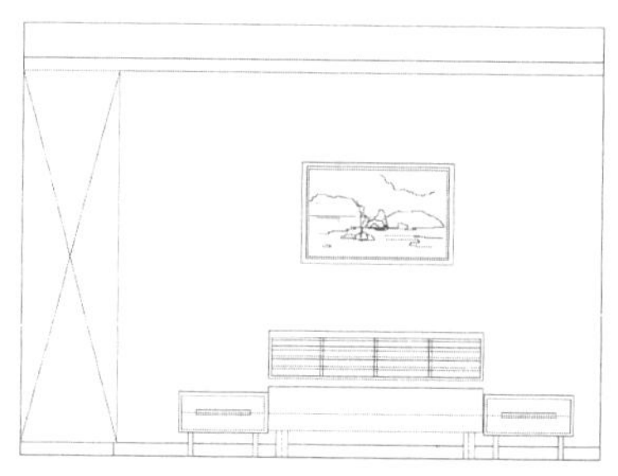

图 181-14　插入图块

步骤 21 图案填充。将“填充”图层设置为当前图层，使用 BHATCH 命令，设置填充的图案、比例和角度，填充主卧室西面图的床和床头柜要填充的区域，效果如图 181-15 所示。

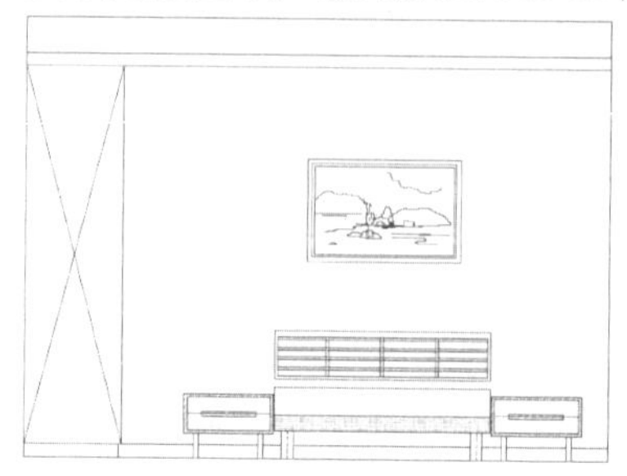

图 181-15　图案填充

步骤 22 标注文字。将“文字”图层设置为当前图层，使用 MTEXT 和 QLEADER 命令，对图形进行适当的说明，效果如图 181-16 所示。

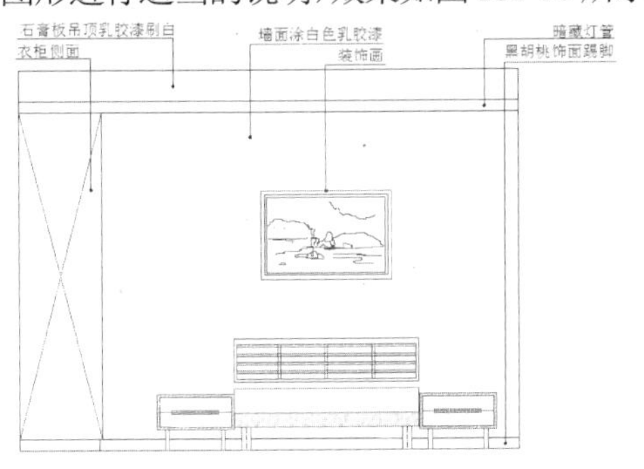

图 181-16　标注文字

步骤 23 标注尺寸。将“标注”图层设置为当前图层，使用 DIMLINEAR 和 DIMCONTINUE 命令对图形进行尺寸标注，效果如图 181-17 所示。

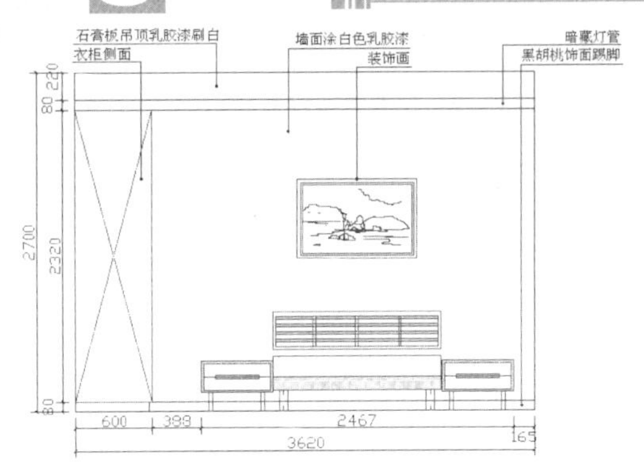

图 181-17　标注尺寸

步骤 24 绘制说明标注。将“0”图层设置为当前图层，使用 TEXT 命令在西面图下方输入文字“别墅主卧室西面图（1:30）”；使用 LINE 命令，在该文字的下方绘制两条直线，并将第一条直线的线宽设置为 0.30 毫米，效果参见图 181-1。

实例 182　别墅主卫立面图

本实例将绘制别墅主卫立面图，效果如图 182-1 所示。

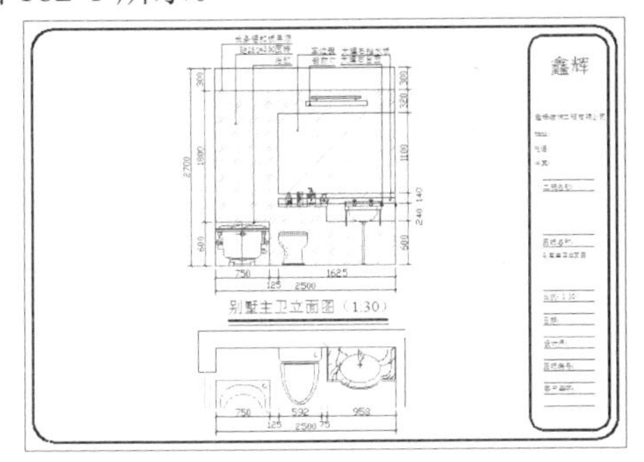

图 182-1　别墅主卫立面图

操作步骤

步骤 1 打开并另存文件。按【Ctrl＋O】组合键，打开实例 181 绘制的“别墅主卧室西面图”图形文件，然后按【Ctrl＋Shift＋S】组合键，将该图形另存为“别墅主卫立面图”文件。

步骤 2 修改图签。使用 MTEDIT 命令将图签中的图纸名称修改为“别墅主卫立面图”。

步骤 3 删除处理。使用 ERASE 命令选择“别墅主卧室西面图”将其删除，并参照图 182-2 所示的别墅主卫平面图绘制别墅主卫立面图。

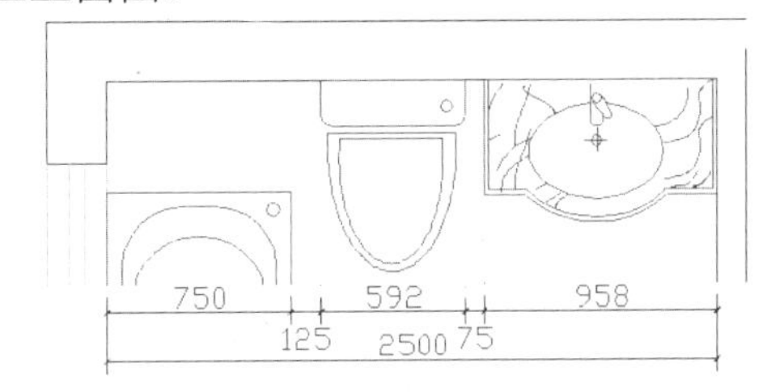

图 182-2　别墅主卫平面图

步骤 4 绘制矩形并分解处理。将“轮廓”图层设置为当前图层，使用 RECTANG 命令，在绘图区中任取一点作为角点，然后输入（@2500,2700）绘制一个矩形；使用 EXPLODE 命令并按回车键，根据提示进行操作，对绘制的矩形进行分解处理。

步骤 5 偏移处理。使用 OFFSET 命令，选择矩形的上边水平线，沿垂直方向依次向下偏移，偏移的距离分别为300、320、1100、60、80、40和200；选择矩形左边的垂直线，沿水平方向依次向右偏移，偏移的距离分别为750、125和667，效果如图182-3所示。

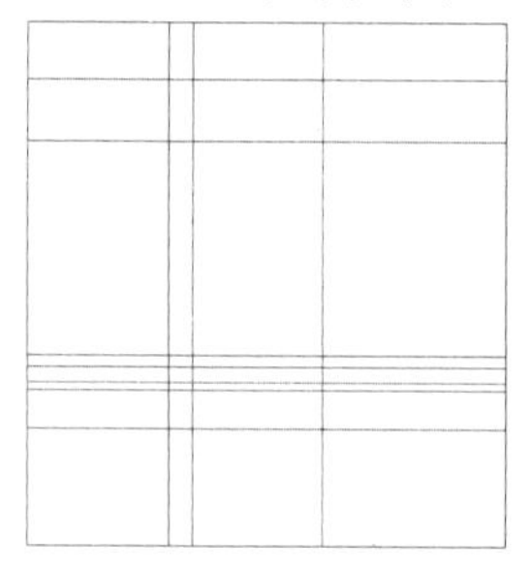

图182-3　偏移处理

步骤6　修剪处理。使用TRIM命令对偏移的线段进行修剪，效果如图182-4所示。

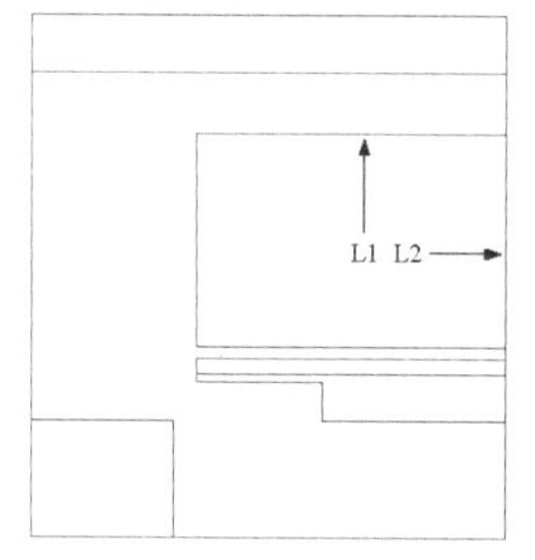

图182-4　修剪处理

步骤7　偏移处理。单击“修改”面板中的“偏移”按钮，根据提示进行操作，选择图182-4中的直线L1，沿垂直方向依次向上偏移，偏移的距离分别为100、60、40和30；选择图182-4中的直线L2，沿水平方向依次向左偏移，偏移的距离分别为387、80、80、531、80和80，效果如图182-5所示。

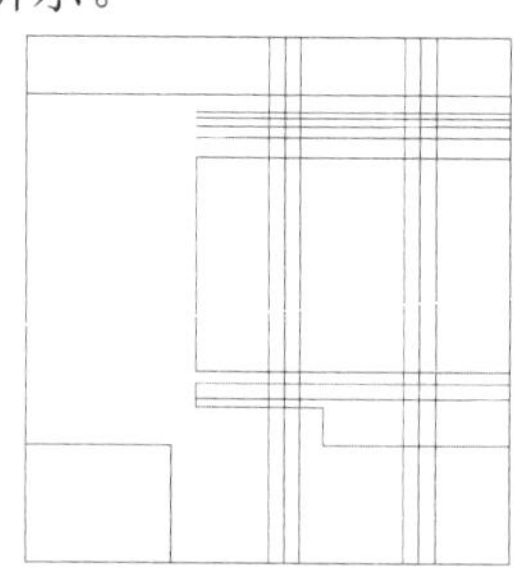

图182-5　偏移处理

步骤8　修剪处理。使用TRIM命令对偏移的线段进行修剪，效果如图182-6所示。

步骤9　插入图块。将“家具”图层设置为当前图层，单击”视图”选项板中的“选项板”面板的“设计中心”按钮，在弹出的“设计中心”面板中选择需要的立面图块进行插入，效果如图182-7所示。

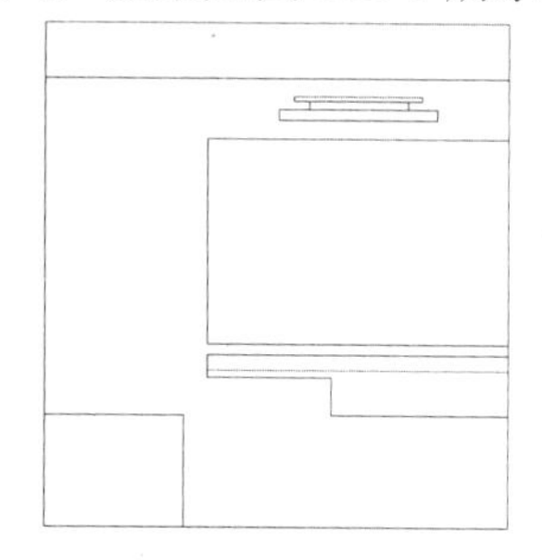

图182-6　修剪处理

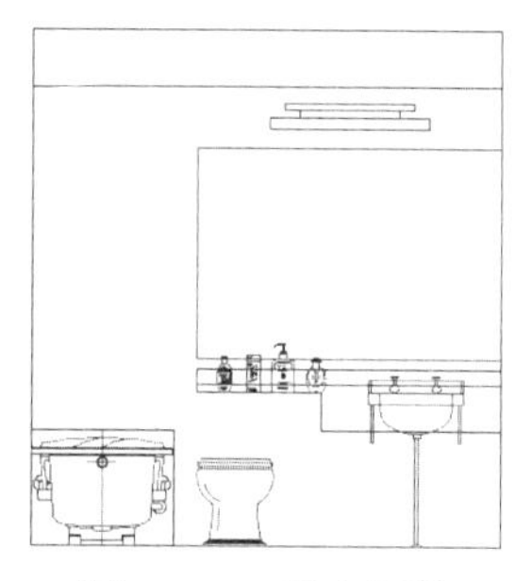

图182-7　插入图块

步骤10　图案填充。将“填充”图层设置为当前图层，使用BHATCH命令，设置填充的图案、比例和角度，填充主卫墙体和镜子区域；使用EXPLODE命令将填充的墙体图案进行分解处理；使用TRIM和ERASE命令对填充的图案进行修剪和删除处理，效果如图182-8所示。

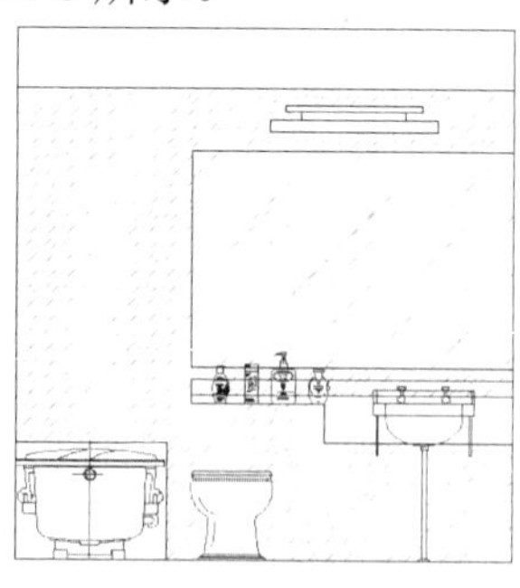

图182-8　图案填充

步骤11　标注文字。将“文字”图层设置为当前图层，使用MTEXT和QLEADER命令对图形进行适当的说明，效果如图

182-9 所示。

步骤 12 标注尺寸。将“标注”图层设置为当前图层，使用 DIMLINEAR 和 DIMCONTINUE 命令对图形进行尺寸标注，效果如图 182-10 所示。

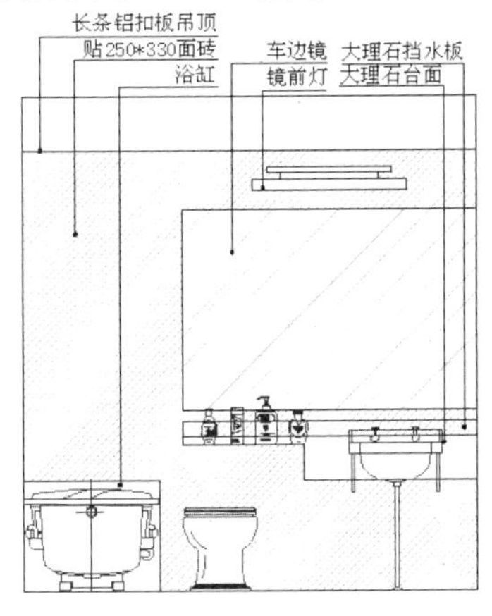

图 182-9 标注文字

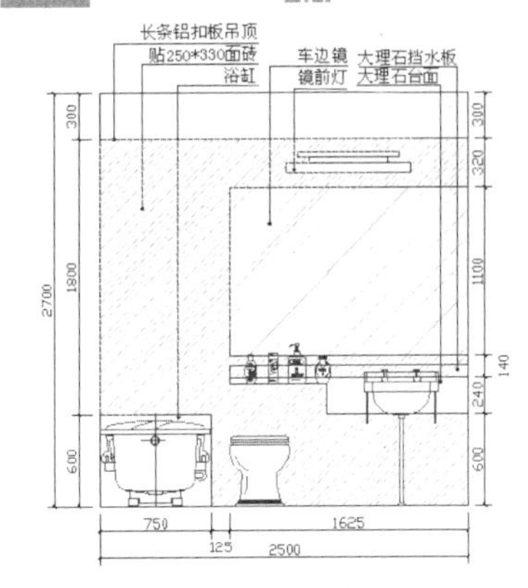

图 182-10 标注尺寸

步骤 13 绘制说明标注。将“0”图层设置为当前图层，使用 TEXT 命令在立面图下方输入文字“别墅主卫立面图（1:30）”；使用LINE 命令在该文字的下方绘制两条直线，并将第一条直线的线宽设置为 0.30 毫米，效果参见图 182-1。

实例 183 别墅储藏更衣室衣柜结构图

本实例将绘制别墅储藏更衣室衣柜结构图，效果如图 183-1 所示。

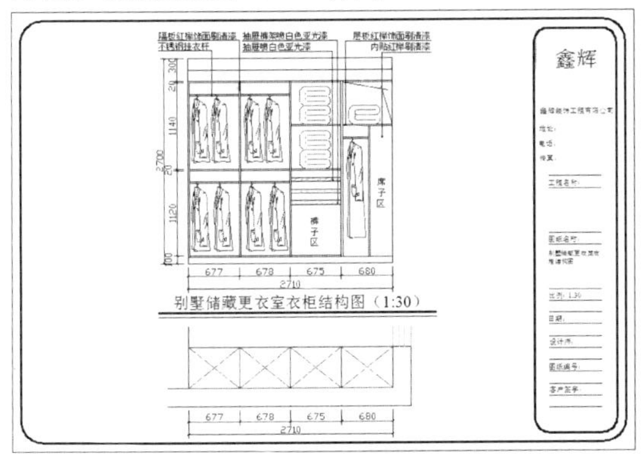

图 183-1 别墅储藏更衣室衣柜结构图

操作步骤

步骤 1 打开并另存文件。启动 AutoCAD，单击“文件|打开”命令，打开实例 182 绘制的“别墅主卫立面图”图形文件，然后按下【Shift+Ctrl+S】组合键，将该图形另存为“别墅储藏更衣室衣柜结构图”文件。

步骤 2 修改图签。使用 MTEDIT 命令，将图签中的图纸名称修改为“别墅储藏更衣室衣柜结构图”。

步骤 3 删除处理。使用 ERASE 命令，选择“别墅主卫立面图”将其删除，并参照图 183-2 所示的别墅储藏更衣室衣柜平面图绘制别墅储藏更衣室衣柜结构图。

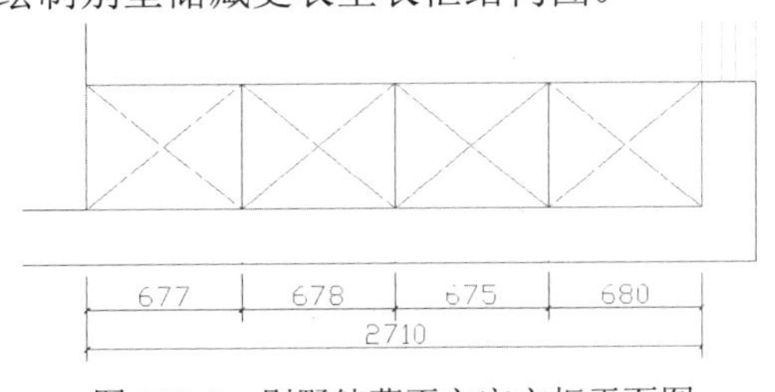

图 183-2 别墅储藏更衣室衣柜平面图

步骤 4 绘制矩形并分解处理。将“轮廓”图层设置为当前图层，使用 RECTANG 命令，在绘图区中任取一点作为角点，然后输入（@2710,2700）绘制矩形；使用 EXPLODE 命令将绘制的矩形分解。

步骤 5 偏移处理。单击“修改”面板中的“偏移”按钮，根据提示进行操作，选择矩形的上边水平直线，沿垂直方向依次向下偏移，偏移的距离分别为150、150、20、150、20、970、20、150、20、950和20；选择矩形左边的垂直线，沿水平方向依次向右偏移，偏移的距离分别为20、657、20、658、20、655和20，效果如图183-3所示。

步骤 6 修剪处理。使用TRIM命令对偏移的线段进行修剪，效果如图183-4所示。

步骤 7 偏移处理。单击“修改”面板中的“偏移”按钮，根据提示进行操作，选择图183-4中的直线L1，沿垂直方向依次向下偏移，偏移的距离分别为150和20；选择图183-4中的直线L2，沿水平方向依次向左偏移，偏移的距离分别为300和20。

步骤 8 修剪处理。使用TRIM命令对偏移的线段进行修剪，效果如图183-5所示。

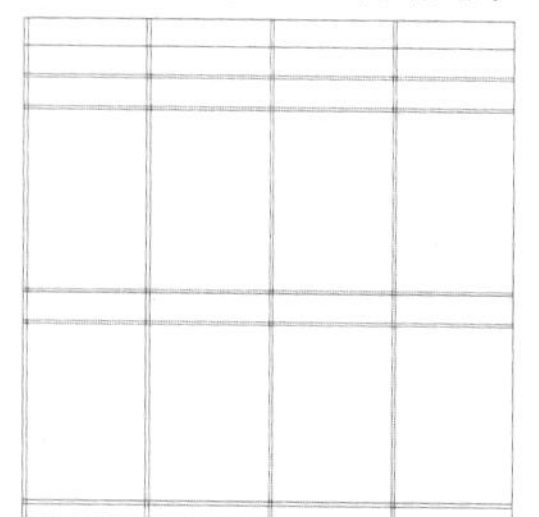

图183-3 偏移处理

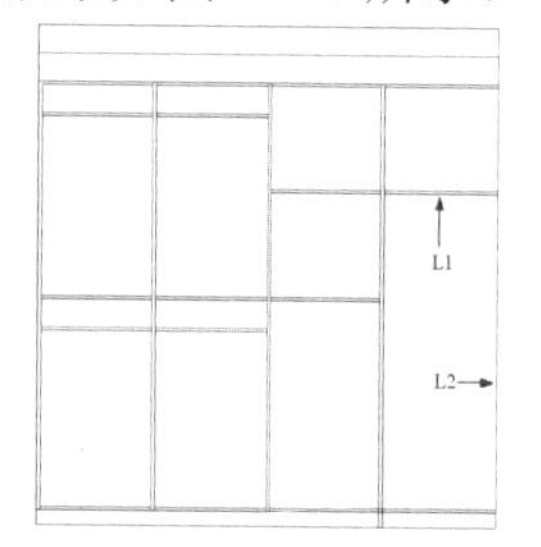

图183-4 修剪处理

步骤 9 偏移处理。使用OFFSET命令，选择图183-5中的直线L3，沿垂直方向依次向下偏移处理，偏移的距离分别为100、50、100、50、100和50。

步骤 10 绘制直线。使用LINE命令绘制直线，效果如图183-6所示。

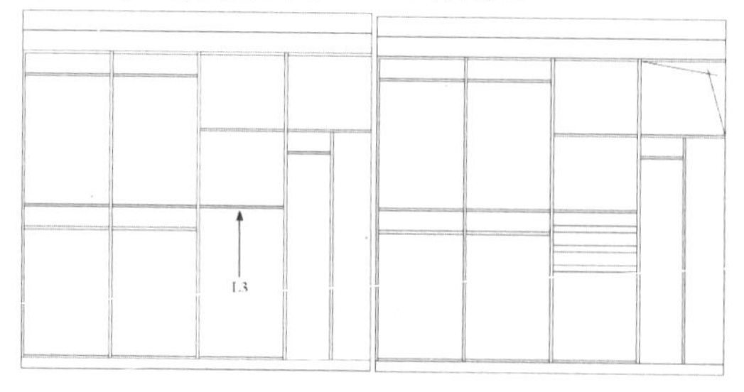

图183-5 修剪处理 图183-6 绘制直线

步骤 11 插入图块。将“家具”图层设置为当前图层，单击”视图”选项板中的“选项板”面板的“设计中心”按钮，在弹出的“设计中心”面板中选择衣服和被子立面图块进行插入，效果如图183-7所示。

步骤 12 图案填充。将“填充”图层设置为当前图层，使用BHATCH命令，设置填充的图案、比例和角度，填充衣柜抽屉要填充的区域，效果如图183-8所示。

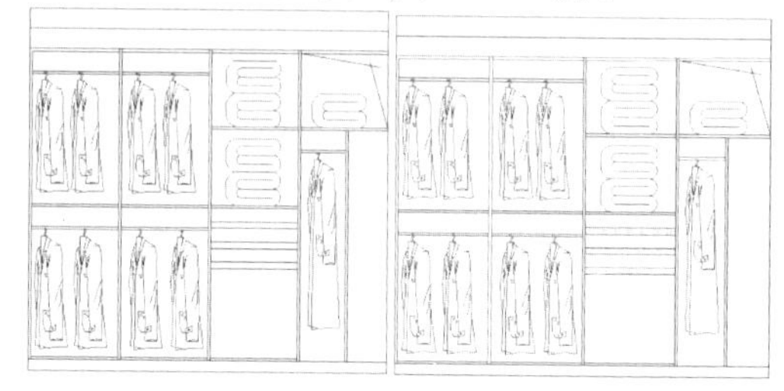

图183-7 插入图块 图183-8 图案填充

步骤 13 标注文字。将“文字”图层设置为当前图层，使用MTEXT和QLEADER命令对图形进行适当的说明，效果如图183-9所示。

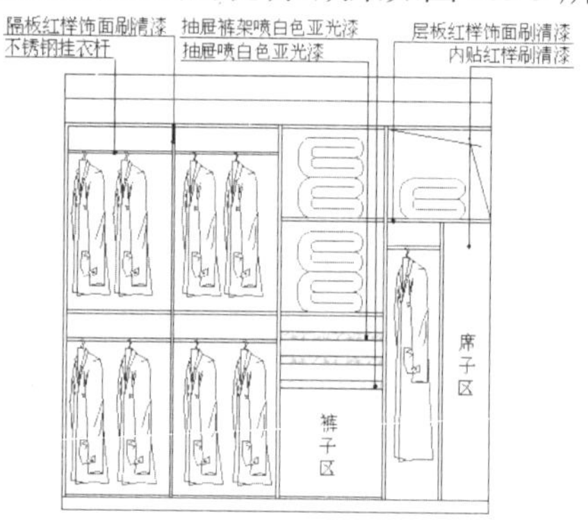

图183-9 标注文字

步骤 14 标注尺寸。将“标注”图层设置为当前图层，使用DIMLINEAR和DIMCONTINUE命令对图形进行尺寸标注，效果如图183-10所示。

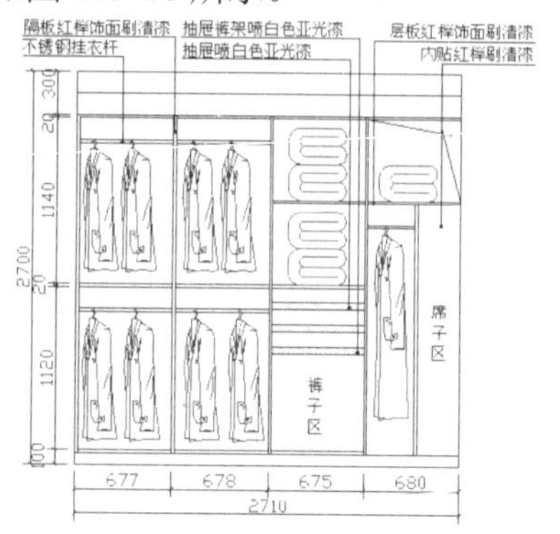

图183-10 标注尺寸

步骤 15 绘制说明标注。将“0”图层设置为当前图层，使用 TEXT 命令，在结构图下方输入文字“别墅储藏更衣室衣柜结构图(1:30)”；使用 LINE 命令在该文字的下方绘制两条直线，并将第一条直线的线宽设置为 0.30 毫米，效果参见图 183-1。

实例 184 别墅书房立面图

本实例将绘制别墅书房立面图，效果如图 184-1 所示。

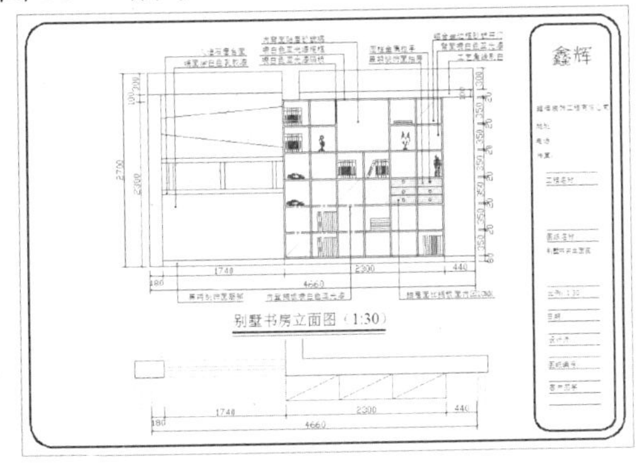

图 184-1 别墅书房立面图

操作步骤

步骤 1 打开并另存文件。启动 AutoCAD，单击“文件|打开”命令，打开实例 183 绘制的“别墅储藏更衣室衣柜结构图”图形文件，然后按下【Shift+Ctrl+S】组合键，将该图形另存为“别墅书房立面图”文件。

步骤 2 修改图签。使用 MTEDIT 命令将图签中的图纸名称修改为“别墅书房立面图”。

步骤 3 删除处理。使用 ERASE 命令，选择“别墅储藏更衣室衣柜结构图”，将其删除，并参照图 184-2 所示的别墅书房平面图绘制别墅书房立面图。

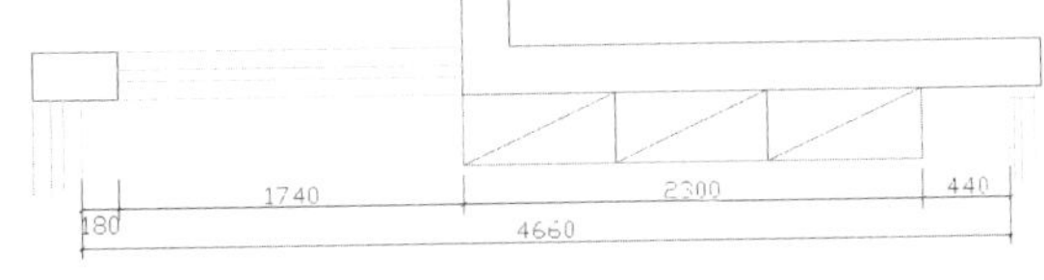

图 184-2 别墅书房平面图

步骤 4 绘制矩形并分解处理。将“轮廓”图层设置为当前图层，使用 RECTANG 命令，在绘图区中任取一点作为角点，然后输入（@4660,2700）绘制矩形；使用 EXPLODE 命令将绘制的矩形分解。

步骤 5 偏移处理。单击“修改”面板中的“偏移”按钮，根据提示进行操作，选择矩形的上边水平线，沿垂直方向依次向下偏移，偏移的距离分别为 300、100、20、350、20、350、20、350、20、350、20、350、20、330 和 20；选择矩形右边的垂直线，沿水平方向依次向左偏移，偏移的距离分别为 440、20、360、20、360、20、360、20、360、20、360、20、360 和 20，效果如图 184-3 所示。

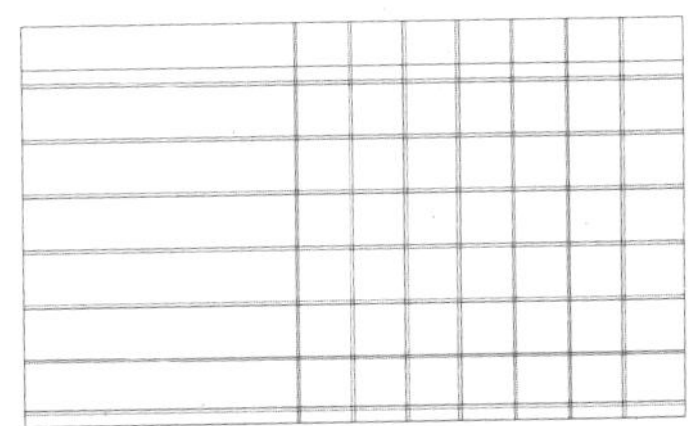
图 184-3 偏移处理

步骤 6 修剪处理。使用 TRIM 命令对多余的线段进行修剪，效果如图 184-4 所示。

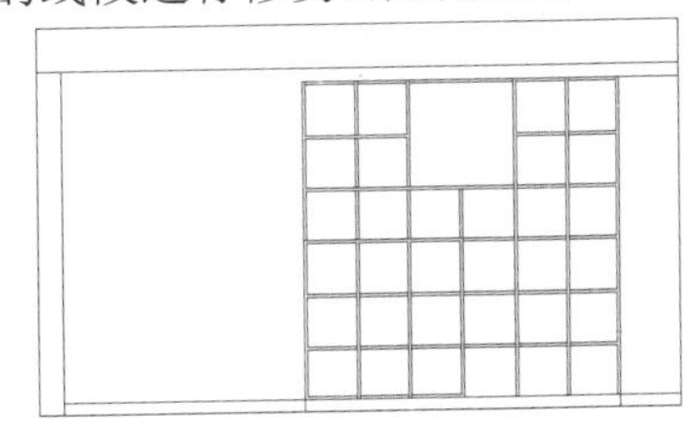
图 184-4 修剪处理

步骤 7 偏移并修剪处理。使用 OFFSET 命令，选择书房墙体左边线，沿垂直方向依次向右偏移，偏移的距离分别为 1920 和 240；使用 TRIM 命令对偏移的线段进行修剪，效果如图 184-5 所示。

步骤 8 改变线型。选择图 184-5 中的 6 条直线，在“特性”选项板中的“线型控制”下拉列表框中选择 ACAD_IS003W100 选项，效果如图184-6所示。

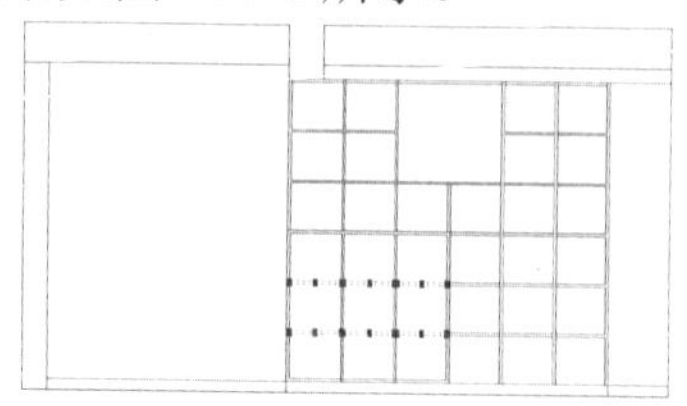

图184-5 偏移并修剪处理

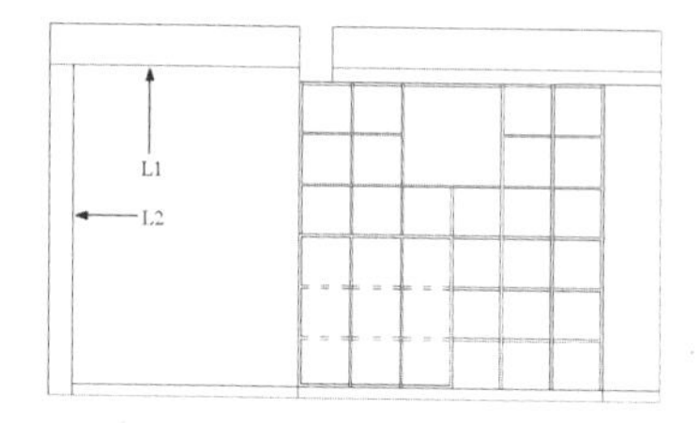

图184-6 改变线型

步骤9 偏移处理。单击“修改”面板中的“偏移”按钮，根据提示进行操作，选择图184-6中的直线L1，沿垂直方向依次向下偏移，偏移的距离分别为900、60、380和60；选择图184-6中直线L2，沿水平方向依次向右偏移，偏移的距离分别为100、60、680、60、680和60，效果如图184-7所示。

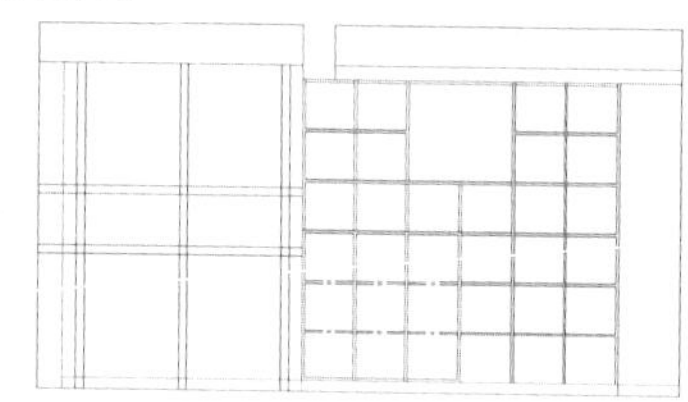

图184-7 偏移处理

步骤10 修剪处理。使用TRIM命令对偏移的线段进行修剪，效果如图184-8所示。

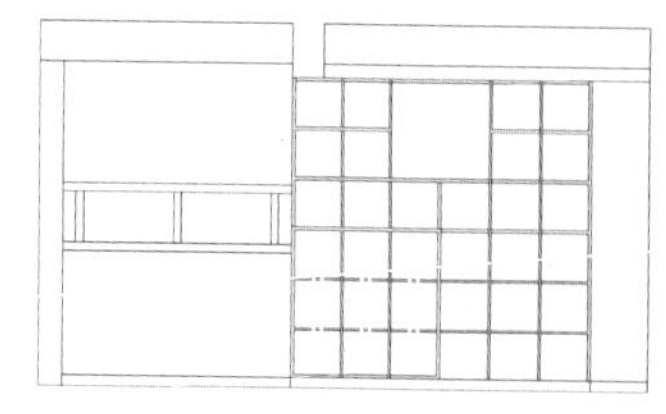

图184-8 修剪处理

步骤11 绘制直线。使用LINE命令绘制直线，效果如图184-9所示。

步骤12 偏移处理。使用OFFSET命令，选择图184-9中的直线L3和L4，沿垂直方向依次向下偏移两次，偏移的距离均为116，效果如图184-10所示。

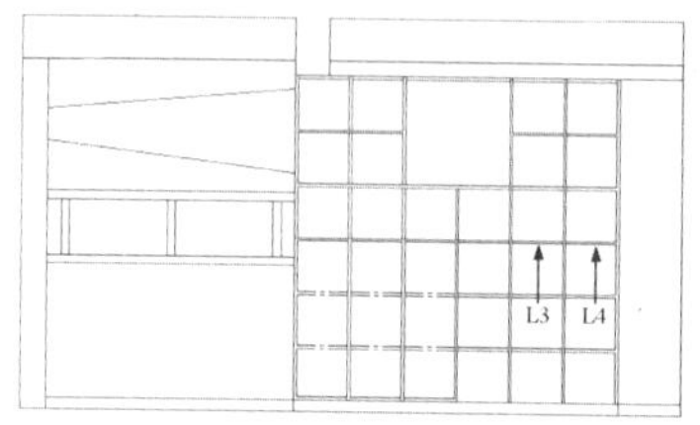

图184-9 绘制直线

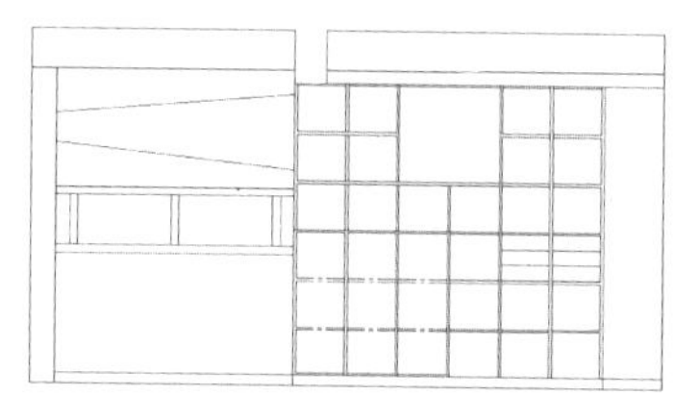

图184-10 偏移处理

步骤13 绘制拉手。使用CIRCLE命令，在绘图区中适当的位置绘制半径为17的圆；使用COPY和MIRROR命令对绘制的圆进行复制和镜像，绘制出拉手，效果如图184-11所示。

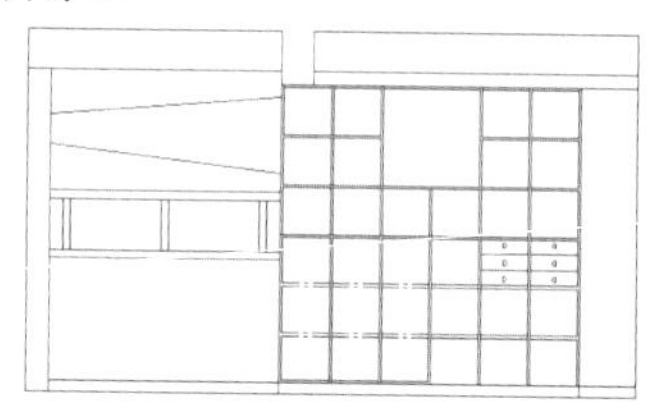

图184-11 绘制拉手

步骤14 插入图块。将“家具”图层设置为当前图层，单击”视图”选项板中的“选项板”面板的“设计中心”按钮，在弹出的“设计中心”面板中选择需要的立面图块进行插入，效果如图184-12所示。

图184-12 插入图块

步骤15 图案填充。将“填充”图层设置为当前图层，使用BHATCH命令，设置填充的图案、比例和角点，填充书房立面图中的书柜和窗户区域，效果如图 184-13 所示。

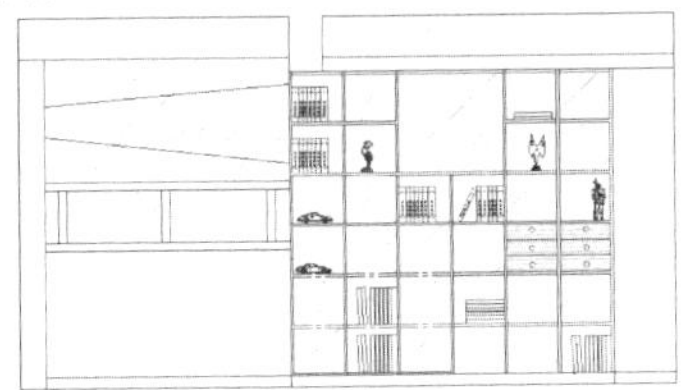

图 184-13 图案填充

步骤 16 标注文字。将“文字”图层设置为当前图层，使用命令 MTEXT 和 QLEADER，对图形进行适当的说明，效果如图 184-14 所示。

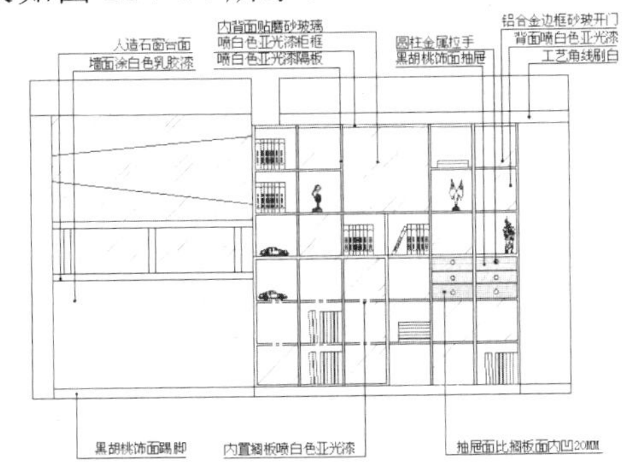

图 184-14 标注文字

步骤 17 标注尺寸。将“标注”图层设置为当前图层，使用 DIMLINEAR 和 DIMCONTINUE 命令对图形进行尺寸标注，效果如图 184-15 所示。

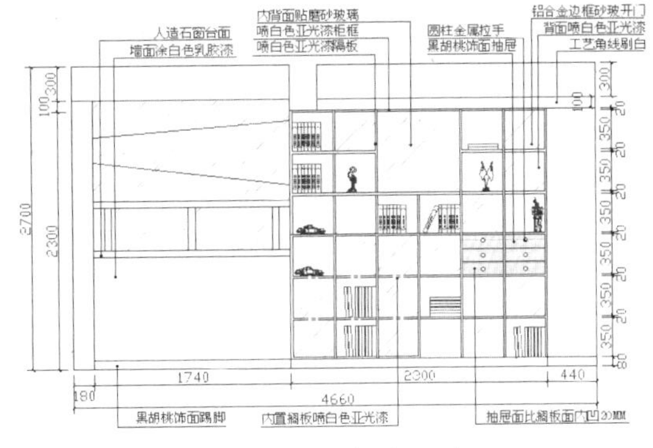

图 184-15 标注尺寸

步骤 18 绘制说明标注。将“0”图层设置为当前图层，使用 TEXT 命令在立面图下方输入文字“别墅书房立面图(1:30)”；使用 LINE 命令，在该文字的下方绘制两条直线，并将第一条直线的线宽设置为 0.30 毫米，效果参见图 184-1。

实例 185 别墅房间门详图

本实例将绘制别墅房间门详图，效果如图 185-1 所示。

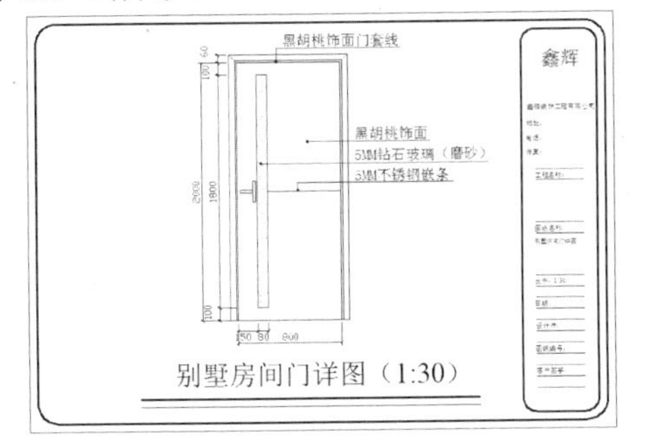

图 185-1 别墅房间门详图

操作步骤

步骤 1 打开并另存文件。启动 AutoCAD，按【Ctrl＋O】组合键，打开实例 184 绘制的“别墅书房立面图”图形文件，然后按【Ctrl＋Shift＋S】组合键，将该图形另存为“别墅房间门详图”文件。

步骤 2 修改图签。使用 MTEDIT 命令将图签中的图纸名称修改为“别墅房间门详图”。

步骤 3 删除处理。使用 ERASE 命令将书房立面图删除，绘制别墅房间门详图。

步骤 4 绘制矩形并分解处理。将“轮廓”图层设置为当前图层，使用 RECTANG 命令，在绘图区中任取一点作为角点，然后输入（@920,2060）绘制矩形；使用 EXPLODE 命令将绘制的矩形分解。

步骤 5 偏移处理。单击“修改”面板中的“偏移”按钮，根据提示进行操作，选择矩形的上边水平线，沿垂直方向依次向下偏移，偏移的距离分别为 45 和 15；选择矩形左边的垂直线，沿水平方向依次向右偏移，偏移的距离分别为 45、15、800 和 15，效果如图 185-2 所示。

步骤 6 圆角处理。单击“修改”面板中的“圆角”按钮，根据提示进行操作，设置圆角半径为 0，依次选择偏移生成的水平直线和垂直直线进行圆角处理，效果如图 185-3 所示。

图 185-2　偏移处理　　图 185-3　圆角处理

步骤 7 绘制直线。使用 LINE 命令，捕捉图 185-4 中的门角上的端点，绘制直线。

步骤 8 偏移处理。使用 OFFSET 命令，选择图 185-4 中的直线 L1，沿垂直方向依次向下偏移，偏移的距离分别为 160、900 和 900；选择直线 L2，沿水平方向依次向右偏移，偏移的距离分别为 210 和 80，效果如图 185-5 所示。

步骤 9 修剪处理。使用 TRIM 命令对多余的直线进行修剪，效果如图 185-6 所示。

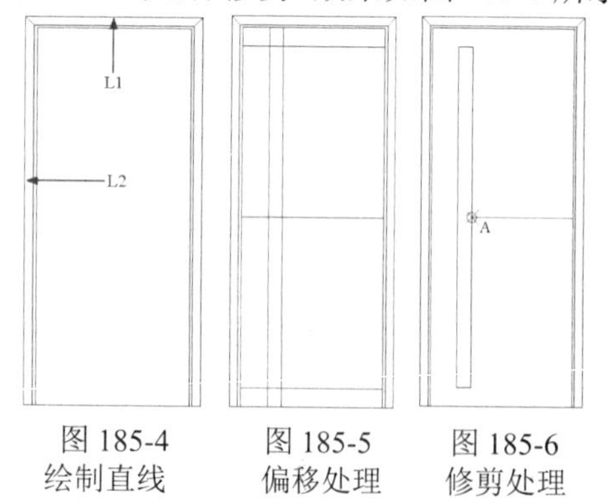

图 185-4 绘制直线　　图 185-5 偏移处理　　图 185-6 修剪处理

步骤 10 绘制矩形。单击“绘图”面板中的“矩形”按钮，根据提示进行操作，按住【Shift】键的同时在绘图区单击鼠标右键，在弹出的快捷菜单中选择“自”选项，捕捉图 185-6 中的端点 A 为基点，然后输入（@-112,82）和（@22,-164）为矩形的角点和对角点绘制矩形。

步骤 11 重复步骤（10）的操作，按住【Shift】键的同时在绘图区单击鼠标右键，在弹出的快捷菜单中选择“自”选项，捕捉图 185-6 中的端点 A 为基点，然后输入（@-212,11）和（@100,-22）为矩形的角点和对角点绘制矩形。

步骤 12 圆角处理。单击“修改”面板中的“圆角”按钮，根据提示进行操作，设置圆角半径为 10，对步骤（11）绘制的矩形进行圆角处理，效果如图 185-7 所示。

步骤 13 图案填充。将“填充”图层设置为当前图层，使用 BHATCH 命令，设置“图案”为 AR-CONC、“比例”为 0.4，在绘图区中选择要填充的区域进行填充，效果如图 185-8 所示。

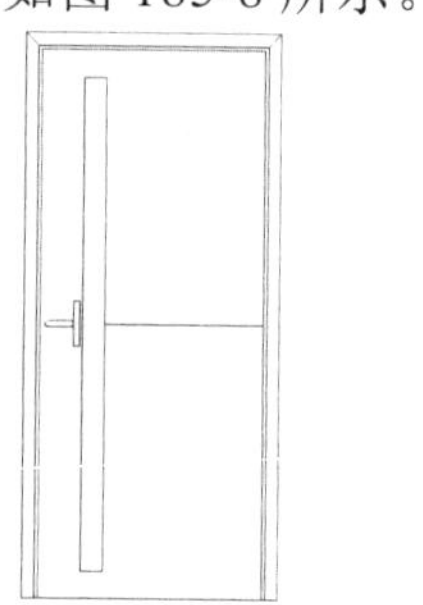

图 185-7　圆角处理　　图 185-8　图案填充

步骤 14 标注文字。将“文字”图层设置为当前图层，使用命令 MTEXT 和 QLEADER 对图形进行适当的说明，效果如图 185-9 所示。

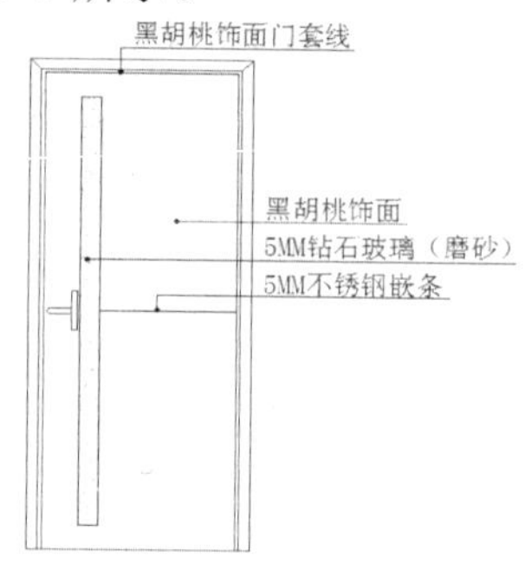

图 185-9　标注文字

步骤 15 标注尺寸。将“标注”图层设置为当前图层，使用 DIMLINEAR 和 DIMCONTINUE 命令对图形进行尺寸标注，效果如图 185-10 所示。

步骤 16 绘制说明标注。将“0”图层设置为当前图层，使用 TEXT 命令在详图下方输入文字“别墅房间门详图（1:30）”；使用 LINE 命令在该文字的下方绘制两条直线，并将第一条直线的线宽设置为 0.30 毫米，效果参见图 185-1。

图 185-10　标注尺寸

实例 186　别墅卫生间门详图

本实例将绘制别墅卫生间门详图，效果如图 186-1 所示。

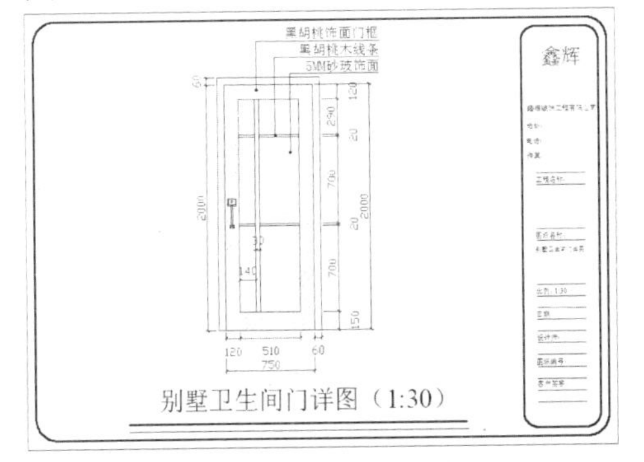

图 186-1　别墅卫生间门详图

操作步骤

步骤 1 打开并另存文件。启动 AutoCAD，单击“文件|打开”命令，打开实例 185 绘制的“别墅房间门详图”文件，然后按下【Shift+Ctrl+S】组合键，将该图形另存为“别墅卫生间门详图”文件。

步骤 2 修改图签。使用 MTEDIT 命令将图签中的图纸名称修改为“别墅卫生间门详图”。

步骤 3 删除处理。使用 ERASE 命令，选择“别墅房间门详图”将其删除，绘制别墅卫生间门详图。

步骤 4 绘制矩形并分解处理。将“轮廓”图层设置为当前图层，使用 RECTANG 命令，在绘图区中任取一点作为角点，然后输入（@870,2060）绘制矩形；使用 EXPLODE 命令将绘制的矩形分解。

步骤 5 偏移处理。单击“修改”面板中的“偏移”按钮，根据提示进行操作，选择矩形的上边水平线，沿垂直方向依次向下偏移，偏移的距离分别为 60、120、290、20、700、20 和 700。重复此操作，选择矩形左边的垂直线，沿水平方向依次向右偏移，偏移的距离分别为 60、120、140、30、340 和 120，效果如图 186-2 所示。

步骤 6 修剪处理。使用 TRIM 命令对偏移的直线进行修剪，效果如图 186-3 所示。

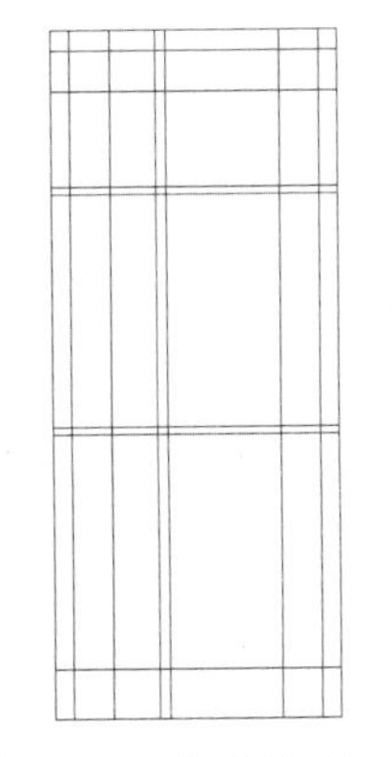

图 186-2　偏移处理

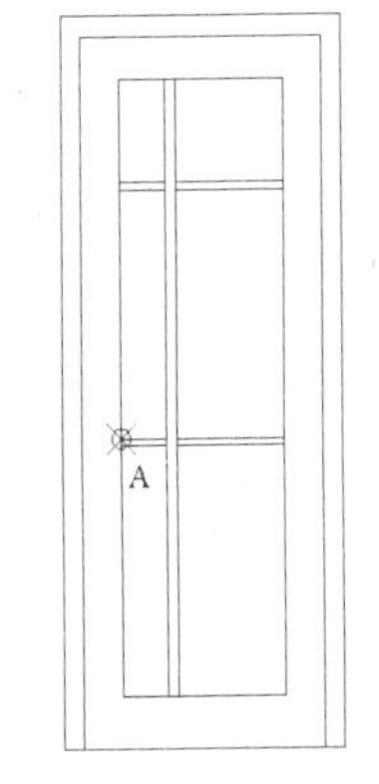

图 186-3　修剪处理

步骤 7 绘制矩形。单击“绘图”面板中的“矩形”按钮，根据提示进行操作，按住【Shift】键的同时在绘图区单击鼠标右键，在弹出的快捷菜单中选择“自”选项，捕捉图 186-3 中的端点 A 为基点，然后输入（@-95,200）和（@70,-60）为矩形的角点和对角点绘制一个矩形，效果如图 186-4 所示。

步骤 8 重复步骤（7）的操作，按住【Shift】键的同时在绘图区单击鼠标右键，在弹出的快捷菜单中选择“自”选项，捕捉端点 A 为基点，然后输入（@-90,200）和（@60,-50）为矩形的角点和对角点绘制矩形。

步骤 9 绘制圆。使用 CIRCLE 命令，按住【Shift】键的同时在绘图区单击鼠标右键，在弹出的快捷菜单中选择“自”选项，捕捉端点 A 为基点，以（@-60,180）为圆心绘制半径为 7 的圆。

步骤 10 绘制矩形。单击“绘图”面板中的“矩形”按钮，根据提示进行操作，按住【Shift】键的同时在绘图区单击鼠标右键，在弹出的快捷菜单中选择“自”选项，捕捉端点 A 为基点，然后输入（@-67,145）和（@14,-169）、（@-77,-12）和（@34,-27）、（@-72,-24）和（@24,-15）为矩形的角点和对角点，效果如图 186-5 所示。

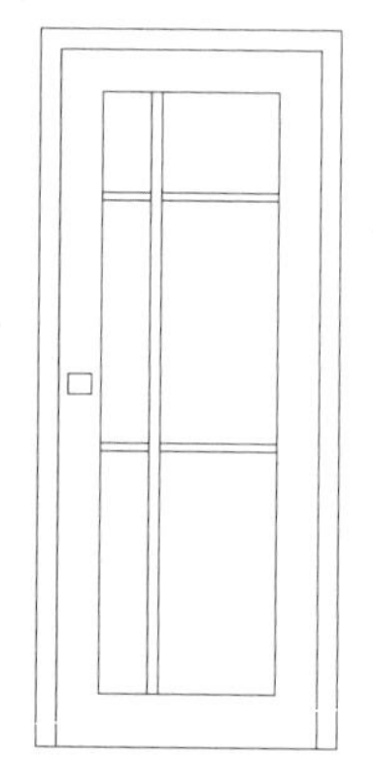
图 186-4　绘制矩形

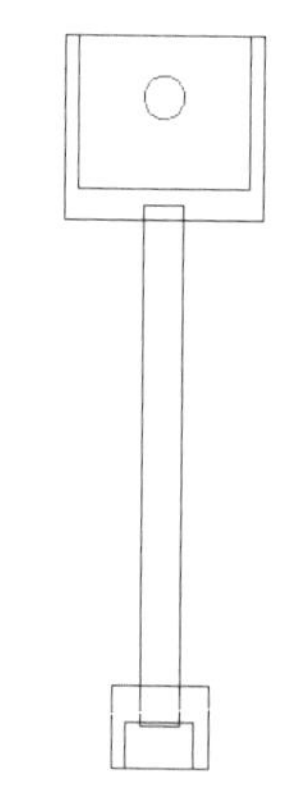
图 186-5　绘制矩形

步骤 11 修剪处理。使用 TRIM 命令对门拉手进行修剪，效果如图 186-6 所示。

步骤 12 图案填充。将“填充”图层设置为当前图层，使用 BHATCH 命令，设置填充的图案、比例和角度，填充卫生间门框和玻璃，效果如图 186-7 所示。

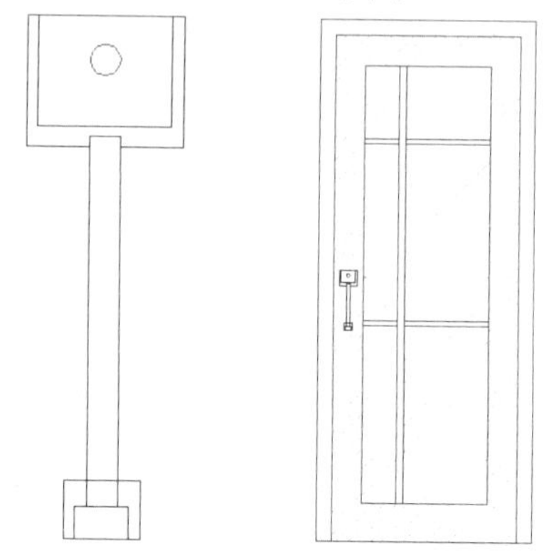
图 186-6　修剪处理　　图 186-7　图案填充

步骤 13 标注文字。将“文字”图层设置为当前图层，使用命令 MTEXT 和 QLEADER 对图形进行适当的说明，效果如图 186-8 所示。

步骤 14 标注尺寸。将“标注”图层设置为当前图层，使用命令 DIMLINEAR 和 DIMCONTINUE 对图形进行尺寸标注，效果如图 186-9 所示。

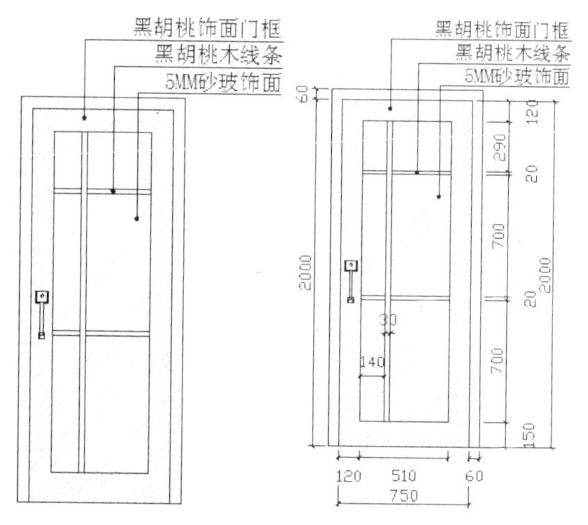

图 186-8　标注文字　　图 186-9　标注尺寸

步骤 15 绘制说明标注。将“0”图层设置为当前图层，使用 TEXT 命令在详图下方输入文字“别墅卫生间门详图（1:30）”；使用 LINE 命令在该文字的下方绘制两条直线，并将第一条直线的线宽设置为 0.30 毫米，效果参见图 186-1。

第 10 章 建筑工装施工图

part

本章主要介绍建筑工装施工图的设计和绘制方法。以办公楼工装图为实例，采用严谨、沉稳的设计风格，对常用的装饰材料加以巧妙运用，绘制出时尚的办公空间。

通过本章的学习，读者可以掌握更丰富的设计技能和编辑技巧，同时还能掌握立面材质的运用，进一步提高绘图效率。

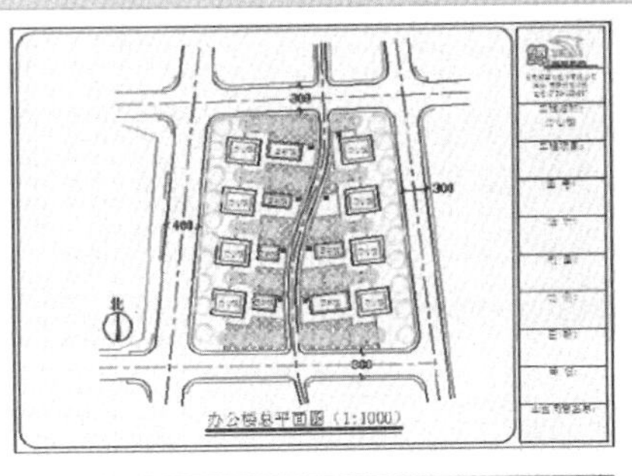

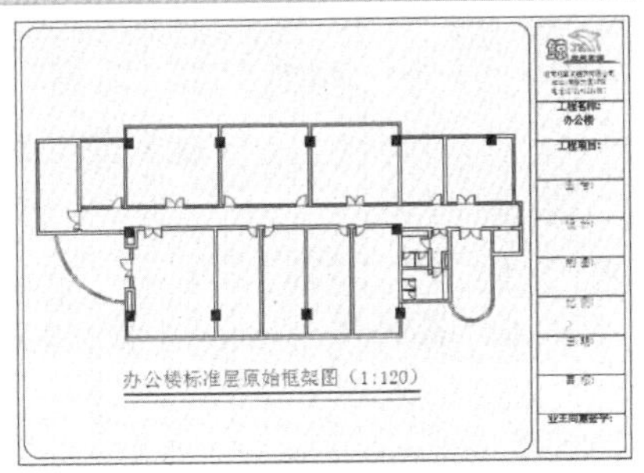

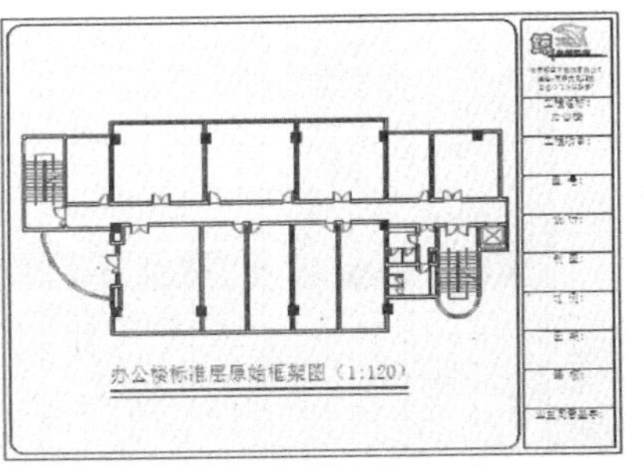

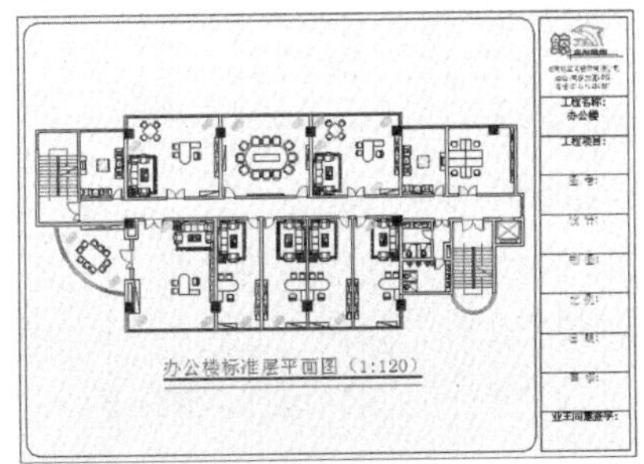

扫码观看本例视频

实例187 建筑工装图签样板

本实例将绘制建筑工装图签样板，效果如图 187-1 所示。

图 187-1　建筑工装图签样板

操作步骤

1. 设置文字、标注、表格样式

步骤 1 新建文件启动 AutoCAD，单击“新建”按钮，新建一个 CAD 文件。

步骤 2 创建图层。单击“图层”工具栏中的“图层特性管理器”按钮，在弹出的“图层特性管理器”对话框中，依次创建图层“标注和文字”（红色）、“家具”（蓝色）、“门窗”（洋红）、“墙体”（黑色）、“填充”（洋红）、“植物”（绿色）和“轴线”（红色，线型为 CENTER），然后双击图层 0 将其置为当前图层。

步骤 3 创建文字样式。单击“默认”选项板中的“注释”选项区的“文字样式”按钮，在弹出的“文字样式”对话框中新建“建筑文字”文字样式，设置“字体”为“宋体”、“高度”为 200。

步骤 4 新建标注样式。单击“默认”选项板中的“注释”选项区的“标注样式”按钮，弹出“标注样式管理器”对话框，单击“新建”按钮，弹出“创建新标注样式”对话框，在“新样式名”文本框中输入“建筑标注”。

步骤 5 创建标注样式。单击“继续”按钮，在弹出的“新建标注样式：建筑标注”对话框的各选项卡中，分别设置“箭头”为“建筑标记”、“引线”为“点”、“箭头大小”为 200、“超出标记”为 100、“基线间距”为 300、“超出尺寸线”为 100、“起点偏移量”为 100、“文字高度”为 200、“从尺寸线偏移”为 50、“精度”为 0。

步骤 6 创建表格样式。单击“默认”选项板中的“注释”选项区的“表格样式”按钮，弹出“表格样式”对话框，单击“新建”按钮，在弹出的“创建新的表格样式”对话框的“新样式名”文本框中输入“图签表格”，如图 187-2 所示。

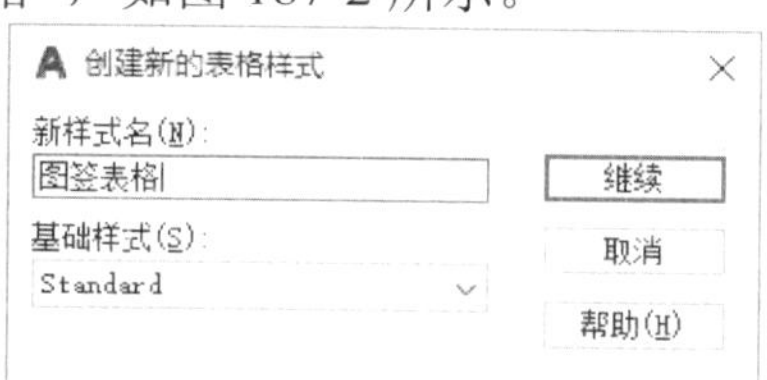

图 187-2　“创建新的表格样式”对话框

步骤 7 单击“继续”按钮，弹出“新建表格样式：图签表格”对话框，在“单元样式”下拉列表框中选择“数据”选项，在“文字”选项卡的“文字样式”下拉列表框中选择“建筑文字”选项，在“常规”选项卡的“对齐”下拉列表框中选择“正中”选项，其他选项保持默认设置，如图 187-3 所示。

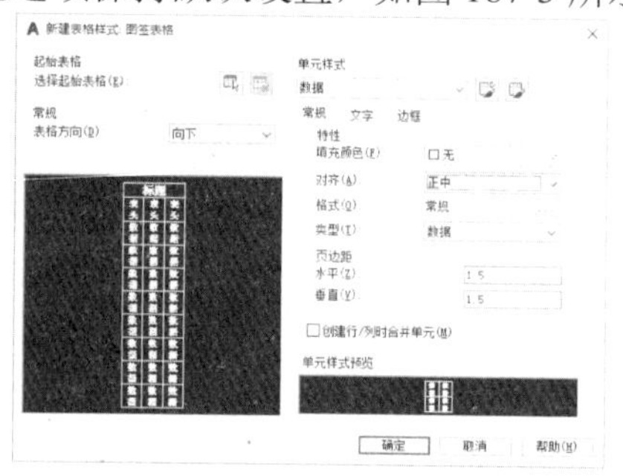

图 187-3　“常规”选项卡

步骤 8 单击“确定”按钮，返回到“表格样式”对话框，在该对话框中单击“置为当前”按钮，然后单击“关闭”按钮，返回绘图区。

2. 绘制建筑工装图签样板模型

步骤 1 绘制矩形。单击“绘图”面板中的“矩形”按钮，根据提示进行操作，以（0,0）和（42000,29700）为矩形的角点和对角点绘制一个矩形。

步骤 2 重复步骤(1)的操作，按住【Shift】键的同时在绘图区单击鼠标右键，在弹出的快捷菜单中选择“自”选项，捕捉矩形左上角的端点为基点，然后输入（@400,-400）和（@34700,-28900）为矩形的角点和对角点绘制矩形，效果如图 187-4 所示。

图 187-4　绘制矩形

步骤 3 圆角处理。单击“修改”面板中的“圆角”按钮，根据提示进行操作，设置圆角半径为 1000，对步骤（2）所绘矩形的直角进行圆角处理，效果如图 187-5 所示。

图 187-5　圆角处理

步骤 4 创建表格。执行 TABLE 命令，弹出“插入表格”对话框，在“列和行设置”选项区中设置“列数”为 1、“列宽”为 6100、“数据行数”为 11、“行高”为 28900。

步骤 5 插入表格并设置表格高度。单击“确定”按钮，在命令行中输入（35500,29300），插入表格；选择表格并单击鼠标右键，在弹出的快捷菜单中选择“特性”选项，弹出“特性”面板，设置“表格高度”为 28900，效果如图 187-6 所示。

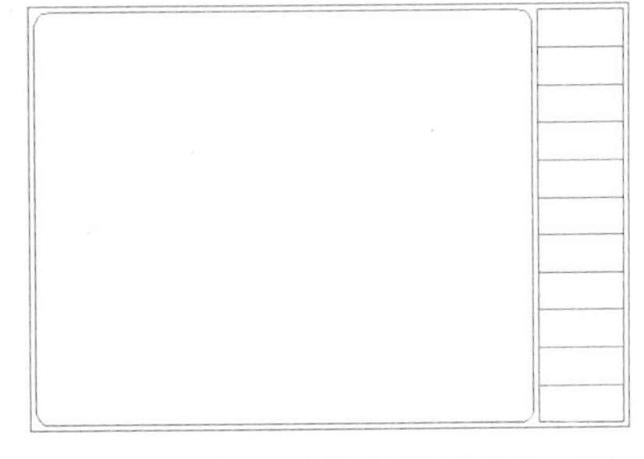

图 187-6　插入表格并设置表格高度

步骤 6 合并单元格。选择插入的表格的第 1 行和第 2 行，然后单击鼠标右键，在弹出的快捷菜单中选择“合并”子菜单中的“全部”选项，合并单元格，效果如图 187-7 所示。

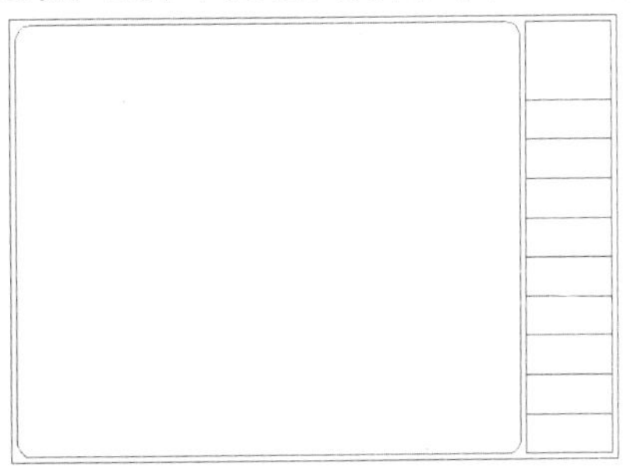

图 187-7　合并单元格

步骤 7 插入标志。单击“插入”选项板中的“内容”选项区的“设计中心”按钮，在弹出的“设计中心”面板中选择标志图块将其插入，效果如图 187-8 所示。

图 187-8　插入标志

步骤 8 输入文字。选择合并的单元格，单击鼠标右键，在弹出的快捷菜单中选择

"编辑文字"选项，进入文字编辑模式，设置"字体"为"宋体"、"字号"为320，输入如图187-9所示的文字。

图187-9　输入文字

步骤9 重复步骤（8）的操作，设置"字体"为"宋体"、"字号"为500，参照图187-10依次在表格中输入其他文字。

图187-10　输入文字

步骤10 保存样板图形。在标题栏单击"文件|另存为"命令，弹出"图形另存为"对话框，设置文件名为"A3 工装图签样板"，在"文件类型"下拉列表框中选择"AutoCAD 图形样板"选项，单击"保存"按钮，弹出"样板选项"对话框，在"说明"文本区中输入"A3 工装图签样板"，然后单击"确定"按钮即可。

3. 输出图层

步骤1 单击"图层"工具栏中的"图层特性管理器"按钮，弹出"图层特性管理器"对话框，单击"图形状态管理器"按钮，弹出"图层状态管理器"对话框，单击"新建"按钮，在弹出的"要保存的新图层状态"对话框的"新图层状态名"文本框中输入"建筑工装图层"。

步骤2 单击"确定"按钮，返回"图层状态管理器"对话框，单击"输出"按钮，弹出"输出图层状态"对话框，在"文件名"文本框中输入"建筑工装图层"，在"文件类型"下拉列表框中选择"图层状态（*.las）"选项。

步骤3 单击"保存"按钮，返回"图层状态管理器"对话框，单击"关闭"按钮，返回绘图区。

扫码观看本例视频

实例188 办公楼总平面图

本实例将绘制办公楼总平面图，效果如图188-1所示。

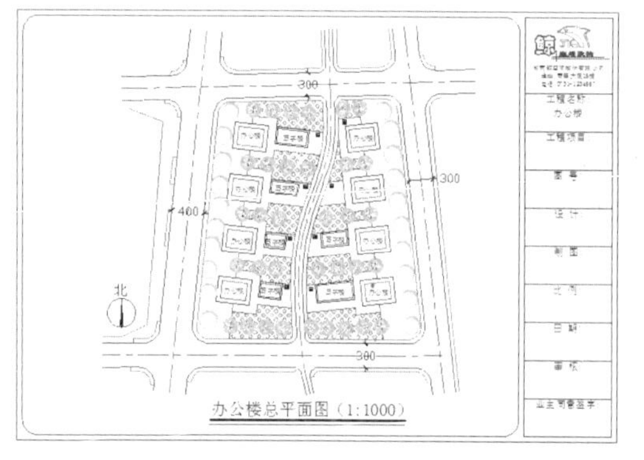

图188-1　办公楼总平面图

操作步骤

步骤1 新建文件启动AutoCAD，单击"新建"按钮，新建一个CAD文件。

步骤2 创建图层。在"AutoCAD经典"工作空间下，单击"图层"工具栏中的"图层特性管理器"按钮，在弹出的"图层特性管理器"对话框中，依次创建图层"办公楼"、"标注和文字"、"步道"（颜色值均为94）、"车道"（蓝色）、"公建"（红色）、"轴线"（红色，线型为CENTER）、"铺地"（颜色值均为94）、"树"（绿色）、"填充"（颜色值均为56)、"屋顶"(洋红),然后双击"轴线"图层将其设置为当前图层。

步骤 3 设置线型的比例因子。单击"默认"选项板中的"特性"选项区的"线型"按钮的下拉菜单中的"其他"按钮 ,弹出"线型管理器"对话框,弹出"线型管理器"对话框,设置 CENTER 线型的"全局比例因子"为 300。

步骤 4 绘制直线。在命令行中输入命令 LINE 并按回车键,根据提示进行操作,在绘图区内任取一点作为起点,输入(@-445,-4490)绘制轴线。

步骤 5 重复步骤(4)的操作,按住【Shift】键的同时在绘图区单击鼠标右键,在弹出的快捷菜单中选择"自"选项,捕捉步骤(4)所绘直线的起点为基点,分别输入(@-1049,-718)和(@4468,108)、(@-907,671)和(@511,-4544)、(@-4306,453)和(@4272,9),绘制直线。

步骤 6 绘制样条曲线。在命令行中输入 SPLINE 命令并按回车键,根据提示进行操作,按住【Shift】键的同时在绘图区单击鼠标右键,在弹出的快捷菜单中选择"自"选项,捕捉步骤(4)所绘直线的起点为基点,依次输入(@1560,25)、(@21,-913)、(@-10,-520)、(@-214,-678)、(@-139,-462)、(@-35,-1103)、(@32,-389)和(@100,-462),绘制一条样条曲线,效果如图 188-2 所示。

步骤 7 偏移处理。单击"修改"面板中的"偏移"按钮,根据提示进行操作,设置偏移距离为 200,将左边的轴线分别向两边偏移;设置偏移距离为 150,将上、下、右边的三条轴线分别向两边偏移;设置偏移距离为50,将中间的样条曲线分别向两边偏移,并将偏移生成的直线移至"车道"图层,效果如图 188-3 所示。

步骤 8 修剪处理。使用 TRIM 命令对偏移生成的线段进行修剪,效果如图 188-4 所示。

步骤 9 圆角处理。执行 FILLET 命令,设置圆角半径为 200,对主车道拐角进行圆角处理;设置圆角半径为 100,对窄车道拐角进行圆角处理,效果如图 188-5 所示。

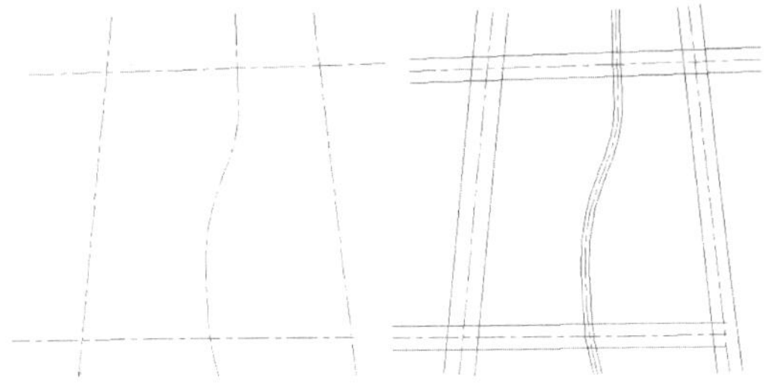

图 188-2 绘制样条曲线　图 188-3 偏移处理

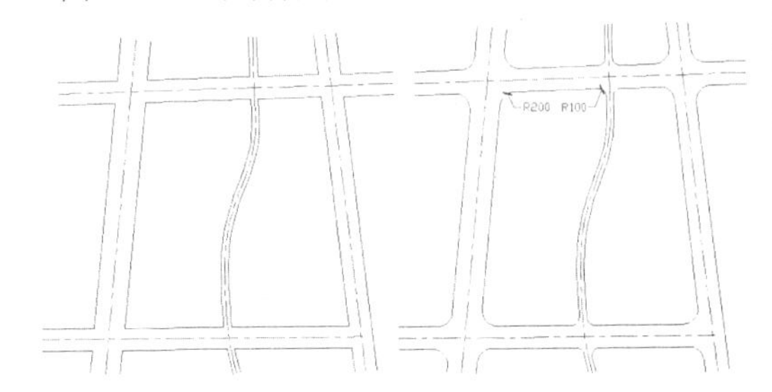

图 188-4 修剪处理　图 188-5 圆角处理

步骤 10 绘制步道。执行 OFFSET 命令,设置偏移距离为 50,对车道进行偏移处理,并将其移至"步道"图层;使用 LINE 命令绘制其他不规则的步道,效果如图 188-6 所示。

步骤 11 绘制办公楼。将"办公楼"图层设置为当前图层,单击"绘图"面板中的"矩形"按钮,根据提示进行操作,按住【Shift】键的同时在绘图区单击鼠标右键,在弹出的快捷菜单中选择"自"选项,捕捉图 188-6 中的端点 A 为基点,然后输入(@567,-1155)和(@417,-320)为矩形的角点和对角点,绘制办公楼。

步骤 12 偏移处理。执行 OFFSET 命令,设置偏移距离为 50,将办公楼向内偏移,并将偏移生成的图形移至"屋顶"图层,效果如图 188-7 所示。

步骤 13 复制处理。执行 COPY 命令,选择步骤(11)～(12)绘制的两个矩形并按回车键,以原点为基点,依次输入(@0,-640)、(@0,-1280)、(@0,-1920)、(@1400,0)、(@1400,-640)、(@1400,-1280)和(@1400,-1920)为目标点进行复制,效果如图 188-8 所示。

步骤 14 绘制构造线。将“公建”图层设置为当前图层，单击“绘图”面板中的“构造线”按钮，根据提示进行操作，输入V，依次捕捉中点B和中点C，绘制两条垂直构造线。

步骤 15 绘制矩形。将“步道”图层设置为当前图层，执行RECTANG命令，按住【Shift】键的同时在绘图区单击鼠标右键，在弹出的快捷菜单中选择“自”选项，捕捉图188-8中的端点B为基点，然后输入（@0,100）和（@308.5,-520）为矩形的角点和对角点绘制矩形，效果如图188-9所示。

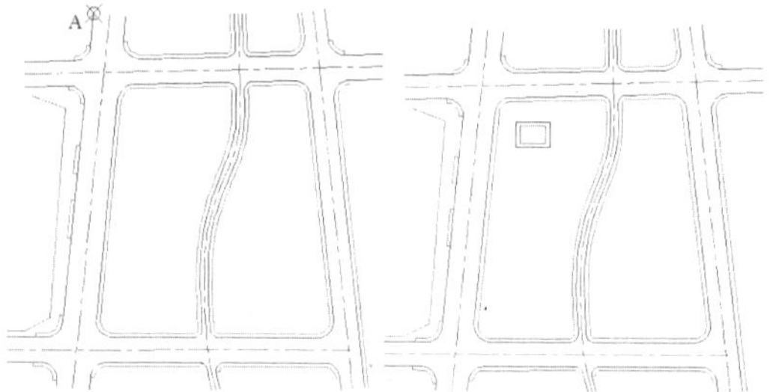

图188-6　绘制步道　图188-7　偏移处理

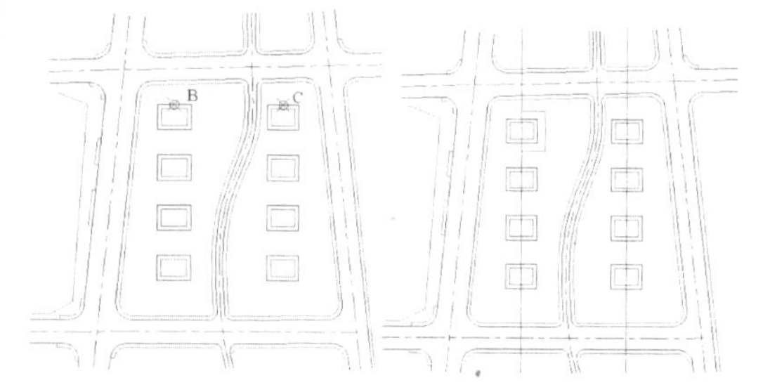

图188-8　复制处理　图188-9　绘制矩形

步骤 16 复制处理。执行COPY命令，选择步骤（15）绘制的矩形，以原点为基点，然后依次输入（@0,-640）、（@0,-1280）、（@0,-1920）、（@1091.5,0）、（@1091.5,-640）、（@1091.5,-1280）和（@1091.5,-1920）为目标点进行复制，效果如图188-10所示。

步骤 17 旋转处理。执行ROTATE命令，选择窄车道左边的建筑物并按回车键，捕捉图188-10中的端点D为基点，指定旋转角度为-6度，对图形进行旋转处理；选择窄车道右边的建筑物并按回车键，捕捉图188-10中的端点E为基点，指定旋转角度为6度进行旋转处理，效果如图188-11所示。

步骤 18 修剪处理。使用TRIM命令修剪多余的线段，效果如图188-12所示。

步骤 19 绘制直线。将“铺地”图层设置为当前图层，单击“默认”选项板中的“绘图”选项区的“直线”按钮，根据提示进行操作，绘制如图188-13所示的直线。

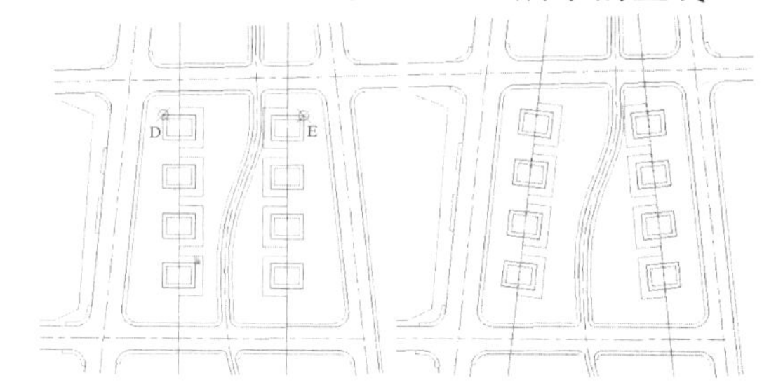

图188-10　复制处理　图188-11　旋转处理

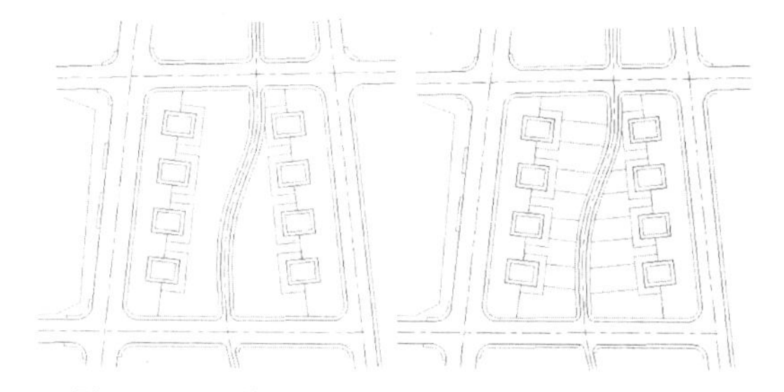

图188-12　修剪处理　图188-13　绘制直线

步骤 20 绘制多段线。将“办公楼”图层设置为当前图层，单击“绘图”面板中的“多段线”按钮，根据提示进行操作，利用对象捕捉功能，绘制如图188-14所示的写字楼。

步骤 21 修剪处理。使用TRIM命令对多余的直线进行修剪，效果如图188-15所示。

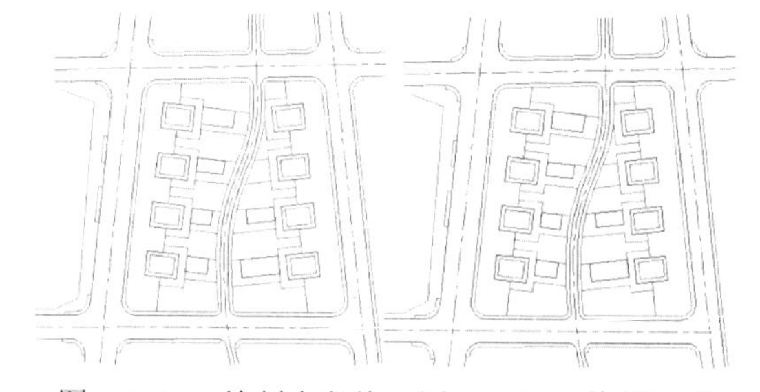

图188-14　绘制多段线　图188-15　修剪处理

步骤 22 图案填充。将“填充”图层设置为当前图层，执行BHATCH命令，设置“图案”为SQUARE、“角度”为45度、“比例”为300，在绘图区中选择要填充的区域进行填充，效果如图188-16所示。

步骤 23 插入图块并复制处理。单击“插入”选项板中的“内容”选项区的“设计中心”按钮，在弹出的“设计中心”面板中选择树、垃圾箱图块进行插入；使用 COPY 命令对插入的图块进行多重复制，并分别将其移至相应的图层，效果如图 188-17 所示。

图 188-16 图案填充　图 188-17 插入图块并复制处理

步骤 24 创建文本。将“标注和文字”图层设置为当前图层，使用 TEXT 命令，在绘图区中适当的位置指定文本输入框的角点和对角点，设置“字体”为“宋体”、“字号”为 60，输入文字“写字楼”和“办公楼”，效果如图 188-18 所示。

步骤 25 标注尺寸。使用 DIMLINEAR 命令对图形进行标注，效果如图 188-19 所示。

步骤 26 插入指向标。单击“文件|打开”命令，打开实例 160 绘制的“别墅总平面图”图形文件，将指向标复制并粘贴到办公楼总平面图的左下角，并使用 SCALE 命令对其进行适当的缩放，效果如图 188-20 所示。

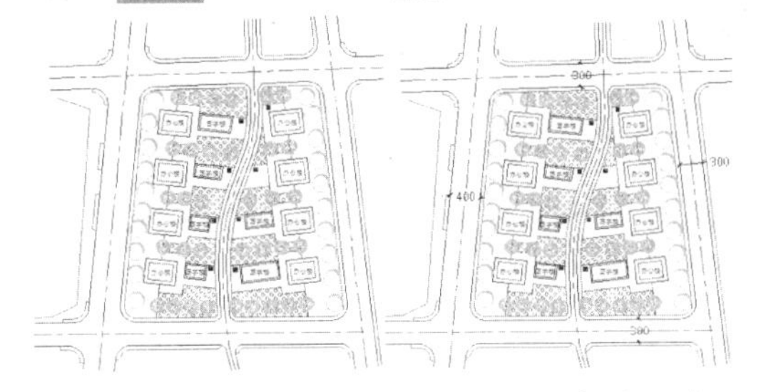

图 188-18 创建文本　图 188-19 标注尺寸

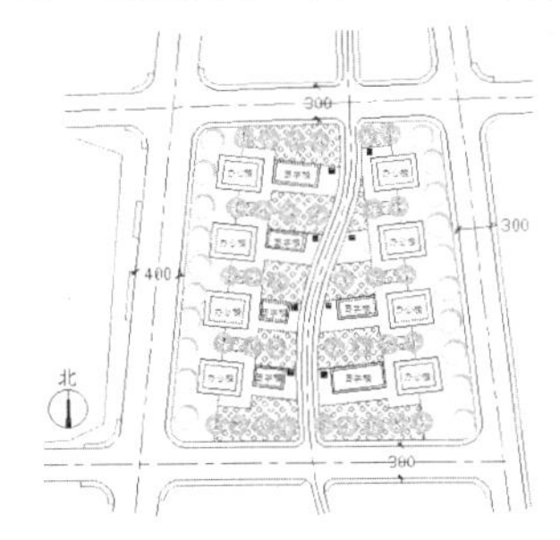

图 188-20 插入指向标

步骤 27 调用图签。打开实例 187 中绘制的“建筑工装图签样板”文件，将所需的图签复制到办公楼总平面图中，并使用 SCALE 命令对其进行适当的缩放。

步骤 28 输入文字。选择“工程名称”单元格，单击鼠标右键，在弹出的快捷菜单中选择“编辑文字”选项，在单元格中输入“办公楼”。

步骤 29 绘制说明标注。使用 TEXT 命令在平面图下方输入文字“办公楼总平面图（1:1000）”；使用 LINE 命令在该文字的下方绘制两条直线，并将第一条直线的线宽设置为 0.30 毫米，效果参见图 188-1。

实例 189 办公楼标准层原始框架图（一）

本实例将绘制办公楼标准层原始框架图（一），效果如图 189-1 所示。

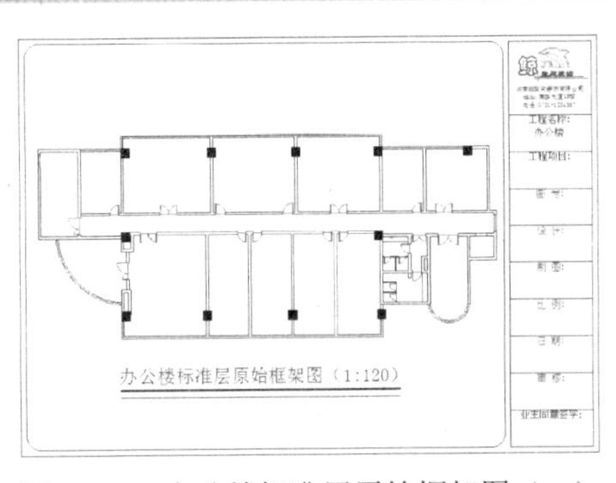

图 189-1 办公楼标准层原始框架图（一）

操作步骤

步骤 1 新建文件启动 AutoCAD，单击“新建”按钮，新建一个 CAD 文件。

步骤 2 输入图层。在“AutoCAD 经典”工作空间下，单击“图层”工具栏中的“图层特性管理器”按钮，弹出“图层特性管理器”对话框，单击“图形状态管理器”按钮，在弹出的“图层状态管理器”对话框中单击“输入”按钮，将前面保存的“建筑工装图层”输入到新文件中，然后设置“轴线”图层的线型为 CENTER，并双击该图层，将其设置为当前图层。

步骤 3 设置线型的比例因子。单击“默认”选项板中的“特性”选项区的“线型”按钮的下拉菜单中的“其他”按钮，弹出“线型管理器”对话框，设置 CENTER 线型的“全局比例因子”为 1500。

步骤 4 绘制直线。单击“绘图”面板中的“直线”按钮，根据提示进行操作，在绘图区任取一点作为起点，然后输入（@48000,0）绘制水平轴线。重复此操作，按住【Shift】键的同时在绘图区单击鼠标右键，在弹出的快捷菜单中选择“自”选项，捕捉水平轴线的起点为基点，然后输入（@2000,-1000）和（@0,20000），绘制垂直轴线。

步骤 5 偏移处理。执行 OFFSET 命令，选择垂直轴线，沿水平方向依次向右偏移，偏移的距离分别为 3600、3950、8100、7800、7800、3950、340、3600、1840 和 620。重复此操作，选择水平轴线，沿垂直方向依次向上偏移，偏移的距离分别为 2900、2800、1150、2150、300、1800、5750 和 1150，效果如图 189-2 所示。

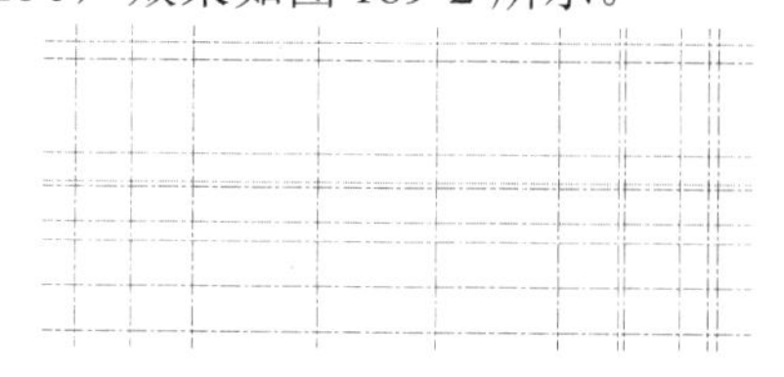

图 189-2　偏移处理

步骤 6 设置墙线。将“墙体”图层设置为当前图层，在命令行中输入 MLINE 命令并按回车键，根据提示进行操作，设置多线的比例为 240，设置对正类型为“无”。

步骤 7 绘制墙线。按【F3】键打开对象捕捉模式，以轴线为基准线，绘制如图 189-3 所示的墙线。

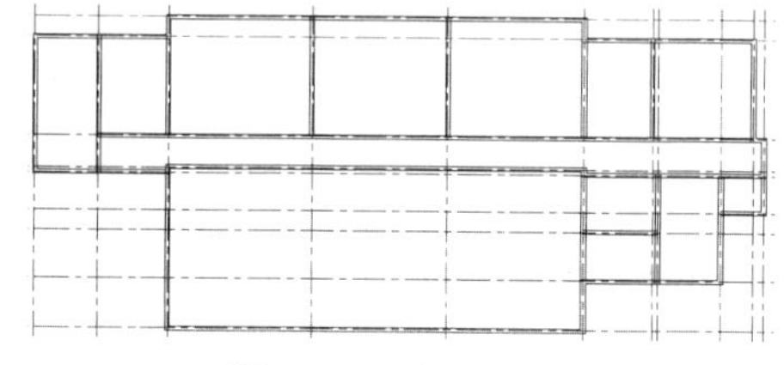

图 189-3　绘制墙线

步骤 8 分解处理。将“轴线”图层关闭，然后使用 EXPLODE 命令对绘制的墙线进行分解处理。

步骤 9 倒角并修剪墙线。使用命令 CHAMFER 和 TRIM 分别对墙线进行倒角与修剪，效果如图 189-4 所示。

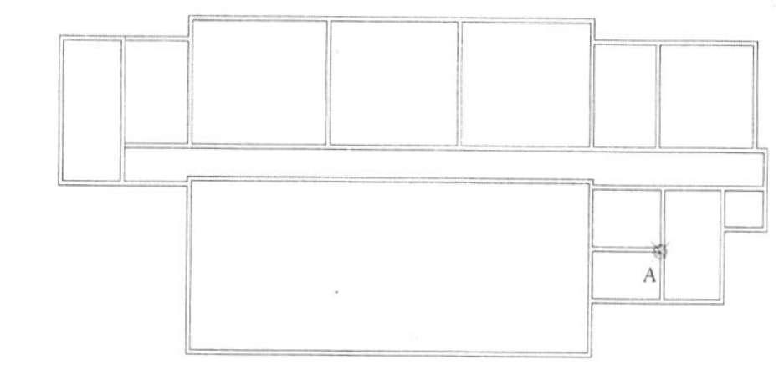

图 189-4　倒角并修剪墙线

步骤 10 绘制多线。执行 MLINE 命令，按住【Shift】键的同时在绘图区单击鼠标右键，在弹出的快捷菜单中选择“自”选项，捕捉图 189-4 中的端点 A 为基点，然后依次输入（@-1550,0）和（@0,3300）绘制多线。重复此操作，按住【Shift】键的同时在绘图区单击鼠标右键，在弹出的快捷菜单中选择“自”选项，捕捉端点 A 为基点，然后依次输入（@-400,0）、（@0,1416）和（@400,0）绘制多线。

步骤 11 分解并修剪处理。使用命令 EXPLODE 对绘制的多线进行分解处理；使用 TRIM 命令对多线进行修剪，效果如图 189-5 所示。

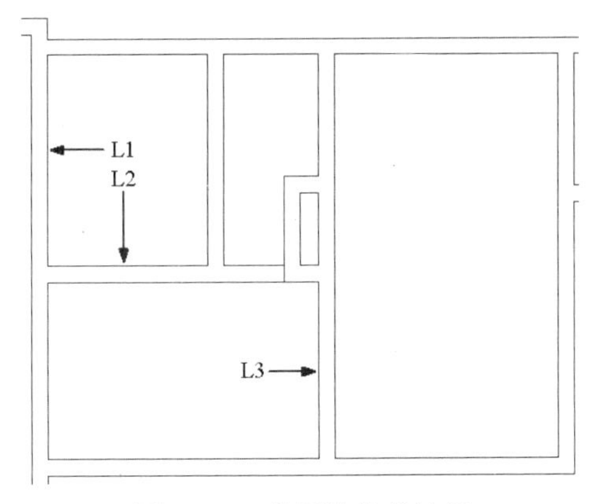

图 189-5　分解并修剪处理

步骤 12 偏移处理。单击“修改”面板中的“偏移”按钮，根据提示进行操作，选择图 189-5 中的直线 L1，沿水平方向依次向右偏移，偏移的距离分别为 1160 和 60；选择直线 L2，沿垂直方向依次向上偏移，偏移的距离分别为 1200、60 和 1300；选择直线 L3，沿水平方向向左偏移，偏移的距离为 450。

步骤 13 修剪处理。使用 TRIM 命令对多余的直线进行修剪处理，效果如图 189-6 所示。

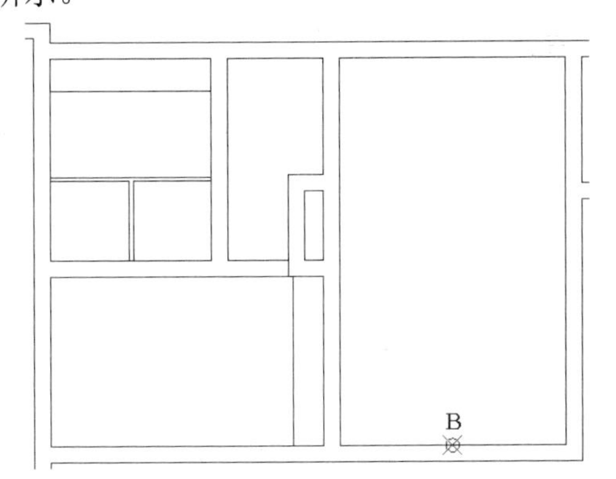

图 189-6　修剪处理

步骤 14 绘制圆。执行 CIRCLE 命令，捕捉中点 B 为圆心，绘制半径为 1920 的圆。

步骤 15 偏移处理。单击“修改”面板中的“偏移”按钮，根据提示进行操作，设置偏移距离为 240，将半径为 1920 的圆向内偏移。

步骤 16 修剪处理。使用 TRIM 命令对墙线和圆进行修剪处理，效果如图 189-7 所示。

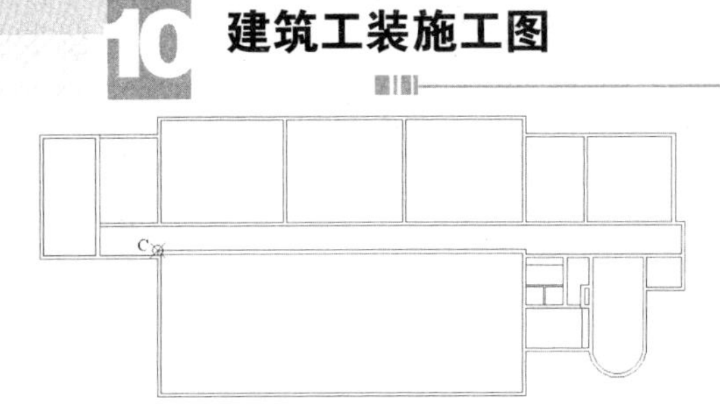

图 189-7　修剪处理

步骤 17 绘制多线。执行 MLINE 命令，按住【Shift】键的同时在绘图区单击鼠标右键，在弹出的快捷菜单中选择“自”选项，捕捉图 189-7 中的端点 C 为基点，依次输入（@1000,0）、（@0,-1600）和（@-1000,0）绘制多线。重复此操作，按住【Shift】键的同时在绘图区单击鼠标右键，在弹出的快捷菜单中选择“自”选项，捕捉端点 C 为基点，然后依次输入（@0,-5250）、（@720,0）、（@0,-1950）和（@-720,0）绘制多线。重复此操作，按住【Shift】键的同时在绘图区单击鼠标右键，在弹出的快捷菜单中选择“自”选项，捕捉端点 C 为基点，然后依次输入（@600,-1720）和（@0,-3410）绘制多线，效果如图 189-8 所示。

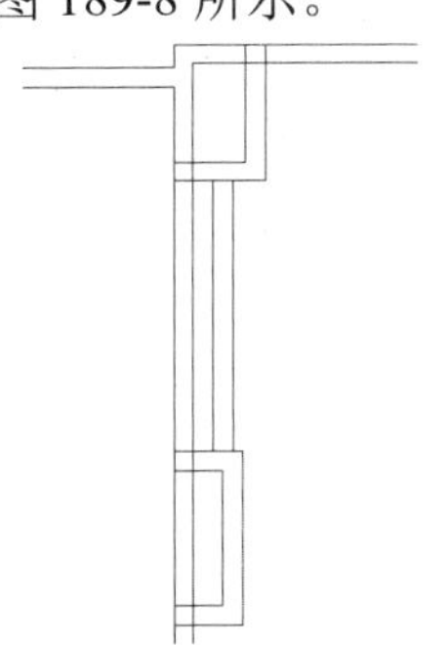
图 189-8　绘制多线

步骤 18 分解并修剪处理。使用命令 EXPLODE 将刚绘制的多线分解，使用 TRIM 命令对多线进行修剪，效果如图 189-9 所示。

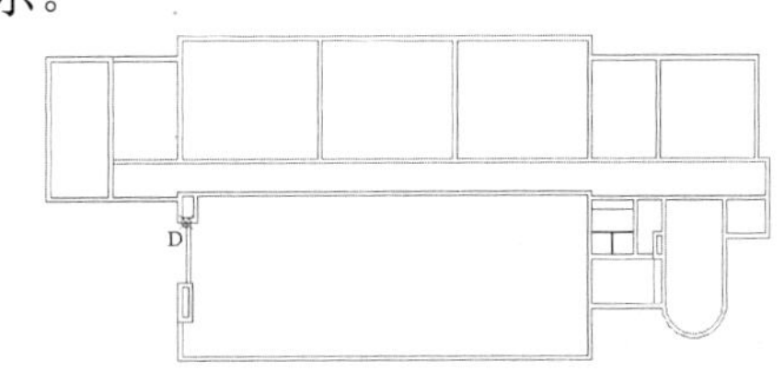

图 189-9　分解并修剪处理

步骤 19 绘制圆。单击“绘图”面板中的“圆”按钮，根据提示进行操作，按住【Shift】键的同时在绘图区单击鼠标右键，在弹出的快捷菜单中选择“自”选项，捕捉图 189-9 中的端点 D 为基点，然后输入（@0,1720)为圆心，绘制半径为 6500 的圆。

步骤 20 偏移处理。单击“修改”面板中的“偏移”按钮，根据提示进行操作，设置偏移距离为 240，将半径为 6500 的圆向内偏移处理。

步骤 21 修剪处理。单击“修改”面板中的“修剪”按钮，根据提示进行操作，对步骤（19）～（20）绘制的圆进行修剪，效果如图 189-10 所示。

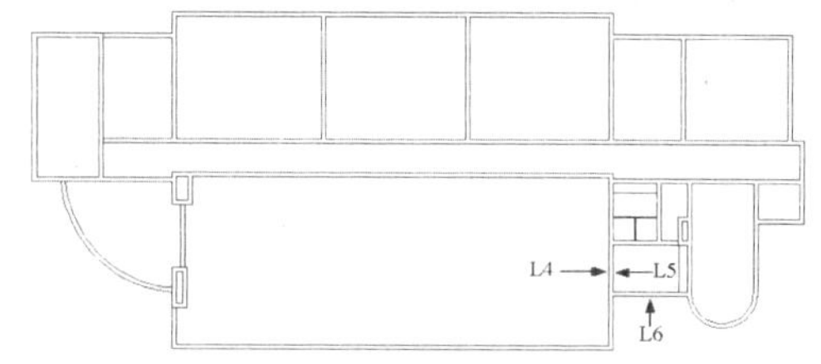

图 189-10 修剪处理

步骤 22 偏移处理。执行 OFFSET 命令，选择图 189-10 中的直线 L4，沿水平方向依次向左偏移，偏移的距离分别为 3990、240、3700、240、3700、240、3700 和 240；选择直线 L5，沿水平方向依次向右偏移，偏移的距离分别为 1200、60、1120 和 240；选择直线 L6，沿垂直方向依次向上偏移，偏移的距离分别为 1080、840 和 360，效果如图 189-11 所示。

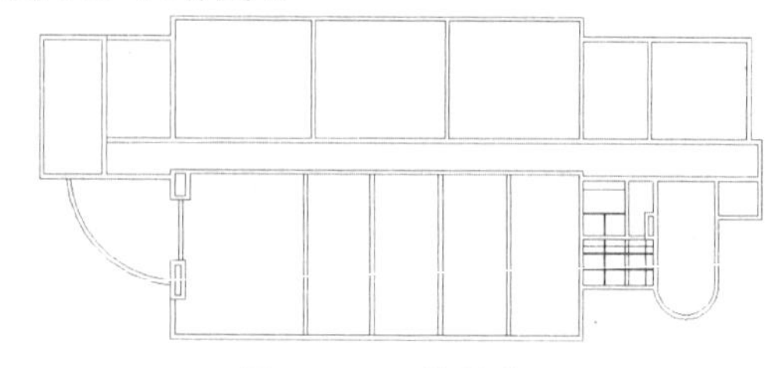

图 189-11 偏移处理

步骤 23 修剪处理。单击“修改”面板中的“修剪”按钮，根据提示进行操作，对步骤（22）中偏移生成的直线进行修剪处理，效果如图 189-12 所示。

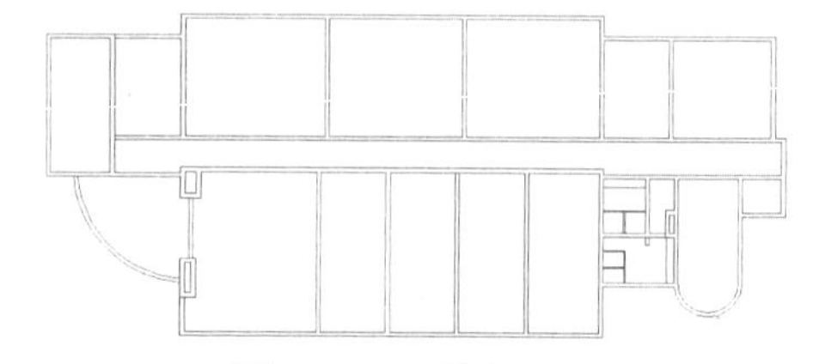

图 189-12 修剪处理

步骤 24 绘制直线并偏移处理。执行 LINE 命令，按住【Shift】键的同时在绘图区单击鼠标右键，在弹出的快捷菜单中选择“自”选项，捕捉图 189-7 中的端点 C 为基点，输入（@1700,0）和（@0,-240）绘制直线；执行 OFFSET 命令，选择该直线，将其沿水平方向向右偏移，偏移距离为 1500。

步骤 25 修剪处理。单击“修改”面板中的“修剪”按钮，根据提示进行操作，对多余的线段进行修剪，绘制出门洞，效果如图 189-13 所示。

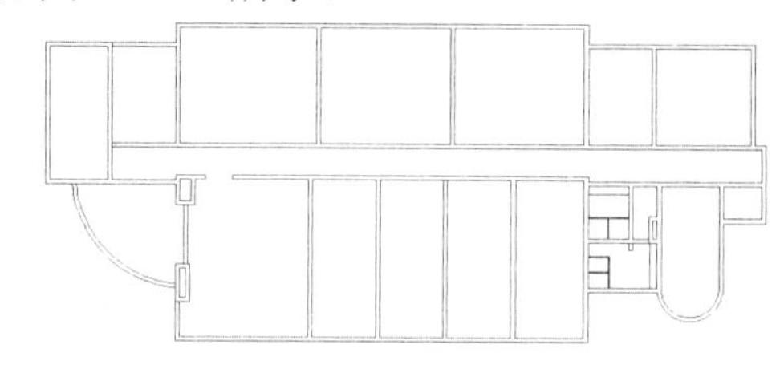

图 189-13 修剪处理

步骤 26 重复步骤（24）～（25）的操作，并按照图 189-14 所示的尺寸标注绘制其他门洞和窗洞。

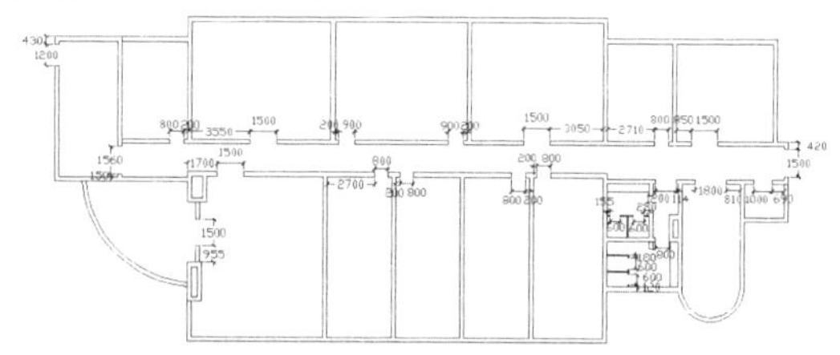

图 189-14 绘制其他门洞和窗洞

步骤 27 绘制柱子。使用 RECTANG 命令绘制边长为 400 的正方形作为柱子；使用 BHATCH 命令对柱子进行实体填充；使用 COPY 命令，选择填充后的柱子进行多重复制，将复制生成的柱子分别放置在相应的墙体上，效果如图 189-15 所示。

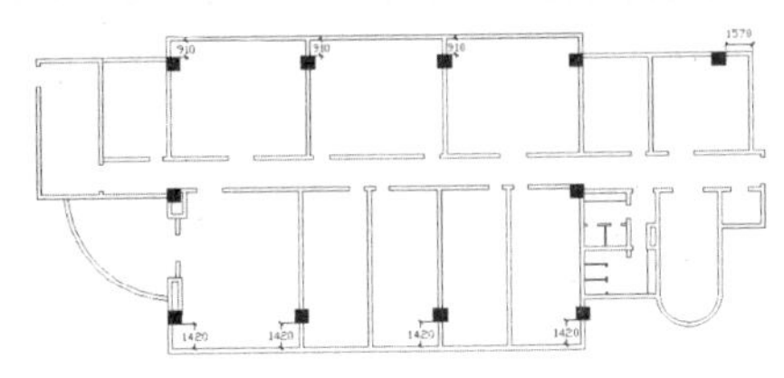
图 189-15　绘制柱子

步骤 28 绘制窗线及门。将“门窗”图层设置为当前图层，分别使用 RECTANG、CIRCLE、LINE、TRIM 命令绘制标准层办公室的窗线及门，效果如图 189-16 所示。

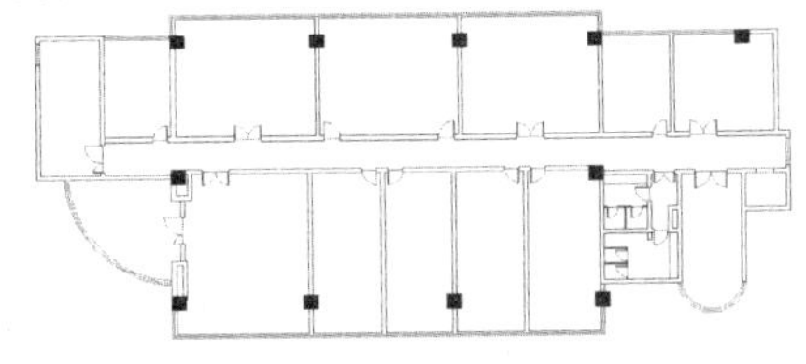
图 189-16　绘制窗线及门

步骤 29 调用图签。打开实例 187 中绘制的“建筑工装图签样板”文件，将所需的图签复制并粘贴到办公楼标准层原始框架图中，使用 SCALE 命令对其进行适当的缩放。

步骤 30 输入文字。选择“工程名称”单元格，单击鼠标右键，在弹出的快捷菜单中选择“编辑文字”选项，在单元格中输入“办公楼”。

步骤 31 绘制说明标注。将“标注和文字”图层设置为当前图层，使用 TEXT 命令在框架图下方输入文字“办公楼标准层原始框架图（1:120）”；使用 LINE 命令，在该文字的下方绘制两条直线，并将第一条直线的线宽设置为 0.30 毫米，效果如图 189-1。

实例 190　办公楼标准层原始框架图（二）

本实例将继续绘制办公楼标准层原始框架图（二），效果如图 190-1 所示。

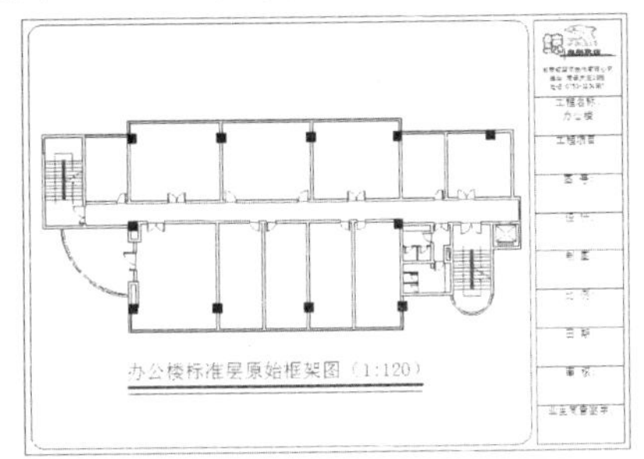

图 190-1　办公楼标准层原始框架图（二）

操作步骤

步骤 1 打开并另存文件。启动 AutoCAD，按【Ctrl+O】组合键，打开实例 189 绘制的“办公楼标准层原始框架图 1”图形文件，然后按【Ctrl+Shift+S】组合键，将该图形另存为“办公楼标准层原始框架图 2”文件。

步骤 2 绘制直线。执行 LINE 命令，按住【Shift】键的同时在绘图区单击鼠标右键，在弹出的快捷菜单中选择“自”选项，捕捉图 190-2 中的端点 A 为基点，然后输入（@0,-2010）和（@3360,0）绘制直线。

步骤 3 偏移处理。执行 OFFSET 命令，选择步骤（2）绘制的直线，沿垂直方向依次向下偏移 11 次，设置偏移距离均为 300，效果如图 190-2 所示。

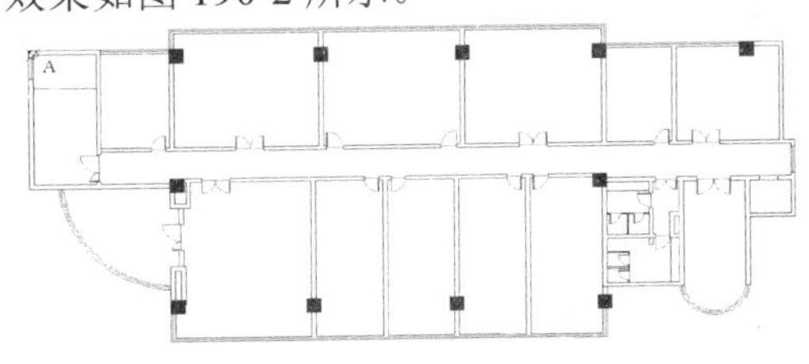

图 190-2　偏移处理

步骤 4 绘制矩形并偏移处理。使用 RECTANG 命令，按住【Shift】键的同时在绘图区单击鼠标右键，在弹出的快捷菜单中选择“自”选项，捕捉图 190-3 中的端点 B 为基点，然后输入（@1580,50）和（@200,-3400）为矩形的角点和对角点绘制矩形；执行 OFFSET 命令，设置偏移距离为 50，将绘制的矩形向内偏移。

步骤 5 修剪处理。使用 TRIM 命令对多余的线段进行修剪，效果如图 190-4 所示。

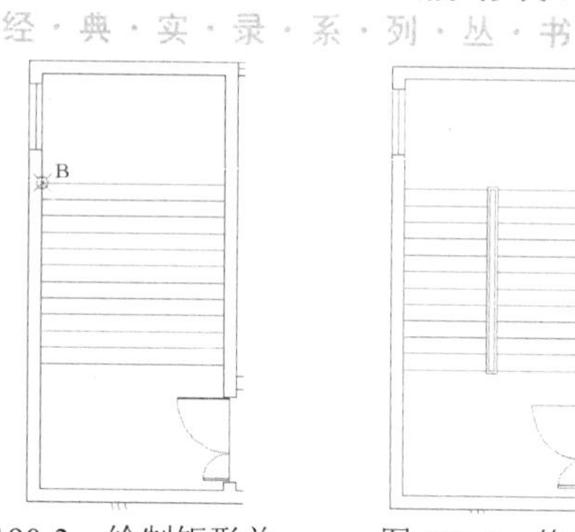

图 190-3　绘制矩形并偏移处理

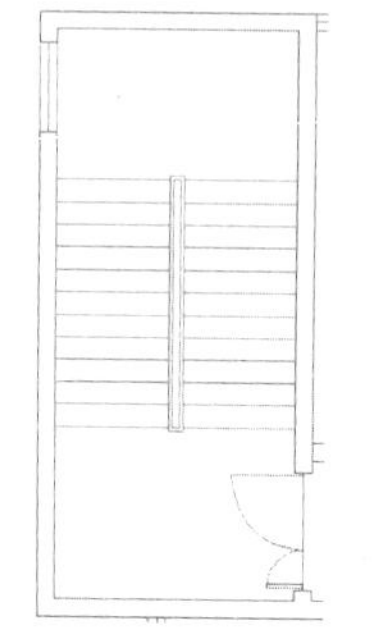

图 190-4　修剪处理

步骤 6 绘制多段线。单击“绘图|多段线”命令，根据提示进行操作，按住【Shift】键的同时在绘图区单击鼠标右键，在弹出的快捷菜单中选择“自”选项，捕捉端点 B 为基点，然后依次输入（@900,-3700）、（@0,4300）、（@1560,0）、（@0,-1500）和（@-90,140），绘制多段线。重复此操作，按住【Shift】键的同时在绘图区单击鼠标右键，在弹出的快捷菜单中选择“自”选项，捕捉端点 B 为基点，然后依次输入（@2460,-3700）、（@0,1900）和（@90,-140）绘制多段线。重复此操作，按住【Shift】键的同时在绘图区单击鼠标右键，在弹出的快捷菜单中选择“自”选项，捕捉端点 B 为基点，然后依次输入（@1780,-1800）、（@729,415）、（@-3.5,147）、（@128,-226）、（@-3.5,147）和（@729,415），绘制多段线，效果如图 190-5 所示。

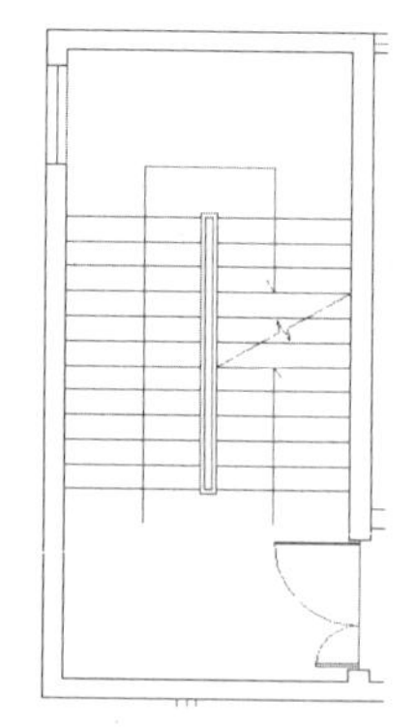

图 190-5　绘制多段线

步骤 7 绘制东面的楼梯。使用 MIRROR 和 MOVE 命令将绘制的楼梯镜像并移动至办公楼东面，效果如图 190-6 所示。

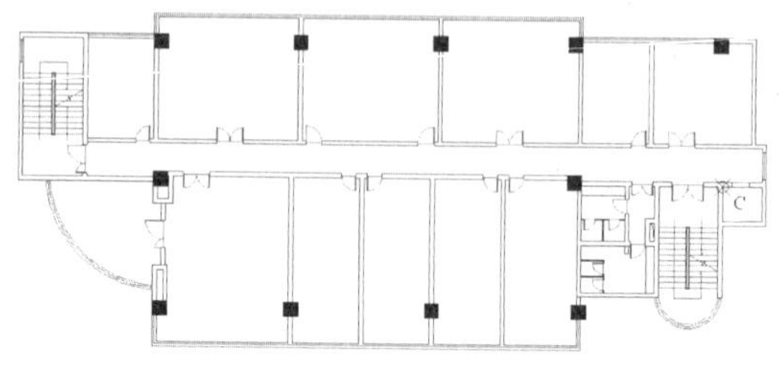

图 190-6　绘制东面的楼梯

步骤 8 绘制矩形。单击“绘图”面板中的“矩形”按钮，根据提示进行操作，按住【Shift】键的同时在绘图区单击鼠标右键，在弹出的快捷菜单中选择“自”选项，捕捉图 190-6 中的端点 C 为基点，然后输入（@221,-100）和（@1778,-1400）为矩形的角点和对角点绘制矩形。

步骤 9 绘制电梯。使用 LINE 命令绘制电梯，效果如图 190-7 所示。

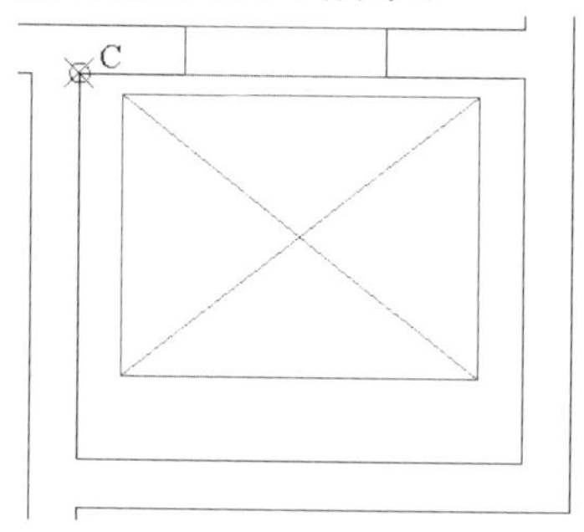

图 190-7　绘制电梯

步骤 10 绘制矩形。单击“绘图”面板中的“矩形”按钮，根据提示进行操作，按住【Shift】键的同时在绘图区单击鼠标右键，在弹出的快捷菜单中选择“自”选项，捕捉端点 C 为基点，然后输入（@410,-1600）和（@1400,-200）为矩形的角点和对角点绘制矩形，效果如图 190-8 所示。

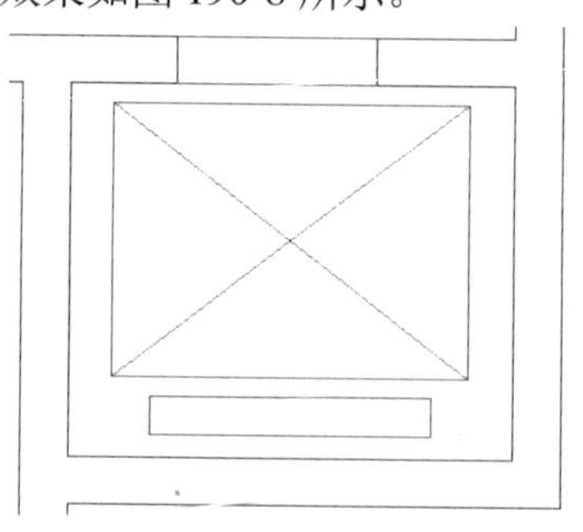

图 190-8　绘制矩形

步骤 11 绘制直线。将“墙体”图层设置为当前图层，单击“默认”选项板中的“绘图”选项区的“直线”按钮，根据提示进行操作，绘制如图 190-9 所示的直线。

步骤 12 缩放视图。在命令行中输入命令 ZOOM 并按回车键，根据提示进行操作，输入 A 并按回车键，在当前视图中显示整个图形，效果参见图 190-1。

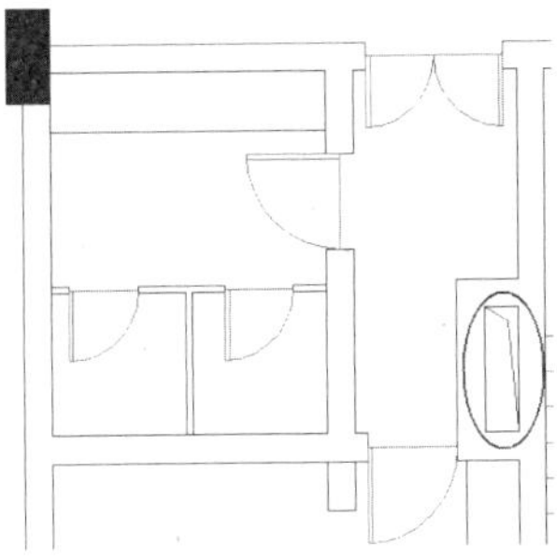

图 190-9 绘制直线

实例 191 办公楼标准层平面图（一）

本实例将绘制办公楼标准层平面图（一），效果如图 191-1 所示。

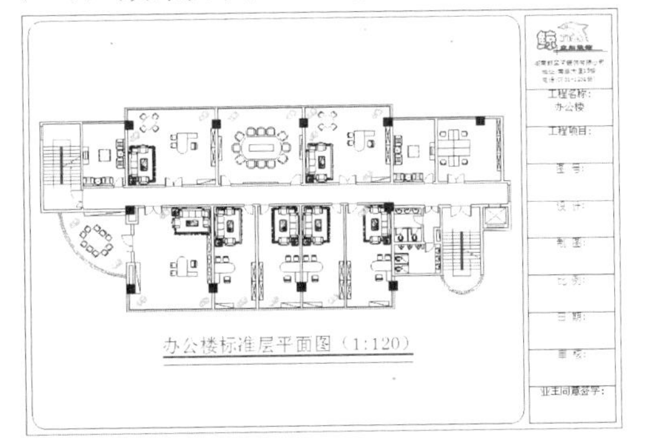

图 191-1 办公楼标准层平面图（一）

操作步骤

步骤 1 打开并另存文件。启动 AutoCAD，单击“文件|打开”命令，打开实例 190“办公楼标准层原始框架图（二）”图形文件，然后单击“文件|另存为”命令，将该图形另存为“办公楼标准层平面图（一）”文件。

步骤 2 绘制矩形并分解处理。将“家具”图层设置为当前图层，执行 RECTANG 命令，按住【Shift】键的同时在绘图区单击鼠标右键，在弹出的快捷菜单中选择“自”选项，捕捉端点 A 为基点，然后输入（@0,-2540）和（@-400,-4300）为矩形的角点和对角点绘制矩形；使用 EXPLODE 命令将矩形分解，效果如图 191-2 所示。

步骤 3 偏移处理。单击“修改”面板中的“偏移”按钮，根据提示进行操作，选择矩形的底边水平线，沿垂直方向依次向上偏移 3 次，偏移的距离均为 1075。

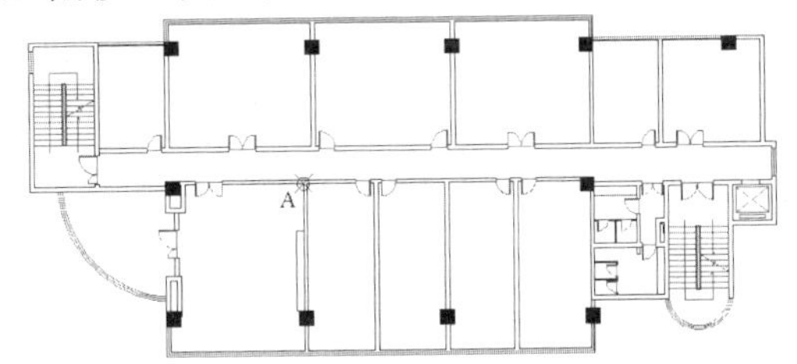

图 191-2 绘制矩形并分解处理

步骤 4 绘制书柜。使用 LINE 命令绘制如图 191-3 所示的书柜。

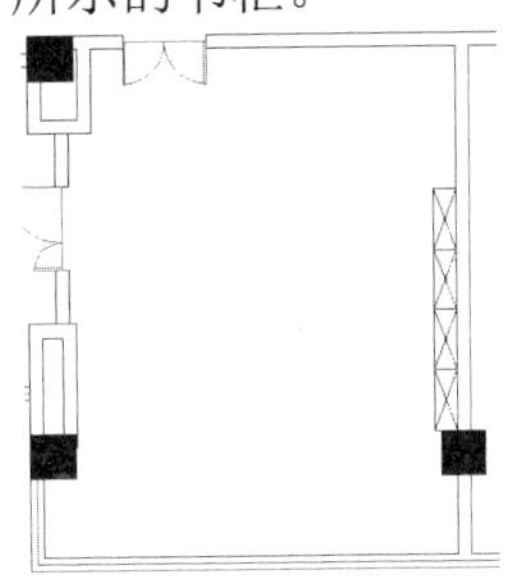

图 191-3 绘制书柜

步骤 5 重复步骤（2）～（4）的操作，使用 RECTANG、EXPLODE、OFFSET 和 LINE 命令，参照图 191-4 所示的尺寸标注，绘制办公室的书桌和其他家具。

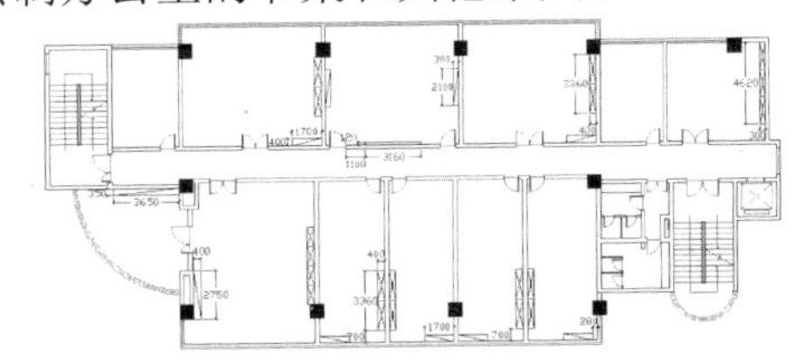

图 191-4 绘制书桌和其他家具

步骤 6 插入图块。单击“插入”选项板中的“内容”选项区的“设计中心”按钮，在弹出的“设计中心”面板中选择需要的平面图块并插入；使用 EXPLODE 命令，对卫生间左侧副总裁办公室的沙发进行分解处理，并将其移至“家具”图层；使用 TRIM 和 ERASE 命令对多余的直线进行修剪和删除，效果如图 191-5 所示。

步骤 7 修改图纸名称。使用 MTEDIT 命令，将平面图下方的图纸名称修改为“办公楼标准层平面图（1:120）”，效果参见图 191-1。

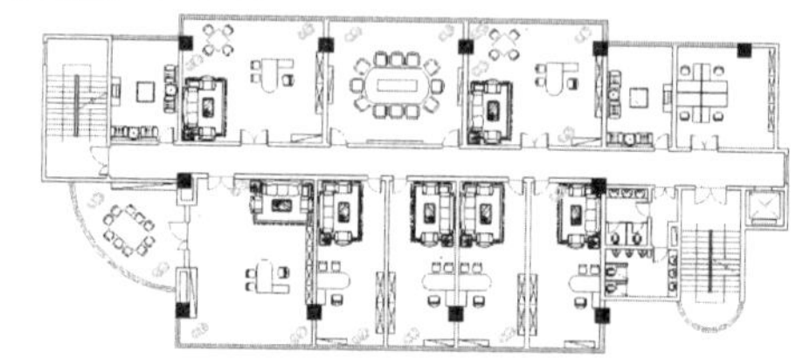

图 191-5 插入图块

实例 192 办公楼标准层平面图（二）

本实例将继续绘制办公楼标准层平面图（二），效果如图 192-1 所示。

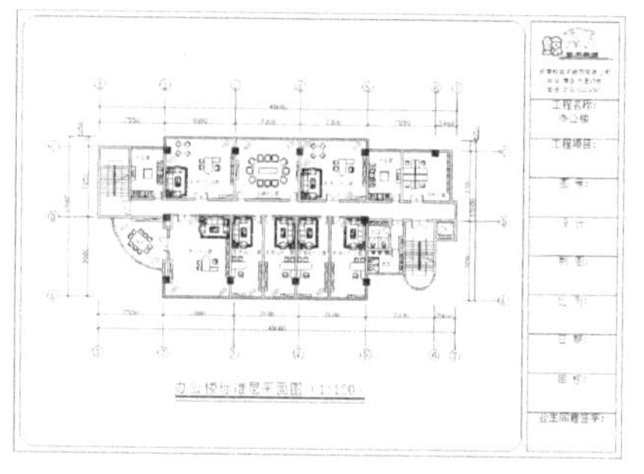

图 192-1 办公楼标准层平面图（二）

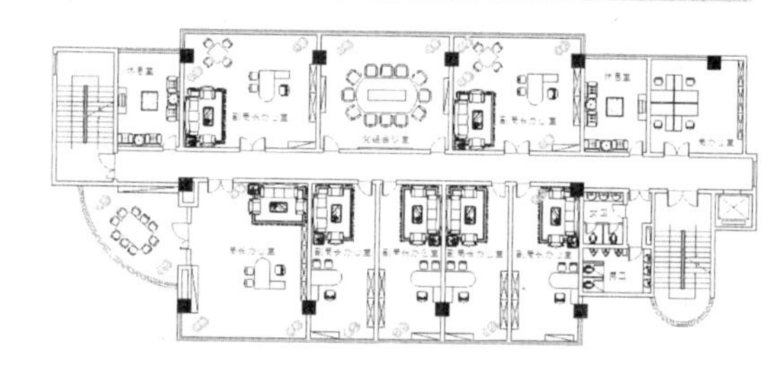

图 192-2 创建文本

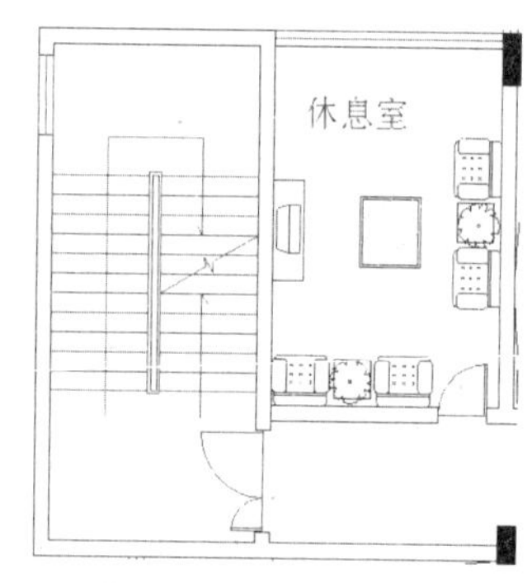

图 192-3 创建文本

操作步骤

步骤 1 打开并另存文件。启动 AutoCAD，按【Ctrl+O】组合键，打开实例 191 绘制的“办公楼标准层平面图（一）”文件，然后按【Ctrl+Shift+S】组合键，将该图形另存为“办公楼标准层平面图（二）”文件。

步骤 2 创建文本。将“标注和文字”图层设置为当前图层，单击“文字”工具栏中的“多行文字”按钮A，在休息室布局内单击鼠标左键并拖曳出一个矩形，设置“字体”为“宋体”，“字号”为 400，在文本编辑框内输入文字“休息室”，单击“确定”按钮，效果如图 192-2 所示。

步骤 3 重复步骤（2）的操作，在各办公室布局中创建相应的文本，效果如图 192-3 所示。

步骤 4 参照实例 187 中创建“建筑标注”标注样式的方法，创建新的标注样式“建筑标注”。

步骤 5 线性尺寸标注。打开“轴线”图层，单击“标注|线性”命令，分别捕捉交点 A 和交点 B，并向上引导光标，在适当的位置确定标注的位置，效果如图 192-4 所示。

步骤 6 连续尺寸标注。在命令行中输入 DIMCONTINUE 命令并按回车键，根据提示进行操作，依次捕捉下一条轴线为第二条尺寸界线的原点进行连续尺寸标注，效果如图 192-5 所示。

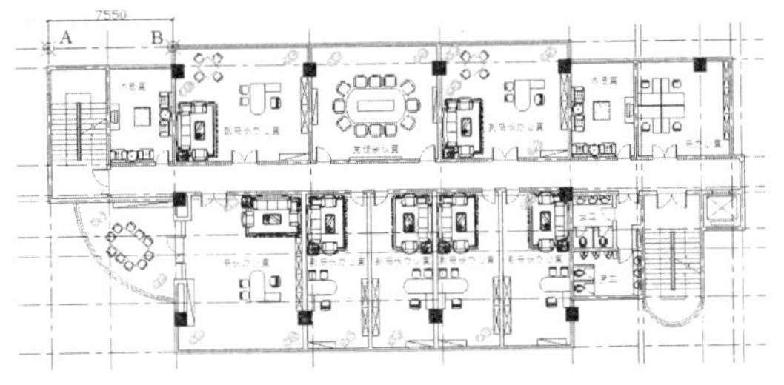

图 192-4　线性尺寸标注

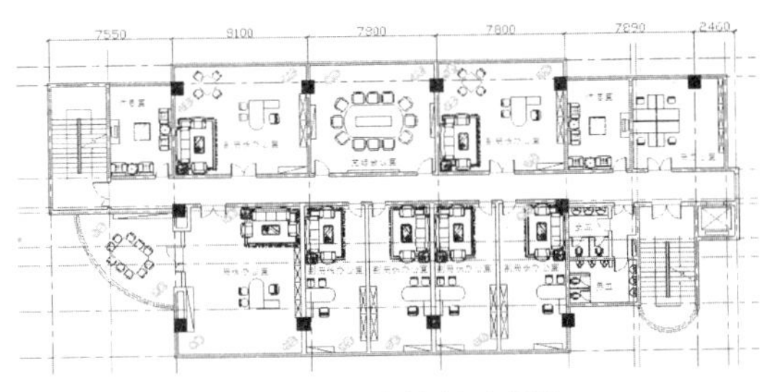

图 192-5　连续尺寸标注

步骤 7　重复步骤（5）～（6）的操作，创建其他尺寸标注，效果如图 192-6 所示。

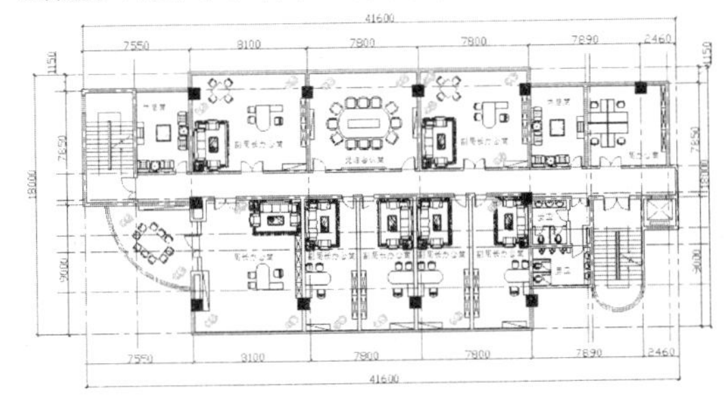

图 192-6　创建其他尺寸标注

步骤 8　绘制直线。执行 LINE 命令，捕捉左边垂直轴线的端点为第一点，然后输入（@0,-2000）绘制直线。

步骤 9　绘制圆。使用 CIRCLE 命令绘制半径为 600 的圆。

步骤 10　创建多行文字。执行 MTEXT 命令，设置“字体”为“宋体”、“字号”为 800，在半径为 600 的圆内创建文本，绘制出轴号，效果如图 192-7 所示。

步骤 11　移动处理。执行 MOVE 命令，选择轴号并按回车键，将其移至步骤（8）所绘直线的端点上，效果如图 192-8 所示。

图 192-7　创建多行文字

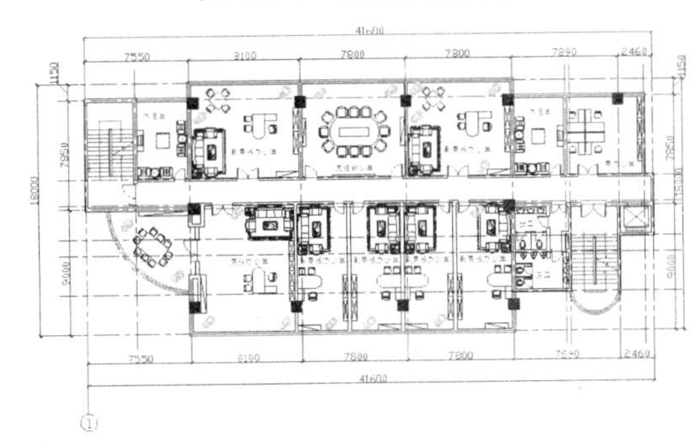

图 192-8　移动处理

步骤 12　绘制其他轴号。使用 COPY、MTEDIT 命令对绘制的轴号进行多重复制并修改文字，绘制出其他轴号，效果如图 192-9 所示。

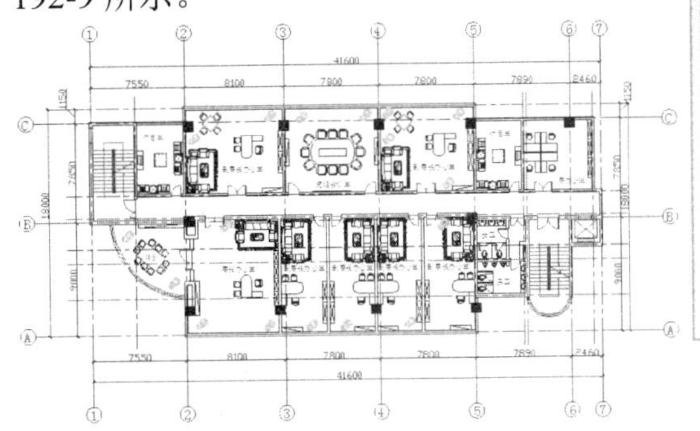

图 192-9　绘制其他轴号

步骤 13　关闭图层。在“图层特性管理器”按钮右侧的下拉列表框中，单击“轴线”图层的“开/关图层”按钮，将该图层关闭，效果参见图 192-1。

实例 193　办公楼标准层地面铺装图

本实例将绘制办公楼标准层地面铺装图，效果如图 193-1 所示。

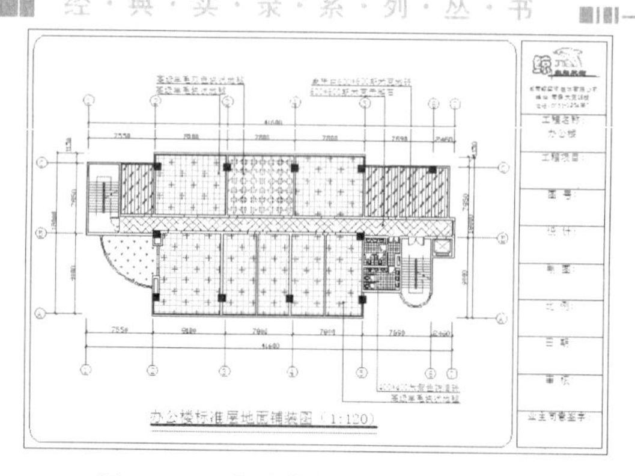

图 193-1 办公楼标准层地面铺装图

操作步骤

步骤 1 打开并另存文件。启动 AutoCAD，单击“文件|打开”命令，打开实例 192 绘制的“办公楼标准层平面图（二）”图形文件，然后单击“文件|另存为”命令，将该图形另存为“办公楼标准层地面铺装图”文件。

步骤 2 删除并连接处理。执行 ERASE 命令，选择与地面铺装图无关的平面图块及其他的图形对象，将其删除；执行 LINE 命令，捕捉门洞端点，绘制地面。

步骤 3 创建图层。单击“图层”工具栏中的“图层特性管理器”按钮，在弹出的“图层特性管理器”对话框中，创建图层“地铺”【颜色值为（119,179,15）】，并关闭“标注和文字”图层，然后双击“地铺”图层，将其设置为当前图层，效果如图 193-2 所示。

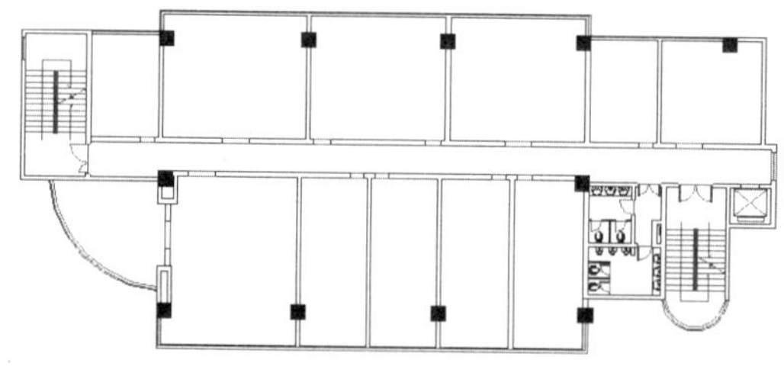
图 193-2 创建图层

步骤 4 图案填充并分解处理。执行命令 BHATCH，设置“图案”为 NET、“角度”为 45、“比例”为 6000，在绘图区选择会议室要填充的区域进行填充；使用 EXPLODE 命令将填充的图案分解，效果如图 193-3 所示。

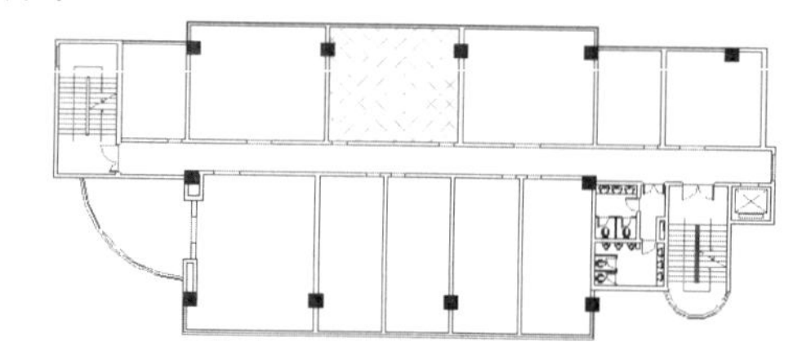
图 193-3 图案填充并分解处理

步骤 5 图案填充。将“填充”图层设置为当前图层，执行 BHATCH 命令，设置“图案”为 CROSS、“角度”为 45、“比例”为 700，填充会议室内要填充的区域，效果如图 193-4 所示。

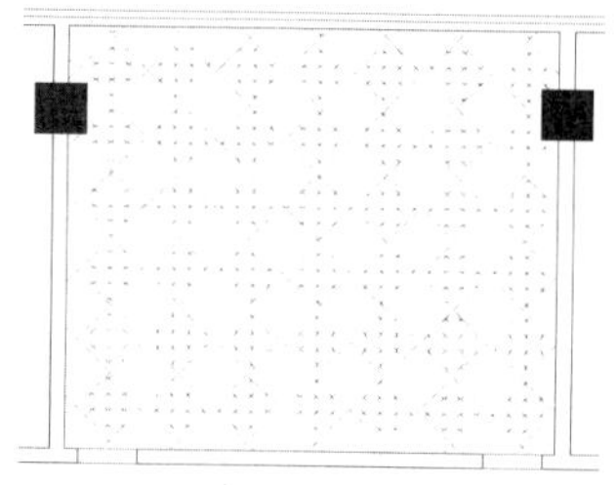
图 193-4 图案填充

步骤 6 图案填充并分解处理。执行命令 BHATCH，设置“图案”为 ANGLE、“比例”为 1000，填充卫生间内要填充的区域；使用 EXPLODE 命令将填充的图案分解，效果如图 193-5 所示。

步骤 7 修剪并删除处理。执行 TRIM 命令，选择要修剪的对象进行修剪；选择多余的线段，按【Delete】键将其删除，效果如图 193-6 所示。

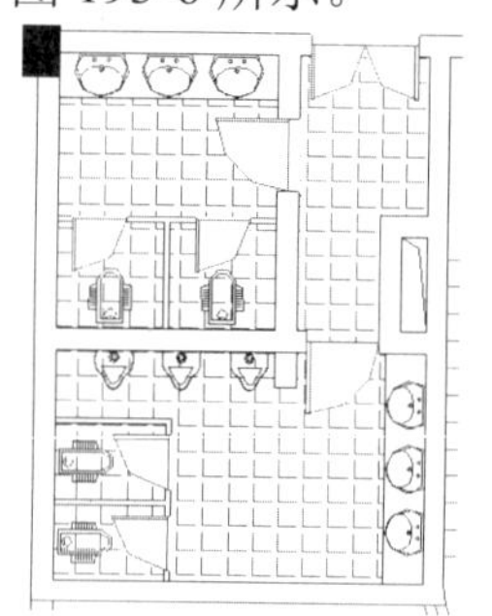
图 193-5 图案填充并分解

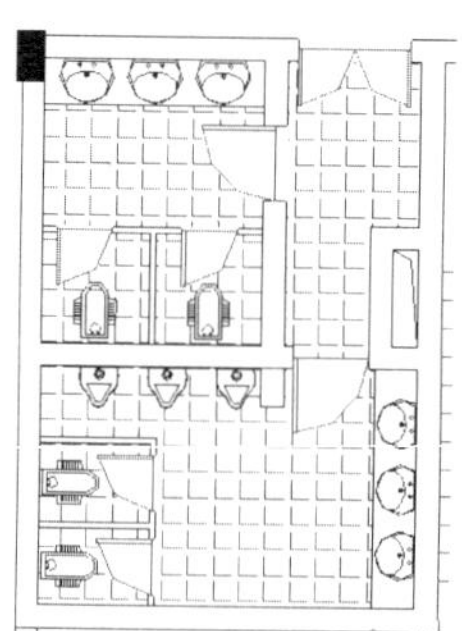
图 193-6 修剪并删除

步骤 8 图案填充。执行 BHATCH 命令，设置“图案”为 GRASS、“比例”为 1000，填充办公楼阳台要填充的区域，效果如图

193-7 所示。

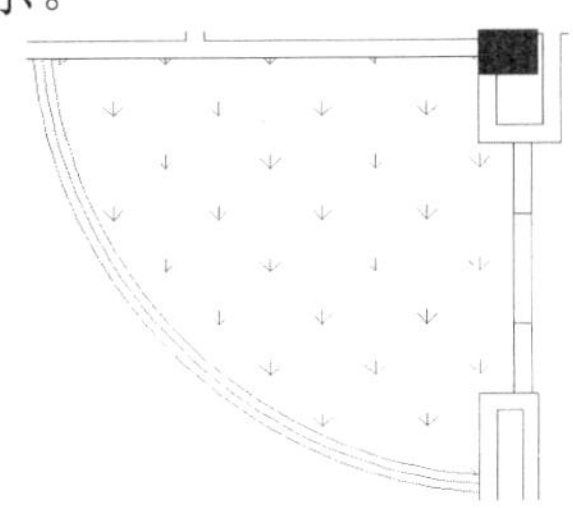

图 193-7　图案填充

步骤 9 图案填充。将“地铺”图层设置为当前图层，执行 BHATCH 命令，设置“图案”为 NET、“比例”为 5000，填充副总裁办公室要填充的区域，效果如图 193-8 所示。

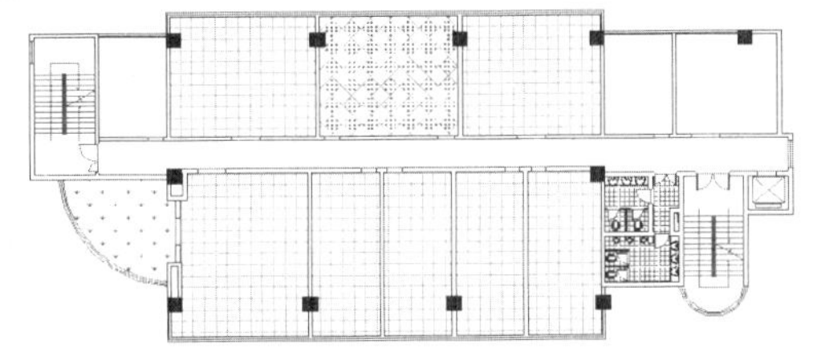

图 193-8　图案填充

步骤 10 图案填充。将“填充”图层设置为当前图层，执行 BHATCH 命令，设置“图案”为 CROSS、“比例”为 5000，再次填充副总裁办公室要填充的区域，效果如图 193-9 所示。

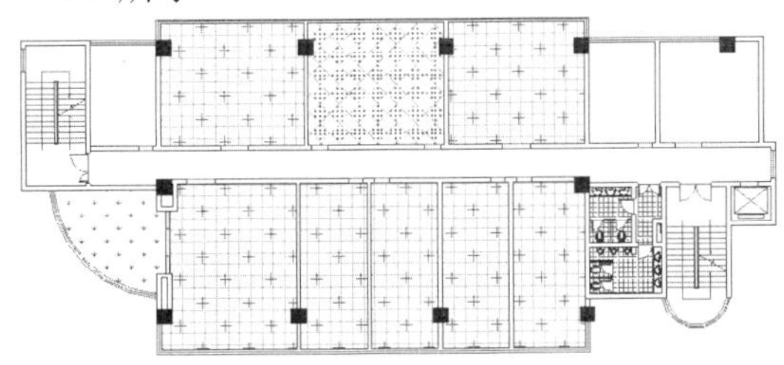

图 193-9　图案填充

步骤 11 重复步骤（10）的操作，设置“图案”为 CORK、“角度”为 90、“比例”为 3000，填充休息室和总裁办公室要填充的区域，效果如图 193-10 所示。

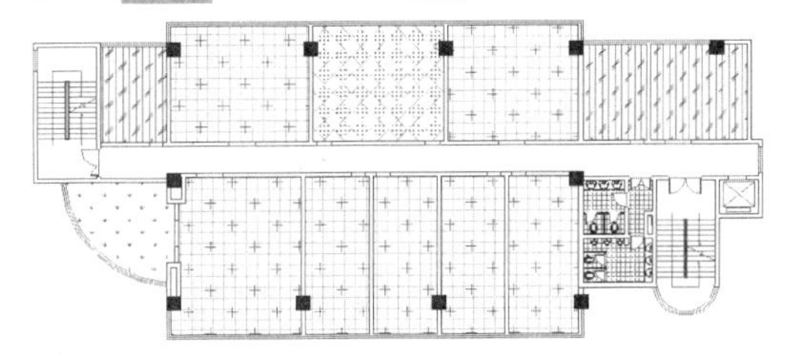

图 193-10　图案填充

步骤 12 重复步骤（10）的操作，设置“图案”为 ANSI37、“比例”为 5000，填充办公楼过道区域，效果如图 193-11 所示。

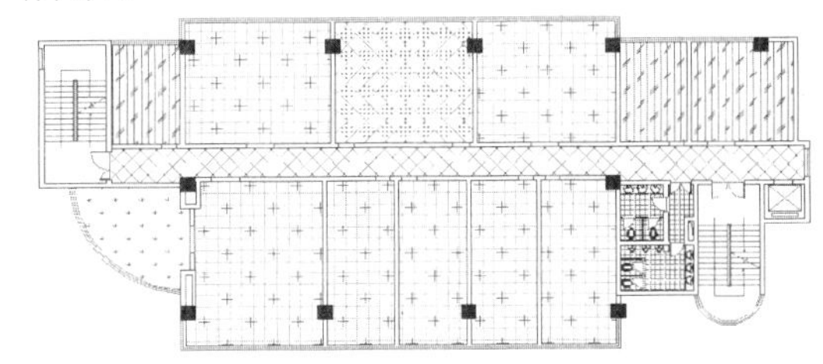

图 193-11　图案填充

步骤 13 标注文字。打开“标注和文字”图层，并设置为当前图层，使用 MTEXT 和 QLEADER 命令对图形进行文字标注，效果如图 193-12 所示。

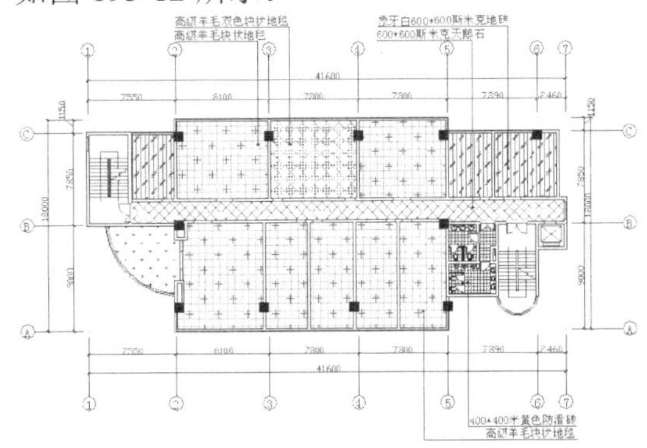

图 193-12　标注文字

步骤 14 修改图纸名称。使用 MTEDIT 命令，将铺装图下方的图纸名称修改为“办公楼标准层地面铺装图（1:120）”，效果参见图 193-1。

实例 194　办公楼标准层天花平面图

本实例将绘制办公楼标准层天花平面图，效果如图 194-1 所示。

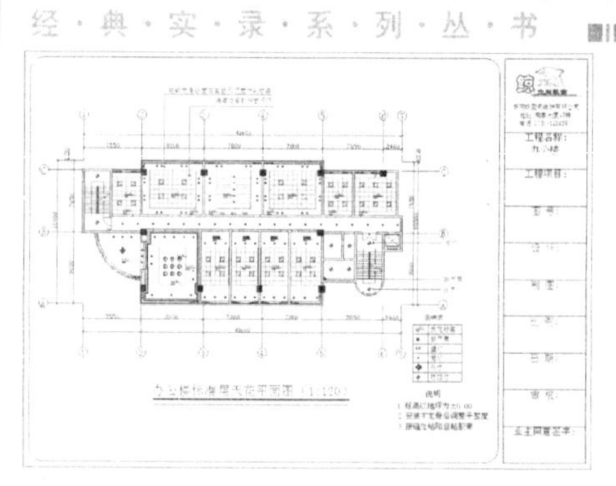
图 194-1　办公楼标准层天花平面图

操作步骤

步骤 1 打开并另存文件。启动 AutoCAD，单击“文件|打开”命令，打开实例 193“办公楼标准层地面铺装图”图形文件，然后单击“文件|另存为”命令，将该图形另存为“办公楼标准层天花平面图”文件。

步骤 2 删除并连接处理。执行 ERASE 命令，选择与天花平面图无关的平面图块及其他的图形对象，将其删除；执行 LINE 命令，捕捉卫生间门洞端点进行连接。

步骤 3 创建图层。单击“图层”工具栏中的“图层特性管理器”按钮，在弹出的“图层特性管理器”对话框中，依次创建图层“标高”（红色）、“窗帘”【颜色值为（113,17,182）】、“天花”【颜色值为（30,30,30)】，并关闭“标注和文字”图层，然后双击“窗帘”图层，将其设置为当前图层，如图 194-2 所示。

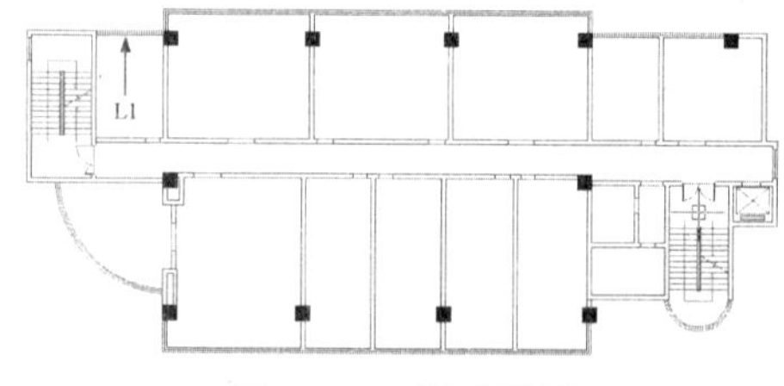

图 194-2　创建图层

步骤 4 偏移处理。执行 OFFSET 命令，选择图 194-2 中的直线 L1，沿垂直方向依次向下偏移，偏移的距离分别为 20、80、80 和 20。

步骤 5 重复步骤（4）的操作，选择休息室左边的墙线，沿水平方向依次向右偏移 9 次，偏移的距离均为 100，效果如图 194-3 所示。

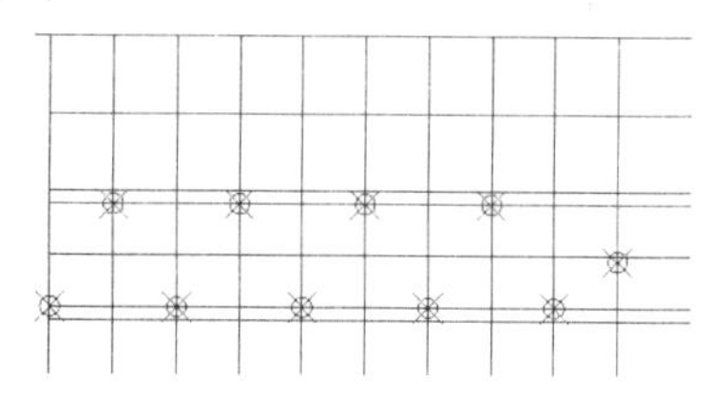
图 194-3　偏移处理

步骤 6 绘制样条曲线。单击“绘图”面板中的“样条曲线”按钮，根据提示进行操作，依次捕捉图 194-3 中的交点，绘制样条曲线，效果如图 194-4 所示。

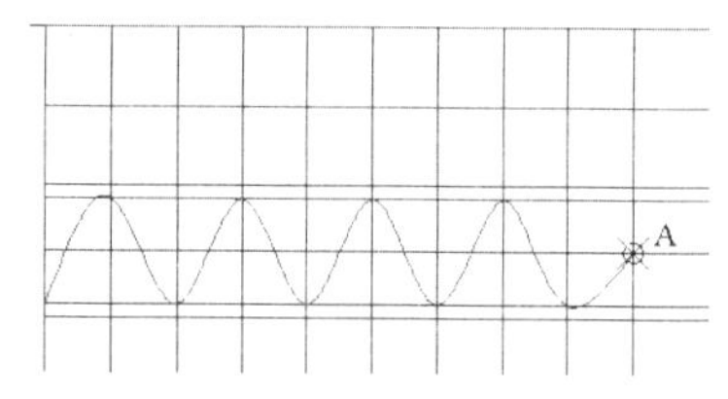

图 194-4　绘制样条曲线

步骤 7 绘制窗帘。执行 PLINE 命令，捕捉图 194-4 中的交点 A 为起点，然后依次输入（@300,0）和（@50<-150），绘制窗帘移动的方向；使用 ERASE 命令将多余的线段删除，效果如图 194-5 所示。

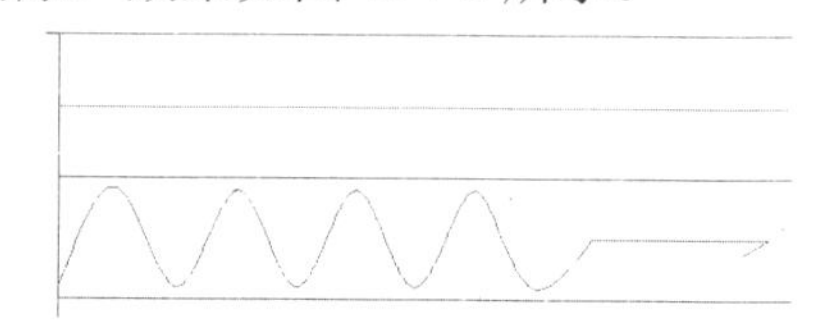
图 194-5　绘制窗帘

步骤 8 绘制其他办公室窗帘。使用 COPY、MOVE、ROTATE、MIRROR 命令绘制其他办公室的窗帘，效果如图 194-6 所示。

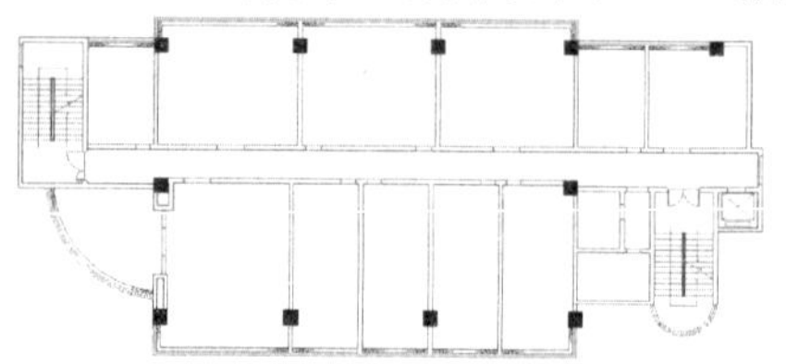
图 194-6　绘制其他办公室窗帘

步骤 9 偏移处理。执行 OFFSET 命令，选择休息室左侧的内墙线，沿水平方向依次向右偏移，偏移的距离分别为 655、600、600、

600 和 600。重复此操作，选择休息室窗帘线，沿垂直方向依次向下偏移，偏移的距离分别为 555、600、600、600、600、600、600 和 600，并将偏移的直线移至“天花”图层，效果如图 194-7 所示。

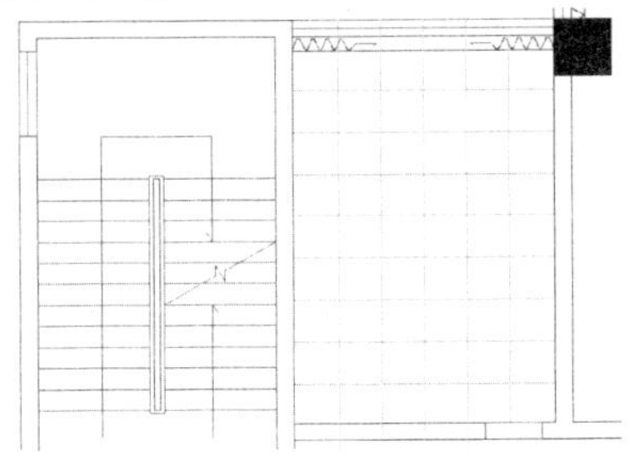

图 194-7 偏移处理

步骤 10 修剪处理。使用 TRIM 命令对偏移生成的线段进行修剪，效果如图 194-8 所示。

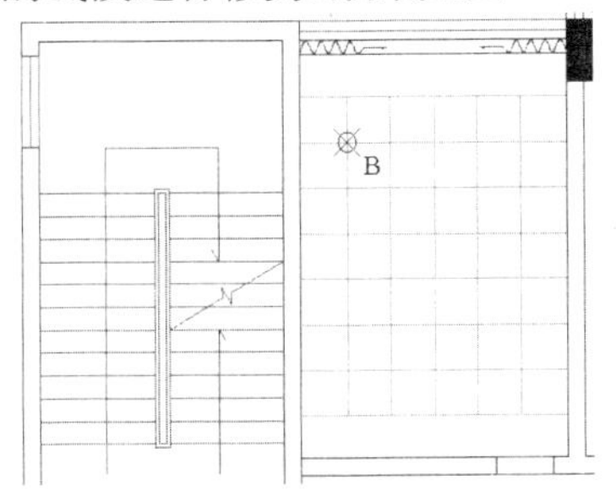

图 194-8 修剪处理

步骤 11 绘制矩形。将“家具”图层设置为当前图层，执行 RECTANG 命令，按住【Shift】键的同时在绘图区单击鼠标右键，在弹出的快捷菜单中选择“自”选项，捕捉图 194-8 中的交点 B 为基点，然后输入（@40,-40）和（@520,-520）为矩形的角点和对角点绘制矩形。

步骤 12 绘制直线。使用 LINE 命令绘制直线，效果如图 194-9 所示。

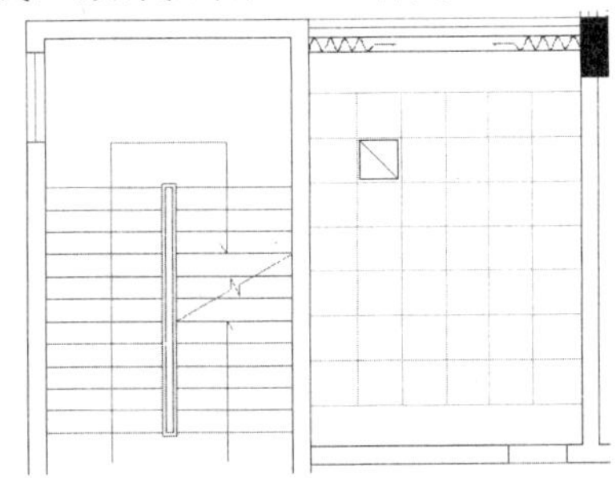

图 194-9 绘制直线

步骤 13 绘制其他灯具。使用 MIRROR 命令对绘制的灯具进行镜像处理，绘制出休息室天花平面图的其他灯具，效果如图 194-10 所示。

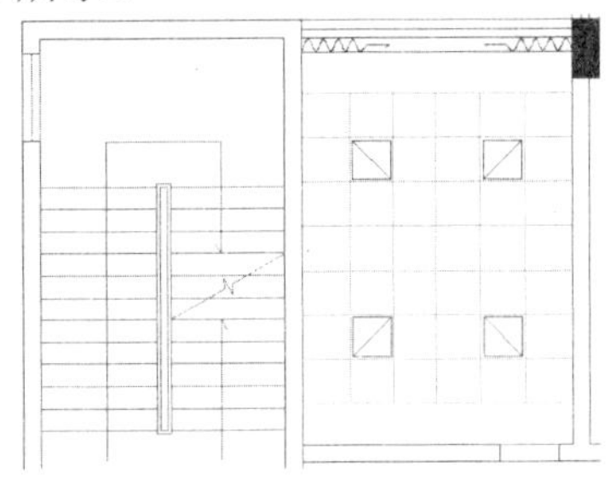

图 194-10 绘制其他灯具

步骤 14 重复步骤（9）～（13）的操作，参照图 194-11 所示的标注，绘制其他办公室天花。

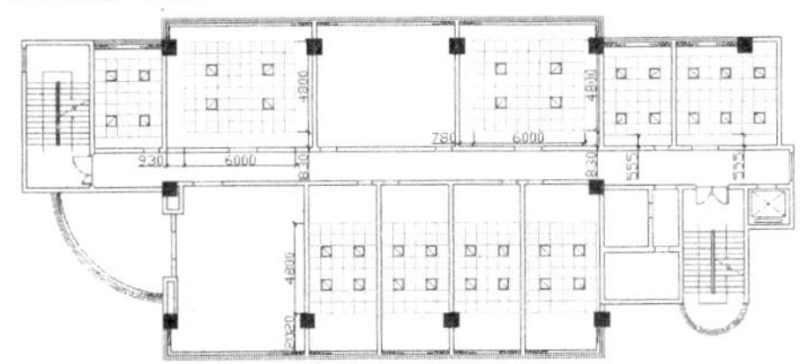

图 194-11 绘制其他办公室天花

步骤 15 绘制矩形并分解处理。执行命令 RECTANG，按住【Shift】键的同时在绘图区单击鼠标右键，在弹出的快捷菜单中选择“自”选项，捕捉会议室左上角的端点为基点，然后输入（@1530,-830）和（@4500,-4800）绘制矩形；使用 EXPLODE 命令将绘制的矩形分解。

步骤 16 偏移处理。执行 OFFSET 命令，选择矩形左边垂直线，沿水平方向依次向右偏移，偏移的距离分别为 1920 和 660。重复此操作，选择矩形上边水平线，沿垂直方向向下偏移，偏移的距离为 600。重复此操作，选择矩形上边水平线偏移 600 生成的直线，沿垂直方向依次向下偏移 9 次，偏移的距离均为 400，效果如图 194-12 所示。

步骤 17 修剪处理。使用 TRIM 命令对多余的直线进行修剪，效果如图 194-13 所示。

步骤 18 偏移并圆角处理。使用 OFFSET 命令，将会议室天花边线向外偏移，偏移距离为 50；使用 FILLET 命令，设置圆角半径为 0，对偏移生成的线段进行圆角处理，效果如图 194-14 所示。

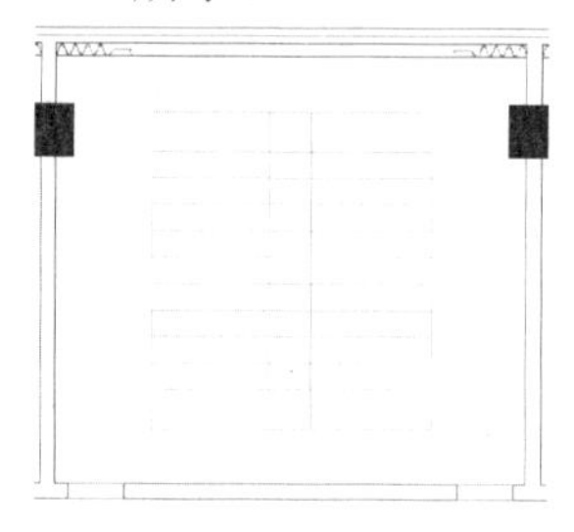
图 194-12　偏移处理

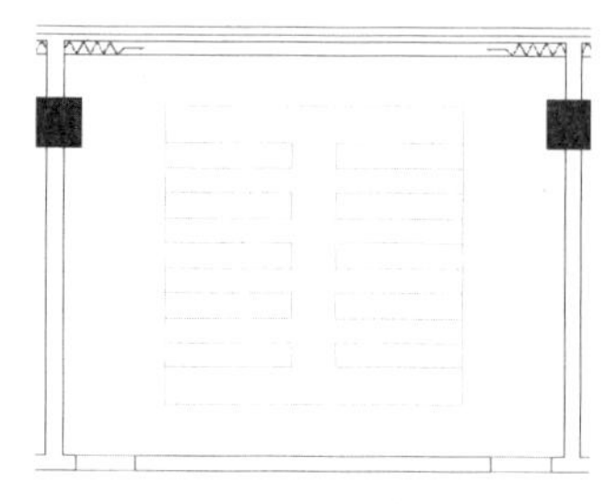
图 194-13　修剪处理

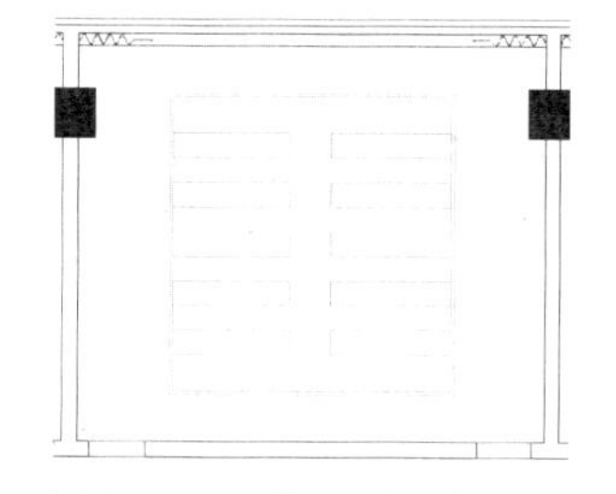
图 194-14　偏移并圆角处理

步骤 19 重复步骤（18）的操作，将会议室两边的办公室天花边线偏移并圆角处理。

步骤 20 偏移并修剪处理。使用 OFFSET 命令，将总裁办公室内墙线向内偏移，偏移距离为 160；使用 TRIM 命令对偏移生成的线段进行修剪，效果如图 194-15 所示。

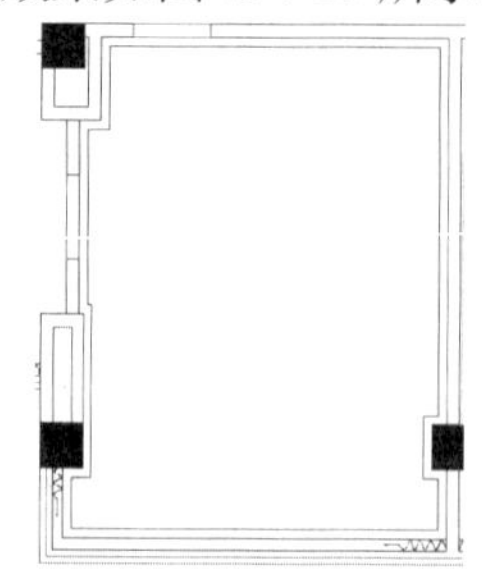
图 194-15　偏移并修剪处理

步骤 21 编辑多段线。在命令行中输入 PEDIT 命令并按回车键，根据提示进行操作，输入 M，选择总裁办公室内墙线偏移生成的线段并按回车键，输入 J 进行合并。

步骤 22 偏移处理。单击“修改”面板中的“偏移”按钮，根据提示进行操作，对步骤（21）生成的多段线进行偏移处理，偏移距离为 100。

步骤 23 绘制矩形。单击“绘图”面板中的“矩形”按钮，根据提示进行操作，按住【Shift】键的同时在绘图区单击鼠标右键，在弹出的快捷菜单中选择“自”选项，捕捉总裁办公室左上角的端点为基点，然后输入（@1110,-1780）和（@3390,-4800）绘制矩形。

步骤 24 绘制灯具。使用 RECTANG、OFFSET、ARRAY 和 EXPLODE 命令绘制如图 194-16 所示的总裁办公室灯具。

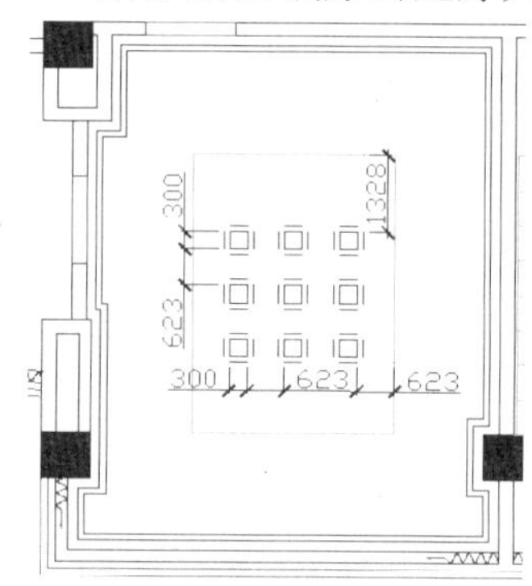

图 194-16　绘制灯具

步骤 25 插入图块。将“家具”图层设置为当前图层，单击“插入”选项板中的“内容”选项区的“设计中心”按钮，在弹出的“设计中心”面板中选择灯具图块，将其插入到天花图中，效果如图 194-17 所示。

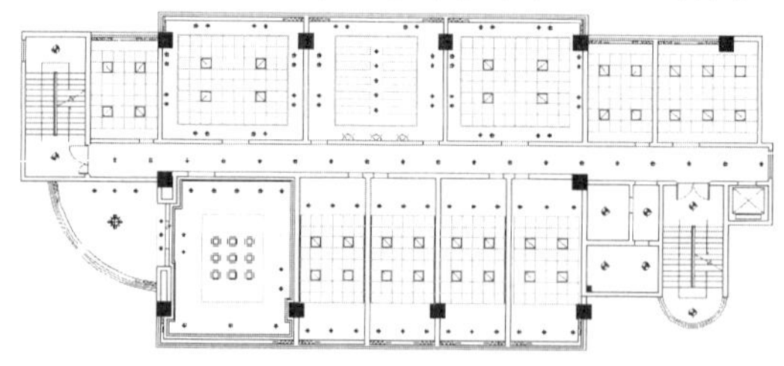
图 194-17　插入图块

步骤 26 绘制标高。将“标高”图层设置为当前图层，执行 PLINE 命令，在绘图区中任取一点作为起点，依次输入（@320<-135）、（@320<135）和（@1200,0），绘制多段线；使用 LINE 命令，在标高下绘制一条适当长度的直线，效果如图 194-18 所示。

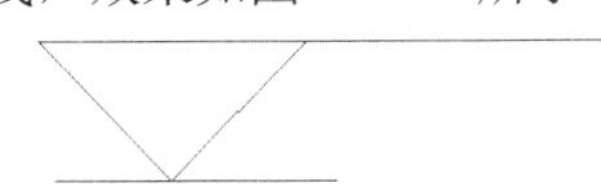

图 194-18　绘制标高

步骤 27 创建文本。单击“默认”选项板中的“注释”选项区的“单行文字”按钮A，在绘制的标高图形上单击鼠标左键确定起点，输入天花标高。

步骤 28 插入标高。选择绘制的标注图形，使用 COPY 命令进行多重复制，将其移至图形中相应的位置，然后分别双击各标高上的数字，在弹出的编辑框中输入相应的数字，效果如图 194-19 所示。

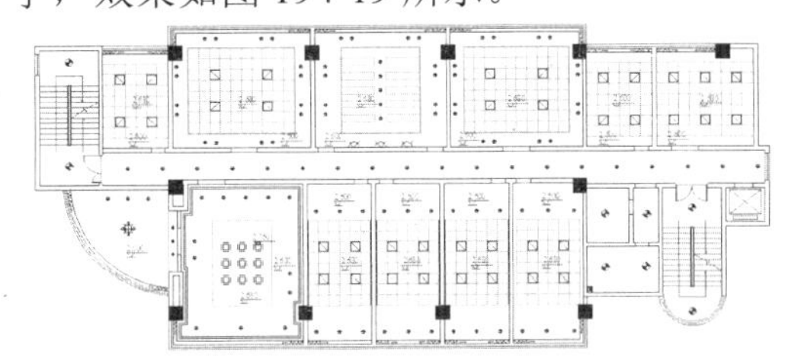

图 194-19　插入标高

步骤 29 标注文字。打开“标注和文字”图层，并设置为当前图层，使用 MTEXT 和 QLEADER 命令对图形进行适当的说明，效果如图 194-20 所示。

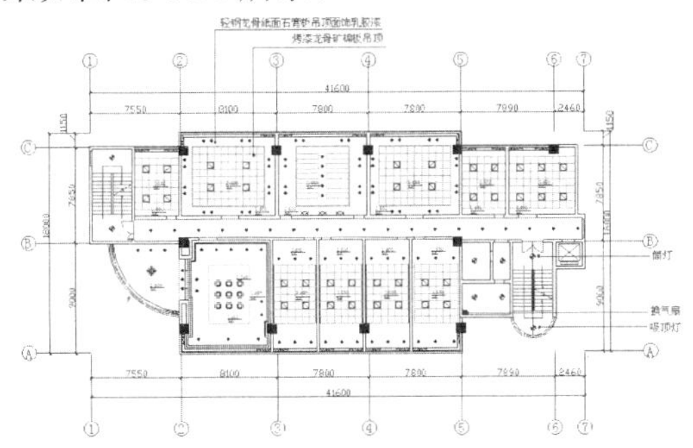

图 194-20 标注文字

步骤 30 绘制表格。将图层 0 设置为当前图层，使用 MTEXT、LINE、OFFSET 命令绘制如图 194-21 所示的表格。

步骤 31 复制图例。使用 COPY 命令，将图形中用到的图例复制并粘贴至表格中合适的位置，效果如图 194-22 所示。

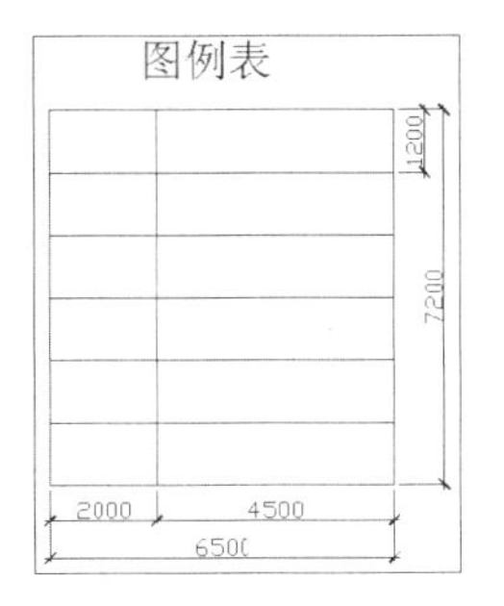

图例表

2.600	

图 194-21　绘制表格　图 194-22　复制图例

步骤 32 在图例表中输入文字说明。使用 MTEXT 命令，输入相应的文字说明，效果如图 194-23 所示。

步骤 33 使用相同的方法输入施工说明文字，效果如图 194-24 所示。

图例表

2.600	天花标高
	换气扇
	壁灯
	筒灯
	吊灯
	吸顶灯

说明

1. 标高以地坪为±0.00
2. 安装木龙骨后调整平整度
3. 接缝处粘贴自粘胶带

图 194-23 输入文字说明　图 194-24　输入施工说明文字

步骤 34 修改图纸名称。使用 MTEDIT 命令，将平面图下方的图纸名称修改为“办公楼标准层天花平面图（1:120）”，效果参见图 194-1。

实例 195　办公楼标准层配电平面图

本实例将绘制办公楼标准层配电平面图，效果如图 195-1 所示。

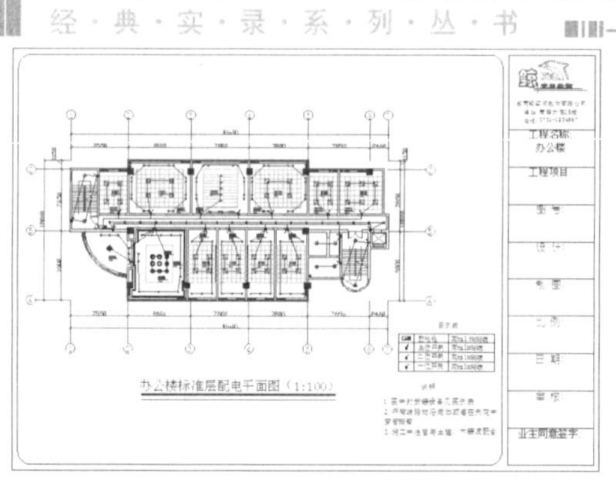

图 195-1　办公楼标准层配电平面图

操作步骤

步骤 1 打开并另存文件。启动 AutoCAD，单击“文件|打开”命令，打开实例 194 绘制的“办公楼标准层天花平面图”图形文件，然后单击“文件|另存为”命令，将该图形另存为“办公楼标准层配电平面图”文件。

步骤 2 创建图层。单击“图层”工具栏中的“图层特性管理器”按钮，在弹出的“图层特性管理器”对话框中创建“开关”和“线路”图层，关闭“标注和文字”及“标高”图层，然后双击“开关”图层，将其设置为当前图层。

步骤 3 插入开关。单击“插入”选项板中的“内容”选项区的“设计中心”按钮，在弹出的“设计中心”面板中选择开关图块，将其插入到办公楼楼梯中间，并将其移至“开关”图层，效果如图 195-2 所示。

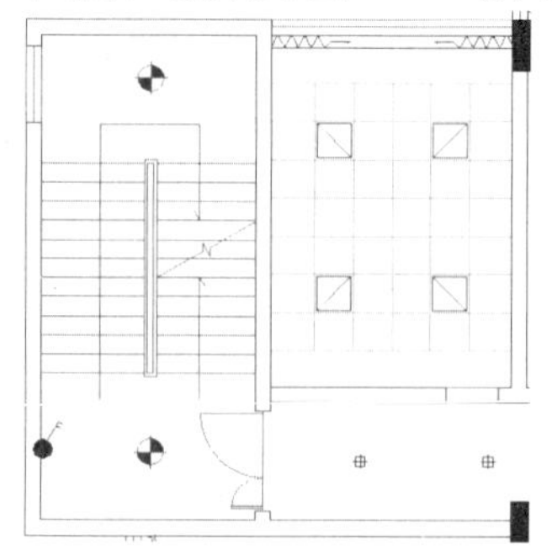
图 195-2　插入开关

步骤 4 复制并旋转开关。使用 COPY 命令复制插入的开关；使用 ROTATE 命令将复制生成的开关旋转一定的角度，并移至适当位置，效果如图 195-3 所示。

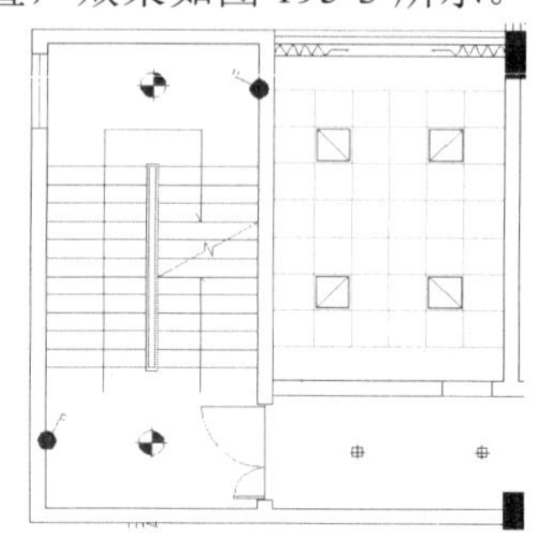
图 195-3　复制并旋转开关

步骤 5 重复步骤（3）～（4）的操作，布置休息室、会议室、办公室和卫生间的开关，效果如图 195-4 所示。

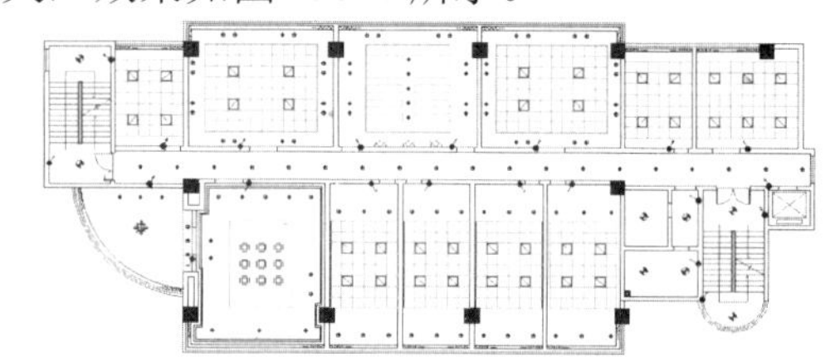
图 195-4　布置其他开关

步骤 6 绘制配电箱。使用 RECTANG、LINE 和 BHATCH 命令，绘制如图 195-5 所示的配电箱。

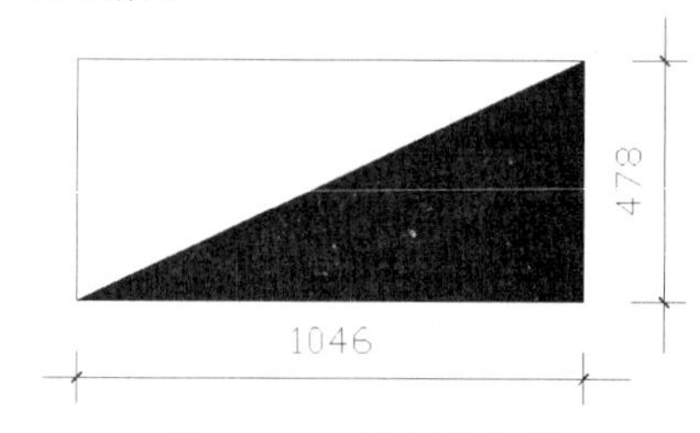

图 195-5　绘制配电箱

步骤 7 移动处理。单击“修改”面板中的“移动”按钮，根据提示进行操作，捕捉配电箱左下角的端点为基点，然后捕捉办公楼走道左下角的端点为目标点进行移动，效果如图 195-6 所示。

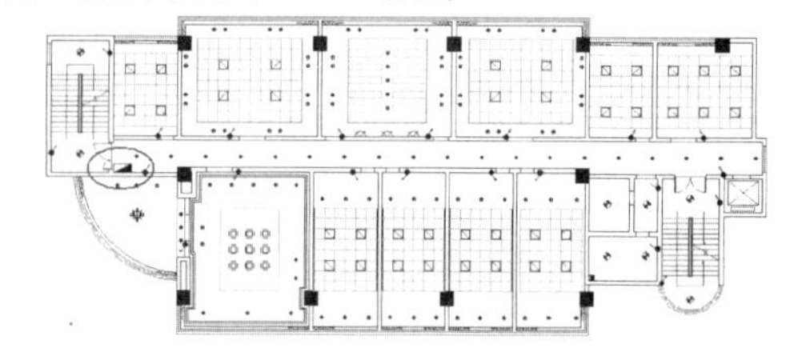
图 195-6　移动处理

步骤 8 绘制照明线路。将“线路”图层设置为当前图层，执行 LINE 命令，从配电箱开始引线到总裁办公室开关上，然后引线到北面办公室开关上，绘制线路，效果如图 195-7 所示。

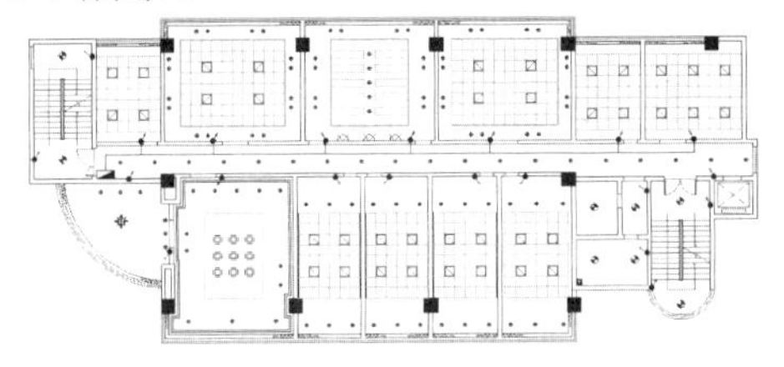

图 195-7 绘制照明线路

步骤 9 绘制另一条照明线路。执行 LINE 命令，从配电箱开始，首先引线到过道，然后引线到南面办公室开关上，绘制线路，效果如图 195-8 所示。

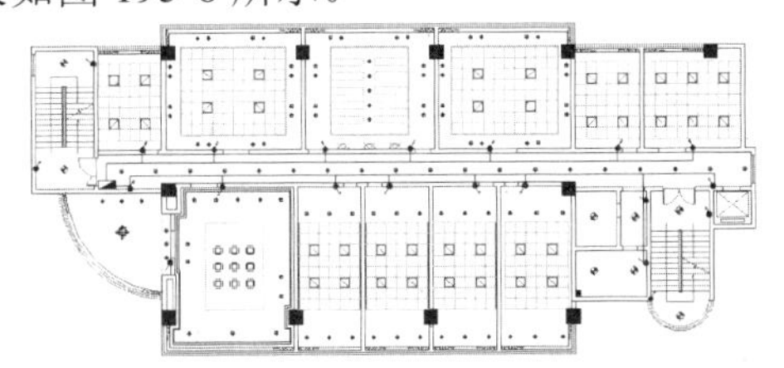

图 195-8 绘制另一条照明线路

步骤 10 绘制开关到灯具线路。执行命令 LINE，从开关开始引线至各个灯具，绘制开关到灯具的线路，效果如图 195-9 所示。

步骤 11 绘制图例表。将图层 0 设置为当前图层，使用 LINE、OFFSET、MTEXT 和 COPY 命令制作如图 195-10 所示的图例表。

步骤 12 创建文本。使用 MTEXT 命令输入如图 195-11 所示的文字。

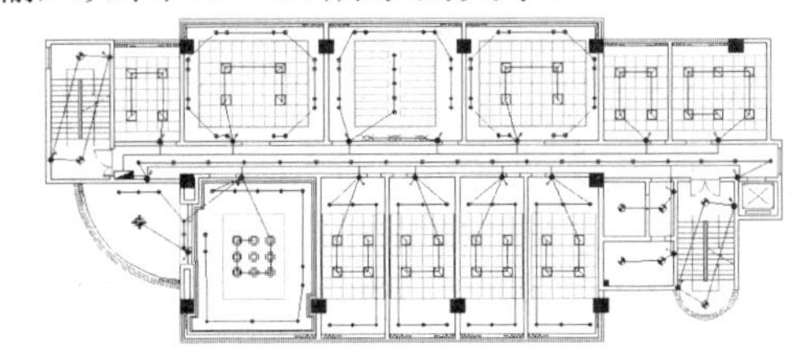

图 195-9 绘制开关到灯具线路

图例表

图例	名称	安装方式
◢	配电箱	离地1.6M暗装
●	三位开关	离地1M暗装
●	二位开关	离地1M暗装
●	一位开关	离地1M暗装

图 195-10 绘制图例表

说明

1. 图中的安装设备见图例表
2. 所有线路均沿墙体或者在天花中穿管暗藏
3. 施工中注意与土建、木装潢配合

图 195-11 创建文本

步骤 13 修改图纸名称。使用 MTEDIT 命令将平面图下方的图纸名称修改为“办公楼标准层配电平面图（1:100）”。

步骤 14 打开图层。在“图层”工具栏中单击“图层特性管理器”按钮右侧的下拉列表框，在弹出的下拉列表中单击“标注和文字”图层的“开/关图层”按钮，将该图层打开，效果参见图 195-1。

实例 196 办公楼标准层插座布置图

本实例将绘制办公楼标准层插座布置图，效果如图 196-1 所示。

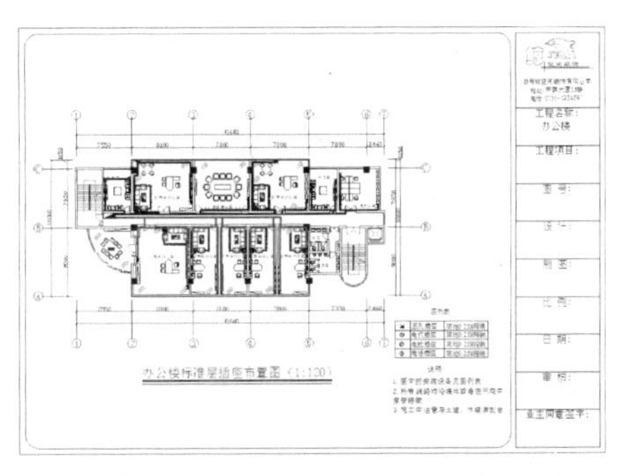

图 196-1 办公楼标准层插座布置图

操作步骤

步骤 1 打开并另存文件。启动 AutoCAD，按【Ctrl＋O】组合键，打开实例 192 绘制的“办公楼标准层平面图（二）”图形文件，然后按【Ctrl＋Shift＋S】组合键，将该图形另存为“办公楼标准层插座布置图”文件。

步骤 2 创建图层。单击“图层”工具栏中的“图层特性管理器”按钮，在弹出的“图层特性管理器”对话框中创建图层“线路 1”（线宽为 0.30 毫米）、“线路 2”（颜色值为（94,94,94）、线宽为 0.30 毫米）和“插座”，并关闭“标注和文字”图层，然后双击“插座”图层，将其设置为当前图层。

步骤 3 插入配电箱。单击“插入”选项板中的“内容”选项区的“设计中心”按钮，在弹出的“设计中心”面板中选择配电箱图块，将其插入到办公楼通道左上角，效果如图 196-2 所示。

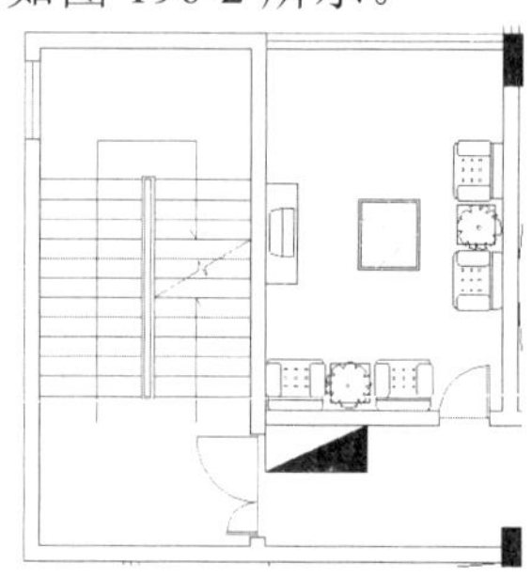

图 196-2　插入配电箱

步骤 4 插入插座。单击“插入”选项板中的“内容”选项区的“设计中心”按钮，在弹出的“设计中心”面板中选择插座图块，将其插入到办公楼休息室中，效果如图 196-3 所示。

步骤 5 复制并旋转插座。使用 COPY 命令复制插入的插座；使用 ROTATE 命令将复制生成的插座旋转一定的角度，并移至休息室的适当位置，效果如图 196-4 所示。

步骤 6 插入插座。单击“插入”选项板中的“内容”选项区的“设计中心”按钮，在弹出的“设计中心”面板中选择电视插座图块和电话插座图块，将其插入到办公楼休息室中，效果如图 196-5 所示。

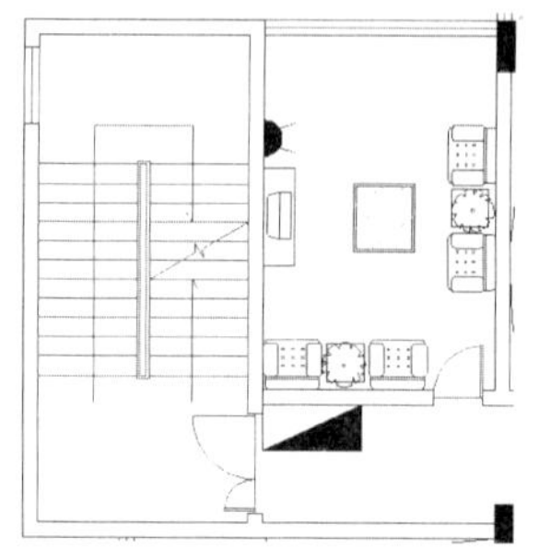

图 196-3　插入插座

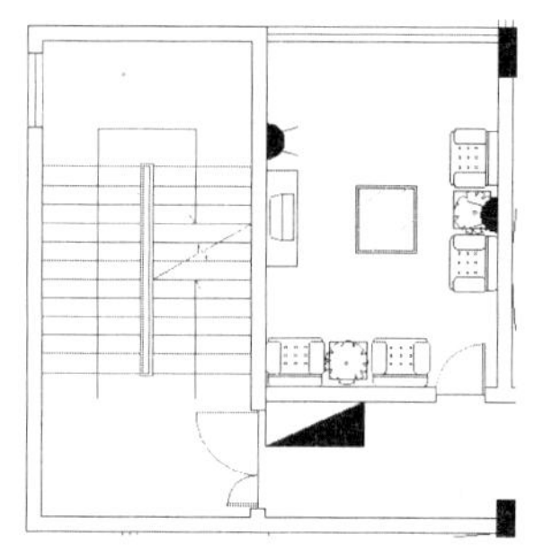

图 196-4　复制并旋转插座

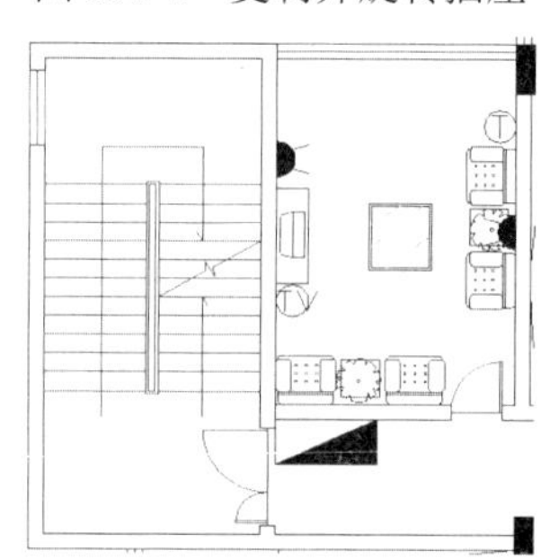

图 196-5　插入电视和电话插座

步骤 7 重复步骤（4）～（6）的操作，使用 COPY、ROTATE 和 MOVE 命令布置其他办公室的插座，效果如图 196-6 所示。

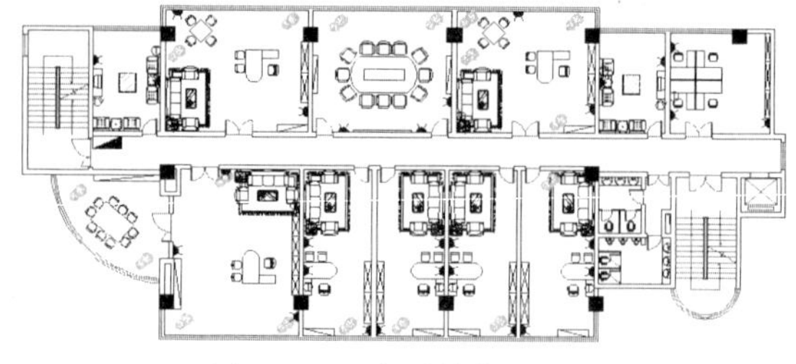

图 196-6　布置其他插座

步骤 8 绘制线路。将“线路 1”图层设置为当前图层，使用 LINE 命令，从配电箱开始，绘制到北面办公室插座上的线路，效果如图 196-7 所示。

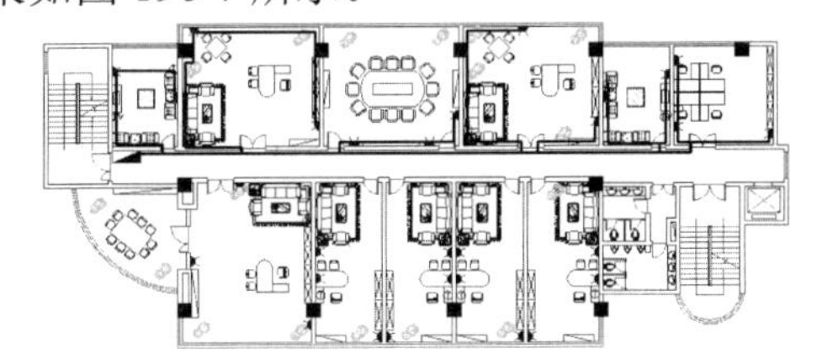

图 196-7　绘制线路

步骤 9　绘制另一条线路。将“线路 2”图层设置为当前图层，重复步骤（8）的操作，绘制到南面办公室插座上的线路，效果如图 196-8 所示。

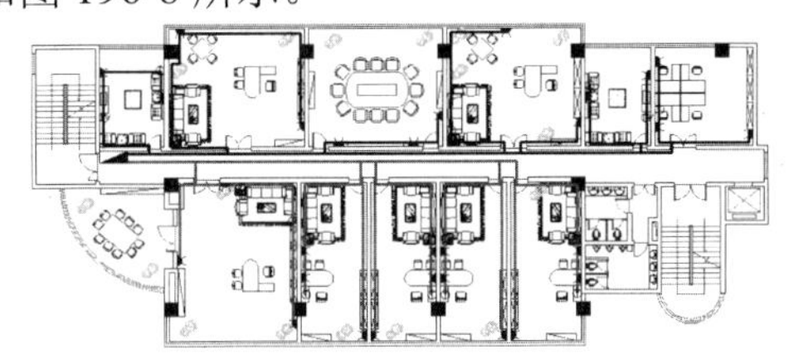

图 196-8　绘制另一条线路

步骤 10　绘制图例表。将图层 0 设置为当前图层，使用 LINE、OFFSET、MTEXT 和 COPY 命令制作如图 196-9 所示的图例表。

图例表		
	五孔插座	离地0.25M暗装
TV	电视插座	离地0.25M暗装
C	电脑插座	离地0.25M暗装
T	电话插座	离地0.25M暗装

图 196-9　绘制图例表

步骤 11　创建文本。使用 MTEXT 命令，输入如图 196-10 所示的文字。

说明

1. 图中的安装设备见图例表
2. 所有线路均沿墙体或者在天花中穿管暗藏
3. 施工中注意与土建、木装潢配合

图 196-10　创建文本

步骤 12　修改图纸名称。使用 MTEDIT 命令，将平面图下方的图纸名称修改为“办公楼标准层插座布置图（1:120）”。

步骤 13　打开图层。在“图层”工具栏中单击“图层特性管理器”按钮右侧的下拉列表框，在弹出的下拉列表中单击“标注和文字”图层的“开/关图层”按钮，将该图层打开，效果参见图 196-1。

实例 197　办公楼会议室通道立面图

本实例将绘制办公楼会议室通道立面图，效果如图 197-1 所示。

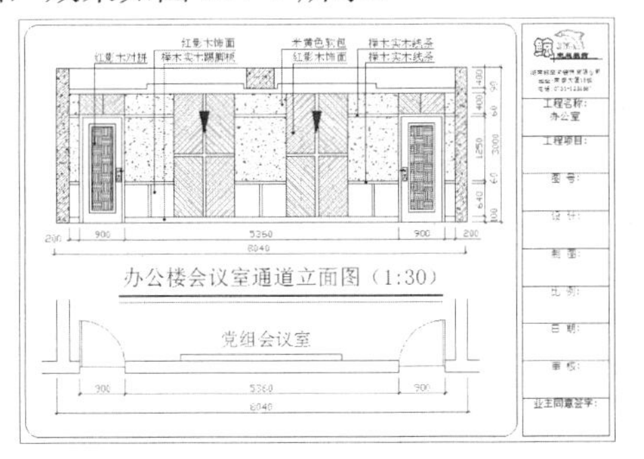

图 197-1　办公楼会议室通道立面图

操作步骤

步骤 1　新建文件启动 AutoCAD，单击“新建”按钮，新建一个 CAD 文件。

步骤 2　输入图层。在“AutoCAD 经典”工作空间下，单击“图层”工具栏中的“图层特性管理器”按钮，弹出“图层特性管理器”对话框，单击“图形状态管理器”按钮，在弹出的“图层状态管理器”对话框中单击“输入”按钮，弹出“输入图层状态”对话框，将实例 187 中绘制的“建筑工装图层”输入到新文件中，然后双击“墙体”图层将其设置为当前图层。

步骤 3　参照图 197-2 所示的办公楼会议室通道平面图绘制办公楼会议室通道立面图。

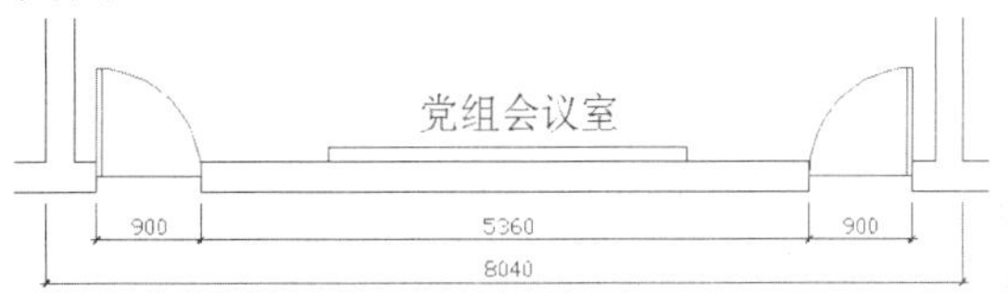

图 197-2　办公楼会议室通道平面图

步骤 4 绘制矩形并分解处理。执行 RECTANG 命令，在绘图区任取一点作为矩形的角点，然后输入（@8040,3000）绘制矩形；使用 EXPLODE 命令对绘制的矩形进行分解。

步骤 5 偏移处理。在命令行中输入命令 OFFSET 并按回车键，根据提示进行操作，选择矩形左边垂直线，沿水平方向依次向右偏移，偏移的距离分别为 240、200、900、490、490、1200、500、500、1200、490、490、900 和 200。重复此操作，选择矩形上边的水平线，沿垂直方向依次向下偏移，偏移的距离分别为 490、400、60、1250、60 和 640，效果如图 197-3 所示。

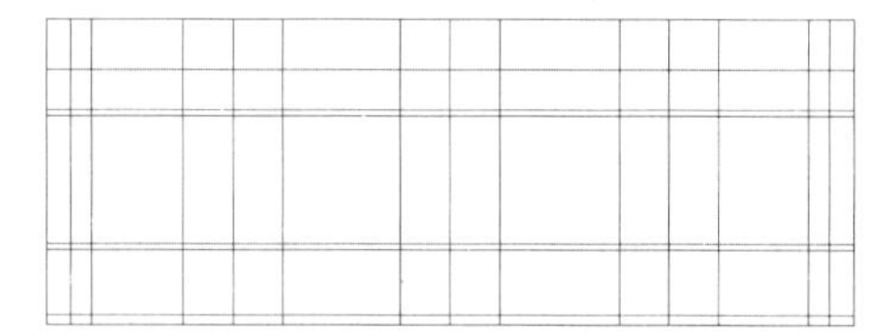

图 197-3　偏移处理

步骤 6 修剪处理。使用 TRIM 命令对偏移的直线进行修剪，效果如图 197-4 所示。

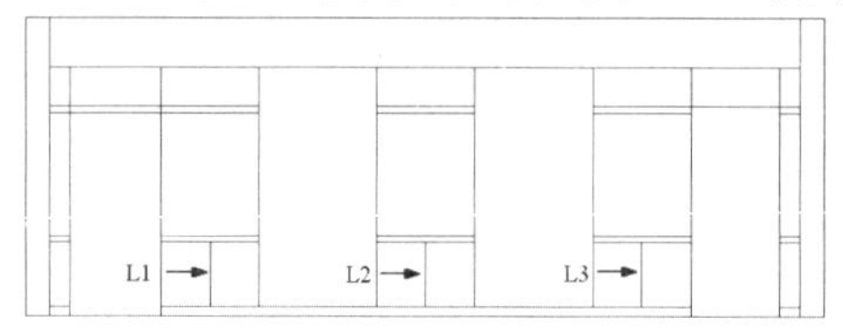

图 197-4　修剪处理

步骤 7 偏移并删除处理。使用 OFFSET 命令，将图 197-4 中的直线 L1、L2 和 L3 分别向两边偏移，偏移的距离均为 25；使用 ERASE 命令将直线 L1、L2 和 L3 删除，效果如图 197-5 所示。

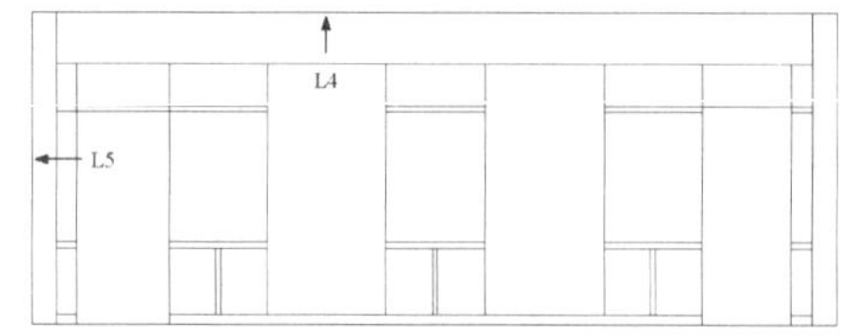

图 197-5　偏移并删除

步骤 8 偏移处理。执行 OFFSET 命令，选择图 197-5 中的直线 L4，沿垂直方向依次向下偏移，偏移的距离分别为 300 和 100；选择直线 L5，沿水平方向依次向右偏移，偏移的距离分别为 1770、1920、60、540、60 和 1920，效果如图 197-6 所示。

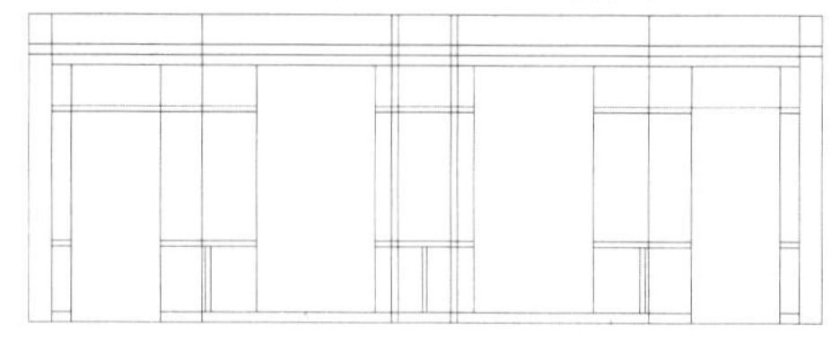

图 197-6　偏移处理

步骤 9 修剪处理。使用 TRIM 命令对偏移的线段进行修剪，效果如图 197-7 所示。

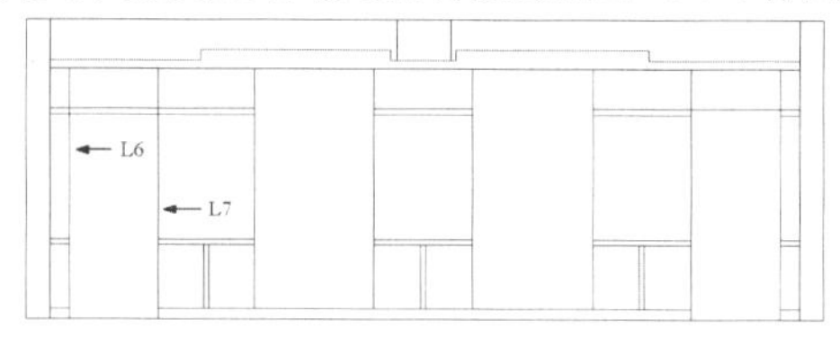

图 197-7　修剪处理

步骤 10 偏移处理。使用 OFFSET 命令，将图 197-7 中的直线 L6 向右偏移，偏移的距离为 60；将直线 L7 向左偏移，偏移的距离为 60。

步骤 11 修剪处理。单击“修改”面板中的“修剪”按钮，根据提示进行操作，对偏移的直线进行修剪，并将修剪后的图形移至“家具”图层，效果如图 197-8 所示。

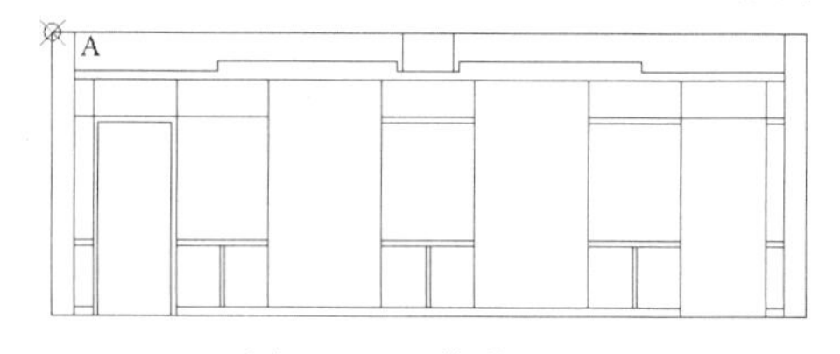

图 197-8　修剪处理

步骤 12 绘制矩形并偏移处理。将“家具”图层设置为当前图层，使用 RECTANG 命令，按住【Shift】键的同时在绘图区单击鼠标右键，在弹出的快捷菜单中选择“自”选项，捕捉图 197-8 中的端点 A 为基点，然后输入（@630,-1080）和（@520,-1730）绘制矩形；使用 OFFSET 命令将绘制的矩形向内偏移，偏移的距离为 50，效果如图 197-9 所示。

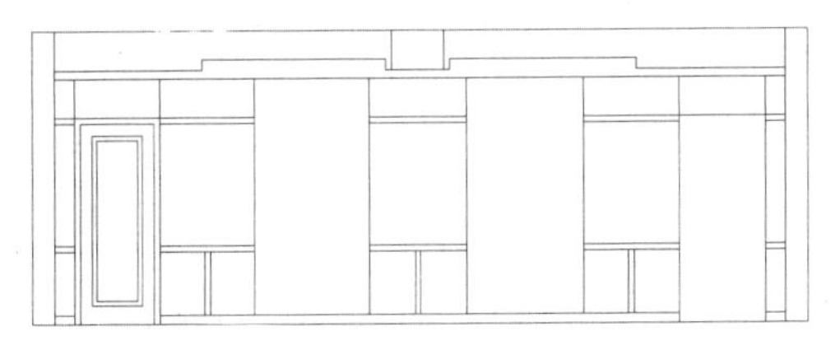

图 197-9　绘制矩形并偏移处理

步骤 13 绘制矩形。执行 RECTANG 命令，按住【Shift】键的同时在绘图区单击鼠标右键，在弹出的快捷菜单中选择“自”选项，捕捉端点 A 为基点，然后输入（@1170,-1950）和（@90,-250）绘制矩形。

步骤 14 绘制圆。单击“绘图”面板中的“圆”按钮，根据提示进行操作，捕捉端点 A 为基点，然后以（@1215,-2012.5）为圆心绘制半径为 17 的圆。重复此操作，捕捉端点 A 为基点，以（@1215,-2092）为圆心绘制半径为 17 的圆。重复此操作，捕捉端点 A 为基点，以（@1215,-2160）为圆心绘制半径为 25 的圆。

步骤 15 绘制门拉手。使用 ARC 命令绘制门拉手，使用 TRIM 命令对多余的直线进行修剪，效果如图 197-10 所示。

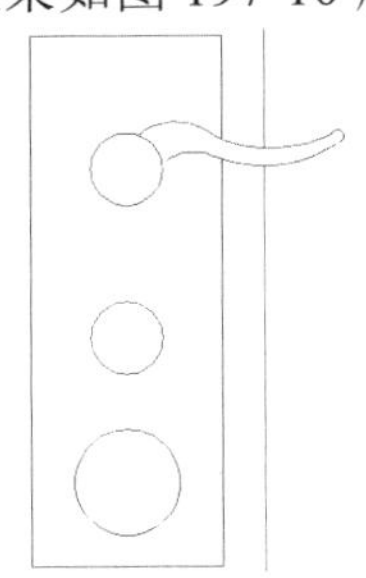

图 197-10　绘制门拉手

步骤 16 镜像处理。使用 MIRROR 命令，选择绘制的门为镜像对象，捕捉中点 B 和 C 为镜像线上的第一点和第二点进行镜像处理，效果如图 197-11 所示。

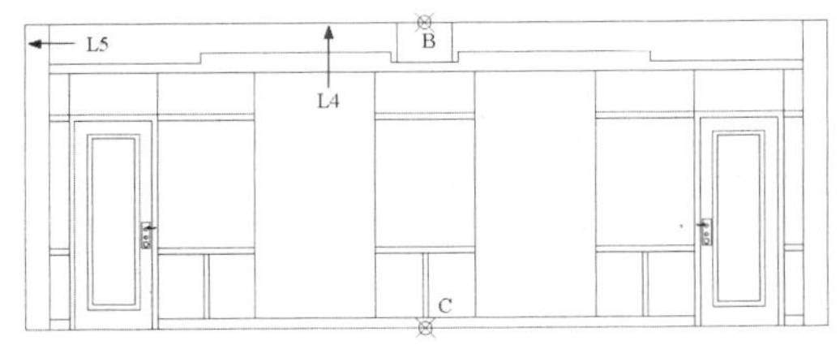

图 197-11　镜像处理

步骤 17 偏移处理。在命令行中输入命令 OFFSET 并按回车键，根据提示进行操作，选择直线 L4，依次向下偏移处理，偏移的距离分别为 1665 和 60；选择直线 L5，依次向右偏移，偏移的距离分别为 2890、60、2140 和 60，效果如图 197-12 所示。

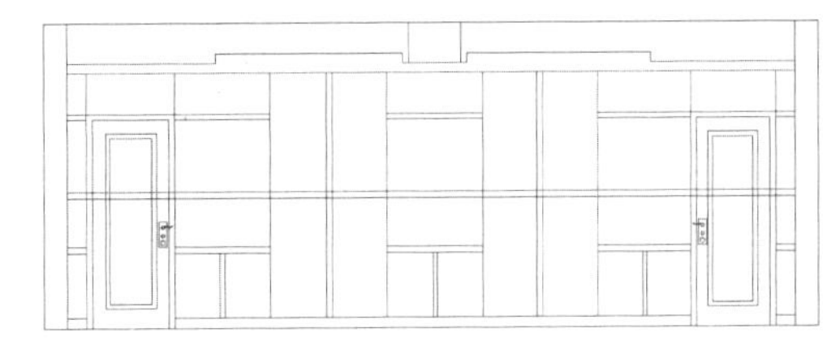

图 197-12　偏移处理

步骤 18 修剪处理。使用 TRIM 命令对偏移的直线进行修剪，效果如图 197-13 所示。

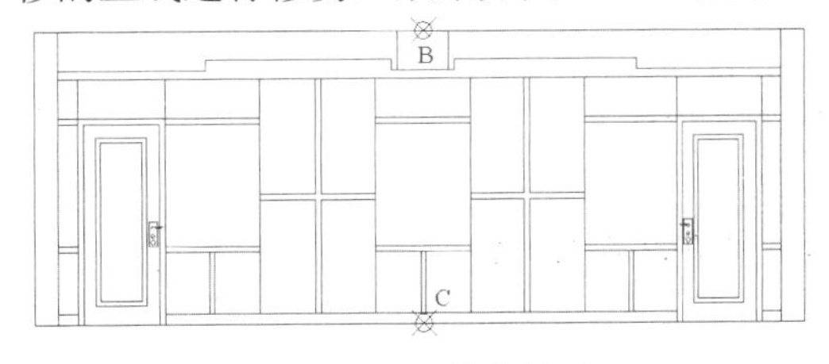

图 197-13　修剪处理

步骤 19 绘制壁灯。使用 LINE 命令，按住【Shift】键的同时在绘图区单击鼠标右键，在弹出的快捷菜单中选择“自”选项，捕捉中点 B 为基点，然后依次输入（@-1190,-840）、（@180,0）、（@-90,-430）和（@-90,430）绘制壁灯，效果如图 197-14 所示。

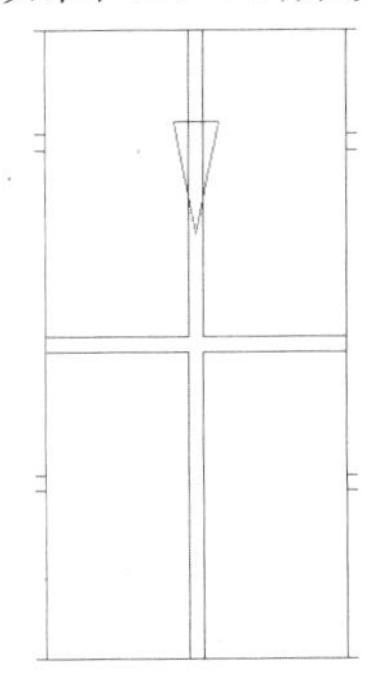

图 197-14　绘制壁灯

步骤 20 镜像处理。使用 MIRROR 命令，选择壁灯为镜像对象，捕捉中点 B 和中点 C 为镜像线上的第一点和第二点进行镜像处理。

步骤 21 修剪处理。使用 TRIM 命令对绘制的直线进行修剪，效果如图 197-15 所示。

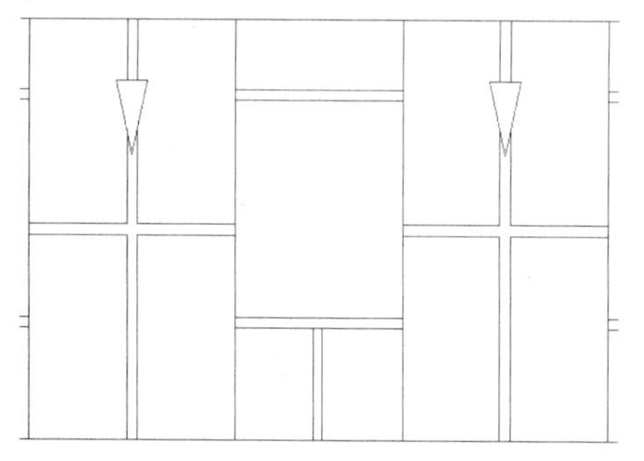

图 197-15 修剪处理

步骤 22 图案填充。将“填充”图层设置为当前图层，执行 BHATCH 命令，设置“图案”为 AR-CONC、“比例”为 30，对需要填充的区域进行填充，效果如图 197-16 所示。

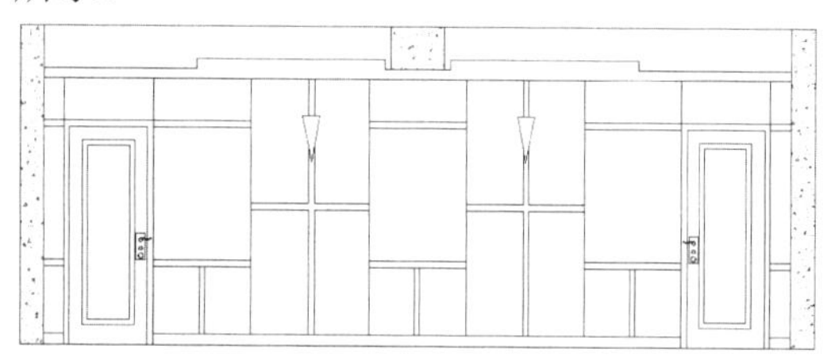

图 197-16 图案填充

步骤 23 重复步骤（22）的操作，设置填充的图案、比例和角度，填充墙体和门，效果如图 197-17 所示。

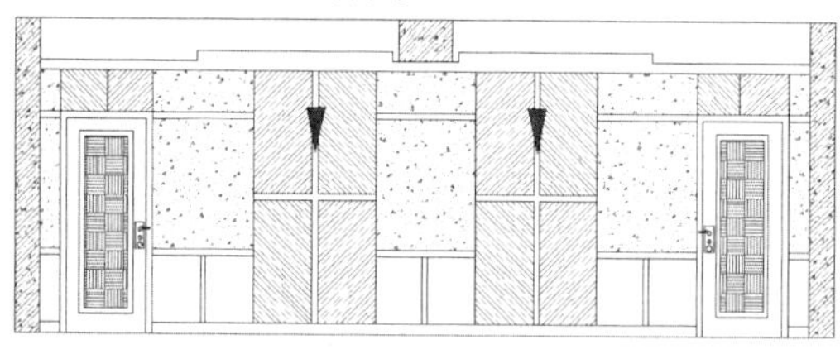

图 197-17 图案填充

步骤 24 标注文字。将“标注和文字”图层设置为当前图层，使用 MTEXT 和 QLEADER 命令对图形进行适当的说明，效果如图 197-18 所示。

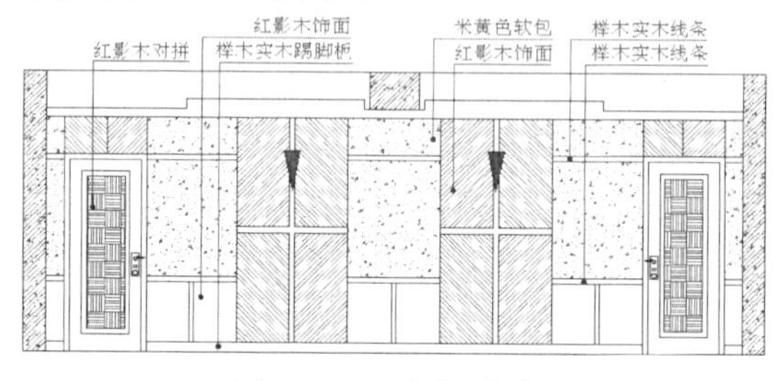

图 197-18 标注文字

步骤 25 标注尺寸。使用 DIMLINEAR 和 DIMCONTINUE 命令对图形进行尺寸标注，效果如图 197-19 所示。

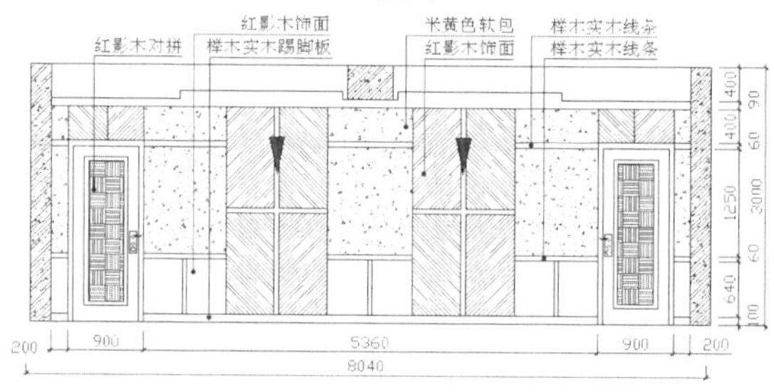

图 197-19 标注尺寸

步骤 26 调用图签。打开实例 187 中绘制的“建筑工装图签样板”文件，将所需的图签复制到办公楼会议室通道立面图中，并使用 SCALE 命令进行适当的缩放。

步骤 27 输入文字。选择“工程名称”单元格，单击鼠标右键，在弹出的快捷菜单中选择“编辑文字”选项，在单元格中输入“办公室”。

步骤 28 绘制说明标注。使用 TEXT 命令在立面图下方输入文字“办公楼会议室通道立面图（1:30）”，使用 LINE 命令在该文字的下方绘制两条直线，并将第一条直线的线宽设置为 0.30 毫米，效果参见图 197-1。

实例 198 办公楼会议室投影立面图

本实例将绘制办公楼会议室投影立面图，效果如图 198-1 所示。

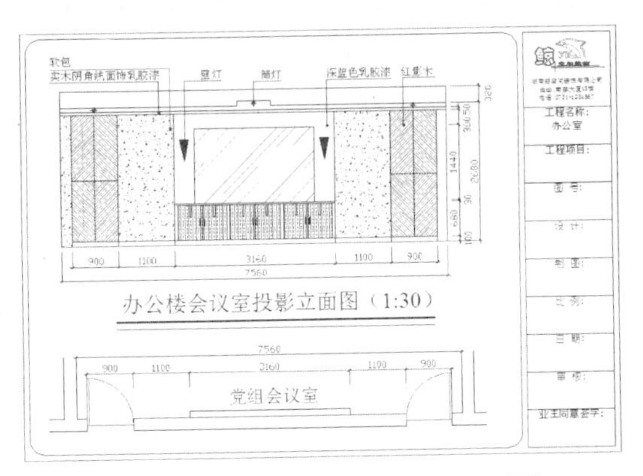

图 198-1　办公楼会议室投影立面图

操作步骤

步骤 1 打开并另存文件。启动 AutoCAD，按【Ctrl＋O】组合键，打开实例 197“办公楼会议室通道立面图”图形文件，然后按【Ctrl＋Shift＋S】组合键，将该图形另存为“办公楼会议室投影立面图”文件。

步骤 2 删除处理。执行 ERASE 命令，选择办公楼会议室通道立面图将其删除，并参照图 198-2 所示的办公楼会议室投影平面图，绘制办公楼会议室投影立面图。

步骤 3 绘制矩形并分解处理。将“墙体”图层设置为当前图层，执行 RECTANG 命令，在绘图区任取一点作为起点，然后输入(@7560,3000)绘制矩形；使用 EXPLODE 命令将矩形分解。

图 198-2　办公楼会议室投影平面图

步骤 4 偏移处理。单击“修改”面板中的“偏移”按钮，根据提示进行操作，选择矩形的上边水平线，沿垂直方向依次向下偏移，偏移的距离分别为 400、50、1740、30 和 680。重复此操作，选择矩形左侧的垂直线，沿水平方向依次向右偏移，偏移的距离分别为 200、900、1100、3160、1100 和 900，效果如图 198-3 所示。

步骤 5 修剪处理。使用 TRIM 命令对偏移的线段进行修剪，效果如图 198-4 所示。

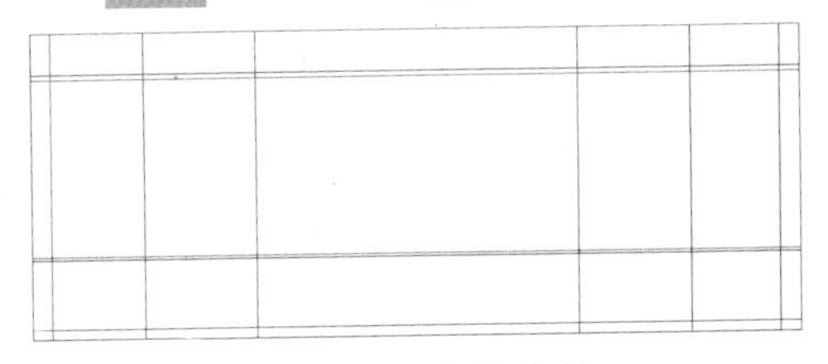

图 198-3　偏移处理

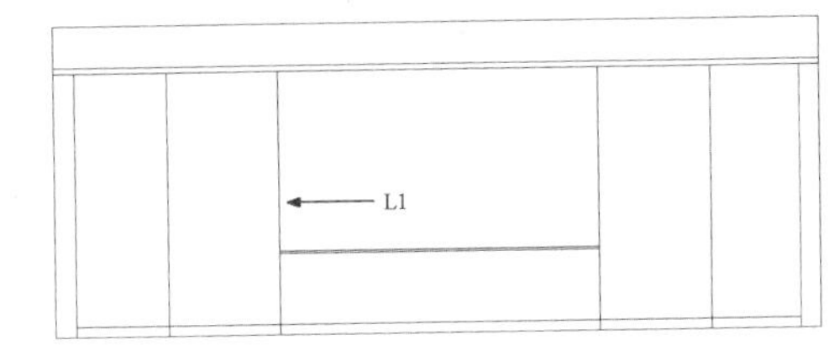

图 198-4　修剪处理

步骤 6 偏移并修剪处理。执行命令 OFFSET，选择图 198-4 中的直线 L1，沿水平方向依次向右偏移处理，偏移的距离分别为 60、482、482、60、496、496、60、482 和 482；使用 TRIM 命令对偏移生成的直线进行修剪，效果如图 198-5 所示。

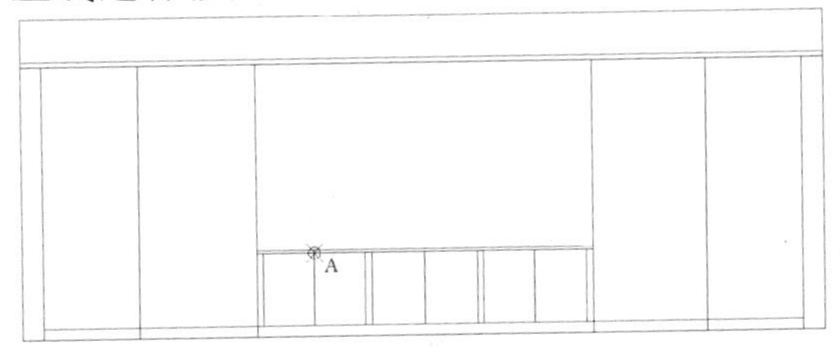

图 198-5　偏移并修剪处理

步骤 7 绘制拉手。执行 RECTANG 命令，按住【Shift】键的同时在绘图区单击鼠标右键，在弹出的快捷菜单中选择“自”选项，捕捉图 198-5 中的端点 A 为基点，输入（@-249,0）和（@31,-230）绘制矩形。重复此操作，按住【Shift】键的同时在绘图区单击鼠标右键，在弹出的快捷菜单中选择“自”选项，捕捉端点 A 为基点，然后输入（@-50,-270）和（@20,-140）绘制拉手。

步骤 8 镜像处理。单击“修改”面板中的“镜像”按钮，根据提示进行操作，选择两个拉手为镜像对象，捕捉端点 A 以及过该端点的垂直线上任意一点为镜像线上的第一点和第二点进行镜像处理，绘制柜子的另一半拉手，效果如图 198-6 所示。

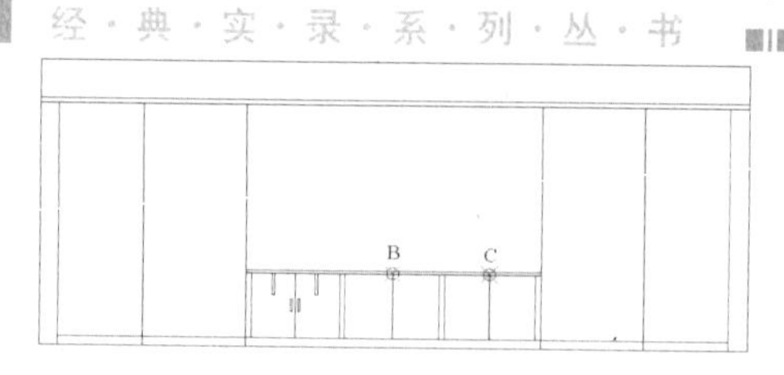

图 198-6　镜像处理

步骤 9 复制处理。执行 COPY 命令，选择柜子拉手并按回车键，捕捉端点 A 为基点，然后捕捉图 198-6 中的端点 B、C 为目标点进行复制，效果如图 198-7 所示。

步骤 10 偏移处理。执行 OFFSET 命令，选择图 198-7 中的直线 L2，沿水平方向依次向右偏移，偏移的距离分别为 2600 和 2360；选择直线 L3，沿垂直方向向下偏移，偏移的距离为 750。

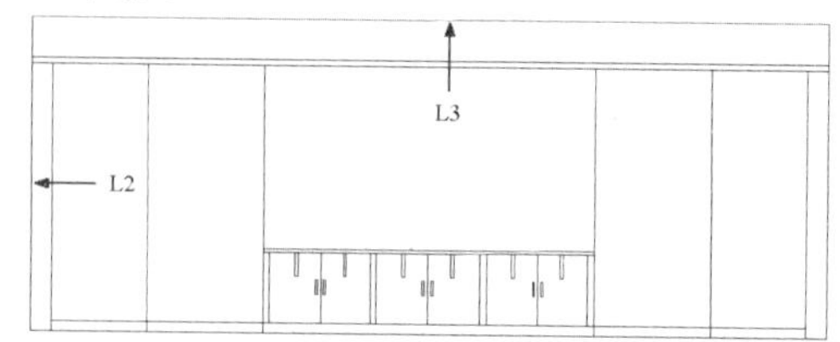

图 198-7　复制处理

步骤 11 修剪处理。使用 TRIM 命令对偏移的直线进行修剪，效果如图 198-8 所示。

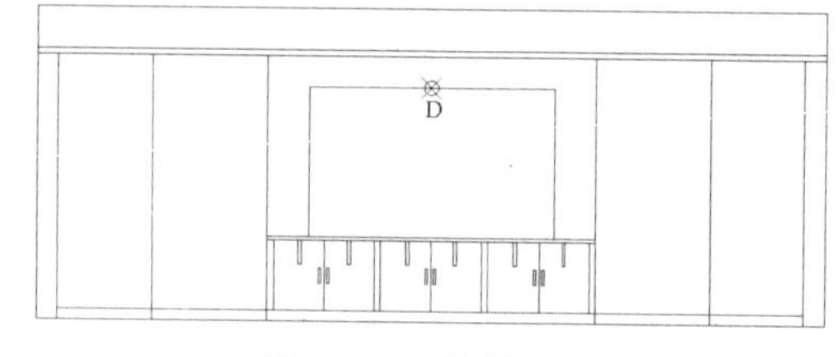

图 198-8　修剪处理

步骤 12 绘制壁灯。执行 LINE 命令，按住【Shift】键的同时在绘图区单击鼠标右键，在弹出的快捷菜单中选择“自”选项，捕捉图 198-8 中的中点 D 为基点，然后依次输入（@-1470,-200）、（@180,0）、（@-90,-430）和（@-90,430）绘制壁灯；执行 MIRROR 命令，捕捉端点 B 和中点 D 为镜像线上的第一点和第二点进行镜像处理，效果如图 198-9 所示。

步骤 13 偏移并修剪处理。执行命令 OFFSET，选择直线 L2，沿水平方向依次向右偏移，偏移的距离分别为 3450 和 660；选择直线 L3，沿垂直方向依次向下偏移，偏移的距离分别为 220 和 100；使用 TRIM 命令对偏移的直线进行修剪，效果如图 198-10 所示。

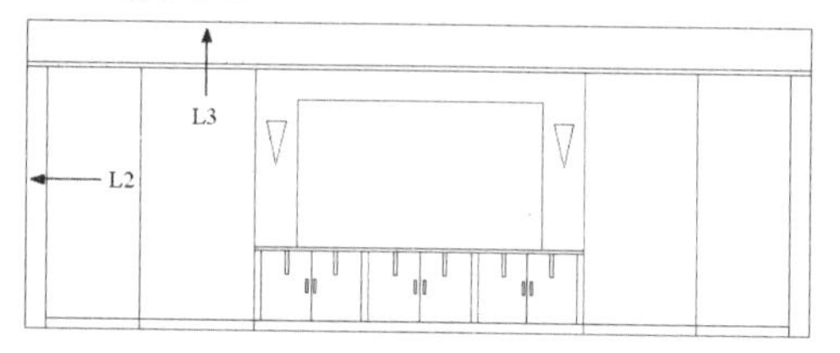

图 198-9　绘制壁灯

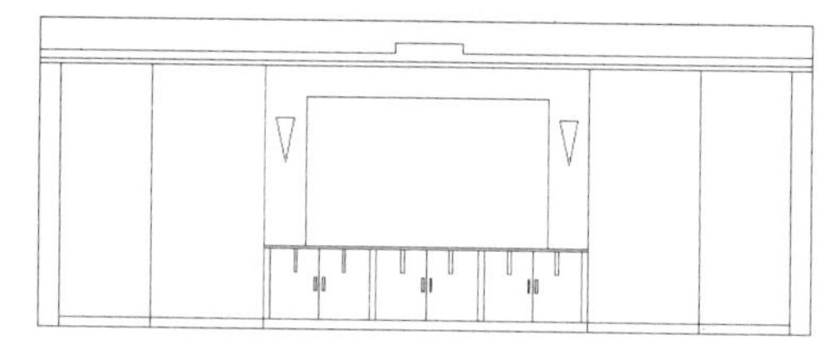

图 198-10　偏移并修剪处理

步骤 14 偏移并修剪处理。执行命令 OFFSET，选择直线 L2，沿水平方向依次向右偏移，偏移的距离分别为 650 和 6260；选择直线 L3，沿垂直方向向下偏移，偏移的距离为 1725；使用 TRIM 命令对偏移的直线进行修剪，效果如图 198-11 所示。

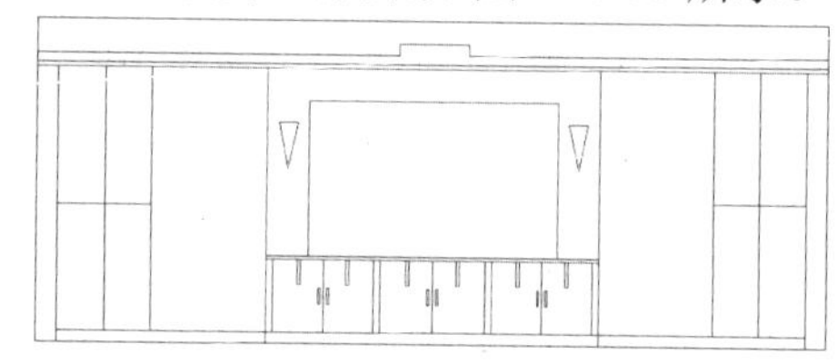

图 198-11　偏移并修剪处理

步骤 15 插入图块。将“家具”图层设置为当前图层，单击“插入”选项板中的“内容”选项区的“设计中心”按钮，在弹出的“设计中心”面板中选择筒灯图块并插入，效果如图 198-12 所示。

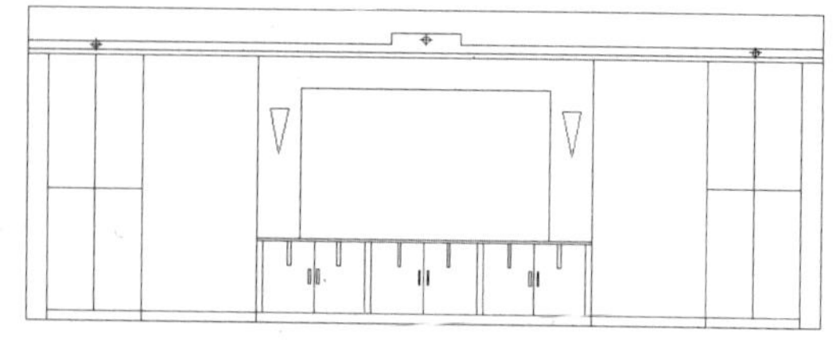

图 198-12　插入图块

步骤 16 图案填充。将“填充”图层设置为当前图层，执行 BHATCH 命令，设置填充的图案、比例和角度，填充门、墙体和柜子要填充的区域，效果如图 198-13 所示。

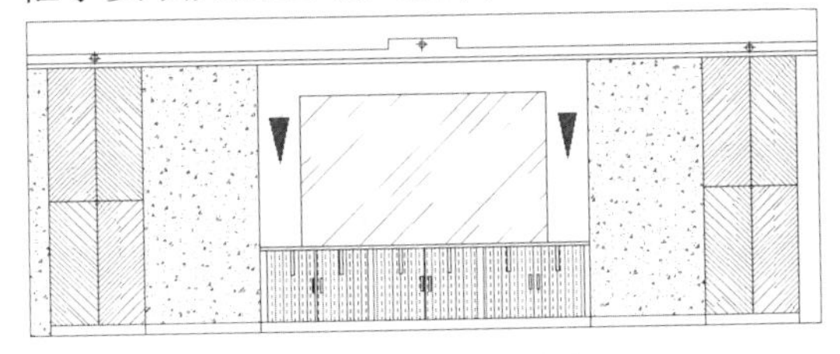

图 198-13　图案填充

步骤 17 标注文字。将“标注和文字”图层设置为当前图层，使用 MTEXT 和 QLEADER 命令对图形进行适当的说明，效果如图 198-14 所示。

步骤 18 标注尺寸。使用 DIMLINEAR 和 DIMCONTINUE 命令对图形进行尺寸标注，效果如图 198-15 所示。

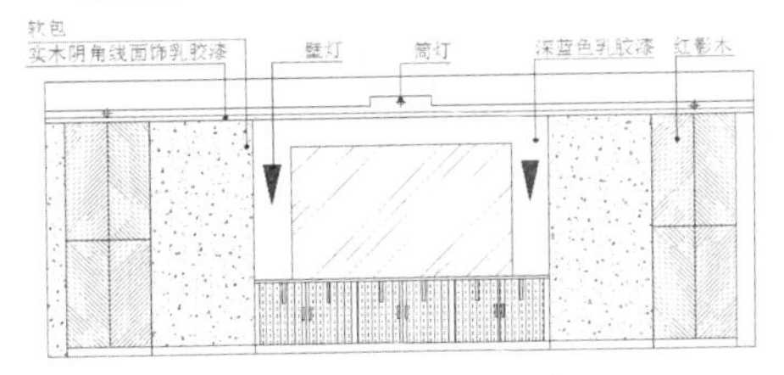

图 198-14　标注文字

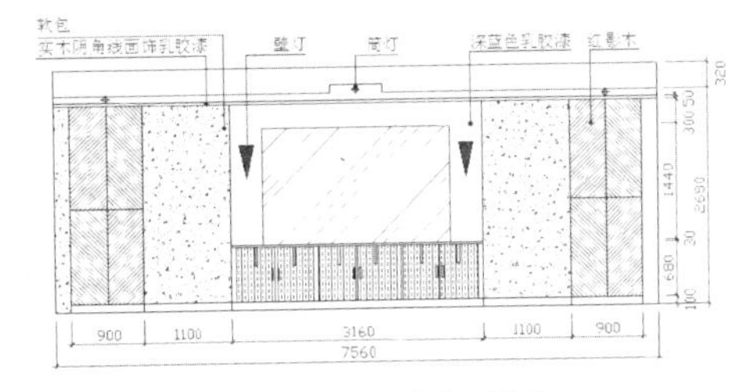

图 198-15　标注尺寸

步骤 19 绘制说明标注。使用 TEXT 命令，在立面图下方输入文字“办公楼会议室投影立面图（1:30）”；使用 LINE 命令在该文字的下方绘制两条直线，并将第一条直线的线宽设置为 0.30 毫米，效果参见图 198-1。

实例 199　办公楼会议室西面图

本实例将绘制办公楼会议室西面图，效果如图 199-1 所示。

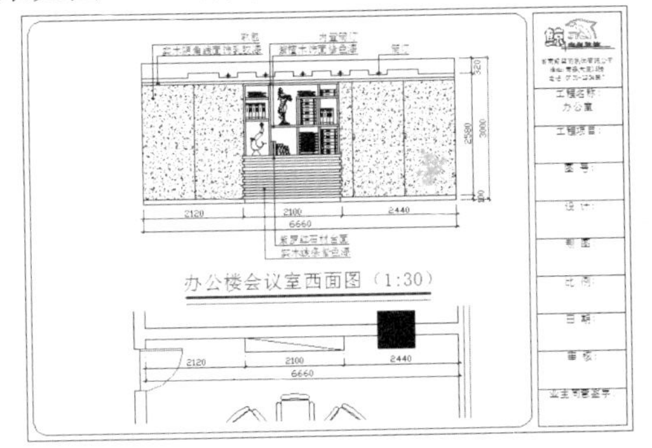

图 199-1　办公楼会议室西面图

操作步骤

步骤 1 打开并另存文件。启动 AutoCAD，按【Ctrl+O】组合键，打开实例 198 绘制的“办公楼会议室投影立面图”图形文件，然后按【Ctrl+Shift+S】组合键，将该图形另存为“办公楼会议室西面图”文件。

步骤 2 删除处理。执行 ERASE 命令，选择办公楼会议室投影立面图将其删除，并参照图 199-2 所示的办公楼会议室平面图绘制办公楼会议室西面图。

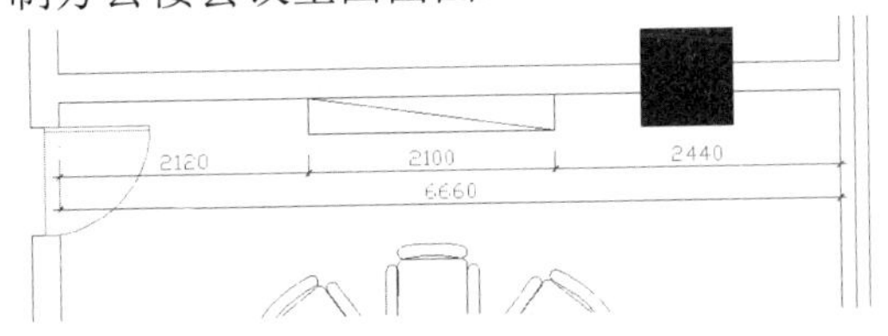

图 199-2　办公楼会议室平面图

步骤 3 绘制矩形并分解处理。将“墙体”图层设置为当前图层，执行 RECTANG 命令，在绘图区中任取一点作为起点，然后输入（@6660,3000）绘制一个矩形；使用 EXPLODE 命令将矩形分解。

步骤 4 偏移处理。单击“修改”面板中的“偏移”按钮，根据提示进行操作，选择矩形的上边水平线，沿垂直方向依次向下偏移，偏移的距离分别为 220、100、80、

50和2450；选择矩形左侧的垂直线，沿水平方向依次向右偏移，偏移的距离分别为980、650、400、400、400、400、400、400、400、400、400和650，效果如图199-3所示。

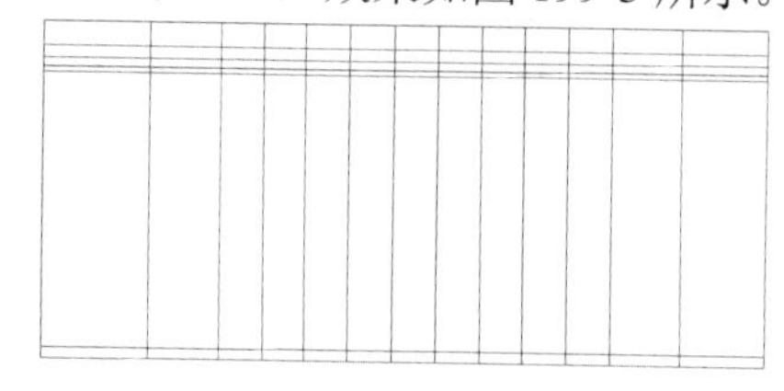

图199-3　偏移处理

步骤 5 修剪处理。使用TRIM命令对偏移的直线进行修剪，效果如图199-4所示。

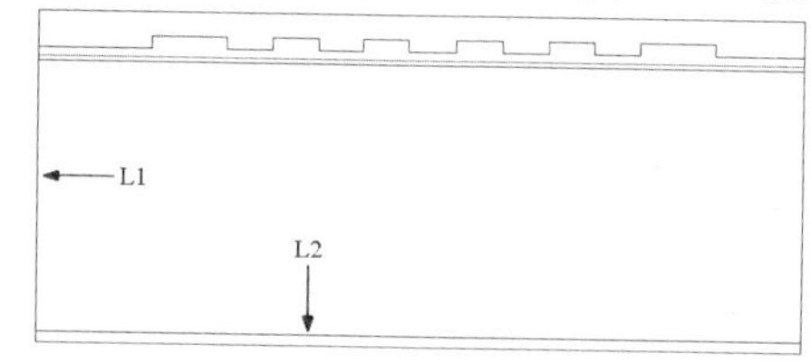

图199-4　修剪处理

步骤 6 偏移处理。单击“修改”面板中的“偏移”按钮，根据提示进行操作，选择图199-4所示的直线L1，沿水平方向依次向右偏移，偏移的距离分别为2120、40、2020和40；选择图199-4所示的直线L2，沿垂直方向依次向上偏移15次，偏移的距离均为60，效果如图199-5所示。

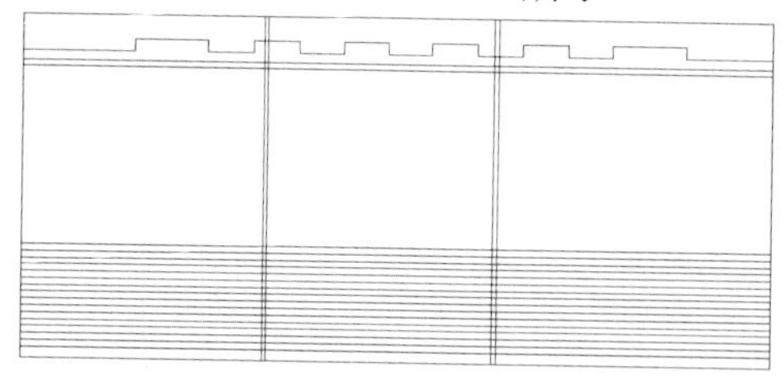

图199-5　偏移处理

步骤 7 修剪处理。使用TRIM命令对偏移的直线进行修剪，效果如图199-6所示。

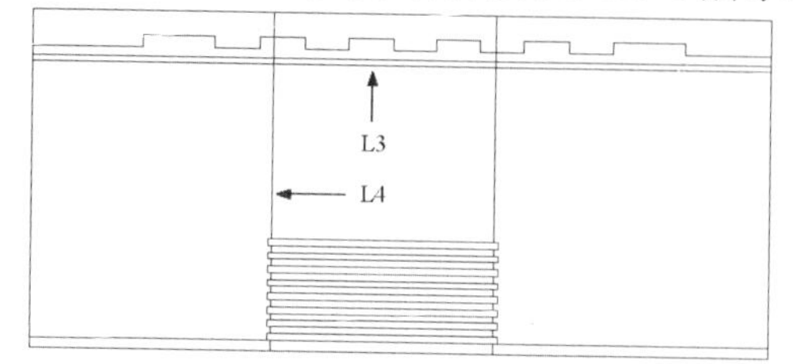

图199-6　修剪处理

步骤 8 偏移处理。单击“修改”面板中的“偏移”按钮，根据提示进行操作，选择图199-6所示的直线L3，沿垂直方向依次向下偏移，偏移的距离分别为40、260、40、420、40、100和40；选择直线L4，沿水平方向依次向右偏移，偏移的距离分别为40、360、40、100、40、400、40、100、40、420、40和360，效果如图199-7所示。

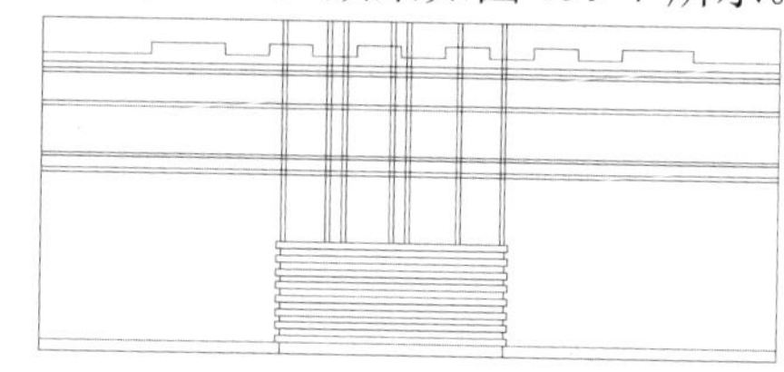

图199-7　偏移处理

步骤 9 修剪处理。使用TRIM命令对偏移的直线进行修剪，效果如图199-8所示。

步骤 10 重复步骤（9）的操作，对图199-8所示的书柜框架进行修剪，并将书柜移至“家具”图层，效果如图199-9所示。

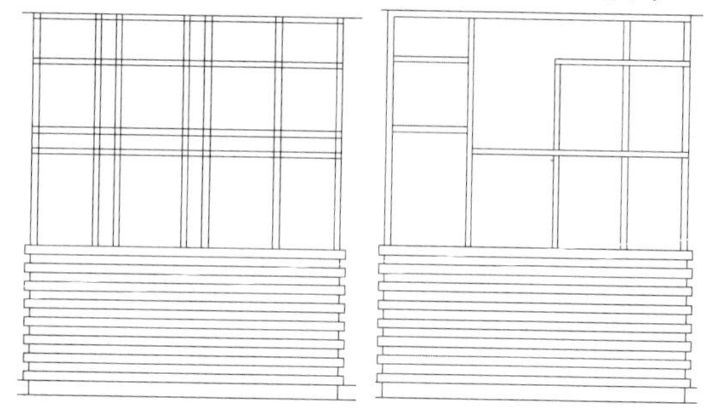

图199-8　修剪处理　　图199-9　修剪处理

步骤 11 偏移并修剪处理。单击“修改”面板中的“偏移”按钮，根据提示进行操作，选择直线L1，沿水平方向依次向右偏移，偏移距离分别为1100、3360和1100；使用TRIM命令对偏移的直线进行修剪，效果如图199-10所示。

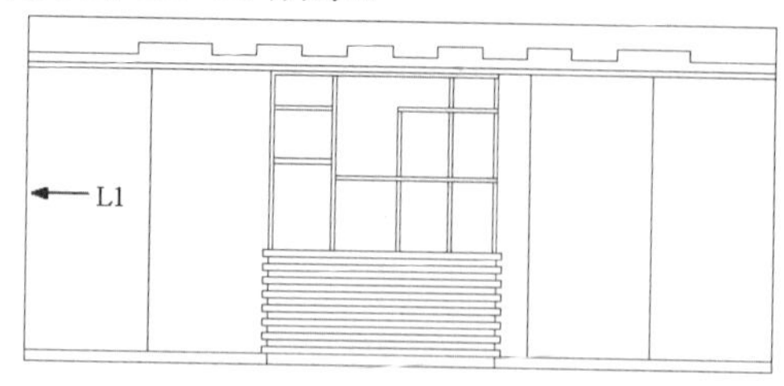

图199-10　偏移并修剪处理

步骤 12 插入图块。将“家具”图层设置为当前图层，单击“插入”选项板中的“内容”选项区的“设计中心”按钮，在弹出的“设计中心”面板中选择筒灯、书和装饰物图块并插入，效果如图 199-11 所示。

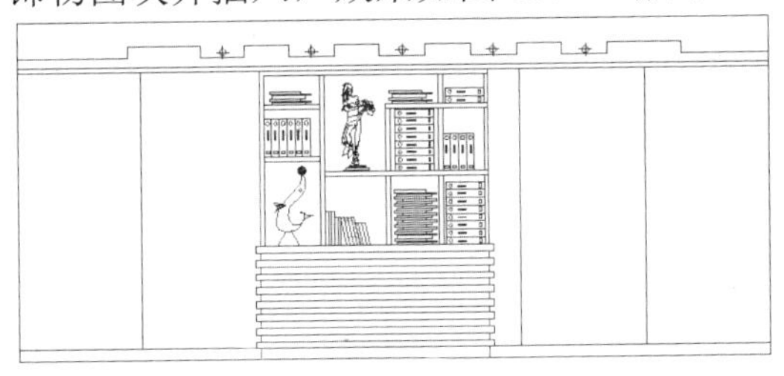

图 199-11　插入图块

步骤 13 插入图块。将“植物”图层设置为当前图层，单击“插入”选项板中的“内容”选项区的“设计中心”按钮，在弹出的“设计中心”面板中选择植物图块并插入，效果如图 199-12 所示。

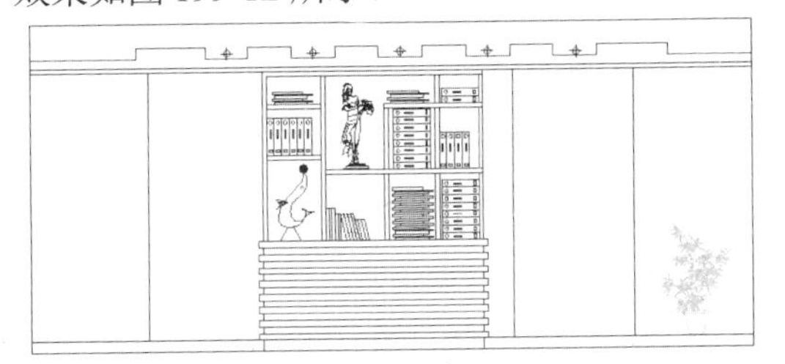

图 199-12　插入图块

步骤 14 图案填充。将“填充”图层设置为当前图层，执行 BHATCH 命令，设置“图案”为 AR-CONC、“比例”为 30，在绘图区中选择要填充的区域进行填充，效果如图 199-13 所示。

图 199-13　图案填充

步骤 15 标注文字。将“标注和文字”图层设置为当前图层，使用MTEXT和QLEADER命令对图形进行适当的说明，效果如图 199-14 所示。

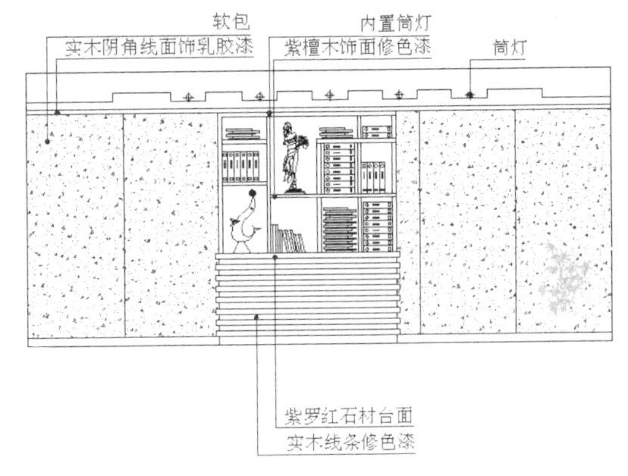

图 199-14　标注文字

步骤 16 标注尺寸。使用 DIMLINEAR 和 DIMCONTINUE 命令对图形进行尺寸标注，效果如图 199-15 所示。

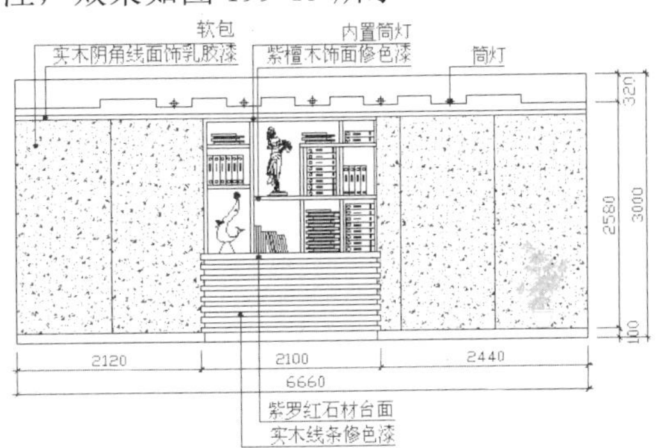

图 199-15　标注尺寸

步骤 17 绘制说明标注。使用 TEXT 命令在西面图的下方输入文字“办公楼会议室西面图（1:30）”；使用 LINE 命令在该文字的下方绘制两条直线，并将第一条直线的线宽设置为 0.30 毫米，效果参见图 199-1。

实例 200　办公楼会议室北面图

本实例将绘制办公楼会议室北面图，效果如图 200-1 所示。

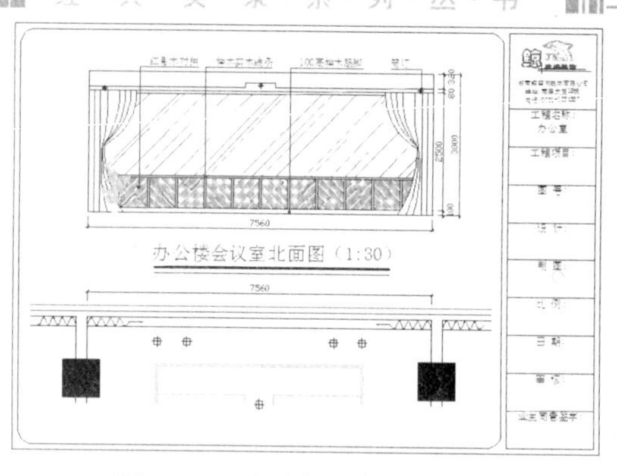

图 200-1 办公楼会议室北面图

操作步骤

步骤 1 打开并另存文件。启动AutoCAD，按【Ctrl＋O】组合键，打开实例 199 绘制的“办公楼会议室西面图”文件，然后按【Ctrl＋Shift＋S】组合键，将该图形另存为“办公楼会议室北面图”文件。

步骤 2 删除处理。执行 ERASE 命令，选择办公楼会议室西面图将其删除，并参照图 200-2 所示的办公楼会议室天花平面图绘制办公楼会议室北面图。

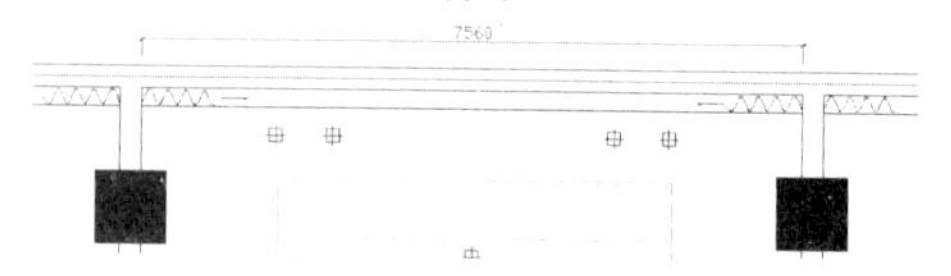

图 200-2 办公楼会议室天花平面图

步骤 3 绘制矩形并分解处理。将“墙体”图层设置为当前图层，执行 RECTANG 命令，在绘图区内任取一点作为起点，然后输入（@7560,3000）绘制一个矩形；使用 EXPLODE 命令将矩形分解。

步骤 4 偏移处理。单击“修改”面板中的“偏移”按钮，根据提示进行操作，选择矩形的上边水平线，沿垂直方向依次向下偏移，偏移的距离分别为 220、100、80、50、1750、45 和 655；选择矩形左侧的垂直线，沿水平方向依次向右偏移，偏移的距离分别为 3450 和 660，效果如图 200-3 所示。

步骤 5 修剪处理。使用 TRIM 命令对偏移的直线进行修剪，效果如图 200-4 所示。

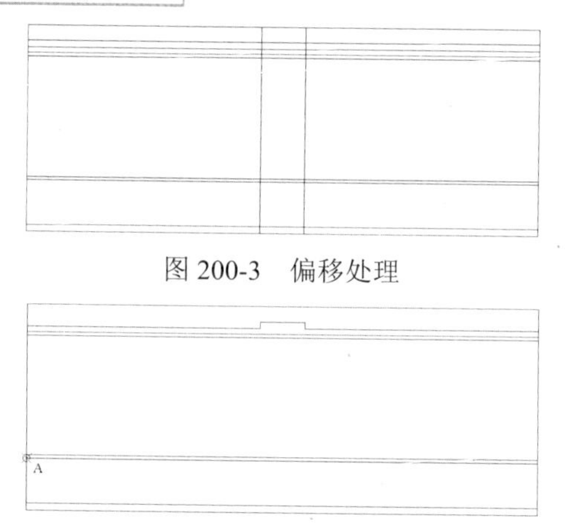

图 200-3 偏移处理

图 200-4 修剪处理

步骤 6 绘制直线并偏移处理。执行 LINE 命令，按住【Shift】键的同时在绘图区单击鼠标右键，在弹出的快捷菜单中选择“自”选项，捕捉图 200-4 中的端点 A 为基点，然后输入（@660,0）和（@0,-655）绘制直线；执行 OFFSET 命令，选择绘制的直线，沿水平方向向右偏移，偏移的距离为 40，效果如图 200-5 所示。

图 200-5 绘制直线并偏移处理

步骤 7 复制处理。执行 COPY 命令，选择步骤（6）绘制的直线，以原点为基点，然后分别输入（@620,0）、（@1240,0）、（@1860,0）、（@2480,0）、（@3100,0）、（@3720,0）、（@4340,0）、（@4960,0）、（@5580,0）和（@6200,0）为目标点进行复制，效果如图 200-6 所示。

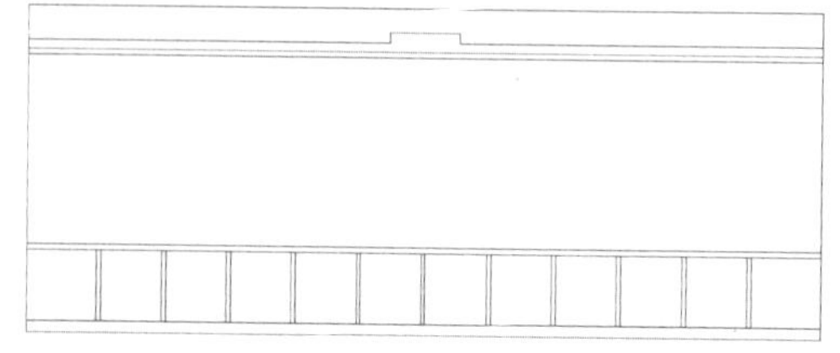

图 200-6 复制处理

步骤 8 绘制窗帘。将“家具”图层设置为当前图层，使用 ARC、LINE 命令绘制如图 200-7 所示的窗帘。

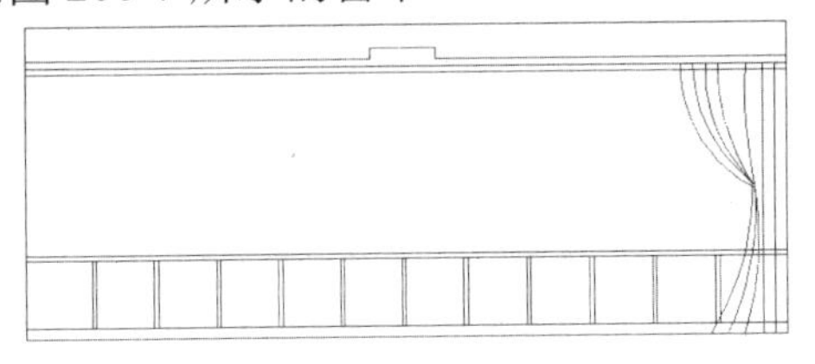

图 200-7 绘制窗帘

步骤 9 镜像处理。单击“修改”面板中的“镜像”按钮，根据提示进行操作，选择绘制的窗帘为镜像对象，捕捉上边水平线和下边水平线的中点为镜像线上的第一点和第二点进行镜像处理，效果如图 200-8 所示。

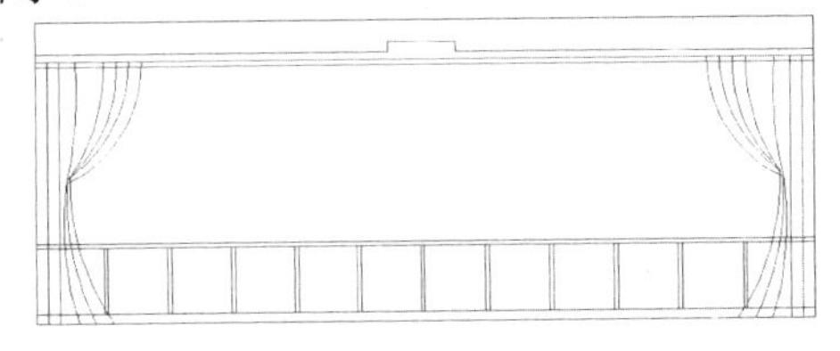

图 200-8 镜像处理

步骤 10 修剪处理。使用 TRIM 命令对多余的线段进行修剪，效果如图 200-9 所示。

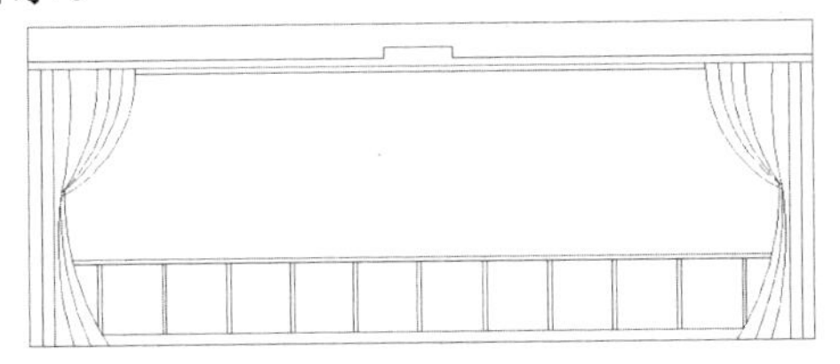

图 200-9 修剪处理

步骤 11 插入图块并修剪处理。单击“插入”选项板中的“内容”选项区的“设计中心”按钮，在弹出的“设计中心”面板中选择筒灯和植物图块并插入，并将其移至相应图层；使用 TRIM 命令对多余的直线进行修剪，效果如图 200-10 所示。

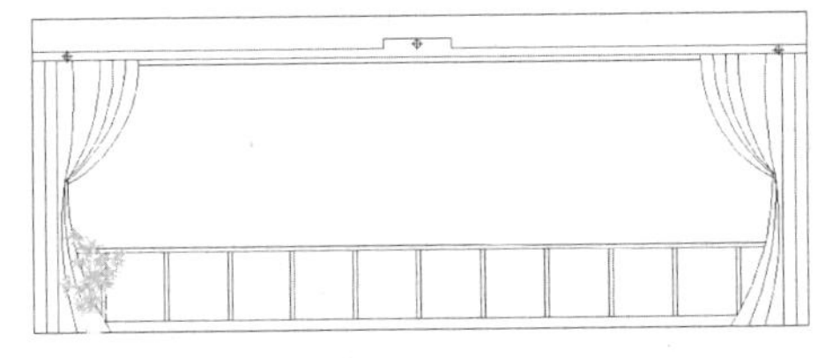

图 200-10 插入图块并修剪处理

步骤 12 图案填充。将“填充”图层设置为当前图层，执行 BHATCH 命令，设置填充的图案、比例和角度，对需要填充的区域进行填充，效果如图 200-11 所示。

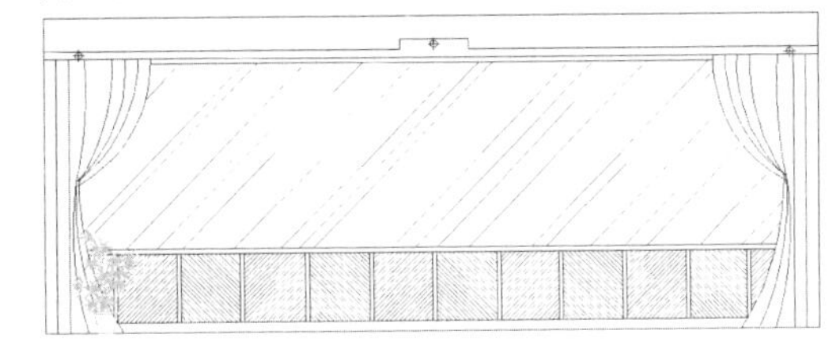

图 200-11 图案填充

步骤 13 标注文字。将“标注和文字”图层设置为当前图层，使用 MTEXT 和 QLEADER 命令，对图形进行适当的说明，效果如图 200-12 所示。

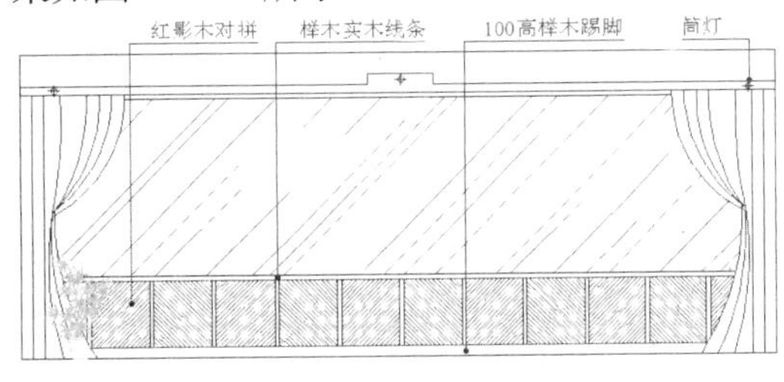

图 200-12 标注文字

步骤 14 标注尺寸。使用 DIMLINEAR 和 DIMCONTINUE 命令对图形进行尺寸标注，效果如图 200-13 所示。

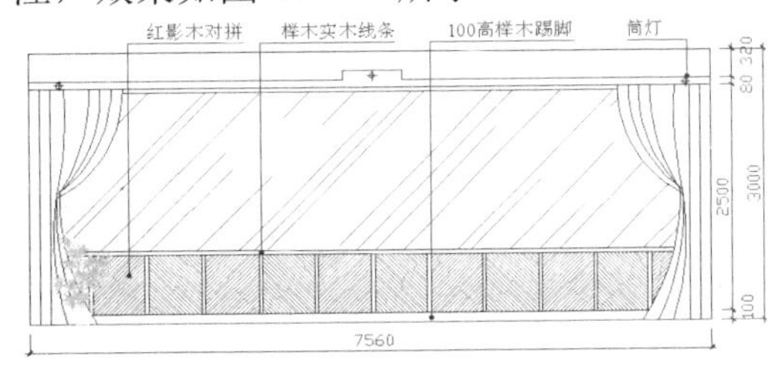

图 200-13 标注尺寸

步骤 15 绘制说明标注。使用 TEXT 命令，在北面图下方输入文字“办公楼会议室北面图（1:30）”；使用 LINE 命令，在该文字的下方绘制两条直线，并将第一条直线的线宽设置为 0.30 毫米，效果参见图 200-1。

实例 201 办公楼休息室北面图

本实例将绘制办公楼休息室北面图，效果如图 201-1 所示。

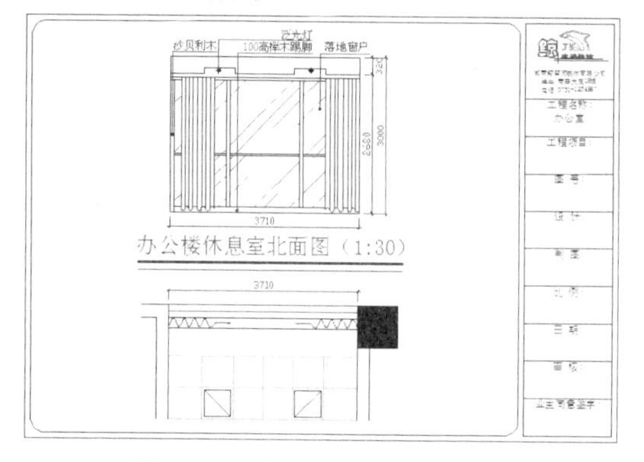

图 201-1 办公楼休息室北面图

操作步骤

步骤 1 打开并另存文件。按【Ctrl＋O】组合键，打开实例 200“办公楼会议室北面图”文件，然后按【Ctrl＋Shift＋S】组合键，将该图形另存为“办公楼休息室北面图”文件。

步骤 2 删除处理。使用 ERASE 命令，选择办公楼会议室北面图将其删除，并参照图 201-2 所示的办公楼休息室天花平面图绘制办公楼休息室北面图。

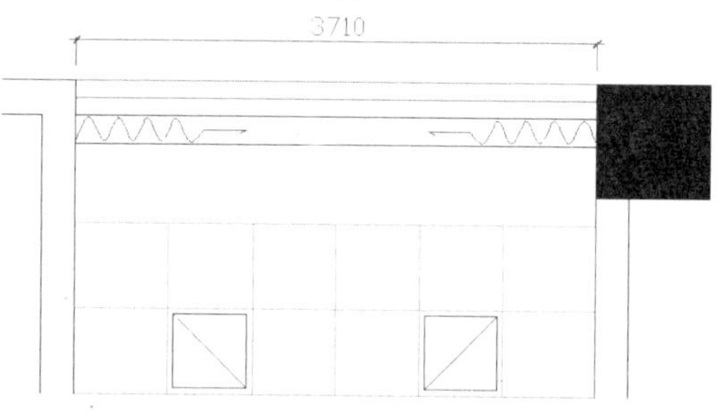

图 201-2 办公楼休息室天花平面图

步骤 3 绘制矩形并分解处理。将“墙体”图层设置为当前图层，执行 RECTANG 命令，在绘图区内任取一点作为起点，然后输入（@3710,3000）绘制矩形；使用 EXPLODE 命令将矩形分解。

步骤 4 偏移处理。执行 OFFSET 命令，选择矩形的上边水平线，沿垂直方向依次向下偏移，偏移的距离分别为 220、100、80、50 和 2450；选择矩形的左侧垂直线，沿水平方向依次向右偏移，偏移的距离分别为 655、600、1200 和 600，效果如图 201-3 所示。

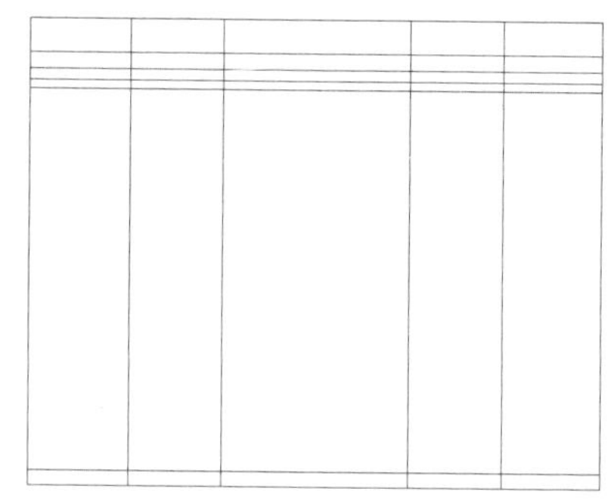

图 201-3 偏移处理

步骤 5 修剪处理。使用 TRIM 命令对偏移的直线进行修剪，效果如图 201-4 所示。

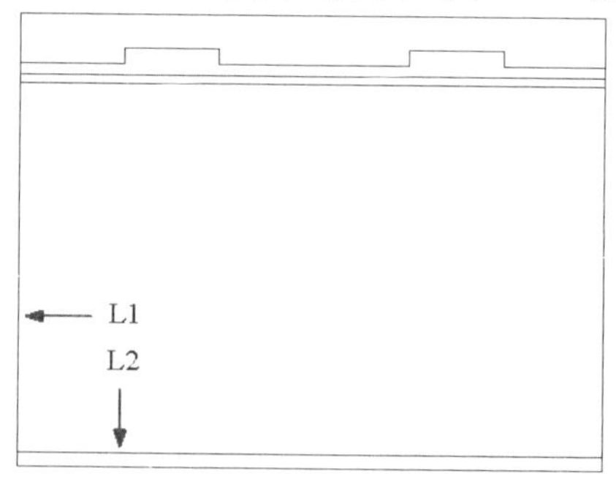

图 201-4 修剪处理

步骤 6 偏移处理。执行 OFFSET 命令，选择图 201-4 所示的直线 L1，沿水平方向依次向右偏移处理，偏移的距离分别为 80、1000、80、1390、80 和 1000；选择直线 L2，沿垂直方向依次向上偏移，偏移的距离分别为 989 和 45，效果如图 201-5 所示。

步骤 7 修剪处理。使用 TRIM 命令对偏移的直线进行修剪，效果如图 201-6 所示。

步骤 8 绘制窗帘。将“家具”图层设置为当前图层，使用 LINE、OFFSET 和 SPLINE 命令绘制如图 201-7 所示的窗帘。

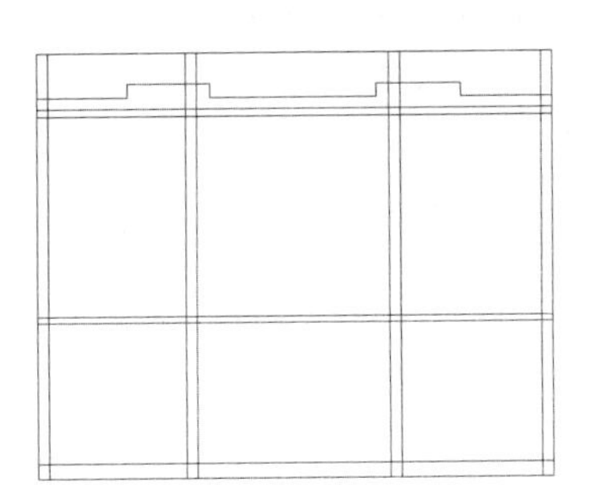

图 201-5　偏移处理

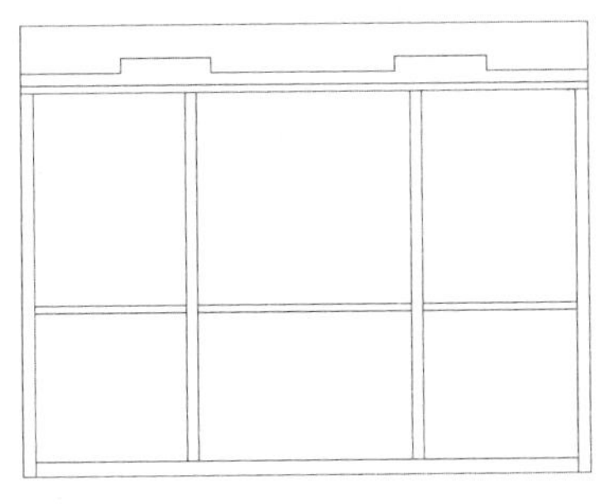

图 201-6　修剪处理

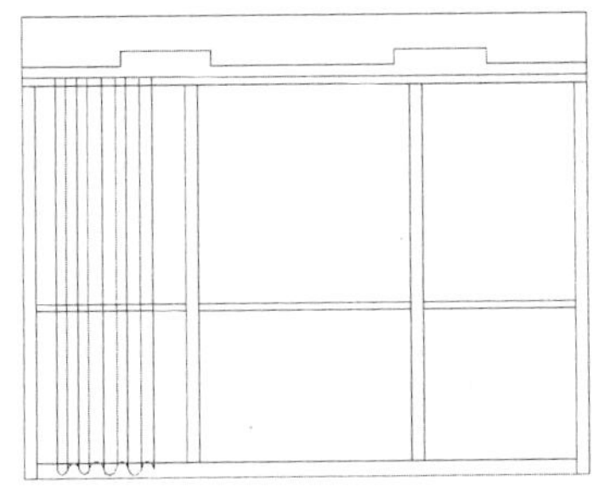

图 201-7　绘制窗帘

步骤 9 绘制右边的窗帘。使用命令 MIRROR 对绘制的窗帘进行镜像处理，使用 MOVE 命令将镜像生成的窗帘移至右边适当的位置，效果如图 201-8 所示。

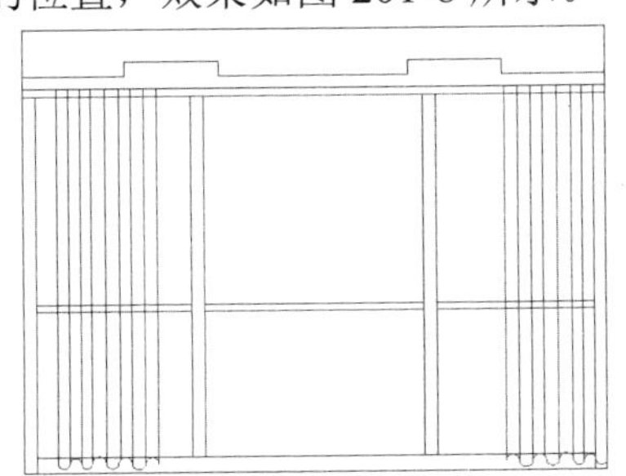

图 201-8　绘制右边的窗帘

步骤 10 修剪处理。单击“修改”面板中的“修剪”按钮，根据提示进行操作，对窗帘中多余的线段进行修剪，效果如图 201-9 所示。

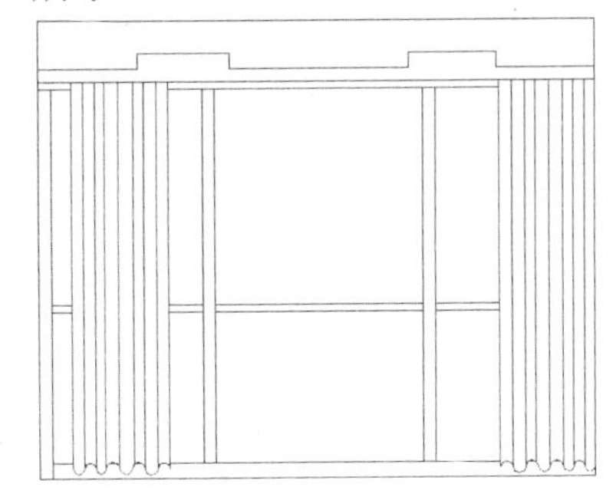

图 201-9　修剪处理

步骤 11 插入图块。单击“插入”选项板中的“内容”选项区的“设计中心”按钮，在弹出的“设计中心”面板中，选择筒灯图块进行插入，效果如图 201-10 所示。

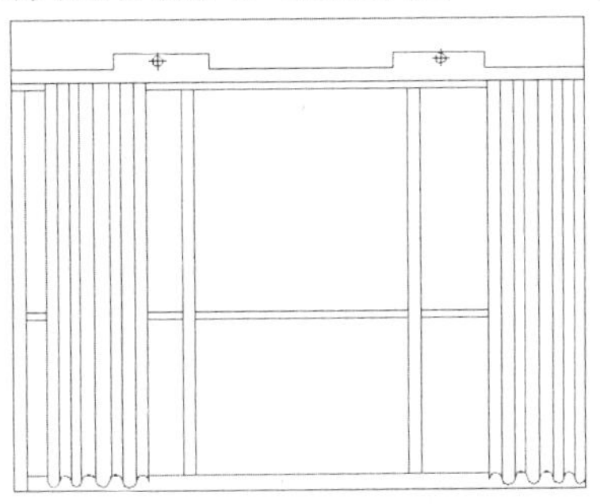

图 201-10　插入图块

步骤 12 图案填充。将“填充”图层设置为当前图层，执行 BHATCH 命令，设置“图案”为 AR-RROOF、“角度”为 45 度、“比例”为 1000，在绘图区内选择要填充的区域进行填充，效果如图 201-11 所示。

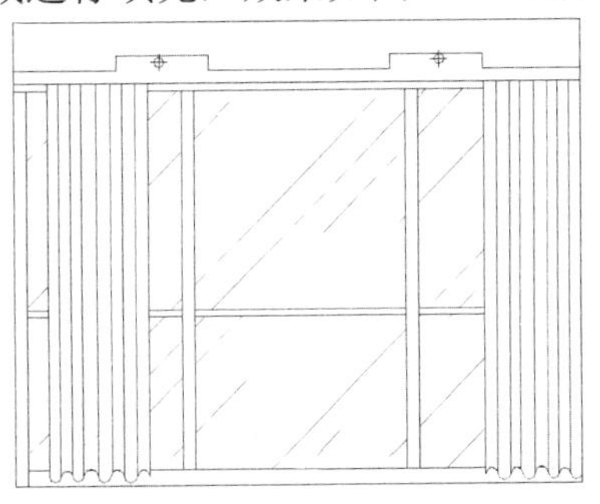

图 201-11　图案填充

步骤 13 标注文字。将“标注和文字”图层设置为当前图层，使用 MTEXT 和 QLEADER 命令对图形进行适当的说明，效果如图 201-12 所示。

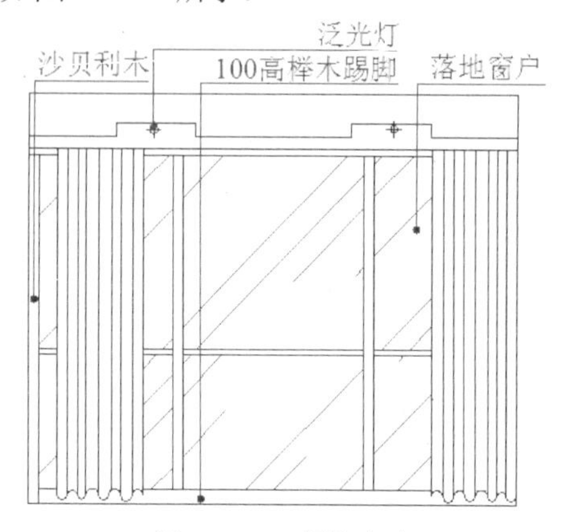

图 201-12　标注文字

步骤 14 标注尺寸。使用 DIMLINEAR 和 DIMCONTINUE 命令对图形进行尺寸标注，效果如图 201-13 所示。

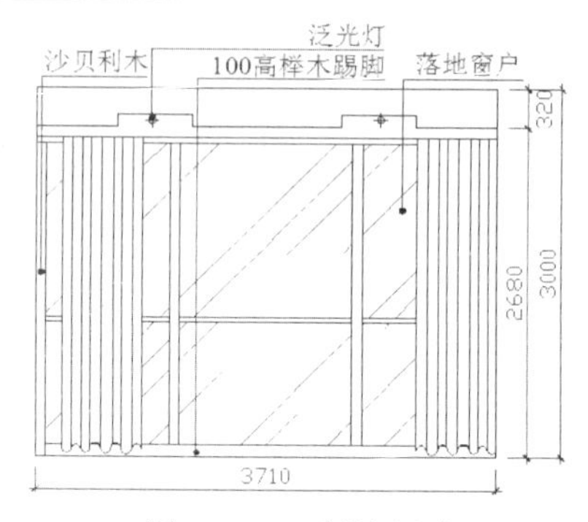

图 201-13　标注尺寸

步骤 15 绘制说明标注。使用 TEXT 命令在北面图的下方输入文字“办公楼休息室北面图（1:30）”，使用 LINE 命令在该文字的下方绘制两条直线，并将第一条直线的线宽设置为 0.30 毫米，效果参见图 201-1。

实例 202 办公楼休息室东面图

本实例将绘制办公楼休息室东面图，效果如图 202-1 所示。

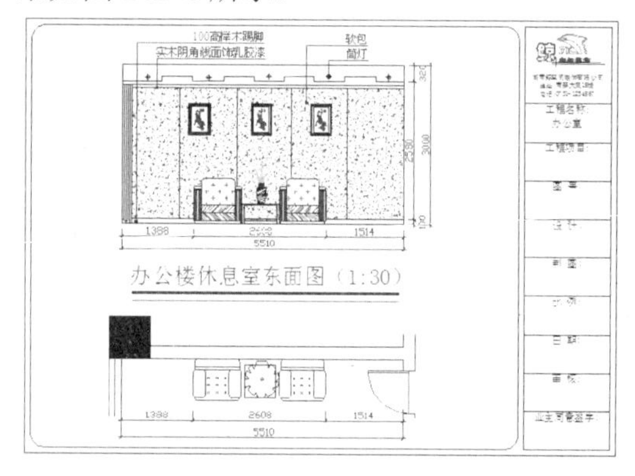

图 202-1　办公楼休息室东面图

操作步骤

步骤 1 打开并另存文件。启动 AutoCAD，按【Ctrl+O】组合键，打开实例 201 绘制的“办公楼休息室北面图”文件，然后按【Ctrl+Shift+S】组合键，将该图形另存为“办公楼休息室东面图”文件。

步骤 2 删除处理。执行 ERASE 命令，选择办公楼休息室北面图将其删除，并参照图 202-2 所示的办公楼休息室平面图绘制办公楼休息室东面图。

步骤 3 绘制矩形并分解处理。将“墙体”图层设置为当前图层，执行 RECTANG 命令，在绘图区内任取一点作为起点，然后输入（@5510,3000）绘制一个矩形；使用 EXPLODE 命令将矩形分解。

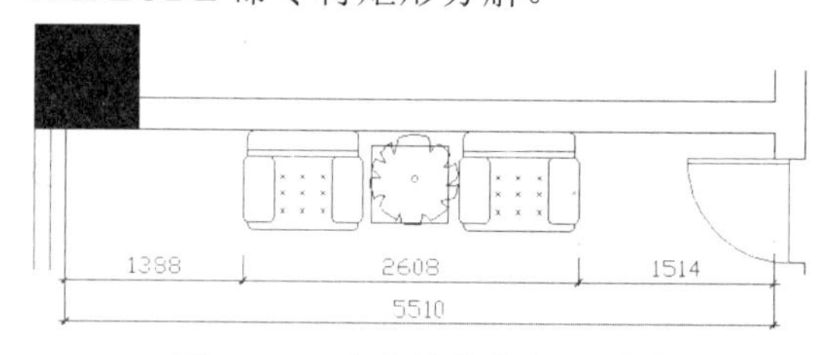

图 202-2　办公楼休息室平面图

步骤 4 偏移处理。执行 OFFSET 命令，选择矩形的上边水平线，沿垂直方向依次向下偏移，偏移的距离分别为 220、100、80、50 和 2450；选择矩形的左边垂直线，沿水平方向依次向右偏移，偏移的距离分别为 200 和 555，效果如图 202-3 所示。

步骤 5 重复步骤（4）的操作，选择图 202-3 中的直线 L1，沿水平方向依次向右偏移

7 次，偏移的距离均为 600，效果如图 202-4 所示。

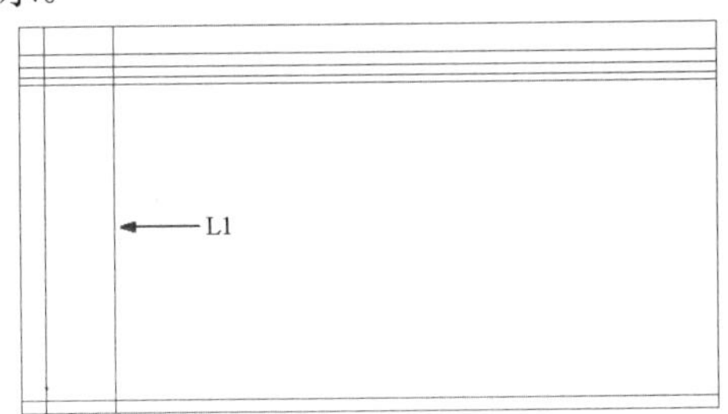

图 202-3　偏移处理

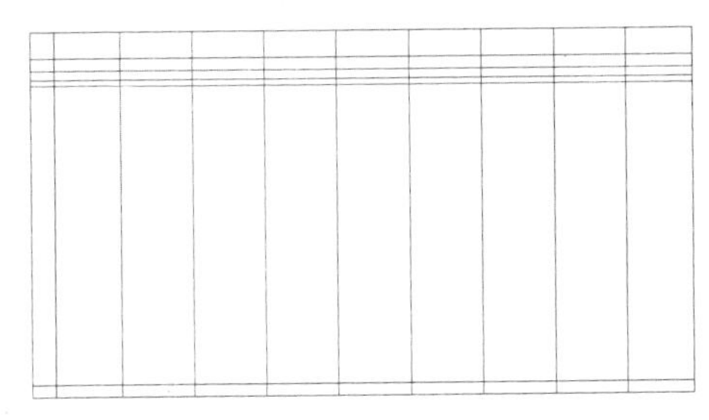

图 202-4　偏移处理

步骤 6 修剪处理。使用 TRIM 命令对偏移的直线进行修剪，效果如图 202-5 所示。

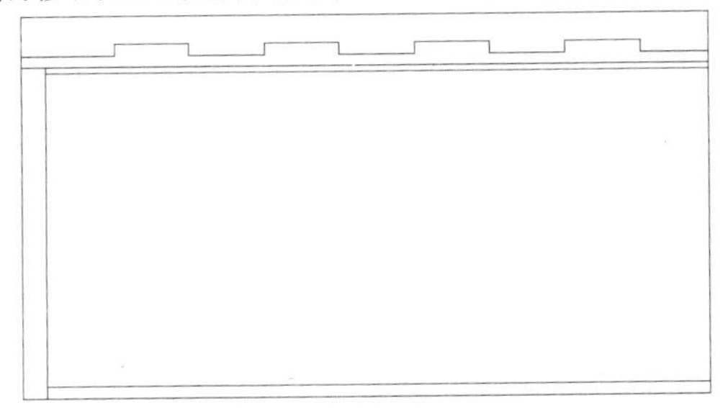

图 202-5　修剪处理

步骤 7 绘制窗帘。使用 OFFSET、SPLINE 和 TRIM 命令绘制窗帘，并将其移至“家具”图层，效果如图 202-6 所示。

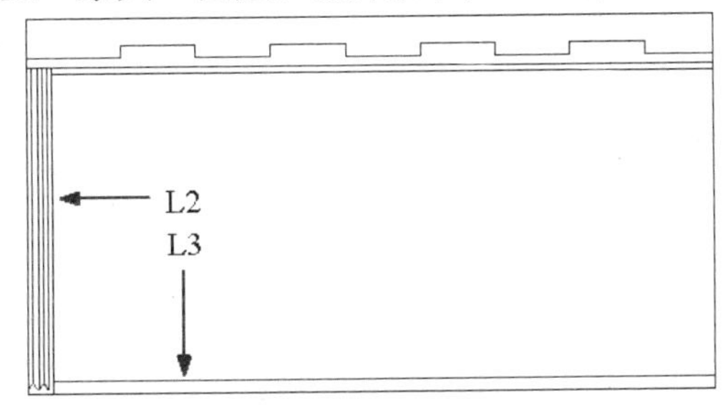

图 202-6　绘制窗帘

步骤 8 偏移处理。单击“修改”面板中的“偏移”按钮，根据提示进行操作，选择图 202-6 中的直线 L2，沿水平方向依次向右偏移，偏移的距离分别为 1188、25、120、640、120 和 25；选择直线 L3，沿垂直方向向下偏移，偏移的距离为 40。重复此操作，选择直线 L3，沿垂直方向依次向上偏移，偏移的距离分别为 110、150、340 和 150，效果如图 202-7 所示。

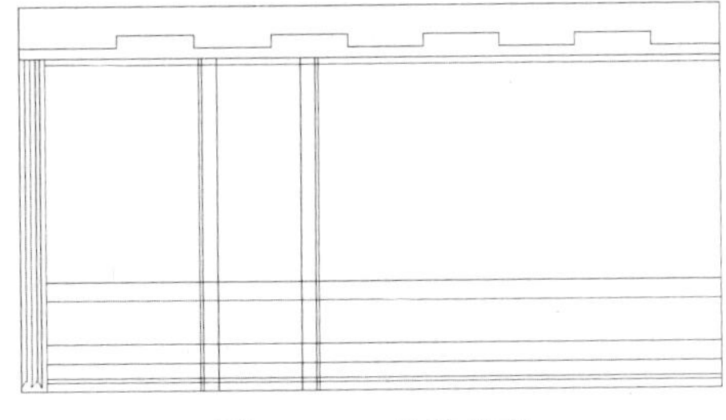

图 202-7　偏移处理

步骤 9 修剪处理。使用 TRIM 命令对偏移的直线进行修剪，效果如图 202-8 所示。

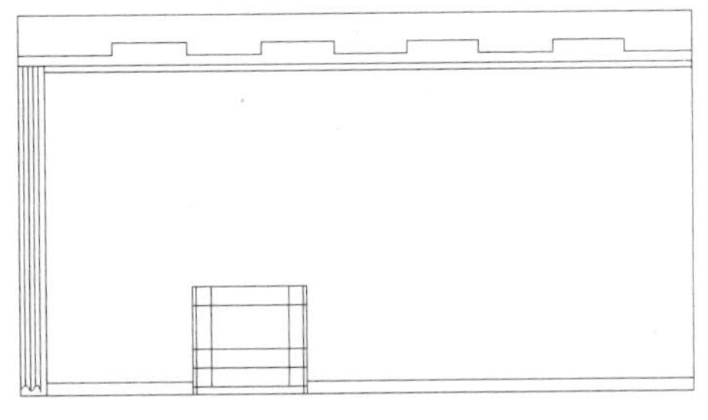

图 202-8　修剪处理

步骤 10 重复步骤（9）的操作，对图 202-8 中的沙发进行修剪，并将其移至“家具”图层中，效果如图 202-9 所示。

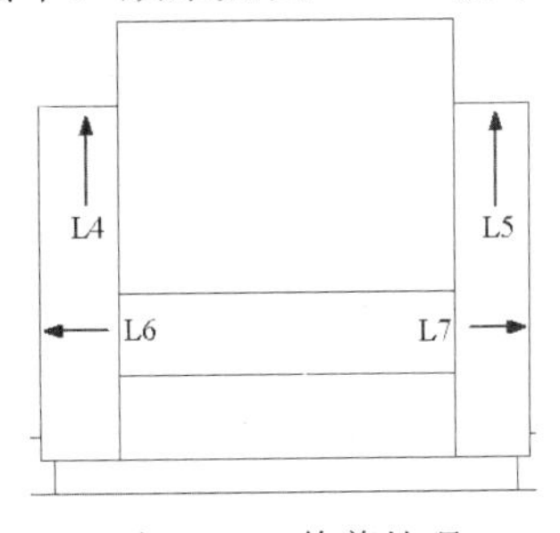

图 202-9　修剪处理

步骤 11 偏移处理。单击“修改”面板中的“偏移”按钮，根据提示进行操作，选择图 202-9 中的直线 L4，沿垂直方向依次向下偏移，偏移的距离分别为 40 和 20。重复此操作，选择直线 L5，沿垂直方向依次向下偏移，偏移的距离分别为40和20；选择直线L6，沿水平方向向右偏移20；选择直线L7，沿水平方向向左偏移20，效果如图202-10所示。

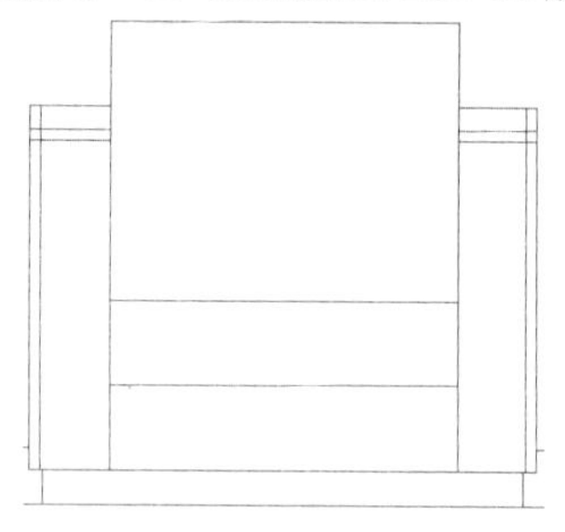

图 202-10 偏移处理

步骤 12 圆角处理。单击“修改”面板中的“圆角”按钮，根据提示进行操作，设置圆角半径为50，对沙发的靠背进行圆角处理，效果如图202-11所示。

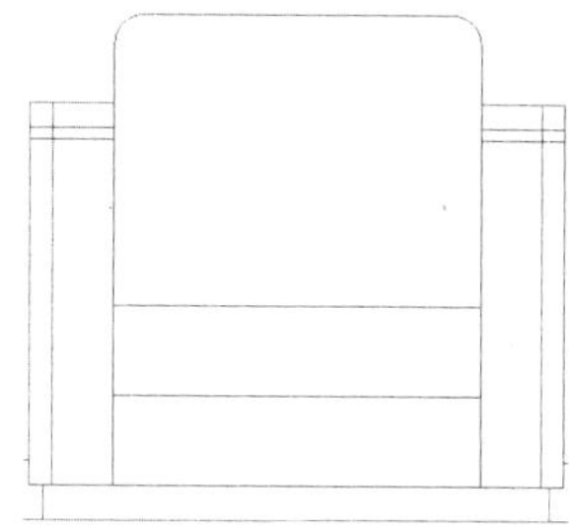

图 202-11 圆角处理

步骤 13 修剪并圆角处理。执行TRIM命令对多余的直线进行修剪；使用FILLET命令，设置圆角半径为20，对沙发的尖角进行圆角处理，效果如图202-12所示。

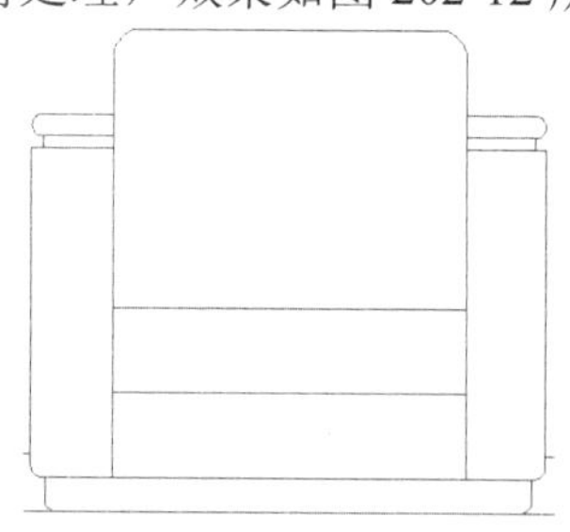

图 202-12 修剪并圆角处理

步骤 14 绘制矩形。将“家具”图层设置为当前图层，使用RECTANG命令，按住【Shift】键的同时在绘图区单击鼠标右键，在弹出的快捷菜单中选择“自”选项，捕捉休息室平面图左上角的端点为基点，然后输入（@2318,-2620）和（@50,-380）绘制矩形，效果如图202-13所示。

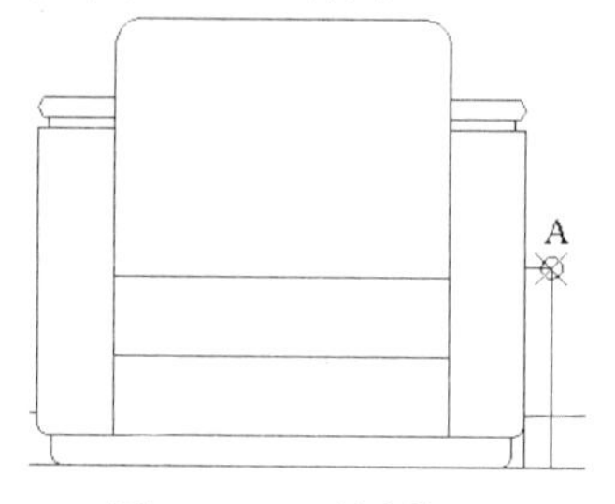

图 202-13 绘制矩形

步骤 15 重复步骤（14）的操作，捕捉图202-13中的端点A为角点，然后输入（@648,-30）为矩形的另一个角点，绘制矩形。

步骤 16 重复步骤（14）的操作，按住【Shift】键的同时在绘图区单击鼠标右键，在弹出的快捷菜单中选择“自”选项，捕捉端点A为基点，然后分别输入（@648,0）和（@50,-380）、（@0,-280）和（@648,-30），绘制两个矩形，效果如图202-14所示。

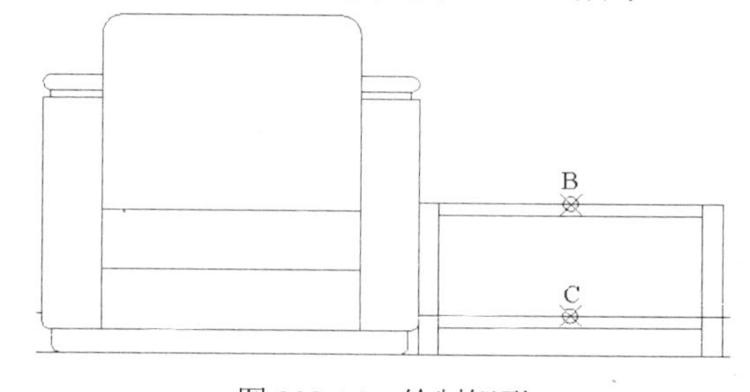

图 202-14 绘制矩形

步骤 17 镜像处理。执行MIRROR命令，选择沙发为镜像对象，捕捉图202-14中的中点B和中点C为镜像线上的第一点和第二点进行镜像处理。

步骤 18 修剪处理。使用TRIM命令对多余的直线进行修剪，效果如图202-15所示。

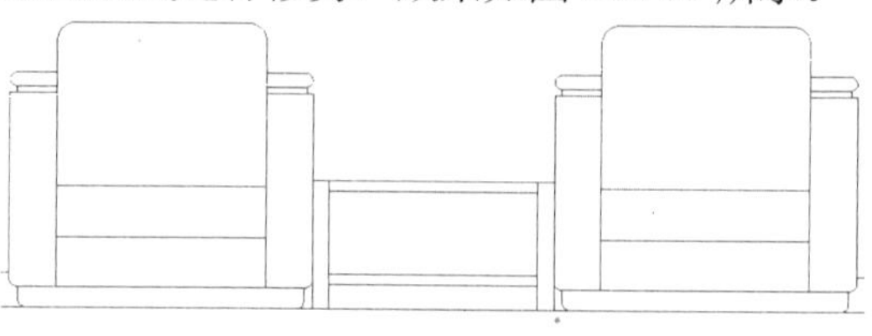

图 202-15 修剪处理

步骤 19 图案填充。将“填充”图层设置为当前图层，执行BHATCH命令，设置填充的图案、比例和角度，填充沙发区域，效果如图 202-16 所示。

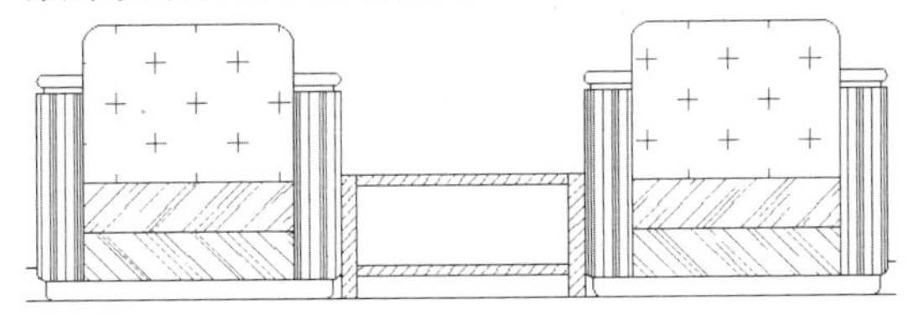

图 202-16　图案填充

步骤 20　插入图块。将“家具”图层设置为当前图层，单击“插入”选项板中的“内容”选项区的“设计中心”按钮，在弹出的“设计中心”面板中选择筒灯和装饰画图块并插入，效果如图 202-17 所示。

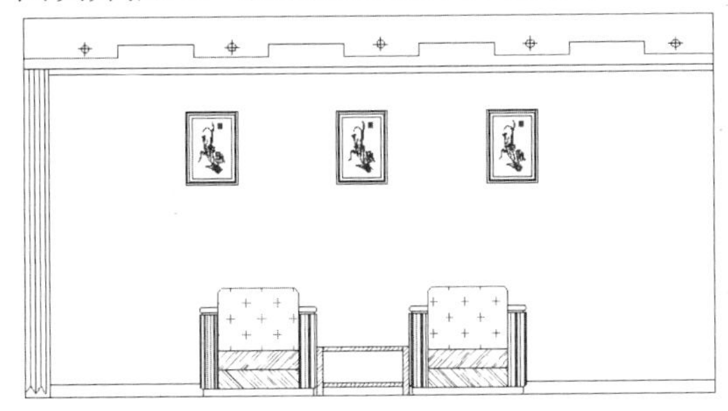

图 202-17　插入图块

步骤 21　插入图块。将“植物”图层设置为当前图层，单击“插入”选项板中的“内容”选项区的“设计中心”按钮，在弹出的“设计中心”面板中选择植物图块并插入，效果如图 202-18 所示。

图 202-18　插入图块

步骤 22　偏移处理。单击“修改”面板中的“偏移”按钮，根据提示进行操作，选择图 202-18 中的直线 L8，沿水平方向依次向左偏移 4 次，偏移距离均为 1100。

步骤 23　修剪处理。使用 TRIM 命令对多余的直线进行修剪，效果如图 202-19 所示。

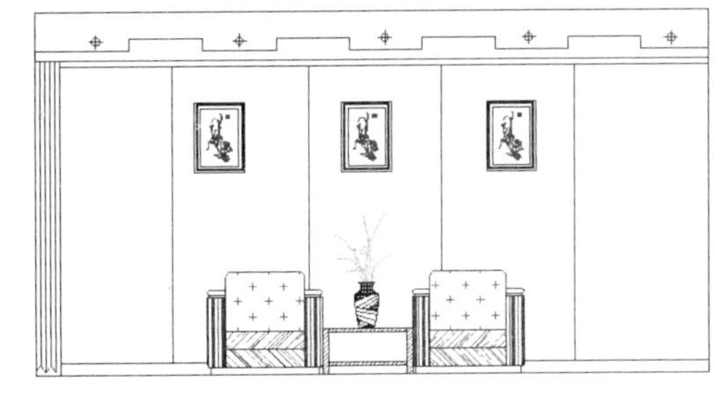

图 202-19　修剪处理

步骤 24　图案填充。将“填充”图层设置为当前图层，执行 BHATCH 命令，设置“图案”为 AR-CONC、“比例”为 30，对绘图区中的墙面进行填充，效果如图 202-20 所示。

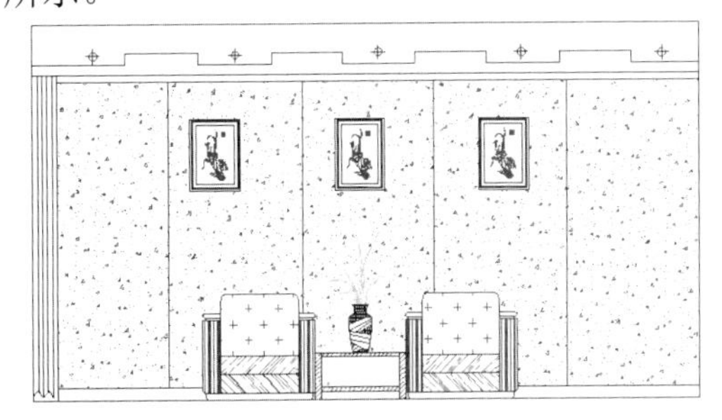

图 202-20　图案填充

步骤 25　标注文字。将“标注和文字”图层设置为当前图层，使用 MTEXT 和 QLEADER 命令对图形进行适当的说明，效果如图 202-21 所示。

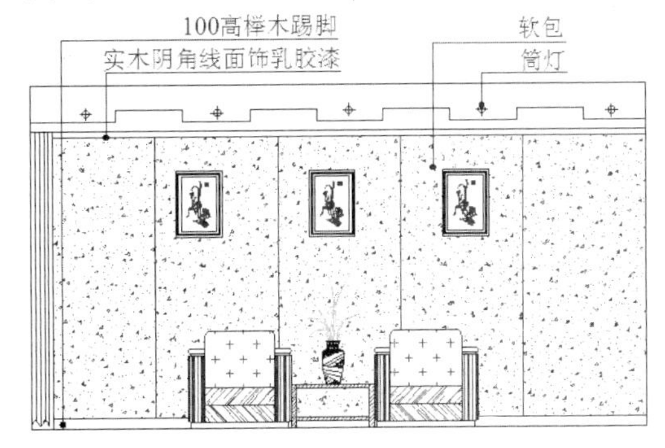

图 202-21　标注文字

步骤 26　标注尺寸。使用 DIMLINEAR 和 DIMCONTINUE 命令对图形进行尺寸标注，效果如图 202-22 所示。

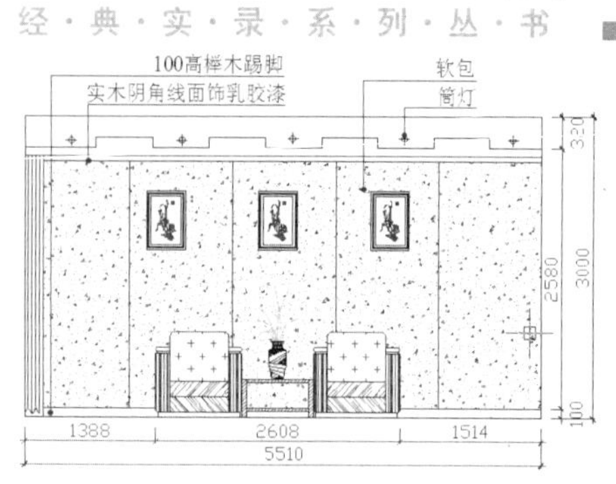

图 202-22　标注尺寸

步骤 27 绘制说明标注。使用 TEXT 命令，在东面图的下方输入文字“办公楼休息室东面图（1:30）”；使用 LINE 命令在该文字的下方绘制两条直线，并将第一条直线的线宽设置为 0.30 毫米，效果参见图 202-1。

实例 203 办公楼休息室电视墙立面图

本实例将绘制办公楼休息室电视墙立面图，效果如图 203-1 所示。

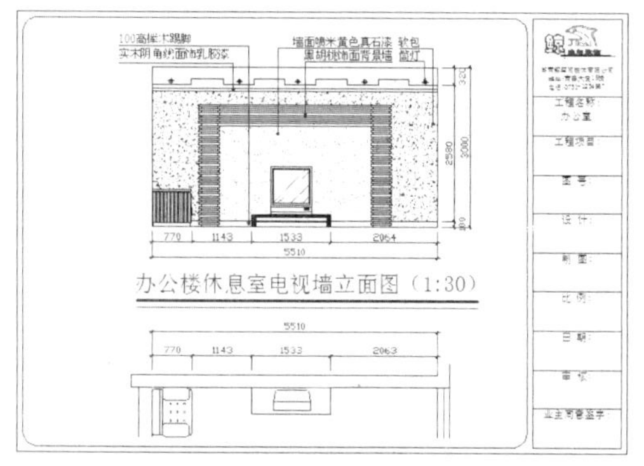

图 203-1　办公楼休息室电视墙立面图

操作步骤

步骤 1 打开并另存文件。启动 AutoCAD，按【Ctrl+O】组合键，打开实例 202 绘制的“办公楼休息室东面图”图形文件，然后按【Ctrl+Shift+S】组合键，将该图形另存为“办公楼休息室电视墙立面图”文件。

步骤 2 删除处理。执行 ERASE 命令，选择办公楼休息室东面图将其删除，并参照图 203-2 所示的办公楼休息室电视墙平面图绘制办公楼休息室电视墙立面图。

步骤 3 绘制矩形并分解处理。将“墙体”图层设置为当前图层，使用 RECTANG 命令，在绘图区内任取一点作为起点，然后输入（@5510,3000）绘制一个矩形；使用 EXPLODE 命令将矩形分解。

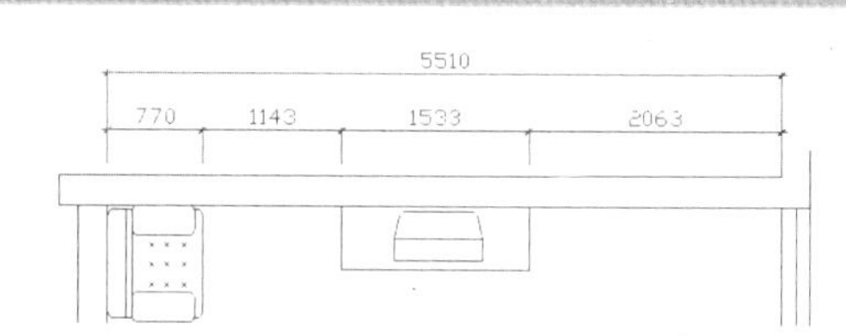

图 203-2　办公楼休息室电视墙平面图

步骤 4 偏移处理。单击“修改”面板中的“偏移”按钮，根据提示进行操作，选择矩形的上边水平线，沿垂直方向依次向下偏移，偏移的距离分别为 220、100、80、50 和 2450；选择矩形的左边垂直线，沿水平方向向右偏移，偏移的距离为 755。

步骤 5 重复步骤（4）的操作，选择垂直偏移生成的直线，沿水平方向依次向右偏移 7 次，偏移的距离均为 600，效果如图 203-3 所示。

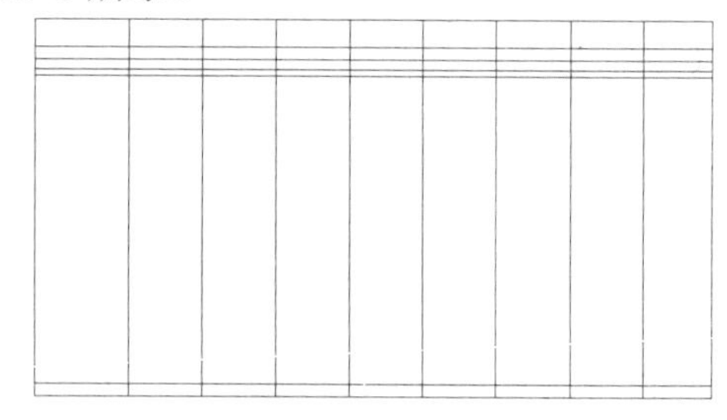

图 203-3　偏移处理

步骤 6 修剪处理。使用 TRIM 命令对偏移的直线进行修剪，效果如图 203-4 所示。

步骤 7 绘制矩形并分解处理。将“家具”图层设置为当前图层，执行 RECTANG 命令，根据提示进行操作，捕捉图 203-4 中的端点 A 为角点，然后输入（@770,850）为另一个角点绘制矩形；使用 EXPLODE 命令将绘制的矩形分解。

图 203-4　修剪处理

步骤 8 偏移处理。执行 OFFSET 命令，选择步骤（7）绘制的矩形的左边垂直线，沿水平方向依次向右偏移，偏移的距离分别为 25、80、40、580 和 20；选择矩形的上边水平线，沿垂直方向依次向下偏移，偏移的距离分别为 150、40、20、280、150 和 150，效果如图 203-5 所示。

步骤 9 修剪处理。使用 TRIM 命令对偏移的直线进行修剪，绘制出沙发，效果如图 203-6 所示。

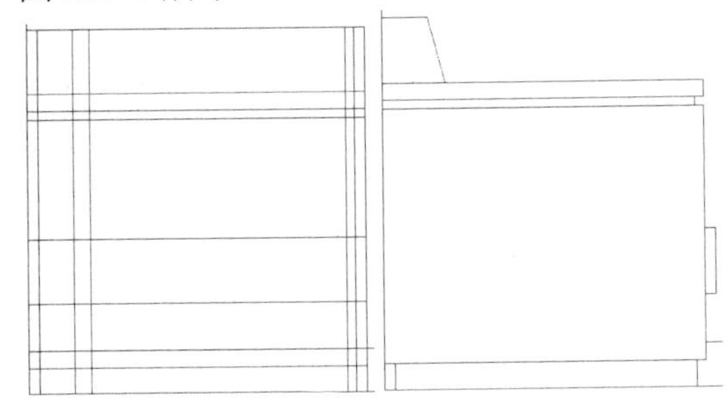

图 203-5　偏移处理　　图 203-6　修剪处理

步骤 10 圆角处理。单击“修改”面板中的“圆角”按钮，根据提示进行操作，设置圆角半径分别为 20 和 50，对沙发的尖角处进行圆角处理，效果如图 203-7 所示。

步骤 11 偏移处理。执行 OFFSET 命令，选择直线 L1，沿水平方向依次向右偏移，偏移的距离分别为 1913、20、20、20、20、1373、20、20、20 和 20；选择直线 L2，沿垂直方向依次向上偏移，偏移的距离分别为 80、90、20、20 和 20，效果如图 203-8 所示。

图 203-7　圆角处理

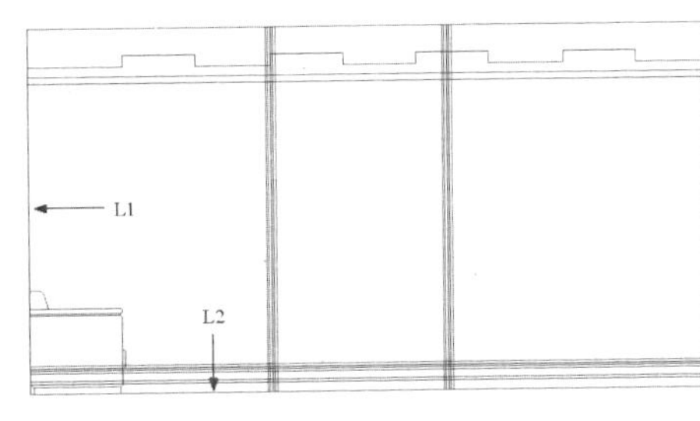

图 203-8　偏移处理

步骤 12 修剪处理。使用 TRIM 命令对偏移的直线进行修剪，绘制出电视桌，并将电视桌移至“家具”图层，效果如图 203-9 所示。

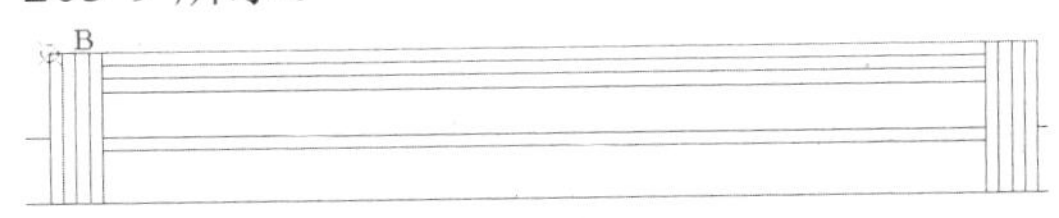

图 203-9　修剪处理

步骤 13 绘制矩形。单击“绘图”面板中的“矩形”按钮，根据提示进行操作，按住【Shift】键的同时在绘图区单击鼠标右键，在弹出的快捷菜单中选择“自”选项，捕捉图 203-9 中的端点 B 为基点，然后输入（@366.5,0）和（@800,900）绘制矩形，效果如图 203-10 所示。

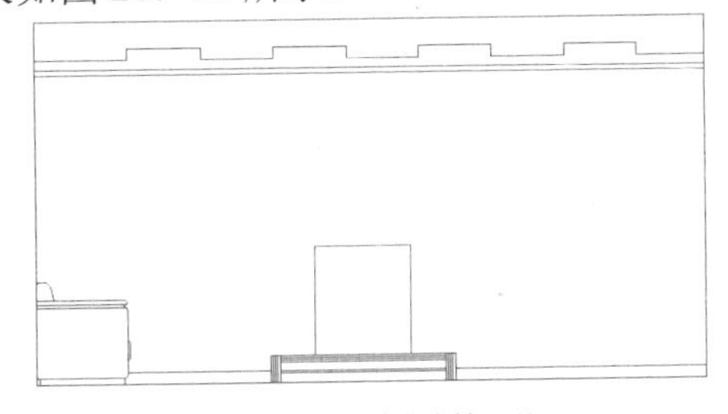

图 203-10　绘制矩形

步骤 14 绘制电视机。使用 RECTANG、OFFSET、LINE 和 CIRCLE 命令，参照图

203-11 中的尺寸标注，绘制电视机。

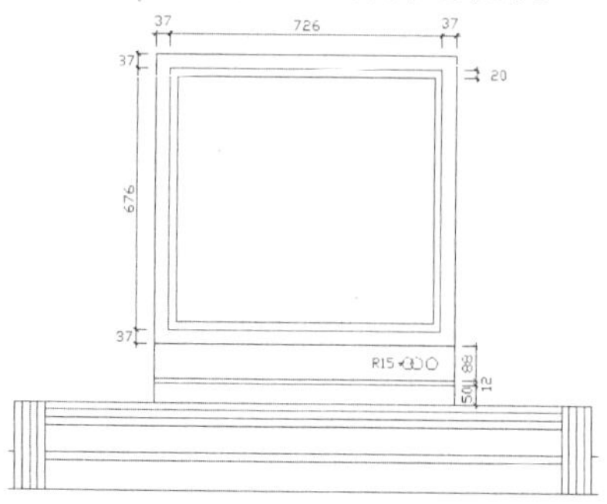

图 203-11　绘制电视机

步骤 15 偏移并修剪处理。使用命令 OFFSET，选择直线 L1，沿水平方向依次向右偏移，偏移的距离分别为 900、360、40、2910、40 和 360；选择直线 L3，沿垂直方向向下偏移，偏移的距离为 700；使用 TRIM 命令对偏移的直线进行修剪，效果如图 203-12 所示。

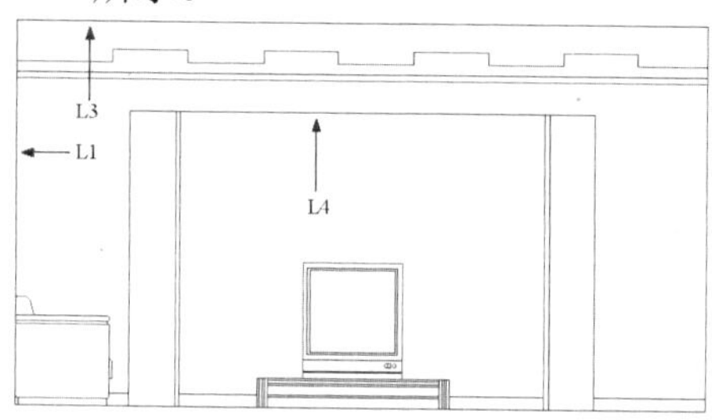

图 203-12　偏移并修剪处理

步骤 16 偏移处理。在命令行中输入命令 OFFSET 并按回车键，根据提示进行操作，选择图 203-12 中的直线 L4，沿垂直方向依次向下偏移 10 次，偏移的距离均为 40。

步骤 17 修剪处理。使用 TRIM 命令对偏移的直线进行修剪，效果如图 203-13 所示。

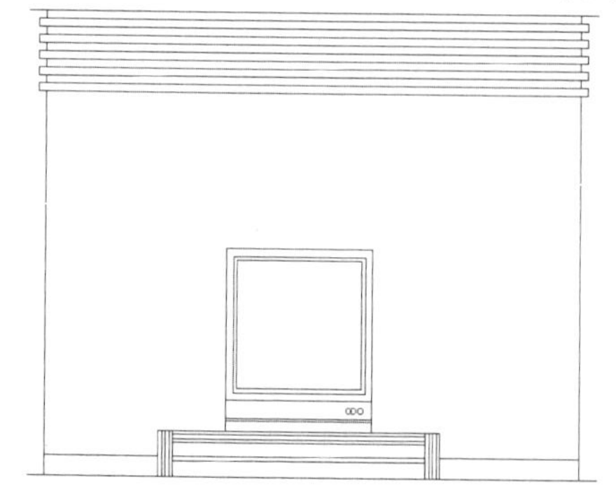

图 203-13　修剪处理

步骤 18 重复步骤（16）～（17）的操作，使用 OFFSET 和 TRIM 命令绘制如图 203-14 所示的背景墙。

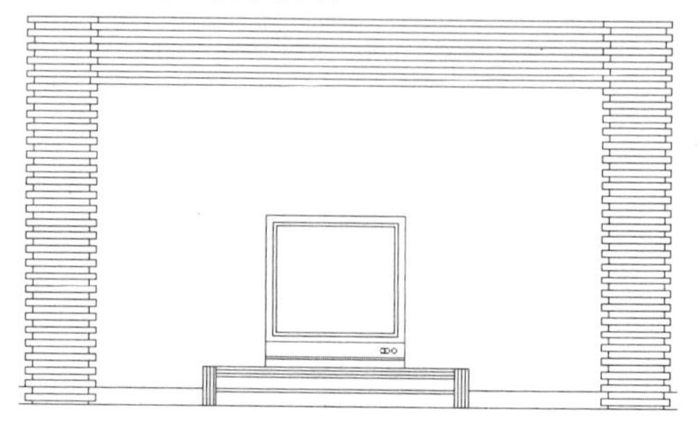

图 203-14　绘制背景墙

步骤 19 插入图块。单击“插入”选项板中的“内容”选项区的“设计中心”按钮，在弹出的“设计中心”面板中选择筒灯图块并插入，效果如图 203-15 所示。

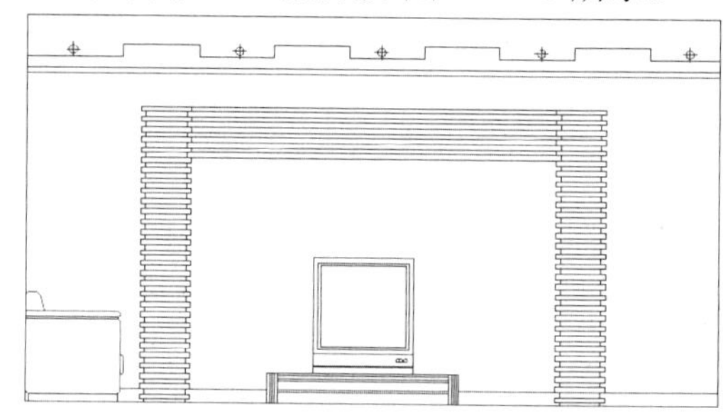

图 203-15　插入图块

步骤 20 图案填充。将“填充”图层设置为当前图层，使用 BHATCH 命令，设置填充的图案、比例和角度，填充沙发、背景墙、电视机和电视桌区域，效果如图 203-16 所示。

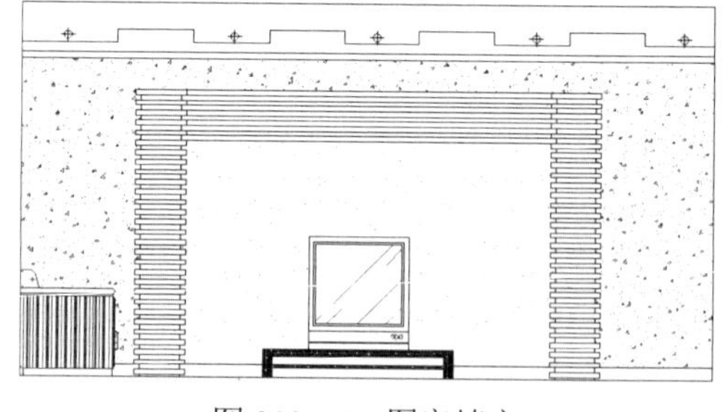

图 203-16　图案填充

步骤 21 标注文字。将“标注和文字”图层设置为当前图层，使用 MTEXT 和 QLEADER 命令对图形进行适当的说明，效果如图 203-17 所示。

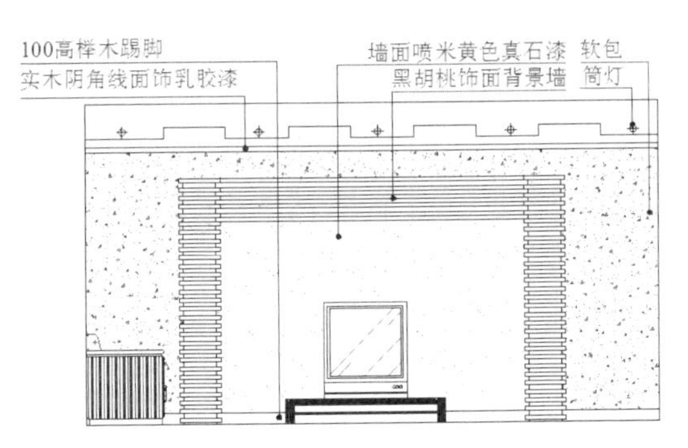

图 203-17　标注文字

步骤 22　标注尺寸。使用 DIMLINEAR 和 DIMCONTINUE 命令对图形进行尺寸标注，效果如图 203-18 所示。

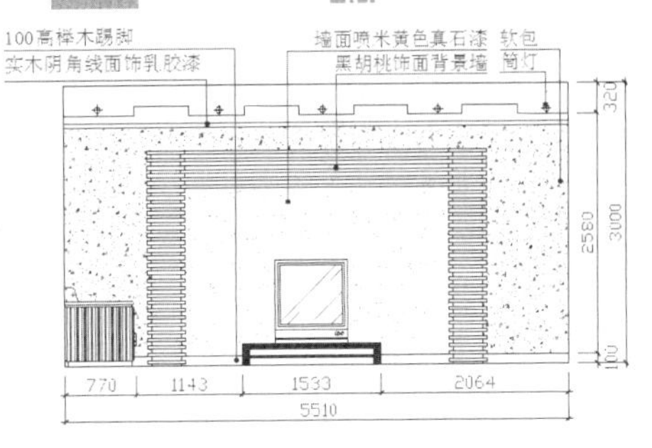

图 203-18　标注尺寸

步骤 23　绘制说明标注。使用 TEXT 命令在立面图下方输入文字“办公楼休息室电视墙立面图（1:30）”，使用 LINE 命令在该文字的下方绘制两条直线，并将第一条直线的线宽设置为 0.30 毫米，效果参见图 203-1。

实例 204　办公楼副总裁办公室立面图

本实例将绘制办公楼副总裁办公室立面图，效果如图 204-1 所示。

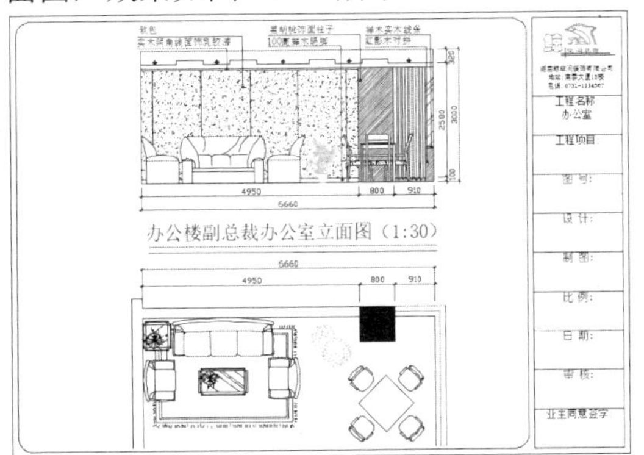

图 204-1　办公楼副总裁办公室立面图

操作步骤

步骤 1　打开并另存文件。启动 AutoCAD，按【Ctrl＋O】组合键，打开实例 203 绘制的“办公楼休息室电视墙立面图”图形文件，然后按【Ctrl＋Shift＋S】组合键，将该图形另存为“办公楼副总裁办公室立面图”文件。

步骤 2　删除处理。执行 ERASE 命令，选择办公楼休息室电视墙立面图将其删除，并参照图 204-2 所示的办公楼副总裁办公室平面图绘制办公楼副总裁办公室立面图。

步骤 3　绘制矩形并分解处理。将“墙体”图层设置为当前图层，执行 RECTANG 命令，在绘图区内任取一点作为起点，然后输入（@6660,3000）绘制一个矩形；使用 EXPLODE 命令将矩形分解。

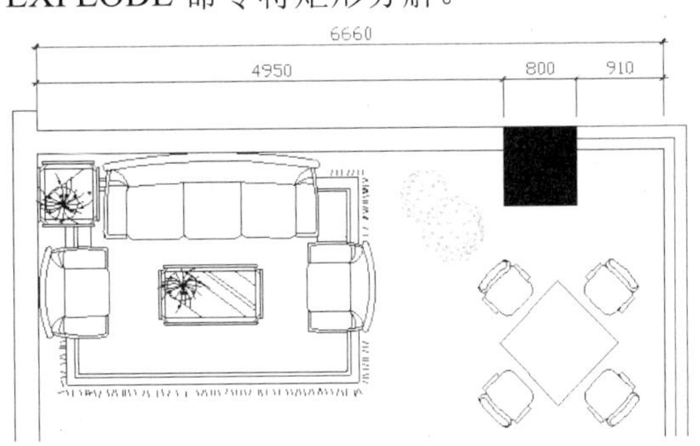

图 204-2　办公楼副总裁办公室平面图

步骤 4　偏移处理。单击“修改”面板中的“偏移”按钮，根据提示进行操作，选择矩形的上边水平线，沿垂直方向依次向下偏移，偏移的距离分别为 220、100、80、50 和 2450。重复此操作，选择矩形的左边垂直线，沿水平方向依次向右偏移，偏移的距离分别为 830、600、600、600、1200、600、600 和 600，效果如图 204-3 所示。

步骤 5　修剪处理。使用 TRIM 命令对偏移的直线进行修剪，效果如图 204-4 所示。

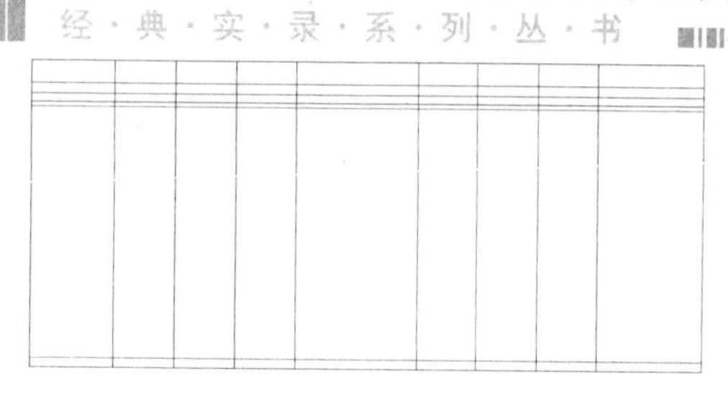

图 204-3　偏移处理

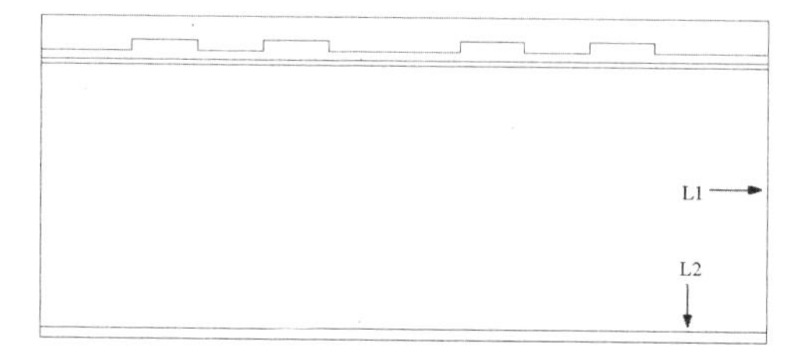

图 204-4　修剪处理

步骤 6 偏移处理。单击“修改”面板中的“偏移”按钮，根据提示进行操作，选择图 204-4 中的直线 L1，沿水平方向依次向左偏移，偏移的距离分别为 910 和 800；选择图 204-4 中的直线 L2，沿垂直方向依次向上偏移，偏移的距离分别为 655 和 45。

步骤 7 修剪处理。使用 TRIM 命令对偏移的直线进行修剪，效果如图 204-5 所示。

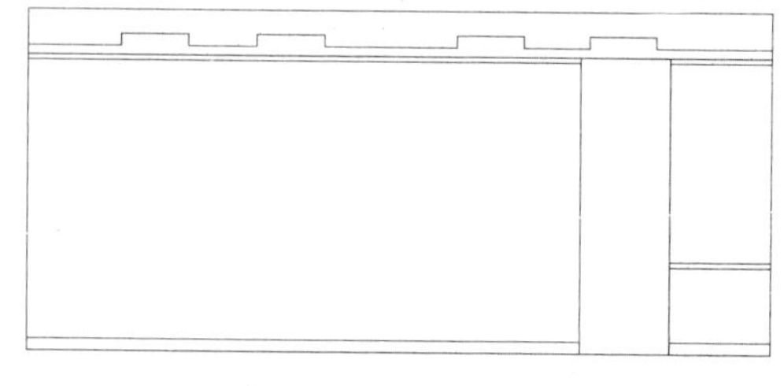

图 204-5　修剪处理

步骤 8 插入图块。将“家具”图层设置为当前图层，单击“插入”选项板中的“内容”选项区的“设计中心”按钮，在弹出的“设计中心”面板中，选择筒灯、沙发和桌子图块并插入，效果如图 204-6 所示。

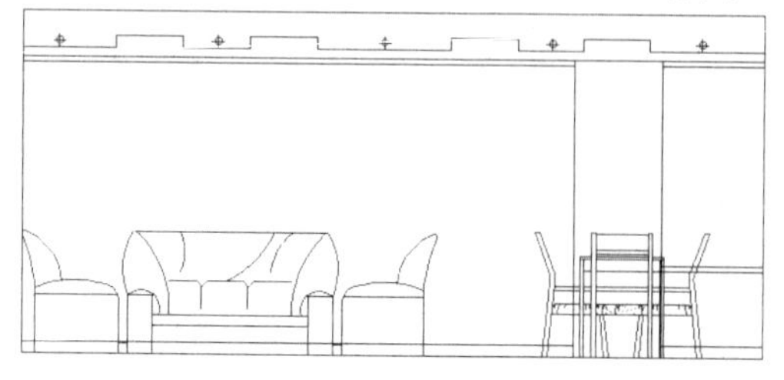

图 204-6　插入图块

步骤 9 插入图块并修剪处理。将“植物”图层设置为当前图层，单击“插入”选项板中的“内容”选项区的“设计中心”按钮，在弹出的“设计中心”面板中选择树图块并插入；使用 TRIM 命令对多余的直线进行修剪，效果如图 204-7 所示。

图 204-7　插入图块并修剪处理

步骤 10 偏移并修剪处理。执行命令 OFFSET，选择图 204-7 中的直线 L3，沿水平方向依次向右偏移，偏移的距离分别为 275、1100、1100、1100 和 1100；使用 TRIM 命令对多余的直线进行修剪，效果如图 204-8 所示。

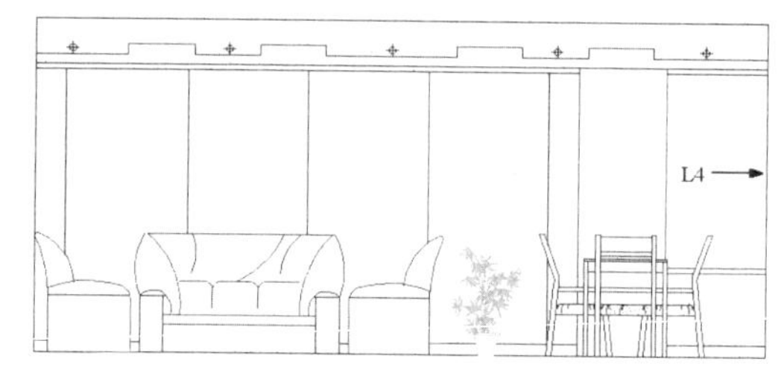

图 204-8　偏移并修剪处理

步骤 11 绘制窗帘。执行 OFFSET 命令，将图 204-8 中的直线 L4 向左偏移处理；使用 SPLINE 命令绘制窗帘底部；使用 TRIM 命令对偏移的直线和样条曲线进行修剪，将窗帘移至“家具”图层，效果如图 204-9 所示。

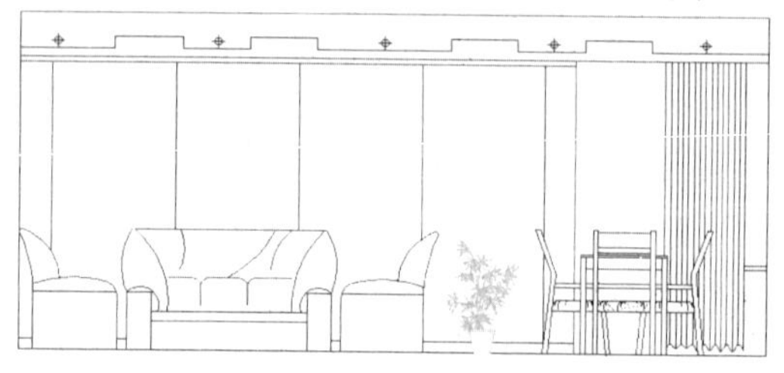

图 204-9　绘制窗帘

步骤 12 图案填充。将“填充”图层设置为当前图层，执行 BHATCH 命令，设置填充的图案、比例和角度，填充墙体、柱子和玻璃区域，效果如图 204-10 所示。

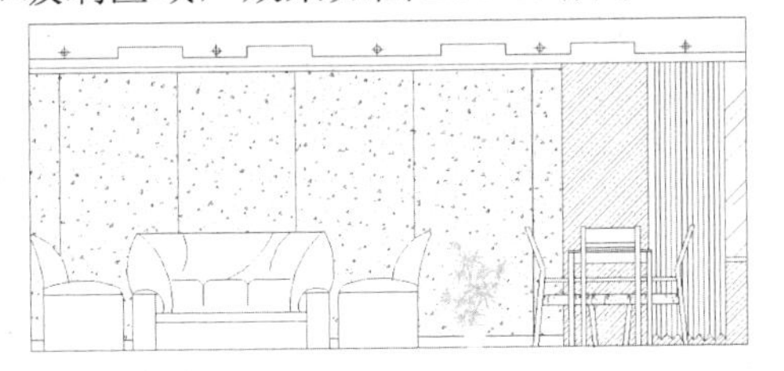

图 204-10　图案填充

步骤 13　标注文字。将“标注和文字”图层设置为当前图层，使用 MTEXT 和 QLEADER 命令对图形进行适当的说明，效果如图 204-11 所示。

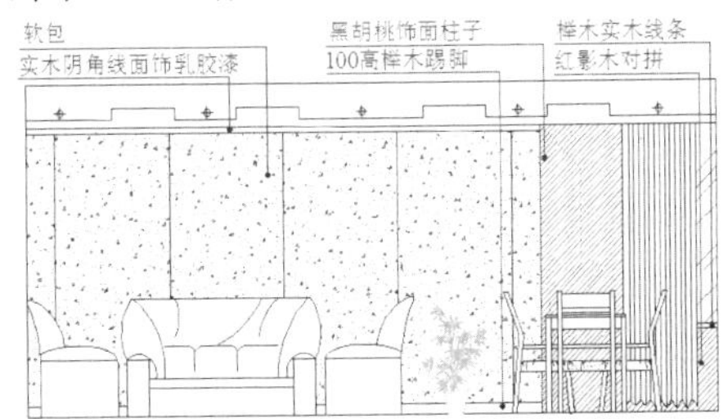

图 204-11　标注文字

步骤 14　标注尺寸。使用 DIMLINEAR 和 DIMCONTINUE 命令对图形进行尺寸标注，效果如图 204-12 所示。

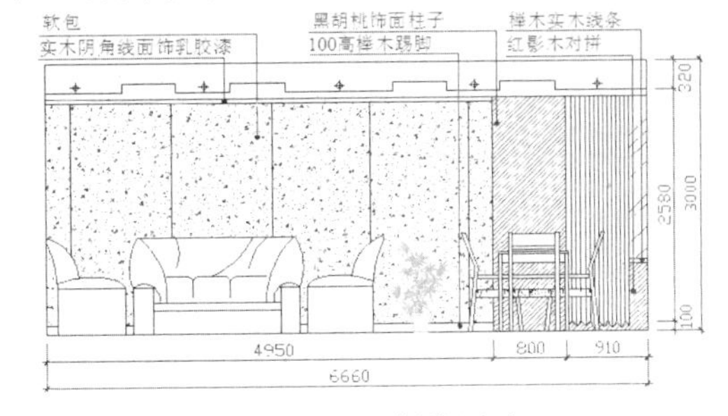

图 204-12　标注尺寸

步骤 15　绘制说明标注。使用 TEXT 命令在立面图下方输入文字“办公楼副总裁办公室立面图（1:30）”；使用 LINE 命令在该文字的下方绘制两条直线，并将第一条直线的线宽设置为 0.30 毫米，效果参见图 204-1。

实例 205　办公楼总裁办公室北面图

本实例将绘制办公楼总裁办公室北面图，效果如图 205-1 所示。

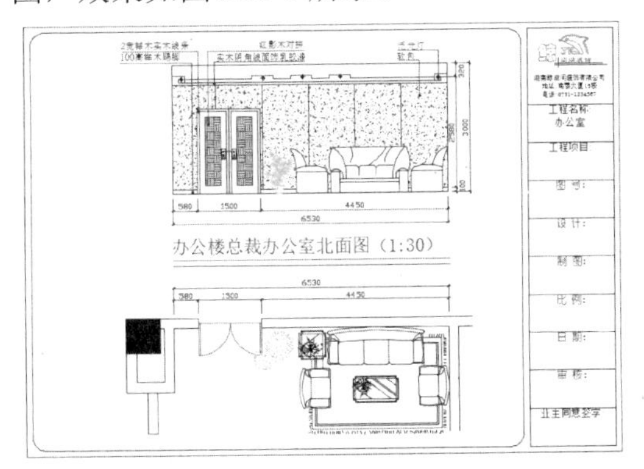

图 205-1　办公楼总裁办公室北面图

操作步骤

步骤 1　打开并另存文件。启动 AutoCAD，按【Ctrl＋O】组合键，打开实例 204 绘制的“办公楼副总裁办公室立面图”图形文件，然后按【Ctrl＋Shift＋S】组合键，将该图形另存为“办公楼总裁办公室北面图”文件。

步骤 2　删除处理。执行 ERASE 命令，选择办公楼副总裁办公室立面图将其删除，并参照图 205-2 所示的办公楼总裁办公室平面图绘制办公楼总裁办公室北面图。

步骤 3　绘制矩形并分解处理。将“墙体”图层设置为当前图层，执行 RECTANG 命令，根据提示进行操作，在绘图区内任取一点作为起点，然后输入（@6530,3000）绘制一个矩形；使用 EXPLODE 命令将矩形分解。

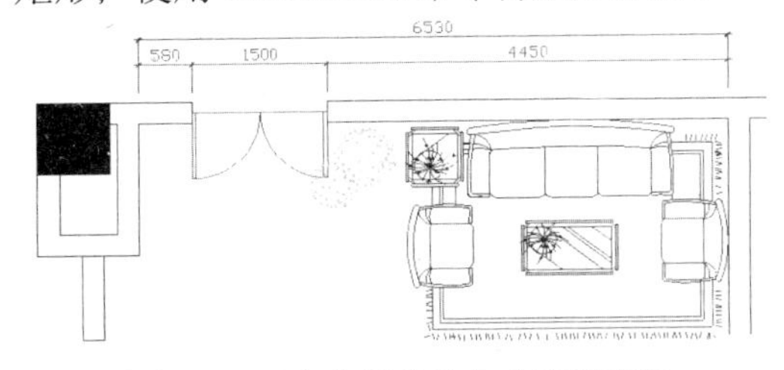

图 205-2　办公楼总裁办公室平面图

步骤 4 偏移处理。单击“修改”面板中的“偏移”按钮，根据提示进行操作，选择矩形的上边水平线，沿垂直方向依次向下偏移，偏移的距离分别为 240、80、80、50 和 2450。重复此操作，选择矩形左边的垂直线，沿水平方向向右偏移，偏移的距离分别为 150、150、1592、500、423、500、423、500、1992 和 150，效果如图 205-3 所示。

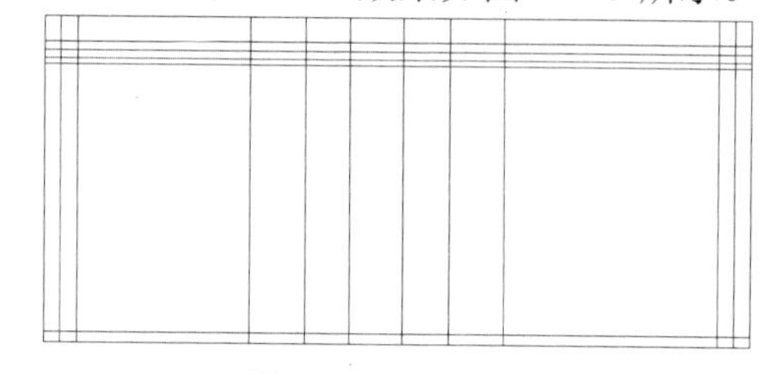

图 205-3 偏移处理

步骤 5 修剪处理。使用 TRIM 命令对偏移的直线进行修剪，效果如图 205-4 所示。

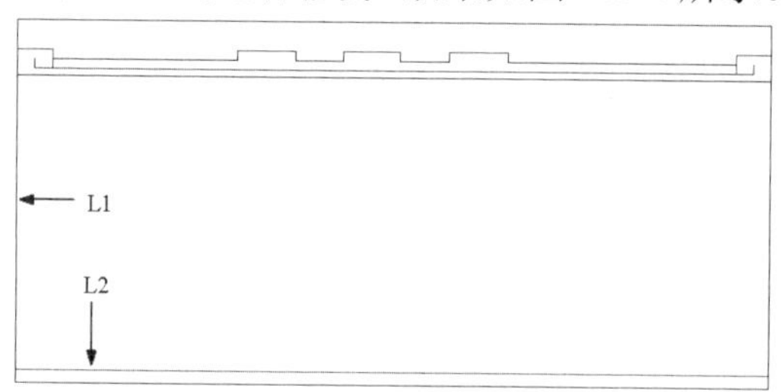

图 205-4 修剪处理

步骤 6 偏移并修剪处理。单击“修改”面板中的“偏移”按钮，根据提示进行操作，选择图 205-4 中的直线 L1，沿水平方向依次向右偏移，偏移的距离分别为 580、750 和 750；选择直线 L2，沿垂直方向向上偏移，偏移的距离为 1900；使用 TRIM 命令对偏移的直线进行修剪，并将修剪后的图形移至“家具”图层，效果如图 205-5 所示。

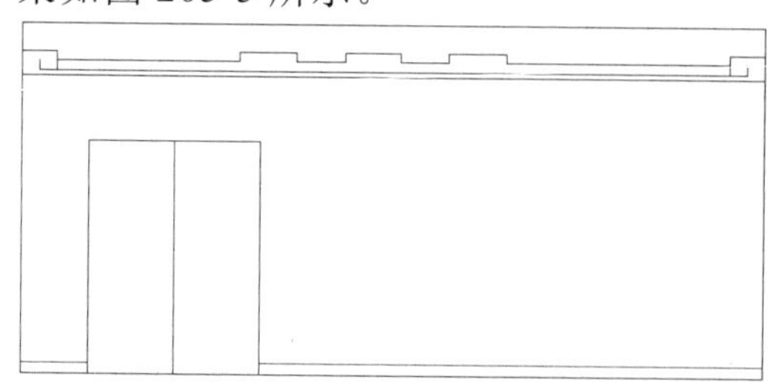

图 205-5 偏移并修剪处理

步骤 7 偏移并修剪处理。使用 OFFSET 命令将图 205-5 中的门线分别向内偏移 60；使用 TRIM 命令对偏移的直线进行修剪，效果如图 205-6 所示。

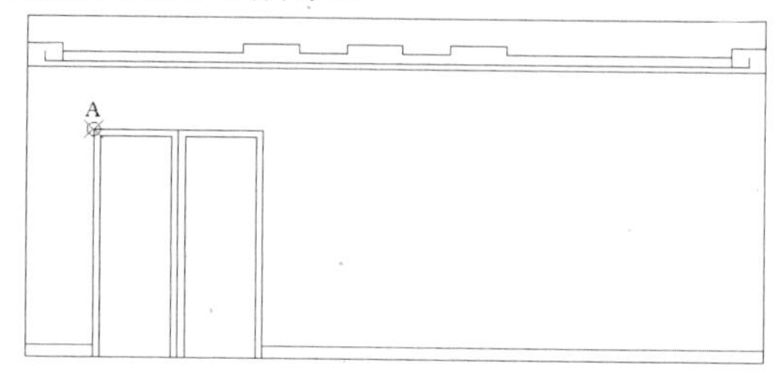

图 205-6 偏移并修剪处理

步骤 8 绘制矩形并镜像处理。执行命令 RECTANG，按住【Shift】键的同时在绘图区单击鼠标右键，在弹出的快捷菜单中选择“自”选项，捕捉图 205-6 中的端点 A 为基点，输入（@190,-190）和（@370,-1620）绘制矩形；执行 MIRROR 命令，选择绘制的矩形为镜像对象，然后捕捉门缝线上的两点为镜像线上的第一点和第二点进行镜像处理，效果图 205-7 所示。

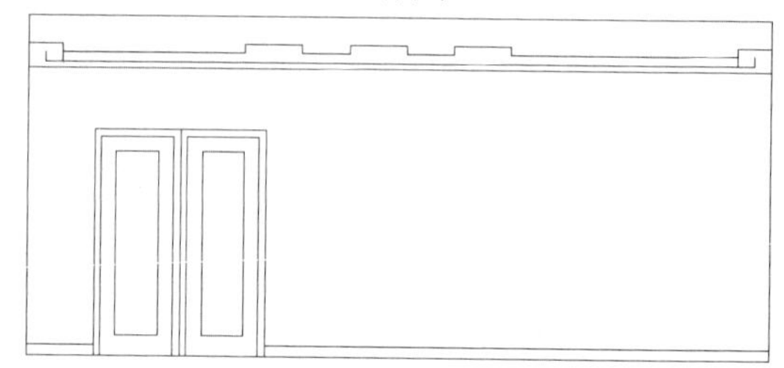

图 205-7 绘制矩形并镜像处理

步骤 9 绘制门锁。使用 RECTANG、CIRCLE、SPLINE 和 MIRROR 命令绘制如图 205-8 所示的门锁。

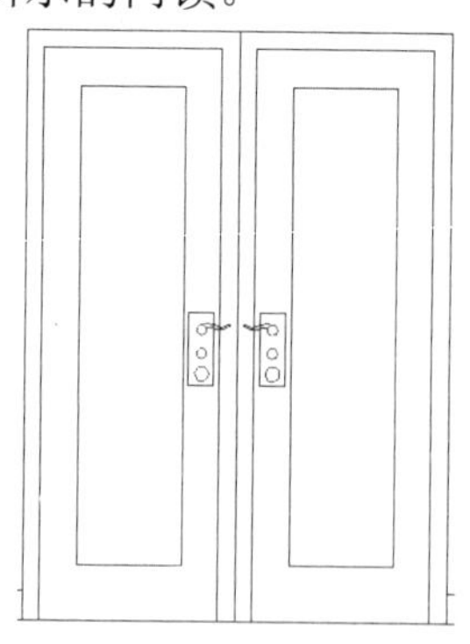

图 205-8 绘制门锁

步骤 10 插入图块。单击“插入”选项板中的“内容”选项区的“设计中心”按钮，在弹出的“设计中心”面板中选择泛光灯、筒灯、树和沙发图块并插入，并将其移至相应的图层中；使用 TRIM 命令对多余的直线进行修剪，效果如图 205-9 所示。

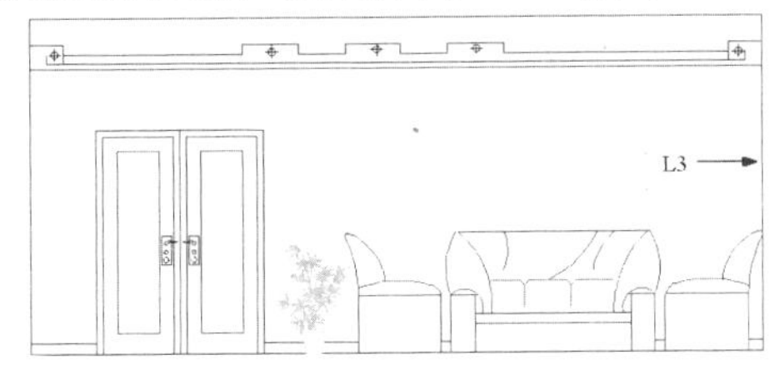

图 205-9　插入图块

步骤 11 偏移并修剪处理。执行命令 OFFSET，选择图 205-9 中的直线 L3，沿水平方向依次向左偏移 5 次，偏移的距离均为 1100；使用 TRIM 命令对多余的直线进行修剪，效果如图 205-10 所示。

图 205-10　偏移并修剪处理

步骤 12 图案填充。将“填充”图层设置为当前图层，执行 BHATCH 命令，设置填充的图案、比例和角度，填充门和墙体要填充的区域，效果如图 205-11 所示。

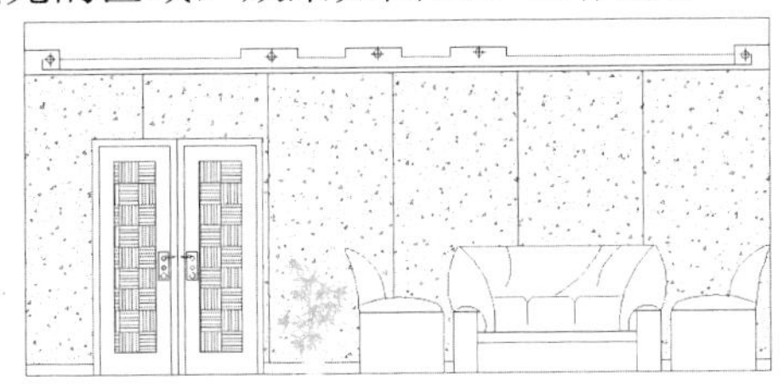

图 205-11　图案填充

步骤 13 标注文字。将“标注和文字”图层设置为当前图层，使用 MTEXT 和 QLEADER 命令对图形进行适当的说明，效果如图 205-12 所示。

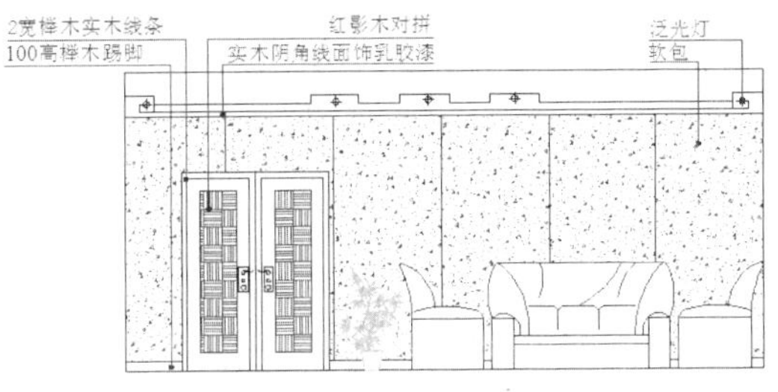

图 205-12　标注文字

步骤 14 标注尺寸。使用 DIMLINEAR 和 DIMCONTINUE 命令对图形进行尺寸标注，效果如图 205-13 所示。

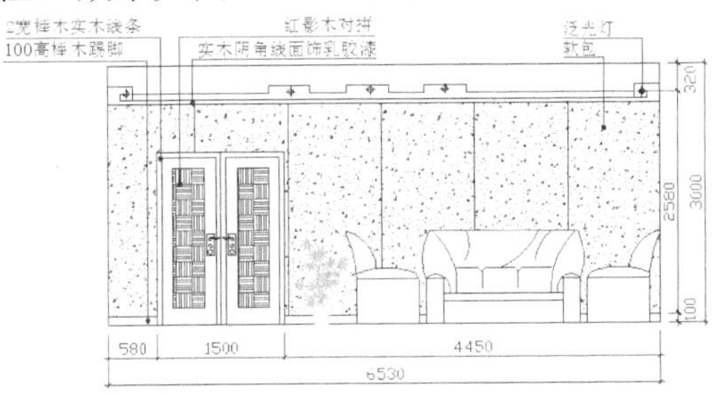

图 205-13　标注尺寸

步骤 15 绘制说明标注。使用 TEXT 命令在北面图下方输入文字“办公楼总裁办公室北面图（1:30）”；使用 LINE 命令在该文字的下方绘制两条直线，并将第一条直线的线宽设置为 0.30 毫米，效果参见图 205-1。

实例 206　办公楼总裁办公室西面图

本实例将绘制办公楼总裁办公室西面图，效果如图 206-1 所示。

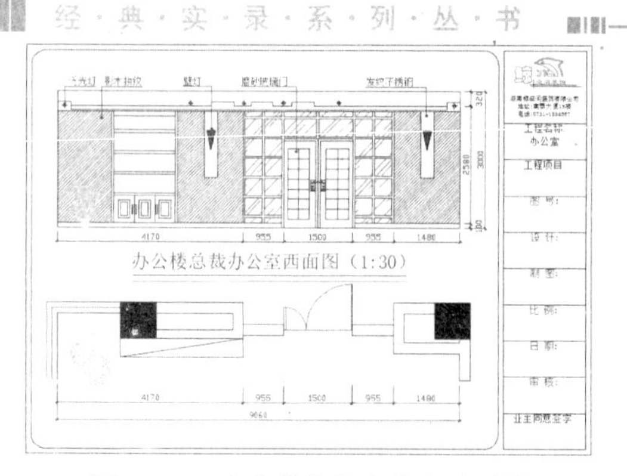

图 206-1　办公楼总裁办公室西面图

操作步骤

步骤 1 打开并另存文件。启动 AutoCAD，单击“文件|打开”命令，打开实例 205 绘制的“办公楼总裁办公室北面图”图形文件，单击“文件|另存为”命令，将该图形另存为“办公楼总裁办公室西面图”文件。

步骤 2 删除处理。执行 ERASE 命令，选择办公楼总裁办公室北面图将其删除，并参照图 206-2 所示的办公楼总裁办公室平面图绘制办公楼总裁办公室西面图。

步骤 3 绘制矩形并分解处理。将“墙体”图层设置为当前图层，执行 RECTANG 命令，在绘图区内任取一点作为起点，然后输入（@9060,3000）绘制一个矩形；使用 EXPLODE 命令将矩形分解。

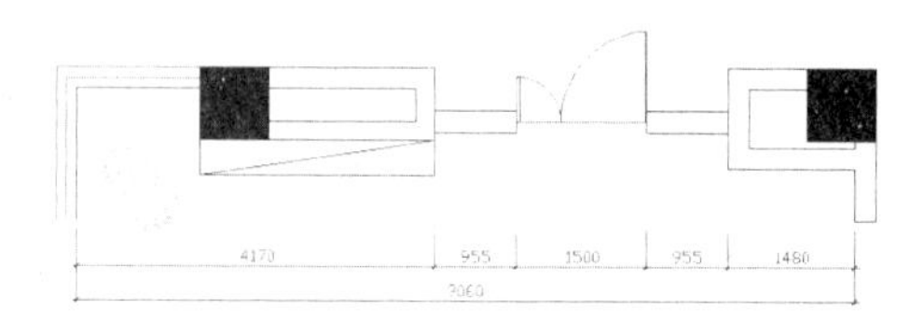

图 206-2　办公楼总裁办公室平面图

步骤 4 偏移处理。单击“修改”面板中的“偏移”按钮，根据提示进行操作，选择矩形的上边水平线，沿垂直方向依次向下偏移，偏移的距离分别为 240、80、80、50 和 2450。重复此操作，选择矩形的左边垂直线，沿水平方向依次向右偏移，偏移的距离分别为 300、3147、500、423、500、423、500 和 2967，效果如图 206-3 所示。

步骤 5 修剪处理。使用 TRIM 命令对偏移的直线进行修剪，效果如图 206-4 所示。

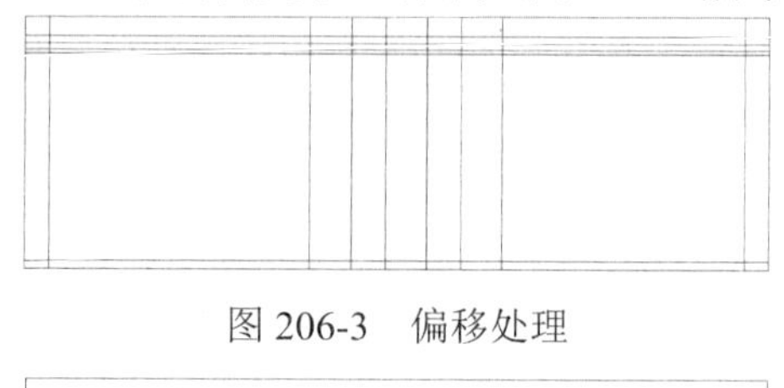

图 206-3　偏移处理

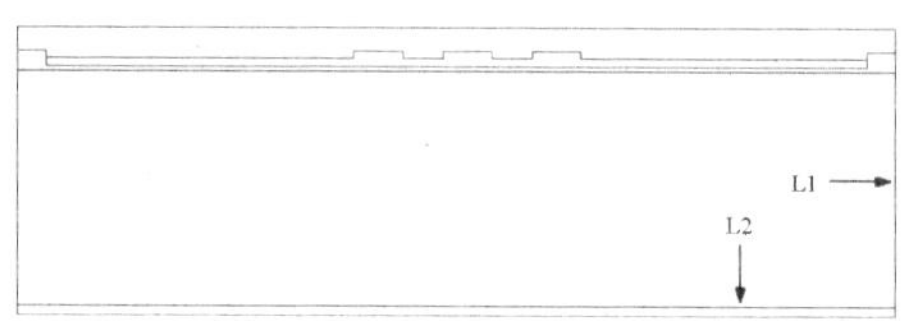

图 206-4　修剪处理

步骤 6 偏移处理。单击“修改”面板中的“偏移”按钮，根据提示进行操作，选择图 206-4 中的直线 L1，沿水平方向依次向左偏移，偏移的距离分别为 1480、905、50、700、50、50、700、50 和 905；选择直线 L2，沿垂直方向依次向上偏移，偏移的距离分别为 1800、50 和 50，效果如图 206-5 所示。

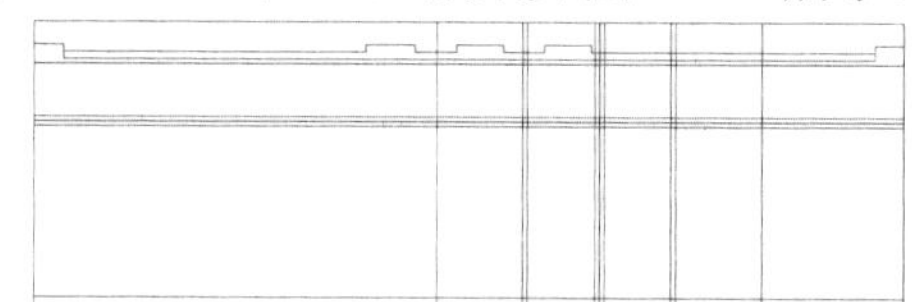

图 206-5　偏移处理

步骤 7 修剪处理。使用 TRIM 命令对偏移的直线进行修剪，效果如图 206-6 所示。

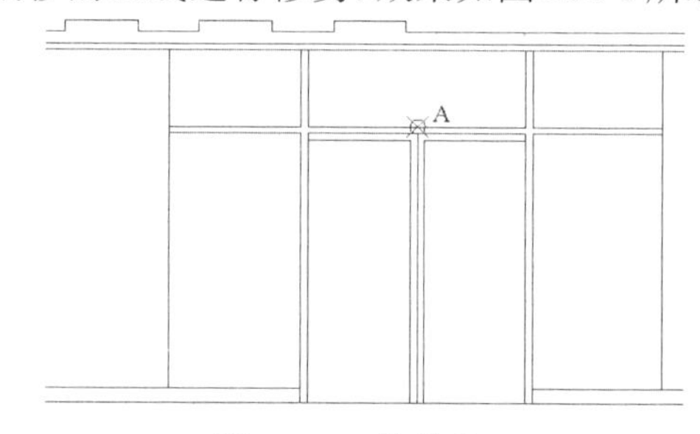

图 206-6　修剪处理

步骤 8 绘制矩形。执行 RECTANG 命令，按住【Shift】键的同时在绘图区单击鼠标右键，在弹出的快捷菜单中选择“自”选项，捕捉图 206-6 中的中点 A 为基点，分别输入（@-670,-270）和（@490,-1540）、（@180,-270）和（@490,-1540），绘制两个矩形，并使用 EXPLODE 命令将绘制的矩形分解，效果如图 206-7 所示。

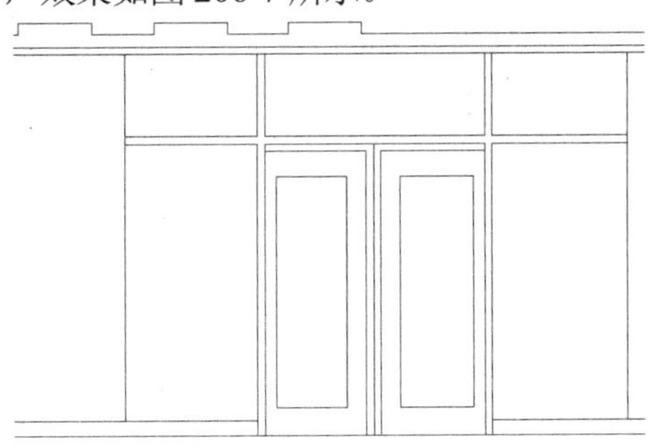

图 206-7　绘制矩形

步骤 9 偏移处理。单击“修改”面板中的“偏移”按钮，根据提示进行操作，分别选择两个矩形的上边水平线，沿垂直方向依次向下偏移 6 次，偏移的距离均为 220。重复此操作，分别选择两个矩形的左边垂直线，沿水平方向向右偏移，偏移的距离均为 245，效果如图 206-8 所示。

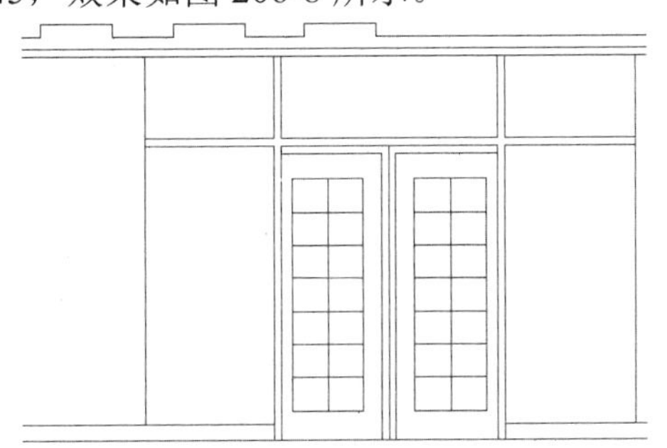

图 206-8　偏移处理

步骤 10 绘制门锁。将“家具”图层设置为当前图层，使用 RECTANG、CIRCLE、SPLINE、TRIM 和 MIRROR 命令绘制如图 206-9 所示的门锁。

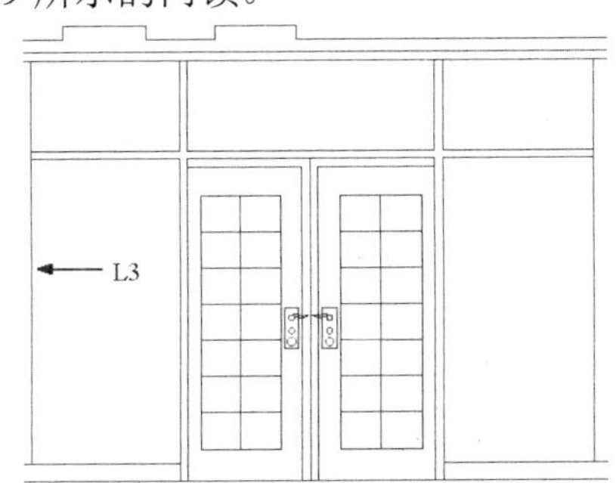

图 206-9　绘制门锁

步骤 11 偏移并修剪处理。使用 OFFSET 命令，选择图 206-9 中的直线 L3，沿水平方向依次向右偏移，偏移的距离分别为 50、402.5、50、1177.5、50、1177.5、50 和 402.5；使用 TRIM 命令对偏移的直线进行修剪，效果如图 206-10 所示。

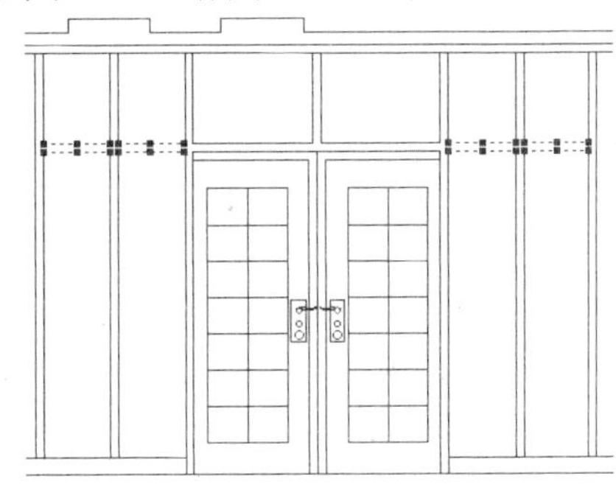

图 206-10　偏移并修剪处理

步骤 12 复制并修剪处理。执行 COPY 命令，选择图 206-10 中的直线，以原点为基点，依次输入（@0,440）、（@0,-430）、（@0,-860）、（@0,-1290）和（@0,-1720）为目标点进行复制；使用 TRIM 命令对多余的直线进行修剪，效果如图 206-11 所示。

图 206-11　复制并修剪处理

步骤 13 偏移并修剪处理。使用 OFFSET 命令，参照图 206-12 中的标注尺寸进行偏移；使用 TRIM 命令对偏移的直线进行修剪。

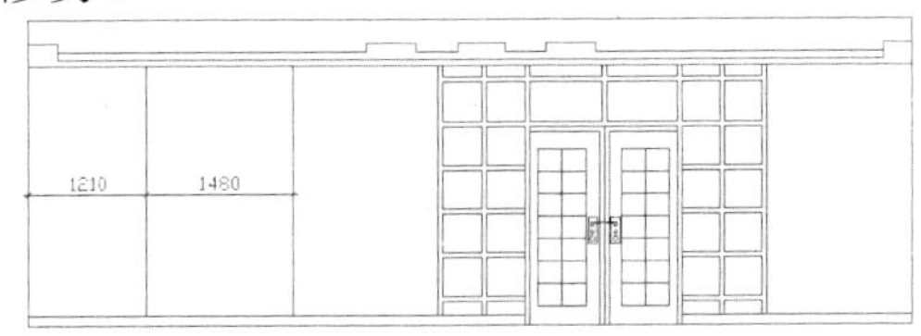

图 206-12　偏移并修剪处理

步骤 14 绘制壁灯架。使用 OFFSET 命令，参照图 206-13 中的标注尺寸进行偏移；使用 TRIM 命令将偏移的直线进行修剪。

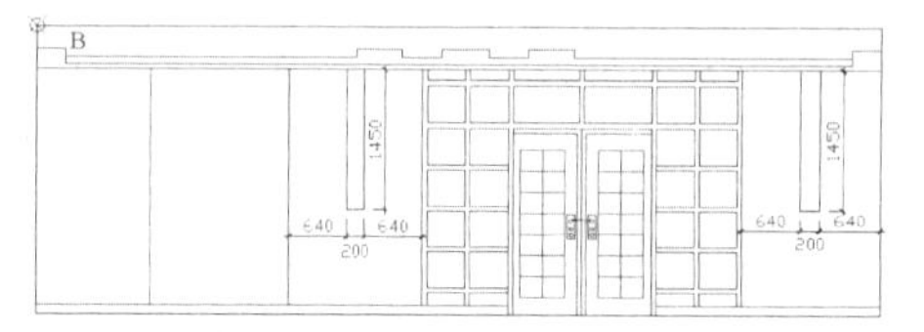

图 206-13　绘制壁灯架

步骤 15　绘制壁灯。执行 LINE 命令，按住【Shift】键的同时在绘图区单击鼠标右键，在弹出的快捷菜单中选择“自”选项，捕捉图 206-13 中的端点 B 为基点，然后输入（@3340,-870）、（@180,0）、（@-90,-430）和（@-90,430）绘制壁灯。重复此操作，按住【Shift】键的同时在绘图区单击鼠标右键，在弹出的快捷菜单中选择“自”选项，捕捉图 206-13 中的端点 B 为基点，然后输入（@8230,-870）、（@180,0）、（@-90,-430）和（@-90,430），绘制另一盏壁灯，效果如图 206-14 所示。

图 206-14　绘制壁灯

步骤 16　偏移处理。执行 OFFSET 命令，选择图 206-14 中的直线 L4，沿水平方向依次向右偏移，偏移的距离分别为 1210、50、460、460、460 和 50；选择图 206-14 中的直线 L5，沿垂直方向依次向上偏移，偏移的距离分别为 600、60、400、60、400、60、400、60 和 310。

步骤 17　修剪处理。单击“修改”面板中的“修剪”按钮，根据提示进行操作，对偏移的直线进行修剪，并将修剪后的图形移至“家具”图层，效果如图 206-15 所示。

步骤 18　重复步骤（17）的操作，对多余的直线进行修剪，绘制出书柜，效果如图 206-16 所示。

步骤 19　绘制书柜的门和拉手。使用 RECTANG、OFFSET、MIRROR 和 COPY 命令，参照图 206-17 中的尺寸标注，绘制书柜的门和拉手。

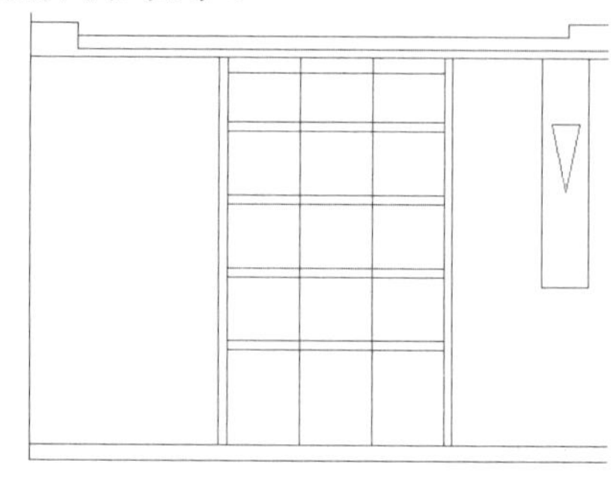

图 206-15　修剪处理

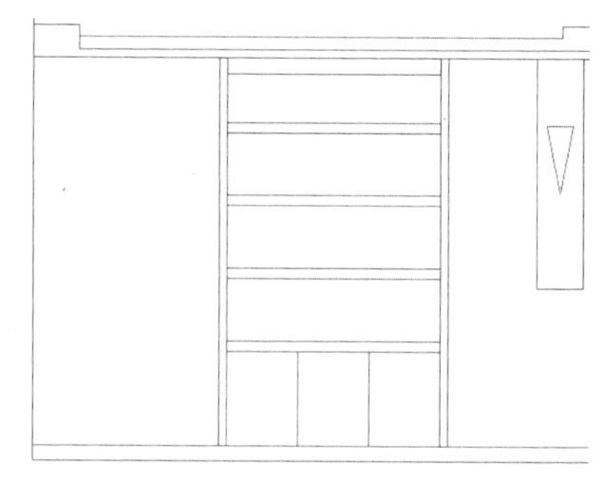

图 206-16　修剪处理

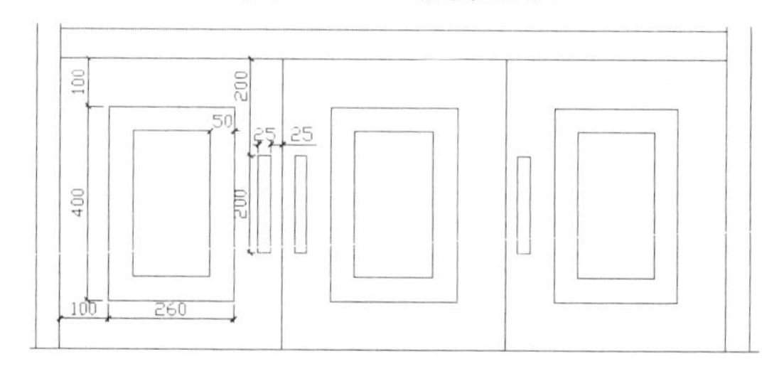

图 206-17　绘制书柜的门和拉手

步骤 20　插入图块并修剪处理。单击“插入”选项板中的“内容”选项区的“设计中心”按钮，在弹出的“设计中心”面板中选择筒灯、植物和泛光灯图块并插入，并将其移至相应图层中；使用 TRIM 命令对多余的直线进行修剪，效果如图 206-18 所示。

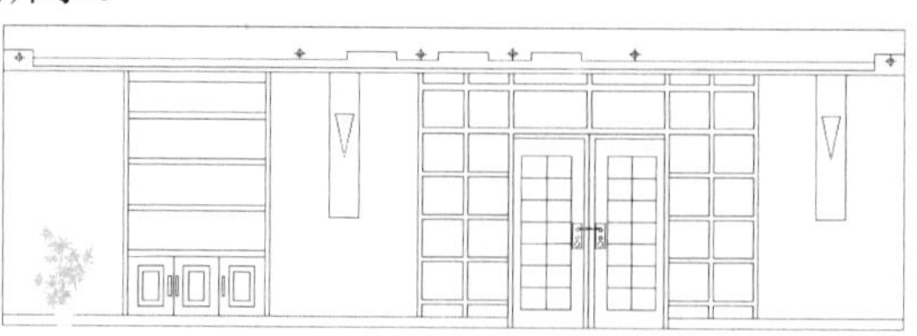

图 206-18　插入图块并修剪处理

步骤 21 图案填充。将“填充”图层设置为当前图层，执行 BHATCH 命令，设置填充的图案、比例和角度，填充墙体、玻璃和壁灯要填充的区域，效果如图 206-19 所示。

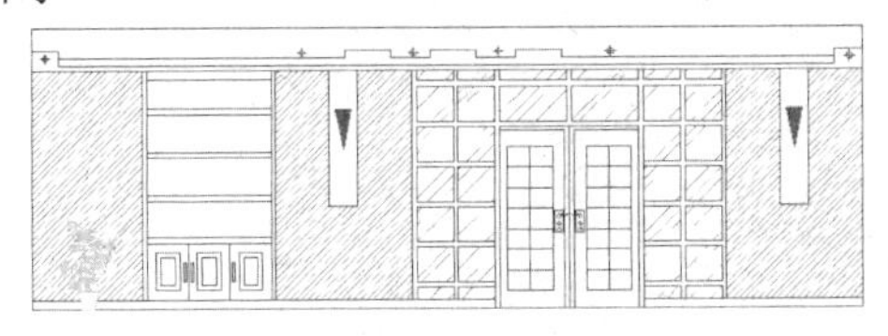

图 206-19 图案填充

步骤 22 标注文字。将“标注和文字”图层设置为当前图层，使用 MTEXT 和 QLEADER 命令对图形进行适当的说明，效果如图 206-20 所示。

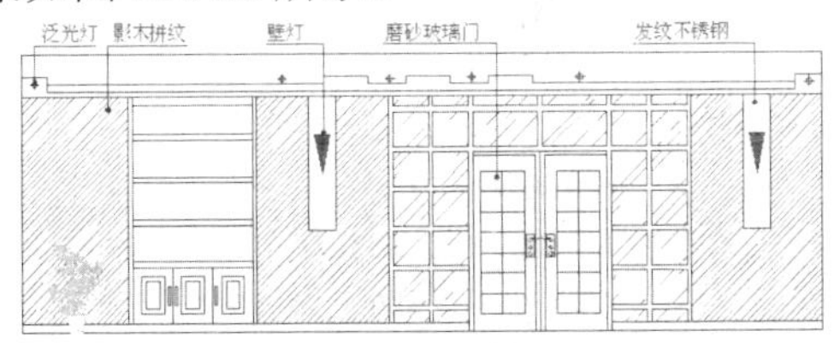

图 206-20 标注文字

步骤 23 标注尺寸。使用 DIMLINEAR 和 DIMCONTINUE 命令对图形进行尺寸标注，效果如图 206-21 所示。

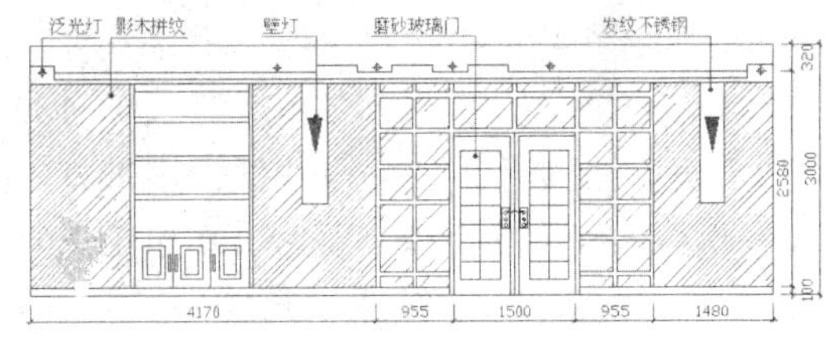

图 206-21 标注尺寸

步骤 24 绘制说明标注。使用 TEXT 命令在西面图下方输入文字“办公楼总裁办公室西面图（1:30）”；使用 LINE 命令在该文字的下方绘制两条直线，并将第一条直线的线宽设置为 0.30 毫米，效果参见图 206-1。

实例 207 办公楼总裁办公室书柜立面图

本实例将绘制办公楼总裁办公室书柜立面图，效果如图 207-1 所示。

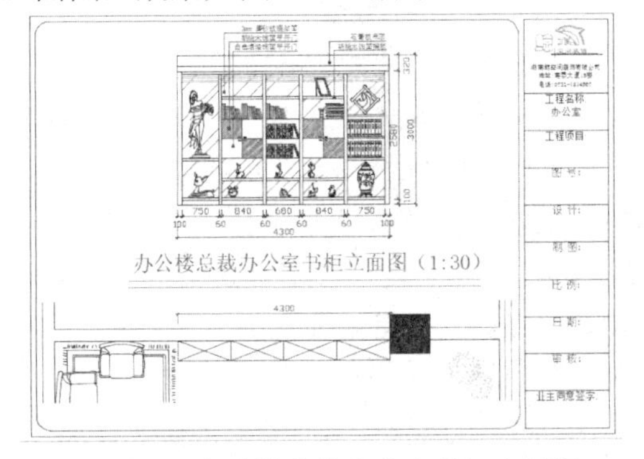

图 207-1 办公楼总裁办公室书柜立面图

操作步骤

步骤 1 打开并另存文件。启动 AutoCAD，单击“文件|打开”命令，打开实例 206“办公楼总裁办公室西面图”图形文件，然后单击“文件|另存为”命令，将该图形另存为“办公楼总裁办公室书柜立面图”文件。

步骤 2 删除处理。使用 ERASE 命令，选择办公楼总裁办公室西面图将其删除，并参照图 207-2 所示的办公楼总裁办公室书柜平面图绘制办公楼总裁办公室书柜立面图。

步骤 3 创建图层。单击“图层”工具栏中的“图层特性管理器”按钮，在弹出的“图层特性管理器”对话框中创建“装饰线”图层（绿色），然后双击“墙体”图层，将其设置为当前图层。

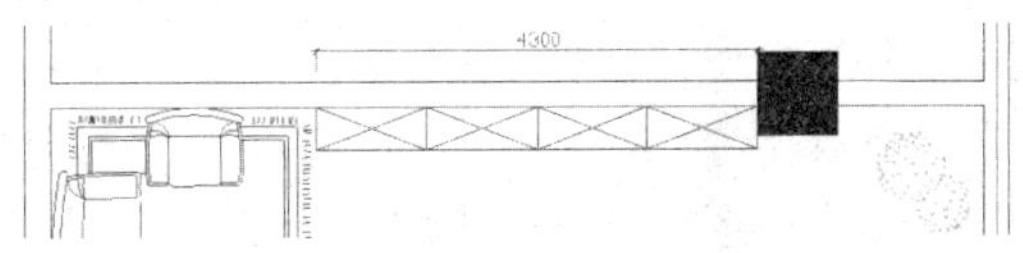

图 207-2 办公楼总裁办公室书柜平面图

步骤 4 绘制矩形并分解处理。执行命令 RECTANG，在绘图区内任取一点作为起点，然后输入（@4300,3000）绘制一个矩形；使用 EXPLODE 命令将矩形分解。

步骤 5 偏移并修剪处理。执行 OFFSET 命令，选择矩形的上边水平线，沿垂直方向依次向下偏移，偏移的距离分别为 220、100 和 2580；选择矩形的左边垂直线沿水平方向向右偏移，偏移的距离分别为 100 和 4100；使用 TRIM 命令对偏移的直线进行修剪，效果如图 207-3 所示。

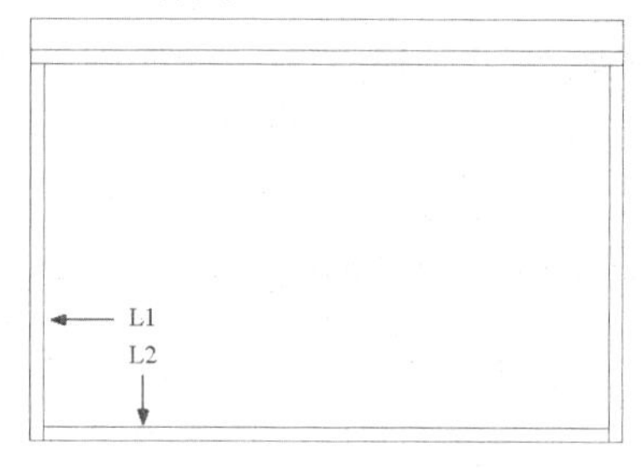

图 207-3　偏移并修剪处理

步骤 6 偏移处理。单击“修改”面板中的“偏移”按钮，根据提示进行操作，选择图 207-3 中的直线 L1，沿水平方向依次向右偏移，偏移的距离分别为 750、60、420、420、60、680、60、420、420 和 60。重复此操作，选择图 207-3 中的直线 L2，沿垂直方向依次向上偏移，偏移的距离分别为 40、350、40、400、400、400、400、40 和 460，效果如图 207-4 所示。

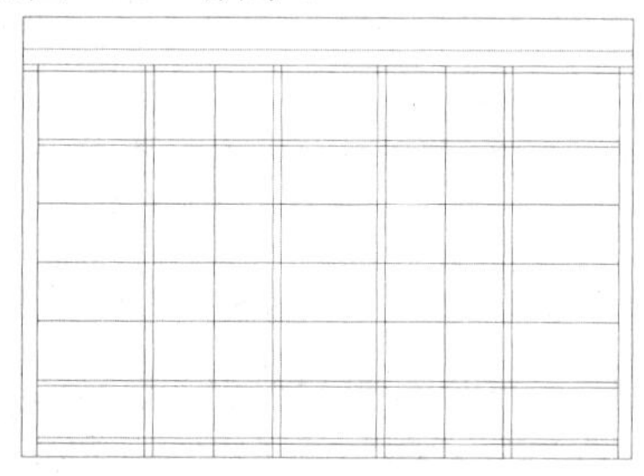
图 207-4　偏移处理

步骤 7 修剪处理。使用 TRIM 命令对偏移的直线进行修剪，效果如图 207-5 所示。

步骤 8 重复步骤（7）的操作，使用 TRIM 命令对多余的直线进行修剪，效果如图 207-6 所示。

步骤 9 偏移处理。使用 OFFSET 命令，分别将图 207-6 中的直线 L3 和 L4 沿垂直方向向下偏移，偏移的距离为 40。重复此操作，选择图 207-6 中的直线 L4，沿垂直方向依次向上偏移，偏移的距离分别为 400、40、400 和 40，效果如图 207-7 所示。

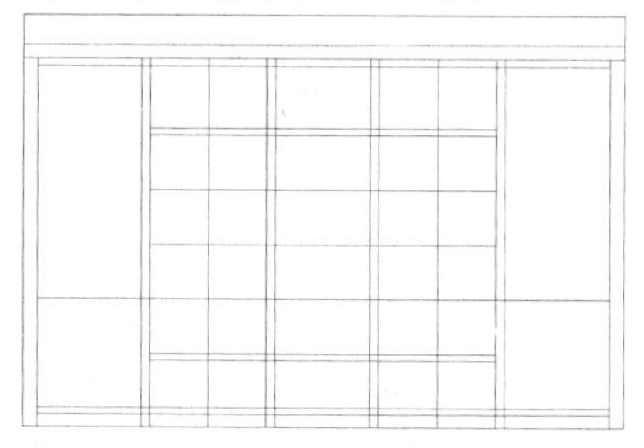
图 207-5　修剪处理

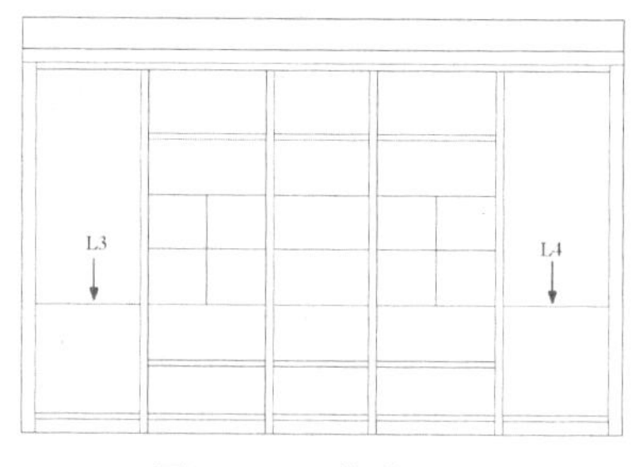

图 207-6　修剪处理

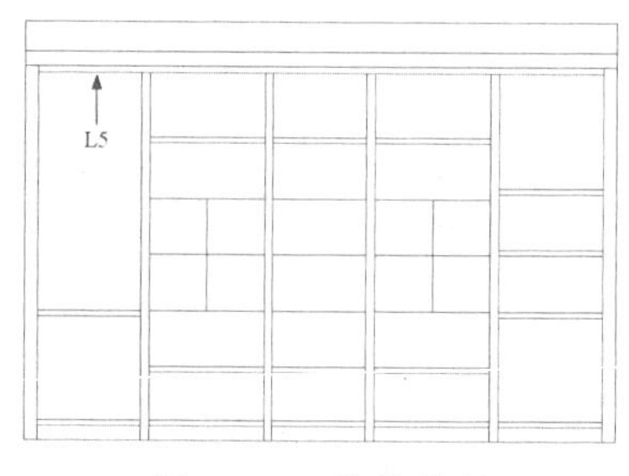

图 207-7　偏移处理

步骤 10 偏移并修剪处理。执行 OFFSET 命令，选择图 207-7 中的直线 L5，沿垂直方向依次向下偏移，偏移的距离分别为 60、20、60 和 20；使用 TRIM 命令对偏移的直线进行修剪，并将偏移生成的直线移至“装饰线”图层，效果如图 207-8 所示。

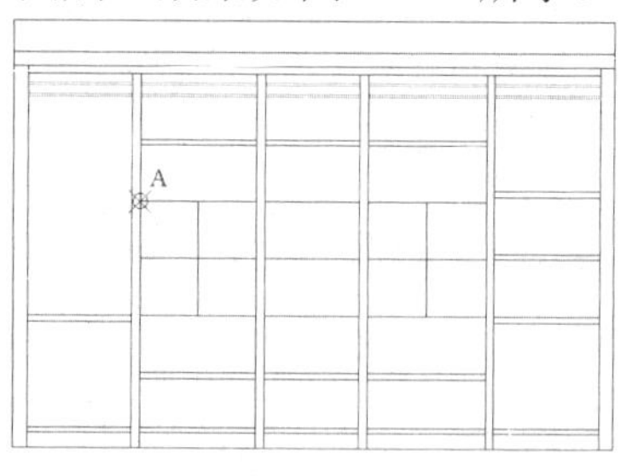

图 207-8　偏移并修剪处理

步骤 11 绘制矩形。单击“绘图”面板中的“矩形”按钮，根据提示进行操作，按住【Shift】键的同时在绘图区单击鼠标右键，在弹出的快捷菜单中选择“自”选项，捕捉图 207-8 中的端点 A 为基点，然后输入（@340,-365）和（@50,-10）绘制矩形，效果如图 207-9 所示。

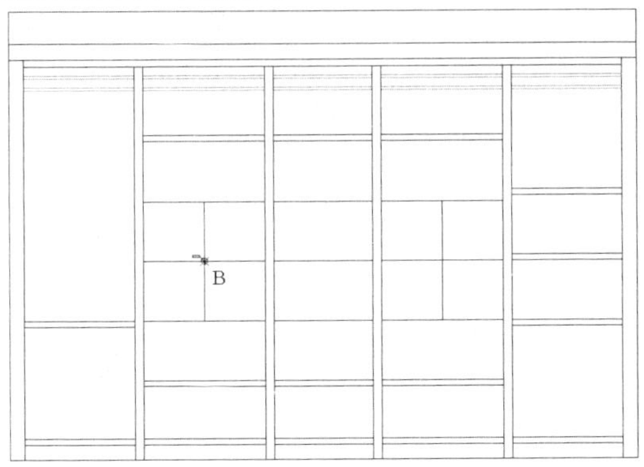

图 207-9 绘制矩形

步骤 12 阵列处理。在命令行中输入命令 ARRAY 并按回车键，选择步骤（11）绘制的矩形为阵列的对象，输入阵列类型为“矩形（R）”，选择“行数（R）”为 2，指定行数之间的距离为-60，指定行数之间的标高增量为 0，选择“列数”为 2，指定列数之间的距离为 110，指定列数之间的标高增量为 0，按下回车键进行阵列，效果如图 207-10 所示。

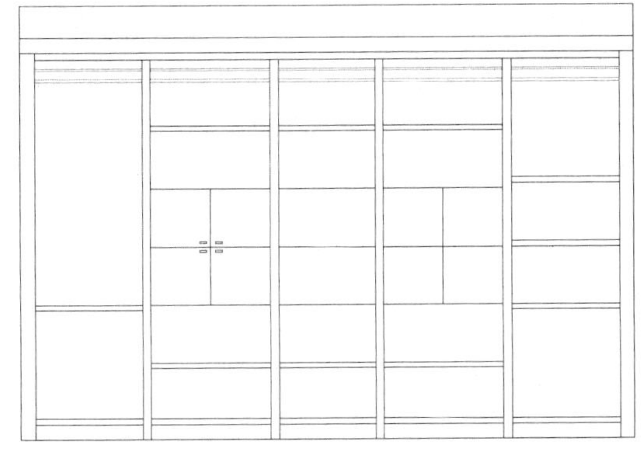

图 207-10 阵列处理

步骤 13 重复步骤（11）～（12）的操作，绘制如图 207-11 所示的抽屉拉手。

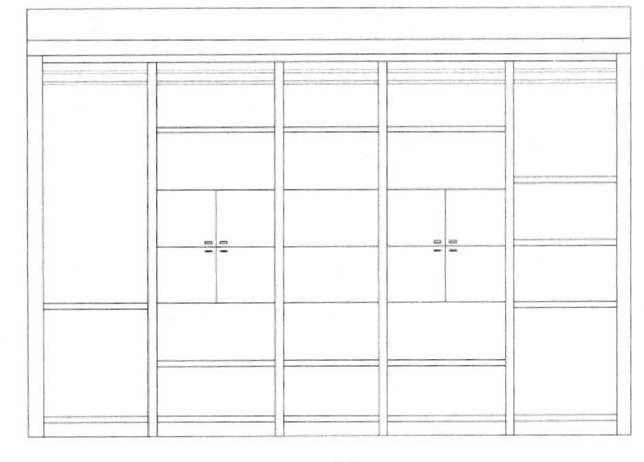

图 207-11 绘制抽屉拉手

步骤 14 插入图块。将“家具”图层设置为当前图层，单击“插入”选项板中的“内容”选项区的“设计中心”按钮，在弹出的“设计中心”面板中选择装饰物、书等图块并插入，效果如图 207-12 所示。

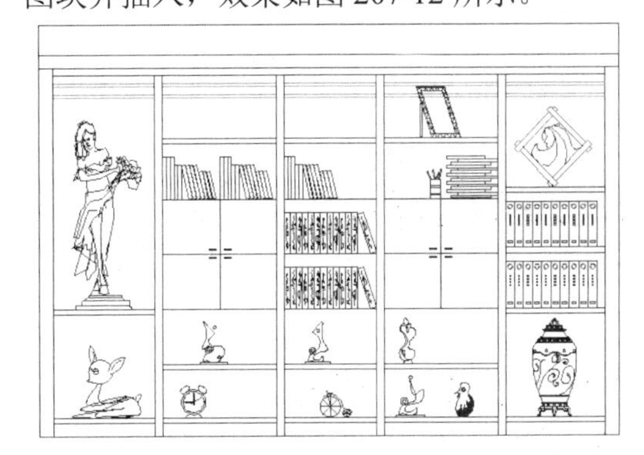

图 207-12 插入图块

步骤 15 图案填充。将“填充”图层设置为当前图层，执行 BHATCH 命令，设置填充的图案、比例和角度，填充书柜区域；使用 EXPLODE 命令将填充的玻璃图案分解；使用 TRIM 和 ERASE 命令对多余的直线进行修剪和删除处理，效果如图 207-13 所示。

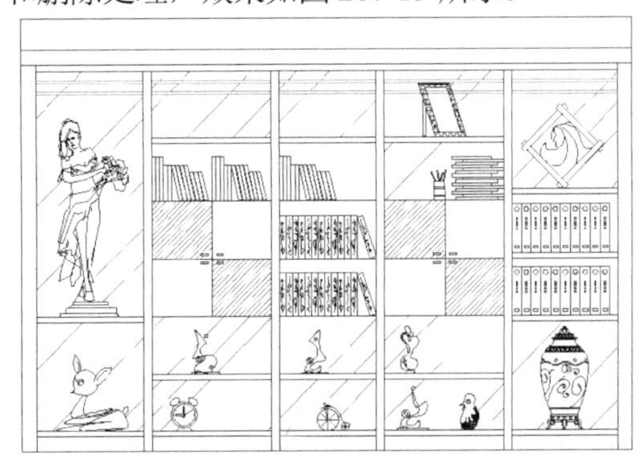

图 207-13 图案填充

步骤 16 标注文字。将“标注和文字”图层设置为当前图层，使用 MTEXT 和 QLEADER 命令对图形进行适当的说明，效果如图 207-14 所示。

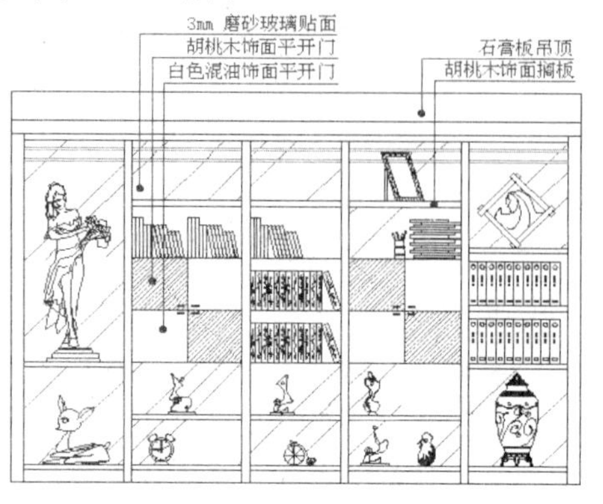

图 207-14　标注文字

步骤 17 标注尺寸。使用 DIMLINEAR 和 DIMCONTINUE 命令对图形进行尺寸标注，效果如图 207-15 所示。

步骤 18 绘制说明标注。使用 TEXT 命令，在立面图下方输入文字“办公楼总裁办公室书柜立面图（1:30）”；使用 LINE 命令在该文字的下方绘制两条直线，并将第一条直线的线宽设置为 0.30 毫米，效果参见图 207-1。

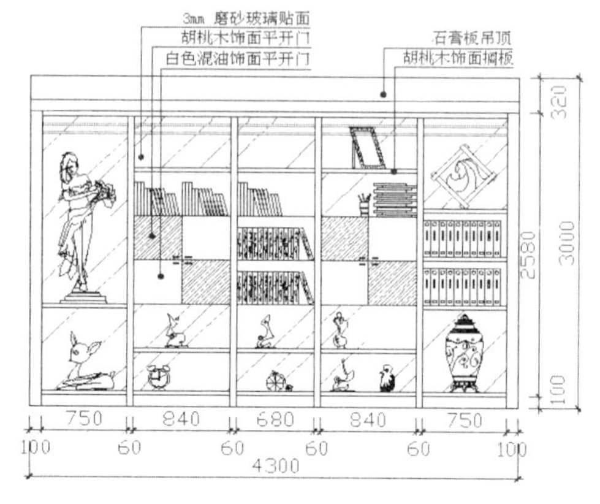

图 207-15　标注尺寸

实例 208　办公楼卫生间立面图

本实例将绘制办公楼卫生间立面图，效果如图 208-1 所示。

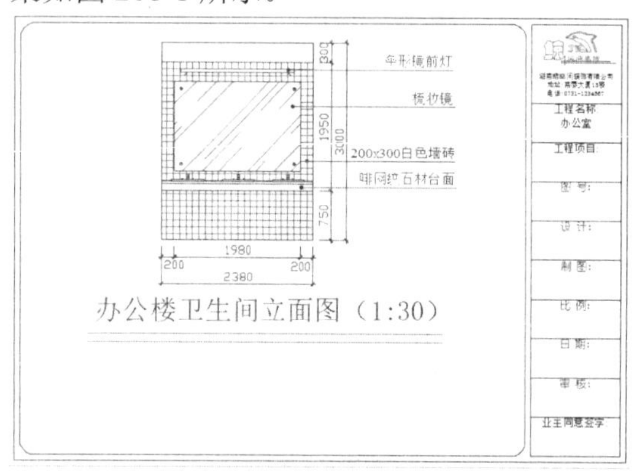

图 208-1　办公楼卫生间立面图

操作步骤

步骤 1 打开并另存文件。启动 AutoCAD，单击“文件|打开”命令，打开实例 207 绘制的“办公楼总裁办公室书柜立面图”图形文件，然后单击“文件|另存为”命令，将该图形另存为“办公楼卫生间立面图”文件。

步骤 2 绘制矩形并分解。将“墙体”图层设置为当前图层，使用 RECTANG 命令，在绘图区内任取一点作为起点，然后输入（@2380,3000）绘制一个矩形；使用 EXPLODE 命令将矩形分解。

步骤 3 偏移处理。单击“修改”面板中的“偏移”按钮，根据提示进行操作，选择矩形的上边水平线，沿垂直方向依次向下偏移，偏移的距离分别为 300、1810、40 和 100，效果如图 208-2 所示。

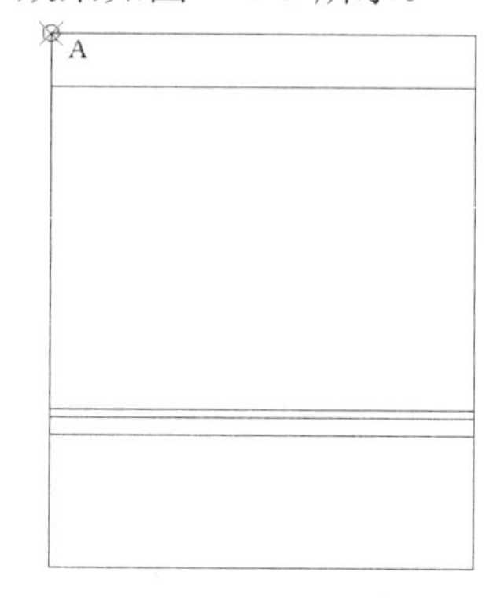

图 208-2　偏移处理

步骤 4 绘制矩形。将“家具”图层设置为当前图层，执行 RECTANG 命令，按住【Shift】键的同时在绘图区单击鼠标右键，在弹出的快捷菜单中选择“自”选项，捕捉图 208-2 中的端点 A 为基点，分别输入（@150,-2090）和（@500,-20）、（@310,-2065）和（@20,-25）、（@380,-2010）和（@40,-80）、（@470,-2065）和（@20,-25），绘制 4 个矩形，效果如图 208-3 所示。

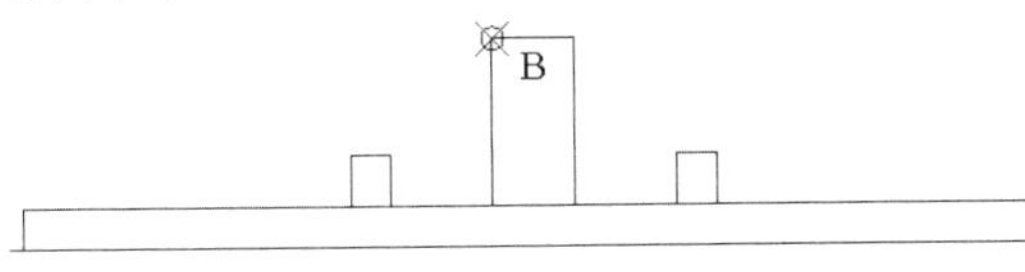

图 208-3　绘制矩形

步骤 5 绘制直线。单击“默认”选项板中的“绘图”选项区的“直线”按钮，根据提示进行操作，捕捉图 208-3 中的端点 B 为起点，依次输入（@10,-30）、（@20,0）和（@10,30）绘制直线，效果如图 208-4 所示。

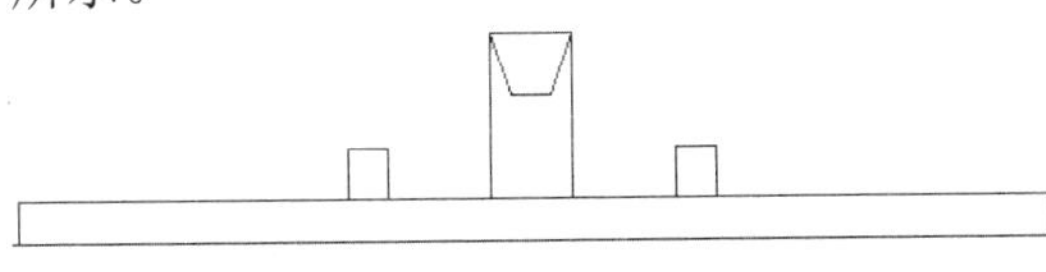

图 208-4　绘制直线

步骤 6 复制处理。执行 COPY 命令，选择图 208-4 中的图形部分并按回车键，以原点为基点，分别输入（@790,0）和（@1580,0）为目标点进行复制，效果如图 208-5 所示。

步骤 7 绘制矩形。单击“绘图|矩形”命令，根据提示进行操作，按住【Shift】键的同时在绘图区单击鼠标右键，在弹出的快捷菜单中选择“自”选项，捕捉端点 A 为基点，然后输入（@200,-600）和（@1980,-1350）绘制矩形。重复此操作，按住【Shift】键的同时在绘图区单击鼠标右键，在弹出的快捷菜单中选择“自”选项，捕捉端点 A 为基点，然后输入（@300,-400）和（@1780,-50）绘制矩形，效果如图 208-6 所示。

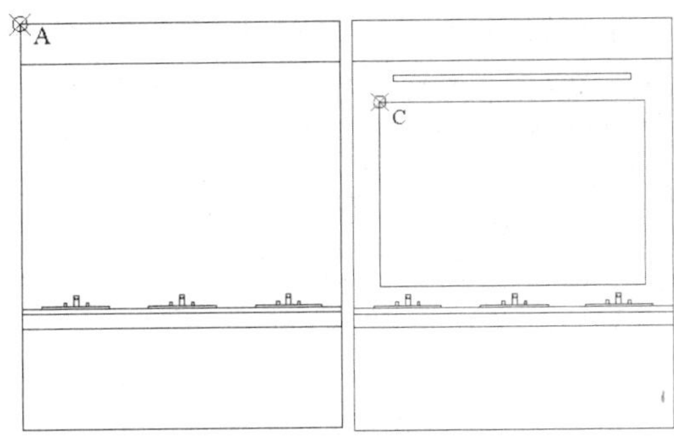

图 208-5　复制处理　　图 208-6　绘制矩形

步骤 8 绘制圆。执行 CIRCLE 命令，按住【Shift】键的同时在绘图区单击鼠标右键，在弹出的快捷菜单中选择“自”选项，捕捉图 208-6 中的端点 C 为基点，输入（@100,-100）作为圆心，绘制半径为 20 的圆。

步骤 9 镜像处理。使用 MIRROR 命令对半径为 20 的圆进行镜像处理，绘制出镜孔，效果如图 208-7 所示。

步骤 10 绘制直线。执行 LINE 命令，按住【Shift】键的同时在绘图区单击鼠标右键，在弹出的快捷菜单中选择“自”选项，捕捉端点 C 为基点，然后输入（@150,100）和（@50,50）绘制直线。重复此操作，按住【Shift】键的同时在绘图区单击鼠标右键，在弹出的快捷菜单中选择“自”选项，捕捉端点 C 为基点，然后输入（@1780,150）和（@50,-50）绘制直线，效果如图 208-8 所示。

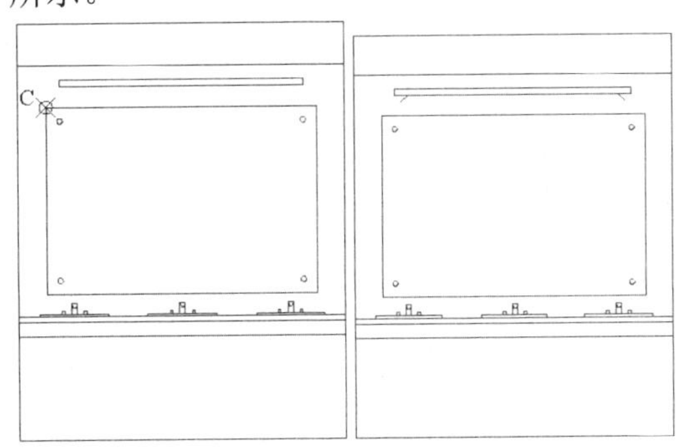

图 208-7　镜像处理　　图 208-8　绘制直线

步骤 11 图案填充。将“填充”图层设置为当前图层，执行 BHATCH 命令，设置填充的图案、比例和角度，填充卫生间要填充的区域，效果如图 208-9 所示。

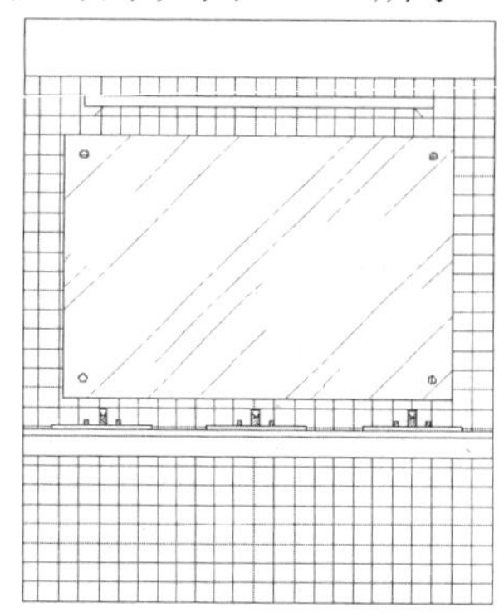

图 208-9　图案填充

步骤 12 标注文字。将“标注和文字”图层设置为当前图层，使用 MTEXT 和 QLEADER 命令，对图形进行适当的说明，效果如图 208-10 所示。

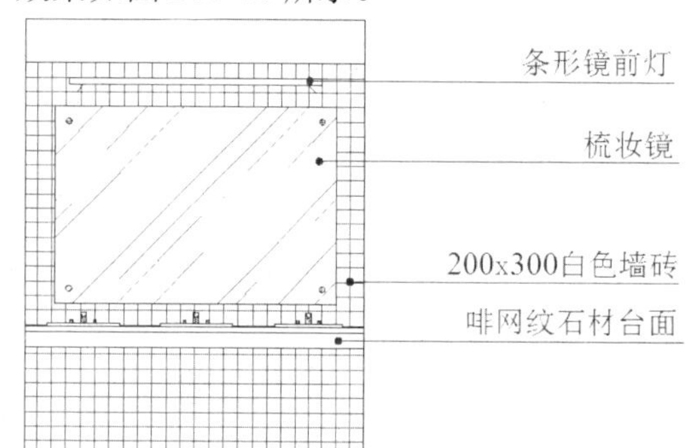

图 208-10　标注文字

步骤 13 标注尺寸。使用 DIMLINEAR 和 DIMCONTINUE 命令对图形进行尺寸标注，效果如图 208-11 所示。

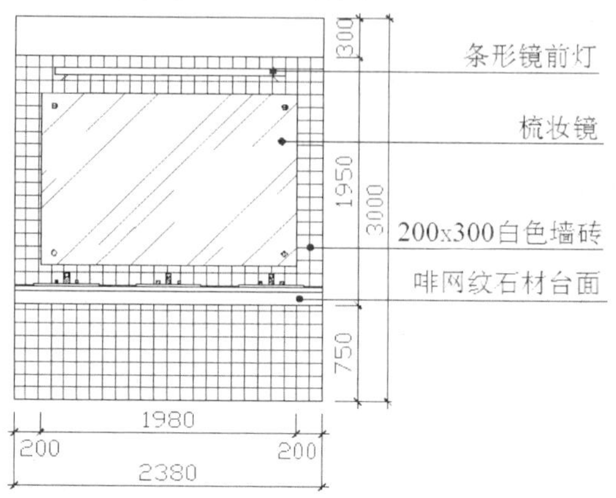

图 208-11　标注尺寸

步骤 14 绘制说明标注。使用 TEXT 命令在立面图的下方输入文字“办公楼卫生间立面图（1:30）”；使用 LINE 命令在该文字的下方绘制两条直线，并将第一条直线的线宽设置为 0.30 毫米，效果参见图 208-1 所示。

第 11 章　公共设施立面图

11 part

本章主要介绍室外公共设施立面图的设计和绘制方法，从不同的角度出发，设计出各种实用的公共设施，比如电话亭立面图、指示路牌立面图等。

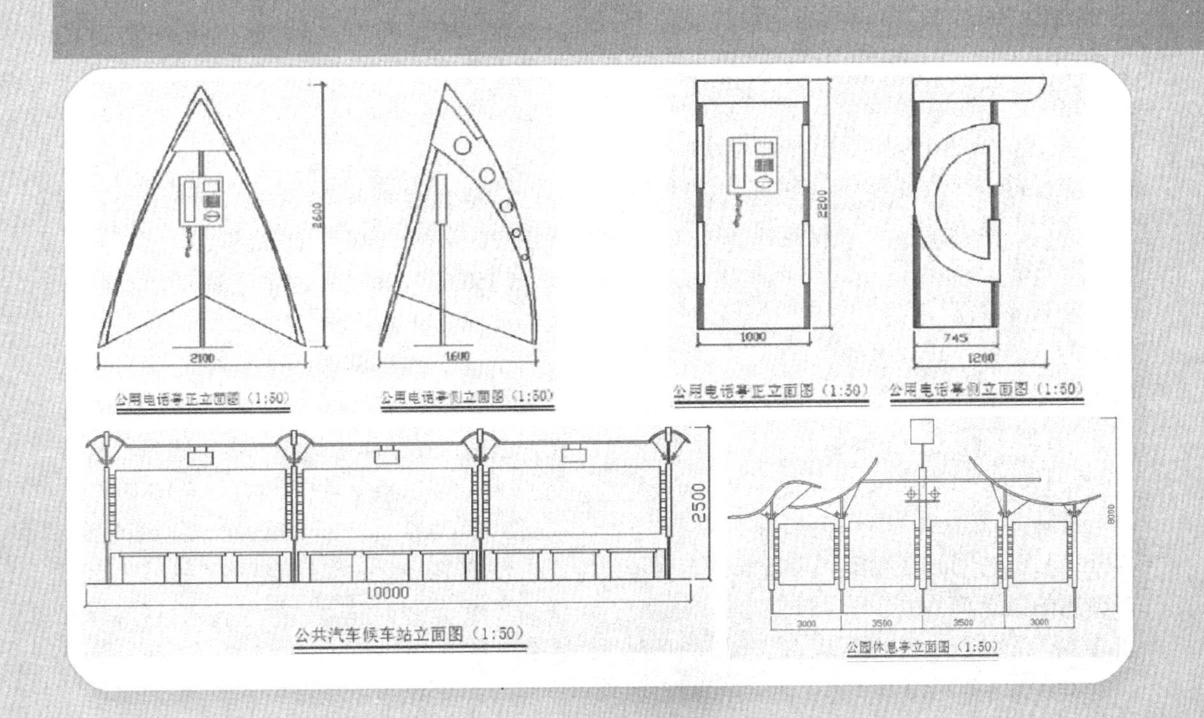

实例 209 公用电话亭立面图（一）

本实例将绘制公用电话亭立面图（一），效果如图 209-1 所示。

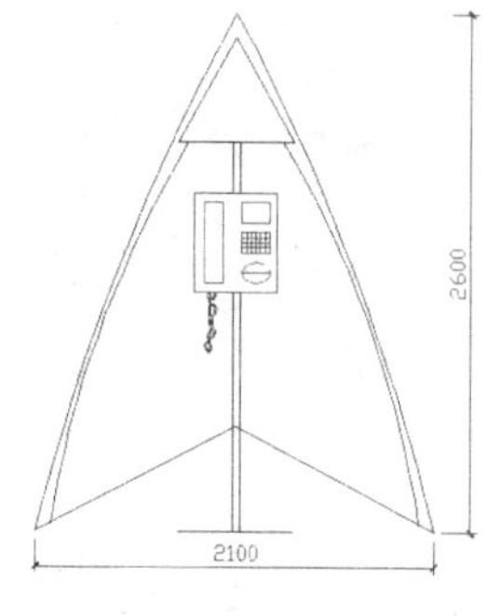

图 209-1 公用电话亭立面图（一）

操作步骤

步骤 1 新建文件。启动 AutoCAD，单击“新建”按钮，新建一个 CAD 文件。

步骤 2 创建图层。在“AutoCAD 经典”工作空间下，单击“图层”工具栏中的“图层特性管理器”按钮，在弹出的“图层特性管理器”对话框中，依次创建图层“标注”（红色）、“建筑物”（蓝色）、“设施”（洋红），然后双击“建筑物”图层将其设置为当前图层。

步骤 3 绘制正多边形。在命令行中输入 POLYGON 命令并按回车键，根据提示进行操作，设置边的数目为 3，在绘图区内任取一点作为正多边形的中心点，绘制半径为 352 的正三角形。

步骤 4 绘制直线。单击“默认”选项板中的“绘图”选项区的“直线”按钮，根据提示进行操作，捕捉步骤（3）绘制的正多边形底边中点为起点，然后输入（@0,-1950）绘制直线。

步骤 5 重复步骤（4）的操作，按住【Shift】键的同时在绘图区单击鼠标右键，在弹出的快捷菜单中选择“自”选项，捕捉正多边形的底边中点为基点，然后输入（@-300,-1950）和（@600,0）绘制直线，效果如图 209-2 所示。

步骤 6 绘制圆弧。单击“默认”选项板中的“绘图”选项区的“圆弧三点”按钮，根据提示进行操作，按住【Shift】键的同时在绘图区单击鼠标右键，在弹出的快捷菜单中选择“自”选项，捕捉图 209-2 中的端点 A 为基点，然后依次输入（@-1050,0）、（@440,1334）和（@610,1266）绘制圆弧，效果如图 209-3 所示。

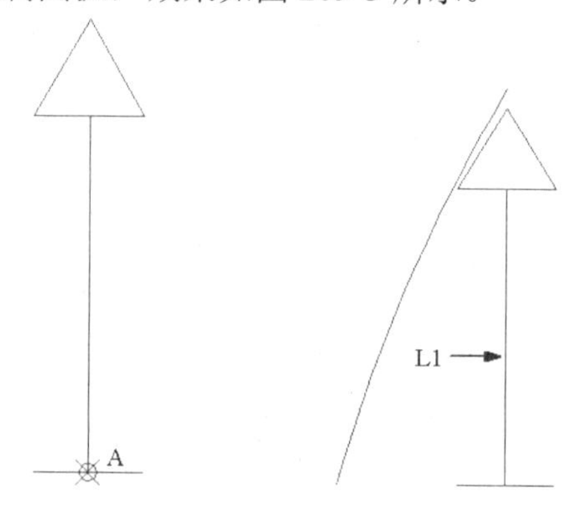

图 209-2 绘制直线　　图 209-3 绘制圆弧

步骤 7 镜像处理。执行 MIRROR 命令，选择绘制的圆弧为镜像对象，捕捉图 209-3 中的直线 L1 上的任意两点为镜像线上的第一点和第二点进行镜像处理，效果如图 209-4 所示。

步骤 8 绘制直线。执行 LINE 命令，捕捉图 209-4 中的端点 B 为起点，然后输入（@1050,530）和（@1050,-530）绘制直线，效果如图 209-5 所示。

步骤 9 绘制圆弧。执行 ARC 命令，按住【Shift】键的同时在绘图区单击鼠标右键，在弹出的快捷菜单中选择“自”选项，捕捉端点 B 为基点，依次输入（@80,40）、（@270,1000）和（@450,910）绘制圆弧。

步骤 10 镜像处理。单击“修改”面板中的“镜像”按钮，根据提示进行操作，选择步骤（9）中绘制的圆弧为镜像对象，捕捉直线 L1 上的任意两点为镜像线上的第一点和第二点进行镜像处理，效果如图 209-6 所示。

步骤 11 偏移并删除处理。使用 OFFSET 命令，将直线 L1 分别向左和右偏移，偏移的距离均为 20；使用 ERASE 命令将直线 L1 删除，效果如图 209-7 所示。

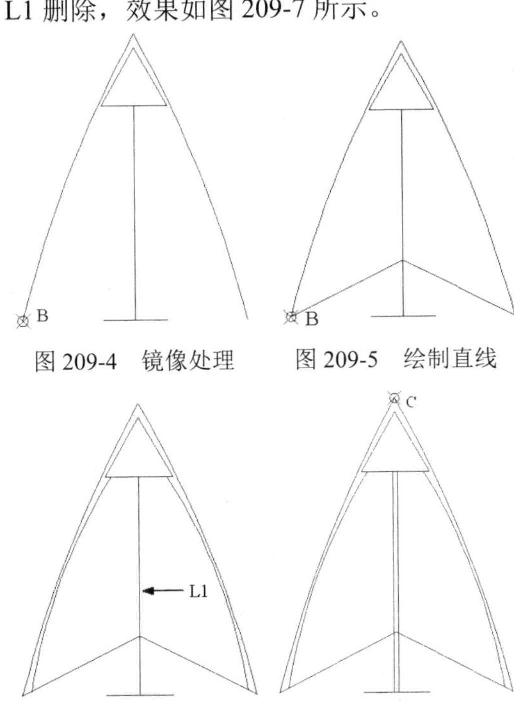

图 209-4 镜像处理　　图 209-5 绘制直线

图 209-6 镜像处理　图 209-7 偏移并删除处理

步骤 12 绘制电话。将“设施”图层设置为当前图层，执行 RECTANG 命令，按住【Shift】键的同时在绘图区单击鼠标右键，在弹出的快捷菜单中选择“自”选项，捕捉图 209-7 中的端点 C 为基点，然后输入（@-220,-900）和（@440,-500）绘制矩形；使用 EXPLODE 命令将绘制的矩形分解；使用 TRIM 命令修剪多余的直线，效果如图 209-8 所示。

步骤 13 偏移处理。执行 OFFSET 命令，选择图 209-8 中的直线 L2，沿水平方向依次向右偏移，偏移的距离分别为 50、100、100、75 和 75；选择直线 L3，沿垂直方向依次向上偏移，偏移的距离分别为 50、50、50、50、100、50 和 100，效果如图 209-9 所示。

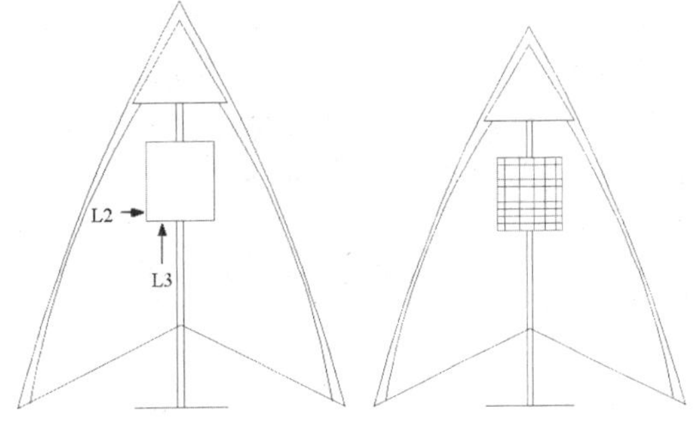

图 209-8 绘制电话　　图 209-9 偏移处理

步骤 14 修剪处理。使用 TRIM 命令对偏移的直线进行修剪，效果如图 209-10 所示。

步骤 15 绘制椭圆并删除直线。单击“绘图”面板中的“轴，端点”按钮，根据提示进行操作，依次捕捉图 209-10 中的端点 D、E 和 F，绘制椭圆；使用 ERASE 命令将多余的直线删除，效果如图 209-11 所示。

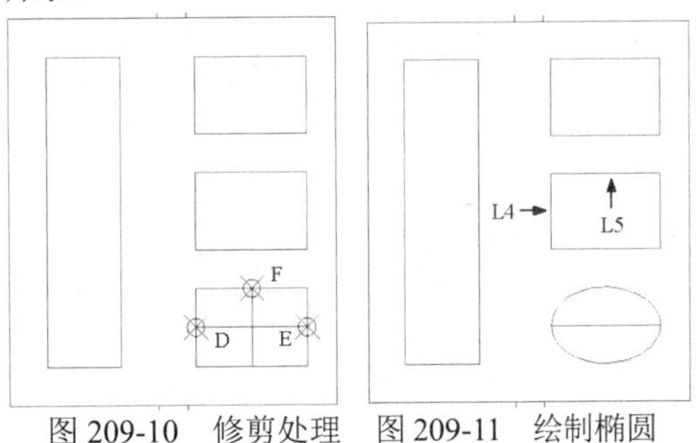

图 209-10 修剪处理　图 209-11 绘制椭圆并删除直线

步骤 16 偏移处理。单击“修改”面板中的“偏移”按钮，根据提示进行操作，选择图 209-11 中的直线 L4，沿水平方向依次向右偏移 5 次，偏移的距离均为 25；选择直线 L5，沿垂直方向依次向下偏移 3 次，偏移的距离均为 25。

步骤 17 绘制电话线。使用 OFFSET、SPLINE、TRIM 命令绘制如图 209-12 所示的电话线。

步骤 18 标注尺寸。将“标注”图层设置为当前图层，使用 DIMLINEAR 命令对图形进行尺寸标注，效果如图 209-13 所示。

步骤 19 绘制说明标注。将图层 0 设置为当前图层，使用 TEXT 命令在立面图的下方输入文字“公用电话亭正立面图（1:50）”；使用 LINE 命令，在该文字的下方绘制两条直线，并将第一条直线的线宽设置为 0.30 毫米，效果如图 209-14 所示。

步骤 20 绘制公用电话亭侧立面图。参照公用电话亭正立面图的绘制方法，使用 LINE、OFFSET、CIRCLE、ARC、RECTANG、TRIM、MOVE 等命令绘制公用电话亭侧立面图，效果如图 209-15 所示。

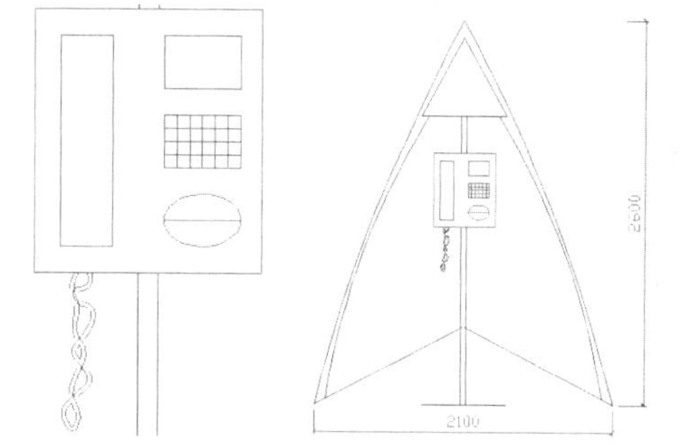

图 209-12　绘制电话线　　图 209-13　标注尺寸

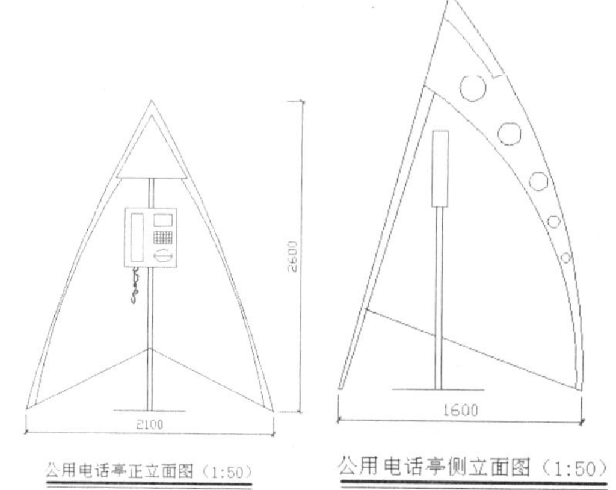

图 209-14　绘制说明标注　图 209-15　绘制侧立面图

步骤 21 单击“文件保存”命令，弹出对话框设置文件名为“公用电话亭立面图 1”，单击“保存”按钮保存文件。

实例 210　公用电话亭立面图（二）

本实例将绘制公用电话亭立面图（二），效果如图 210-1 所示。

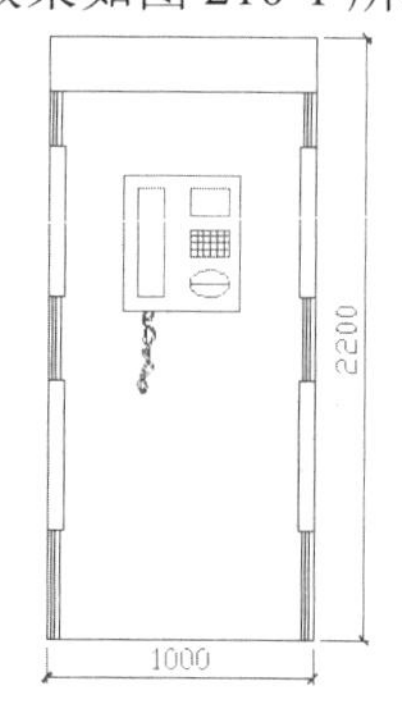

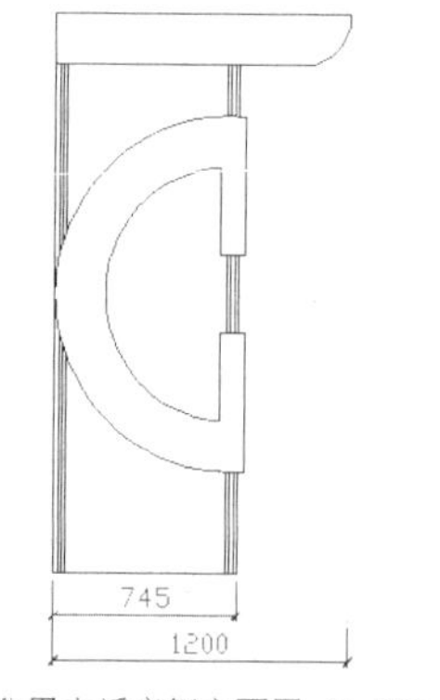

公用电话亭正立面图（1:50）　公用电话亭侧立面图（1:50）

图 210-1　公用电话亭立面图（二）

操作步骤

步骤 1 打开并另存文件。启动 AutoCAD，按【Ctrl+O】组合键，打开实例 209 中绘制的“公用电话亭立面图（一）”图形文件，然后按【Ctrl+Shift+S】组合键，将该图形另存为“公用电话亭立面图（二）”文件。

步骤 2 删除处理。使用 ERASE 命令，选择公用电话亭立面图将其删除，绘制另一个公用电话亭立面图。

步骤 3 绘制矩形并分解处理。将“建筑物”图层设置为当前图层，执行 RECTANG 命令，在绘图区内任取一点作为起点，然后输入（@1000,2200）绘制一个矩形；使用 EXPLODE 命令将绘制的矩形分解。

步骤 4 偏移处理。执行 OFFSET 命令，选择矩形的上边水平线，沿垂直方向依次向下偏移，偏移的距离分别为 200、200、550、150、150 和 550；选择矩形的左侧垂直线，沿水平方向依次向右偏移，偏移的距离分别为 60 和 880，效果如图 210-2 所示。

步骤 5 修剪处理。使用 TRIM 命令对偏移的直线进行修剪，效果如图 210-3 所示。

图 210-2　偏移处理　　　图 210-3　修剪处理

步骤 6 偏移处理。执行 OFFSET 命令，选择图 210-3 中的直线 L1，沿水平方向依次向右偏移 3 次，偏移的距离均为 15；选择直线 L2，沿水平方向依次向左偏移 3 次，偏移的距离均为 15，效果如图 210-4 所示。

步骤 7 修剪处理。使用 TRIM 命令对偏移的直线进行修剪，效果如图 210-5 所示。

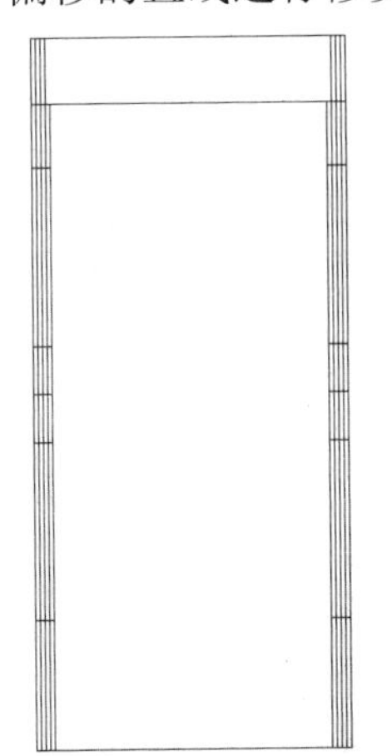

图 210-4　偏移处理　　　图 210-5　修剪处理

步骤 8 绘制矩形。将“设施”图层设置为当前图层，执行 RECTANG 命令，按住【Shift】键的同时在绘图区单击鼠标右键，在弹出的快捷菜单中选择“自”选项，捕捉图 210-5 中的端点 A 为基点，然后输入（@280,-500）和（@440,-500）绘制矩形，效果如图 210-6 所示。

步骤 9 绘制电话机。使用 EXPLODE、OFFSET、TRIM、ELLIPSE 和 SPLINE 命令绘制如图 210-7 所示的电话机。

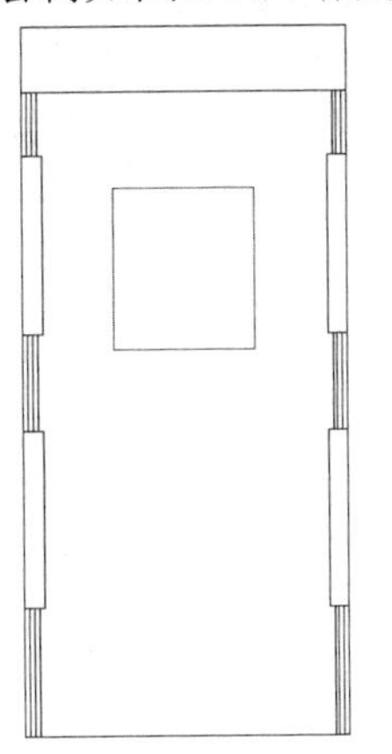

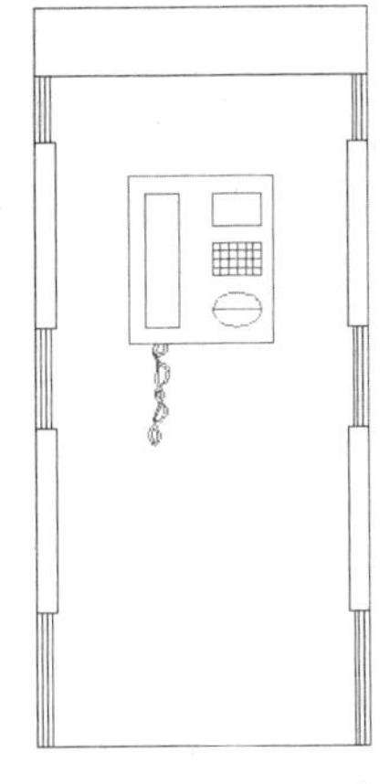

图 210-6　绘制矩形　　　图 210-7　绘制电话机

步骤 10 标注尺寸。将“标注”图层设置为当前图层，使用 DIMLINEAR 命令对图形进行尺寸标注，效果如图 210-8 所示。

步骤 11 绘制说明标注。将图层 0 设置为当前图层，使用 TEXT 命令，在立面图的下方输入文字“公用电话亭正立面图（1:50）”；使用 LINE 命令在该文字的下方绘制两条直线，并将第一条直线的线宽设置为 0.30 毫米，效果如图 210-9 所示。

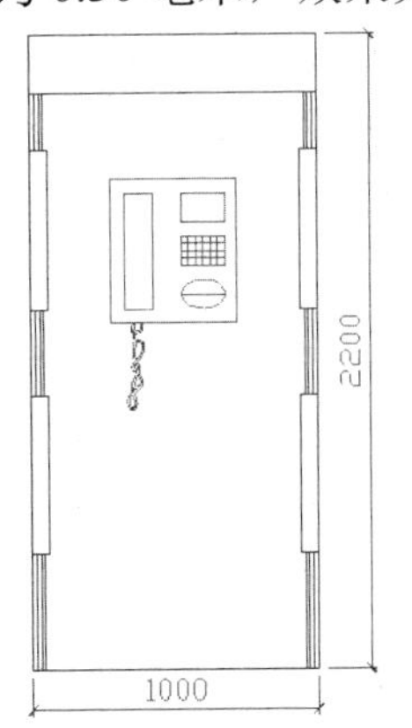

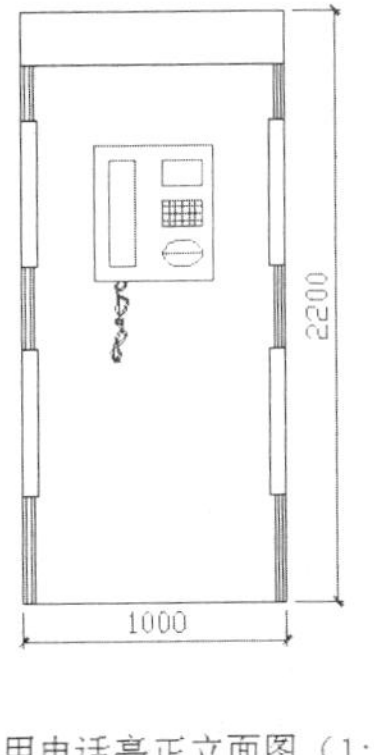

图 210-8　标注尺寸　　　图 210-9　绘制说明标注

步骤 12 绘制公用电话亭侧立面图。参照公用电话亭正立面图的绘制方法，使用 LINE、OFFSET、CIRCLE、FILLET 等命令绘制公用电话亭侧立面图，效果参见图 210-1。

实例 211 指示路牌立面图（一）

本实例将绘制指示路牌立面图（一），效果如图 211-1 所示。

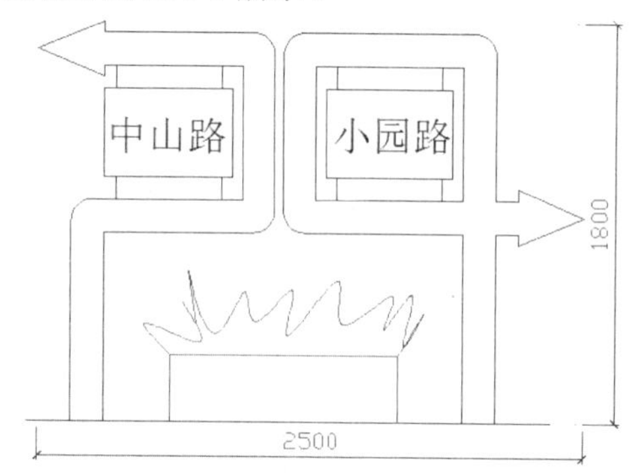

图 211-1 指示路牌立面图（一）

操作步骤

步骤 1 打开并另存文件。启动 AutoCAD，按【Ctrl+O】组合键，打开实例 210 中绘制的“公用电话亭立面图（二）”图形文件，然后按【Ctrl+Shift+S】组合键，将该图形另存为“指示路牌立面图（一）”文件。

步骤 2 删除处理。使用 ERASE 命令，选择公用电话亭立面图将其删除，绘制指示路牌立面图。

步骤 3 绘制矩形并分解处理。将“建筑物”图层设置为当前图层，执行 RECTANG 命令，在绘图区内任取一点作为起点，然后输入（@2500,1800）绘制一个矩形；使用 EXPLODE 命令将绘制的矩形分解。

步骤 4 偏移处理。单击“修改”面板中的“偏移”按钮，根据提示进行操作，选择矩形的上边水平线，沿垂直方向依次向下偏移，偏移的距离分别为 50、150、600 和 150。

步骤 5 重复此操作，选择矩形的左侧垂直线，沿水平方向依次向右偏移，偏移的距离分别 150、150、630、150、40、150、680 和 150，效果如图 211-2 所示。

步骤 6 修剪处理。使用 TRIM 命令对偏移的直线进行修剪，效果如图 211-3 所示。

步骤 7 偏移处理。使用 OFFSET 命令，将图 211-3 中的直线 L1 向上偏移 50，将直线 L2 向下偏移 50，将直线 L3 向右偏移 300，效果如图 211-4 所示。

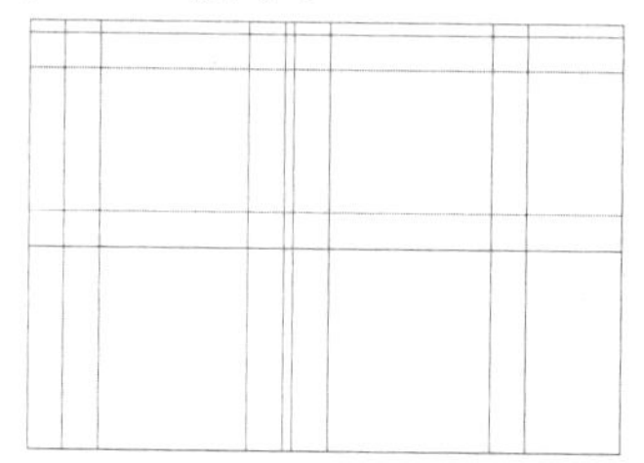

图 211-2 偏移处理

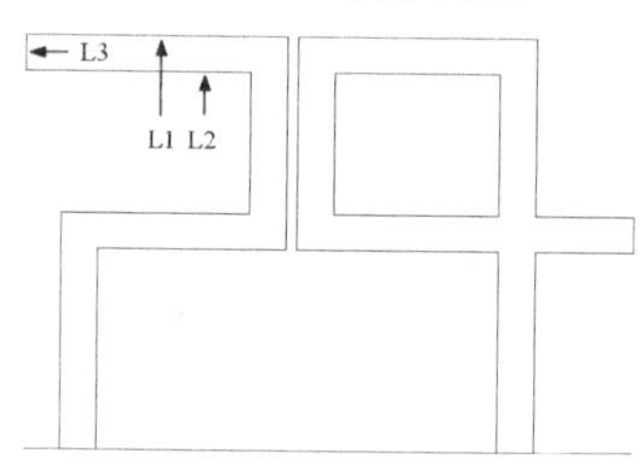

图 211-3 修剪处理

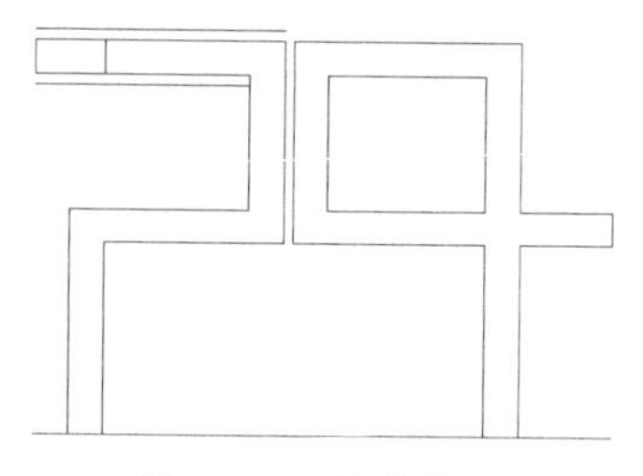

图 211-4 偏移处理

步骤 8 延伸处理。单击“修改延伸”命令，根据提示进行操作，对直线 L3 偏移生成的直线进行延伸处理，效果如图 211-5 所示。

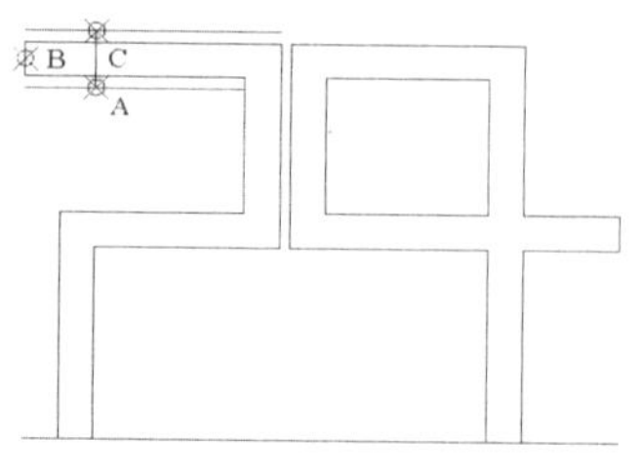

图 211-5 延伸处理

步骤 9 绘制箭头。使用 LINE 命令，依次捕捉图 211-5 中的端点 A、中点 B 和端点 C，绘制箭头；使用 TRIM 命令对多余的直线进行修剪；使用 ERASE 命令将多余的直线删除，效果如图 211-6 所示。

图 211-6　绘制箭头

步骤 10 重复步骤（7）～（9）的操作，使用 OFFSET、EXTEND、LINE、TRIM 和 ERASE 命令绘制另一个箭头，效果如图 211-7 所示。

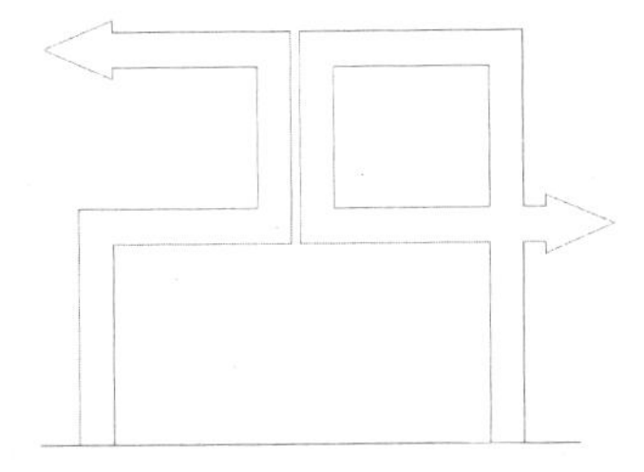

图 211-7　绘制另一个箭头

步骤 11 圆角处理。单击“修改”面板中的“圆角”按钮，根据提示进行操作，设置圆角半径为 100，对指示路牌的锐角进行圆角处理，效果如图 211-8 所示。

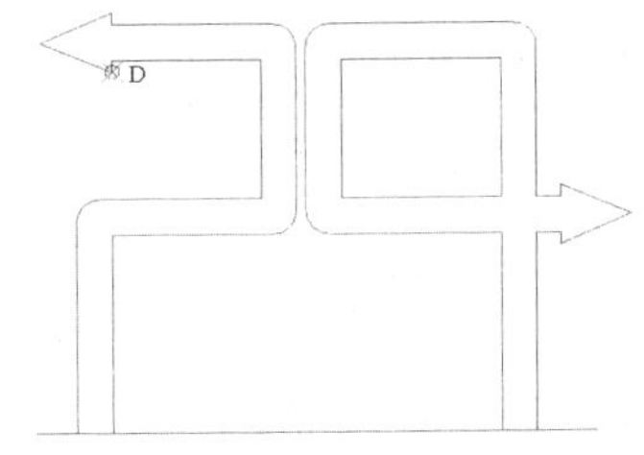

图 211-8　圆角处理

步骤 12 绘制矩形。单击“绘图”面板中的“矩形”按钮，根据提示进行操作，按住【Shift】键的同时在绘图区单击鼠标右键，在弹出的快捷菜单中选择“自”选项，捕捉图 211-8 中的端点 D 为基点，然后输入（@0,-50）和（@580,-400）绘制矩形，效果如图 211-9 所示。

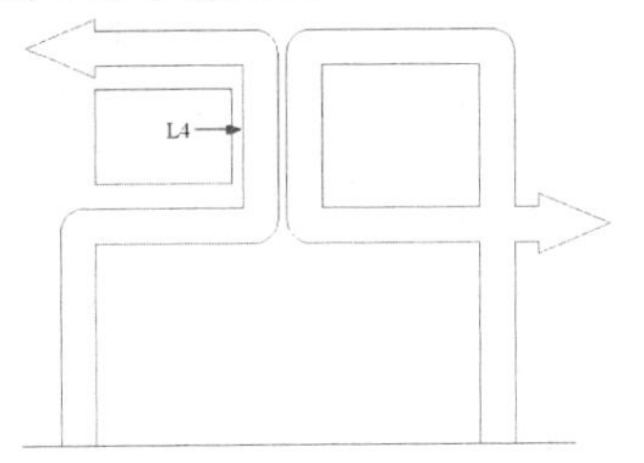

图 211-9　绘制矩形

步骤 13 偏移并修剪处理。执行 OFFSET 命令，选择图 211-9 中的直线 L4，沿水平方向依次向左偏移，偏移的距离分别为 100 和 480；使用 TRIM 命令对偏移的直线进行修剪，效果如图 211-10 所示。

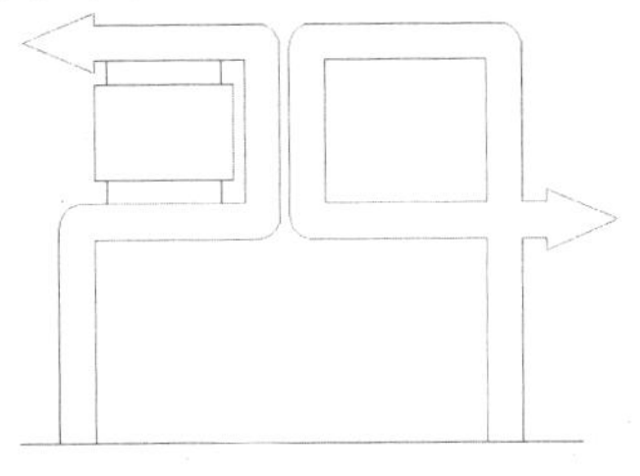

图 211-10　偏移并修剪处理

步骤 14 复制处理。执行 COPY 命令，选择步骤（12）～（13）中绘制的路牌并按回车键，以原点为基点，输入（@1020,0）为目标点进行复制，效果如图 211-11 所示。

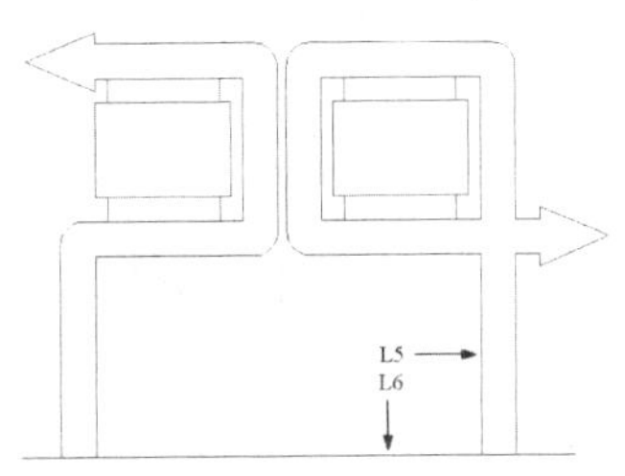

图 211-11　复制处理

步骤 15 偏移并修剪处理。执行 OFFSET 命令，选择图 211-11 中的直线 L5，沿水平方向依次向左偏移，偏移的距离分别为 300 和 1050；选择直线 L6，沿垂直方向向上偏移，偏移的距离为 300，然后使用 TRIM 命令对偏移的直线进行修剪，绘制出花坛，并将其移至“设施”图层，效果如图 211-12 所示。

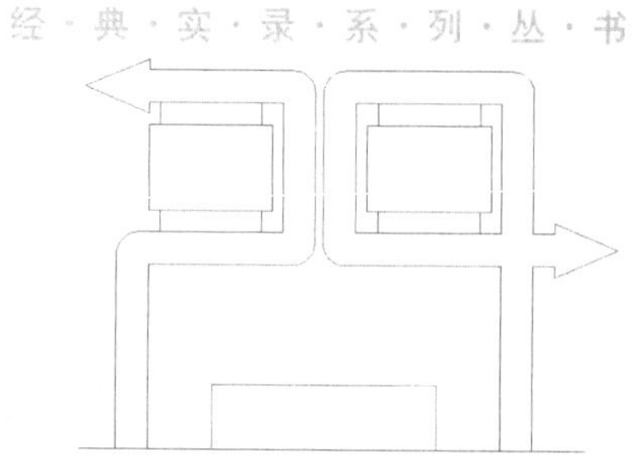

图 211-12　偏移并修剪处理

步骤 16 绘制花草。单击“默认”选项板中的“绘图”选项区的“样条曲线”按钮，根据提示进行操作，绘制出花草，并将其移至“设施”图层，效果如图 211-13 所示。

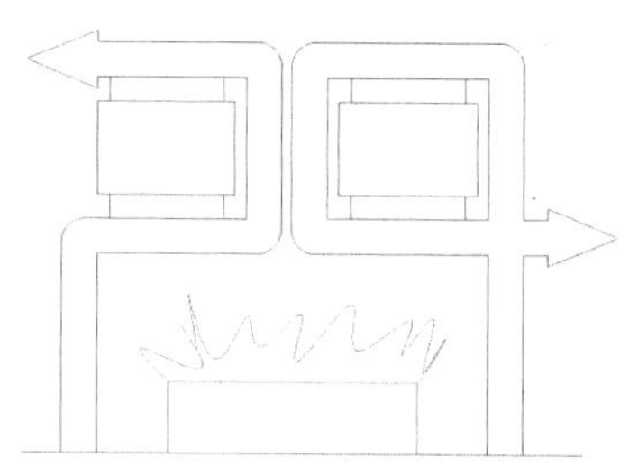

图 211-13　绘制花草

步骤 17 创建文本。在命令行中输入命令 TEXT 并按回车键，在绘图区内适当的位置指定文本输入框的角点和对角点，设置“字体”为“宋体”、“字号”为 130，然后在文字编辑区中输入“中山路”。重复此操作，设置“字体”为“宋体”、“字号”为 130，然后在文字编辑区中输入“小园路”，效果如图 211-14 所示。

步骤 18 标注尺寸。将“标注”图层设置为当前图层，使用 DIMLINEAR 命令对图形进行尺寸标注，效果如图 211-15 所示。

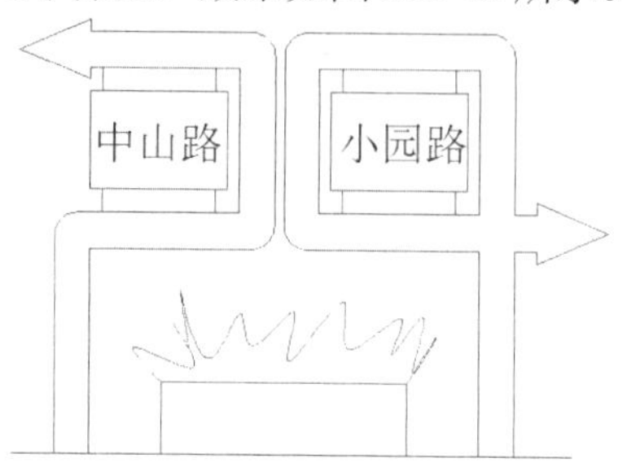

图 211-14　创建文本

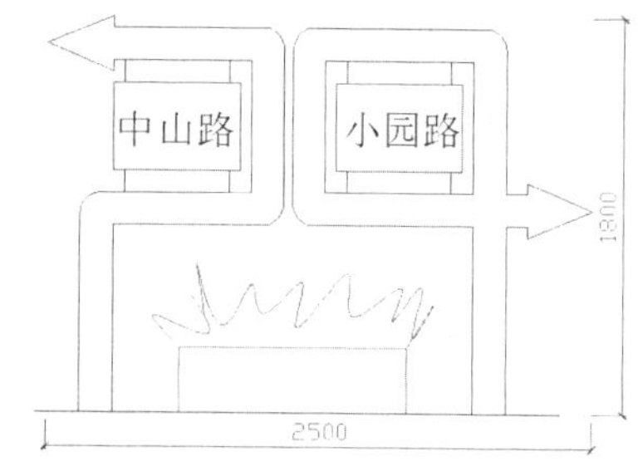

图 211-15　标注尺寸

步骤 19 绘制说明标注。将图层 0 设置为当前图层，使用 TEXT 命令在立面图下方输入文字“指示路牌立面图（1:50）”；使用 LINE 命令在该文字的下方绘制两条直线，并将第一条直线的线宽设置为 0.30 毫米，效果参见图 211-1。

实例 212　指示路牌立面图（二）

本实例绘制的是指示路牌立面图（二），效果如图 212-1 所示。

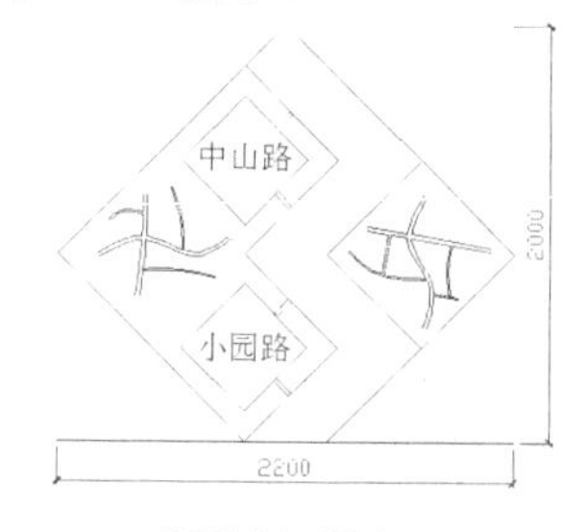

图 212-1　指示路牌立面图（二）

操作步骤

步骤 1 打开并另存文件。按【Ctrl＋O】组合键，打开实例 211 中“指示路牌立面图（一）”图形文件，然后按【Ctrl＋Shift＋S】组合键，将该图形另存为“指示路牌立面图（二）”文件。

步骤 2 删除处理。使用 ERASE 命令，选择指示路牌立面图将其删除，绘制另一个指示路牌立面图。

步骤 3 绘制正多边形并分解处理。将“建筑物”图层设置为当前图层，执行POLYGON命令，设置边的数目为4，在绘图区内任取一点作为正多边形的中心点，选择“外切于圆”选项，指定圆的半径为（@778<45），绘制一个正四边形；使用EXPLODE命令将其分解，效果如图212-2所示。

步骤 4 绘制直线。单击“默认”选项板中的“绘图”选项区的“直线”按钮，根据提示进行操作，按住【Shift】键的同时在绘图区单击鼠标右键，在弹出的快捷菜单中选择“自”选项，捕捉图212-2中的端点A为基点，然后输入（@0,-900）和（@2200,0）绘制直线，效果如图212-3所示。

图212-2 绘制正多边形并分解处理　　图212-3 绘制直线

步骤 5 修剪处理。使用TRIM命令对正多边形进行修剪，效果如图212-4所示。

步骤 6 偏移并延伸处理。执行OFFSET命令，选择图212-4中的直线L1，沿水平方向依次向左偏移，偏移的距离分别为283、354和283；选择直线L2，沿水平方向依次向左偏移，偏移的距离分别为283、353和283；执行EXTEND命令，选择正多边形为延伸边界的边，对偏移的直线进行延伸处理，效果如图212-5所示。

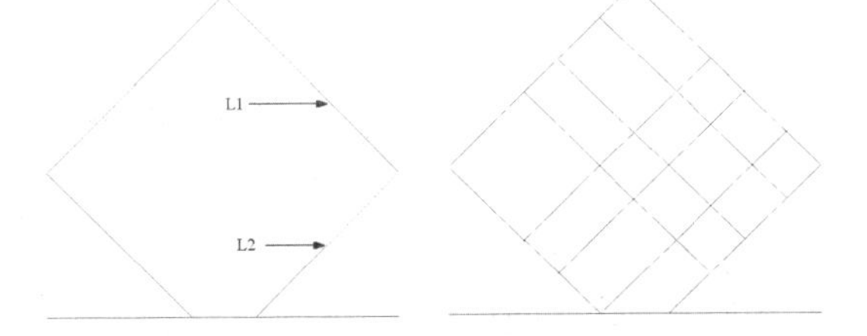

图212-4 修剪处理　　图212-5 偏移并延伸处理

步骤 7 修剪处理。使用TRIM命令对偏移的直线进行修剪，效果如图212-6所示。

步骤 8 偏移处理。执行OFFSET命令，选择图212-6中的直线L3，沿水平方向依次向左偏移，偏移的距离分别为100、208、20和208；选择直线L4，沿水平方向依次向左偏移，偏移的距离分别为100、208、20和208，效果如图212-7所示。

步骤 9 修剪处理。使用TRIM命令对偏移的直线进行修剪，效果如图212-8所示。

步骤 10 镜像处理。单击“修改”面板中的“镜像”按钮，根据提示进行操作，选择步骤（9）中修剪处理后生成的图形为镜像对象，捕捉图212-8中的端点A和端点B为镜像线上的第一点和第二点进行镜像处理，效果如图212-9所示。

图212-6 修剪处理　　图212-7 偏移处理

图212-8 修剪处理　图212-9 镜像处理

步骤 11 绘制地图。使用LINE、SPLINE和TRIM命令绘制如图212-10所示的地图。

步骤 12 创建文本。在命令行中输入TEXT命令并按回车键，在绘图区内适当的位置指定文本输入框的角点和对角点，设置“字体”为“宋体”、“字号”为110，输入文字“中山路”和“小园路”，效果如图212-11所示。

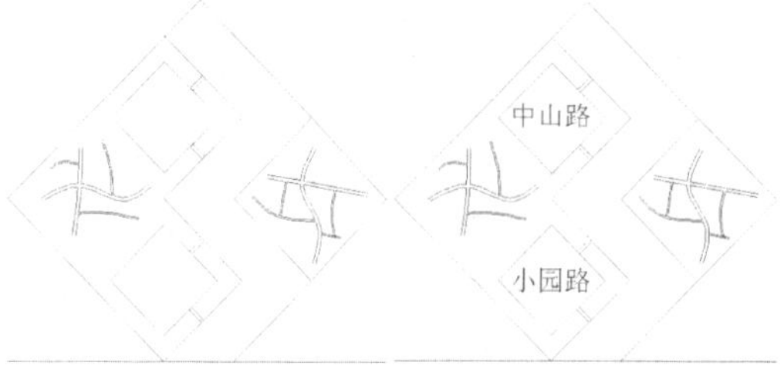

图 212-10　绘制地图　　图 212-11　创建文本

步骤 13 标注尺寸。将“标注”图层设置为当前图层，使用 DIMLINEAR 命令对图形进行尺寸标注，效果如图 212-12 所示。

步骤 14 绘制说明标注。将图层 0 设置为当前图层，使用 TEXT 命令在立面图下方输入文字“指示路牌立面图（1:50）”；使用 LINE 命令在该文字的下方绘制两条直线，并将第一条直线的线宽设置为 0.30 毫米，效果如图 212-13 所示。

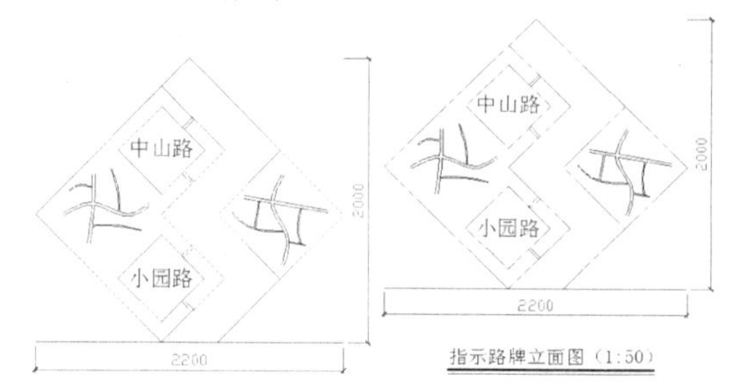

图 212-12　标注尺寸　　图 212-13　绘制说明标注

实例 213　文具销售架立面图（一）

本实例绘制的是文具销售架立面图（一），效果如图 213-1 所示。

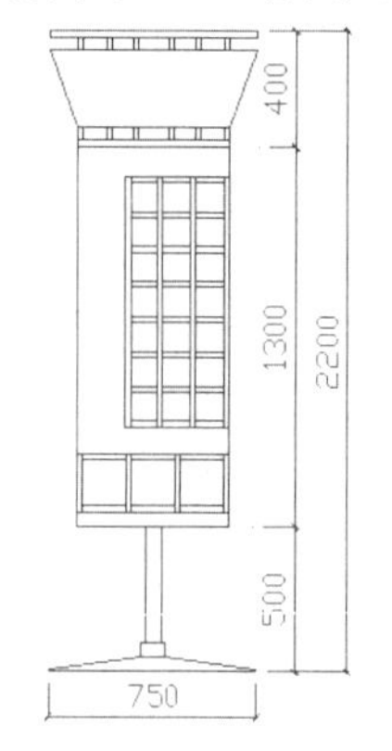

图 213-1　文具销售架立面图（一）

操作步骤

步骤 1 打开并另存文件。启动AutoCAD，按【Ctrl＋O】组合键，打开实例 212 中绘制的“指示路牌立面图（二）”图形文件，然后按【Ctrl＋Shift＋S】组合键，将该图形另存为“文具销售架立面图（一）”文件。

步骤 2 删除处理。使用 ERASE 命令，选择指示路牌立面图将其删除，绘制文具销售架立面图。

步骤 3 绘制矩形并分解处理。将“建筑物”图层设置为当前图层，执行 RECTANG 命令，在绘图区内任意取一点作为矩形的角点，然后输入（@750,2200）绘制矩形；使用 EXPLODE 命令将绘制的矩形分解。

步骤 4 偏移处理。执行 OFFSET 命令，选择矩形的左侧垂直线，沿水平方向依次向右偏移，偏移的距离分别为 100 和 550；选择矩形的上边水平线，沿垂直方向依次向下偏移，偏移的距离分别为 25、40、270、40 和 25，效果如图 213-2 所示。

步骤 5 绘制直线。使用 LINE 命令绘制如图 213-3 所示的直线。

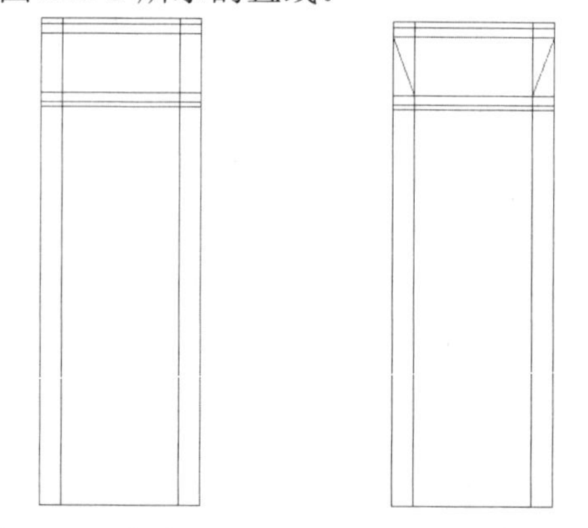

图 213-2　偏移处理　　图 213-3　绘制直线

步骤 6 修剪处理。使用 TRIM 命令对多余的直线进行修剪，效果如图 213-4 所示。

步骤 7 偏移处理。执行 OFFSET 命令，选择图 213-4 中的直线 L1，沿水平方向依次向右偏移，偏移的距离分别为 20、80、20、80、20、110、20、80、20、80 和 20，效果如图 213-5 所示。

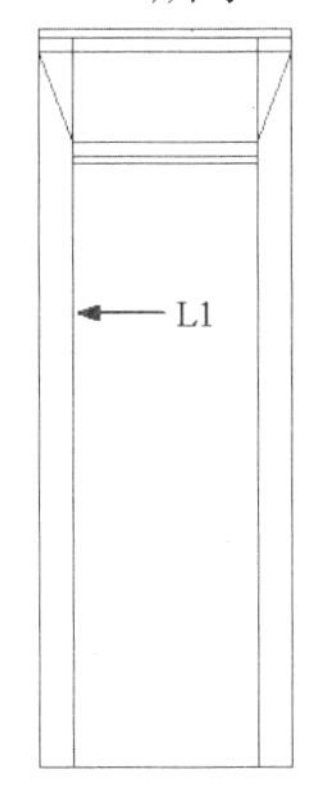

图 213-4 修剪处理

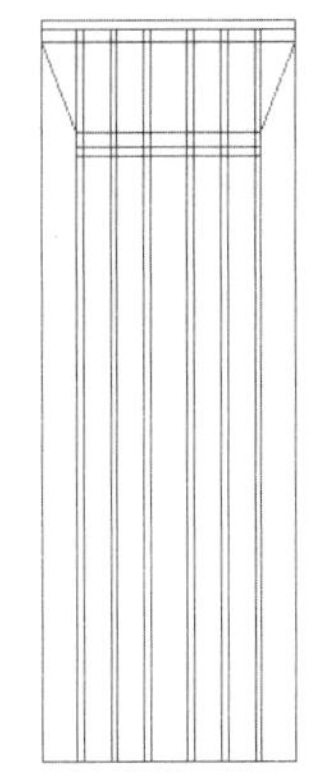

图 213-5 偏移处理

步骤 8 修剪处理。使用 TRIM 命令对偏移的直线进行修剪，效果如图 213-6 所示。

步骤 9 偏移处理。执行 OFFSET 命令，选择图 213-6 中的直线 L2，沿垂直方向依次向上偏移，偏移的距离分别为 10、40、50 和 400，效果如图 213-7 所示。

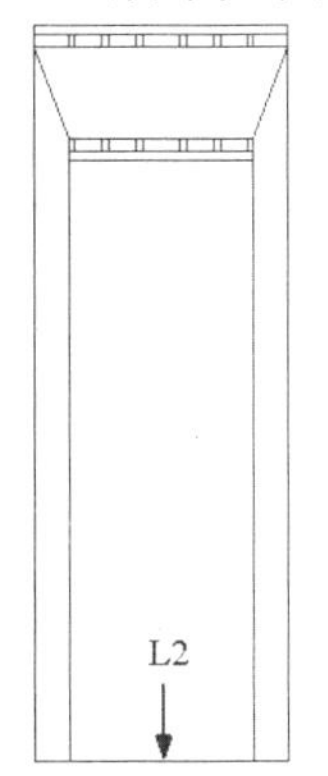

图 213-6 修剪处理

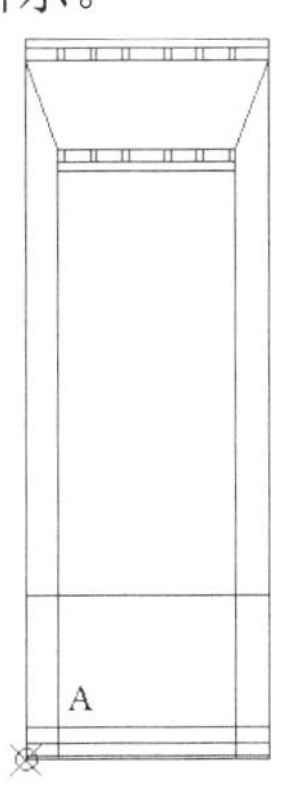

图 213-7 偏移处理

步骤 10 绘制直线并偏移处理。执行LINE 命令，按住【Shift】键的同时在绘图区单击鼠标右键，在弹出的快捷菜单中选择“自”选项，捕捉图 213-7 中的端点 A 为基点，然后输入（@330,0）和（@0,500）绘制直线；执行 OFFSET 命令，选择绘制的直线，沿水平方向依次向右偏移，偏移的距离分别为 15、60 和 15，效果如图 213-8 所示。

步骤 11 绘制直线。使用 LINE 命令绘制如图 213-9 所示的直线。

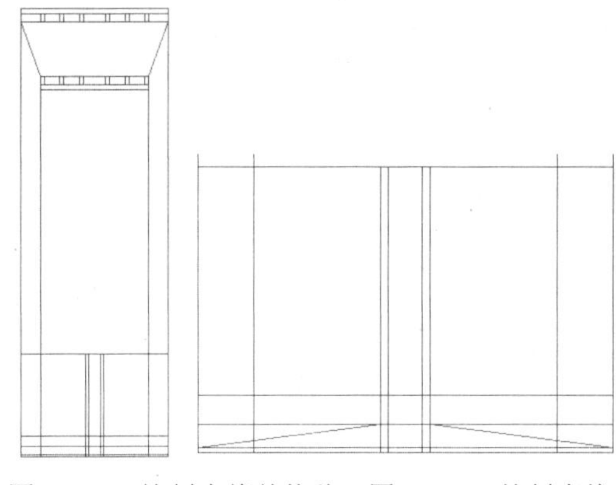

图 213-8 绘制直线并偏移　图 213-9 绘制直线

步骤 12 修剪处理。使用 TRIM 命令对多余的直线进行修剪，效果如图 213-10 所示。

步骤 13 偏移处理。执行 OFFSET 命令，选择图 213-10 中的直线 L3，沿水平方向依次向右偏移，偏移的距离分别为 20、155、20、160、20 和 155；选择直线 L4，沿垂直方向依次向上偏移，偏移的距离分别为 50、20、160 和 20，效果如图 213-11 所示。

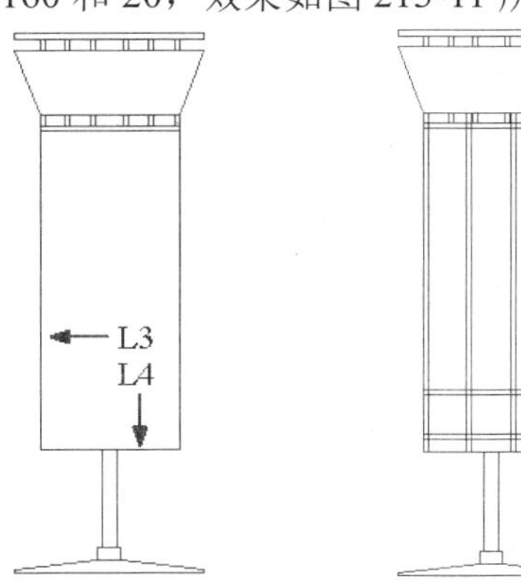

图 213-10 修剪处理　图 213-11 偏移处理

步骤 14 修剪处理。使用 TRIM 命令对偏移的直线进行修剪，效果如图 213-12 所示。

步骤 15 偏移处理。执行 OFFSET 命令，选择直线 L3，沿水平方向依次向右偏移，偏移的距离分别为 170、20、100、20、100、20 和 100；选择直线 L4，沿垂直方向依次向上偏移，偏移的距离分别为 340 和 20。

步骤 16 修剪处理。使用 TRIM 命令对偏移的直线进行修剪，效果如图 213-13 所示。

步骤 17 复制处理。单击“修改”面板中的“复制”按钮，根据提示进行操作，选择图 213-13 中的两条直线并按回车键，以原点为基点，然后分别输入（@0,120）、（@0,240）、（@0,360）、（@0,480）、（@0,600）、（@0,720）和（@0,840）为目标点进行复制。

步骤 18 修剪处理。使用 TRIM 命令对偏移的直线进行修剪，效果如图 213-14 所示。

步骤 19 标注尺寸。将“标注”图层设置为当前图层，使用 DIMLINEAR 和 DIMCONTINUE 命令对图形进行尺寸标注，效果如图 213-15 所示。

步骤 20 绘制说明标注。将图层 0 设置为当前图层，使用 TEXT 命令在立面图下方输入文字“文具销售架立面图（1:50）”；使用 LINE 命令在该文字的下方绘制两条直线，并将第一条直线的线宽设置为 0.30 毫米，效果参见图 213-1。

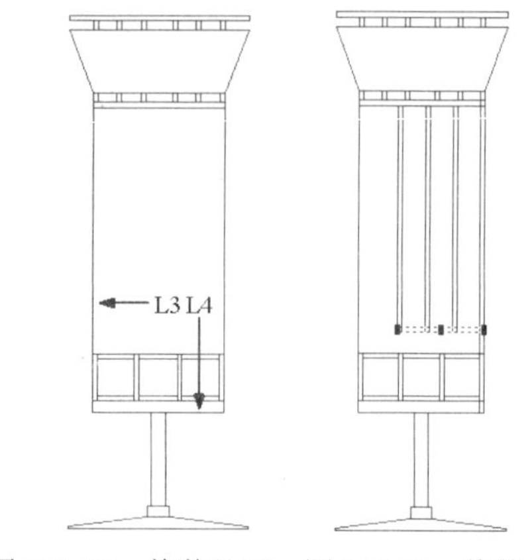

图 213-12　修剪处理　图 213-13　修剪处理

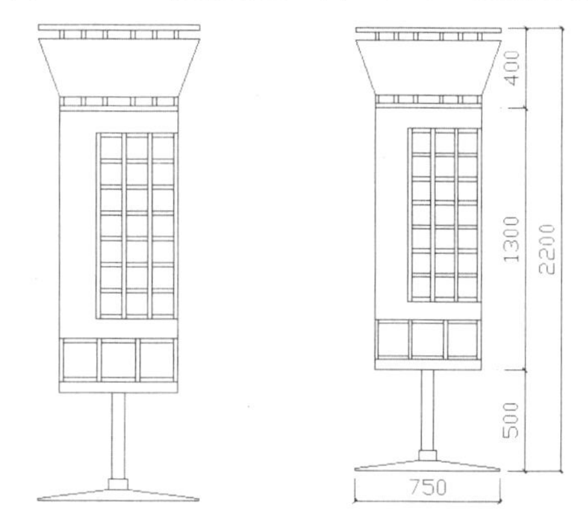

图 213-14　修剪处理　　图 213-15　标注尺寸

实例 214　文具销售架立面图（二）

本实例绘制的是文具销售架立面图（二），效果如图 214-1 所示。

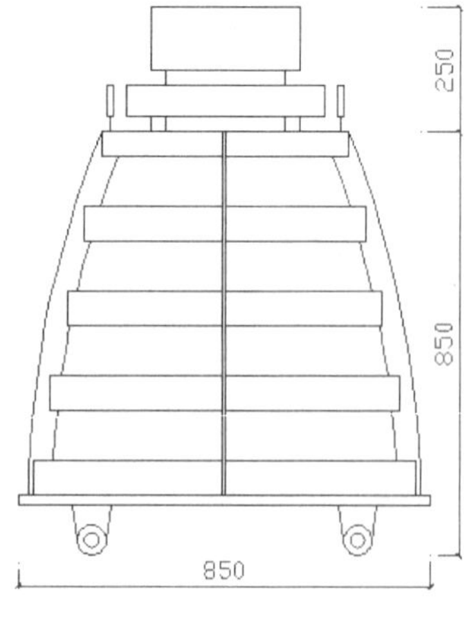

图 214-1　文具销售架立面图（二）

操作步骤

步骤 1 打开并另存文件。启动 AutoCAD，按【Ctrl+O】组合键，打开实例 213 中绘制的“文具销售架立面图（一）”图形文件，然后按【Ctrl+Shift+S】组合键，将该图形另存为“文具销售架立面图（二）”文件。

步骤 2 删除处理。使用 ERASE 命令，选择文具销售架立面图将其删除，绘制另一个文具销售架立面图。

步骤 3 绘制矩形并分解处理。将“建筑物”图层设置为当前图层，执行 RECTANG 命令，在绘图区内任取一点作为起点，然后输入（@850,1000）绘制一个矩形；使用 EXPLODE 命令，对绘制的矩形进行分解处理。

步骤 4 偏移处理。执行 OFFSET 命令，选择矩形的上边水平线，沿垂直方向依次向下偏移，偏移的距离分别为 125、30、65 和 30；选择矩形的左侧垂直线，沿水平方向依次向右偏移，偏移的距离分别为 221、50、30、120、8、120、30 和 50。

步骤 5 修剪处理。使用 TRIM 命令对偏移的直线进行修剪，效果如图 214-2 所示。

步骤 6 偏移并修剪处理。执行 OFFSET 命令，选择图 214-2 中的直线 L1，沿垂直方向向上偏移，偏移的距离为 20；使用 TRIM 命令对多余的直线进行修剪，效果如图 214-3 所示。

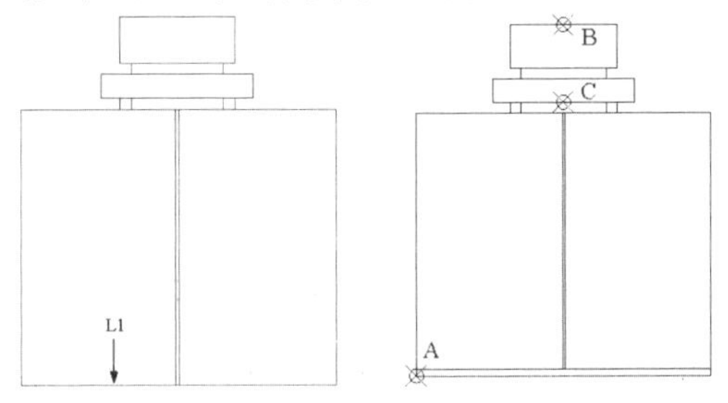

图 214-2 修剪处理 图 214-3 偏移并修剪处理

步骤 7 绘制圆弧并镜像处理。执行命令 ARC，按住【Shift】键的同时在绘图区单击鼠标右键，在弹出的快捷菜单中选择“自”选项，捕捉图 214-3 中的端点 A 为基点，输入（@20,20）、（@20,250）和（@130,480）绘制圆弧；使用 MIRROR 命令，选择绘制的圆弧为镜像对象，捕捉图 214-3 中的中点 B 和中点 C 为镜像线上的第一点和第二点进行镜像处理，效果如图 214-4 所示。

步骤 8 偏移处理。单击“修改”面板中的“偏移”按钮，根据提示进行操作，选择图 214-4 中的直线 L2，沿水平方向依次向右偏移，偏移的距离分别为 30、35、35、35 和 35；选择直线 L3，沿垂直方向依次向上偏移处理，偏移的距离分别为 70、100、70、100、70、100、70 和 100，效果如图 214-5 所示。

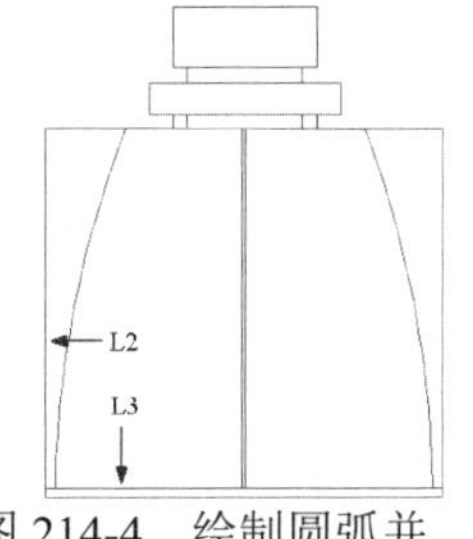

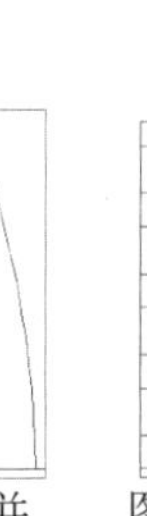

图 214-4 绘制圆弧并镜像处理 图 214-5 偏移处理

步骤 9 修剪处理。使用 TRIM 命令对偏移的直线进行修剪，效果如图 214-6 所示。

步骤 10 镜像处理。使用 MIRROR 命令，选择步骤（9）中修剪生成的直线为镜像对象，捕捉中点 B 和中点 C 为镜像线上的第一点和第二点进行镜像处理。

步骤 11 偏移处理。单击“修改”面板中的“偏移”按钮，根据提示进行操作，将两条圆弧分别向内偏移，偏移的距离均为 50，效果如图 214-7 所示。

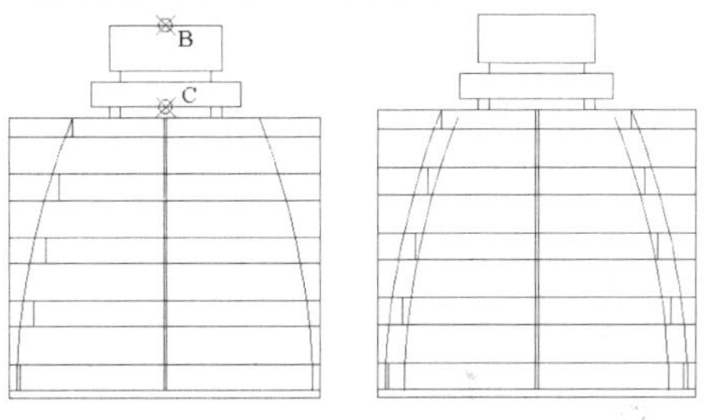

图 214-6 修剪处理 图 214-7 偏移处理

步骤 12 修剪处理。使用 TRIM 命令对多余的直线进行修剪，效果如图 214-8 所示。

步骤 13 绘制侧面宣传牌。使用命令 RECTANG、LINE、MIRROR 等，参照图 214-9 所示的尺寸标注绘制侧面宣传牌。

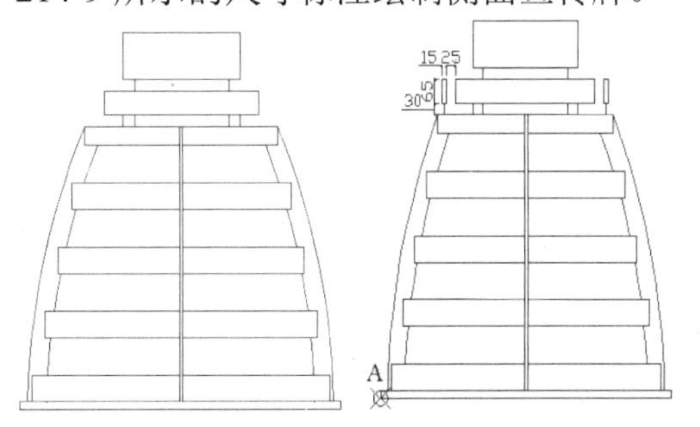

图 214-8 修剪处理 图 214-9 绘制侧面宣传牌

步骤 14 绘制轮子。执行 CIRCLE 命令，按住【Shift】键的同时在绘图区单击鼠标右键，在弹出的快捷菜单中选择“自”选项，选择端点 A 为基点，输入（@151,-70）作为圆心，分别绘制半径为 30 和 15 的圆。

步骤 15 绘制直线。执行 LINE 命令，按住【Shift】键的同时在绘图区单击鼠标右键，在弹出的快捷菜单中选择“自”选项，捕捉端点 A 为基点，然后输入（@111,0）和（@10,-70）绘制直线。重复此操作，按住【Shift】键的同时在绘图区单击鼠标右键，在弹出的快捷菜单中选择“自”选项，捕捉端点 A 为基点，然后输入（@191,0）和（@-10,-70）绘制直线。

步骤 16 镜像处理。单击“修改”面板中的“镜像”按钮，根据提示进行操作，选择步骤（14）～（15）中绘制的图形进行镜像处理，效果如图 214-10 所示。

步骤 17 标注尺寸。将“标注”图层设置为当前图层，使用 DIMLINEAR 和 DIMCONTINUE 命令对图形进行尺寸标注，效果如图 214-11 所示。

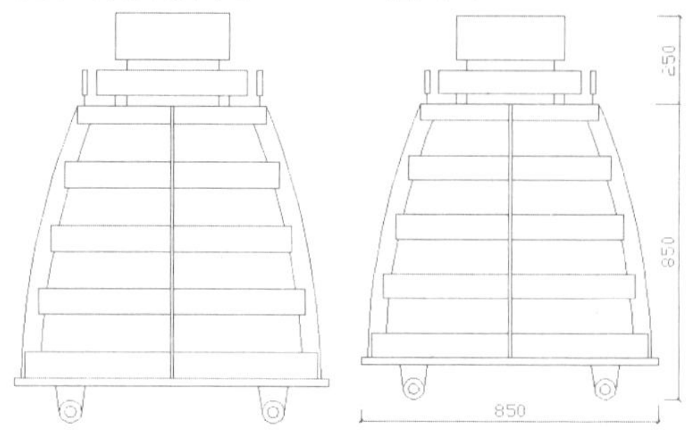

图 214-10　镜像处理　　图 214-11　标注尺寸

步骤 18 绘制说明标注。将图层 0 设置为当前图层，使用 TEXT 命令在立面图下方输入文字“文具销售架立面图（1:20）”；使用 LINE 命令，在该文字的下方绘制两条直线，并将第一条直线的线宽设置为 0.30 毫米，效果参见图 214-1。

实例 215　公共汽车候车站立面图

本实例将绘制公共汽车候车站立面图，效果如图 215-1 所示。

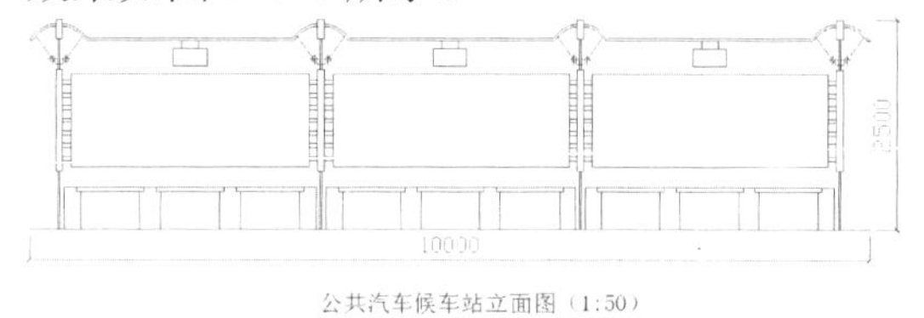

图 215-1　公共汽车候车站立面图

操作步骤

步骤 1 打开并另存文件。启动 AutoCAD，按【Ctrl+O】组合键，打开实例 214 中绘制的“文具销售架立面图（二）”图形文件，然后按【Ctrl+Shift+S】组合键，将该图形另存为“公共汽车候车站立面图”文件。

步骤 2 删除处理。使用 ERASE 命令，选择文具销售架立面图将其删除，绘制公共汽车候车站立面图。

步骤 3 绘制矩形并分解处理。将“建筑物”图层设置为当前图层，执行 RECTANG 命令，在绘图区内任取一点作为起点，然后输入（@10000,2500）绘制一个矩形；使用 EXPLODE 命令将绘制的矩形分解。

步骤 4 偏移处理。执行 OFFSET 命令，选择矩形的上边水平线，沿垂直方向依次向下偏移，偏移的距离分别为 50 和 200；选择矩形的左侧垂直线，沿水平方向依次向右偏移 2 次，偏移的距离均为 350，效果如图 215-2 所示。

图 215-2　偏移处理

步骤 5 绘制圆弧并偏移处理。执行 ARC 命令，依次捕捉图 215-2 中的三个点，绘制圆弧；执行 OFFSET 命令，选择绘制的圆弧，沿垂直方向向下偏移，偏移的距离为 30，效果如图 215-3 所示。

步骤 6 偏移处理。执行 OFFSET 命令，选择图 215-3 中的直线 L1，沿水平方向依次向左偏移，偏移的距离分别为 10 和 30；选择直线 L1，沿水平方向依次向右偏移，偏移的距离分别为 10 和 30。

步骤 7 删除处理。使用 ERASE 命令将直线 L1 删除，效果如图 215-4 所示。

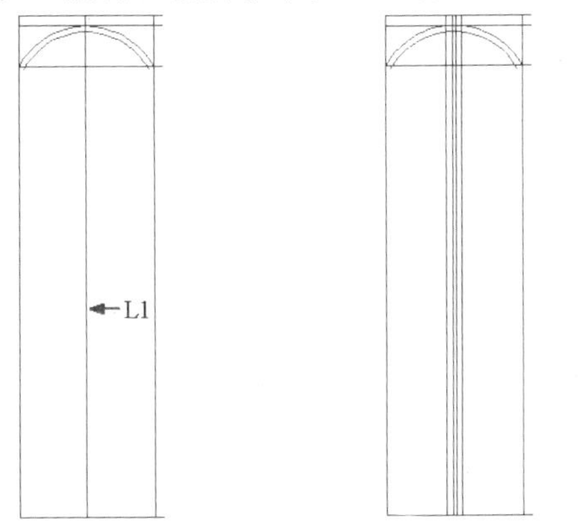

图 215-3 绘制圆弧并偏移处理 图 215-4 删除处理

步骤 8 修剪处理。使用 TRIM 命令对多余的直线进行修剪，效果如图 215-5 所示。

步骤 9 偏移处理。单击“修改”面板中的“偏移”按钮，根据提示进行操作，选择图 215-5 中的直线 L2，沿垂直方向依次向上偏移，偏移的距离分别为 700 和 1200。

步骤 10 修剪处理。使用 TRIM 命令对偏移的直线进行修剪，效果如图 215-6 所示。

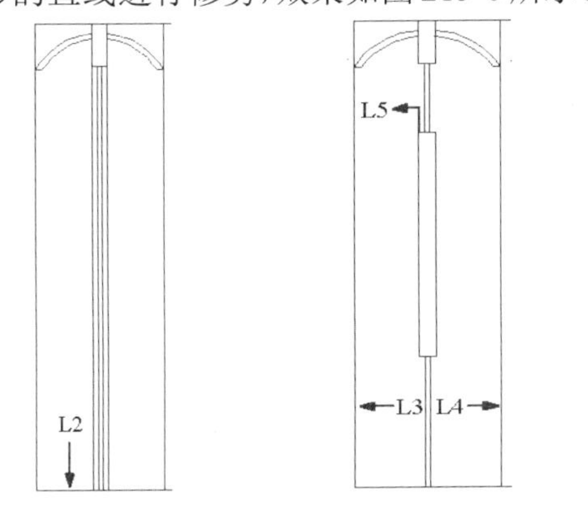

图 215-5 修剪处理 图 215-6 修剪处理

步骤 11 偏移处理。执行 OFFSET 命令，选择图 215-6 中的直线 L3 并向右偏移，偏移的距离为 70；选择直线 L4 并向左偏移，偏移的距离为 70；选择直线 L5 并向上偏移，偏移的距离为 70，效果如图 215-7 所示。

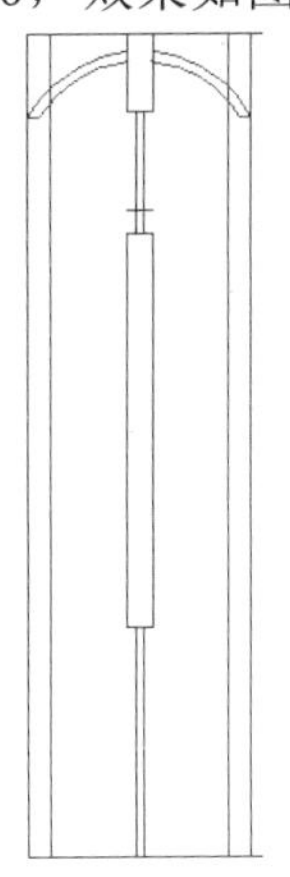

图 215-7 偏移处理

步骤 12 绘制直线。执行 LINE 命令，利用对象捕捉功能，绘制如图 215-8 所示的直线。

步骤 13 删除处理。使用 ERASE 命令将多余的直线删除，效果如图 215-9 所示。

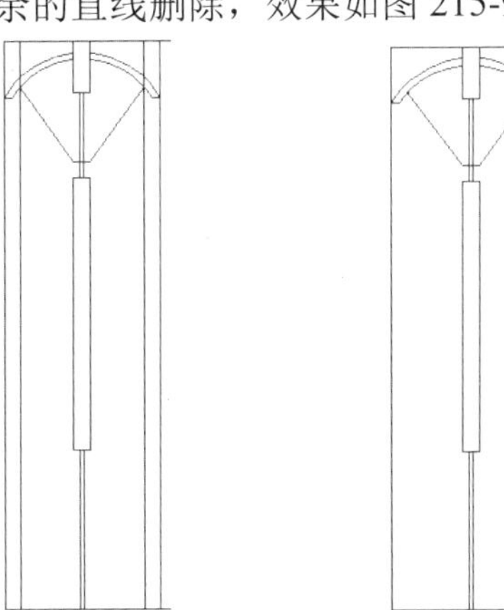

图 215-8 绘制直线 图 215-9 删除处理

步骤 14 复制处理。单击“修改”面板中的“复制”按钮，根据提示进行操作，选择图 215-9 中的图形，以原点为基点，然后依次输入（@3100,0）、（@6200,0）和（@9300,0）为目标点进行复制，效果如图 215-10 所示。

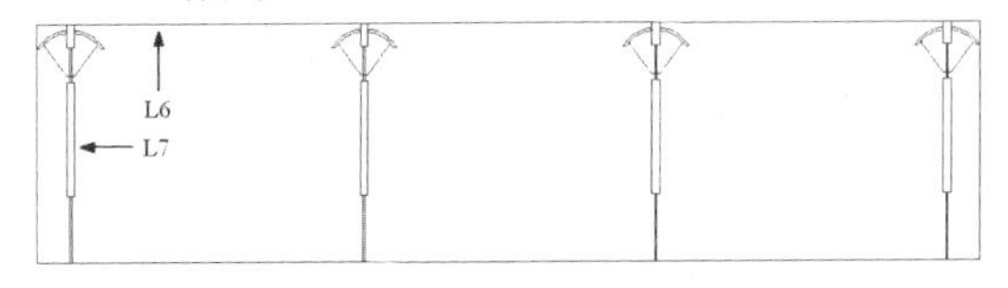

图 215-10 复制处理

步骤 15 偏移处理。执行 OFFSET 命令，选择图 215-10 中的直线 L6，沿垂直方向依次向下偏移，偏移的距离分别为 650 和 1100；选择直线 L7，沿水平方向依次向右偏移，偏移的距离分别为 100 和 2820。

步骤 16 修剪处理。使用 TRIM 命令对偏移的直线进行修剪，效果如图 215-11 所示。

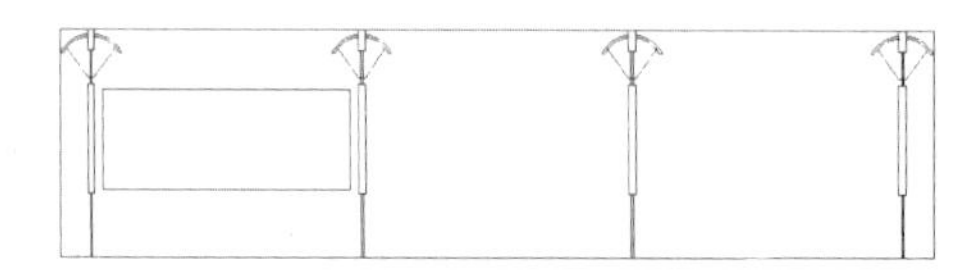

图 215-11　修剪处理

步骤 17 绘制连接线。使用命令 LINE、OFFSET、MIRROR 等绘制如图 215-12 所示的连接线。

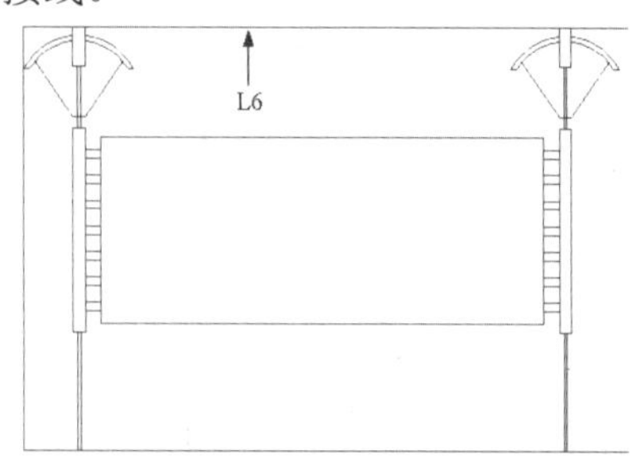

图 215-12　绘制连接线

步骤 18 偏移并修剪处理。在命令行中输入 OFFSET 命令并按回车键，根据提示进行操作，选择直线 L6，沿垂直方向依次向下偏移，偏移的距离分别为 220 和 30；使用 TRIM 命令对偏移的直线进行修剪，效果如图 215-13 所示。

步骤 19 绘制站牌。使用命令 LINE、OFFSET、TRIM 等，参照图 215-14 所示的尺寸标注绘制站牌。

步骤 20 偏移处理。执行 OFFSET 命令，选择图 215-14 中的直线 L8，沿水平方向依次向右偏移，偏移的距离分别为 50、145、50、700、50、145、50、700、50、145、50、700、50 和 145；选择直线 L9，沿垂直方向依次向上偏移，偏移的距离分别为 450 和 50。

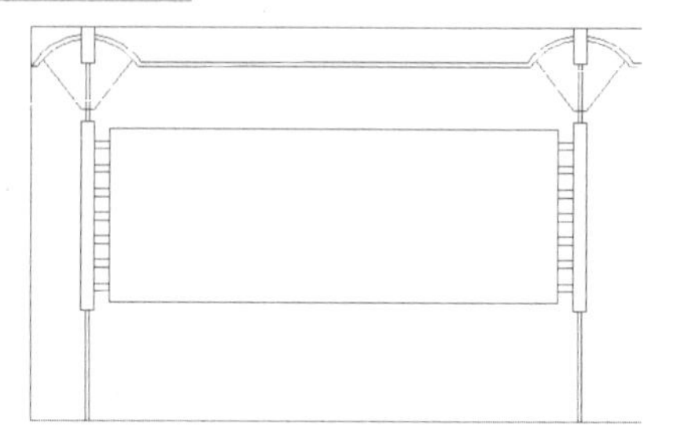

图 215-13　偏移并修剪处理

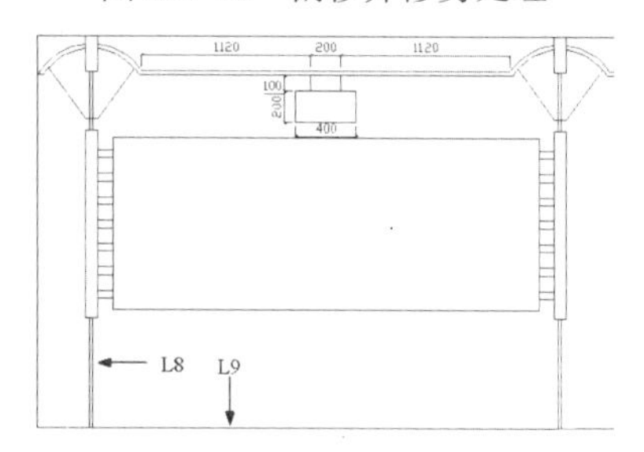

图 215-14　绘制站牌

步骤 21 修剪处理。使用 TRIM 命令对偏移的直线进行修剪，效果如图 215-15 所示。

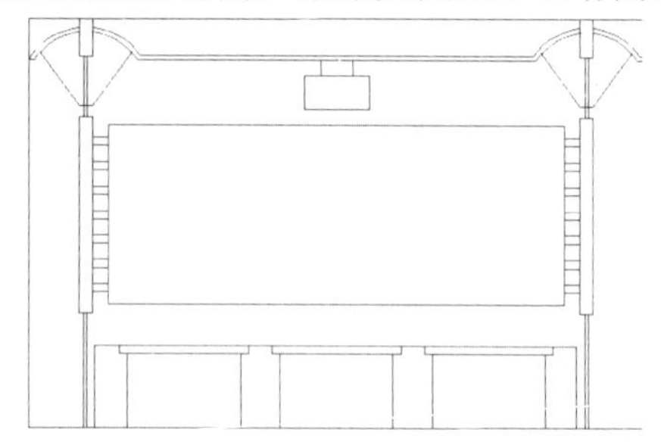

图 215-15　修剪处理

步骤 22 复制处理。执行 COPY 命令，选择站牌、广告牌、连接线和休息椅并按回车键，以原点为基点，依次输入（@3100,0）和（@6200,0）为目标点进行复制，效果如图 215-16 所示。

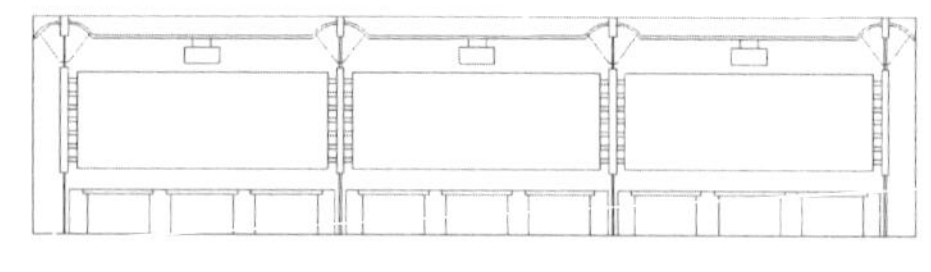

图 215-16　复制处理

步骤 23 插入图块。将“设施”图层设置为当前图层，单击“插入”选项板中的“内容”选项区的“设计中心”按钮，在弹出的“设计中心”面板中选择泛光灯图块并插入。

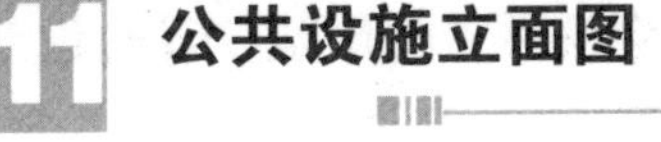

步骤 24 修剪并删除处理。使用 TRIM 命令对多余的直线进行修剪；使用 ERASE 命令将多余的直线删除，效果如图 215-17 所示。

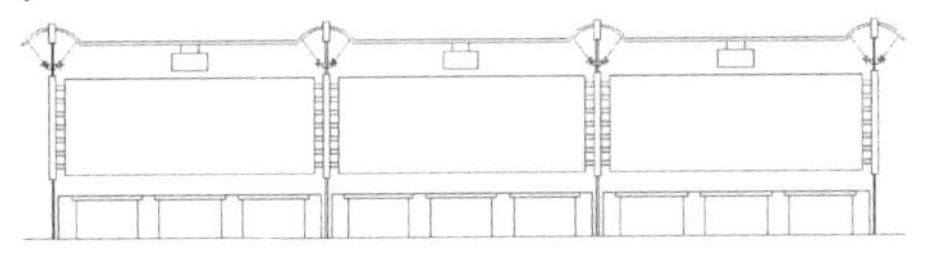

图 215-17 修剪并删除处理

步骤 25 标注尺寸。将“标注”图层设置为当前图层，使用 DIMLINEAR 命令对图形进行尺寸标注，效果如图 215-18 所示。

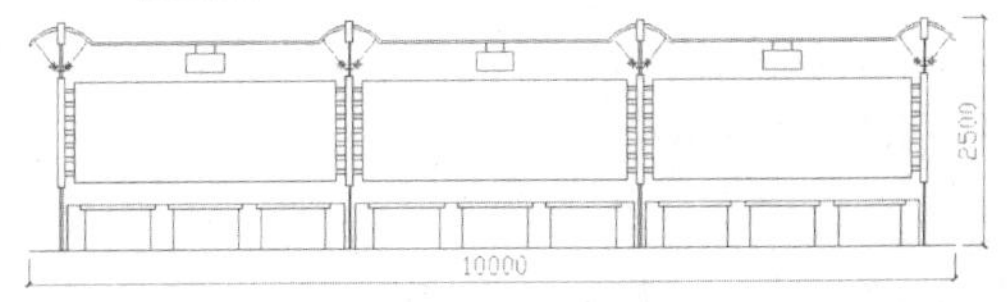

图 215-18 标注尺寸

步骤 26 绘制说明标注。将图层 0 设置为当前图层，使用 TEXT 命令在立面图下方输入文字“公共汽车候车站立面图（1:50）”；使用 LINE 命令在该文字的下方绘制两条直线，并将第一条直线的线宽设置为 0.30 毫米，效果参加图 215-1。

实例 216 公园休息亭立面图

本实例将绘制公园休息亭立面图，效果如图 216-1 所示。

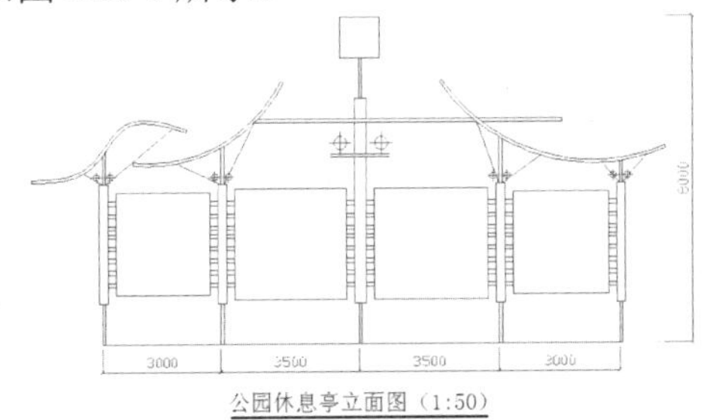

图 216-1 公园休息亭立面图

操作步骤

步骤 1 打开并另存文件。启动 AutoCAD，按【Ctrl＋O】组合键，打开实例 215 中绘制的“公共汽车候车站立面图”图形文件，然后按【Ctrl＋Shift＋S】组合键，将该图形另存为“公园休息亭立面图”文件。

步骤 2 删除处理。使用 ERASE 命令，选择公共汽车候车站立面图将其删除，绘制公园休息亭立面图。

步骤 3 绘制矩形并分解处理。将“建筑物”图层设置为当前图层，执行 RECTANG 命令，在绘图区内任取一点作为起点，输入（@13000,8000）绘制一个矩形；使用 EXPLODE 命令将绘制的矩形分解。

步骤 4 偏移处理。使用 OFFSET 命令，选择矩形的上边水平线，沿垂直方向依次向下偏移，偏移的距离分别为 1000、1000 和 5000；选择矩形的左侧垂直线，沿水平方向依次向右偏移，偏移的距离分别为 6000、350、110、80、110 和 350，效果如图 216-2 所示。

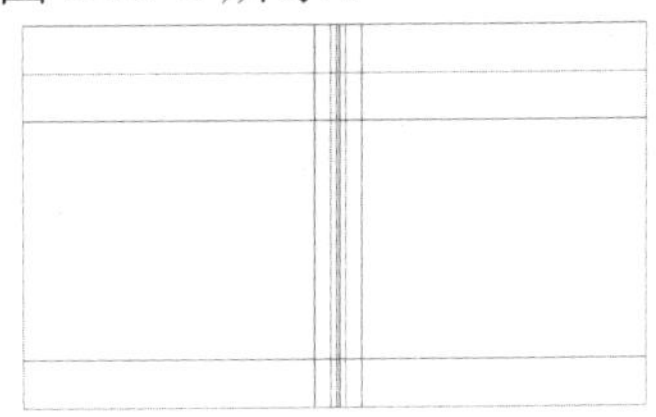

图 216-2 偏移处理

步骤 5 修剪处理。使用 TRIM 命令对偏移的直线进行修剪，效果如图 216-3 所示。

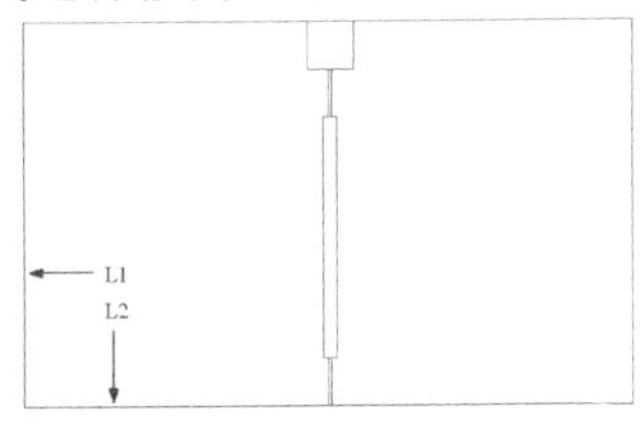

图 216-3 修剪处理

步骤 6 偏移并删除处理。执行 OFFSET 命令，选择图 216-3 中的直线 L1，沿水平方向依次向左偏移，偏移的距离分别为 40 和

70；选择直线 L1，沿水平方向依次向右偏移，偏移的距离分别为 40、70、2890 和 7000；选择直线 L2，沿垂直方向依次向上偏移，偏移的距离分别为 1000 和 2920，然后使用 ERASE 命令将直线 L1 删除，效果如图 216-4 所示。

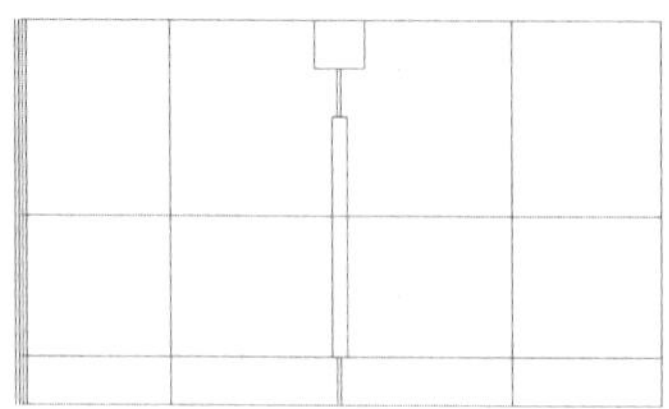
图 216-4　偏移并删除处理

步骤 7 延伸并修剪处理。使用 EXTEND 命令对偏移的水平线进行延伸处理；使用 TRIM 命令对偏移的直线进行修剪，效果如图 216-5 所示。

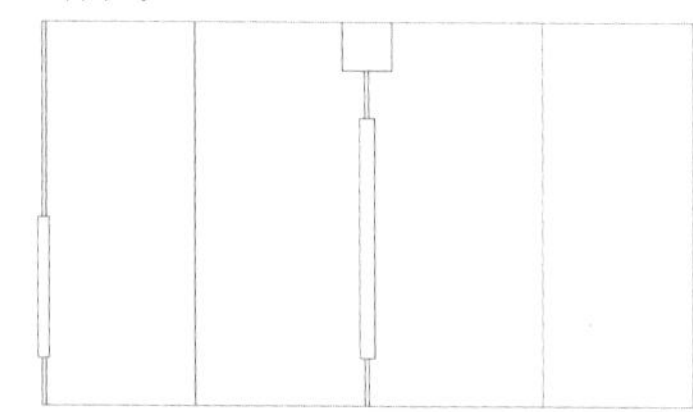
图 216-5　延伸并修剪处理

步骤 8 重复步骤（6）～（7）的操作，使用 OFFSET、ERASE、EXTEND 和 TRIM 命令绘制其他柱子，效果如图 216-6 所示。

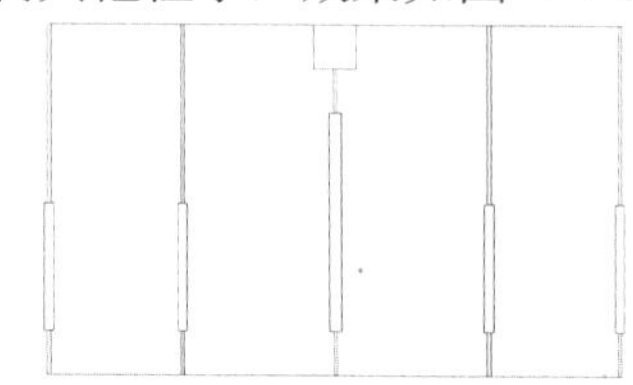
图 216-6　绘制其他柱子

步骤 9 绘制顶棚。使用 ARC、SPLINE 命令绘制如图 216-7 所示的顶棚。

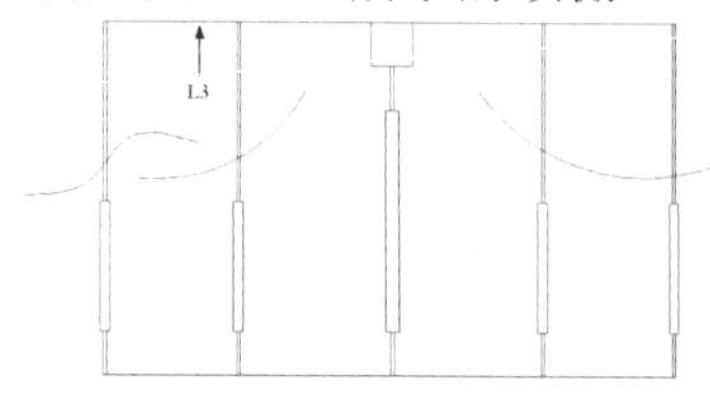

图 216-7　绘制顶棚

步骤 10 偏移处理。使用 OFFSET 命令，将步骤（9）中绘制的顶棚分别向下偏移，偏移的距离均为 80；选择图 216-7 中的直线 L3，沿水平方向依次向下偏移，偏移的距离分别为 2500 和 80，效果如图 216-8 所示。

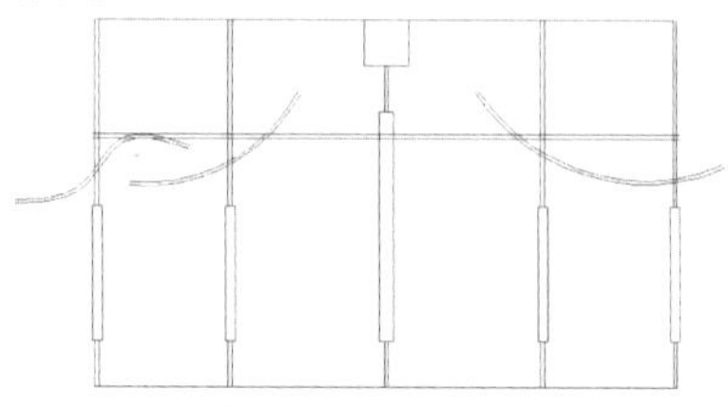
图 216-8　偏移处理

步骤 11 修剪顶棚。使用 TRIM 命令对多余的直线进行修剪；使用 LINE 命令将顶棚缺口连接起来，效果如图 216-9 所示。

步骤 12 偏移处理。执行 OFFSET 命令，选择图 216-9 中的直线 L4，沿水平方向依次向右偏移，偏移的距离分别为 200 和 2380；选择直线 L5，沿水平方向依次向右偏移，偏移的距离分别为 200 和 2840；选择直线 L6，沿垂直方向依次向上偏移，偏移的距离分别为 1100、100、2520 和 100。

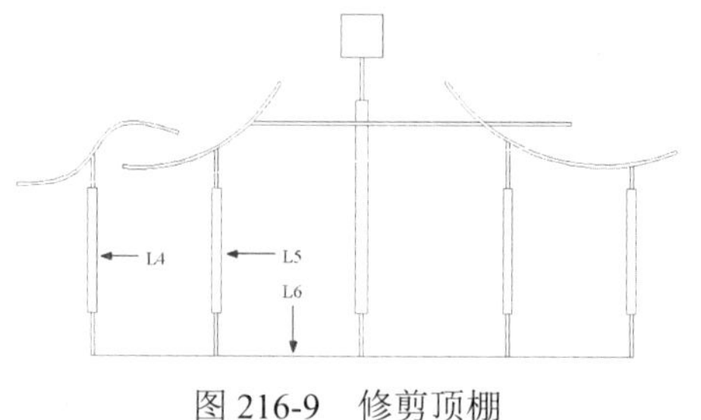

图 216-9　修剪顶棚

步骤 13 修剪处理。使用 TRIM 命令对偏移的直线进行修剪，效果如图 216-10 所示。

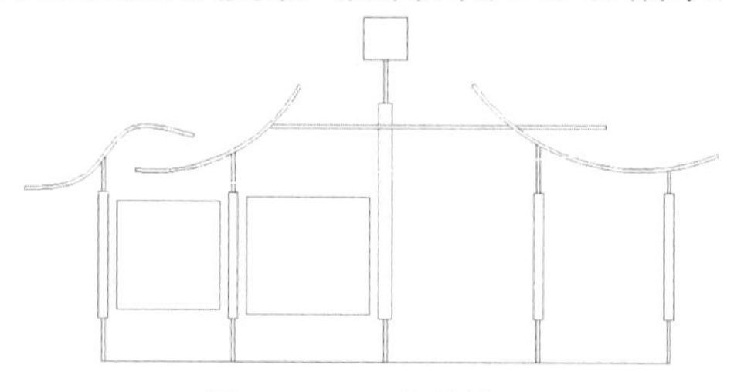
图 216-10　修剪处理

步骤 14 绘制连接线。使用命令 LINE、OFFSET、MIRROR 等绘制如图 216-11 所示的连接线。

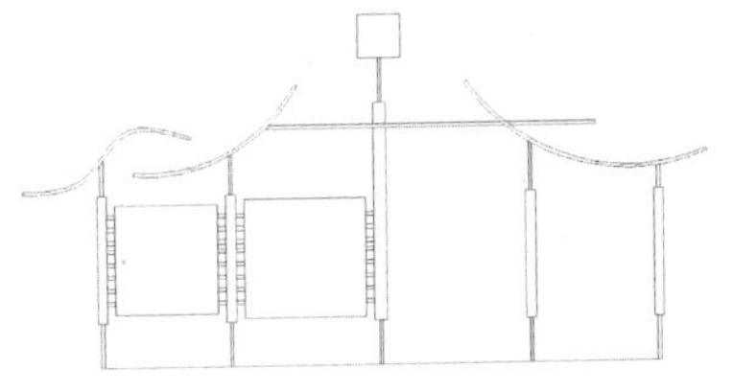

图 216-11　绘制连接线

步骤 15 镜像处理。使用 MIRROR 命令，对广告牌进行镜像处理，效果如图 216-12 所示。

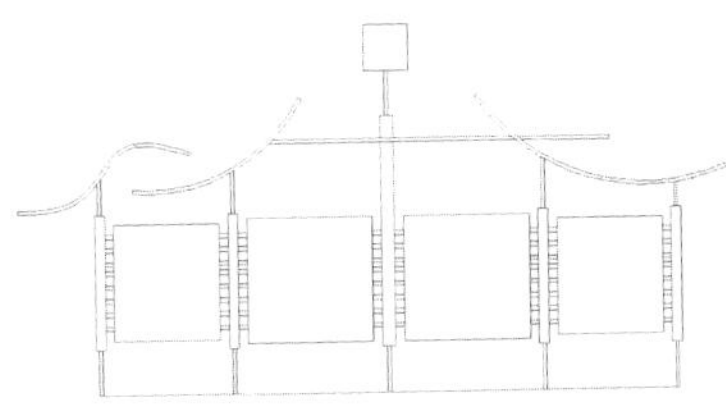

图 216-12　镜像处理

步骤 16 绘制灯架。使用 LINE 命令，在公园休息亭中绘制一条适当长度的直线；使用 OFFSET 命令将绘制的直线偏移，偏移的距离为 80；使用 LINE 命令绘制其他灯架；使用 TRIM 命令对多余的线段进行修剪，效果如图 216-13 所示。

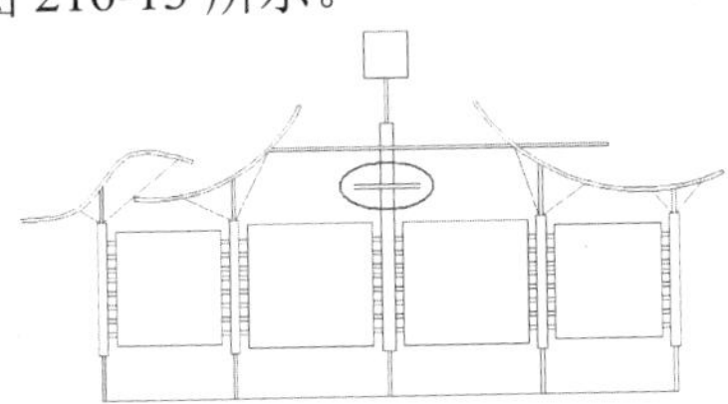

图 216-13　绘制灯架

步骤 17 插入图块。将“设施”图层设置为当前图层，单击“插入”选项板中的“内容”选项区的“设计中心”按钮，在弹出的“设计中心”面板中选择泛光灯图块并插入，使用 SCALE 命令对插入的泛光灯进行缩放，效果如图 216-14 所示。

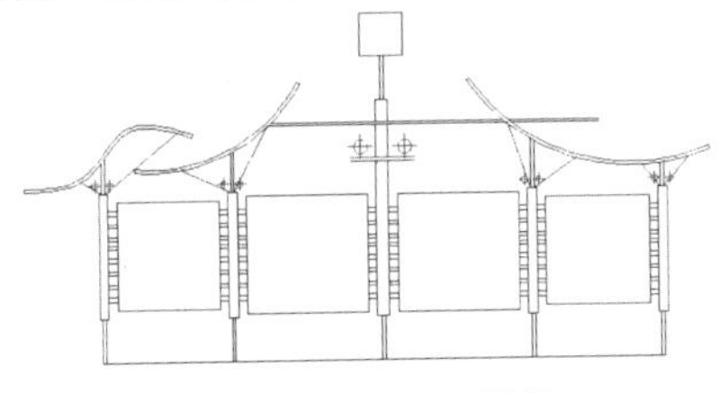

图 216-14　插入图块

步骤 18 标注尺寸。将“标注”图层设置为当前图层，使用 DIMLINEAR 和 DIMCONTINUE 命令对图形进行尺寸标注，效果如图 216-15 所示。

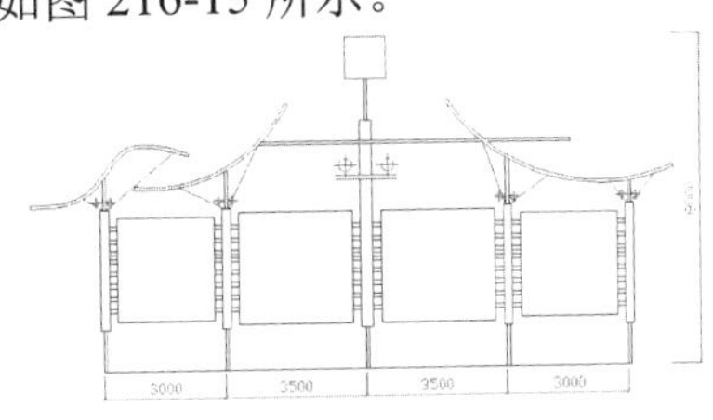

图 216-15　标注尺寸

步骤 19 绘制说明标注。将图层 0 设置为当前图层，使用 TEXT 命令在立面图下方创建文字“公园休息亭立面图（1:50）”；使用 LINE 命令在该文字的下方绘制两条直线，并将第一条直线的线宽设置为 0.30 毫米，效果参见图 216-1。

实例 217　报刊亭立面图

本实例将绘制报刊亭立面图，效果如图 217-1 所示。

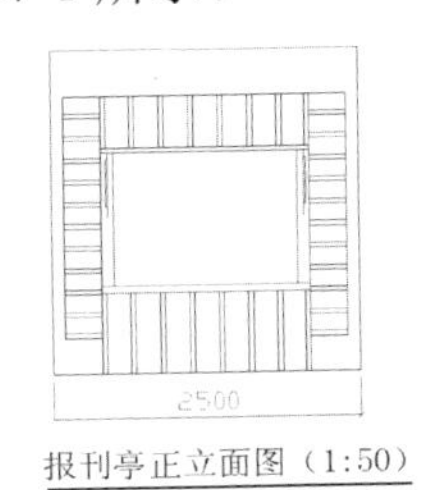

图 217-1　报刊亭立面图

操作步骤

步骤 1 打开并另存文件。启动 AutoCAD，按【Ctrl+O】组合键，打开实例 216 中绘制的“公园休息亭立面图”图形文件，然后按【Ctrl+Shift+S】组合键，将该图形另存为“报刊亭立面图”文件。

步骤 2 删除处理。使用 ERASE 命令，选择公园休息亭立面图将其删除，绘制报刊亭立面图。

步骤 3 绘制矩形并分解处理。将“建筑物”图层设置为当前图层，执行 RECTANG 命令，在绘图区内任取一点作为起点，然后输入（@3000,2800）绘制一个矩形；使用 EXPLODE 命令将绘制的矩形分解。

步骤 4 偏移处理。使用 OFFSET 命令，选择矩形的上边水平线，沿垂直方向向下偏移，偏移的距离为 400；选择矩形的左侧垂直线，沿水平方向向右偏移，偏移的距离为 1200，效果如图 217-2 所示。

步骤 5 绘制直线。单击“绘图”面板中的“直线”按钮，根据提示进行操作，利用对象捕捉功能，绘制如图 217-3 所示的两条直线。

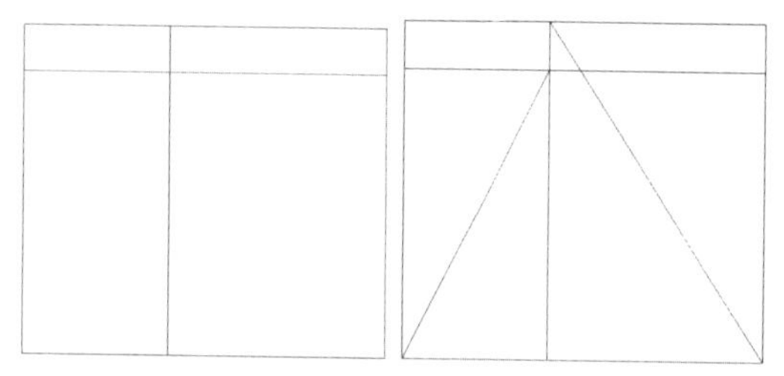

图 217-2　偏移处理　　图 217-3　绘制直线

步骤 6 偏移处理。单击“修改”面板中的“偏移”按钮，根据提示进行操作，将步骤（5）中绘制的直线向内偏移，偏移的距离均为 200，效果如图 217-4 所示。

步骤 7 删除处理。使用 ERASE 命令，对水平线进行删除处理，效果如图 217-5 所示。

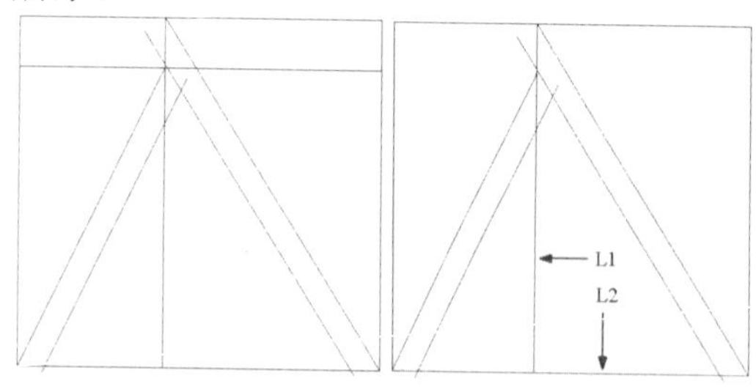

图 217-4　偏移处理　　图 217-5　删除处理

步骤 8 偏移处理。执行 OFFSET 命令，选择图 217-5 中的直线 L1，沿水平方向向右偏移，偏移的距离为 150；选择直线 L2，沿垂直方向向上偏移，偏移的距离为 700。

步骤 9 修剪处理。使用 TRIM 命令对偏移的直线进行修剪，效果如图 217-6 所示。

步骤 10 偏移处理。执行 OFFSET 命令，选择图 217-5 中的直线 L1，沿水平方向向左偏移，偏移的距离为 900；选择直线 L2，沿垂直方向依次向上偏移，偏移的距离分别为 640、20、40、610、600 和 40，效果如图 217-7 所示。

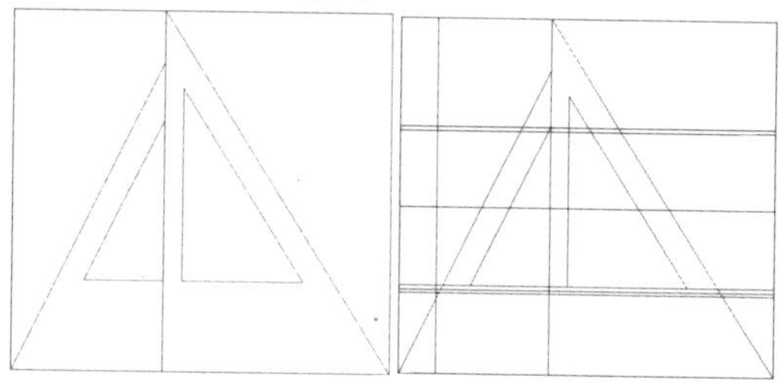

图 217-6　修剪处理　　图 217-7　偏移处理

步骤 11 绘制直线。执行 LINE 命令，利用对象捕捉功能，绘制如图 217-8 所示的直线。

步骤 12 偏移处理。单击“修改”面板中的“偏移”按钮，根据提示进行操作，选择步骤（11）中绘制的直线，向上偏移，偏移的距离为 40。

步骤 13 修剪并删除处理。使用 TRIM 命令对偏移的直线进行修剪；使用 ERASE 命令将多余的直线删除，效果如图 217-9 所示。

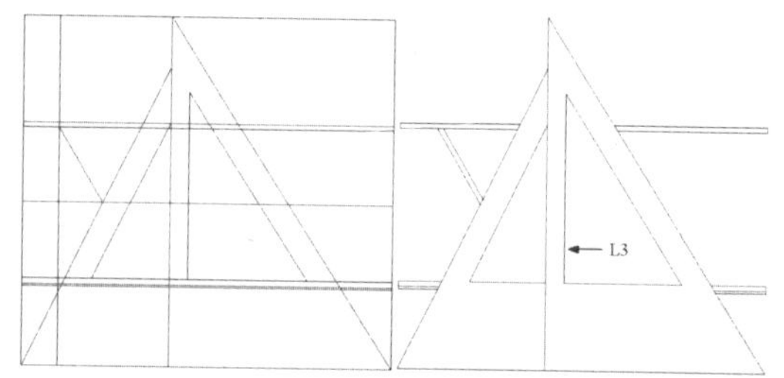

图 217-8　绘制直线　　图 217-9　修剪并删除处理

步骤 14 镜像处理。执行 MIRROR 命令，选择步骤（11）～（13）中绘制的直线为镜像对象，捕捉图 217-9 中的直线 L3 上的任意两点为镜像线上的第一点和第二点进行镜像处理。

步骤 15 修剪处理。单击“修改”面板中的“修剪”按钮，根据提示进行操作，对镜像后生成的直线进行修剪，效果如图 217-10 所示。

步骤 16 标注尺寸。将“标注”图层设置为当前图层，使用 DIMLINEAR 命令对图形进行尺寸标注，效果如图 217-11 所示。

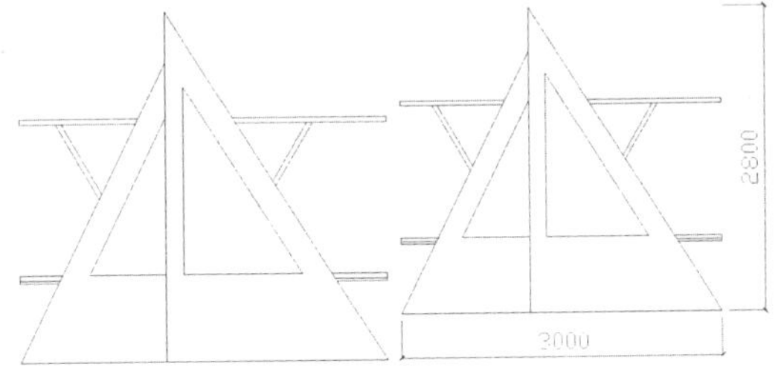

图 217-10 修剪处理　　图 217-11 标注尺寸

步骤 17 绘制说明标注。将图层 0 设置为当前图层，使用 TEXT 命令在立面图下方输入文字“报刊亭侧立面图（1:50）”；使用 LINE 命令在该文字的下方绘制两条直线，并将第一条直线的线宽设置为 0.30 毫米，效果如图 217-12 所示。

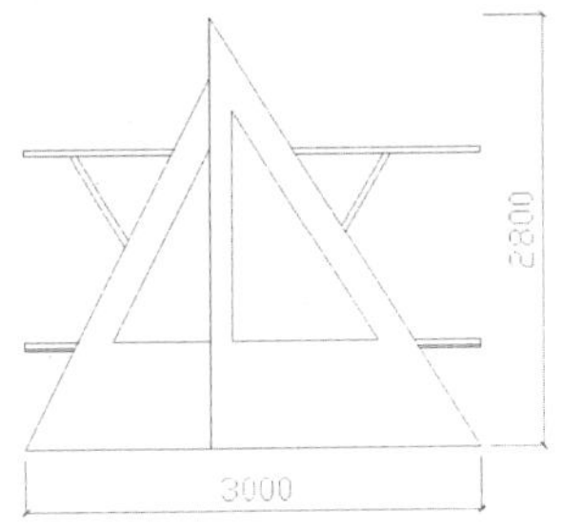

报刊亭侧立面图（1:50）

图 217-12 绘制说明标注

步骤 18 绘制报刊亭正立面图。参照报刊亭侧立面图的绘制方法与技巧，使用 LINE、OFFSET、RECTANG、TRIM 和 MIRROR 等命令绘制报刊亭正立面图，效果参见图 217-1。

实例 218 户外灯箱广告立面图

本实例将绘制户外灯箱广告立面图，效果如图 218-1 所示。

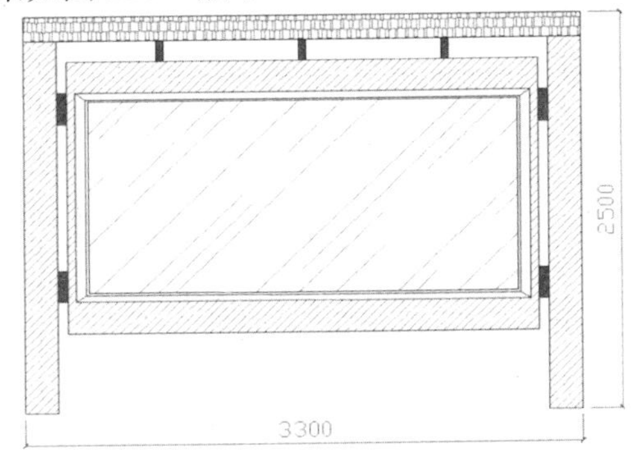

户外灯箱广告立面图（1:50）

图 218-1 户外灯箱广告立面图

操作步骤

步骤 1 打开并另存文件。启动 AutoCAD，按【Ctrl+O】组合键，打开实例 217 中绘制的“报刊亭立面图”图形文件，然后按【Ctrl+Shift+S】组合键，将该图形另存为“户外灯箱广告立面图”文件。

步骤 2 删除处理。使用 ERASE 命令，选择报刊亭立面图将其删除，绘制户外灯箱广告立面图。

步骤 3 创建图层。单击“图层”工具栏中的“图层特性管理器”按钮，在弹出的“图层特性管理器”对话框中创建“填充”图层（其颜色值均为 94），并将其设置为当前图层。

步骤 4 绘制矩形并分解处理。执行 RECTANG 命令，在绘图区内任取一点作为起点，然后输入（@3300,2500）绘制一个矩形；使用 EXPLODE 命令将绘制的矩形分解。

步骤 5 偏移处理。执行 OFFSET 命令，选择矩形的上边水平线，沿垂直方向依次向下偏移，偏移的距离分别为 150、130、200、200、920、200 和 200；选择矩形的左侧垂直线，沿水平方向依次向右偏移，偏移的距离分别为 200、60、2780 和 60，效果如图 218-2 所示。

步骤 6 修剪处理。使用 TRIM 命令对偏移的直线进行修剪，效果如图 218-3 所示。

步骤 7 偏移处理。使用 OFFSET 命令，选择图 218-3 中的直线 L1，沿水平方向依次向右偏移，偏移的距离分别为 590、40、800、40、800 和 40。

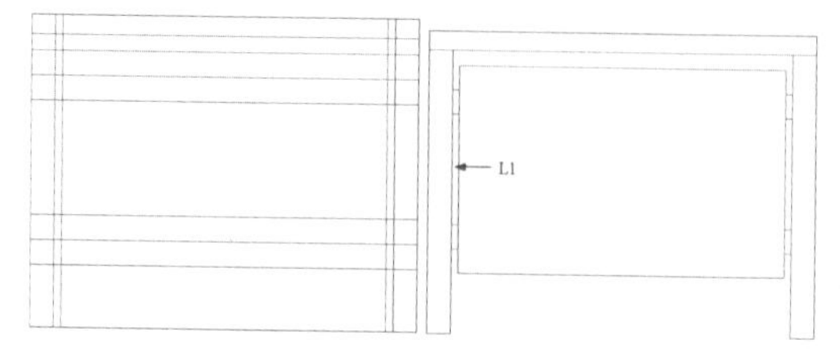

图 218-2 偏移处理　　图 218-3 修剪处理

步骤 8 修剪处理。使用 TRIM 命令对偏移的直线进行修剪，效果如图 218-4 所示。

步骤 9 偏移处理。执行 OFFSET 命令，选择图 218-4 中的直线 L2，沿水平方向依次向右偏移，偏移的距离分别为 50、60、15、2530、15 和 60；选择直线 L3，沿垂直方向依次向上偏移，偏移的距离分别为 200、40、15、1210、15 和 40。

步骤 10 圆角处理。单击“修改”面板中的“圆角”按钮，根据提示进行操作，设置圆角半径为 0，对偏移的直线进行圆角处理，效果如图 218-5 所示。

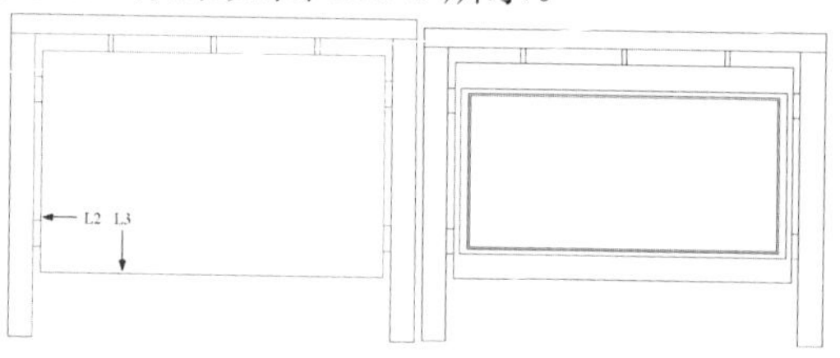

图 218-4 修剪处理　　图 218-5 圆角处理

步骤 11 绘制直线。单击“绘图”面板中的“直线”按钮，根据提示进行操作，捕捉圆角处理后的直线所组成的矩形对角点进行连接，效果如图 218-6 所示。

步骤 12 图案填充。将“填充”图层设置为当前图层，使用 BHATCH 命令，设置填充的图案、比例和角度，对需要填充的区域进行填充，效果如图 218-7 所示。

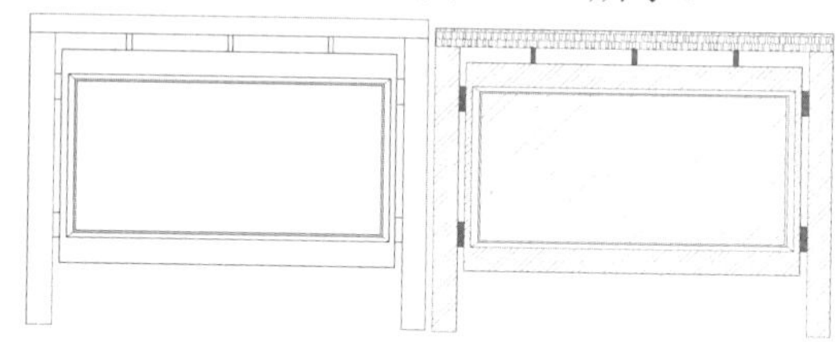

图 218-6 绘制直线　　图 218-7 图案填充

步骤 13 标注尺寸。将“标注”图层设置为当前图层，使用 DIMLINEAR 命令对图形进行尺寸标注，效果如图 218-8 所示。

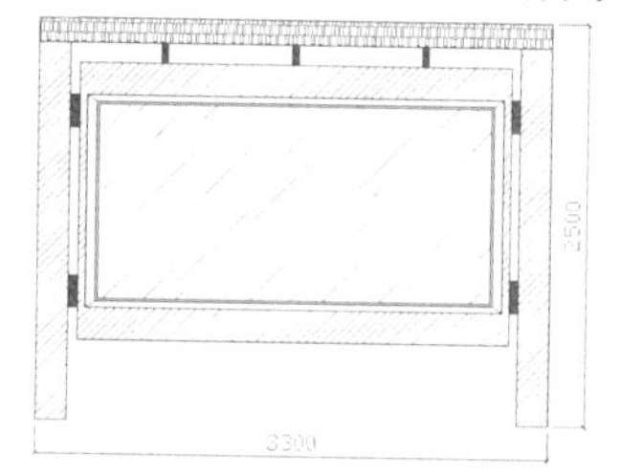

图 218-8 标注尺寸

步骤 14 绘制说明标注。将图层 0 设置为当前图层，使用 TEXT 命令，在立面图的下方输入文字“户外灯箱广告立面图（1:50）”；使用 LINE 命令，在该文字的下方绘制两条直线，并将第一条直线的线宽设置为 0.30 毫米，效果参见图 218-1。

第 12 章 室内建筑透视图

12 part

透视图是效果图的框架，掌握基本的透视图制作法则是绘制透视效果图的基础。设计透视图的画法有两种：一点透视（平行透视）和两点透视(成角透视)。本章主要以一点透视画法为基础，介绍室内建筑透视效果图的绘制方法及技巧，包括客厅、厨房、卧室、办公室和专卖店等透视效果图。

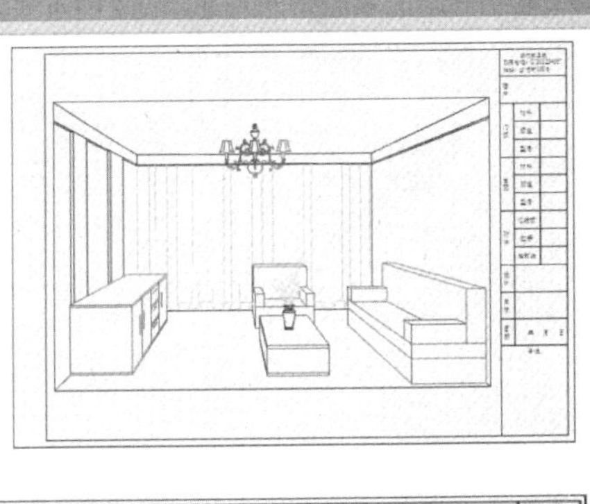

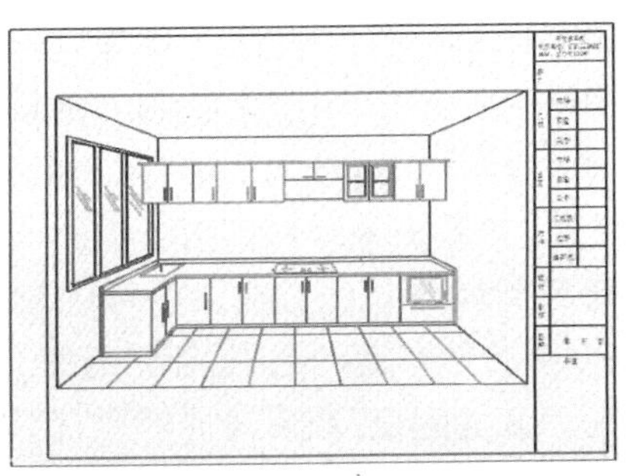

实例219 客厅透视图

本实例将绘制客厅透视图，效果如图219-1所示。

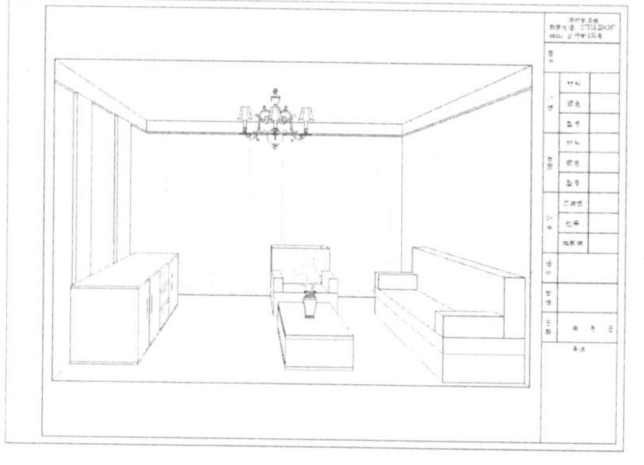

图219-1　客厅透视图

操作步骤

1. 绘制客厅透视图双人沙发

步骤1 启动AutoCAD，单击“新建”按钮，新建一个CAD文件。

步骤2 创建图层。在“AutoCAD经典”工作空间下，单击“图层”工具栏中的“图层特性管理器”按钮，在弹出的“图层特性管理器”对话框中，依次创建图层“窗帘”（绿色）、“家具”（洋红）、“墙体”（蓝色）、“植物”（绿色），然后双击“墙体”图层将其设置为当前图层。

步骤3 绘制矩形。执行RECTANG命令，在绘图区内任取一点作为起点，然后输入（@2291,1511）绘制一个矩形。

步骤4 确定透视点。执行POINT命令，按住【Shift】键的同时在绘图区单击鼠标右键，在弹出的快捷菜单中选择“自”选项，捕捉中点A作为基点，输入（@-198,894）确定透视点B，效果如图219-2所示。

步骤5 绘制透视线。在命令行中输入LINE命令并按回车键，根据提示进行操作，捕捉透视点B为起点，然后捕捉矩形右下角的端点C为第二点，绘制透视线，效果如图219-3所示。

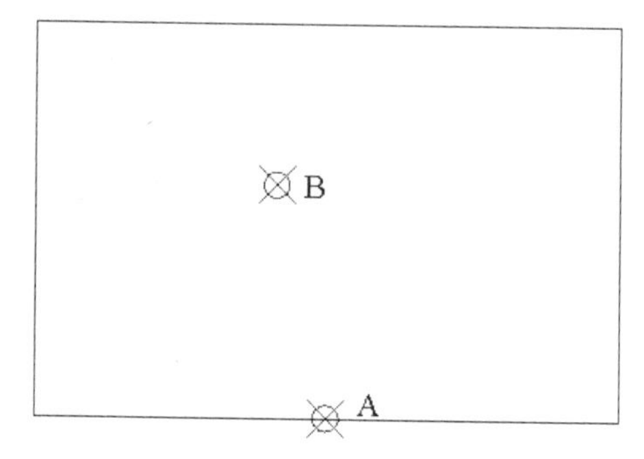

图219-2　确定透视点

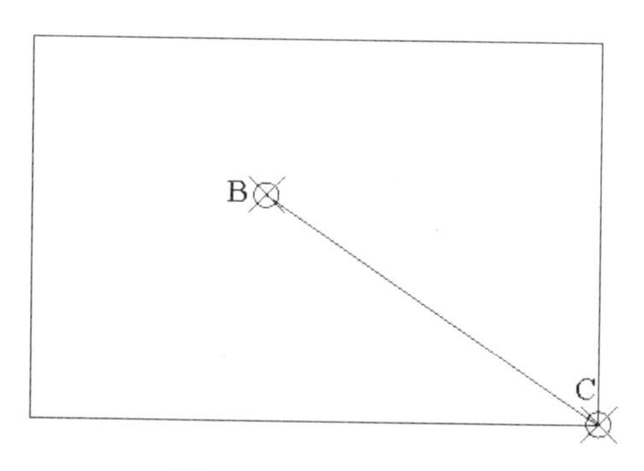

图219-3　绘制透视线

步骤6 重复步骤（5）的操作，绘制其他三条透视线，效果如图219-4所示。

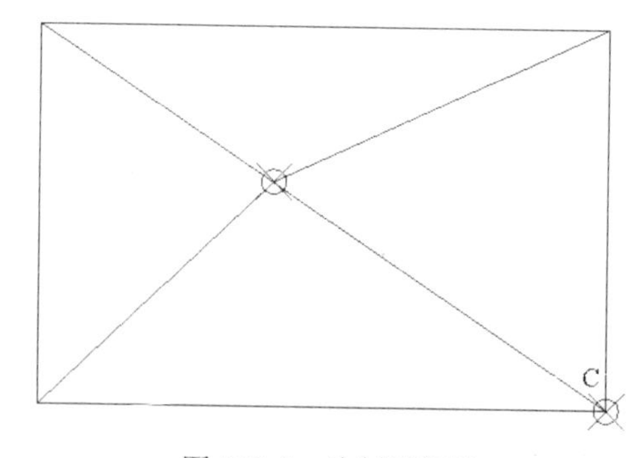

图219-4　绘制透视线

步骤7 绘制矩形。执行RECTANG命令，按住【Shift】键的同时在绘图区单击鼠标右键，在弹出的快捷菜单中选择“自”选项，捕捉端点C为基点，然后输入（@1146,-763）和（@-4245,2800）绘制矩形。

步骤 8 延伸处理。执行 EXTEND 命令，选择步骤（7）中绘制的矩形作为延伸边界的边，分别延伸四条透视线，效果如图 219-5 所示。

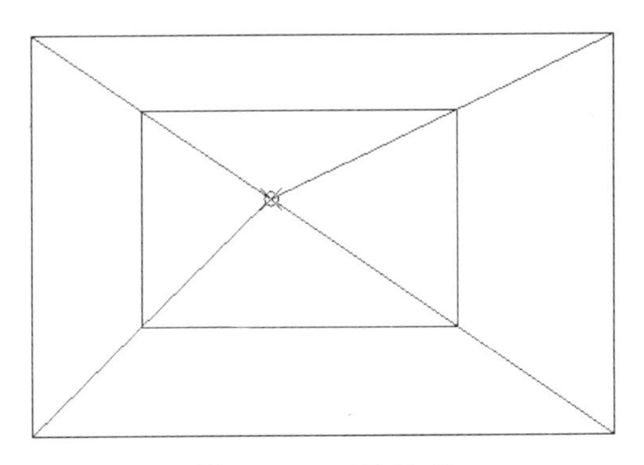

图 219-5 延伸处理

步骤 9 修剪并分解处理。使用 TRIM 命令修剪多余的透视线；使用 EXPLODE 命令将墙体分解，效果如图 219-6 所示。

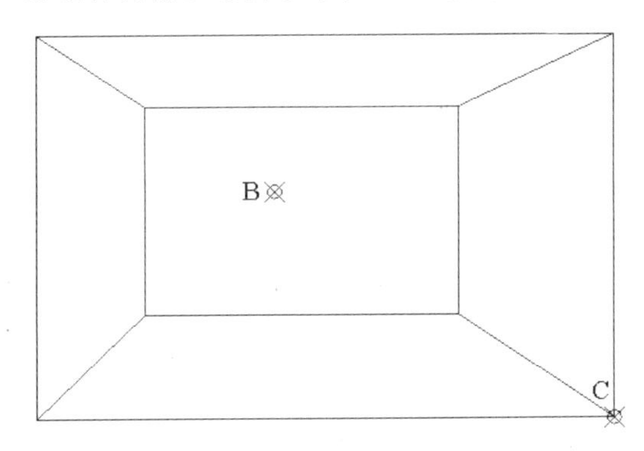

图 219-6 修剪并分解处理

步骤 10 绘制透视线。将“家具”图层设置为当前图层，单击“默认”选项板中的“绘图”选项区的“直线”按钮，根据提示进行操作，按住【Shift】键的同时在绘图区单击鼠标右键，在弹出的快捷菜单中选择“自”选项，捕捉图 219-6 中的端点 C 为基点，输入（@0,143）为第一点，然后捕捉透视点 B 为第二点，绘制透视线，效果如图 219-7 所示。

步骤 11 重复步骤（10）的操作，按住【Shift】键的同时在绘图区单击鼠标右键，在弹出的快捷菜单中选择“自”选项，捕捉端点 C 为基点，分别输入（@0,288）、（@0,500）、（@0,881）、（@0,942）、（@-189,0）、（@-423,0）、（@-737,0）为第一点，然后分别捕捉透视点 B 为第二点，共绘制 7 条透视线，效果如图 219-8 所示。

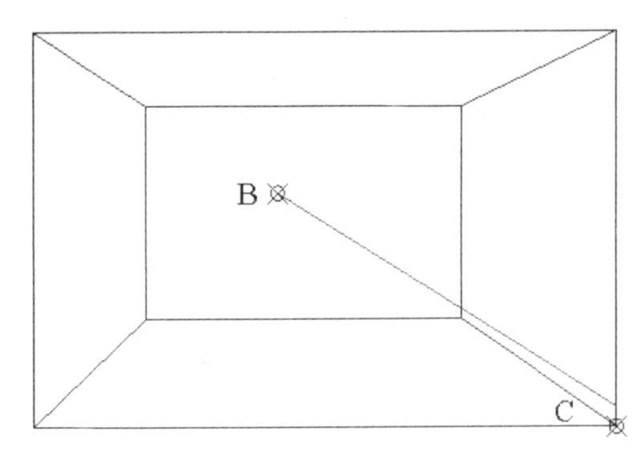

图 219-7 绘制透视线

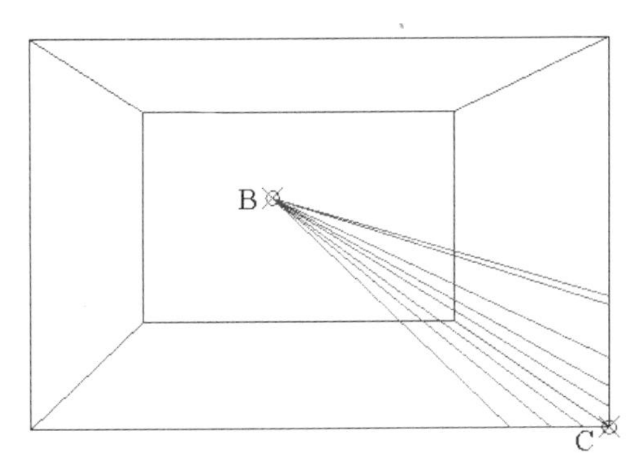

图 219-8 绘制透视线

步骤 12 绘制直线并偏移处理。执行 LINE 命令，按住【Shift】键的同时在绘图区单击鼠标右键，在弹出的快捷菜单中选择“自”选项，捕捉端点 C 为基点，然后输入（@0,31）和（@-843,0）绘制直线；使用 OFFSET 命令，选择刚刚绘制的直线，沿垂直方向依次向上偏移，偏移的距离分别为 247、141、192、44 和 300，效果如图 219-9 所示。

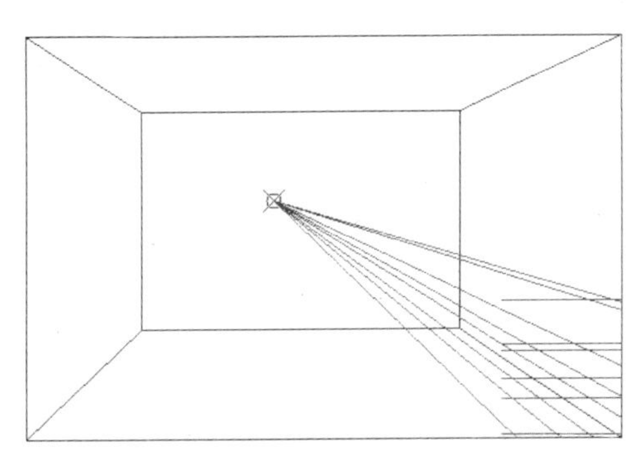

图 219-9 绘制直线并偏移处理

步骤 13 修剪处理。使用 TRIM 命令对偏移的直线进行修剪，效果如图 219-10 所示。

步骤 14 绘制直线。单击“默认”选项板中的“绘图”选项区的“直线”按钮，根据提示进行操作，分别捕捉图 219-10 中的端点 D 和端点 E、端点 F 和端点 G、端点 H 和端点 I，绘制直线。

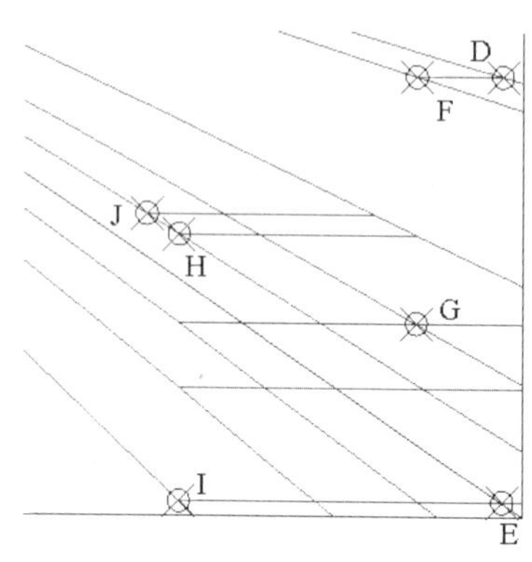

图 219-10 修剪处理

步骤 15 重复步骤（14）的操作，捕捉图 219-10 中的端点 J 为起点，输入（@0,-184）绘制直线，效果如图 219-11 所示。

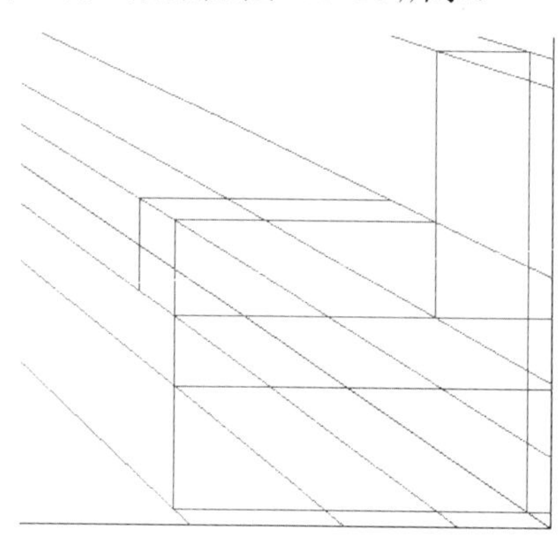

图 219-11 绘制直线

步骤 16 修剪处理。使用 TRIM 命令对多余的直线进行修剪，效果如图 219-12 所示。

步骤 17 绘制直线并偏移处理。执行 LINE 命令，按住【Shift】键的同时在绘图区单击鼠标右键，在弹出的快捷菜单中选择“自”选项，捕捉端点 C 为基点，然后输入（@-1390,839）和（@463,0）绘制直线；使用 OFFSET 命令，选择该直线，沿垂直方向依次向上偏移，偏移的距离分别为 127、22 和 220，效果如图 219-13 所示。

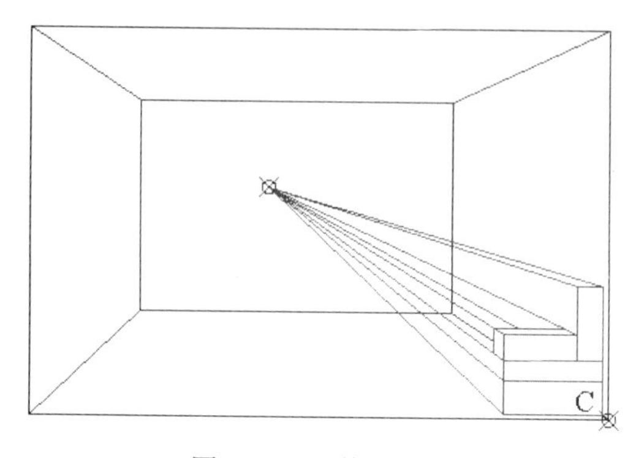

图 219-12 修剪处理

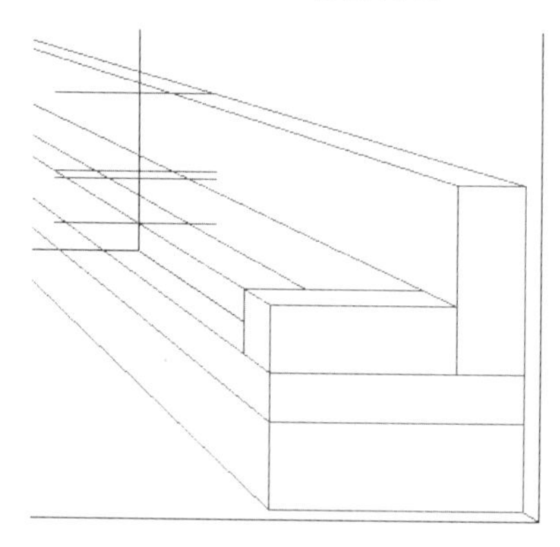

图 219-13 绘制直线并偏移处理

步骤 18 修剪处理。使用 TRIM 命令对多余的直线进行修剪，效果如图 219-14 所示。

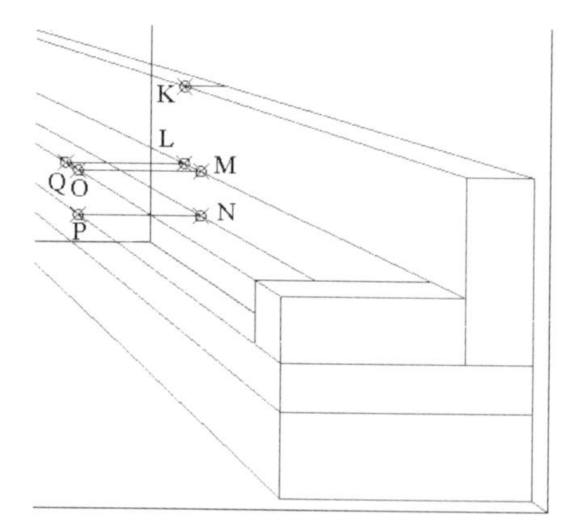

图 219-14 修剪处理

步骤 19 绘制直线。单击“默认”选项板中的“绘图”选项区的“直线”按钮，根据提示进行操作，分别捕捉图 219-14 中的端点 K 和端点 L、端点 M 和端点 N、端点 O 和端点 P，绘制直线。

步骤 20 重复步骤（19）的操作，捕捉图 219-14 中的端点 Q 为起点，输入（@0,-371）绘制直线，效果如图 219-15 所示。

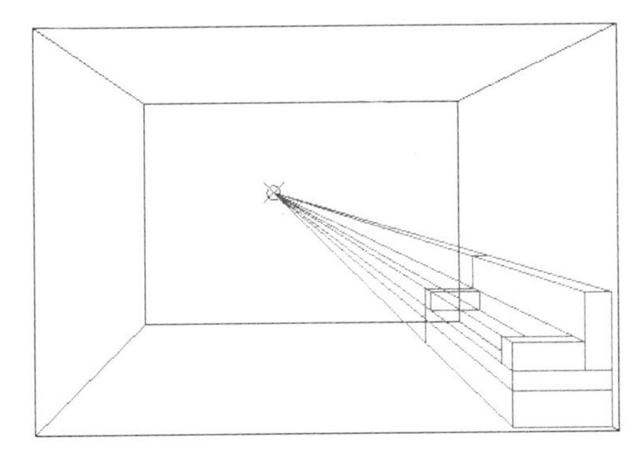

图 219-15 绘制直线

步骤 21 修剪处理。使用 TRIM 命令对多余的直线进行修剪，效果如图 219-16 所示。

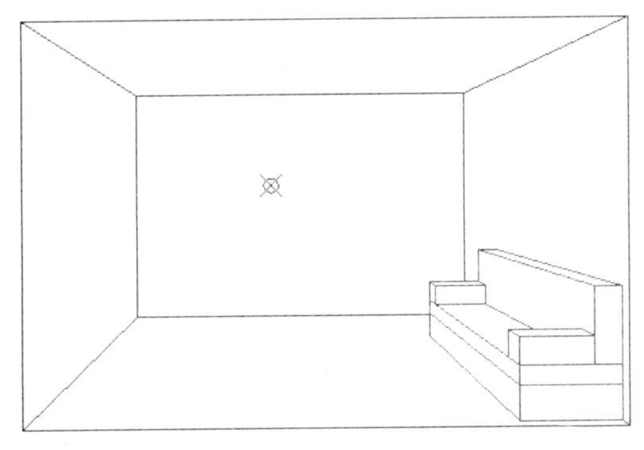

图 219-16 修剪处理

2. 绘制客厅透视图单人沙发

步骤 1 绘制透视线。单击“默认”选项板中的“绘图”选项区的“直线”按钮，根据提示进行操作，按住【Shift】键的同时在绘图区单击鼠标右键，在弹出的快捷菜单中选择“自”选项，捕捉端点 A 为基点，输入（@2070,0）为第一点，然后捕捉透视点 B 为第二点，绘制透视线，效果如图 219-17 所示。

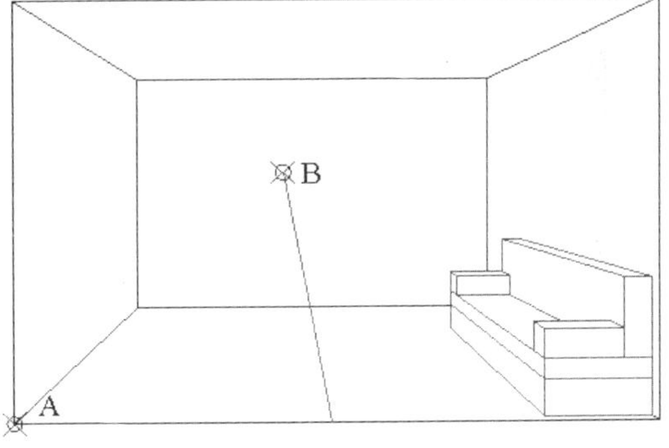

图 219-17 绘制透视线

步骤 2 重复步骤（1）的操作，按住【Shift】键的同时在绘图区单击鼠标右键，在弹出的快捷菜单中选择“自”选项，捕捉端点 A 为基点，分别输入（@2213,0）、（@2395,0）、（@3092,0）、（@3313,0）、（@3496,0）和（@4187,0）为第一点，并以捕捉的透视点 B 为第二点，分别绘制 6 条透视线，效果如图 219-18 所示。

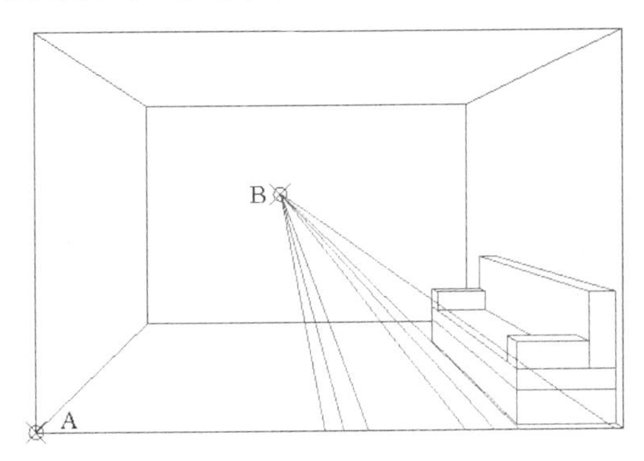

图 219-18 绘制透视线

步骤 3 绘制直线并偏移处理。执行 LINE 命令，按住【Shift】键的同时在绘图区单击鼠标右键，在弹出的快捷菜单中选择“自”选项，捕捉端点 A 为基点，然后输入（@1928,587）和（@599,0）绘制直线；使用 OFFSET 命令，选择该直线，沿垂直方向依次向上偏移，偏移的距离分别为 213、77、44、66、190 和 30，效果如图 219-19 所示。

步骤 4 修剪处理。使用 TRIM 命令对多余的直线进行修剪，效果如图 219-20 所示。

步骤 5 绘制直线。单击“默认”选项板中的“绘图”选项区的“直线”按钮，根据提示进行操作，分别捕捉图 219-20 中的端点 C 和端点 D、端点 E 和端点 F、端点 G 和端点 H、端点 I 和端点 J、端点 L 和端点 M、端点 N 和端点 O，绘制直线。

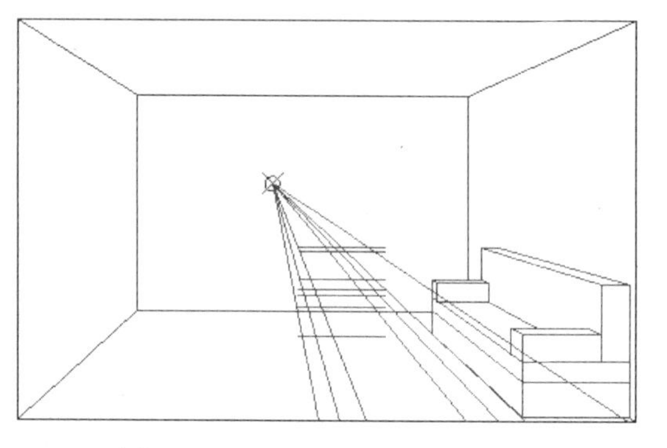

图 219-19　绘制直线并偏移处理

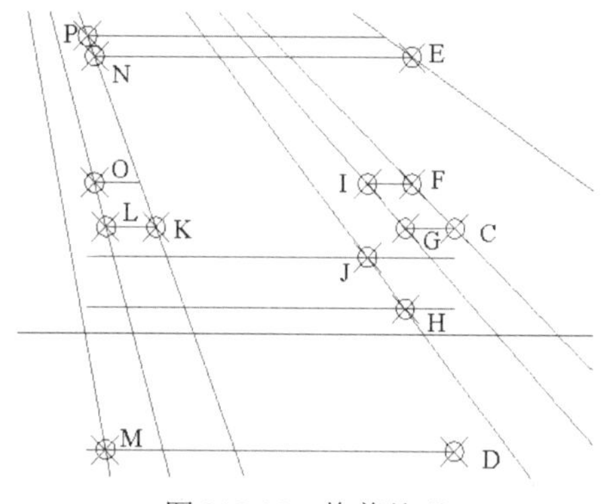

图 219-20　修剪处理

步骤 6 重复步骤（5）的操作，捕捉图 219-20 中的端点 K 为起点，输入（@0,-121）绘制一条直线；捕捉端点 P 为起点，输入（@0,-463）绘制直线，效果如图 219-21 所示。

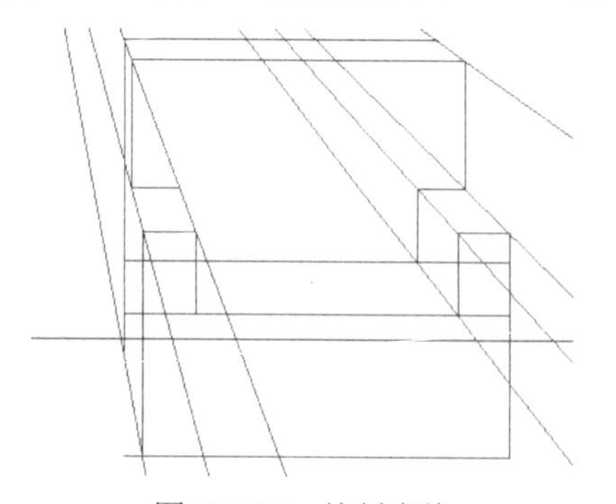

图 219-21　绘制直线

步骤 7 修剪处理。使用 TRIM 命令对多余的直线进行修剪，效果如图 219-22 所示。

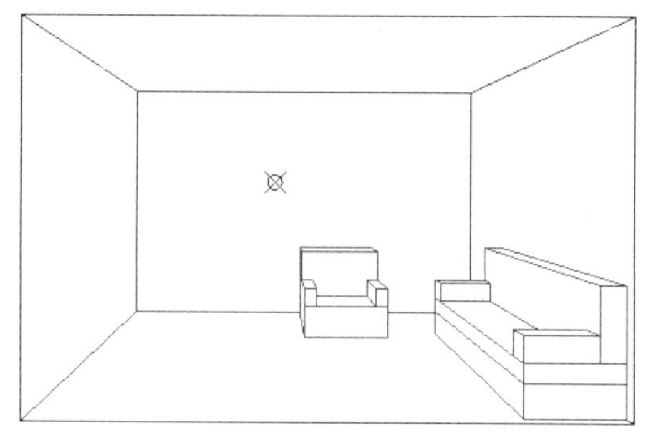

图 219-22　修剪处理

3. 绘制客厅透视图茶几

步骤 1 绘制透视线。单击“默认”选项板中的“绘图”选项区的“直线”按钮，根据提示进行操作，按住【Shift】键的同时在绘图区单击鼠标右键，在弹出的快捷菜单中选择“自”选项，捕捉端点 A 为基点，输入（@2095,0）为第一点，然后捕捉透视点 B 为第二点，绘制透视线，效果如图 219-23 所示。

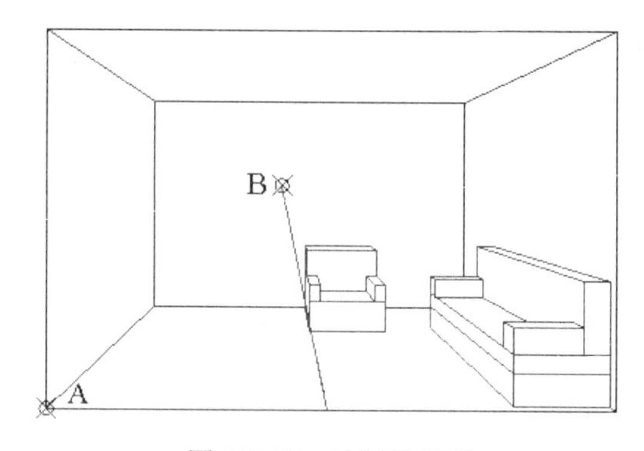

图 219-23　绘制透视线

步骤 2 重复步骤（1）的操作，按住【Shift】键的同时在绘图区单击鼠标右键，在弹出的快捷菜单中选择“自”选项，捕捉端点 A 为基点，分别输入（@2102,0）、（@2167,0）、（@2179,0）和（@2984,0）为第一点，并以捕捉的透视点 B 为第二点，分别绘制 4 条透视线，效果如图 219-24 所示。

步骤 3 绘制直线并偏移处理。执行 LINE 命令，按住【Shift】键的同时在绘图区单击鼠标右键，在弹出的快捷菜单中选择“自”

选项，捕捉端点 A 为基点，然后输入（@1997,122）和（@673,0）绘制直线；执行 OFFSET 命令，选择该直线，沿垂直方向依次向上偏移，偏移的距离分别为 29、239、35 和 288；使用 TRIM 命令对偏移的直线进行修剪，效果如图 219-25 所示。

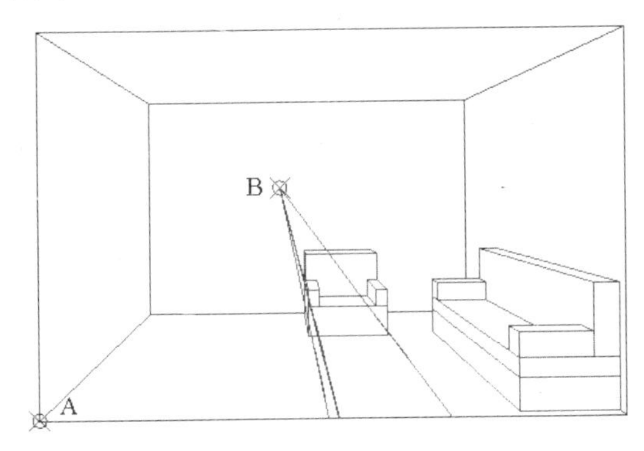

图 219-24　绘制透视线

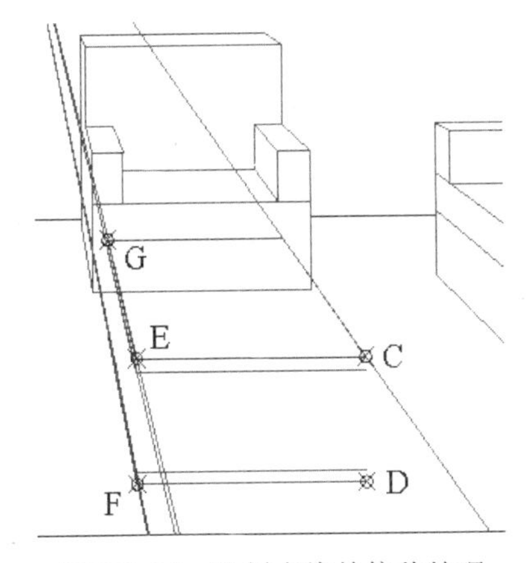

图 219-25　绘制直线并偏移处理

步骤 4 绘制直线。单击“默认”选项板中的“绘图”选项区的“直线”按钮，根据提示进行操作，分别捕捉图 219-25 中的端点 C 和端点 D、端点 E 和端点 F，绘制直线。

步骤 5 重复步骤（4）的操作，捕捉图 219-25 中的端点 G 为起点，输入（@0,-232）绘制直线，效果如图 219-26 所示。

步骤 6 修剪处理。使用 TRIM 命令对多余的直线进行修剪，效果如图 219-27 所示。

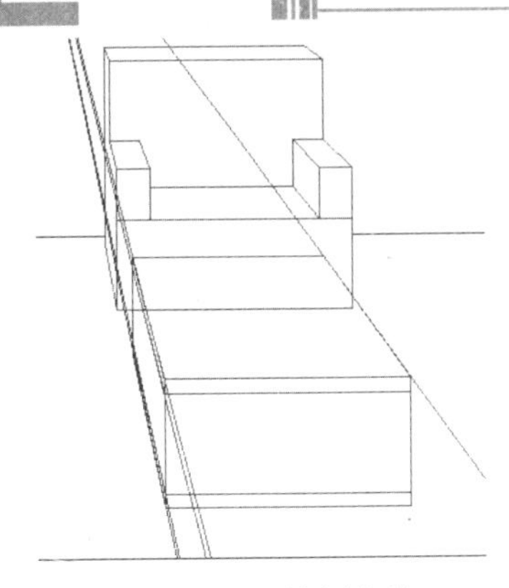

图 219-26　绘制直线

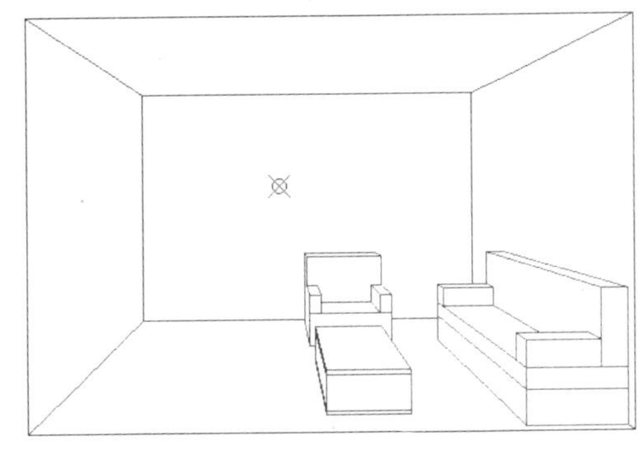

图 219-27　修剪处理

4. 绘制客厅透视图电视柜

步骤 1 绘制透视线。单击“默认”选项板中的“绘图”选项区的“直线”按钮，根据提示进行操作，按住【Shift】键的同时在绘图区单击鼠标右键，在弹出的快捷菜单中选择“自”选项，捕捉端点 A 为基点，分别输入（@0,217）、（@0,750）、（@650,0）为第一点，并以捕捉的透视点 B 为第二点，分别绘制 3 条透视线，效果如图 219-28 所示。

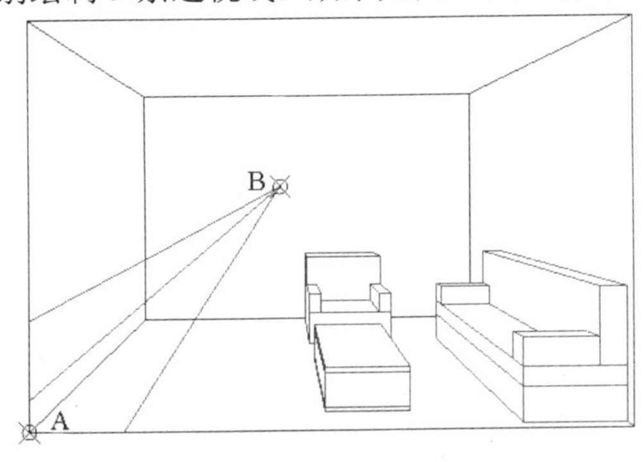

图 219-28　绘制透视线

步骤 2 绘制直线并偏移处理。执行 LINE 命令，按住【Shift】键的同时在绘图区单击鼠标右键，在弹出的快捷菜单中选择“自”选项，捕捉端点 A 为基点，然后输入（@159,150）和（@939,0）绘制直线；执行 OFFSET 命令，选择该直线，沿垂直方向依次向上偏移，偏移的距离分别为 682 和 286，并使用 TRIM 命令对偏移的直线进行修剪，效果如图 219-29 所示。

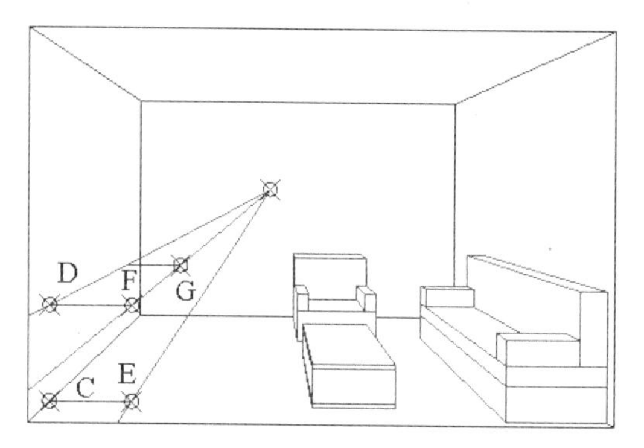

图 219-29　绘制直线并偏移处理

步骤 3 绘制直线。单击“默认”选项板中的“绘图”选项区的“直线”按钮，根据提示进行操作，分别捕捉图 219-29 中的端点 C 和端点 D、端点 E 和端点 F，绘制直线。

步骤 4 重复步骤（3）的操作，捕捉图 219-29 中的端点 G 为起点，输入（@0,-446）绘制一条直线，效果如图 219-30 所示。

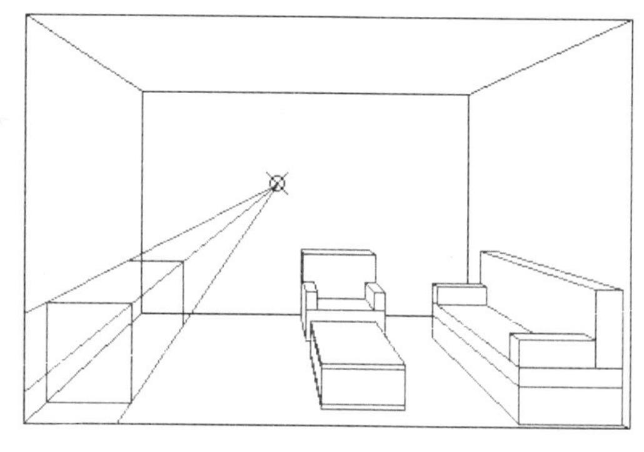

图 219-30　绘制直线

步骤 5 修剪处理。使用 TRIM 命令对多余的直线进行修剪，效果如图 219-31 所示。

步骤 6 偏移处理。执行 OFFSET 命令，选择图 219-31 中的直线 L1 并按回车键，沿垂直方向依次向上偏移，偏移的距离分别为 20 和 642；选择直线 L2，沿水平方向依次向右偏移，偏移的距离分别为 100、90、80 和 78。

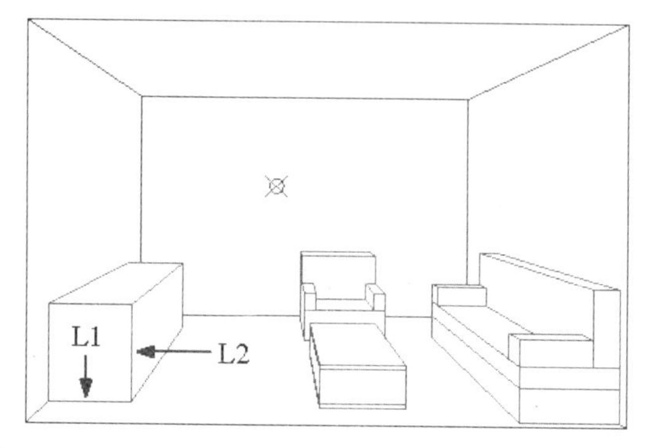

图 219-31　修剪处理

步骤 7 延伸并修剪处理。使用命令 EXTEND，对直线 L2 偏移生成的直线进行延伸处理；使用 TRIM 命令对多余的直线进行修剪，效果如图 219-32 所示。

步骤 8 绘制透视线并修剪处理。使用 LINE 命令，分别捕捉端点 H 和端点 I 到透视点 B，绘制两条透视线；使用 TRIM 命令对多余的直线进行修剪，效果如图 219-33 所示。

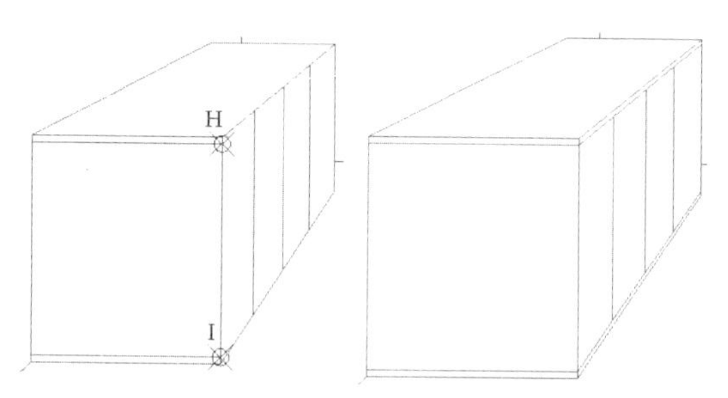

图 219-32　延伸并修剪处理　　图 219-33　绘制透视线并修剪处理

步骤 9 重复步骤（6）～（8）的操作，使用 OFFSET、EXTEND、LINE 和 TRIM 命令绘制电视柜的抽屉和门，效果如图 219-34 所示。

步骤 10 偏移处理。执行 OFFSET 命令，选择图 219-34 中的直线 L3 并按回车键，沿垂直方向依次向下偏移，偏移的距离分别为 100 和 10。

步骤 11 绘制透视线。执行 XLINE 命令，捕捉步骤（10）中偏移生成的直线左侧的端点为起点，通过透视点 B，绘制透视线；捕捉步骤（10）中偏移生成的直线右侧的端点为起点，通过透视点 B，绘制透视线。

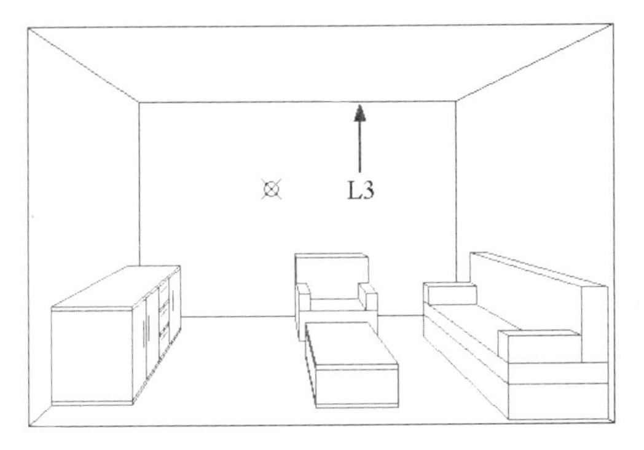

图 219-34　绘制电视柜的抽屉和门

步骤 12　修剪处理。使用 TRIM 命令对多余的透视线进行修剪，效果如图 219-35 所示。

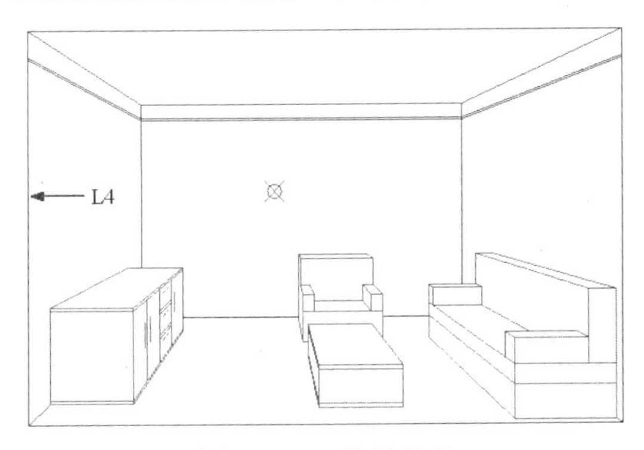

图 219-35　修剪处理

步骤 13　偏移并修剪处理。执行 OFFSET 命令，选择图 219-35 中的直线 L4 并按回车键，沿水平方向依次向右偏移，偏移的距离分别为 169、31、130、204、24 和 120；使用 TRIM 命令对偏移的直线进行修剪，效果如图 219-36 所示。

步骤 14　绘制直线。单击“默认”选项板中的“绘图”选项区的“直线”按钮，根据提示进行操作，捕捉图 219-37 中的端点 J 和端点 K、端点 L 和端点 M，绘制直线。

步骤 15　插入图块。单击“插入”选项板中的“内容”选项区的“设计中心”按钮，在弹出的“设计中心”面板中选择吊灯、窗帘和植物图块并插入，然后移至相应的图层；使用 EXPLODE 命令将窗帘图块分解；使用 TRIM、ERASE 命令对多余的直线进行修剪和删除操作，效果如图 219-38 所示。

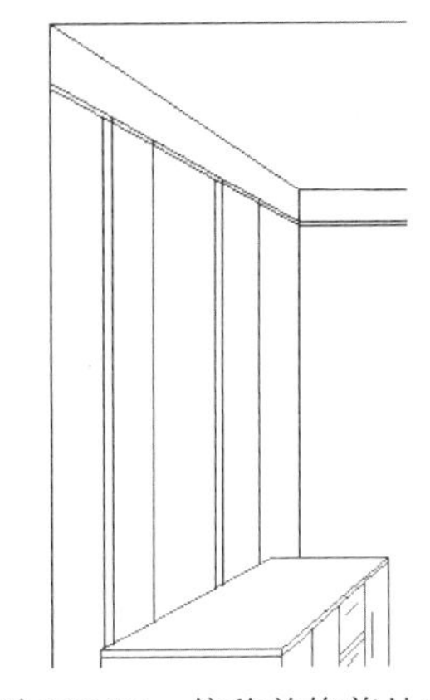

图 219-36　偏移并修剪处理

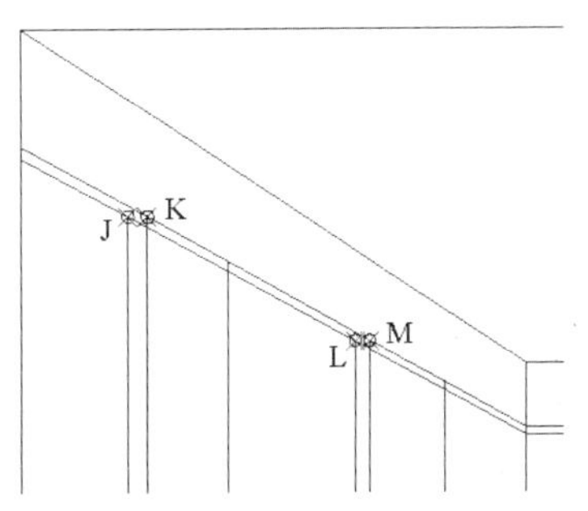

图 219-37　绘制直线

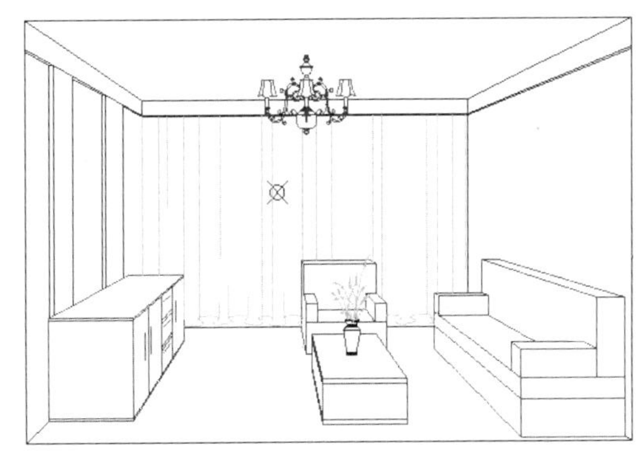

图 219-38　插入图块

步骤 16　调用图签。打开素材（名称为“透视图图签样板”的 AutoCAD 文件），将所需的图签复制并粘贴到客厅透视图中；使用 SCALE 命令对图签进行适当的缩放，效果参见图 219-1。

实例 220 厨房透视图

本实例绘制的是厨房透视图，效果如图220-1 所示。

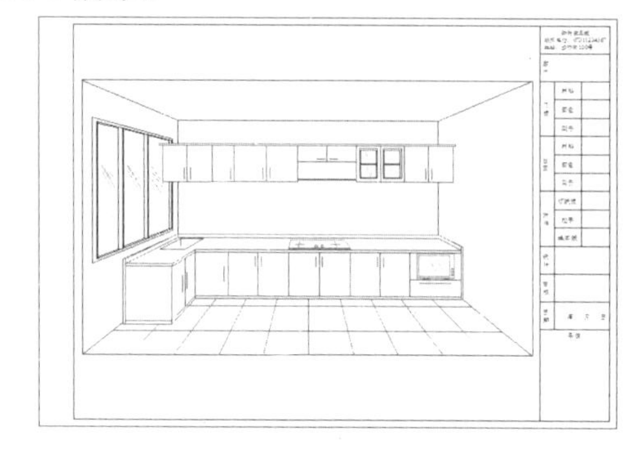

图 220-1 厨房透视图

操作步骤

1. 绘制厨房透视图厨柜

步骤 1 启动 AutoCAD，单击“新建”按钮，新建一个 CAD 文件。

步骤 2 创建图层。在“AutoCAD 经典”工作空间下，单击“图层”工具栏中的“图层特性管理器”按钮，在弹出的“图层特性管理器”对话框中，依次创建图层“地板”（颜色值均为 32）、“家具”（洋红）、“墙体”（蓝色）、“电器”（颜色值均为 102），然后双击“墙体”图层将其设置为当前图层。

步骤 3 绘制矩形。执行 RECTANG 命令，在绘图区内任取一点作为起点，然后输入（@2663,1618）绘制一个矩形。

步骤 4 确定透视点。在命令行中输入 POINT 命令并按回车键，根据提示进行操作，按住【Shift】键的同时在绘图区单击鼠标右键，在弹出的快捷菜单中选择“自”选项，捕捉上述绘制的矩形的底边中点作为基点，输入（@2,1064）确定透视点。

步骤 5 绘制透视线。在命令行中输入 LINE 命令并按回车键，根据提示进行操作，捕捉透视点为起点，然后捕捉矩形右下角的端点为第二点，绘制透视线。

步骤 6 重复步骤(5)的操作，使用 LINE 命令绘制其他三条透视线，效果如图 220-2 所示。

步骤 7 绘制矩形。在命令行中输入 RECTANG 命令并按回车键，根据提示进行操作，按住【Shift】键的同时在绘图区单击鼠标右键，在弹出的快捷菜单中选择“自”选项，捕捉图 220-2 中的端点 A 为基点，然后输入（@976,-778）和（@-4610,2800）绘制矩形。

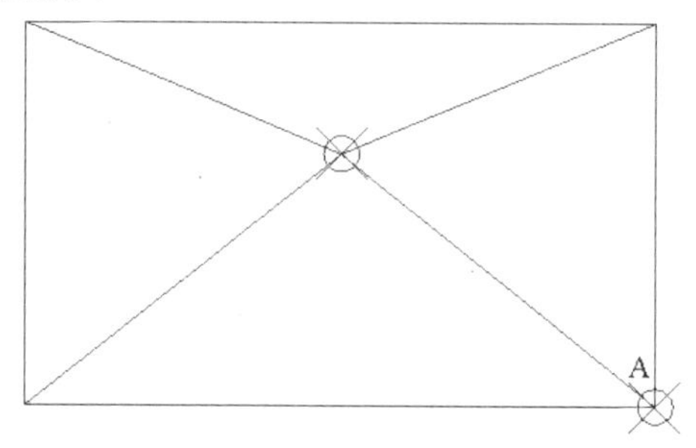

图 220-2 绘制透视线

步骤 8 延伸处理。在命令行中输入命令 EXTEND 并按回车键，根据提示进行操作，选择绘制的矩形作为延伸边界的边，分别延伸四条透视线。

步骤 9 修剪并分解处理。使用 TRIM 命令修剪多余的透视线；使用 EXPLODE 命令将墙体分解，效果如图 220-3 所示。

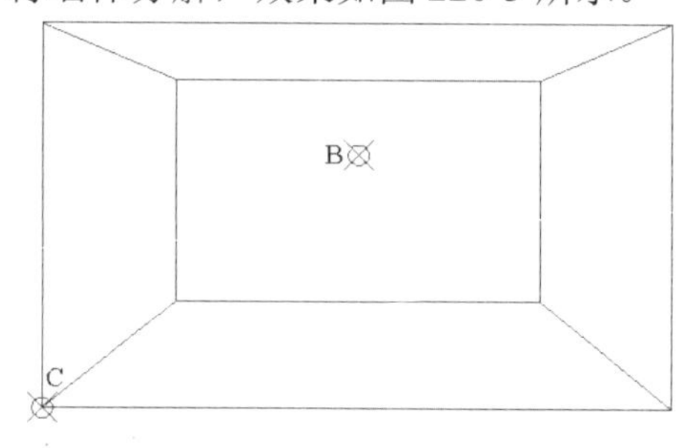

图 220-3 修剪并分解处理

步骤 10 绘制透视线。将“家具”图层设置为当前图层，单击“默认”选项板中的

"绘图"选项区的"直线"按钮，根据提示进行操作，按住【Shift】键的同时在绘图区单击鼠标右键，在弹出的快捷菜单中选择"自"选项，捕捉图 220-3 中的端点 C 为基点，分别输入（@0,275）、（@0,325）、（@0,720）、（@0,779）、（@0,790）、（@581,0）和（@615,0）为第一点，并捕捉透视点B为第二点，分别绘制7条透视线，效果如图 220-4 所示。

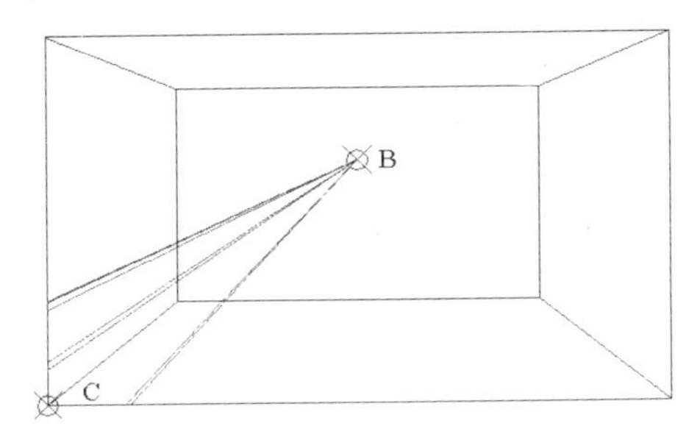

图 220-4　绘制透视线

步骤 11 绘制直线并偏移处理。执行命令 LINE，按住【Shift】键的同时在绘图区单击鼠标右键，在弹出的快捷菜单中选择"自"选项，捕捉图 220-4 中的端点 C 为基点，然后输入（@411,315）和（@0,761）绘制直线；执行 OFFSET 命令，选择该直线，沿水平方向依次向右偏移，偏移的距离分别为 20、473、15 和 222，效果如图 220-5 所示。

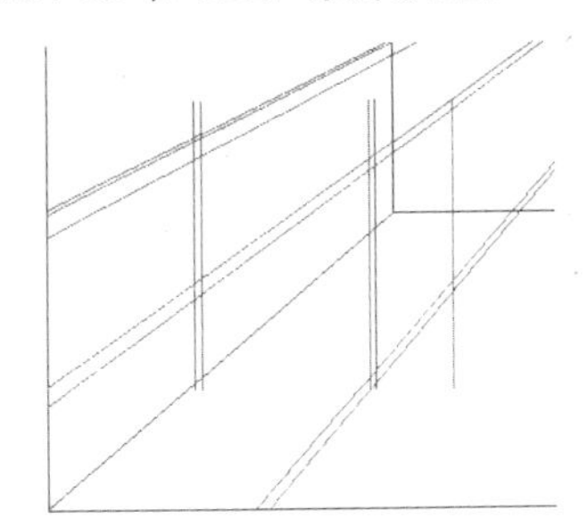

图 220-5　绘制直线并偏移处理

步骤 12 修剪处理。使用 TRIM 命令对偏移的直线进行修剪，效果如图 220-6 所示。

步骤 13 绘制直线。单击"默认"选项板中的"绘图"选项区的"直线"按钮，根据提示进行操作，利用对象捕捉功能，捕捉修剪后的线段的各端点，绘制水平直线，效果如图 220-7 所示。

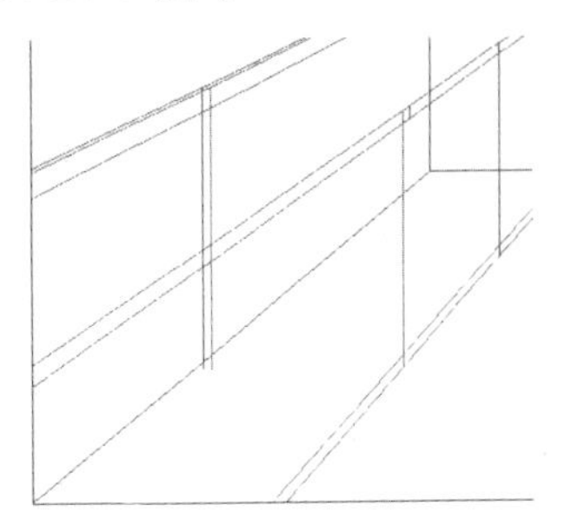

图 220-6　修剪处理

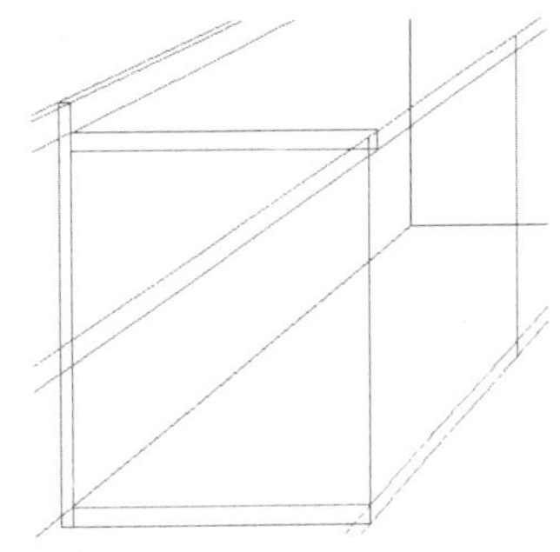

图 220-7　绘制直线

步骤 14 修剪处理。使用 TRIM 命令对多余的直线进行修剪，效果如图 220-8 所示。

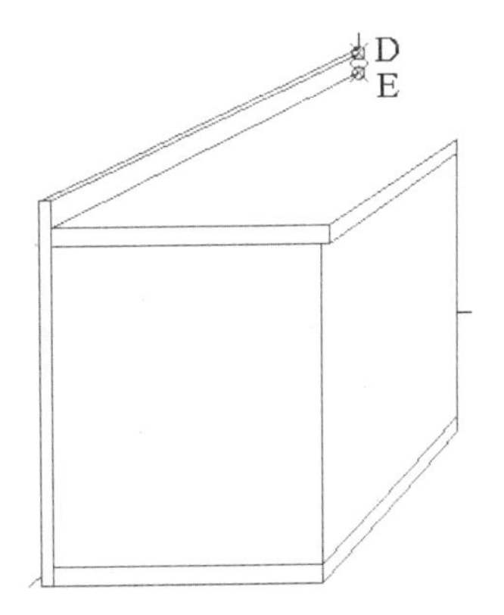

图 220-8　修剪处理

步骤 15 绘制直线。单击"默认"选项板中的"绘图"选项区的"直线"按钮，根据提示进行操作，捕捉图 220-8 中的端点 D 和端点 E，绘制直线，效果如图 220-9 所示。

步骤 16 绘制直线。单击"默认"选项板中的"绘图"选项区的"直线"按钮，根据提示进行操作，按【F8】键打开正交模式，分别捕捉端点 D、E、F、G、H、I 和 J，并向右引导光标，绘制水平直线，效果如图220-10所示。

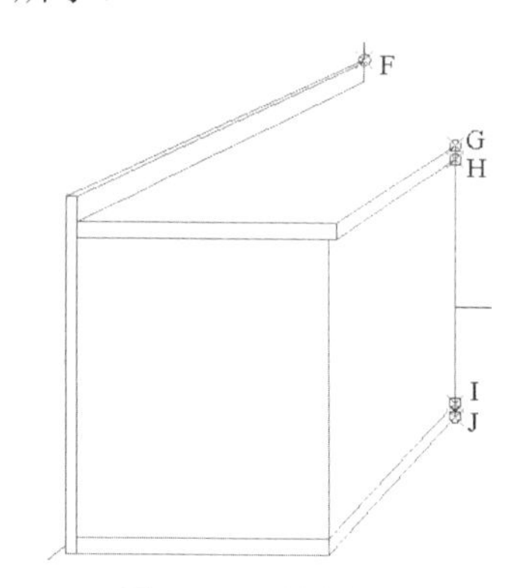

图 220-9　绘制直线

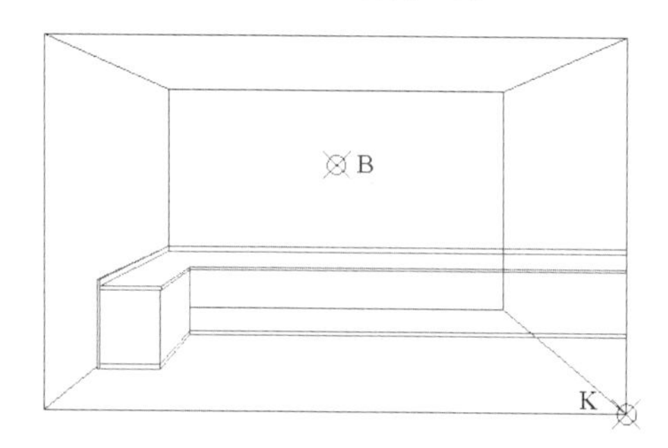

图 220-10　绘制直线

步骤 17　绘制透视线。执行LINE命令，按住【Shift】键的同时在绘图区单击鼠标右键，在弹出的快捷菜单中选择“自”选项，捕捉图220-10中的端点K为基点，分别输入（@0,716）、（@0,775）和（@0,786）为第一点，并以捕捉的透视点B为第二点，分别绘制3条透视线，效果如图220-11所示。

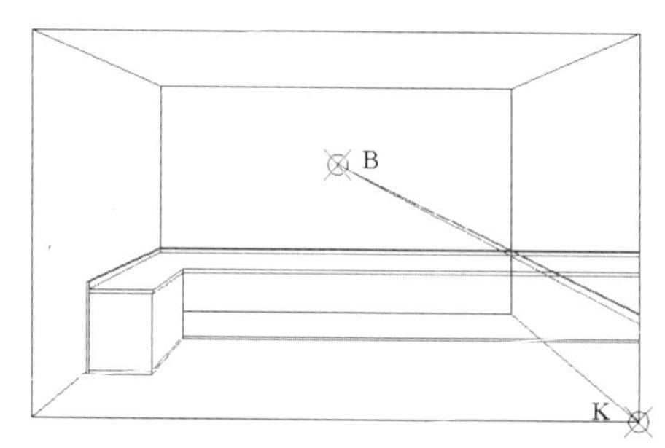

图 220-11　绘制透视线

步骤 18　绘制直线并偏移处理。执行LINE命令，按住【Shift】键的同时在绘图区单击鼠标右键，在弹出的快捷菜单中选择“自”选项，捕捉端点K为基点，然后输入（@-721,574）和（@0,543）绘制直线；使用OFFSET命令，将该直线沿水平方向向左偏移，偏移的距离为17，效果如图220-12所示。

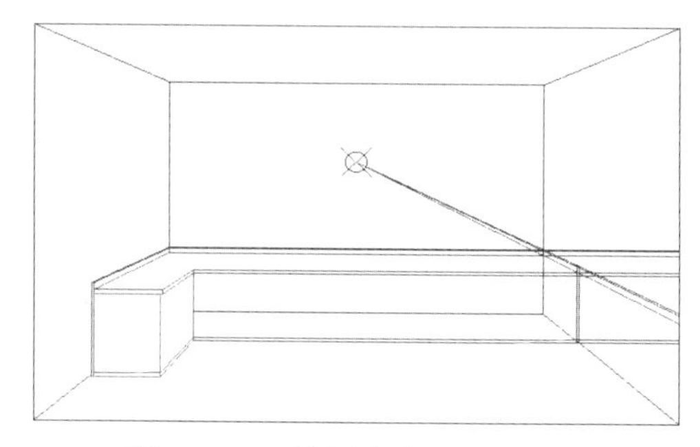
图 220-12　绘制直线并偏移处理

步骤 19　修剪处理。使用TRIM命令对多余的直线进行修剪，效果如图220-13所示。

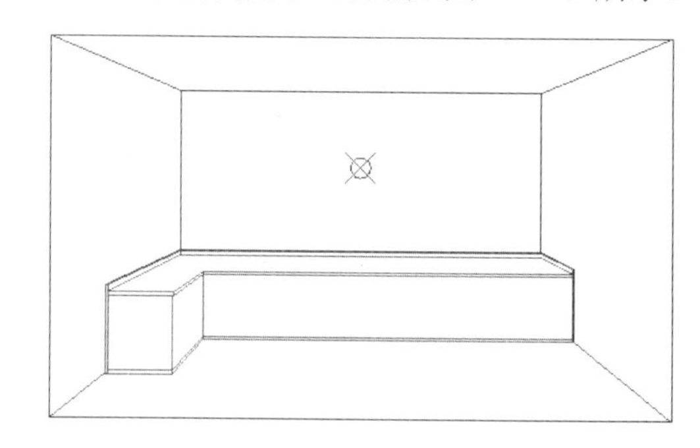
图 220-13　修剪处理

步骤 20　绘制直线。单击“默认”选项板中的“绘图”选项区的“直线”按钮，根据提示进行操作，捕捉图220-14中的端点绘制直线，效果如图220-15所示。

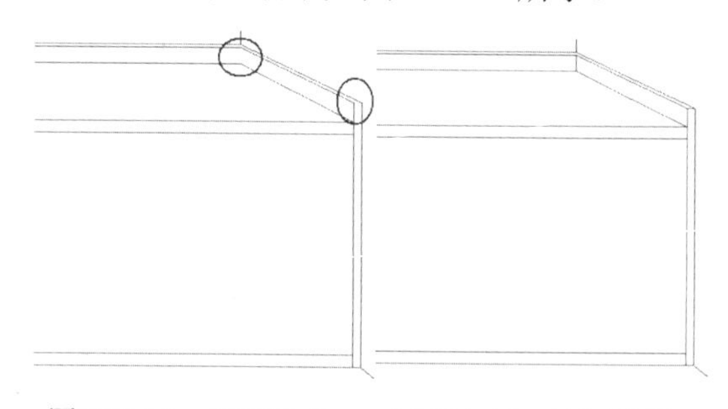
图 220-14　捕捉端点　　图 220-15　绘制直线

步骤 21　绘制厨柜。使用命令LINE、OFFSET、TRIM、EXTEND、COPY等，参照图220-16所示的尺寸标注绘制厨柜。

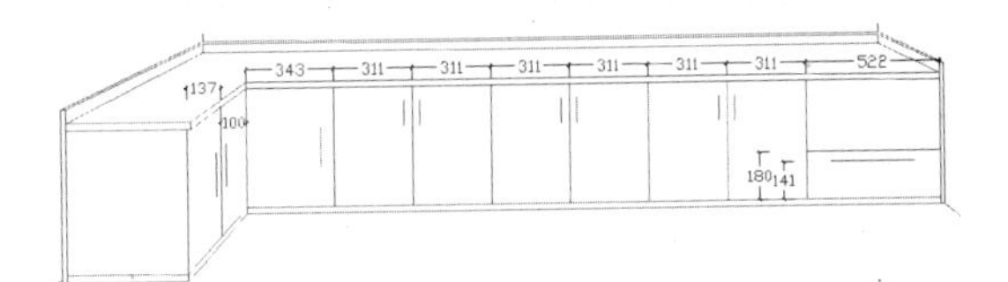

图 220-16 绘制厨柜

步骤 22 绘制洗手池。使用 LINE、TRIM 等命令，参照图 220-17 所示的尺寸标注绘制洗手池。

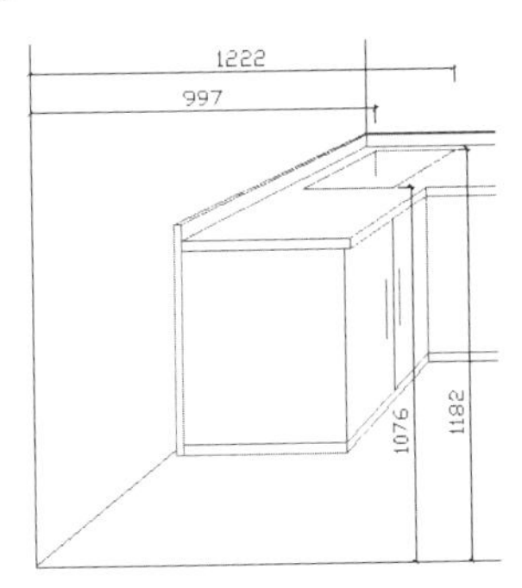

图 220-17 绘制洗手池

步骤 23 绘制炉盘和微波炉。使用 LINE、OFFSET、RECTANG、EXPLODE、COPY、TRIM 等命令，参照图 220-18 所示的尺寸标注绘制炉盘和微波炉。

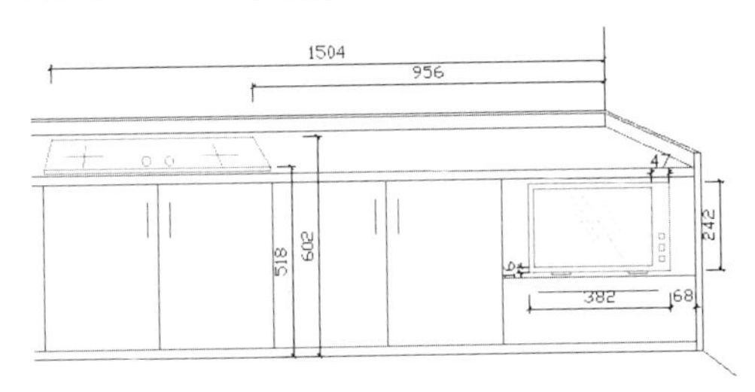

图 220-18 绘制炉盘和微波炉

2. 绘制厨房透视图地板和窗户

步骤 1 绘制透视线。将“地板”图层设置为当前图层，执行 LINE 命令，按住【Shift】键的同时在绘图区单击鼠标右键，在弹出的快捷菜单中选择“自”选项，捕捉端点 A 为基点，输入（@-460,0）为第一点，然后捕捉透视点 B 为第二点，绘制透视线，效果如图 220-19 所示。

步骤 2 重复步骤（1）的操作，按住【Shift】键的同时在绘图区单击鼠标右键，在弹出的快捷菜单中选择“自”选项，捕捉端点 A 为基点，分别输入（@-921,0）、（@-1381,0）、（@-1842,0）和（@-2302,0）为第一点，并以捕捉的透视点 B 为第二点，分别绘制 4 条透视线，并使用 TRIM 命令对多余的透视线进行修剪，效果如图 220-20 所示。

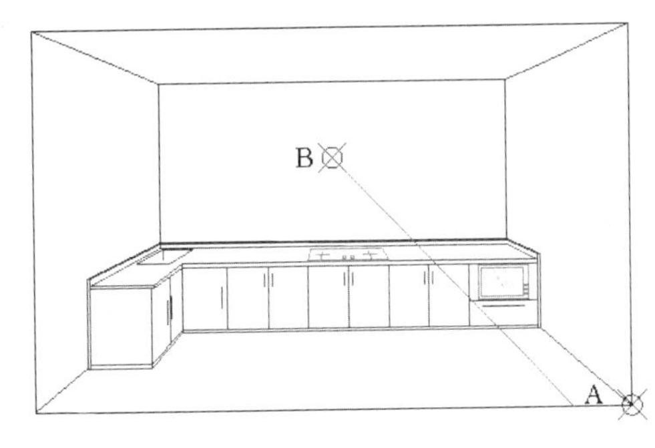

图 220-19 绘制透视线

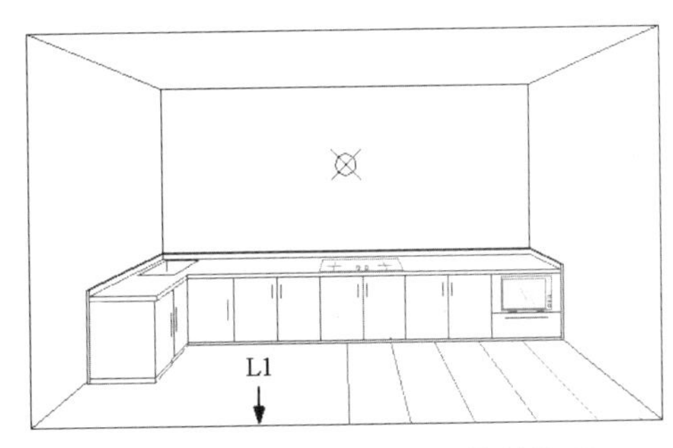

图 220-20 绘制透视线并修剪处理

步骤 3 偏移并修剪处理。执行 OFFSET 命令，选择图 220-20 中的直线 L1 并按回车键，沿垂直方向依次向上偏移 2 次，偏移的距离均为 249；使用 TRIM 命令对偏移的直线进行修剪，效果如图 220-21 所示。

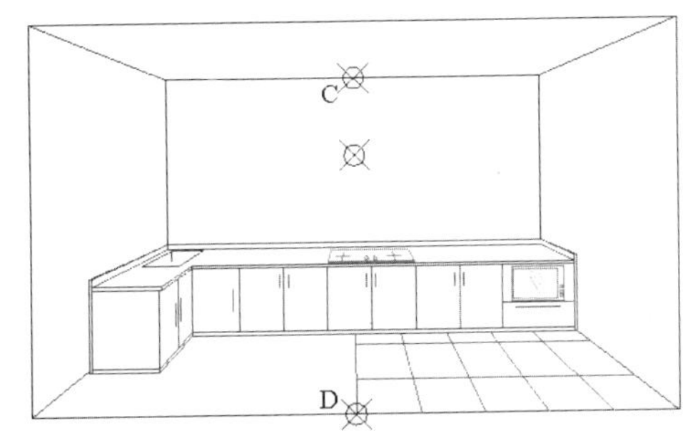

图 220-21 偏移并修剪处理

步骤 4 镜像并修剪处理。选择地板为镜像对象，执行 MIRROR 命令，捕捉中点 C 和中点 D 为镜像线上的第一点和第二点进行镜像处理；使用 TRIM 命令对多余的直线进行修剪，效果如图 220-22 所示。

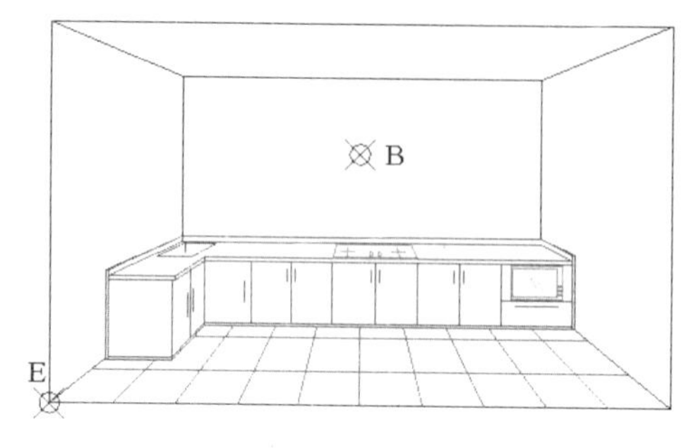

图 220-22　镜像并修剪处理

步骤 5 绘制透视线。将“墙体”图层设置为当前图层，执行 LINE 命令，按住【Shift】键的同时在绘图区单击鼠标右键，在弹出的快捷菜单中选择“自”选项，捕捉图 220-22 中的端点 E 为基点，分别输入（@0,891）、（@0,917）、（@0,937）、（@0,2397）、（@0,2410）和（@0,2446）为第一点，并以捕捉的透视点 B 为第二点，分别绘制 6 条透视线，效果如图 220-23 所示。

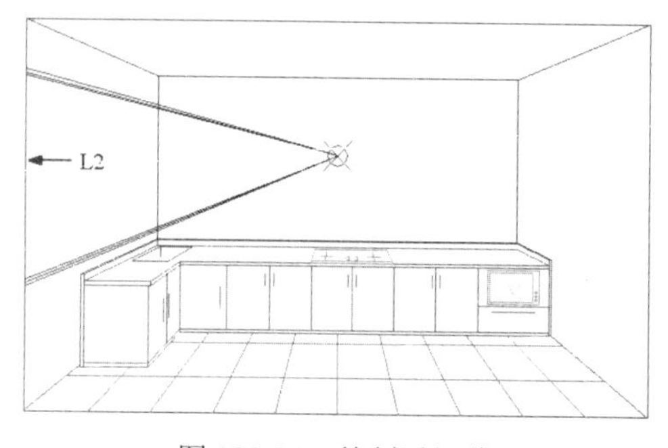

图 220-23　绘制透视线

步骤 6 偏移处理。执行 OFFSET 命令，选择图 220-23 中的直线 L2 并按回车键，沿水平方向依次向右偏移，偏移的距离分别为 93、50、9、208、44、9、208、37、9、208、31 和 9，效果如图 220-24 所示。

步骤 7 修剪处理。使用 TRIM 命令对多余的直线进行修剪，效果如图 220-25 所示。

步骤 8 绘制直线。使用 LINE 命令，捕捉图 220-25 中的端点 F 和端点 G，绘制窗户角线。

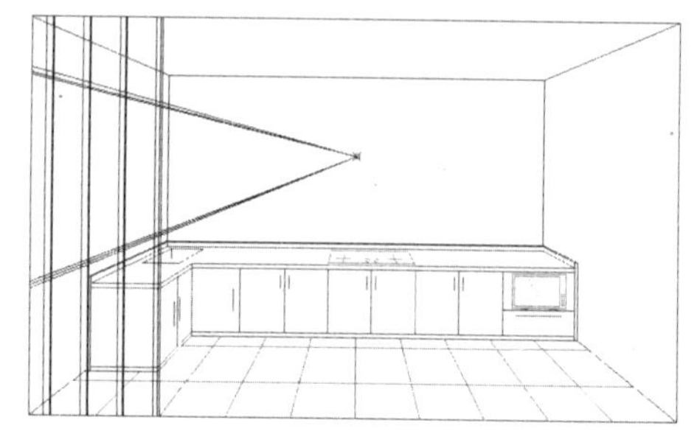

图 220-24　偏移处理

步骤 9 重复步骤（8）的操作，捕捉窗户的其他端点，绘制窗户的其他角线，效果如图 220-26 所示。

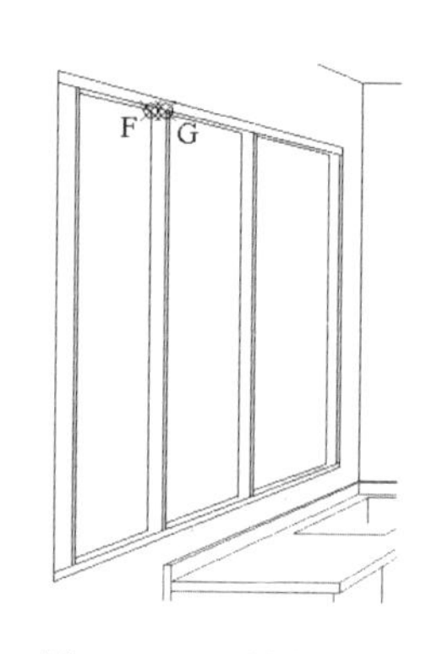

图 220-25　修剪处理

图 220-26　绘制直线

3. 绘制厨房透视图壁柜

步骤 1 绘制矩形。将“家具”图层设置为当前图层，单击“默认”选项板中的“绘图”选项区的“矩形”按钮，根据提示进行操作，按住【Shift】键的同时在绘图区单击鼠标右键，在弹出的快捷菜单中选择“自”选项，捕捉端点 A 为基点，然后输入（@-187,-254）和（@3037,16）绘制矩形，效果如图 220-27 所示。

步骤 2 绘制直线。执行 LINE 命令，按住【Shift】键的同时在绘图区单击鼠标右键，在弹出的快捷菜单中选择“自”选项，捕捉端点 A 为基点，然后依次输入（@-156,-254）、（@0,-373）、（@2974,0）和（@0,373）绘制直线，效果如图 220-28 所示。

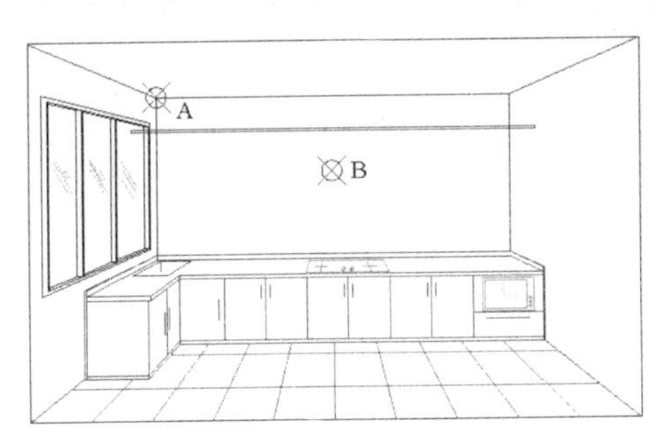

图 220-27　绘制矩形

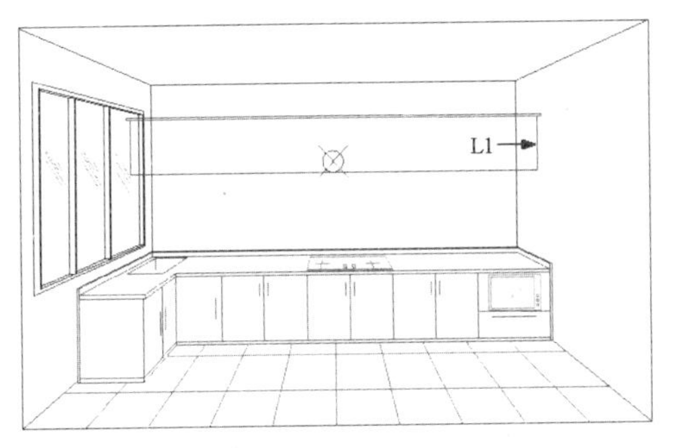

图 220-28　绘制直线

步骤 3　修剪并偏移处理。使用 TRIM 命令对多余的直线进行修剪；执行 OFFSET 命令，选择图 220-28 中的直线 L1，参照图 220-29 所示的尺寸标注进行偏移处理。

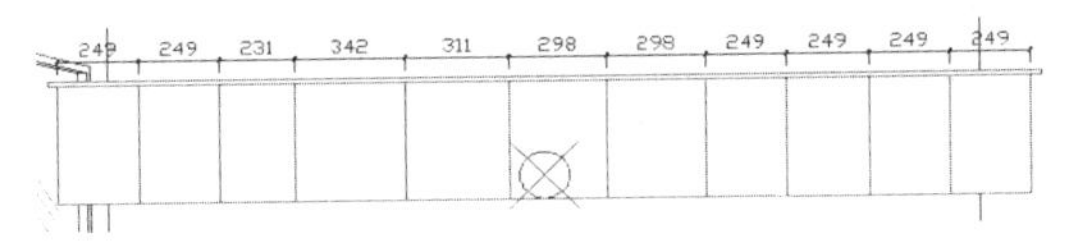

图 220-29　修剪并偏移处理

步骤 4　绘制壁柜和排气扇。使用 LINE、COPY、OFFSET、TRIM、CIRCLE 等命令，参照图 220-30 所示的尺寸标注绘制壁柜和排气扇。

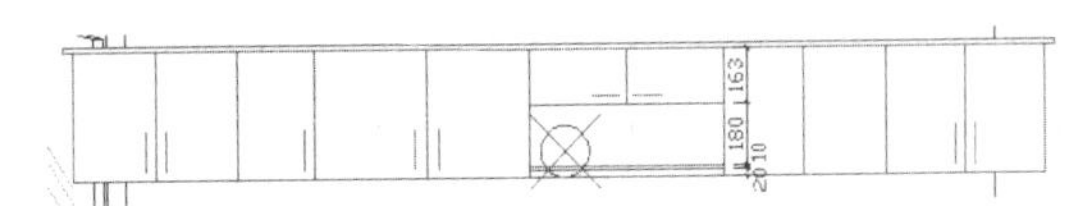

图 220-30　绘制壁柜和排气扇

步骤 5　绘制壁柜窗户。使用 RECTANG、OFFSET、LINE、TRIM 等命令，参照图 220-31 所示的尺寸标注绘制壁柜窗户。

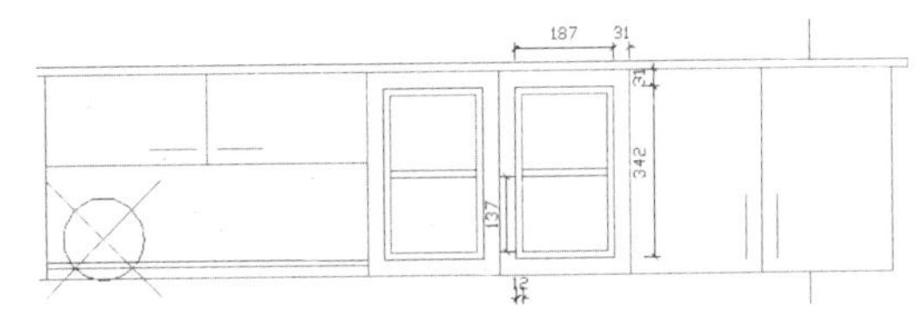

图 220-31　绘制壁柜窗户

步骤 6　调用图签。打开素材（名称为“透视图图签样板”的 AutoCAD 文件），将所需的图签复制并粘贴到厨房透视图中，然后使用 SCALE 命令进行适当的缩放，效果参见图 220-1。

实例 221　卧室透视图

本实例绘制的是卧室透视图，效果如图 221-1 所示。

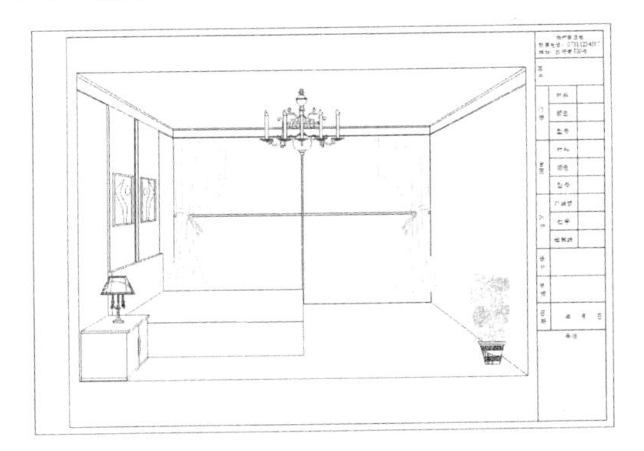

图 221-1　卧室透视图

操作步骤

1. 绘制卧室透视图墙体

步骤 1　新建文件。启动 AutoCAD，新建一个 CAD 文件。

步骤 2　创建图层。在“AutoCAD 经典”工作空间下，单击“图层”工具栏中的“图层特性管理器”按钮，在弹出的“图层特性管理器”对话框中，依次创建图层“家具”（洋红）、“墙体”（蓝色）、“窗户”（绿色），然后双击“墙体”图层将其设置为当前图层。

步骤 3 绘制矩形。单击“默认”选项板中的“绘图”选项区的“矩形”按钮，在绘图区内任取一点作为起点，然后输入（@2286,1600）绘制一个矩形。

步骤 4 确定透视点。执行 POINT 命令，按住【Shift】键的同时在绘图区单击鼠标右键，在弹出的快捷菜单中选择“自”选项，捕捉上述绘制的矩形的底边中点作为基点，输入（@0,915）确定透视点。

步骤 5 绘制透视线。执行 LINE 命令，捕捉透视点为起点，然后捕捉矩形右下角的端点为第二点，绘制透视线。

步骤 6 重复步骤（5）的操作，绘制其他三条透视线，效果如图 221-2 所示。

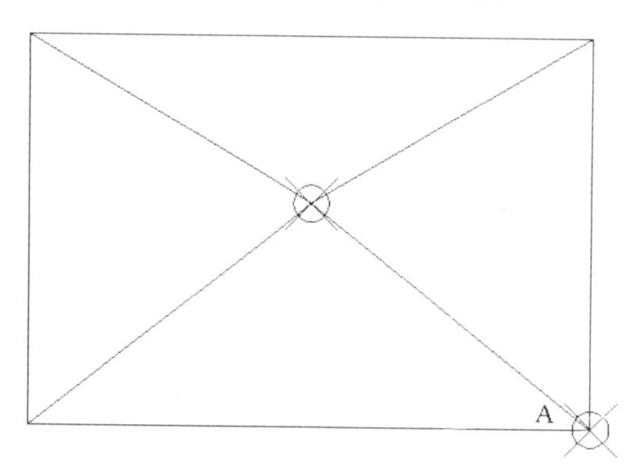

图 221-2　绘制透视线

步骤 7 绘制矩形。在命令行中输入命令 RECTANG 并按回车键，根据提示进行操作，按住【Shift】键的同时在绘图区单击鼠标右键，在弹出的快捷菜单中选择“自”选项，捕捉图 221-2 中的端点 A 为基点，然后输入（@857,-685）和（@-4000,2800）绘制矩形。

步骤 8 延伸处理。执行 EXTEND 命令，选择绘制的矩形作为延伸边界的边，分别延伸 4 条透视线。

步骤 9 修剪并分解处理。使用 TRIM 命令修剪多余的透视线；使用 EXPLODE 命令将墙体分解，效果如图 221-3 所示。

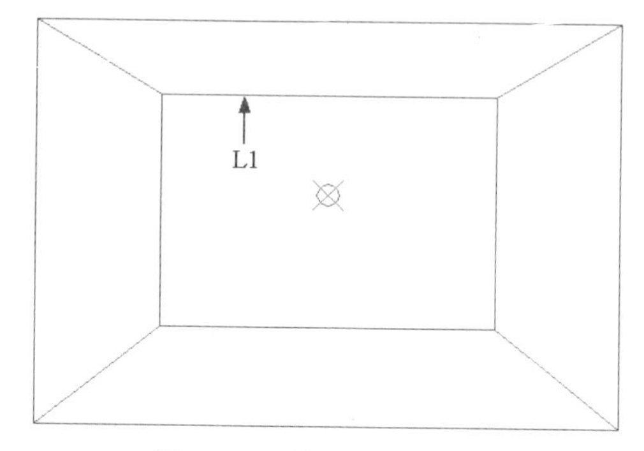

图 221-3　修剪并分解处理

步骤 10 偏移处理。执行 OFFSET 命令，选择图 221-3 中的直线 L1 并按回车键，沿垂直方向依次向下偏移，偏移的距离分别为 16、65 和 8。

步骤 11 绘制透视线并修剪处理。使用 XLINE 命令，捕捉透视点为起点，然后依次捕捉步骤（10）中偏移生成的直线的两端，绘制 6 条透视线；使用 TRIM 命令对多余的透视线进行修剪，效果如图 221-4 所示。

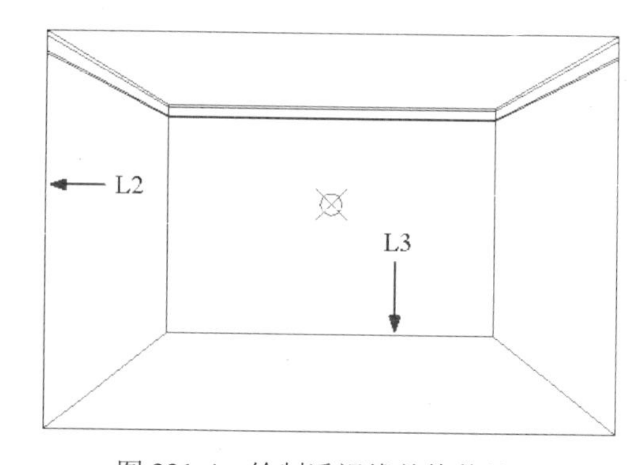

图 221-4　绘制透视线并修剪处理

步骤 12 偏移处理。执行 OFFSET 命令，选择图 221-4 中的直线 L2，沿水平方向依次向右偏移，偏移的距离分别为 262、23、232、6、20、190、1259 和 17；选择直线 L3，沿垂直方向依次向上偏移，偏移的距离分别为 800 和 17，效果如图 221-5 所示。

步骤 13 修剪并绘制直线。使用 TRIM 命令对多余的直线进行修剪；使用 LINE 命令制作墙体的装饰木立体效果，如图 221-6 所示。

步骤 14 绘制玻璃。使用 LINE 命令绘制窗户角线，作为窗户玻璃，如图221-7所示。

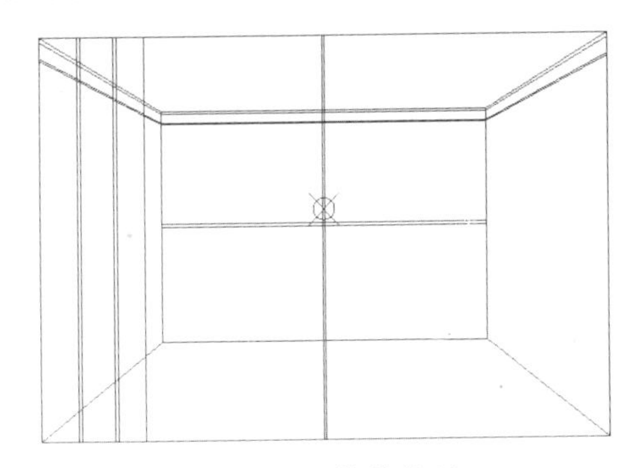

图221-5　偏移处理

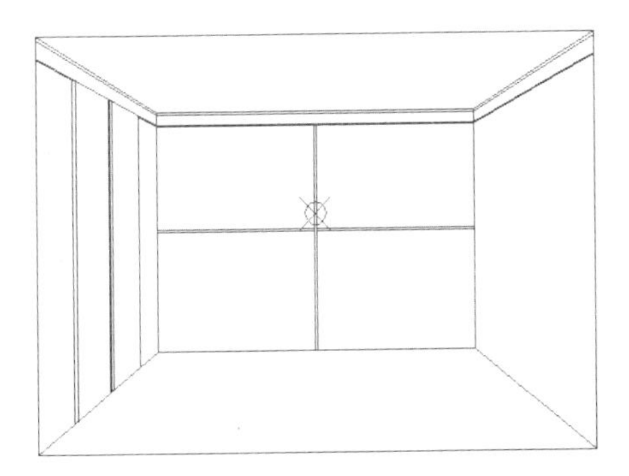

图221-6　修剪并绘制直线

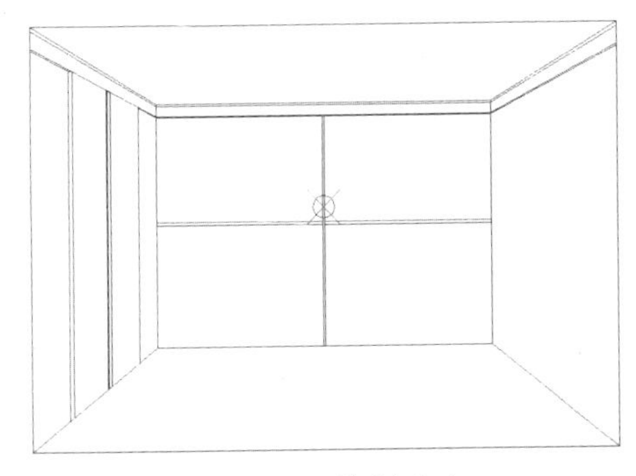

图221-7　绘制玻璃

2. 绘制卧室透视图家具

步骤1 绘制透视线。将“家具”图层设置为当前图层，执行LINE命令按住【Shift】键的同时在绘图区单击鼠标右键，在弹出的快捷菜单中选择“自”选项，捕捉端点C为基点，分别输入（@2000,0）、（@0,332）、（@0,885）和（@0,900）为第一点，并以捕捉的透视点B为第二点，分别绘制4条透视线，效果如图221-8所示。

步骤2 绘制直线并偏移处理。执行LINE命令，按住【Shift】键的同时在绘图区单击鼠标右键，在弹出的快捷菜单中选择“自”选项，捕捉图221-8中的端点C为基点，然后输入（@267,213）和（@1733,0）绘制直线；执行OFFSET命令，选择该直线，沿垂直方向依次向上偏移，偏移的距离分别为311、290、179和164。

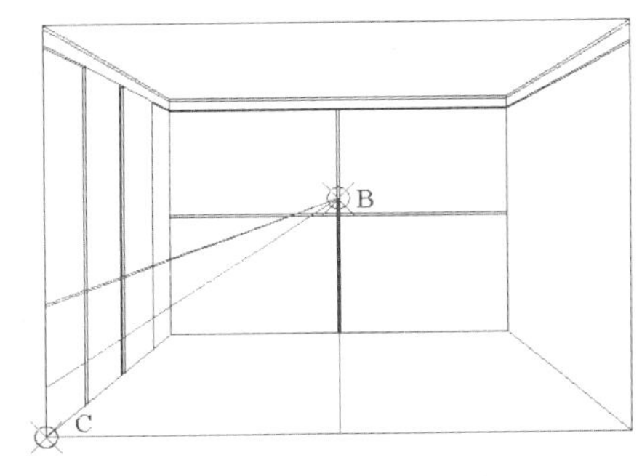

图221-8　绘制透视线

步骤3 重复步骤(2)的操作，执行LINE命令，按住【Shift】键的同时在绘图区单击鼠标右键，在弹出的快捷菜单中选择“自”选项，捕捉图221-8中的端点C为基点，然后输入（@267,213）和（@0,944）绘制直线；执行OFFSET命令，选择该直线，沿水平方向依次向右偏移，偏移的距离分别为36和458，效果如图221-9所示。

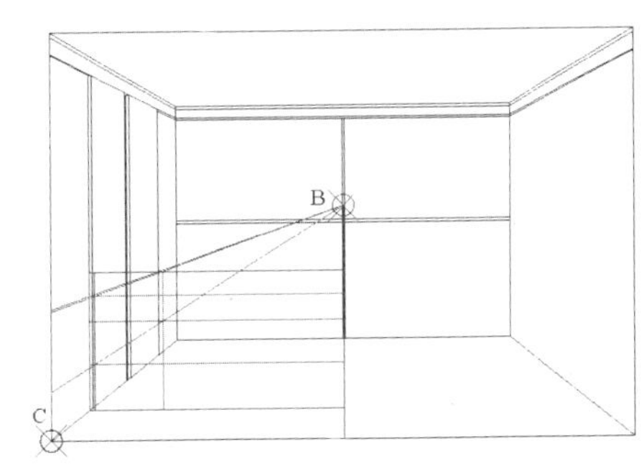

图221-9　绘制直线并偏移处理

步骤4 修剪处理。使用TRIM命令对多余的直线进行修剪，效果如图221-10所示。

步骤5 绘制透视线。单击“默认”选项板中的“绘图”选项区的“直线”按钮，根据提示进行操作，按住【Shift】键的同时在绘图区单击鼠标右键，在弹出的快捷菜单中选择“自”选项，捕捉端点C为基点，分别输入（@398,0）、（@420,0）、（@0,107）、（@0,133）和（@0,450）为第一点，并以捕捉的透视点B为第二点，分别绘制5条透视线，效果如图221-11所示。

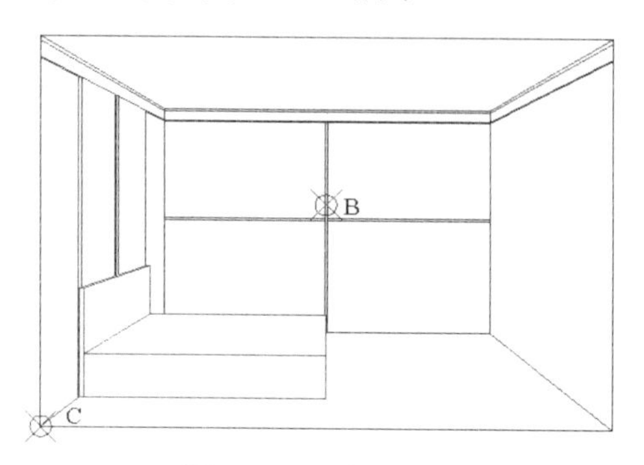

图221-10　修剪处理

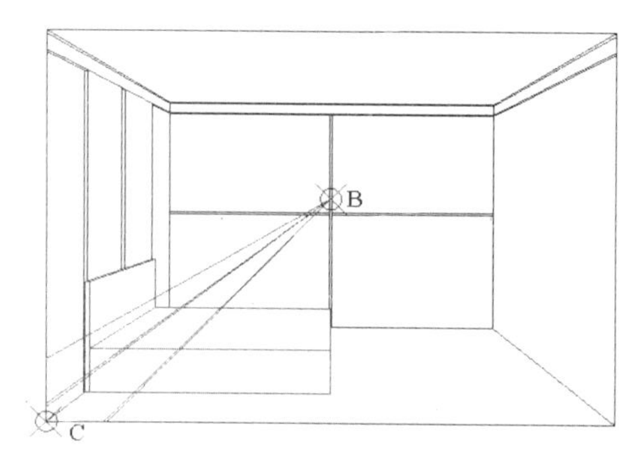

图221-11　绘制透视线

步骤6　绘制直线并偏移处理。执行LINE命令，按住【Shift】键的同时在绘图区单击鼠标右键，在弹出的快捷菜单中选择“自”选项，捕捉端点C为基点，然后输入（@16,10）和（@617,0）绘制直线；执行OFFSET命令，选择该直线，沿垂直方向依次向上偏移，偏移的距离分别为21、408、20和138，效果如图221-12所示。

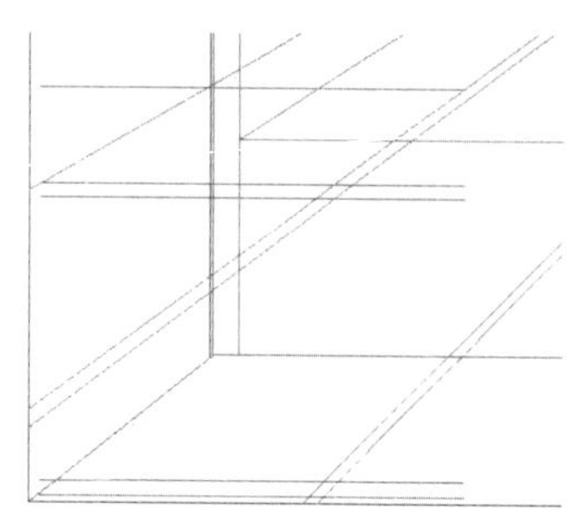

图221-12　绘制直线并偏移处理

步骤7　绘制直线。单击“默认”选项板中的“绘图”选项区的“直线”按钮，根据提示进行操作，利用对象捕捉功能，捕捉偏移生成的直线与透视线之间的交点绘制直线，效果如图221-13所示。

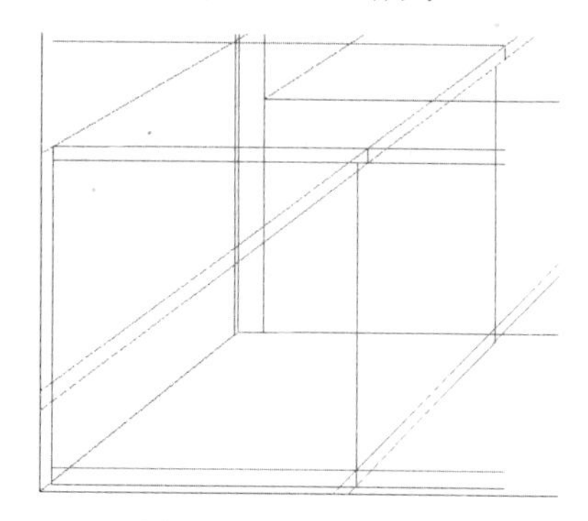

图221-13　绘制直线

步骤8　修剪处理。使用TRIM命令对多余的直线进行修剪，效果如图221-14所示。

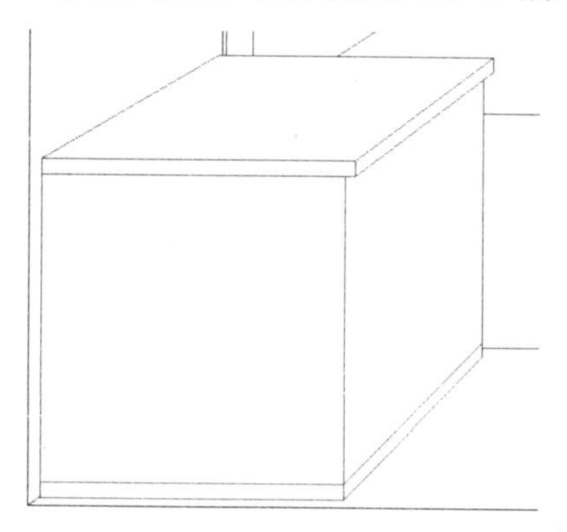

图221-14　修剪处理

步骤9　绘制床头柜门。使用LINE、OFFSET、TRIM等命令，绘制如图221-15所示的床头柜门。

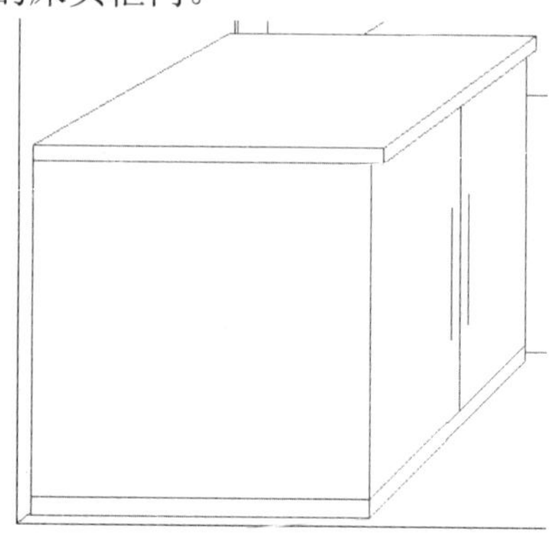

图221-15　绘制床头柜门

步骤 10 绘制透视线。执行 LINE 命令，按住【Shift】键的同时在绘图区单击鼠标右键，在弹出的快捷菜单中选择“自”选项，捕捉端点 C 为基点，分别输入（@0,1371）、（@0,1386）、（@0,1929）和（@0,1943）为第一点，并以捕捉的透视点 B 为第二点，分别绘制 4 条透视线，效果如图 221-16 所示。

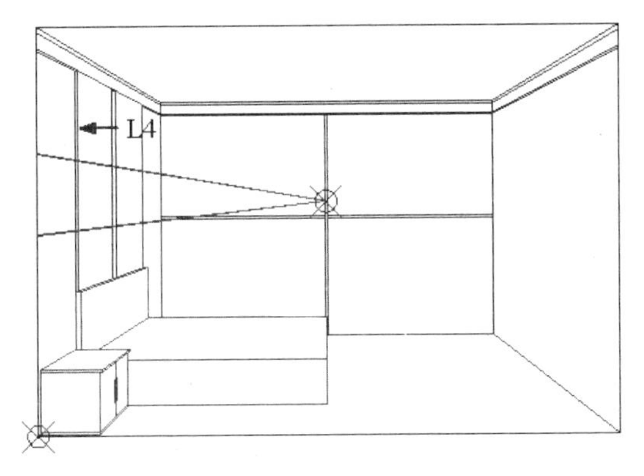

图 221-16　绘制透视线

步骤 11 偏移并修剪处理。执行命令 OFFSET，选择图 221-16 中的直线 L4，沿水平方向依次向右偏移，偏移的距离分别为 29、17、154、14、71、11、109 和 9，并将偏移生成的直线移至“家具”图层；使用 TRIM 命令对多余的直线进行修剪，效果如图 221-17 所示。

图 221-17　偏移并修剪处理

步骤 12 绘制直线。使用 LINE 命令，捕捉画框角点绘制直线，效果如图 221-18 所示。

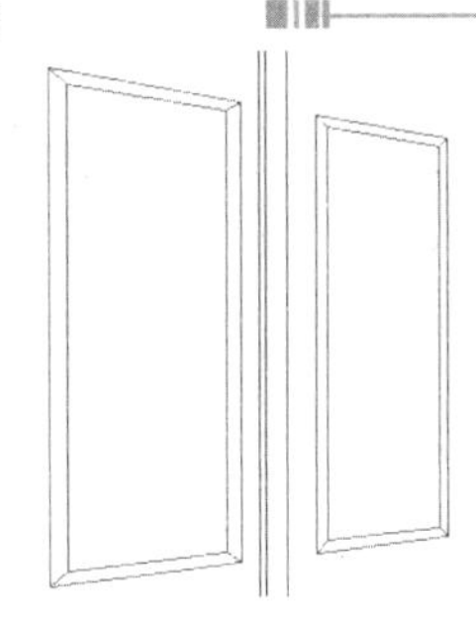

图 221-18　绘制直线

步骤 13 绘制装饰画。使用命令 LINE、MIRROR、TRIM、ELLIPSE 等绘制如图 221-19 所示的装饰画。

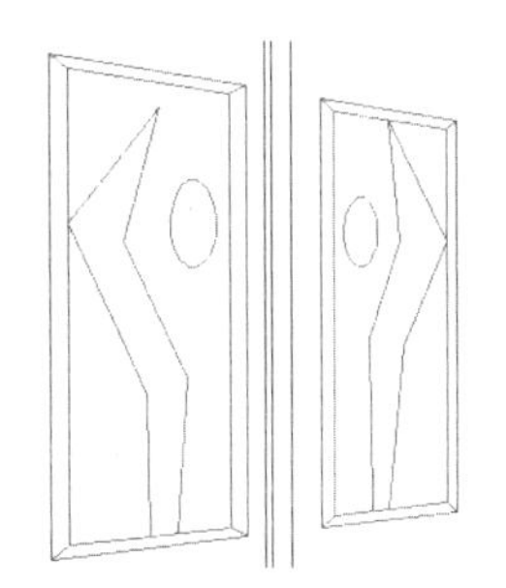

图 221-19　绘制装饰画

步骤 14 插入图块并修剪处理。单击“插入”选项板中的“内容”选项区的“设计中心”按钮，在弹出的“设计中心”面板中选择吊灯、窗帘、台灯和植物图块并插入，然后移至相应的图层；使用 TRIM 命令对多余的直线进行修剪，效果如图 221-20 所示。

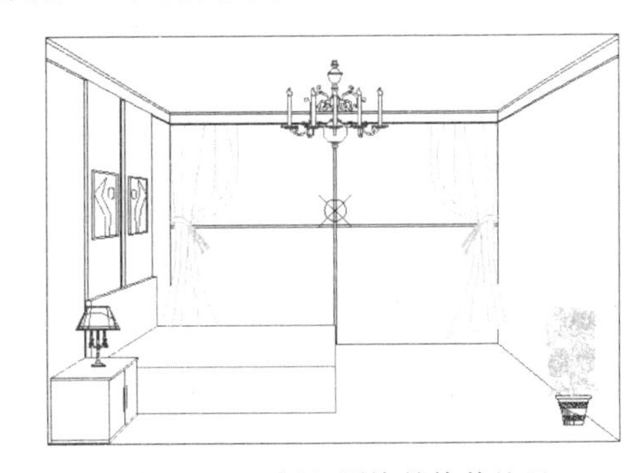

图 221-20　插入图块并修剪处理

步骤 15 调用图签。打开素材（名称为“透视图图签样板”的 AutoCAD 文件），将所需的图签复制并粘贴到卧室透视图中；使用 SCALE 命令，对调用的图签进行适当的缩放，效果参见图 221-1。

实例222 办公室透视图

本实例绘制的是办公室透视图，效果如图222-1所示。

图222-1 办公室透视图

操作步骤

1. 绘制办公室透视图书柜

步骤1 启动AutoCAD，单击“新建”按钮，新建一个CAD文件。

步骤2 创建图层。在“AutoCAD经典”工作空间下，单击“图层”工具栏中的“图层特性管理器”按钮，在弹出的“图层特性管理器”对话框中，依次创建图层“家具”（洋红）、“墙体”（蓝色）、“窗帘”（颜色值均为94）、“天棚”（红色）、“植物”（绿色），然后双击“墙体”图层将其设置为当前图层。

步骤3 绘制矩形。单击“默认”选项板中的“绘图”选项区的“矩形”按钮，在绘图区内任取一点作为起点，然后输入（@2500,1400）绘制一个矩形。

步骤4 确定透视点。执行POINT命令，按住【Shift】键的同时在绘图区单击鼠标右键，在弹出的快捷菜单中选择“自”选项，捕捉上述绘制的矩形的底边中点作为基点，输入（@0,878）确定透视点。

步骤5 绘制透视线。在命令行中输入LINE命令并按回车键，根据提示进行操作，捕捉透视点为起点，然后捕捉矩形右下角端点为第二点，绘制透视线。

步骤6 重复步骤（5）的操作，绘制其他三条透视线，效果如图222-2所示。

步骤7 绘制矩形。在命令行中输入命令RECTANG并按回车键，根据提示进行操作，按住【Shift】键的同时在绘图区单击鼠标右键，在弹出的快捷菜单中选择“自”选项，捕捉图222-2中的端点A为基点，然后输入（@1250,-878）和（@-5000,2800）绘制矩形。

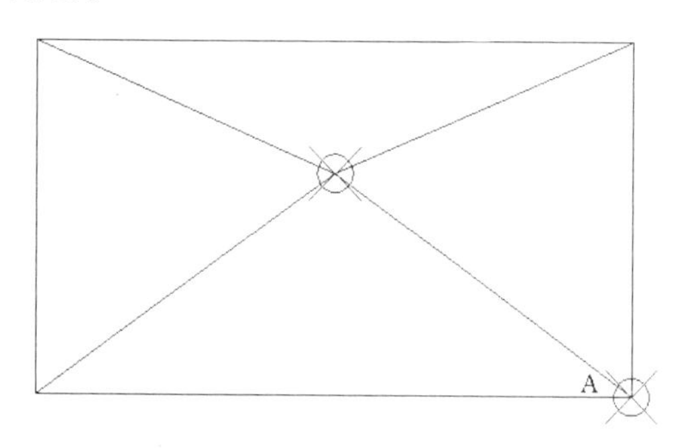

图222-2 绘制透视线

步骤8 延伸处理。执行EXTEND命令，选择上述绘制的矩形的边作为延伸边界，分别延伸4条透视线。

步骤9 修剪并分解处理。使用TRIM命令修剪多余的透视线；使用EXPLODE命令将墙体分解，效果如图222-3所示。

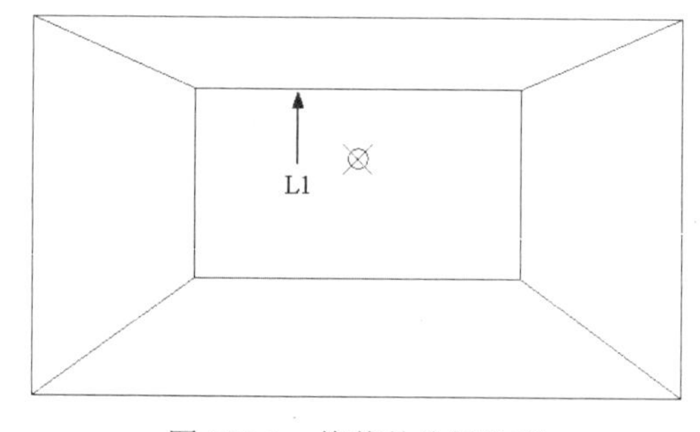

图222-3 修剪并分解处理

步骤10 偏移处理。在命令行中输入命令OFFSET并按回车键，根据提示进行操作，选择图 222-3 中的直线 L1 并按回车键，沿垂直方向向下偏移，偏移的距离为 55。

步骤 11 绘制透视线并修剪。使用命令 XLINE，捕捉透视点为起点，然后依次捕捉步骤（10）中偏移生成的直线两端，绘制透视线；使用 TRIM 命令对多余的透视线进行修剪，效果如图 222-4 所示。

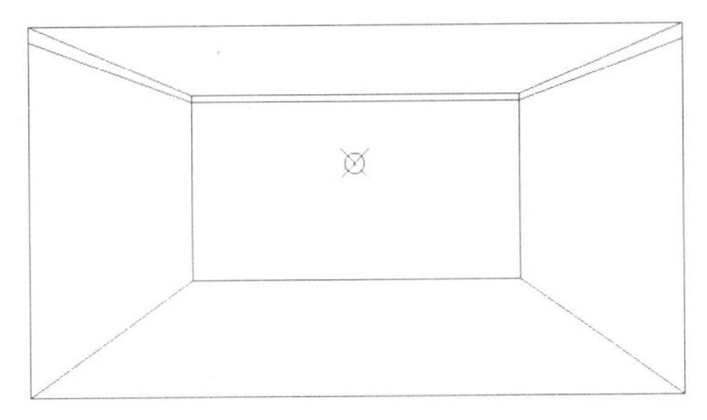

图 222-4 绘制透视线并修剪

步骤 12 绘制天棚。重复步骤（10）～（11）的操作，使用 OFFSET、TRIM 命令，参照图 222-5 所示的尺寸标注绘制天棚，并移至“天棚”图层。

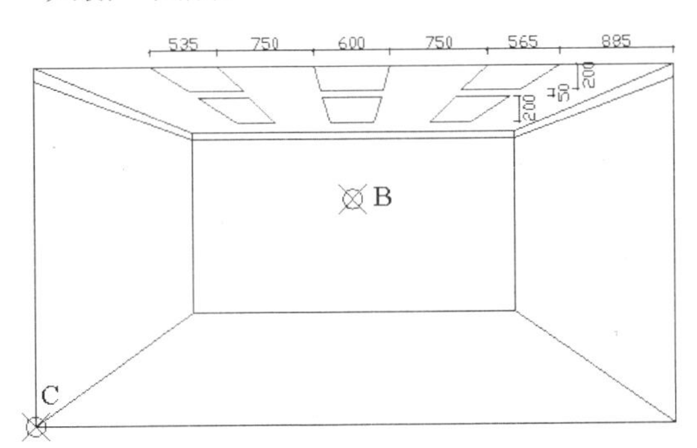

图 222-5 绘制天棚

步骤 13 绘制透视线。将“家具”图层设置为当前图层，执行 LINE 命令，按住【Shift】键的同时在绘图区单击鼠标右键，在弹出的快捷菜单中选择“自”选项，捕捉图 222-5 中的端点 C 为基点，分别输入（@400,0）、（@0,261）、（@0,420）、（@0,1088）、（@0,1148）、（@0,1213）、（@0,1915）、（@0,1952）、（@0,1975）和（@0,2570）为第一点，并以捕捉的透视点 B 为第二点，分别绘制 10 条透视线，效果如图 222-6 所示。

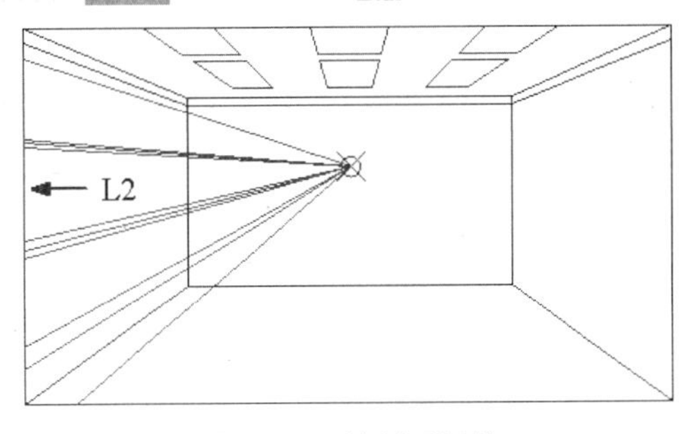

图 222-6 绘制透视线

步骤 14 偏移处理。在命令行中输入命令 OFFSET 并按回车键，根据提示进行操作，选择图 222-6 中的直线 L2 并按回车键，沿水平方向依次向右偏移，偏移距离分别为 400、250、50、300、160、20 和 120，并将偏移生成的直线移至“家具”图层。

步骤 15 修剪处理。使用 TRIM 命令对多余的直线进行修剪，效果如图 222-7 所示。

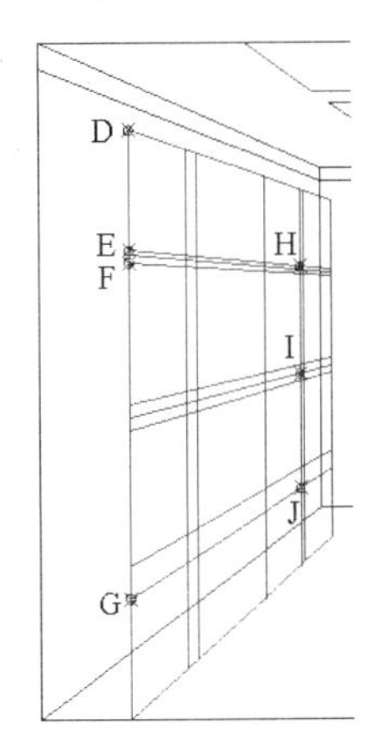

图 222-7 修剪处理

步骤 16 绘制直线。单击“默认”选项板中的“绘图”选项区的“直线”按钮，根据提示进行操作，按【F8】键打开正交模式，分别捕捉图 222-7 中的端点 D、端点 E、端点 F、端点 G、交点 H、交点 I 和交点 J，并向左引导光标，绘制水平直线，效果如图 222-8 所示。

步骤 17 修剪处理。使用 TRIM 命令对多余的直线进行修剪，效果如图 222-9 所示。

步骤 18 绘制书柜花纹。执行 LINE 命令，利用对象捕捉功能绘制如图 222-10 所示的书柜花纹。

步骤 19 绘制书。使用 LINE 命令分别绘制透视线和垂直线；使用 OFFSET 命令偏移垂直线；使用 TRIM 命令对多余的直线进行修剪，效果如图 222-11 所示。

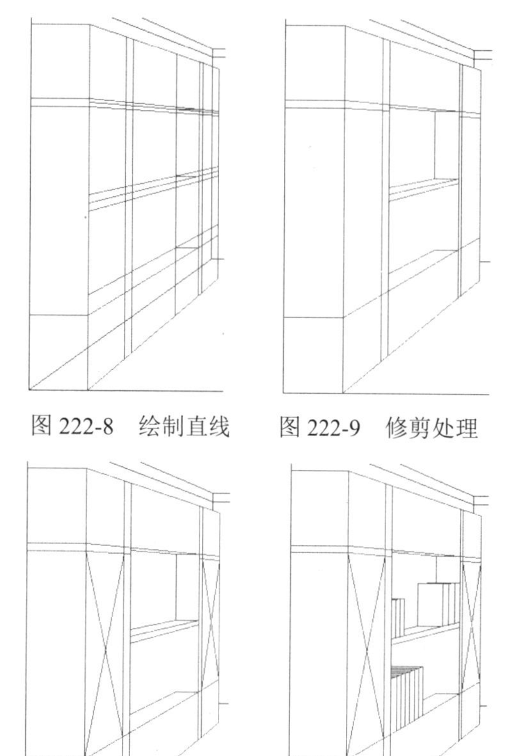

图 222-8　绘制直线　　图 222-9　修剪处理

图 222-10　绘制书柜花纹　　图 222-11　绘制书

2. 绘制透视图书桌和装饰画

步骤 1 绘制透视线。单击“默认”选项板中的“绘图”选项区的“直线”按钮，根据提示进行操作，按住【Shift】键的同时在绘图区单击鼠标右键，在弹出的快捷菜单中选择“自”选项，捕捉端点 A 为基点，分别输入（@355,0）、（@1893,0）、（@1912,0）和（@2138,0）为第一点，并以捕捉的透视点 B 为第二点，分别绘制 4 条透视线，效果如图 222-12 所示。

步骤 2 绘制直线并偏移处理。执行 LINE 命令，按住【Shift】键的同时在绘图区单击鼠标右键，在弹出的快捷菜单中选择“自”选项，捕捉端点 A 为基点，然后输入（@1393,92）和（@930,0）绘制直线；执行 OFFSET 命令，选择该直线，沿垂直方向依次向上偏移，偏移的距离分别为 728、30 和 394，效果如图 222-13 所示。

步骤 3 绘制直线。执行 LINE 命令，按【F8】键打开正交模式，分别捕捉图 222-13 中的端点 C、端点 D 和交点 E，并向下引导光标，绘制垂直直线；捕捉交点 F，并向上引导光标，绘制垂直直线，效果如图 222-14 所示。

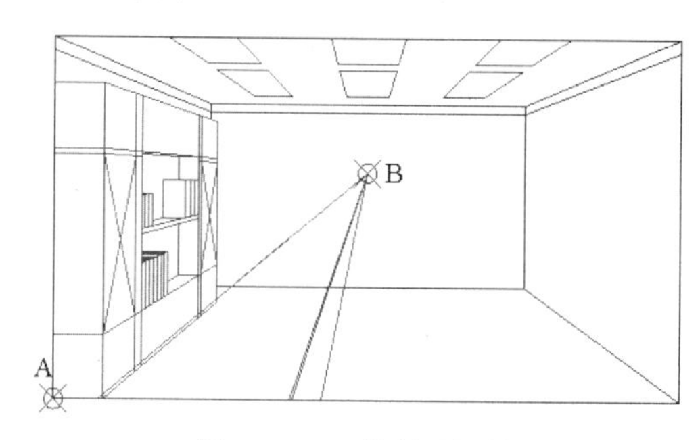

图 222-12　绘制透视线

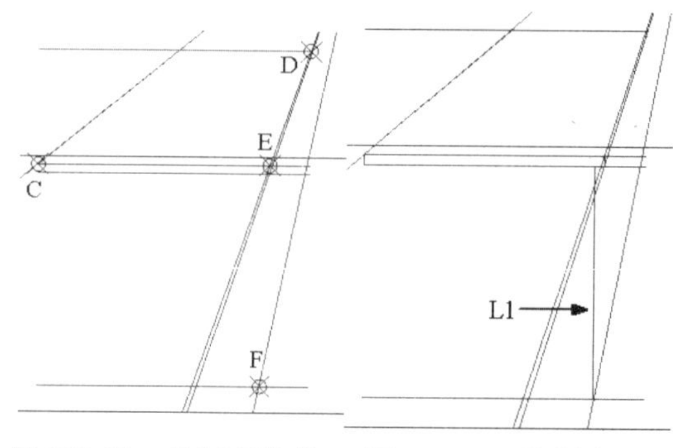

图 222-13　绘制直线并偏移处理　　图 222-14　绘制直线

步骤 4 偏移处理。在命令行中输入命令 OFFSET 并按回车键，根据提示进行操作，选择图 222-14 中的直线 L1，沿水平方向向左偏移，偏移的距离为 663。选择直线 L1，沿水平方向向右偏移，偏移的距离为 130。

步骤 5 延伸并修剪处理。使用命令 EXTEND 对偏移的直线进行延伸处理；使用 TRIM 命令对多余的直线进行修剪，效果如图 222-15 所示。

步骤 6 绘制文件。使用 RECTANG、

LINE、EXTEND、OFFSET、TRIM 等命令绘制书桌上的文件，效果如图 222-16 所示。

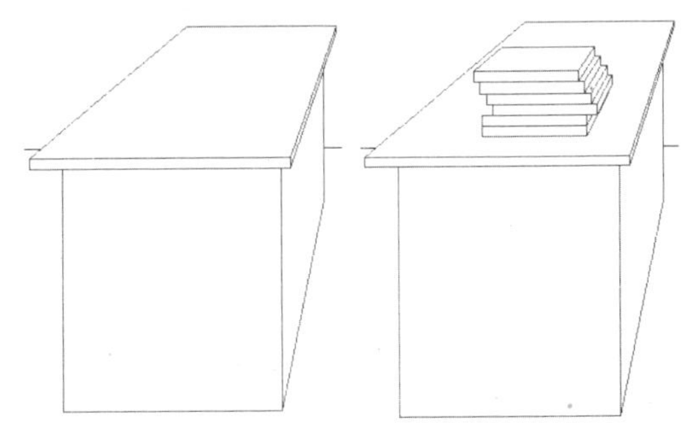

图 222-15　延伸并修剪处理 图 222-16　绘制文件

步骤 7 绘制透视线。单击“默认”选项板中的“绘图”选项区的“直线”按钮，根据提示进行操作；按住【Shift】键的同时在绘图区单击鼠标右键，在弹出的快捷菜单中选择“自”选项，捕捉端点 G 为基点，分别输入（@0,1136）、（@0,1168）、（@0,1193）、（@0,1205）、（@0,1867）、（@0,1876）、（@0,1895）和（@0,1938）为第一点，并以捕捉的透视点 B 为第二点，分别绘制 8 条透视线，效果如图 222-17 所示。

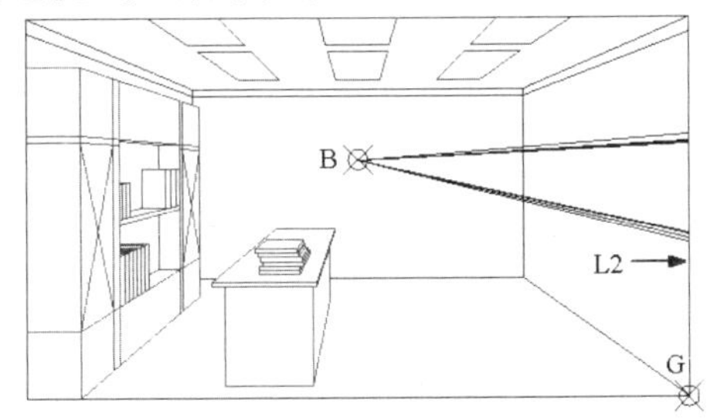

图 222-17　绘制透视线

步骤 8 偏移处理。在命令行中输入命令 OFFSET 并按回车键，根据提示进行操作，选择图 222-17 中的直线 L2，沿水平方向依次向左偏移，偏移的距离分别为 300、35、25、10、185、10、15、20、250、20、10、5、185、5、10 和 15。

步骤 9 修剪处理。使用 TRIM 命令对多余的直线进行修剪，效果如图 222-18 所示。

步骤 10 圆角处理。单击“修改”面板中的“圆角”按钮，根据提示进行操作，设置圆角半径为 0，对装饰画框进行圆角处理，效果如图 222-19 所示。

图 222-18　修剪处理

图 222-19　圆角处理

步骤 11 绘制直线。执行 LINE 命令，利用对象捕捉功能，绘制如图 222-20 所示的装饰框的对角线。

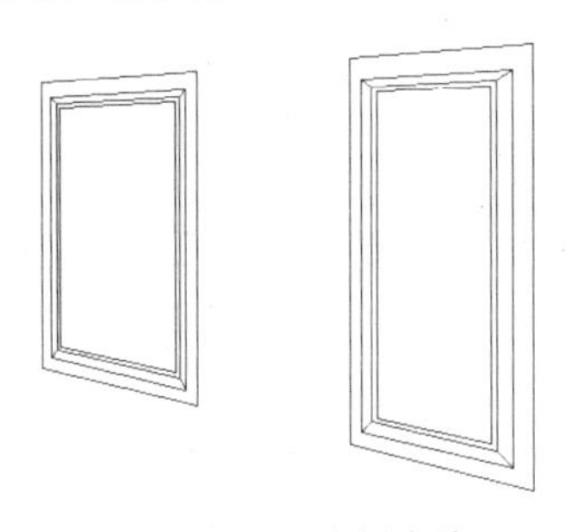

图 222-20　绘制直线

步骤 12 绘制装饰画。使用 ARC、LINE、CIRCLE、COPY、SCALE 等命令绘制如图 222-21 所示的装饰画。

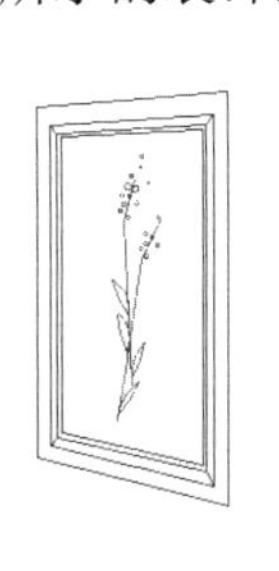

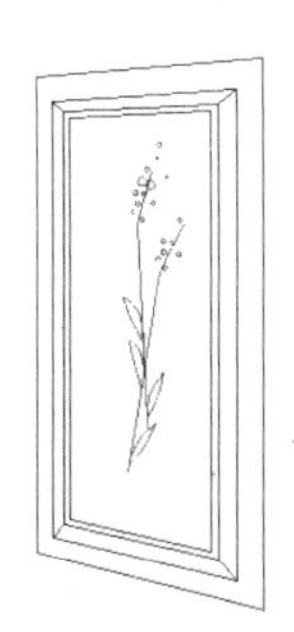

图 222-21　绘制装饰画

步骤 13 插入图块。单击“插入”选项板中的“内容”选项区的“设计中心”按钮，在弹出的“设计中心”面板中选择窗帘、办公椅和植物图块并插入，然后移至相应的图层；使用 EXPLODE 命令将图块分解；使用 TRIM、ERASE 命令对多余的直线进行修剪和删除处理，效果如图 222-22 所示。

步骤 14 调用图签。打开素材（名称为“透视图图签样板”的 AutoCAD 文件），将所需的图签复制并粘贴到办公室透视图中；使用 SCALE 命令将图签适当进行缩放；执行 STRETCH 命令，框选图签左侧部分进行适当的拉伸，效果参见图 222-1。

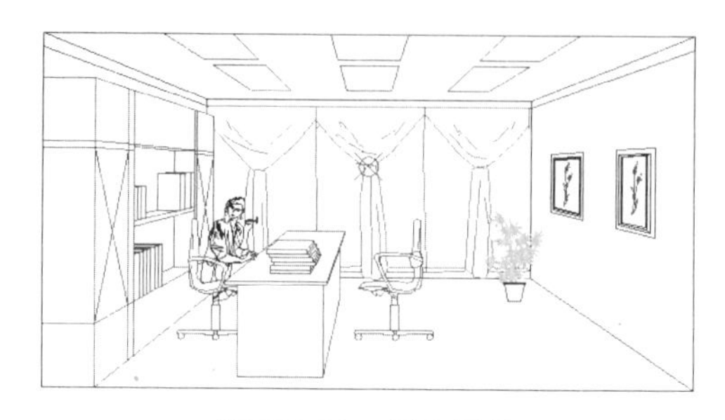

图 222-22 插入图块

实例 223 专卖店透视图

本实例将绘制专卖店透视图，效果如图 223-1 所示。

图 223-1 专卖店透视图

操作步骤

1. 绘制专卖店透视图墙体

步骤 1 新建文件。启动 AutoCAD，新建一个 CAD 文件。

步骤 2 创建图层。在“AutoCAD 经典”工作空间下，单击“图层”工具栏中的“图层特性管理器”按钮，在弹出的“图层特性管理器”对话框中，依次创建图层“家具（洋红）”、“墙体”（蓝色）、“服装”（红色），并双击“墙体”图层，将其设置为当前图层。

步骤 3 绘制矩形。单击“默认”选项板中的“绘图”选项区的“矩形”按钮，在绘图区内任取一点作为起点，然后输入（@2000,1400）绘制一个矩形。

步骤 4 确定透视点。执行 POINT 命令，按住【Shift】键的同时在绘图区单击鼠标右键，在弹出的快捷菜单中选择“自”选项，捕捉上述绘制的矩形的底边中点作为基点，输入（@0,897）确定透视点。

步骤 5 绘制透视线。在命令行中输入 LINE 命令并按回车键，根据提示进行操作，捕捉透视点为起点，然后捕捉矩形右下角的端点为第二点，绘制透视线。

步骤 6 重复步骤（5）的操作，绘制其他三条透视线，效果如图 223-2 所示。

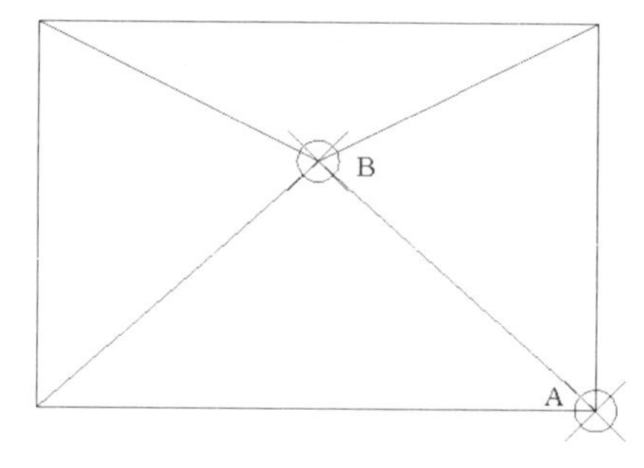

图 223-2 绘制透视线

步骤 7 绘制矩形。在命令行中输入命令 RECTANG 并按回车键，根据提示进行操作，按住【Shift】键的同时在绘图区单击鼠标右键，在弹出的快捷菜单中选择“自”选项，捕捉图 223-2 中的端点 A 为基点，然后输入（@1000,-897）和（@-4000,2800）绘制矩形。

步骤 8 延伸处理。在命令行中输入命令 EXTEND 并按回车键，根据提示进行操作，选择上述绘制的矩形作为延伸边界的边，分别延伸 4 条透视线。

步骤 9 修剪并分解处理。在命令行中输入 TRIM 命令并按回车键，修剪多余的透视线；使用 EXPLODE 命令将墙体分解，效果如图 223-3 所示。

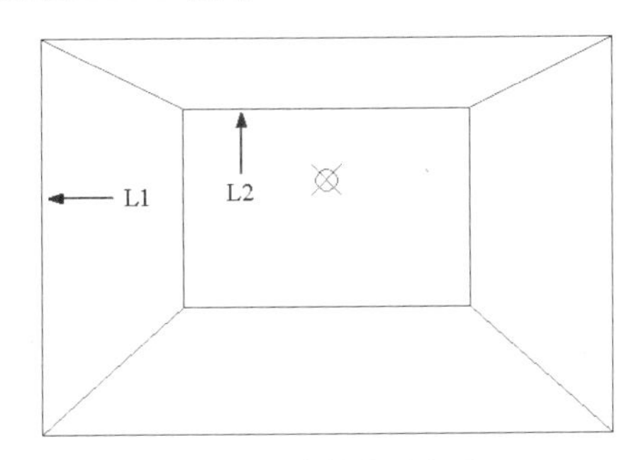

图 223-3 修剪并分解处理

步骤 10 偏移处理。在命令行中输入命令 OFFSET 并按回车键，根据提示进行操作，选择图 223-3 中的直线 L1 并按回车键，沿水平方向依次向右偏移，偏移的距离分别为 1200 和 1600；选择直线 L2，沿垂直方向向下偏移，偏移的距离为 80，效果如图 223-4 所示。

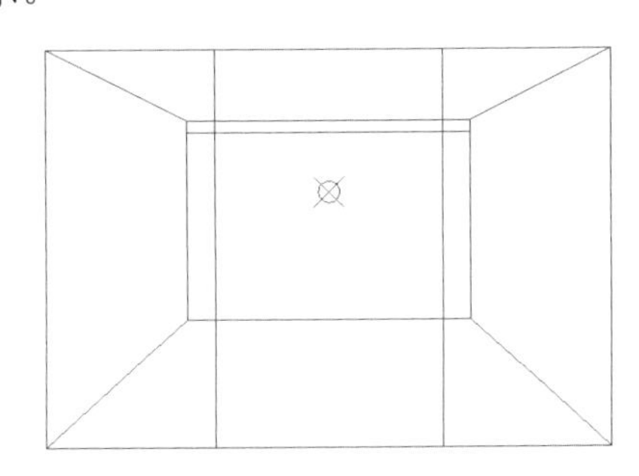

图 223-4 偏移处理

步骤 11 修剪处理。使用 TRIM 命令对多余的直线进行修剪，效果如图 223-5 所示。

步骤 12 绘制透视线并修剪处理。使用 XLINE 命令，捕捉透视点 B 为起点，然后捕捉图 223-5 中的端点 C、D、E、F、G 和 H，绘制透视线；使用 TRIM 命令对多余的透视线进行修剪，效果如图 223-6 所示。

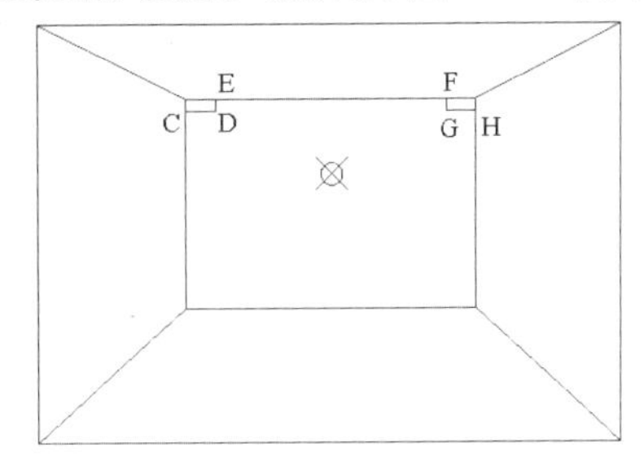

图 223-5 修剪处理

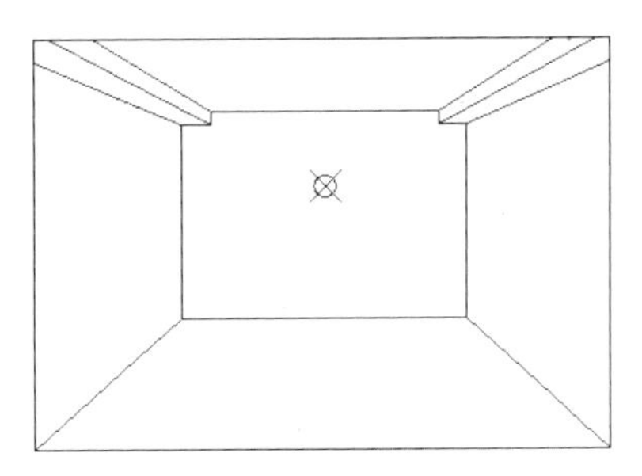

图 223-6 绘制透视线并修剪处理

步骤 13 绘制筒灯。使用命令 ELLIPSE、MIRROR 绘制筒灯，效果如图 223-7 所示。

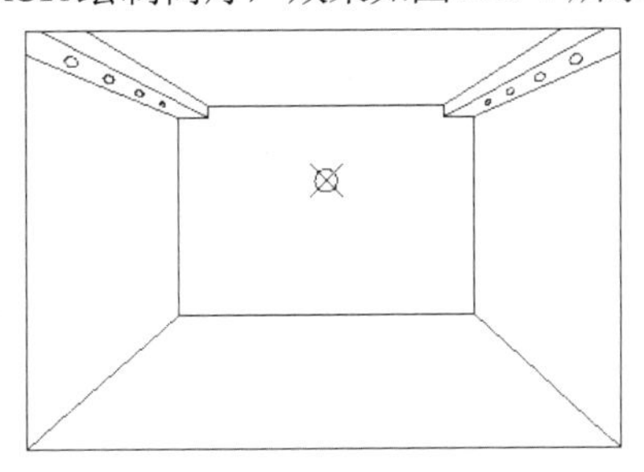

图 223-7 绘制筒灯

2. 绘制专卖店透视图衣柜

步骤 1 绘制透视线。将“家具”图层设置为当前图层，单击“默认”选项板中的“绘图”选项区的“直线”按钮，根据提示进行操作；按住【Shift】键的同时在绘图区单击鼠标右键，在弹出的快捷菜单中选择“自”选项，捕捉端点 A 为基点，分别输入（@487,0）、（@504,0）、（@0,0）、（@0,20）、（@0,978）、（@0,1000）、（@0,1083）、

（@0,1104）和（@0,1200）为第一点，并以捕捉的透视点 B 为第二点，分别绘制 9 条透视线，效果如图 223-8 所示。

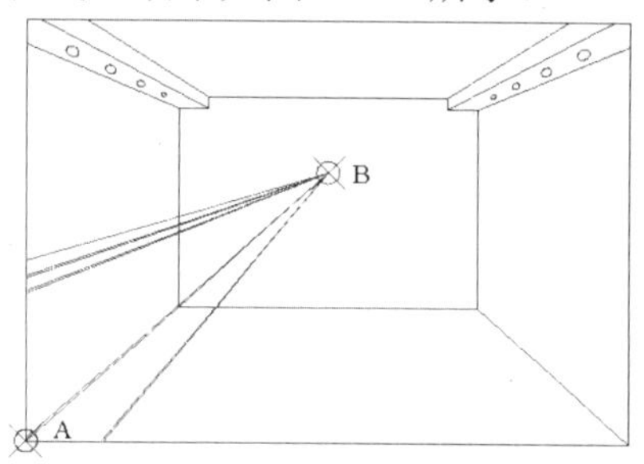

图 223-8 绘制透视线

步骤 2 绘制直线并偏移处理。执行命令 LINE，按住【Shift】键的同时在绘图区单击鼠标右键，在弹出的快捷菜单中选择“自”选项，捕捉端点 A 为基点，然后输入（@1000,867）和（@252,0）绘制直线；执行 OFFSET 命令，选择该直线并沿垂直方向依次向上偏移，偏移的距离分别为 30、10、560 和 30。

步骤 3 重复步骤(2)的操作，执行 LINE 命令，按住【Shift】键的同时在绘图区单击鼠标右键，在弹出的快捷菜单中选择“自”选项，捕捉端点 A 为基点，然后输入（@1000,867）和（@0,630）绘制直线；执行 OFFSET 命令，选择该直线并沿水平方向依次向右偏移，偏移的距离分别为 52、28、163 和 8，效果如图 223-9 所示。

步骤 4 修剪处理。使用 TRIM 命令对多余的直线进行修剪，效果如图 223-10 所示。

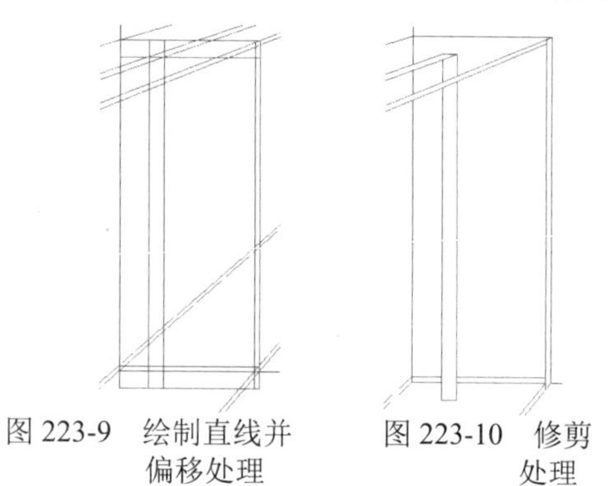

图 223-9 绘制直线并偏移处理　　图 223-10 修剪处理

步骤 5 绘制矩形并分解处理。执行 RECTANG 命令，按住【Shift】键的同时在绘图区单击鼠标右键，在弹出的快捷菜单中选择“自”选项，捕捉端点 C 为基点，然后输入（@-533,-179）和（@-1067,1102）绘制矩形；使用 EXPLODE 命令将绘制的矩形分解，效果如图 223-11 所示。

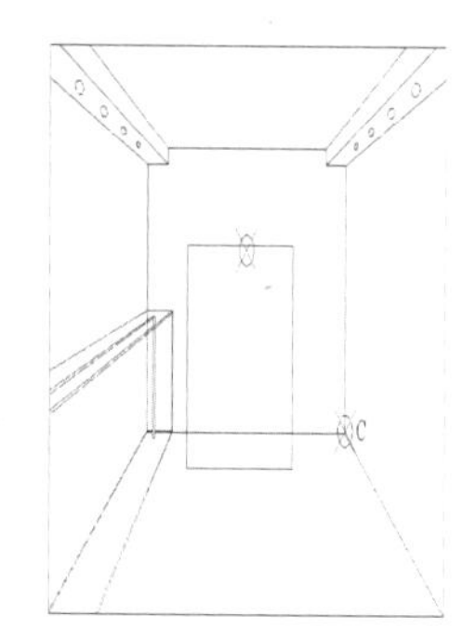

图 223-11 绘制矩形并分解处理

步骤 6 偏移处理。使用 OFFSET 命令，参照图 223-12 所示的尺寸标注进行偏移处理。

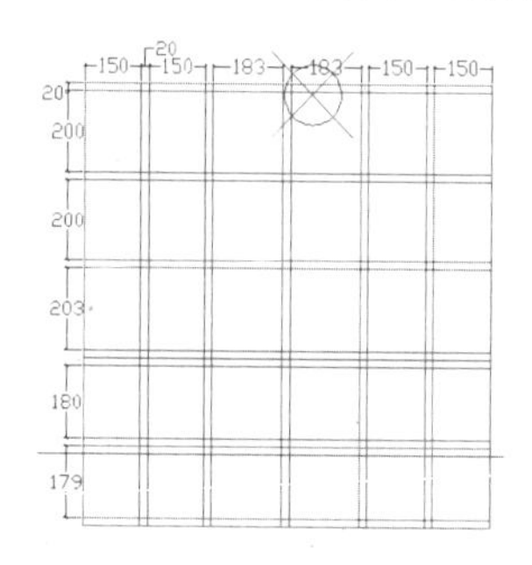

图 223-12 偏移处理

步骤 7 修剪处理。使用 TRIM 命令对多余的直线进行修剪，效果如图 223-13 所示。

步骤 8 绘制衣柜透视图。使用 LINE、OFFSET、TRIM 命令，参照图 223-14 所示的尺寸标注绘制衣柜透视图。

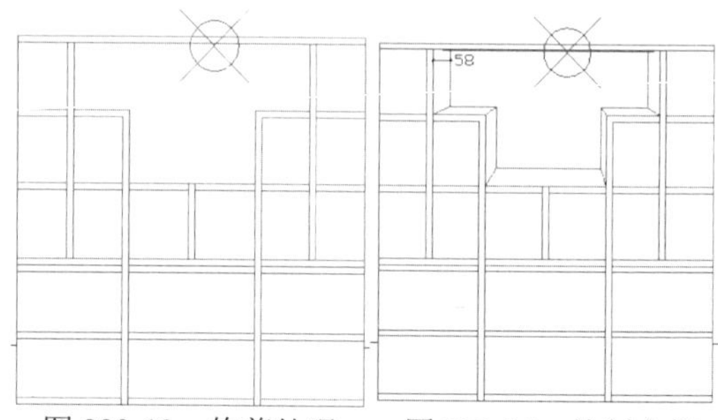

图 223-13 修剪处理　　图 223-14 绘制衣柜透视图

步骤 9 绘制试衣间透视图。使用 LINE、OFFSET、TRIM、RECTANG、MTEXT 等命令，参照图 223-15 所示的尺寸标注绘制试衣间透视图。

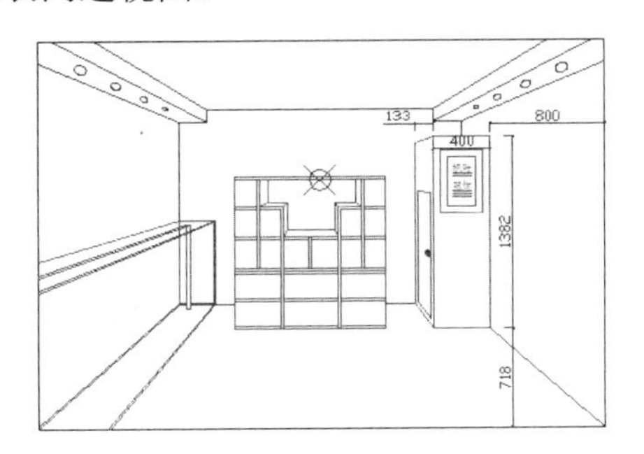

图 223-15 绘制试衣间透视图

步骤 10 绘制衣柜和镜子。使用 LINE、OFFSET、TRIM 等命令，参照图 223-16 所示的尺寸标注绘制衣柜和镜子。

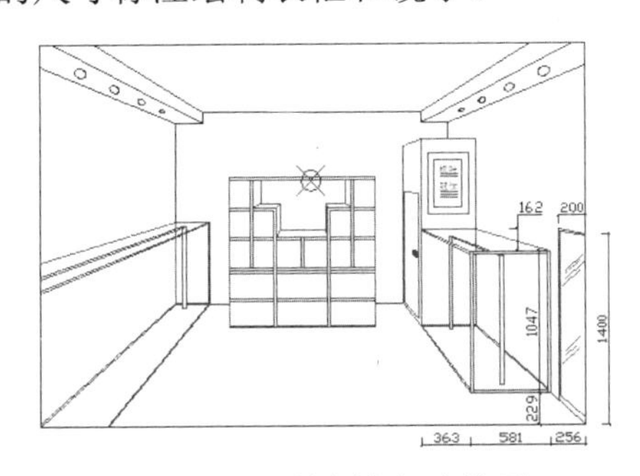

图 223-16 绘制衣柜和镜子

步骤 11 绘制透视线。执行 LINE 命令，按住【Shift】键的同时在绘图区单击鼠标右键，在弹出的快捷菜单中选择“自”选项，捕捉端点 A 为基点，分别输入（@2890,0）、（@2953,0）、（@0,341）和（@0,378）为第一点，并以捕捉的透视点 B 为第二点，分别绘制 4 条透视线，效果如图 223-17 所示。

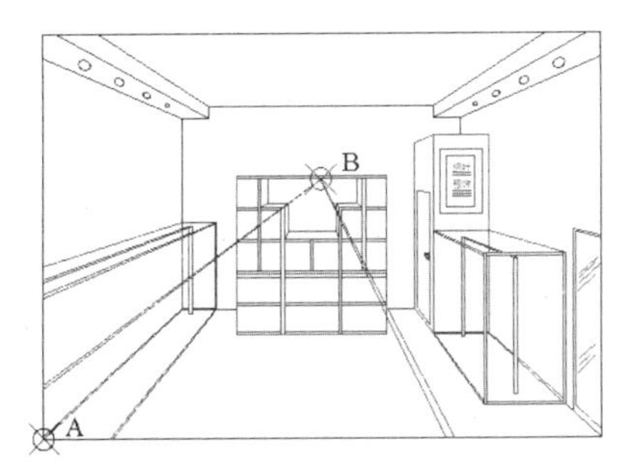

图 223-17 绘制透视线

步骤 12 绘制直线并偏移处理。执行命令 LINE，按住【Shift】键的同时在绘图区单击鼠标右键，在弹出的快捷菜单中选择“自”选项，捕捉端点 A 为基点，然后输入（@1200,300）和（@0,986）绘制直线；执行 OFFSET 命令，选择该直线并沿水平方向依次向右偏移，偏移的距离分别为 20、80、952、28 和 20，效果如图 223-18 所示。

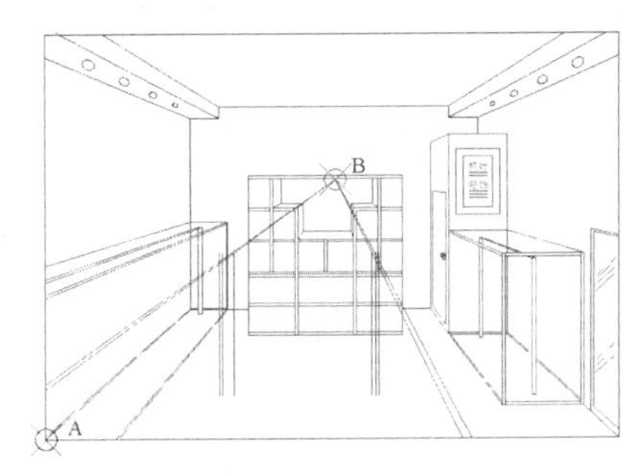

图 223-18 绘制直线并偏移处理

步骤 13 绘制圆弧并偏移处理。单击“绘图|圆弧|三点”命令，根据提示进行操作；按住【Shift】键的同时在绘图区单击鼠标右键，在弹出的快捷菜单中选择“自”选项，捕捉端点 A 为基点，依次输入（@1200,306）、（@547,-106）和（@553,108）绘制圆弧，使用 OFFSET 命令，将该圆弧沿垂直方向依次向上偏移，偏移的距离分别为 20、280、20、280 和 20，效果如图 223-19 所示。

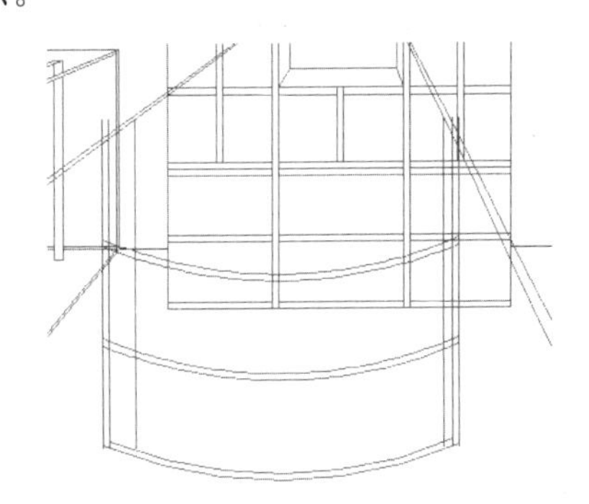

图 223-19 绘制圆弧并偏移处理

步骤 14 修剪处理并绘制直线。使用命令 TRIM 对多余的直线进行修剪；执行 LINE 命令，利用对象捕捉功能，绘制透视线和水平直线，效果如图 223-20 所示。

步骤 15 绘制展示架透视图并修剪处理。使用 LINE、OFFSET 命令绘制展示架透视图；使用 TRIM 命令对多余的直线进行修剪，效果如图 223-21 所示。

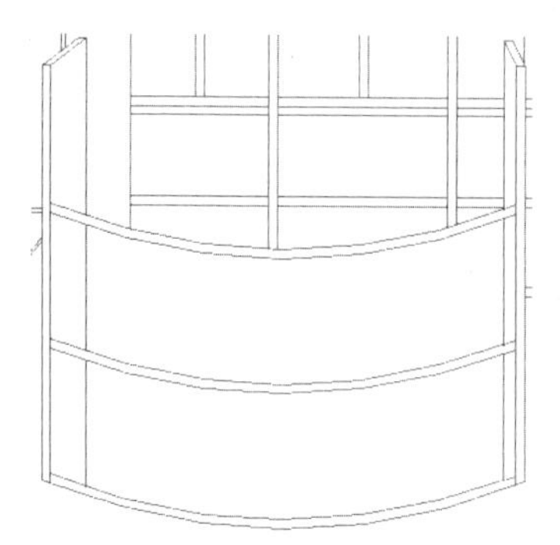

图 223-20 修剪处理并绘制直线

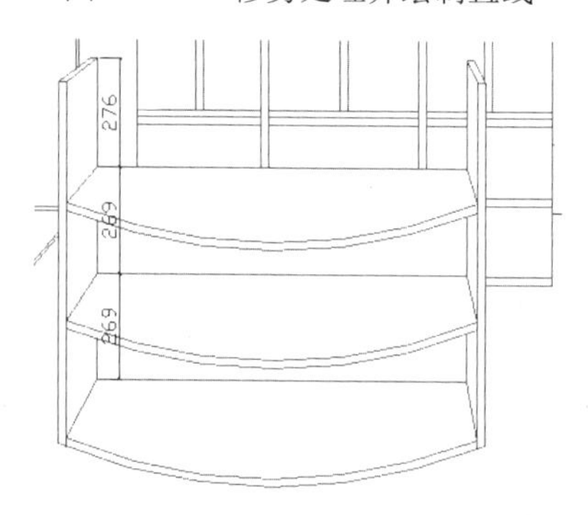

图 223-21 绘制展示架透视图并修剪处理

步骤 16 绘制服装。将“服装”图层设置为当前图层，使用 ARC、LINE 等命令绘制如图 223-22 所示的服装。

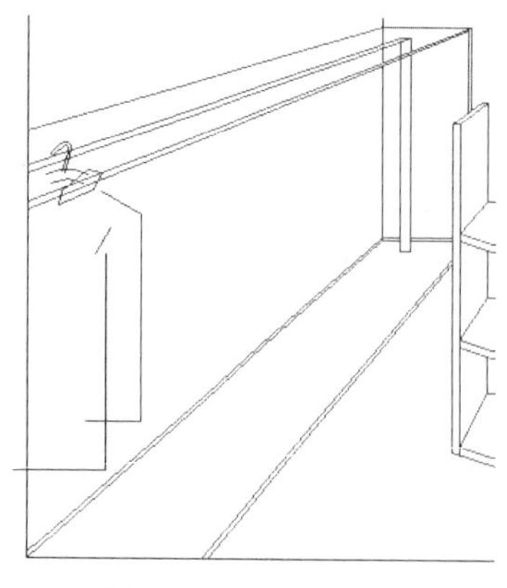

图 223-22 绘制服装

步骤 17 绘制其他服装。使用 COPY、SCALE、TRIM 命令绘制其他服装，效果如图 223-23 所示。

步骤 18 重复步骤（16）～（17）的操作，绘制其他衣柜中的服装，效果如图 223-24 所示。

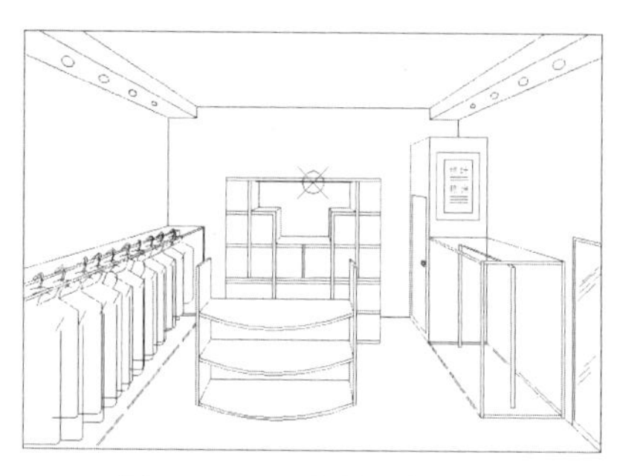

图 223-23 绘制其他服装

图 223-24 绘制其他衣柜中的服装

步骤 19 插入图块并修剪处理。单击“插入”选项板中的“内容”选项区的“设计中心”按钮，在弹出的“设计中心”面板中选择植物图块并插入，然后移至相应的图层；使用 TRIM 命令对多余的直线进行修剪，效果如图 223-25 所示

图 223-25 插入图块并修剪处理

步骤 20 调用图签。打开素材（名称为“透视图图签样板”的 AutoCAD 文件），将所需的图签复制并粘贴到专卖店透视图中，然后使用 SCALE 命令适当进行缩放，效果参见图 223-1。

第 13 章　室外建筑立面图和剖面图

13 part

本章主要介绍室外建筑立面图和剖面图的设计和绘制方法。立面图从整体上体现了建筑物的外观特点及构造；剖面图则从整体上充分体现出建筑物的内部构造，使人一目了然。

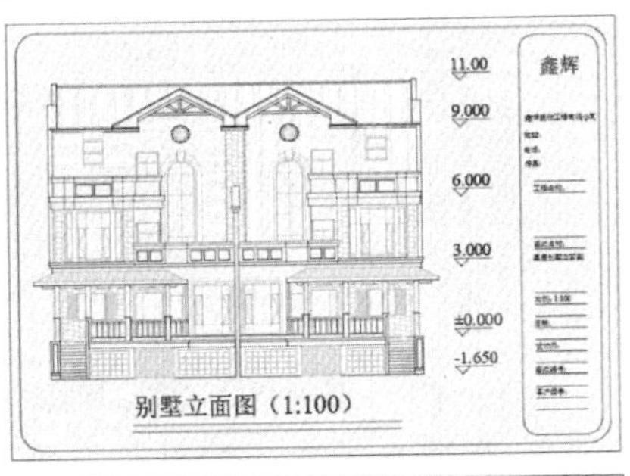

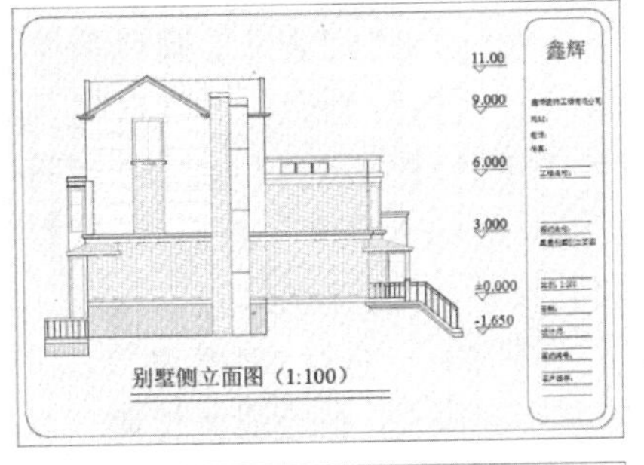

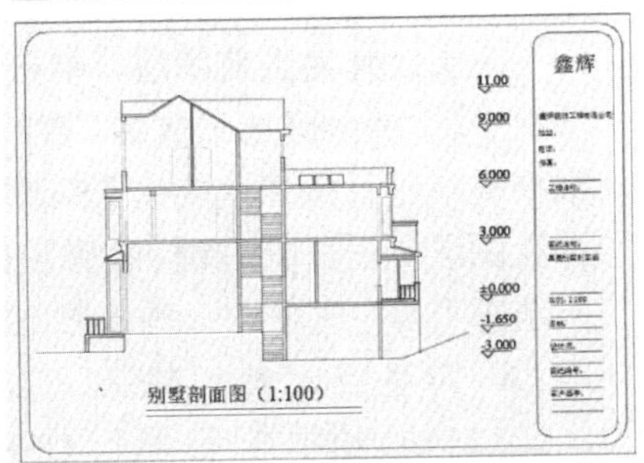

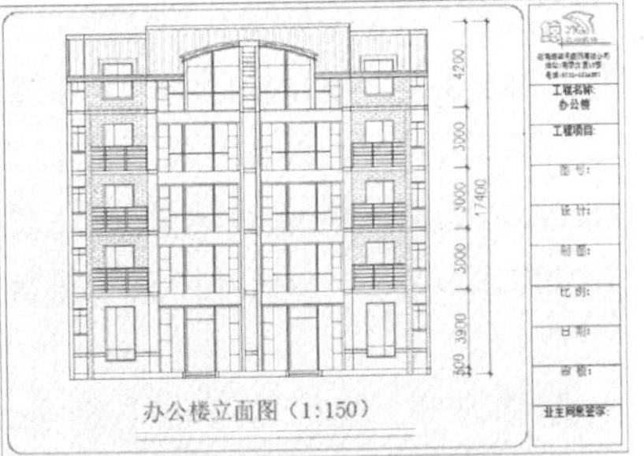

实例224 别墅立面图

本实例将绘制别墅立面图，效果如图224-1所示。

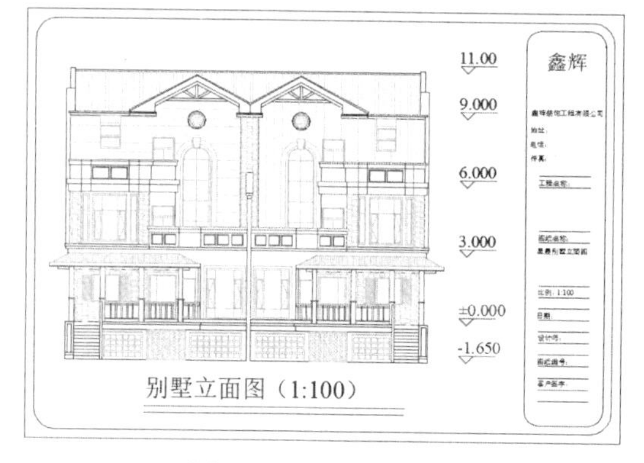

图224-1　别墅立面图

操作步骤

1. 绘制别墅底层立面图

步骤1 新建文件。启动AutoCAD，单击“新建”按钮，新建一个CAD文件。

步骤2 创建图层。在“AutoCAD经典”工作空间下，单击“图层”工具栏中的“图层特性管理器”按钮，在弹出的“图层特性管理器”对话框中，依次创建图层“标注和文字”（蓝色）、“门窗”【颜色值为(0,204,204)】、“墙体”（蓝色）、“填充”【颜色值为(151,215,25)】、“阳台”（洋红）、“轴线”（红色、线型为CENTER），然后双击“轴线”图层将其设置为当前图层。

步骤3 绘制轴线。执行LINE命令，按【F8】键打开正交模式，在绘图区任取一点作为起点，然后输入（@19600,0）绘制水平轴线。按住【Shift】键的同时在绘图区单击鼠标右键，在弹出的快捷菜单中选择“自”选项，捕捉水平轴线的起点为基点，然后输入（@1000,500）和（@0,-13650）绘制垂直轴线。

步骤4 偏移处理。执行OFFSET命令，选择水平轴线，沿垂直方向依次向下偏移，偏移的距离分别为2000、3000、3000、3000和1650；选择垂直轴线，沿水平方向依次向右偏移，偏移的距离分别为800、8000、8000和800，效果如图224-2所示。

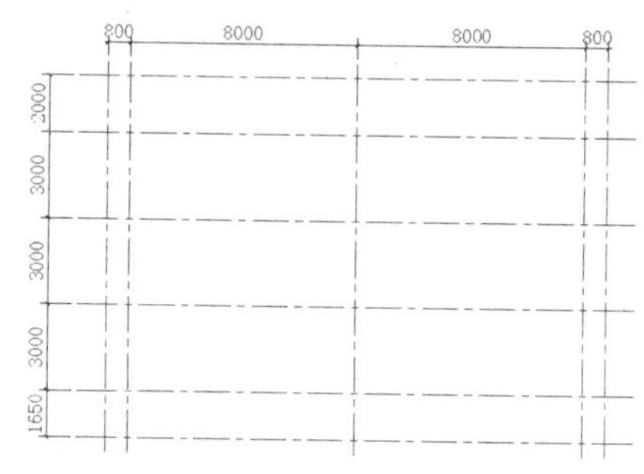

图224-2　偏移处理

步骤5 插入标高。将“标注和文字”图层设置为当前图层，选择第10章所绘制的标高符号，将其复制到“别墅立面图”文件中，使用COPY命令进行多次复制，并将其放置在图形中的相应位置，然后分别双击各标高上的数字，在弹出的编辑框中输入相应的数值，效果如图224-3所示。

图224-3　插入标高

步骤6 绘制直线并偏移处理。将“墙体”图层设置为当前图层，单击“默认”选项板中的“绘图”选项区的“直线”按钮，根据提示进行操作；按住【Shift】键的同时在绘图区单击鼠标右键，在弹出的快捷菜单中选择“自”选项，捕捉图224-3中的交点A为基点，然后输入（@699,0）和（@0,2550）绘制直线，执行OFFSET命令，选择绘制的直线，沿水平方向依次向右偏移，偏移的距离分别为100、200、100、1151、100、1972、1698、639、50和1991。

步骤 7 重复步骤(6)的操作，执行LINE命令，按住【Shift】键的同时在绘图区单击鼠标右键，在弹出的快捷菜单中选择“自”选项，捕捉交点A为基点，然后输入（@699,0）和（@8001,0）绘制直线；执行OFFSET命令，选择绘制的直线，沿垂直方向依次向上偏移处理，偏移的距离分别为200、100、1050、200、100和900，效果如图224-4所示。

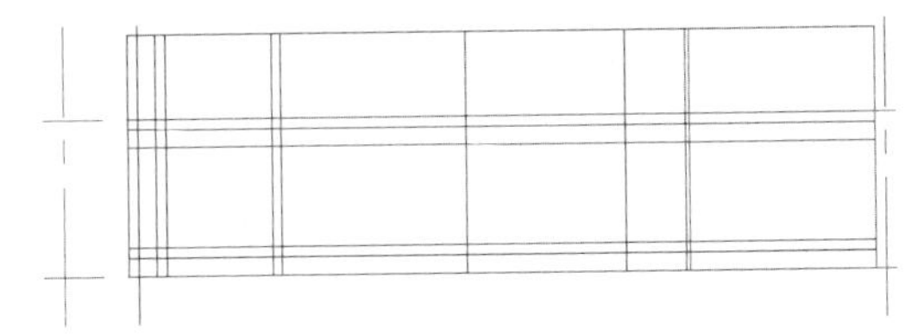

图224-4 绘制直线并偏移处理

步骤 8 修剪处理。使用TRIM命令对偏移的直线进行修剪，效果如图224-5所示。

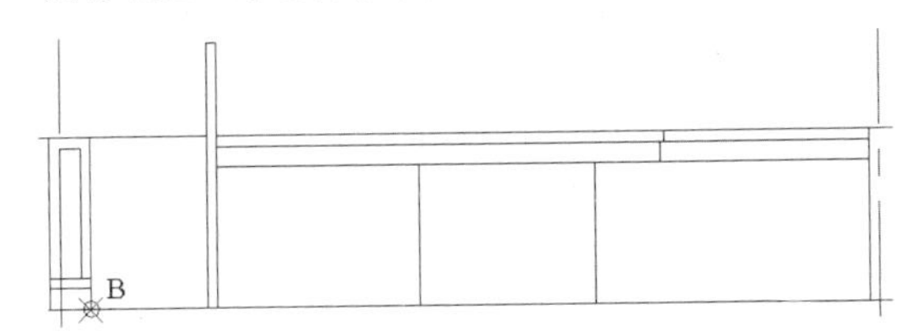

图224-5 修剪处理

步骤 9 绘制直线并偏移处理。执行LINE命令，按住【Shift】键的同时在绘图区单击鼠标右键，在弹出的快捷菜单中选择“自”选项，捕捉图224-5中的端点B为基点，然后输入（@0,150）和（@1151,0）绘制直线；在命令行中输入OFFSET命令并按回车键，根据提示进行操作，选择绘制的直线，沿垂直方向依次向上偏移9次，偏移的距离均为150，效果如图224-6所示。

步骤 10 偏移处理。执行OFFSET命令，选择图224-6中的直线L1，沿水平方向依次向右偏移，偏移的距离分别为200和2280；选择直线L2，沿垂直方向依次向下偏移，偏移的距离分别为100和50。

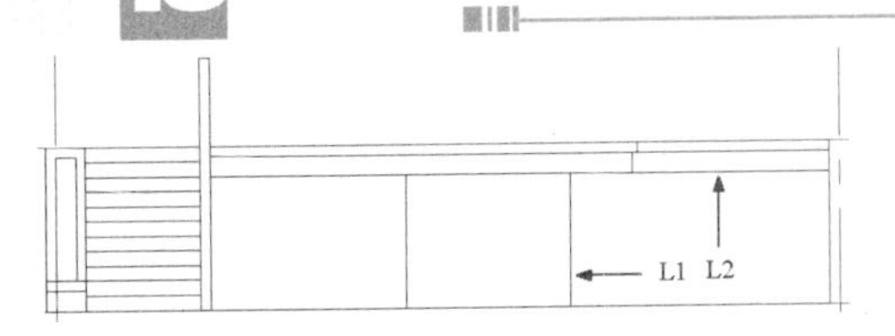

图224-6 绘制直线并偏移处理

步骤 11 修剪处理。单击“修改”面板中的“修剪”按钮，根据提示进行操作，对偏移的直线进行修剪，并移至“门窗”图层，效果如图224-7所示。

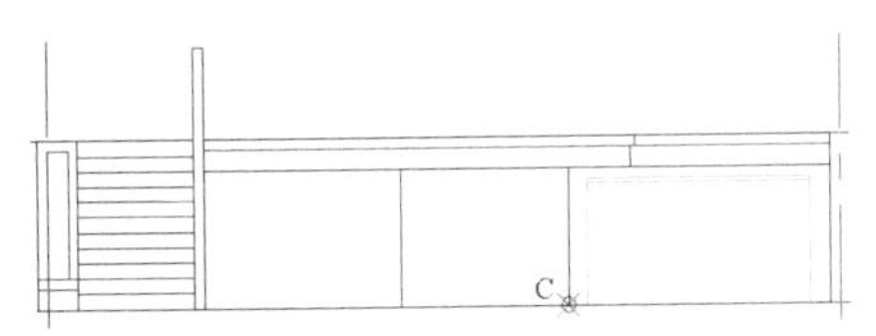

图224-7 修剪处理

步骤 12 绘制矩形。将“门窗”图层设置为当前图层，单击“绘图”面板中的“矩形”按钮，根据提示进行操作；按住【Shift】键的同时在绘图区单击鼠标右键，在弹出的快捷菜单中选择“自”选项，捕捉图224-7中的端点C为基点，然后输入（@275,1100）和（@238,-200）绘制一个矩形。

步骤 13 阵列处理。在命令行中输入ARRAY命令并按回车键，选择步骤（12）中绘制的矩形为阵列的对象，输入阵列类型为“矩形（R）”，选择“行数（R）”为4，指定行数之间的距离为-251，指定行数之间的标高增量为0，选择“列数”为8，指定列数之间的距离为270，指定列数之间的标高增量为0，按下回车键进行阵列，效果如图224-8所示。

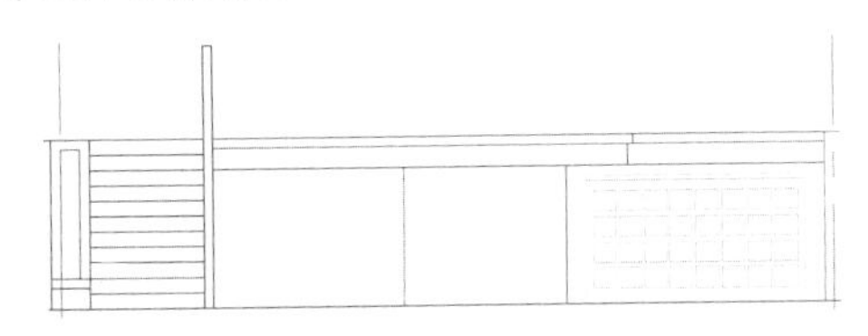

图224-8 阵列处理

步骤 14 复制处理。执行COPY命令，选择步骤（12）～（13）绘制的窗户并按回车键，以原点为基点，然后输入（@-4378,0）

为目标点进行复制，并使用 ERASE、TRIM 命令对复制的窗户进行删除和修剪，效果如图 224-9 所示。

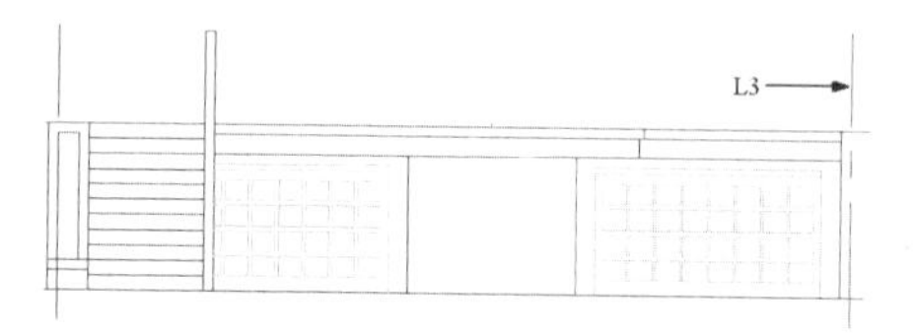

图 224-9　复制处理

步骤 15 镜像处理。执行 MIRROR 命令，选择图 224-9 中的底层框架图并按回车键，捕捉轴线 L3 上的任意两点为镜像线上的第一点和第二点进行镜像处理，效果如图 224-10 所示。

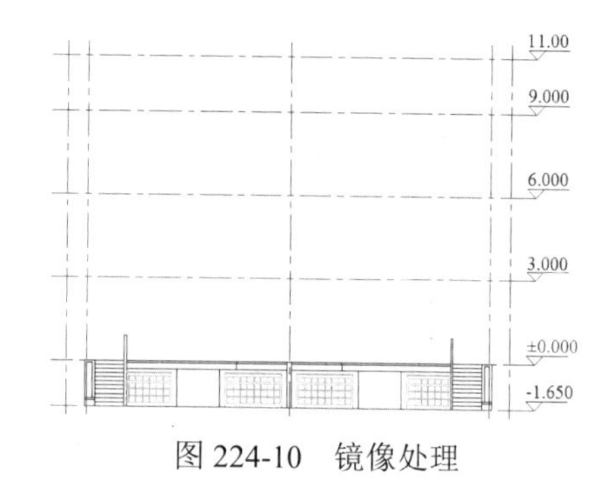

图 224-10　镜像处理

2. 绘制别墅一层立面图

步骤 1 绘制直线。将“阳台”图层设置为当前图层，执行 LINE 命令，按住【Shift】键的同时在绘图区单击鼠标右键，在弹出的快捷菜单中选择“自”选项，捕捉交点 A 为基点，然后输入（@0,150）和（@8700,0）绘制直线，效果如图 224-11 所示。

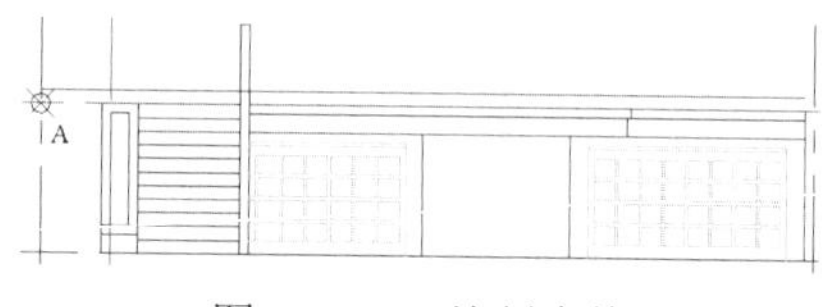

图 224-11　绘制直线

步骤 2 偏移处理。执行 OFFSET 命令，选择绘制的直线并按回车键，沿垂直方向依次向上偏移，偏移的距离分别为 50、550、100、50、1400、100、50、150 和 400。

步骤 3 绘制直线并偏移处理。执行 LINE 命令，捕捉图 224-11 中的交点 A 为起点，输入（@0,2600）绘制直线；执行 OFFSET 命令，选择绘制的直线并按回车键，沿水平方向依次向右偏移，偏移的距离分别为 368、5819、362 和 110，效果如图 224-12 所示。

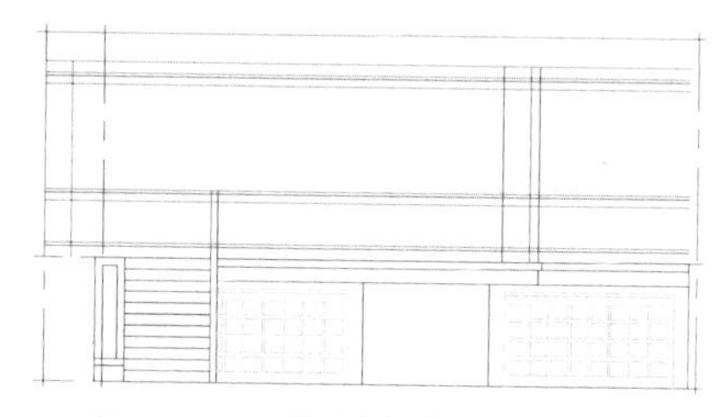

图 224-12　绘制直线并偏移处理

步骤 4 修剪处理。使用 TRIM 命令对偏移的直线进行修剪，效果如图 224-13 所示。

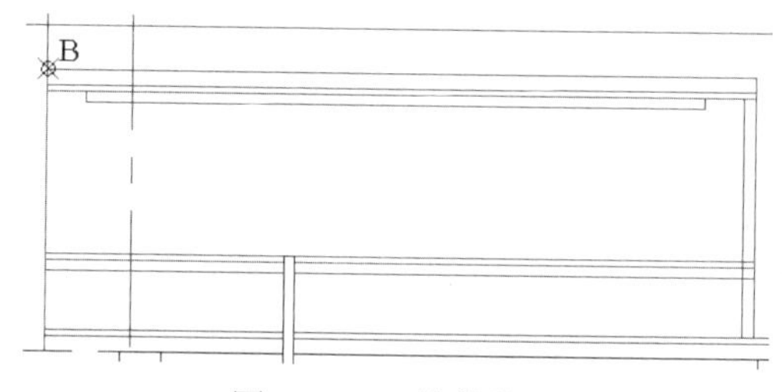

图 224-13　修剪处理

步骤 5 绘制直线。执行 LINE 命令，按住【Shift】键的同时在绘图区单击鼠标右键，在弹出的快捷菜单中选择“自”选项，捕捉图 224-13 中的端点 B 为基点，然后输入（@100,0）和（@800,400）、（@5700,400）和（@859,-400），绘制两条直线，效果如图 224-14 所示。

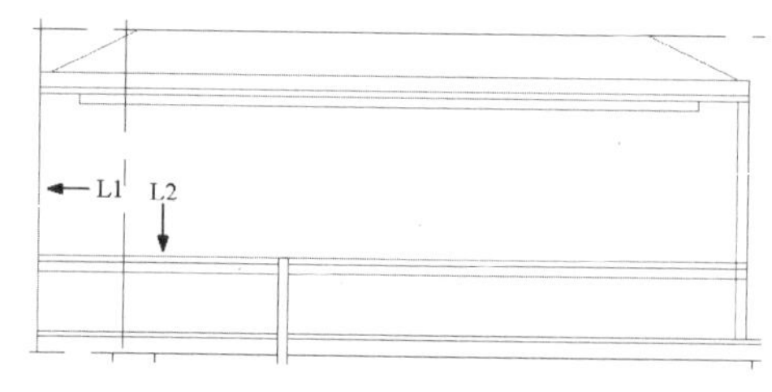

图 224-14　绘制直线

步骤 6 偏移处理。执行 OFFSET 命令，选择图 224-14 中的直线 L1 并按回车键，沿水平方向依次向右偏移，偏移的距离分别为 850、30、20、200、20 和 30；选择直线 L2，沿垂直方向依次向上偏移，偏移的距离分别为 100 和 50，效果如图 224-15 所示。

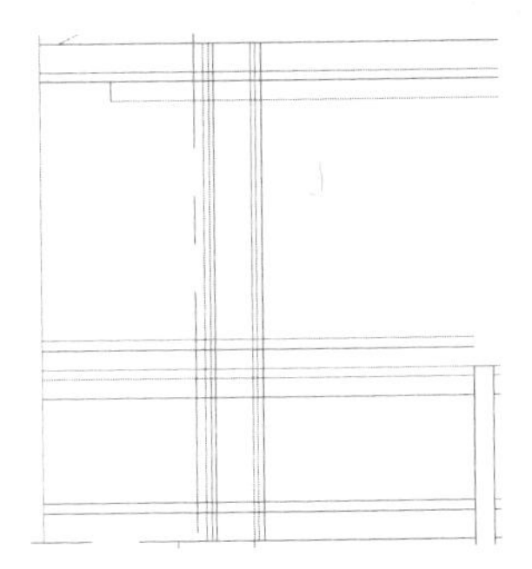

图 224-15 偏移处理

步骤 7 修剪并删除处理。使用 TRIM 命令对偏移的直线进行修剪；使用 ERASE 命令将多余的直线删除，效果如图 224-16 所示。

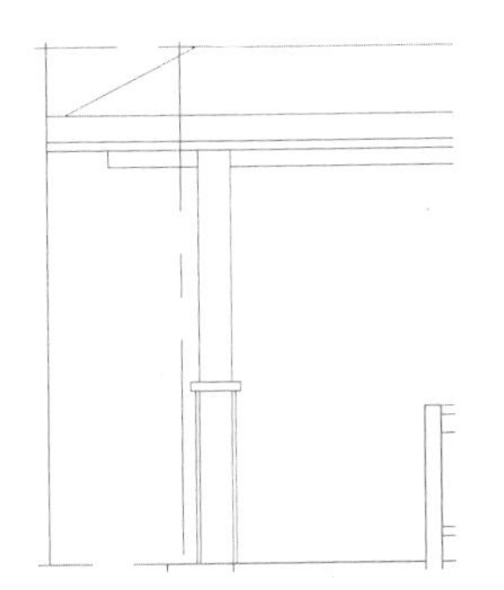

图 224-16 修剪并删除处理

步骤 8 复制处理。单击“修改”面板中的“复制”按钮，根据提示进行操作，选择图 224-16 中的柱子并按回车键，以原点为基点，然后分别输入（@1350,0）、（@3075,0）和（@4800,0）为目标点进行复制，效果如图 224-17 所示。

步骤 9 偏移处理。执行 OFFSET 命令，选择图 224-17 中的直线 L3 并按回车键，沿水平方向依次向右偏移，偏移的距离分别为 226 和 55。

步骤 10 复制处理。单击“修改”面板中的“复制”按钮，根据提示进行操作，选择步骤（9）中偏移生成的直线并按回车键，以原点为基点，然后分别输入（@242,0）、（@483,0）、（@725,0）、（@967,0）、（@1725,0）、（@1967,0）、（@2208,0）、（@2450,0）、（@2692,0）、（@3428,0）和（@3670,0）为目标点进行复制，效果如图 224-18 所示。

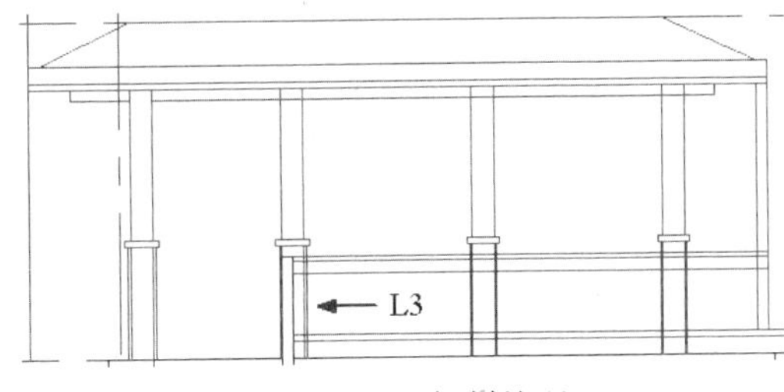

图 224-17 复制处理

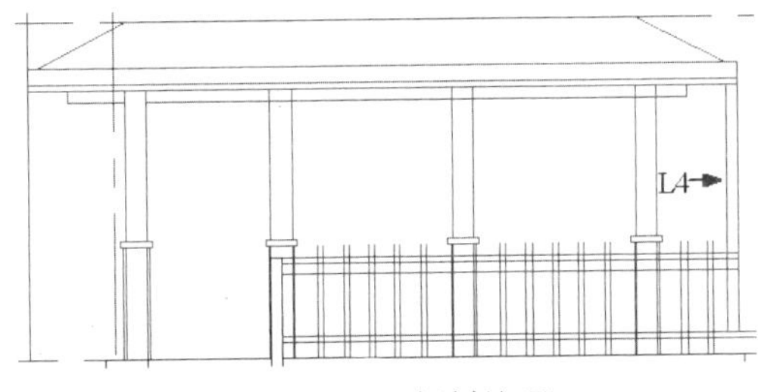

图 224-18 复制处理

步骤 11 偏移并修剪处理。执行 OFFSET 命令，选择图 224-18 中的直线 L4 并按回车键，沿水平方向依次向左偏移，偏移的距离分别为 74 和 18，然后关闭“轴线”图层；使用 TRIM 命令对多余的直线进行修剪，效果如图 224-19 所示。

图 224-19 偏移并修剪处理

步骤 12 绘制矩形并偏移处理。将“门窗”图层设置为当前图层，执行 RECTANG 命令，按住【Shift】键的同时在绘图区单击鼠标右键，在弹出的快捷菜单中选择“自”选项，捕捉图 224-19 中的端点 C 为基点，然后输入（@350,-200）和（@450,-1200）绘制矩形；执行 OFFSET 命令，选择绘制的矩形，依次向内偏移，偏移的距离分别为40和20。

步骤 13 执行RECTANG命令，按住【Shift】键的同时在绘图区单击鼠标右键，在弹出的快捷菜单中选择“自”选项，捕捉端点C为基点，然后输入（@800,-200）和（@1200,-1200）绘制矩形；执行OFFSET命令，选择绘制的矩形，向内偏移50。

步骤 14 绘制直线。执行LINE命令，捕捉步骤（13）中绘制的矩形的上边水平线和下边水平线的中点，绘制直线。

步骤 15 绘制矩形并偏移处理。执行命令RECTANG，按住【Shift】键的同时在绘图区单击鼠标右键，在弹出的快捷菜单中选择“自”选项，捕捉图224-19中的端点C为基点，然后输入（@2000,-200）和（@450,-1200）绘制矩形；执行OFFSET命令，选择绘制的矩形，向内偏移40。

步骤 16 修剪处理。使用TRIM命令对多余的线条进行修剪，效果如图224-20所示。

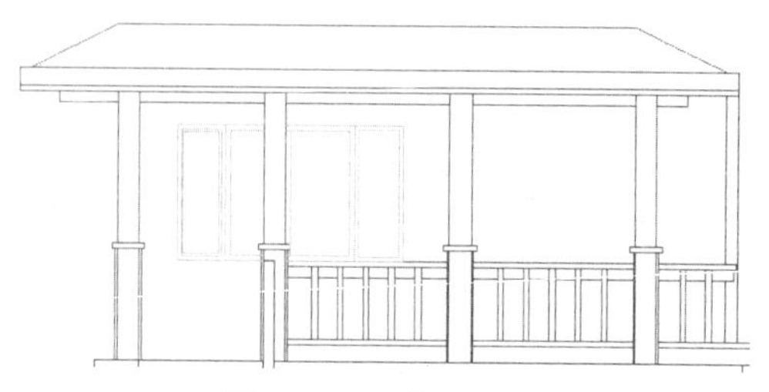

图224-20 修剪处理

步骤 17 绘制窗户。使用LINE、TRIM、OFFSET等命令，参照图224-21所示的尺寸标注绘制其他窗户。

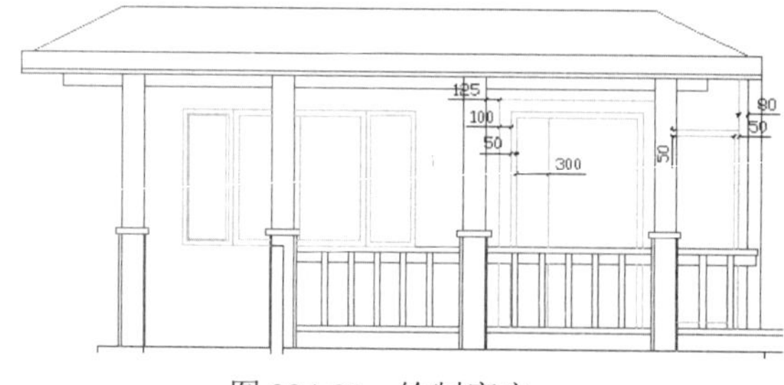

图224-21 绘制窗户

步骤 18 插入窗户图块。单击“插入”选项板中的“内容”选项区的“设计中心”按钮，在弹出的“设计中心”面板中选择窗户平面图块并插入；使用EXPLODE命令将窗户图块分解；使用TRIM和ERASE命令对多余的直线进行修剪和删除处理，效果如图224-22所示。

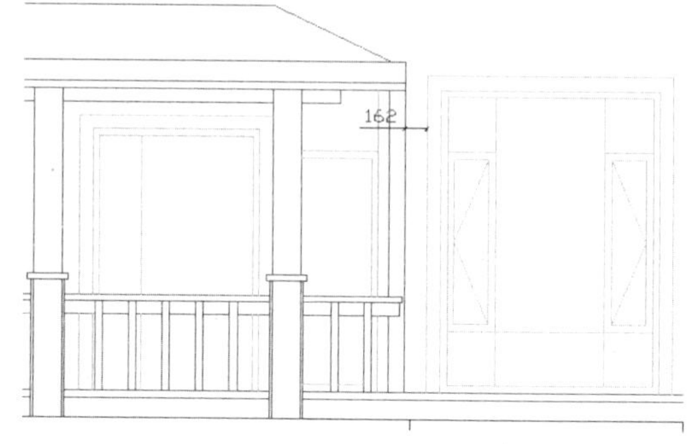

图224-22 插入窗户图块

步骤 19 镜像处理。打开“轴线”图层，单击“修改”面板中的“镜像”按钮，根据提示进行操作，选择别墅一层立面图为镜像对象，捕捉第三条垂直轴线上的任意两点为镜像线的第一点和第二点进行镜像处理，效果如图224-23所示。

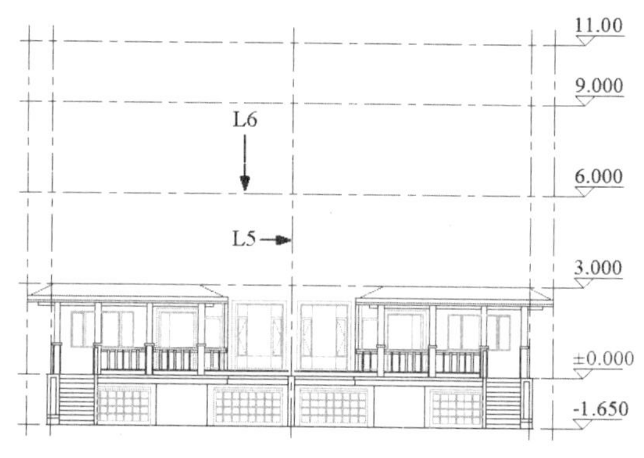

图224-23 镜像处理

步骤 20 偏移处理。在命令行中输入OFFSET命令并按回车键，根据提示进行操作，选择图224-23中的轴线L5，依次向右偏移，偏移的距离分别为100和50；选择直线L5，依次向左偏移，偏移的距离分别为100和50；选择直线L6向上偏移，偏移的距离为600；选择直线L6，依次向下偏移，偏移的距离分别为300、100和150，并将偏移的直线移至“墙体”图层，效果如图224-24所示。

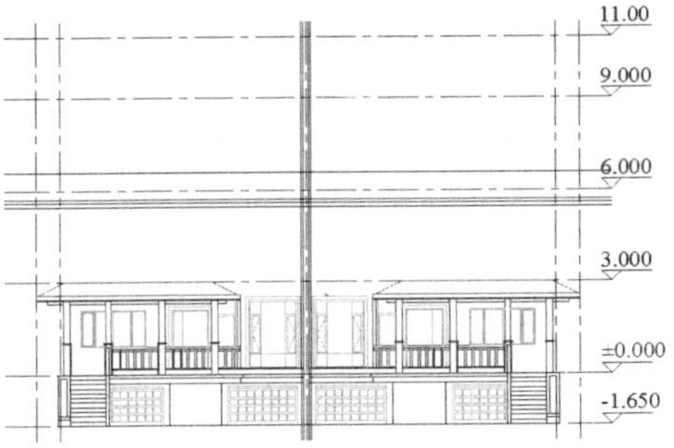

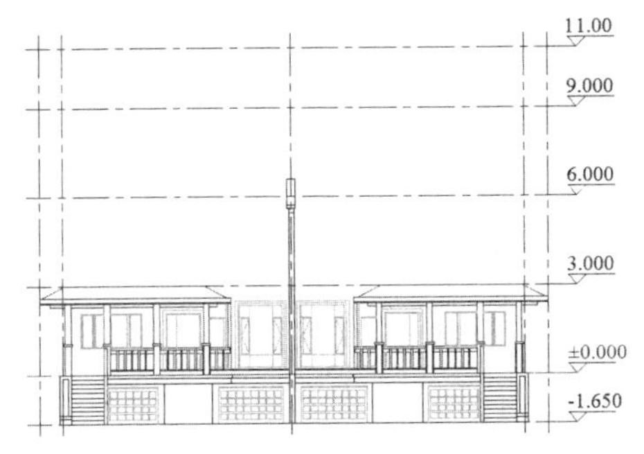

图 224-24　偏移处理

步骤 21 修剪处理。使用 TRIM 命令对偏移的直线进行修剪，效果如图 224-25 所示。

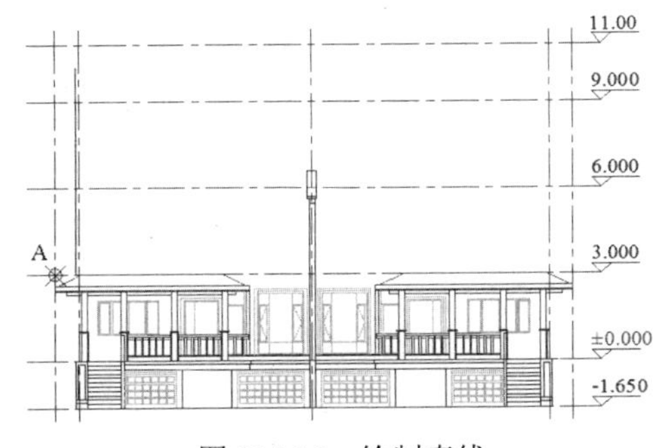

图 224-25　修剪处理

3. 绘制别墅二层立面图

步骤 1 绘制直线。将“墙体”图层设置为当前图层，单击“默认”选项板中的“绘图”选项区的“直线”按钮，根据命令行提示进行操作，按住【Shift】键的同时在绘图区单击鼠标右键，在弹出的快捷菜单中选择“自”选项，捕捉图 224-26 中的端点 A 为基点，然后输入（@700,0）和（@0,7200）绘制直线。

图 224-26　绘制直线

步骤 2 偏移处理。执行 OFFSET 命令，选择绘制的直线，沿水平方向依次向右偏移，偏移的距离分别为 20、180 和 7500；选择绘制的直线，沿水平方向向左偏移，偏移的距离为 40，效果如图 224-27 所示。

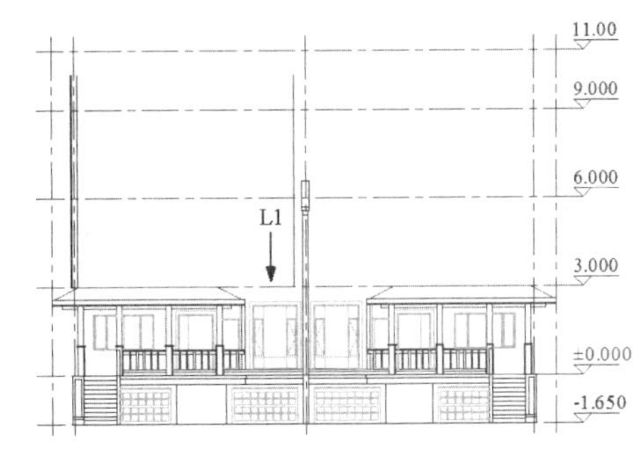

图 224-27　偏移处理

步骤 3 重复步骤（2）的操作，选择图 224-27 中的轴线 L1，沿垂直方向依次向上偏移，偏移的距离分别为 200、100 和 120，并移至“墙体”图层。

步骤 4 修剪处理。使用 TRIM 命令对偏移的直线进行修剪，效果如图 224-28 所示。

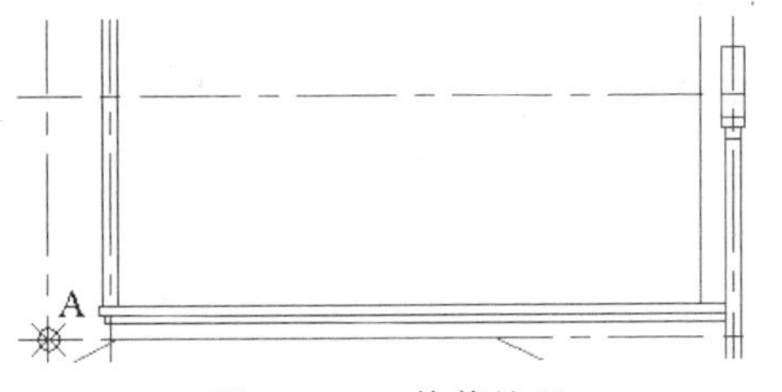

图 224-28　修剪处理

步骤 5 绘制直线。执行 LINE 命令，按住【Shift】键的同时在绘图区单击鼠标右键，在弹出的快捷菜单中选择“自”选项，捕捉图 224-28 中的交点 A 为基点，然后输入（@800,200）和（@0,-250）绘制直线。

步骤 6 绘制直线并偏移处理。将“阳台”图层设置为当前图层，执行 LINE 命令，按住【Shift】键的同时在绘图区单击鼠标右键，在弹出的快捷菜单中选择“自”选项，捕捉交点 A 为基点，输入（@4300,1200）和（@0,-1000）绘制直线；执行 OFFSET 命令，选择绘制的直线，沿水平方向依次向右偏移，偏移的距离分别为 50、50、1291 和 967，效果如图 224-29 所示。

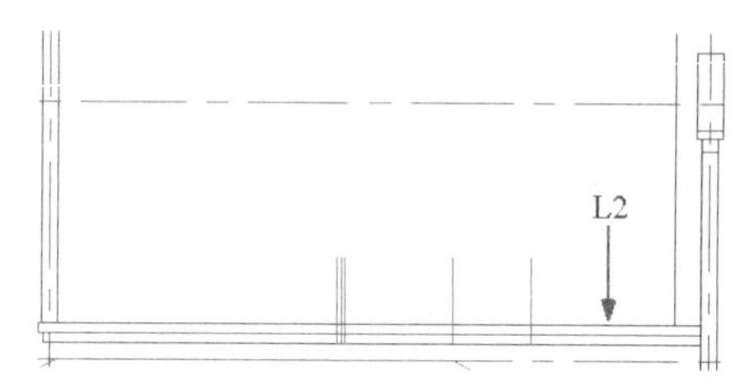

图 224-29 绘制直线并偏移处理

步骤 7 偏移处理。执行 OFFSET 命令，选择图 224-29 中的直线 L2，沿垂直方向依次向上偏移，偏移的距离分别为 530、150 和 100，并将偏移的直线移至“阳台”图层。

步骤 8 修剪处理。使用 TRIM 命令对偏移的直线进行修剪，效果如图 224-30 所示。

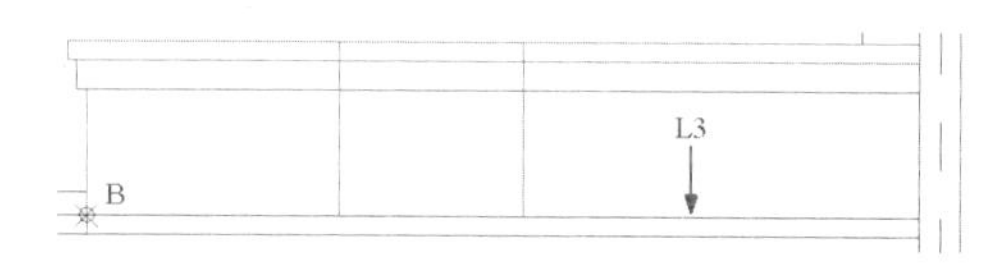

图 224-30 修剪处理

步骤 9 打断处理。单击“修改”面板中的“打断于点”按钮，根据提示进行操作，选择图 224-30 中的直线 L3 为打断对象，捕捉交点 B 为打断点，对直线进行打断处理。重复此操作，对直线 L3 下面的直线进行打断处理，并将打断后右侧的直线移至“阳台”图层。

步骤 10 绘制矩形并偏移处理。执行 RECTANG 命令，按住【Shift】键的同时在绘图区单击鼠标右键，在弹出的快捷菜单中选择“自”选项，捕捉交点 B 为基点，然后输入（@94,120）和（@500,440）绘制矩形；使用 OFFSET 命令，将绘制的矩形向内偏移，偏移的距离为 20，效果如图 224-31 所示。

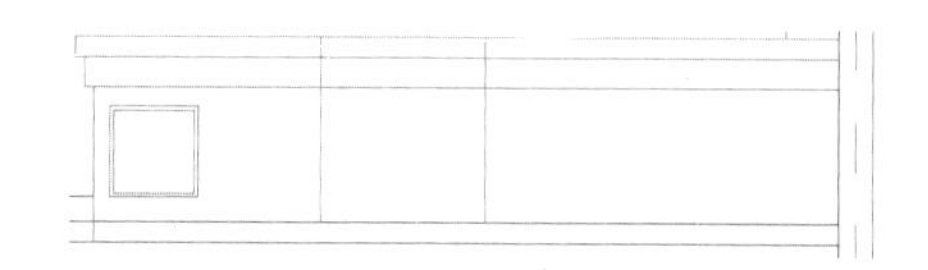

图 224-31 绘制矩形并偏移处理

步骤 11 复制处理。单击“修改”面板中的“复制”按钮，根据提示进行操作，选择上述绘制的两个矩形并按回车键，然后输入（@588,0）、（@2314,0）、（@2902,0）和（@3532,0）为目标点进行复制，效果如图 224-32 所示。

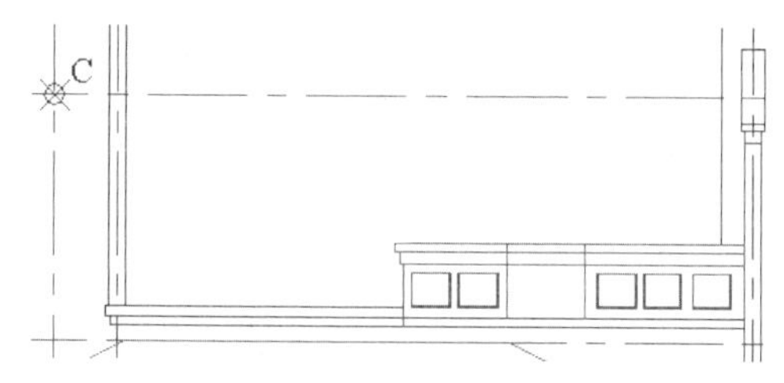

图 224-32 复制处理

步骤 12 绘制直线并偏移处理。执行 LINE 命令，按住【Shift】键的同时在绘图区单击鼠标右键，在弹出的快捷菜单中选择“自”选项，捕捉图 224-32 中的交点 C 为基点，然后输入（@754,-300）和（@4938,0）绘制直线；执行 OFFSET 命令，选择绘制的直线并按回车键，沿垂直方向依次向上偏移处理，偏移的距离分别为 300、230、620、150 和 100，效果如图 224-33 所示。

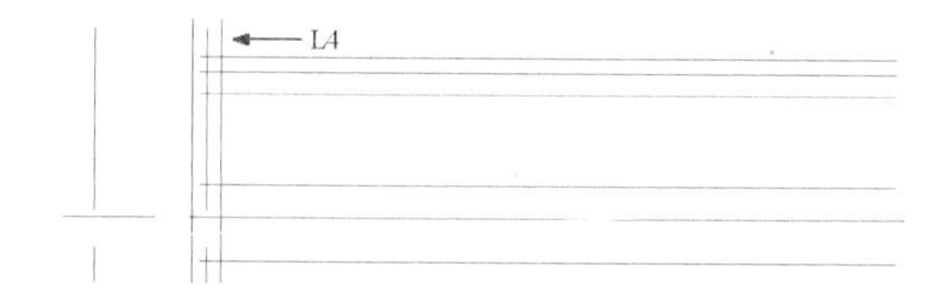

图 224-33 绘制直线并偏移处理

步骤 13 偏移处理。执行 OFFSET 命令，选择图 224-33 中的直线 L4，沿水平方向依次向左偏移，偏移的距离分别为 50、50 和 46，并将偏移的直线移至“阳台”图层。

步骤 14 修剪处理。关闭“轴线”图层，使用 TRIM 命令对偏移的直线进行修剪，效果如图 224-34 所示。

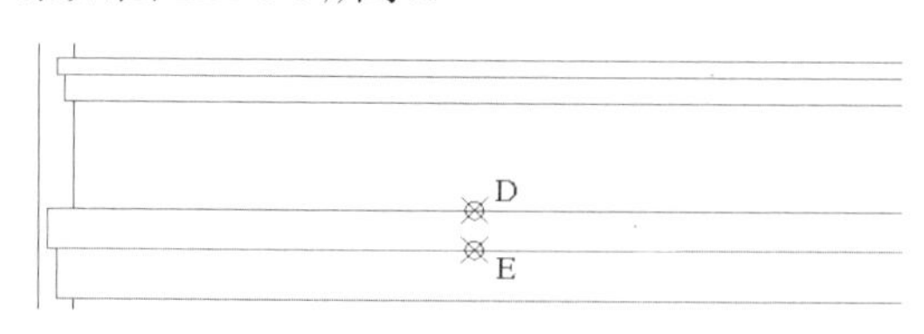

图 224-34 修剪处理

步骤 15 镜像处理。执行 MIRROR 命令，选择修剪处理后的直线为镜像对象，捕捉图 224-34 中的中点 D 和中点 E 为镜像线上的第一点和第二点进行镜像处理，并使用 TRIM 命令对多余的直线进行修剪，效果如图 224-35 所示。

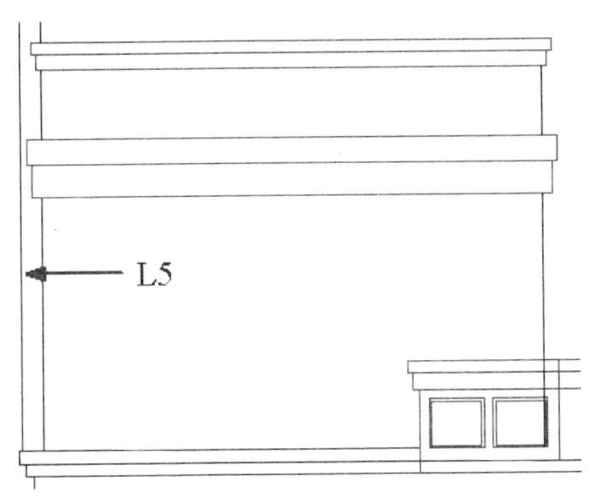

图 224-35 镜像处理

步骤 16 偏移并修剪处理。执行 OFFSET 命令，选择图 224-35 中的直线 L5，沿水平方向依次向右偏移，偏移的距离分别为 697、400、1705、402、496、67、59 和 50，并将偏移生成的直线移至“阳台”图层；使用 TRIM 命令对偏移的直线进行修剪，效果如图 224-36 所示。

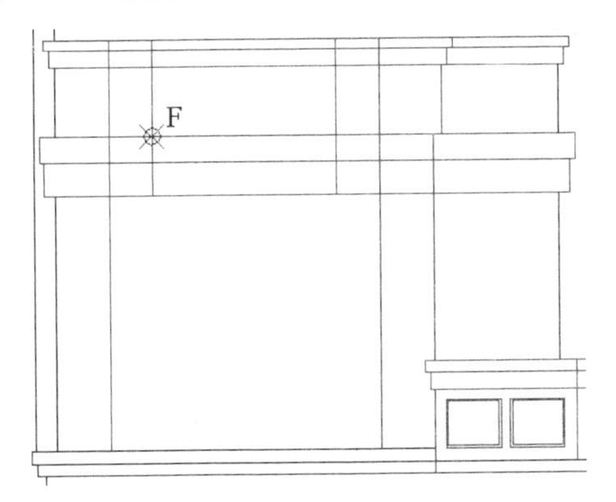

图 224-36 偏移并修剪处理

步骤 17 绘制矩形并偏移处理。执行 RECTANG 命令，按住【Shift】键的同时在绘图区单击鼠标右键，在弹出的快捷菜单中选择“自”选项，捕捉图 224-36 中的交点 F 为基点，然后输入（@76,0）和（@742,530）绘制矩形；使用 OFFSET 命令将绘制的矩形向内偏移，偏移的距离为 20。

步骤 18 复制处理。执行 COPY 命令，选择步骤（17）中绘制的两个矩形并按回车键，以原点为基点，然后输入（@804,0）为目标点进行复制，效果如图 224-37 所示。

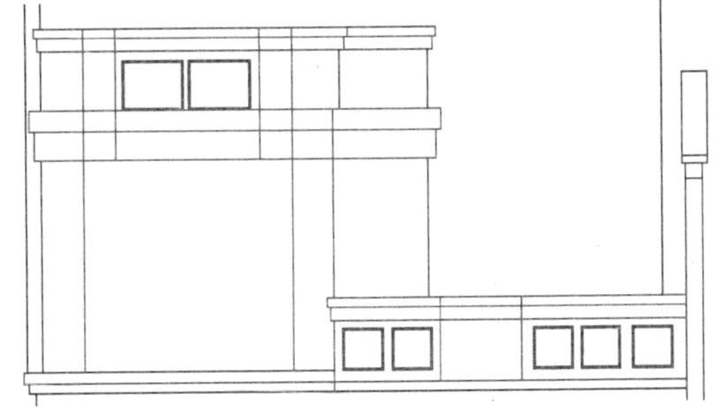

图 224-37 复制处理

步骤 19 插入窗户图块。将“门窗”图层设置为当前图层，单击“插入”选项板中的“内容”选项区的“设计中心”按钮，在弹出的“设计中心”面板中选择窗户平面图块并插入；使用 EXPLODE 命令将窗户图块分解；使用 TRIM、ERASE 命令对多余的直线进行修剪和删除处理，效果如图 224-38 所示。

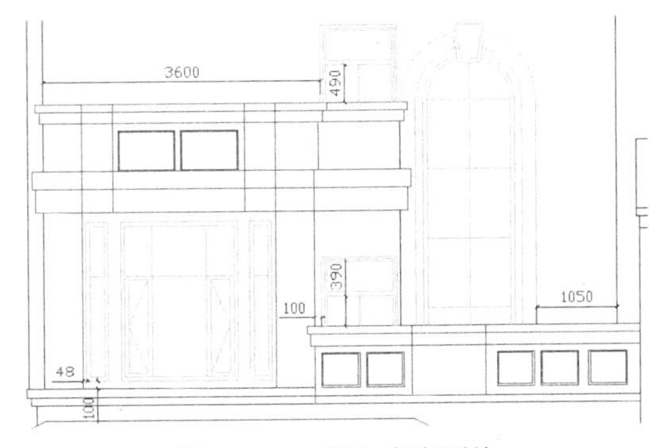

图 224-38 插入窗户图块

步骤 20 镜像处理。打开“轴线”图层，单击“修改”面板中的“镜像”按钮，根据提示进行操作，选择别墅二层立面图为镜像对象，捕捉第三条垂直轴线上的任意两点为镜像线上的第一点和第二点进行镜像处理，效果如图 224-39 所示。

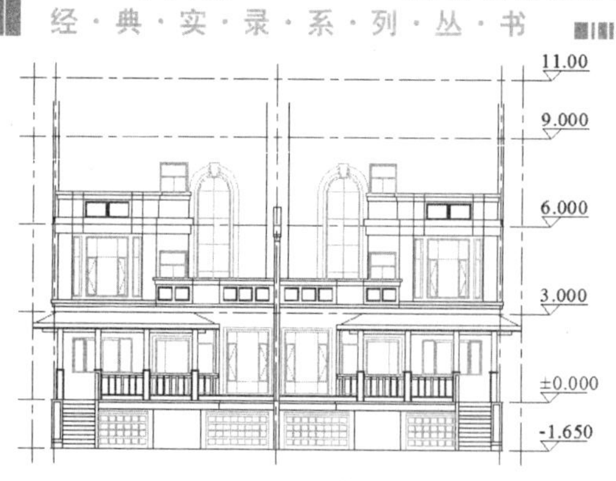

图 224-39　镜像处理

4. 绘制别墅顶棚立面图

步骤 1 绘制直线并偏移处理。将“墙体”图层设置为当前图层，执行 LINE 命令，捕捉交点 A 为起点，然后输入（@8800,0）绘制直线，效果如图 224-40 所示。

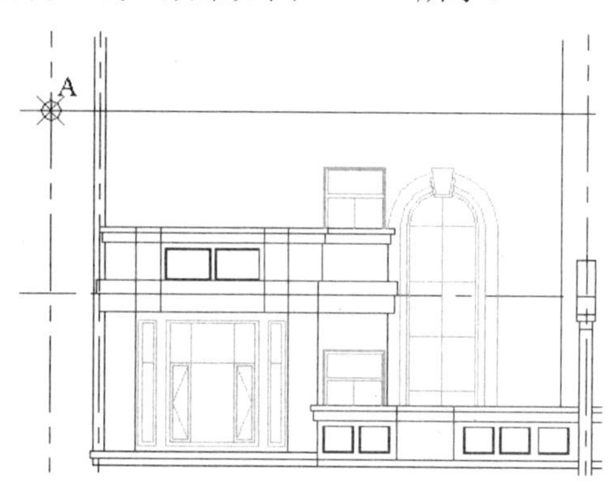

图 224-40　绘制直线并偏移处理

步骤 2 偏移处理。执行 OFFSET 命令，选择绘制的直线，沿垂直方向依次向上偏移处理，偏移的距离分别为 104、50、30、514、100、402 和 900。

步骤 3 绘制直线。单击“默认”选项板中的“绘图”选项区的“直线”按钮，根据提示进行操作，按住【Shift】键的同时在绘图区单击鼠标右键，在弹出的快捷菜单中选择“自”选项，捕捉图 224-40 中的交点 A 为基点，然后输入（@800,0）和（@0,2100）绘制直线，效果如图 224-41 所示。

步骤 4 偏移处理。执行 OFFSET 命令，选择步骤（3）中绘制的直线，沿水平方向依次向右偏移，偏移的距离分别为 100、200、2399、1100、80、3520、102 和 499，效果如图 224-42 所示。

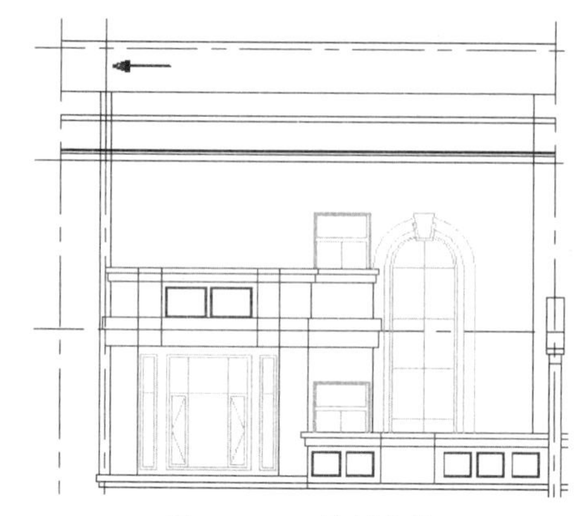
图 224-41　绘制直线

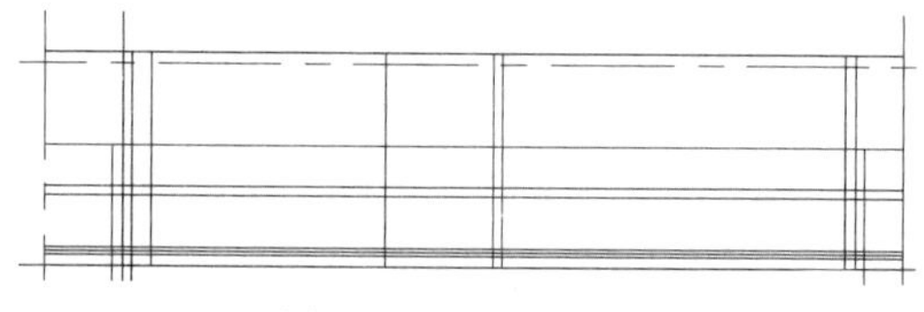
图 224-42　偏移处理

步骤 5 修剪处理。使用 TRIM 命令对偏移的直线进行修剪，效果如图 224-43 所示。

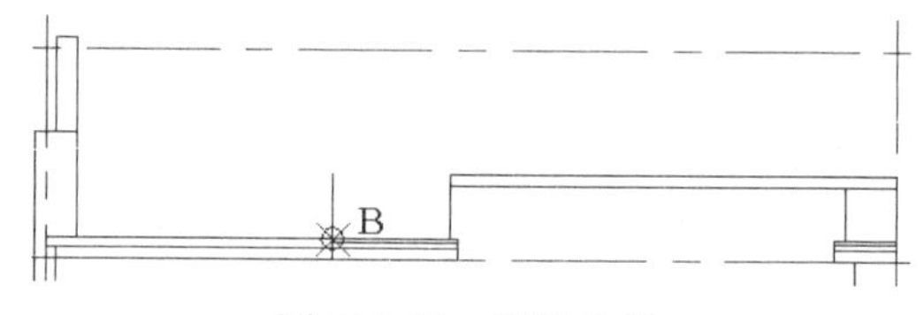

图 224-43　修剪处理

步骤 6 绘制屋顶。单击“默认”选项板中的“绘图”选项区的“直线”按钮，根据提示进行操作，捕捉图 224-43 中的交点 B 为起点，然后输入（@0,61）、（@2951,1537）和（@2350,-1224）绘制屋顶。

步骤 7 偏移处理。执行 OFFSET 命令，选择步骤（6）中绘制的直线并向上偏移，偏移的距离为 50，并使用 LINE、OFFSET 命令将屋顶连接起来，效果如图 224-44 所示。

步骤 8 绘制屋顶。单击“默认”选项板中的“绘图”选项区的“直线”按钮，根据提示进行操作，按住【Shift】键的同时在绘图区单击鼠标右键，在弹出的快捷菜单中选择“自”选项，捕捉图 224-44 中的端点 C 为基点，然后输入（@0,386）、（@1851,964）和（@1851,-964）绘制屋顶。

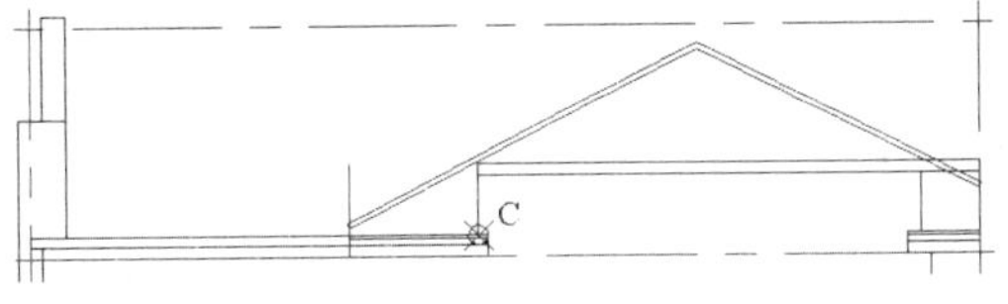

图 224-44　偏移处理

步骤 9 偏移处理。执行 OFFSET 命令，选择屋顶并向下偏移，偏移的距离为 120，并使用 TRIM、EXTEND 命令对屋顶进行修剪和延伸处理，效果如图 224-45 所示。

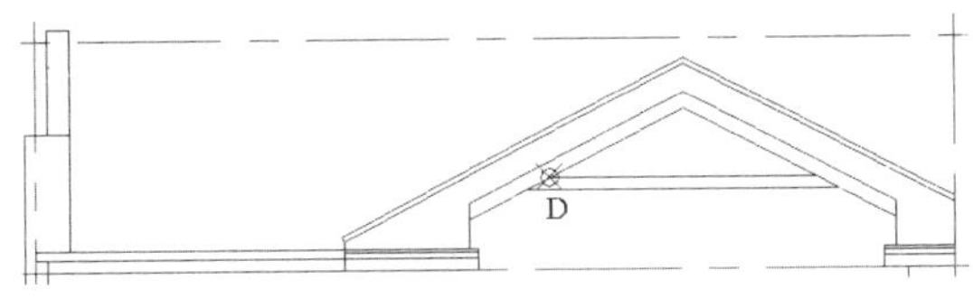

图 224-45　偏移处理

步骤 10 绘制直线并偏移处理。执行 LINE 命令，按住【Shift】键的同时在绘图区单击鼠标右键，在弹出的快捷菜单中选择“自”选项，捕捉图 224-45 中的交点 D 为基点，然后输入（@1102,0）和（@0,574）绘制直线；执行 OFFSET 命令，选择绘制的直线，沿水平方向向右偏移，偏移的距离为 100，效果如图 224-46 所示。

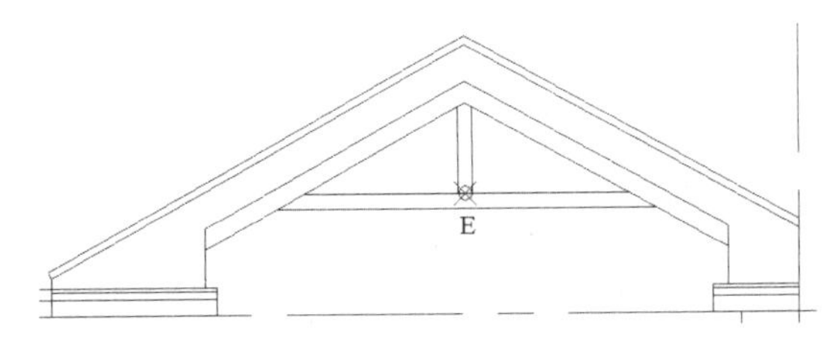

图 224-46　绘制直线并偏移处理

步骤 11 旋转处理。执行 ROTATE 命令，选择步骤（10）绘制的直线并按回车键，捕捉图 224-46 中的中点 E 为基点，输入 C，指定旋转角度为 60 度进行旋转处理。选择步骤（10）绘制的直线并按回车键，捕捉图 224-46 中的中点 E 为基点，输入 C，指定旋转角度为-60 度进行旋转处理，并使用 EXTEND 和 TRIM 命令对旋转的直线进行延伸和修剪处理，效果如图 224-47 所示。

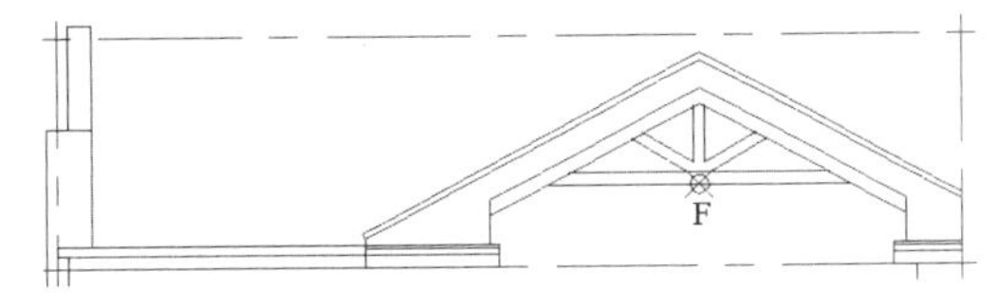

图 224-47　旋转处理

步骤 12 绘制窗户。单击“绘图|圆|圆心、半径”命令，根据提示进行操作，按住【Shift】键的同时在绘图区单击鼠标右键，在弹出的快捷菜单中选择“自”选项，捕捉图 224-47 中的中点 F 为基点，然后输入（@0,-838）为圆心，绘制半径为 300、380 的圆，效果如图 224-48 所示。

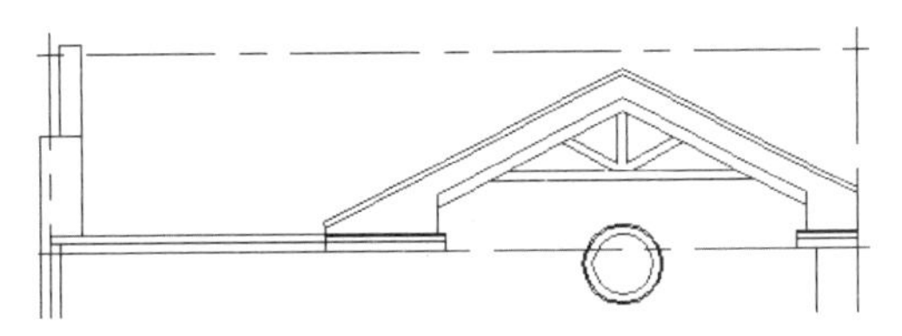

图 224-48　绘制窗户

步骤 13 插入窗户图块。单击“插入”选项板中的“内容”选项区的“设计中心”按钮，在弹出的“设计中心”面板中选择窗户平面图块并插入，然后将其移至“门窗”图层，效果如图 224-49 所示。

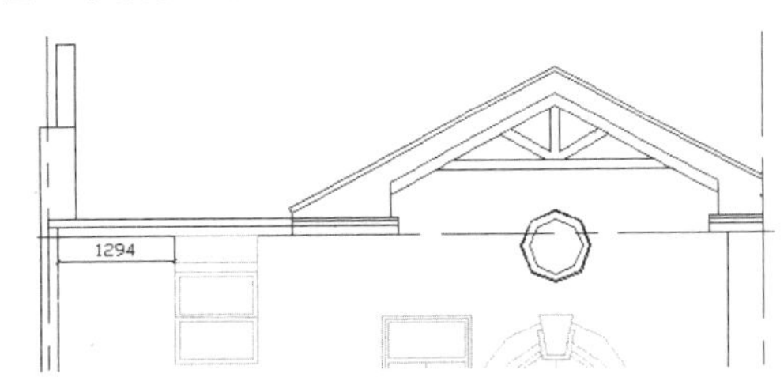

图 224-49　插入窗户图块

步骤 14 镜像并修剪处理。单击“修改”面板中的“镜像”按钮，根据提示进行操作，选择别墅顶棚立面图为镜像对象，捕捉第三条垂直轴线上的任意两点为镜像线的第一点和第二点进行镜像处理，并使用TRIM命令对多余的直线进行修剪，效果如图224-50所示。

图224-50　镜像并修剪处理

步骤 15　绘制直线并偏移处理。执行LINE命令，按住【Shift】键的同时在绘图区单击鼠标右键，在弹出的快捷菜单中选择“自”选项，捕捉图224-50中的交点G为基点，然后输入（@1100,-50）和（@15400,0）绘制直线；执行OFFSET命令，选择绘制的直线，沿垂直方向向上偏移，偏移的距离为50，并关闭“轴线”图层，效果如图224-51所示。

步骤 16　图案填充。将“填充”图层设置为当前图层，使用BHATCH命令，设置填充的图案、比例和角度，填充别墅墙体需要填充的区域，效果如图224-52所示。

步骤 17　调用图签。将图层0设置为当前图层，打开实例159绘制的“建筑家装图签样板”的文件，将所需的图签复制并粘贴到别墅立面图中，并使用SCALE命令进行适当的缩放。

图224-51　绘制直线并偏移处理

图224-52　图案填充

步骤 18　创建文本。在命令行中输入TEXT命令并按回车键，在“图纸名称”下方输入文字“别墅立面图”，在“比例：”右侧输入“1:100”。

步骤 19　绘制说明标注。使用TEXT命令，在立面图下方输入文字“别墅立面图（1:100）”；使用LINE命令在该文字的下方绘制两条直线，并将第一条直线的线宽设置为0.30毫米，效果参见图224-1。

实例225　别墅侧立面图

本实例绘制的是别墅侧立面图，效果如图225-1所示。

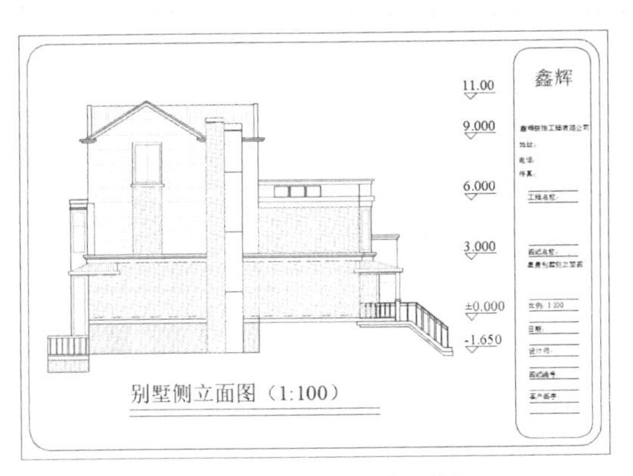

图 225-1　别墅侧立面图

操作步骤

1. 绘制别墅底层和第一层侧立面图

步骤 1 打开并另存文件。启动 AutoCAD，按【Ctrl+O】组合键，打开实例 224 绘制的“别墅立面图”图形文件，然后按【Ctrl+Shift+S】组合键，将该图形另存为“别墅侧立面图”文件。

步骤 2 删除处理。执行 ERASE 命令，选择别墅立面图将其删除，参照别墅立面图的尺寸标注绘制别墅侧立面图尺寸标注，效果如图 225-2 所示。

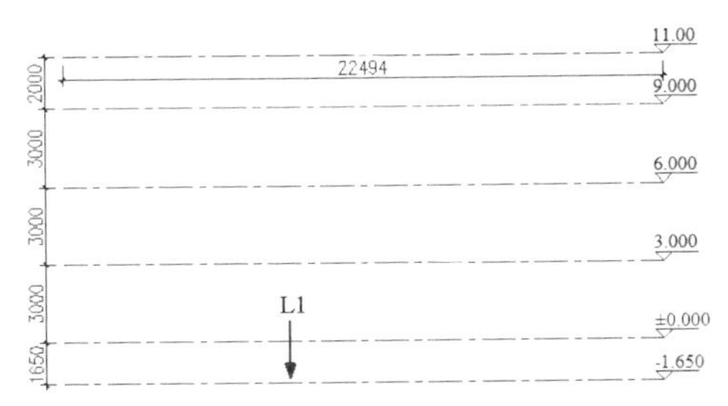

图 225-2　绘制别墅侧立面图尺寸标注

步骤 3 偏移处理。将“墙体”图层设置为当前图层，使用 OFFSET 命令，将图 225-2 中的直线 L1 依次向下偏移，偏移的距离分别为 150 和 600；将直线 L1 依次向上偏移，偏移的距离分别为 50 和 100，并移至“墙体”图层，效果如图 225-3 所示。

步骤 4 绘制直线并偏移处理。执行 LINE 命令，按住【Shift】键的同时在绘图区单击鼠标右键，在弹出的快捷菜单中选择“自”选项 ，捕捉直线 L1 左侧的端点为基点，然后输入（@1000,-750）和（@0,13400）绘制直线；使用 OFFSET 命令，将绘制的直线依次向右偏移，偏移的距离分别为 1200 和 900。

图 225-3　偏移处理

步骤 5 修剪处理。使用 TRIM 命令对偏移的直线进行修剪，效果如图 225-4 所示。

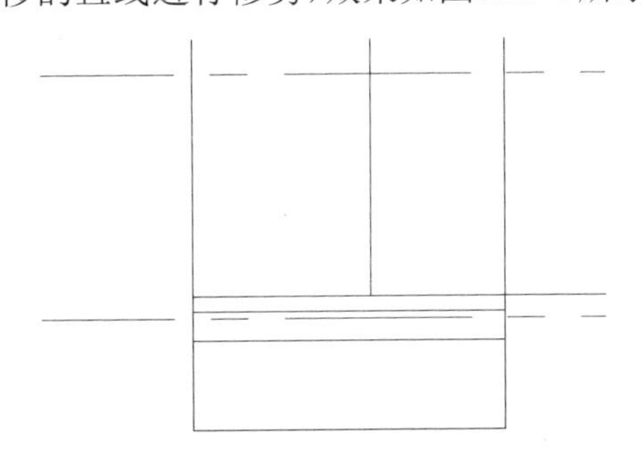

图 225-4　修剪处理

步骤 6 绘制走廊。使用 LINE、TRIM、OFFSET 命令，参照图 225-5 所示的尺寸标注绘制走廊。

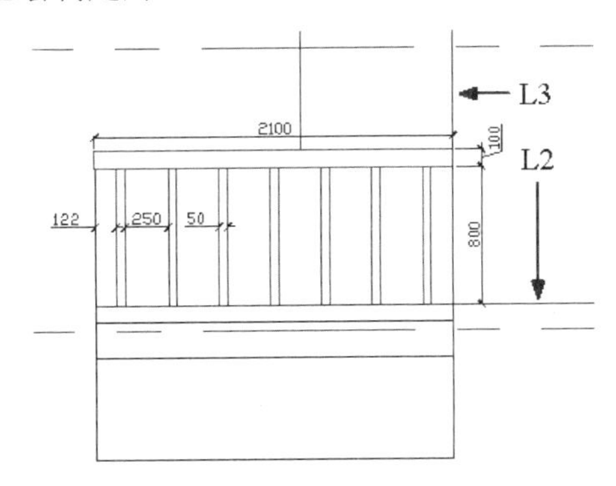

图 225-5　绘制走廊

步骤 7 偏移处理。执行 OFFSET 命令，选择图 225-5 中的直线 L2，沿垂直方向依次向上偏移，偏移的距离分别为 1500、200、

100、1200、1500、200、100 和 120；选择直线 L3，沿水平方向依次向左偏移，偏移的距离分别为 100、80 和 60，效果如图 225-6 所示。

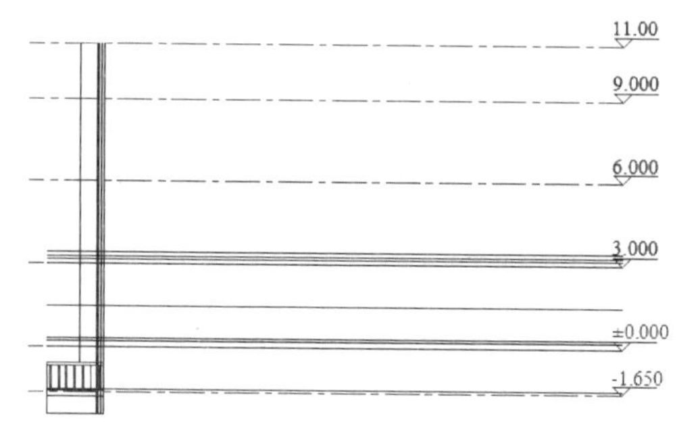

图 225-6　偏移处理

步骤 8　修剪处理。使用 TRIM 命令对偏移的直线进行修剪，效果如图 225-7 所示。

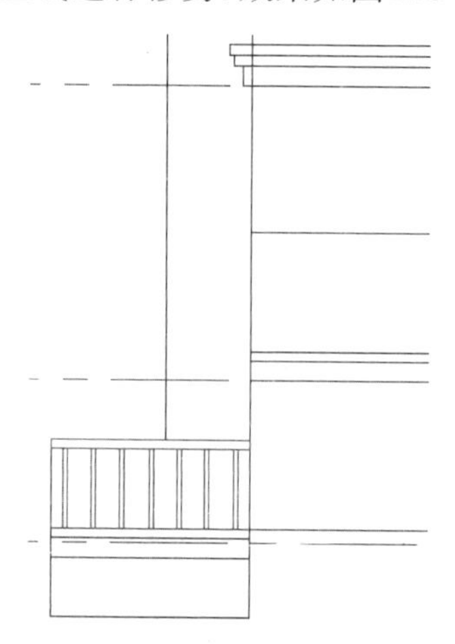

图 225-7　修剪处理

步骤 9　绘制屋檐。使用 LINE、OFFSET 等命令，参照图 225-8 所示的尺寸标注绘制屋檐，并移至“阳台”图层。

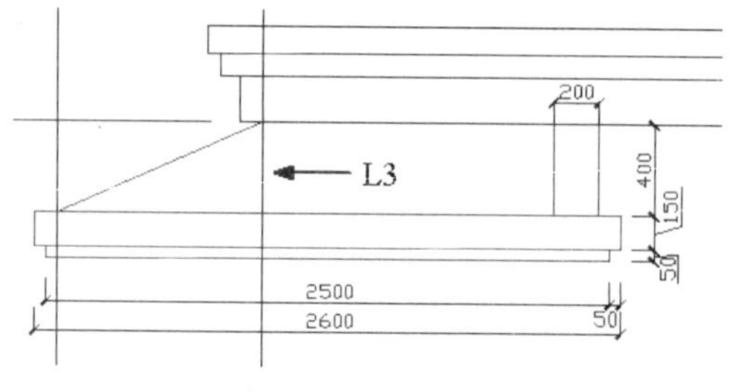

图 225-8　绘制屋檐

步骤 10　偏移处理。执行 OFFSET 命令，选择图 225-8 中的直线 L3，沿水平方向依次向右偏移，偏移的距离分别为 6050、900、900、800 和 5100，效果如图 225-9 所示。

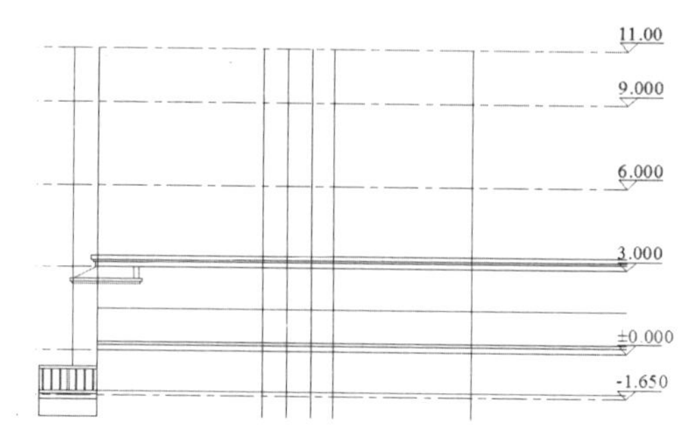

图 225-9　偏移处理

步骤 11　修剪处理。使用 TRIM 命令对偏移的直线进行修剪，效果如图 225-10 所示。

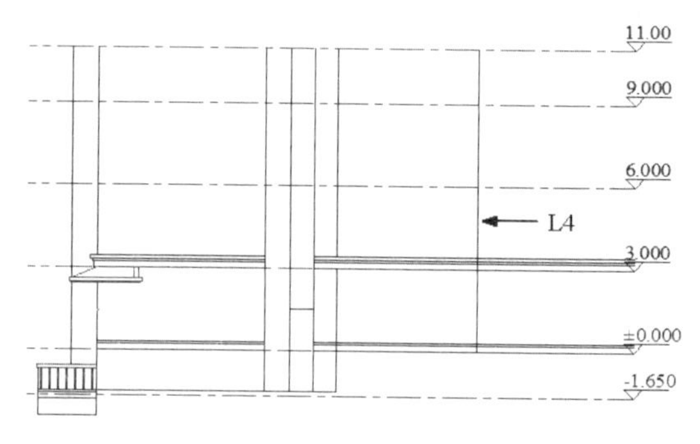

图 225-10　修剪处理

步骤 12　偏移并修剪处理。执行 OFFSET 命令，选择图 225-10 中的直线 L4，沿水平方向依次向右偏移，偏移的距离分别为 100、80、60、360、100、80 和 60；使用 TRIM 命令对偏移的直线进行修剪，效果如图 225-11 所示。

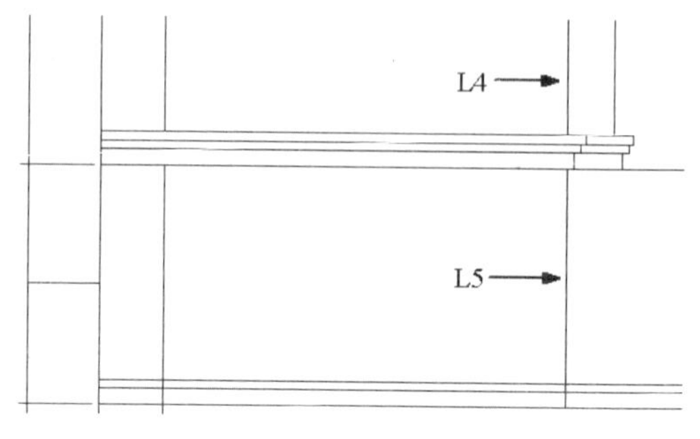

图 225-11　偏移并修剪处理

步骤 13　偏移处理。在命令行中输入

OFFSET 命令并按回车键，根据提示进行操作，选择图 225-11 中的直线 L5，沿水平方向依次向右偏移，偏移的距离分别为 860、100、793、30、20、200、20 和 30，效果如图 225-12 所示。

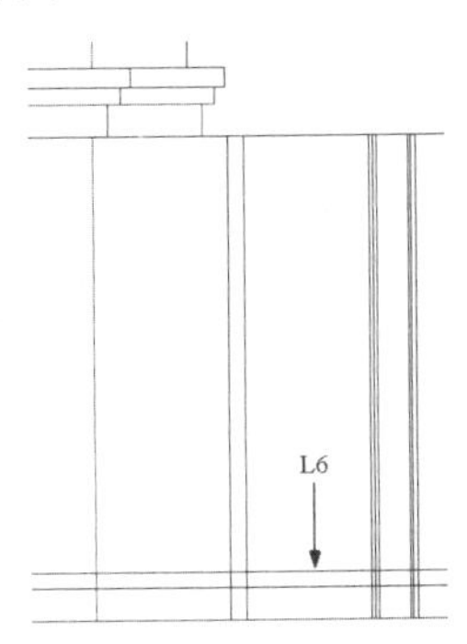

图 225-12　偏移处理

步骤 14 重复步骤（13）的操作，选择图 225-12 中的直线 L6，沿垂直方向依次向上偏移，偏移的距离分别为 700 和 50。

步骤 15 修剪处理。使用 TRIM 命令对偏移的直线进行修剪，效果如图 225-13 所示。

步骤 16 绘制屋檐。使用 LINE、TRIM、OFFSET 等命令，参照图 225-14 所示的尺寸标注绘制屋檐。

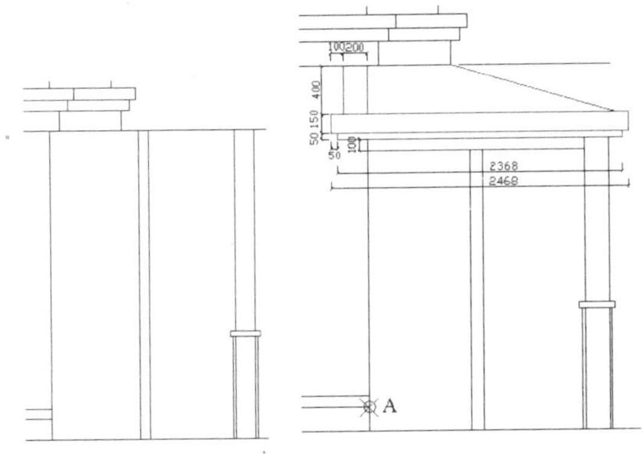

图 225-13　修剪处理　　图 225-14　绘制屋檐

步骤 17 插入楼梯图块。单击“插入”选项板中的“内容”选项区的“设计中心”按钮，在弹出的“设计中心”面板中选择楼梯平面图块并插入，效果如图 225-15 所示。

步骤 18 移动楼梯图块。在命令行中输入 MOVE 命令并按回车键，根据提示进行操作，捕捉图 225-15 中的端点 B 为移动基点，然后捕捉图 225-14 中的端点 A 为目标点进行移动，并使用 EXPLODE 命令将楼梯图块分解；使用 TRIM 和 ERASE 命令对多余的直线进行修剪和删除处理，效果如图 225-16 所示。

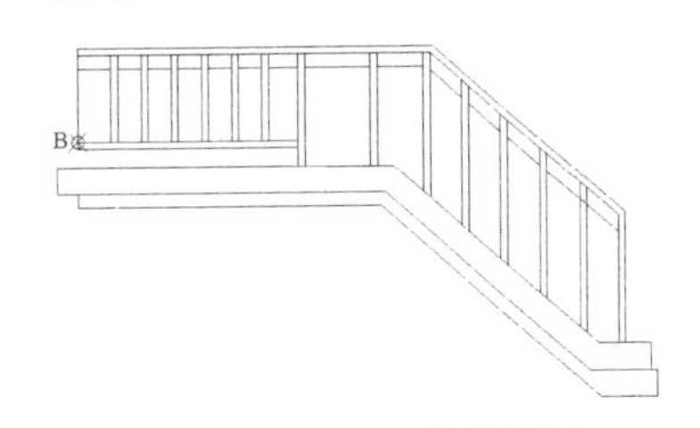

图 225-15　插入楼梯图块

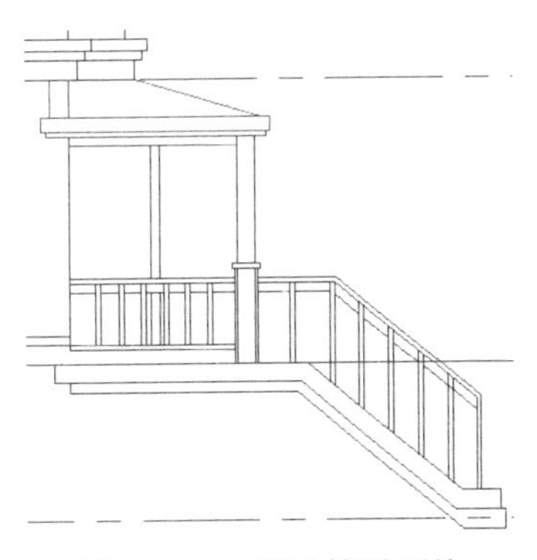

图 225-16　移动楼梯图块

步骤 19 绘制门窗。将“门窗”图层设置为当前图层，使用 LINE、OFFSET、TRIM 等命令，参照图 225-17 所示的尺寸标注绘制别墅门窗。

步骤 20 重复步骤（19）的操作，参照图 225-18 所示的尺寸标注绘制别墅门窗。

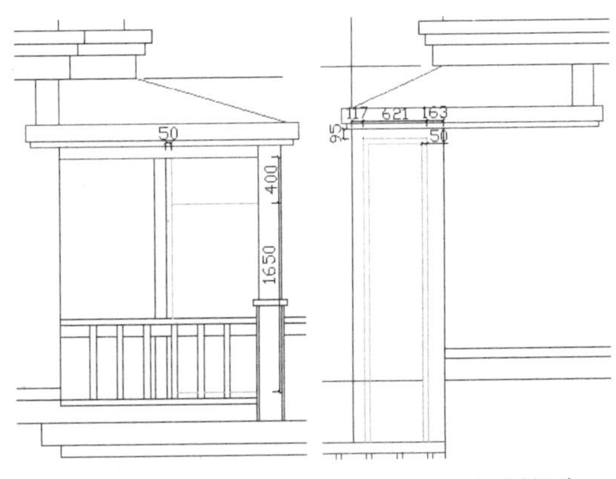

图 225-17　绘制门窗　　图 225-18　绘制门窗

2. 绘制别墅第二层和顶棚侧立面图

步骤 1 绘制矩形。将“墙体”图层设置为当前图层，单击“绘图|矩形”命令，根据提示进行操作，按住【Shift】键的同时在绘图区单击鼠标右键，在弹出的快捷菜单中选择“自”选项，捕捉端点 A 为基点，分别输入（@190,0）和（@350,2580）、（@-710,2580）和（@950,200）、（@-710,2280）和（@900,100），绘制 3 个矩形，效果如图 225-19 所示。

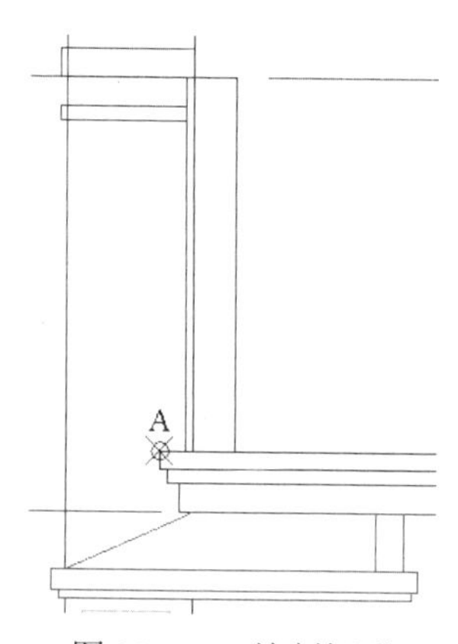

图 225-19　绘制矩形

步骤 2 修剪处理。使用 TRIM 命令对多余的直线进行修剪，效果如图 225-20 所示。

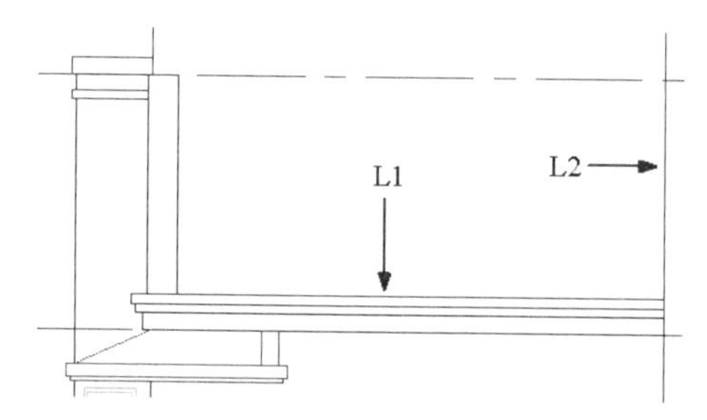

图 225-20　修剪处理

步骤 3 偏移并修剪处理。执行 OFFSET 命令，选择图 225-20 中的直线 L1，沿垂直方向依次向上偏移，偏移的距离分别为 3380、100 和 2100；选择直线 L2，沿水平方向依次向左偏移，偏移的距离分别为 2150、100、1500 和 100，然后使用 TRIM 命令对偏移的直线进行修剪，效果如图 225-21 所示。

步骤 4 绘制窗户。使用 RECTANG、OFFSET、LINE 等命令，参照图 225-22 所示的尺寸标注绘制窗户。

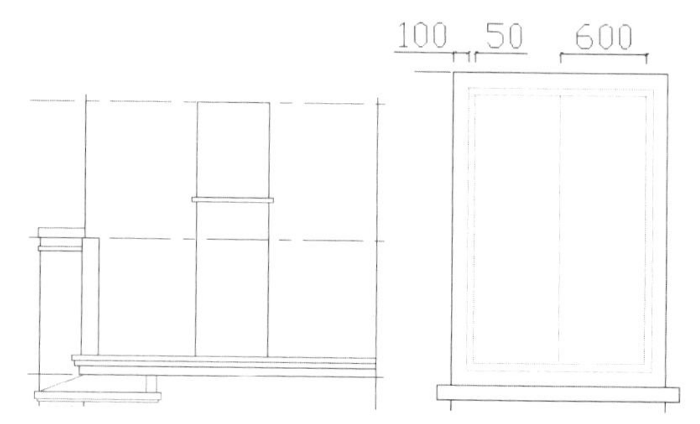

图 225-21　偏移并修剪处理 图 225-22　绘制窗户

步骤 5 偏移处理。执行 OFFSET 命令，选择直线 L3，沿垂直方向依次向上偏移，偏移的距离分别为 3000、3000、2050、50 和 300，效果如图 225-23 所示。

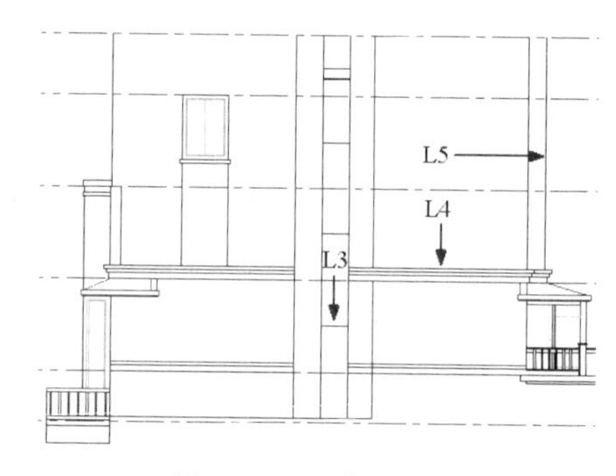

图 225-23　偏移处理

步骤 6 重复步骤（5）的操作，选择图 225-23 中的直线 L4，沿垂直方向依次向上偏移，偏移的距离分别为 2280、300、230、620、150 和 100；选择直线 L5，沿水平方向依次向右偏移，偏移的距离分别为 50、50 和 46，效果如图 225-24 所示。

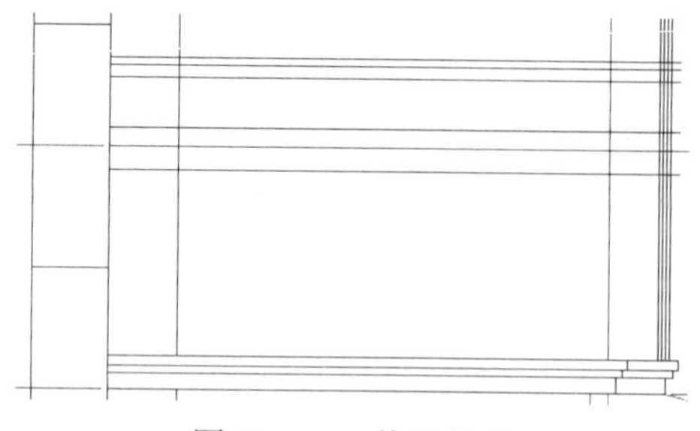

图 225-24　偏移处理

步骤 7 修剪处理。单击“修改”面板中的“修剪”按钮，根据提示进行操作，对偏移的直线进行修剪，并将修剪的直线移至“阳台”图层，效果如图 225-25 所示。

图 225-25 修剪处理

步骤 8 绘制阳台洞。使用 RECTANG、OFFSET、COPY 等命令，参照图 225-26 所示的尺寸标注绘制阳台洞。

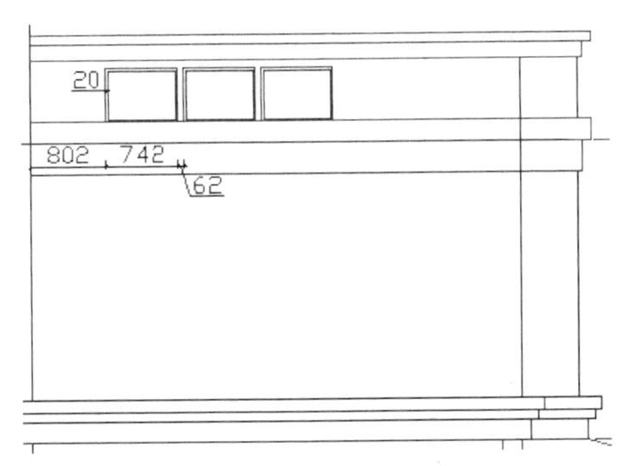

图 225-26 绘制阳台洞

步骤 9 绘制窗户。使用 RECTANG、OFFSET、LINE 等命令，参照图 225-27 所示的尺寸标注绘制窗户。

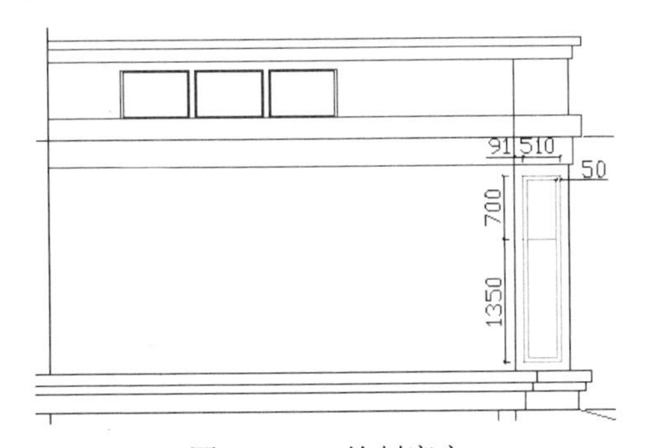

图 225-27 绘制窗户

步骤 10 绘制墙体。使用 LINE、TRIM、OFFSET 等命令，参照图 225-28 所示的尺寸标注绘制墙体。

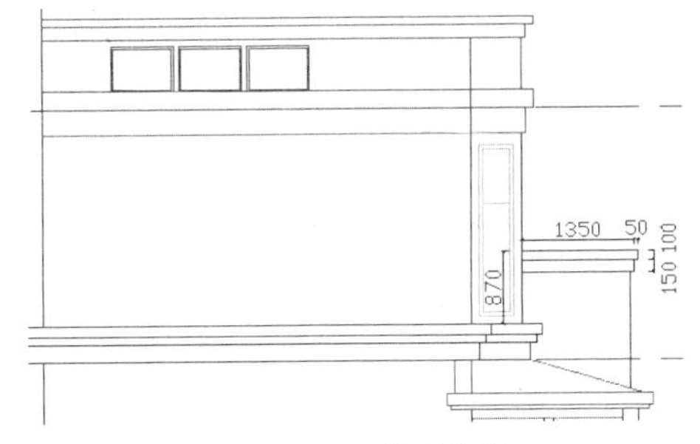

图 225-28 绘制墙体

步骤 11 绘制窗户。使用 RECTANG、OFFSET、LINE 等命令，参照图 225-29 所示的尺寸标注绘制窗户。

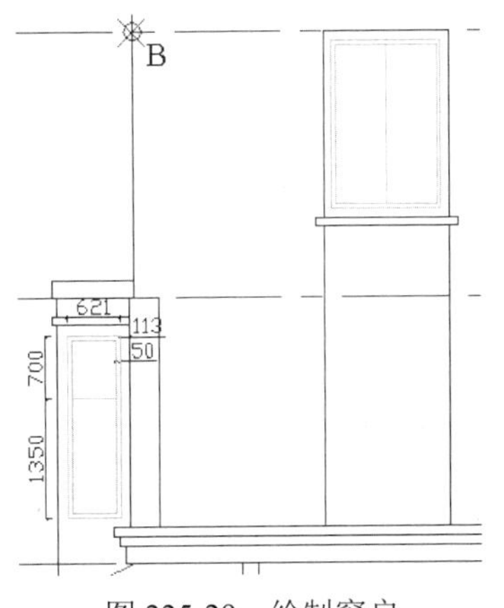

图 225-29 绘制窗户

步骤 12 绘制直线并偏移处理。执行 LINE 命令，按住【Shift】键的同时在绘图区单击鼠标右键，在弹出的快捷菜单中选择“自”选项，捕捉图 225-29 中的交点 B 为基点，然后输入(@-400,0)和(@9450,0)绘制直线；执行 OFFSET 命令，选择绘制的直线，沿垂直方向依次向上偏移，偏移的距离分别为 104、80、766、50、200、638 和 50，效果如图 225-30 所示。

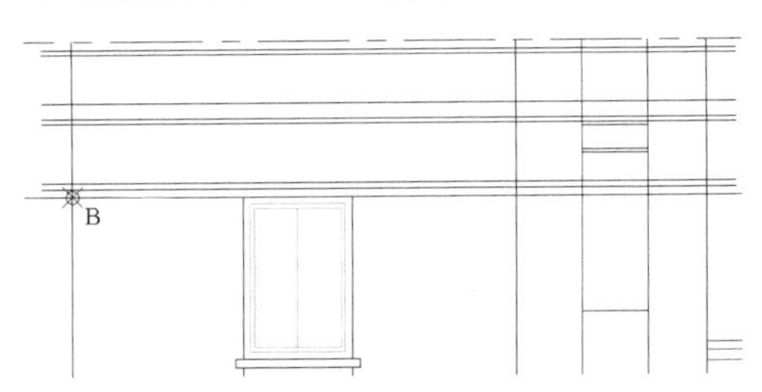

图 225-30 绘制直线并偏移处理

步骤 13 绘制直线并偏移处理。执行

LINE 命令，按住【Shift】键的同时在绘图区单击鼠标右键，在弹出的快捷菜单中选择“自”选项，捕捉交点 B 为基点，然后输入（@-400,0）和（@0,184）绘制直线；执行 OFFSET 命令，选择绘制的直线，沿水平方向依次向右偏移，偏移的距离分别为 100、632、84、5195、100、3205 和 84，效果如图 225-31 所示。

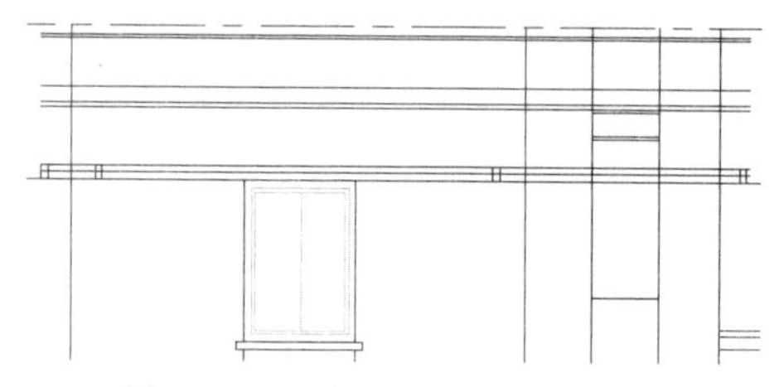

图 225-31　绘制直线并偏移处理

步骤 14 修剪处理。使用 TRIM 命令对偏移的直线进行修剪，效果如图 225-32 所示。

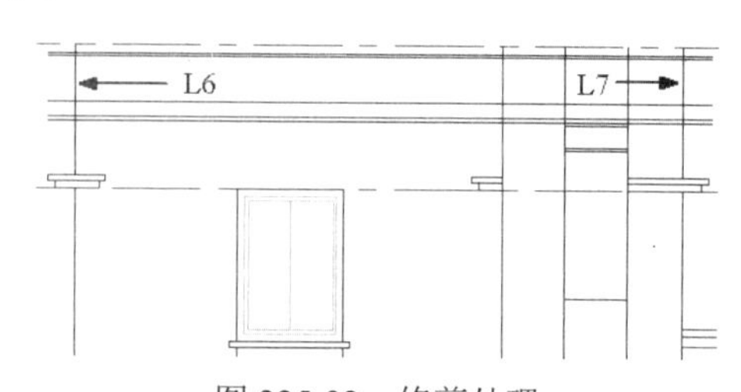

图 225-32　修剪处理

步骤 15 偏移并修剪处理。执行 OFFSET 命令，选择图 225-32 中的直线 L6 并向右偏移 200；选择直线 L7 并向左偏移 200，然后使用 TRIM 命令对多余的直线进行修剪，效果如图 225-33 所示。

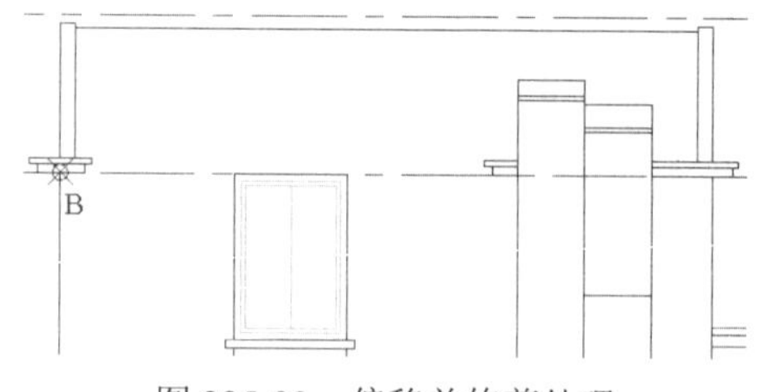

图 225-33　偏移并修剪处理

步骤 16 绘制屋顶。单击“默认”选项板中的“绘图”选项区的“直线”按钮，根据提示进行操作，按住【Shift】键的同时在绘图区单击鼠标右键，在弹出的快捷菜单中选择“自”选项，捕捉交点 B 为基点，然后输入（@-154,184）、（@3154,1910）和（@3050,-1847）绘制屋顶，效果如图 225-34 所示。

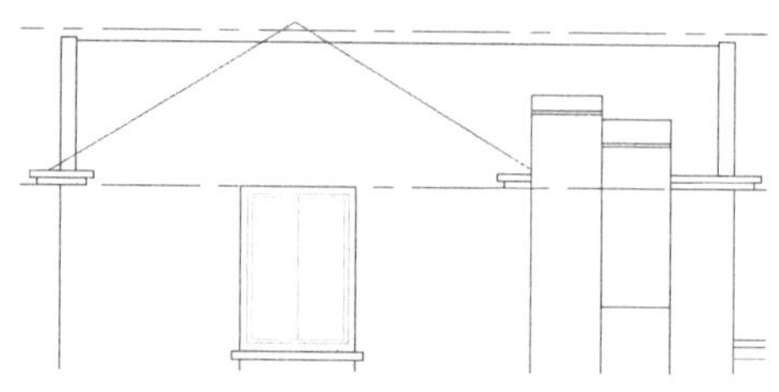

图 225-34　绘制屋顶

步骤 17 偏移并修剪处理。使用 OFFSET 命令将屋顶依次向下偏移，偏移的距离分别为 80 和 150；使用 TRIM 命令对多余的直线进行修剪，效果如图 225-35 所示。

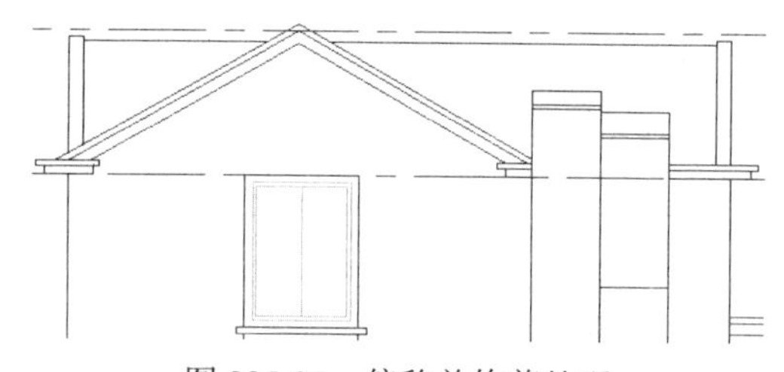

图 225-35　偏移并修剪处理

步骤 18 关闭图层。在“图层特性管理器”按钮右侧的下拉列表框中单击“轴线”图层前面的“开/关图层”图标，将该图层关闭，效果如图 225-36 所示。

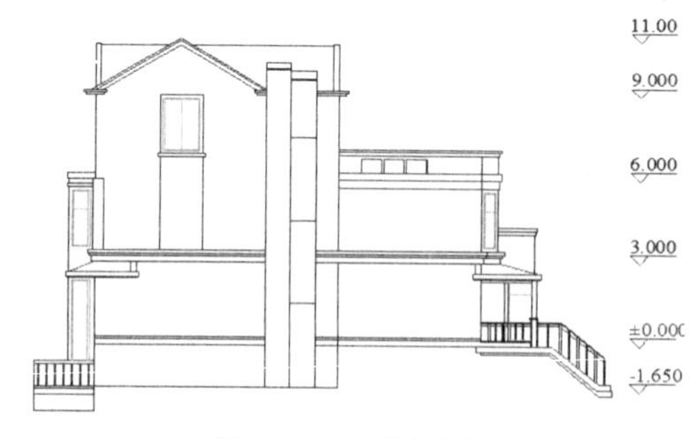

图 225-36　关闭图层

步骤 19 图案填充。将“填充”图层设置为当前图层，使用 BHATCH 命令，设置填充的图案、比例和角度，填充别墅墙体区域，效果如图 225-37 所示。

图 225-37　图案填充

步骤 20　修改图签。使用 MTEDIT 命令，将图签中的图纸名称修改为“别墅侧立面图”。

步骤 21　绘制说明标注。将图层 0 设置为当前图层，使用 TEXT 命令在立面图下方输入文字“别墅侧立面图（1:100）”；使用 LINE 命令在该文字的下方绘制两条直线，并将第一条直线的线宽设置为 0.30 毫米，效果参见图 225-1。

实例 226　别墅剖面图

本实例将绘制别墅剖面图，效果如图 226-1 所示。

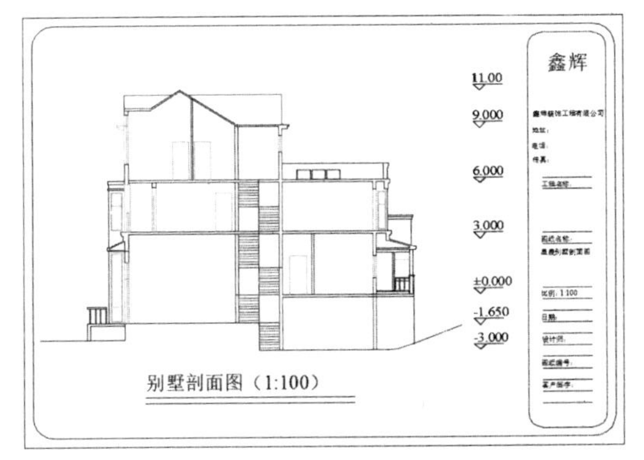

图 226-1　别墅剖面图

操作步骤

1. 绘制别墅底层和第一层剖面图

步骤 1　打开并另存文件。启动 AutoCAD，按【Ctrl＋O】组合键，打开实例 225 绘制的“别墅侧立面图”图形文件，然后按【Ctrl＋Shift＋S】组合键，将该图形另存为“别墅剖面图”文件。

步骤 2　删除处理。使用 ERASE 命令，选择别墅侧立面图将其删除，参照别墅立面图的尺寸标注绘制别墅剖面图尺寸标注，效果如图 226-2 所示。

步骤 3　创建图层。单击“图层”工具栏中的“图层特性管理器”按钮，在弹出的“图层特性管理器”对话框中，创建“楼梯（洋红）”图层，然后双击“墙体”图层将其设置为当前图层。

图 226-2　绘制别墅剖面图尺寸标注

步骤 4　绘制直线。单击“默认”选项板中的“绘图”选项区的“直线”按钮，根据提示进行操作，捕捉图 226-2 中的端点 A 为起点，然后输入（@18823,0）绘制直线。

步骤 5　偏移处理。执行 OFFSET 命令，选择绘制的直线，沿垂直方向依次向上偏移，偏移的距离分别为 1500、1380、120、3300、120、2690、120 和 4608，效果如图 226-3 所示。

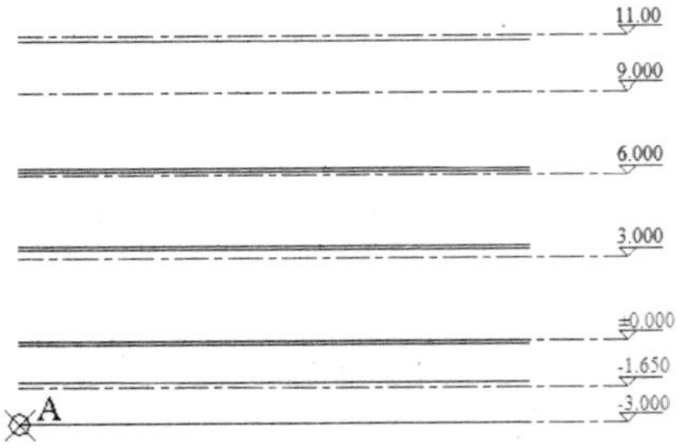

图 226-3　偏移处理

步骤 6 绘制直线并偏移处理。单击LINE 命令，按住【Shift】键的同时在绘图区单击鼠标右键，在弹出的快捷菜单中选择“自”选项，捕捉图 226-3 中的端点 A 为基点，然后输入（@2200,0）和（@0,14000）绘制直线；执行 OFFSET 命令，选择绘制的直线，沿水平方向依次向右偏移，偏移的距离分别为 900、200、5850、200、1100、1100、200、4900、200 和 600，效果如图 226-4 所示。

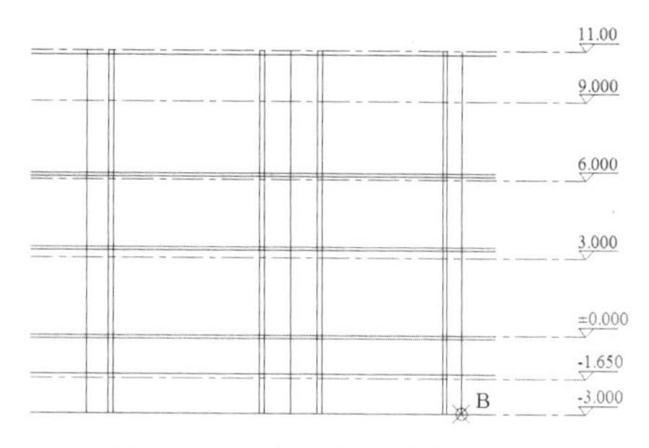

图 226-4　绘制直线并偏移处理

步骤 7 绘制斜坡。执行 ARC 命令，捕捉端点 B 为起点，绘制圆弧；使用 LINE 命令绘制斜坡高度，效果如图 226-5 所示。

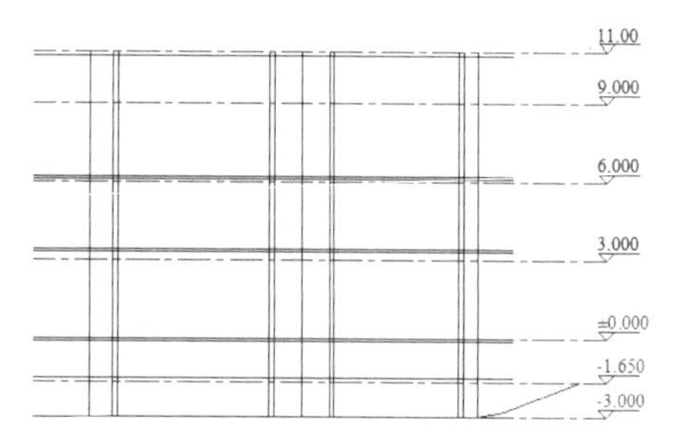

图 226-5　绘制斜坡

步骤 8 修剪处理。使用 TRIM 命令对多余的直线进行修剪，效果如图 226-6 所示。

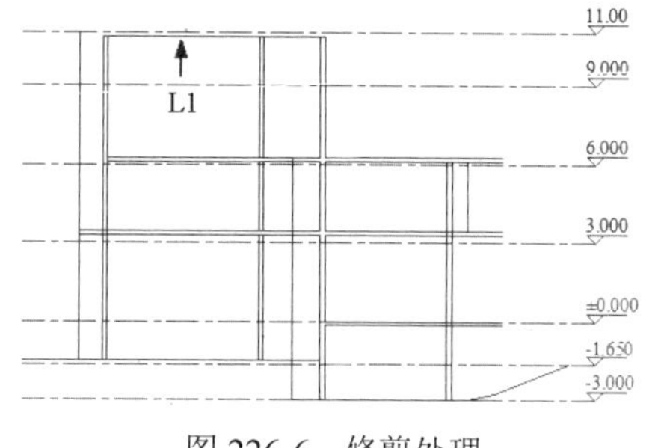

图 226-6　修剪处理

步骤 9 偏移并修剪处理。单击 OFFSET 命令，选择图 226-6 中的直线 L1，沿垂直方向依次向下偏移，偏移的距离分别为 725、100、829 和 80；使用 TRIM 命令对偏移的直线进行修剪，并设置“楼梯”图层为当前图层，效果如图 226-7 所示。

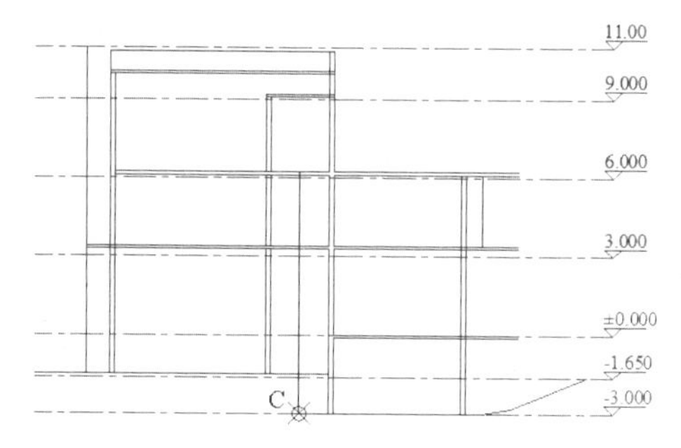

图 226-7　偏移并修剪处理

步骤 10 绘制直线并偏移处理。单击LINE 命令，按住【Shift】键的同时在绘图区单击鼠标右键，在弹出的快捷菜单中选择“自”选项，捕捉图 226-7 中的端点 C 为基点，然后输入（@0,150）和（@1100,0）绘制直线；使用 OFFSET 命令将绘制的直线沿垂直方向依次向上偏移 8 次，偏移的距离均为 150，效果如图 226-8 所示。

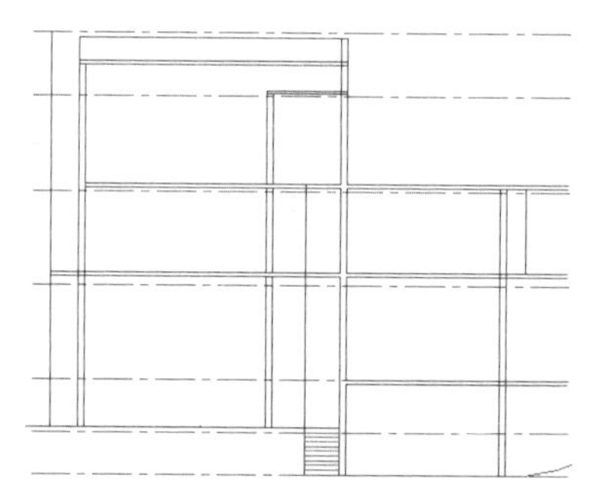

图 226-8　绘制直线并偏移处理

步骤 11 重复步骤（10）的操作，绘制别墅剖面图的其他楼梯，效果如图 226-9 所示。

步骤 12 绘制走廊。使用 LINE、TRIM、OFFSET 等命令，在图 226-9 中的端点 D 处，参照图 226-10 所示的走廊尺寸标注绘制走廊。

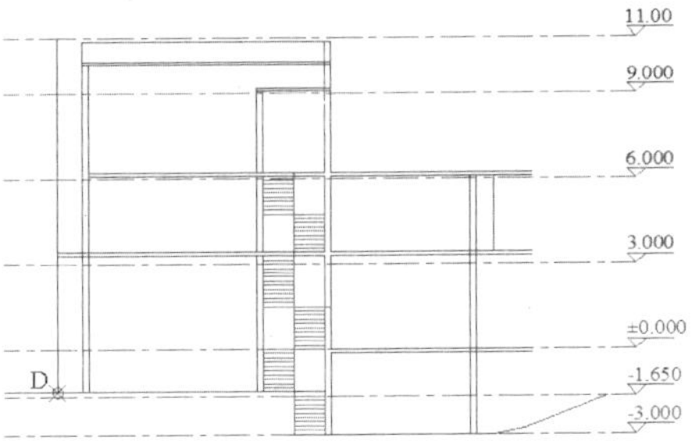

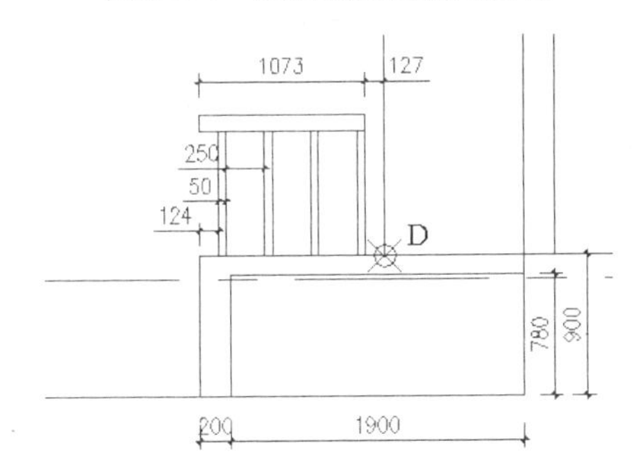

图 226-9　绘制别墅剖面图楼梯

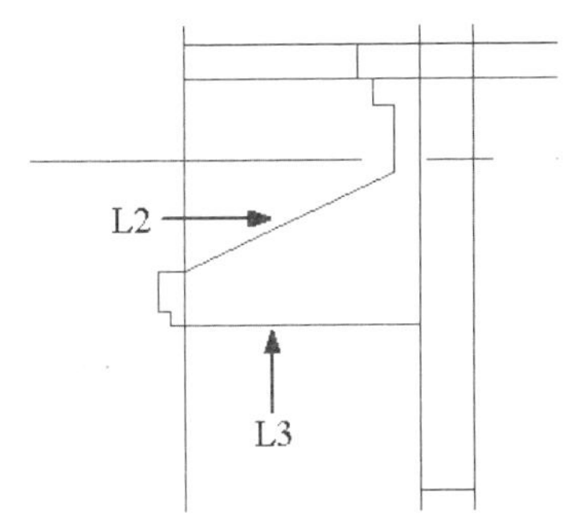

图 226-10　绘制走廊

步骤 13 绘制屋檐。单击 LINE 命令，按住【Shift】键的同时在绘图区单击鼠标右键，在弹出的快捷菜单中选择“自”选项 ，捕捉图 226-10 中的端点 D 为基点，然后输入（@660,4920）、（@0,-120）、（@60,0）、（@0,-100）、（@80,0）、（@0,-244）、（@-800,-356）、（@-100,0）、（@0,-150）、（@50,0）、（@0,-50）、（@950,0）、（@0,-600）和（@200,0）绘制直线，效果如图 226-11 所示。

图 226-11　绘制屋檐

步骤 14 偏移并修剪处理。单击“修改”面板中的“偏移”按钮，根据提示进行操作，将图 226-11 中的直线 L2、L3 向内偏移 60，并使用 EXTEND 命令对偏移的直线进行延伸；使用 TRIM 命令对多余的直线进行修剪，效果如图 226-12 所示。

步骤 15 绘制窗户。使用 LINE、OFFSET、RECTANG、TRIM 等命令，参照图 226-13 所示的尺寸标注绘制窗户，并移至“门窗”图层。

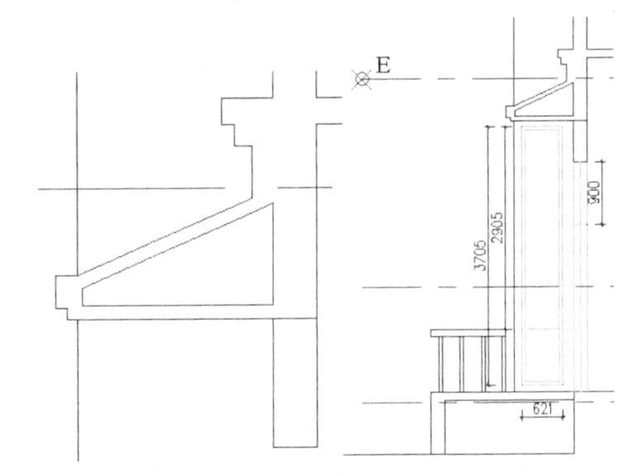

图 226-12　偏移并修剪处理　图 226-13　绘制窗户

步骤 16 绘制直线。单击“默认”选项板中的“绘图”选项区的“直线”按钮，根据提示进行操作，按住【Shift】键的同时在绘图区单击鼠标右键，在弹出的快捷菜单中选择“自”选项 ，捕捉图 226-13 中的端点 E 为基点，然后输入（@3100,3200）、（@-950,0）、（@0,-200）、（@50,0）、（@0,-200）、（@-50,0）、（@0,-100）和（@50,0）绘制直线，效果如图 226-14 所示。

步骤 17 延伸处理。单击“修改”面板中的“延伸”按钮，根据提示进行操作，选择图 226-14 中的直线 L4 为延伸边界的边，对绘制的水平线进行延伸处理。

步骤 18 修剪处理。使用 TRIM 命令对多余的直线进行修剪，效果如图 226-15 所示。

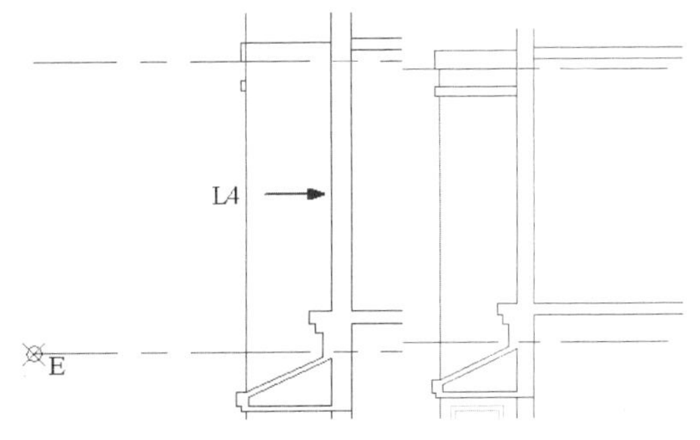

图 226-14　绘制直线　图 226-15　修剪处理

步骤 19 绘制门窗。使用 LINE、OFFSET、

TRIM 等命令，参照图 226-16 所示的尺寸标注绘制门窗。

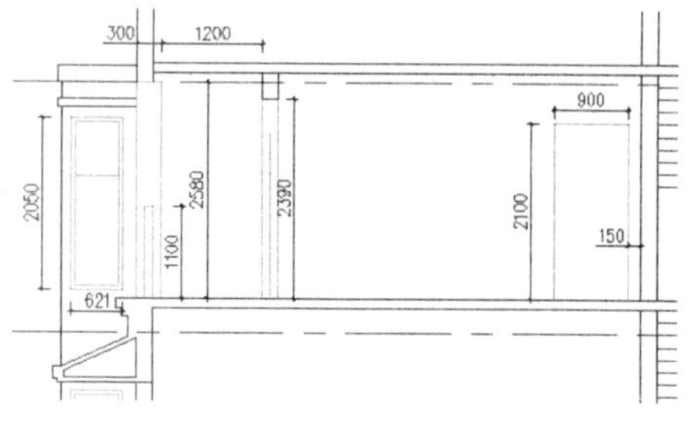

图 226-16　绘制门窗

步骤 20　绘制直线。单击“默认”选项板中的“绘图”选项区的“直线”按钮，根据提示进行操作，按住【Shift】键的同时在绘图区单击鼠标右键，在弹出的快捷菜单中选择“自”选项，捕捉端点 F 为基点，然后输入（@240,0）、（@0,-120）、（@-60,0）、（@0,-100）、（@-80,0）、（@0,-200）、（@1368,-400）、（@100,0）、（@0,-150）、（@-50,0）、（@0,-50）和（@-2118,0）绘制直线，效果如图 226-17 所示。

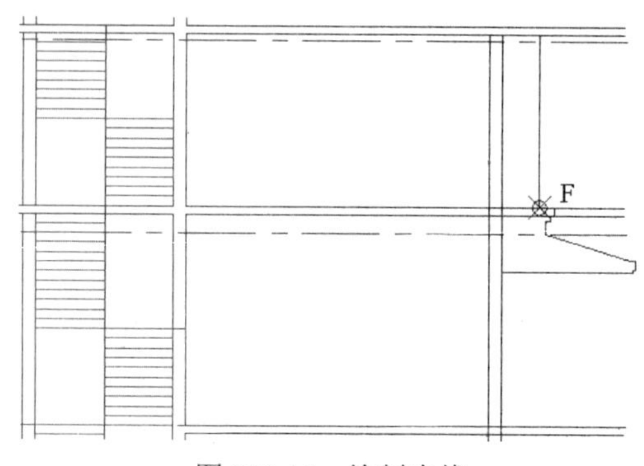

图 226-17　绘制直线

步骤 21　重复步骤（20）的操作，按住【Shift】键的同时在绘图区单击鼠标右键，在弹出的快捷菜单中选择“自”选项，捕捉端点 F 为基点，然后输入（@-100,-120）、（@0,-410）、（@220,0）、（@1083,-317）、（@0,-73）和（@-1803,0）绘制直线。

步骤 22　修剪处理。使用 TRIM 命令对多余的直线进行修剪，效果如图 226-18 所示。

步骤 23　绘制柱子。使用 LINE、TRIM、OFFSET 等命令，参照图 226-19 所示的尺寸标注绘制柱子。

步骤 24　绘制走廊。使用 LINE、TRIM、RECTANG、OFFSET 等命令，参照图 226-20 所示的尺寸标注绘制走廊。

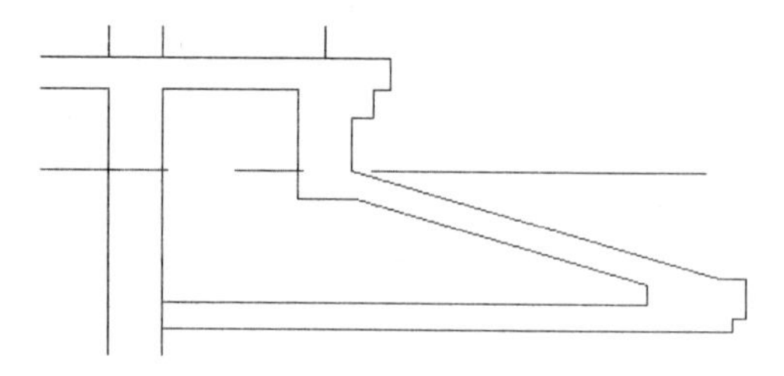

图 226-18　修剪处理

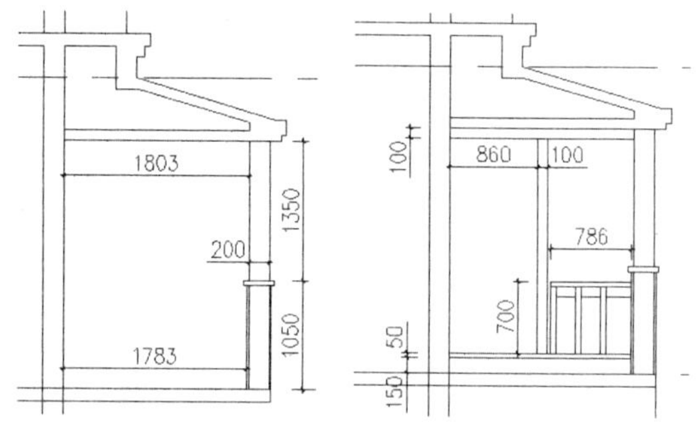

图 226-19　绘制柱子　　图 226-20　绘制走廊

步骤 25　绘制墙体和门窗。使用 LINE、TRIM、OFFSET 等命令，参照图 226-21 所示的尺寸标注绘制墙体和门窗，并将绘制的门窗移至“门窗”图层。

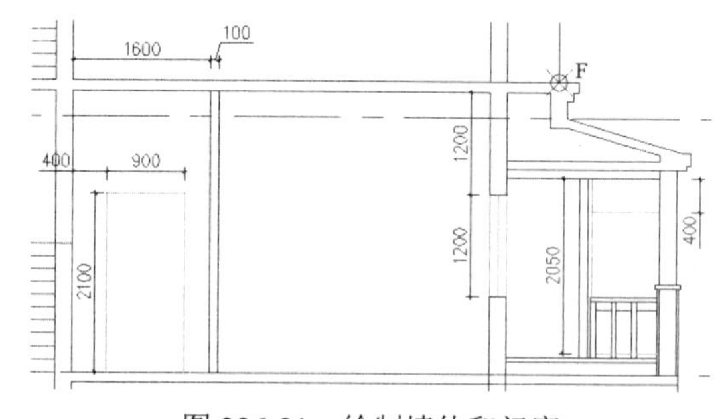

图 226-21　绘制墙体和门窗

步骤 26　绘制直线并修剪。按住【Shift】键的同时在绘图区单击鼠标右键，在弹出的快捷菜单中选择“自”选项，捕捉端点 F 为基点，然后输入（@-150,2690）、（@0,-410）、（@200,0）、（@0,300）、（@96,0）和（@0,230）绘制直线；使用 TRIM 命令对多余的直线进行修剪，效果如图 226-22 所示。

步骤 27 绘制墙体和窗户。使用 LINE、RECTANG、OFFSET、TRIM 等命令，参照图 226-23 所示的尺寸标注绘制墙体和窗户，并将绘制的窗户移至“门窗”图层。

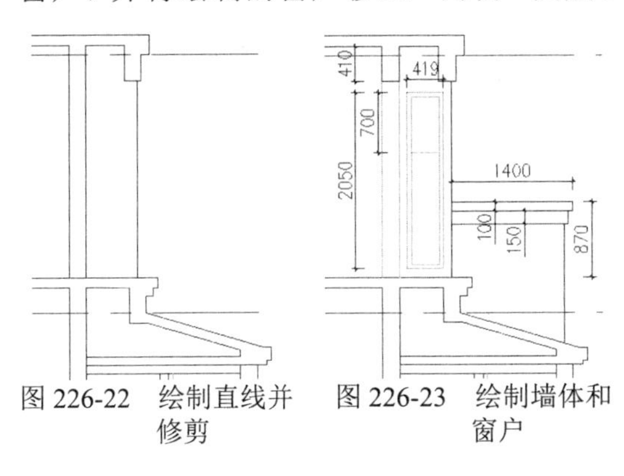

图 226-22　绘制直线并修剪　　图 226-23　绘制墙体和窗户

2. 绘制别墅第二层和顶棚剖面图

步骤 1 偏移处理。单击“修改”面板中的“偏移”按钮，根据提示进行操作，将直线 L1 沿水平方向向右偏移 5500，将直线 L2 垂直向上偏移 870，效果如图 226-24 所示。

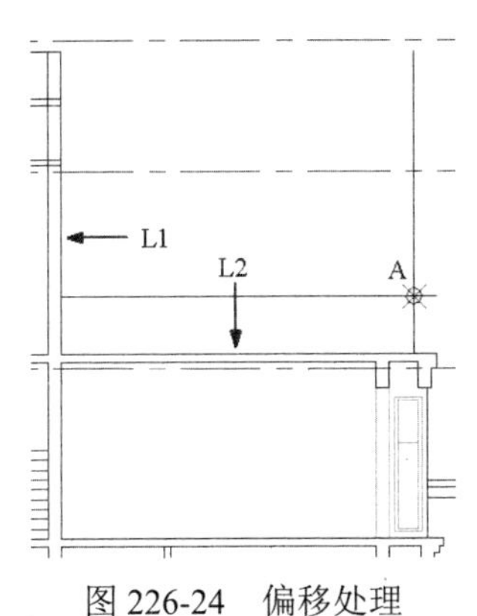

图 226-24　偏移处理

步骤 2 绘制直线并修剪处理。使用 LINE 命令，按住【Shift】键的同时在绘图区单击鼠标右键，在弹出的快捷菜单中选择“自”选项，捕捉图 226-24 中的交点 A 为基点，然后输入（@300,0）、（@0,-100）、（@-50,0）、（@0,-150）、（@-50,0）和（@0,-620）绘制直线；使用 TRIM 命令对多余的直线进行修剪，效果如图 226-25 所示。

步骤 3 绘制阳台洞。使用 RECTANG、OFFSET、COPY 等命令，参照图 226-26 所示的尺寸标注绘制阳台洞。

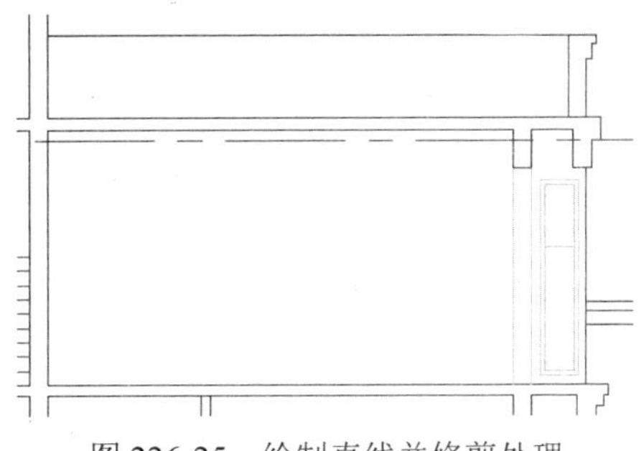

图 226-25　绘制直线并修剪处理

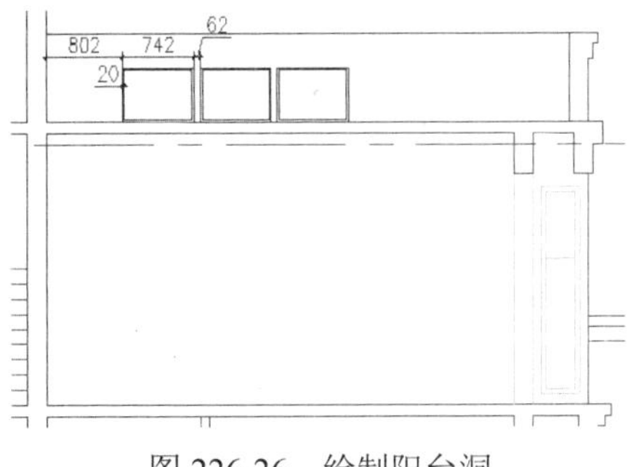

图 226-26　绘制阳台洞

步骤 4 绘制屋顶。执行 LINE 命令，按住【Shift】键的同时在绘图区单击鼠标右键，在弹出的快捷菜单中选择“自”选项，捕捉端点 B 为基点，然后输入（@6204,-1654）、（@-3154,1910）和（@-1703,-1031）绘制屋顶，效果如图 226-27 所示。

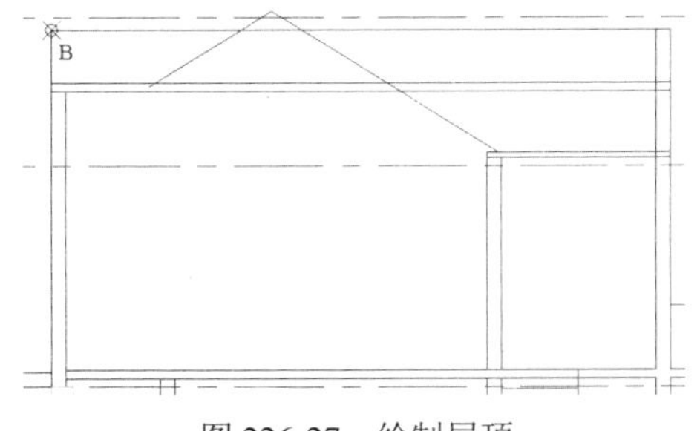

图 226-27　绘制屋顶

步骤 5 偏移处理。单击“修改”面板中的“偏移”按钮，根据提示进行操作，将绘制的直线向下偏移 80。

步骤 6 延伸并修剪处理。使用 TRIM、

EXTEND 命令对偏移的直线进行延伸和修剪处理，效果如图 226-28 所示。

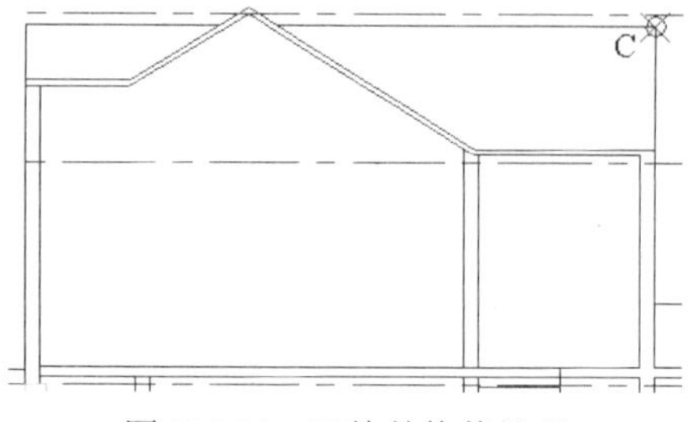

图 226-28　延伸并修剪处理

步骤 7 绘制直线。执行 LINE 命令，按住【Shift】键的同时在绘图区单击鼠标右键，在弹出的快捷菜单中选择“自”选项，捕捉图 226-28 中的端点 C 为基点，然后输入（@-200,-1654）、（@600,0）、（@0,-80）、（@-84,0）、（@0,-104）和（@-316,0）绘制直线，并使用 TRIM 命令对多余的直线进行修剪，效果如图 226-29 所示。

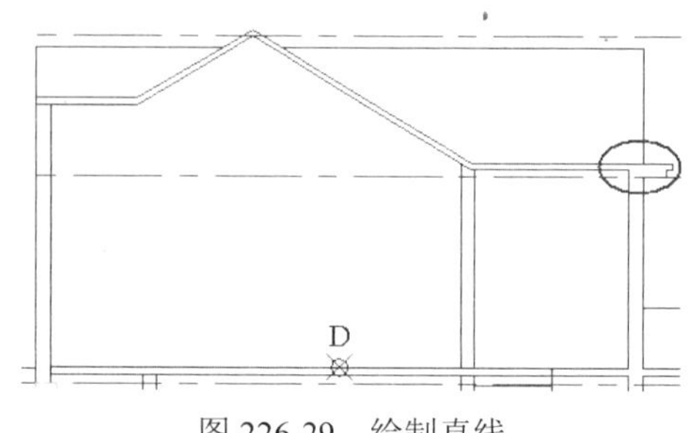

图 226-29　绘制直线

步骤 8 镜像处理。单击“修改”面板中的“镜像”按钮，根据提示进行操作，选择步骤（7）中绘制的直线为镜像对象，捕捉图 226-29 中的中点 D 和该中点所在垂线上的一点，作为镜像线上的第一点和第二点进行镜像处理，效果如图 226-30 所示。

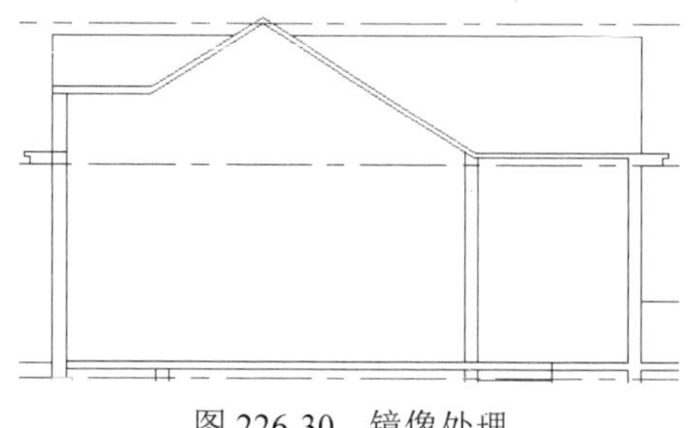

图 226-30　镜像处理

步骤 9 绘制门窗和墙体。使用 LINE、OFFSET、EXTEND、TRIM 等命令，参照图 226-31 所示的尺寸标注绘制门窗和墙体，并将门窗移至“门窗”图层。

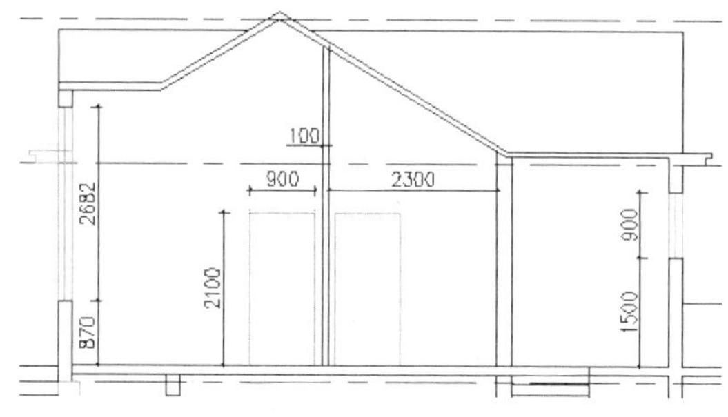

图 226-31　绘制门窗和墙体

步骤 10 关闭图层。在“图层特性管理器”按钮右侧的下拉列表框中单击“轴线”图层前面的“开/关图层”图标，将该图层关闭，效果如图 226-32 所示。

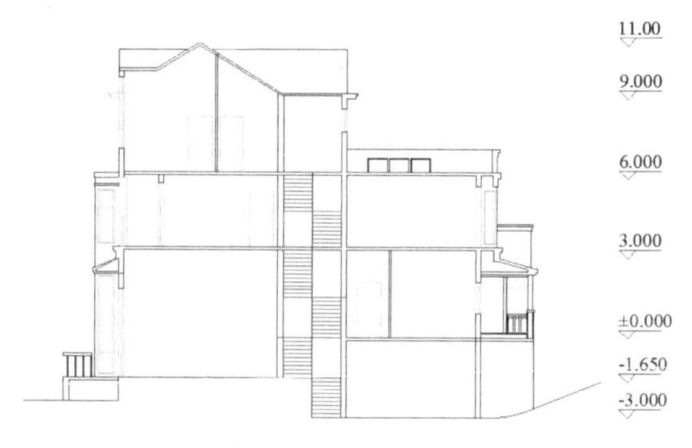

图 226-32　关闭图层

步骤 11 修改图签。使用 MTEDIT 命令将图签中的图纸名称修改为“别墅剖面图”。

步骤 12 绘制说明标注。将图层 0 设置为当前图层，使用 TEXT 命令在剖面图下方输入文字“别墅剖面图（1:100）”；使用 LINE 命令在该文字的下方绘制两条直线，并将第一条直线的线宽设置为 0.30 毫米，效果参见图 226-1。

实例 227 办公楼立面图

本实例绘制的是办公楼立面图，效果如图 227-1 所示。

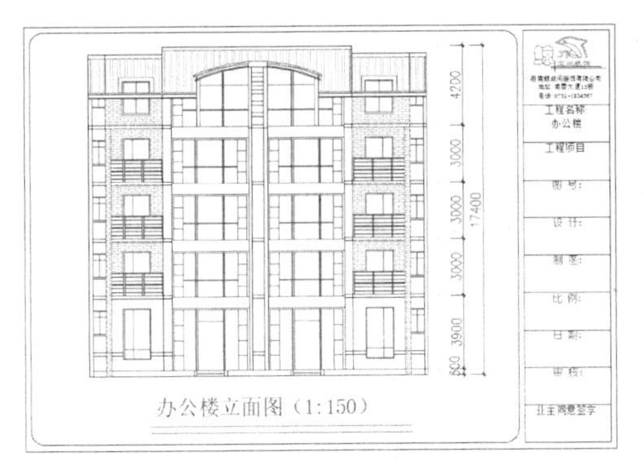

图 227-1 办公楼立面图

操作步骤

1. 绘制办公楼立面图

步骤 1 新建文件。启动 AutoCAD，单击“新建”按钮，新建一个 CAD 文件。

步骤 2 创建图层。在“AutoCAD 经典”工作空间下，单击“图层”工具栏中的“图层特性管理器”按钮，在弹出的“图层特性管理器”对话框中，依次创建图层“标注和文字”（红色）、“门窗”（洋红）、“墙体”（蓝色）、“填充”【颜色值为（119,179,15）】、“轴线”（红色，线型为 CENTER），然后双击“轴线”图层将其设置为当前图层。

步骤 3 绘制轴线。执行 LINE 命令，按【F8】键打开正交模式，在绘图区内任取一点作为起点，然后输入（@20200,0）绘制水平轴线。

步骤 4 重复步骤（3）的操作，按住【Shift】键的同时在绘图区单击鼠标右键，在弹出的快捷菜单中选择“自”选项，捕捉步骤（3）绘制的起点为基点，然后输入（@1000,-1000）和（@0,19400）绘制垂直轴线。

步骤 5 偏移处理。执行 OFFSET 命令，根据提示进行操作，将绘制的水平轴线依次向上偏移，偏移的距离分别为 4200、3000、3000、3000 和 4200；将绘制的垂直轴线依次向右偏移 2 次，偏移的距离均为 9100，效果如图 227-2 所示。

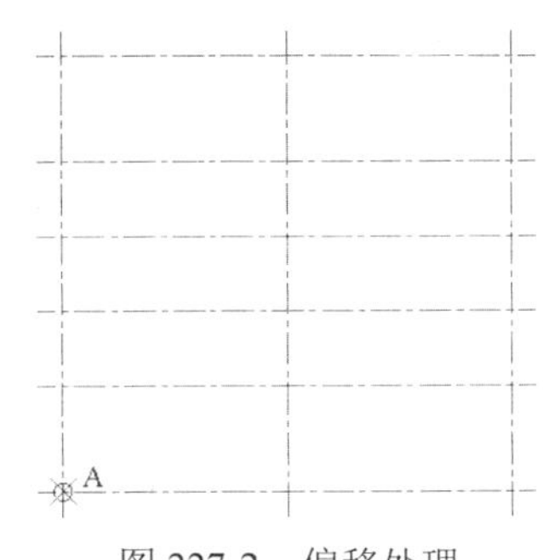

图 227-2 偏移处理

步骤 6 绘制直线并偏移处理。执行 LINE 命令，捕捉图 227-2 中的交点 A 为基点，然后输入（@0,17400）绘制垂直线；使用 OFFSET 命令，将绘制的垂直线依次向右偏移，偏移的距离分别为 200、700、300、2780、452、4151、200、634 和 200。

步骤 7 执行 LINE 命令，捕捉交点 A 为基点，然后输入（@18200,0）绘制水平线；使用 OFFSET 命令，将绘制的水平线依次向上偏移，偏移的距离分别为 300、800、200、2800 和 200，效果如图 227-3 所示。

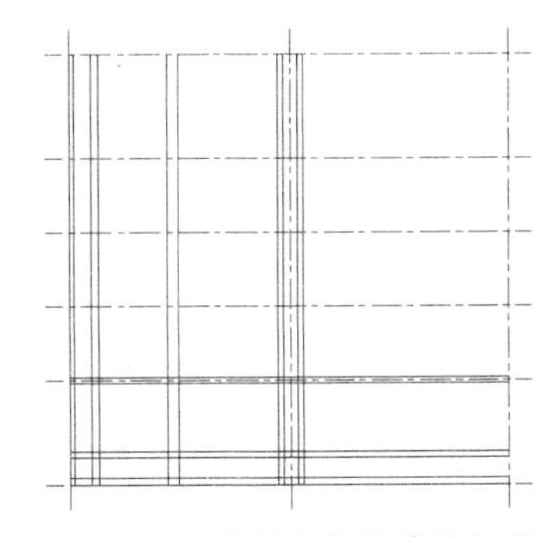

图 227-3 绘制直线并偏移处理

步骤 8 修剪处理。使用 TRIM 命令对偏移的直线进行修剪，效果如图 227-4 所示。

步骤 9 偏移处理。执行 OFFSET 命令，根据提示进行操作，将图 227-4 中的直线 L1 依次向上偏移，偏移的距离分别为 155 和 15。

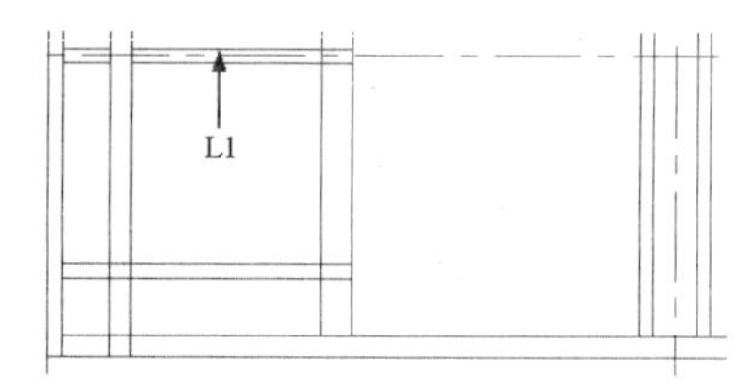

图 227-4 修剪处理

步骤 10 阵列处理。在命令行中输入 ARRAY 命令并按回车键，选择步骤（9）中偏移生成的直线为阵列的对象，输入阵列类型为“矩形（R）”，选择“行数（R）”为 5，指定行数之间的距离为 200，指定行数之间的标高增量为 0，选择“列数”为 1，指定列数之间的距离为 1，指定列数之间的标高增量为 0，按下回车键进行阵列，效果如图 227-5 所示。

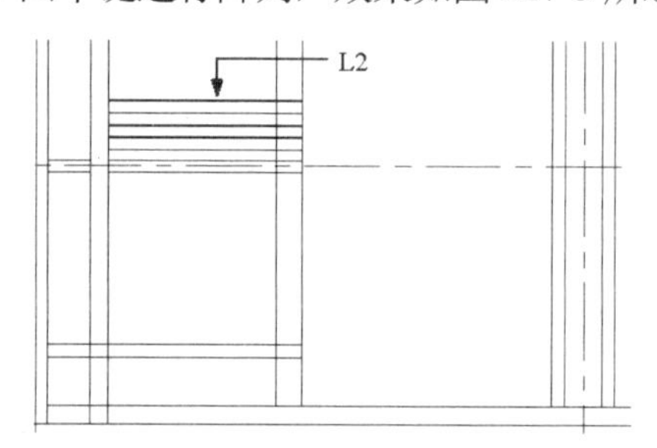

图 227-5 阵列处理

步骤 11 偏移处理。执行 OFFSET 命令，根据提示进行操作，选择图 227-5 中的直线 L2，依次向上偏移，偏移的距离分别为 170 和 60，效果如图 227-6 所示。

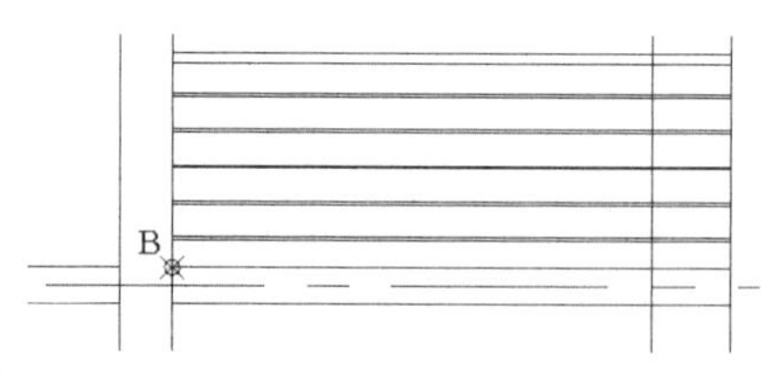

图 227-6 偏移处理

步骤 12 绘制直线并偏移处理。执行 LINE 命令，根据提示进行操作，按住【Shift】键的同时在绘图区单击鼠标右键，在弹出的快捷菜单中选择“自”选项，捕捉图 227-6 中的端点 B 为基点，然后输入（@646,0）和（@0,1140）绘制直线；使用 OFFSET 命令，将绘制的直线依次向右偏移，偏移的距离分别为 60、970、60 和 984。

步骤 13 修剪处理。使用 TRIM 命令对偏移的直线进行修剪，效果如图 227-7 所示。

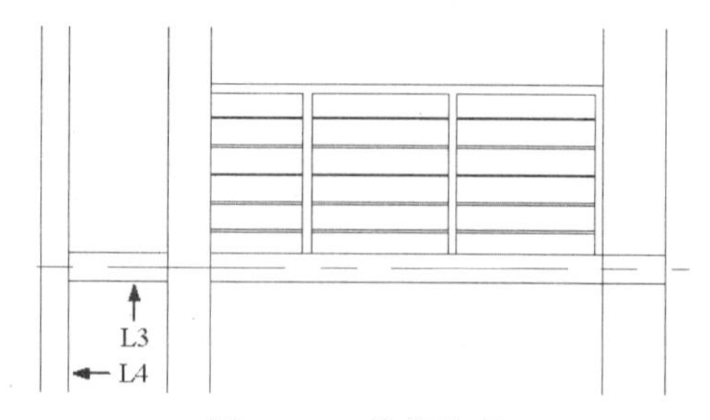

图 227-7 修剪处理

步骤 14 偏移处理。执行 OFFSET 命令，根据提示进行操作，将图 227-7 中的直线 L3 沿垂直方向依次向下偏移，偏移的距离分别为 600、50、300、900 和 50；选择直线 L4 沿水平方向向右偏移，偏移的距离为 350，效果如图 227-8 所示。

步骤 15 修剪处理。使用 TRIM 命令对偏移的直线进行修剪，并移至“门窗”图层，效果如图 227-9 所示。

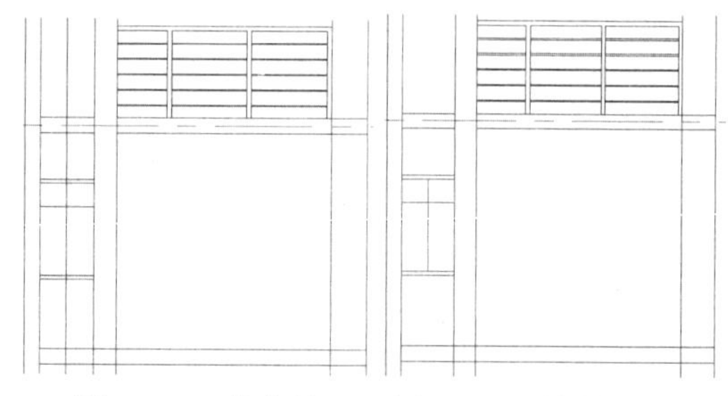

图 227-8 偏移处理 图 227-9 修剪处理

步骤 16 重复步骤（14）～（15）的操作，参照图 227-10 所示的尺寸标注绘制窗户，并移至“门窗”图层。

步骤 17 复制并修剪处理。执行 COPY 命令，选择图 227-10 中的两个窗户并按回车键，以原点为基点，然后输入（@0,3000）为目标点进行复制；使用 TRIM 命令对多余的直线进行修剪，效果如图 227-11 所示。

步骤 18 重复步骤（17）的操作，选择办公楼第二层的窗户和栏杆并按回车键，然后分别输入（@0,3000）和（@0,6000）为目标点进复制，效果如图 227-12 所示。

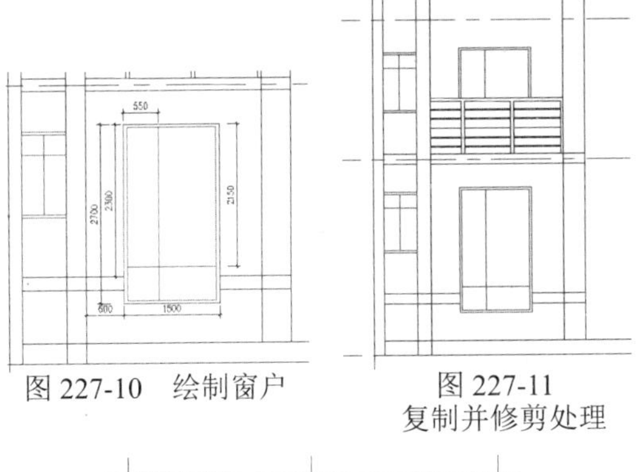

图 227-10　绘制窗户　图 227-11 复制并修剪处理

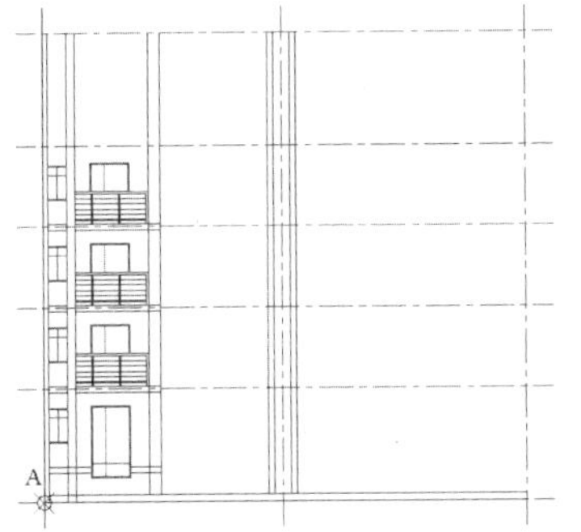

图 227-12　复制处理

步骤 19 绘制直线并偏移处理。单击 LINE 命令，按住【Shift】键的同时在绘图区单击鼠标右键，在弹出的快捷菜单中选择“自”选项，捕捉交点 A 为基点，然后输入（@5591,0）和（@0,300）绘制直线；使用 OFFSET 命令，将绘制的直线依次向右偏移，偏移的距离分别为 150、1487 和 150。

步骤 20 偏移并修剪处理。使用 OFFSET 命令，将交点 A 所在的水平线沿垂直方向向上偏移，偏移的距离为 150；使用 TRIM 命令对多余的直线进行修剪，制作出台阶，效果如图 227-13 所示。

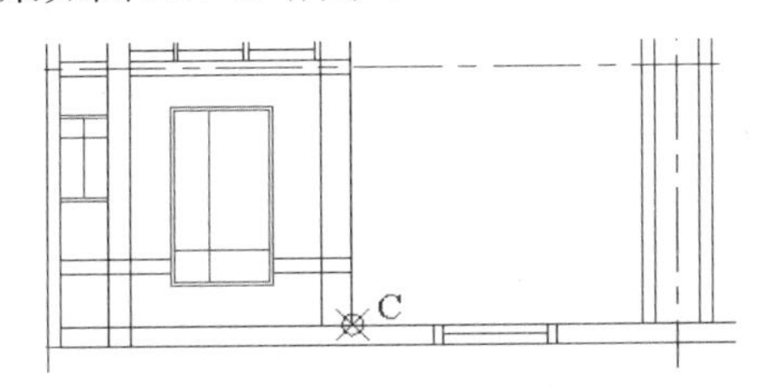

图 227-13　偏移并修剪处理

步骤 21 绘制直线并偏移处理。执行 LINE 命令，按住【Shift】键的同时在绘图区单击鼠标右键，在弹出的快捷菜单中选择“自”选项，捕捉图 227-13 中的端点 C 为基点，然后输入（@0,3300）和（@4151,0）绘制直线；使用 OFFSET 命令，将绘制的直线依次向下偏移，偏移的距离分别为 100、600、200、800 和 800。

步骤 22 执行 LINE 命令，按住【Shift】键的同时在绘图区单击鼠标右键，在弹出的快捷菜单中选择“自”选项，捕捉端点 C 为基点，然后输入（@100,0）和（@0,3300）绘制直线；使用 OFFSET 命令，将绘制的直线依次向右偏移，偏移的距离分别为 500、659、50、50、1387、50、50、705 和 500。

步骤 23 修剪处理。使用 TRIM 命令对偏移的直线进行修剪，并移至“门窗”图层，效果如图 227-14 所示。

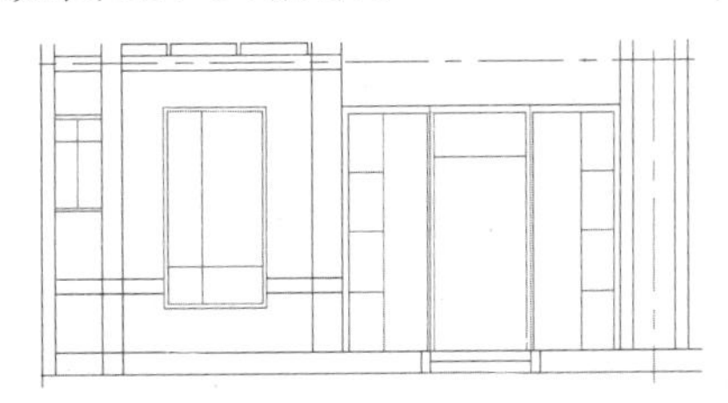

图 227-14　修剪处理

步骤 24 重复步骤（21）～（23）的操作，参照图 227-15 所示的尺寸标注绘制办公楼第二层门窗。

步骤 25 复制处理。单击“修改”面板中的“复制”按钮，根据提示进行操作，选择步骤（24）中绘制的门窗并按回车键，以原点为基点，然后分别输入（@0,3000）和（@0,6000）为目标点进行复制，效果如图 227-16 所示。

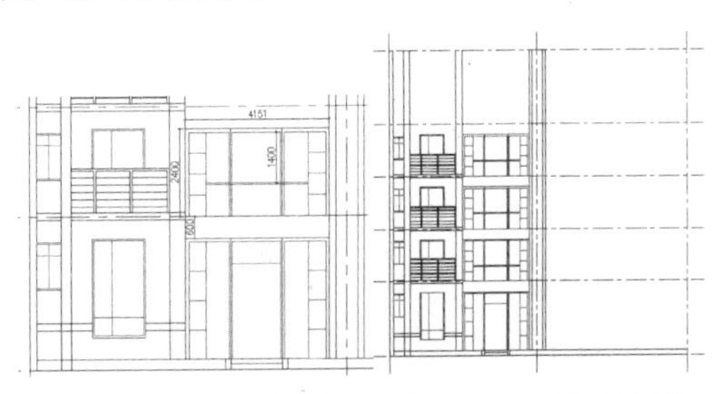

图 227-15　绘制门窗　图 227-16　复制处理

步骤 26 镜像处理。单击“修改”面板中的“镜像”按钮，根据提示进行操作，选择图 227-16 中的左边门窗、栏杆和墙体并按回车键，捕捉第二条垂直轴线上的任意两点为镜像线上的第一点和第二点进行镜像处理，效果如图 227-17 所示。

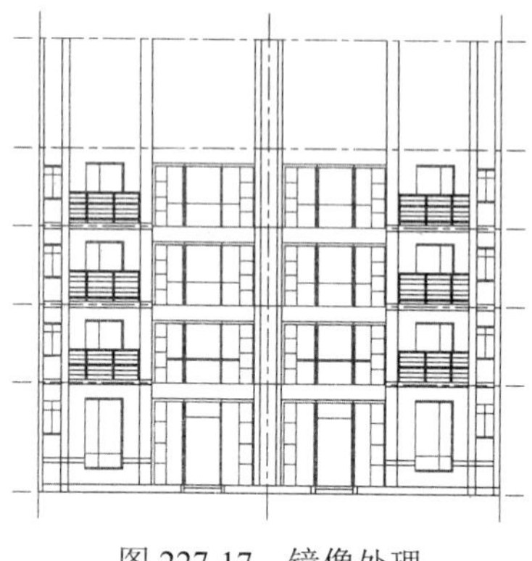

图 227-17 镜像处理

2. 绘制办公楼顶棚立面图

步骤 1 绘制直线并偏移处理。执行 LINE 命令，按住【Shift】键的同时在绘图区单击鼠标右键，在弹出的快捷菜单中选择“自”选项，捕捉端点 A 为基点，然后输入（@1000,-100）和（@9617,0）绘制直线；使用 OFFSET 命令，将该直线沿水平方向依次向右偏移，偏移的距离分别为 200、1400、50、150、100、1300、300、200、200、200 和 200，效果如图 227-18 所示。

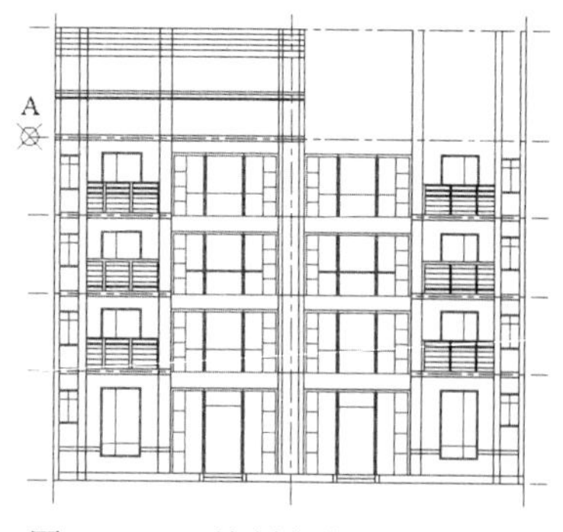

图 227-18 绘制直线并偏移处理

步骤 2 修剪处理。使用 TRIM 命令对偏移的直线进行修剪，效果如图 227-19 所示。

步骤 3 偏移并修剪处理。使用 OFFSET 命令，将图 227-19 中的直线 L1 和直线 L2 分别向右偏移，偏移的距离均为 100；使用 TRIM 命令对偏移生成的直线进行修剪，效果如图 227-20 所示。

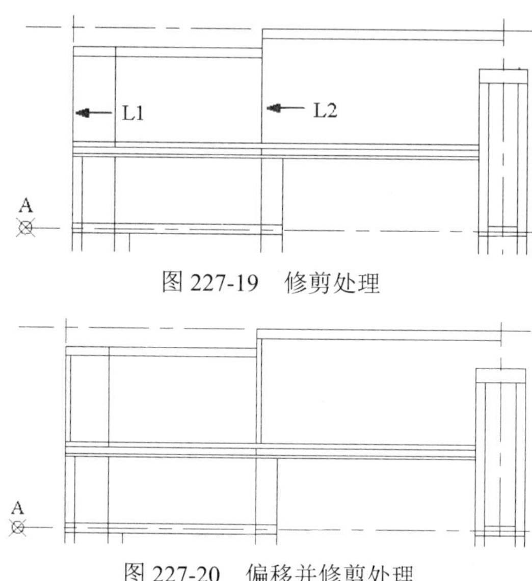

图 227-19 修剪处理

图 227-20 偏移并修剪处理

步骤 4 绘制直线并偏移处理。执行 LINE 命令，按住【Shift】键的同时在绘图区单击鼠标右键，在弹出的快捷菜单中选择“自”选项，捕捉端点 A 为基点，然后输入（@1700,1500）和（@0,300）绘制直线；使用 OFFSET 命令，将该直线沿水平方向依次向右偏移，偏移的距离分别为 100、2980 和 100。

步骤 5 修剪处理。使用 TRIM 命令对偏移的直线进行修剪，效果如图 227-21 所示。

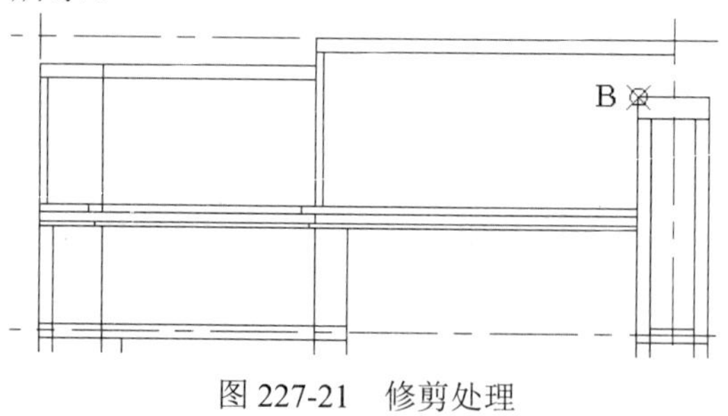

图 227-21 修剪处理

步骤 6 绘制直线。单击 LINE 命令，按住【Shift】键的同时在绘图区单击鼠标右键，在弹出的快捷菜单中选择“自”选项 ，捕捉图 227-21 中的端点 B 为基点，输入（@-2792,-741）和（@0,-2659）绘制直线。按住【Shift】键的同时在绘图区单击鼠标右键，在弹出的快捷菜单中选择“自”选项 ，捕捉图 227-21 中的端点 B 为基点，然后输入（@0,-3400）和（@-4151,0）绘制直线。

步骤 7 绘制圆弧并偏移处理。执行 ARC 命令，捕捉端点 B 为起点，然后输入（@-1527,-226）和（@-1464,-491）绘制圆弧；使用 OFFSET 命令，将该圆弧依次向下偏移，偏移的距离分别为 100、150 和 50，效果如图 227-22 所示。

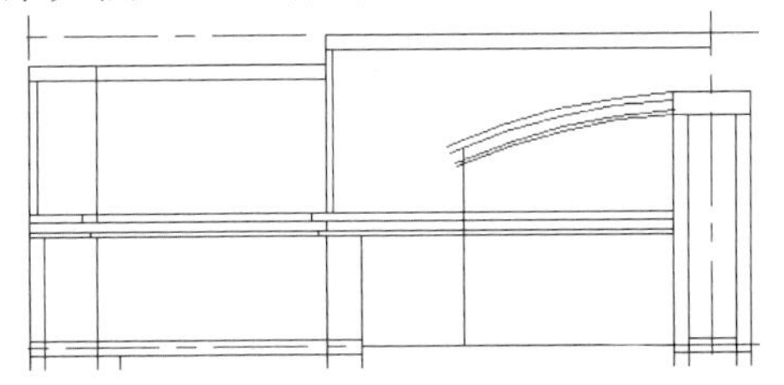

图 227-22 绘制圆弧并偏移处理

步骤 8 绘制直线并修剪处理。执行 LINE 命令，利用对象捕捉功能，对圆弧左侧的端点进行连接；使用 TRIM 命令对多余的直线进行修剪，效果如图 227-23 所示。

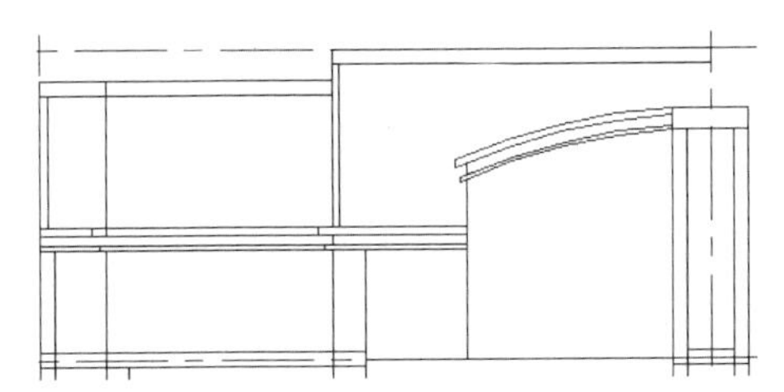

图 227-23 绘制直线并修剪处理

步骤 9 绘制门窗。使用 LINE、TRIM、OFFSET、RECTANG 等命令绘制如图 227-24 所示的门窗。

图 227-24 绘制门窗

步骤 10 镜像并修剪处理。执行 MIRROR 命令，选择图 227-24 中的办公楼顶棚为镜像对象，捕捉第二条轴线上的任意两点为镜像线上的第一点和第二点进行镜像处理；使用 TRIM 命令对多余的直线进行修剪，效果如图 227-25 所示。

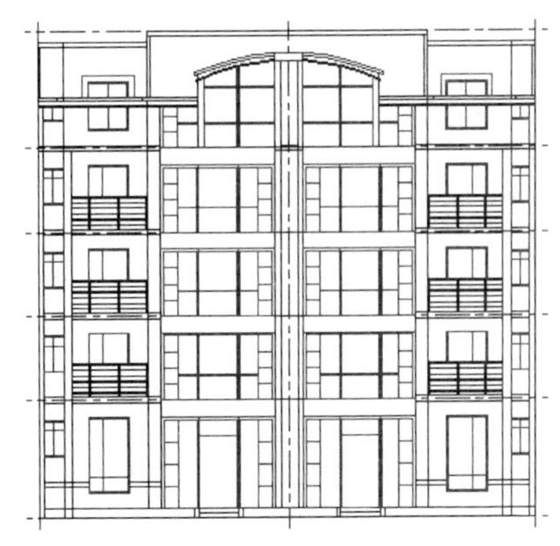

图 227-25 镜像并修剪处理

步骤 11 偏移并修剪处理。使用 OFFSET 命令，将办公楼最底下的墙线沿垂直方向依次向上偏移，偏移的距离分别为 1100 和 200；使用 TRIM 命令对偏移生成的直线进行修剪，效果如图 227-26 所示。

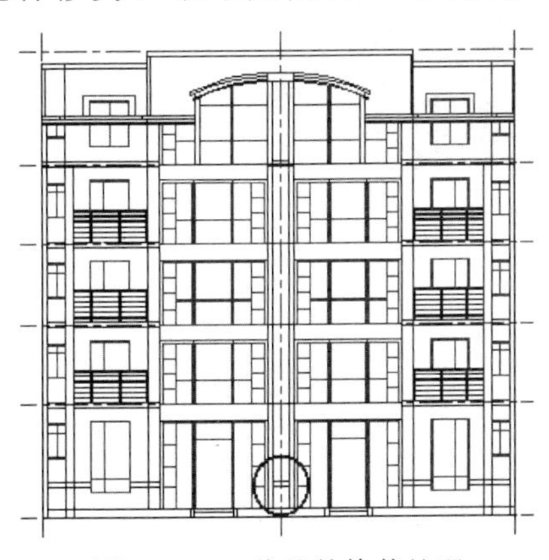

图 227-26 偏移并修剪处理

步骤 12 复制处理。执行 COPY 命令，选择步骤（11）中绘制的直线并按回车键，以原点为基点，然后分别输入（@0,3000）、（@0,6000）、（@0,9000）、（@0,12600）、（@0,13200）、（@0,13800）、（@0,14250）和（@0,14700）进行复制，效果如图 227-27 所示。

步骤 13 图案填充。将“填充”图层设置为当前图层，使用 BHATCH 命令，设置填充的图案、比例和角度，填充办公楼墙体要填充的区域，然后双击“标注和文字”图层将其设置为当前图层，效果如图 227-28 所示。

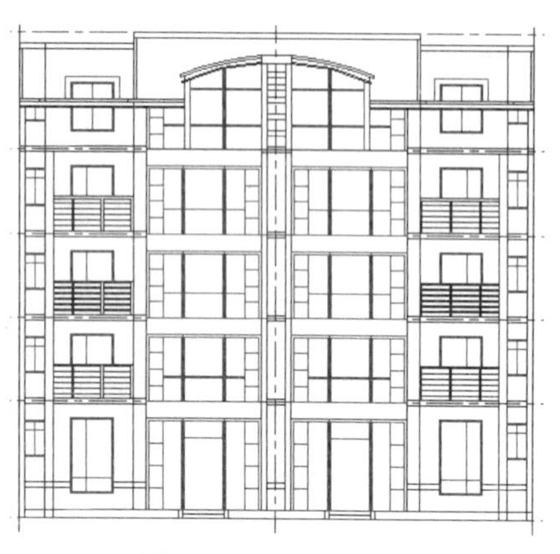

图 227-27 复制处理

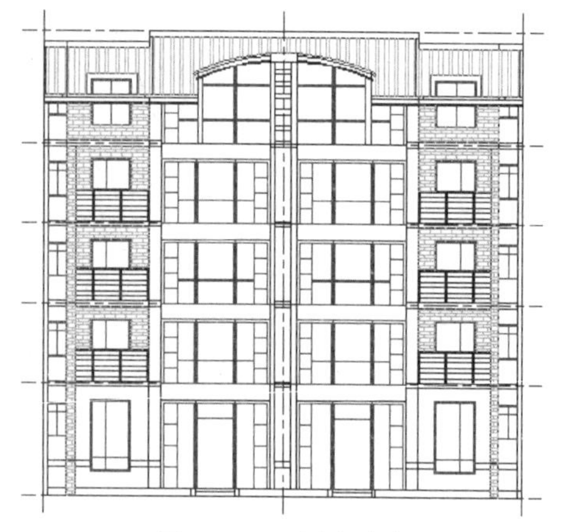

图 227-28 图案填充

步骤 14 标注尺寸。使用 DIMLINEAR 和 DIMCONTINUE 命令对图形进行尺寸标注，效果如图 227-29 所示。

步骤 15 关闭图层。在“图层特性管理器”按钮右侧的下拉列表框中单击“轴线”图层前面的“开/关图层”图标，将该图层关闭，效果如图 227-30 所示。

步骤 16 调用图签。打开实例 187 绘制的“建筑工装图签样板”AutoCAD 文件，将所需的图签复制并粘贴到办公楼立面图中，并使用 SCALE 命令对其进行适当缩放。

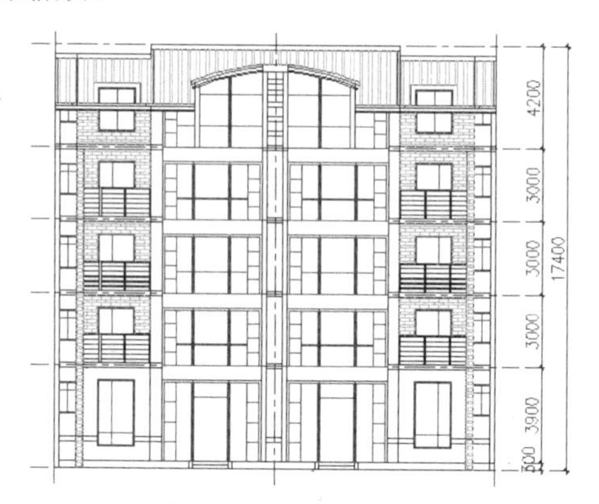

图 227-29 标注尺寸

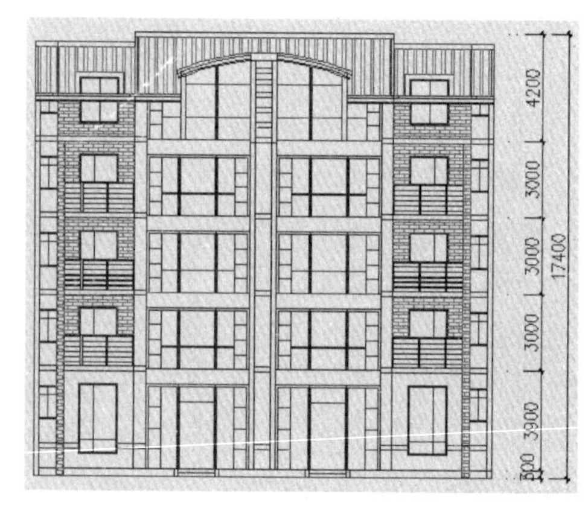

图 227-30 关闭图层

步骤 17 输入文字。选择“工程名称”单元格，单击鼠标右键，在弹出的快捷菜单中选择“编辑文字”选项，在单元格中输入文字“办公楼”。

步骤 18 绘制说明标注。使用 TEXT 命令，在立面图下方输入文字“办公楼立面图（1:150）”；使用 LINE 命令，在该文字的下方绘制两条直线，并将第一条直线的线宽设置为 0.30 毫米，效果参见图 227-1。

实例 228 办公楼剖面图

本实例绘制的是办公楼剖面图，效果如图 228-1 所示。

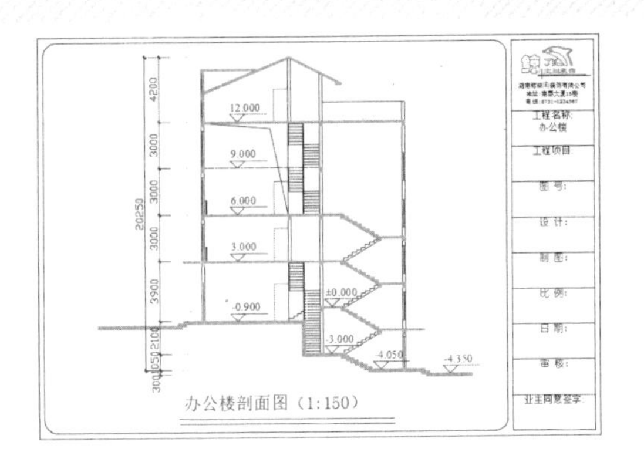

办公楼剖面图（1:150）

图 228-1　办公楼剖面图

操作步骤

1. 绘制办公楼剖面图框架

步骤 1 新建文件。启动 AutoCAD，单击“新建”按钮，新建一个 CAD 文件。

步骤 2 创建图层。在“AutoCAD 经典”工作空间下，单击“图层”工具栏中的“图层特性管理器”按钮，在弹出的“图层特性管理器”对话框中，依次创建图层“标注和文字”（红色）、“门窗”（洋红）、“墙体”（蓝色）、“填充”【颜色值为（119,179,15）】、“轴线”（红色，线型为 CENTER），然后双击“轴线”图层将其设置为当前图层。

步骤 3 绘制轴线并偏移处理。执行 LINE 命令，按【F8】键打开正交模式，在绘图区内任取一点作为起点，然后输入（@18185,0）绘制水平轴线；使用 OFFSET 命令，将绘制的轴线沿垂直方向依次向上偏移，偏移的距离分别为 300、1050、2100、3900、3000、3000、3000 和 4200，效果如图 228-2 所示。

步骤 4 绘制多段线。执行 PLINE 命令，按住【Shift】键的同时在绘图区单击鼠标右键，在弹出的快捷菜单中选择“自”选项，捕捉图 228-2 中的端点 A 为基点，然后输入（@-4340,2950）、（@5440,0）、（@0,150）、（@300,0）、（@0,150）、（@7585,0）、（@0,-2100）、（@2580,0）、（@0,-150）、（@300,0）、（@0,-150）、（@300,0）、（@0,-150）、（@300,0）、（@0,-150）、（@300,0）、（@0,-150）、（@300,0）、（@0,-150）、（@3420,0）、（@0,-150）、（@300,0）、（@0,-150）和（@3026,0），绘制多段线，效果如图 228-3 所示。

图 228-2　绘制轴线并偏移处理 　　图 228-3　绘制多段线

步骤 5 偏移处理。使用 OFFSET 命令，选择上述绘制的多段线，沿垂直方向向上偏移 200。

步骤 6 绘制直线并分解处理。执行 LINE 命令，分别捕捉两条多段线的起点和终点绘制直线；使用 EXPLODE 命令对多段线进行分解处理。

步骤 7 绘制直线并偏移处理。执行 LINE 命令，按住【Shift】键的同时在绘图区单击鼠标右键，在弹出的快捷菜单中选择“自”选项，捕捉端点 A 为基点，然后输入（@2400,300）和（@0,20250）绘制直线；使用 OFFSET 命令将该直线沿水平方向依次向右偏移，偏移的距离分别为 194、5491、200、1900、200、5200 和 200，效果如图 228-4 所示。

步骤 8 绘制直线并偏移处理。执行 LINE 命令，按住【Shift】键的同时在绘图区单击鼠标右键，在弹出的快捷菜单中选择“自”选项，捕捉图 228-4 中的端点 B 为基点，然后输入（@1200,-100）和（@14585,0）绘制直线；使用 OFFSET 命令将该直线沿垂直方向依次向上偏移，偏移的距离分别为 100、2900、100、5900、100、1200、2100 和 100，效果如图 228-5 所示。

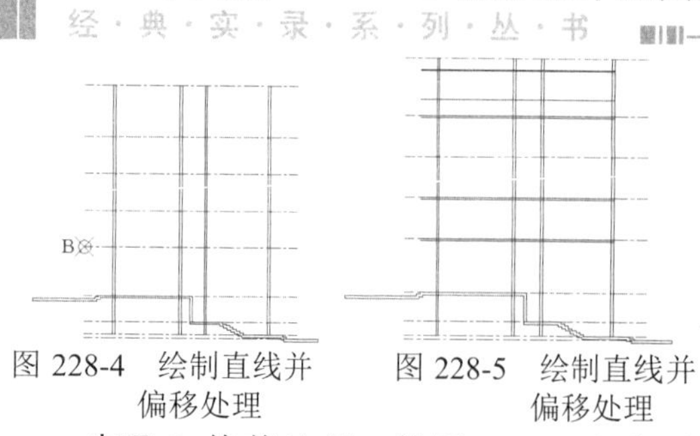

图 228-4　绘制直线并偏移处理　　图 228-5　绘制直线并偏移处理

步骤 9 修剪处理。使用 TRIM 命令对偏移的直线进行修剪，效果如图 228-6 所示。

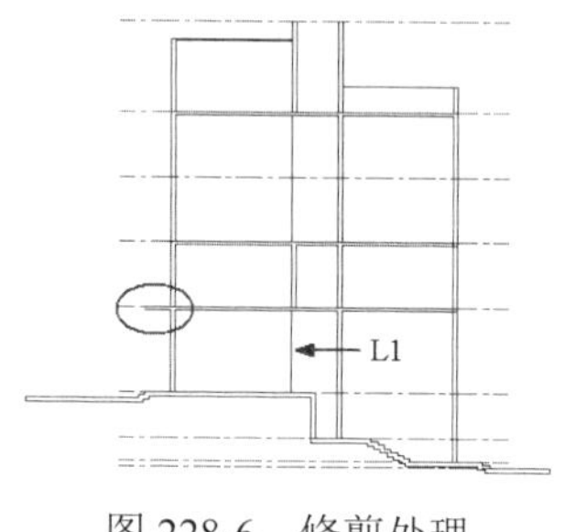

图 228-6　修剪处理

步骤 10 绘制直线。执行 LINE 命令，捕捉图 228-6 中的两条直线的端点绘制直线。

步骤 11 偏移处理。执行 OFFSET 命令，选择图 228-6 中的直线 L1，沿水平方向依次向右偏移处理，偏移的距离分别为 60、940 和 60，效果如图 228-7 所示。

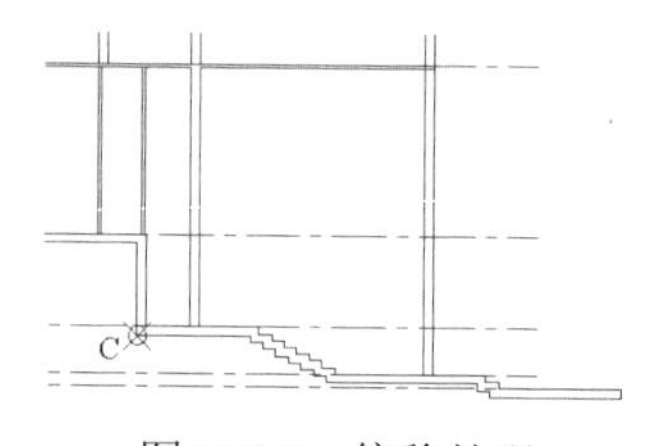

图 228-7　偏移处理

步骤 12 绘制直线并偏移处理。执行LINE 命令，单击“对象捕捉”工具栏中的“捕捉自”按钮，捕捉图 228-7 中的端点 C 为基点，然后输入（@200,361）和（@1000,0）绘制直线；使用 OFFSET 命令，将该直线沿垂直方向依次向上偏移 12 次，偏移的距离均为 162，效果如图 228-8 所示。

步骤 13 绘制楼梯。执行 LINE 命令，按住【Shift】键的同时在绘图区单击鼠标右键，在弹出的快捷菜单中选择“自”选项，捕捉图 228-8 中的端点 D 为基点，然后输入（@-900,377）和（@2100,0）绘制直线；使用 OFFSET 命令，将该直线沿垂直方向依次向上偏移 20 次，偏移的距离均为 177；使用 TRIM 命令对偏移的直线进行修剪，绘制出楼梯，效果如图 228-9 所示。

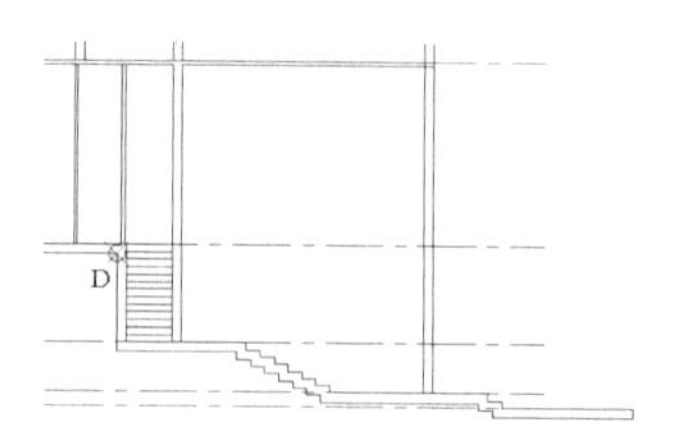

图 228-8　绘制直线并偏移处理

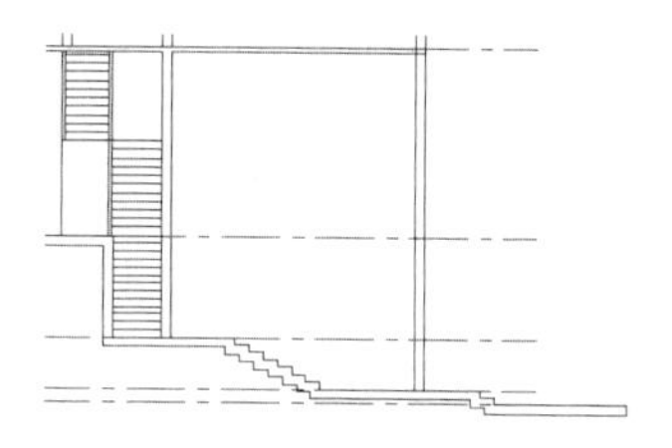
图 228-9　绘制楼梯

步骤 14 加载线型。在选项板中单击“默认|特性|线型|其他”命令，弹出“线型管理器”对话框，单击“加载”按钮，在弹出的“加载或重载线型”对话框中选择 DASHED2 线型，设置“全局比例因子”为 500，并对绘制的第二级楼梯套用该线型，效果如图 228-10 所示。

步骤 15 绘制圆。单击“绘图”面板中的“圆”按钮，根据提示进行操作，按住【Shift】键的同时在绘图区单击鼠标右键，在弹出的快捷菜单中选择“自”选项，捕捉图 228-10 中的端点 E 为基点，然后输入（@30,2850）作为圆心，绘制半径为 30 的圆。重复此操作，按住【Shift】键的同时在绘图区单击鼠标右键，在弹出的快捷菜单中选择“自”选项，捕捉端点 E 为基点，然后输入（@1030,2850）作为圆心，绘制半径为30的圆，效果如图 228-11 所示。

步骤 16 绘制多段线。执行 PLINE 命令，按住【Shift】键的同时在绘图区单击鼠标右键，在弹出的快捷菜单中选择“自”选项，捕捉端点 E 为基点，然后输入（@20,0）、（@0,150）、

（@350,0）、（@0,150）、（@250,0）、（@0,150）、（@250,0）、（@0,150）和（@130,0），绘制多段线，效果如图 228-12 所示。

步骤 17 重复步骤（13）～（16）的操作，使用 LINE、OFFSET、CIRCLE、TRIM 命令绘制如图 228-13 所示的楼梯。

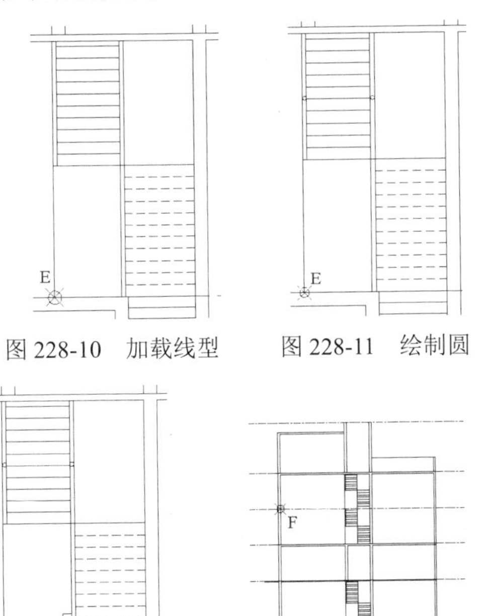

图 228-10 加载线型　　图 228-11 绘制圆

图 228-12 绘制多段线　　图 228-13 绘制楼梯

步骤 18 绘制直线。执行 LINE 命令，捕捉图 228-13 中的交点 F 为起点，然后输入（@7791,0）绘制直线，并套用 DASHED2 线型。

步骤 19 绘制直线。执行 LINE 命令，按住【Shift】键的同时在绘图区单击鼠标右键，在弹出的快捷菜单中选择“自”选项，捕捉端点 G 为基点，然后输入（@0,2400）和（@-194,0）绘制直线，效果如图 228-14 所示。

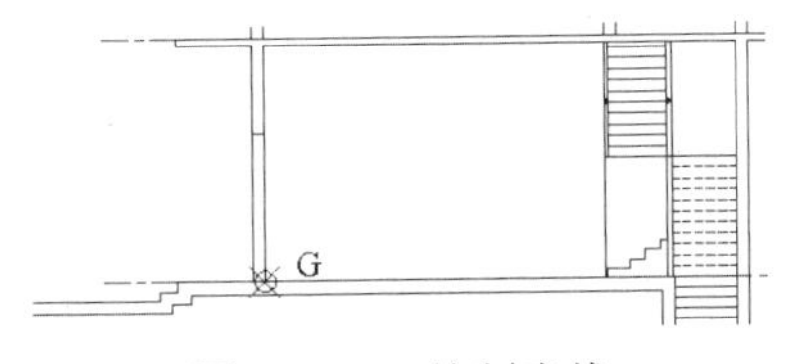

图 228-14 绘制直线

步骤 20 偏移处理。在命令行中输入 OFFSET 命令并按回车键，根据提示进行操作，将上述绘制的直线沿垂直方向依次向上偏移，偏移的距离分别为 100、1100、2700、300、2700、300、2700、300、1700、446 和 1354。

步骤 21 修剪并删除处理。使用 TRIM 命令对墙体进行修剪；使用 ERASE 命令将多余的直线删除，效果如图 228-15 所示。

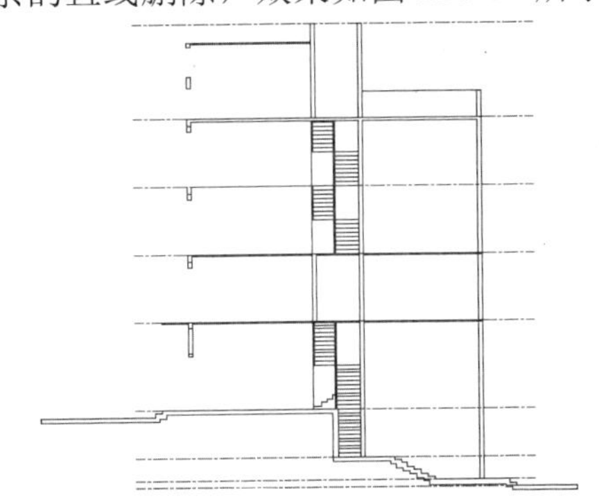

图 228-15 修剪并删除处理

步骤 22 绘制窗户。使用命令 LINE、OFFSET 绘制窗户，并将其移至“门窗”图层，效果如图 228-16 所示。

步骤 23 绘制直线并偏移处理。执行 LINE 命令，按住【Shift】键的同时在绘图区单击鼠标右键，在弹出的快捷菜单中选择“自”选项，捕捉端点 B 为基点，然后输入（@2694,0）和（@0,900）绘制直线；使用 OFFSET 命令将该直线沿水平方向向右偏移，偏移的距离为 60，效果如图 228-17 所示。

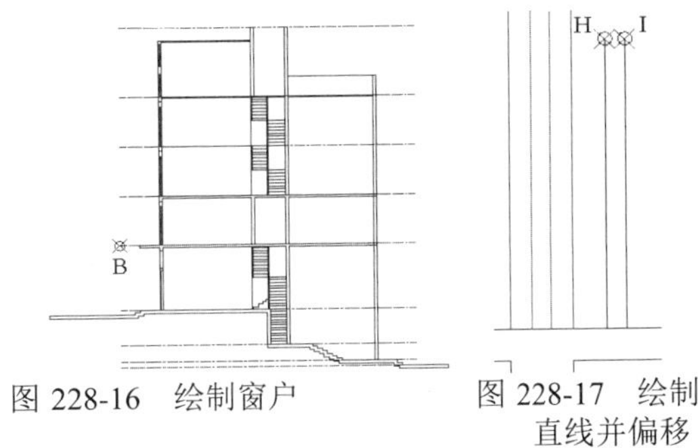

图 228-16 绘制窗户　　图 228-17 绘制直线并偏移

步骤 24 绘制圆。在选项板中单击“绘图|圆|两点”命令，根据提示进行操作，捕捉图 228-17 中的端点 H 和端点 I 绘制圆。

步骤 25 复制处理。单击“修改”面板中的“复制”按钮，根据提示进行操作，选择步骤（23）～（24）中绘制的图形并按回车键，以原点为基点，然后输入（@0,3000）为目标点进行复制，效果如图 228-18 所示。

步骤 26 绘制门。使用 LINE、OFFSET、TRIM 等命令，参照图 228-19 所示的尺寸标注绘制门，并移至“门窗”图层。

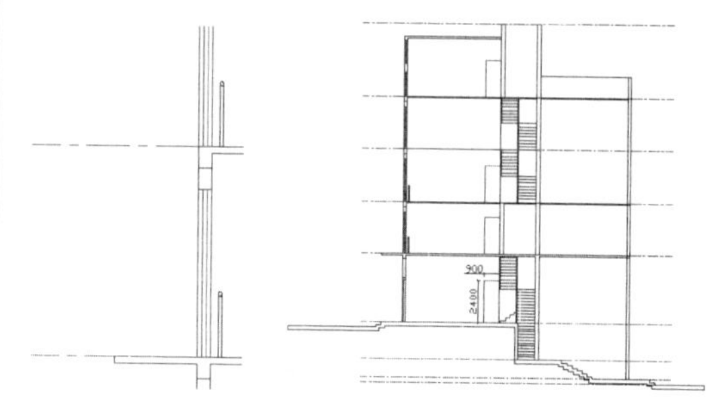

图 228-18 复制处理 图 228-19 绘制门

步骤 27 绘制多段线。使用 PLINE 命令，绘制如图 228-20 所示的多段线。

步骤 28 绘制直线并偏移处理。执行 LINE 命令，按住【Shift】键的同时在绘图区单击鼠标右键，在弹出的快捷菜单中选择“自”选项，捕捉端点 J 为基点，然后输入（@0,2100）和（@200,0）绘制直线；使用 OFFSET 命令，将绘制的直线沿垂直方向依次向上偏移，偏移距离分别为 2850、1200、1800、1200、1800、1200、1800 和 1800。

步骤 29 修剪并删除处理。使用 TRIM 命令对墙体进行修剪；使用 ERASE 命令将多余的直线删除，效果如图 228-21 所示。

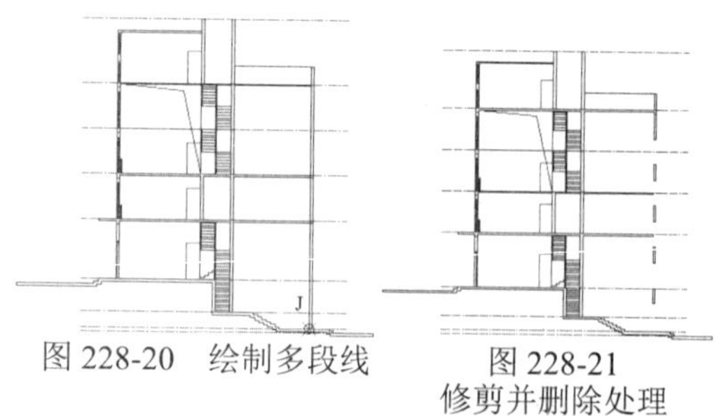

图 228-20 绘制多段线 图 228-21 修剪并删除处理

步骤 30 绘制窗户。使用命令 LINE、OFFSET 绘制窗户，并将其移至“门窗”图层，效果如图 228-22 所示。

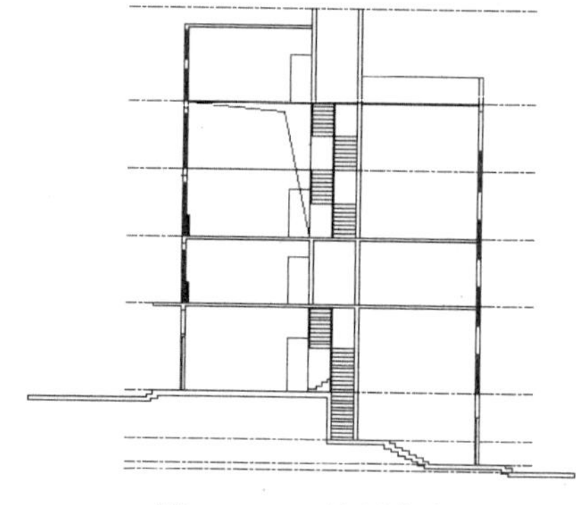

图 228-22 绘制窗户

2. 绘制办公楼剖面图楼梯台阶

步骤 1 绘制休息平台。执行 PLINE 命令，按住【Shift】键的同时在绘图区单击鼠标右键，在弹出的快捷菜单中选择“自”选项，捕捉端点 A 为基点，然后输入（@0,2900）、（@1180,0）、（@0,-200）、（@200,0）、（@0,300）、（@-1580,0）、（@0,-300）、（@200,0）和（@0,200），绘制休息平台，效果如图 228-23 所示。

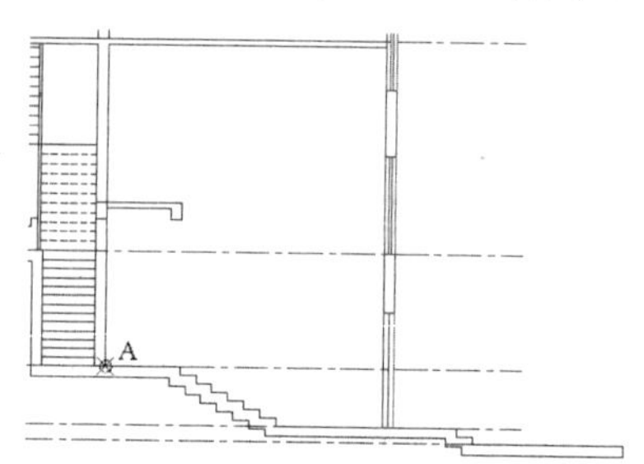

图 228-23 绘制休息平台

步骤 2 重复步骤（1）的操作，捕捉端点 A 为基点，然后输入（@3620,1200）、（@0,300）、（@2980,0）、（@0,-100）、（@-1200,0）、（@0,-200）、（@-200,0）、（@0,200）、（@-1380,0）、（@0,-200）和（@-200,0），绘制休息平台。

步骤 3 复制并修剪处理。执行 COPY 命令，选择步骤（1）～（2）中绘制的休息平台并按回车键，以原点为基点，然后分别输入（@0,3000）和（@6000,0）为目标点进行复制，并使用 TRIM 命令对多余的直线进行修剪，效果如图 228-24 所示。

步骤 4 绘制台阶。执行 PLINE 命令，捕捉图 228-24 中的端点 B 为起点，然后输入（@0,167）、（@280,0）、（@0,167）、（@280,0）、（@0,167）、（@280,0）、（@0,167）、（@280,0）、（@0,167）、（@280,0）、（@0,167）、（@265,0）、（@0,167）、（@295,0）、（@0,167）和（@280,0），绘制台阶。

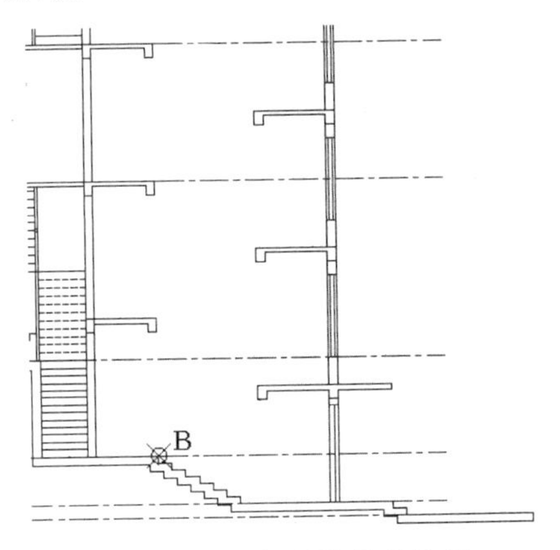

图 228-24　复制并修剪处理

步骤 5 绘制直线，执行 LINE 命令，按住【Shift】键的同时在绘图区单击鼠标右键，在弹出的快捷菜单中选择“自”选项 ，捕捉端点 B 为基点，然后输入（@0,-116）和（@2240,1333）绘制直线，效果如图 228-25 所示。

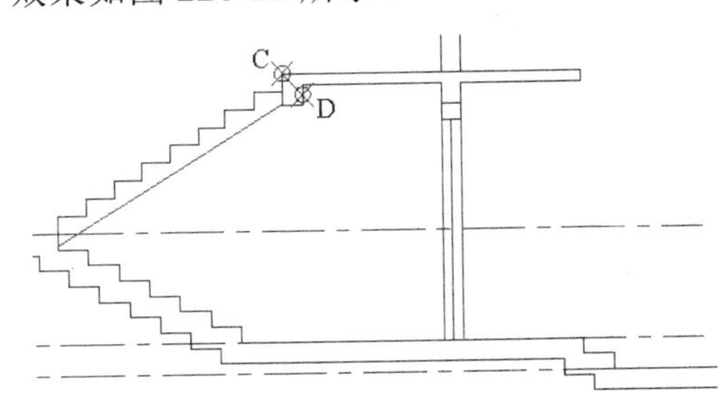

图 228-25　绘制直线

步骤 6 镜像处理。单击“修改”面板中的“镜像”按钮，根据提示进行操作，选择步骤（4）中绘制的台阶并按回车键，捕捉图 228-25 中的端点 C 和该端点所在水平线上的任意点作为镜像线上的第一点和第二点进行镜像处理，并使用 LINE 命令连接台阶与休息平台。重复此操作，选择步骤（5）中绘制的直线并按回车键，捕捉中点 D 和该中点所在水平线上的另一任意点作为镜像线上的第一点和第二点进行镜像。

步骤 7 重复步骤（6）的操作，使用 MIRROR 命令绘制其他台阶，效果如图 228-26 所示。

步骤 8 绘制屋檐。执行 LINE 命令，捕捉端点 E 为起点，然后依次输入（@5786,2354）、（@3500,-1719）、（@0,-99）、（@-427,0）、（@0,198）、（@-3077,1511）和（@-5587, -2273）绘制屋檐，并使用 TRIM 命令对多余的直线进行修剪，效果如图 228-27 所示。

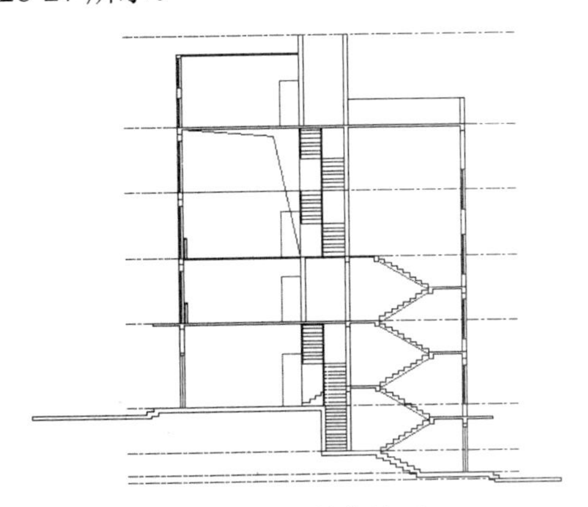

图 228-26　镜像处理

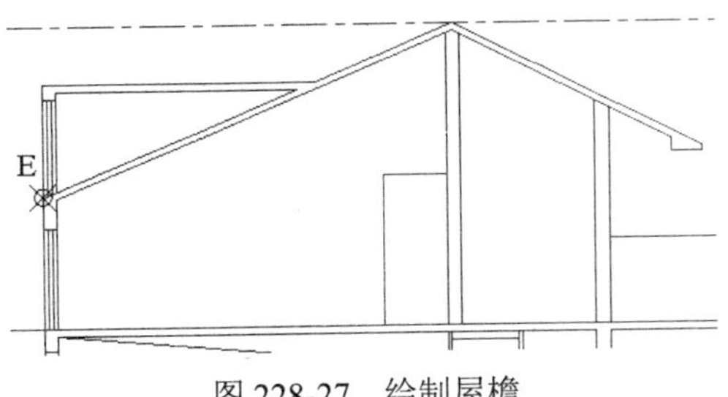

图 228-27　绘制屋檐

步骤 9 图案填充。将“填充”图层设置为当前图层，使用 BHATCH 命令，设置填充的图案、比例和角度，填充办公楼墙体要填充的区域，然后双击“标注和文字”图层将其设置为当前图层。

步骤 10 标注尺寸。使用 DIMLINEAR 和 DIMCONTINUE 命令对图形进行尺寸标注，效果如图 228-28 所示。

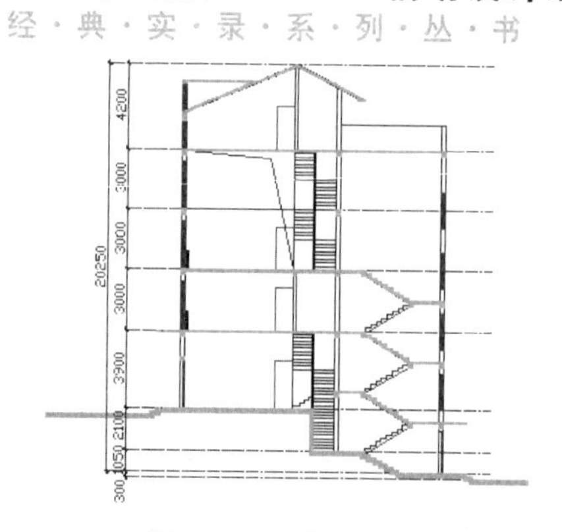

图 228-28　标注尺寸

步骤 11　绘制标高。参照实例 194 中绘制的标高，使用 LINE、TEXT、COPY 命令绘制如图 228-29 所示的标高。

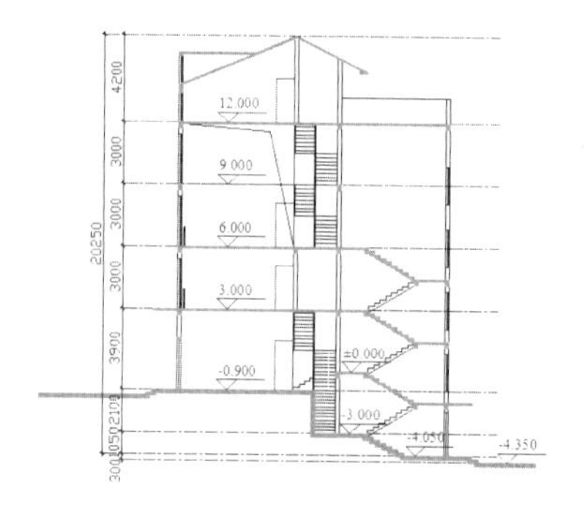

图 228-29　绘制标高

步骤 12　调用图签。打开实例 187 绘制的“建筑工装图签样板”文件，将所需的图签复制并粘贴到办公楼剖面图中，并使用 SCALE 命令对其进行适当缩放。

步骤 13　输入文字。选择“工程名称”单元格，单击鼠标右键，在弹出的快捷菜单中选择“编辑文字”选项，在单元格中输入“办公楼”。

步骤 14　绘制说明标注。使用 TEXT 命令，在剖面图下方输入文字“办公楼剖面图（1:150）”；使用 LINE 命令，在该文字的下方绘制两条直线，并将第一条直线的线宽设置为 0.30 毫米，然后关闭“轴线”图层，效果参见图 228-1。

附录：常用 AutoCAD 命令及快捷键

3A	3DARRAY	三维阵列	3F	3DFACE	三维面
3P	3DPOLY	三维多段线	A	ARC	圆弧
AA	AREA	面积	AD	ATTDISP	属性
AL	ALIGN	对齐	AP	APPLOAD	加载应用程序
AR	ARRAY	阵列	ATE	ATTEDIT	单个编辑属性
ATT	DDATTDEF	定义属性	AX	ATTEXT	属性提取
B	BLOCK	创建块	BA	BASE	块基点
BM	BLIPMODE	标记	BO	BOUNDARY	边界
BR	BREAK	打断	C	CIRCLE	圆
CH	CHANGE	修改属性	CHA	CHAMFER	倒角
CLIP	XCLIP	外部参照剪裁	COL	SETCOLOR	选择颜色
D	DDIM	标注样式管理器	DAL	DIMALIGNED	对齐标注
DAN	DIMANGULAR	角度标注	DBA	DIMBASELINE	基线标注
DCE	DIMCENTER	圆心标记	DCO	DIMCONTINUE	连续标注
DDI	DIMDIAMETER	直径标注	DED	DIMEDIT	编辑标注
DI	DIST	距离	DIM	DIMENSION	访问标注模式
DIMTED	DIMTEDIT	编辑标注文字	DIV	DIVIDE	定数等分
DLI	DIMLINEAR	线性标注	DN	DXFIN	加载 DXF 文件
DO	DONUT	圆环	DOR	DIMORDINATE	坐标标注
DST	DIMSTYLE	标注样式	DV	DVIEW	命名视图
DX	DXFOUT	输入 DXF 文件	E	ERASE	删除
ED	DDEDIT	编辑	EL	ELLIPSE	椭圆
EX	EXTEND	延伸	EXP	EXPORT	输出
EXT	EXTRUDE	面拉伸	F	FILLET	圆角
FI	FILTER	图形搜索定位	H	BHATCH	图案填充
HE	HATCHEDIT	编辑填充图案	HI	HIDE	消隐
I	INSERT	插入块	ID	IDPOINT	三维坐标值
IM	IMAGE	图像管理器	IMP	IMPORT	输入
IN	INTERSECT	交集	INF	INTERFERE	干涉
IO	INSERTOBJ	OLE 对象	L	LINE	直线
LA	LAYER	图层特性管理器	LE	QLEADER	快速引线
LEAD	LEADER	引线	LEN	LENGTHEN	拉长

LI 或 LS	LIST	列表显示	LT	LINETYPE	线型管理器
LTS	LTSCALE	线型的比例系数	LW	LWEIGHT	线宽
M	MOVE	移动	MA	MATCHPROP	特性匹配
ME	MEASURE	定距等分	MI	MIRROR	镜像
ML	MLINE	多线	MS	MSPACE	将图纸空间切换到模型空间
MT	MTEXT 或 MTEXT	多行文字	MV	MVIEW	控制图纸空间的视口的创建与显示
O	OFFSET	偏移	OP	OPTIONS	选项
OR	ORTHO	正交模式	OS	OSNAP	对象捕捉设置
P	PAN	实时平移	PA	PASTESPEC	选择性粘贴
PE	PEDIT	编辑多段线	PL	PLINE	多段线
PO	POINT	单点或多点	POL	POLYGON	正多边形
PRE	PREVIEW	打印预览	PU	PURGE	清理
QT	QTEXT	快速文字功能的打开或关闭	R	REDRAW	更新显示
RA	REDRAWALL	重画	RE	REGEN	重生成
REA	REGENALL	全部重生成	REC	RECTANGLE	矩形
REG	REGION	面域	REN	RENAME	重命名
REV	REVOLVE	实体旋转	RI	REINIT	重新加载或初始化程序文件
RMAT	MATERIALS	材质	RO	ROTATE	旋转
RPR	RPREF	渲染配置	RR	RENDER	渲染
S	STRETCH	拉伸	SC	SCALE	比例缩放
SCR	SCRIPT	运行脚本	SEC	SECTION	实体截面
SHA	SHADE	着色	SL	SLICE	实体剖切
SN	SNAP	限制光标间距移动	SO	SOLID	二维填充
SP	SPELL	检查拼写	SPE	SPLINEDIT	编辑样条曲线
SPL	SPLINE	样条曲线	ST	STYLE	文字样式
SU	SUBTRACT	差集	TH	THICKNESS	设置三维厚度
TM	TIME	时间	TO	TOOLBAR	工具栏
TO	TBCONFIG	自定义工具栏	TOL	TOLERANCE	公差
TOR	TORUS	圆环体	TR	TRIM	修剪
UC	UCSMAN	命名 UCS	UC	DDUCS	命名 UCS 及设置

UN	DDUNITS	单位	UNI	UNION	并集
VP	DDVPOINT	视图预置	VS	VSNAPSHOT	观看快照
W	WBLOCK	写块	WE	WEDGE	楔体
WI	WMFIN	WINDOWS 图元文件	WO	WMFOUT	输出 WMF
X	EXPLODE	分解	XL	XLINE	构造线
XR	XREF	外部参照管理器	Z	ZOOM	缩放